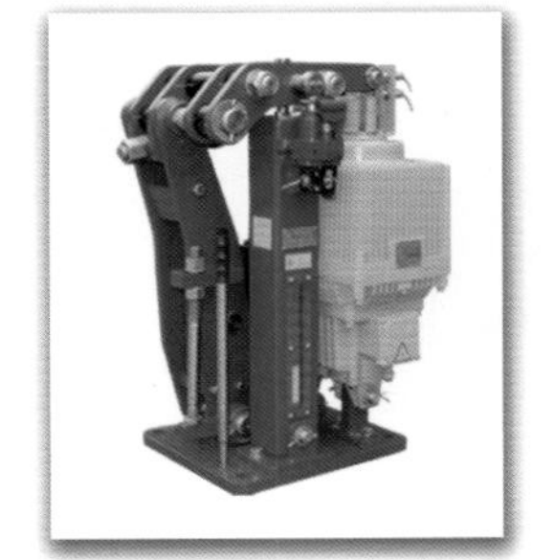
盘式制动器

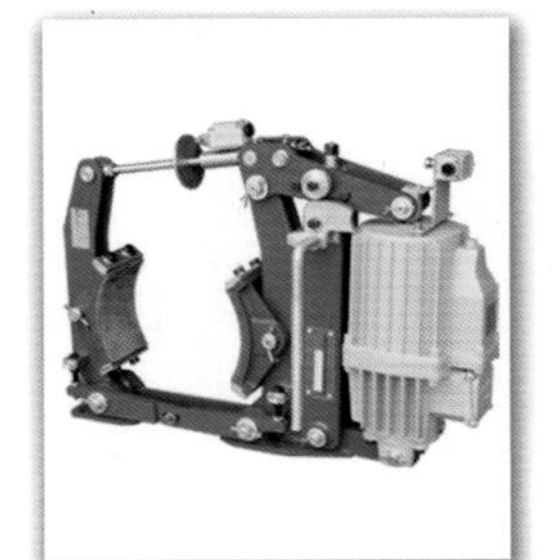
鼓式制动器

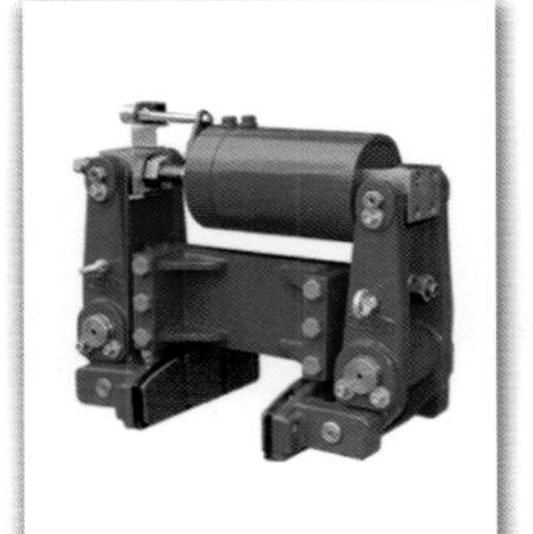
防风制动器

风电制动器

液压装置

华伍股份
HUAWU LTD
代码：300095

江西华伍制动器股份有限公司
JIANGXI HUAWU BRAKE CO.,LTD.

地址：江西省丰城市工业园区新梅路7号
电话：0795-6201884 6203474 传真：0795-6201896
http://www.hua-wu.com E-mail:hw@hua-wu.com

SGS

公司简介

江阴齿轮箱制造有限公司注册于1979年，30余年来专注于工业齿轮箱产品的研发与制造，依靠业内积累的丰富经验，致力于为客户提供最具性价比的硬齿面齿轮传动解决方案。

公司注册资金9000万，厂区占地86700平方米，装备有数控成型砂轮磨齿机、数控加工中心、箱式多用炉和井式气体渗碳炉生产线、齿轮检测中心、加载实验平台等先进的加工和检测设备。

公司主要产品有通用型系列圆柱齿轮减速器、圆锥圆柱齿轮减速器、标准模块化减速器、行星齿轮减速器、斜齿轮-锥齿轮减速器，以及为橡塑、港口、冶金、矿用、建材、石化等行业设备配套的专用齿轮箱。

江齿公司以持续不断的研究开发投入为基础，通过精心制造、严格检验，确保每件出厂产品的卓越品质。江齿公司将利用遍布全国各地的销售和服务网络，为客户提供尽善尽美的专业服务。

公司主要产品

①	②	③
④	⑤	⑥
⑦	⑧	⑨

1. DBY、DCY、DFY系列硬齿面圆锥圆柱齿轮减速器
2. ZDY、ZLY、ZSY、ZFY系列硬齿面圆柱齿轮减速器
3. JC.H.B系列大功率减速器
4. JC.P系列行星齿轮减速器
5. JHZ系列回转减速器
6. JC.K系列斜齿轮-锥齿轮减速器
7. 各类冶金设备配套齿轮箱
8. 各类散料输送设备配套齿轮箱
9. 各类矿山设备配套齿轮箱

江阴齿轮箱制造有限公司

公司地址：江苏省江阴市高新区澄山路601号（214437）

销售咨询 热线：400-88-17071 | 直线：0510-86993295/3520/3703/3171/3222 | 传真：0510-86993196

邮箱：sales@jiangchi.com | QQ：1871039078

公司网址：www.jiangchi.com

产品系列

CHANPIN XILIE

JXF减速电机

JXS减速电机

JXK减速电机

JXR减速电机

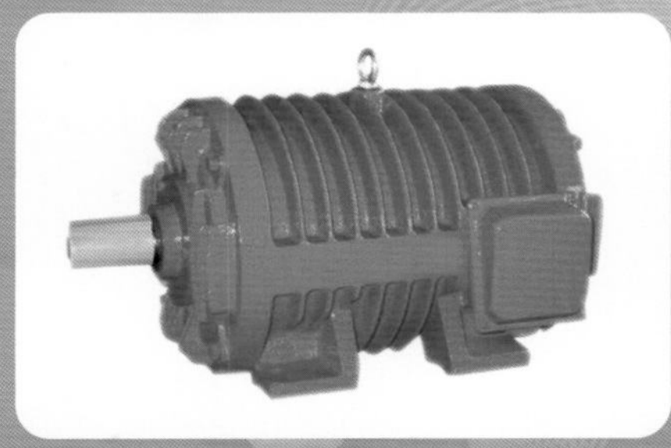

辊道电机

变频制动电机

产品应用

CHANPIN YINGYONG

非标产品在现场

钢管生产线

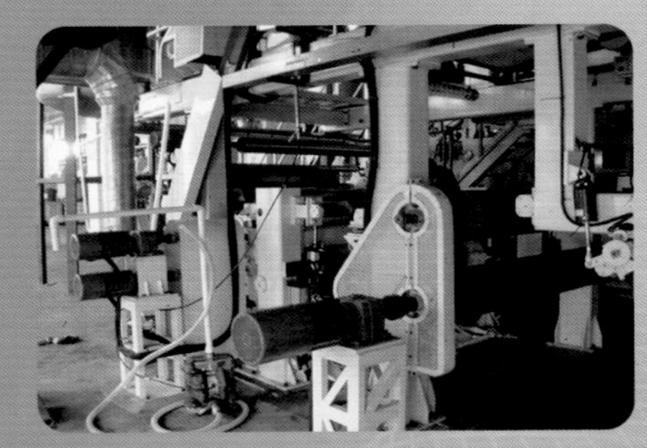

造纸机械生产线

高线生产线

棒材生产线

连铸生产线

薄板酸洗线

板材生产线

气动离合器

气动制动器

多角式联轴器

轮胎式联轴器

带制动轮联轴器

摩擦安全联轴器
（限矩联轴器）

齿式联轴器

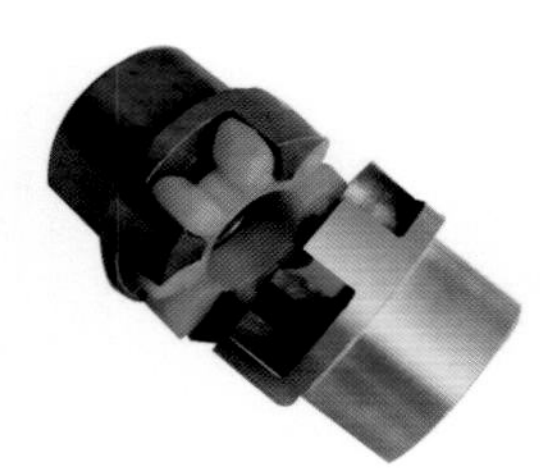
星形弹性联轴器

鼓型齿式联轴器

夹钳制动器

中国重型机械选型手册

（重型基础零部件）

中国重型机械工业协会　编

北　京
冶　金　工　业　出　版　社
2015

内 容 提 要

《中国重型机械选型手册》以介绍产品性能、结构特点、工作原理、技术参数、外形和安装尺寸以及应用案例等内容为主，以冶金及重型锻压设备、矿山机械、物料搬运机械、重型基础零部件四个分册分别出版。本手册全面反映我国重型机械行业在产品转型升级、科技创新、信息化等方面的科研成果，满足电力、钢铁、冶金、煤炭、交通、石化、国防、机械、港口及水利等业主及工程设计单位对先进技术及装备采购的需要，为产业链企业所需重型机械在投资、采购、招标、建设中提供方便、完善、详实的产品信息。

本分册为重型基础零部件，共有6章，第1章机械传动；第2章液压润滑站；第3章气缸、电动缸；第4章电动机与电气控制；第5章配套件；第6章基础件概况。

本分册介绍了重型基础零部件中各种产品的工作原理、技术特征、适用范围等，收集了国内主要生产企业产品的技术性能和参数，为使用单位提供了部分产品选型计算方法。

本书可供重型机械装备中的通用机械零部件生产企业及电力、钢铁、冶金、煤炭、交通、石化、国防、机械、港口、水利等行业的业主和工程设计单位的学者、研究人员、采购人员、工程技术人员及相关专业的高校学生参考阅读。

图书在版编目(CIP)数据

中国重型机械选型手册．重型基础零部件/中国重型机械工业协会编．—北京：冶金工业出版社，2015.3
ISBN 978-7-5024-6830-9

Ⅰ.①中…　Ⅱ.①中…　Ⅲ.①机械—重型—选型—中国—手册　②通用设备—机械元件—选型—中国—手册
Ⅳ.①TH-62　②TH13-62

中国版本图书馆CIP数据核字(2014)第287839号

出版人　谭学余
地　　址　北京市东城区嵩祝院北巷39号　邮编　100009　电话　(010)64027926
网　　址　www.cnmip.com.cn　电子信箱　yjcbs@cnmip.com.cn
责任编辑　杨盈园　美术编辑　吕欣童　版式设计　孙跃红
责任校对　石　静　责任印制　牛晓波
ISBN 978-7-5024-6830-9
冶金工业出版社出版发行；各地新华书店经销；北京百善印刷厂印刷
2015年3月第1版，2015年3月第1次印刷
210mm×297mm；31.75印张；20彩页；1130千字；497页
198.00元

冶金工业出版社　投稿电话　(010)64027932　投稿信箱　tougao@cnmip.com.cn
冶金工业出版社营销中心　电话　(010)64044283　传真　(010)64027893
冶金书店　地址　北京市东四西大街46号(100010)　电话　(010)65289081(兼传真)
冶金工业出版社天猫旗舰店　yjgy.tmall.com
（本书如有印装质量问题，本社营销中心负责退换）

编　委　会

前　言

21世纪以来，在社会主义市场经济的新形势下，重型机械行业取得了迅猛的发展与长足的进步。我国现已成为重型机械领域的制造大国。特别是近年来，重型机械行业在加强科技创新能力建设、推动产业升级方面取得了可喜的成绩，涌现出一批接近或达到国际先进水平的新产品和新技术。应行业广大读者的要求，中国重型机械工业协会组织有关单位，编写了《中国重型机械选型手册》(以下简称《手册》)。《手册》共分为四个分册：冶金及重型锻压设备、矿山机械、物料搬运机械、重型基础零部件。《手册》在内容编排上主要包含产品概述、分类、工作原理、结构特点、主要技术性能与应用、选型原则与方法和生产厂商等。供广大读者在各类工程项目中为重型机械产品的选型、订货时参考。

《中国重型机械选型手册　重型基础零部件》主要包括机械传动、液压润滑站、气缸、电动缸、电动机与电气控制等重型机械配套件和基础件。

本《手册》由北方中冶（北京）工程咨询有限公司进行资料的收集和整理，同时得到了行业相关单位的大力支持，在此表示衷心的感谢！由于编写时间短，收集的产品资料覆盖不够全面，向广大读者表示歉意。

《中国重型机械选型手册》编委会

2015年1月

目　录

机械传动

传动设备是传递动力和运动的设备。有机械传动、液压传动、气压传动、电传动设备等。

1.1 减速器

减速器在原动机与工作机或执行机构之间起匹配转速和传递转矩的作用，目的是降低转速增加扭矩。按照传动级数不同可分为单级和多级减速器；按其结构可分为平行轴圆柱齿轮减速器、圆锥齿轮减速器、圆锥－圆柱齿引轮减速器、三合一减速器、蜗杆减速器和行星齿轮减速器等。

1.1.1 平行轴圆柱齿轮减速器

1.1.1.1 概述

平行轴圆柱齿轮减速器是一种最常用的减速器，其输入、输出及中间轴平行布置，制造工艺简单，维修方便。

1.1.1.2 技术参数

技术参数见表 1.1.1 ~ 表 1.1.14。

表 1.1.1 MZ 系列中心传动磨机减速器主减速器主要技术参数（北方重工集团有限公司 www.nhigroup.com.cn）

型 号	额定功率/kW	输入转速/$r \cdot min^{-1}$	输出转速/$r \cdot min^{-1}$
MZ90	800	595，740	19.3
MZ100	1000	595，740	17.6，19.5
MZ110 - A	1250	595，740	16.9，17.6，18.0，18.8
MZ110 - B	1400	595，740	16.9，17.6，18.0，18.8
MZ120 - A	1600	595，740	16.5，16.8，17.1
MZ120 - B	1800	595，740	16.3，16.5，16.8，17.1
MZ130 - A	2000	595，740	15.6，16.3，16.6，17.0
MZ130 - B	2250	595，740	15.6，16.3，16.6，17.0
MZ130 - C	2500	595，740	15.6，16.3，16.6，17.0
MZ140 - A	2800	595，740	15.1，16.3，16.6，17.0
MZ140 - B	3000	595，740	15.1，15.8，16.3，16.6
MZ150 - A	3250	595，740	15.1，15.6，15.8
MZ150 - B	3500	595，740	15.1，15.6，15.8
MZ160 - A	3800	595	14.5，15.1，15.6
MZ160 - B	4000	595	14.5，15.1，15.6
MZ160 - C	4250	595	14.5，15.1，15.6

MZ 系列主减速器外形尺寸如图 1.1.1 所示。

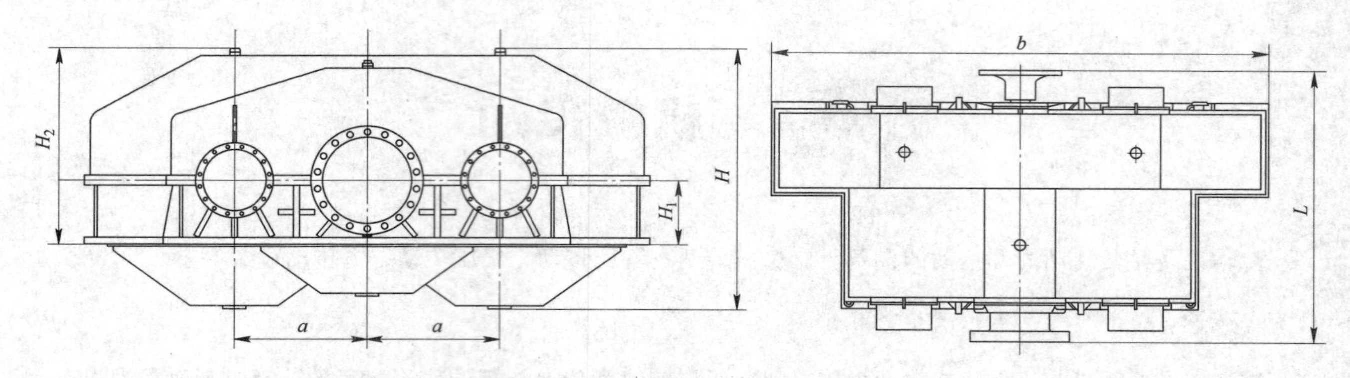

图 1.1.1 MZ 系列主减速器外形尺寸

表 1.1.2 MZ 系列中心传动磨机主减速器外形尺寸（北方重工集团有限公司 www.nhigroup.com.cn）

型 号	外形尺寸/mm						质量/t
	a	*b*	*L*	*H*	H_1	H_2	
MZ90	900	3900	2552	1975	585	1585	28
MZ100	1000	4200	2716	2225	585	1705	30
MZ110 - A	1100	4550	2773	2280	585	1760	36
MZ110 - B	1100	4550	2773	2280	585	1760	38
MZ120 - A	1200	5100	2960	2450	650	1860	40
MZ120 - B	1200	5100	2960	2450	650	1860	42
MZ130 - A	1300	5550	3152	2630	650	1950	46
MZ130 - B	1300	5550	3152	2630	650	1950	48
MZ130 - C	1300	5550	3152	2630	650	1950	50
MZ140 - A	1400	5900	3490	2850	650	2050	54
MZ140 - B	1400	5900	3490	2850	650	2050	58
MZ150 - A	1500	6300	3540	3050	650	2160	60
MZ150 - B	1500	6300	3540	3050	650	2160	62
MZ160 - A	1600	6640	3760	3200	650	2200	66
MZ160 - B	1600	6640	3760	3200	650	2200	68
MZ160 - C	1600	6640	3760	3200	650	2200	72

注：输出转速可按用户的不同要求进行调整。

表 1.1.3 MZ 系列中心传动磨机减速器应用案例（北方重工集团有限公司 www.nhigroup.com.cn）

年 份	用 户	数量/台
2010	唐山市燕南水泥	2

表 1.1.4 TD 型减速器技术参数（中信重工机械股份有限公司 www.citichmc.com）

型 号	额定输出扭矩/kN·m	输入转速/$r \cdot min^{-1}$	传动比	润滑方式
TD4	1500	515	140	强制循环
TD5	2000	900	99	
TD6	2500	257	140	
TD7	6000	300	99	

TD 型减速器外形简图如图 1.1.2 所示。

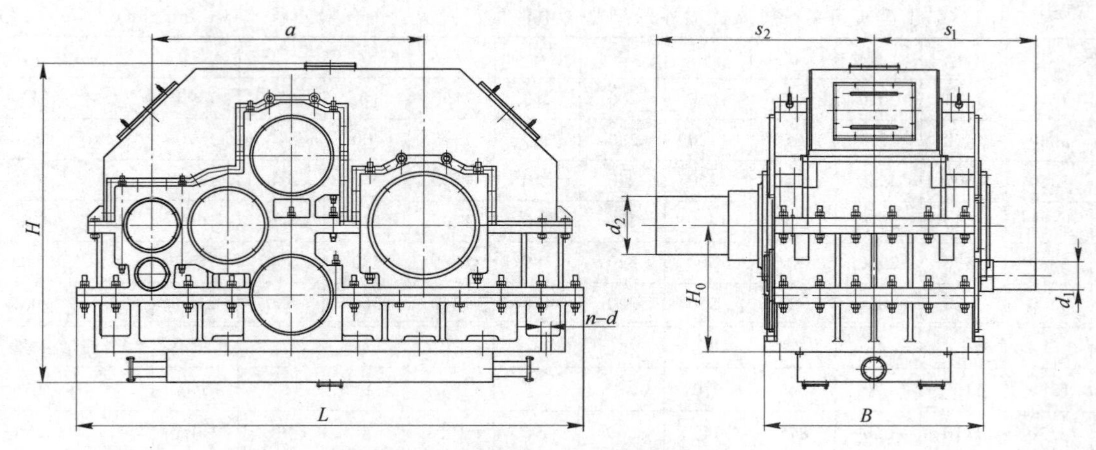

图 1.1.2 TD 型减速器外形简图

表 1.1.5 TD 型减速器主要安装尺寸（中信重工机械股份有限公司 www.citichmc.com） (mm)

型 号	a	d_1	d_2	H_0	$n-d$	B	H	L	s_1	s_2	质量/kg
TD4	2819.13	140	600	1300	12 - ϕ65	2140	3540	5290	1350	1790	72600
TD5	3828.84	170	620	1600	16 - ϕ80	2250	4875	6220	1360	1850	79000
TD6	2816.05	160	630	1300	12 - ϕ95	2270	3550	5300	1470	1900	85730
TD7	3290	280	900	1680	12 - ϕ120	2500	4400	5810	1295	2580	152530

表 1.1.6 矿山磨机用平行轴减速器承载能力（中信重工机械股份有限公司 www.citichmc.com）

公称传动比	输入转速 /r·min^{-1}	型号					
		PH880	PH1050	PH1150	PH1250	PH1360	PH1450
		传递功率/kW					
4	1000	4500	7200	10500	12500	17500	20000
	740	3500	5600	8000	9600	13000	16000
4.5	1000	4100	6600	9500	11500	16000	18500
	740	3100	5000	7200	8700	12000	14000
5	1000	3700	6000	8500	10500	14500	17500
	740	2800	4500	6500	7900	11000	13000
5.6	1000	3300	5400	7800	9500	13000	14500
	740	2500	4000	5800	7100	10000	11000

矿山磨机用平行轴减速器外形简图如图 1.1.3 所示。

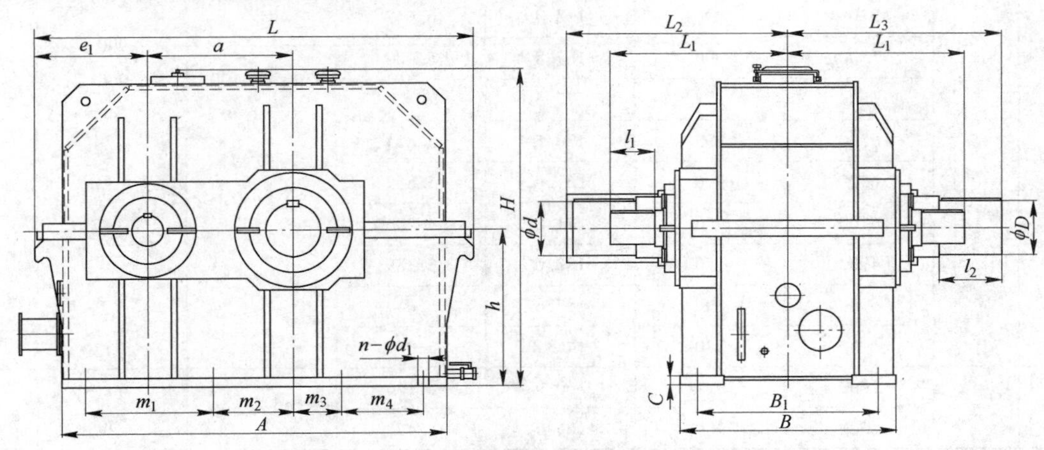

图 1.1.3 矿山磨机用平行轴减速器外形简图

表 1.1.7 矿山磨机用平行轴减速器外形尺寸（中信重工机械股份有限公司 www.citichmc.com） （mm）

型号	L	B	H	a	h	d	l_1	L_1	D	l_2	L_2	L_3
PH880	2610	1374	2010	880	1000	200	280	1150	340	450	1395	1345
PH1050	3020	1490	2315	1050	1120	230	330	1325	400	540	1570	1530
PH1150	3350	1600	2550	1150	1250	250	410	1535	450	540	1645	1600
PH1250	3585	1640	2810	1250	1400	280	380	1405	480	540	1645	1600
PH1360	3930	1850	2910	1360	1500	320	380	1585	530	650	1855	1905
PH1450	4240	2080	3055	1450	1550	320	470	1840	560	680	2100	2050
型号	A	B_1	e_1	m_1	m_2	m_3	m_4	C	n	d_1	质量/kg	润滑流量要求/L·min^{-1}
PH880	2336	1100	620	760	470	290	450	85	8	65	15400	160
PH1050	2730	1170	660	875	545	330	590	105	8	70	24450	250
PH1150	3020	1300	800	960	610	350	670	110	8	80	30000	315
PH1250	3160	1350	950	1040	665	385	680	110	8	80	33900	400
PH1360	3510	1500	935	1150	735	415	810	125	8	90	48000	500
PH1450	3700	1630	1080	1225	775	450	730	140	8	90	59000	500

表 1.1.8 **MBD** 减速器技术参数（中信重工机械股份有限公司 www.citichmc.com）

型 号	规格	功率/kW	实际输入转速 /r·min^{-1}	输出转速 /r·min^{-1}	传动比	传递功率范围 /kW	公称输入转速 /L·min^{-1}	传动比范围
MBD90	1	2500	993	170.5	5.824	2000~4500	990 900 740 600	3.3~6.1
		3415	600	181.8	3.3			
	2	3800	990	213.8	4.632			
	3	3730	900	178.1	5.053			
	4	3800	993	177.0	5.611			
	5	3000	993	162.3	6.118			
		3728	890	194.4	4.679			
		4500	992	179.4	5.529			
		4500	896	197.8	4.529			
MBD110	1	3700	990	168.3	5.882	3000~6100	990 900 740	4.5~6.6
	2	4300	740	157.3	4.706			
	3	5000	890	157.6	5.647			
	4	4600	990	159.9	6.191			
		4900	992	172.1	5.765			
		5200	990	148.9	6.647			
		5500	990	167.8	5.900			
		6500	992	177.5	5.55			
		6500	993	170.5	5.824			
		6500	990	167.9	5.895			
		6100	980	171.8	5.706			
		4900	970	180.0	5.389			
		5000	890	157.6	5.647			
		6100	740	146.3	5.059			
MBD115		6000	994	160.9	6.176	5500~6500	994 990	4.5~6
		6500	900	166.0	5.421			

MBD 减速器外形简图如图 1.1.4 所示。

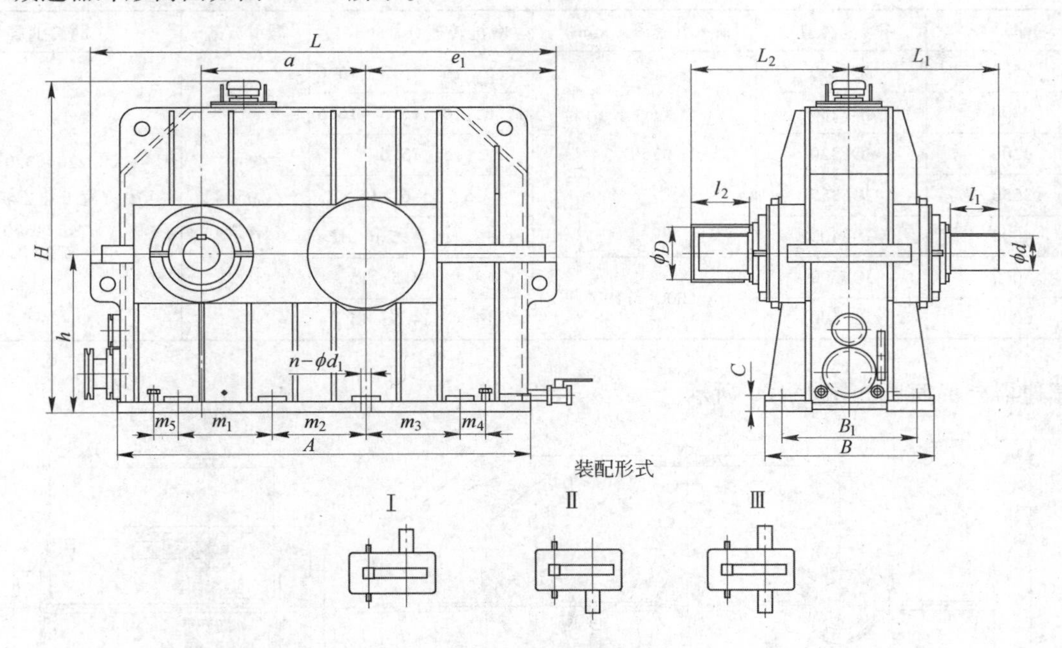

图 1.1.4　MBD 减速器外形简图

表 1.1.9　MBD 减速器外形尺寸（中信重工机械股份有限公司　www.citichmc.com）　　（mm）

型号	规格	L	B	H	a	h	d	l_1	L_1	D	l_2	L_2	e_1
MBD90	1	2480	900	1880	716	900	180	260	800	280	330	840	1050
	2	2480	900	1880	775	900	180	260	800	280	330	840	1050
	3	2480	900	1880	830	900	200	260	800	300	330	840	1050
	4	2480	900	1880	860	900	200	260	800	300	330	840	1050
	5	2480	900	1880	875	900	200	260	800	300	330	840	1050
MBD110	1	2950	1000	2280	975	1100	220	320	950	340	380	1010	1200
	2	2950	1000	2280	1000	1100	220	320	950	340	380	1010	1200
	3	2950	1000	2280	1050	1100	230	320	950	360	380	1010	1200
	4	2950	1000	2280	1070	1100	230	320	950	360	380	1010	1200
MBD115		3080	1100	2390	1120	1150	230	320	1055	360	450	1130	1270

型号	规格	A	B_1	m_1	m_2	m_3	m_4	m_5	C	n	d_1	质量/kg	润滑流量/L·min^{-1}
MBD90	1	2200	720	500	500	500	130	130	90	8	56	8700	160
	2	2200	720	500	500	500	130	130	90	8	56	9000	160
	3	2200	720	500	500	500	130	130	90	8	56	9500	200
	4	2200	720	500	500	500	130	130	90	8	56	9800	200
	5	2200	720	500	500	500	130	130	90	8	56	10000	200
MBD110	1	2690	800	575	575	600	300	200	120	8	76	15000	250
	2	2690	800	575	575	600	300	200	120	8	76	16000	250
	3	2690	800	575	575	600	300	200	120	8	76	17000	250
	4	2690	800	575	575	600	300	200	120	8	76	18000	250
MBD115		2820	900	660	660	660	260	160	120	8	76	19700	315

表 1.1.10 JGF 减速器的技术参数（中信重工机械股份有限公司 www.citichmc.com）

序号	功率/kW	主减速器型号	输入转速/r·min⁻¹	磨机转速/r·min⁻¹	润滑方式	润滑油牌号
1	2500	JGF250	750	15.6，16，16.3，16.6	集中循环润滑	L-CKC/220~320（一等品）中负荷工业齿轮润滑油（GB/T5903）
2	2800	JGF280		15.6，16，16.3，16.6		
3	3200	JGF320		15，15.6		
4	3550	JGF355		15，15.6，16		
5	4000	JGF400		14.5，15，15.6，16		
6	5000	JGF500	1000~1190	14.1，14.5，15		
7	6000	JGF600		14.1，14.5，15		

JGF 减速器外形简图如图 1.1.5 所示。

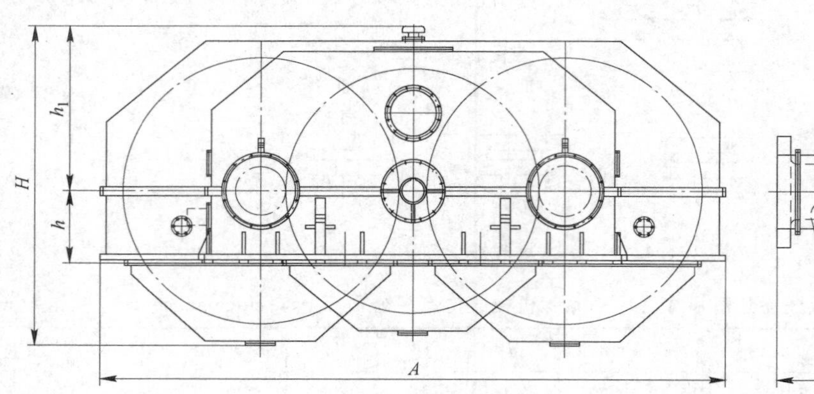

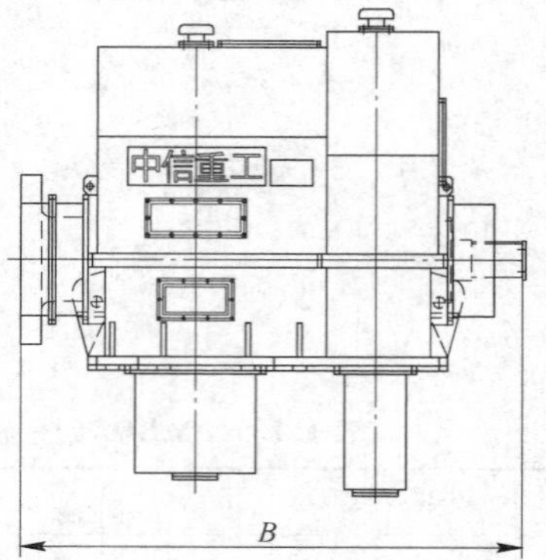

图 1.1.5 JGF 减速器外形简图

表 1.1.11 JGF 系列减速器外形尺寸与质量（中信重工机械股份有限公司 www.citichmc.com）

序号	功率/kW	主减速器型号	外形尺寸及中心高/mm					质量/kg
			A	B	H	h	h_1	
1	2500	JGF250	5550	2925	2855	650	1485	49450
2	2800	JGF280	5900	3490	3050	650	1575	57870
3	3200	JGF320	6230	3350	3350	650	1775	65660
4	3550	JGF355	6350	3380	3395	650	1800	67800
5	4000	JGF400	6680	3750	3420	650	1795	77540
6	5000	JGF500	5640	3800	3290	650	1740	87000
7	6000	JGF600	5900	4635	3540	800	1800	110400

表 1.1.12 单级高速齿轮箱技术参数（南京高载齿轮有限公司 www.gaozai.cn）

型 号	齿轮结构	传动比范围	中心距/mm
NGZGS150-1000	人字齿轮	1~6	150~1000
NGZSD150-530	单级齿		150~530
NGZSL430-630	人字齿轮		430~630
NGZSX150-580	单级单斜带斜面推力盘		150~580
NGZSS192-545	单斜齿双级	6.3~18	192~545

表 1.1.13 CHC 系列齿轮连环少齿差减速器技术参数（湖北省咸宁三合机电制业有限责任公司 www.xnshw.com）

机座代号	125	140	170	200	236	280	300	335	400
输入转速/r·min⁻¹	1500~1000~750								
输出转矩/kN·m	6.8	13.65	18.65	24.57	30.62	38.47	45.69	56.68	67.89

续表 1.1.13

机座代号	125	140	170	200	236	280	300	335	400
传动比范围	50～2275								
输入轴允许额定功率范围/kW	19.2～0.21	38.5～0.41	52.6～0.55	69.3～0.75	86.4～0.9	108.5～1.2	128.8～1.4	161.5～1.78	193.2～2.12
机座代号	450	500	560	630	710	800	900	950	1000
输入转速/r·min^{-1}	1500～1000～750								
输出转矩/kN·m	88.76	112.63	167.56	226.2	339.5	510	616	808.6	926.5
传动比范围	50～2275								
输入轴允许额定功率范围/kW	250.3～2.86	317.6～3.4	472.5～5.32	773.5～8.5	1161～12.8	1744～19.2	2089～26.7	2362～26	3168～34.8

注：1. 表中所列减速器的速比和承载能力均为标准系列；
2. 其他速比和承载能力的产品可根据用户要求进行非标设计和制作，非标速比设计范围可达2500～20000；
3. 减速器输出轴端的瞬时允许转矩为额定转矩的2.7倍。

CHC减速器外形安装尺寸图如图1.1.6所示。

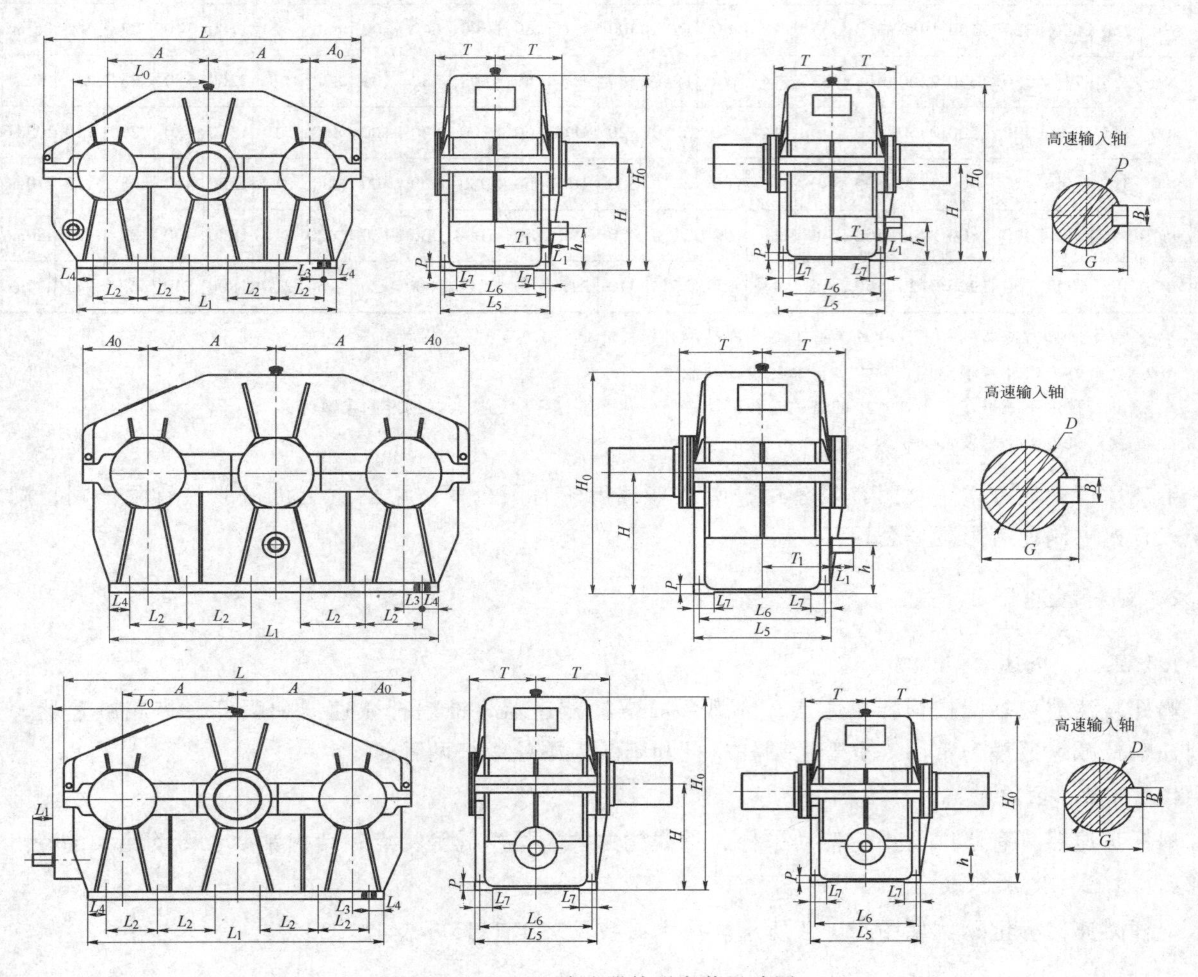

图1.1.6 CHC减速器外形安装尺寸图

表1.1.14 CHC齿轮连环少齿差减速器外形安装尺寸（湖北省咸宁三合机电制业有限责任公司 www.xnshw.com）（mm）

规格	中心尺寸				轮廓尺寸			地脚螺栓										高速轴							质量
	A	H	H	A_0	H_0	L	T	d	n	p	L_1	L_2	L_3	L_4	L_5	L_6	L_7	a	L_1	L_0	T_1	B	G	D	/kg
125	125	80	125	90	240	430	90	12	6	50	400	150	25	50	180	150	30	125	60	240	80	8	32	28k6	60
140	145	90	140	110	270	510	90	14	8	20	460	115	35	50	220	190	30	140	80	290	80	10	37	32k6	100
170	170	100	170	130	330	620	100	14	8	24	540	145	50	50	240	210	40	170	80	350	90	10	43	38k6	160
200	200	100	200	150	380	720	110	18	10	24	640	135	70	50	250	220	50	200	80	400	100	10	43	38k6	230

续表 1.1.14

规格	中心尺寸				轮廓尺寸			地脚螺栓											高速轴						质量
	A	H	H	A_0	H_0	L	T	d	n	p	L_1	L_2	L_3	L_4	L_5	L_6	L_7	a	L_1	L_0	T_1	B	G	D	/kg
236	230	112	236	180	430	850	120	24	10	30	700	126	64	50	280	240	50	220	110	500	110	12	47	42k6	350
280	270	132	280	170	520	930	130	24	10	30	780	170	40	50	300	260	60	300	110	550	120	14	53.5	48m6	480
300	300	132	300	205	580	1050	170	26	12	40	800	144	60	40	390	340	60	330	110	600	150	16	61	55m6	780
335	340	160	335	230	640	1200	185	26	12	40	940	167	95	40	430	380	60	370	140	700	175	18	67	60m6	1035
400	400	180	400	265	750	1400	220	26	12	45	1030	186	65	50	490	440	80	450	140	800	205	18	72	65m6	1630
450	450	200	450	290	820	1540	240	33	12	45	1180	218	95	45	550	490	80	500	140	860	220	20	77	70m8	2200
500	500	200	500	310	920	1700	290	33	12	50	1320	244	110	50	580	520	90	560	140	960	280	20	83.5	75m6	2850
560	560	250	560	330	1020	1840	310	33	12	50	1460	272	120	50	630	570	90	610	170	1020	300	22	89	80m6	3720
630	630	250	630	320	1150	1980	350	33	12	60	1620	300	120	60	700	640	100	680	170	1100	340	22	94	85m6	5100
710	710	280	710	350	1320	2200	400	33	14	70	1850	280	155	60	800	730	100	820	170	1200	380	25	99	90m6	7300
800	800	315	800	390	1500	2460	450	40	14	80	2080	320	180	60	900	820	100	860	210	1350	430	28	110	100m6	95000
900	900	315	900	420	1700	2720	490	40	16	80	2240	300	160	60	980	900	100	980	210	1550	480	28	120	110m6	14229
950	950	355	950	450	1800	2900	500	46	16	90	2400	320	190	60	1000	900	120	1020	210	1680	490	32	131	120m6	16391
1000	1050	400	1000	460	1900	3120	550	46	18	100	2650	310	215	60	1100	1000	120	1150	210	1800	540	32	141	130m6	20475

注：1. 表中所列减速器的外形尺寸均为标准系列产品的外形尺寸。

2. 其余外形尺寸可根据用户要求进行非标设计和制作。

3. 随着技术不断进步，本样本中的有关参数可能有所变化，签订合同后按合同约定的参数为准。

4. 欢迎来电来函索要详细资料。

生产厂商：北方重工集团有限公司，南京高载齿轮有限公司，中信重工机械股份有限公司，湖北省咸宁三合机电制业有限责任公司。

1.1.2 蜗杆减速器

1.1.2.1 概述

蜗杆减速器包括圆柱蜗杆减速器，圆弧环面蜗杆减速器，锥蜗杆减速器和蜗杆－齿轮减速器，其中以圆柱蜗杆减速器最为常用。有普通圆柱蜗杆和圆弧齿圆柱蜗杆两种。

1.1.2.2 主要特点

蜗杆减速器具有坚固耐用、传动平稳、承载能力大、噪声低等特点；结构紧凑、传动比大的特点。

1.1.2.3 技术参数

蜗杆减速器标记示例如图 1.1.7 所示。技术参数见表 1.1.15～表 1.1.33。

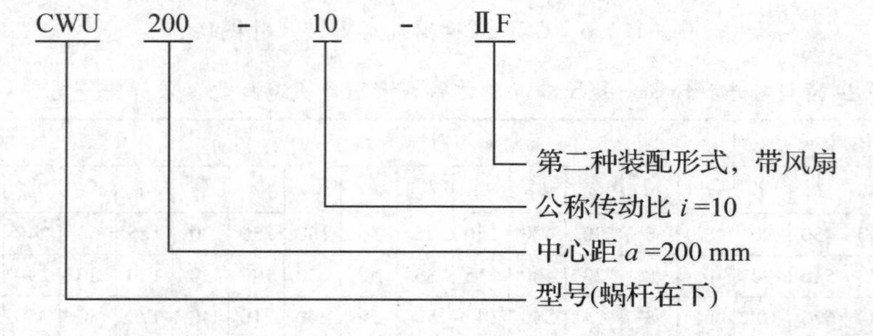

图 1.1.7 标记示例

表 1.1.15 CWU 型减速器技术参数（1）（天津奥博尔减速机械有限公司 www.jsjtj.com）

传动比代号	公称传动比	输入转速 /r·min⁻¹	中心距代号	1	2	3	4	5	6	7	8	9	10	11	12	13	14	15	16
			中心距 /mm	63	80	100	125	140	160	180	200	225	250	280	315	355	400	450	500
			型号	CWU，CWS，CWO															
				额定输入功率 P_1（kW）、额定输出扭矩 T_2（N·m）															
1	5	1500	P_1	3.500	6.388	10.39	25.22	—	44.68	—	64.90	—	98.44	—	141.9	—	202.4	—	—
			T_2	107	180	295	730	—	1300	—	1900	—	2900	—	4200	—	6000	—	—
		1000	P_1	2.978	4.871	8.092	21.28	—	35.59	—	53.68	—	91.75	—	135.7	—	193.6	—	—
			T_2	123	205	345	920	—	1550	—	2350	—	4050	—	6000	—	8600	—	—
		750	P_1	2.577	4.211	7.010	16.40	—	27.73	—	43.06	—	78.56	—	126.4	—	185.9	—	—
			T_2	141	235	395	900	—	1600	—	2500	—	4600	—	7400	—	11000	—	—
		500	P_1	2.120	3.367	5.436	11.64	—	19.81	—	31.23	—	56.14	—	104.2	—	169.4	—	—
			T_2	173	280	455	900	—	1700	—	2700	—	4900	—	9150	—	15000	—	—
2	6.3	1500	P_1	3.198	5.505	9.258	21.37	27.51	38.40	48.46	55.38	69.18	83.77	102.5	121.7	150.5	137.8	—	—
			T_2	114	200	340	800	960	1450	1700	2100	2450	3200	3650	4670	5370	7500	—	—
		1000	P_1	2.422	4.331	7.141	17.96	24.97	31.03	43.85	49.95	64.08	78.53	95.58	114.4	145.3	172.5	—	189.9
			T_2	127	235	390	1000	1300	1750	2300	2750	3400	4500	5100	6580	7770	10500	—	12000
		750	P_1	2.090	3.594	6.138	14.22	19.57	24.73	34.50	37.27	56.05	69.81	88.76	107.2	134.8	166.5	—	183.9
			T_2	146	260	445	1050	1350	1850	2400	2800	4000	5300	6300	8200	9590	13500	—	15500
		500	P_1	1.706	2.955	4.829	10.47	13.65	17.08	24.62	26.64	41.03	50.37	67.32	83.58	112.5	148.1	—	162.7
			T_2	176	315	520	1150	1400	1900	2550	3000	4300	5700	7100	9540	11990	18000	—	20500
3	8	1500	P_1	2.932	4.866	7.628	17.01	24.25	28.44	43.51	48.25	61.38	73.84	91.68	113.6	136.0	166.1	—	—
			T_2	127	230	365	830	1050	1450	1900	2400	2700	3700	4050	5720	6040	8400	—	—
		1000	P_1	2.255	3.908	6.144	13.55	21.70	24.95	39.10	43.65	56.13	67.78	84.52	104.8	126.7	158.2	174.1	—
			T_2	146	275	440	990	1400	1990	2550	3250	3700	5100	5600	7910	8440	1200	12500	—
		750	P_1	1.962	3.334	5.289	12.93	16.96	21.31	30.67	35.01	50.44	62.32	77.46	95.18	114.0	148.9	162.4	—
			T_2	168	310	500	1250	1450	2150	2650	3450	4400	6200	6800	9540	10070	15000	15500	—
		500	P_1	1.647	2.714	4.183	9.322	12.25	15.42	21.93	25.38	35.91	44.70	61.33	79.99	101.7	129.6	147.3	—
			T_2	209	375	590	1350	1550	2300	2800	3700	4650	6600	8000	11920	13420	19500	21000	—
4	10	1500	P_1	2.340	4.056	6.626	14.16	17.30	24.50	32.10	42.10	50.79	59.13	73.68	94.55	140.2	146.2	—	—
			T_2	132	235	390	850	1050	1500	1850	2600	3250	3800	4750	5910	7480	9200	—	—
		1000	P_1	1.800	3.250	5.132	12.78	16.05	21.96	28.62	37.06	43.94	51.10	64.39	87.71	11.24	138.1	162.2	176.0
			T_2	150	275	450	1150	1450	2000	2450	3400	4200	4900	6200	8200	10550	13000	14500	16500
		750	P_1	1.594	2.729	4.401	10.54	12.95	17.41	23.73	28.83	35.14	46.40	57.94	80.74	100.2	132.0	156.0	164.1
			T_2	170	310	510	1250	1550	2100	2700	3500	4450	5900	7400	10010	12470	16500	18500	20500
		500	P_1	1.272	2.203	3.542	7.714	9.355	12.88	16.96	20.87	26.401	35.62	45.57	64.70	82.81	118.1	137.8	147.4
			T_2	209	370	610	1350	1650	2300	2850	3750	4960	6700	8600	11920	15340	22000	24500	27500
5	12.5	1500	P_1	2.036	3.534	5.579	11.27	14.74	19.32	25.36	32.62	42.61	52.23	71.95	79.91	105.1	130.4	—	—
			T_2	137	240	385	800	1000	1400	1800	2450	3050	3850	5200	6100	8050	10000	—	—
		1000	P_1	1.594	2.840	4.465	9.919	13.37	17.63	23.21	29.04	38.43	47.23	66.84	73.88	96.65	127.1	152.5	183.3
			T_2	159	285	460	1050	1350	1900	2450	3250	4100	5200	7200	8300	11030	14500	17000	20500
		750	P_1	1.370	2.432	3.977	8.946	11.91	15.38	21.05	24.93	35.26	44.42	62.16	69.26	91.39	118.3	141.2	174.3
			T_2	182	325	540	1250	1600	2200	2950	3700	5000	6500	8900	10500	13900	18000	21000	26000
		500	P_1	1.126	1.967	3.121	6.794	9.104	11.16	16.00	17.60	27.75	32.91	45.05	55.40	76.37	101.3	126.2	157.3
			T_2	223	390	630	1400	1800	2350	3300	3850	5800	7100	9500	12400	17200	23000	28000	35000
6	16	1500	P_1	1.728	3.019	4.930	11.06	13.63	19.62	23.11	33.22	39.52	46.71	57.25	77.70	94.45	124.2	—	—
			T_2	137	250	415	960	1200	1750	2200	3000	3700	4250	5400	7150	8920	11500	—	—
		1000	P_1	1.359	2.375	3.820	9.651	12.26	16.27	19.81	25.78	30.89	41.99	51.16	72.91	86.88	115.4	127.4	151.4
			T_2	159	290	480	1250	1600	2150	2800	3450	4300	5700	7200	10020	11990	16000	18000	21500
		750	P_1	1.170	2.023	3.326	7.871	9.877	12.97	15.60	20.64	26.61	37.26	45.01	65.59	83.95	106.4	122.6	142.9
			T_2	182	325	550	1350	1700	2250	2900	3650	4900	6700	8400	11920	15340	19500	23000	27000
		500	P_1	0.963	1.664	2.661	5.677	6.930	9.124	11.397	14.868	18.69	27.11	33.09	47.75	61.95	86.09	109.3	128.2
			T_2	223	400	650	1400	1750	2350	3150	3900	5100	7200	9100	12880	16780	23500	30500	36000

表 1.1.16 CWU 型减速器技术参数（2）（天津奥博尔减速机械有限公司 www.jsjtj.com）

传动比代号	公称传动比	输入转速/r·min^{-1}	中心距代号	1	2	3	4	5	6	7	8	9	10	11	12	13	14	15	16
			中心距/mm	63	80	100	125	140	160	180	200	225	250	280	315	355	400	450	500
			型号	CWU，CWS，CWO															
				额定输入功率 P_1（kW）、额定输出扭矩 T_2（N·m）															
7	20	1500	P_1	1.677	2.680	4.210	8.592	11.05	15.12	19.39	24.97	31.94	41.91	51.71	62.42	80.82	98.76	—	—
			T_2	164	285	455	970	1200	1750	2150	2950	3600	5000	5900	7540	9300	12000	—	—
		1000	P_1	1.329	2.094	2.121	7.77	9.301	13.05	16.70	21.97	27.088	37.65	46.95	58.25	75.23	90.42	120.8	142.0
			T_2	191	330	540	1250	1500	2250	2750	3850	4550	6700	8000	10490	12950	16500	22000	26000
		750	P_1	1.147	1.825	2.957	6.915	8.694	11.45	14.75	18.14	24.38	34.87	43.07	52.03	69.41	83.01	113.6	131.5
			T_2	219	380	630	1500	1850	2600	3200	4200	5400	8200	9700	12400	15820	20000	27500	32000
		500	P_1	0.873	1.466	2.278	5.241	6.478	8.613	10.81	13.18	18.06	25.45	31.64	40.69	54.29	72.97	99.09	118.1
			T_2	246	450	710	1650	2000	2850	3450	4500	5900	8800	10500	14310	18220	26000	35500	42500
8	25	1500	P_1	1.205	2.152	3.531	6.526	8.323	11.82	14.19	18.38	22.32	30.80	38.03	51.46	67.70	83.69	—	—
			T_2	141	275	445	890	1150	1600	2050	2650	3300	4500	5600	7340	10070	12500	—	—
		1000	P_1	1.012	1.778	2.896	5.332	6.796	10.42	12.09	16.44	19.86	27.53	35.05	44.90	60.58	74.13	90.13	91.70
			T_2	178	340	540	1100	1400	2100	2600	3500	4350	6000	7700	9540	13420	16500	20500	20500
		750	P_1	0.824	1.516	2.340	4.877	6.108	9.484	11.129	14.76	17.95	25.08	31.69	42.47	57.17	69.46	84.46	85.55
			T_2	191	380	590	1300	1650	2500	3150	4150	5200	7200	9200	11920	16780	20500	25500	25500
		500	P_1	0.600	1.164	1.836	3.575	4.403	6.831	8.050	11.65	14.05	20.11	25.81	35.78	46.72	60.79	74.00	78.62
			T_2	205	435	670	1400	1750	2650	3350	4800	6000	8500	11000	14780	20140	26500	33000	34500
9	31.5	1500	P_1	1.054	1.809	2.901	7.208	8.413	12.14	14.47	21.53	24.69	28.73	35.02	50.41	65.58	—	—	—
			T_2	146	260	430	1100	1350	2000	2550	3600	4300	4900	6200	8780	11500	—	—	—
		1000	P_1	0.829	1.445	2.285	5.730	6.738	9.325	11.13	16.47	18.48	25.65	30.75	46.24	58.96	74.43	95.59	117.0
			T_2	168	305	510	1300	1600	2250	2900	3700	4800	6500	8100	11920	15340	19500	26000	33000
		750	P_1	0.689	1.223	1.973	4.548	5.473	7.469	8.868	11.95	14.91	21.21	25.35	36.44	48.81	68.04	82.46	109.0
			T_2	187	340	570	1350	1700	2350	3000	3850	5000	7000	8800	12400	16780	23500	29500	40500
		500	P_1	0.581	1.021	1.588	3.284	3.879	5.332	6.568	8.700	10.93	15.30	18.47	26.79	34.13	48.87	60.39	79.15
			T_2	228	410	670	1400	1750	2450	3250	4100	5400	7400	9300	13350	17260	25000	32000	43500
10	40	1500	P_1	1.015	1.634	2.559	5.451	6.917	9.506	11.77	15.87	20.10	26.95	33.33	40.55	55.49	67.48	—	—
			T_2	173	300	485	1100	1350	2000	2450	3450	4300	6000	7100	9160	11990	15500	—	—
		1000	P_1	0.780	1.277	2.087	4.670	5.889	8.384	10.35	13.24	17.18	22.99	29.94	37.26	49.51	63.11	81.63	99.56
			T_2	196	345	590	1400	1700	2600	3150	4200	5400	7800	9400	12400	15820	21500	28000	34500
		750	P_1	0.704	1.095	1.812	4.159	5.222	6.691	8.296	10.709	14.08	19.78	24.15	32.39	40.79	57.84	74.94	93.04
			T_2	228	390	670	1600	1950	2200	3300	4450	5800	8500	10000	14310	17260	26000	34000	42500
		500	P_1	0.554	0.884	1.387	3.053	3.770	4.984	6.147	7.662	10.48	14.46	18.34	23.85	30.06	44.58	56.40	70.53
			T_2	259	455	730	1700	2050	2900	3550	4650	6300	9000	11000	15260	18700	29500	37500	47500
11	50	1500	P_1	0.787	1.430	2.182	4.226	5.339	7.295	8.872	12.07	14.44	20.33	25.42	32.07	43.13	53.65	—	—
			T_2	159	310	480	990	1300	1800	2300	3100	3900	5300	6900	8580	11990	15000	—	—
		1000	P_1	0.641	1.144	1.787	3.606	4.439	6.441	7.795	10.48	13.36	18.10	22.34	29.83	39.61	49.63	61.38	65.33
			T_2	191	360	570	1250	1600	2350	3000	4000	5300	7000	9000	11920	16300	20500	26000	28000
		750	P_1	0.525	0.966	1.511	3.221	3.839	5.829	6.992	9.088	11.38	16.18	20.76	27.24	36.30	45.94	57.13	60.92
			T_2	205	405	640	1450	1800	2750	3500	4450	5900	8200	11000	14300	19600	25000	32000	34500
		500	P_1	0.395	0.730	1.117	2.300	2.803	4.326	5.131	6.790	8.235	12.61	15.77	21.44	28.74	38.14	47.08	54.19
			T_2	223	455	700	1500	1900	2950	3700	4850	6200	9200	12000	16220	22530	30500	39000	45500
12	63	1500	P_1	—	1.175	1.782	3.332	4.452	5.650	7.709	9.966	13.17	15.31	20.20	25.06	33.84	45.41	—	—
			T_2	—	280	450	890	1200	1650	2250	3000	3900	4600	6100	7820	10550	1450	—	—
		1000	P_1	—	0.865	1.402	2.488	3.394	4.22	6.359	7.787	11.57	13.39	20.37	22.77	31.32	42.56	50.59	64.58
			T_2	—	300	510	970	1350	1800	2750	3400	5000	5900	8100	10490	14380	20000	24000	31000
		750	P_1	—	0.709	1.152	2.147	2.889	3.691	5.141	6.825	9.659	11.60	15.45	20.40	29.52	37.78	47.20	59.58
			T_2	—	325	550	1100	1500	2050	2900	3900	5500	6700	9100	12400	17740	23500	29500	38000
		500	P_1	—	0.574	0.900	1.701	2.281	2.878	4.251	5.302	7.260	8.564	11.85	15.84	21.75	28.77	35.93	46.28
			T_2	—	390	630	1250	1700	2300	3400	4400	6000	7200	10000	13830	19180	26000	33000	43500

CWU63 ~ CWU100 型减速器外形和安装尺寸如图 1.1.8 所示。

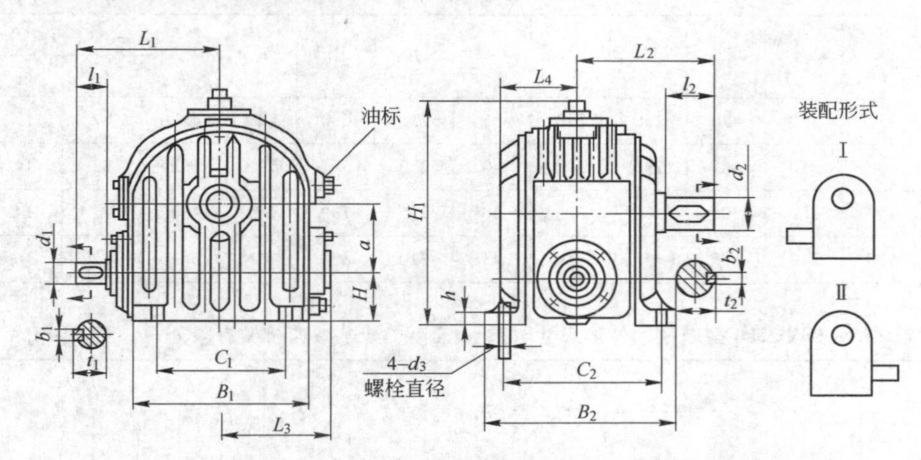

图 1.1.8 CWU63 ~ CWU100 型减速器外形和安装尺寸

表 1.1.17 CWU63 ~ CWU100 型减速器外形尺寸（天津奥博尔减速机械有限公司 www.jsjtj.com）（mm）

型号	a	B_1	B_2	C_1	C_2	h	H	H_1	d_3	$i\leqslant12.5$				
										d_1	l_1	b_1	t_1	L_1
CWU63	63	148	180	115	150	12	54	220	M12	19js6	28	6	21.5	128
CWU80	80	175	200	140	170	15	65	267	M12	24js6	36	8	27	151
CWU100	100	218	230	175	190	15	80	322	M12	28js6	42	8	31	182

CWU125 ~ CWU500 型减速器外形和安装尺寸如图 1.1.9 所示。

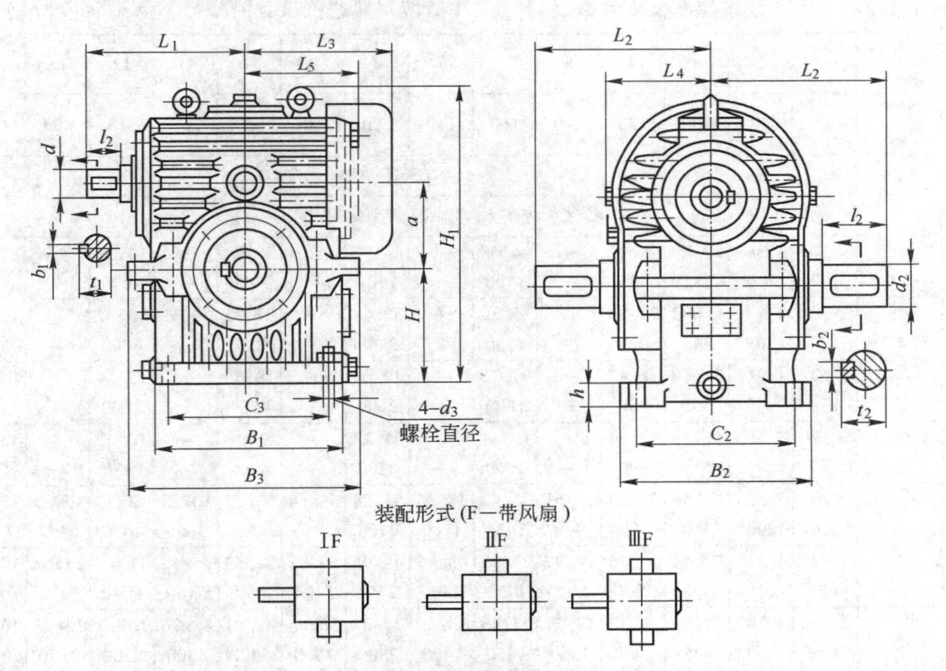

图 1.1.9 CWU125 ~ CWU500 型减速器外形和安装尺寸

表 1.1.18 CWU125 ~ CWU500 型减速器外形尺寸（1）（天津奥博尔减速机械有限公司 www.jsjtj.com）（mm）

型号	a	B_1	B_2	B_3	C_1	C_2	h	H	H_1	d_2	$i\leqslant12.5$				
											d_1	l_1	b_1	t_1	L_1
CWU125	125	260	250	310	220	205	30	155	410	M16	32k6	58	10	35	218
CWU140	140	285	275	345	230	225	30	195	485	M16	38k6	58	10	41	228
CWU160	160	325	300	385	230	250	35	195	510	M16	42k6	82	12	45	277

续表 1.1.18

型　号	a	B_1	B_2	B_3	C_1	C_2	h	H	H_1	d_2	$i \leqslant 12.5$				
											d_1	l_1	b_1	t_1	L_1
CWU180	180	350	320	420	260	270	35	220	600	M20	42k6	82	12	45	292
CWU200	200	400	350	465	280	300	40	250	655	M20	48k6	82	14	51.5	324
CWU225	225	440	380	505	325	325	40	275	700	M20	48k6	82	14	51.5	342
250	250	510	410	575	370	350	45	310	820	M24	55k6	82	16	59	380

表 1.1.19　CWU125～CWU500 型减速器外形尺寸（2）（天津奥博尔减速机械有限公司　www.jsjtj.com）　（mm）

型　号	$i \geqslant 16$					d_2	l_2	b_2	t_2	L_2	L_3	L_4	L_5	质量（不含油）/kg
	d_1	l_1	b_1	t_1	L_1									
CWU125	28js6	42	8	31	202	55k6	82	16	59	222	202	133	153	98
CWU140	28js6	42	8	31	212	60m6	105	18	64	260	220	144	166	110
CWU160	32k6	58	10	35	253	65m6	105	18	69	270	245	156	186	150
CWU180	32k6	58	10	35	268	75m6	105	20	79.5	290	260	173	200	210
CWU200	38k6	58	10	41	300	80m6	130	22	85	325	295	188	235	270
CWU225	38k6	58	10	41	318	90m6	130	25	95	340	320	193	247	335
CWU250	42k6	82	12	45	380	100m6	165	28	106	385	360	210	285	410

表 1.1.20　CWS 型减速器技术参数（1）（天津奥博尔减速机械有限公司　www.jsjtj.com）

传动比代号	公称传动比	输入转速 /r·min^{-1}	中心距代号	1	2	3	4	5	6	7	8	9	10	11	12	13	14	15	16
			中心距 /mm	63	80	100	125	140	160	180	200	225	250	280	315	355	400	450	500
			型号	CWU，CWS，CWO															
			额定输入功率 P_1（kW）、额定输出扭矩 T_2（N·m）																
1	5	1500	P_1	3.500	6.388	10.39	25.22	—	44.68	—	64.90	—	98.44	—	141.9	—	202.4	—	—
			T_2	107	180	295	730	—	1300	—	1900	—	2900	—	4200	—	6000	—	—
		1000	P_1	2.978	4.871	8.092	21.28	—	35.59	—	53.68	—	91.75	—	135.7	—	193.6	—	—
			T_2	123	205	345	920	—	1550	—	2350	—	4050	—	6000	—	8600	—	—
		750	P_1	2.577	4.211	7.010	16.40	—	27.73	—	43.06	—	78.56	—	126.4	—	185.9	—	—
			T_2	141	235	395	900	—	1600	—	2500	—	4600	—	7400	—	11000	—	—
		500	P_1	2.120	3.367	5.436	11.64	—	19.81	—	31.23	—	56.14	—	104.2	—	169.4	—	—
			T_2	173	280	455	900	—	1700	—	2700	—	4900	—	9150	—	15000	—	—
2	6.3	1500	P_1	3.198	5.505	9.258	21.37	27.51	38.40	48.46	55.38	69.18	83.77	102.5	121.7	150.5	137.8	—	—
			T_2	114	200	340	800	960	1450	1700	2100	2450	3200	3650	4670	5370	7500	—	—
		1000	P_1	2.422	4.331	7.141	17.96	24.97	31.03	43.85	49.95	64.08	78.53	95.58	114.4	145.3	172.5	—	189.9
			T_2	127	235	390	1000	1300	1750	2300	2750	3400	4500	5100	6580	7770	10500	—	12000
		750	P_1	2.090	3.594	6.138	14.22	19.57	24.73	34.50	37.27	56.05	69.81	88.76	107.2	134.8	166.5	—	183.9
			T_2	146	260	445	1050	1350	1850	2400	2800	4000	5300	6300	8200	9590	13500	—	15500
		500	P_1	1.706	2.955	4.829	10.47	13.65	17.08	24.62	26.64	41.03	50.37	67.32	83.58	112.5	148.1	—	162.7
			T_2	176	315	520	1150	1400	1900	2550	3000	4300	5700	7100	9540	11990	18000	—	20500
3	8	1500	P_1	2.932	4.866	7.628	17.01	24.25	28.44	43.51	48.25	61.38	73.84	91.68	113.6	136.0	166.1	—	—
			T_2	127	230	365	830	1050	1450	1900	2400	2700	3700	4050	5720	6040	8400	—	—
		1000	P_1	2.255	3.908	6.144	13.55	21.70	24.95	39.10	43.65	56.13	67.78	84.52	104.8	126.7	158.2	174.1	—
			T_2	146	275	440	990	1400	1990	2550	3250	3700	5100	5600	7910	8440	1200	12500	—
		750	P_1	1.962	3.334	5.289	12.93	16.96	21.31	30.67	35.01	50.44	62.32	77.46	95.18	114.0	148.9	162.4	—
			T_2	168	310	500	1250	1450	2150	2650	3450	4400	6200	6800	9540	10070	15000	15500	—
		500	P_1	1.647	2.714	4.183	9.322	12.25	15.42	21.93	25.38	35.91	44.70	61.33	79.99	101.7	129.6	147.3	—
			T_2	209	375	590	1350	1550	2300	2800	3700	4650	6600	8000	11920	13420	19500	21000	—

续表 1.1.20

传动比代号	公称传动比	输入转速/r·min^{-1}	中心距代号	1	2	3	4	5	6	7	8	9	10	11	12	13	14	15	16
			中心距/mm	63	80	100	125	140	160	180	200	225	250	280	315	355	400	450	500
			型号	CWU, CWS, CWO															
			额定输入功率 P_1 (kW)、额定输出扭矩 T_2 (N·m)																
4	10	1500	P_1	2.340	4.056	6.626	14.16	17.30	24.50	32.10	42.10	50.79	59.13	73.68	94.55	140.2	146.2	—	—
			T_2	132	235	390	850	1050	1500	1850	2600	3250	3800	4750	5910	7480	9200	—	—
		1000	P_1	1.800	3.250	5.132	12.78	16.05	21.96	28.62	37.06	43.94	51.10	64.39	87.71	11.24	138.1	162.2	176.0
			T_2	150	275	450	1150	1450	2000	2450	3400	4200	4900	6200	8200	10550	13000	14500	16500
		750	P_1	1.594	2.729	4.401	10.54	12.95	17.41	23.73	28.83	35.14	46.40	57.94	80.74	100.2	132.0	156.0	164.1
			T_2	170	310	510	1250	1550	2100	2700	3500	4450	5900	7400	10010	12470	16500	18500	20500
		500	P_1	1.272	2.203	3.542	7.714	9.355	12.88	16.96	20.87	26.401	35.62	45.57	64.70	82.81	118.1	137.8	147.4
			T_2	209	370	610	1350	1650	2300	2850	3750	4960	6700	8600	11920	15340	22000	24500	27500
5	12.5	1500	P_1	2.036	3.534	5.579	11.27	14.74	19.32	25.36	32.62	42.61	52.23	71.95	79.91	105.1	130.4	—	—
			T_2	137	240	385	800	1000	1400	1800	2450	3050	3850	5200	6100	8050	10000	—	—
		1000	P_1	1.594	2.840	4.465	9.919	13.37	17.63	23.21	29.04	38.43	47.23	66.84	73.88	96.65	127.1	152.5	183.3
			T_2	159	285	460	1050	1350	1900	2450	3250	4100	5200	7200	8300	11030	14500	17000	20500
		750	P_1	1.370	2.432	3.977	8.946	11.91	15.38	21.05	24.93	35.26	44.42	62.16	69.26	91.39	118.3	141.2	174.3
			T_2	182	325	540	1250	1600	2200	2950	3700	5000	6500	8900	10500	13900	18000	21000	26000
		500	P_1	1.126	1.967	3.121	6.794	9.104	11.16	16.00	17.60	27.75	32.91	45.05	55.40	76.37	101.3	126.2	157.3
			T_2	223	390	630	1400	1800	2350	3300	3850	5800	7100	9500	12400	17200	23000	28000	35000
6	16	1500	P_1	1.728	3.019	4.930	11.06	13.63	19.62	23.11	33.22	39.52	46.71	57.25	77.70	94.45	124.2	—	—
			T_2	137	250	415	960	1200	1750	2200	3000	3700	4250	5400	7150	8920	11500	—	—
		1000	P_1	1.359	2.375	3.820	9.651	12.26	16.27	19.81	25.78	30.89	41.99	51.16	72.91	86.88	115.4	127.4	151.4
			T_2	159	290	480	1250	1600	2150	2800	3450	4300	5700	7200	10020	11990	16000	18000	21500
		750	P_1	1.170	2.023	3.326	7.871	9.877	12.97	15.60	20.64	26.61	37.26	45.01	65.59	83.95	106.4	122.6	142.9
			T_2	182	325	550	1350	1700	2250	2900	3650	4900	6700	8400	11920	15340	19500	23000	27000
		500	P_1	0.963	1.664	2.661	5.677	6.930	9.124	11.397	14.868	18.69	27.11	33.09	47.75	61.95	86.09	109.3	128.2
			T_2	223	400	650	1400	1750	2350	3150	3900	5100	7200	9100	12880	16780	23500	30500	36000

表 1.1.21 CWS 型减速器技术参数（2）（天津奥博尔减速机械有限公司 www.jsjtj.com）

传动比代号	公称传动比	输入转速/r·min^{-1}	中心距代号	1	2	3	4	5	6	7	8	9	10	11	12	13	14	15	16
			中心距/mm	63	80	100	125	140	160	180	200	225	250	280	315	355	400	450	500
			型号	CWU, CWS, CWO															
			额定输入功率 P_1 (kW)、额定输出扭矩 T_2 (N·m)																
7	20	1500	P_1	1.677	2.680	4.210	8.592	11.05	15.12	19.39	24.97	31.94	41.91	51.71	62.42	80.82	98.76	—	—
			T_2	164	285	455	970	1200	1750	2150	2950	3600	5000	5900	7540	9300	12000	—	—
		1000	P_1	1.329	2.094	2.121	7.77	9.301	13.05	16.70	21.97	27.088	37.65	46.95	58.25	75.23	90.42	120.8	142.0
			T_2	191	330	540	1250	1500	2250	2750	3850	4550	6700	8000	10490	12950	16500	22000	26000
		750	P_1	1.147	1.825	2.957	6.915	8.694	11.45	14.75	18.14	24.38	34.87	43.07	52.03	69.41	83.01	113.6	131.5
			T_2	219	380	630	1500	1850	2600	3200	4200	5400	8200	9700	12400	15820	20000	27500	32000
		500	P_1	0.873	1.466	2.278	5.241	6.478	8.613	10.81	13.18	18.06	25.45	31.64	40.69	54.29	72.97	99.09	118.1
			T_2	246	450	710	1650	2000	2850	3450	4500	5900	8800	10500	14310	18220	26000	35500	42500
8	25	1500	P_1	1.205	2.152	3.531	6.526	8.323	11.82	14.19	18.38	22.32	30.80	38.03	51.46	67.70	83.69	—	—
			T_2	141	275	445	890	1150	1600	2050	2650	3300	4500	5600	7340	10070	12500	—	—
		1000	P_1	1.012	1.778	2.896	5.332	6.796	10.42	12.09	16.44	19.86	27.53	35.05	44.90	60.58	74.13	90.13	91.70
			T_2	178	340	540	1100	1400	2100	2600	3500	4350	6000	7700	9540	13420	16500	20500	20500
		750	P_1	0.824	1.516	2.340	4.877	6.108	9.484	11.129	14.76	17.95	25.08	31.69	42.47	57.17	69.46	84.46	85.55
			T_2	191	380	590	1300	1650	2500	3150	4150	5200	7200	9200	11920	16780	20500	25500	25500
		500	P_1	0.600	1.164	1.836	3.575	4.403	6.831	8.050	11.65	14.05	20.11	25.81	35.78	46.72	60.79	74.00	78.62
			T_2	205	435	670	1400	1750	2650	3350	4800	6000	8500	11000	14780	20140	26500	33000	34500
9	31.5	1500	P_1	1.054	1.809	2.901	7.208	8.413	12.14	14.47	21.53	24.69	28.73	35.02	50.41	65.58	—	—	—
			T_2	146	260	430	1100	1350	2000	2550	3600	4300	4900	6200	8780	11500	—	—	—
		1000	P_1	0.829	1.445	2.285	5.730	6.738	9.325	11.13	16.47	18.48	25.65	30.75	46.24	58.96	74.43	95.59	117.0
			T_2	168	305	510	1300	1600	2250	2900	3700	4800	6500	8100	11920	15340	19500	26000	33000
		750	P_1	0.689	1.223	1.973	4.548	5.473	7.469	8.868	11.95	14.91	21.21	25.35	36.44	48.81	68.04	82.46	109.0
			T_2	187	340	570	1350	1700	2350	3000	3850	5000	7000	8800	12400	16780	23500	29500	40500
		500	P_1	0.581	1.021	1.588	3.284	3.879	5.332	6.568	8.700	10.93	15.30	18.47	26.79	34.13	48.87	60.39	79.15
			T_2	228	410	670	1400	1750	2450	3250	4100	5400	7400	9300	13350	17260	25000	32000	43500

续表 1.1.21

传动比代号	公称传动比	输入转速 /r·min⁻¹	中心距代号	1	2	3	4	5	6	7	8	9	10	11	12	13	14	15	16
			中心距 /mm	63	80	100	125	140	160	180	200	225	250	280	315	355	400	450	500
			型号	CWU, CWS, CWO															
				额定输入功率 P_1（kW）、额定输出扭矩 T_2（N·m）															
10	40	1500	P_1	1.015	1.634	2.559	5.451	6.917	9.506	11.77	15.87	20.10	26.95	33.33	40.55	55.49	67.48	—	—
			T_2	173	300	485	1100	1350	2000	2450	3450	4300	6000	7100	9160	11990	15500	—	—
		1000	P_1	0.780	1.277	2.087	4.670	5.889	8.384	10.35	13.24	17.18	22.99	29.94	37.26	49.51	63.11	81.63	99.56
			T_2	196	345	590	1400	1700	2600	3150	4200	5400	7800	9400	12400	15820	21500	28000	34500
		750	P_1	0.704	1.095	1.812	4.159	5.222	6.691	8.296	10.709	14.08	19.78	24.15	32.39	40.79	57.84	74.94	93.04
			T_2	228	390	670	1600	1950	2200	3300	4450	5800	8500	10000	14310	17260	26000	34000	42500
		500	P_1	0.554	0.884	1.387	3.053	3.770	4.984	6.147	7.662	10.48	14.46	18.34	23.85	30.06	44.58	56.40	70.53
			T_2	259	455	730	1700	2050	2900	3550	4650	6300	9000	11000	15260	18700	29500	37500	47500
11	50	1500	P_1	0.787	1.430	2.182	4.226	5.339	7.295	8.872	12.07	14.44	20.33	25.42	32.07	43.13	53.65	—	—
			T_2	159	310	480	990	1300	1800	2300	3100	3900	5300	6900	8580	11990	15000	—	—
		1000	P_1	0.641	1.144	1.787	3.606	4.439	6.441	7.795	10.48	13.36	18.10	22.34	29.83	39.61	49.63	61.38	65.33
			T_2	191	360	570	1250	1600	2350	3000	4000	5300	7000	9000	11920	16300	20500	26000	28000
		750	P_1	0.525	0.966	1.511	3.221	3.839	5.829	6.992	9.088	11.38	16.18	20.76	27.24	36.30	45.94	57.13	60.92
			T_2	205	405	640	1450	1800	2750	3500	4450	5900	8200	11000	14300	19600	25000	32000	34500
		500	P_1	0.395	0.730	1.117	2.300	2.803	4.326	5.131	6.790	8.235	12.61	15.77	21.44	28.74	38.14	47.08	54.19
			T_2	223	455	700	1500	1900	2950	3700	4850	6200	9200	12000	16220	22530	30500	39000	45500
12	63	1500	P_1	—	1.175	1.782	3.332	4.452	5.650	7.709	9.966	13.17	15.31	20.20	25.06	33.84	45.41	—	—
			T_2	—	280	450	890	1200	1650	2250	3000	3900	4600	6100	7820	10550	1450	—	—
		1000	P_1	—	0.865	1.402	2.488	3.394	4.22	6.359	7.787	11.57	13.39	20.37	22.77	31.32	42.56	50.59	64.58
			T_2	—	300	510	970	1350	1800	2750	3400	5000	5900	8100	10490	14380	20000	24000	31000
		750	P_1	—	0.709	1.152	2.147	2.889	3.691	5.141	6.825	9.659	11.60	15.45	20.40	29.52	37.78	47.20	59.58
			T_2	—	325	550	1100	1500	2050	2900	3900	5500	6700	9100	12400	17740	23500	29500	38000
		500	P_1	—	0.574	0.900	1.701	2.281	2.878	4.251	5.302	7.260	8.564	11.85	15.84	21.75	28.77	35.93	46.28
			T_2	—	390	630	1250	1700	2300	3400	4400	6000	7200	10000	13830	19180	26000	33000	43500

CWS63 ~ CWS100 型减速器外形和安装尺寸如图 1.1.10 所示。

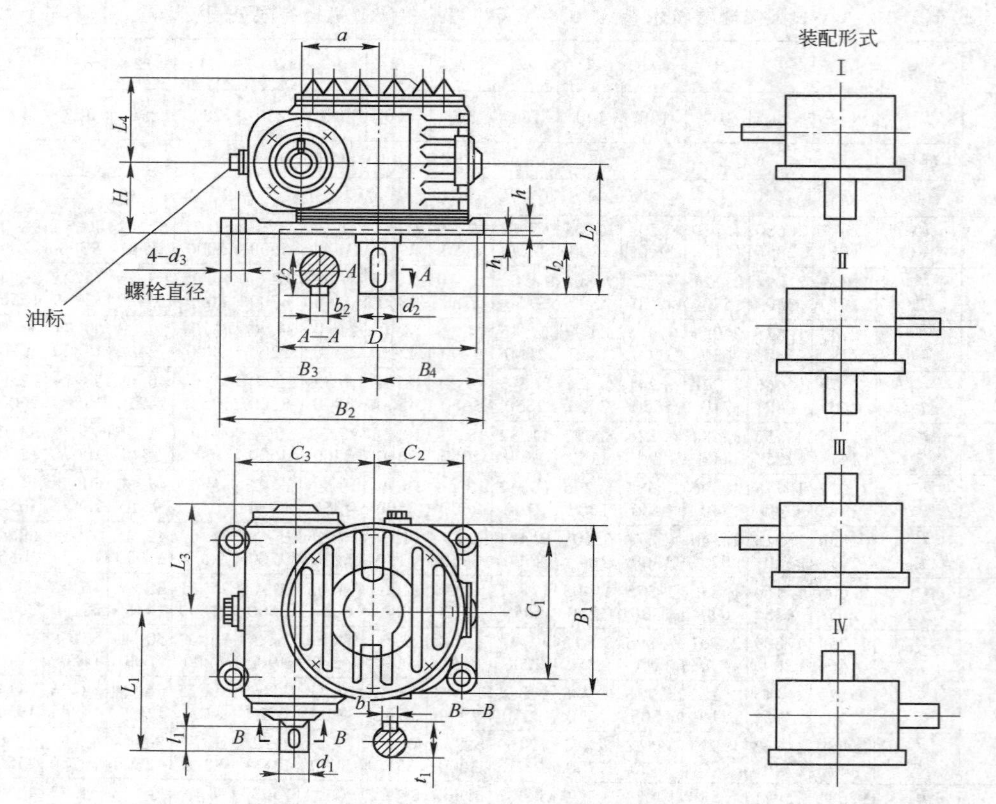

图 1.1.10　CWS63 ~ CWS100 型减速器外形和安装尺寸

表 1.1.22 CWS63～CWS100 型减速器外形尺寸（1）（天津奥博尔减速机械有限公司 www.jsjtj.com） (mm)

型号	a	B_1	B_2	B_3	B_4	C_1	C_2	C_3	D	h	h_1	$i \leqslant 12.5$				
												d_1	l_1	b_1	t_1	L_1
CWS63	63	155	245	140	105	125	90	125	190	23	5	19js6	28	6	21.5	128
CWS80	80	180	270	160	110	150	95	145	210	23	5	24js6	36	8	27	151
CWS100	100	220	325	200	125	190	110	185	240	23	5	28js6	42	8	31	182

表 1.1.23 CWS63～CWS100 型减速器外形尺寸（2）（天津奥博尔减速机械有限公司 www.jsjtj.com） (mm)

型号	$i \geqslant 16$					d_2	l_2	b_2	t_2	L_2	L_3	L_4	H	d_3	质量/kg（不含油）
	d_1	l_1	b_1	t_1	L_1										
CWS63	19js6	28	6	21.5	128	32k6	58	10	35	135	97	70	75	M12	19
CWS80	24js6	36	8	27	151	38k6	58	10	41	143	110	81	80	M12	28
CWS100	24js6	36	8	27	176	42k6	82	12	45	182	130	95	95	M12	42.5

CWS125～CWS500 型减速器外形和安装尺寸如图 1.1.11 所示。

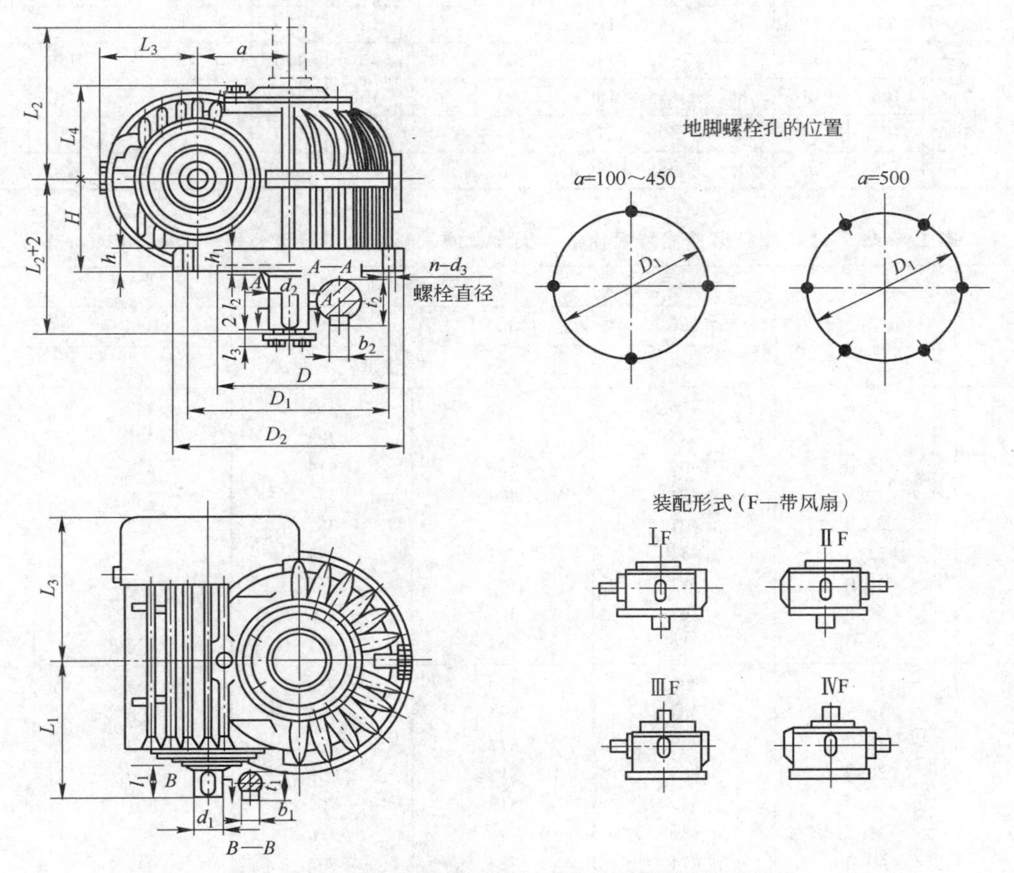

图 1.1.11 CWS125～CWS500 型减速器外形和安装尺寸

表 1.1.24 CWS125～CWS500 型减速器外形尺寸（天津奥博尔减速机械有限公司 www.jsjtj.com） (mm)

型号	a	D	D_1	D_2	L_3	L_4	L_5	h	h_1	H	$i \leqslant 12.5$				
											d_1	l_1	b_1	t_1	L_1
CWS125	125	230	280	320	202	134	125	32	8	132	32k6	58	10	35	218
CWS160	160	300	360	400	245	157	142	32	8	160	42k6	82	12	45	277
CWS200	200	370	435	480	295	181	180	38	8	190	48k6	82	14	51.5	324
CWS250	250	470	540	600	360	210	210	40	8	212	55k6	82	16	59	380
CWS280	280	550	640	700	390	226	215	45	8	225	60m6	105	18	64	430

续表 1.1.24

型 号	a	D	D_1	D_2	L_3	L_4	L_5	h	h_1	H	$i\leqslant 12.5$				
											d_1	l_1	b_1	t_1	L_1
CWS315	315	605	700	760	430	243	235	50	10	250	65m6	105	18	69	470
CWS355	355	700	805	880	480	256	235	55	10	265	70m6	105	20	74.5	515
CWS400	400	765	875	950	515	278	247	60	10	265	75m6	105	20	79.5	545
CWS450	450	875	990	1070	565	300	275	65	10	315	80m6	130	22	85	625
CWS500	500	1000	1100	1180	655	344	300	75	10	375	90m6	130	25	95	680

型 号	$i\geqslant 16$					d_2	l_2	b_2	t_2	L_2	l_3	地脚螺栓		质量（不含油）/kg
	d_1	l_1	b_1	t_1	L_1							d_3	n	
CWS125	28js6	42	8	31	202	55k6	82	16	59	222	14	M12	4	95
CWS160	32k6	58	10	35	253	65m6	105	18	69	270	15	M16	4	150
CWS200	38k6	58	10	41	300	80m6	130	22	85	325	17	M16	4	270
CWS250	42k6	82	12	45	380	100m6	165	28	106	385	17	M20	4	410
CWS280	48k6	82	14	51.5	407	110m6	165	28	116	405	17	M24	4	550
CWS315	48k6	82	14	51.5	447	120m6	165	32	127	420	17	M24	4	750
CWS355	55k6	82	16	59	492	130m6	200	32	137	470	17	M30	4	930
CWS400	60m6	105	18	64	545	150m6	200	36	158	490	24	M30	4	1200
CWS450	65m6	105	18	69	600	170m6	240	40	179	560	24	M36	4	1650
CWS500	70m6	105	20	74.5	655	190m6	280	45	200	640	24	M30	6	2190

表 1.1.25 TPG 蜗杆减速器技术参数（天津奥博尔减速机械有限公司 www.jsjtj.com）

中心距 a/mm	传动比 i	输入轴转速 n_1/r·min^{-1}				
		500	600	750	1000	1500
		输出转矩 T_2/N·m				
80	10.0	416	391	363	330	282
	12.5	424	402	383	351	295
	16.0	450	434	414	379	319
	20.0	424	404	374	348	296
	25.0	421	402	382	353	297
	31.5	411	394	389	353	301
	40.0	381	361	352	313	274
	50.0	368	350	336	311	263
	63.0	386	361	371	327	276
100	10.0	833	740	738	667	487
	12.5	863	804	763	686	569
	16.0	920	872	833	752	616
	20.0	855	815	758	690	580
	25.0	852	813	769	701	587
	31.5	836	796	776	707	592
	40.0	771	731	704	649	540
	50.0	740	719	681	624	523
	63.0	781	748	721	659	550
125	10.0	1574	1431	1376	1234	1012
	12.5	1625	1497	1424	1279	1022
	16.0	1744	1662	1554	1418	1138
	20.0	1649	1554	1406	1292	1054
	25.0	1622	1529	1448	1303	1066
	31.5	1590	1502	1460	1315	1076
	40.0	1465	1383	1330	1200	979
	50.0	1416	1353	1288	1157	947
	63.0	1485	1401	1352	1221	998

续表 1.1.25

中心距 a/mm	传动比 i	输入轴转速 n_1/r · min^{-1}				
		500	600	750	1000	1500
		输出转矩 T_2/N · m				
160	10.0	3254	3025	2808	2480	1995
	12.5	3344	3141	2918	2593	2098
	16.0	3600	3411	3194	2846	2345
	20.0	3375	3217	2920	2615	2129
	25.0	3360	3223	3018	2659	2150
	31.5	3296	3148	3016	2700	2166
	40.0	3032	2896	2751	2444	1978
	50.0	2924	2841	2661	2361	1906
	63.0	3074	2941	2806	2489	2009
200	10.0	6032	5565	5106	4521	3487
	12.5	6311	5797	5336	4599	3703
	16.0	6670	6350	5754	4990	3969
	20.0	6338	5891	5286	4603	3704
	25.0	6199	5789	5343	4752	3749
	31.5	6125	5706	5384	4796	3791
	40.0	5607	5264	4919	4370	3462
	50.0	5486	5140	4755	4229	3327
	63.0	5942	5322	5006	4446	3503
250	10.0	10710	9857	9135	7909	6220
	12.5	10875	10374	9569	8185	6657
	16.0	12132	11378	10386	8888	7049
	20.0	11476	10583	9454	8332	6614
	25.0	11415	10596	9732	8473	6689
	31.5	11225	10439	9829	8561	7353
	40.0	10301	9623	8165	7793	6170
	50.0	10026	9461	8697	7545	5968
	63.0	10523	9791	9095	7482	6284
315	10.0	20531	18704	17717	14281	11316
	12.5	21706	19579	17561	15073	11933
	16.0	22807	21048	19258	16703	12924
	20.0	21624	19904	17592	15163	11958
	25.0	21683	20039	18168	15788	12339
	31.5	21349	19700	18353	15940	12308
	40.0	19621	18163	16722	14547	11213
	50.0	18952	17789	16208	14443	10996
	63.0	19893	18380	17135	15298	11587
400	10.0	39025	37673	33126	28201	21757
	12.5	41954	38961	34961	29441	22768
	16.0	46214	42106	38161	32667	25055
	20.0	43614	39703	35055	30158	22977
	25.0	42595	49424	35867	30774	23348
	31.5	42053	38855	36066	31129	23615
	40.0	38634	35397	32927	28446	21587
	50.0	37314	35019	31952	27559	20874
	63.0	39072	36391	33642	29032	22006
500	10.0	69181	62115	55330	46382, 48519	35214
	12.5	71595	65363	53247		36353
	16.0	77939	70237	63733		40867
	20.0	72547	67338	59045		37410
	25.0	73264	67894	61458		39404
	31.5	72352	66108	61895		39716
	40.0	66450	61738	56446		36369
	50.0	64677	60493	55074		35191
	63.0	68066	62841	57755		36953

表 1.1.26　TPG 减速器选型参数（天津奥博尔减速机械有限公司　www.jsjtj.com）

型　号		中心距 a/mm												
TPG	第一系列	80	100	—	—	—	—	—	—	—	—	—	—	—
	第二系列	—	—	—	—	—	—	—	—	—	—	—	—	—
TPU	第一系列	125	—	160	—	200	—	250	—	315	—	400	—	500
	第二系列	—	140	—	180	—	224	—	280	—	355	—	450	—
TPS	第一系列	125	—	160	—	200	—	250	—	315	—	400	—	500
	第二系列	—	140	—	180	—	224	—	280	—	355	—	450	—
TPA	第一系列	125	—	160	—	200	—	250	—	315	—	400	—	500
	第二系列	—	140	—	180	—	224	—	280	—	355	—	450	—

注：优先选用第一系列，表中第二系列的中心距仅提出形式规格。

表 1.1.27　TP 型减速器的公称传动比 i（天津奥博尔减速机械有限公司　www.jsjtj.com）

型　号	TPG，TPU，TPS，TPA								
公称传动比 i	10	12.5	16	20	25	31.5	40	50	63

TPG 型减速机外形和安装尺寸如图 1.1.12 所示。

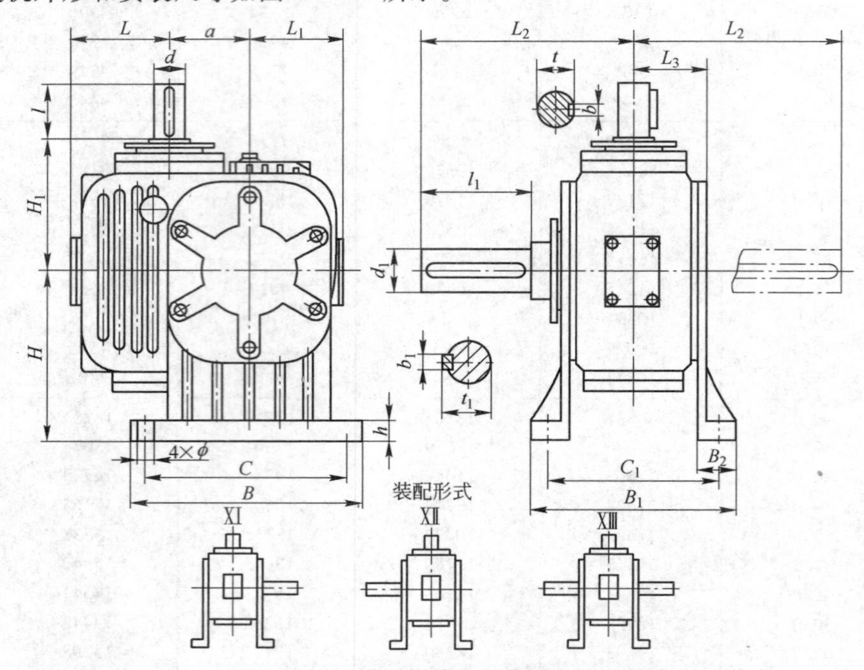

图 1.1.12　TPG 型减速机外形和安装尺寸

表 1.1.28　TPG 型减速机外形尺寸（天津奥博尔减速机械有限公司　www.jsjtj.com）　　（mm）

型　号	a	B	B_1	C	C_1	H_1	H	B_2	L	L_1	L_2	L_3	l	l_1	d	d_1	t	t_1	b	b_1	h	ϕ	质量/kg
TPG80	80	230	242	220	206	143	180	50	100	98	210	86	58	110	35	45	38	48.5	10	14	18	19	53
TPG100	100	270	284	220	240	172	210	58	106	123	235	100	82	110	40	55	43	59	12	16	20	19	85

HWT 蜗轮减速机标记示例如图 1.1.13 所示。

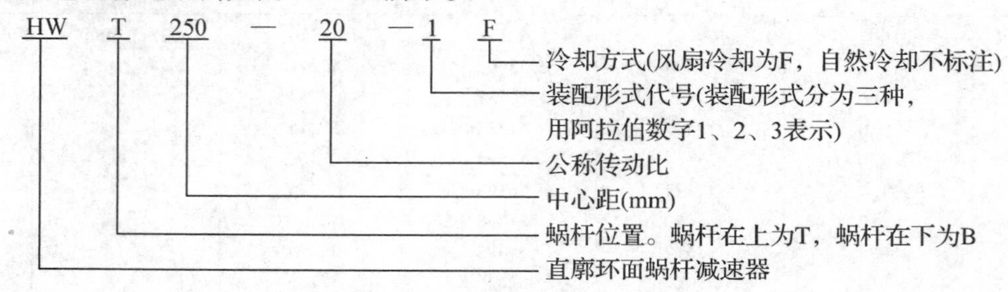

图 1.1.13　HWT 蜗轮减速机标记示例

表 1.1.29 HWT 减速器技术参数（天津奥博尔减速机械有限公司 www.jsjtj.com）

公称传动比 i	输入转速 n_1/r·min^{-1}	中心距/mm											中心距/mm										
		100	125	160	200	250	280	315	355	400	450	500	100	125	160	200	250	280	315	355	400	450	500
		许用输入热功率 P_c/kW											总传动效率 η/%										
10	1500	6.5	11	19	31	50	65	84	100	125	150	185	88.61	89.87	90.90	89.83	91.94	91.62	91.78	92.06	91.84	94.03	93.98
	1000	5.1	8.2	15	25	40	54	70	84	100	120	145	87.72	88.78	89.43	88.65	90.64	90.43	90.67	90.69	90.53	92.66	92.64
	750	4.3	7.1	12	21	34	43	54	70	86	100	125	87.15	88.00	88.59	87.99	90.01	89.92	90.17	90.02	89.87	92.01	91.99
	500	3.2	5.6	8.6	16	26	32	40	50	65	80	92	87.08	86.74	87.70	87.11	89.03	88.98	89.01	88.96	88.83	90.91	90.95
	300	2.2	3.9	6.4	11	19	24	31	37	45	58	70	85.37	83.13	86.90	86.05	87.90	88.00	87.93	87.95	87.89	89.82	90.01
12.5	1500	5.9	9.6	17	29	45	58	75	92	115	135	155	87.69	87.90	88.97	89.07	91.06	90.83	90.80	91.01	90.84	92.92	92.96
	1000	4.6	7.5	13	23	36	45	56	75	92	115	130	85.98	86.57	87.39	87.62	89.63	89.55	89.54	89.55	89.49	91.51	91.61
	750	3.9	6.6	11	19	31	38	47	64	78	94	115	85.18	85.79	86.83	86.78	88.93	88.93	88.92	88.83	88.81	90.81	90.92
	500	3.0	5.0	8	14	23	29	36	45	58	73	88	85.47	85.07	85.93	86.10	88.03	87.92	88.20	87.92	87.84	89.87	89.98
	300	2.0	3.5	5.7	9.2	17	22	28	35	40	50	67	83.16	82.62	83.97	83.91	85.97	86.00	85.91	86.19	86.22	87.74	87.93
14	1500	5.4	8.8	15	27	42	55	72	88	107	130	152	86.59	85.83	87.42	87.54	89.39	89.39	89.34	89.52	89.45	91.45	91.49
	1000	4.3	7.0	12	21	33	42	53	72	86	106	125	85.41	84.92	86.35	86.18	88.11	88.08	87.90	88.23	88.08	89.98	90.00
	750	3.6	6.2	10	18	28	35	45	60	74	90	107	84.78	84.26	85.80	85.37	87.50	87.38	87.13	87.62	87.42	89.26	89.29
	500	2.8	4.7	7.5	13	21	27	35	42	54	69	83	83.92	83.85	84.08	84.51	86.48	86.45	86.45	86.42	86.24	88.38	88.40
	300	1.8	3.2	5.3	8.6	15	20	26	33	38	48	62	81.00	80.13	81.51	81.46	83.38	83.43	83.40	83.41	83.75	85.51	85.40
16	1500	5.0	8.1	14	25	39	53	70	84	100	125	150	86.32	85.58	87.26	87.11	88.90	89.01	89.22	89.20	88.82	90.84	90.90
	1000	4.0	6.7	11	20	31	39	50	70	80	98	120	84.70	84.58	85.83	85.78	87.52	87.73	87.52	87.67	87.50	89.72	89.56
	750	3.4	5.8	9.0	17	26	34	43	54	71	85	100	83.55	83.96	84.90	84.99	86.83	86.99	86.56	86.88	86.77	89.10	88.84
	500	2.6	4.3	7.0	12	20	26	34	40	50	65	78	84.05	83.20	84.32	84.13	85.83	86.02	86.00	86.31	85.94	88.02	86.37
	300	1.6	3.0	5.0	8.0	14	19	25	31	37	46	58	81.06	79.64	81.26	81.07	82.87	83.05	83.00	82.99	82.84	84.71	85.05
18	1500	4.5	7.4	13	22	35	46	60	77	92	112	135	85.50	84.43	86.24	85.89	87.96	87.88	87.76	87.69	87.80	89.83	89.91
	1000	3.6	6.0	10	17	28	35	45	60	75	91	110	84.26	83.65	84.66	84.60	86.51	86.46	86.51	86.51	86.47	88.60	88.52
	750	3.0	5.1	8.2	15	24	30	39	48	63	79	95	83.59	83.13	83.80	83.98	85.93	85.93	86.00	86.06	85.99	88.13	87.98
	500	2.3	4.0	6.5	10	18	23	30	37	45	57	73	82.08	82.47	82.95	82.97	84.95	84.98	84.98	84.64	84.90	87.03	87.12
	300	165	2.7	4.5	7.4	12	16	22	28	34	42	53	79.39	78.13	79.13	78.95	81.10	80.90	80.92	80.94	81.24	82.93	82.76
20	1500	4.0	6.7	12	19	32	40	50	70	85	100	125	83.80	83.70	84.92	84.94	87.00	96.97	86.90	86.90	87.07	88.93	88.92
	1000	3.2	5.4	9.0	15	26	32	40	50	70	85	100	82.62	82.47	83.58	83.56	85.53	85.61	85.59	85.40	85.55	87.71	87.68
	750	2.7	4.5	7.5	13	22	28	36	43	55	73	90	81.84	81.63	82.91	82.93	84.88	84.95	84.97	84.63	84.78	87.10	87.06
	500	2.1	3.5	6.0	9.0	16	21	27	34	40	50	68	80.37	80.94	81.46	81.82	83.96	83.93	93.92	83.94	83.82	85.86	85.81
	300	1.4	2.4	4.0	6.7	11	15	19	25	31	38	48	75.95	75.93	78.13	77.92	80.12	79.99	79.93	79.96	79.93	81.88	82.21
22.4	1500	3.7	6.3	10	18	30	38	48	65	81	97	120	83.54	82.38	83.84	84.02	86.06	85.99	85.98	86.16	86.01	88.02	87.98
	1000	3.0	5.0	8.2	14	24	30	39	47	65	80	96	82.18	81.44	82.97	82.50	84.69	84.69	84.71	84.86	84.70	86.58	86.58
	750	2.5	4.2	7.0	12	20	26	34	40	51	69	85	81.72	80.54	82.47	81.72	83.95	83.95	84.01	84.18	83.97	85.81	85.81
	500	1.9	3.2	5.5	8.5	15	20	25	32	38	47	64	81.06	79.89	80.89	81.14	82.96	82.88	82.93	82.99	82.70	84.98	84.88
	300	1.3	2.2	3.7	6.3	10	14	18	23	29	36	44	76.45	75.59	76.88	77.18	78.84	79.06	78.96	79.01	78.94	81.11	81.19
25	1500	3.5	6.0	9.0	17	28	36	46	60	78	94	115	83.22	82.60	84.03	83.97	86.03	85.96	85.96	85.77	85.81	87.97	87.86
	1000	2.7	4.7	7.5	13	23	29	38	45	60	76	92	81.68	81.83	82.78	82.62	84.70	84.59	84.59	84.60	84.37	86.60	86.57
	750	2.3	4.0	6.5	11	19	25	33	38	48	65	86	80.54	81.47	82.17	81.90	84.04	83.86	83.94	83.99	83.67	85.93	85.92
	500	1.8	3.0	5.0	8.0	15	19	24	30	37	45	60	80.32	79.75	80.56	81.01	82.95	82.99	83.01	82.89	82.58	84.89	84.94
	300	1.2	2.0	3.5	6.0	9.0	13	18	22	28	35	40	74.36	75.58	77.48	77.22	78.87	78.92	79.00	78.91	78.93	80.86	80.89

续表 1.1.29

公称传动比 i	输入转速 n_1 /r·min^{-1}	中心距/mm											中心距/mm										
		100	125	160	200	250	280	315	355	400	450	500	100	125	160	200	250	280	315	355	400	450	500
		许用输入热功率 P_e/kW											总传动效率 η/%										
28	1500	3.2	5.4	8.5	15	26	33	43	55	74	90	107	81.27	80.81	81.94	82.16	83.92	83.89	84.02	83.92	83.70	86.00	86.04
	1000	2.5	4.3	7.1	12	21	27	35	42	55	73	88	79.40	79.20	80.54	80.74	82.57	82.59	82.58	82.54	82.36	84.59	84.62
	750	2.1	3.7	6.1	10	18	23	30	37	45	60	76	78.33	78.31	79.31	80.12	81.94	81.96	81.89	81.94	81.76	83.96	83.97
	500	1.6	2.8	4.7	7.6	13	17	22	28	35	43	55	77.61	77.67	78.05	78.11	79.98	80.00	79.96	79.96	79.98	82.01	81.77
	300	1.1	1.9	3.2	5.5	8.5	12	16	20	26	33	39	71.07	73.57	73.61	73.86	75.81	75.87	75.94	76.02	75.98	77.98	77.73
31.5	1500	3.0	5.1	8.1	14	25	31	40	50	70	86	100	79.61	78.96	80.06	79.85	81.82	82.06	81.97	81.95	82.08	83.76	84.08
	1000	2.4	4.0	6.7	11	20	26	33	40	50	70	83	78.30	77.36	78.60	78.78	80.66	80.70	80.73	80.70	80.68	82.82	82.85
	750	1.9	3.4	5.8	9.2	17	21	27	36	43	55	72	77.74	76.46	77.60	78.18	79.90	79.87	79.96	80.00	79.85	82.25	82.11
	500	1.4	2.6	4.3	7.2	12	16	21	27	34	41	50	75.23	73.05	75.43	74.96	77.05	77.00	76.88	76.91	76.96	78.97	78.89
	300	1.0	1.8	3.0	5.1	8.0	11	15	19	25	32	38	72.28	71.98	71.30	72.30	74.11	73.98	74.17	73.93	74.02	75.97	76.12
35.5	1500	2.7	4.6	7.4	13	22	29	37	46	62	80	94	77.94	76.93	78.06	77.95	80.01	80.01	79.88	80.01	80.12	81.78	81.80
	1000	2.2	3.6	6.1	10	18	23	30	38	46	60	78	76.78	75.86	76.49	76.50	78.50	78.49	78.52	78.52	78.58	80.26	80.59
	750	1.7	3.1	5.2	8.4	15	19	25	33	40	50	65	75.94	75.55	75.66	75.96	77.96	77.91	78.02	77.97	78.00	79.71	80.17
	500	1.3	2.6	4.0	6.6	11	14	19	24	31	38	46	72.55	72.43	73.03	73.18	74.99	75.05	74.98	74.92	74.93	77.13	77.17
	300	0.9	1.6	2.8	4.5	7.3	10	13	17	22	29	35	66.03	69.04	68.99	68.53	70.79	70.82	70.93	71.01	70.91	72.92	73.29
40	1500	2.4	4.1	6.8	12	20	26	34	42	54	73	89	74.29	75.36	76.25	76.20	77.95	78.01	77.96	77.92	77.98	79.79	79.71
	1000	1.9	3.3	5.6	9.0	16	22	27	35	43	53	72	72.68	74.01	74.51	74.58	76.71	76.76	76.61	76.61	76.65	78.56	78.65
	750	1.5	2.8	4.7	7.6	13	18	24	30	37	45	58	71.62	73.05	73.80	73.90	76.04	76.06	75.92	75.96	75.99	77.93	78.12
	500	1.2	2.2	3.5	6.0	9.4	13	17	22	28	35	42	70.60	70.42	71.20	71.06	72.94	72.86	73.00	72.94	72.96	74.99	74.75
	300	0.8	1.5	2.6	4.0	6.7	9.1	12	16	20	26	32	63.84	65.29	66.22	66.79	69.06	68.91	68.83	68.86	68.94	70.98	70.94
45	1500	2.2	3.7	6.4	11	18	24	31	39	49	66	83	73.18	72.86	73.76	74.09	75.88	75.91	76.02	76.01	75.92	77.77	78.07
	1000	1.7	3.0	5.1	8.3	14	19	25	32	40	50	66	72.23	71.35	72.79	72.98	74.73	74.85	74.79	74.82	74.80	76.71	76.65
	750	1.3	2.5	4.3	7.2	12	16	22	27	34	42	53	71.47	70.24	72.08	72.05	73.92	74.07	73.97	74.02	74.01	75.96	75.72
	500	1.0	2.0	3.2	5.5	8.7	12	16	20	26	32	40	69.08	67.93	69.38	69.80	72.18	71.82	72.00	72.02	72.02	73.94	73.96
	300	0.7	1.3	2.3	3.8	6.2	8.4	11	15	18	24	30	62.19	63.49	65.21	64.57	66.96	66.95	66.85	66.93	67.00	69.00	68.93
50	1500	2.0	3.4	6.0	9.8	17	22	29	36	45	60	78	71.84	71.97	73.36	73.18	75.02	74.94	74.97	74.96	74.96	77.05	76.76
	1000	1.5	2.7	4.7	7.7	13	18	24	30	37	47	60	69.68	70.92	72.01	71.50	73.60	73.60	73.71	73.63	73.62	75.64	75.67
	750	1.2	2.3	3.9	6.8	11	14	19	25	32	39	48	68.11	69.74	71.37	70.74	72.96	72.93	73.06	72.94	72.92	74.95	75.11
	500	0.9	1.7	3.0	5.0	8.0	11	15	18	24	30	37	66.95	68.68	68.29	68.81	71.01	71.03	70.93	70.86	70.96	72.99	72.96
	300	0.6	1.2	2.1	3.6	5.7	7.4	9.4	14	17	22	29	62.18	63.77	64.47	64.30	66.24	66.07	66.00	65.92	65.88	67.92	67.99
56	1500	1.7	3.1	5.4	9.0	15	20	26	33	42	55	73	70.29	69.60	71.04	70.90	72.94	72.97	72.91	73.01	72.96	74.99	74.94
	1000	1.3	2.5	4.3	7.2	12	16	21	27	34	43	55	67.54	68.63	69.51	69.37	71.32	71.42	71.40	71.45	71.49	73.44	73.43
	750	1.1	2.1	3.6	6.3	10	13	17	23	30	36	44	66.63	68.36	69.17	68.81	70.77	70.92	70.91	70.93	70.99	72.94	72.93
	500	0.8	1.5	2.7	4.7	7.5	10	13	17	22	28	34	63.23	64.43	66.42	66.74	68.80	69.13	69.05	68.93	68.99	70.95	70.92
	300	0.5	1.0	1.9	3.3	5.3	6.8	8.7	12	16	20	27	59.65	61.81	61.39	61.58	63.77	64.03	63.87	63.93	63.94	65.98	65.91
63	1500	—	—	—	8.1	14	18	24	31	40	49	68	—	—	—	70.15	72.09	71.89	71.89	71.93	71.99	73.94	74.18
	1000	—	—	—	6.7	11	14	19	25	32	40	49	—	—	—	68.69	70.41	70.34	70.51	70.54	70.49	72.46	72.53
	750	—	—	—	5.8	9.0	12	16	21	27	34	41	—	—	—	68.09	69.74	69.83	70.02	70.05	69.97	71.95	71.93
	500	—	—	—	4.3	7.0	9.3	12	16	20	26	32	—	—	—	66.25	67.93	68.27	67.87	68.01	67.98	70.00	70.00
	300	—	—	—	3.0	5.0	6.3	8.0	11	15	18	25	—	—	—	60.58	62.95	63.05	62.84	62.91	62.87	64.90	64.98

HWT 减速器外形尺寸如图 1.1.14 所示。

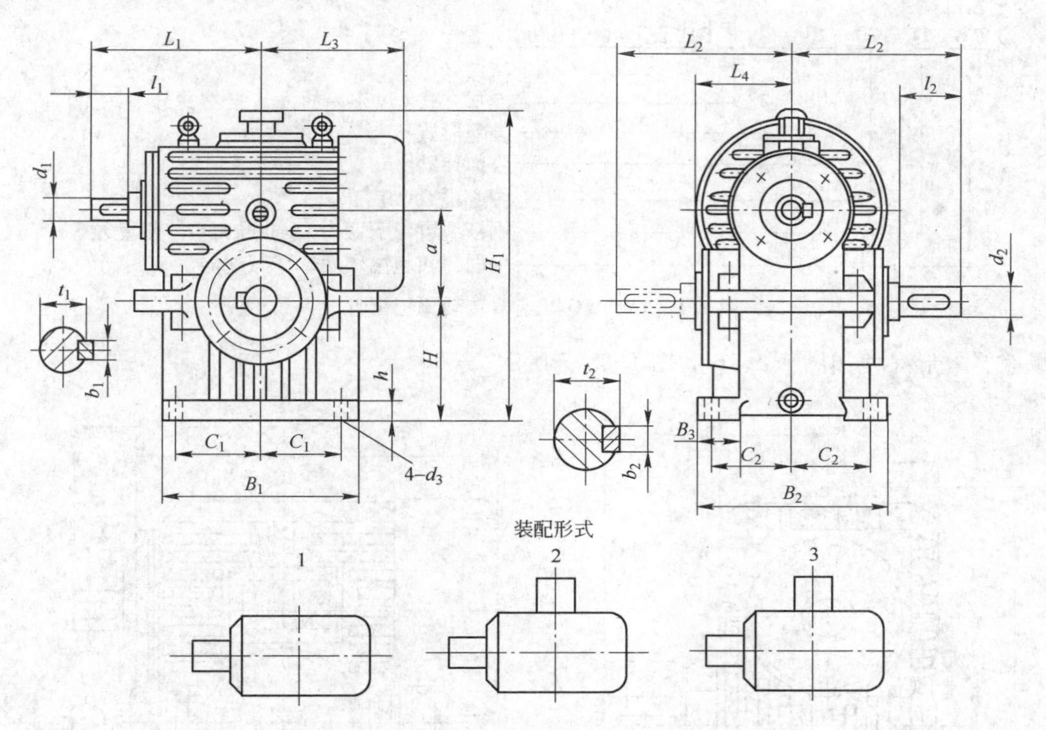

图 1.1.14 HWT 减速器外形尺寸

表 1.1.30 HWT 减速器外形尺寸（1）（天津奥博尔减速机械有限公司 www.jsjtj.com） (mm)

型 号	a	B_1	B_2	B_3	C_1	C_2	H	d_1	l_1	b_1	t_1	L_1
HWT100	100	250	220	50	100	90	140	28js6	60	8	31	220
HWT125	125	280	260	60	115	105	160	35k6	80	10	38	260
HWT160	160	380	310	70	155	130	200	45k6	110	14	48.5	340
HWT200	200	450	360	80	185	150	250	55m6	110	16	59	380
HWT250	250	540	430	100	225	180	280	65m6	140	18	69	460
HWT280	280	640	500	110	270	210	315	75m6	140	20	79.5	530
HWT315	315	700	530	120	280	225	355	80m6	170	22	85	590
HWT355	355	750	560	130	300	245	400	85m6	170	22	90	610
HWT400	400	840	620	160	315	260	450	95m6	170	25	100	660
HWT450	450	930	700	190	355	300	500	100m6	210	28	106	740
HWT500	500	1020	760	200	400	320	560	110m6	210	28	116	790

表 1.1.31 HWT 减速器外形尺寸（2）（天津奥博尔减速机械有限公司 www.jsjtj.com） (mm)

型 号	d_2	l_2	b_2	t_2	L_2	L_3	L_4	H_1	h	d_3	油量/L	质量/kg
HWT100	50k6	82	14	53.5	220	220	120	374	25	16	7	69
HWT125	60m6	82	18	64	240	260	142	430	30	20	9	129
HWT160	75m6	105	20	79.5	310	320	177	530	35	24	18	175
HWT200	90m6	130	25	95	350	380	192	640	40	24	38	290
HWT250	110m6	165	28	116	430	440	230	765	45	28	55	490
HWT280	120m6	165	32	127	470	530	255	855	50	35	71	750
HWT315	130m6	200	32	137	500	555	260	930	55	35	95	1030
HWT355	140m6	200	36	148	530	590	300	1040	60	35	126	1640
HWT400	150m6	200	36	158	560	655	310	1225	70	42	170	2170
HWT450	170m6	240	40	179	640	705	360	1345	75	42	220	2690
HWT500	180m6	240	45	190	670	775	380	1490	80	42	275	3410

PWO 减速器传动比标记方法如图 1.1.15 所示。

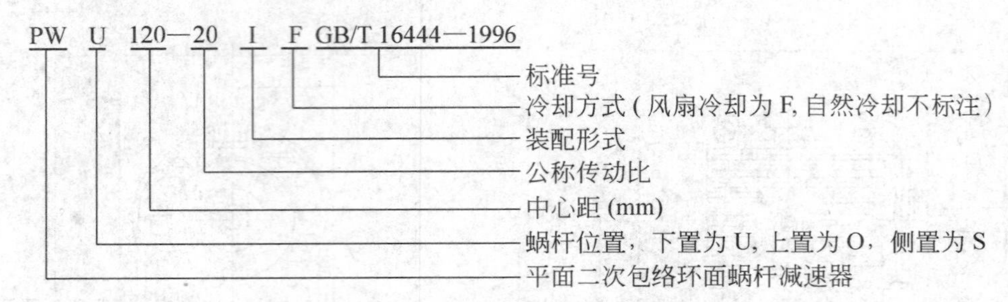

图 1.1.15 PWO 减速器传动比标记方法

PWO 减速器外形尺寸如图 1.1.16 和图 1.1.17 所示。

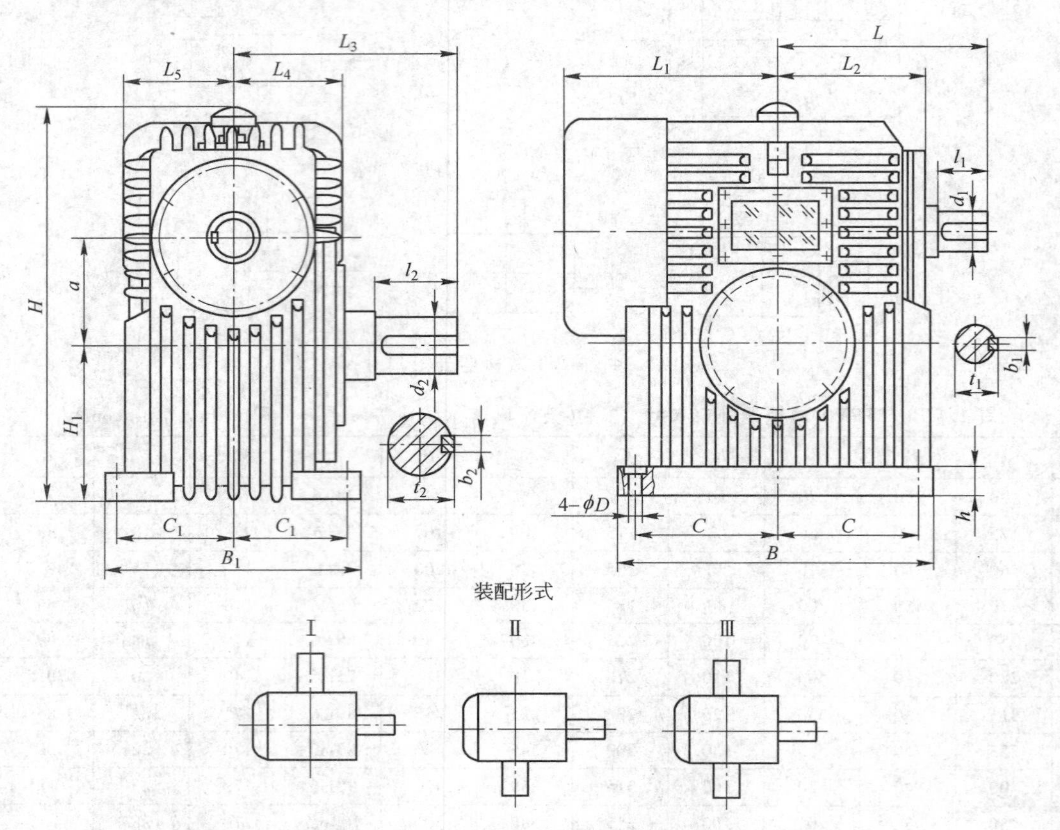

图 1.1.16 PWO 减速器外形尺寸（一）

表 1.1.32 PWO80 ~ PWO355 型减速器外形尺寸（天津奥博尔减速机械有限公司 www.jsjtj.com） (mm)

a	H_1	B	B_1	C	C_1	D	H	L	L_1	L_2	L_3	L_4	L_5	d_1	b_1	t_1	l_1	d_2	b_2	t_2	l_2	h
80	125	250	190	112	80	14	300	160	160	125	180	100	90	25	8	28	42	45	14	48.5	82	30
100	160	300	236	130	100	16	375	200	200	160	212	125	118	32	10	35	58	55	16	59	82	35
125	180	355	280	160	125	18	425	236	236	190	250	150	140	38	10	41	58	65	18	69	105	38
140	200	400	315	180	140	20	475	265	265	212	280	160	160	42	12	45	82	70	20	74.5	105	40
160	215	450	355	200	160	21	530	300	300	236	315	190	180	48	14	51.5	82	80	22	85	130	42
180	250	500	400	225	180	22	600	335	335	265	355	212	200	56	16	60	82	90	25	95	130	45
200	280	560	450	250	200	24	670	355	355	300	400	236	224	60	18	64	105	100	28	106	165	50
225	315	630	500	280	225	26	750	400	400	315	450	265	250	65	18	69	105	110	28	116	165	53
250	355	670	530	300	250	28	850	450	450	355	500	280	280	70	20	74.5	105	125	32	132	165	57
280	400	800	600	355	280	30	900	475	475	400	560	315	315	85	22	90	130	140	36	148	200	60
315	450	900	670	375	315	32	1000	560	560	450	630	355	355	90	25	95	130	150	36	158	200	67
355	500	1000	750	425	355	35	1180	670	670	500	710	400	400	100	28	106	165	170	40	179	240	75

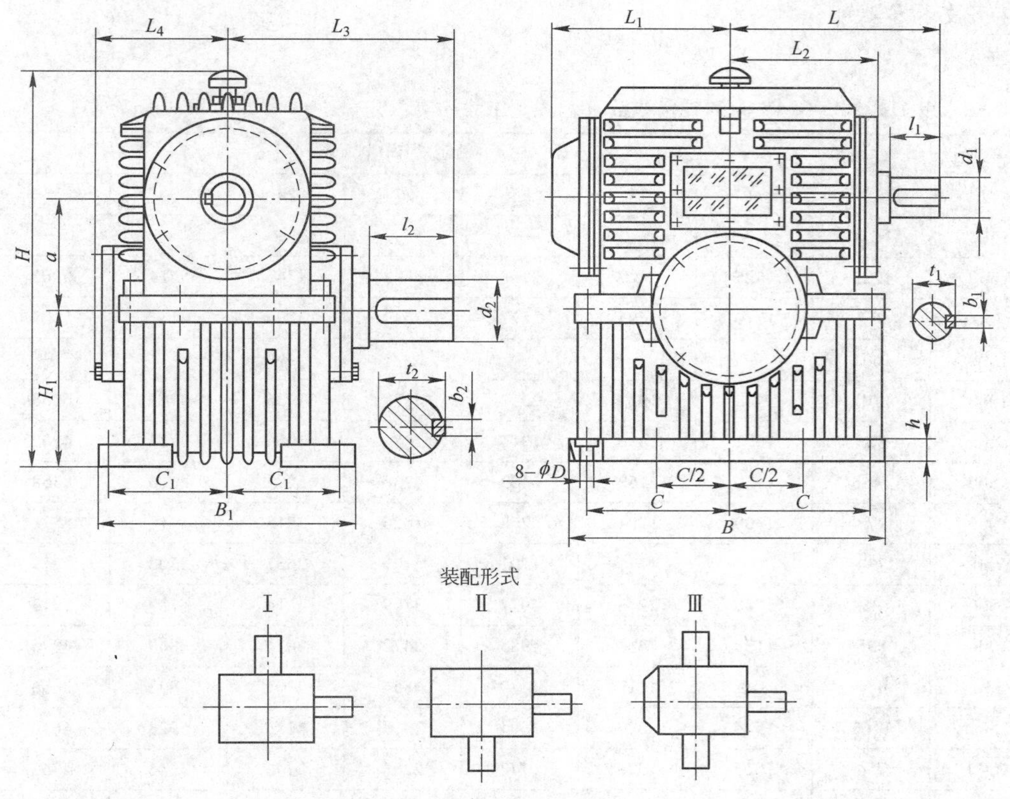

图 1.1.17 PWO 减速器外形尺寸（二）

表 1.1.33 PWO400～PWO710 型减速器外形尺寸（天津奥博尔减速机械有限公司 www.jsjtj.com） （mm）

a	H_1	B	B_1	C	C_1	D	H	L	L_1	L_2	L_3	L_4	d_1	b_1	t_1	l_1	d_2	b_2	t_2	l_2	h
400	500	900	800	400	355	35	1250	600	600	450	630	375	110	28	116	165	180	45	190	240	55
450	560	1000	900	450	400	39	1400	670	670	500	710	425	125	32	132	165	200	45	210	280	60
500	630	1120	1000	500	450	42	1600	750	750	560	800	475	130	32	137	200	220	50	231	280	65
560	710	1250	1120	560	500	45	1800	850	850	630	900	530	150	36	158	200	250	56	262	330	72
630	800	1400	1250	630	560	48	2000	950	950	710	1000	600	170	40	179	240	280	63	292	380	80
710	900	1600	1400	710	630	52	2240	1060	1060	800	1250	670	190	45	200	280	320	70	334	380	88

生产厂商：天津奥博尔减速机械有限公司。

1.1.3 行星减速器

1.1.3.1 概述

行星减速器广泛应用于工业场合，也可作为起重机、挖掘机、运输机等设备的配套部件。

1.1.3.2 主要特点

减速器具有承载能力大、传动速比范围宽、体积小、质量轻等特点。

1.1.3.3 工作原理

由一个内齿圈紧配合在齿箱壳体上；内齿圈中心有一个动力输入轴，该中心轴是齿轮轴，齿轮称为太阳齿轮；介于内齿圈与太阳齿轮两者之间有一组由三个齿轮等分组合安装在行星架一端上的行星齿轮组，该齿轮组依靠着行星架支撑、浮游于内齿圈和太阳齿之间；行星架的另一端为输出轴。当动力通过输入轴驱动行星减速机太阳轮转动时，带动行星齿轮自转，也使行星齿轮组依循着内齿圈围绕着中心公转，行星轮组带动行星架出力轴输出动力。

1.1.3.4 技术参数

技术参数见表1.1.34～表1.1.92。

表1.1.34 GMX系列技术参数（北方重工集团有限公司 www.nhigroup.com.cn）

工程速比 i_N	输入转速 /r·min^{-1}	额定功率 P_N/kW								
		19	21	23	25	27	29	31	33	35
25	1500	1834	—	—	—	—	—	—	—	—
	1000	1223	1625	2127	2863	3532	4349	5514	6965	9286
	750	917	1219	1595	2127	2649	3296	4135	5223	6965
28	1500	1651	—	—	—	—	—	—	—	—
	1000	1101	1463	1914	2552	3179	3955	4962	6268	8358
	750	825	1097	1436	1914	2384	2966	3722	4701	6268
31.5	1500	1468	1950	2552	3403	4238	5273	6616	8358	11143
	1000	978	1300	1701	2268	2826	3515	4411	5572	7429
	750	734	975	1276	1701	2129	2637	3308	4179	5572
35.5	1500	1284	1706	2233	2977	3709	4614	5789	7313	9750
	1000	856	1138	1489	1985	2472	3076	3860	4875	6500
	750	642	853	1117	1489	1854	2307	2895	3656	4875
40	1500	1162	1544	2020	2694	3355	4175	5328	6616	8822
	1000	754	1016	1329	1772	2208	2746	3446	4353	5804
	750	581	772	1010	1347	1678	2087	2619	3308	4411

GMX系列外形尺寸如图1.1.18所示。

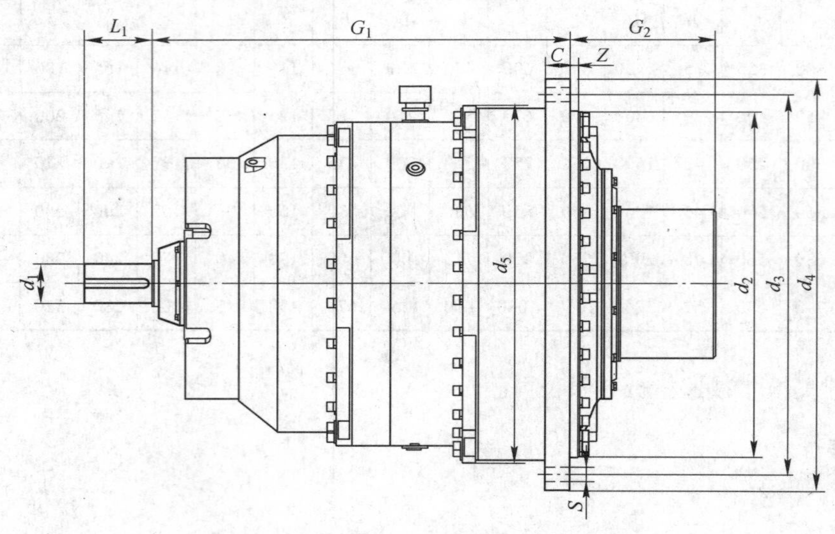

图1.1.18 GMX系列外形尺寸

表1.1.35 GMX系列外形尺寸（北方重工集团有限公司 www.nhigroup.com.cn） （mm）

规格	输出扭矩 T_n /kN·m	输入轴		外形尺寸								法兰螺栓		质量 /kg
		d_1	L_1	d_2	d_3	d_4	d_5	G_1	G_2	C	Z	S	n	
19	295	110	180	935	1010	1075	960	1040	330	56	12	33	36	2500
21	392	120	210	1025	1120	1210	1055	1065	360	62	24	39	32	3280
23	513	130	210	1115	1210	1300	1150	1165	390	68	28	39	36	4500
25	684	140	240	1215	1320	1420	1250	1270	425	74	29	45	36	5880
27	852	150	240	1320	1450	1565	1355	1420	470	81	31	52	32	7300

续表 1.1.35

规格	输出扭矩 T_n /kN·m	输入轴		外形尺寸								法兰螺栓		质量 /kg
		d_1	L_1	d_2	d_3	d_4	d_5	G_1	G_2	C	Z	S	n	
29	1060	160	270	1400	1530	1645	1440	1500	500	87	34	52	36	9200
31	1330	170	270	1440	1580	1700	1480	1635	565	94	36	62	32	11550
33	1680	180	310	1525	1665	1785	1570	1720	600	106	38	62	36	14150
35	2240	190	310	1705	1840	1960	1735	1930	700	112	40	62	40	17600

注：1. 轴颈 d_1 公差为 m6。

2. 输入轴平键按 GB/T 1096 设计。

3. 质量没有计及锁紧盘和润滑油质量。

4. 输出空心轴尺寸见图 1.1.20。

表 1.1.36 GMR 系列技术参数（北方重工集团有限公司 www.nhigroup.com.cn）

工程速比 i_N	输入转速 /r·min^{-1}	额定功率 P_N/kW								
		19	21	23	25	27	29	31	33	35
45	1500	1030	1368	1790	2387	—	—	—	—	—
	1000	686	912	1194	1592	1982	2466	3095	3909	5212
	750	515	684	895	1194	1487	1850	2321	2932	3909
50	1500	927	1231	1611	2149	—	—	—	—	—
	1000	618	821	1074	1432	1784	2220	2785	3518	4691
	750	463	616	806	1074	1338	1665	2089	2639	3518
56	1500	827	1099	1439	1918	—	—	—	—	—
	1000	552	733	959	1279	1593	1982	2487	3134	4188
	750	414	550	719	959	1195	1486	1865	2356	3141
63	1500	735	977	1279	1705	—	—	—	—	—
	1000	490	651	853	1137	1416	1762	2210	2792	3723
	750	368	489	639	853	1062	1321	1658	2094	2792
71	1500	653	867	1135	1513	—	—	—	—	—
	1000	435	578	757	1009	1256	1563	1961	2478	3303
	750	326	434	567	757	942	1172	1471	1858	2478
80	1500	579	770	1007	1343	—	—	—	—	—
	1000	386	513	671	895	1115	1387	1741	2199	2932
	750	290	385	504	671	836	1041	1306	1649	2199
90	1500	515	684	895	1194	—	—	—	—	—
	1000	343	456	597	796	991	1233	1547	1954	2606
	750	257	342	448	597	743	925	1160	1466	1954

注：选型过程中如果在上表中找不到符合要求的对应型号，敬请垂询。

表 1.1.37 GMR 系列外形尺寸（北方重工集团有限公司 www.nhigroup.com.cn）

规格	输出扭矩 T_n /kN·m	输入轴			外形尺寸								法兰螺栓		质量 /kg
		d_1	L_1	E	d_2	d_3	d_4	d_5	G_1	G_2	C	Z	S	n	
19	295	90	160	200	935	1010	1075	960	1040	330	56	12	33	36	2900
21	392	100	180	230	1025	1120	1210	1055	1095	360	62	24	39	32	3530
23	513	120	210	265	1115	1210	1300	1150	1190	390	68	28	39	36	4860
25	684	130	210	300	1215	1320	1420	1250	1310	425	74	29	45	36	6080

续表 1.1.37

规格	输出扭矩 T_n /kN·m	输入轴			外形尺寸								法兰螺栓		质量/kg
		d_1	L_1	E	d_2	d_3	d_4	d_5	G_1	G_2	C	Z	S	n	
27	852	140	240	320	1320	1450	1565	1355	1460	470	81	31	52	32	7850
29	1060	150	240	360	1400	1530	1645	1440	1550	500	87	34	52	36	9800
31	1330	160	270	400	1440	1580	1700	1480	1690	565	94	36	62	32	11900
33	1680	170	270	420	1525	1665	1785	1570	1780	600	106	38	62	36	14600
35	2240	180	310	442	1705	1840	1960	1735	1980	700	112	40	62	40	18500

注：1. 轴颈 d_1 公差为 m6。
2. 输入轴平键按 GB/T 1096 设计。
3. 质量没有计及锁紧盘和润滑油质量。
4. 输出空心轴尺寸见图 1.1.20。

GMR 系列外形尺寸如图 1.1.19 所示。

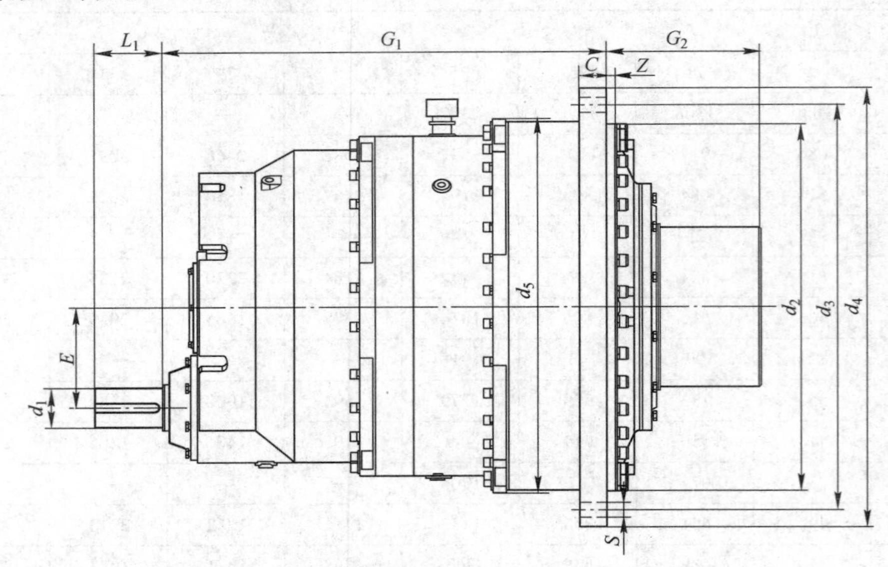

图 1.1.19 GMR 系列外形尺寸

GMR 系列输出空心轴尺寸如图 1.1.20 所示。

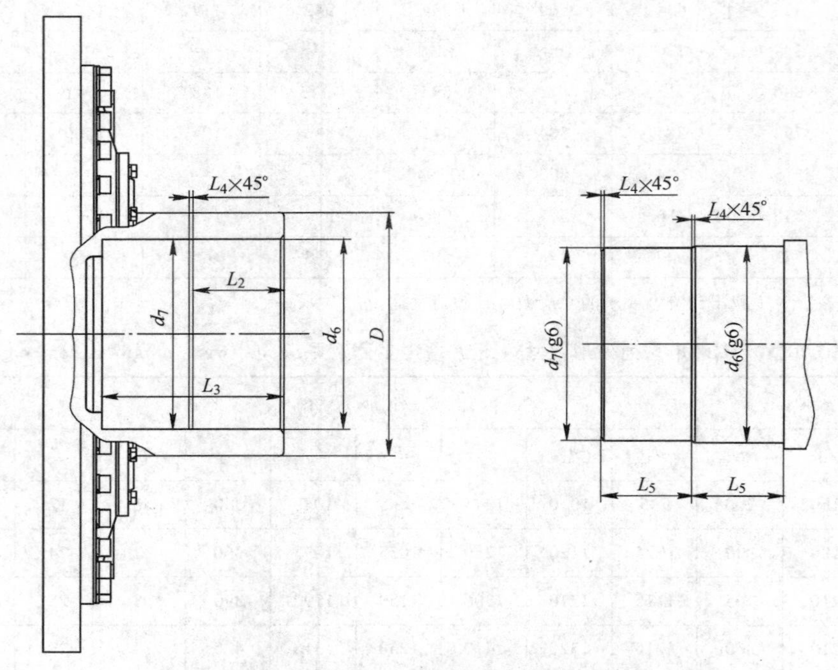

图 1.1.20 GMR 系列输出空心轴尺寸

表 1.1.38 GMR 系列输出空心轴尺寸（北方重工集团有限公司 www.nhigroup.com.cn） (mm)

规格	输出扭矩	输出轴							锁紧盘型号
	T_n/kN·m	d_6	d_7	D	L_2	L_3	L_4	L_5	JB/ZQ 4194—2006
19	295	280	275	360	137	280	2.5	135	SP1 - 360×590
21	392	310	305	390	154	314	2.5	152	SP1 - 390×650
23	513	350	345	440	166	338	2.5	164	SP1 - 440×740
25	684	380	375	480	182	370	2.5	180	SP1 - 480×800
27	852	430	425	530	193	392	2.5	191	SP1 - 530×910
29	1060	460	450	560	200	415	5	197.5	SP1 - 560×940
31	1330	480	470	590	235	484	5	232	SP1 - 590×980
33	1680	530	520	660	245	504	5	242	SP2 - 660×1070
35	2240	600	590	750	275	564	5	272	SP2 - 750×1150

ZK 型矿山重载行星减速器外形简图如图 1.1.21 所示。

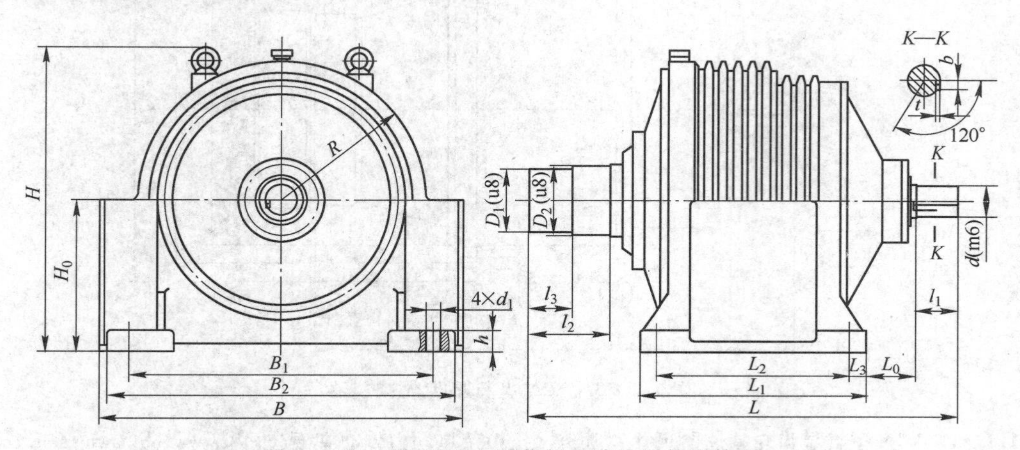

图 1.1.21 ZK 型矿山重载行星减速器外形简图

表 1.1.39 ZK 型矿山重载行星减速器技术参数（中信重工机械股份有限公司 www.citichmc.com）

序号	减速器型号	输入转速 /r·min⁻¹	传动比	最大输出扭矩/kN·m	精度等级 (GB/T 10095)	配套提升机	润滑方式
1	ZKD1 ~ ZKD7		4 ~ 6.3				
2	ZKP1 ~ ZKP7	≤1000	7.1 ~ 14	55 ~ 1350	外齿轮 6 级 内齿圈 7 级	φ1.6 ~ 5m 规格单筒、双筒、塔式、落地式、过坝等形式提升机	稀油强制润滑
3	ZKL1 ~ ZKL7		16 ~ 40				

注：型号后数值为机座规格号，减速器承载能力随着数值的增大而增大。

ZZ 型减速器外形简图如图 1.1.22 所示。

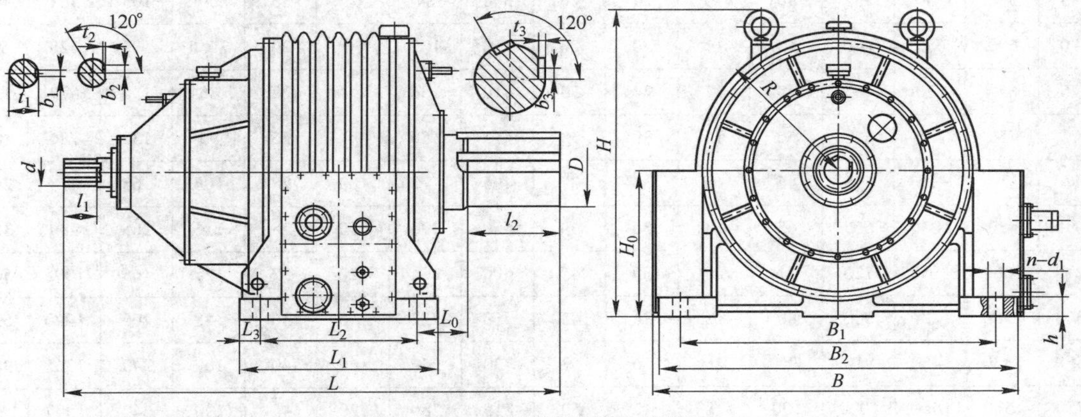

图 1.1.22 ZZ 型减速器外形简图

表 1.1.40 ZZ 型减速器技术参数（中信重工机械股份有限公司 www.citichmc.com）

序号	减速器型号	输入转速 /r · min⁻¹	传动比	最大输出扭矩/kN · m	精度等级（GB/T 10095）	配套提升机	润滑方式
1	ZZD355 ~ ZZD1800	≤1000	4 ~ 6.3	10 ~ 2000	外齿轮 6 级 内齿圈 7 级	ϕ1.2 ~ 6m 规格单筒、双筒、塔式、落地式、过坝等形式提升机	稀油强制润滑
2	ZZDP355 ~ ZZDP1800		7.1 ~ 14				
3	ZZL355 ~ ZZL1800		16 ~ 40				
4	ZZLP355 ~ ZZLP1800		40 ~ 125				
5	ZZS355 ~ ZZS1800		140 ~ 400				

注：型号后数值为减速器输出级内齿圈分度圆名义直径（mm）。

X2N 型行星齿轮减速器如图 1.1.23 所示。

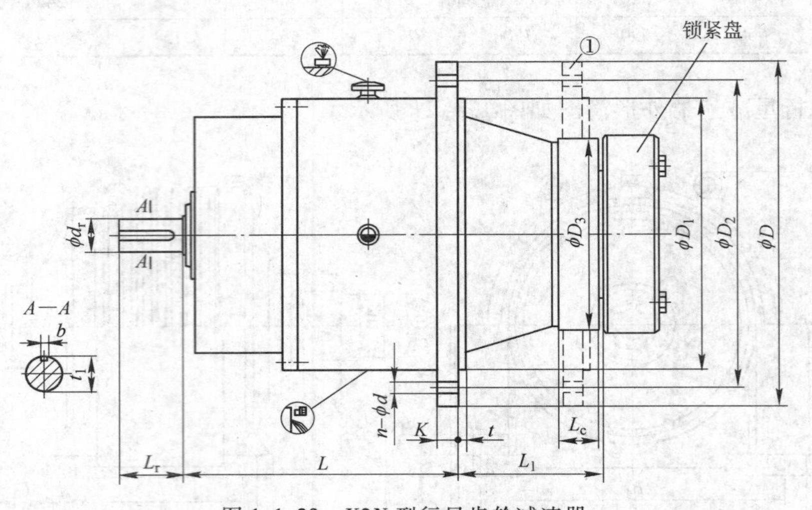

图 1.1.23 X2N 型行星齿轮减速器

表 1.1.41 X2N 型行星齿轮减速器尺寸和质量（昆山荣星动力传动有限公司 www.chinawingstar.com）

X2NA 规格	法兰安装尺寸/mm										减速器尺寸/mm					质量[②] /kg	油量 /L
	D	D_1 (h7)	D_2	D_3 (h7)	K	t	n	d	L_1	L_c	d_r (m6)	b	t_1	L_r	L		
22	308	265	290	170	18	5	24	13.5	165	42	32	10	35	58	290	85	3
25	345	300	325	200	20	6	30	13.5	180	50	35	10	38	58	320	119	5
28	389	335	365	215	22	6	24	17.5	200	52	40	12	43	82	357	167	7
31	437	375	412	245	25	7	30	17.5	220	62	45	14	48.5	82	397	226	10
35	492	425	462	280	28	8	24	22	250	72	50	14	53.5	82	447	330	14
40	545	475	515	310	32	9	30	22	280	80	55	16	59	105	501	455	21
45	615	530	580	335	36	10	24	26	310	84	65	18	69	105	561	646	27
50	690	600	650	440	40	11	30	26	350	132	70	20	74.5	105	628	954	37
56	775	670	730	465	45	12	24	33	410	136	80	22	85	130	679	1332	49
63	875	750	825	530	50	14	30	33	445	156	90	25	95	130	786	1847	77
71	980	850	925	595	56	16	30	39	495	172	100	28	106	165	878	2651	110
80	1090	950	1030	665	63	18	36	39	550	190	110	28	116	165	980	3693	150
90	1220	1060	1150	720	71	20	30	45	600	204	120	32	127	165	1095	5098	206
100	1360	1180	1280	800	80	22	36	45	660	222	140	36	148	200	1220	6940	306
112	1550	1320	1450	910	90	25	36	52	730	256	160	40	169	240	1365	9842	409
125	1750	1500	1650	1020	100	28	42	52	815	280	180	45	190	240	1537	14067	608

续表 1.1.41

X2NA规格	法兰安装尺寸/mm										减速器尺寸/mm					质量②/kg	油量/L
	D	D_1 (h7)	D_2	D_3 (h7)	K	t	n	d	L_1	L_c	d_r (m6)	b	t_1	L_r	L		
140	1950	1700	1850	1145	112	32	36	62	910	312	200	45	210	280	1720	20192	853
160	2180	1900	2060	1275	125	36	42	62	1020	344	220	50	231	280	1919	28272	1159

①输出法兰安装位置可根据客户要求定制。

②不包括锁紧盘和润滑油的质量。

X2S 型行星齿轮减速器如图 1.1.24 所示。

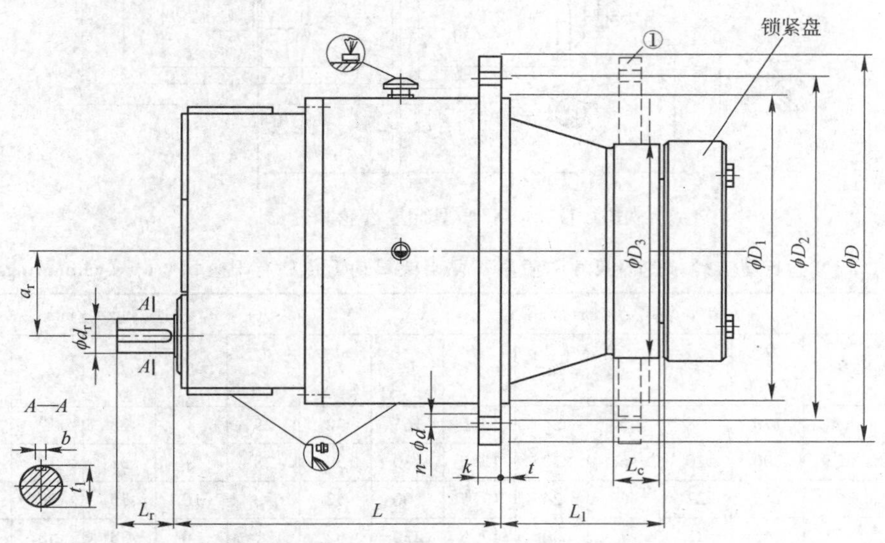

图 1.1.24 X2S 型行星齿轮减速器

表 1.1.42 X2S 尺寸和质量（昆山荣星动力传动有限公司 www.chinawingstar.com）

X2S规格	法兰安装尺寸/mm										减速器尺寸/mm						质量②/kg	油量/L
	D	D_1 (h7)	D_2	D_3 (h7)	K	t	n	d	L_1	L_c	d_r (m6)	b	t_1	L_r	L	a_r		
22	308	265	290	170	18	5	24	13.5	165	42	25	8	28	42	303	80	95	3
25	345	300	325	200	20	6	30	13.5	180	50	28	8	31	42	330	90	134	5
28	389	335	365	215	22	6	24	17.5	200	52	32	10	35	58	376	100	187	7
31	437	375	412	245	25	7	30	17.5	220	62	35	10	38	58	414	112	265	10
35	492	425	462	280	28	8	24	22	250	72	40	12	43	82	467	125	390	14
40	545	475	515	310	32	9	30	22	280	80	45	14	48.5	82	516	140	523	21
45	615	530	580	335	36	10	24	26	310	84	50	14	53.5	82	576	160	740	27
50	690	600	650	440	40	11	30	26	350	132	55	16	59	105	643	180	1075	37
56	775	670	730	465	45	12	24	33	410	136	65	18	69	105	722	200	1507	49
63	875	750	825	530	50	14	30	33	445	156	70	20	74.5	105	811	225	2095	77
71	980	850	925	595	56	16	30	39	495	172	80	22	85	130	913	250	3030	110
80	1090	950	1030	665	63	18	36	39	550	190	90	25	95	130	1020	280	4187	150
90	1220	1060	1150	720	71	20	30	45	600	204	100	28	106	165	1141	315	5821	206
100	1360	1180	1280	800	80	22	36	45	660	222	110	28	116	165	1275	355	7927	306
112	1550	1320	1450	910	90	25	36	52	730	256	120	32	127	165	1430	400	11250	409
125	1750	1500	1650	1020	100	28	42	52	815	280	140	36	148	200	1592	450	15993	608
140	1950	1700	1850	1145	112	32	36	62	910	312	160	40	169	240	1775	500	22716	853
160	2180	1900	2060	1275	125	36	42	62	1020	344	180	45	190	240	1979	560	31962	1159

①输出法兰安装位置可根据客户要求定制。

②不包括锁紧盘和润滑油的质量。

X3N 型行星齿轮减速器如图 1.1.25 所示。

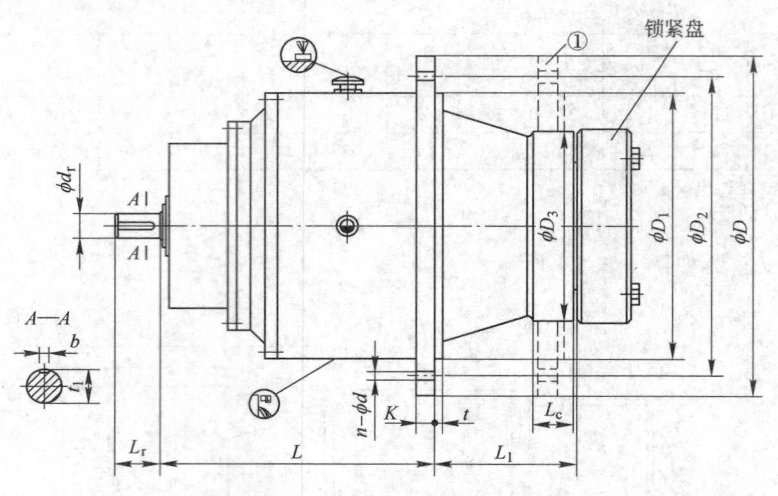

图 1.1.25 X3N 型行星齿轮减速器

表 1.1.43 X3N 型行星齿轮减速器尺寸和质量（昆山荣星动力传动有限公司 www. chinawingstar. com）

X3NA规格	法兰安装尺寸/mm										减速器尺寸/mm					质量② /kg	油量 /L
	D	D_1 (h7)	D_2	D_3 (h7)	K	t	n	d	L_1	L_c	d_r (m6)	b	t_1	L_r	L		
22	308	265	290	170	18	5	24	13.5	165	42	25	8	28	42	316	86	4
25	345	300	325	200	20	6	30	13.5	180	50	28	8	31	42	350	121	5
28	389	335	365	215	22	6	24	17.5	200	52	32	10	35	58	377	166	8
31	437	375	412	245	25	7	30	17.5	220	62	35	10	38	58	416	227	11
35	492	425	462	280	28	8	24	22	250	72	40	12	43	82	471	334	16
40	545	475	515	310	32	9	30	22	280	80	45	14	48.5	82	530	456	23
45	615	530	580	335	36	10	24	26	310	84	50	14	53.5	82	592	645	30
50	690	600	650	440	40	11	30	26	350	132	55	16	59	105	660	958	41
56	775	670	730	465	45	12	24	33	410	136	65	18	69	105	736	1346	54
63	875	750	825	530	50	14	30	33	445	156	70	20	74.5	105	828	1868	85
71	980	850	925	595	56	16	30	39	495	172	80	22	85	130	925	2669	120
80	1090	950	1030	665	63	18	36	39	550	190	90	25	95	130	1043	3715	164
90	1220	1060	1150	720	71	20	30	45	600	204	100	28	106	165	1168	5170	227
100	1360	1180	1280	800	80	22	36	45	660	222	110	28	116	165	1299	7026	337
112	1550	1320	1450	910	90	25	36	52	730	256	120	32	127	165	1452	9967	450
125	1750	1500	1650	1020	100	28	42	52	815	280	140	36	148	200	1620	14150	668
140	1950	1700	1850	1145	112	32	36	62	910	312	160	40	169	240	1813	20298	938
160	2180	1900	2060	1275	125	36	42	62	1020	344	180	45	190	240	2039	28435	1274

①输出法兰安装位置可根据客户要求定制。

②不包括锁紧盘和润滑油的质量。

表 1.1.44 X4N 型行星齿轮减速器尺寸和质量（昆山荣星动力传动有限公司 www. chinawingstar. com）

X4NA规格	法兰安装尺寸/mm										减速器尺寸/mm					质量② /kg	油量 /L
	D	D_1 (h7)	D_2	D_3 (h7)	K	t	n	d	L_1	L_c	d_r (m6)	b	t_1	L_r	L		
22	308	265	290	170	18	5	24	13.5	165	42	18	6	20.5	28	319	85	4
25	345	300	325	200	20	6	30	13.5	180	50	20	6	22.5	36	346	120	6
28	389	335	365	215	22	6	24	17.5	200	52	22	6	24.5	36	386	167	8
31	437	375	412	245	25	7	30	17.5	220	62	25	8	28	42	427	230	12
35	492	425	462	280	28	8	24	22	250	72	28	8	31	42	480	335	17

续表 1.1.44

X4NA规格	法兰安装尺寸/mm										减速器尺寸/mm					质量[2]/kg	油量/L
	D	D_1（h7）	D_2	D_3（h7）	K	t	n	d	L_1	L_c	d_r（m6）	b	t_1	L_r	L		
40	545	475	515	310	32	9	30	22	280	80	32	10	35	58	527	458	25
45	615	530	580	335	36	10	24	26	310	84	35	10	38	58	589	649	33
50	690	600	650	440	40	11	30	26	350	132	40	12	43	82	659	966	45
56	775	670	730	465	45	12	24	33	410	136	45	14	48.5	82	733	1354	59
63	875	750	825	530	50	14	30	33	445	156	50	14	53.4	82	821	1880	94
71	980	850	925	595	56	16	30	39	495	172	55	16	59	105	917	2694	132
80	1090	950	1030	665	63	18	36	39	550	190	65	18	69	105	1033	3751	181
90	1220	1060	1150	720	71	20	30	45	600	204	70	20	74.5	105	1161	5213	250
100	1360	1180	1280	800	80	22	36	45	660	222	80	22	85	130	1297	7104	370
112	1550	1320	1450	910	90	25	36	52	730	256	90	25	95	130	1456	10105	495
125	1750	1500	1650	1020	100	28	42	52	815	280	100	28	106	165	1626	14276	735
140	1950	1700	1850	1145	112	32	36	62	910	312	110	28	116	165	1814	20527	1032
160	2180	1900	2060	1275	125	36	42	62	1020	344	120	32	127	165	2027	28708	1402

①输出法兰安装位置可根据客户要求定制。

②不包括锁紧盘和润滑油的质量。

X4N 型行星齿轮减速器如图 1.1.26 所示。

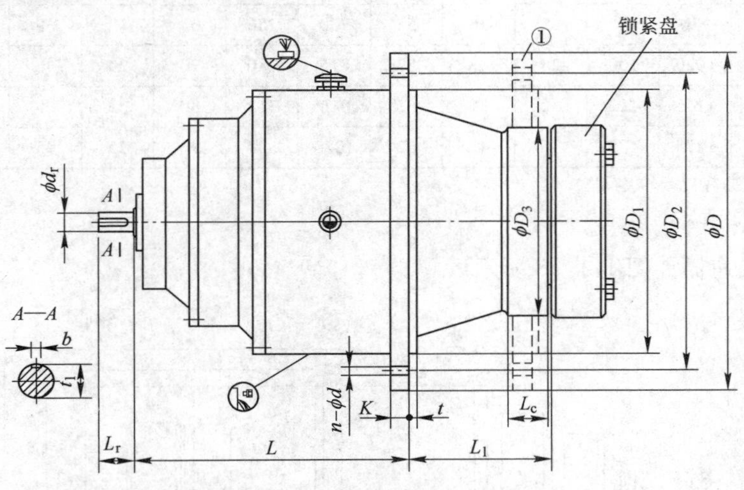

图 1.1.26　X4N 型行星齿轮减速器

X5N 型行星齿轮减速器如图 1.1.27 所示。

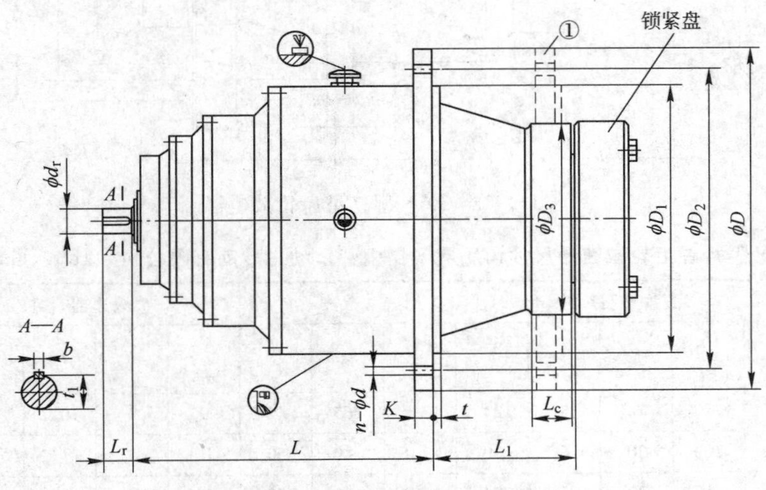

图 1.1.27　X5N 型行星齿轮减速器

表 1.1.45 **X5N 型行星齿轮减速器尺寸和质量**（昆山荣星动力传动有限公司 www.chinawingstar.com）

X5NA 规格	法兰安装尺寸/mm										减速器尺寸/mm					质量[②] /kg	油量 /L
	D	D_1 (h7)	D_2	D_3 (h7)	K	t	n	d	L_1	L_c	d_r (m6)	b	t_1	L_r	L		
22	308	265	290	170	18	5	24	13.5	165	42	12	4	13.5	25	326	85	4
25	345	300	325	200	20	6	30	13.5	180	50	14	5	16	25	357.5	122	6
28	389	335	365	215	22	6	24	17.5	200	52	16	5	18	28	390	169	9
31	437	375	412	245	25	7	30	17.5	220	62	18	6	20.5	28	430	232	13
35	492	425	462	280	28	8	24	22	250	72	20	6	22.5	36	476	339	18
40	545	475	515	310	32	9	30	22	280	80	22	6	24.5	36	536	466	27
45	615	530	580	335	36	10	24	26	310	84	25	8	28	42	600	662	35
50	690	600	650	440	40	11	30	26	350	132	28	8	31	42	668	980	47
56	775	670	730	465	45	12	24	33	410	136	32	10	35	58	732	1377	62
63	875	750	825	530	50	14	30	33	445	156	35	10	38	58	820	1911	98
71	980	850	925	595	56	16	30	39	495	172	40	12	43	82	918	2742	139
80	1090	950	1030	665	63	18	36	39	550	190	45	14	48.5	82	1033	3813	190
90	1220	1060	1150	720	71	20	30	45	600	204	50	14	53.5	82	1157	5305	262
100	1360	1180	1280	800	80	22	36	45	660	222	55	16	59	105	1293	7228	389
112	1550	1320	1450	910	90	25	36	52	730	256	65	18	69	105	1450	10285	520
125	1750	1500	1650	1020	100	28	42	52	815	280	70	20	74.5	105	1623	14541	772
140	1950	1700	1850	1145	112	32	36	62	910	312	80	22	85	130	1817	20937	1083
160	2180	1900	2060	1275	125	36	42	62	1020	344	90	25	95	130	2036	28445	1472

①输出法兰安装位置可根据客户要求定制。

②不包括锁紧盘和润滑油的质量。

X6N 型行星齿轮减速器如图 1.1.28 所示。

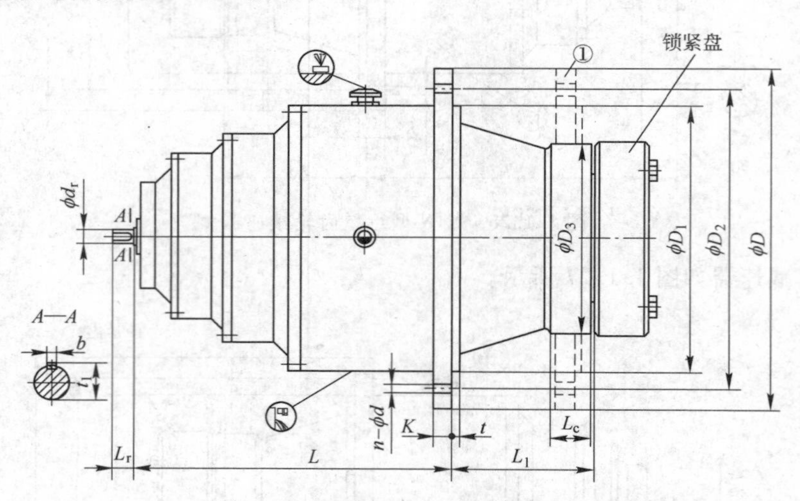

图 1.1.28 X6N 型行星齿轮减速器

表 1.1.46 **X6N 型行星齿轮减速器尺寸和质量**（昆山荣星动力传动有限公司 www.chinawingstar.com）

X6NA 规格	法兰安装尺寸/mm										减速器尺寸/mm					质量[②] /kg	油量 /L
	D	D_1 (h7)	D_2	D_3 (h7)	K	t	n	d	L_1	L_c	d_r (m6)	b	t_1	L_r	L		
22	308	265	290	170	18	5	24	13.5	165	42	9	3	10.2	20	336	84	4
25	345	300	325	200	20	6	30	13.5	180	50	10	3	11.2	20	362	120	6
28	389	335	365	215	22	6	24	17.5	200	52	11	4	12.5	20	401	167	9

续表 1.1.46

X6NA规格	法兰安装尺寸/mm										减速器尺寸/mm					质量[②]/kg	油量/L
	D	D_1(h7)	D_2	D_3(h7)	K	t	n	d	L_1	L_c	d_r(m6)	b	t_1	L_r	L		
31	437	375	412	245	25	7	30	17.5	220	62	12	4	13.5	25	443	230	13
35	492	425	462	280	28	8	24	22	250	72	14	5	16	25	497	337	19
40	545	475	515	310	32	9	30	22	280	80	16	5	18	28	551	463	28
45	615	530	580	335	36	10	24	26	310	84	18	6	20.5	28	616	657	37
50	690	600	650	440	40	11	30	26	350	132	20	6	22.5	36	677	973	49
56	775	670	730	465	45	12	24	33	410	136	22	6	24.5	36	757	1369	65
63	875	750	825	530	50	14	30	33	445	156	25	8	28	42	849	1902	103
71	980	850	925	595	56	16	30	39	495	172	28	8	31	42	950	2725	146
80	1090	950	1030	665	63	18	36	39	550	190	32	10	35	58	1056	3792	199
90	1220	1060	1150	720	71	20	30	45	600	204	35	10	38	58	1183	5274	275
100	1360	1180	1280	800	80	22	36	45	660	222	40	12	43	82	1323	7184	408
112	1550	1320	1450	910	90	25	36	52	730	256	45	14	48.5	82	1484	10218	546
125	1750	1500	1650	1020	100	28	42	52	815	280	50	14	53.5	82	1658	14449	811
140	1950	1700	1850	1145	112	32	36	62	910	312	55	16	59	105	1858	20815	1138
160	2180	1900	2060	1275	125	36	42	62	1020	344	65	18	69	105	2081	28286	1545

①输出法兰安装位置可根据客户要求定制。

②不包括锁紧盘和润滑油的质量。

X2L 型行星齿轮减速器如图 1.1.29 所示。

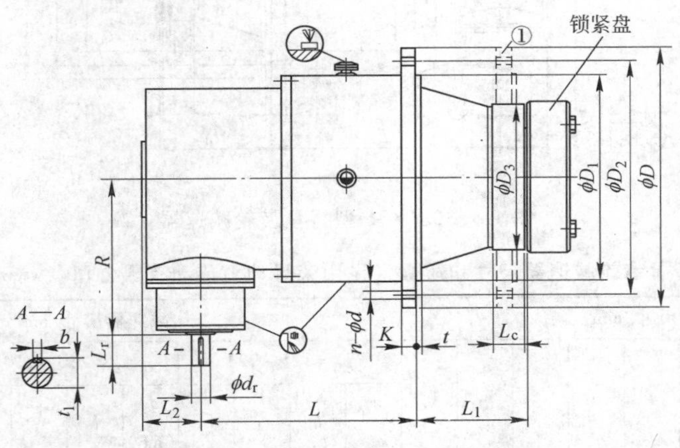

图 1.1.29 X2L 型行星齿轮减速器

表 1.1.47 X2L 型行星齿轮减速器尺寸和质量（昆山荣星动力传动有限公司 www.chinawingstar.com）

X2LA规格	法兰安装尺寸/mm										减速器尺寸/mm											质量[②]/kg	油量/L
											$i_N=125\sim224$				$i_N=250\sim710$								
	D	D_1(h7)	D_2	D_3(h7)	K	t	n	d	L_1	L_c	d_r(m6)	b	t_1	L_r	d_r(m6)	b	t_1	L_r	L	L_2	R		
22	308	265	290	170	18	5	24	13.5	165	42	28	8	31	42	22	6	24.5	36	281	101	265	111	4
25	345	300	325	200	20	6	30	13.5	180	50	32	10	35	58	25	8	28	42	311	107	295	152	5
28	389	335	365	215	22	6	24	17.5	200	52	35	10	38	58	28	8	31	42	352	124	320	220	8
31	437	375	412	245	25	7	30	17.5	220	62	40	12	43	82	32	10	35	58	389	130	345	293	11
35	492	425	462	280	28	8	24	22	250	72	45	14	48.5	82	35	10	38	58	438	147	390	420	17
40	545	475	515	310	32	9	30	22	280	80	50	14	53.5	82	40	12	43	82	496	158	430	573	25
45	615	530	580	335	36	10	24	26	310	84	55	16	59	105	45	14	48.5	82	556	175	480	818	31
50	690	600	650	440	40	11	30	26	350	132	65	18	69	105	50	14	53.5	82	624	196	530	1185	44
56	775	670	730	465	45	12	24	33	410	136	70	20	74.5	105	55	16	59	105	705	221	595	1666	63

续表 1.1.47

X2LA规格	法兰安装尺寸/mm										减速器尺寸/mm											质量②/kg	油量/L
											$i_N=125\sim224$				$i_N=250\sim710$								
	D	D_1(h7)	D_2	D_3(h7)	K	t	n	d	L_1	L_c	d_r(m6)	b	t_1	L_r	d_r(m6)	b	t_1	L_r	L	L_2	R		
63	875	750	825	530	50	14	30	33	445	156	80	22	85	130	65	18	69	105	791	238	660	2294	94
71	980	850	925	595	56	16	30	39	495	172	90	25	95	130	70	20	74.5	105	889	273	745	3311	133
80	1090	950	1030	665	63	18	36	39	550	190	100	28	106	165	80	22	85	130	997	299	835	4584	183
90	1220	1060	1150	720	71	20	30	45	600	204	110	28	116	165	90	25	95	130	1119	329	935	6288	255
100	1360	1180	1280	800	80	22	36	45	660	222	120	32	127	165	100	28	106	165	1249	353	1035	8501	381
112	1550	1320	1450	910	90	25	36	52	730	256	140	36	148	200	110	28	116	165	1401	393	1150	12092	507
125	1750	1500	1650	1020	100	28	42	52	815	280	160	40	169	240	120	32	127	165	1567	446	1285	17221	751
140	1950	1700	1850	1145	112	32	36	62	910	312	180	45	190	240	140	36	148	200	1766	501	1435	24548	1076

①输出法兰安装位置可根据客户要求定制。
②不包括锁紧盘和润滑油的质量。

X3L 型行星齿轮减速器如图 1.1.30 所示。

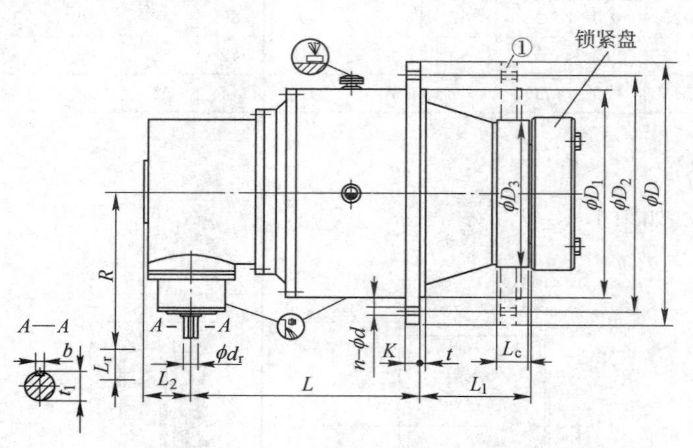

图 1.1.30 X3L 型行星齿轮减速器

表 1.1.48 X3L 型行星齿轮减速器尺寸和质量（昆山荣星动力传动有限公司 www.chinawingstar.com）

X3LA规格	法兰安装尺寸/mm										减速器尺寸/mm											质量②/kg	油量/L
											$i_N=125\sim224$				$i_N=250\sim710$								
	D	D_1(h7)	D_2	D_3(h7)	K	t	n	d	L_1	L_c	d_r(m6)	b	t_1	L_r	d_r(m6)	b	t_1	L_r	L	L_2	R		
22	308	265	290	170	18	5	24	13.5	165	42	22	6	24.5	36	18	6	20.5	28	302	87	220	101	4
25	345	300	325	200	20	6	30	13.5	180	50	25	8	28	42	20	6	22.5	36	332	92	240	140	6
28	389	335	365	215	22	6	24	17.5	200	52	28	8	31	42	22	6	24.5	36	368	101	265	191	8
31	437	375	412	245	25	7	30	17.5	220	62	32	10	35	58	25	8	28	42	407	107	295	258	12
35	492	425	462	280	28	8	24	22	250	72	35	10	38	58	28	8	31	42	466	124	320	385	17
40	545	475	515	310	32	9	30	22	280	80	40	12	43	82	32	10	35	58	522	130	345	522	26
45	615	530	580	335	36	10	24	26	310	84	45	14	48.5	82	35	10	38	58	583	147	390	733	33
50	690	600	650	440	40	11	30	26	350	132	50	14	53.5	82	40	12	43	82	655	158	430	1073	46
56	775	670	730	465	45	12	24	33	410	136	55	16	59	105	45	14	48.5	82	731	175	480	1515	66
63	875	750	825	530	50	14	30	33	445	156	65	18	69	105	50	14	53.5	82	824	196	530	2095	98
71	980	850	925	595	56	16	30	39	495	172	70	20	74.5	105	55	16	59	105	932	221	595	2999	140
80	1090	950	1030	665	63	18	36	39	550	190	80	22	85	130	65	18	69	105	1048	238	660	4158	192
90	1220	1060	1150	720	71	20	30	45	600	204	90	25	95	130	70	20	74.5	105	1179	273	745	5824	268
100	1360	1180	1280	800	80	22	36	45	660	222	100	28	106	165	80	22	85	130	1316	299	835	7912	400
112	1550	1320	1450	910	90	25	36	52	730	256	110	28	116	165	90	25	95	130	1476	329	935	11153	533

续表 1.1.48

X3LA规格	法兰安装尺寸/mm										减速器尺寸/mm											质量②/kg	油量/L
											i_N=125~224				i_N=250~710								
	D	D_1(h7)	D_2	D_3(h7)	K	t	n	d	L_1	L_c	d_r(m6)	b	t_1	L_r	d_r(m6)	b	t_1	L_r	L	L_2	R		
125	1750	1500	1650	1020	100	28	42	52	815	280	120	32	127	165	100	28	106	165	1649	353	1035	15706	789
140	1950	1700	1850	1145	112	32	36	62	910	312	140	36	148	200	110	28	116	165	1849	393	1150	22545	1130
160	2180	1900	2060	1275	125	36	42	62	1020	344	160	40	169	240	120	32	127	165	2069	446	1285	31585	1582

①输出法兰安装位置可根据客户要求定制。
②不包括锁紧盘和润滑油的质量。

X4L 型行星齿轮减速器如图 1.1.31 所示。

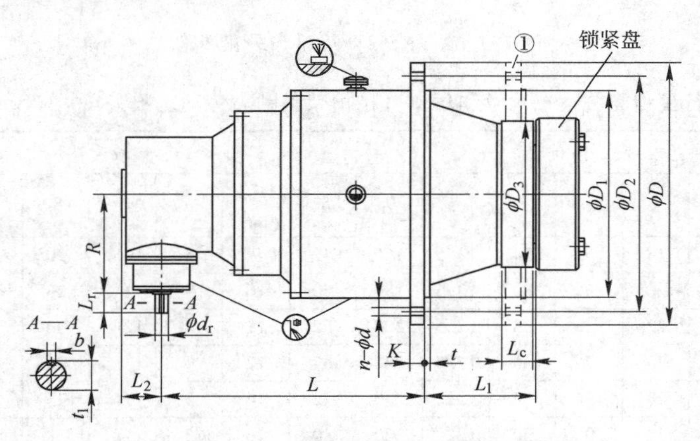

图 1.1.31 X4L 型行星齿轮减速器

表 1.1.49 X4L 型行星齿轮减速器尺寸和质量（昆山荣星动力传动有限公司 www.chinawingstar.com）

X4LA规格	法兰安装尺寸/mm										减速器尺寸/mm											质量②/kg	油量/L
											i_N=125~224				i_N=250~710								
	D	D_1(h7)	D_2	D_3(h7)	K	t	n	d	L_1	L_c	d_r(m6)	b	t_1	L_r	d_r(m6)	b	t_1	L_r	L	L_2	R		
22	308	265	290	170	18	5	24	13.5	165	42	16	5	18	28	12	4	13.5	25	297	61	140	90	4
25	345	300	325	200	20	6	30	13.5	180	50	18	6	20.5	28	14	5	16	25	331	64	155	126	6
28	389	335	365	215	22	6	24	17.5	200	52	20	6	22.5	36	16	5	18	28	367	66	170	174	9
31	437	375	412	245	25	7	30	17.5	220	62	22	6	24.5	36	18	6	20.5	28	413	87	220	243	13
35	492	425	462	280	28	8	24	22	250	72	25	8	28	42	20	6	22.5	36	462	92	240	353	18
40	545	475	515	310	32	9	30	22	280	80	28	8	31	42	22	6	24.5	36	518	101	265	482	27
45	615	530	580	335	36	10	24	26	310	84	32	10	35	58	25	8	28	42	580	107	295	678	35
50	690	600	650	440	40	11	30	26	350	132	35	10	38	58	28	8	31	42	654	124	320	1014	48
56	775	670	730	465	45	12	24	33	410	136	40	12	43	82	32	10	35	58	725	130	345	1417	69
63	875	750	825	530	50	14	30	33	445	156	45	14	48.5	82	35	10	38	58	812	147	390	1964	103
71	980	850	925	595	56	16	30	39	495	172	50	14	53.5	82	40	12	43	82	912	158	430	2804	147
80	1090	950	1030	665	63	18	36	39	550	190	55	16	59	105	45	14	48.5	82	1028	175	480	3916	202
90	1220	1060	1150	720	71	20	30	45	600	204	65	18	69	105	50	14	53.5	82	1157	196	530	5430	281
100	1360	1180	1280	800	80	22	36	45	660	222	70	20	74.5	105	55	16	59	105	1304	221	595	7423	420
112	1550	1320	1450	910	90	25	36	52	730	256	80	22	85	130	65	18	69	105	1461	238	660	10533	559
125	1750	1500	1650	1020	100	28	42	52	815	280	90	25	95	130	70	20	74.5	105	1637	273	745	14917	828
140	1950	1700	1850	1145	112	32	36	62	910	312	100	28	106	165	80	22	85	130	1831	299	835	21397	1187
160	2180	1900	2060	1275	125	36	42	62	1020	344	110	28	116	165	90	25	95	130	2051	329	935	29861	1661

①输出法兰安装位置可根据客户要求定制。
②不包括锁紧盘和润滑油的质量。

X5L 型行星齿轮减速器如图 1.1.32 所示。

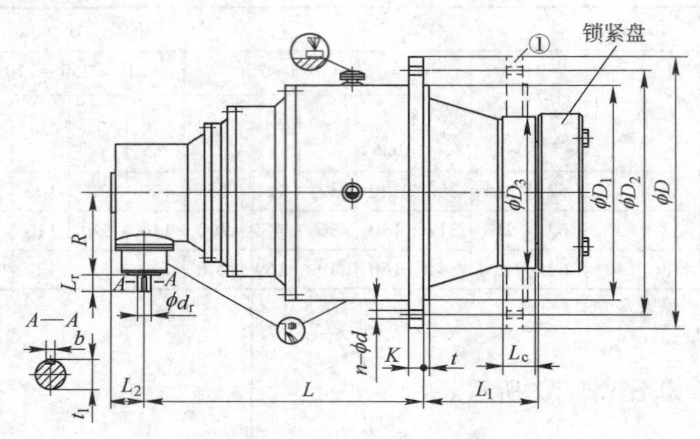

图 1.1.32 X5L 型行星齿轮减速器

表 1.1.50 X5L 型行星齿轮减速器尺寸和质量（昆山荣星动力传动有限公司 www.chinawingstar.com）

X5LA规格	法兰安装尺寸/mm										减速器尺寸/mm							质量②/kg	油量/L
	D	D_1 (h7)	D_2	D_3 (h7)	K	t	n	d	L_1	L_c	d_r (m6)	b	t_1	L_r	L	L_2	R		
22	308	265	290	170	18	5	24	13.5	165	42	9	3	10.2	20	304	49	115	88	4
25	345	300	325	200	20	6	30	13.5	180	50	10	3	11.2	20	333.5	50	122	124	6
28	389	335	365	215	22	6	24	17.5	200	52	11	4	12.5	20	370	58	130	174	9
31	437	375	412	245	25	7	30	17.5	220	62	12	4	13.5	25	408	61	140	237	13
35	492	425	462	280	28	8	24	22	250	72	14	5	16	25	461	64	155	346	19
40	545	475	515	310	32	9	30	22	280	80	16	5	18	28	517	66	170	473	28
45	615	530	580	335	36	10	24	26	310	84	18	6	20.5	28	586	87	220	677	36
50	690	600	650	440	40	11	30	26	350	132	20	6	22.5	36	650	92	240	998	51
56	775	670	730	465	45	12	24	33	410	136	22	6	24.5	36	723	101	265	1401	72
63	875	750	825	530	50	14	30	33	445	156	25	8	28	42	811	107	295	1942	108
71	980	850	925	595	56	16	30	39	495	172	28	8	31	42	913	124	320	2792	154
80	1090	950	1030	665	63	18	36	39	550	190	32	10	35	58	1025	130	345	3877	212
90	1220	1060	1150	720	71	20	30	45	600	204	35	10	38	58	1148	147	390	5391	295
100	1360	1180	1280	800	80	22	36	45	660	222	40	12	43	82	1288	158	430	7339	441
112	1550	1320	1450	910	90	25	36	52	730	256	45	14	48.5	82	1445	175	480	10449	587
125	1750	1500	1650	1020	100	28	42	52	815	280	50	14	53.5	82	1619	196	530	14760	870
140	1950	1700	1850	1145	112	32	36	62	910	312	55	16	59	105	1824	221	595	21256	1246
160	2180	1900	2060	1275	125	36	42	62	1020	344	65	18	69	105	2041	238	660	28870	1745

①输出法兰安装位置可根据客户要求定制。

②不包括锁紧盘和润滑油的质量。

带锁紧盘空心输出轴如图 1.1.33 所示。

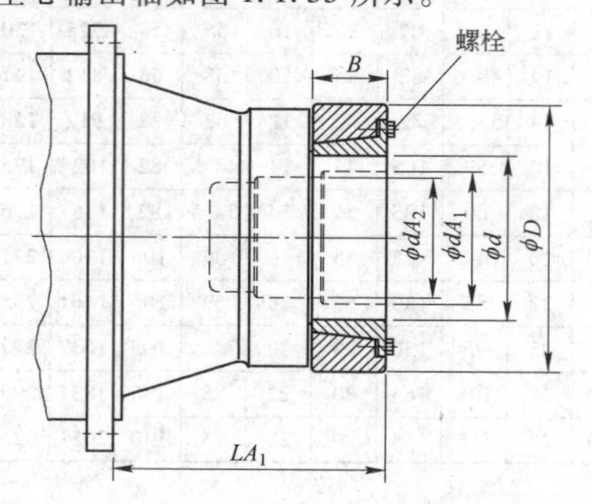

图 1.1.33 带锁紧盘空心输出轴

表 1.1.51 带锁紧盘空心输出轴（昆山荣星动力传动有限公司 www.chinawingstar.com）

规格	尺寸/mm												质量/kg
	工作机连接轴					锁紧盘				dA_1 H_7	dA_2 H_7	LA_1	
	d_1	d_2	L_3	C	L_4	d	D	B	螺栓				
22	85	90	43	2.5	45.5	110	185	40	M10	90	85	207	5.9
25	95	100	48	2.5	50.5	125	215	53	M10	100	95	235	8.3
28	105	110	54	2.5	56.5	140	230	58	M12	110	105	260	10
31	115	120	61	2.5	63.5	165	290	68	M16	120	115	290	22
35	135	140	69	2.5	71.5	185	330	85	M16	140	135	337	37
40	155	160	78	2.5	80.5	200	350	85	M16	160	155	367	41
45	165	170	88	2.5	90.5	220	370	103	M16	170	165	416	54
50	185	190	98	2.5	100.5	240	405	107	M20	190	185	460	67
56	215	220	110	2.5	112.5	280	460	132	M20	220	215	545	102
63	245	250	123	2.5	125.5	320	520	140	M20	250	245	588	131
71	275	280	138	2.5	140.5	360	590	159	M20	280	275	658	204
80	305	310	158	2.5	160.5	390	660	163	M24	310	305	717	260
90	345	350	178	2.5	180.5	440	750	192	M24	350	345	796	408
100	395	400	198	2.5	200.5	500	850	213	M24	400	395	877	575
112	440	450	220.5	5	225.5	560	940	238	M27	450	440	973	775
125	490	500	246.5	5	251.5	620	1020	286	M30	500	490	1106	1080
140	550	560	276.5	5	281.5	700	1180	292	M30	560	550	1207	1515
160	635	645	311.5	5	316.5	800	1370	334	M30	645	635	1359	2390

注：当尺寸≤160 时，公差为 h6；>160 时，公差为 g6。

带平键实心输出轴如图 1.1.34 所示。

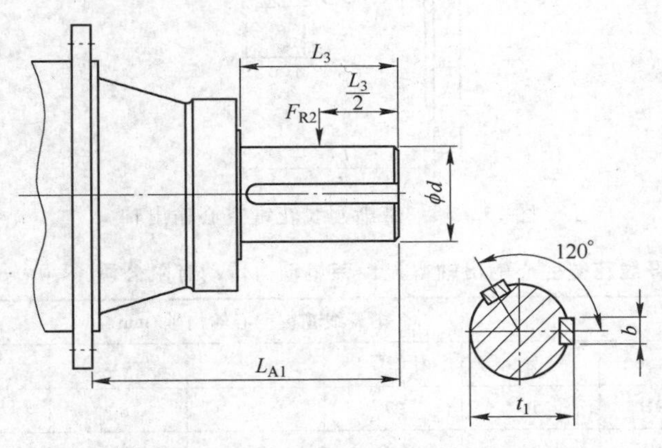

图 1.1.34 带平键实心输出轴

表 1.1.52 带平键实心输出轴（昆山荣星动力传动有限公司 www.chinawingstar.com）

规 格	实心轴/mm					
	d(n6)	L_3	b	t_1	L_{A1}	F_{R2}
22	90	170	25	95	335	敬请垂询
25	100	210	28	106	390	
28	110	210	28	116	410	
31	125	210	32	132	430	
35	140	250	36	148	500	
40	160	300	40	169	580	
45	180	300	45	190	610	

续表 1.1.52

规 格	实心轴/mm					
	d(n6)	L_3	b	t_1	L_{A1}	F_{R2}
50	200	350	45	210	700	敬请垂询
56	220	350	50	231	760	
63	250	410	56	262	855	
71	280	470	63	292	965	
80	320	470	70	334	1020	
90	360	550	80	375	1150	
100	400	650	90	417	1310	
112	450	650	100	469	1380	
125	500	650	100	519	1465	
140	560	800	112	580	1710	
160	630	800	125	653	1820	

带渐开线花键空心输出轴如图 1.1.35 所示。

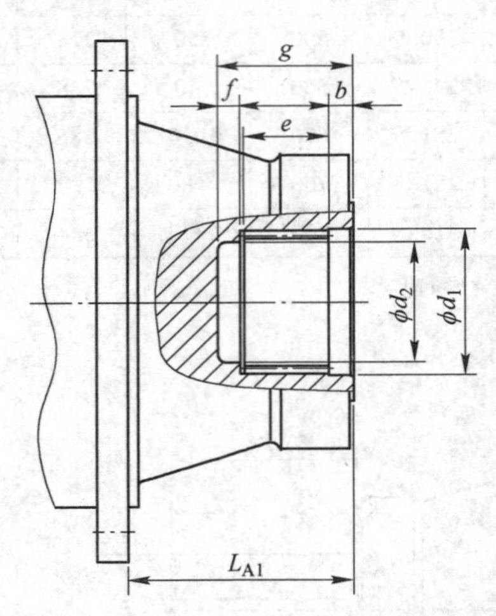

图 1.1.35 带渐开线花键空心输出轴

表 1.1.53 带渐开线花键空心输出轴（昆山荣星动力传动有限公司 www.chinawingstar.com）

规 格	渐开线花键空心输出轴/mm							
	内花键规格（DIN5480）	e	d_1(H7)	b	d_2(H7)	f	g	L_{A1}
22	95×5×30×18×9H	56	97	25	80	20	111	165
25	110×5×30×20×9H	63	112	25	90	20	118	180
28	120×5×30×22×9H	71	122	28	100	22	131	200
31	130×5×30×24×9H	80	132	28	112	23	141	220
35	150×5×30×28×9H	90	152	32	125	25	157	250
40	170×5×30×32×9H	100	172	32	140	25	167	280
45	190×5×30×36×9H	112	192	36	160	29	187	310
50	210×5×30×40×9H	125	212	36	180	29	200	350
56	240×8×30×28×9H	140	242	40	200	32	222	410
63	260×8×30×31×9H	160	262	40	224	33	243	445
71	300×8×30×36×9H	180	302	45	250	37	272	495
80	330×8×30×40×9H	200	332	45	280	37	292	550
90	380×8×30×46×9H	224	382	50	315	42	326	600

续表 1.1.53

规 格	渐开线花键空心输出轴/mm							
	内花键规格（DIN5480）	e	d_1（H7）	b	d_2（H7）	f	g	L_{A1}
100	420×8×30×51×9H	250	422	50	355	42	352	660
112	480×8×30×58×9H	280	482	56	400	46	392	730
125	530×10×30×51×9H	315	533	56	450	47	428	815
140	600×10×30×58×9H	355	603	63	500	52	480	910
160	670×10×30×65×9H	400	673	63	560	52	525	1020

带渐开线花键实心输出轴如图 1.1.36 所示。

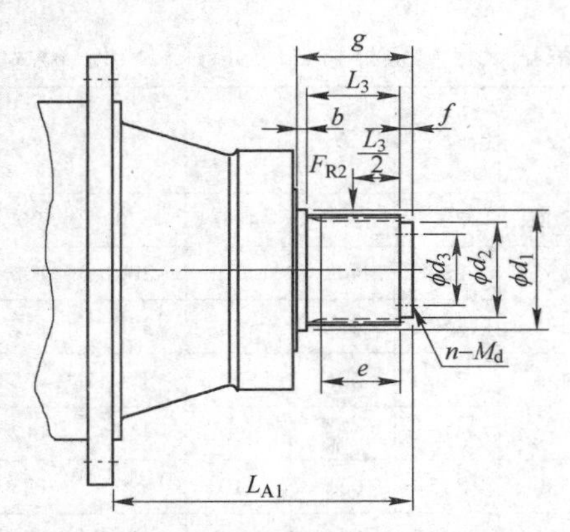

图 1.1.36 带渐开线花键实心输出轴

表 1.1.54 带渐开线花键实心输出轴（昆山荣星动力传动有限公司 www.chinawingstar.com）

规格	渐开线花键实心输出轴/mm											
	外花键规格（DIN5480）	e	d_1（k6）	b	d_2（k6）	f	d_3	L_3	g	n	M_d	L_{A1}	F_{R2}
22	110×5×30×20×8m	56	112	20	90	20	63	63	103	3	16	268	
25	120×5×30×22×8m	63	122	20	100	20	71	71	111	3	16	291	
28	130×5×30×24×8m	71	132	22	112	22	80	80	124	3	16	324	
31	150×5×30×28×8m	80	152	22	125	22	90	90	134	3	16	354	
35	170×5×30×32×8m	90	172	25	140	25	112	100	150	3	16	400	
40	190×5×30×36×8m	100	192	25	160	25	125	112	162	3	16	442	
45	210×5×30×40×8m	112	212	28	180	28	140	125	181	3	20	491	
50	240×8×30×28×8m	125	242	28	200	28	160	140	196	3	20	546	
56	260×8×30×31×8m	140	262	32	224	32	180	160	224	3	20	634	敬请垂询
63	300×8×30×36×8m	160	302	32	250	32	200	180	244	3	20	689	
71	330×8×30×40×8m	180	332	36	280	36	224	200	272	6	20	767	
80	380×8×30×46×8m	200	382	36	315	36	250	224	296	6	20	846	
90	420×8×30×51×8m	224	422	40	355	40	280	250	330	6	24	930	
100	480×8×30×58×8m	250	482	40	400	40	315	280	360	6	24	1020	
112	530×10×30×51×8m	280	533	45	450	45	355	315	405	6	24	1135	
125	600×10×30×58×8m	315	603	45	500	45	400	355	445	6	24	1260	
140	670×10×30×65×8m	355	673	50	560	50	450	400	500	6	24	1410	
160	750×10×30×73×8m	400	753	50	630	50	500	450	550	6	24	1570	

固定式底座如图 1.1.37 所示。

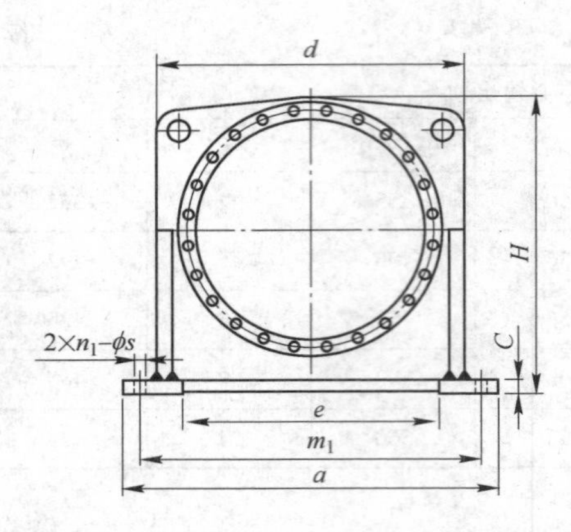

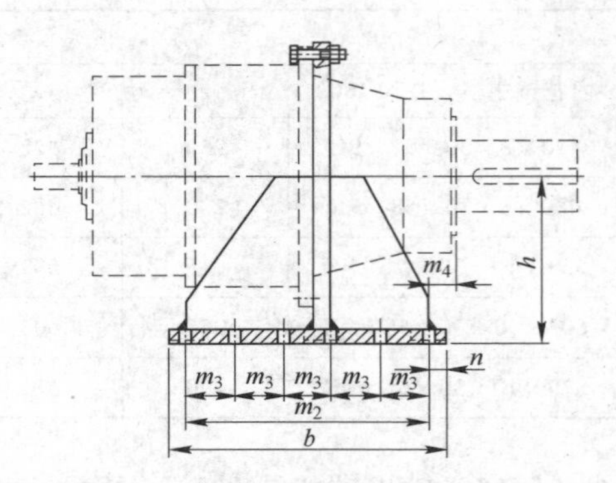

图 1.1.37 固定式底座

表 1.1.55 固定式底座（昆山荣星动力传动有限公司 www.chinawingstar.com） （mm）

规格	a	b	c	d	e	h	H	m_1	m_2	m_3	m_4	n	螺丝栓孔		质量
													n_1	s	/kg
22	471	330	20	355	300	200	358	411	270	90	30	30	4	22	29
25	516	360	20	400	335	224	402	456	300	100	35	30	4	22	36
28	566	396	25	450	375	250	450	506	336	112	40	30	4	22	56
31	640	445	25	500	425	280	505	570	375	125	45	35	4	26	70
35	700	518	30	560	475	315	565	630	448	112	50	35	5	26	107
40	780	570	30	630	530	355	635	710	500	125	55	35	5	26	133
45	900	660	35	710	600	400	715	800	560	140	60	50	5	33	207
50	1000	740	35	800	670	450	805	900	640	160	70	50	5	33	259
56	1100	800	45	900	750	500	900	1000	700	140	80	50	6	33	405
63	1240	920	45	1000	850	560	1010	1120	800	160	90	60	6	45	509
71	1370	1020	55	1120	950	630	1130	1250	900	180	100	60	6	45	777
80	1520	1120	55	1250	1060	710	1270	1400	1000	200	112	60	6	45	959
90	1740	1120	70	1400	1180	800	1425	1600	980	140	125	70	8	52	1460
100	1940	1260	70	1600	1320	900	1600	1800	1120	160	140	70	8	52	1863
112	2140	1400	90	1800	1500	1000	1800	2000	1260	180	160	70	8	52	3029
125	2380	1580	90	2000	1700	1120	2020	2240	1440	160	180	70	10	52	3731
140	2690	1810	110	2240	1900	1250	2250	2500	1620	180	200	95	10	62	5815
160	2990	1990	110	2500	2120	1400	2520	2800	1800	200	224	95	10	62	7172

注：支撑件尺寸表为标准尺寸，也可按客户要求进行设计和生产制造。本标准如有改动，恕不事先通知。若需其他安装方式，本公司可为其定制。

表 1.1.56 X2N(i_N = 14 ~ 28)和 X2S(i_N = 31.5 ~ 50)承载能力(1)(昆山荣星动力传动有限公司 www.chinawingstar.com)

规格			X2-22			X2-25			X2-28			X2-31			X2-35		
n_1 /r·min^{-1}	n_2 /r·min^{-1}	i_N	T_n /kN·m	i	P_N /kW	T_n /kN·m	i	P_N /kW	T_n /kN·m	i	P_N /kW	T_n /kN·m	i	P_N /kW	T_n /kN·m	i	P_N /kW
1500	107.1	14	10	13.939	116.8	14	14.246	164	22	13.939	256.9	31	13.939	362	46	13.939	537
1000	71.4				77.8			109			171.3			241			358
750	53.6				58.4			81.8			128.6			181			269
1500	93.8	16	10	15.714	102.3	14	16.150	143.2	22	15.714	225	31	15.714	317	46	15.714	470
1000	62.5				68.1			95.4			149.9			211			313
750	46.9				51.1			71.6			112.5			159			235

续表 1.1.56

规格			X2-22			X2-25			X2-28			X2-31			X2-35		
n_1 /r·min^{-1}	n_2 /r·min^{-1}	i_N	T_n /kN·m	i	P_N /kW	T_n /kN·m	i	P_N /kW	T_n /kN·m	i	P_N /kW	T_n /kN·m	i	P_N /kW	T_n /kN·m	i	P_N /kW
1500	83.3				90.8			127			199.8			282			418
1000	55.6	18	10	17.934	60.6	14	18.333	84.9	22	17.934	133.4	31	17.934	188	46	17.934	279
750	41.7				45.5			63.7			100			141			209
1500	75				81.8			114.5			179.9			253			376
1000	50	20	10	20.035	54.5	14	20.370	76.3	22	20.035	119.9	31	20.035	169	46	20.035	251
750	37.5				40.9			57.2			89.9			127			188
1500	67				73			102.3			160.7			226			336
1000	44.6	22.4	10	21.607	48.6	14	23.086	68.1	22	21.607	107	31	21.607	151	46	21.607	224
750	33.5				36.5			51.1			80.4			113			168
1500	60				52.3			78.5			111.2			164			229
1000	40	25	8	25.142	34.9	12	25.208	52.3	17	25.142	74.1	25	25.142	109	35	25.142	153
750	30				26.2			39.3			55.6			82			114
1500	53.6				38			58.4			81.8			117			164
1000	35.7	28	6.5	28.104	25.3	10	28.809	38.9	14	28.104	54.5	20	28.104	78	28	28.104	109
750	26.8				19			29.2			40.9			58			82
1500	47.6				53			74.1			116.5			164			244
1000	31.7	31.5	10	30.680	35.3	14	32.300	49.4	22	31.428	77.6	31	30.680	109	46	31.428	162
750	23.8				26.5			37.1			58.3			82			122
1500	42.3				47.1			65.9			103.5			146			216
1000	28.2	35.5	10	35.014	31.4	14	36.666	43.9	22	35.868	69	31	35.014	97	46	35.868	144
750	21.1				23.5			32.9			51.6			73			108
1500	37.5				41.7			58.4			91.8			129			192
1000	25	40	10	39.116	27.8	14	40.740	38.9	22	40.070	61.2	31	39.116	86	46	40.070	128
750	18.8				20.9			29.3			46			65			96
1500	33.3				37			51.9			81.5			115			170
1000	22.2	45	10	43.838	24.7	14	45.833	34.6	22	44.835	54.3	31	43.838	77	46	45.362	114
750	16.7				18.6			26			40.9			58			85
1500	30				33.4			46.7			73.4			103			154
1000	20	50	10	48.974	22.3	14	50.925	31.2	22	50.088	49	31	48.974	69	46	50.677	102
750	15				16.7			23.4			36.7			52			77

表 1.1.57 X2N(i_N=14~28)和 X2S(i_N=31.5~50)承载能力(2)(昆山荣星动力传动有限公司 www.chinawingstar.com)

规格			X2-40			X2-45			X2-50			X2-56		
n_1 /r·min^{-1}	n_2 /r·min^{-1}	i_N	T_n /kN·m	i	P_N /kW	T_n /kN·m	i	P_N /kW	T_n /kN·m	i	P_N /kW	T_n /kN·m	i	P_N /kW
1500	107.1				759			1051			1390			2160
1000	71.4	14	65	13.939	506	90	13.939	701	119	14.246	926	185	13.939	1440
750	53.6				380			526			695			1081
1500	93.8				665			920			1217			1892
1000	62.5	16	65	15.714	443	90	15.714	613	119	16.150	811	185	15.714	1261
750	46.9				332			460			609			946

续表 1.1.57

规格			X2－40			X2－45			X2－50			X2－56		
n_1 /r·min^{-1}	n_2 /r·min^{-1}	i_N	T_n /kN·m	i	P_N /kW	T_n /kN·m	i	P_N /kW	T_n /kN·m	i	P_N /kW	T_n /kN·m	i	P_N /kW
1500	83.3				590			817			1081			1680
1000	55.6	18	65	17.934	394	90	17.934	546	119	18.333	721	185	17.934	1121
750	41.7				296			409			541			841
1500	75				532			736			973			1513
1000	50	20	65	20.035	354	90	20.035	491	119	20.370	649	185	20.035	1009
750	37.5				266			368			487			756
1500	67				475			657			869			1351
1000	44.6	22.4	65	21.607	316	90	21.607	438	119	23.086	579	185	21.607	900
750	33.5				237			329			435			676
1500	60				327			438			687			968
1000	40	25	50	25.142	218	67	25.142	292	105	25.208	458	148	25.142	645
750	30				164			219			343			484
1500	53.6				245			339			526			725
1000	35.7	28	42	28.104	163	58	28.104	226	90	28.809	350	124	28.104	483
750	26.8				123			169			263			362
1500	47.6				344			477			630			980
1000	31.7	31.5	65	31.428	229	90	30.680	317	119	32.300	420	185	31.428	652
750	23.8				172			238			315			490
1500	42.3				306			424			560			871
1000	28.2	35.5	65	35.868	204	90	35.014	282	119	36.666	373	185	35.868	580
750	21.1				153			211			279			434
1500	37.5				271			375			496			772
1000	25	40	65	40.070	181	90	39.116	250	119	40.740	331	185	40.070	515
750	18.8				136			188			249			387
1500	33.3				241			333			441			685
1000	22.2	45	65	45.362	161	90	43.838	222	119	45.833	294	185	44.835	457
750	16.7				121			167			221			344
1500	30				217			300			397			617
1000	20	50	65	50.677	145	90	48.974	200	119	50.925	265	185	50.088	412
750	15				108			150			199			309

表 1.1.58 X2N(i_N=14~28)和 X2S(i_N=31.5~50)承载能力(3)(昆山荣星动力传动有限公司 www.chinawingstar.com)

规格			X2－63			X2－71			X2－80			X2－90			X2－100		
n_1 /r·min^{-1}	n_2 /r·min^{-1}	i_N	T_n /kN·m	i	P_N /kW	T_n /kN·m	i	P_N /kW	T_n /kN·m	i	P_N /kW	T_n /kN·m	i	P_N /kW	T_n /kN·m	i	P_N /kW
1500	107.1				3141			—			—			—			—
1000	71.4	14	269	13.939	2094	380	13.939	2958	522	13.939	4064	699	13.939	5442	903	14.246	7030
750	53.6				1572			2221			3051			4058			5277
1500	93.8				2751			—			—			—			—
1000	62.5	16	269	15.714	1833	380	15.714	2589	522	15.714	3557	699	15.714	4763	903	16.150	6153
750	46.9				1376			1943			2669			3574			4317

续表 1.1.58

规　格			X2-63			X2-71			X2-80			X2-90			X2-100		
n_1 /r·min^{-1}	n_2 /r·min^{-1}	i_N	T_n /kN·m	i	P_N /kw	T_n /kN·m	i	P_N /kW	T_n /kN·m	i	P_N /kW	T_n /kN·m	i	P_N /kW	T_n /kN·m	i	P_N /kW
1500	83.3				2443			3451			4741			—			—
1000	55.6	18	269	17.934	1631	380	17.934	2304	522	17.934	3164	699	17.934	4237	903	18.333	5474
750	41.7				1223			1728			2373			3178			4106
1500	75				2200			3107			4269			5716			—
1000	50	20	269	20.035	1466	380	20.035	2072	522	20.035	2846	699	20.035	3811	903	20.370	4923
750	37.5				1100			1554			2134			2858			3692
1500	67				1965			2776			3813			5106			6596
1000	44.6	22.4	269	21.607	1308	380	21.607	1848	522	21.607	2538	699	21.607	3399	903	23.086	4391
750	33.5				983			1388			1907			2553			3298
1500	60				1393			1943			2630			3480			5233
1000	40	25	213	25.142	929	297	25.142	1295	402	25.142	1753	532	25.142	2320	800	25.208	3489
750	30				697			971			1315			1740			2617
1500	53.6				1005			1432			1975			2659			3991
1000	35.7	28	172	28.104	669	245	28.104	954	338	28.104	1316	455	28.104	1771	683	28.809	2658
750	26.8				503			716			988			1330			1996
1500	47.6				1425			2012			2764			3702			4782
1000	31.7	31.5	269	30.680	949	380	31.428	1340	522	31.428	1841	699	31.428	2465	903	31.531	3185
750	23.8				712			1006			1382			1851			2391
1500	42.3				1266			1788			2457			3290			4250
1000	28.2	35.5	269	35.014	844	380	35.868	1192	522	35.868	1638	699	35.868	2193	903	35.793	2833
750	21.1				631			892			1225			1641			2120
1500	37.5				1122			1585			2178			2916			3767
1000	25	40	269	39.116	748	380	40.070	1057	522	40.070	1452	699	40.070	1944	903	39.770	2512
750	18.8				563			795			1092			1462			1889
1500	33.3				997			1408			1934			2590			3345
1000	22.2	45	269	43.838	664	380	45.362	939	522	45.362	1289	699	45.362	1726	903	44.813	2230
750	16.7				500			706			970			1299			1678
1500	30				898			1268			1742			2333			3014
1000	20	50	269	48.974	599	380	50.677	846	522	50.677	1161	699	50.677	1555	903	49.792	2009
750	15				449			634			871			1167			1507

规　格			X2-112			X2-125			X2-140			X2-160		
n_1 /r·min^{-1}	n_2 /r·min^{-1}	i_N	T_n /kN·m	i	P_N /kW	T_n /kN·m	i	P_N /kW	T_n /kN·m	i	P_N /kW	T_n /kN·m	i	P_N /kW
1500	107.1				—			—			—			—
1000	71.4	14	1355	13.939	—	1886	13.939	—	2582	13.939	—	3380	13.939	—
750	53.6				7919			11022			—			—
1500	93.8				—			—			—			—
1000	62.5	16	1355	15.714	—	1886	15.714	—	2582	15.714	—	3380	15.714	—
750	46.9				6929			9644			—			—

续表 1.1.58

规格			X2－112			X2－125			X2－140			X2－160		
n_1 /r·min^{-1}	n_2 /r·min^{-1}	i_N	T_n /kN·m	i	P_N /kW	T_n /kN·m	i	P_N /kW	T_n /kN·m	i	P_N /kW	T_n /kN·m	i	P_N /kW
1500	83.3				—			—			—			—
1000	55.6	18	1355	17.934	8214	1886	17.934	—	2582	17.934	—	3380	17.934	—
750	41.7				6161			8575			11739			15367
1500	75				—			—			—			—
1000	50	20	1355	20.035	7387	1886	20.035	10281	2582	20.035	—	3380	20.035	—
750	37.5				5540			7711			10557			13820
1500	67				—			—			—			—
1000	44.6	22.4	1355	21.607	6589	1886	21.607	9171	2582	21.607	12556	3380	21.607	—
750	33.5				4949			6889			9431			12345
1500	60				7000			—			—			—
1000	40	25	1070	25.142	4666	1511	25.142	6590	2049	25.142	8936	2682	25.142	11697
750	30				3500			4942			6702			8773
1500	53.6				5242			7165			—			—
1000	35.7	28	897	28.104	3491	1226	28.104	4772	1707	28.104	6644	2279	28.104	8871
750	26.8				2621			3582			4988			6659
1500	47.6				7176			9988			—			—
1000	31.7	31.5	1355	31.428	4779	1886	30.680	6651	2580	31.428	9106	3380	31.428	11920
750	23.8				3588			4994			6837			8950
1500	42.3				6377			8876			—			—
1000	28.2	35.5	1355	35.868	4251	1886	35.014	5917	2582	35.868	8101	3380	35.868	10604
750	21.1				3181			4427			6061			7934
1500	37.5				5653			7868			—			—
1000	25	40	1355	40.070	3769	1886	39.116	5246	2582	40.070	7181	3380	40.070	9401
750	18.8				2834			3945			5400			7070
1500	33.3				5020			6987			9566			12522
1000	22.2	45	1355	44.835	3347	1886	43.838	4658	2582	45.362	6377	3380	45.362	8348
750	16.7				2518			3504			4797			6280
1500	30				4523			6295			8618			11281
1000	20	50	1355	50.088	3015	1886	48.974	4197	2582	50.677	5745	3380	50.677	7521
750	15				2261			3147			4309			5641

表 1.1.59 X3N（i_N＝56～200）承载能力（1）（昆山荣星动力传动有限公司 www.chinawingstar.com）

规格			X3－22			X3－25			X3－28			X3－31			X3－35		
n_1 /r·min^{-1}	n_2 /r·min^{-1}	i_N	T_n /kN·m	i	P_N /kW	T_n /kN·m	i	P_N /kW	T_n /kN·m	i	P_N /kW	T_n /kN·m	i	P_N /kW	T_n /kN·m	i	P_N /kW
1500	26.8				29.8			41.7			65.6			92			137
1000	17.9	56	10	55.756	29.9	14	56.984	27.9	22	55.756	43.8	31	55.257	62	46	55.756	92
750	13.4				14.9			20.9			32.8			46			69

续表 1.1.59

规格			X3-22			X3-25			X3-28			X3-31			X3-35		
n_1 /r·min^{-1}	n_2 /r·min^{-1}	i_N	T_n /kN·m	i	P_N /kW	T_n /kN·m	i	P_N /kW	T_n /kN·m	i	P_N /kW	T_n /kN·m	i	P_N /kW	T_n /kN·m	i	P_N /kW
1500	23.8				26.5			37.1			58.3			82			122
1000	15.9	63	10	62.856	17.7	14	64.600	24.8	22	62.856	38.9	31	62.293	55	46	62.856	81
750	11.9				13.2			18.5			29.1			41			61
1500	21.1				23.5			32.9			51.6			73			108
1000	14.1	71	10	71.736	15.7	14	73.332	22	22	71.736	34.5	31	71.094	49	46	71.736	72
750	10.6				11.8			16.5			25.9			37			54
1500	18.8				20.9			29.3			46			65			96
1000	12.5	80	10	80.140	13.9	14	81.480	19.5	22	80.140	30.6	31	79.423	43	46	80.140	64
750	9.4				10.5			14.6			23			32			48
1500	16.7				18.6			26			40.9			58			85
1000	11.1	90	10	91.463	12.3	14	93.498	17.3	22	91.463	27.2	31	89.670	38	46	91.463	57
750	8.33				9.3			13			20.4			29			43
1500	15				16.7			23.4			36.7			52			77
1000	10	100	10	102.18	11.1	14	103.89	15.6	22	102.18	24.5	31	100.18	34	46	102.18	51
750	7.5				8.3			11.7			18.4			26			38
1500	13.4				14.9			20.9			32.8			46			69
1000	8.9	112	10	110.20	9.9	14	117.74	13.9	22	110.20	21.8	31	108.04	31	46	110.20	46
750	6.7				7.5			10.4			16.4			23			34
1500	12				13.4			18.7			29.4			41			61
1000	8	125	10	128.30	8.9	14	131.15	12.5	22	128.30	19.6	31	126.82	28	46	128.30	41
750	6				6.7			9.3			14.7			21			31
1500	10.7				11.9			16.7			26.2			37			55
1000	7.1	140	10	143.33	7.9	14	145.72	11.1	22	143.33	17.4	31	141.68	24	46	143.33	36
750	5.4				6			8.4			13.2			19			28
1500	9.4				10.5			14.6			23			32			48
1000	6.3	160	10	154.57	7	14	165.15	9.8	22	154.57	15.4	31	152.79	22	46	154.57	32
750	4.7				5.2			7.3			11.5			16			24
1500	8.3				9.2			12.9			20.3			29			42
1000	5.6	180	10	179.86	6.2	14	180.33	8.7	22	179.86	13.7	31	177.79	19	46	179.86	29
750	4.2				4.7			6.5			10.3			14			21
1500	7.5				6.7			10			14.2			21			29
1000	5	200	8	201.05	4.5	12	206.09	6.7	17	201.05	9.5	25	198.73	14	35	201.05	19
750	3.8				3.4			5.1			7.2			11			15

续表 1.1.59

规格			X3－40			X3－45			X3－50			X3－56		
n_1 /r·min^{-1}	n_2 /r·min^{-1}	i_N	T_n /kN·m	i	P_N /kW	T_n /kN·m	i	P_N /kW	T_n /kN·m	i	P_N /kW	T_n /kN·m	i	P_N /kW
1500	26.8				194			268			355			552
1000	17.9	56	65	55.756	129	90	55.756	179	119	56.984	237	185	55.756	368
750	13.4				97			134			177			276
1500	23.8				172			238			315			490
1000	15.9	63	65	62.856	115	90	62.856	159	119	64.600	211	185	62.856	327
750	11.9				86			119			158			245
1500	21.1				153			211			279			434
1000	14.1	71	65	71.736	102	90	71.736	141	119	73.332	187	185	71.736	290
750	10.6				77			106			140			218
1500	18.8				136			188			249			387
1000	12.5	80	65	80.140	90	90	80.140	125	119	81.480	165	185	80.140	257
750	9.4				68			94			124			193
1500	16.7				121			167			221			344
1000	11.1	90	65	91.463	80	90	91.463	111	119	93.498	147	185	91.463	228
750	8.33				60			83			110			171
1500	15				108			150			199			309
1000	10	100	65	102.18	72	90	102.18	100	119	103.89	132	185	102.18	206
750	7.5				54			75			99			154
1500	13.4				97			134			177			276
1000	8.9	112	65	110.20	64	90	110.20	89	119	117.74	118	185	110.20	183
750	6.7				48			67			89			138
1500	12				87			120			159			247
1000	8	125	65	128.30	58	90	128.30	80	119	131.15	106	185	128.30	165
750	6				43			60			79			123
1500	10.7				77			107			142			220
1000	7.1	140	65	143.33	51	90	143.33	71	119	145.72	94	185	143.33	146
750	5.4				39			54			71			111
1500	9.4				68			94			124			193
1000	6.3	160	65	154.57	46	90	154.57	63	119	165.15	83	185	154.57	130
750	4.7				34			47			62			97
1500	8.3				60			83			110			171
1000	5.6	180	65	179.86	40	90	179.86	56	119	180.33	74	185	179.86	115
750	4.2				30			42			56			86
1500	7.5				42			56			88			123
1000	5	200	50	201.05	28	67	201.05	37	105	206.09	58	148	201.05	82
750	3.8				21			28			44			63

表 1.1.60 **X3N**（i_N = 56 ~ 200）承载能力（2）（昆山荣星动力传动有限公司 www.chinawingstar.com）

规格			X3 - 63			X3 - 71			X3 - 80			X3 - 90			X3 - 100		
n_1 /r·min^{-1}	n_2 /r·min^{-1}	i_N	T_n /kN·m	i	P_N /kW	T_n /kN·m	i	P_N /kW	T_n /kN·m	i	P_N /kW	T_n /kN·m	i	P_N /kW	T_n /kN·m	i	P_N /kW
1500	26.8				802			1133			1556			—			—
1000	17.9	56	269	55.257	536	380	55.756	757	522	55.756	1040	699	55.756	1392	903	56.984	1798
750	13.4				401			567			778			1042			1346
1500	23.8				712			1006			1382			—			—
1000	15.9	63	269	62.293	476	380	62.856	672	522	62.856	923	699	62.856	1236	903	64.600	1597
750	11.9				356			503			691			925			1196
1500	21.1				631			892			1225			—			—
1000	14.1	71	269	71.094	422	380	71.736	596	522	71.736	819	699	71.736	1097	903	73.332	1417
750	10.6				317			448			616			824			1065
1500	18.8				563			795			1092			—			—
1000	12.5	80	269	79.423	374	380	80.140	528	522	80.140	726	699	80.140	972	903	81.480	1256
750	9.4				281			397			546			731			944
1500	16.7				500			706			970			1299			1678
1000	11.1	90	269	89.670	332	380	91.463	469	522	91.463	645	699	91.463	863	903	93.498	1115
750	8.33				249			352			484			648			837
1500	15				449			634			871			1167			1507
1000	10	100	269	100.18	299	380	102.18	423	522	102.18	581	699	102.18	778	903	103.89	1005
750	7.5				224			317			436			583			753
1500	13.4				401			567			778			1042			1346
1000	8.9	112	269	108.04	266	380	110.20	376	522	110.20	517	699	110.20	692	903	117.74	894
750	6.7				201			283			389			521			673
1500	12				359			507			697			933			1206
1000	8	125	269	126.82	239	380	128.30	338	522	128.30	465	699	128.30	622	903	131.15	804
750	6				180			254			348			467			603
1500	10.7				320			452			621			832			1075
1000	7.1	140	269	141.68	212	380	143.33	300	522	143.33	412	699	143.33	552	903	145.72	713
750	5.4				162			228			314			420			543
1500	9.4				281			397			546			731			944
1000	6.3	160	269	152.79	189	380	154.57	266	522	154.57	366	699	154.57	490	903	165.15	633
750	4.7				141			199			273			366			472
1500	8.3				248			351			482			645			834
1000	5.6	180	269	177.79	168	380	179.86	237	522	179.86	325	699	179.86	435	903	180.33	563
750	4.2				126			178			244			327			422
1500	7.5				178			249			335			444			668
1000	5	200	213	198.73	118	298	201.05	166	402	201.05	224	532	201.05	296	800	206.09	445
750	3.8				90			126			170			225			338

续表 1.1.60

规格			X3－112			X3－125			X3－140			X3－160		
n_1 /r·min^{-1}	n_2 /r·min^{-1}	i_N	T_n /kN·m	i	P_N /kW	T_n /kN·m	i	P_N /kW	T_n /kN·m	i	P_N /kW	T_n /kN·m	i	P_N /kW
1500	26.8				—			—			—			—
1000	17.9	56	1355	55.756	2698	1886	55.257	3756	2582	55.756	—	3380	55.756	—
750	13.4				2020			2812			3849			5035
1500	23.8				—			—			—			—
1000	15.9	63	1355	62.856	2397	1886	62.293	3336	2582	62.856	—	3380	62.856	—
750	11.9				1794			2497			3418			4475
1500	21.1				—			—			—			—
1000	14.1	71	1355	71.736	2126	1886	71.094	2959	2582	71.736	—	3380	71.736	—
750	10.6				1598			2224			3045			3986
1500	18.8				—			—			—			—
1000	12.5	80	1355	80.140	1884	1886	79.423	2623	2582	80.140	—	3380	80.140	—
750	9.4				1417			1972			2700			3535
1500	16.7				2518			—			—			—
1000	11.1	90	1355	91.463	1673	1886	89.670	2329	2582	91.463	3189	3380	91.463	4174
750	8.33				1256			1748			2393			3132
1500	15				2261			—			—			—
1000	10	100	1355	102.18	1508	1886	100.18	2098	2582	102.18	2873	3380	102.18	3760
750	7.5				1131			1574			2154			2820
1500	13.4				2020			—			—			—
1000	8.9	112	1355	110.20	1342	1886	108.04	1867	2582	110.20	2557	3380	110.20	3347
750	6.7				1010			1406			1925			2519
1500	12				1809			2518			3447			4512
1000	8	125	1355	128.30	1206	1886	126.82	1679	2582	128.30	2298	3380	128.30	3008
750	6				905			1259			1724			2256
1500	10.7				1613			2245			3074			4024
1000	7.1	140	1355	143.33	1070	1886	141.68	1490	2582	143.33	2040	3380	143.33	2670
750	5.4				814			1133			1551			2031
1500	9.4				1417			1972			2700			3535
1000	6.3	160	1355	154.57	950	1886	152.79	1322	2582	154.57	1810	3380	154.57	2369
750	4.7				709			986			1350			1767
1500	8.3				1251			1742			2384			3121
1000	5.6	180	1355	179.86	844	1886	177.79	1175	2582	179.86	1609	3380	179.86	2106
750	4.2				633			881			1206			1579
1500	7.5				893			1261			1710			2238
1000	5	200	1070	201.05	595	1511	198.73	841	2049	201.05	1140	2682	201.05	1492
750	3.8				452			639			866			1134

表 1.1.61 X4N（i_N=224~1400）承载能力（1）（昆山荣星动力传动有限公司 www.chinawingstar.com）

规格			X4-22			X4-25			X4-28			X4-31			X4-35		
n_1 /r·min^{-1}	n_2 /r·min^{-1}	i_N	T_n /kN·m	i	P_N /kW	T_n /kN·m	i	P_N /kW	T_n /kN·m	i	P_N /kW	T_n /kN·m	i	P_N /kW	T_n /kN·m	i	P_N /kW
1500	6.7				7.6			10.6			16.7			24			35
1000	4.46	224	10	223.02	5.1	14	227.94	7.1	22	223.02	11.1	31	219.05	15.7	46	223.02	23.3
750	3.35				3.8			5.3			8.4			11.8			17.5
1500	6				6.8			9.5			15			21.1			31.3
1000	4	250	10	251.42	4.5	14	258.40	6.4	22	251.42	10	31	246.94	14.1	46	251.42	20.9
750	3				3.4			4.8			7.5			10.6			15.7
1500	5.36				6.1			8.5			13.4			18.9			28
1000	3.57	280	10	286.94	4.1	14	293.33	5.7	22	286.94	8.9	31	281.83	12.6	46	286.94	18.6
750	2.68				3			4.3			6.7			9.4			14
1500	4.76				5.4			7.6			11.9			16.8			24.9
1000	3.17	315	10	320.57	3.6	14	329.46	5	22	320.57	7.9	31	311.47	11.2	46	320.57	16.6
750	2.38				2.7			3.8			5.9			8.4			12.4
1500	4.23				4.8			6.7			10.6			14.9			22.1
1000	2.82	355	10	365.85	3.2	14	373.99	4.5	22	365.85	7	31	355.47	9.9	46	365.85	14.7
750	2.11				2.4			3.4			5.3			7.4			11
1500	3.75				4.3			6			9.4			13.2			19.6
1000	2.5	400	10	408.71	2.8	14	415.55	4	22	408.71	6.2	31	397.12	8.8	46	408.71	13.1
750	1.88				2.1			3			4.7			6.6			9.8
1500	3.33				3.8			5.3			8.3			11.7			17.4
1000	2.22	450	10	449.66	2.5	14	462.14	3.5	22	449.66	5.5	31	440.50	7.8	46	449.66	11.6
750	1.67				1.9			2.7			4.2			5.9			8.7
1500	3				3.4			4.8			7.5			10.6			15.7
1000	2	500	10	513.18	2.3	14	524.60	3.2	22	513.18	5	31	502.73	7	46	513.18	10.4
750	1.5				1.7			2.4			3.7			5.3			7.8
1500	2.68				3			4.3			6.7			9.4			14
1000	1.79	560	10	573.31	2	14	582.89	2.8	22	573.31	4.5	31	561.63	6.3	46	573.31	9.3
750	1.34				1.5			2.1			3.3			4.7			7
1500	2.38				2.7			3.8			5.9			8.4			12.4
1000	1.59	630	10	654.31	1.8	14	668.87	2.5	22	654.31	4	31	634.09	5.6	46	654.31	8.3
750	1.19				1.4			1.9			3			4.2			6.2
1500	2.11				2.4			3.4			5.3			7.4			11
1000	1.41	710	10	730.98	1.6	14	743.21	2.2	22	730.98	3.5	31	708.41	5	46	730.98	7.4
750	1.06				1.2			1.7			2.6			3.7			5.5
1500	1.88				2.1			3			4.7			6.6			9.8
1000	1.25	800	10	788.35	1.4	14	842.29	2	22	788.35	3.1	31	763.99	4.4	46	788.35	6.5
750	0.94				1.1			1.5			2.3			3.3			4.9

续表 1.1.61

规格			X4－22			X4－25			X4－28			X4－31			X4－35		
n_1 /r·min^{-1}	n_2 /r·min^{-1}	i_N	T_n /kN·m	i	P_N /kW	T_n /kN·m	i	P_N /kW	T_n /kN·m	i	P_N /kW	T_n /kN·m	i	P_N /kW	T_n /kN·m	i	P_N /kW
1500	1.67				1.9			2.7			4.2			5.9			8.7
1000	1.11	900	10	917.83	1.3	14	938.22	1.8	22	917.83	2.8	31	896.79	3.9	46	917.83	5.8
750	0.83				0.9			1.3			2.1			2.9			4.3
1500	1.5				1.7			2.4			3.7			5.3			7.8
1000	1	1000	10	1025.4	1.1	14	1042.5	1.6	22	1025.4	2.5	31	1001.9	3.5	46	1025.4	5.2
750	0.75				0.9			1.2			1.9			2.6			3.9
1500	1.34				1.5			2.1			3.3			4.7			7
1000	0.89	1120	10	1105.4	1	14	1181.5	1.4	22	1105.4	2.2	31	1080.4	3.1	46	1105.4	4.6
750	0.67				0.8			1.1			1.7			2.4			3.5
1500	1.2				1.4			1.9			3			4.2			6.2
1000	0.8	1250	10	1286.7	0.9	14	1290.0	1.3	22	1286.7	2	31	1257.2	2.8	46	1286.7	4.3
750	0.6				0.7			1			1.5			2.1			3.1
1500	1.07				1.2			1.7			2.7			3.8			5.6
1000	0.71	1400	10	1438.3	0.8	14	1474.3	1.1	22	1438.3	1.8	31	1405.3	2.5	46	1438.3	3.7
750	0.54				0.6			0.9			1.3			1.9			2.8

规格			X4－40			X4－45			X4－50			X4－56		
n_1 /r·min^{-1}	n_2 /r·min^{-1}	i_N	T_n /kN·m	i	P_N /kW	T_n /kN·m	i	P_N /kW	T_n /kN·m	i	P_N /kW	T_n /kN·m	i	P_N /kW
1500	6.7				49			68			91			141
1000	4.46	224	65	223.02	33	90	223.02	46	119	227.94	60	185	223.02	94
750	3.35				25			34			45			70
1500	6				44			61			81			126
1000	4	250	65	251.42	30	90	251.42	41	119	258.40	54	185	251.42	84
750	3				22			31			41			63
1500	5.36				40			55			72			113
1000	3.57	280	65	286.94	26	90	286.94	36	119	293.33	48	185	286.94	75
750	2.68				20			27			36			56
1500	4.76				35			49			64			100
1000	3.17	315	65	320.57	23	90	320.57	32	119	329.46	43	185	320.57	67
750	2.38				18			24			32			50
1500	4.23				31			43			57			89
1000	2.82	355	65	365.85	21	90	365.85	29	119	373.99	38	185	365.85	59
750	2.11				16			22			29			44

续表 1.1.61

规格			X4-40			X4-45			X4-50			X4-56		
n_1 /r·min^{-1}	n_2 /r·min^{-1}	i_N	T_n /kN·m	i	P_N /kW	T_n /kN·m	i	P_N /kW	T_n /kN·m	i	P_N /kW	T_n /kN·m	i	P_N /kW
1500	3.75	400	65	408.71	28	90	408.71	38	119	415.55	51	185	408.71	79
1000	2.5				18			26			34			53
750	1.88				14			19			25			39
1500	3.33	450	65	449.66	25	90	449.66	34	119	462.14	45	185	449.66	70
1000	2.22				16			23			30			47
750	1.67				12			17			23			35
1500	3	500	65	513.18	22	90	513.18	31	119	524.60	41	185	513.18	63
1000	2				15			20			27			42
750	1.5				11			15			20			32
1500	2.68	560	65	573.31	20	90	573.31	27	119	582.89	36	185	573.31	56
1000	1.79				13			18			24			38
750	1.34				10			14			18			28
1500	2.38	630	65	654.31	18	90	654.31	24	119	668.87	32	185	654.31	50
1000	1.59				12			16			21			33
750	1.19				9			12			16			25
1500	2.11	710	65	730.98	16	90	730.98	22	119	743.21	29	185	730.98	44
1000	1.41				10			14			19			30
750	1.06				8			11			14			22
1500	1.88	800	65	788.35	14	90	788.35	19	119	842.29	25	185	788.35	39
1000	1.25				9			13			17			26
750	0.94				7			10			13			20
1500	1.67	900	65	917.83	12	90	917.83	17	119	938.22	23	185	917.83	35
1000	1.11				8			11			15			23
750	0.83				6			8			11			17
1500	1.5	1000	65	1025.4	11	90	1025.4	15	119	1042.5	20	185	1025.4	32
1000	1				7			10			14			21
750	0.75				6			8			10			16
1500	1.34	1120	65	1105.4	10	90	1105.4	14	119	1181.5	18	185	1105.4	28
1000	0.89				7			9			12			19
750	0.67				5			7			9			14
1500	1.2	1250	65	1286.7	9	90	1286.7	12	119	1290.0	16	185	1286.7	25
1000	0.8				6			8			11			17
750	0.6				4			6			8			13
1500	1.07	1400	65	1438.3	8	90	1438.3	11	119	1474.3	14	185	1438.3	22
1000	0.71				5			7			10			15
750	0.54				4			6			7			11

表 1.1.62 **X4N**（$i_N=224\sim1400$）承载能力（2）（昆山荣星动力传动有限公司 www.chinawingstar.com）

规格			X4-63			X4-71			X4-80			X4-90			X4-100		
n_1 /r·min⁻¹	n_2 /r·min⁻¹	i_N	T_n /kN·m	i	P_N /kW	T_n /kN·m	i	P_N /kW	T_n /kN·m	i	P_N /kW	T_n /kN·m	i	P_N /kW	T_n /kN·m	i	P_N /kW
1500	6.7				205			298			397			—			—
1000	4.46	224	269	219.05	136	380	223.02	192	522	223.02	264	699	223.02	354	903	227.94	457
750	3.35				102			145			199			266			343
1500	6				183			259			356			—			—
1000	4	250	269	246.94	122	380	251.42	173	522	251.42	237	699	251.42	317	903	258.40	410
750	3				92			129			178			238			308
1500	5.36				164			231			318			—			—
1000	3.57	280	269	281.83	109	380	286.94	154	522	286.94	212	699	286.94	283	903	293.33	366
750	2.68				82			116			159			213			275
1500	4.76				145			205			282			378			488
1000	3.17	315	269	311.47	97	380	320.57	137	522	320.57	188	699	320.57	252	903	329.46	325
750	2.38				73			103			141			189			244
1500	4.23				129			182			251			336			434
1000	2.82	355	269	355.47	86	380	365.85	122	522	365.85	167	699	365.85	224	903	373.99	289
750	2.11				64			91			125			167			216
1500	3.75				115			162			222			298			384
1000	2.5	400	269	397.12	76	380	408.71	108	522	408.71	148	699	408.71	198	903	415.55	256
750	1.88				57			81			111			149			193
1500	3.33				102			144			197			264			341
1000	2.22	450	269	400.50	68	380	449.66	96	522	449.66	132	699	449.66	176	903	462.14	228
750	1.67				51			72			99			133			171
1500	3				92			129			178			238			308
1000	2	500	269	502.73	61	380	513.18	86	522	513.18	119	699	513.18	159	903	524.60	205
750	1.5				46			65			89			119			154
1500	2.68				82			116			159			213			275
1000	1.79	560	269	561.63	55	380	573.31	77	522	573.31	106	699	573.31	142	903	582.89	183
750	1.34				41			58			79			106			137
1500	2.38				73			103			141			189			244
1000	1.59	630	269	634.09	49	380	654.31	69	522	654.31	94	699	654.31	126	903	668.87	163
750	1.19				36			51			71			94			122
1500	2.11				64			91			125			167			216
1000	1.41	710	269	708.41	43	380	730.98	61	522	730.98	84	699	730.98	112	903	743.21	145
750	1.06				32			46			63			84			109
1500	1.88				57			81			111			149			193
1000	1.25	800	269	763.99	38	380	788.35	54	522	788.35	74	699	788.35	99	903	842.29	128
750	0.94				29			41			56			75			96

续表 1.1.62

规格			X4－63			X4－71			X4－80			X4－90			X4－100		
n_1 /r·min^{-1}	n_2 /r·min^{-1}	i_N	T_n /kN·m	i	P_N /kW	T_n /kN·m	i	P_N /kW	T_n /kN·m	i	P_N /kW	T_n /kN·m	i	P_N /kW	T_n /kN·m	i	P_N /kW
1500	1.67				51			72			99			133			171
1000	1.11	900	269	896.79	34	380	917.83	48	522	917.83	66	699	917.83	88	903	938.22	114
750	0.83				25			36			49			66			85
1500	1.5				46			65			89			119			154
1000	1	1000	269	1001.9	31	380	1025.4	43	522	1025.4	59	699	1025.4	79	903	1042.5	103
750	0.75				23			32			44			60			77
1500	1.34				41			58			79			106			137
1000	0.89	1120	269	1080.4	27	380	1105.4	38	522	1105.4	53	699	1105.4	71	903	1181.5	91
750	0.67				20			29			40			53			69
1500	1.2				37			52			71			95			123
1000	0.8	1250	269	1257.2	24	380	1286.7	35	522	1286.7	47	699	1286.7	63	903	1290.0	82
750	0.6				18			26			36			48			62
1500	1.07				33			46			63			85			110
1000	0.71	1400	269	1405.3	22	380	1438.3	31	522	1438.3	42	699	1438.3	56	903	1474.3	73
750	0.54				16			23			32			43			55

规格			X4－112			X4－125			X4－140			X4－160		
n_1 /r·min^{-1}	n_2 /r·min^{-1}	i_N	T_n /kN·m	i	P_N /kW	T_n /kN·m	i	P_N /kW	T_n /kN·m	i	P_N /kW	T_n /kN·m	i	P_N /kW
1500	6.7				—			—			—			—
1000	4.46	224	1355	223.02	686	1886	219.05	955	2582	223.02	—	3380	223.02	—
750	3.35				515			717			982			1285
1500	6				—			—			—			—
1000	4	250	1355	251.42	615	1886	246.94	856	2582	251.42	—	3380	251.42	—
750	3				461			642			879			1151
1500	5.36				—			—			—			—
1000	3.57	280	1355	286.94	549	1886	281.83	764	2582	286.94	—	3380	286.94	—
750	2.68				412			574			786			1028
1500	4.76				732			—			—			—
1000	3.17	315	1355	320.57	488	1886	311.47	679	2582	320.57	929	3380	320.57	1216
750	2.38				366			510			698			913
1500	4.23				651			—			—			—
1000	2.82	355	1355	365.85	434	1886	355.47	604	2582	365.85	827	3380	365.85	1082
750	2.11				325			452			618			810

续表 1.1.62

规格			X4-112			X4-125			X4-140			X4-160		
n_1 /r·min^{-1}	n_2 /r·min^{-1}	i_N	T_n /kN·m	i	P_N /kW	T_n /kN·m	i	P_N /kW	T_n /kN·m	i	P_N /kW	T_n /kN·m	i	P_N /kW
1500	3.75	400	1355	408.71	577	1886	397.12	—	2582	408.71	—	3380	408.71	—
1000	2.5				385			535			733			959
750	1.88				289			403			551			721
1500	3.33	450	1355	449.66	512	1886	400.50	713	2582	449.66	976	3380	449.66	1278
1000	2.22				341			475			651			852
750	1.67				257			358			490			641
1500	3	500	1355	513.18	461	1886	502.73	642	2582	513.18	879	3380	513.18	1151
1000	2				308			428			586			767
750	1.5				231			321			440			576
1500	2.68	560	1355	573.31	412	1886	561.63	574	2582	573.31	786	3380	573.31	1028
1000	1.79				275			383			525			687
750	1.34				206			287			393			514
1500	2.38	630	1355	654.31	366	1886	634.09	510	2582	654.31	698	3380	654.31	913
1000	1.59				245			340			466			610
750	1.19				183			255			349			457
1500	2.11	710	1355	730.98	325	1886	708.41	452	2582	730.98	618	3380	730.98	810
1000	1.41				217			302			413			541
750	1.06				163			227			311			407
1500	1.88	800	1355	788.35	289	1886	763.99	403	2582	788.35	551	3380	788.35	721
1000	1.25				192			268			366			480
750	0.94				145			201			276			361
1500	1.67	900	1355	917.83	257	1886	896.79	358	2582	917.83	490	3380	917.83	641
1000	1.11				171			238			325			426
750	0.83				128			178			243			318
1500	1.5	1000	1355	1025.4	231	1886	1001.9	321	2582	1025.4	440	3380	1025.4	576
1000	1				154			214			293			384
750	0.75				115			161			220			288
1500	1.34	1120	1355	1105.4	206	1886	1080.4	287	2582	1105.4	393	3380	1105.4	514
1000	0.89				137			191			261			342
750	0.67				103			143			196			257
1500	1.2	1250	1355	1286.7	185	1886	1257.2	257	2582	1286.7	352	3380	1286.7	460
1000	0.8				123			171			234			307
750	0.6				92			128			176			230
1500	1.07	1400	1355	1438.3	165	1886	1405.3	229	2582	1438.3	314	3380	1438.3	411
1000	0.71				109			152			208			272
750	0.54				83			116			158			207

表 1.1.63 **X5N**（i_N = 1600 ~ 10000）承载能力（1）（昆山荣星动力传动有限公司 www.chinawingstar.com）

规格			X5 - 22			X5 - 25			X5 - 28			X5 - 31			X5 - 35		
n_1 /r·min^{-1}	n_2 /r·min^{-1}	i_N	T_n /kN·m	i	P_N /kW	T_n /kN·m	i	P_N /kW	T_n /kN·m	i	P_N /kW	T_n /kN·m	i	P_N /kW	T_n /kN·m	i	P_N /kW
1500	0.938				1.09			1.52			2.39			3.37			5
1000	0.625	1600	10	1602.9	0.72	14	1680.2	1.01	22	1634.9	1.59	31	1588.5	2.24	46	1634.9	3.33
750	0.469				0.54			0.76			1.2			1.68			2.5
1500	0.833				0.96			1.35			2.12			2.99			4.44
1000	0.556	1800	10	1829.3	0.64	14	1907.3	0.9	22	1865.8	1.42	31	1812.9	2	46	1865.8	2.96
750	0.417				0.48			0.68			1.06			1.5			2.22
1500	0.75				0.87			1.22			1.91			2.69			4
1000	0.5	2000	10	2043.6	0.58	14	2119.3	0.81	22	2084.4	1.27	31	2025.3	1.8	46	2084.4	2.66
750	0.375				0.43			0.61			0.96			1.35			2
1500	0.67				0.78			1.09			1.71			2.41			3.57
1000	0.446	2240	10	2266.9	0.52	14	2356.9	0.72	22	2293.3	1.14	31	2228.2	1.6	46	2293.3	2.38
750	0.335				0.39			0.54			0.85			1.2			1.79
1500	0.6				0.7			0.97			1.53			2.15			3.2
1000	0.4	2500	10	2587.1	0.46	14	2675.4	0.65	22	2617.2	1.02	31	2543.0	1.44	46	2617.2	2.13
750	0.3				0.35			0.49			0.76			1.08			1.6
1500	0.536				0.62			0.87			1.37			1.92			2.86
1000	0.357	2800	10	2890.2	0.42	14	2972.8	0.58	22	2923.8	0.91	31	2840.9	1.28	46	2923.8	1.9
750	0.268				0.31			0.43			0.68			0.96			1.43
1500	0.476				0.55			0.77			1.21			1.71			2.54
1000	0.317	3150	10	3179.7	0.37	14	3306.1	0.51	22	3216.8	0.81	31	3151.2	1.14	46	3216.8	1.69
750	0.238				0.28			0.39			0.61			0.85			1.27
1500	0.423				0.49			0.69			1.08			1.52			2.25
1000	0.282	3550	10	3628.9	0.33	14	3752.9	0.46	22	3671.2	0.72	31	3596.4	1.01	46	3671.2	1.5
750	0.211				0.24			0.34			0.54			0.76			1.12
1500	0.375				0.43			0.61			0.96			1.35			2
1000	0.25	4000	10	4054.1	0.29	14	4169.9	0.41	22	4101.3	0.64	31	4017.8	0.9	46	4101.3	1.33
750	0.188				0.22			0.3			0.48			0.68			1
1500	0.333				0.39			0.54			0.85			1.2			1.77
1000	0.222	4500	10	4626.9	0.26	14	4785.0	0.36	22	4680.8	0.57	31	4536.2	0.8	46	4680.8	1.18
750	0.167				0.19			0.27			0.43			0.6			0.89
1500	0.3				0.35			0.49			0.76			1.08			1.6
1000	0.2	5000	10	5169.1	0.23	14	5316.8	0.32	22	5229.3	0.51	31	5067.8	0.72	46	5229.3	1.07
750	0.15				0.17			0.24			0.38			0.54			0.8
1500	0.268				0.31			0.43			0.68			0.96			1.43
1000	0.179	5600	10	5574.7	0.21	14	6025.6	0.29	22	5639.7	0.46	31	5465.4	0.64	46	5639.7	0.95
750	0.134				0.16			0.22			0.34			0.48			0.71

续表 1.1.63

规格			X5 - 22			X5 - 25			X5 - 28			X5 - 31			X5 - 35		
n_1 /r·min^{-1}	n_2 /r·min^{-1}	i_N	T_n /kN·m	i	P_N /kW	T_n /kN·m	i	P_N /kW	T_n /kN·m	i	P_N /kW	T_n /kN·m	i	P_N /kW	T_n /kN·m	i	P_N /kW
1500	0.238				0.28			0.39			0.61			0.85			1.27
1000	0.159	6300	10	6490.3	0.18	14	6711.8	0.26	22	6566.0	0.41	31	6415.5	0.57	46	6566.0	0.85
750	0.119				0.14			0.19			0.3			0.43			0.63
1500	0.211				0.24			0.34			0.54			0.76			1.12
1000	0.141	7100	10	7251.0	0.16	14	7457.8	0.23	22	7335.5	0.36	31	7167.4	0.51	46	7335.5	0.75
750	0.106				0.12			0.17			0.27			0.38			0.56
1500	0.188				0.22			0.3			0.48			0.68			1
1000	0.125	8000	10	7819.6	0.14	14	8452.2	0.2	22	7910.7	0.32	31	7729.0	0.45	46	7910.7	0.67
750	0.094				0.11			0.15			0.24			0.34			0.5
1500	0.167				0.19			0.27			0.43			0.6			0.89
1000	0.111	9000	10	9098.8	0.13	14	9228.4	0.18	22	9204.8	0.28	31	8993.8	0.4	46	9204.8	0.59
750	0.083				0.1			0.13			0.21			0.3			0.44
1500	0.15				0.17			0.24			0.38			0.54			0.8
1000	0.1	10000	10	10171	0.12	14	10547	0.16	22	10289	0.25	31	10053	0.36	46	10289	0.53
750	0.075				0.09			0.12			0.19			0.27			0.4

规格			X5 - 40			X5 - 45			X5 - 50			X5 - 56		
n_1 /r·min^{-1}	n_2 /r·min^{-1}	i_N	T_n /kN·m	i	P_N /kW	T_n /kN·m	i	P_N /kW	T_n /kN·m	i	P_N /kW	T_n /kN·m	i	P_N /kW
1500	0.938				7.1			9.8			12.9			20.1
1000	0.625	1600	65	1634.9	4.7	90	1602.9	6.5	119	1680.2	8.6	185	1634.9	13.4
750	0.469				3.5			4.9			6.5			10.1
1500	0.833				6.3			8.7			11.5			17.9
1000	0.556	1800	65	1865.8	4.2	90	1829.3	5.8	119	1907.3	7.7	185	1865.8	11.9
750	0.417				3.1			4.3			5.7			8.9
1500	0.75				5.6			7.8			10.3			16.1
1000	0.5	2000	65	2084.4	3.8	90	2043.6	5.2	119	2119.3	6.9	185	2084.4	10.7
750	0.375				2.8			3.9			5.2			8
1500	0.67				5			7			9.2			14.4
1000	0.446	2240	65	2293.3	3.4	90	2266.9	4.6	119	2356.9	6.1	185	2293.3	9.6
750	0.335				2.5			3.5			4.6			7.2
1500	0.6				4.5			6.3			8.3			12.9
1000	0.4	2500	65	2617.2	3	90	2587.1	4.2	119	2675.4	5.5	185	2617.2	8.6
750	0.3				2.3			3.1			4.1			6.4

续表 1.1.63

规格			X5-40			X5-45			X5-50			X5-56		
n_1 /r·min^{-1}	n_2 /r·min^{-1}	i_N	T_n /kN·m	i	P_N /kW	T_n /kN·m	i	P_N /kW	T_n /kN·m	i	P_N /kW	T_n /kN·m	i	P_N /kW
1500	0.536	2800	65	2923.8	4	90	2890.2	5.6	119	2972.8	7.4	185	2923.8	11.5
1000	0.357				2.7			3.7			4.9			7.7
750	0.268				2			2.8			3.7			5.7
1500	0.476	3150	65	3216.8	3.6	90	3179.7	5	119	3306.1	6.6	185	3216.8	10.2
1000	0.317				2.4			3.3			4.4			6.8
750	0.238				1.8			2.5			3.3			5.1
1500	0.423	3550	65	3671.2	3.2	90	3628.9	4.4	119	3752.9	5.8	185	3671.2	9.1
1000	0.282				2.1			2.9			3.9			6
750	0.211				1.6			2.2			2.9			4.5
1500	0.375	4000	65	4101.3	2.8	90	4054.1	3.9	119	4169.9	5.2	185	4101.3	8
1000	0.25				1.9			2.6			3.4			5.4
750	0.188				1.4			2			2.6			4
1500	0.333	4500	65	4680.8	2.5	90	4626.9	3.5	119	4785.0	4.6	185	4680.8	7.1
1000	0.222				1.7			2.3			3.1			4.8
750	0.167				1.3			1.7			2.3			3.6
1500	0.3	5000	65	5229.3	2.3	90	5169.1	3.1	119	5316.8	4.1	185	5229.3	6.4
1000	0.2				1.5			2.1			2.8			4.3
750	0.15				1.1			1.6			2.1			3.2
1500	0.268	5600	65	5639.7	2	90	5574.7	2.8	119	6025.6	3.7	185	5639.7	5.7
1000	0.179				1.3			1.9			2.5			3.8
750	0.134				1			1.4			1.8			2.9
1500	0.238	6300	65	6566.0	1.8	90	6490.3	2.5	119	6711.8	3.3	185	6566.0	5.1
1000	0.159				1.2			1.7			2.2			3.4
750	0.119				0.9			1.2			1.6			2.6
1500	0.211	7100	65	7335.5	1.6	90	7251.0	2.2	119	7457.8	2.9	185	7335.5	4.5
1000	0.141				1.1			1.5			1.9			3
750	0.106				0.8			1.1			1.5			2.3
1500	0.188	8000	65	7910.7	1.4	90	7819.6	2	119	8452.2	2.6	185	7910.7	4
1000	0.125				0.9			1.3			1.7			2.7
750	0.094				0.7			1			1.3			2
1500	0.167	9000	65	9204.8	1.3	90	9098.8	1.7	119	9228.4	2.3	185	9204.8	3.6
1000	0.111				0.8			1.2			1.5			2.4
750	0.083				0.6			0.9			1.1			1.8
1500	0.15	10000	65	10289	1.1	90	10171	1.6	119	10547	2.1	185	10289	3.2
1000	0.1				0.8			1			1.4			2.1
750	0.075				0.6			0.8			1			1.6

表 1.1.64 X5N（i_N = 1600 ~ 10000）承载能力（2）（昆山荣星动力传动有限公司 www.chinawingstar.com）

规格			X5-63			X5-71			X5-80			X5-90			X5-100		
n_1 /r·min^{-1}	n_2 /r·min^{-1}	i_N	T_n /kN·m	i	P_N /kW	T_n /kN·m	i	P_N /kW	T_n /kN·m	i	P_N /kW	T_n /kN·m	i	P_N /kW	T_n /kN·m	i	P_N /kW
1500	0.938				29.2			41			57			71			98
1000	0.625	1600	269	1588.5	19.5	380	1634.9	28	522	1634.9	38	699	1602.9	56	903	1680.2	65
750	0.469				14.6			21			28			38			49
1500	0.833				26			37			50			67			87
1000	0.556	1800	269	1812.9	17.3	380	1865.8	24	522	1865.8	34	699	1829.3	45	903	1907.3	58
750	0.417				13			18			25			34			44
1500	0.75				23.4			33			45			61			78
1000	0.5	2000	269	2025.3	15.6	380	2084.4	22	522	2084.4	30	699	2043.6	40	903	2119.3	52
750	0.375				11.7			17			23			30			39
1500	0.67				20.9			29			41			54			70
1000	0.446	2240	269	2228.2	13.9	380	2293.3	20	522	2293.3	27	699	2266.9	36	903	2356.9	47
750	0.335				10.4			15			20			27			35
1500	0.6				18.7			26			36			49			63
1000	0.4	2500	269	2543.0	12.5	380	2617.2	18	522	2617.2	24	699	2587.1	32	903	2675.4	42
750	0.3				9.3			13			18			24			31
1500	0.536				16.7			24			32			43			56
1000	0.357	2800	269	2840.9	11.1	380	2923.8	16	522	2923.8	22	699	2890.2	29	903	2972.8	37
750	0.268				8.4			12			16			22			28
1500	0.476				14.8			21			29			39			50
1000	0.317	3150	269	3151.2	9.9	380	3216.8	14	522	3216.8	19	699	3179.7	26	903	3306.1	33
750	0.238				7.4			10			14			19			25
1500	0.423				13.2			19			26			34			44
1000	0.282	3550	269	3596.4	8.8	380	3671.2	12	522	3671.2	17	699	3628.9	23	903	3752.9	29
750	0.211				6.6			9			13			17			22
1500	0.375				11.7			17			23			30			39
1000	0.25	4000	269	4017.8	7.8	380	4101.3	11	522	4101.3	15	699	4054.1	20	903	4169.9	26
750	0.188				5.9			8			11			15			20
1500	0.333				10.4			15			20			27			35
1000	0.222	4500	269	4536.2	6.9	380	4680.8	10	522	4680.8	13	699	4626.9	18	903	4785.0	23
750	0.167				5.2			7			10			14			17
1500	0.3				9.3			13			18			24			31
1000	0.2	5000	269	5067.8	6.2	380	5229.3	9	522	5229.3	12	699	5169.1	16	903	5316.8	21
750	0.15				4.7			7			9			12			16
1500	0.268				8.4			12			16			22			28
1000	0.179	5600	269	5465.4	5.6	380	5639.7	8	522	5639.7	11	699	5574.7	14	903	6025.6	19
750	0.134				4.2			6			8			11			14

续表 1.1.64

规格			X5－63			X5－71			X5－80			X5－90			X5－100		
n_1 /r·min^{-1}	n_2 /r·min^{-1}	i_N	T_n /kN·m	i	P_N /kW	T_n /kN·m	i	P_N /kW	T_n /kN·m	i	P_N /kW	T_n /kN·m	i	P_N /kW	T_n /kN·m	i	P_N /kW
1500	0.238				7.4			10			14			19			25
1000	0.159	6300	269	6415.5	5	380	6566.0	7	522	6566.0	10	699	6490.3	13	903	6711.8	17
750	0.119				3.7			5			7			10			12
1500	0.211				6.6			9			13			17			22
1000	0.141	7100	269	7167.4	4.4	380	7335.5	6	522	7335.5	9	699	7251.0	11	903	7457.8	15
750	0.106				3.3			5			6			9			11
1500	0.188				5.9			8			11			15			20
1000	0.125	8000	269	7729.0	3.9	380	7910.7	6	522	7910.7	8	699	7819.6	10	903	8452.2	13
750	0.094				2.9			4			6			8			10
1500	0.167				5.2			7			10			14			17
1000	0.111	9000	269	8993.8	3.5	380	9204.8	5	522	9204.8	7	699	9098.8	9	903	9228.4	12
750	0.083				2.6			4			5			7			9
1500	0.15				4.7			7			9			12			16
1000	0.1	10000	269	10053	3.1	380	10289	4	522	10289	6	699	10171	8	903	10547	10
750	0.075				2.3			3			5			6			8

规格			X5－112			X5－125			X5－140			X5－160		
n_1 /r·min^{-1}	n_2 /r·min^{-1}	i_N	T_n /kN·m	i	P_N /kW	T_n /kN·m	i	P_N /kW	T_n /kN·m	i	P_N /kW	T_n /kN·m	i	P_N /kW
1500	0.938				147			205			281			—
1000	0.625	1600	1355	1634.9	98	1886	1588.5	137	2582	1634.9	187	3380	1634.9	245
750	0.469				74			102			140			184
1500	0.833				131			182			249			—
1000	0.556	1800	1355	1865.8	87	1886	1812.9	121	2582	1865.8	166	3380	1865.8	218
750	0.417				65			91			125			163
1500	0.75				118			164			224			—
1000	0.5	2000	1355	2084.4	78	1886	2025.3	109	2582	2084.4	150	3380	2084.4	196
750	0.375				59			82			112			147
1500	0.67				105			146			200			262
1000	0.446	2240	1355	2293.3	70	1886	2228.2	97	2582	2293.3	133	3380	2293.3	175
750	0.335				53			73			100			131
1500	0.6				94			131			179			235
1000	0.4	2500	1355	2617.2	63	1886	2543.0	87	2582	2617.2	120	3380	2617.2	157
750	0.3				47			66			90			117

续表 1.1.64

规格			X5－112			X5－125			X5－140			X5－160		
n_1 /r·min^{-1}	n_2 /r·min^{-1}	i_N	T_n /kN·m	i	P_N /kW	T_n /kN·m	i	P_N /kW	T_n /kN·m	i	P_N /kW	T_n /kN·m	i	P_N /kW
1500	0.536				84			117			160			210
1000	0.357	2800	1355	2923.8	56	1886	2840.9	78	2582	2923.8	107	3380	2923.8	140
750	0.268				42			59			80			105
1500	0.476				75			104			142			186
1000	0.317	3150	1355	3216.8	50	1886	3151.2	69	2582	3216.8	95	3380	3216.8	124
750	0.238				37			52			71			93
1500	0.423				66			92			127			166
1000	0.282	3550	1355	3671.2	44	1886	3596.4	62	2582	3671.2	84	3380	3671.2	110
750	0.211				33			46			63			83
1500	0.375				59			82			112			147
1000	0.25	4000	1355	4101.3	39	1886	4017.8	55	2582	4101.3	75	3380	4101.3	98
750	0.188				30			41			56			74
1500	0.333				52			73			100			130
1000	0.222	4500	1355	4680.8	35	1886	4536.2	49	2582	4680.8	66	3380	4680.8	87
750	0.167				26			36			50			65
1500	0.3				47			66			90			117
1000	0.2	5000	1355	5229.3	31	1886	5067.8	44	2582	5229.3	60	3380	5229.3	78
750	0.15				24			33			45			59
1500	0.268				42			59			80			105
1000	0.179	5600	1355	5639.7	28	1886	5465.4	39	2582	5639.7	54	3380	5639.7	70
750	0.134				21			29			40			52
1500	0.238				37			52			71			93
1000	0.159	6300	1355	6566.0	25	1886	6415.5	35	2582	6566.0	48	3380	6566.0	62
750	0.119				19			26			36			47
1500	0.211				33			46			63			83
1000	0.141	7100	1355	7335.5	22	1886	7167.4	31	2582	7335.5	42	3380	7335.5	55
750	0.106				17			23			32			42
1500	0.188				30			41			56			74
1000	0.125	8000	1355	7910.7	20	1886	7729.0	27	2582	7910.7	37	3380	7910.7	49
750	0.094				15			21			28			37
1500	0.167				26			36			50			65
1000	0.111	9000	1355	9204.8	17	1886	8993.8	24	2582	9204.8	33	3380	9204.8	43
750	0.083				13			18			25			32
1500	0.15				24			33			45			59
1000	0.1	10000	1355	10289	16	1886	10053	22	2582	10289	30	3380	10289	39
750	0.075				12			16			22			29

表 1.1.65　**X6N**（i_N = 11200 ~ 71000）**承载能力**（1）（昆山荣星动力传动有限公司　www.chinawingstar.com）

规格			X6-22			X6-25			X6-28			X6-31			X6-35		
n_1 /r·min⁻¹	n_2 /r·min⁻¹	i_N	T_n /kN·m	i	P_N /kW	T_n /kN·m	i	P_N /kW	T_n /kN·m	i	P_N /kW	T_n /kN·m	i	P_N /kW	T_n /kN·m	i	P_N /kW
1500	0.1339				0.158			0.222			0.348			0.491			0.73
1000	0.0893	11200	10	11561	0.106	14	12020	0.148	22	11696	0.232	31	11364	0.327	46	11696	0.49
750	0.067				0.079			0.111			0.174			0.246			0.36
1500	0.12				0.142			0.199			0.312			0.44			0.65
1000	0.08	12500	10	13194	0.095	14	13644	0.132	22	13348	0.208	31	12969	0.293	46	13348	0.43
750	0.06				0.071			0.099			0.156			0.22			0.33
1500	0.1071				0.127			0.177			0.279			0.392			0.58
1000	0.0714	14000	10	14740	0.084	14	15161	0.118	22	14911	0.186	31	14489	0.262	46	14911	0.39
750	0.0536				0.063			0.089			0.139			0.196			0.29
1500	0.0938				0.111			0.155			0.244			0.344			0.51
1000	0.0625	16000	10	16217	0.074	14	16861	0.103	22	16406	0.163	31	15940	0.229	46	16406	0.34
750	0.0469				0.055			0.078			0.122			0.172			0.26
1500	0.0833				0.098			0.138			0.217			0.305			0.45
1000	0.0556	18000	10	18507	0.066	14	19139	0.092	22	18723	0.145	31	18192	0.204	46	18723	0.3
750	0.0417				0.049			0.069			0.108			0.153			0.23
1500	0.075				0.089			0.124			0.195			0.275			0.41
1000	0.05	20000	10	20675	0.059	14	21267	0.083	22	20916	0.13	31	20323	0.183	46	20916	0.27
750	0.0375				0.044			0.062			0.098			0.137			0.2
1500	0.067				0.079			0.111			0.174			0.246			0.36
1000	0.0446	22400	10	22747	0.053	14	23651	0.074	22	23012	0.116	31	22543	0.163	46	23012	0.24
750	0.0335				0.04			0.055			0.087			0.123			0.18
1500	0.06				0.071			0.099			0.156			0.22			0.33
1000	0.04	25000	10	25961	0.047	14	26847	0.066	22	26263	0.104	31	25728	0.147	46	26263	0.22
750	0.03				0.035			0.05			0.078			0.11			0.16
1500	0.0536				0.063			0.089			0.139			0.196			0.29
1000	0.0357	28000	10	29002	0.042	14	29831	0.059	22	29340	0.093	31	28743	0.131	46	29340	0.19
750	0.0268				0.032			0.044			0.07			0.098			0.15
1500	0.0476				0.056			0.079			0.124			0.174			0.26
1000	0.0317	31500	10	33100	0.037	14	34231	0.052	22	33486	0.082	31	32451	0.116	46	33486	0.17
750	0.0238				0.028			0.039			0.062			0.087			0.13
1500	0.0423				0.05			0.07			0.11			0.155			0.23
1000	0.0282	35500	10	36978	0.033	14	38035	0.047	22	37409	0.073	31	36254	0.103	46	37409	0.15
750	0.0211				0.025			0.035			0.055			0.077			0.11
1500	0.0375				0.044			0.062			0.098			0.137			0.2
1000	0.025	40000	10	39881	0.03	14	43106	0.041	22	40345	0.065	31	39098	0.092	46	40345	0.14
750	0.0188				0.022			0.031			0.049			0.069			0.1

续表 1.1.65

规格			X6-22			X6-25			X6-28			X6-31			X6-35		
n_1 /r·min^{-1}	n_2 /r·min^{-1}	i_N	T_n /kN·m	i	P_N /kW	T_n /kN·m	i	P_N /kW	T_n /kN·m	i	P_N /kW	T_n /kN·m	i	P_N /kW	T_n /kN·m	i	P_N /kW
1500	0.0333				0.039			0.055			0.087			0.122			0.18
1000	0.0222	45000	10	46431	0.026	14	48015	0.037	22	46972	0.058	31	45895	0.081	46	46972	0.12
750	0.0167				0.02			0.028			0.043			0.061			0.09
1500	0.03				0.035			0.05			0.078			0.11			0.16
1000	0.02	50000	10	51872	0.024	14	53352	0.033	22	52477	0.052	31	51274	0.073	46	52477	0.11
750	0.015				0.018			0.025			0.039			0.055			0.08
1500	0.0268				0.032			0.044			0.07			0.098			0.15
1000	0.0179	56000	10	55940	0.021	14	60465	0.03	22	56592	0.047	31	55292	0.066	46	56592	0.1
750	0.0134				0.016			0.022			0.035			0.049			0.07
1500	0.0238				0.028			0.039			0.062			0.087			0.13
1000	0.0159	63000	10	65091	0.019	14	66018	0.026	22	65849	0.041	31	64340	0.058	46	65849	0.09
750	0.0119				0.014			0.02			0.031			0.044			0.06
1500	0.0211				0.025			0.035			0.055			0.077			0.11
1000	0.0141	71000	10	72758	0.017	14	75451	0.023	22	73605	0.037	31	71917	0.052	46	73605	0.08
750	0.0106				0.013			0.018			0.028			0.039			0.06

规格			X6-40			X6-45			X6-50			X6-56		
n_1 /r·min^{-1}	n_2 /r·min^{-1}	i_N	T_n /kN·m	i	P_N /kW	T_n /kN·m	i	P_N /kW	T_n /kN·m	i	P_N /kW	T_n /kN·m	i	P_N /kW
1500	0.1339				1.03			1.42			1.88			2.93
1000	0.0893	11200	65	11467	0.69	90	11561	0.95	119	12020	1.26	185	11696	1.95
750	0.067				0.51			0.71			0.94			1.47
1500	0.12				0.92			1.28			1.69			2.62
1000	0.08	12500	65	13086	0.61	90	13194	0.85	119	13644	1.13	185	13348	1.75
750	0.06				0.46			0.64			0.84			1.31
1500	0.1071				0.82			1.14			1.51			2.34
1000	0.0714	14000	65	14620	0.55	90	14740	0.76	119	15161	1	185	14911	1.56
750	0.0536				0.41			0.57			0.75			1.17
1500	0.0938				0.72			1			1.32			2.05
1000	0.0625	16000	65	16217	0.48	90	16217	0.66	119	16861	0.88	185	16406	1.37
750	0.0469				0.36			0.5			0.66			1.03
1500	0.0833				0.64			0.89			1.17			1.82
1000	0.0556	18000	65	18508	0.43	90	18507	0.59	119	19139	0.78	185	18723	1.22
750	0.0417				0.32			0.44			0.59			0.91

续表 1.1.65

规格			X6 - 40			X6 - 45			X6 - 50			X6 - 56		
n_1 /r·min^{-1}	n_2 /r·min^{-1}	i_N	T_n /kN·m	i	P_N /kW	T_n /kN·m	i	P_N /kW	T_n /kN·m	i	P_N /kW	T_n /kN·m	i	P_N /kW
1500	0.075	20000	65	20676	0.58	90	20675	0.8	119	21267	1.05	185	20916	1.64
1000	0.05				0.38			0.53			0.7			1.09
750	0.0375				0.29			0.4			0.53			0.82
1500	0.067	22400	65	22747	0.51	90	22747	0.71	119	23651	0.94	185	23012	1.47
1000	0.0446				0.34			0.47			0.63			0.98
750	0.0335				0.26			0.36			0.47			0.73
1500	0.06	25000	65	25960	0.46	90	25961	0.64	119	26847	0.84	185	26263	1.31
1000	0.04				0.31			0.43			0.56			0.87
750	0.03				0.23			0.32			0.42			0.66
1500	0.0536	28000	65	29002	0.41	90	29002	0.57	119	29831	0.75	185	29340	1.17
1000	0.0357				0.27			0.38			0.5			0.78
750	0.0268				0.21			0.29			0.38			0.59
1500	0.0476	31500	65	33100	0.37	90	33100	0.51	119	34231	0.67	185	33486	1.04
1000	0.0317				0.24			0.34			0.45			0.69
750	0.0238				0.18			0.25			0.33			0.52
1500	0.0423	35500	65	36979	0.33	90	36978	0.45	119	38035	0.6	185	37409	0.93
1000	0.0282				0.22			0.3			0.4			0.62
750	0.0211				0.16			0.22			0.3			0.46
1500	0.0375	40000	65	39880	0.29	90	39881	0.4	119	43106	0.53	185	40345	0.82
1000	0.025				0.19			0.27			0.32			0.55
750	0.0188				0.14			0.2			0.26			0.41
1500	0.0333	45000	65	46430	0.26	90	46431	0.35	119	48015	0.47	185	46972	0.73
1000	0.0222				0.17			0.24			0.31			0.49
750	0.0167				0.13			0.18			0.23			0.37
1500	0.03	50000	65	51872	0.23	90	51872	0.32	119	53352	0.42	185	52477	0.66
1000	0.02				0.15			0.21			0.28			0.44
750	0.015				0.12			0.16			0.21			0.33
1500	0.0268	56000	65	55940	0.21	90	55940	0.29	119	60465	0.38	185	56592	0.59
1000	0.0179				0.14			0.19			0.25			0.39
750	0.0134				0.1			0.14			0.19			0.29
1500	0.0238	63000	65	65091	0.18	90	65091	0.25	119	66018	0.33	185	65849	0.52
1000	0.0159				0.12			0.17			0.22			0.35
750	0.0119				0.09			0.13			0.17			0.26
1500	0.0211	71000	65	72761	0.16	90	72758	0.22	119	75451	0.3	185	73605	0.46
1000	0.0141				0.11			0.15			0.2			0.31
750	0.0106				0.08			0.11			0.15			0.23

表 1.1.66 X6N（i_N = 11200 ~ 71000）承载能力（2）（昆山荣星动力传动有限公司 www.chinawingstar.com）

规格			X6 - 63			X6 - 71			X6 - 80			X6 - 90			X6 - 100		
n_1 /r·min⁻¹	n_2 /r·min⁻¹	i_N	T_n /kN·m	i	P_N /kW	T_n /kN·m	i	P_N /kW	T_n /kN·m	i	P_N /kW	T_n /kN·m	i	P_N /kW	T_n /kN·m	i	P_N /kW
1500	0.1339				4.26			6.01			8.26			11.06			14.3
1000	0.0893	11200	269	11364	2.84	380	11696	4.01	522	11467	5.51	699	11561	7.38	903	12020	9.5
750	0.067				2.13			3.01			4.13			5.54			7.2
1500	0.12				3.82			5.39			7.4			9.92			12.8
1000	0.08	12500	269	12969	2.54	380	13348	3.59	522	13086	4.94	699	13194	6.61	903	13644	8.5
750	0.06				1.91			2.7			3.7			4.96			6.4
1500	0.1071				3.41			4.81			6.61			8.85			11.4
1000	0.0714	14000	269	14489	2.27	380	14911	3.21	522	14620	4.41	699	14740	5.9	903	15161	7.6
750	0.0536				1.7			2.41			3.31			4.43			5.7
1500	0.0938				2.98			4.21			5.79			7.75			10
1000	0.0625	16000	269	15940	1.99	380	16406	2.81	522	16217	3.86	699	16217	5.16	903	16861	6.7
750	0.0469				1.49			2.11			2.89			3.88			5
1500	0.0833				2.65			3.74			5.14			6.88			8.9
1000	0.0556	18000	269	18192	1.77	380	18723	2.5	522	18508	3.43	699	18507	4.59	903	19139	5.9
750	0.0417				1.33			1.87			2.57			3.45			4.5
1500	0.075				2.38			3.37			4.63			6.2			8
1000	0.05	20000	269	20323	1.59	380	20916	2.25	522	20676	3.09	699	20675	4.13	903	21267	5.3
750	0.0375				1.19			1.68			2.31			3.1			4
1500	0.067				2.13			3.01			4.13			5.5			7.2
1000	0.0446	22400	269	22543	1.42	380	23012	2	522	22747	2.75	699	22747	3.69	903	23651	4.8
750	0.0335				1.07			1.5			2.07			2.77			3.6
1500	0.06				1.91			2.7			3.7			4.96			6.4
1000	0.04	25000	269	25728	1.27	380	26263	1.8	522	25960	2.47	699	25961	3.31	903	26847	4.3
750	0.03				0.95			1.35			1.85			2.48			3.2
1500	0.0536				1.7			2.41			3.31			4.43			5.7
1000	0.0357	28000	269	28743	1.14	380	29340	1.6	522	29002	2.2	699	29002	2.95	903	29831	3.8
750	0.0268				0.85			1.2			1.65			2.21			2.9
1500	0.0476				1.51			2.14			2.94			3.93			5.1
1000	0.0317	31500	269	32451	1.01	380	33486	1.42	522	33100	1.96	699	33100	2.62	903	34231	3.4
750	0.0238				0.76			1.07			1.47			1.97			2.5
1500	0.0423				1.35			1.9			2.61			3.5			4.5
1000	0.0282	35500	269	36254	0.9	380	37409	1.27	522	36979	1.74	699	36978	2.33	903	38035	3
750	0.0211				0.67			0.95			1.3			1.74			2.3
1500	0.0375				1.19			1.68			2.31			3.1			4
1000	0.025	40000	269	39098	0.79	380	40345	1.12	522	39880	1.54	699	39881	2.07	903	43106	2.7
750	0.0188				0.6			0.84			1.16			1.55			2

续表 1.1.66

规格			X6－63			X6－71			X6－80			X6－90			X6－100		
n_1 /r·min^{-1}	n_2 /r·min^{-1}	i_N	T_n /kN·m	i	P_N /kW	T_n /kN·m	i	P_N /kW	T_n /kN·m	i	P_N /kW	T_n /kN·m	i	P_N /kW	T_n /kN·m	i	P_N /kW
1500	0.0333				1.06			1.5			2.05			2.75			3.6
1000	0.0222	45000	269	45895	0.71	380	46972	1	522	46430	1.37	699	46431	1.83	903	48015	2.4
750	0.0167				0.53			0.75			1.03			1.38			1.8
1500	0.03				0.95			1.35			1.85			2.48			3.2
1000	0.02	50000	269	51274	0.64	380	52477	0.9	522	51872	1.23	699	51872	1.65	903	53352	2.1
750	0.015				0.48			0.67			0.93			1.24			1.6
1500	0.0268				0.85			1.2			1.65			2.21			2.9
1000	0.0179	56000	269	55292	0.57	380	56592	0.8	522	55940	1.1	699	55940	1.48	903	60465	1.9
750	0.0134				0.43			0.6			0.83			1.11			1.4
1500	0.0238				0.76			1.07			1.47			1.97			2.5
1000	0.0159	63000	269	64340	0.51	380	65849	0.71	522	65091	0.98	699	65091	1.31	903	66018	1.7
750	0.0119				0.38			0.53			0.73			0.98			1.3
1500	0.0211				0.67			0.95			1.3			0.74			2.3
1000	0.0141	71000	269	71917	0.45	380	73605	0.63	522	72761	0.87	699	72758	1.17	903	75451	1.5
750	0.0106				0.34			0.48			0.65			0.88			1.1
规格			X6－112			X6－125			X6－140			X6－160					
n_1 /r·min^{-1}	n_2 /r·min^{-1}	i_N	T_n /kN·m	i	P_N /kW	T_n /kN·m	i	P_N /kW	T_n /kN·m	i	P_N /kW	T_n /kN·m	i	P_N /kW			
1500	0.1339				21.4			29.9			40.9			53.5			
1000	0.0893	11200	1355	11696	14.3	1886	11364	19.9	2582	11696	27.3	3380	11467	35.7			
750	0.067				10.7			14.9			20.4			26.8			
1500	0.12				19.2			26.8			36.6			47.9			
1000	0.08	12500	1355	13348	12.8	1886	12969	17.8	2582	13348	24.4	3380	13086	32			
750	0.06				9.6			13.4			18.3			24			
1500	0.1071				17.2			23.9			32.7			42.8			
1000	0.0714	14000	1355	14911	11.4	1886	14489	15.9	2582	14911	21.8	3380	14620	28.5			
750	0.0536				8.6			11.9			16.4			21.4			
1500	0.0938				15			20.9			28.6			37.5			
1000	0.0625	16000	1355	16406	10	1886	15940	13.9	2582	16406	19.1	3380	16217	25			
750	0.0469				7.5			10.5			14.3			18.7			
1500	0.0833				13.3			18.6			25.4			33.3			
1000	0.0556	18000	1355	18723	8.9	1886	18192	12.4	2582	18723	17	3380	18508	22.2			
750	0.0417				6.7			9.3			12.7			16.7			

续表 1.1.66

规格			X6－112			X6－125			X6－140			X6－160		
n_1 /r·min^{-1}	n_2 /r·min^{-1}	i_N	T_n /kN·m	i	P_N /kW	T_n /kN·m	i	P_N /kW	T_n /kN·m	i	P_N /kW	T_n /kN·m	i	P_N /kW
1500	0.075				12			16.7			22.9			30
1000	0.05	20000	1355	20916	8	1886	20323	11.1	2582	20916	15.3	3380	20676	20
750	0.0375				6			8.4			11.4			15
1500	0.067				10.7			14.9			20.4			26.8
1000	0.0446	22400	1355	23012	7.1	1886	22543	9.9	2582	23012	13.6	3380	22747	17.8
750	0.0335				5.4			7.5			10.2			13.4
1500	0.06				9.6			13.4			18.3			24
1000	0.04	25000	1355	26263	6.4	1886	25728	8.9	2582	26263	12.2	3380	25960	16
750	0.03				4.8			6.7			9.2			12
1500	0.0536				8.6			11.9			16.4			21.4
1000	0.0357	28000	1355	29340	5.7	1886	28743	8	2582	29340	10.9	3380	29002	14.3
750	0.0268				4.3			6			8.2			10.7
1500	0.0476				7.6			10.6			14.5			19
1000	0.0317	31500	1355	33486	5.1	1886	32451	7.1	2582	33486	9.7	3380	33100	12.7
750	0.0238				3.8			5.3			7.3			9.5
1500	0.0423				6.8			9.4			12.9			16.9
1000	0.0282	35500	1355	37409	4.5	1886	36254	6.3	2582	37409	8.6	3380	36979	11.3
750	0.0211				3.4			4.7			6.4			8.4
1500	0.0375				6			8.4			11.4			15
1000	0.025	40000	1355	40345	4	1886	39098	5.6	2582	40345	7.6	3380	39880	10
750	0.0188				3			4.2			5.7			7.5
1500	0.0333				5.3			7.4			10.2			13.3
1000	0.0222	45000	1355	46972	3.6	1886	45895	4.9	2582	46972	6.8	3380	46430	8.9
750	0.0167				2.7			3.7			5.1			6.7
1500	0.03				4.8			6.7			9.2			12
1000	0.02	50000	1355	52477	3.2	1886	51274	4.5	2582	52477	6.1	3380	51872	8
750	0.015				2.4			3.3			4.6			6
1500	0.0268				4.3			6			8.2			10.7
1000	0.0179	56000	1355	56592	2.9	1886	55292	4	2582	56592	5.5	3380	55940	7.2
750	0.0134				2.1			3			4.1			5.4
1500	0.0238				3.8			5.3			7.3			9.5
1000	0.0159	63000	1355	65849	2.5	1886	64340	3.5	2582	65849	4.9	3380	65091	6.4
750	0.0119				1.9			2.7			3.6			4.8
1500	0.0211				3.4			4.7			6.4			8.4
1000	0.0141	71000	1355	73605	2.3	1886	71917	3.1	2582	73605	4.3	3380	72761	5.6
750	0.0106				1.7			2.4			3.2			4.2

表 1.1.67 X2L（i_N=31.5～112）承载能力（1）（昆山荣星动力传动有限公司 www.chinawingstar.com）

规格			X2-22			X2-25			X2-28			X2-31			X2-35		
n_1 /r·min^{-1}	n_2 /r·min^{-1}	i_N	T_n /kN·m	i	P_N /kW	T_n /kN·m	i	P_N /kW	T_n /kN·m	i	P_N /kW	T_n /kN·m	i	P_N /kW	T_n /kN·m	i	P_N /kW
1500	47.6				53			74			116.5			164			244
1000	31.7	31.5	10	31.428	35.3	14	32.300	49.4	22	31.428	77.6	31	31.428	109	46	31.428	162
750	23.8				26.5			37.1			58.3			82			122
1500	42.3				47.1			65.9			103.5			146			216
1000	28.2	35.5	10	35.868	31.4	14	36.666	43.9	22	35.868	69	31	35.868	97	46	35.868	144
750	21.1				23.5			32.9			51.6			73			108
1500	37.5				41.7			58.4			91.8			129			192
1000	25	40	10	38.911	27.8	14	39.991	38.9	22	39.285	61.2	31	39.285	86	46	39.285	128
750	18.8				20.9			29.3			46			65			96
1500	33.3				37			51.9			81.5			115			170
1000	22.2	45	10	44.408	24.7	14	45.396	34.6	22	44.835	54.3	31	44.835	77	46	44.835	114
750	16.7				18.6			26			40.9			58			85
1500	30				33.4			46.7			73.4			103			154
1000	20	50	10	49.611	22.3	14	50.440	31.2	22	50.088	49	31	50.088	69	46	50.088	102
750	15				16.7			23.4			36.7			52			77
1500	26.8				29.8			41.7			65.6			92			137
1000	17.9	56	10	53.503	19.9	14	57.166	27.9	22	54.018	43.8	31	54.018	62	46	54.018	92
750	13.4				14.9			20.9			32.8			46			69
1500	23.8				21.2			31.8			45			66			93
1000	15.9	63	10	62.257	14.2	14	62.420	21.2	22	62.855	30.1	31	62.855	44	46	62.855	62
750	11.9				10.6			15.9			22.5			33			46
1500	21.1				15.3			23.5			32.9			47			66
1000	14.1	71	10	69.591	10.2	14	71.337	15.7	22	70.260	22	31	70.260	31	46	70.260	44
750	10.6				7.7			11.8			16.5			24			33
1500	18.8				20.9			29.3			46			65			96
1000	12.5	80	10	80.140	13.9	14	82.934	19.5	22	80.140	30.6	31	78.710	43	46	80.140	64
750	9.4				10.5			14.6			23			32			48
1500	16.7				18.6			26			40.9			58			85
1000	11.1	90	10	86.428	12.3	14	93.992	17.3	22	86.428	27.2	31	84.885	38	46	86.428	57
750	8.3				9.2			12.9			20.3			29			42
1500	15				13.4			20			28.4			42			58
1000	10	100	8	100.57	8.9	12	102.63	13.4	17	100.57	18.9	25	98.77	28	35	100.57	39
750	7.5				6.7			10			14.2			21			29
1500	13.4				9.7			14.9			20.9			30			42
1000	8.9	112	6.5	112.42	6.4	10	117.29	9.9	14	112.42	13.9	20	110.41	20	28	112.42	28
750	6.7				4.8			7.5			10.4			15			21

续表 1.1.67

规格			X2－40			X2－45			X2－50			X2－56		
n_1 /r·min^{-1}	n_2 /r·min^{-1}	i_N	T_n /kN·m	i	P_N /kW	T_n /kN·m	i	P_N /kW	T_n /kN·m	i	P_N /kW	T_n /kN·m	i	P_N /kW
1500	47.6				344			477			630			980
1000	31.7	31.5	65	31.428	229	90	31.428	317	119	32.300	420	185	31.428	652
750	23.8				172			238			315			490
1500	42.3				306			424			560			871
1000	28.2	35.5	65	35.868	204	90	35.868	282	119	36.666	373	185	35.868	580
750	21.1				153			211			279			434
1500	37.5				271			375			496			772
1000	25	40	65	38.911	181	90	39.285	250	119	40.375	331	185	39.285	515
750	18.8				136			188			249			387
1500	33.3				241			333			441			685
1000	22.2	45	65	44.408	161	90	44.835	222	119	45.833	294	185	44.835	457
750	16.7				121			167			221			344
1500	30				217			300			397			617
1000	20	50	65	49.611	145	90	50.088	200	119	50.925	265	185	50.088	412
750	15				108			150			199			309
1500	26.8				194			268			355			552
1000	17.9	56	65	53.503	129	90	54.018	179	119	57.715	237	185	54.018	368
750	13.4				97			134			177			276
1500	23.8				132			177			278			392
1000	15.9	63	50	62.257	88	67	62.855	119	105	63.020	186	148	62.855	262
750	11.9				66			89			139			196
1500	21.1				99			136			211			291
1000	14.1	71	42	69.591	66	58	70.260	91	90	72.023	141	124	70.260	195
750	10.6				50			68			106			146
1500	18.8				136			188			249			387
1000	12.5	80	65	81.570	90	90	78.804	125	119	82.934	165	185	80.140	257
750	9.4				68			94			124			193
1500	16.7				121			167			221			344
1000	11.1	90	65	87.971	80	90	84.987	111	119	93.992	147	185	86.428	228
750	8.3				60			83			110			171
1500	15				83			112			175			247
1000	10	100	50	102.36	56	67	98.89	75	105	102.63	117	148	100.57	165
750	7.5				42			56			88			123
1500	13.4				63			86			134			185
1000	8.9	112	42	114.42	42	58	110.54	57	90	117.29	89	124	112.42	123
750	6.7				31			43			67			92

表 1.1.68 X2L（i_N = 31.5 ~ 112）承载能力（2）（昆山荣星动力传动有限公司 www.chinawingstar.com）

规格			X2-63			X2-71			X2-80			X2-90			X2-100		
n_1 /r·min^{-1}	n_2 /r·min^{-1}	i_N	T_n /kN·m	i	P_N /kW	T_n /kN·m	i	P_N /kW	T_n /kN·m	i	P_N /kW	T_n /kN·m	i	P_N /kW	T_n /kN·m	i	P_N /kW
1500	47.6	31.5	269	31.428	1425	380	31.428	2012	522	31.428	2764	699	31.428	3702	903	32.300	4782
1000	31.7				949			1340			1841			2465			3185
750	23.8				712			1006			1382			1851			2391
1500	42.3	35.5	269	35.868	1266	380	35.868	1778	522	35.868	2457	699	35.868	3290	903	36.666	4250
1000	28.2				844			1192			1638			2193			2833
750	21.1				631			892			1225			1641			2120
1500	37.5	40	269	39.285	1122	380	39.285	1585	522	38.911	2178	699	39.285	2916	903	40.375	3767
1000	25				748			1057			1452			1944			2512
750	18.8				563			795			1092			1462			1889
1500	33.3	45	269	44.835	997	380	44.835	1408	522	44.408	1934	699	44.835	2590	903	45.833	3345
1000	22.2				664			939			1289			1726			2230
750	16.7				500			706			970			1299			1678
1500	30	50	269	50.088	898	380	50.088	1268	522	49.611	1742	699	50.088	2333	903	50.925	3014
1000	20				599			846			1161			1555			2009
750	15				449			634			871			1167			1507
1500	26.8	56	269	54.018	802	380	54.018	1133	522	53.503	1556	699	54.018	2084	903	57.715	2692
1000	17.9				536			757			1040			1392			1798
750	13.4				401			567			778			1042			1346
1500	23.8	63	213	62.855	564	297	62.855	786	402	62.257	1064	532	62.855	1409	800	63.020	2118
1000	15.9				377			525			711			941			1415
750	11.9				282			393			532			704			1059
1500	21.1	71	172	70.260	404	245	70.260	575	338	69.591	793	455	70.260	1068	683	72.023	1603
1000	14.1				270			384			530			714			1071
750	10.6				203			298			399			537			805
1500	18.8	80	269	78.710	563	380	80.140	795	522	81.570	1092	699	78.804	1462	903	82.934	1889
1000	12.5				374			528			726			972			1256
750	9.4				281			397			546			731			944
1500	16.7	90	269	84.885	500	380	86.428	706	522	87.971	970	699	84.987	1299	903	93.992	1678
1000	11.1				332			469			645			863			1115
750	8.3				248			351			482			645			834
1500	15	100	213	98.77	355	297	100.57	496	402	102.36	671	532	98.89	888	800	102.63	1335
1000	10				237			330			447			592			890
750	7.5				178			248			335			444			668
1500	13.4	112	172	110.41	256	245	112.42	365	338	114.42	504	455	110.54	678	683	117.29	1018
1000	8.9				170			243			335			451			676
750	6.7				128			183			252			339			509

续表 1.1.68

规格			X2－112			X2－125			X2－140			X2－160		
n_1 /r·min^{-1}	n_2 /r·min^{-1}	i_N	T_n /kN·m	i	P_N /kW	T_n /kN·m	i	P_N /kW	T_n /kN·m	i	P_N /kW	T_n /kN·m	i	P_N /kW
1500	47.6				7176			—			—			—
1000	31.7	31.5	1355	31.428	4779	1886	31.428	6651	2582	31.428	9106	3380	31.428	—
750	23.8				3588			4994			6837			8950
1500	42.3				6377			—			—			—
1000	28.2	35.5	1355	35.868	4251	1886	35.868	5917	2582	35.868	8101	3380	35.868	—
750	21.1				3181			4427			6061			7934
1500	37.5				5653			7868			—			—
1000	25	40	1355	39.285	3769	1886	39.285	5246	2582	39.285	7181	3380	39.285	—
750	18.8				2834			3945			5400			7070
1500	33.3				5020			6987			—			—
1000	22.2	45	1355	44.835	3347	1886	44.835	4658	2582	44.835	6377	3380	44.835	—
750	16.7				2518			3504			4797			6280
1500	30				4523			6295			—			—
1000	20	50	1355	50.088	3015	1886	50.088	4197	2582	50.088	5745	3380	50.088	—
750	15				2261			3147			4309			5641
1500	26.8				4040			5623			—			—
1000	17.9	56	1355	54.018	2698	1886	54.018	3756	2582	54.018	5142	3380	54.018	—
750	13.4				2020			2812			3849			5039
1500	23.8				2833			4001			—			—
1000	15.9	63	1070	62.855	1893	1511	62.855	2673	2049	62.855	3625	2682	62.855	—
750	11.9				1417			2000			2713			3551
1500	21.1				2106			2878			—			—
1000	14.1	71	897	70.260	1407	1226	70.260	1923	1707	70.260	2678	2279	70.260	—
750	10.6				1058			1446			2013			2688
1500	18.8				2834			3945			—			—
1000	12.5	80	1355	80.140	1884	1886	80.140	2623	2582	80.140	3591	3380	80.140	—
750	9.4				1417			1972			2700			3535
1500	16.7				2518			3504			4797			6280
1000	11.1	90	1355	86.428	1673	1886	86.428	2329	2582	86.428	3189	3380	86.428	4174
750	8.3				1251			1742			2384			3121
1500	15				1786			2522			3419			4476
1000	10	100	1070	100.57	1190	1511	100.57	1681	2049	100.57	2280	2682	100.57	2984
750	7.5				893			1261			1710			2238
1500	13.4				1337			1828			2545			3398
1000	8.9	112	897	112.42	888	1226	112.42	1214	1707	112.42	1690	2279	112.42	2257
750	6.7				669			914			1272			1699

表 1.1.69 X3L（$i_N=125\sim710$）承载能力（1）（昆山荣星动力传动有限公司 www.chinawingstar.com）

规格			X3－22			X3－25			X3－28			X3－31			X3－35		
n_1 /r·min^{-1}	n_2 /r·min^{-1}	i_N	T_n /kN·m	i	P_N /kW	T_n /kN·m	i	P_N /kW	T_n /kN·m	i	P_N /kW	T_n /kN·m	i	P_N /kW	T_n /kN·m	i	P_N /kW
1500	12				13.6			19.1			30			42			62.7
1000	8	125	10	125.71	9.1	14	129.20	12.7	22	125.71	20	31	124.59	28.2	46	125.71	41.8
750	6				6.8			9.5			15			21.1			31.3
1500	10.7				12.1			17			26.7			37.7			55.9
1000	7.1	140	10	143.47	8.1	14	146.66	11.3	22	143.47	17.7	31	142.19	25	46	143.47	37.1
750	5.4				6.1			8.6			13.5			19			28.2
1500	9.4				10.7			14.9			23.5			33.1			49.1
1000	6.3	160	10	155.64	7.2	14	159.96	10	22	155.64	15.7	31	154.25	22.2	46	155.64	32.9
750	4.7				5.3			7.5			11.7			16.5			24.5
1500	8.3				9.4			13.2			20.7			29.2			43.3
1000	5.6	180	10	177.63	6.4	14	181.58	8.9	22	177.63	14	31	176.04	19.7	46	177.63	29.2
750	4.2				4.8			6.7			10.5			14.8			21.9
1500	7.5				8.5			11.9			18.7			26.4			39.2
1000	5	200	10	198.44	5.7	14	201.76	7.9	22	198.44	12.5	31	196.67	17.6	46	198.44	26.1
750	3.75				4.3			6			9.4			13.2			19.6
1500	6.7				7.6			10.6			16.7			23.6			35
1000	4.5	224	10	226.48	5.1	14	231.52	7.2	22	226.48	11.2	31	222.04	15.8	46	226.48	23.5
750	3.3				3.7			5.2			8.2			11.6			17.2
1500	6				6.8			9.5			15			21.1			31.3
1000	4	250	10	251.42	4.5	14	263.01	6.4	22	251.42	10	31	253.62	14.1	46	251.42	20.9
750	3				3.4			4.8			7.5			10.6			15.7
1500	5.4				6.1			8.6			13.5			19			28.2
1000	3.6	280	10	286.94	4.1	14	298.56	5.7	22	286.94	9	31	289.45	12.7	46	286.94	18.8
750	2.7				3.1			4.3			6.7			9.5			14.1
1500	4.8				5.4			7.6			12			16.9			25.1
1000	3.2	315	10	320.56	3.6	14	331.74	5.1	22	320.56	8	31	323.36	11.3	46	320.56	16.7
750	2.4				2.7			3.8			6			8.4			12.5
1500	4.2				4.8			6.7			10.5			14.8			21.9
1000	2.8	355	10	365.85	3.2	14	380.67	4.5	22	365.85	7	31	365.08	9.9	46	365.85	14.6
750	2.1				2.4			3.3			5.2			7.4			11
1500	3.8				4.3			6			9.5			13.4			19.8
1000	2.5	400	10	408.72	2.8	14	422.98	4	22	408.72	6.2	31	407.87	8.8	46	408.72	13.1
750	1.9				2.2			3			4.7			6.7			9.9

续表 1.1.69

规格			X3-22			X3-25			X3-28			X3-31			X3-35		
n_1 /r·min^{-1}	n_2 /r·min^{-1}	i_N	T_n /kN·m	i	P_N /kW	T_n /kN·m	i	P_N /kW	T_n /kN·m	i	P_N /kW	T_n /kN·m	i	P_N /kW	T_n /kN·m	i	P_N /kW
1500	3.3				3.7			5.2			8.2			11.6			17.2
1000	2.2	450	10	440.80	2.5	12	479.37	3.5	22	440.80	5.5	31	439.87	7.7	46	440.80	11.5
750	1.7				1.9			2.7			4.2			6			8.9
1500	3				3.4			4.8			7.5			10.6			15.7
1000	2	500	10	513.20	2.3	14	533.96	3.2	22	513.20	5	31	516.33	7	46	513.20	10.4
750	1.5				1.7			2.4			3.7			5.3			7.8
1500	2.7				3.1			4.3			6.7			9.5			14.1
1000	1.8	560	10	573.32	2	14	593.28	2.9	22	573.32	4.5	31	576.84	6.3	46	573.32	9.4
750	1.3				1.5			2.1			3.2			4.6			6.8
1500	2.4				2.7			3.8			6			8.4			12.5
1000	1.6	630	10	618.28	1.8	14	672.39	2.5	22	618.28	4	31	622.07	5.6	46	618.28	8.4
750	1.2				1.4			1.9			3			4.2			6.3
1500	2.1				2.4			3.3			5.2			7.4			11
1000	1.4	710	10	719.44	1.6	14	734.20	2.2	22	719.44	3.5	31	723.85	4.9	46	719.44	7.3
750	1.1				1.2			1.7			2.7			3.9			5.7

规格			X3-40			X3-45			X3-50			X3-56		
n_1 /r·min^{-1}	n_2 /r·min^{-1}	i_N	T_n /kN·m	i	P_N /kW	T_n /kN·m	i	P_N /kW	T_n /kN·m	i	P_N /kW	T_n /kN·m	i	P_N /kW
1500	12				89			123			162			252
1000	8	125	65	125.71	59	90	125.71	82	119	129.20	108	185	125.71	168
750	6				44			61			81			126
1500	10.7				79			109			425			225
1000	7.1	140	65	143.47	52	90	143.47	73	119	146.66	96	185	143.47	149
750	5.4				40			55			73			113
1500	9.4				69			96			127			197
1000	6.3	160	65	157.14	46	90	157.14	64	119	159.96	85	185	157.14	132
750	4.7				35			48			63			99
1500	8.3				61			85			112			174
1000	5.6	180	65	179.34	41	90	179.34	57	119	181.58	76	185	179.34	118
750	4.2				31			43			57			88
1500	7.5				55			77			101			158
1000	5	200	65	200.35	37	90	200.35	51	119	201.76	68	185	200.35	105
750	3.75				28			38			51			79

续表 1.1.69

规格			X3-40			X3-45			X3-50			X3-56		
n_1 /r·min^{-1}	n_2 /r·min^{-1}	i_N	T_n /kN·m	i	P_N /kW	T_n /kN·m	i	P_N /kW	T_n /kN·m	i	P_N /kW	T_n /kN·m	i	P_N /kW
1500	6.7				49			68			91			141
1000	4.5	224	65	228.66	33	90	228.66	46	119	231.52	61	185	228.66	95
750	3.3				24			34			45			69
1500	6				44			61			81			126
1000	4	250	65	246.94	30	90	251.42	41	119	263.01	54	185	247.23	84
750	3				22			31			41			63
1500	5.4				40			55			73			113
1000	3.6	280	65	281.82	27	90	286.94	37	119	298.56	49	185	282.16	76
750	2.7				20			28			36			57
1500	4.8				35			49			65			101
1000	3.2	315	65	314.84	24	90	320.56	33	119	331.74	43	185	315.21	67
750	2.4				18			25			32			50
1500	4.2				31			43			57			88
1000	2.8	355	65	359.32	21	90	365.85	29	119	380.67	38	185	359.75	59
750	2.1				15			21			28			44
1500	3.8				28			39			51			80
1000	2.5	400	65	401.42	18	90	408.72	26	119	422.98	34	185	401.90	53
750	1.9				14			19			26			40
1500	3.3				24			34			45			69
1000	2.2	450	65	432.93	16	90	440.80	22	119	479.37	30	185	433.45	46
750	1.7				13			17			23			36
1500	3				22			31			41			63
1000	2	500	65	504.04	15	90	513.20	20	119	533.96	27	185	504.64	42
750	1.5				11			15			20			32
1500	2.7				20			28			36			57
1000	1.8	560	65	563.09	13	90	573.32	18	119	593.28	24	185	563.76	38
750	1.3				10			13			18			27
1500	2.4				18			25			32			50
1000	1.6	630	65	607.24	12	90	618.28	16	119	672.39	22	185	607.97	34
750	1.2				9			12			16			25
1500	2.1				15			21			28			44
1000	1.4	710	65	706.60	10	90	719.44	14	119	734.20	19	185	707.44	29
750	1.1				8			11			15			23

表 1.1.70 X3L（i_N = 125 ~ 710）承载能力（2）（昆山荣星动力传动有限公司 www.chinawingstar.com）

规格			X3 - 63			X3 - 71			X3 - 80			X3 - 90			X3 - 100		
n_1 /r·min^{-1}	n_2 /r·min^{-1}	i_N	T_n /kN·m	i	P_N /kW	T_n /kN·m	i	P_N /kW	T_n /kN·m	i	P_N /kW	T_n /kN·m	i	P_N /kW	T_n /kN·m	i	P_N /kW
1500	12				366			518			711			952			1230
1000	8	125	269	124.59	244	380	125.71	345	522	125.71	474	699	125.71	635	903	129.20	820
750	6				183			259			356			476			615
1500	10.7				327			462			634			849			1097
1000	7.1	140	269	142.19	217	380	143.47	306	522	143.47	421	699	143.47	563	903	146.66	728
750	5.4				165			233			320			429			554
1500	9.4				287			406			557			746			964
1000	6.3	160	269	155.73	192	380	157.14	272	522	157.14	373	699	157.14	500	903	159.96	646
750	4.7				144			203			279			373			482
1500	8.3				253			358			492			659			851
1000	5.6	180	269	177.74	171	380	179.34	242	522	179.34	332	699	179.34	444	903	181.58	574
750	4.2				128			181			249			333			431
1500	7.5				229			324			444			595			769
1000	5	200	269	198.56	153	380	200.35	216	522	200.35	296	699	200.35	397	903	201.76	513
750	3.75				115			162			222			298			384
1500	6.7				205			289			397			532			687
1000	4.5	224	269	224.18	137	380	228.66	194	522	228.66	267	699	228.66	357	903	231.52	461
750	3.3				101			142			196			262			338
1500	6				183			259			356			476			615
1000	4	250	269	253.62	122	380	251.42	173	522	246.94	237	699	251.42	317	903	263.01	410
750	3				92			129			178			238			308
1500	5.4				165			233			320			429			554
1000	3.6	280	269	289.45	110	380	286.94	155	522	281.82	213	699	286.94	286	903	298.56	369
750	2.7				82			116			160			214			277
1500	4.8				147			207			284			381			492
1000	3.2	315	269	323.36	98	380	320.56	138	522	314.84	190	699	320.56	254	903	331.74	328
750	2.4				73			104			142			190			246
1500	4.2				128			181			249			333			431
1000	2.8	355	269	365.08	86	380	365.85	121	522	359.32	166	699	365.85	222	903	380.67	287
750	2.1				64			91			124			167			215
1500	3.8				116			164			225			302			390
1000	2.5	400	269	407.87	76	380	408.72	108	522	401.42	148	699	408.72	198	903	422.98	256
750	1.9				58			82			113			151			195

续表 1.1.70

规格			X3－63			X3－71			X3－80			X3－90			X3－100		
n_1 /r·min^{-1}	n_2 /r·min^{-1}	i_N	T_n /kN·m	i	P_N /kW	T_n /kN·m	i	P_N /kW	T_n /kN·m	i	P_N /kW	T_n /kN·m	i	P_N /kW	T_n /kN·m	i	P_N /kW
1500	3.3				101			142			196			262			338
1000	2.2	450	269	439.87	67	380	440.80	95	522	432.93	130	699	440.80	175	903	479.37	226
750	1.7				52			73			101			135			174
1500	3				92			129			178			238			308
1000	2	500	269	516.33	61	380	513.20	86	522	504.04	119	699	513.20	159	903	533.96	205
750	1.5				46			65			89			119			154
1500	2.7				82			116			160			214			277
1000	1.8	560	269	576.84	55	380	573.32	78	522	563.09	107	699	573.32	143	903	593.28	185
750	1.3				40			56			77			103			133
1500	2.4				73			104			142			190			246
1000	1.6	630	269	622.07	49	380	618.28	69	522	607.24	95	699	618.28	127	903	672.39	164
750	1.2				37			52			71			95			123
1500	2.1				64			91			124			167			215
1000	1.4	710	269	723.85	43	380	719.44	60	522	706.60	83	699	719.44	111	903	734.20	144
750	1.1				34			47			65			87			113

规格			X3－112			X3－125			X3－140			X3－160		
n_1 /r·min^{-1}	n_2 /r·min^{-1}	i_N	T_n /kN·m	i	P_N /kW	T_n /kN·m	i	P_N /kW	T_n /kN·m	i	P_N /kW	T_n /kN·m	i	P_N /kW
1500	12				1846			2569			3517			4605
1000	8	125	1355	125.71	1231	1886	124.59	1713	2582	125.71	2345	3380	125.71	3070
750	6				923			1285			1759			2302
1500	10.7				1646			2291			3136			4106
1000	7.1	140	1355	143.47	1092	1886	142.19	1520	2582	143.47	2081	3380	143.47	2724
750	5.4				831			1156			1583			2072
1500	9.4				1446			2013			2755			3607
1000	6.3	160	1355	157.14	969	1886	155.73	1349	2582	157.14	1847	3380	157.14	2417
750	4.7				723			1006			1378			1803
1500	8.3				1277			1777			2433			3185
1000	5.6	180	1355	179.34	861	1886	177.74	1199	2582	179.34	1641	3380	179.34	2149
750	4.2				646			899			1231			1612
1500	7.5				1154			1606			2198			2878
1000	5	200	1355	200.35	769	1886	198.56	1071	2582	200.35	1466	3380	200.35	1919
750	3.75				577			803			1099			1439

续表 1.1.70

规格			X3 - 112			X3 - 125			X3 - 140			X3 - 160		
n_1 /r·min^{-1}	n_2 /r·min^{-1}	i_N	T_n /kN·m	i	P_N /kW	T_n /kN·m	i	P_N /kW	T_n /kN·m	i	P_N /kW	T_n /kN·m	i	P_N /kW
1500	6.7				1031			1435			1964			2571
1000	4.5	224	1355	228.66	692	1886	224.18	963	2582	228.66	1319	3380	228.66	1727
750	3.3				508			707			967			1266
1500	6				923			1285			1759			2302
1000	4	250	1355	247.23	615	1886	253.62	856	2582	251.42	1172	3380	251.42	1535
750	3				461			642			879			1151
1500	5.4				831			1156			1583			2072
1000	3.6	280	1355	282.16	554	1886	289.45	771	2582	286.94	1055	3380	286.94	1381
750	2.7				415			578			791			1036
1500	4.8				738			1028			1407			1842
1000	3.2	315	1355	315.21	492	1886	323.36	685	2582	320.56	938	3380	320.56	1228
750	2.4				369			514			703			921
1500	4.2				646			899			1231			1612
1000	2.8	355	1355	359.75	431	1886	365.08	600	2582	365.85	821	3380	365.85	1074
750	2.1				323			450			616			806
1500	3.8				585			814			1114			1458
1000	2.5	400	1355	401.90	385	1886	407.87	535	2582	408.72	733	3380	408.72	959
750	1.9				292			407			557			729
1500	3.3				508			707			967			1266
1000	2.2	450	1355	433.45	338	1886	439.87	471	2582	440.80	645	3380	440.80	844
750	1.7				262			364			498			652
1500	3				461			642			879			1151
1000	2	500	1355	504.64	308	1886	516.33	428	2582	513.20	586	3380	513.20	767
750	1.5				231			321			440			576
1500	2.7				415			578			791			1036
1000	1.8	560	1355	563.76	277	1886	576.84	385	2582	573.32	528	3380	573.32	691
750	1.3				200			278			381			499
1500	2.4				369			514			703			921
1000	1.6	630	1355	607.97	246	1886	622.07	343	2582	618.28	469	3380	618.28	614
750	1.2				185			257			352			460
1500	2.1				323			450			616			806
1000	1.4	710	1355	707.44	215	1886	723.85	300	2582	719.44	410	3380	719.44	537
750	1.1				169			236			322			422

表 1.1.71 **X4L**（i_N = 800 ~ 5600）**承载能力**（1）（昆山荣星动力传动有限公司 www.chinawingstar.com）

规格			X4 - 22			X4 - 25			X4 - 28			X4 - 31			X4 - 35		
n_1 /r·min^{-1}	n_2 /r·min^{-1}	i_N	T_n /kN·m	i	P_N /kW	T_n /kN·m	i	P_N /kW	T_n /kN·m	i	P_N /kW	T_n /kN·m	i	P_N /kW	T_n /kN·m	i	P_N /kW
1500	1.88				2.18			3.05			4.79			6.75			10.02
1000	1.25	800	10	793.80	1.45	14	815.81	2.03	22	793.80	3.19	31	771.26	4.49	46	793.80	6.66
750	0.94				1.09			1.52			2.4			3.38			5.01
1500	1.67				1.93			2.71			4.26			6			8.9
1000	1.11	900	10	905.92	1.29	14	926.07	1.8	22	905.92	2.83	31	880.21	3.99	46	905.92	5.91
750	0.83				0.96			1.35			2.12			2.98			4.42
1500	1.5				1.74			2.43			3.82			5.39			7.99
1000	1	1000	10	1012.0	1.16	14	1029.0	1.62	22	1012.0	2.55	31	983.3	3.59	46	1012.0	5.33
750	0.75				0.87			1.22			1.91			2.69			4
1500	1.34				1.55			2.17			3.42			4.81			7.14
1000	0.89	1120	10	1113.4	1.03	14	1144.4	1.44	22	1113.4	2.27	31	1090.8	3.2	46	1113.4	4.74
750	0.67				0.78			1.09			1.71			2.41			3.57
1500	1.2				1.39			1.95			3.06			4.31			6.39
1000	0.8	1250	10	1305.2	0.93	14	1294.3	1.3	22	1282.3	2.04	31	1245.9	2.87	46	1305.2	4.26
750	0.6				0.7			0.97			1.53			2.15			3.2
1500	1.07				1.24			1.74			2.73			3.84			5.7
1000	0.71	1400	10	1489.5	0.82	14	1469.3	1.15	22	1463.4	1.81	31	1421.9	2.55	46	1489.5	3.78
750	0.54				0.63			0.88			1.38			1.94			2.88
1500	0.94				1.09			1.52			2.4			3.38			5.01
1000	0.63	1600	10	1664.0	0.73	14	1632.5	1.02	22	1634.8	1.61	31	1588.5	2.26	46	1664.0	3.36
750	0.47				0.54			0.76			1.2			1.69			2.5
1500	0.83				0.96			1.35			2.12			2.98			4.43
1000	0.56	1800	10	1830.7	0.65	14	1815.6	0.91	22	1798.6	1.43	31	1762.0	2.01	46	1830.7	2.98
750	0.42				0.49			0.68			1.07			1.51			2.24
1500	0.75				0.87			1.22			1.91			2.69			4
1000	0.5	2000	10	2089.4	0.58	14	2060.9	0.81	22	2052.7	1.27	31	2010.9	1.8	46	2089.4	2.66
750	0.38				0.44			0.62			0.97			1.36			2.02
1500	0.67				0.78			1.09			1.71			2.41			3.57
1000	0.45	2240	10	2334.2	0.52	14	2289.9	0.73	22	2293.2	1.15	31	2246.5	1.62	46	2334.2	2.4
750	0.33				0.38			0.54			0.84			1.19			1.76
1500	0.6				0.7			0.97			1.53			2.15			3.2
1000	0.4	2500	10	2664.0	0.46	14	2627.7	0.65	22	2617.2	1.02	31	2536.4	1.44	46	2664.0	2.13
750	0.3				0.35			0.49			0.76			1.08			1.6
1500	0.54				0.63			0.88			1.38			1.94			2.88
1000	0.36	2800	10	2976.1	0.42	14	2919.8	0.58	22	2923.9	0.92	31	2833.6	1.29	46	2976.1	1.92
750	0.27				0.31			0.44			0.69			0.97			1.44

续表 1.1.71

规格			X4－22			X4－25			X4－28			X4－31			X4－35		
n_1 /r·min^{-1}	n_2 /r·min^{-1}	i_N	T_n /kN·m	i	P_N /kW	T_n /kN·m	i	P_N /kW	T_n /kN·m	i	P_N /kW	T_n /kN·m	i	P_N /kW	T_n /kN·m	i	P_N /kW
1500	0.48				0.56			0.78			1.22			1.72			2.56
1000	0.32	3150	10	3209.7	0.37	14	3309.0	0.52	22	3153.4	0.82	31	3056.0	1.15	46	3209.7	1.71
750	0.24				0.28			0.39			0.61			0.86			1.28
1500	0.42				0.49			0.68			1.07			1.51			2.24
1000	0.28	3550	10	3736.9	0.32	14	3685.9	0.45	22	3671.3	0.71	31	3587.2	1.01	46	3736.9	1.49
750	0.21				0.24			0.34			0.54			0.75			1.12
1500	0.38				0.44			0.62			0.97			1.36			2.02
1000	0.25	4000	10	4174.8	0.29	14	4095.6	0.41	22	4101.6	0.64	31	4007.6	0.9	46	4174.8	1.33
750	0.19				0.22			0.31			0.48			0.68			1.01
1500	0.33				0.38			0.54			0.84			1.19			1.76
1000	0.22	4500	10	4502.2	0.25	14	4641.6	0.36	22	4423.2	0.56	31	4321.6	0.79	46	4502.2	1.17
750	0.17				0.2			0.28			0.43			0.61			0.91
1500	0.3				0.35			0.49			0.76			1.08			1.6
1000	0.2	5000	10	5238.7	0.23	14	5067.9	0.32	22	5146.8	0.51	31	5028.8	0.72	46	5238.7	1.07
750	0.15				0.17			0.24			0.38			0.54			0.8
1500	0.27				0.31			0.44			0.69			0.97			1.44
1000	0.18	5600	10	5855.9	0.21	14	5791.9	0.29	22	5753.2	0.46	31	5621.2	0.65	46	5855.9	0.96
750	0.13				0.15			0.21			0.33			0.47			0.69

规格			X4－40			X4－45			X4－50			X4－56		
n_1 /r·min^{-1}	n_2 /r·min^{-1}	i_N	T_n /kN·m	i	P_N /kW	T_n /kN·m	i	P_N /kW	T_n /kN·m	i	P_N /kW	T_n /kN·m	i	P_N /kW
1500	1.88				14			19.6			25.9			40.3
1000	1.25	800	65	793.80	9.4	90	793.80	13	119	823.65	17.2	185	801.43	26.8
750	0.94				7.1			9.8			13			20.1
1500	1.67				12.6			17.4			23			35.8
1000	1.11	900	65	905.92	8.4	90	905.92	11.6	119	934.98	15.3	185	914.63	23.8
750	0.83				6.2			8.7			11.4			17.8
1500	1.5				11.3			15.6			20.7			32.1
1000	1	1000	65	1012.0	7.5	90	1012.0	10.4	119	1038.9	13.8	185	1021.8	21.4
750	0.75				5.6			7.8			10.3			16.1
1500	1.34				10.1			14			18.5			28.7
1000	0.89	1120	65	1113.4	6.7	90	1113.4	9.3	119	1155.4	12.3	185	1124.2	19.1
750	0.67				5			7			9.2			14.4
1500	1.2				9			12.5			16.5			25.7
1000	0.8	1250	65	1282.3	6	90	1305.2	8.3	119	1317.8	11	185	1259.4	17.1
750	0.6				4.5			6.3			8.3			12.9
1500	1.07				8.1			11.2			14.8			22.9
1000	0.71	1400	65	1463.4	5.3	90	1489.5	7.4	119	1496.0	9.8	185	1437.3	15.2
750	0.54				4.1			5.6			7.4			11.6

续表 1.1.71

规格			X4－40			X4－45			X4－50			X4－56		
n_1 /r·min^{-1}	n_2 /r·min^{-1}	i_N	T_n /kN·m	i	P_N /kW	T_n /kN·m	i	P_N /kW	T_n /kN·m	i	P_N /kW	T_n /kN·m	i	P_N /kW
1500	0.94	1600	65	1634.8	7.1	90	1664.0	9.8	119	1662.2	13	185	1605.7	20.1
1000	0.63				4.7			6.6			8.7			13.5
750	0.47				3.5			4.9			6.5			10.1
1500	0.83	1800	65	1798.6	6.2	90	1830.7	8.7	119	1848.6	11.4	185	1766.5	17.8
1000	0.56				4.2			5.8			7.7			12
750	0.42				3.2			4.4			5.8			9
1500	0.75	2000	65	2052.7	5.6	90	2089.4	7.8	119	2098.4	10.3	185	2016.1	16.1
1000	0.5				3.8			5.2			6.9			10.7
750	0.38				2.9			4			5.2			8.1
1500	0.67	2240	65	2293.2	5	90	2334.2	7	119	2331.6	9.2	185	2252.3	14.4
1000	0.45				3.4			4.7			6.2			9.6
750	0.33				2.5			3.4			4.5			7.1
1500	0.6	2500	65	2617.2	4.5	90	2664.0	6.3	119	2675.5	8.3	185	2570.5	12.9
1000	0.4				3			4.2			5.5			8.6
750	0.3				2.3			3.1			4.1			6.4
1500	0.54	2800	65	2923.9	4.1	90	2976.1	5.6	119	2972.8	7.4	185	2871.7	11.6
1000	0.36				2.7			3.8			5			7.7
750	0.27				2			2.8			3.7			5.8
1500	0.48	3150	65	3153.4	3.6	90	3209.7	5	119	3369.2	6.6	185	3097.1	10.3
1000	0.32				2.4			3.3			4.4			6.9
750	0.24				1.8			2.5			3.3			5.1
1500	0.42	3550	65	3671.3	3.2	90	3736.9	4.4	119	3752.9	5.8	185	3605.8	9
1000	0.28				2.1			2.9			3.9			6
750	0.21				1.6			2.2			2.9			4.5
1500	0.38	4000	65	4101.6	2.9	90	4174.8	4	119	4170.0	5.2	185	4028.4	8.1
1000	0.25				1.9			2.6			3.4			5.4
750	0.19				1.4			2			2.6			4.1
1500	0.33	4500	65	4423.2	2.5	90	4502.2	3.4	119	4726.0	4.5	185	4344.2	7.1
1000	0.22				1.7			2.3			3			4.7
750	0.17				1.3			1.8			2.3			3.6
1500	0.3	5000	65	5146.8	2.3	90	5238.7	3.1	119	5160.0	4.1	185	5054.9	6.4
1000	0.2				1.5			2.1			2.8			4.3
750	0.15				1.1			1.6			2.1			3.2
1500	0.27	5600	65	5753.2	2	90	5855.9	2.8	119	5897.2	3.7	185	5650.5	5.8
1000	0.18				1.4			1.9			2.5			3.9
750	0.13				1			1.4			1.8			2.8

表 1.1.72 X4L（i_N = 800 ~ 5600）承载能力（2）（昆山荣星动力传动有限公司 www.chinawingstar.com）

规格			X4 - 63			X4 - 71			X4 - 80			X4 - 90			X4 - 100		
n_1 /r·min^{-1}	n_2 /r·min^{-1}	i_N	T_n /kN·m	i	P_N /kW	T_n /kN·m	i	P_N /kW	T_n /kN·m	i	P_N /kW	T_n /kN·m	i	P_N /kW	T_n /kN·m	i	P_N /kW
1500	1.88				59			83			114			152			197
1000	1.25	800	269	778.68	39	380	793.80	55	522	801.43	76	699	801.43	101	903	823.65	131
750	0.94				29			41			57			76			98
1500	1.67				52			74			101			135			175
1000	1.11	900	269	888.68	35	380	905.92	49	522	914.63	67	699	914.63	90	903	934.98	116
750	0.83				26			37			50			67			87
1500	1.5				47			66			91			121			157
1000	1	1000	269	992.8	31	380	1012.0	44	522	1021.8	60	699	1021.8	81	903	1038.9	105
750	0.75				23			33			45			61			78
1500	1.34				42			59			81			109			140
1000	0.89	1120	269	1101.3	28	380	1113.4	39	522	1124.2	54	699	1124.2	72	903	1155.4	93
750	0.67				21			29			41			54			70
1500	1.2				37			53			73			97			126
1000	0.8	1250	269	1245.9	25	380	1305.2	35	522	1260.9	48	699	1305.2	65	903	1317.8	84
750	0.6				19			26			36			49			63
1500	1.07				33			47			65			87			112
1000	0.71	1400	269	1421.9	22	380	1489.5	31	522	1439.0	43	699	1489.5	57	903	1496.0	74
750	0.54				17			24			33			44			56
1500	0.94				29			41			57			76			98
1000	0.63	1600	269	1588.5	20	380	1664.0	28	522	1607.6	38	699	1664.0	51	903	1662.2	66
750	0.47				15			21			28			38			49
1500	0.83				26			37			50			67			87
1000	0.56	1800	269	1762.0	17	380	1830.7	25	522	1768.6	34	699	1830.7	45	903	1848.6	59
750	0.42				13			18			25			34			44
1500	0.75				23			33			45			61			78
1000	0.5	2000	269	2010.9	16	380	2089.4	22	522	2018.5	30	699	2089.4	40	903	2098.4	52
750	0.38				12			17			23			31			40
1500	0.67				21			29			41			54			70
1000	0.45	2240	269	2246.5	14	380	2334.2	20	522	2255.0	27	699	2334.2	36	903	2331.6	47
750	0.33				10			15			20			27			35
1500	0.6				19			26			36			49			63
1000	0.4	2500	269	2536.4	12	380	2664.0	18	522	2573.6	24	699	2664.0	32	903	2675.5	42
750	0.3				9			13			18			24			31
1500	0.54				17			24			33			44			56
1000	0.36	2800	269	2833.6	11	380	2976.1	16	522	2875.2	22	699	2976.1	29	903	2972.8	38
750	0.27				8			12			16			22			28

续表 1.1.72

规格			X4－63			X4－71			X4－80			X4－90			X4－100		
n_1 /r·min^{-1}	n_2 /r·min^{-1}	i_N	T_n /kN·m	i	P_N /kW	T_n /kN·m	i	P_N /kW	T_n /kN·m	i	P_N /kW	T_n /kN·m	i	P_N /kW	T_n /kN·m	i	P_N /kW
1500	0.48				15			21			29			39			50
1000	0.32	3150	269	3056.0	10	380	3209.7	14	522	3100.8	19	699	3209.7	26	903	3369.2	33
750	0.24				7			11			15			19			25
1500	0.42				13			18			25			34			44
1000	0.28	3550	269	3587.2	9	380	3736.9	12	522	3610.1	17	699	3736.9	23	903	3752.9	29
750	0.21				7			9			13			17			22
1500	0.38				12			17			23			31			40
1000	0.25	4000	269	4007.6	8	380	4174.8	11	522	4033.2	15	699	4174.8	20	903	4170.0	26
750	0.19				6			8			11			15			20
1500	0.33				10			15			20			27			35
1000	0.22	4500	269	4321.3	7	380	4502.2	10	522	4349.4	13	699	4502.2	18	903	4726.0	23
750	0.17				5			7			10			14			18
1500	0.3				9			13			18			24			31
1000	0.2	5000	269	5028.8	6	380	5238.7	9	522	5061.0	12	699	5238.7	16	903	5160.0	21
750	0.15				5			7			9			12			16
1500	0.27				8			12			16			22			28
1000	0.18	5600	269	5621.2	6	380	5855.9	8	522	5657.3	11	699	5855.9	15	903	5897.2	19
750	0.13				4			6			8			11			14

规格			X4－112			X4－125			X4－140			X4－160		
n_1 /r·min^{-1}	n_2 /r·min^{-1}	i_N	T_n /kN·m	i	P_N /kW	T_n /kN·m	i	P_N /kW	T_n /kN·m	i	P_N /kW	T_n /kN·m	i	P_N /kW
1500	1.88				295			411			562			736
1000	1.25	800	1355	801.43	196	1886	778.68	273	2582	793.80	374	3380	801.43	489
750	0.94				148			205			281			368
1500	1.67				262			365			500			654
1000	1.11	900	1355	914.63	174	1886	888.68	243	2582	905.92	332	3380	914.63	435
750	0.83				130			181			248			325
1500	1.5				235			328			449			587
1000	1	1000	1355	1021.8	157	1886	992.8	218	2582	1012.0	299	3380	1021.8	392
750	0.75				118			164			224			294
1500	1.34				210			293			401			525
1000	0.89	1120	1355	1124.2	140	1886	1101.3	194	2582	1113.4	266	3380	1124.2	348
750	0.67				105			146			200			262
1500	1.2				188			262			359			470
1000	0.8	1250	1355	1259.4	126	1886	1245.9	175	2582	1305.2	239	3380	1260.9	313
750	0.6				94			131			179			235
1500	1.07				168			234			320			419
1000	0.71	1400	1355	1437.3	111	1886	1421.9	155	2582	1489.5	212	3380	1439.0	278
750	0.54				85			118			162			211

续表 1.1.72

规格			X4－112			X4－125			X4－140			X4－160		
n_1 /r·min^{-1}	n_2 /r·min^{-1}	i_N	T_n /kN·m	i	P_N /kW	T_n /kN·m	i	P_N /kW	T_n /kN·m	i	P_N /kW	T_n /kN·m	i	P_N /kW
1500	0.94				148			205			281			368
1000	0.63	1600	1355	1605.7	99	1886	1588.5	138	2582	1664.0	188	3380	1607.6	247
750	0.47				74			103			141			184
1500	0.83				130			181			248			325
1000	0.56	1800	1355	1766.5	88	1886	1762.0	122	2582	1830.7	167	3380	1768.6	219
750	0.42				66			92			126			164
1500	0.75				118			164			224			294
1000	0.5	2000	1355	2016.1	78	1886	2010.9	109	2582	2089.4	150	3380	2018.5	196
750	0.38				60			83			114			149
1500	0.67				105			146			200			262
1000	0.45	2240	1355	2252.3	71	1886	2246.5	98	2582	2334.2	135	3380	2255.0	176
750	0.33				52			72			99			129
1500	0.6				94			131			179			235
1000	0.4	2500	1355	2570.5	63	1886	2536.4	87	2582	2664.0	120	3380	2573.6	157
750	0.3				47			66			90			117
1500	0.54				85			118			162			211
1000	0.36	2800	1355	2871.7	57	1886	2833.6	79	2582	2976.1	108	3380	2875.2	141
750	0.27				42			59			81			106
1500	0.48				75			105			144			188
1000	0.32	3150	1355	3097.1	50	1886	3056.0	70	2582	3209.7	96	3380	3100.8	125
750	0.24				38			52			72			94
1500	0.42				66			92			126			164
1000	0.28	3550	1355	3605.8	44	1886	3587.2	61	2582	3736.9	84	3380	3610.1	110
750	0.21				33			46			63			82
1500	0.38				60			83			114			149
1000	0.25	4000	1355	4028.4	39	1886	4007.6	55	2582	4174.8	75	3380	4033.2	98
750	0.19				30			42			57			74
1500	0.33				52			72			99			129
1000	0.22	4500	1355	4344.2	35	1886	4321.3	48	2582	4502.2	66	3380	4349.4	86
750	0.17				27			37			51			67
1500	0.3				47			66			90			117
1000	0.2	5000	1355	5054.9	31	1886	5028.8	44	2582	5238.7	60	3380	5061.0	78
750	0.15				24			33			45			59
1500	0.27				42			59			81			106
1000	0.18	5600	1355	5650.5	28	1886	5621.2	39	2582	5855.9	54	3380	5657.3	70
750	0.13				20			28			39			51

表 1.1.73 X5L（i_N=6300~40000）承载能力（1）（昆山荣星动力传动有限公司 www.chinawingstar.com）

规格			X5-22			X5-25			X5-28			X5-31			X5-35		
n_1 /r·min^{-1}	n_2 /r·min^{-1}	i_N	T_n /kN·m	i	P_N /kW	T_n /kN·m	i	P_N /kW	T_n /kN·m	i	P_N /kW	T_n /kN·m	i	P_N /kW	T_n /kN·m	i	P_N /kW
1500	0.238				0.281			0.394			0.619			0.872			1.29
1000	0.159	6300	10	6411.6	0.188	14	6720.8	0.263	22	6539.6	0.413	31	6467.4	0.583	46	6422.9	0.86
750	0.119				0.141			0.197			0.309			0.436			0.65
1500	0.211				0.249			0.349			0.549			0.773			1.15
1000	0.141	7100	10	7317.2	0.167	14	7629.2	0.233	22	7463.2	0.367	31	7381.0	0.517	46	7330.0	0.77
750	0.106				0.125			0.175			0.276			0.388			0.58
1500	0.188				0.222			0.311			0.489			0.689			1.02
1000	0.125	8000	10	8174.4	0.148	14	8477.2	0.207	22	8337.6	0.325	31	8245.8	0.458	46	8188.8	0.68
750	0.094				0.111			0.156			0.244			0.344			0.51
1500	0.167				0.197			0.276			0.434			0.612			0.91
1000	0.111	9000	10	9067.6	0.131	14	9427.6	0.184	22	9173.2	0.289	31	9071.9	0.407	46	9009.5	0.6
750	0.083				0.098			0.137			0.216			0.304			0.45
1500	0.15				0.177			0.248			0.39			0.55			0.82
1000	0.1	10000	10	10348	0.118	14	10702	0.165	22	10469	0.26	31	10354	0.366	46	10282	0.54
750	0.075				0.089			0.124			0.195			0.275			0.41
1500	0.134				0.158			0.222			0.348			0.491			0.73
1000	0.089	11200	10	11561	0.105	14	11891	0.147	22	11695	0.231	31	11566	0.326	46	11486	0.4
750	0.067				0.079			0.111			0.174			0.246			0.36
1500	0.12				0.142			0.199			0.312			0.44			0.65
1000	0.08	12500	10	12719	0.095	14	13224	0.132	22	12867	0.208	31	12830	0.293	46	12638	0.43
750	0.06				0.071			0.099			0.156			0.22			0.33
1500	0.107				0.126			0.177			0.278			0.392			0.58
1000	0.071	14000	10	14516	0.084	14	15012	0.117	22	14685	0.185	31	14642	0.26	46	14423	0.39
750	0.054				0.064			0.089			0.14			0.198			0.29
1500	0.094				0.111			0.156			0.244			0.344			0.51
1000	0.063	16000	10	16216	0.074	14	16680	0.104	22	16405	0.164	31	16358	0.231	46	16112	0.34
750	0.047				0.056			0.078			0.122			0.172			0.26
1500	0.083				0.098			0.137			0.216			0.304			0.45
1000	0.056	18000	10	18508	0.066	14	19140	0.093	22	18723	0.146	31	18469	0.205	46	18389	0.3
750	0.042				0.05			0.07			0.109			0.154			0.23
1500	0.075				0.089			0.124			0.195			0.275			0.41
1000	0.05	20000	10	20676	0.059	14	21267	0.083	22	20917	0.13	31	20633	0.183	46	20544	0.27
750	0.038				0.045			0.063			0.099			0.139			0.21
1500	0.067				0.079			0.111			0.174			0.246			0.36
1000	0.045	22400	10	22299	0.053	14	24102	0.074	22	22559	0.117	31	22252	0.165	46	22156	0.24
750	0.033				0.039			0.055			0.086			0.121			0.18

续表 1.1.73

规格			X5－22			X5－25			X5－28			X5－31			X5－35		
n_1 /r·min^{-1}	n_2 /r·min^{-1}	i_N	T_n /kN·m	i	P_N /kW	T_n /kN·m	i	P_N /kW	T_n /kN·m	i	P_N /kW	T_n /kN·m	i	P_N /kW	T_n /kN·m	i	P_N /kW
1500	0.06	25000	10	25961	0.071	14	26847	0.099	22	26264	0.156	31	26120	0.22	46	25795	0.33
1000	0.04				0.047			0.066			0.104			0.147			0.22
750	0.03				0.035			0.05			0.078			0.11			0.16
1500	0.054	28000	10	29004	0.064	14	29831	0.089	22	29342	0.14	31	29181	0.198	46	28818	0.29
1000	0.036				0.043			0.06			0.094			0.132			0.2
750	0.027				0.032			0.045			0.07			0.099			0.15
1500	0.048	31500	10	31278	0.057	14	33809	0.079	22	31643	0.125	31	31468	0.176	46	31078	0.26
1000	0.032				0.038			0.053			0.083			0.117			0.17
750	0.024				0.028			0.04			0.062			0.088			0.13
1500	0.042	35500	10	36395	0.05	14	36914	0.07	22	36819	0.109	31	36617	0.154	46	36162	0.23
1000	0.028				0.033			0.046			0.073			0.103			0.15
750	0.021				0.025			0.035			0.055			0.077			0.11
1500	0.038	40000	10	40684	0.045	14	42188	0.063	22	41156	0.099	31	40930	0.139	46	40421	0.21
1000	0.025				0.03			0.041			0.065			0.092			0.14
750	0.019				0.022			0.031			0.049			0.07			0.1

规格			X5－40			X5－45			X5－50			X5－56		
n_1 /r·min^{-1}	n_2 /r·min^{-1}	i_N	T_n /kN·m	i	P_N /kW	T_n /kN·m	i	P_N /kW	T_n /kN·m	i	P_N /kW	T_n /kN·m	i	P_N /kW
1500	0.238	6300	65	6539.6	2	90	6411.6	2.53	119	6840.8	3.35	185	6539.6	5.2
1000	0.159				1.22			1.69			2.24			3.48
750	0.119				0.91			1.27			1.67			2.6
1500	0.211	7100	65	7463.2	1.62	90	7317.2	2.24	119	7765.4	2.97	185	7463.2	4.61
1000	0.141				1.08			1.5			1.98			3.08
750	0.106				0.81			1.13			1.49			2.32
1500	0.188	8000	65	8337.6	1.44	90	8174.4	2	119	8628.5	2.64	185	8337.6	4.11
1000	0.125				0.96			1.33			1.76			2.73
750	0.094				0.72			1			1.32			2.06
1500	0.167	9000	65	9173.2	1.28	90	9067.6	1.78	119	9595.9	2.35	185	9173.2	3.65
1000	0.111				0.85			1.18			1.56			2.43
750	0.083				0.64			0.88			1.17			1.82
1500	0.15	10000	65	10469	1.15	90	10348	1.6	119	10893	2.11	185	10469	3.28
1000	0.1				0.77			1.06			1.41			2.19
750	0.075				0.58			0.8			1.05			1.64

续表 1.1.73

规格			X5－40			X5－45			X5－50			X5－56		
n_1 /r·min^{-1}	n_2 /r·min^{-1}	i_N	T_n /kN·m	i	P_N /kW	T_n /kN·m	i	P_N /kW	T_n /kN·m	i	P_N /kW	T_n /kN·m	i	P_N /kW
1500	0.134				1.03			1.43			1.88			2.93
1000	0.089	11200	65	11695	0.68	90	11561	0.95	119	12103	1.25	185	11695	1.95
750	0.067				0.51			0.71			0.94			1.47
1500	0.12				0.92			1.28			1.69			2.62
1000	0.08	12500	65	12867	0.61	90	12719	0.85	119	13460	1.13	185	12867	1.75
750	0.06				0.46			0.64			0.84			1.31
1500	0.107				0.82			1.14			1.51			2.34
1000	0.071	14000	65	14685	0.55	90	14516	0.76	119	15280	1	185	14685	1.55
750	0.054				0.41			0.57			0.76			1.18
1500	0.094				0.72			1			1.32			2.06
1000	0.063	16000	65	16405	0.48	90	16216	0.67	119	16977	0.89	185	16405	1.38
750	0.047				0.36			0.5			0.66			1.03
1500	0.083				0.64			0.88			1.17			1.82
1000	0.056	18000	65	18723	0.43	90	18508	0.6	119	19482	0.79	185	18723	1.22
750	0.042				0.32			0.45			0.59			0.92
1500	0.075				0.58			0.8			1.05			1.64
1000	0.05	20000	65	20917	0.38	90	20676	0.53	119	21647	0.7	185	20917	1.09
750	0.038				0.29			0.4			0.53			0.83
1500	0.067				0.51			0.71			0.94			1.47
1000	0.045	22400	65	22559	0.35	90	22299	0.48	119	24533	0.63	185	22559	0.98
750	0.033				0.25			0.35			0.46			0.72
1500	0.06				0.46			0.64			0.84			1.31
1000	0.04	25000	65	26264	0.31	90	25961	0.43	119	27326	0.56	185	26264	0.87
750	0.03				0.23			0.32			0.42			0.66
1500	0.054				0.41			0.57			0.76			1.18
1000	0.036	28000	65	29342	0.28	90	29004	0.38	119	30364	0.51	185	29342	0.79
750	0.027				0.21			0.29			0.38			0.59
1500	0.048				0.37			0.51			0.68			1.05
1000	0.032	31500	65	31643	0.25	90	31278	0.34	119	34412	0.45	185	31643	0.7
750	0.024				0.18			0.26			0.34			0.52
1500	0.042				0.32			0.45			0.59			0.92
1000	0.028	35500	65	36819	0.22	90	36395	0.3	119	37573	0.39	185	36819	0.61
750	0.021				0.16			0.22			0.3			0.46
1500	0.038				0.29			0.4			0.53			0.83
1000	0.025	40000	65	41156	0.19	90	40684	0.27	119	42941	0.35	185	41156	0.55
750	0.019				0.15			0.2			0.27			0.42

表 1.1.74 X5L（i_N = 6300 ~ 40000）承载能力（2）（昆山荣星动力传动有限公司 www.chinawingstar.com）

规格			X5 – 63			X5 – 71			X5 – 80			X5 – 90			X5 – 100		
n_1 /r·min⁻¹	n_2 /r·min⁻¹	i_N	T_n /kN·m	i	P_N /kW	T_n /kN·m	i	P_N /kW	T_n /kN·m	i	P_N /kW	T_n /kN·m	i	P_N /kW	T_n /kN·m	i	P_N /kW
1500	0.238				7.57			10.7			14.7			19.7			25.4
1000	0.159	6300	269	6467.4	5.06	380	6539.6	7.1	522	6422.9	9.8	699	6411.6	13.1	903	6840.8	17
750	0.119				3.78			5.3			7.3			9.8			12.7
1500	0.211				6.71			9.5			13			17.4			22.5
1000	0.141	7100	269	7381.0	4.48	380	7463.2	6.3	522	7330.0	8.7	699	7317.2	11.7	903	7765.4	15.1
750	0.106				3.37			4.8			6.5			8.8			11.3
1500	0.188				5.98			8.4			11.6			15.5			20.1
1000	0.125	8000	269	8245.8	3.97	380	8337.6	5.6	522	8188.8	7.7	699	8174.4	10.3	903	8628.5	13.3
750	0.094				2.99			4.2			5.8			7.8			10
1500	0.167				5.31			7.5			10.3			13.8			17.8
1000	0.111	9000	269	9071.9	3.53	380	9173.2	5	522	9009.5	6.8	699	9067.6	9.2	903	9595.9	11.8
750	0.083				2.64			3.7			5.1			6.9			8.9
1500	0.15				4.77			6.7			9.3			12.4			16
1000	0.1	10000	269	10354	3.18	380	10469	4.5	522	10282	6.2	699	10348	8.3	903	10893	10.7
750	0.075				2.38			3.4			4.6			6.2			8
1500	0.134				4.26			6			8.3			11.1			14.3
1000	0.089	11200	269	11566	2.83	380	11695	4	522	11486	5.5	699	11561	7.4	903	12103	9.5
750	0.067				2.13			3			4.1			5.5			7.2
1500	0.12				3.82			5.4			7.4			9.9			12.8
1000	0.08	12500	269	12830	2.54	380	12867	3.6	522	12638	4.9	699	12719	6.6	903	13460	8.5
750	0.06				1.91			2.7			3.7			5			6.4
1500	0.107				3.4			4.8			6.6			8.8			11.4
1000	0.071	14000	269	14642	2.26	380	14685	3.2	522	14423	4.4	699	14516	5.9	903	15280	7.6
750	0.054				1.72			2.4			3.3			4.5			5.8
1500	0.094				2.99			4.2			5.8			7.8			10
1000	0.063	16000	269	16358	2	380	16405	2.8	522	16112	3.9	699	16216	5.2	903	16977	6.7
750	0.047				1.49			2.1			2.9			3.9			5
1500	0.083				2.64			3.7			5.1			6.9			8.9
1000	0.056	18000	269	18469	1.78	380	18723	2.5	522	18389	3.5	699	18508	4.6	903	19482	6
750	0.042				1.34			1.9			2.6			3.5			4.5
1500	0.075				2.38			3.4			4.6			6.2			8
1000	0.05	20000	269	20633	1.59	380	20917	2.2	522	20544	3.1	699	20676	4.1	903	21647	5.3
750	0.038				1.21			1.7			2.3			3.1			4.1
1500	0.067				2.13			3			4.1			5.5			7.2
1000	0.045	22400	269	22252	1.43	380	22559	2	522	22156	2.8	699	22299	3.7	903	24533	4.8
750	0.033				1.05			1.5			2			2.7			3.5

续表 1.1.74

规格			X5-63			X5-71			X5-80			X5-90			X5-100		
n_1 /r·min^{-1}	n_2 /r·min^{-1}	i_N	T_n /kN·m	i	P_N /kW	T_n /kN·m	i	P_N /kW	T_n /kN·m	i	P_N /kW	T_n /kN·m	i	P_N /kW	T_n /kN·m	i	P_N /kW
1500	0.06				1.91			2.7			3.7			5			6.4
1000	0.04	25000	269	26120	1.27	380	26264	1.8	522	25795	2.5	699	25961	3.3	903	27326	4.3
750	0.03				0.95			1.3			1.9			2.5			3.2
1500	0.054				1.72			2.4			3.3			4.5			5.8
1000	0.036	28000	269	29181	1.14	380	29342	1.6	522	28818	2.2	699	29004	3	903	30364	3.8
750	0.027				0.86			1.2			1.7			2.2			2.9
1500	0.048				1.53			2.2			3			4			5.1
1000	0.032	31500	269	31468	1.02	380	31643	1.4	522	31078	2	699	31278	2.6	903	34412	3.4
750	0.024				0.76			1.1			1.5			2			2.6
1500	0.042				1.34			1.9			2.6			3.5			4.5
1000	0.028	35500	269	36617	0.89	380	36819	1.3	522	36162	1.7	699	36395	2.3	903	37573	3
750	0.021				0.67			0.9			1.3			1.7			2.2
1500	0.038				1.21			1.7			2.3			3.1			4.1
1000	0.025	40000	269	40930	0.79	380	41156	1.1	522	40421	1.5	699	40684	2.1	903	42941	2.7
750	0.019				0.6			0.9			1.2			1.6			2

规格			X5-112			X5-125			X5-140			X5-160		
n_1 /r·min^{-1}	n_2 /r·min^{-1}	i_N	T_n /kN·m	i	P_N /kW	T_n /kN·m	i	P_N /kW	T_n /kN·m	i	P_N /kW	T_n /kN·m	i	P_N /kW
1500	0.238				38.1			53.1			72.6			95.1
1000	0.159	6300	1355	6430.6	25.5	1886	6467.4	35.4	2582	6539.6	48.5	3380	6422.9	63.5
750	0.119				19.1			26.5			36.3			47.5
1500	0.211				33.8			47			64.4			84.3
1000	0.141	7100	1355	7338.8	22.6	1886	7381.0	31.4	2582	7463.2	43	3380	7330.0	56.3
750	0.106				17			23.6			32.4			42.4
1500	0.188				30.1			41.9			57.4			75.1
1000	0.125	8000	1355	8198.6	20	1886	8245.8	27.9	2582	8337.6	38.2	3380	8188.8	49.9
750	0.094				15.1			21			28.7			37.6
1500	0.167				26.7			37.2			51			66.7
1000	0.111	9000	1355	9020.2	17.8	1886	9071.9	24.7	2582	9173.2	33.9	3380	9009.5	44.3
750	0.083				13.3			18.5			25.3			33.2
1500	0.15				24			33.4			45.8			59.9
1000	0.1	10000	1355	10294	16	1886	10354	22.3	2582	10469	30.5	3380	10282	40
750	0.075				12			16.7			22.9			30

续表 1.1.74

规格			X5 - 112			X5 - 125			X5 - 140			X5 - 160		
n_1 /r·min^{-1}	n_2 /r·min^{-1}	i_N	T_n /kN·m	i	P_N /kW	T_n /kN·m	i	P_N /kW	T_n /kN·m	i	P_N /kW	T_n /kN·m	i	P_N /kW
1500	0.134				21.5			29.9			40.9			53.5
1000	0.089	11200	1355	11500	14.3	1886	11566	19.8	2582	11695	27.2	3380	11486	35.6
750	0.067				10.7			14.9			20.4			26.8
1500	0.12				19.2			26.8			36.6			47.9
1000	0.08	12500	1355	12653	12.8	1886	12830	17.8	2582	12867	24.4	3380	12638	32
750	0.06				9.6			13.4			18.3			24
1500	0.107				17.1			23.9			32.7			42.8
1000	0.071	14000	1355	14440	11.4	1886	14642	15.8	2582	14685	21.7	3380	14423	28.4
750	0.054				8.6			12			16.5			21.6
1500	0.094				15.1			21			28.7			37.6
1000	0.063	16000	1355	16132	10.1	1886	16358	14	2582	16405	19.2	3380	16112	25.2
750	0.047				7.5			10.5			14.3			18.8
1500	0.083				13.3			18.5			25.3			33.2
1000	0.056	18000	1355	18411	9	1886	18469	12.5	2582	18723	17.1	3380	18389	22.4
750	0.042				6.7			9.4			12.8			16.8
1500	0.075				12			16.7			22.9			30
1000	0.05	20000	1355	20568	8	1886	20633	11.1	2582	20917	15.3	3380	20544	20
750	0.038				6.1			8.5			11.6			15.2
1500	0.067				10.7			14.9			20.4			26.8
1000	0.045	22400	1355	22183	7.2	1886	22252	10	2582	22559	13.7	3380	22156	18
750	0.033				5.3			7.4			10.1			13.2
1500	0.06				9.6			13.4			18.3			24
1000	0.04	25000	1355	25826	6.4	1886	26120	8.9	2582	26264	12.2	3380	25795	16
750	0.03				4.8			6.7			9.2			12
1500	0.054				8.6			12			16.5			21.6
1000	0.036	28000	1355	28853	5.8	1886	29181	8	2582	29342	11	3380	28818	14.4
750	0.027				4.3			6			8.2			10.8
1500	0.048				7.7			10.7			14.7			19.2
1000	0.032	31500	1355	31115	5.1	1886	31468	7.1	2582	31643	9.8	3380	31078	12.8
750	0.024				3.8			5.4			7.3			9.6
1500	0.042				6.7			9.4			12.8			16.8
1000	0.028	35500	1355	36205	4.5	1886	36617	6.2	2582	36819	8.5	3380	36162	11.2
750	0.021				3.4			4.7			6.4			8.4
1500	0.038				6.1			8.5			11.6			15.2
1000	0.025	40000	1355	40470	4	1886	40930	5.6	2582	41156	7.6	3380	40421	10
750	0.019				3			4.2			5.8			7.6

表1.1.75 X2N 热容量（昆山荣星动力传动有限公司 www.chinawingstar.com）

风速	规格																	
	22	25	28	31	35	40	45	50	56	63	71	80	90	100	112	125	140	160
	PG1/kW																	
室内小空间安装风速≥0.5m/s	12	15	19	23	30	38	46	59	73	94	118	147	181	228	283	360	454	564
室内空间安装风速≥1.4m/s	17	21	26	33	42	53	65	82	103	132	166	206	254	319	395	504	636	790
室外安装风速≥3.7m/s	22	28	35	45	57	71	88	111	138	179	225	279	344	433	537	684	863	1072

表1.1.76 X2S 热容量（昆山荣星动力传动有限公司 www.chinawingstar.com）

风速	规格																	
	22	25	28	31	35	40	45	50	56	63	71	80	90	100	112	125	140	160
	PG1/kW																	
室内小空间安装风速≥0.5m/s	8	10	13	16	21	26	32	40	51	65	82	101	125	157	195	247	311	387
室内空间安装风速≥1.4m/s	12	14	18	23	29	36	44	56	71	90	114	142	175	220	273	346	436	541
室外安装风速≥3.7m/s	16	19	24	31	39	49	60	76	97	123	155	192	237	299	371	470	592	735

表1.1.77 X3N 热容量（昆山荣星动力传动有限公司 www.chinawingstar.com）

风速	规格																	
	22	25	28	31	35	40	45	50	56	63	71	80	90	100	112	125	140	160
	PG1/kW																	
室内小空间安装风速≥0.5m/s	8	10	12	15	19	24	30	39	49	61	77	97	120	149	185	235	297	372
室内空间安装风速≥1.4m/s	11	14	17	21	27	34	42	55	68	86	108	136	168	208	259	329	415	521
室外安装风速≥3.7m/s	15	19	23	29	37	46	57	74	93	116	147	184	228	282	352	446	564	708

表1.1.78 X4N 热容量（昆山荣星动力传动有限公司 www.chinawingstar.com）

风速	规格																	
	22	25	28	31	35	40	45	50	56	63	71	80	90	100	112	125	140	160
	PG1/kW																	
室内小空间安装风速≥0.5m/s	6	8	10	12	15	19	23	30	38	47	60	75	93	116	145	184	232	290
室内空间安装风速≥1.4m/s	9	11	13	17	21	26	33	43	53	66	84	105	131	162	202	257	324	407
室外安装风速≥3.7m/s	12	15	18	23	29	36	45	58	72	90	114	143	178	219	275	349	440	552

表1.1.79 X5N 热容量（昆山荣星动力传动有限公司 www.chinawingstar.com）

风速	规格																	
	22	25	28	31	35	40	45	50	56	63	71	80	90	100	112	125	140	160
	PG1/kW																	
室内小空间安装风速≥0.5m/s	5	6	7	9	12	15	18	23	29	36	46	58	71	88	111	141	178	223
室内空间安装风速≥1.4m/s	7	8	10	13	16	20	25	33	41	51	64	81	100	124	155	197	249	312
室外安装风速≥3.7m/s	9	11	14	17	22	28	34	44	55	69	87	109	136	168	211	267	338	423

表 1.1.80 X6N 热容量（昆山荣星动力传动有限公司 www.chinawingstar.com）

风速	规格																	
	22	25	28	31	35	40	45	50	56	63	71	80	90	100	112	125	140	160
	PG1/kW																	
室内小空间安装风速≥0.5m/s	4	5	6	8	10	12	15	20	25	31	39	49	61	75	94	119	151	189
室内空间安装风速≥1.4m/s	6	7	9	11	14	17	22	28	35	44	55	69	85	105	132	167	212	265
室外安装风速≥3.7m/s	8	10	12	15	19	23	29	38	47	59	75	93	115	143	179	227	287	360

表 1.1.81 X2L 热容量（昆山荣星动力传动有限公司 www.chinawingstar.com）

风速	规格																
	22	25	28	31	35	40	45	50	56	63	71	80	90	100	112	125	140
	PG1/kW																
室内小空间安装风速≥0.5m/s	9	12	15	18	23	29	36	46	58	73	93	115	142	177	221	281	356
室内空间安装风速≥1.4m/s	13	16	21	25	32	41	50	65	82	103	130	162	199	248	309	393	499
室外安装风速≥3.7m/s	18	22	28	34	44	55	68	88	111	139	176	219	270	336	419	533	677

表 1.1.82 X3L 热容量（昆山荣星动力传动有限公司 www.chinawingstar.com）

风速	规格																	
	22	25	28	31	35	40	45	50	56	63	71	80	90	100	112	125	140	160
	PG1/kW																	
室内小空间安装风速≥0.5m/s	7	8	10	13	16	20	25	32	41	51	65	81	101	125	156	197	249	312
室内空间安装风速≥1.4m/s	9	12	14	18	23	29	35	45	57	72	91	114	142	175	218	276	348	437
室外安装风速≥3.7m/s	13	16	19	24	31	39	48	62	77	97	123	154	192	238	297	375	472	593

表 1.1.83 X4L 热容量（昆山荣星动力传动有限公司 www.chinawingstar.com）

风速	规格																	
	22	25	28	31	35	40	45	50	56	63	71	80	90	100	112	125	140	160
	PG1/kW																	
室内小空间安装风速≥0.5m/s	5	6	7	9	12	15	19	24	30	38	48	60	75	93	116	147	184	232
室内空间安装风速≥1.4m/s	7	9	11	13	17	21	26	34	42	53	67	84	105	130	162	206	258	325
室外安装风速≥3.7m/s	9	12	14	18	23	29	36	47	58	72	91	114	142	177	220	279	350	441

表 1.1.84 X5L 热容量（昆山荣星动力传动有限公司 www.chinawingstar.com）

风速	规格																	
	22	25	28	31	35	40	45	50	56	63	71	80	90	100	112	125	140	160
	PG1/kW																	
室内小空间安装风速≥0.5m/s	4	5	6	8	10	13	16	20	26	32	40	50	63	77	97	123	156	195
室内空间安装风速≥1.4m/s	6	7	9	11	14	18	22	29	36	45	57	71	88	108	136	172	218	273
室外安装风速≥3.7m/s	8	10	12	15	19	24	30	39	49	61	77	96	119	147	185	234	296	371

注：表中数值适用于卧式安装。对于其他安装型式请与公司联系。

表 1.1.85 工况系数（f_1）（昆山荣星动力传动有限公司 www.chinawingstar.com）

日运行时间	0.5h 间歇运行	<0.5～2h	<2～10h	<10～24h
均匀载荷 *U*	0.93	1	1.2	1.4
中等冲击载荷 *M*	1	1.1	1.4	1.7
强冲击载荷 *H*	1.1	1.35	1.95	2.22

表 1.1.86 减速器的载荷分类及代号（昆山荣星动力传动有限公司 www.chinawingstar.com）

行　业	工作机	代　号	行　业	工作机	代　号
建材机械	破碎机（轻型）	M	冶金机械	翻板机	M
	破碎机（重型）	H		推钢机	H
	压片机	M		钢锭输送机	H
	输送辊道	M		拔丝机	M
	搅拌机	H		卷绕机	M
	打包机	M		冷轧机	H
	打磨机	M		链式输送机	M
	倒角机	M		冷床	M
	辊压机	H		辊式矫直机	H
	球磨机	H		辊道（轻载）	M
	立磨	H		辊道（重载）	H
	回转窑	M		板材剪切机 Plate	H
	提升机	M		坯料剪切机	M
	风机	M		剪边机	M
	堆取料机	H		剪头机	H
	挤出机	M		连铸机	H
	喂料机	M		推床	H
	压砖机	H		调辊机	M
	搅拌机	M		薄板轧机	H
造纸机械	制纸机	H		中厚板轧机	H
	平整轧辊	H		除鳞机	H
	碎浆机	H	起重机械	回转机构	M
	压延机	H		俯仰机构	M
	粉碎机	H		行走机构	H
	真空轧辊	H		起升机构	H
	干燥辊	H		倾卸装置	M

注：所列各项系数均为经验值，使用这些系数的前提条件是所述机械设备应符合通常的设计规范和载荷条件，如遇特殊条件或对于未列入此表的工作机械，请与公司联系。

表 1.1.87 原动机系数（f_2）（昆山荣星动力传动有限公司 www.chinawingstar.com）

原动机	f_2	原动机	f_2
电机、液压马达、汽轮机	1.0	1～3 缸活塞发动机（周期变化 1:100）	1.5
4～6 缸活塞发动机（周期变化 1:100～1:200）	1.25		

表 1.1.88 传动效率 η（昆山荣星动力传动有限公司 www.chinawingstar.com）

减速器类型	传动效率 η/%	减速器类型	传动效率 η/%	减速器类型	传动效率 η/%
X2N	96%	X5N	90%	X3L	92%
X3N	94%	X6N	89%	X4L	90%
X4N	92%	X2L	94%	X5L	89%

表 1.1.89 峰值转矩系数（f_3）（昆山荣星动力传动有限公司 www.chinawingstar.com）

载荷性质	每小时峰值负荷次数			
	1~5	6~30	31~100	>100
	f_3			
脉动载荷	0.5	0.65	0.7	0.85
交变载荷	0.7	0.95	1.10	1.25

表 1.1.90 环境温度系数（f_4）（昆山荣星动力传动有限公司 www.chinawingstar.com）

环境温度/℃	每小时工作周期（ED）百分比/%				
	100	80	60	40	20
	f_4				
10	1.14	1.20	1.32	1.54	2.04
20	1.00	1.06	1.16	1.35	1.79
30	0.87	0.93	1.00	1.18	1.56
40	0.71	0.75	0.82	0.96	1.27
50	0.55	0.58	0.64	0.76	0.98

表 1.1.91 载荷利用率系数（f_{14}）（昆山荣星动力传动有限公司 www.chinawingstar.com）

载荷利用率/%	30	40	50	60	70	80	90	100
f_{14}	0.66	0.77	0.83	0.90	0.90	0.95	1.0	1.0

表 1.1.92 参考输出转速（昆山荣星动力传动有限公司 www.chinawingstar.com）

规格	公称转矩 T_n /kN·m	参考输出转速 n_2 /r·min^{-1}	规格	公称转矩 T_n /kN·m	参考输出转速 n_2 /r·min^{-1}
22	10	82	63	269	32
25	14	71	71	380	30
28	22	54	80	522	34
31	31	46	90	699	31
35	46	48	100	903	35
40	65	48	112	1355	36
45	90	39	125	1886	35
50	119	41	140	2582	37
56	185	33	160	3380	44

注：如客户要求轴承更长的使用寿命，请及时与公司联系。

生产厂商：北方重工集团有限公司，中信重工机械股份有限公司，昆山荣星动力传动有限公司。

1.1.4 专用减速器及其他

1.1.4.1 用于矿山、冶金、起重设备的专用减速器

三合一减速器将电动机、制动器、减速机集为一体，是为起重机械配套的专用减速机。

1.1.4.2 技术参数

技术参数见表 1.1.93 ~ 表 1.1.117。

LMX 系列大功率立磨减速器工况修正系数 φ 曲线如图 1.1.38 所示。

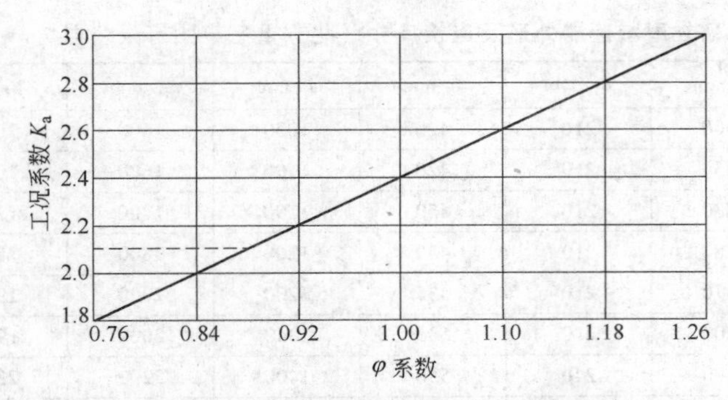

图 1.1.38 LMX 系列大功率立磨减速器工况修正系数 φ 曲线

表 1.1.93 LMX 系列立磨减速器主要技术性能（北方重工集团有限公司 www.nhigroup.com.cn）

型 号	功率/kW	输入转速/r·min^{-1}	垂直静载荷/kN	润滑方式	质量/t
LMX6	9.3	990	1350	动压润滑系统	11
LMX7	11.8		1450		12
LMX8	13.3		1550		13.5
LMX9	15		1600		14.5
LMX10	16.6		1750		18
LMX11	22.4		1850		20.5
LMX13	25.2		1950		23
LMX14	28.4		2400	动静压润滑系统	25.5
LMX16	32		2700		31
LMX20	40		2900		35
LMX27	54		3400		40.5
LMX29	58		4200		46
LMX32	64		4600		50.5
LMX38	76		5000		53
LMX42	84		5400		57
LMX46	92		5700	全静压润滑系统	62
LMX50	100		5900		71
LMX54	108		6100		74
LMX58	116		6800		78
LMX64	128		7500		88
LMX72	144		8200		99
LMX80	160		8900		104
LMX90	180		9600		116
LMX100	200		10600		132

LMX 系列立磨减速器结构示意图如图 1.1.39 所示。

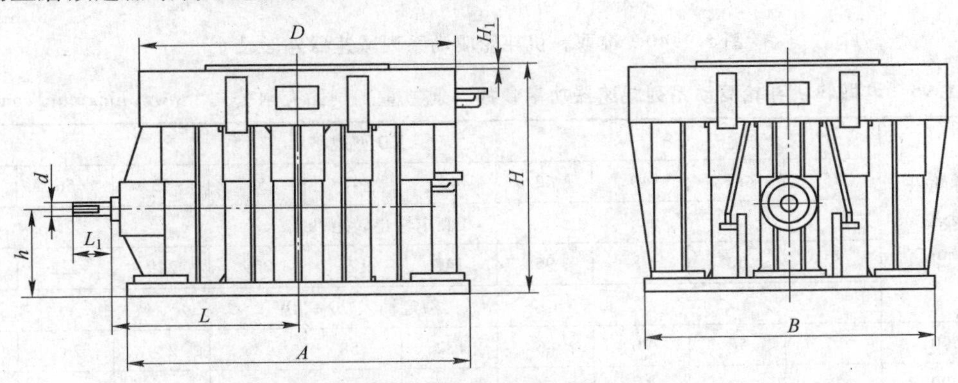

图 1.1.39 LMX 系列立磨减速器结构示意图

表 1.1.94 LMX 系列立磨减速器外形及连接尺寸（北方重工集团有限公司 www.nhigroup.com.cn）

型 号	d/mm	D/mm	L_1/mm	h/mm	L/mm	A/mm	B/mm	H/mm	H_1/mm
LMX6	100n6	1600	210	420	1030	1600	1620	1380	35
LMX7	100n6	1650	210	420	1100	1600	1600	1420	35
LMX8	100n6	1730	210	450	1100	1700	1700	1490	35
LMX9	110n6	1780	210	450	1200	1800	1800	1520	35
LMX10	110n6	2170	210	535	1200	2000	1950	1550	30
LMX11	120n6	2200	210	535	1340	2000	1980	1610	30
LMX13	130n6	2200	240	550	1400	2200	2200	1900	30
LMX14	130n6	2200	250	550	1450	2700	2300	1900	40
LMX16	140n6	2400	250	600	1500	2700	2300	1970	30
LMX20	150n6	2450	250	600	1600	2700	2300	2000	30
LMX27	160n6	2550	270	600	1600	2600	2600	2050	35
LMX29	160n6	2550	300	650	1650	2900	2600	2080	30
LMX32	160n6	2850	300	680	1650	3000	2600	2170	35
LMX38	170n6	2950	300	700	1750	3000	2600	2240	40
LMX42	180n6	3050	300	730	1880	3100	3000	2380	40
LMX46	190n6	3150	350	790	1980	3200	2600	2540	40
LMX50	190n6	3300	350	810	2040	3100	3000	2600	40
LMX54	200n6	3350	350	830	2080	3600	3100	2640	40
LMX58	200n6	3450	350	850	2150	3600	3120	2800	40
LMX64	220n6	3520	350	850	2200	3600	3120	2900	40
LMX72	220n6	3600	350	900	2300	3700	3200	3050	40
LMX80	240n6	3700	350	950	2420	3500	3500	3150	40
LMX90	240n6	3800	410	1000	2550	3600	3600	3350	40
LMX100	240n6	3850	410	1100	2700	3900	3900	3450	40

堆取料机斗轮驱动系列减速器外形尺寸如图 1.1.40 所示。

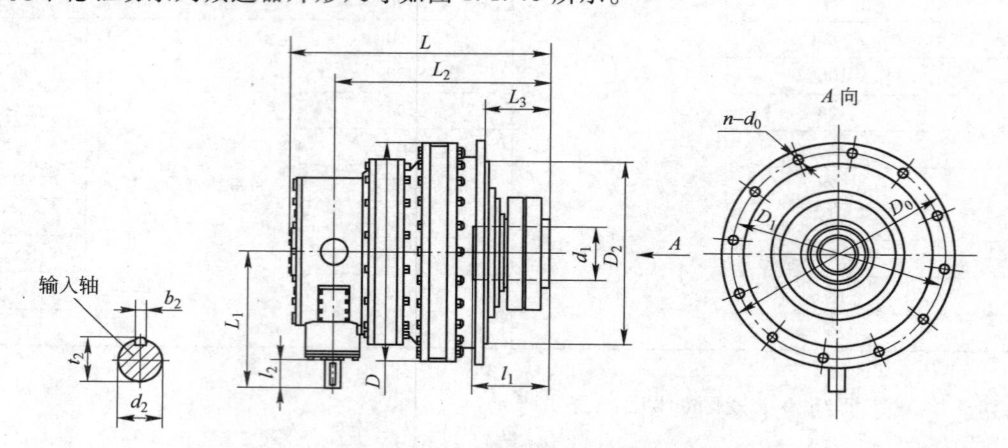

图 1.1.40 堆取料机斗轮驱动系列减速器外形尺寸

表 1.1.95 堆取料机斗轮驱动系列减速器功率参数（北方重工集团有限公司 www.nhigroup.com.cn）

公称传动比 i	公称输入转速 /r·min^{-1}	KD 型规格										
		35	37	40	42	45	47	50	53	56	60	63
		额定输出转矩/kN·m										
		52	62	78	96	147	176	209	249	322	387	460
		额定输入功率/kW										
160	1500	47	56	70	86	132	158	188	224	281	347	413
	1000	35	42	52	64	97	116	138	165	207	256	304

续表 1.1.95

公称传动比 i	公称输入转速 /r·min^{-1}	KD 型规格										
		35	37	40	42	45	47	50	53	56	60	63
		额定输出转矩/kN·m										
		52	62	78	96	147	176	209	249	322	387	460
		额定输入功率/kW										
180	1500	43	51	63	78	119	142	169	202	252	313	372
	1000	30	37	46	56	86	102	122	145	182	225	267
200	1500	38	45	56	69	106	127	151	180	225	278	331
	1000	28	34	42	51	78	94	111	132	166	205	244
224	1500	33	39	49	60	93	111	133	157	197	243	289
	1000	25	30	37	45	69	83	99	117	147	182	216
250	1500	30	36	40	48	74	89	106	126	158	195	232
	1000	22	26	31	39	59	71	84	100	126	155	185

堆取料机斗轮驱动系列减速器型号说明如图 1.1.41 所示。

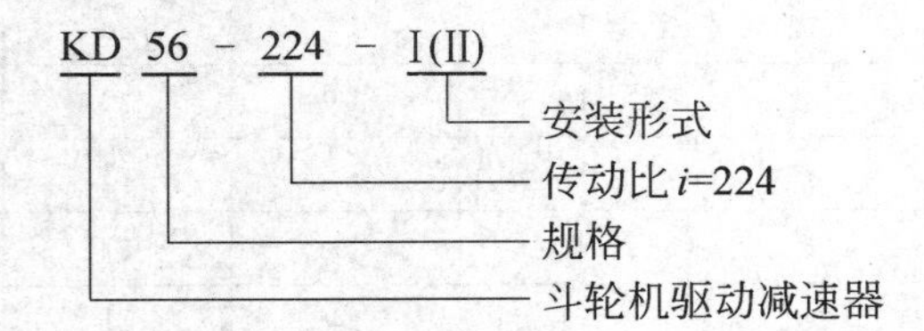

图 1.1.41 堆取料机斗轮驱动系列减速器型号说明

表 1.1.96 堆取料机斗轮驱动系列减速器外形尺寸（北方重工集团有限公司 www.nhigroup.com.cn）

型号	外形尺寸/mm		孔及轴伸尺寸/mm						安装连接尺寸/mm						$n-d_0$	质量 /kg
	D	L														
KD35	710	760	170	230	50	85	14	53.5	385	650	164	610	690	770	24-26	850
KD37	750	795	180	255	50	85	14	53.5	385	690	191	610	690	770	24-26	980
KD40	800	880	190	465	55	105	16	59	435	722	209	690	770	850	24-29	1100
KD42	850	910	200	465	55	105	16	59	435	751	210	690	770	850	24-29	1330
KD45	900	1045	220	560	65	110	18	69	530	860	260	750	850	930	24-33	1560
KD47	950	1085	240	560	65	110	18	69	530	900	281	850	960	1060	24-33	1870
KD50	1000	1155	260	570	70	110	20	74.5	540	960	285	850	960	1060	24-39	2250
KD53	1060	1185	280	600	75	115	20	79.5	577	987	285	850	960	1060	24-39	2700
KD56	1120	1180	300	595	75	120	20	79.5	582	1011	293	970	1070	1160	32-45	3100
KD60	1200	1275	320	645	80	125	22	85	635	1099	310	1010	1120	1220	32-45	3880
KD63	1260	1310	320	672	80	130	22	85	640	1128	317	1150	1250	1350	32-45	4690

注：与用户连接的尺寸可根据用户要求做适当调整。

堆取料机回转驱动系列减速器型号说明如图 1.1.42 所示。

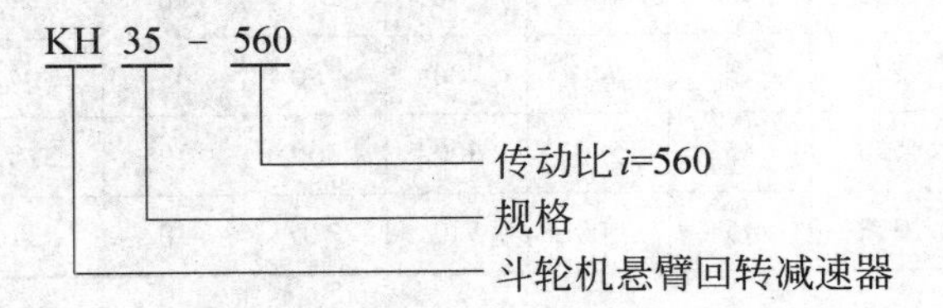

图 1.1.42 堆取料机回转驱动系列减速器型号说明

表 1.1.97 堆取料机回转驱动系列减速器功率参数（北方重工集团有限公司 www.nhigroup.com.cn）

公称传动比 i	公称输入转速 /r·min^{-1}	KD 型规格							
		35	37	40	42	45	47	50	53
		额定输出转矩/kN·m							
		63	76	94	116	179	214	254	303
		额定输入功率/kW							
560	1500	16	19	24	29	45	54	64	76
	1000	12	15	18	22	34	41	49	58
630	1500	14	17	21	26	40	48	58	68
	1000	11	13	16	20	31	37	43	52
710	1500	13	15	19	23	35	42	50	60
	1000	10	12	14	18	27	32	38	46
800	1500	11	14	17	21	32	38	46	54
	1000	8	10	12	15	24	28	33	40
900	1500	10	12	15	18	27	33	39	46
	1000	8	9	11	14	22	26	31	37
1000	1500	9	11	14	17	26	31	37	43
	1000	7	8	10	13	20	24	28	34
1120	1500	8	10	12	15	23	27	32	38
	1000	6	7	9	11	17	20	24	29
1250	1500	7	9	11	14	21	25	30	35
	1000	5	6	8	10	15	18	22	26
1400	1500	6	8	9	12	18	21	25	30
	1000	5	6	7	9	14	16	19	23
1600	1500	6	7	9	11	16	19	23	27
	1000	4	5	6	8	12	14	17	20
1800	1500	5	6	8	10	15	17	21	25
	1000	4	5	6	7	11	13	15	18
输出轴轴伸中点最大径向力/kN		100	110	120	140	160	180	200	220

表 1.1.98 堆取料机回转驱动系列减速器外形尺寸（北方重工集团有限公司 www.nhigroup.com.cn）

型号	外形尺寸/mm						轴伸尺寸/mm							
	L_3	L_5	L_6	L_7	B	D_4	d_1	L_1	b_1	t_1	d_2	L_2	b_2	t_2
KH35	422	1716	100	360	35	380	190	180	45	204	45	82	14	48.5
KH37	422	1750	100	360	35	400	200	180	45	220	45	82	14	48.5
KH40	461	1832	120	432	40	460	220	240	50	242	50	82	14	53.5
KH42	461	1883	120	432	40	460	240	240	56	264	50	82	14	53.5
KH45	461	1950	150	525	45	540	260	260	56	284	55	105	16	59
KH47	461	2000	150	525	45	540	280	280	63	304	55	105	16	59
KH50	570	2200	150	525	45	590	300	300	70	328	60	105	18	64
KH53	580	2415	160	572	45	600	320	320	70	337	70	110	20	74.5

堆取料机回转驱动系列减速器外形尺寸如图 1.1.43 所示。

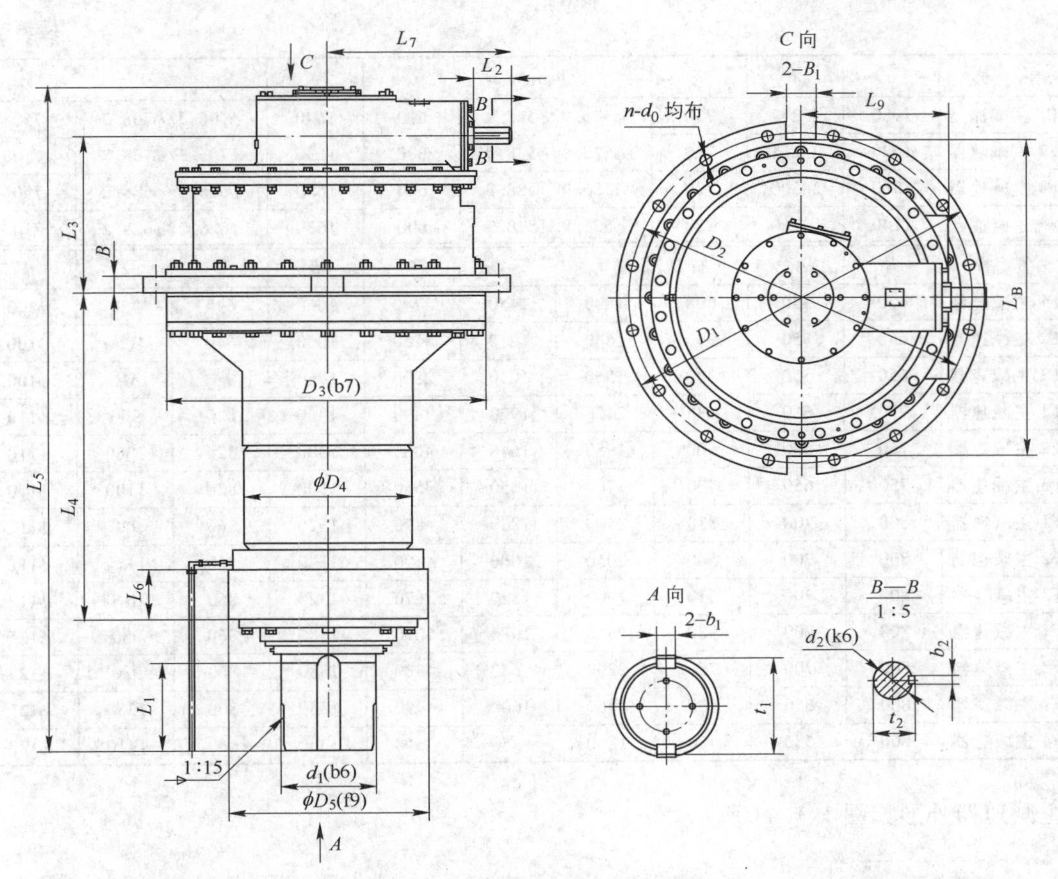

图 1.1.43 堆取料机回转驱动系列减速器外形尺寸

表 1.1.99 堆取料机回转驱动系列减速器安装连接尺寸（北方重工集团有限公司 www.nhigroup.com.cn）

型号	安装连接尺寸/mm								质量/kg
	L_8	L_9	D_1	D_2	D_3	D_5	B_1	$n-d_0$	
KH35	800	337	900	820	720	400	80	12 - 33	1500
KH37	800	337	900	820	760	420	80	12 - 33	1800
KH40	830	355	930	870	810	480	80	12 - 33	2300
KH42	880	355	980	920	860	480	80	16 - 33	2600
KH45	930	422	1040	970	910	560	90	16 - 33	3000
KH47	980	425	1090	1020	960	560	90	16 - 33	3400
KH50	1030	460	1150	1080	1010	600	90	16 - 33	3800
KH53	1080	475	1200	1130	1070	620	90	16 - 33	4500

注：尺寸可根据用户要求进行适当调整。

表 1.1.100 轧机主减速器主要尺寸（中国第一重型机械集团公司 www.cfhi.com） （mm）

轧机规格	名 称	a	i	b	d_1	l_1	L_1	d_2	l_2	L_2
1250mm	F1 主减速器	1450	3.250	520	ϕ356.8/ϕ358.8	500	1330	ϕ496.3/ϕ498.3	560	1400
	F2 主减速器	1160	2.240	520	ϕ356.8/ϕ358.8	500	1330	ϕ496.3/ϕ498.3	560	1400
	F3 主减速器	950	1.444	520	ϕ356.8/ϕ358.8	500	1330	ϕ496.3/ϕ498.3	560	1400
1580mm	F1 主减速器	1900	4.783	680	ϕ456.8/ϕ458.8	560	1560	ϕ626.2/ϕ628.2	750	1750
	F2 主减速器	1400	2.880	680	ϕ456.8/ϕ458.8	560	1560	ϕ626.2/ϕ628.2	750	1750
	F3 主减速器	1130	1.889	680	ϕ456.8/ϕ458.8	560	1560	ϕ626.2/ϕ628.2	750	1750
1780mm	F1 主减速器	1930	3.214	720	ϕ526.9/ϕ528.9	600	1630	ϕ666.2/ϕ668.2	750	1780
	F2 主减速器	1480	2.103	720	ϕ526.9/ϕ528.9	600	1630	ϕ666.2/ϕ668.2	750	1780
	F3 主减速器	1240	1.419	720	ϕ526.9/ϕ528.9	600	1630	ϕ626.2/ϕ628.2	750	1780

续表 1.1.100

轧机规格	名 称	a	i	b	d_1	l_1	L_1	d_2	l_2	L_2
2150mm	F1 主减速器	1980	4.217	720	ϕ526.9/ϕ528.9	600	1630	ϕ706.3/ϕ708.3	750	1785
	F2 主减速器	1620	3.261	720	ϕ526.9/ϕ528.9	600	1630	ϕ706.3/ϕ708.3	750	1785
	F3 主减速器	1380	2.500	720	ϕ526.9/ϕ528.9	600	1630	ϕ626.2/ϕ628.2	750	1785
	F4 主减速器	1140	1.760	720	ϕ526.9/ϕ528.9	600	1630	ϕ626.2/ϕ628.2	750	1785

轧机规格	名 称	h	h_1	h_2	H	C_1	C	B	E	F	ϕ	质量/kg
1250mm	F1 主减速器	650	550	600	1890	1450	3740	1060	640	720	ϕ100	31400
	F2 主减速器	650	550	300	1630	1250	3250	1060	640	1050	ϕ100	29455
	F3 主减速器	650	550	300	1550	1010	2800	1060	640	810	ϕ100	24037
1580mm	F1 主减速器	750	650	1000	2420	1920	4890	1300	820	900	ϕ110	57755
	F2 主减速器	750	650	500	1950	1610	4080	1300	820	1360	ϕ110	52275
	F3 主减速器	750	650	400	1700	1350	3550	1300	820	1100	ϕ110	41720
1780mm	F1 主减速器	800	700	830	2400	1830	4870	1320	860	920	ϕ112	62739
	F2 主减速器	800	700	560	2050	1600	4190	1320	860	1350	ϕ112	61438
	F3 主减速器	800	700	510	1900	1320	3670	1320	860	1070	ϕ112	48192
2150mm	F1 主减速器	800	700	980	2530	1980	5070	1380	860	930	ϕ125	67849
	F2 主减速器	800	700	750	2200	1650	4380	1380	860	930	ϕ125	59678
	F3 主减速器	800	650	500	1960	1600	4090	1380	860	1350	ϕ125	56575
	F4 主减速器	800	650	450	1860	1360	3610	1380	860	1110	ϕ125	46394

轧机主减速器外形如图 1.1.44 所示。

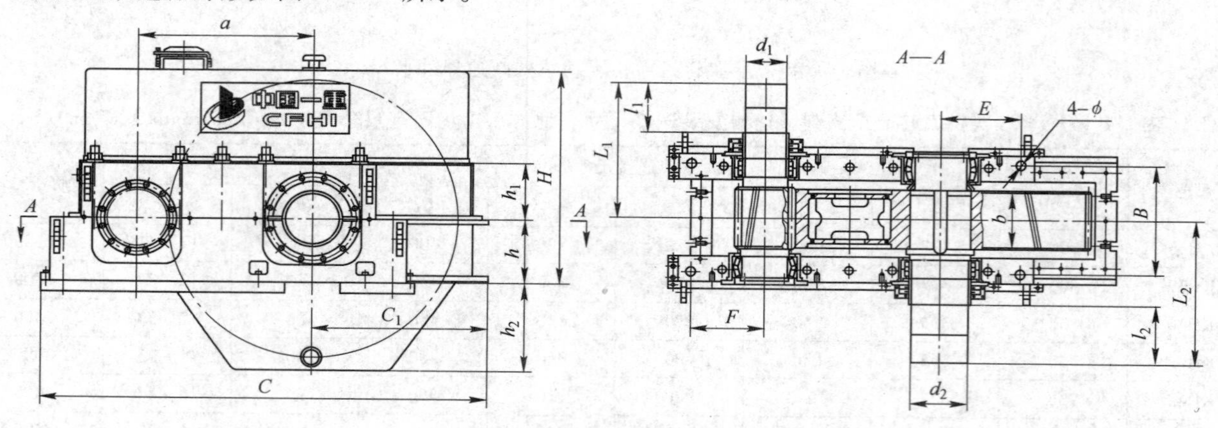

图 1.1.44 轧机主减速器外形

轧机齿轮机座外形如图 1.1.45 所示。

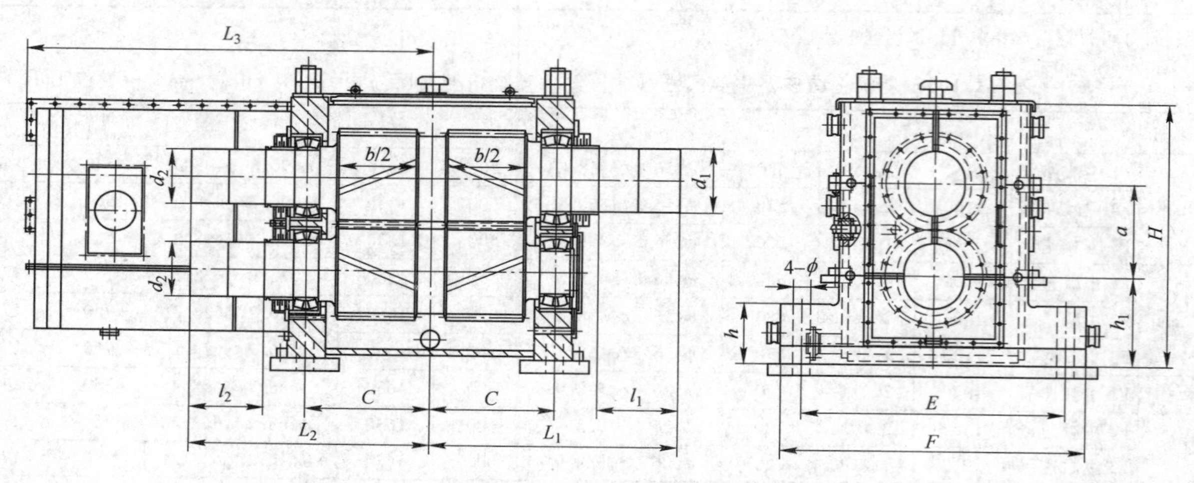

图 1.1.45 轧机齿轮机座外形

表 1.1.101 轧机齿轮机座主要尺寸（中国第一重型机械集团公司 www.cfhi.com） (mm)

轧机规格	名 称	a	i	b	d_1	l_1	L_1	d_2	l_2
1250mm	F1 ~ F3 齿轮机座	640	1	1300	ϕ437/ϕ439	560	1880	ϕ376.8/ϕ378.8	460
	F4 ~ F7 齿轮机座	550	1	800	ϕ356.9/ϕ358.9	500	1540	ϕ296.7/ϕ298.7	400
1580mm	F1 ~ F4 齿轮机座	875	1	1520	ϕ596.4/ϕ598.4	750	2340	ϕ526.25/ϕ528.25	620
	F5 ~ F7 齿轮机座	670	1	800	ϕ416.8/ϕ418.8	525	1605	ϕ376.7/ϕ378.7	480
1780mm	F1 ~ F4 齿轮机座	900	1	1520	ϕ596.4/ϕ598.4	750	2340	ϕ526.25/ϕ528.25	620
	F5 ~ F7 齿轮机座	700	1	800	ϕ436.8/ϕ438.8	525	1605	ϕ396.7/ϕ398.7	480
2150mm	F1 ~ F4 齿轮机座	900	1	1520	ϕ596.4/ϕ598.4	750	2340	ϕ526.25/ϕ528.25	620
	F5 ~ F7 齿轮机座	700	1	800	ϕ436.8/ϕ438.8	525	1605	ϕ396.7/ϕ398.7	480

轧机规格	名 称	L_2	h	h_1	H	L_3	F	C	E	ϕ	质量/kg
1250mm	F1 ~ F3 齿轮机座	1640	300	600	1740	2860	2000	955	1740	ϕ110	26870
	F4 ~ F7 齿轮机座	1280	300	550	1600	2490	1960	680	1700	ϕ100	18035
1580mm	F1 ~ F4 齿轮机座	2110	500	800	2425	3590	2700	1140	2300	ϕ150	64808
	F5 ~ F7 齿轮机座	1480	300	650	1870	2925	2060	695	1800	ϕ110	25597
1780mm	F1 ~ F4 齿轮机座	2010	500	800	2450	3490	2700	1140	2300	ϕ150	63716
	F4 ~ F7 齿轮机座	1380	300	650	1900	2825	2060	695	1800	ϕ110	26361
2150mm	F1 ~ F4 齿轮机座	2110	500	800	2450	3575	2700	1140	2300	ϕ150	64135
	F5 ~ F7 齿轮机座	1480	300	650	1900	2890	2060	695	1800	ϕ110	26885

R1 压下减速器外形如图 1.1.46 所示，R2 压下减速器外形如图 1.1.47 所示。

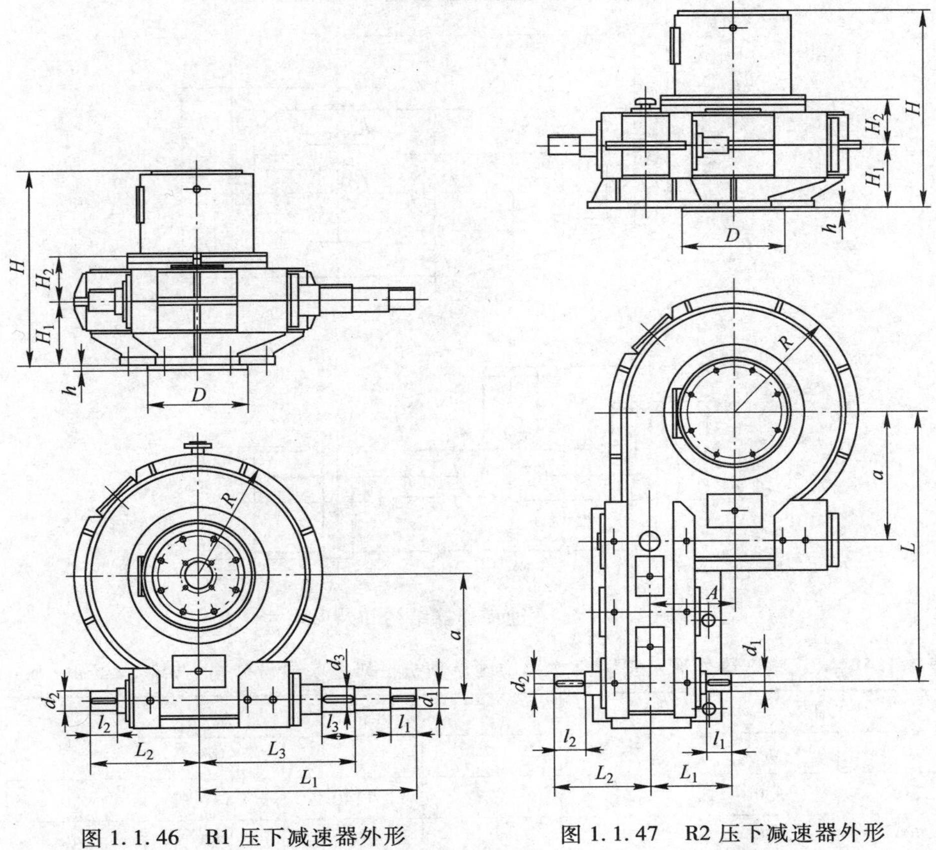

图 1.1.46 R1 压下减速器外形

图 1.1.47 R2 压下减速器外形

表 1.1.102 R1 压下减速器主要尺寸（中国第一重型机械集团公司 www.cfhi.com） (mm)

规 格	a	R	H_1	H_2	H	D	h	d_1	l_1	L_1	d_2	l_2	L_2	d_3	l_3	L_3	质量/kg
R1 - YX800	800	880	480	430	1650	ϕ670	15	ϕ110	140	1400	ϕ100	140	750	ϕ130	150	1150	10150
R1 - YX850	850	900	480	430	1650	ϕ670	15	ϕ110	140	1450	ϕ100	140	750	ϕ130	150	1200	11080
R1 - YX900	900	915	540	480	1850	ϕ680	30	ϕ110	140	1550	ϕ100	140	800	ϕ150	150	1250	11680
R1 - YX950	950	990	540	480	1850	ϕ700	30	ϕ130	140	1600	ϕ100	140	850	ϕ150	150	1300	12250
R1 - YX1000	1000	1065	540	480	4850	ϕ700	30	ϕ130	140	1600	ϕ100	140	850	ϕ150	150	1300	13300

表 1.1.103 R2 压下减速器主要尺寸（中国第一重型机械集团公司 www.cfhi.com） (mm)

规 格	a	L	A	R	H_1	H_2	H	D	h	d_1	l_1	L_1	d_2	l_2	L_2	质量/kg
R2 - YX500	500	1250	550	540	450	350	1285	ϕ700	20	ϕ100	160	534	ϕ80	90	360	5220
R2 - YX600	600	1350	550	640	450	350	1285	ϕ700	20	ϕ100	160	557	ϕ98	90	360	6160
R2 - YX700	700	1500	690	850	610	490	1450	ϕ670	50	ϕ95	170	506	ϕ95	170	492	11520
R2 - YX750	750	1550	690	850	610	490	1450	ϕ670	50	ϕ95	170	506	ϕ95	170	492	12950
R2 - YX800	800	1600	690	880	610	490	1650	ϕ850	50	ϕ110	210	785	ϕ100	170	506	14330
R2 - YX850	850	1650	690	920	610	490	1650	ϕ850	50	ϕ110	210	785	ϕ100	170	506	15690

双速减速器结构和外形尺寸如图 1.1.48 所示。

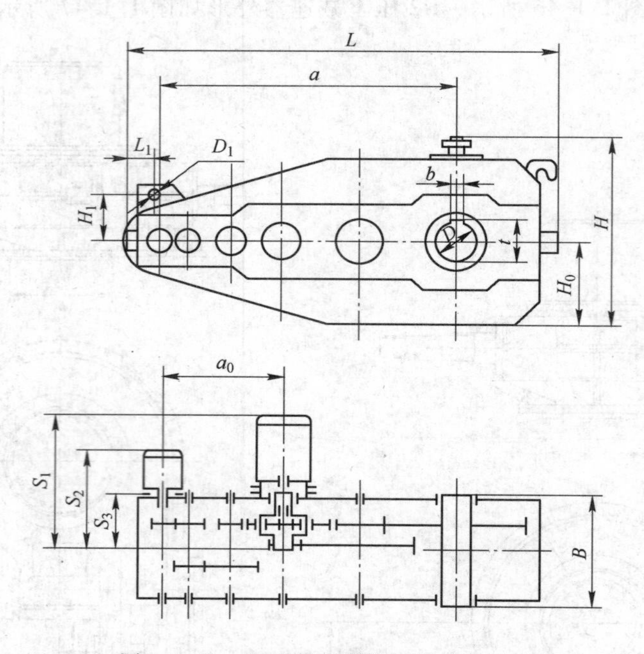

图 1.1.48 双速减速器结构和外形尺寸

表 1.1.104 双减速器外形及安装尺寸（中国重型机械研究院股份公司 www.xaheavy.com） (mm)

型 号	中心距		中心高	轮廓尺寸			H_1	D_1
	a	a_0	H_0	H	L	B		
$A=770$	770	330	220	496	1140	246	150	32H7
$A=700$	700	270	210	476	1030	240	140	25H7

续表 1.1.104

型号	D	b	t	S_1	S_2	S_3	L_1	质量/kg
$A=770$	82H7	22JS9	87.4	606	473	143	100	438
$A=700$	85H7	22JS9	90.4	546	409	130	90	389

表 1.1.105 主要技术参数（中国重型机械研究院股份公司 www.xaheavy.com）

性能 \ 型号 \ 工作方式		快速	慢速	快速	慢速
型号		$A=770$		$A=700$	
电动机功率/kW		3	0.55	3	0.4
输入转速/$r\cdot min^{-1}$		1420	1390	1380	1380
总传动比		131.2	1593.208	144.6	1991.48
润滑方式及润滑油	齿轮	220 中负荷工业齿轮油，油浴润滑			
	轴承	除行星减速器滚动轴承外，其余滚动轴承处填钙钠基润滑脂			

表 1.1.106 2050 热连轧精轧机传动装置技术参数（中信重工机械股份有限公司 www.citichmc.com）

名称型号		电机功率/kW	输入转速/$r\cdot min^{-1}$	传动比	中心距/mm
减速器	F1	2×5000	0～250/500	5.798	3675
	F2		0～250/550	4.195	1975
	F3		0～250/590	2.955	1350
	F4		0～250/590	1.786	1000
	F5	2×4500	0～250/500	1.3	1000
齿轮机座	F1	2×5000	0～36.47/86.24	1	850
	F2		0～55.56/131.11		
	F3		0～84.62/199.69		
	F4		0～140.24/330.9		750
	F5	2×4500	0～192.31/453.85		
	F6		0～250/550		
	F7	5000	0～250/630		
飞剪减速器		2×1600	0～250/500	5.368	2500

F3 减速器外形简图如图 1.1.49 所示。

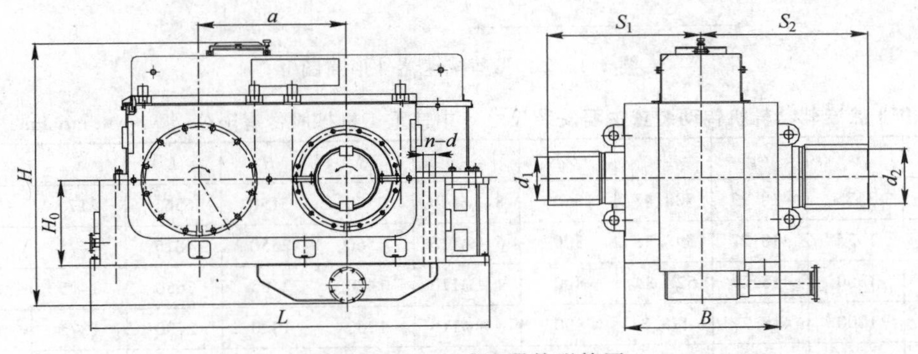

图 1.1.49 F3 减速器外形简图

750 齿轮机座外形简图如图 1.1.50 所示。

850 齿轮机座外形简图如图 1.1.51 所示。

飞剪减速器外形简图如图 1.1.52 所示。

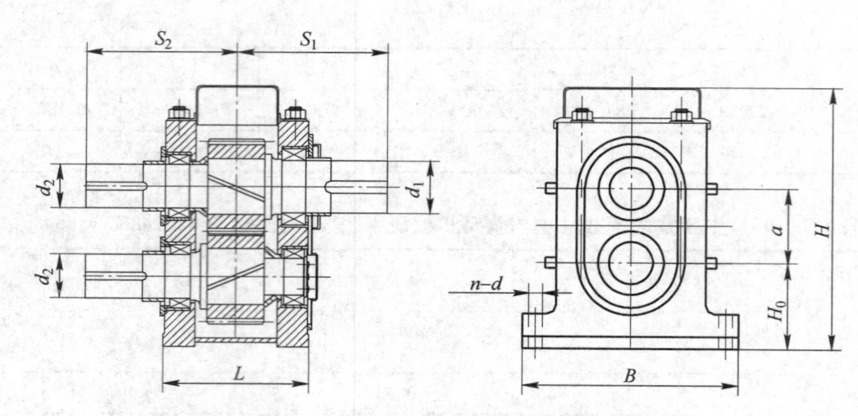

图 1.1.50　750 齿轮机座外形简图

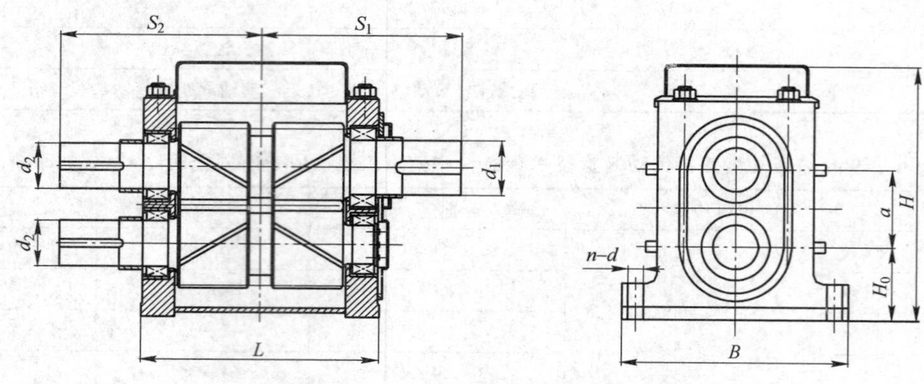

图 1.1.51　850 齿轮机座外形简图

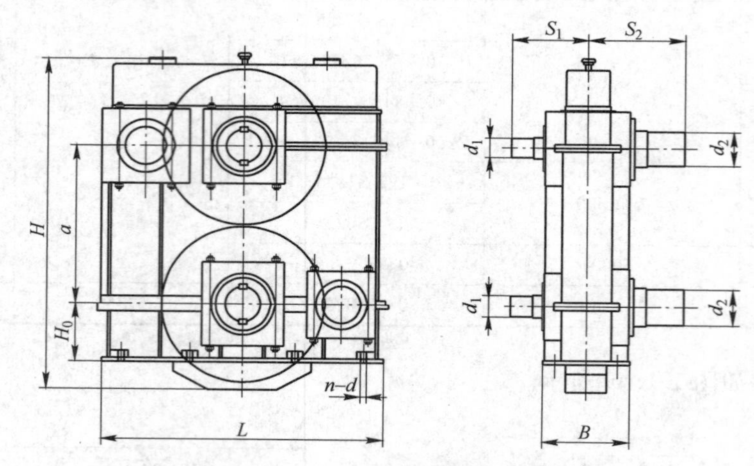

图 1.1.52　飞剪减速器外形简图

表 1.1.107　2050 热连轧精轧机传动装置主要安装尺寸（中信重工机械股份有限公司　www.citichmc.com）　（mm）

名称型号		a	d_1	d_2	H_0	$n-d$	B	H	L	S_1	S_2	质量/kg
减速器	F1	3675	418.27	708.43	850	8 - ϕ140	2330	3150	6565	2170	1830	96351
	F2	1975	418.27	598.38	800	6 - ϕ115	1560	2550	4815	1475	1675	53900
	F3	1350	418.27	528.34	800	4 - ϕ110	1420	2485	3650	1405	1525	39300
	F4	1000	418.27	478.3	800	4 - ϕ115	1360	1800	2790	1375	1375	30200
	F5	1000	418.27	478.3	800	4 - ϕ115	1360	1800	2790	1375	1375	29879
齿轮机座	F1 ~ 3	850	598	498	1650	4 - ϕ140	2400	2660	2520	2230	2030	24550
	F4 ~ 7	750	398	358	1450	4 - ϕ90	1860	2370	1450	2320	1205	21122
飞剪减速器 FS2500		2500	320.23	558.36	860	8 - ϕ90	1310	5200	4290	1160	1480	75000

表 1.1.108 氧气转炉全悬挂倾动装置技术参数（中信重工机械股份有限公司 www.citichmc.com）

转炉规格	电机功率 /kW	电机转速 /r·min⁻¹	总传动比 一次减速器	总传动比 二次减速器	最大倾动力矩 /kN·m
50t	4×33.5	600	581.3		1300
			78.1	7.11	
80t	4×55	590	559.58		1520
			79.94	7	
90t	4×63	589	736.232		1700
			107.7465	6.833	
100t	4×90	952	941.94		1900
			163.151	5.773	
120t（莱钢）	4×132	735	745.91		2800
			98.731	7.555	
120t（邯钢）	4×110	592	523		2100
			73.476	7.118	
150t（山东富伦）	4×132	585	551.7		3400
			77.511	7.118	
150t（河北沧州）	4×132	742	635.559		3000
			73.5	8.647	
250t（上海梅钢）	4×250	741	704.39		5000
			73.29	9.611	

全悬挂倾动装置如图 1.1.53 所示。

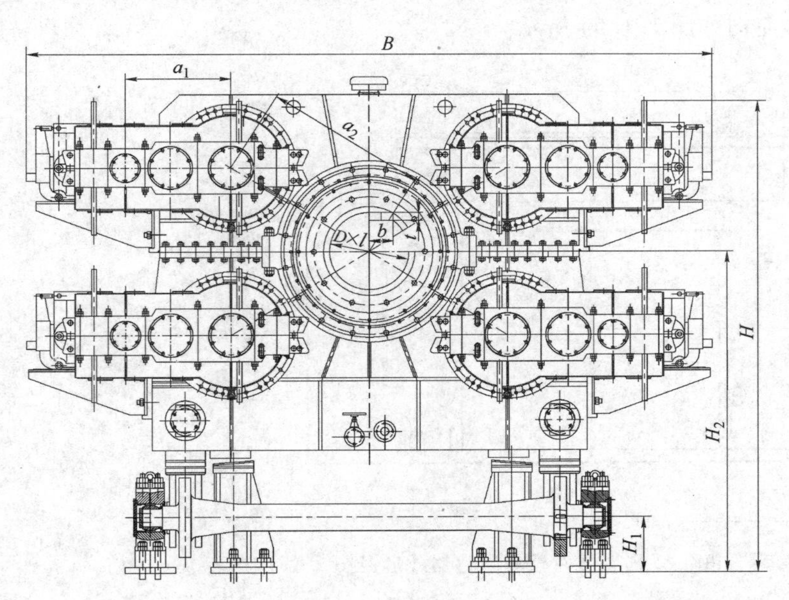

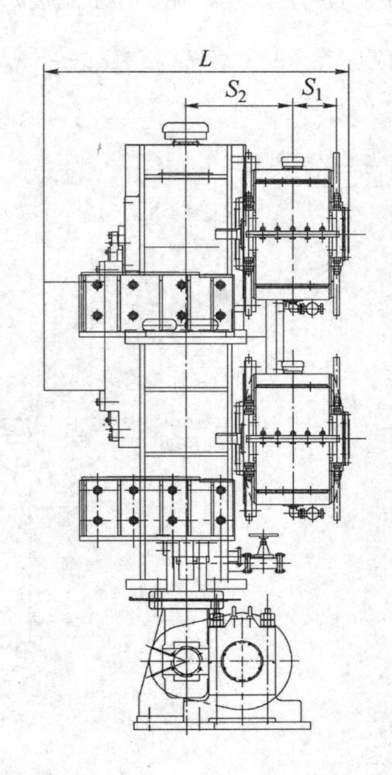

图 1.1.53 全悬挂倾动装置

表 1.1.109 氧气转炉全悬挂倾动装置主要安装尺寸（中信重工机械股份有限公司 www.citichmc.com） (mm)

转炉规格	中心距 a_1	中心距 a_2	中心高 H_1	中心高 H_2	外形及安装尺寸 B	H	L	S_1	S_2	输出轴孔 D	b	t	l	质量 /kg
50t	1450	1530	540	2980	6471	4725	3190	971.5	1600	750	225	75	1238	71010
80t	1355	1610	500	3200	6572	5031	2818	863	1500	780	234	78	1400	89319
90t	1480	1571	565	3105	7010	4617.5	2225	665	1540	820	231.64	71.5	1035	82980

续表 1.1.109

转炉规格	中心距		中心高		外形及安装尺寸					输出轴孔				质量 /kg
	a_1	a_2	H_1	H_2	B	H	L	S_1	S_2	D	b	t	l	
100t	1605	1670	560	3130	7465	4719	3150	807.5	1750	860	236.204	70	1080	84195
120t（莱钢）	1815.88	2177.19	600	3800	8880	6000	4160	1145	2350	980	294	98	1609	157996
120t（邯钢）	1728.429	1748.986	620	3520	8043	5382	2900	852.5	1800	950	285	95	1210	112677
150t（山东富伦）	1600	1750	520	3420	7788	5273		815		850	270	88.7	1210	101306
150t（河北沧州）	1728.429	2078.505	620	3920	8583	6100	3035	852.5	1800	950	285	95	1210	122380
250t（上海梅钢）	1520	2387.5	700	4235	8970	6625	3810	1163	1770	1120	336	112	1380	160904

表 1.1.110 MZL 系列立磨双行星减速器技术参数和外形尺寸（中信重工机械股份有限公司 www.citichmc.com）

型 号	传递功率 /kW	输入转速 /r·min^{-1}	速比 i_{max}	垂直静载荷 /kN	外形尺寸/mm			质量/kg
					L	D	H	
MZL-200	1900~2200	990	约 45	5200	2200	3050	2600	64000
MZL-250	2300~2600	990	约 45	5900	2200	3150	2600	68000
MZL-300	2800~3150	990	约 45	6500	2300	3300	2760	79000
MZL-370	3600~4200	990	约 45	8500	2300	3600	2950	98000
MZL-430	4300~4600	990	约 47	9000	2650	4050	3150	116000
MZL-480	4700~5400	990	约 47	10200	2800	4100	3300	138000
MZL-600	5800~6500	990	约 50	12000	2950	4200	3400	162000
MZL-710	6800~7600	990	约 50	16000	3290	4750	3600	188000
MZL-800	7900~9000	990	约 50	20000	3290	5140	3750	226000

注：质量为产品运行所需的成套质量，包括减速器、液压站、控制柜、联轴器、慢驱装置与连接管路。

MZL 系列立磨双行星减速器外形简图如图 1.1.54 所示。

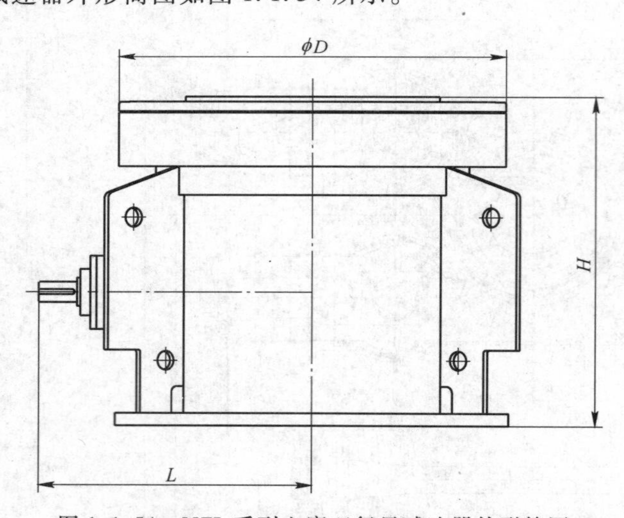

图 1.1.54 MZL 系列立磨双行星减速器外形简图

表 1.1.111 钢厂高压辊磨用 GZLP 型行星减速器主要技术性能及与辊磨配套关系
（中信重工机械股份有限公司 www.citichmc.com）

减速器型号	额定功率/kW	输入转速/r·min^{-1}	输出转速/r·min^{-1}	公称传动速比	质量/kg	配套辊磨机规格/mm×mm
GZL630	135	750	18.75	40	1390	辊压机 φ1000×300
GZL710	220	750	18.75	40	2050	辊压机 φ1000×450
GZL850	315	750	18.75	40	2620	辊压机 φ1000×630
GZLP850	315	1485	20.5	72	2880	辊压机 φ1000×630

续表 1.1.111

减速器型号	额定功率/kW	输入转速/r·min⁻¹	输出转速/r·min⁻¹	公称传动速比	质量/kg	配套辊磨机规格/mm×mm
GZLP850A	355	1485	23.6	63	3300	高压辊磨 ϕ1200×500
GZLP950	500	1485	20.5	72	5125	辊压机 ϕ1200×800
GZLP950F	500	1485	20.5	72	5125	高压辊磨 ϕ1400×600
GZLP1060	630	1485	20.5	72	6350	辊压机 ϕ1400×800
GZLP1060A	630	980	21.8	45	6350	辊压机 ϕ1400×1100
GZLP960	630	1485	18.89	78	5500	高压辊磨 ϕ1400×1000
GZLP1160	800	1485	20.5	72	7500	辊压机 ϕ1400×1100
GZLP1150	800	1490	18.51	80	9295	高压辊磨 ϕ1500×1100
GZLP1300	900	980	17.5	56	12600	辊压机 ϕ1700×1100
GZLP1300C	1000	1485	18.3	81.35	12600	辊压机 ϕ1700×1200
GZLP1320	1250	1485	18.3	81.3	12630	辊压机 ϕ1700×1400
GZLP1350	1400	1000	17.86	56	15900	高压辊磨 ϕ1800×1600
GZLP1550	2700	990	17.6	50	27365	高压辊磨 ϕ2000×2000
GZLP1960	3550	990	15.71	63	46000	高压辊磨 ϕ2600×1800

钢厂高压辊磨用 GZLP 型行星减速器外形简图如图 1.1.55 所示。

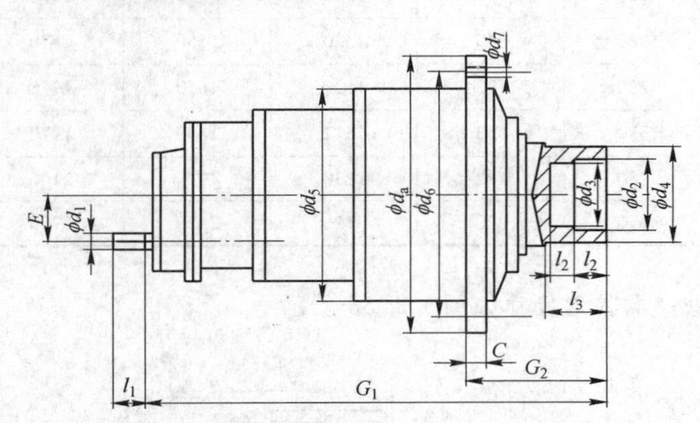

图 1.1.55 钢厂高压辊磨用 GZLP 型行星减速器外形简图

表 1.1.112 钢厂高压辊磨用 GZLP 型行星减速器外形尺寸（中信重工机械股份有限公司 www.citichmc.com）（mm）

型 号	d_1	l_1	d_2	d_3	l_2	l_3	d_4	E
GZL630	85	150	200	195	102	145	260	—
GZL710	90	160	250	245	112	180	340	—
GZL850	105	175	290	285	125	175	360	—
GZLP850	100	175	290	285	250	175	360	210
GZLP850A	100	175	260	255	245	123	340	210
GZLP950	120	210	350	345	166	210	440	265
GZLP1060	120	210	360	355	166	260	460	300
GZL960	120	210	360	355	196.5	260	460	305
GZLP1160	130	210	400	395	180	240	500	310
GZLP1150	130	210	400	395	182.5	240	500	310
GZLP1300	150	240	480	470	202	270	590	365
GZLP1300C	150	240	480	470	202	270	590	365
GZLP1320	170	270	510	500	237	290	620	410

续表 1.1.112

型　号	d_1	l_1	d_2	d_3	l_2	l_3	d_4	E
GZLP1350	170	270	570	560	260	340	700	435
GZLP1550	190	320	680	670	300	370	800	525
GZLP1960	210	350	760	770	320	380	635	210

型　号	C	G_1	G_2	d_5	d_6	d_a	d_7	n
GZL630	34	1130	258	750	825	895	32	24
GZL710	40	1265	315	840	905	975	32	24
GZL850	45	1409	355	895	1050	1125	32	30
GZLP850	45	1250	355	895	1050	1125	32	26
GZLP850A	45	1290	395.5	1080	1160	1235	33	31
GZLP950	68	1555	448	1130	1220	1310	39	36
GZLP1060	68	1700	488	1195	1285	1375	39	36
GZL960	68	1615	488	1130	1220	1310	39	36
GZLP1160	74	1932	481	1308	1420	1500	45	36
GZLP1150	80	1990	530	1315	1430	1520	45	36
GZLP1300	87	1980	545	1520	1650	1770	52	36
GZLP1300C	87	1980	545	1520	1650	1770	52	36
GZLP1320	100	2330	573	1520	1650	1770	56	36
GZLP1350	100	2380	653	1512	1650	1770	56	36
GZLP1550	112	2780	782	1830	1970	2100	62	36
GZLP1960	117	3070	820	2320	2520	2700	950	67

QSK 系列斜齿硬齿面减速器外形尺寸如图 1.1.56 所示。

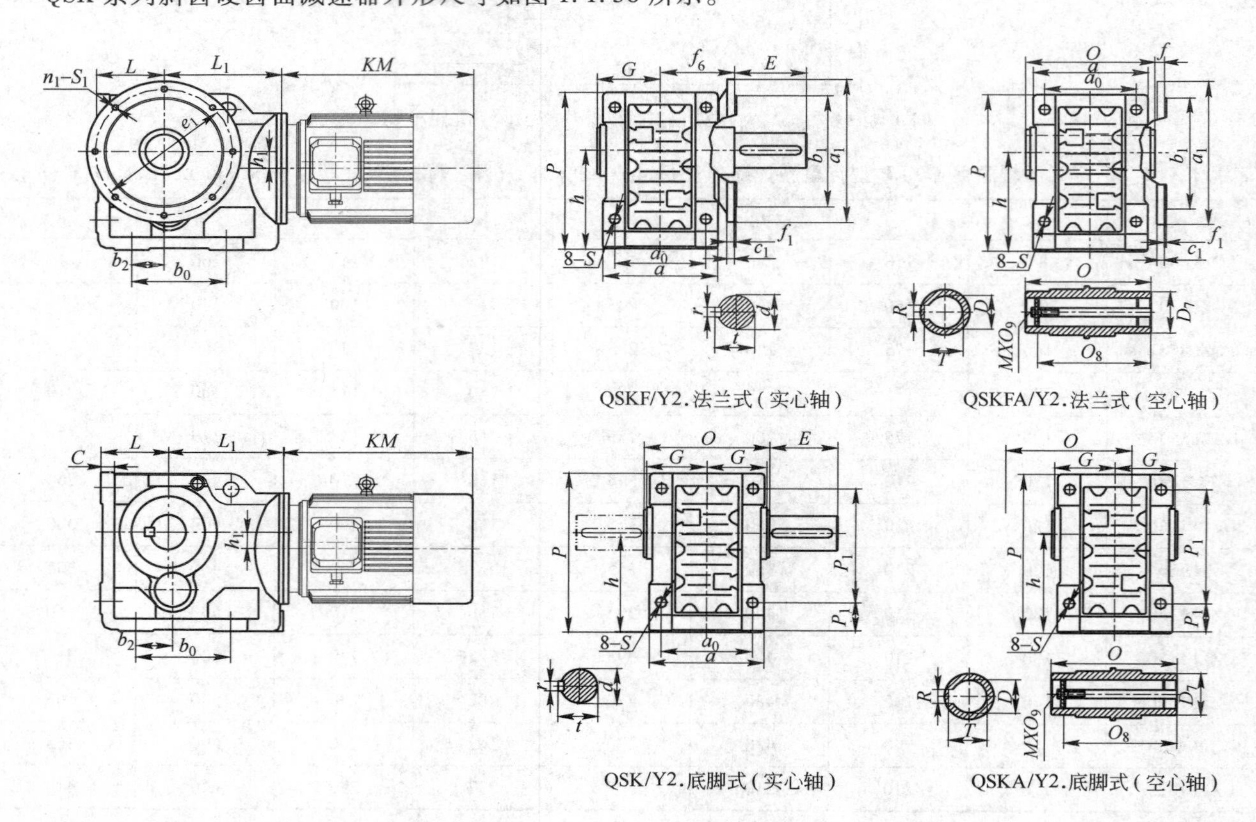

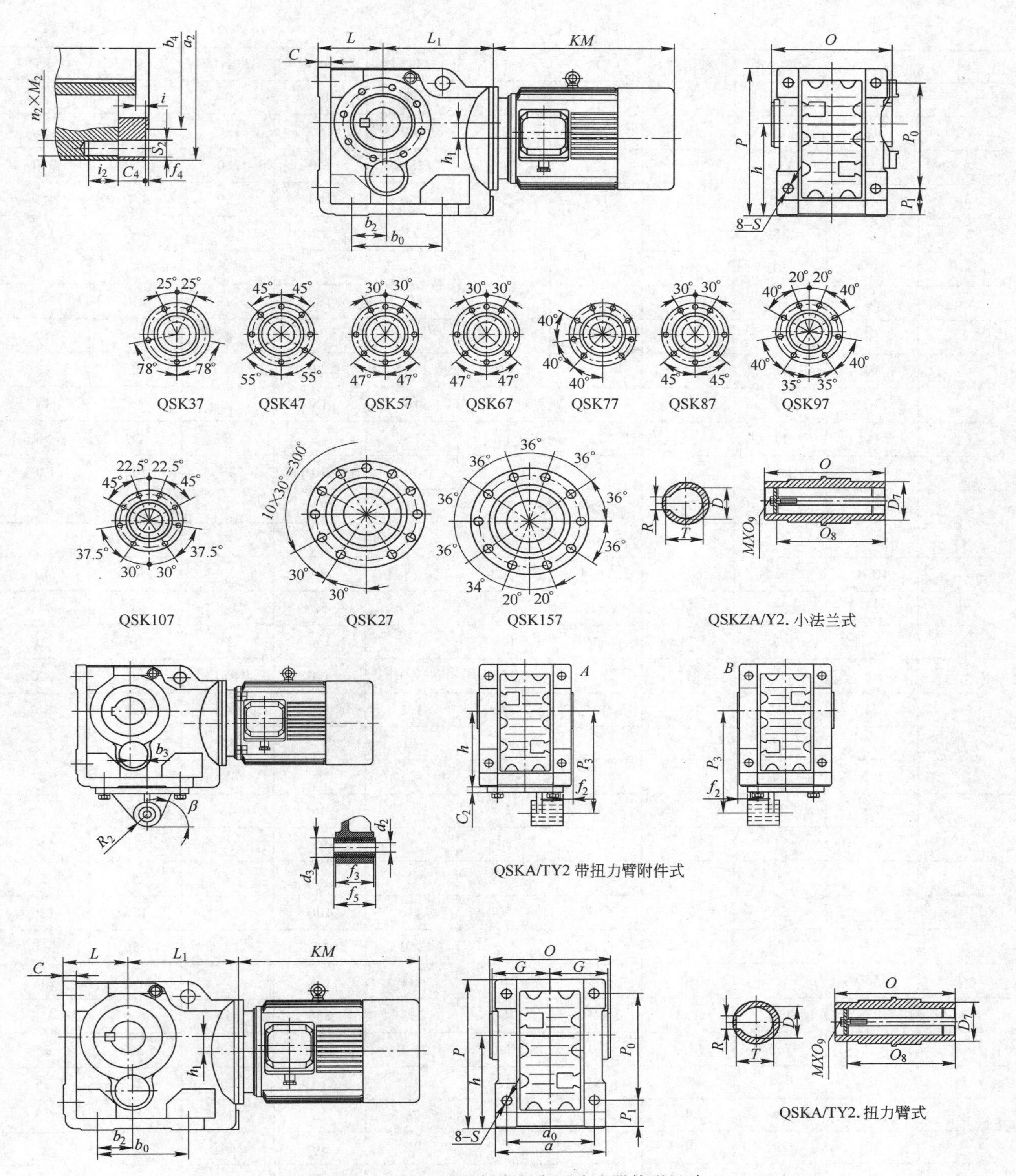

图 1.1.56 QSK 系列斜齿硬齿面减速器外形尺寸

表 1.1.113 QSK 系列减速器的外形尺寸（湖北省咸宁三合机电制业有限责任公司 www.xnshw.com） （mm）

型号	QSK37	QSK47	QSK57	QSK67	QSK77	QSK87	QSK97	QSK107	QSK127	QSK157
a	120	145	157	170	200	230	290	340	400	500
a_0	100	120	130	140	165	180	240	270	330	420
a_1	160	200	250	250	300	350	450	450	550	660
a_2	110	120	155	155	170	215	260	304	350	400
a_6	60	70	88	88	102	118	160	190	—	—

续表 1.1.113

型号	QSK37	QSK47	QSK57	QSK67	QSK77	QSK87	QSK97	QSK107	QSK127	QSK157
a_9	25	40	47	42	48	65	83	100	—	—
a_{10}	82	100	105	110	122	160	165	190	—	—
b_0	110	130	130	120	150	180	240	280	350	380
b_1	110	130	180	180	230	250	350	350	450	550
b_2	28	35	30	30	40	55	75	95	115	140
b_3	23.5	30	40	45	52.5	60	70	74	60	50
b_4	80	80	105	105	125	155	180	210	250	290
C	16	18	21	24	27	32	36	40	45	50
C_1	10	12	15	15	16	18	22	22	25	28
C_2	10	12	13	13	14	16	17	20	45	45
C_4	11	11	12	12	14	15	18	22	28	58
D	30	35	40	40	50	60	70	80	100	120
D_7	45	50	55	55	70	85	95	120	140	160
d	25	35	35	40	50	60	70	90	100	120
d_2	10.4	10.4	16.4	16.4	16.4	25	25	25	40	40
d_3	25	25	36	36	36	52	52	52	103	103
E	50	60	70	80	100	120	140	170	210	210
e_1	130	165	215	215	265	300	400	400	500	600
e_2	94	102	125	125	142	178	220	260	300	340
f	24	25	23.5	23	37	30	41.5	41	51	62
f_1	3.5	3.5	4	4	4	5	5	5	5	6
f_2	20	20	18	25	25	30.5	40	45	7	2
f_3	31	31	54	54	54	72	92	92	110	110
f_4	3	3	3.5	3.5	3.5	4	4	4	5	5
f_5	36	36	60	60	60	80	100	100	126	126
f_6	84	100	107	113	142	150	191.5	215.5	256	310
G	58	73	80	88	103	118	148	173	203	217
h	100	112	132	140	180	212	265	315	400	450
h_1	8.5	7.2	13.1	20	31.3	25.9	32.3	52	30	76
i	9	9	9	9	12	13	16	20	26	25
i_2	14	14	20	20	20	26	26	32	32	40
i_3	20	20	20	25	32	32	36	44	—	—
L	63	71	80	90	112	132	160	200	225	280
L_1	139	166	173	179	202	257	276	341	425	426
M	M10	M12	M16	M16	M16	M20	M20	M24	M24	M24
M_2	M8	M8	M12	M12	M12	M16	M16	M20	M20	M24
n_1	4	4	4	4	4	4	8	8	8	8
n_2	5	8	8	6	8	6	8	8	11	10
O	120	150	166	180	210	240	300	350	410	500
O_8	103	128	142	152	176	210	265	307	362	460
O_9	17	22	29	29	32	34	36	40	40	40

续表 1.1.113

型号	QSK37	QSK47	QSK57	QSK67	QSK77	QSK87	QSK97	QSK107	QSK127	QSK157
P	164	186	217	228	228	340	417	503	592	705
P_0	115	130	150	160	200	233	295	360	420	500
P_1	32	37	45	45	55	70	83	95	110	130
P_3	140	160	142	200	250	300	350	400	550	700
R	8	10	12	12	14	18	20	25	28	32
R_2	22.5	22.5	29	29	29	41	41	41	70	70
β	60°	55°	55°	55°	60°	60°	50°	55°	65°	70°
r	8	10	10	12	14	18	20	25	28	32
S	11	11	13.5	13.5	17.5	22	26	33	39	39
S_1	9	11	13.5	13.5	13.5	17.5	17.5	17.5	17.5	22
S_2	9	9	13.5	13.5	13.5	17.5	17.5	22	22	26
S_3	10	10	12	12	16	16	20	24	—	—
T	33.3	38.3	43.3	43.3	53.8	64.4	74.9	95.4	106.4	127.4
t	28	38	38	43	53.5	64	74.5	95	106	127

表 1.1.114 QSK 系列斜齿轮硬齿面减速器输入功率与许用转矩

（湖北省咸宁三合机电制业有限责任公司 www.xnshw.com）

机座号	37	47	57	67	77	87	97	107	127	157	167	187
输入功率/kW	0.12~3	0.12~3	0.25~5.5	0.25~5.5	0.37~11	0.75~22	1.1~22	1.1~30	7.5~90	11~160	15~200	15~200
传动比范围	5.29~106.49	6.41~135.08	6.41~135.08	7.2~147.72	7.37~147.72	7.4~181.68	8.89~150.8	8.64~146.08	8.72~196.07	12.81~149.81	—	—
许用转矩/N·m	185	385	480	680	1380	2560	3990	6840	11400	17000	31500	58500

表 1.1.115 输入轴转速 1400r/min，QS、QSE 系列减速机承载能力

（湖北省咸宁三合机电制业有限责任公司 www.xnshw.com）

机座号	QS(QSE)06	QS(QSE、QSC)08	QS(QSE、QSC)10	QS(QSE、QSC)12	QS(QSE、QSC)16	QS(QSE、QSC)20	QS(QSE、QSC)25
允许功率范围/kW	3.17~0.14	4.39~0.29	8.63~0.56	23.28~1.12	33.9~1.9	60.83~2.82	94.2~6.2
传动比范围	4~400						
输出扭矩范围/t	309~260	586~430	1124~814	2548~2065	4125~3529	7440~5192	12385~8820

QS、QSE 系列减速器外形如图 1.1.57 所示。

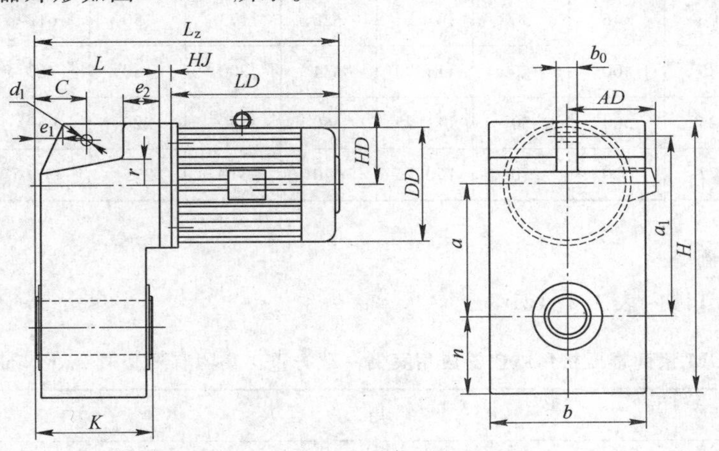

图 1.1.57 QS、QSE 系列减速器外形

表 1.1.116 QS、QSE 系列减速器型号及连接尺寸（湖北省咸宁三合机电制业有限责任公司 www.xnshw.com）（mm）

机座号	a	H	a_1	b	b_0	b_1	c	d_1	d_2	e_1	e_2	L	K	N	R
QS06	125	285	180	168	20	160	82	ϕ14	10	42	50	185	161	80	29
QS08	160	358	230	210	20	200	87.75	ϕ20	10	47.75	73.5	235.75	188	96	40
QSE08	171	368	241											90	
QS10	200	452	297	274	25	250	98	ϕ22	12	53	84	261	208	127	51
QSE10	215	462	312											122	
QS12	250	566	360	346	30	304	111.3	ϕ26	16	61.25	88	307.5	255	160	55
QSE12	272	582	382											154	
QS16	315	705	440	400	40	340	120.8	ϕ34	16	65.75	100	331.25	264	220	75
QSE16	340	725	465												
QS20	400	820	525	500	50	340	127.8	ϕ40	16	67.75	104	385.25	318	250	80
QSE20	430	880	585												
QS25	500	1050	667	620	70	560	135.8	ϕ40	20	75.75	112	429.75	356.5	310	95
QSE25	540	1160	777												

QSC 系列减速器外形如图 1.1.58 所示。

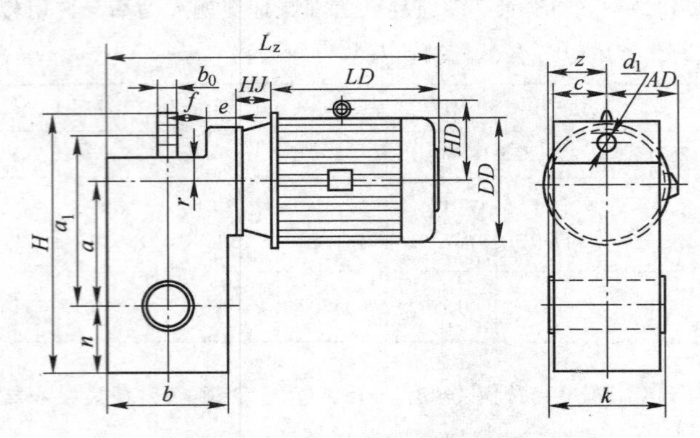

图 1.1.58 QSC 系列减速器外形

表 1.1.117 QSC 系列减速器型号及连接尺寸（湖北省咸宁三合机电制业有限责任公司 www.xnshw.com）（mm）

机座号	a	a_1	b	b_0	C	d_1	e	F	H	K	N	R
QSC08	200	288	210	26	79.25	ϕ22	105	95	423	188	105	28
QSC10	225	325	274	26	86	ϕ22	137	125	490	208	127	56
QSC12	280	406	346	36	107.25	ϕ26	173	150	612	255	160	70
QSC16	355	485	400	46	114.25	ϕ34	200	180	760	264	220	85
QSC20	470	625	500	50	141.25	ϕ40	250	220	930	318	250	100
QSC25	580	777	620	70	160.25	ϕ40	310	275	1160	356.5	310	125

1.1.4.3 应用案例

应用案例见表 1.1.118 ~ 表 1.1.121。

表 1.1.118 GM 系列辊压机用减速器应用案例（北方重工集团有限公司 www.nhigroup.com.cn）

年 份	用 户	数量/台
2010	晋中同力达有限公司	2

表 1.1.119 LMX 系列大功率立磨减速器应用案例（北方重工集团有限公司 www.nhigroup.com.cn）

年 份	用 户	数量/台	年 份	用 户	数量/台
2010	新疆兖矿厂	9	2012	陕西延长中煤榆林能源化工有限公司	16
2011	山西长青能源	9		铜陵有色项目	6
	抚顺矿业	6	2013	山东烟台万华热电项目	15
	宁夏宝丰能源	6		山东怡力电业有限公司	5

表 1.1.120 堆取料机斗轮驱动系列减速器应用案例（北方重工集团有限公司 www.nhigroup.com.cn）

年 份	用 户	数量/台
2011	印度 lanco 公司	7
	秦皇岛港股份有限公司	4
2012	秦皇岛港股份有限公司	6

表 1.1.121 堆取料机回转驱动系列减速器应用案例（北方重工集团有限公司 www.nhigroup.com.cn）

年 份	用 户	数量/台
2011	印度 lanco 公司	7
	秦皇岛港股份有限公司	4
2012	秦皇岛港股份有限公司	6

生产厂商：北方重工集团有限公司，中国第一重型机械集团公司，中国重型机械研究院股份公司，中信重工机械股份有限公司，湖北省咸宁三合机电制业有限责任公司。

1.2 联轴器

联轴器是用来连接不同机构中的两根轴（主动轴和从动轴），使之共同旋转以传递扭矩的机械零件。在高速重载的动力传动中，有些联轴器还有缓冲、减震和提高轴系动态性能的作用。联轴器由两半部分组成，分别与主动轴和从动轴连接。一般动力机大都借助于联轴器与工作机相连接。

1.2.1 弹性套柱销联轴器

1.2.1.1 概述

弹性套柱销联轴器在两半联轴器凸缘孔内装有弹性套（橡胶材料）的柱销，以实现两半联轴器的连接。弹性套柱销联轴器曾经是应用最广泛的联轴器，早在 20 世纪 50 年代末期即已制订为机械部标准：JB 108—1960 弹性圈柱的销联轴器，是我国第一个部标准联轴器。

1.2.1.2 产品特点

弹性套柱销联轴器的特点是结构简单，安装方便，更换弹性套容易，尺寸小，质量轻。由于弹性套工作时受到挤压发生的变形量不大，且弹性套与销孔的配合间隙不宜过大，因此弹性套柱销联轴器的缓冲和减震性不高，补偿两轴之间的相对位移量较小。

1.2.1.3 工作原理

弹性套受压缩产生变形以补偿两轴偏移并同时起到减震缓冲的作用。

1.2.1.4 技术参数

LT 型（原 TL 型）弹性套柱销联轴器基本性能参数和主要尺寸如图 1.2.1 所示，技术参数见表 1.2.1。

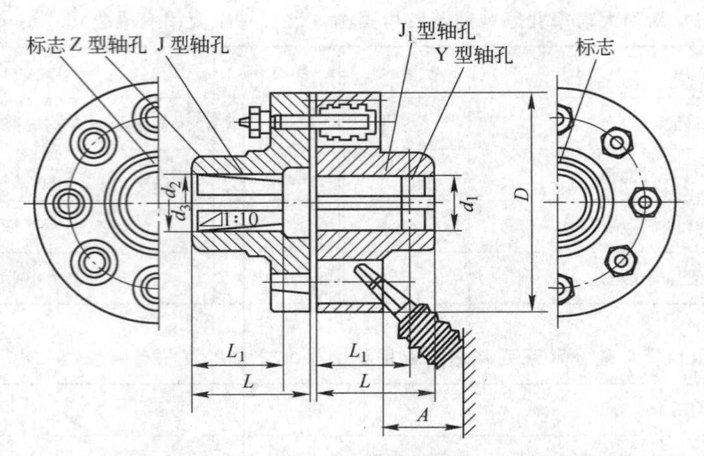

图 1.2.1 LT 型（原 TL 型）弹性套柱销联轴器基本性能参数和主要尺寸

表 1.2.1 LT 型（原 TL 型）弹性套柱销联轴器基本性能参数和主要尺寸

（万盛联轴器有限公司 www.btwslzq.cn.china.cn）

型号	公称转矩 T_n/N·m	许用转速 n/r·min^{-1}	轴孔直径 d_1、d_2、d_3/mm	轴孔长度/mm Y 型 L_1	J、J_1、Z 型 L_2	L	D /mm	A /mm	质量 /kg	转动惯量 /kg·m^2
LT1	6.3	8800	9	20	14	—	71	18	0.82	0.0005
			10、11	25	17					
			12、14	32	20					
LT2	16	7600	12、14				80		1.20	0.0008
			16、18、19	42	30	42				
LT3	31.5	6300	16、18、19				95	35	2.20	0.0023
			20、22	52	38	52				
LT4	63	5700	20、22、24				106		2.84	0.0037
			25、28	62	44	62				
LT5	125	4600	30、32、35	82	60	82	130	45	6.05	0.0120
			32、35、38							
LT6	250	3800	32、35、38				160		9.57	0.0280
			40、42	112	84	112				
LT7	500	3600	40、42、45、48				190		14.01	0.0550
LT8	710	3000	45、48、50、55、56				224	65	23.12	0.1340
			60、63	142	107	142				
LT9	1000	2850	50、55、56	112	84	112	250		30.69	0.2130
			60、63、65、70、71	142	107	142				
LT10	2000	2300	63、65、70、71、75				315	80	61.40	0.6600
			80、85、90、95	172	132	172				
LT11	4000	1800	80、85、90、95				400	100	120.70	2.1220
			100、110	212	167	212				
LT12	8000	1450	100、110、120、125				475	130	210.34	5.3900
			130							
LT13	16000	1150	120、125	212	167	212	600	180	419.36	17.5800
			130、140、150	252	202	252				
			160、170	302	242	302				

注：1. 表中联轴器质量、转动惯量是按材料为铸造钢、无孔、L 推荐计算的近似值。

2. 短时过载不得超过公称转矩 T_n 的 2 倍。

3. 轴孔型式及长度 L、L_1 可根据需要选取，优先选用 L。

生产厂商：万盛联轴器有限公司。

1.2.2 梅花形弹性联轴器

1.2.2.1 概述

梅花形弹性联轴器是一种非金属弹性元件的联轴器，因其内部的弹性体呈梅花状，故称为梅花形弹性联轴器，现行的国内梅花形弹性联轴器的标准为 GB/T 5272—2002，与原 GB/T 5272—1985 标准不同之处取消了热塑橡胶，调整了弹性元件的硬度和材料，联轴器的质量和转动惯量按材料为铸钢、最小轴孔、L 推荐计算。

1.2.2.2 主要特点

梅花形弹性联轴器的弹性元件近似梅花状，该联轴器具有补偿两轴相对偏移、减振、缓冲性能，径向尺寸小、结构简单、不需润滑、承载能力高，维护方便、更换弹性元件需轴向移动。适用于连接同轴线、起动频繁，正反转变化，中速，中等转矩等传动轴系和要求工作可靠性高的工作部件。不适用于低速重载及轴向尺寸受限更换弹性元件后两轴对中困难的部位。

梅花形弹性联轴器具有很好的平衡性能，适用于高转速（最高转速可达 30000r/min）应用；但不能处理很大的偏差，尤其是轴向偏差。较大的偏心和偏角会产生比其他伺服联轴器更大的轴承负荷。另一个值得关注的问题是梅花形弹性联轴器的失效问题，一旦梅花弹性间隔体损坏或失效，扭矩传递并不会中断，同时两轴套的金属爪啮合在一起继续传递扭矩，将会导致系统出现问题。应根据实际工况选择合适的梅花弹性间隔体材料。

1.2.2.3 工作原理

通过凸爪与弹性环之间的挤压传递动力，通过弹性环的弹性变形补偿两轴相对偏移，实现减振缓冲。

1.2.2.4 技术参数

ML 型梅花形弹性联轴器（GB/T 5272—1985）如图 1.2.2 所示，技术参数见表 1.2.2。

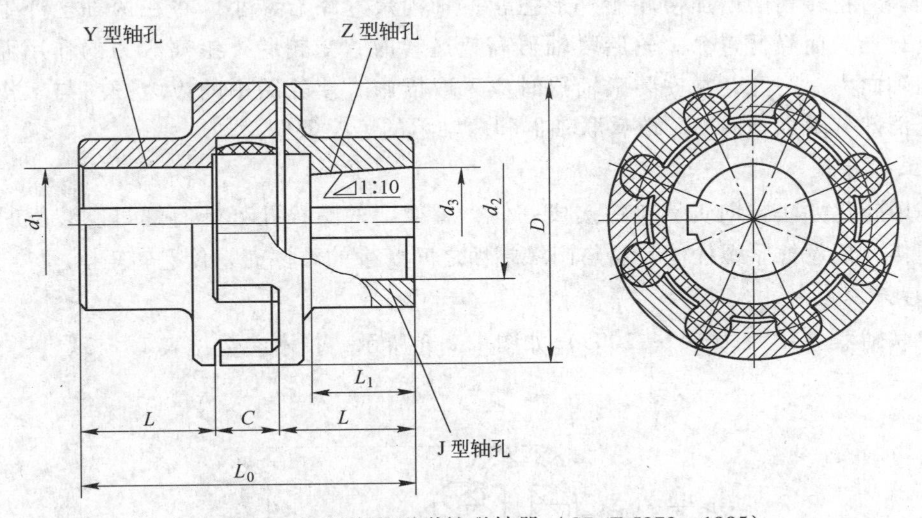

图 1.2.2 ML 型梅花形弹性联轴器（GB/T 5272—1985）

表 1.2.2 ML 型梅花形弹性联轴器主要尺寸和基本参数（万盛联轴器有限公司 www.wswlzq.com）

型号	公称转矩 T_n /N·m	许用转速 n /r·min^{-1}	轴孔直径 d_1、d_2、d_3 /mm	轴孔长度/mm		D /mm	C /mm	转动惯量 /kg·m^2	质量/kg
				Y 型 L	Z、J 型 L_1				
ML1	25	3500	12~24	32~52	27~38	50	16	0.014	0.7
ML2	100	6900	20~32	52~82	38~60	70	23	0.075	1.6
ML3	140	5000	22~38	52~82	38~60	85	24	0.178	2.6
ML4	250	5000	25~42	62~112	44~84	105	27	0.412	4.4
ML5	400	4100	30~48	82~112	60~94	125	33	0.73	6.8

续表 1.2.2

型 号	公称转矩 T_n /N·m	许用转速 n /r·min^{-1}	轴孔直径 d_1、d_2、d_3 /mm	轴孔长度/mm Y 型 L	轴孔长度/mm Z、J 型 L_1	D /mm	C /mm	转动惯量 /kg·m^2	质量/kg
ML6	630	3500	35~55	82~112	60~94	145	39	1.85	8.8
ML7	1120	3100	45~65	112~142	34~107	170	41	3.88	14
ML8	1800	2700	50~75	112~142	34~107	200	48	9.22	26
ML9	2000	2500	60~95	142~172	107~132	230	50	18.93	42
ML10	4500	2200	70~110	142~212	107~167	260	60	39.68	50
ML11	6300	1900	80~120	172~212	132~167	300	67	73.43	88
ML12	11200	1500	90~130	172~252	132~302	160	73	178.45	145
ML13	12500	1500	40~100	212~252	167~202	400	73	209.75	165

生产厂商：万盛联轴器有限公司。

1.2.3 轮胎式联轴器

1.2.3.1 概述

轮胎式联轴器分为凸型和凹型两大类，凸型又分为带骨架整体式、无骨整体式和径向切口式等。

1.2.3.2 主要特点

轮胎环工作时发生扭转剪切变形，轮胎联轴器具有很高的弹性，补偿两轴相对位移的能力较大，并有良好的阻尼，而且结构简单、不需润滑、装拆和维护都比较方便。其缺点是承载能力不高、外形尺寸较大，随着两轴相对扭转角的增加使轮胎外形扭歪，轴向尺寸略有减小，将在两轴上产生较大的附加轴向力，使轴承负载加大而降低寿命。轮胎联轴器高速运转时，受轮胎外缘离心力的作用而向外扩张，将进一步增大附加轴向力。为此，在安装联轴器时应采取措施，使轮胎中的应力方向与工作时产生的应力方向相反，以抵消部分附加轴向力，改善联轴器和两轴承的工况条件。

1.2.3.3 工作原理

轮胎环内侧用硫化方法与钢质骨架粘接成一体，骨架上的螺栓孔处焊有螺母。装配时用螺栓与两半联轴器的凸缘连接，依靠拧紧螺栓使轮胎与凸缘端面之间产生的摩擦力来传递转矩。

1.2.3.4 技术参数

LLA 轮胎式联轴器（JB/T 10541—2005）如图 1.2.3 所示，技术参数见表 1.2.3。

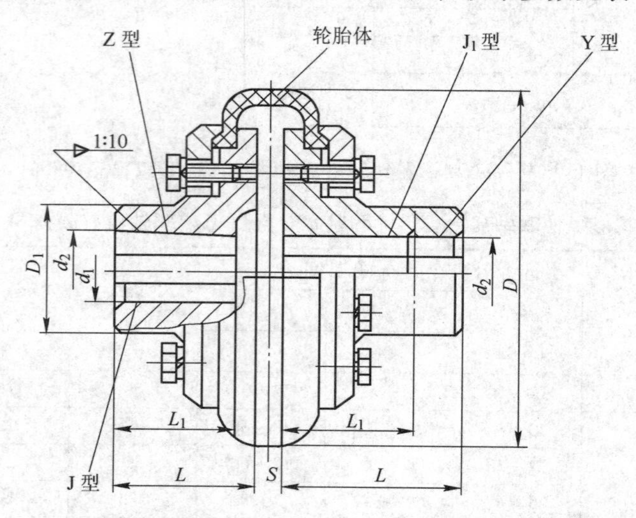

图 1.2.3 LLA 轮胎式联轴器（JB/T 10541—2005）（原标准 JB/ZQ 4018—1985）

表 1.2.3 LLA 型轮胎式联轴器基本性能参数和主要尺寸标准型（万盛联轴器有限公司 www.wswlzq.com）

型号	主要尺寸/mm			螺钉数目	轴孔直径 d_1、d_2 /mm	轴孔长度		许用转矩 T_n /N·m	许用转速 n /r·min^{-1}	转动惯量 /kg·m^2	质量 /kg
	D	D_1	S			Y、J_1 型 L	Z_1 型 L_1				
LA1	60	20	4	12 - M4×10	6～11	16～25	—	10	5000	0.0004	0.35
LA2	100	36	8	12 - M6×20	8～19	14～42	35	20	5000	0.005	1.33
LA3	135	48	12	12 - M8×25	18～28	30～62	35～50	80	4000	0.022	3.4
LA4	180	64	18	12 - M10×30	25～38	44～82	50～65	160	3150	0.071	7.4
LA5	210	80	18	16 - M10×40	32～50	60～112	65～90	315	2800	0.154	13.4
LA6	265	100	24	16 - M12×40	40～56	84～112	90	630	2500	0.46	22.6
LA7	310	120	28	16 - M16×50	48～75	84～142	90～120	1250	2000	1.86	34.8
LA8	400	150	38	16 - M20×60	60～95	107～172	120～142	2500	1600	3.57	74.3
LA9	450	190	42	20 - M20×70	80～125	132～212	145～180	5000	1250	6.47	111
LA10	550	230	52	24 - M24×80	100～150	167～252	180～220	10000	1000	17.55	191
LA11	700	280	90	32 - M30×90	130～180	202～302	220～270	20000	800	54.1	373

注：标准型和 M 型半联轴器都可采用 Y、J、J_1、Z、Z_1 型轴孔，但两端不得同时用 Z_1 型孔。

生产厂商：万盛联轴器有限公司。

1.2.4 膜片式联轴器

1.2.4.1 概述

一种金属弹性元件挠性联轴器。不用润滑，结构紧凑，强度高，使用寿命长，无旋转间隙，不受温度和油污影响。适用于高温、高速、有腐蚀介质工况环境的轴系传动。

1.2.4.2 主要特点

（1）高扭矩刚性和高灵敏度，大扭矩承载。

（2）零回转间隙，无噪声。

（3）具有抗油和耐腐蚀特性。

（4）不锈钢膜片吸收振动，补偿径向、角向和轴向偏差。

（5）顺时针和逆时针回转特性完全相同。

1.2.4.3 工作原理

膜片联轴器是由几组膜片（不锈钢薄板）用螺栓交错地与两半联轴器连接。靠膜片的弹性变形来补偿两轴的相对位移。膜片分为连杆式和不同形状的整片式。

1.2.4.4 技术参数

JMJ 型膜片联轴器如图 1.2.4 所示，技术参数见表 1.2.4。

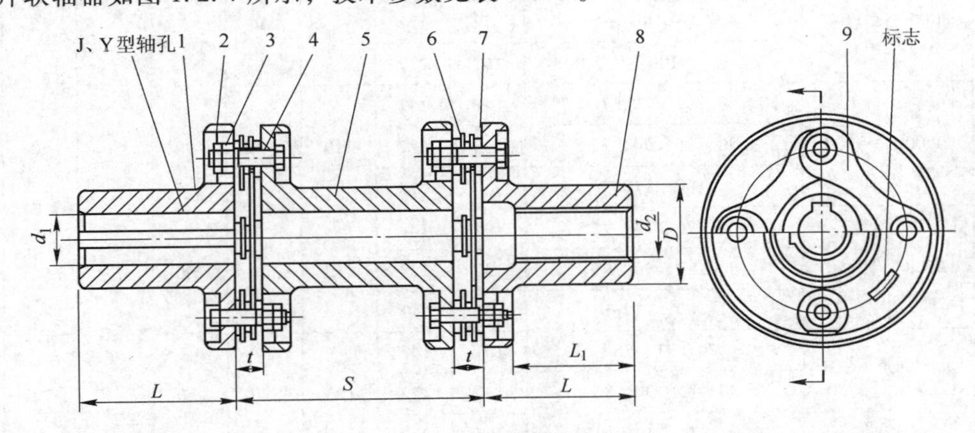

图 1.2.4 JMJ 型膜片联轴器

1，8—半联轴器；2—扣紧螺母；3—六角螺母；4—六角头铰制孔用螺栓；5—中间轴；6—隔圈；7—支撑圈；9—膜片

表 1.2.4 JMJ 型弹性膜片联轴器主要尺寸及基本参数（万盛联轴器有限公司 www.wswlzq.com）

型号	公称转矩 /N·m	瞬时最大转矩 /N·m	最大转速 /r·min^{-1}	轴孔直径 d_1、d_2 /mm	轴孔长度/mm J_1 型 L	Y 型 L	L（推荐）	D /mm	S /mm	A /mm	质量/kg S	每增加（1m）	转动惯量 /kg·m^2
JMJ1	63	100	9300	20、22、24	38	52	40	92	70	8 ±0.2	2	4.1	0.002
				25、28	44	62							
				30、32、35、38	60	82							
JMJ2	100	200	8400	25、28	44	62	45	102	80		2.9		0.003
				30、32、35、38	60	82							
				40、42、45	84	112							
JMJ3	250	400	6700	30、32、35、38	60	82	55	128	96	11 ±0.3	5.7	8	0.009
				40、42、45、48、50、55	84	112							
JMJ4	500	800	5900	35、38	60	82	65	145	116		8.5		0.017
				40、42、45、48、50、55、56	84	112							
				60、63、65	107	142							
JMJ5	800	1250	5100	40、42、45、48、50、55、56	84	112	75	168	136	14 ±0.3	12.5	12	0.034
				60、63、65、70、71、75	107	142							
JMJ6	1250	2000	4750	45、48、50、55、56	84	112	80	180	140	15 ±0.4	16.5		0.053
				60、63、65、70、71、75	107	142							
				80	132	172							
JMJ7	2000	3150	4300	50、55、56	84	112		200			21	19	0.082
				60、63、65、70、71、75	107	142							
				80、85	132	172							
JMJ8	2500	4000	4200	55、56	84	112	90	205	160	20 ±0.4	23		0.092
				60、63、65、70、71、75	107	142							
				80、85	132	172							
JMJ9	3150	5000	4000	55、56	84	112		215			27	21	0.117
				60、63、65、70、71、75	107	142							
				80、85、90	132	172							
JMJ10	4000	6300	3650	60、63、65、70、71、75	107	142	100	235	170	23 ±0.5	36		0.191
				80、85、90、95	132	172							
JMJ11	5000	8000	3400	60、63、65、70、71、75	107	142		250			42	26	0.252
				80、85、90、95	132	172							
				100	167	212							
JMJ12	6300	10000	3200	60、63、65、70、71、75	107	142	110	270	190		50		0.349
				80、85、90、95	132	172							
				100、110	167	212							
JMJ13	8000	12500	2850	65、70、71、75	107	142	115	300	200	27 ±0.6	66	47	0.56
				80、85、90、95	132	172							
				100、110	167	212							
JMJ14	10000	16000	2700	70、71、75	107	142	125	320	220		78		0.75
				80、85、90、95	132	172							
				100、110、120、125	167	212							

续表 1.2.4

型号	公称转矩 /N·m	瞬时最大转矩 /N·m	最大转速 /r·min^{-1}	轴孔直径 d_1、d_2 /mm	轴孔长度/mm J$_1$型 L	轴孔长度/mm Y型 L	轴孔长度/mm L（推荐）	D /mm	S /mm	A /mm	质量/kg S	质量/kg 每增加（1m）	转动惯量 /kg·m^2
JMJ15	12500	20000	2450	75	107	142	140	350	240	32±0.7	110	51	1.26
				80、85、90、95	132	172							
				100、110、120、125	167	212							
				130、140	202	252							
JMJ16	16000	25000	2300	90、95	132	172	145	370	250		125		1.63
				100、110、120、125	167	212							
				130、140、150	202	252							
JMJ17	20000	31500	2150	160	132	172	165	400	290		160	72	2.45
				100、110、120、125	167	212							
				130、140、150	202	252							
				160	242	302							
JMJ18	25000	40000	1950	100、110、120、125	167	212	175	440	300	38±0.9	220		3.99
				130、140、150	202	252							
				160、170	242	302							
JMJ19	31500	50000	1850	100、110、120、125	167	212	185	460	320		245	89	4.98
				130、140、150	202	252							
				160、170、180	242	302							
JMJ20	35500	56000	1800	120、125	167	212	200	480	350		275		6.28
				130、140、150	202	252							
				160、170、180	242	302							
				190、200	282	352							

生产厂商：万盛联轴器有限公司。

1.2.5 齿式联轴器

1.2.5.1 概述

齿式联轴器是由齿数相同的内齿圈和带外齿的凸缘半联轴器等零件组成。外齿分为直齿和鼓形齿两种齿形，所谓鼓形齿即为将外齿制成球面，球面中心在齿轮轴线上，齿侧间隙较一般齿轮大，鼓形齿联轴器可允许较大的角位移（相对于直齿联轴器），可改善齿的接触条件，提高传递转矩的能力，延长使用寿命。齿式联轴器在工作时，两轴产生相对位移，内外齿的齿面周期性作轴向相对滑动，必然形成齿面磨损和功率损耗，因此齿式联轴器需在良好润滑和密封的状态下工作。

1.2.5.2 主要特点

齿式联轴器径向尺寸小，承载能力大，常用于低速重载工况条件的轴系传动，如冶金、矿山、起重运输行业，也适用于石油、化工、通用机械等行业。高精度并经动平衡的齿式联轴器可用于高速传动，如燃汽轮机的轴系传动。由于鼓形齿式联轴器的角向补偿大于直齿式联轴器，国内外均广泛采用鼓形齿式联轴器，直齿式联轴器应尽量不选用。

1.2.5.3 技术参数

技术参数见表 1.2.5 ~ 表 1.2.14。

表 1.2.5 齿式联轴器技术参数（太原市格力森重型传动机械有限公司 www. tygls. cn）

联轴器名称		型号
卷筒用球面滚子联轴器	WJ 型联轴器	WJ1、WJ2、WJ3、WJ4、WJ5、WJ6、WJ7、WJ8、WJ9、WJ10、WJ11、WJ12、WJ13、WJ14、WJ15、WJ16、WJ17
	WJA 型联轴器	WJA1、WJA2、WJA3、WJA4、WJA5、WJA6、WJA7、WJA8、WJA9、WJA10、WJA11、WJA12、WJA13、WJA14、WJA15、WJA16
	WZL 型卷筒联轴器	WZL01、WZL02、WZL03、WZL04、WZL05、WZL06、WZL07、WZL08、WZL09、WZL10、WZL11、WZL12、WZL13、WZL14、WZL15、WZL16、WZL17、WZL18
ZWG 基本型鼓形齿式联轴器	A 型	ZWG1、ZWG2、ZWG3、ZWG4、ZWG5、ZWG6、ZWG7、ZWG8、ZWG9、ZWG10、ZWG11、ZWG12、ZWG13、ZWG14、ZWG15、ZWG16、ZWG17、ZWG18、ZWG19、ZWG20、ZWG21
	B 型	ZWG31、ZWG32、ZWG33、ZWG34、ZWG35、ZWG36、ZWG37、ZWG38、ZWG39、ZWG40、ZWG41、ZWG42、ZWG43、ZWG44
ZWGD 单面法兰型鼓形齿式联轴器	A 型	ZWGD1、ZWGD2、ZWGD3、ZWGD4、ZWGD5、ZWGD6、ZWGD7、ZWGD8、ZWGD9、ZWGD10、ZWGD11、ZWGD12、ZWGD13、ZWGD14、ZWGD15、ZWGD16、ZWGD17、ZWGD18、ZWGD19、ZWGD20、ZWGD21
	B 型	ZWGD31、ZWGD32、ZWGD33、ZWGD34、ZWGD35、ZWGD36、ZWGD37、ZWGD38、ZWGD39、ZWGD40、ZWGD41、ZWGD42、ZWGD43、ZWGD44
ZWGL 带制动轮型鼓形齿式联轴器	A 型	ZWGL1、ZWGL2、ZWGL3、ZWGL4、ZWGL5、ZWGL6、ZWGL7、ZWGL8、ZWGL9、ZWGL10、ZWGL11、ZWGL12、ZWGL13、ZWGL14
	B 型	ZWGL31、ZWGL32、ZWGL33、ZWGL34、ZWGL35、ZWGL36、ZWGL37、ZWGL38、ZWGL39、ZWGL40、ZWGL41、ZWGL42、ZWGL43、ZWGL44
ZWGP 带制动盘型鼓形齿式联轴器	A 型	ZWGP1、ZWGP2、ZWGP3、ZWGP4、ZWGP5、ZWGP6、ZWGP7、ZWGP8、ZWGP9、ZWGP10、ZWGP11、ZWGP12、ZWGP13、ZWGP14
	B 型	ZWGP31、ZWGP32、ZWGP33、ZWGP34、ZWGP35、ZWGP36、ZWGP37、ZWGP38、ZWGP39、ZWGP40、ZWGP41、ZWGP42、ZWGP43、ZWGP44
FZL 型法兰轴制动轮		FZL1、FZL2、FZL3、FZL4、FZL5、FZL6、FZL7、FZL8、FZL9
FZP 型法兰轴制动盘		FZP1、FZP2、FZP3、FZP4、FZP5、FZP6、FZP7、FZP8、FZP9、FZP10、FZP11、FZP12、FZP13
制动轮		（D =200、250、315、400、500、630、710、800）Y 型、Z 型轴孔

CZX 脂润滑系列齿式联轴器外形如图 1.2.5 所示。

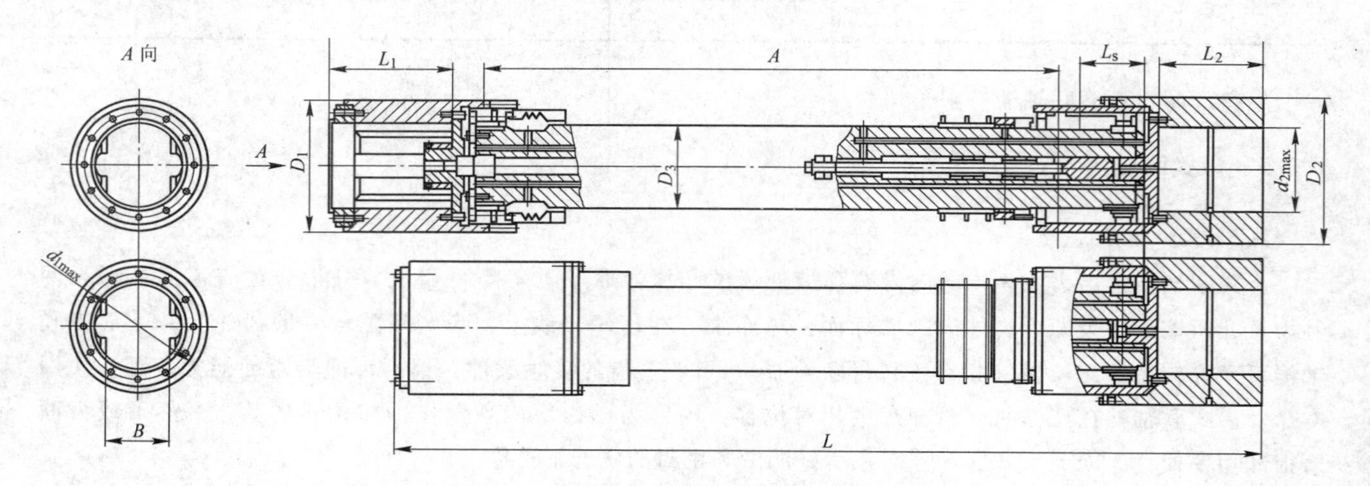

图 1.2.5 CZX 脂润滑系列齿式联轴器外形

表 1.2.6 CZX 脂润滑系列齿式联轴器外形尺寸及承载能力（昆山荣星动力传动有限公司 www. chinawingstar. com）

规格	公称转矩 T_n/kN·m 氮化 42CrMo	氮化 40CrMnMo	规格	渗碳 20CrMoTi	渗碳 12CrNi3	转角 3°时许用转速 /r·min⁻¹	D_1	D_2	D_3	d_{1max}	d_{2max}	B_{max}	A	L_1	L_2	L_s	$L=8D_1$	质量 /kg	每 100mm 接轴质量 /kg
CZX16N	22	28	CZX16C	34	48	669	160	190	106	100	112	80	862	153	130	50	1280	130	6.7
CZX18N	32	40	CZX18C	48	68	594	180	210	118	112	125	90	965	176	150	50	1440	178	8.3

续表 1.2.6

规格	公称转矩 T_n/kN·m 氮化 42CrMo	40CrMnMo	规格	渗碳 20CrMoTi	12CrNi3	转角3°时许用转速 /r·min^{-1}	主要尺寸/mm D_1	D_2	D_3	d_{1max}	d_{2max}	B_{max}	A	L_1	L_2	L_s	$L=8D_1$	质量 /kg	每100mm接轴质量 /kg
CZX20N	44	56	CZX20C	68	95	535	200	235	132	125	140	100	1055	200	170	75	1600	246	10.4
CZX22N	62	80	CZX22C	95	136	475	225	265	150	140	160	112	1194	223	190	75	1800	349	13.5
CZX25N	90	112	CZX25C	136	190	428	250	300	170	160	180	125	1317	247	210	100	2000	489	17.1
CZX28N	125	160	CZX28C	190	272	375	285	335	190	180	200	140	1523	277	235	100	2280	695	21.2
CZX31N	180	225	CZX31C	272	382	340	315	370	210	200	225	160	1649	312	265	150	2520	929	25.8
CZX35N	250	320	CZX35C	382	536	306	350	420	235	225	250	180	1828	352	300	150	2800	1295	32.4
CZX39N	350	450	CZX39C	536	760	274	390	470	265	250	285	200	2015	395	335	200	3120	1811	41.2
CZX44N	490	620	CZX44C	750	1070	243	440	520	295	285	315	225	2304	436	370	200	3520	2504	50.8
CZX47N	590	760	CZX47C	900	1250	228	470	550	315	300	355	235	2479	460	390	200	3760	3028	58.5
CZX49N	700	900	CZX49C	1060	1530	218	490	590	335	315	350	250	2528	495	420	250	3920	3563	65.7
CZX52N	850	1060	CZX52C	1250	1800	206	520	620	350	330	370	265	2699	520	440	250	4160	4179	71.1
CZX55N	1000	1250	CZX55C	1530	2120	194	550	660	370	350	390	285	2852	555	470	250	4400	4988	78.8
CZX59N	1180	1500	CZX59C	1800	2500	181	590	700	390	370	420	300	3103	580	490	250	4720	6047	87.0
CZX62N	1400	1820	CZX62C	2120	3000	172	620	750	420	390	440	315	3229	615	520	300	4960	7256	100.2
CZX66N	1700	2120	CZX66C	2500	3600	162	660	800	440	420	470	335	3458	650	550	300	5280	8646	108.6
CZX70N	2000	2550	CZX70C	3000	4240	153	700	850	470	440	490	350	3665	696	590	300	5600	10543	122.9
CZX75N	2400	3000	CZX75C	3600	5000	143	750	900	490	470	520	370	3970	732	620	300	6000	12442	134.7
CZX80N	2850	3600	CZX80C	4240	6000	134	800	950	520	505	550	390	4229	778	660	350	6400	14835	151.3
CZX85N	3350	4240	CZX85C	5000	7200	126	850	1000	550	535	590	420	4511	825	700	350	6800	17675	164.2
CZX90N	3900	5000	CZX90C	6000	8500	119	900	1060	590	565	620	440	4767	882	750	350	7200	21163	189.9
CZX95N	4660	6000	CZX95C	7100	10000	113	950	1120	620	600	660	470	5016	940	800	350	7600	24815	209.8

特别提示：产品的安装连接尺寸可按客户要求设计和制造。

CZF 封闭油润滑系列齿式联轴器外形如图 1.2.6 所示。

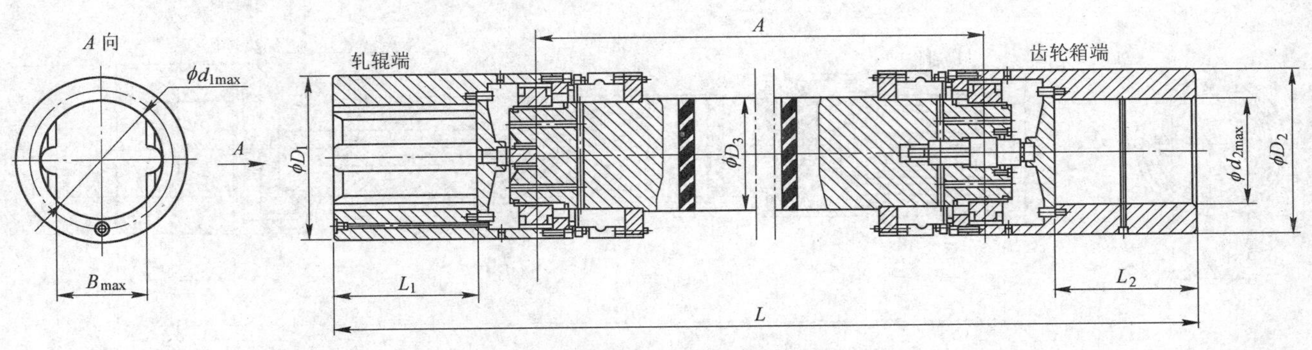

图 1.2.6 CZF 封闭油润滑系列齿式联轴器外形

表 1.2.7 CZF 封闭油润滑系列齿式联轴器外形尺寸及承载能力（昆山荣星动力传动有限公司 www.chinawingstar.com）

规格	公称转矩 T_n/kN·m 氮化 42CrMo	40CrMnMo	规格	渗碳 20CrMoTi	12CrNi3	倾角3°时许用转速 /r·min^{-1}	主要尺寸/mm D_1	d_{1max}	B_{max}	D_3	D_2	d_{2max}	A	L	L_1	L_2	质量 /kg	每100mm接轴质量 /kg
CZF16N	22	28	CZF16C	34	48	669	160	100	80	106	160	95	862	1242	130	130	107	6.4
CZF18N	32	40	CZF18C	48	68	594	180	112	90	118	180	108	965	1396	150	150	153	8.2
CZF20N	44	56	CZF20C	68	95	535	200	125	100	132	200	120	1055	1541	170	170	211	10.1

续表 1.2.7

规格	公称转矩 T_n/kN·m 氮化 42CrMo	40CrMnMo	规格	渗碳 20CrMoTi	12CrNi3	倾角3°时许用转速/r·min^{-1}	主要尺寸/mm D_1	d_{1max}	B_{max}	D_3	D_2	d_{2max}	A	L	L_1	L_2	质量/kg	每100mm接轴质量/kg
CZF22N	62	80	CZF22C	95	136	475	225	140	112	150	225	135	1194	1742	190	190	307	13
CZF25N	90	112	CZF25C	136	190	428	250	160	125	170	250	150	1317	1929	210	210	422	16.8
CZF28N	125	160	CZF28C	190	272	375	285	180	140	190	285	170	1523	2209	235	235	617	21.1
CZF31N	180	225	CZF31C	272	382	340	315	200	160	210	315	190	1649	2419	265	265	832	25.9
CZF35N	250	320	CZF35C	382	536	306	350	225	180	235	350	210	1828	2692	300	300	1146	32
CZF39N	350	450	CZF39C	536	760	274	390	250	200	265	390	235	2015	2984	335	335	1594	40.1
CZF44N	490	620	CZF44C	750	1070	243	440	285	225	295	440	265	2304	3382	370	370	2248	50.1
CZF47N	590	760	CZF47C	900	1250	228	470	300	235	315	470	280	2479	3619	390	390	2757	57.3
CZF49N	700	900	CZF49C	1060	1530	218	490	315	250	335	490	395	2528	3750	420	420	3223	65.1
CZF52N	850	1060	CZF52C	1250	1800	206	520	330	265	350	520	310	2699	3982	440	440	3767	71.3
CZF55N	1000	1250	CZF55C	1530	2120	194	550	350	285	370	550	330	2852	4217	470	470	4438	79.9
CZF59N	1180	1500	CZF59C	1800	2500	181	590	370	300	390	590	355	3103	4541	490	490	5429	89
CZF62N	1400	1820	CZF62C	2120	3000	172	620	390	315	420	620	370	3229	4749	520	520	6399	102.6
CZF66N	1700	2120	CZF66C	2500	3600	162	660	420	335	440	660	395	3458	5062	550	550	7567	112.9
CZF70N	2000	2550	CZF70C	3000	4240	153	700	440	350	470	700	420	3665	5377	590	590	9224	127.6
CZF75N	2400	3000	CZF75C	3600	5000	143	750	470	370	490	750	450	3970	5773	620	620	11025	139.1
CZF80N	2850	3600	CZF80C	4240	6000	134	800	505	390	520	800	480	4229	6149	660	660	13289	157.2
CZF85N	3350	4240	CZF85C	5000	7200	126	850	535	420	550	850	510	4511	6537	700	700	16000	176.5
CZF90N	3900	5000	CZF90C	6000	8500	119	900	565	440	590	900	540	4767	6932	750	750	19049	200.3
CZF95N	4660	6000	CZF95C	7100	10000	113	950	600	470	620	950	570	5016	7336	800	800	22212	221.9

特别提示：产品的安装连接尺寸可按客户要求设计和制造。

CZC 脂润滑系列齿式联轴器外形如图 1.2.7 所示。

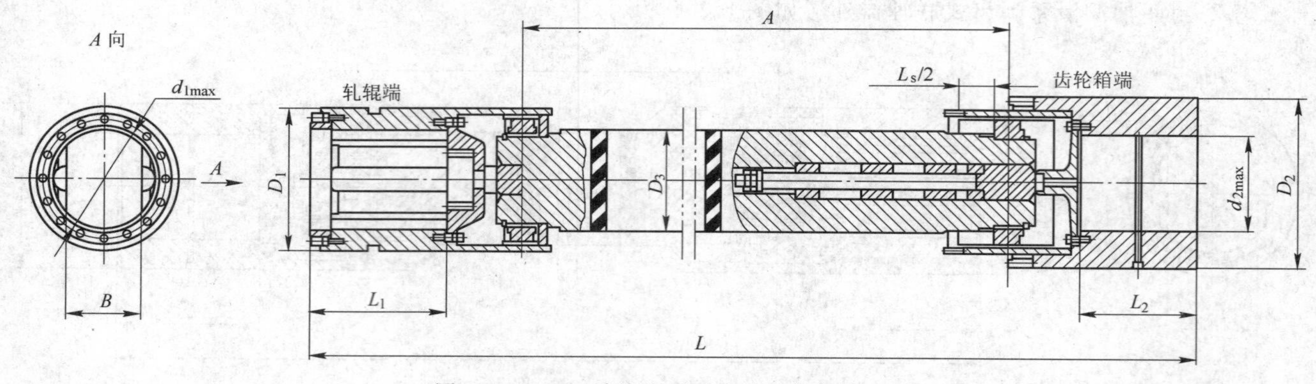

图 1.2.7 CZC 脂润滑系列齿式联轴器外形

表 1.2.8 CZC 脂润滑系列齿式联轴器外形尺寸及承载能力（昆山荣星动力传动有限公司 www.chinawingstar.com）

规格	公称转矩 T_n/kN·m 氮化 42CrMo	40CrMnMo	规格	渗碳 20CrMoTi	12CrNi3	转角3°时许用转速/r·min^{-1}	主要尺寸/mm D_1	D_2	D_3	d_{1max}	d_{2max}	B_{max}	A	L_1	L_2	L_s	$L=8D_1$	质量/kg	每100mm接轴质量/kg
CZC16N	22	28	CZC16C	34	48	669	160	190	106	100	112	80	862	153	130	50	1280	115	6.7
CZC18N	32	40	CZC18C	48	68	594	180	210	118	112	125	90	965	176	150	50	1440	161	8.3
CZC20N	44	56	CZC20C	68	95	535	200	235	132	125	140	100	1055	200	170	75	1600	222	10.4

续表 1.2.8

规格	公称转矩 T_n/kN·m 氮化		规格	公称转矩 T_n/kN·m 渗碳		转角3°时许用转速/r·min^{-1}	主要尺寸/mm											质量/kg	每100mm接轴质量/kg
	42CrMo	40CrMnMo		20CrMoTi	12CrNi3		D_1	D_2	D_3	d_{1max}	d_{2max}	B_{max}	A	L_1	L_2	L_s	$L=8D_1$		
CZC22N	62	80	CZC22C	95	136	475	225	265	150	140	160	112	1194	223	190	75	1800	320	13.5
CZC25N	90	112	CZC25C	136	190	428	250	300	170	160	180	125	1317	247	210	100	2000	450	17.1
CZC28N	125	160	CZC28C	190	272	375	285	335	190	180	200	140	1523	277	235	100	2280	646	21.2
CZC31N	180	225	CZC31C	272	382	340	315	370	210	200	225	160	1649	312	265	150	2520	863	25.8
CZC35N	250	320	CZC35C	382	536	306	350	420	235	225	250	180	1828	352	300	150	2800	1208	32.4
CZC39N	350	450	CZC39C	536	760	274	390	470	265	250	285	200	2015	395	335	200	3120	1693	41.2
CZC44N	490	620	CZC44C	750	1070	243	440	520	295	285	315	225	2304	436	370	200	3520	2342	50.8
CZC47N	590	760	CZC47C	900	1250	228	470	550	315	300	355	235	2479	460	390	200	3760	2845	58.5
CZC49N	700	900	CZC49C	1060	1530	218	490	590	335	315	350	250	2528	495	420	250	3920	3349	65.7
CZC52N	850	1060	CZC52C	1250	1800	206	520	620	350	330	370	265	2699	520	440	250	4160	3926	71.1
CZC55N	1000	1250	CZC55C	1530	2120	194	550	660	370	350	390	285	2852	555	470	250	4400	4693	78.8
CZC59N	1180	1500	CZC59C	1800	2500	181	590	700	390	370	420	300	3103	580	490	250	4720	5701	87.0
CZC62N	1400	1820	CZC62C	2120	3000	172	620	750	420	390	440	315	3229	615	520	300	4960	6844	100.2
CZC66N	1700	2120	CZC66C	2500	3600	162	660	800	440	420	470	335	3458	650	550	300	5280	8144	108.6
CZC70N	2000	2550	CZC70C	3000	4240	153	700	850	470	440	490	350	3665	696	590	300	5600	9979	122.9
CZC75N	2400	3000	CZC75C	3600	5000	143	750	900	490	470	520	370	3970	732	620	300	6000	11775	134.7
CZC80N	2850	3600	CZC80C	4240	6000	134	800	950	520	505	550	390	4229	778	660	350	6400	14010	151.3
CZC85N	3350	4240	CZC85C	5000	7200	126	850	1000	550	535	590	420	4511	825	700	350	6800	16706	164.2
CZC90N	3900	5000	CZC90C	6000	8500	119	900	1060	590	565	620	440	4767	882	750	350	7200	20028	189.9
CZC95N	4660	6000	CZC95C	7100	10000	113	950	1120	620	600	660	470	5016	940	800	350	7600	23477	209.8

特别提示：产品的安装连接尺寸可按客户要求设计和制造。

CZT贯穿型系列齿式联轴器外形如图1.2.8所示。

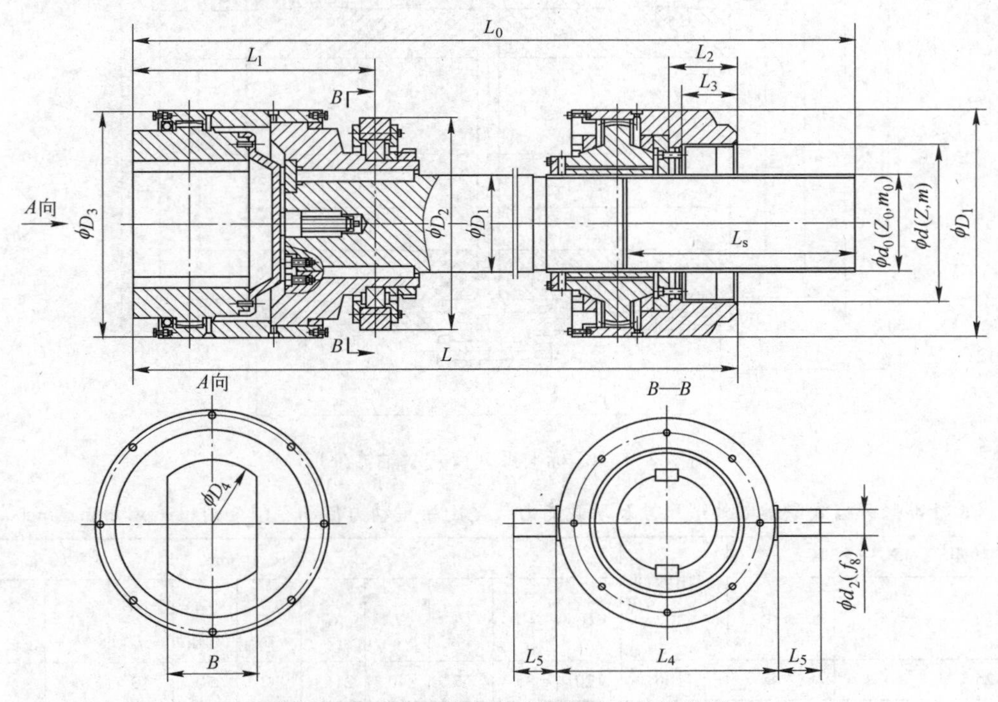

图1.2.8 CZT贯穿型系列齿式联轴器外形

表 1.2.9 CZT 贯穿型系列齿式联轴器外形尺寸及承载能力（昆山荣星动力传动有限公司 www.chinawingstar.com）

公称转矩 T_n/kN·m				许用转速	主要尺寸/mm																					
规格	调质	规格	氮化	/r·min^{-1}	D_1	D_2	D_3	D_4	B	m_0	Z_0	d_0	m	Z	D	d_1	d_2	L_0	L	L_1	L_2	L_3	L_4	L_5	L_s
CZT25T	40	CZT25N	90	2250	250	230	245	120	105	3	36	108	3	60	180	115	50	1370	985	260	75	65	230	90	500
CZT28T	56	CZT28N	125	2000	285	260	280	135	120	3	40	120	3	68	204	130	50	1415	1050	295	85	70	260	90	500
CZT31T	80	CZT31N	180	1800	315	290	310	150	135	4	32	128	4	56	224	140	55	1495	1140	325	90	75	290	100	500
CZT35T	112	CZT35N	250	1600	350	320	345	170	150	4	36	144	4	64	256	155	55	1655	1220	360	100	85	320	100	600
CZT39T	160	CZT39N	350	1400	390	360	385	185	165	4	40	160	4	70	280	170	55	1790	1375	400	110	95	360	100	600
CZT44T	225	CZT44N	490	1250	440	405	435	210	190	4	44	176	6	54	324	185	60	1860	1475	450	125	100	410	110	600
CZT47T	270	CZT47N	590	1200	470	430	465	225	200	6	30	180	6	56	336	195	60	2045	1570	490	130	105	430	110	700
CZT49T	315	CZT49N	700	1150	490	450	485	235	210	6	32	192	6	60	360	205	60	2155	1690	505	135	110	450	110	700
CZT52T	355	CZT52N	850	1120	520	480	515	250	220	6	34	204	6	62	372	220	60	2200	1755	540	140	115	480	110	700
CZT55T	450	CZT55N	1000	1000	550	505	545	265	235	6	38	228	6	66	396	245	75	2290	1865	575	150	120	510	135	700
CZT59T	530	CZT59N	1180	950	590	545	585	285	250	6	40	240	6	70	420	255	75	2560	1950	615	160	125	550	135	900
CZT62T	630	CZT62N	1400	900	620	570	615	300	265	6	42	252	6	74	444	270	75	2745	2145	650	170	135	570	135	900
CZT66T	750	CZT66N	1700	850	660	605	655	315	280	6	44	264	6	80	480	280	75	2775	2185	675	187	145	610	135	900
CZT70T	900	CZT70N	2000	800	700	645	695	335	300	8	34	272	8	64	512	290	92	2885	2325	720	195	150	650	165	900
CZT75T	1060	CZT75N	2400	750	750	690	745	360	320	8	36	288	8	68	544	310	92	3355	2610	785	197	160	690	165	1110
CZT80T	1250	CZT80N	2850	710	800	735	795	385	340	8	40	320	8	72	576	340	110	3515	2710	810	220	165	740	200	1200
CZT85T	1500	CZT85N	3350	660	850	780	845	410	360	8	42	336	8	76	608	360	110	3600	2815	855	230	170	780	200	1200
CZT90T	1800	CZT90N	3900	630	900	830	895	430	385	8	44	352	8	80	640	375	110	3685	2930	900	245	175	830	200	1200
CZT95T	2120	CZT95N	4660	590	950	875	945	455	405	8	48	384	8	86	688	405	110	3765	3030	950	260	185	880	200	1200

特别提示：产品的安装连接尺寸可按客户要求设计和制造。

CJ 标准系列齿式联轴器外形如图 1.2.9 所示。

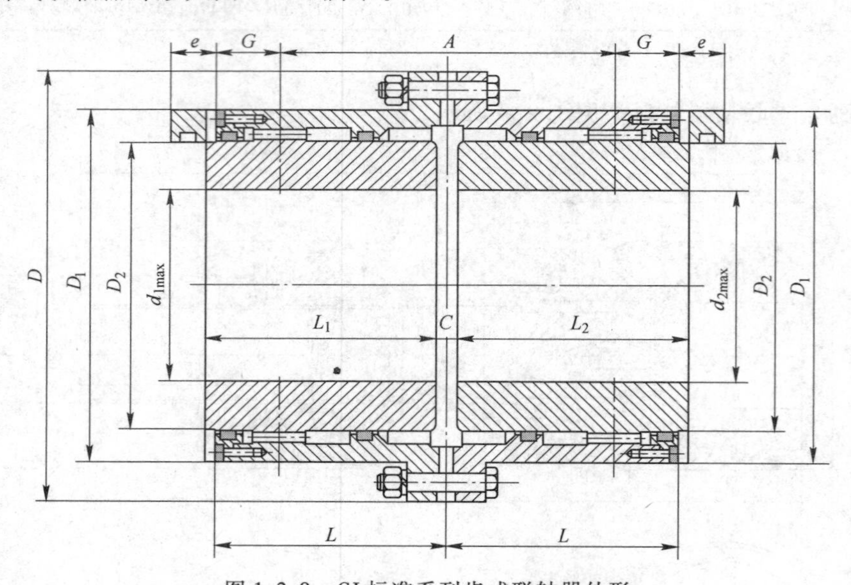

图 1.2.9 CJ 标准系列齿式联轴器外形

表 1.2.10 CJ 标准系列齿式联轴器外形尺寸及承载能力（昆山荣星动力传动有限公司 www.chinawingstar.com）

公称转矩 T_n/kN·m				许用转速	主要尺寸/mm											质量
规格	调质	规格	氮化	/r·min^{-1}	D	D_1	D_2	L	G	A	d_{1max} (d_{2max})	L_{1min} (L_{2min})	C	e	ΔY_{max}	/kg
CJ8T	1.25	CJ8N	2.8	7100	120	85	67	40	21.5	37	50	40	4	6	0.65	4
CJ9T	1.8	CJ9N	3.9	6300	130	95	75	45	22	46	55	45	4	6	0.8	4

续表 1.2.10

公称转矩 T_n/kN·m				许用转速 /r·min^{-1}	主要尺寸/mm											质量 /kg
规格	调质	规格	氮化		D	D_1	D_2	L	G	A	d_{1max} (d_{2max})	L_{1min} (L_{2min})	C	e	ΔY_{max}	
CJ10T	2.5	CJ10N	5.5	5600	140	106	85	50	22.5	55	60	50	4	6	0.96	5
CJ11T	3.5	CJ11N	8	5000	155	112	95	55	23	64	66	55	5	8	1.12	8
CJ12T	5	CJ12N	11	4500	165	125	106	62	24	76	75	62	6	9	1.33	10
CJ14T	7.1	CJ14N	16	4000	185	140	120	70	25	90	85	70	6	10	1.57	12
CJ16T	10	CJ16N	22	3600	200	160	136	80	31	98	95	80	7	11	1.71	17
CJ18T	14	CJ18N	32	3200	220	180	153	90	32	116	106	90	8	12	2.02	24
CJ20T	20	CJ20N	44	2800	245	200	170	100	33.5	133	118	100	9	14	2.32	33
CJ22T	28	CJ22N	62	2500	270	225	195	112	36	152	132	112	10	16	2.65	48
CJ25T	40	CJ25N	90	2250	300	250	212	125	39	172	150	125	11	18	3	62
CJ28T	56	CJ28N	125	2000	335	285	240	140	43	194	170	140	13	20	3.39	87
CJ31T	80	CJ31N	180	1800	365	315	272	160	45	230	190	160	14	22	4.01	120
CJ35T	112	CJ35N	250	1600	400	350	294	180	48	264	215	180	16	45	4.61	160
CJ39T	160	CJ39N	350	1400	460	390	330	200	52	296	250	200	18	50	5.17	218
CJ44T	225	CJ44N	490	1250	510	440	378	225	57	336	285	225	20	53	5.86	310
CJ49T	315	CJ49N	700	1150	560	490	416	250	61	378	315	250	22	55	6.6	416
CJ55T	450	CJ55N	1000	1000	630	550	472	285	67	436	355	285	25	57	7.61	606
CJ62T	630	CJ62N	1400	900	700	620	536	315	72	486	390	315	28	59	8.48	877
CJ70T	900	CJ70N	2000	800	800	700	588	350	78	544	440	350	32	61	9.5	1214
CJ80T	1250	CJ80N	2850	710	900	800	684	390	88	604	500	390	36	63	10.54	1791
CJ90T	1800	CJ90N	3900	630	1000	900	768	440	96	688	550	440	40	65	12.01	2577
CJ100T	2550	CJ100N	5600	550	1120	1000	848	490	106	768	620	490	44	67	13.41	3407
CJ112T	3550	CJ112N	8000	500	1250	1120	960	550	116	868	700	550	50	69	15.15	4805
CJ125T	5000	CJ125N	11200	450	1400	1250	1072	620	130	980	800	620	56	71	17.11	6668
CJ140T	7100	CJ140N	16000	400	1550	1400	1200	700	144	1112	900	700	60	73	19.41	9016

特别提示：产品的安装连接尺寸可按客户要求设计和制造。

CF 复合系列齿式联轴器外形如图 1.2.10 所示。

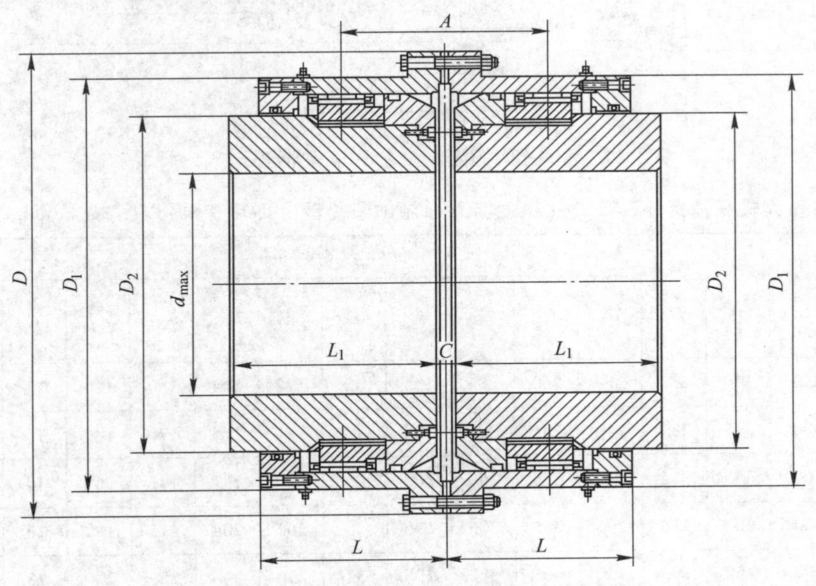

图 1.2.10 CF 复合系列齿式联轴器外形

表 1.2.11 CF 复合系列齿式联轴器外形尺寸及承载能力（昆山荣星动力传动有限公司 www.chinawingstar.com）

公称转矩 T_n/kN·m				许用转速 /r·min^{-1}	主要尺寸/mm									质量 /kg
规格	调质	规格	氮化		D	D_1	D_2	L	A	C	d_{max}	L_{1min}	ΔY_{max}	
CF44T	490	CF44N	750	1250	510	440	378	200	225	20	250	225	3.39	363
CF49T	700	CF49N	1060	1150	560	490	415	225	250	22	280	250	4.36	500
CF55T	1000	CF55N	1530	1000	630	550	466	250	285	25	300	285	4.97	737
CF62T	1400	CF62N	2120	900	700	620	516	285	315	28	340	315	5.5	1004
CF70T	2000	CF70N	3000	800	800	700	570	315	350	32	380	350	6.11	1431
CF80T	2850	CF80N	4240	710	900	800	655	350	390	36	440	390	6.81	2056
CF90T	3900	CF90N	6000	630	1000	900	740	390	440	40	480	440	7.68	2971
CF100T	5600	CF100N	8500	550	1120	1000	840	440	490	44	560	490	8.55	4009
CF112T	8000	CF112N	12000	500	1250	1120	925	490	550	50	630	550	9.6	5511
CF125T	11200	CF125N	17000	450	1400	1250	1030	550	620	56	700	620	10.82	7780
CF140T	16000	CF140N	24000	400	1550	1400	1176	620	710	62	770	700	12.39	11632

特别提示：产品的安装连接尺寸可按客户要求设计和制造。

CD 外圈固定系列齿式联轴器外形如图 1.2.11 所示。

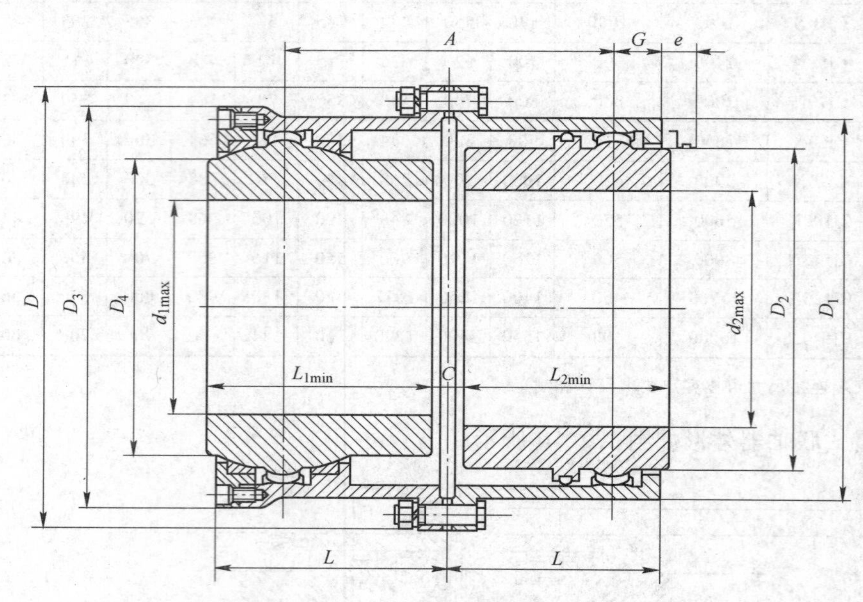

图 1.2.11 CD 外圈固定系列齿式联轴器外形

表 1.2.12 CD 外圈固定系列齿式联轴器外形尺寸及承载能力（昆山荣星动力传动有限公司 www.chinawingstar.com）

公称转矩 T_n/kN·m				许用转速 /r·min^{-1}	主要尺寸/mm														质量 /kg
规格	调质	规格	氮化		D	D_1	D_2	D_3	D_4	L	G	A	d_{1max}	d_{2max}	L_{1min} (L_{2min})	C	e	ΔY_{max}	
CD25T	40	CD25N	90	2250	300	250	212	260	205	125	39	172	144	150	125	11	18	3	62
CD28T	56	CD28N	125	2000	335	285	240	295	235	140	43	194	165	170	140	13	20	3.39	87
CD31T	80	CD31N	180	1800	365	315	272	325	258	160	45	230	181	190	160	14	22	4.01	120
CD35T	112	CD35N	250	1600	400	350	294	365	285	180	48	264	208	215	180	16	45	4.61	160
CD39T	160	CD39N	350	1400	460	390	330	405	322	200	52	296	245	250	200	18	50	5.17	218

续表 1.2.12

公称转矩 T_n/kN·m				许用转速 /r·min^{-1}	主要尺寸/mm														质量 /kg
规格	调质	规格	氮化		D	D_1	D_2	D_3	D_4	L	G	A	$d_{1\max}$	$d_{2\max}$	$L_{1\min}$ ($L_{2\min}$)	C	e	$\Delta Y_{\max}$	
CD44T	225	CD44N	490	1250	510	440	378	455	368	225	57	336	275	285	225	20	53	5.86	310
CD49T	315	CD49N	700	1150	560	490	416	510	398	250	61	378	300	315	250	22	55	6.6	416
CD55T	450	CD55N	1000	1000	630	550	472	572	460	285	67	436	345	355	285	25	57	7.61	606
CD62T	630	CD62N	1400	900	700	620	536	645	524	315	72	486	380	390	315	28	59	8.48	877
CD70T	900	CD70N	2000	800	800	700	588	728	577	350	78	544	430	440	350	32	61	9.5	1214
CD80T	1250	CD80N	2850	710	900	800	684	832	670	390	88	604	490	500	390	36	63	10.54	1791
CD90T	1800	CD90N	3900	630	1000	900	768	936	750	440	96	688	540	550	440	40	65	12.01	2577
CD100T	2550	CD100N	5600	550	1120	1000	848	1040	850	490	106	768	620	620	490	44	67	13.41	3407
CD112T	3550	CD112N	8000	500	1250	1120	960	1165	940	550	116	868	658	700	550	50	69	15.15	4805
CD125T	5000	CD125N	11200	450	1400	1250	1072	1300	1047	620	130	980	733	800	620	56	71	17.11	6668
CD140T	7100	CD140N	16000	400	1550	1400	1200	1455	1181	700	144	1112	827	900	700	60	73	19.41	9016

特别提示：产品的安装连接尺寸可按客户要求设计和制造。

CN 制动轮系列齿式联轴器外形如图 1.2.12 所示。

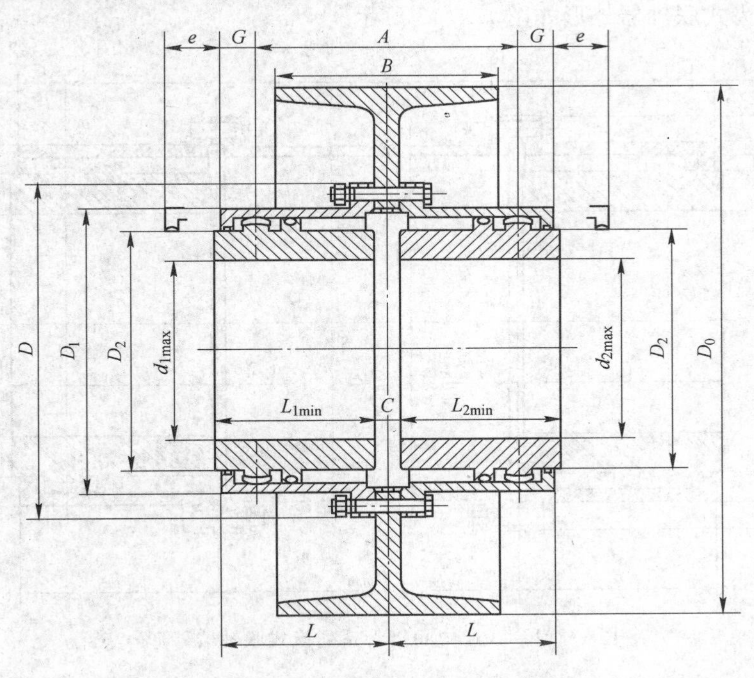

图 1.2.12 CN 制动轮系列齿式联轴器外形

表 1.2.13 CN 制动轮系列齿式联轴器外形尺寸及承载能力（昆山荣星动力传动有限公司 www.chinawingstar.com）

公称转矩 T_n/kN·m				许用转速 /r·min^{-1}	主要尺寸/mm													质量 /kg
规格	调质	规格	氮化		D_0	D	D_1	D_2	L	G	A	B	$d_{1\max}$ ($d_{2\max}$)	$L_{1\min}$ ($L_{2\min}$)	C	e	$\Delta Y_{\max}$	
CN11T	3.5	CN11N	8	5000	200	155	112	95	59	23	72	85	66	55	13	8	1.26	13
CN12T	5	CN12N	11	4500	250	165	125	106	67	24	86	105	75	62	16	9	1.5	20
CN14T	7.1	CN14N	16	4000	250	185	140	120	75	25	100	105	85	70	16	10	1.75	23

续表 1.2.13

公称转矩 T_n/kN·m				许用转速 /r·min^{-1}	主要尺寸/mm													质量 /kg
规格	调质	规格	氮化		D_0	D	D_1	D_2	L	G	A	B	d_{1max} (d_{2max})	L_{1min} (L_{2min})	C	e	ΔY_{max}	
CN16T	10	CN16N	22	3600	315	200	160	136	86	31	110	135	95	80	19	11	1.92	35
CN18T	14	CN18N	32	3200	315	220	180	153	96	32	128	135	106	90	20	12	2.23	41
CN20T	20	CN20N	44	2800	400	245	200	170	107	33.5	147	170	118	100	23	14	2.57	67
CN22T	28	CN22N	62	2500	400	270	225	195	119	36	166	170	132	112	24	16	2.9	82
CN25T	40	CN25N	90	2250	500	300	250	212	134	39	190	210	150	125	29	18	3.32	119
CN28T	56	CN28N	125	2000	500	335	285	240	149	43	212	210	170	140	31	20	3.7	144
CN31T	80	CN31N	180	1800	630	365	315	272	171	45	252	265	190	160	36	22	4.4	222
CN35T	112	CN35N	250	1600	630	400	350	294	191	48	286	265	215	180	38	45	4.99	261
CN39T	160	CN39N	350	1400	710	460	390	330	211	52	318	300	250	200	40	50	5.55	364
CN44T	225	CN44N	490	1250	710	510	440	378	236	57	358	300	285	225	42	53	6.25	456
CN49T	315	CN49N	700	1150	800	560	490	416	263	61	404	340	315	250	48	55	7.05	619

特别提示：产品的安装连接尺寸可按客户要求设计和制造。

CG 中间接管系列齿式联轴器外形如图 1.2.13 所示。

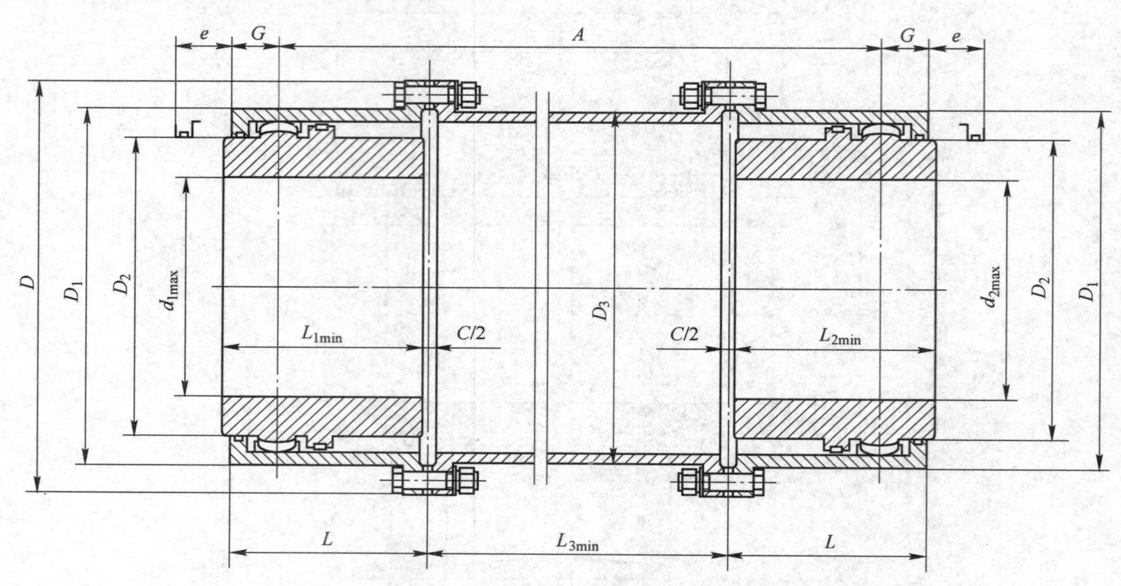

图 1.2.13 CG 中间接管系列齿式联轴器外形

表 1.2.14 CG 中间接管系列齿式联轴器外形尺寸及承载能力（昆山荣星动力传动有限公司 www.chinawingstar.com）

公称转矩 T_n/kN·m				许用转速 /r·min^{-1}	主要尺寸/mm											质量 /kg	每 100mm 接管质量 /kg
规格	调质	规格	氮化		D	D_1	D_2	D_3	L	G	L_{3min}	A	d_{1max} (d_{2max})	L_{1min} (L_{2min})	C		
CG11T	3.5	CG11N	8	5000	155	112	95	112	55	23	72	136	66	55	5	11	1.2
CG12T	5	CG12N	11	4500	165	125	106	125	62	24	80	156	75	62	6	13	1.6
CG14T	7.1	CG14N	16	4000	185	140	120	140	70	25	88	178	85	70	6	18	2
CG16T	10	CG16N	22	3600	200	160	136	159	80	31	98	196	95	80	7	24	2.6

续表 1.2.14

公称转矩 T_n/kN·m				许用转速 /r·min^{-1}	主要尺寸/mm											质量 /kg	每100mm 接管质量 /kg
规格	调质	规格	氮化		D	D_1	D_2	D_3	L	G	L_{3min}	A	d_{1max} (d_{2max})	L_{1min} (L_{2min})	C		
CG18T	14	CG18N	32	3200	220	180	153	180	90	32	108	224	106	90	8	33	3.4
CG20T	20	CG20N	44	2800	245	200	170	194	100	33.5	120	253	118	100	9	46	4.5
CG22T	28	CG22N	62	2500	270	225	195	219	112	36	134	286	132	112	10	65	5.6
CG25T	40	CG25N	90	2250	300	250	212	245	125	39	150	322	150	125	11	84	6.9
CG28T	56	CG28N	125	2000	335	285	240	273	140	43	170	364	170	140	13	119	8.9
CG31T	80	CG31N	180	1800	365	315	272	299	160	45	190	420	190	160	14	162	11.2
CG35T	112	CG35N	250	1600	400	350	294	340	180	48	210	474	215	180	16	214	14.3
CG39T	160	CG39N	350	1400	460	390	330	377	200	52	234	530	250	200	18	298	17.6
CG44T	225	CG44N	490	1250	510	440	378	426	225	57	260	596	285	225	20	414	21.9
CG49T	315	CG49N	700	1150	560	490	416	490	250	61	290	668	315	250	22	551	28.7
CG55T	450	CG55N	1000	1000	630	550	472	550	285	67	330	766	355	285	25	799	36
CG62T	630	CG62N	1400	900	700	620	536	620	315	72	370	856	390	315	28	1132	45
CG70T	900	CG70N	2000	800	800	700	588	700	350	78	410	954	440	350	32	1583	57.4
CG80T	1250	CG80N	2850	710	900	800	684	800	390	88	4600	1064	500	390	36	2294	73.2
CG90T	1800	CG90N	3900	630	1000	900	768	900	440	96	510	1198	550	440	40	3239	88.9
CG100T	2550	CG100N	5600	550	1120	1000	848	1000	490	106	580	1348	620	490	44	4422	117.1
CG112T	3550	CG112N	8000	500	1250	1120	960	1120	550	116	640	1508	700	550	50	6132	144.4
CG125T	5000	CG125N	11200	450	1400	1250	1072	1250	620	130	710	1690	800	620	56	8512	181.6
CG140T	7100	CG140N	16000	400	1550	1400	1200	1400	700	144	810	1922	900	700	60	11574	229.6

特别提示：产品的安装连接尺寸可按客户要求设计和制造。

生产厂商：昆山荣星动力传动有限公司，太原市格力森重型传动机械有限公司。

1.2.6 十字轴式万向联轴器

1.2.6.1 概述

十字轴式万向联轴器是一种最常用的联轴器。利用其结构的特点能使不在同一轴线或轴线折角较大或轴向移动较大的两轴等角速连续回转，并可靠地传递转矩和运动。广泛应用于起重、工程运输、矿山、石油、船舶、煤炭、橡胶、造纸机械及其他重机行业的机械轴系中传递转矩。

1.2.6.2 主要特点

十字轴式万向联轴器的主要特点为：(1) 具有较大的角度补偿能力。(2) 结构紧凑合理。SWC－BH型采用整体式叉头，使运载更具可靠性。(3) 承载能力大。与回转直径相同的其他形式的联轴相比较，其所传递的扭矩更大；对回转直径受限制的机械设备，更具优越性。(4) 传动效率高。可达98%～99.8%，用于大功率传动，节能效果明显。(5) 运载平稳，噪声低，装拆维护方便。

1.2.6.3 技术参数

技术参数见表1.2.15～表1.2.31。

表 1.2.15 SWG 十字轴式万向轴外形尺寸（昆山荣星动力传动有限公司 www.chinawingstar.com）

结构代号	名 称	图 示
A	标准伸缩焊接型	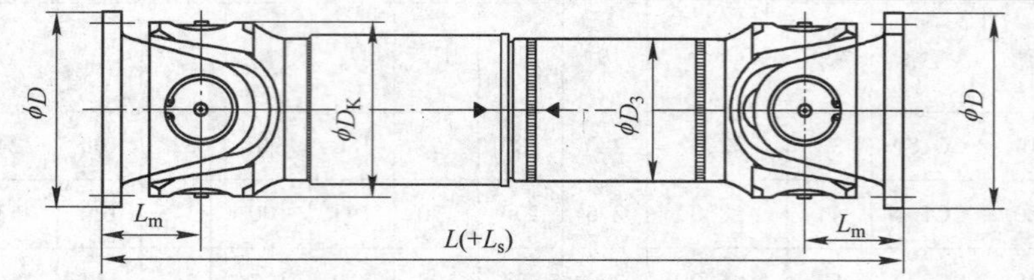
B	无伸缩焊接型	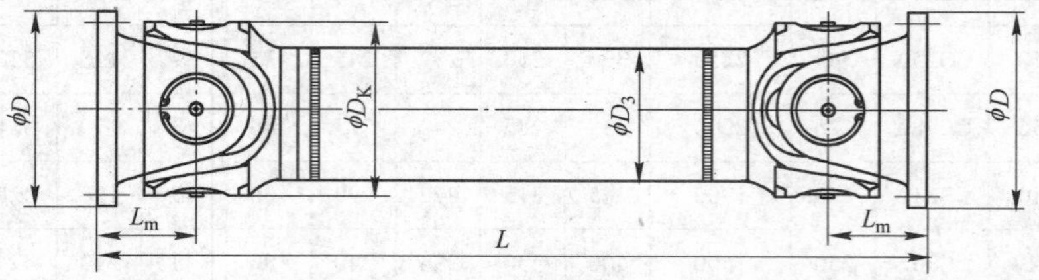
M	平面型	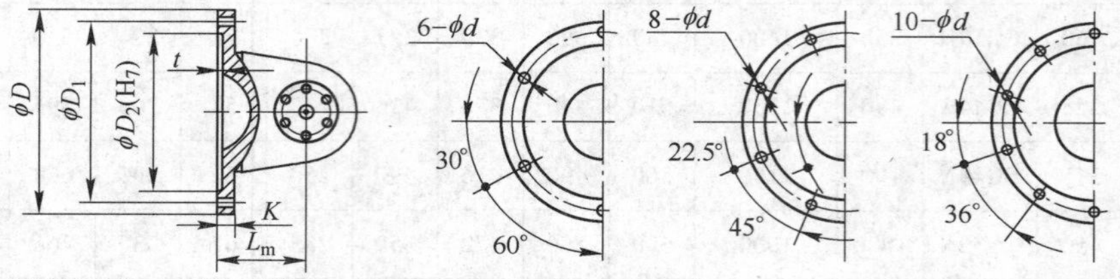

表 1.2.16 SWG 十字轴式万向承载能力和外形尺寸（昆山荣星动力传动有限公司 www.chinawingstar.com）

		型 号	SWG11	SWG12	SWG14	SWG16	SWG18	SWG20	SWG22	SWG25	SWG28	SWG31	SWG35
性能参数		T_{DW}/kN·m	1.3	1.8	3.0	4.0	6.0	8.9	14.6	24.3	30.8	42	58
		T_{DSH}/kN·m	1.7	2.5	4.0	5.3	8.0	11.8	19.4	32.3	41.0	56	81
		K_L	0.81	2.17	6.95	19.54	63.93	0.22	0.80	2.13	7.54	26.48	71.08
			$\times 10^{-3}$										
		β/(°)	25										
通用参数		D/mm	112	125	140	160	180	200	225	250	285	315	350
		D_K/mm	90	100	112	125	140	160	180	200	225	250	285
		D_3/mm	68	73	76	89	102	108	121	133	152	168	194
		L_m/mm	60	66	75	85	95	106	120	130	140	160	180
		K/mm	10	11	13	14	16	18	20	22	25	27	32
端面连接参数	M	D_2(H7)/mm	68	75	84	96	105	120	135	150	175	190	210
		t	3		4		5			6		7	
		D_1 ±0.2	94	106	118	138	154	174	195	220	245	280	310
		n	6				8				10		
		d/mm	9			11	13.5		15		17.5	20	22
结构形式参数	A	L_{min}/mm	375		410	435 485	515	565	615	660	690	780	875
		L_s/mm	52		54	70 75	80	85	95	106	112	125	140
		W/kg	11		14	19 27	39	53	76	101	139	197	292
	B	L_{min}/mm	237		261	297 336	376	419	475	514	553	632	711
		W/kg	7		9	13 18	26	36	53	70	95	136	201
		ΔW_{100}/kg	1.0		1.1	1.2 1.8	2.2	2.5	3	3.3	5.1	5.7	8.2
		ΔW_{s100}/kg	1.4		1.7	1.9 2.5	3.2	3.9	5	6.4	8	9.8	11.7
连接螺栓		M(8.8s)	M8			M10	M12		M14		M16	M18	M20
		T_M/N·m	22			43	75		120		193	265	376

特别提示：产品的安装连接尺寸可按客户要求设计和制造。

表 1.2.17 SCE 船用系列承载能力和外形尺寸（昆山荣星动力传动有限公司 www.chinawingstar.com）

结构代号	名 称	图 示
A	标准伸缩焊接型	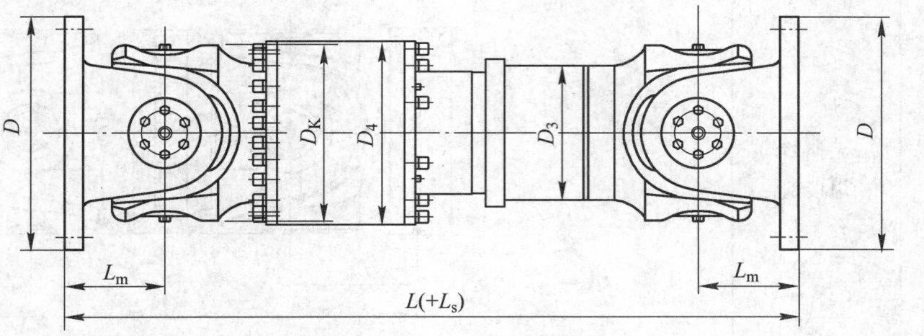 D, D_K, D_4, D_3, D, L_m, $L(+L_s)$, L_m
C	平面型	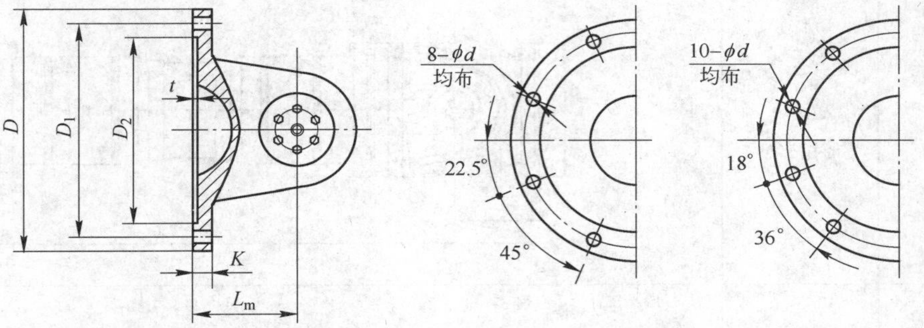 D, D_1, D_2, t, K, L_m; 8-ϕd 均布, 22.5°, 45°; 10-ϕd 均布, 18°, 36°

表 1.2.18 SCE 十字轴式万向承载能力和外形尺寸（昆山荣星动力传动有限公司 www.chinawingstar.com）

型 号			SCE20	SCE22	SCE25	SCE28	SCE31	SCE35	SCE39
性能参数		T_{DW}/kN·m	24.3	30.8	42	58	80	110	163
		T_{DSH}/kN·m	32.3	41.0	56	81	106	154	216
		K_L	2.13	7.54	26.48	71.08	285	755	1751
		β/(°)	15						
通用参数		D/mm	200	225	250	285	315	350	390
		D_K/mm	200	225	250	285	315	350	390
		D_3/mm	152	168	194	219	245	273	299
		D_4/mm	200	225	250	285	315	350	390
		L_m/mm	110	125	140	160	180	195	215
		K/mm	15	18	20	22	25	32	40
端面连接参数	M	D_2(H7)/mm	140	140	175	175	220	250	280
		t/mm	5	6	7		8		10
		D_1±0.2/mm	196	218	245	280	310	345	385
		d（C_{12}）/mm	16	18	20	22		24	27
		n	8				10		
结构形式参数	A	L_{min}/mm	750	820	950	1150	1260	1420	1560
		L_s/mm	50	60		120			
		W/kg	157	223	312	451	624	839	1133
		ΔW_{100}/kg	5.1	5.7	8.2	11.5	13.6	15.8	18.7
		ΔW_{s100}/kg	14	18	23	30	37	46	55
连接螺栓		M（8.8s）	M16	M18	M20	M22		M24	M27
		T_M/N·m	193	265	376	512		651	952

特别提示：产品的安装连接尺寸可按客户要求设计和制造。

表 1.2.19 SHC(D)重载系列承载能力和外形尺寸（昆山荣星动力传动有限公司 www.chinawingstar.com）

结构代号	名 称	图 示
C	无伸缩焊接型	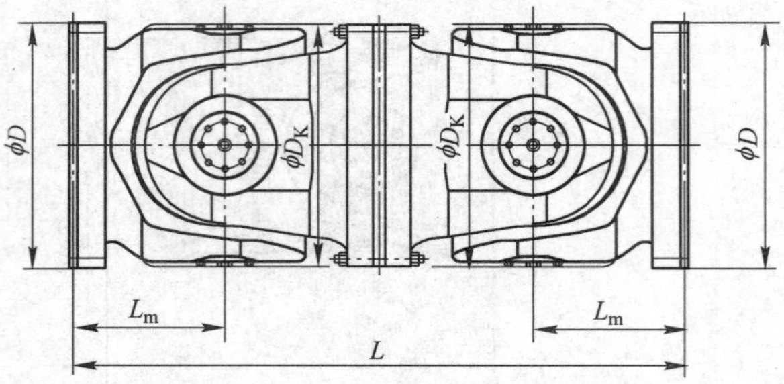
D	无伸缩法兰带托架型	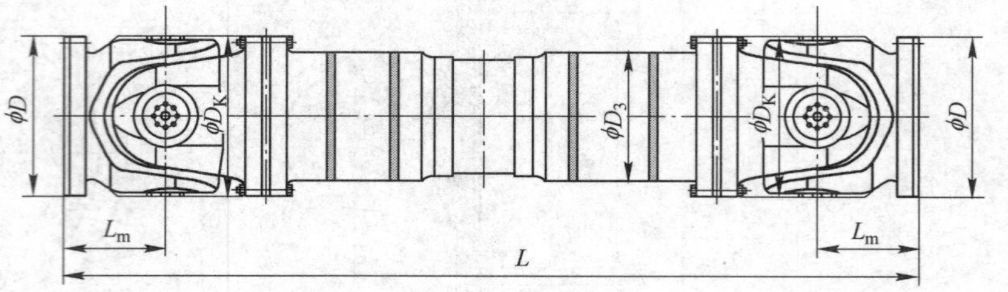
E	标准伸缩法兰型	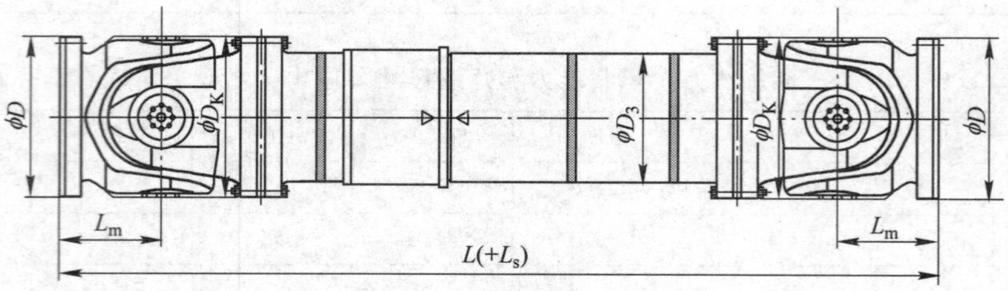
DE	标准伸缩法兰带托架型	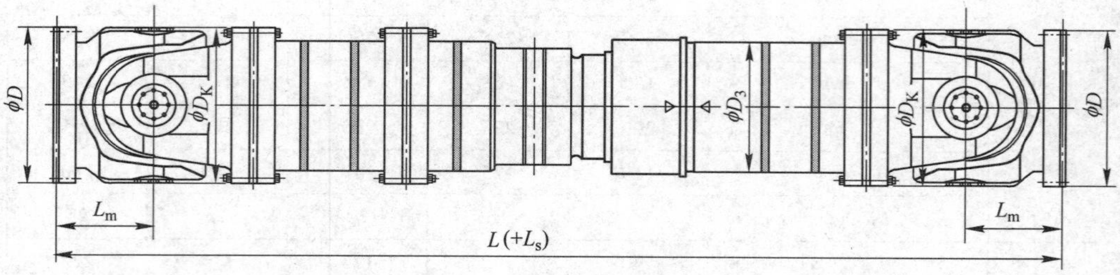
C	端齿型	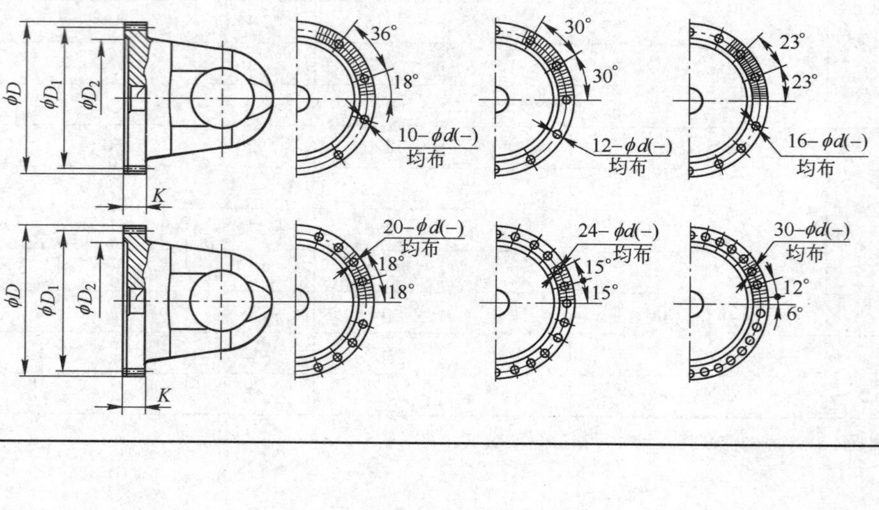

表 1.2.20　SHC(D)十字轴式万向承载能力和外形尺寸(昆山荣星动力传动有限公司　www.chinawingstar.com)

	规格	SHC(D)31	SHC(D)35	SHC(D)39	SHC(D)44	SHC(D)49	SHC(D)55	SHC(D)59	SHC(D)62	SHC(D)66	SHC(D)70	SHC(D)73	SHC(D)75	SHC(D)80	SHC(D)85	SHC(D)90	SHC(D)95	SHC(D)100	SHC(D)104	SHC(D)106	SHC(D)110	SHC(D)112	SHC(D)118	SHC(D)120	SHC(D)125	SHC(D)132	SHC(D)140	SHC(D)150	SHC(D)160
性能参数	T_{DW}/kN·m	115	162	232	310	412	599	927	1201	1438	1693	2060	2204	2762	3199	3994	4608	5501	6181	6689	7478	7893	9277	9933	11467	13471	16369	20645	25028
	T_{DSH}/kN·m	153	215	309	413	548	797	1232	1597	1912	2252	2740	2932	3673	4255	5312	6129	7317	8221	8897	9945	10498	12339	13211	15251	17916	21771	27457	33286
	K_L	0.44	1.27	3.61	10.95	28.92	82.48	71.65	0.15	0.26	0.48	0.69	0.83	1.58	2.64	4.62	7.48	11.59	17.39	21.44	25.41	31.10	51.46	62.06	82.23	133.1	222.4	403.7	639.9
		$\times10^3$						$\times10^6$																					
	β/(°)	5, 10																											
通用参数	D_K/mm	315	350	390	440	490	550	590	620	660	700	730	750	800	850	900	950	1000	1040	1060	1100	1120	1180	1200	1250	1320	1400	1500	1600
	D/mm	315	350	390	440	490	550	590	620	660	700	730	750	800	850	900	950	1000	1040	1060	1100	1120	1180	1200	1250	1320	1400	1500	1600
	D_2/mm	250	280	315	350	390	440	470	490	530	560	580	600	640	680	720	760	800	830	850	880	900	940	960	1000	1050	1120	1200	1280
	D_3/mm	245	273	299	356	402	457	480	508	560	599		620	660	700	750	800	820	860		920		980		1045	1090	1180	1280	1380
	L_m/mm	190	210	230	260	290	330	350	370	390	420	460		480	530	555	580	625	645		670		740		760	800	840	890	940
	K/mm	40	45	50	55	60	70	5	80	85	90	95		100	105	110	120	125	130		140		150		160	170	180	190	200
	Z	60	72		96			120				144						180											
	D_1±0.2/mm	280	315	350	405	450	510	545	575	615	655	675	695	745	785	835	885	925	965	975	1025	1045	1095	1115	1165	1235	1315	1415	1515
	n	10	12		16			20		24								20									30		
	d/mm	17.5		20		22	24	26				33			39			45					52						
	C L/mm	760	840	920	1040	1160	1320	1400	1480	1560	1680	1840	1840	1920	2120	2220	2320	2500	2580		2680		2960		3040	3200	3360	3560	3760
	C W/kg	340	474	648	942	1292	1832	2240	2620	3170	3896	4426	4722	5688	6930	8252	9742	11520	12900	13466	15286	15826	19352	20100	22248	26494	31576	38774	46928
	D L_{min}/mm	960	1064	1170	1316	1460	1670	1776	1880	1984	2130	2316	2316	2420	2644	2770	2920	3124	3230	3230	3380	3380	3710	3710	3840	4050	4260	4510	4760
	D W/kg	393	549	748	1098	1503	2105	2608	3016	3742	4496	5121	5501	6524	8054	9482	11402	13229	14998	15625	17531	18140	22408	23237	25588	30696	36514	45559	54304
	E L_{min}/mm	1456	1599	1760	1999	2220	2575	2701	2889	3023	3290	3486	3496	3718	3972	4224	4409	4696	4827	4827	5183	5183	5548	5548	5843	6083	6486	6806	7277
	E L_s/mm	125	160		200		250											300											
	E W/kg	587	815	1094	1670	2298	3103	3736	4384	5476	6639	7278	7844	9378	11378	13605	16266	18644	21103	21729	25127	25736	31328	32157	36581	42951	52009	64634	78621
	DE L_{min}/mm	1663	1830	2022	2284	2532	2947	3079	3317	3445	3767	3979	3979	4258	4506	4810	5010	5365	5497	5497	5938	5938	6318	6318	6713	6973	7431	7731	8366
	DE L_s/mm	125	160		200		250											300											
	DE W/kg	634	882	1187	1814	2500	3375	4085	4777	6016	7215	7953	8596	10234	12457	14857	17891	20371	23170	23857	27448	28126	34258	35283	40071	47192	57016	71189	86234
	ΔW_{100}/kg	13.6	18.0	19.9	29.8	35.7	45.7	53.0	56.5	74.0	79.8	79.8	89.0	95.4	115.6	124.8	149.9	162.0	170.9	170.9	193.3	193.3	236.0	236.0	253.6	307.8	359.0	465.3	507.3
	ΔW_{s100}/kg	38.2	46.8	55.3	77.3	94.8	106.9	114.6	134.4	153.2	180.9	180.9	190.6	220.0	241.2	284.0	310.6	345.1	355.1	355.1	432.4	432.4	476.8	476.8	556.1	612.0	722.5	832.7	978.9
连接螺栓	M (10.9s)	M16		M18		M20	M22	M24				M30			M36			M42					M48						
	T_M/N·m	0.385		0.531		0.752	1.026	1.300				2.877			4.522			7.246					10.882						

表 1.2.21　万向轴工况系数表（昆山荣星动力传动有限公司　www. chinawingstar. com）

负荷性质	设备名称	f
轻冲击负荷	发电机、离心泵、木工机械、皮带运输机、造纸机、机床	1.1～1.3
中冲击负荷	压缩机（多缸）、活塞泵（多柱塞）、小型型钢轧机、线材与棒材轧机、运输机械主传动	1.3～1.8
重冲击负荷	船舶驱动、运输辊道、连续管轧机、连续工作辊道、中型型钢轧机、压缩机（单缸）、活塞泵（单柱塞）、风机、压力机、矫直机、起重机主传动、机车主传动	2～3
特重冲击负荷	起重机辅助传动、可逆工作辊道、卷取机、破鳞机、初轧机	3～5
极重冲击负荷	机架辊道、厚板剪切机、可逆轧机及初板轧机	6～15

表 1.2.22　SWC 标准系列结构形式（江苏二传机械有限公司　www. wj2cd. com. cn）

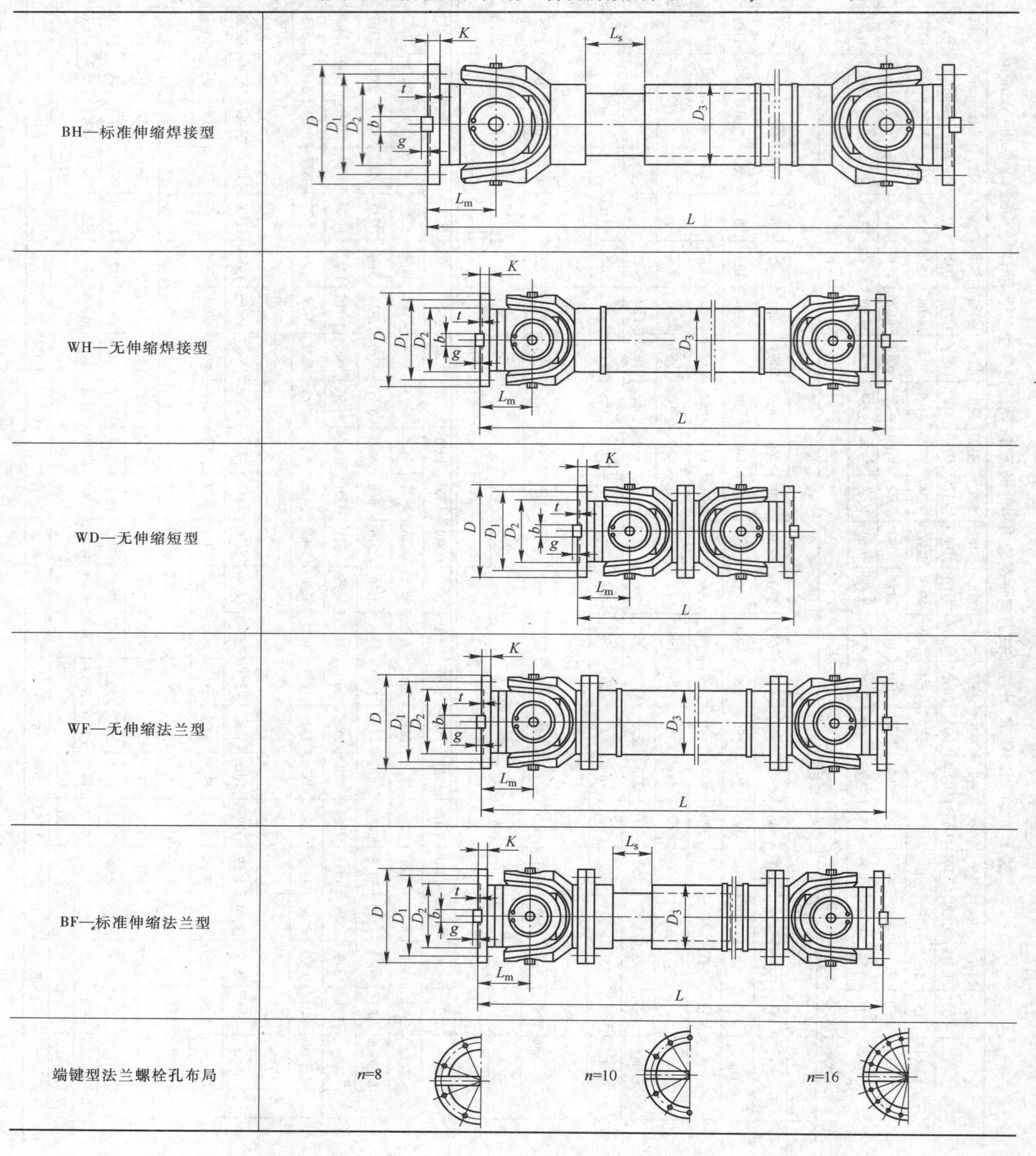

续表 1.2.22

端面齿型法兰螺栓孔布局	n=8	n=10	n=12	n=16

表 1.2.23 SWC 十字轴式万向联轴器标准系列技术参数及主要尺寸（根据（JB/T 5513—2006））

（江苏二传机械有限公司 www.wj2cd.com.cn）

	形式	规格	SWC120	SWC150	SWC160	SWC180	SWC200	SWC225	SWC250	SWC285	SWC315	SWC350	SWC390	SWC440	SWC490	SWC550
专用尺寸	BH型	基准长度 L_{min}/mm	565	670	870	940	970	1060	1175	1330	1455	1590	1760	2065	2175	2540
		伸缩量 L_s	-80	-80	-80	-100	-110	-140	-140	-140	-140	-150	-170	-190	-190	-240
		参考质量/kg	24.5	50	70	90	121	145	220	310	411	650	850	1300	1650	2580
		转动惯量/kg·m²	0.011	0.042	0.12	0.175	0.314	0.538	0.966	2.011	3.7	5.4	12.16	21.5	34	70
	WH型	基准长度 L_{min}/mm	307	350	480	480	500	520	620	720	805	875	955	1155	1205	1355
		参考质量/kg	20	43	55	58	95	102	172	232	291	467	618	900	1212	1726
		转动惯量/kg·m²		0.065	0.09	0.18	0.3	0.45	0.95	1.95	3.2	5.65	9.7	17.5	28.6	55
	WD型	基准长度 L_{min}/mm		320	360	440	440	480	560	640	720	776	860	1040	1080	1220
		参考质量/kg		36	48	52	78	90	130	198	280	390	550	820	1105	1600
		转动惯量/kg·m²		0.065	0.12	0.175	0.29	0.46	0.92	2.33	3.15	5.1	9.5	16.9	26.9	51.5
	WF型	基准长度 L_{min}/mm	—	—	580	600	620	650	750	850	950	1000	1100	1310	1400	1550
		参考质量/kg	—	—	66	70	134	140	202	272	337	522	698	990	1391	1916
		转动惯量/kg·m²	—	—	0.21	0.26	0.32	0.85	1.3	3.1	4.8	8.5	15.1	27	45	77.5
	BF型	基准长度 L_{min}/mm	—	—	870	940	970	1060	1175	1330	1455	1590	1760	2065	2175	2540
		伸缩量 L_s/mm	—	—	-80	-100	-120	-140	-140	-140	-140	-150	-170	-190	-190	-240
		参考质量/kg	—	—	81	100	160	180	250	350	457	705	930	1400	1829	2770
		转动惯量/kg·m²	—	—	0.27	0.3	0.5	1.1	1.5	3.5	5.5	10.4	18.5	34	51	90
通用参数		回转直径/mm	120	150	160	180	200	225	250	285	315	350	390	440	490	550
		公称转矩 T_n/kN·m	5	10	18	22.4	36	56	80	120	160	225	320	500	700	1000
		疲劳转矩 T_f/kN·m	2.5	5	9	11.2	18	28	40	58	80	110	160	250	350	500
		最大折角 β	25		15											
		法兰直径 D/mm	120	150	160	180	200	225	250	285	315	350	390	440	490	550
		D_3/mm	70	89	108	114	133	152	168	194	219	273	273	325	351	426
		D_1/mm	102	130	137	155	170	196	218	245	280	310	345	390	435	492
		L_m/mm	65	80	90	110	115	120	140	160	180	194	215	260	270	305
		k/mm	8	10	16	17	17	20	25	27	32	35	40	42	47	50
	端面键型	D_2(H7)/mm	75	90	90	105	120	135	150	170	185	210	235	255	275	320
		t/mm	2.5	3	4	5	5	5	6	7	8	8	8	10	12	12
		b/mm	—	—	24	24	28	32	40	40	40	50	70	80	90	100
		g/mm	—	—	7	7	8	9	12.5	15	15	16	18	20	22.5	22.5
		$n-d$	8-11	8-13	8-15	8-17	8-17	8-17	8-19	8-21	10-23	10-23	10-25	16-28	16-31	16-31
	端面齿型	齿数 Z	—	—	40	40	40	48	48	60	60	72	80	80	90	90
		$n-d$	—	—	8-15	8-17	8-17	8-17	8-19	10-21	10-23	12-23	10-25	10-28	10-31	10-31
	法兰螺栓	规格	M10	M12	M14	M16	M16	M16	M18	M20	M22	M22	M24	M27	M30	M30
		拧紧力矩/N·m	69	120	200	295	295	295	405	580	780	780	1000	1500	2000	2000

注：表中给出的基准长度为未缩短前的最短工作长度，“工作长度”的概念更符合生产实际，实际工作长度可根据用户需要确定。

BH 型标准伸缩焊接式万向联轴器外形如图 1.2.14 所示。

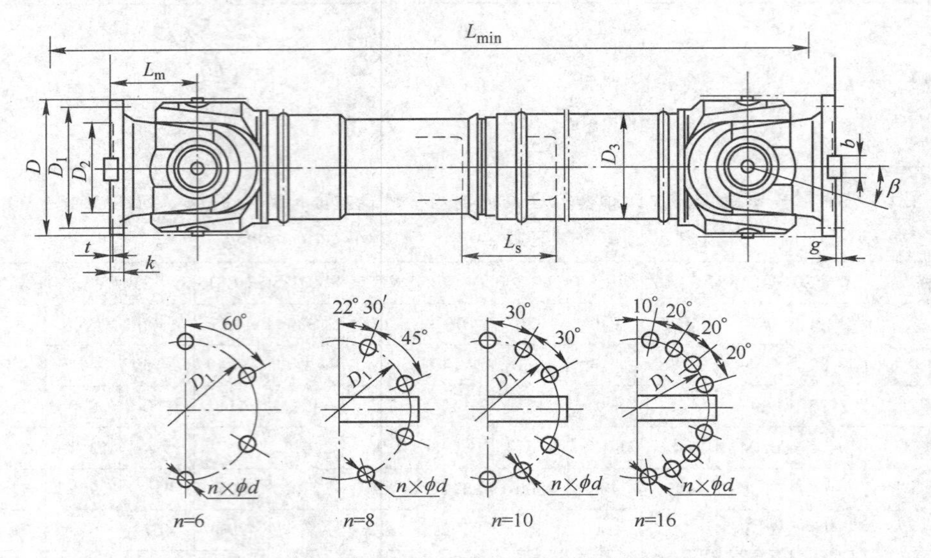

图 1.2.14 BH 型标准伸缩焊接式万向联轴器外形

表 1.2.24 SWC 十字式万向联轴器（BH 型）标准伸缩焊接式技术参数

（青岛青山传动轴有限责任公司 www. qscdz. com）

型号	回转直径 D/mm	公称扭矩 T_n /kN·m	疲劳扭矩 T_f /kN·m	轴线折角 $<\beta$ /(°)	伸缩量 L_s/mm	尺寸/mm										转动惯量 /kg·m²		质量/kg	
						L_{min}	D_1 (js11)	D_2 (H7)	D_3	L_m	$n\times\phi d$	k	t	B (h9)	g	L_{min}	增长 100mm	L_{min}	增长 100mm
SWC100BH	100	1.25	0.63	25	55	390	84	57	60	55	6×9	7	2.5			0.0044	0.00019	6.1	0.35
SWC120BH	120	2.5	1.25	25	80	485	102	75	70	65	8×11	8	2.5			0.0109	0.00044	10.8	0.55
SWC150BH	150	5	2.5	25	80	590	130	90	89	80	8×13	10	3.0			0.0423	0.00157	24.5	0.85
SWC180BH	180	12.5	6.3	25	100	810	155	105	108	110	8×17	17	5.0			0.1750	0.0070	70	2.8
SWC225BH	225	40	20	15	140	920	196	135	152	120	8×17	20	5.0	32	9.0	0.5380	0.02340	122	4.9
SWC250BH	250	63	31.5	15	140	1035	218	150	159	140	8×19	25	6.0	40	12.5	0.9660	0.00277	172	5.3
SWC285BH	285	90	45	15	140	1190	245	170	194	160	8×21	27	7.0	40	15.0	2.0110	0.0510	263	6.3
SWC315BH	315	125	63	15	140	1315	280	185	219	180	10×23	32	8.0	40	15.0	3.6050	0.0795	382	8.0
SWC350BH	350	180	90	15	150	1410	310	210	267	194	10×23	35	8.0	50	16.0	7.0530	0.2219	582	15.0
SWC390BH	390	250	125	15	170	1590	345	235	267	215	10×25	40	8.0	70	18.0	12.164	0.2219	738	15.0
SWC490BH	440	355	180	15	190	1875	390	255	325	260	16×28	42	10.0	80	20.0	21.420	0.4744	1190	21.7
SWC490BH	490	500	250	15	190	1985	435	275	325	270	16×31	47	12.0	90	22.5	32.860	0.4744	1450	21.7
SWC550BH	550	710	355	15	240	2300	492	320	426	305	16×30	50	12.0	100	22.5	68.920	1.3578	2380	34

表 1.2.25 SWC 型十字式万向联轴器（BF 型）标准伸缩法兰式万向联轴器技术详细参数

（青岛青山传动轴有限责任公司 www. qscdz. com）

型号	回转直径 D/mm	公称扭矩 T_n /kN·m	疲劳扭矩 T_f /kN·m	轴线折角 $<\beta$ /(°)	伸缩量 L_s/mm	尺寸/mm										转动惯量 /kg·m²		质量/kg	
						L_{min}	D_1 (js11)	D_2 (H7)	D_3	L_m	$n\times\phi d$	k	t	B (h9)	g	L_{min}	增长 100mm	L_{min}	增长 100mm
SWC180BF	180	12.5	6.3	25	100	810	155	105	108	110	8×17	17	5			0.267	0.0070	80	2.8
SWC225BF	225	40	20	15	140	920	196	135	152	120	8×17	20	5	32	9.0	0.788	0.0234	138	4.9
SWC250BF	250	63	31.5	15	140	1035	218	150	159	140	8×19	25	6	40	12.5	1.445	0.0277	196	5.3

续表 1.2.25

型号	回转直径 D/mm	公称扭矩 T_n /kN·m	疲劳扭矩 T_f /kN·m	轴线折角 $<\beta$ /(°)	伸缩量 L_s/mm	尺寸/mm										转动惯量 /kg·m²		质量/kg	
						L_{min}	D_1 (js11)	D_2 (H7)	D_3	L_m	$n\times\phi d$	k	t	B (h9)	g	L_{min}	增长 100mm	L_{min}	增长 100mm
SWC285BF	285	90	45	15	140	1190	245	170	194	160	8×21	27	7	40	15.0	2.873	0.0510	295	6.3
SWC315BF	315	125	63	15	140	1315	280	185	219	180	10×23	32	8	40	15.0	5.094	0.0795	428	8.0
SWC350BF	350	180	90	15	150	1410	310	210	267	180	10×23	35	8	50	16.0	9.195	0.2219	632	15.0
SWC390BF	390	250	125	15	170	1590	345	325	267	215	10×25	40	8	70	18.0	16.62	0.2219	817	15.0
SWC440BF	440	355	180	15	190	1875	390	255	325	260	16×28	42	10	80	20.0	28.24	0.4741	1290	21.7
SWC490BF	490	500	250	15	190	1985	435	275	325	270	16×31	47	12	90	22.5	46.33	0.4744	1631	21.7
SWC550BF	550	710	355	15	240	2300	492	320	426	305	16×31	50	12	100	22.5	86.98	1.3570	2567	34.0
SWC620BF	620	1000	500	15	240	2500	555	380	426	340	16×38	55	12	100	25.0	147.50	1.3570	3267	34.0

BF 型标准伸缩法兰式万向联轴器外形如图 1.2.15 所示。

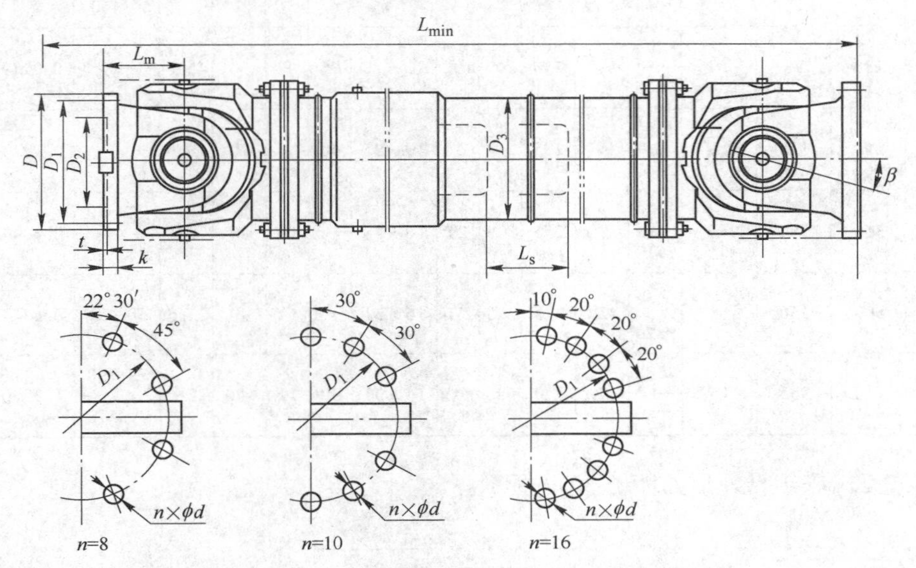

图 1.2.15 BF 型标准伸缩法兰式万向联轴器外形

CH 型长伸缩焊接式万向联轴器外形如图 1.2.16 所示。

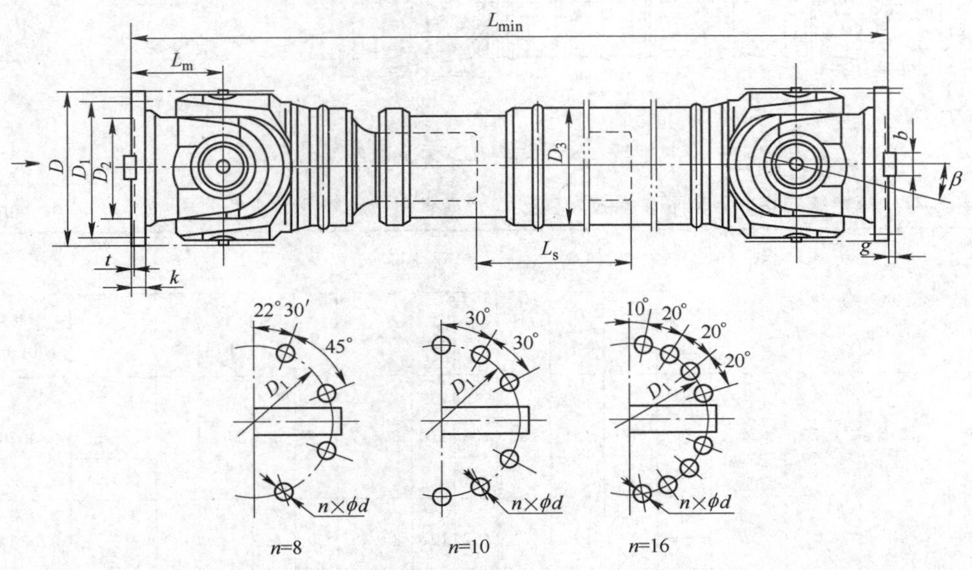

图 1.2.16 CH 型长伸缩焊接式万向联轴器外形

表 1.2.26 SWC 十字式万向联轴器（CH 型）长伸缩焊接式技术参数（青岛青山传动轴有限责任公司 www.qscdz.com）

型号	回转直径 D/mm	公称扭矩 T_n /kN·m	疲劳扭矩 T_f /kN·m	轴线折角 $<\beta$ /(°)	尺寸/mm										转动惯量 /kg·m²		质量/kg	
					L_{min}	D_1 (js11)	D_2 (H7)	D_3	L_m	$n\times\phi d$	k	t	B (h9)	g	L_{min}	增长 100mm	L_{min}	增长 100mm
SWC180CH1	180	12.5	6.3	25	925	155	105	108	110	8×17	17	5			0.181	0.0070	74	2.8
SWC180CH2					1125										0.216		104	
SWC225CH1	225	40	20	15	1020	196	135	152	120	8×17	20	5	32	9.0	0.216	0.0234	132	4.9
SWC225CH2					1500										0.671		182	
SWC250CH1	250	63	31.5	15	1215	218	150	159	140	8×19	25	6	40	12.5	1.016	0.0277	190	5.3
SWC250CH2					1615										1.127		235	
SWC285CH1	285	90	45	15	1475	245	170	194	160	8×21	27	7	40	15.0	2.156	0.0510	300	6.3
SWC285CH2					1875										2.360		358	
SWC315CH1	315	125	63	15	1600	280	185	219	180	10×23	32	8	40	15.0	3.182	0.0795	434	8.0
SWC315CH2					2000										4.450		544	
SWC350CH1	350	180	90	15	1715	310	210	267	194	10×23	35	8	50	16.0	7.663	0.2219	672	15.0
SWC350CH2					2115										8.551		823	
SWC390CH1	390	250	125	15	1845	315	235	267	215	10×25	40	8	70	18.0	12.730	0.2219	817	15.0
SWC390CH2					2245										13.617		961	
SWC440CH1	440	355	180	15	2110	390	255	325	60	16×28	42	10	80	20	22.540	0.4744	1312	21.7
SWC440CH2					2510										24.430		1537	
SWC490CH1	490	500	250	15	2220	435	275	325	270	16×31	47	12	90	22.5	33.970	0.4744	1551	21.7
SWC490CH2					2620										35.970		1779	
SWC550CH1	550	710	355	15	2585	492	320	426	305	16×31	50	12	100	22.5	72.790	1.3570	2585	34
SWC550CH2					3085										79.570		3015	

短伸缩焊接式万向联轴器外形如图 1.2.17 所示。

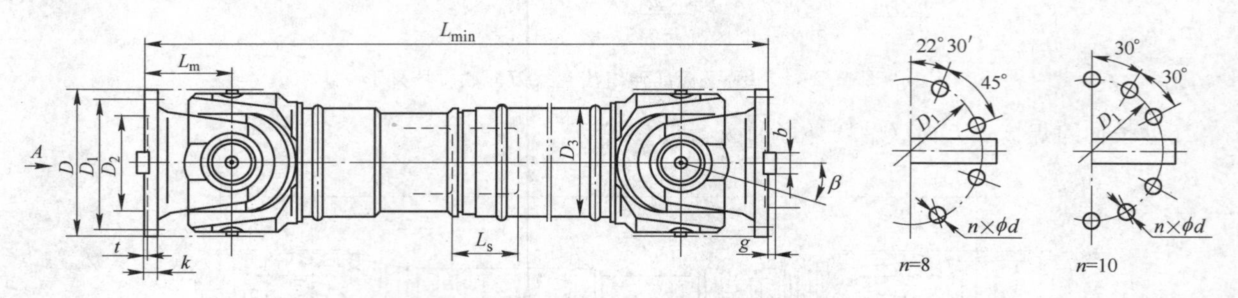

图 1.2.17 短伸缩焊接式万向联轴器外形

表 1.2.27 短伸缩焊接式万向联轴器技术参数（青岛青山传动轴有限责任公司 www.qscdz.com）

型号	回转直径 D/mm	公称扭矩 T_n /kN·m	疲劳扭矩 T_f /kN·m	轴线折角 $<\beta$ /(°)	尺寸/mm											转动惯量 /kg·m²		质量/kg	
					伸缩量 L_s	L_{min}	D_1 (js11)	D_2 (H7)	D_3	L_m	$n\times\phi d$	k	t	B (h9)	g	L_{min}	增长 100mm	L_{min}	增长 100mm
SWC180DH1	180	12.5	6.3	25	75		155	105	108	110	8×17	17	5			0.165	0.0070	58	2.8
SWC180DH2					55	600										0.162		56	
SWC180DH3					40	550										0.160		52	
SWC225DH1	225	40	20	15	85	710	196	135	152	120	8×17	20	5	32	9.0	0.415	0.0234	95	4.9
SWC225DH2					70	610										0.397		92	

续表 1.2.27

型号	回转直径 D/mm	公称扭矩 T_n/kN·m	疲劳扭矩 T_f/kN·m	轴线折角 $<\beta$/(°)	尺寸/mm											转动惯量 /kg·m²		质量/kg	
					伸缩量 L_s	L_{min}	D_1 (js11)	D_2 (H7)	D_3	L_m	$n\times\phi d$	k	t	B (h9)	g	L_{min}	增长 100mm	L_{min}	增长 100mm
SWC250DH1	250	63	31.5	15	100	790	218	150	159	140	8×19	25	6	40	12.5	0.415	0.0277	95	5.3
SWC180DH1					70	735										0.885		136	
SWC285DH1	285	90	45	15	120	950	245	170	194	160	8×21	27	7	40	15.0	1.876	0.0510	229	6.3
SWC185DH2					180	880										1.801		221	
SWC315DH1	315	125	63	15	130	1070	280	185	219	180	10×23	32	8	40	15.0	3.331	0.0795	346	8.0
SWC315DH2					90	980										3.163		334	
SWC350DH1	350	180	90	15	85	710	310	210	245	194	10×23	35	8	50	16.0	6.215	0.2219	95	508
SWC350DH2					90	1070										5.821		485	
SWC390DH1	390	250	125	15	150	1380	345	235	267	215	10×25	40	8	70	18.0	11.125	0.2219	655	15.0
SWC390DH2					90	1200										10.763		600	

SWC(WD 型)无伸缩短式万向联轴器外形如图 1.2.18 所示。

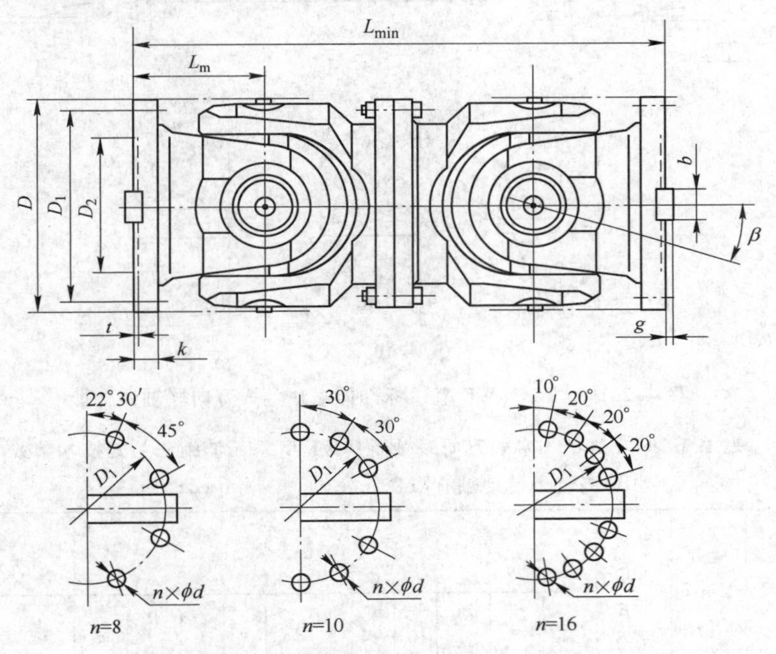

图 1.2.18 SWC(WD 型)无伸缩短式万向联轴器外形

表 1.2.28 SWC 十字式万向联轴器(WD 型)无伸缩短式技术参数

(青岛青山传动轴有限责任公司 www.qscdz.com)

型号	回转直径 D/mm	公称扭矩 T_n/kN·m	疲劳扭矩 T_f/kN·m	轴线折角 $<\beta$/(°)	尺寸/mm									转动惯量 /kg·m²	质量/kg
					L_{min}	D_1 (js11)	D_2 (H7)	L_m	$n\times\phi d$	k	t	B (h9)	g		
SWC180WD	180	12.5	6.3	25	440	155	105	110	8×17	17	5.0			0.145	52
SWC225WD	225	40	20	15	560	196	135	120	8×17	20	5	32	9.0	0.355	82
SWC250WD	250	63	31.5	15	560	218	150	140	8×19	25	6	40	12.5	0.831	127
SWC285WD	285	90	45	15	640	245	170	160	8×21	27	7	40	15.0	1.715	189
SWC315WD	315	125	63	15	720	280	185	180	10×23	32	8	40	15.0	2.820	270
SWC350WD	350	180	90	15	776	310	210	194	10×23	35	8	50	16.0	4.791	370

续表 1.2.28

型 号	回转直径 D/mm	公称扭矩 T_n/kN·m	疲劳扭矩 T_f/kN·m	轴线折角 $<\beta$/(°)	尺寸/mm									转动惯量 /kg·m²	质量/kg
					L_{min}	D_1 (js11)	D_2 (H7)	L_m	$n\times\phi d$	k	t	B (h9)	g		
SWC390WD	390	250	125	15	860	345	235	215	10×25	40	8	70	18.0	8.229	524
SWC440WD	440	355	180	15	1040	390	255	260	16×28	42	10	80	20.0	15.32	798
SWC490WD	490	500	250	15	1080	435	275	270	16×31	47	12	90	22.0	25.74	1055
SWC550WD	550	710	355	15	1220	492	320	305	16×31	50	12.0	100	22.5	46.79	1524
SWC620WD	620	1000	500	15	1360	555	380	340	16×38	55	12	100	25.0	83.76	2120

SWC(WF 型)标准伸缩法兰式万向联轴器外形如图 1.2.19 所示。

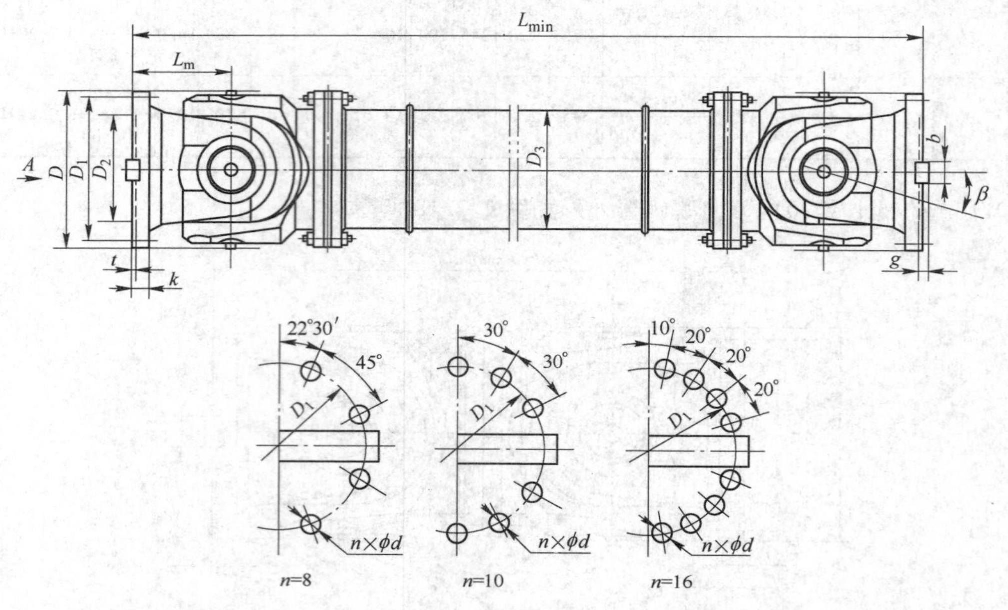

图 1.2.19 SWC(WF 型)标准伸缩法兰式万向联轴器外形

表 1.2.29 SWC 十字式万向联轴器(WF 型)无伸缩法兰式技术参数

(青岛青山传动轴有限责任公司 www.qscdz.com)

型 号	回转直径 D/mm	公称扭矩 T_n/kN·m	疲劳扭矩 T_f/kN·m	轴线折角 $<\beta$/(°)	尺寸/mm										转动惯量 /kg·m²		质量/kg	
					L_{min}	D_1 (js11)	D_2 (H7)	D_3	L_m	$n\times\phi d$	k	t	B (h9)	g	L_{min}	增长 100mm	L_{min}	增长 100mm
SWC180WF	180	12.5	6.3	25	560	155	105	108	110	8×17	17	5.5			0.2480	0.0070	58	2.8
SWC225WF	225	40	20	15	610	196	135	152	120	8×17	20	5	32	9.0	0.636	0.0234	93	4.9
SWC250WF	250	63	31.5	15	715	218	150	159	140	8×19	25	6	40	12.5	1.325	0.0277	143	5.3
SWC285WF	285	90	45	15	810	245	170	194	160	8×21	27	7	40	15.0	2.664	0.0510	222	6.3
SWC315WF	315	125	63	15	915	284	185	219	180	10×23	32	8	40	15.0	4.469	0.0795	300	8.0
SWC350WF	350	180	90	15	980	310	210	267	194	10×23	35	8	50	16.0	7.388	0.2219	412	15.0
SWC390WF	390	250	125	15	1100	345	235	267	215	10×25	40	8	70	18.0	13.184	0.2219	588	15.0
SWC440WF	440	355	180	15	1290	390	255	325	260	16×28	42	10	80	20.0	23.250	0.4744	880	21.7
SWC490WF	490	500	250	15	1360	435	275	325	270	16×31	47	12	90	22.0	40.750	0.4744	1173	21.7
SWC550WF	550	710	355	15	1510	492	320	426	305	16×31	50	12.0	100	22.5	68.480	1.3570	1663	34.0
SWC620WF	620	1000	500	15	1690	555	380	426	340	16×38	55	12	100	25.0	27.53	1.3570	2332	34

SWC（WH 型）无伸缩焊接式万向联轴器如图 1.2.20 所示。

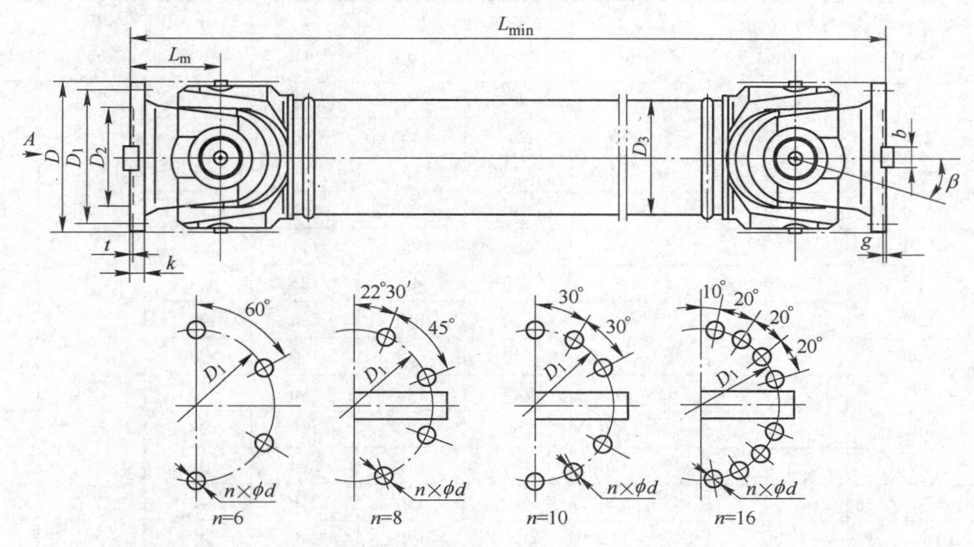

图 1.2.20 SWC（WH 型）无伸缩焊接式万向联轴器

表 1.2.30 SWC 十字式万向联轴器（WH 型）无伸缩焊接式技术参数

（青岛青山传动轴有限责任公司 www.qscdz.com）

型号	回转直径 D/mm	公称扭矩 T_n /kN·m	疲劳扭矩 T_f /kN·m	轴线折角 $<\beta$ /(°)	尺寸/mm										转动惯量 /kg·m²		质量/kg	
					L_{min}	D_1 (js11)	D_2 (H7)	D_3	L_m	$n\times\phi d$	k	t	B (h9)	g	L_{min}	增长100mm	L_{min}	增长100mm
SWC100WH	100	1.25	0.63	25	243	84	57	60	55	6×9	7	2.5			0.0039	0.00019	4.5	0.35
SWC120WH	120	2.5	1.25	25	307	102	75	70	65	8×11	8	2.5			0.0096	0.00044	7.7	0.55
SWC150WH	150	5	25	25	350	130	90	89	80	8×13	10	3.0			0.371	0.00157	18	24.5
SWC180WH	180	12.5	6.3	25	180	155	105	108	110	8×17	17	5.0			0.1500	0.0070	48	2.8
SWC225WH	225	40	20	15	520	196	135	152	120	8×17	20	5.0	32	9.0	0.3650	0.0234	78	4.9
SWC250WH	250	63	31.5	15	620	218	150	159	140	8×19	25	6.0	40	12.5	0.8170	0.0277	124	5.3
SWC285WH	285	90	45	15	720	245	170	194	160	8×21	27	7.0	40	15.0	1.7560	0.0510	185	6.3
SWC315WH	315	125	63	15	805	280	185	219	219	10×23	32	8.0	40	15.0	2.8930	0.0795	262	8.0
SWC350WH	350	180	90	15	875	310	210	267	194	10×23	35	8.0	50	16.0	5.0130	0.2219	374	15.0
SWC390WH	390	250	125	15	955	345	235	267	215	10×25	40	8.0	70	18.0	8.4060	0.2219	506	15.0
SWC440WH	440	355	180	15	1155	390	255	325	260	16×28	42	10.0	80	20.0	15.790	0.4744	790	21.7
SWC490WH	490	500	250	15	1205	435	275	325	270	16×31	47	12.0	90	22.5	26.540	0.4744	1014	21.7
SWC550WH	550	710	355	15	1355	492	320	426	325	16×31	50	12.0	100	22.5	48.320	1.3570	1526	34.0

SL 十字滑块如图 1.2.21 所示。

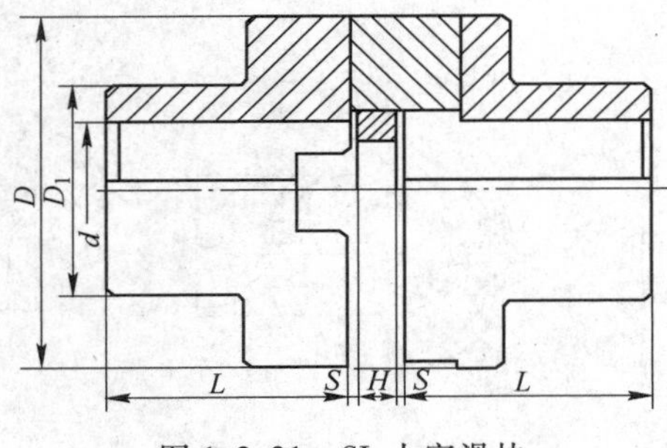

图 1.2.21 SL 十字滑块

表 1.2.31 **SL 十字滑块联轴器主要参数**（镇江德瑞机械有限公司 www.derekmade.cn.china.cn）

型号	公称转矩 T_n/N·m	许用转速 n /r·min^{-1}	轴孔直径 d /mm	D /mm	D_1 /mm	L /mm	H /mm	S /mm	转动惯量 /kg·m^2	质量/kg
SL70	120	250	15～18	70	32	42	14	0.5	0.002	1.5
SL90	250	250	20～30	90	45	52	14		0.008	2.6
SL100	500	250	36～40	100	60	70	19		0.026	5.5
SL130	800	250	45～50	130	80	90	19		0.07	10
SL150	1250	250	55～60	150	95	112	19		0.14	15.5
SL170	2000	250	65～70	170	105	125	24		0.25	22.4
SL190	3200	250	75～80	190	110	140	29	1.0	0.5	31.5
SL210	5000	250	85～90	210	130	160	33		0.9	45
SL240	8000	250	95～100	240	140	180	33		1.6	59.5
SL260	9000	250	100～110	260	160	190	33		2	76
SL280	10000	100	110～120	280	170	200	33		3	94.3
SL300	13000	100	120～130	300	180	210	43		4.3	111
SL320	16000	100	130～140	320	190	220	43		5.7	129
SL340	20000	100	150	340	210	250	48		8.4	162
SL360	32500	100	160	360	240	280	48		19.2	258
SL400	38700	80	170	400	260	300	48		26.1	305
SL460	63000	70	200	460	300	350	58		62.9	560

生产厂商：昆山荣星动力传动有限公司，江苏二传机械有限公司，青岛青山传动轴有限责任公司。

1.2.7 夹壳联轴器

1.2.7.1 概述

夹壳联轴器适用于低速和载荷平稳的场合，通常最大外缘的线速度不大于 5m/s，当线速度超过 5m/s 时需要进行平衡校验。

1.2.7.2 主要特点

（1）质量轻，超低惯性和高灵敏度。

（2）免维护，超强抗油和耐腐蚀性。

（3）无法容许偏心，使用时应让轴尽量外露。

（4）结构简单，装卸方便。

1.2.7.3 工作原理

夹壳联轴器是利用两个沿轴向剖分的夹壳，用螺栓夹紧以实现两轴连接，靠两半联轴器表面间的摩擦力传递转矩，利用平键作辅助连接。

1.2.7.4 技术参数

JQ 型夹壳联轴器如图 1.2.22 所示，技术参数见表 1.2.32。

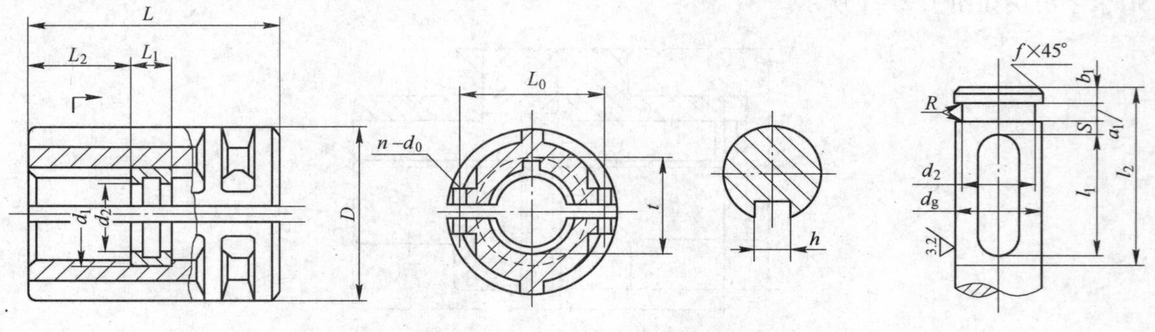

图 1.2.22 JQ 型夹壳联轴器

表 1.2.32 JQ 型夹壳联轴器基本参数和主要尺寸（镇江德瑞机械有限公司 www.derekmade.com） (mm)

型号	孔径 d_g (H7)	M_{max} /N·m	D	L	L_1 (H8/j7)	L_2	L_0	$n-d_0$	d_1 (H11, h11)	d_2 (H11)	a_1 (H11)	b_1	L_1	L_2	R	f	b	t	质量/kg
JQ-25	25	90	102	30	20	55	64	4-14	33	20	5	4	45	70	0.2	0.4	6	28.3	4.47
JQ-30	30	90	102	130	20	55	64	4-14	33	25	5	4	45	70	0.2	0.4	6	33.3	4.47
JQ-35	35	236	118	162	20	71	80	6-14	43	30	5	4	55	85	0.4	0.6	10	38.3	7.60
JQ-40	40	236	118	162	20	71	80	6-14	48	35	5	4	55	85	0.4	0.6	12	43.3	7.60
JQ-45	45	530	135	190	24	83	94	6-14	57	37	6	5	70	100	0.4	0.6	14	46.8	10.85
JQ-50	50	530	135	190	24	83	94	6-14	62	42	6	5	70	100	0.4	0.6	14	53.8	10.85
JQ-55	55	530	135	190	24	83	94	6-14	67	47	6	5	70	100	0.6	1	16	59.3	10.85
JQ-65	65	1400	172	250	30	110	124	6-18	78	55	8	6	100	130	0.6	1	18	69.4	25.06
JQ-70	70	1400	172	250	30	110	124	6-18	83	60	8	6	100	130	0.6	1	20	74.9	25.06
JQ-80	80	2650	185	280	38	121	138	6-18	94	70	10	8	110	145	0.6	1	22	85.4	30.16
JQ-90	90	5200	230	330	38	146	164	8-26	105	80	10	8	140	170	0.6	1	25	95.4	56.38
JQ-95	95	5200	230	330	38	146	164	8-26	110	85	10	8	140	170	0.6	1	25	100.4	56.38
JQ-100	100	5200	230	330	38	146	164	8-26	115	90	10	8	140	170	0.6	1	28	106.4	56.38
JQ-110	110	9000	260	390	46	172	190	8-26	125	100	12	10	160	200	0.6	1	28	116.4	90
JQ-130	130	15000	280	440	54	193	210	10-26	148	118	14	12	180	225	0.6	1	32	137.4	125
JQ-160	160	28000	340	500	54	218	260	10-33	180	144	16	14	200	255	0.6	1	32	169.4	215

生产厂商：镇江德瑞机械有限公司。

1.2.8 液力耦合器

1.2.8.1 概述

液力耦合器又称液力联轴器，是以液压油等液体为工作介质的一种非刚性联轴器，在重工业中有着广泛的应用。

1.2.8.2 主要特点

液力耦合器的特点是：输入轴与输出轴间靠液体联系，工作构件间不存在刚性连接。能消除冲击和振动；输出转速低于输入转速，两轴的转速差随载荷的增大而增加；过载保护性能和启动性能好，载荷过大而停转时输入轴仍可转动，不致造成动力机的损坏。液力耦合器的传动效率等于输出轴转速与输入轴转速之比，其输出扭矩恒小于输入扭矩，一般液力耦合器正常工况的转速比在 0.95 以上时可获得较高的效率。液力耦合器的特性因工作腔与泵轮、涡轮的形状不同而有差异。散热一般靠壳体自然冷却，不需要另加外部冷却系统。如将液力耦合器的油放空，耦合器就处于脱开状态，能起离合器的作用。

1.2.8.3 工作原理

液力耦合器的泵轮、涡轮和外壳组成一个可使液体循环流动的密闭工作腔，泵轮与涡轮里面有许多半圆形的径向叶片。当动力机带动输入轴旋转时，液体被离心式泵轮甩出，这种高速液体进入涡轮后即推动涡轮旋转，将从泵轮获得的能量传递给输出轴。最后液体返回泵轮，形成周而复始的流动。液力耦合器依靠与泵轮、涡轮的叶片相互作用的液体产生的动量矩的变化来传递扭矩。

1.2.8.4 技术参数

技术参数见表 1.2.33 ~ 表 1.2.58，YOXD、YOXF 型液力耦合器简图如图 1.2.23 所示。

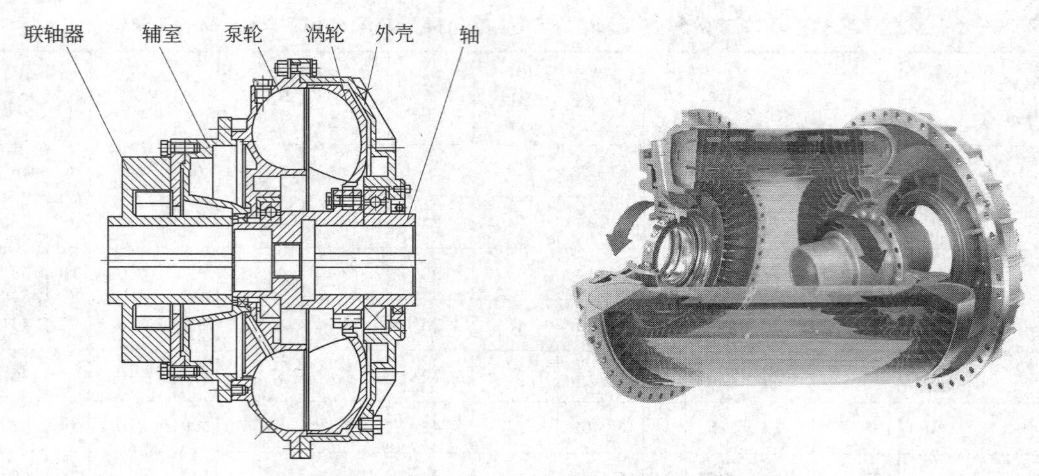

图 1.2.23 YOXD、YOXF 型液力耦合器简图

表 1.2.33 YOXD、YOXF 型液力耦合器主要技术参数（长沙第三机床厂 www.changshasanji.com）

规格型号	充液率 40% ~80%（20 号透平油）充液量/L	常用输入转速的传递功率范围/kW					过载系数 T_{go}	效率 η
		500r/min	600r/min	750r/min	1000r/min	1500r/min		
280	1.4 ~ 2.8				1.5 ~ 3	4.5 ~ 8	2 ~ 2.5	0.97
320	2.2 ~ 4.4			1.1 ~ 2.2	2.5 ~ 5.5	9 ~ 18.5	2 ~ 2.5	0.97
360	3.4 ~ 6.7			2 ~ 3.8	5 ~ 10	16 ~ 30	1.8 ~ 2.2	0.96
400	5.2 ~ 10.4			3.3 ~ 8	8 ~ 18.5	28 ~ 48	1.8 ~ 2.2	0.96
450	7.5 ~ 15			6 ~ 14	15 ~ 30	50 ~ 90	1.8 ~ 2.2	0.96
500	10.3 ~ 20.5			11 ~ 22	25 ~ 50	68 ~ 144	1.8 ~ 2.2	0.96
560	13.2 ~ 26.4			19 ~ 36	40 ~ 80	120 ~ 270	1.8 ~ 2.2	0.96
600	16.8 ~ 33.6			25 ~ 50	60 ~ 115	200 ~ 360	1.8 ~ 2.2	0.96
650	24 ~ 48			40 ~ 73	90 ~ 176	260 ~ 480	1.8 ~ 2.2	0.96
750	34 ~ 68			73 ~ 143	170 ~ 330	480 ~ 760	1.8 ~ 2.2	0.96
875	56 ~ 112			145 ~ 280	330 ~ 620		1.8 ~ 2.2	0.96
1000	74 ~ 148		260 ~ 590	260 ~ 590			1.8 ~ 2.2	0.96
1150	85 ~ 170		365 ~ 615	525 ~ 1195			1.8 ~ 2.2	0.96
1250	110 ~ 210	235 ~ 540	400 ~ 935	800 ~ 1800			1.8 ~ 2.2	0.96
1320	128 ~ 230	315 ~ 710	650 ~ 1200	1050 ~ 2360			1.8 ~ 2.2	0.96

表 1.2.34 YOXD MT（YOX_{II}）型液力耦合器安装尺寸（长沙第三机床厂 www.changshasanji.com） (mm)

型 号	D	L	最大输入孔径及长度（$d_i \times L_i$）	最大输出孔径及长度（$d_o \times L_o$）	同行业参考型号
YOXD280MT	ϕ345	252	ϕ50 × 60	ϕ45 × 110	YOX280
YOXD320MT	ϕ380	278	ϕ55 × 110	ϕ45 × 110	YOX320
YOXD380MT	ϕ428	310	ϕ60 × 110	ϕ55 × 110	YOX360
YOXD400MT	ϕ472	338/355	ϕ70 × 110/140	ϕ65 × 140	YOX400
YOXD450MT	ϕ530	384	ϕ75 × 140	ϕ70 × 140	YOX450
YOXD500MT	ϕ582	435	ϕ90 × 170	ϕ90 × 170	YOX500
YOXD560MT	ϕ634	447/489	ϕ100 × 170/210	ϕ100 × 180	YOX560
YOXD600MT	ϕ695	490/510	ϕ100 × 170/210	ϕ100 × 210	YOX600
YOXD650MT	ϕ760	558	ϕ120 × 210	ϕ130 × 210	YOX650
YOXD750MT	ϕ860	578	ϕ140 × 210	ϕ140 × 210	YOX750
YOXD875MT	ϕ992	705	ϕ150 × 250	ϕ150 × 250	YOX875

YOXD、YOXF 液力耦合器功率选用参考图如图 1.2.24 所示。

YOXD MT（YOX_{II}）型液力耦合器简图如图 1.2.25 所示。

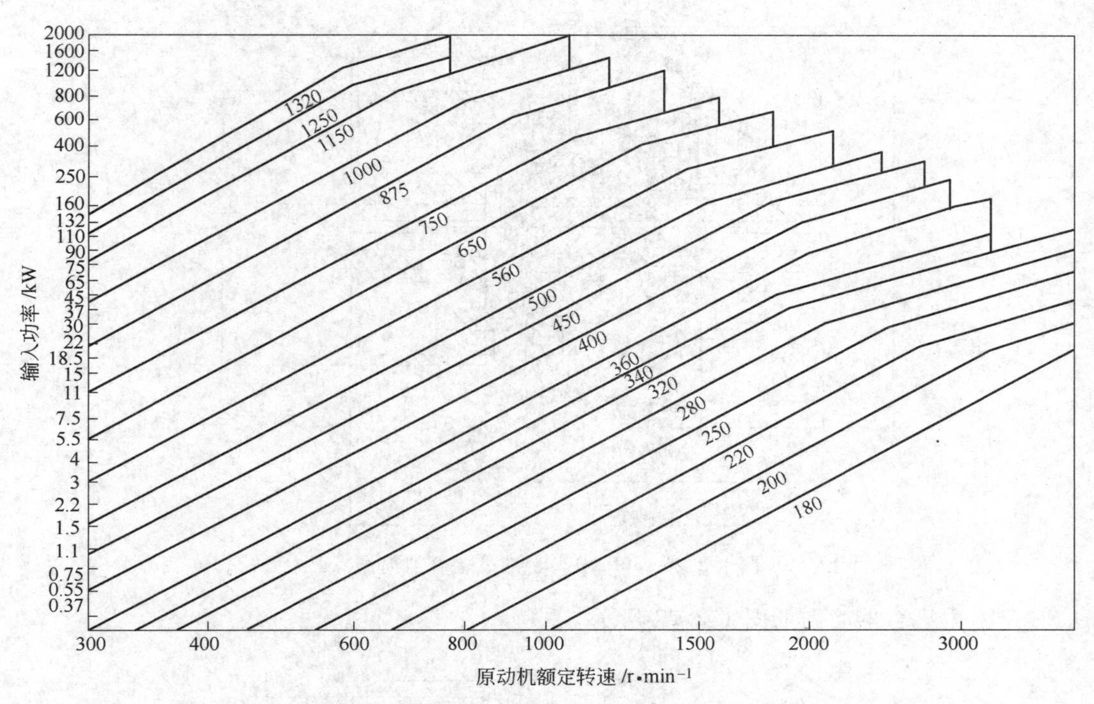

图 1.2.24 YOXD、YOXF 液力耦合器功率选用参考图

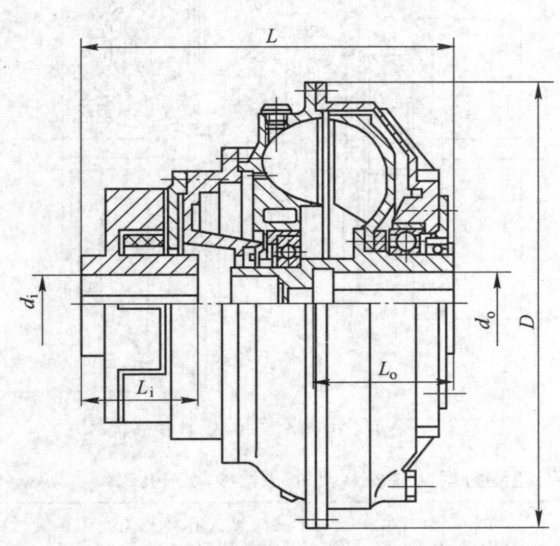

图 1.2.25 YOXD MT（YOX_{II}）型液力耦合器简图

表 1.2.35 YOXD Z 型液力耦合器安装尺寸（长沙第三机床厂 www.changshasanji.com） (mm)

型 号	D	L	L_1	D_1	B	A	最大输入孔径及长度 ($d_i \times l_i$)	最大输出孔径及长度 ($d_o \times l_o$)	同行业参考型号
YOXD400Z	ϕ472	556	358	ϕ315	150	10	ϕ65×140	ϕ65×140	YOX_{II} Z400
YOXD450Z	ϕ530	580	382	ϕ315	150	10	ϕ75×140	ϕ75×140	YOX_{II} Z450
YOXD500Z	ϕ582	664	423	ϕ400	190	10	ϕ90×170	ϕ90×170	YOX_{II} Z500
YOXD560Z	ϕ634	736	491	ϕ400	190	10	ϕ100×210	ϕ100×210	YOX_{II} Z560
YOXD600Z	ϕ695	790	520	ϕ500	210	15	ϕ110×210	ϕ110×210	YOX_{II} Z600
YOXD650Z	ϕ760	829	560	ϕ500	210	15	ϕ120×210	ϕ120×210	YOX_{II} Z650
YOXD750Z	ϕ860	940	610	ϕ630	265	15	ϕ130×210	ϕ130×210	YOX_{II} Z750
YOXD875Z	ϕ992	1040	680	ϕ630	265	20	ϕ140×250	ϕ140×250	YOX_{II} Z875

YOXD Z 型液力耦合器简图如图 1.2.26 所示。

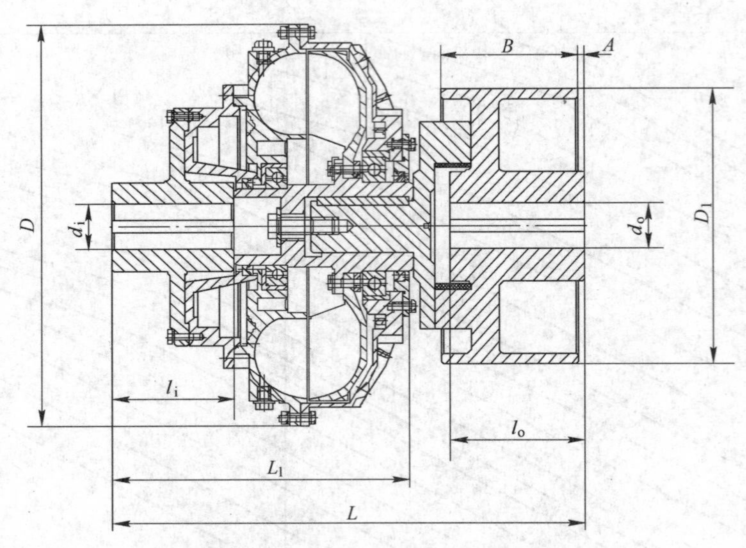

图 1.2.26 YOXD Z 型液力耦合器简图

YOXD NZ 型液力耦合器简图如图 1.2.27 所示。

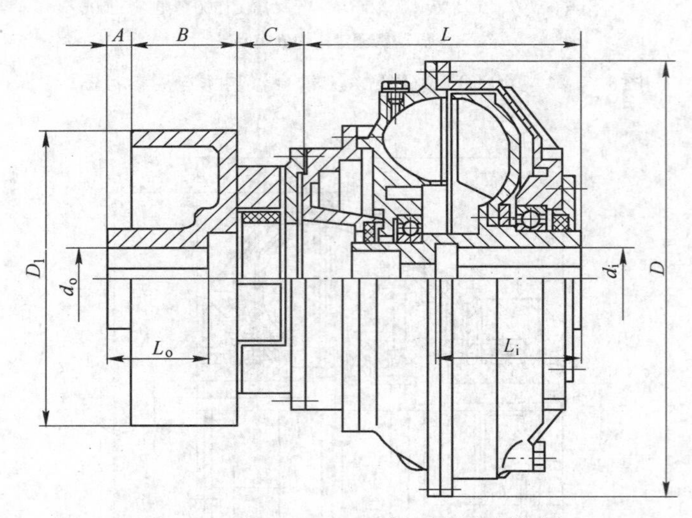

图 1.2.27 YOXD NZ 型液力耦合器简图

表 1.2.36 YOXD NZ 型液力耦合器安装尺寸（长沙第三机床厂 www.changshasanji.com） （mm）

型 号	D	L	L_1	A	D_1	B	最大输入孔径及长度 ($d_i \times L_i$)	最大输出孔径及长度 ($d_o \times L_o$)	同行业参考型号
YOXD280NZ	ϕ345	207	182	10	按用户要求制作		ϕ45×110	ϕ50×80	YOXNZ280
YOXD320NZ	ϕ380	228	179	10			ϕ50×110	ϕ50×110	YOXNZ320
YOXD360NZ	ϕ428	282	229	10			ϕ55×110	ϕ60×110	YOXNZ360
YOXD400NZ	ϕ472	316	258	10			ϕ65×140	ϕ70×140	YOXNZ400
YOXD450NZ	ϕ530	358	292	10			ϕ70×140	ϕ75×140	YOXNZ450
YOXD500NZ	ϕ582	387	318	15			ϕ90×170	ϕ90×170	YOXNZ500
YOXD560NZ	ϕ634	425	350	15			ϕ100×180	ϕ100×210	YOXNZ560
YOXD600NZ	ϕ695	483	380	15			ϕ100×210	ϕ100×210	YOXNZ600
YOXD650NZ	ϕ760	510	425	15			ϕ130×210	ϕ130×210	YOXNZ650
YOXD750NZ	ϕ880	548	450	20			ϕ150×250	ϕ140×250	YOXNZ750
YOXD875NZ	ϕ992	620	514	20			ϕ150×250	ϕ150×250	YOXNZ875

YOXD T（YOXN）型液力耦合器简图如图 1.2.28 所示。

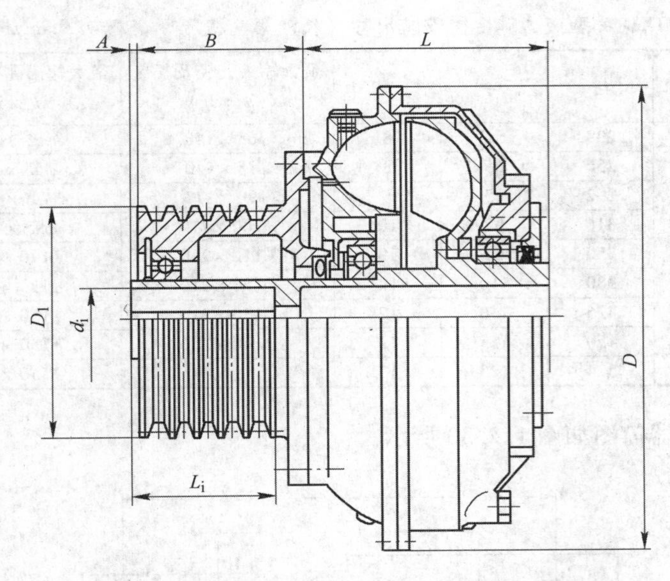

图 1.2.28 YOXD T（YOXN）型液力耦合器简图

表 1.2.37 YOXD T（YOXN）**型液力耦合器安装尺寸**（长沙第三机床厂 www.changshasanji.com） （mm）

型号	D	L	D_1	L_1	A	最大输入孔径及长度（$d_i \times L_i$）	备注	同行业参考型号
YOXD320T	ϕ380	179	按用户要求制作			ϕ45×110		YOXN320
YOXD360T	ϕ428	229/189				ϕ55×110		YOXN360
YOXD400T	ϕ472	256/208				ϕ55×110		YOXN400
YOXD450T	ϕ530	292/235				ϕ65×140		YOXN450
YOXD500T	ϕ582	316/251				ϕ70×140		YOXN500
YOXD560T	ϕ634	350/276				ϕ90×170	加支撑	YOXN580
YOXD600T	ϕ695	380/302				ϕ100×180	加支撑	YOXN600
YOXD650T	ϕ760	425/341				ϕ100×210	加支撑	YOXN650
YOXD750T	ϕ880	450/360				ϕ120×210	加支撑	YOXN750
YOXD875T	ϕ992	514				ϕ130×250	加支撑	YOXN875

YOXD A 型液力耦合器简图如图 1.2.29 所示。

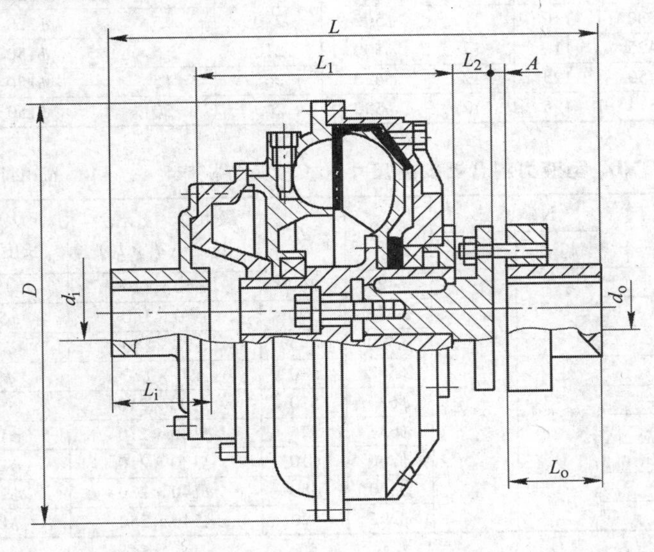

图 1.2.29 YOXD A 型液力耦合器简图

表 1.2.38 YOXD A 型液力耦合器安装尺寸（长沙第三机床厂 www.changshasanji.com） (mm)

型　号	D	L	L_1	L_2	A	最大输入孔径及长度 ($d_i \times L_i$)	最大输出孔径及长度 ($d_o \times L_o$)	同行业参考型号
YOXD360A	φ428	按用户要求制作	229	55	8	φ65×140	φ55×112	YOXA360
YOXD400A	φ472		256	65	8	φ75×140	φ65×142	YOXA400
YOXD450A	φ530		292	65	8	φ90×170	φ75×142	YOXA450
YOXD500A	φ582		316	65	10	φ100×210	φ95×172	YOXA500
YOXD560A	φ634		350	65	10	φ110×210	φ120×212	YOXA560
YOXD600A	φ695		380	110	12	φ120×210	φ120×212	YOXA600
YOXD650A	φ760		425	110	12	φ130×210	φ150×252	YOXA650
YOXD750A	φ860		450	125	12	φ140×250	φ150×252	YOXA750
YOXD875A	φ992		514	125	12	φ150×252	φ150×252	YOXA875

YOXD AZ 型液力耦合器简图如图 1.2.30 所示。

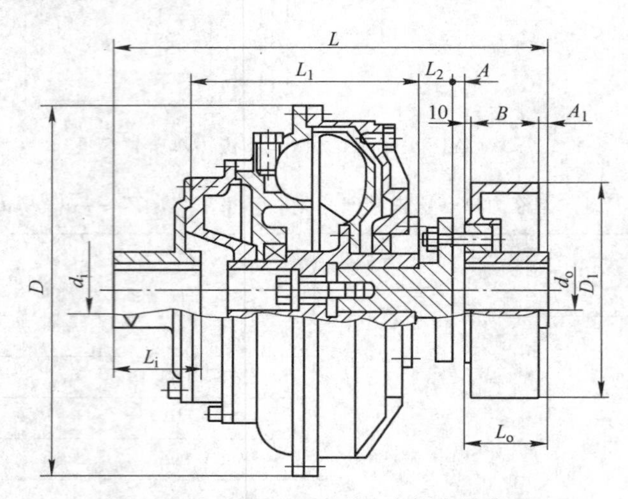

图 1.2.30 YOXD AZ 型液力耦合器简图

表 1.2.39 YOXD AZ 型液力耦合器安装尺寸（长沙第三机床厂 www.changshasanji.com） (mm)

型　号	D	L	L_1	L_2	A	推荐尺寸			最大输入孔径及长度 ($d_i \times L_i$)	最大输出孔径及长度 ($d_o \times L_o$)
						D_1	B	A_1		
YOXD360AZ	φ428	按用户要求制作	229	55	8	φ315	150	10	φ55×110	φ55×112
YOXD400AZ	φ472		256	65	8	φ315	150	10	φ65×140	φ65×142
YOXD450AZ	φ530		292	65	8	φ315	150	10	φ75×170	φ75×142
YOXD500AZ	φ582		316	65	10	φ400	190	10	φ95×210	φ95×172
YOXD560AZ	φ634		350	65	10	φ400	190	10	φ120×210	φ120×212
YOXD600AZ	φ695		380	110	12	φ500	210	15	φ120×250	φ120×212
YOXD650AZ	φ760		425	110	12	φ500	210	15	φ150×250	φ150×252
YOXD750AZ	φ860		450	125	12	φ630	265	15	φ150×250	φ150×252
YOXD875AZ	φ992		514	125	12	φ630	265	20	φ150×250	φ150×252

表 1.2.40 $YOXD_Y$ 型液力耦合器安装尺寸（长沙第三机床厂 www.changshasanji.com） (mm)

型　号	40%～72% 充油量/L	过载系数		D	L	最大输入孔径及长度 ($d_i \times L_i$)	最大输出孔径及长度 ($d_o \times L_o$)	同行业参考型号
		起动	制动					
$YOXD_Y$360	3.8～6.8	1.35～1.5	2.0～2.3	φ428	360	φ60×110	φ55×110	YOX_V360
$YOXD_Y$400	5.8～10.4			φ472	390	φ70×140	φ565×140	YOX_V400
$YOXD_Y$450	8.3～15			φ530	445	φ75×140	φ70×140	YOX_V450
$YOXD_Y$500	11.4～20.6			φ582	510	φ90×170	φ90×170	YOX_V500
$YOXD_Y$560	14.6～26.4			φ634	530	φ100×210	φ100×210	YOX_V560
$YOXD_Y$600	18.6～33.6			φ635	575	φ100×210	φ100×210	YOX_V600
$YOXD_Y$650	26.6～48			φ760	650	φ130×210	φ130×210	YOX_V650
$YOXD_Y$750	37.7～68			φ860	680	φ140×250	φ140×250	YOX_V750
$YOXD_Y$875	62.1～112			φ992	820	φ140×250	φ150×250	YOX_V875

$YOXD_Y$ 型液力耦合器简图如图 1.2.31 所示。

$YOXD_Y$ Z 型液力耦合器简图如图 1.2.32 所示。

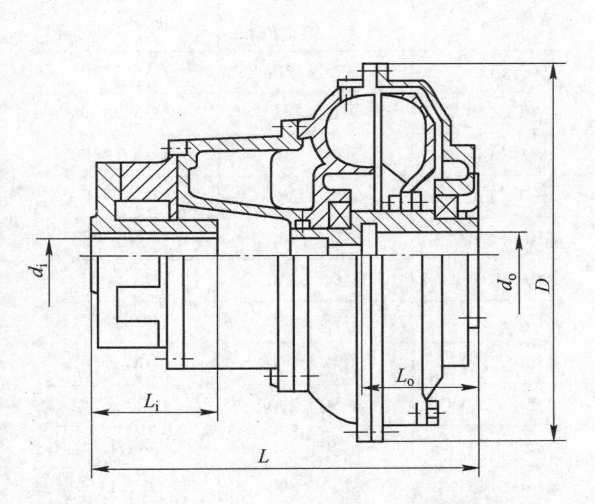

图 1.2.31 $YOXD_Y$ 型液力耦合器简图

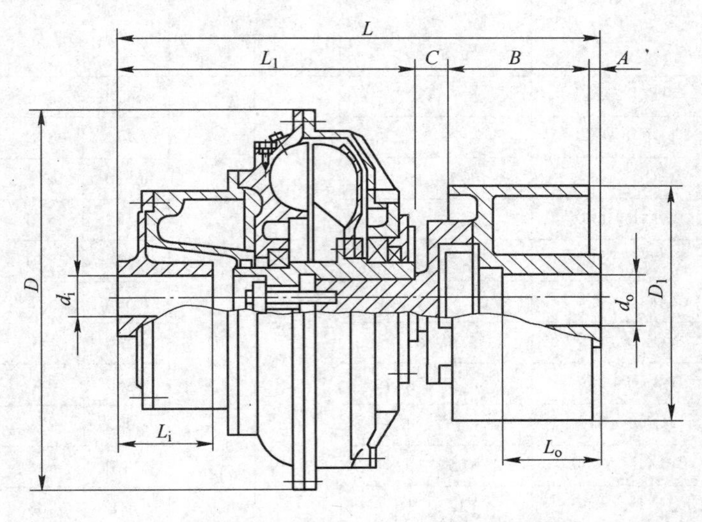

图 1.2.32 $YOXD_Y$ Z 型液力耦合器简图

表 1.2.41 $YOXD_Y$ Z 型液力耦合器安装尺寸（长沙第三机床厂 www.changshasanji.com） (mm)

型号	40% ~72% 充油量/L	过载系数		最大输入孔径及长度 ($d_i \times L_i$)	外形尺寸							同行业参考型号
		起动	制动		D	L	L_1	D_1	B	A	C	
$YOXD_Y$360Z	5.8 ~10.4	1.35 ~ 1.5	2.0 ~ 2.3	ϕ65 ×110	427	560	358	315	150	10	38	$YOX_{VⅡZ}$400
$YOXD_Y$450Z	8.3 ~15			ϕ75 ×140	530	581	383	315	150	10	38	$YOX_{VⅡZ}$450
$YOXD_Y$500Z	11.4 ~20.6			ϕ90 ×170	582	672	431	400	190	10	41	$YOX_{VⅡZ}$500
$YOXD_Y$560Z	14.6 ~26.4			ϕ100 ×210	634	733	488	400	190	10	45	$YOX_{VⅡZ}$560
$YOXD_Y$600Z	18.6 ~33.6			ϕ110 ×210	695	787	517	500	210	15	45	$YOX_{VⅡZ}$600
$YOXD_Y$650Z	26.6 ~48			ϕ120 ×210	760	825	565	500	210	15	45	$YOX_{VⅡZ}$650
$YOXD_Y$750Z	37.7 ~68			ϕ130 ×210	920	920	590	630	265	15	50	$YOX_{VⅡZ}$750
$YOXD_Y$875Z	62.1 ~112			ϕ140 ×250	1032	1032	672	630	265	20	75	$YOX_{VⅡZ}$875

$YOXD_{YS}$型液力耦合器简图如图 1.2.33 所示。

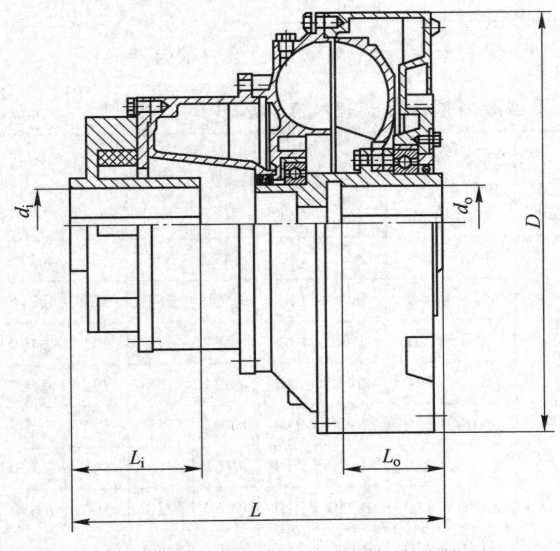

图 1.2.33 $YOXD_{YS}$型液力耦合器简图

表 1.2.42 **YOXD$_{YS}$型液力耦合器安装尺寸**（长沙第三机床厂 www.changshasanji.com） (mm)

型 号	40% ~70% 充液量/L	过载系数		D	L	最大输入孔径及长度（$d_i \times L_i$）	最大输出孔径及长度（$d_o \times L_o$）	同行业参考型号
		起动	制动					
YOXD$_{YS}$360	5.3 ~8.8			ϕ428	360	ϕ60 ×110	ϕ55 ×110	YOX$_{VS}$360
YOXD$_{YS}$400	7.7 ~13.5			ϕ472	390	ϕ70 ×140	ϕ65 ×140	YOX$_{VS}$400
YOXD$_{YS}$450	11.1 ~19.5			ϕ530	445	ϕ75 ×140	ϕ70 ×140	YOX$_{VS}$450
YOXD$_{YS}$500	15.3 ~26.8			ϕ582	510	ϕ90 ×170	ϕ90 ×170	YOX$_{VS}$500
YOXD$_{YS}$560	19.5 ~34.2			ϕ634	530	ϕ100 ×210	ϕ100 ×180	YOX$_{VS}$560
YOXD$_{YS}$600	24.9 ~43.6			ϕ695	575	ϕ100 ×210	ϕ100 ×210	YOX$_{VS}$600
YOXD$_{YS}$650	35.6 ~62.4	11.1 ~ 13.5	2 ~ 2.3	ϕ760	650	ϕ130 ×210	ϕ130 ×210	YOX$_{VS}$650
YOXD$_{YS}$750	50.5 ~88.4			ϕ860	680	ϕ140 ×250	ϕ140 ×250	YOX$_{VS}$750
YOXD$_{YS}$875	83.1 ~145.6			ϕ992	820	ϕ150 ×250	ϕ150 ×250	YOX$_{VS}$875
YOXD$_{YS}$1000	108.5 ~192.4			ϕ1138	845	ϕ150 ×250	ϕ150 ×250	YOX$_{VS}$1000
YOXD$_{YS}$1150	132 ~220			ϕ1312	885	ϕ170 ×300	ϕ170 ×300	YOX$_{VS}$1150
YOXD$_{YS}$1250	173 ~280			ϕ1420	960	ϕ200 ×310	ϕ200 ×300	YOX$_{VS}$1250
YOXD$_{YS}$1320	202 ~295			ϕ1500	975	ϕ210 ×320	ϕ210 ×320	YOX$_{VS}$1320

YOXD$_{YS}$ Z 型液力耦合器简图如图 1.2.34 所示。

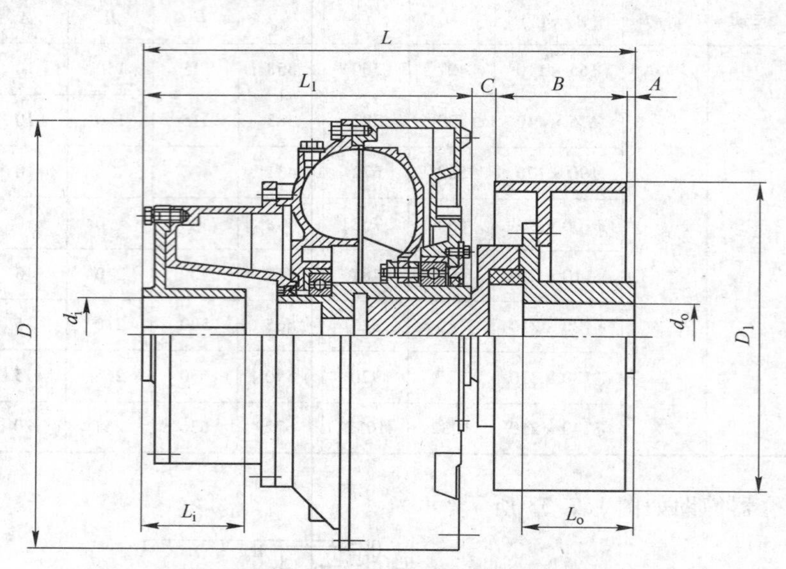

图 1.2.34 YOXD$_{YS}$ Z 型液力耦合器简图

表 1.2.43 **YOXD$_{YS}$ Z 型液力耦合器安装尺寸**（长沙第三机床厂 www.changshasanji.com） (mm)

型 号	40% ~70% 充液量/L	过载系数		最大输入孔径及长度（$d_i \times L_i$）	最大输出孔径及长度（$d_o \times L_o$）	外形尺寸							同行业参考型号
		起动	制动			D	L	L_1	D_1	B	A	C	
YOXD$_{YS}$400Z	7.7 ~13.5			ϕ65 ×140	ϕ65 ×140	ϕ472	556	358	ϕ315	150	10	38	YOX$_{VSⅡZ}$400
YOXD$_{YS}$450Z	11.1 ~19.5			ϕ75 ×140	ϕ75 ×140	ϕ530	581	383	ϕ315	150	10	38	YOX$_{VSⅡZ}$450
YOXD$_{YS}$500Z	15.3 ~26.8			ϕ90 ×170	ϕ90 ×170	ϕ582	672	431	ϕ400	190	10	41	YOX$_{VSⅡZ}$500
YOXD$_{YS}$560Z	19.5 ~34.2	11.1 ~ 13.5	2.0 ~ 2.3	ϕ100 ×210	ϕ100 ×210	ϕ634	748	488	ϕ400	190	10	45	YOX$_{VSⅡZ}$560
YOXD$_{YS}$600Z	24.9 ~43.6			ϕ100 ×210	ϕ100 ×210	ϕ695	787	517	ϕ50	210	15	45	YOX$_{VSⅡZ}$600
YOXD$_{YS}$650Z	35.6 ~62.4			ϕ120 ×210	ϕ120 ×210	ϕ760	825	555	ϕ500	210	15	45	YOX$_{VSⅡZ}$650
YOXD$_{YS}$750Z	50.5 ~88.4			ϕ130 ×210	ϕ130 ×210	ϕ860	920	590	ϕ630	265	15	50	YOX$_{VSⅡZ}$750
YOXD$_{YS}$875Z	83.1 ~145.6			ϕ140 ×250	ϕ140 ×250	ϕ992	1032	672	ϕ630	265	20	75	YOX$_{VSⅡZ}$875

YOXF MT 型液力耦合器简图如图 1.2.35 所示。

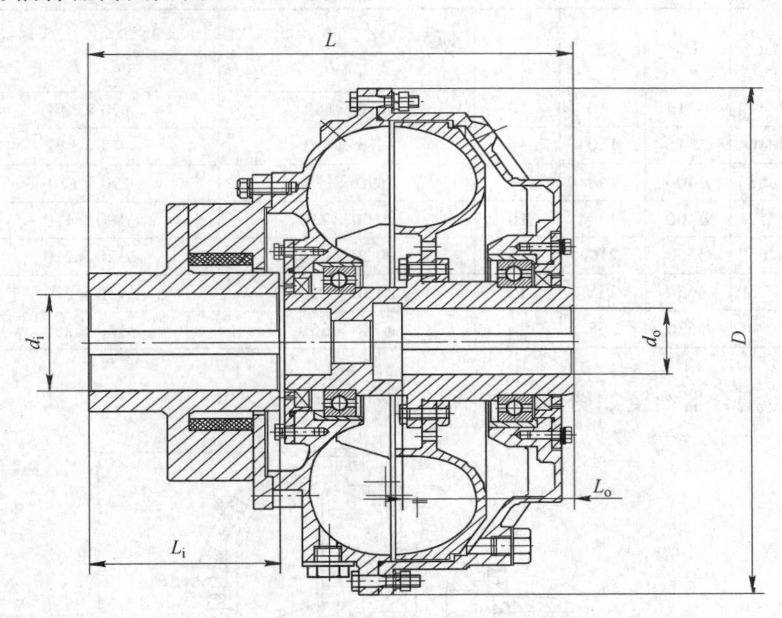

图 1.2.35 YOXF MT 型液力耦合器简图

表 1.2.44 YOXF MT 型液力耦合器安装尺寸（长沙第三机床厂 www.changshasanji.com） （mm）

型 号	D	L	最大输入孔径及长度（$d_i \times L_i$）	最大输出孔径及长度（$d_o \times L_o$）	替代原有型号
YOXF360MT	ϕ428	310	ϕ60×110	ϕ60×110	YOXD360MT YOX_{II}360
YOXF400MT	ϕ472	355	ϕ70×140	ϕ70×140	YOXD400MT YOX_{II}400
YOXF450MT	ϕ530	384	ϕ75×140	ϕ75×140	YOXD450MT YOX_{II}450
YOXF500MT	ϕ582	435	ϕ90×170	ϕ90×170	YOXD500MT YOX_{II}500
YOXF560MT	ϕ634	489	ϕ100×210	ϕ100×190	YOXD560MT YOX_{II}560
YOXF650MT	ϕ760	556	ϕ120×210	ϕ130×210	YOXD650MT YOX_{II}650
YOXF750MT	ϕ860	578	ϕ140×210	ϕ140×210	YOXD750MT YOX_{II}750
YOXF875MT	ϕ992	705	ϕ150×250	ϕ150×250	YOXD875MT YOX_{II}875

YOXF Z 型液力耦合器简图如图 1.2.36 所示。

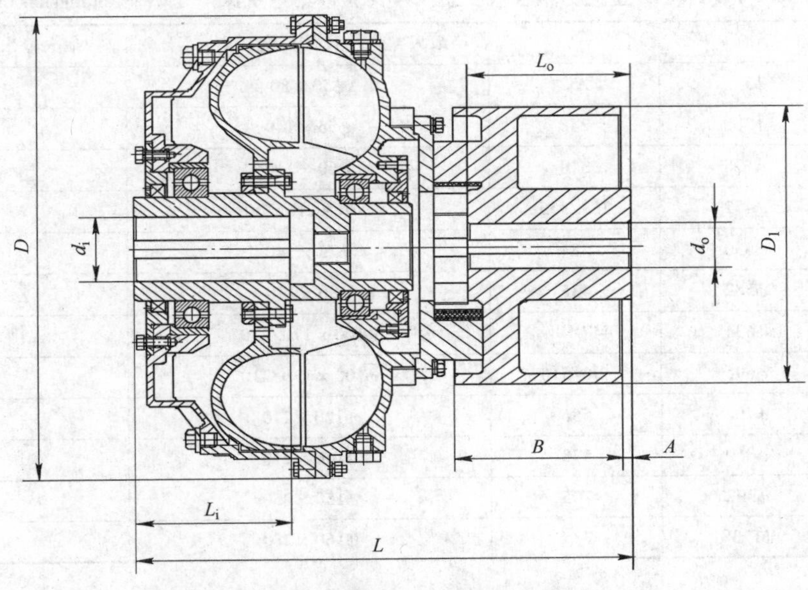

图 1.2.36 YOXF Z 型液力耦合器简图

表 1.2.45 YOXF Z 型液力耦合器安装尺寸（长沙第三机床厂 www.changshasanji.com） （mm）

型　号	D	L	D_1	B	A	最大输入孔径及长度 ($d_i \times L_i$)	最大输出孔径及长度 ($d_o \times L_o$)	替代原有型号
YOXF400Z	ϕ472	408/442	ϕ315	150	10	ϕ70×140	ϕ70×140	YOX_{II}Z400 YOXNZ400
YOXF450Z	ϕ530	430/464	ϕ315	150	10	ϕ75×140	ϕ75×140	YOX_{II}Z450 YOXNZ450
YOXF500Z	ϕ582	493/535	ϕ400	190	10	ϕ90×170	ϕ90×170	YOX_{II}Z500 YOXNZ500
YOXF560Z	ϕ634	529/571	ϕ400	190	10	ϕ100×210	ϕ100×190	YOX_{II}Z560 YOXNZ560
YOXF650Z	ϕ760	616/658	ϕ500	210	15	ϕ120×210	ϕ120×210	YOX_{II}Z650 YOXNZ650
YOXF750Z	ϕ860	695/738	ϕ630	265	15	ϕ130×210	ϕ130×210	YOX_{II}Z750 YOXNZ750
YOXF875Z	ϕ992	862/905	ϕ630	265	20	ϕ140×250	ϕ140×250	YOX_{II}Z875 YOXNZ875

YOXD HL 型液力耦合器简图如图 1.2.37 所示。

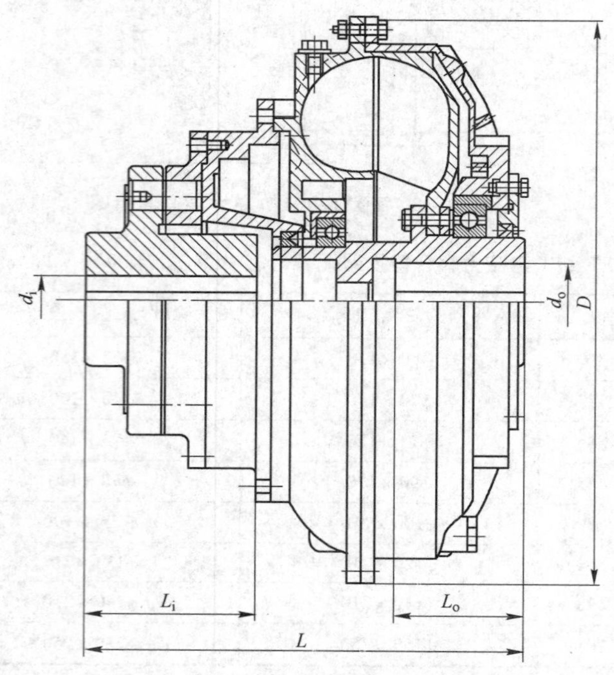

图 1.2.37 YOXD HL 型液力耦合器简图

表 1.2.46 YOXD HL 型液力耦合器安装尺寸（长沙第三机床厂 www.changshasanji.com） （mm）

型　号	D	L	最大输入孔径及长度 ($d_i \times L_i$)	最大输出孔径及长度 ($d_o \times L_o$)
YOXD280HL	ϕ345	252	ϕ50×80	ϕ45×110
YOXD320HL	ϕ380	278	ϕ55×140	ϕ45×110
YOXD360HL	ϕ428	310	ϕ60×110	ϕ55×110
YOXD400HL	ϕ472	338/355	ϕ70×110/140	ϕ65×140
YOXD450HL	ϕ530	384	ϕ75×140	ϕ70×140
YOXD500HL	ϕ582	435	ϕ90×170	ϕ90×170
YOXD560HL	ϕ634	447/489	ϕ100×170/210	ϕ100×180
YOXD600HL	ϕ695	490/510	ϕ100×170/210	ϕ100×210
YOXD650HL	ϕ760	556	ϕ120×210	ϕ130×210
YOXD750HL	ϕ860	578	ϕ140×210	ϕ140×210
YOXD875HL	ϕ992	705	ϕ150×250	ϕ150×210
YOXD1000HL	ϕ1138	735	ϕ160×280	ϕ160×280

YOTcs 箱体调速型液力耦合器结构简图如图 1.2.38 所示。

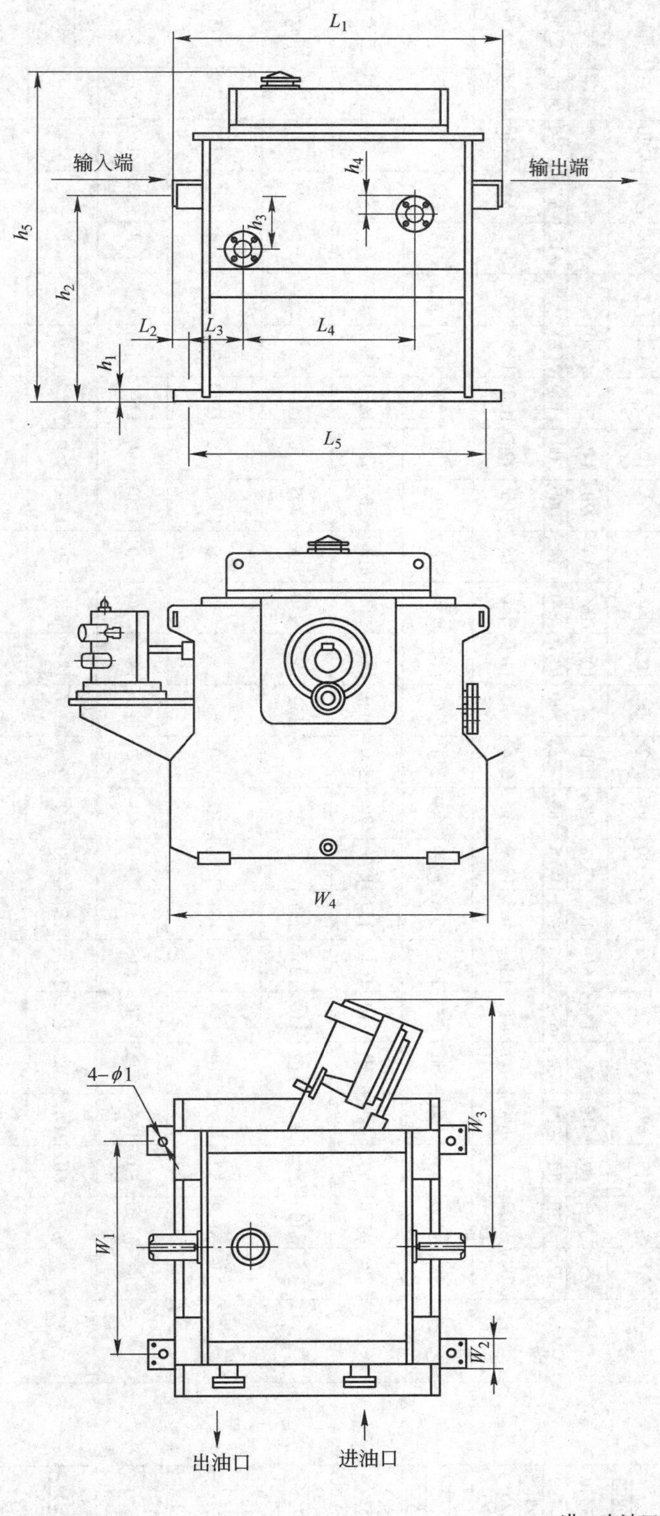

图 1.2.38 YOTcs 箱体调速型液力耦合器结构简图

表 1.2.47 **YOTcs 箱体调速型液力耦合器主要技术参数及外形尺寸**（广州液力传动设备有限公司 www.gzyeli.com）

规格型号	输入转速/r·min⁻¹	传递功率范围/kW	额定转差率/%	无级调速范围	安装尺寸/mm																								质量/kg
					b	D	h_1	h_2	h_3	h_4	h_5	h_6	L_1	L_2	L_3	L_4	L_5	L_6	T	W_1	W_2	W_3	W_4	ϕ_1	ϕ_2	ϕ_3	ϕ_4	ϕ_5	
YOTcs400	1500 3000	30~70 220~540	1.5~3	1~1/5（离心式机械），1~1/3（恒力矩机械）	18	φ60	40	560	65	65	940	64	830	91	85	380	652	120	11	680	100	-750	912	φ27	φ47	φ25	φ90	φ120	600
YOTcs450	1500 3000	55~120 390~970			20	φ75	40	635	75	75	1375	79.5	1020	40	182	500	1020	145	12	865	100		1120	φ27	φ18	φ60	φ120	φ152	850
YOTcs500	1000 1500 3000	22~60 90~205 670~1640			20	φ75	40	635	75	75	1375	79.5	1020	40	182	500	1020	145	12	865	100		1120	φ27	φ18	φ60	φ120	φ152	980 1050
YOTcs530	3000	900~2150			20	φ75	40	635	75	75	1375	79.5	1020	40	182	500	1020	145	12	865	100		1120	φ27	φ18	φ60	φ120	φ152	1080
YOTcs560	1000 1500 3000	55~110 155~360 1180~2885			20	φ75	40	635	75	75	1375	79.5	1020	40	182	500	1020	145	12	865	100		1120	φ27	φ18	φ60	φ120	φ152	1080
YOTcs580	3000	1200~3440			25	φ95	60	810	235	135	1610	100	1230	130	220	540	1080	165	14	920	140		1320	φ27	φ18	φ83	φ140	φ178	1350 1750
YOTcs620	3000	1675~4780			32	φ120	50	900	635	665	1565	127	1485	185	-335	1540	1070	190	18	2060	200	1100	2120	φ35	φ18	φ83	φ140	φ178	2750
YOTcs650	750 1000 1500	40~95 95~225 290~760			28	φ100	45	840	160	75	1345	106	1300	60	214	680	1180	150	16	900	120	1050	1250	φ35	φ18	φ48	φ140	φ178	1850
YOTcs750	750 1000 1500	80~195 185~460 510~1555			28	φ100	45	840	160	75	1345	106	1300	60	214	680	1180	150	16	900	120	1050	1250	φ35	φ18	φ48	φ140	φ178	2060
YOTcs800	750 1000 1500	100~265 250~635 790~2150			32	φ130	50	950	110	110	1640	137	1720	70	300	860	1580	250	18	1200	150	1170	1500	φ45	φ18	φ83	φ140	φ178	2500
YOTcs875	750 1000 1500	155~420 390~995 1240~3360			32	φ130	50	950	110	110	1640	137	1720	70	300	860	1580	250	18	1200	150	1170	1500	φ45	φ18	φ83	φ140	φ178	3320
YOTcs910	1500 600 750 1000	1600~4350 115~280 235~530 500~1250			32	φ130	50	950	110	110	1640	137	1720	70	300	860	1580	250	18	1200	150	1170	1500	φ45	φ18	φ83	φ140	φ178	3750
YOTcs1000	600 750 1000	170~420 330~820 750~1950			36	φ150	60	1060	300	130	1810	158	1930	60	267	1116	1810	250	20	1250	150	1385	1840	φ35	φ18	φ83	φ140	φ178	5150
YOTcs1050	600 750 1000	175~530 360~1045 815~2480			36	φ150	60	1060	300	130	1810	158	1930	60	267	1116	1810	250	20	1250	150	1385	1840	φ35	φ18	φ83	φ140	φ178	5350 5300 5550
YOTcs1150	600 750 1000	355~845 670~1650 1590~3905			36	φ150	60	1060	300	130	1810	158	1930	60	267	1116	1810	250	20	1250	150	1385	1840	φ35	φ18	φ83	φ140	φ178	5800
YOTcs1250	500 600 750	400~740 500~1280 1150~2500			40	φ160	100	1170	375	175	2250	169	2250	135	590	1005	1980	300	22	1600	250	-1800	2180						7100
YOTcs1320	500 600 750	525~975 690~1700 1350~3350			40	φ160	100	1170	375	175	2250	169	2250	135	590	1005	1980	300	22	1600	250	-1800	2180						7100
YOTcs1400	500 600 750	650~1250 900~2150 2000~4350			45	φ180	80	1250	380	180	2250	190	2400	100	525	1350	2200	300	25	1600	250	1850	2250						8900
YOTcs1550	500 600 750	1150~2050 1500~3650 3350~7150			50	φ210	80	1350	415	200	2500	221	2550	125	570	1420	2300	350	28	1600	250	1950	2380						11500

表 1.2.48 YOTcp 中心剖分式调速型液力耦合器主要技术参数及外形尺寸（广州液力传动设备有限公司 www.gzyeli.com）

规格型号	输入转速 /r·min^{-1}	传递功率范围/kW	额定转差率/%	无级调速范围	安装尺寸/mm																											质量 /kg
					b	D	h_1	h_2	h_3	h_4	h_5	h_6	L_1	L_2	L_3	L_4	L_5	L_6	T	W_1	W_2	W_3	W_4	W_5	W_6	W_7	ϕ_1	ϕ_2	ϕ_3	ϕ_4	ϕ_5	
YOTcp400	1500	30~70	1.5~3	1~1/5（离心式机械），1~1/3（恒力矩机械）	18	φ60	40	560	255	-128	1170	64	830	89	106.5	602.5	652	120	11	680	680	780	100	-770	-460	912	φ27	φ18	φ60	φ120	φ152	680
	3000	220~540																														
YOTcp450	1500	55~120			20	φ75	40	635	285	75	1285	79.5	1020	40	110	612	940	145	12	650	865	965	100	1115	550	1185	φ27	φ18	φ60	φ120	φ152	960
	3000	390~970																														
YOTcp500	1500	90~205			20	75	40	635	285	75	1285	79.5	1020	40	110	612	940	145	12	650	865	965	100	1115	550	1185	φ27	φ18	φ60	φ120	φ152	1180
	3000	670~1640																														1250
YOTcp530	3000	900~2150			20	φ75	40	635	285	75	1285	79.5	1020	40	110	612	940	145	12	650	865	965	110	1115	550	1185	φ27	φ18	φ60	φ120	φ152	1350
YOTcp560	1000	55~110			20	φ75	40	635	285	75	1285	79.5	1020	40	110	612	940	145	12	650	865	965	110	1115	550	1185	φ27	φ18	φ60	φ120	φ152	1400
	1500	155~360																														
	3000	1180~2885																														
YOTcp580	3000	1200~3440			25	φ95	60	810	235	135	1610	100	1230	30	250	540	1080	165	14	690	620	1060	140		690	1320	φ27	φ18	φ83	φ140	φ178	1350 1750
YOTcp620	3000	1675~4780			32	φ120	50	900	635	665	1565	127	1485	185	-150	1540	1070	190	18	30	2060	2160	200	1100	-830	2120	φ35	φ18	φ83	φ140	φ178	2750
YOTcp650	1000	95~225			28	φ100	45	750	315	-195	1385	106	1200	152.5	175	796	800	150	16	750	1450	1550	100	1035	750	1550	φ35	φ18	φ48	φ140	φ178	1550
	1500	290~760																														
YOTcp750	750	80~195			28	φ100	45	750	315	-195	1385	106	1200	152.5	175	796	800	150	16	750	1450	1550	100	1035	750	1550	φ35	φ18	φ48	φ140	φ178	1750
	1000	185~460																														
	1500	510~1555																														
YOTcp800	750	100~265			32	φ130	40	850	375	-250	1550	137	1400	220	225	985	950	210	18	850	1500	1600	120	1030	850	1600	φ35	φ18	φ65	φ140	φ178	2500
	1000	250~635																														
	1500	790~2150																														
YOTcp875	750	155~420			32	φ130	40	850	375	-250	1550	137	1400	220	225	985	950	210	18	850	1500	1600	120	1030	850	1600	φ35	φ18	φ65	φ140	φ178	2750
	1000	390~995																														
	1500	1240~3360			32	φ130	50	880	300	110	1550	137	1720	70	354	878	1580	250	18	780	1200	1350	150	1170	780	1500	φ45	φ18	φ83	φ140	φ178	3900
YOTcp910	1500	1600~4350																														
	600	115~280			32	φ130	40	850	375	-250	1550	137	1400	220	225	985	950	210	18	850	1500	1600	120	1030	850	1600	φ35	φ18	φ65	φ140	φ178	3150
	750	235~530																														
	1000	500~1250																														
YOTcp1000	600	170~420			36	φ150	45	900	375	180	1650	158	1500	220	190	1075	950	200	20	925	1650	1750	135	1150	925	1750	φ35	φ18	φ65	φ140	φ178	4150
	750	330~820																														
	1000	750~1950																														
YOTcp1050	600	175~530			36	φ150	50	1150	320	-200	1950	158	1750	235	340	1250	1300	250	20	975	1750	1850	120	1250	975	1850	φ35	φ18	φ65	φ170	φ210	4750
	750	360~1045																														
	1000	815~2480																														5150
YOTcp1150	600	355~845			36	φ150	50	1150	320	-200	1950	158	1750	235	340	1250	1300	250	20	975	1750	1850	120	1250	975	1850	φ35	φ18	φ65	φ170	φ210	5500
	750	670~1650																														
	1000	1590~3905																														
YOTcp1250	500	400~740			40	φ160	80	1170	310	175	2150	169	2250	150	570	1355	19500	300	22	1175	1600	-1800	200	1650	1250	2150	φ40	φ18	φ65	φ170	φ210	7550
	600	500~1280																														
	750	1150~2500																														
YOTcp1320	500	525~975			40	φ160	80	1170	310	175	2150	169	2250	150	570	1355	19500	300	22	1175	1600	-1800	200	1650	1250	2150	φ40	φ18	φ65	φ170	φ210	7850
	600	690~1700																														
	750	1350~3350																														
YOTcp1400	500	650~1250			45	φ200	80	1350	385	200	2350	210	2400	200	555	395	2000	320	25	1250	1750	1950	200	1700	1325	2350	φ40	φ18	φ65	φ170	φ210	8850
	600	900~2150																														
	750	2000~4350																														
YOTcp1550	500	1150~2050			45	φ200	80	1350	385	200	2350	210	2400	200	555	395	2000	320	25	1250	1750	1950	200	1700	1325	2350	φ40	φ18	φ65	φ170	φ210	9500
	600	1500~3650																														
	750	3350~7150																														

YOTcp 中心剖分式调速型液力耦合器结构简图如图 1.2.39 所示。

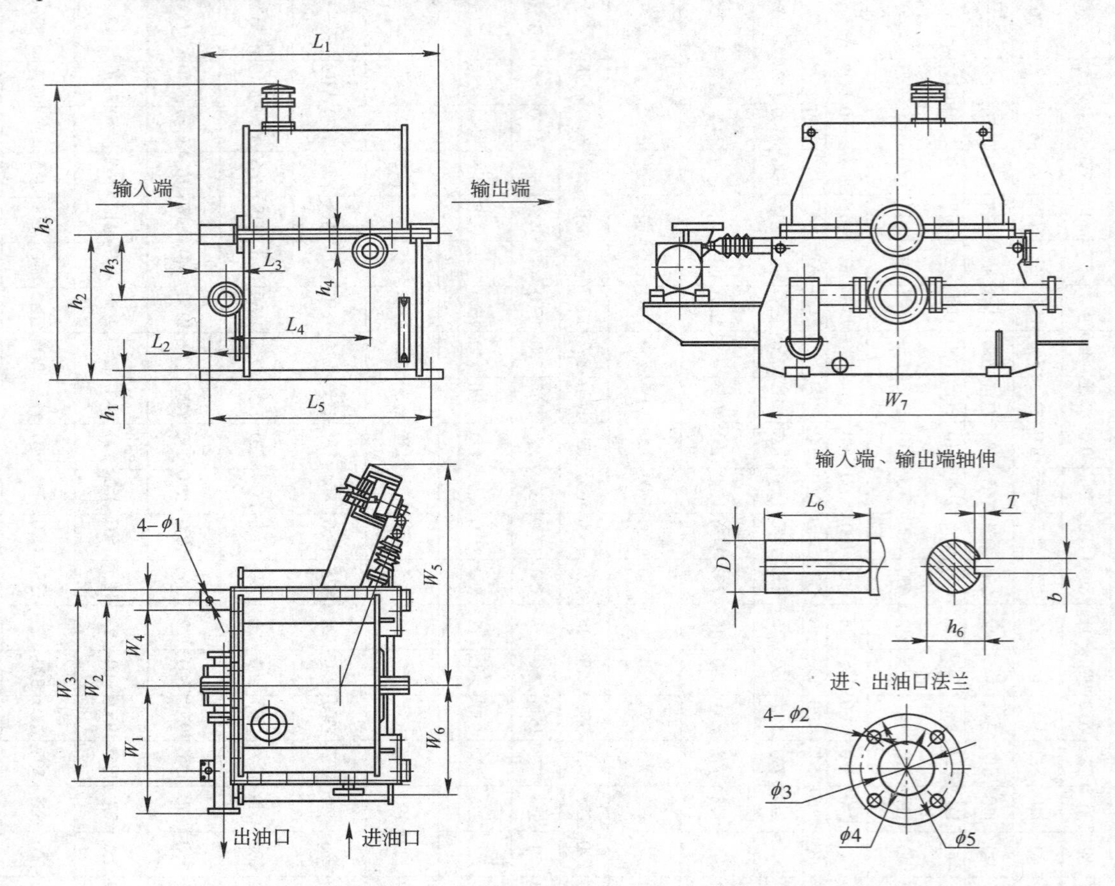

图 1.2.39 YOTcp 中心剖分式调速型液力耦合器结构简图

各种尺寸图如图 1.2.40 ~ 图 1.2.49 所示。

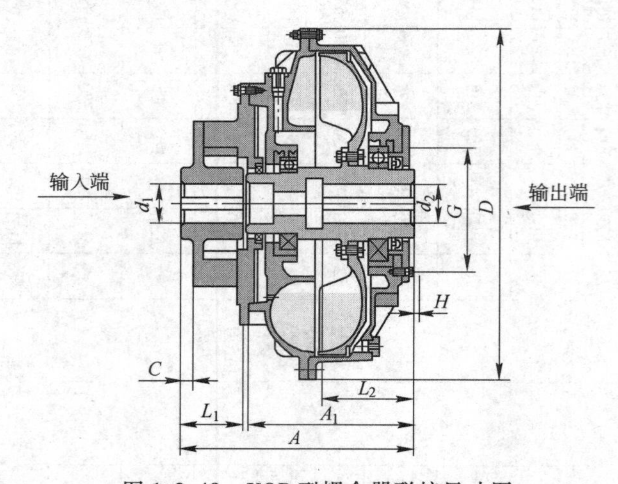

图 1.2.40 YOP 型耦合器联接尺寸图

表 1.2.49 YOP 型耦合器技术参数（广州液力传动设备有限公司 www.gzyeli.com）

国家标准型号	输入转速 /r·min^{-1}	传递功率范围/kW	效率	启动过载系数	外形尺寸/mm						最大输入孔及长度 (d_1/L_1) /mm	最大输出孔及长度 (d_2/L_2) /mm	充液量/L			质量 /kg
					D	A	A_1	C	G	H			总充液量 100%	最少充液量 40%	最大充液量 80%	
YOP150	1000	0.05 ~ 0.2	0.96	1.91	ϕ195	188	117	31	—	—	ϕ25/40	ϕ20/40	0.5	0.2	0.4	6
	1500	0.2 ~ 0.55														

续表 1.2.49

国家标准型号	输入转速/r·min^{-1}	传递功率范围/kW	效率	启动过载系数	外形尺寸/mm						最大输入孔及长度 (d_1/L_1) /mm	最大输出孔及长度 (d_2/L_2) /mm	充液量/L			质量/kg
					D	A	A_1	C	G	H			总充液量100%	最少充液量40%	最大充液量80%	
YOP180	1000 1500	0.1~0.3 0.5~1.1	0.96	1.91	ϕ232	207	125	42	—	—	ϕ30/50	ϕ25/50	0.6	0.24	0.48	7
YOP200	1000 1500	0.2~0.55 0.8~2.2	0.96	1.91	ϕ254	194	128	26	—	—	ϕ35/60	ϕ30/60	1.5	0.6	1.2	8.8
YOP220	1000 1500	0.4~1.1 1.5~3	0.96	1.91	ϕ278	225	136	49	—	—	ϕ40/80	ϕ35/80	1.9	0.76	1.52	13
YOP250	1000 1500	0.8~1.5 2.5~5.5	0.96	1.91	ϕ305	240	156	34	—	—	ϕ45/80	ϕ40/80	2.8	1.1	2.1	16
YOP280	1000 1500	1.5~3 4.5~8	0.96	1.91	ϕ345	252	161	33	—	—	ϕ50/80	ϕ45/110	3.5	1.4	2.8	21
YOP320	1000 1500	2.5~5.5 9~18.5	0.96	1.91	ϕ380	278	179	34	—	—	ϕ55/110	ϕ45/110	5.5	2.2	4.4	28
YOP340	1000 1500	3~9 12~22	0.96	1.91	ϕ395	298	187	37	142	-3.5	ϕ55/110	ϕ50/110	6.8	2.7	5.3	36.5
YOP360	1000 1500	5~10 16~30	0.96	1.91	ϕ428	310	188	60	166	-2.5	ϕ60/110	ϕ55/110	8.5	3.4	6.7	38
YOP400	1000 1500	8~18.5 28~48	0.96	1.91	ϕ472	320 (350)	211	33 (63)	186	-2.5	ϕ65/140	ϕ60/140	13	5.2	10.4	60
YOP450	1000 1500	15~30 50~90	0.96	1.91	ϕ530	384	233	68	210	-0.5	ϕ75/140	ϕ70/140	15	6	12	74
YOP500	1000 1500	25~50 68~144	0.96	1.91	ϕ582	410	251	74	236	3	ϕ90/170	ϕ90/170	24	9.5	19	95
YOP560	1000 1500	40~80 120~270	0.96	1.91	ϕ634	448	273	83	264	3	ϕ100/210	ϕ100/210	28.8	11.5	23	138
YOP600	1000 1500	60~115 200~360	0.96	1.91	ϕ695	490	293	89	270	4	ϕ100/210	ϕ115/210	37.5	15	30	163
YOP650	1000 1500	90~176 260~480	0.96	1.91	ϕ740	556	339	110	280	8	ϕ120/210	ϕ130/210	44	17.5	35	207
YOP750	1000 150	170~330 480~760	0.96	1.91	ϕ860	578	360	90	345	-4.5	ϕ120/210	ϕ140/210	66	26.5	53	312
YOP875	750 1000 1500	145~280 330~620 766~1100	0.96	1.91	ϕ996	705	422	147	396	-7	ϕ150/250	ϕ150/250	98	39.5	79	455
YOP1000	600 750 1000	160~300 260~590 610~1100	0.96	1.91	ϕ1138	733	462	115	408	-7	ϕ160/250	ϕ160/280	147.5	59	118	630
YOP1150	500 600 750	165~350 265~615 525~1195	0.96	1.91	ϕ1312	850	529	152	408	-4	ϕ170/300	ϕ170/300	170	68	136	810
YOP1250	500 600 750	235~540 400~935 800~1800	0.96	1.91	ϕ1420	940	593	178	490	3	ϕ200/300	ϕ200/300	220	88	176	980
YOP1320	500 600 750	315~710 650~1200 1050~2360	0.96	1.91	ϕ1500	970	590	193	550	9	ϕ210/320	ϕ210/320	255	102	204	1314

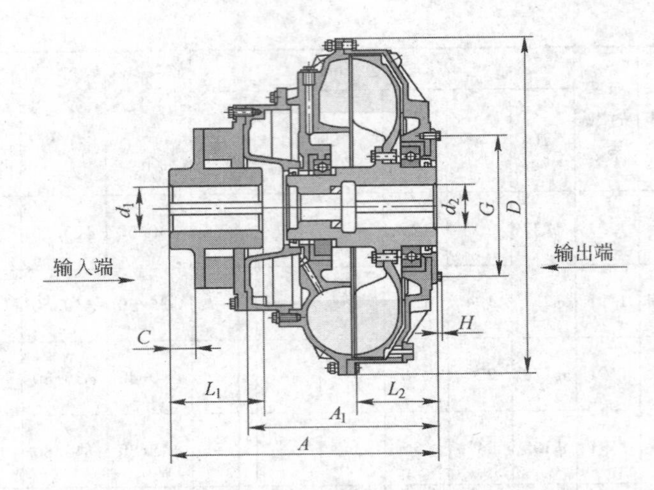

图 1.2.41 YOX 型耦合器联接尺寸图

表 1.2.50 YOX 型耦合器技术参数（广州液力传动设备有限公司 www.gzyeli.com）

国家标准型号	输入转速/$r\cdot min^{-1}$	传递功率范围/kW	效率	启动过载系数	外形尺寸/mm						最大输入孔及长度(d_1/L_1)/mm	最大输出孔及长度(d_2/L_2)/mm	充液量/L			质量/kg
					D	A	A_1	C	G	H			总充液量100%	最少充液量40%	最大充液量80%	
YOX360	1000	5 ~ 10	0.96	1.53	ϕ428	310	229	9	166	−2.5	ϕ55/110	ϕ55/110	8.5	3.4	6.7	42
	1500	16 ~ 30														
YOX400	1000	8 ~ 18.5	0.96	1.53	ϕ472	338 (355)	260	2 (19)	186	−2.5	ϕ65/110 (140)	ϕ60/140	13	5.2	10.4	65
	1500	28 ~ 48														
YOX450	1000	15 ~ 30	0.96	1.53	ϕ530	384 (397)	292	9 (22)	210	−0.5	ϕ75/140	ϕ70/140	18.8	7.5	15	80
	1500	50 ~ 90														
YOX500	1000	25 ~ 50	0.96	1.53	ϕ582	435	316	30	236	3	ϕ90/170	ϕ90/170	26	10.3	20.6	106
	1500	68 ~ 144														
YOX560	1000	40 ~ 80	0.96	1.53	ϕ634	447 (490)	350	4 (47)	264	3	ϕ120/170 (210)	ϕ100/ 210	33	13.2	26.4	152
	1500	120 ~ 270														
YOX600	1000	60 ~ 115	0.96	1.53	ϕ695	490 (510)	376	9 (29)	270	4	ϕ120/170 (210)	ϕ115/ 210	42	16.8	33.6	185
	1500	200 ~ 360														
YOX650	1000	90 ~ 176	0.96	1.53	ϕ740	556	425	24	280	8	ϕ150/ 250	ϕ130/ 210	60	24	48	230
	1500	260 ~ 480														
YOX750	1000	170 ~ 330	0.96	1.53	ϕ860	578 (618)	450	0 (40)	345	−4.5	ϕ150/ 250	ϕ140/ 210	85	34	68	350
	1500	480 ~ 760														
YOX875	750	145 ~ 280	0.96	1.53	ϕ996	705	514	55	396	−7	ϕ150/ 250	ϕ150/ 250	140	56	112	495
	1000	330 ~ 620														
	1500	766 ~ 1100														
YOX1000	600	160 ~ 360	0.96	1.91	ϕ1138	765	579	0	408	−7	ϕ160/ 250	ϕ160/ 280	185	74	148	650
	750	260 ~ 590														
	1000	610 ~ 1100														
YOX1150	500	165 ~ 350	0.96	1.53	ϕ1312	850	669	12	408	−4	ϕ170/ 300	ϕ170/ 300	212.5	85	170	840
	600	650 ~ 615														
	750	525 ~ 1195														

续表 1.2.50

国家标准型号	输入转速/r·min^{-1}	传递功率范围/kW	效率	启动过载系数	外形尺寸/mm						最大输入孔及长度(d_1/L_1)/mm	最大输出孔及长度(d_2/L_2)/mm	充液量/L			质量/kg
					D	A	A_1	C	G	H			总充液量100%	最少充液量40%	最大充液量80%	
YOX1250	500	235~540	0.96	1.53	ϕ1420	940	758	5	490	3	ϕ200/300	ϕ200/300	275	110	220	1080
	600	400~935														
	750	800~1800														
YOX1320	500	315~710	0.96	1.53	ϕ1500	970	760	13	550	9	ϕ210/320	ϕ210/320	320	128	256	1490
	600	650~1200														
	750	10580~2360														

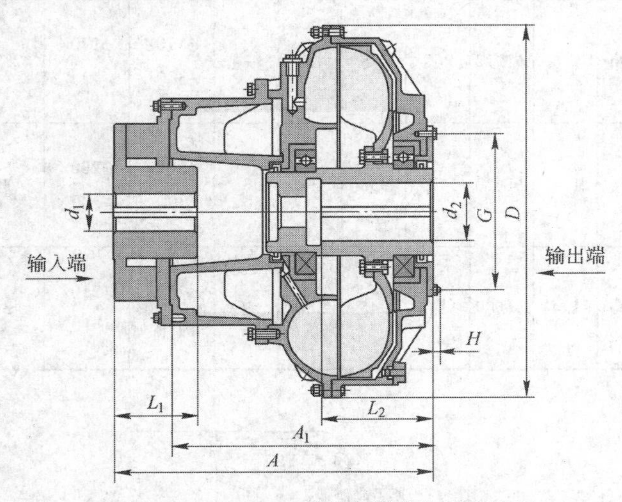

图 1.2.42 YOX$_V$ 型耦合器联接尺寸简图

表 1.2.51 YOX$_V$ 型耦合器技术参数（广州液力传动设备有限公司 www.gzyeli.com）

国家标准型号	输入转速/r·min^{-1}	传递功率范围/kW	效率	启动过载系数	外形尺寸/mm					最大输入孔及长度(d_1/L_1)/mm	最大输出孔及长度(d_2/L_2)/mm	充液量/L			质量/kg
					D	A	A_1	G	H			总充液量100%	最少充液量40%	最大充液量80%	
YOX$_V$360	1000	5~10	0.96	1.4	ϕ428	360	278	166	-2.5	ϕ60/110	ϕ55/110	9.5	3.8	6.8	47
	1500	16~30													
YOX$_V$400	1000	8~18.5	0.96	1.4	ϕ472	390	308	186	-2.5	ϕ70/140	ϕ60/140	14.5	5.8	10.4	71
	1500	28~48													
YOX$_V$450	1000	15~30	0.96	1.4	ϕ530	445	353	210	-0.5	ϕ75/140	ϕ70/140	21	8.3	15	88
	1500	50~90													
YOX$_V$500	1000	25~50	0.96	1.4	ϕ582	510	391	236	3	ϕ90/170	ϕ90/170	28.5	11.4	20.5	115
	1500	68~144													
YOX$_V$560	1000	40~80	0.96	1.4	ϕ634	530	433	264	3	ϕ100/210	ϕ100/210	36.5	14.6	26.4	164
	1500	120~270													
YOX$_V$600	1000	60~115	0.96	1.4	ϕ695	575	463	270	4	ϕ100/210	ϕ100/210	46.5	18.6	33.6	200
	1500	200~360													
YOX$_V$650	1000	90~176	0.96	1.4	ϕ740	650	519	280	8	ϕ130/210	ϕ130/210	66.5	26.6	48	240
	1500	260~480													
YOX$_V$750	1000	170~330	0.96	1.4	860	680	550	345	-4.5	ϕ140/250	ϕ150/250	94	37.7	68	375
	1500	480~760													

续表 1.2.51

国家标准型号	输入转速/r·min^{-1}	传递功率范围/kW	效率	启动过载系数	外形尺寸/mm					最大输入孔及长度 (d_1/L_1)/mm	最大输出孔及长度 (d_2/L_2)/mm	充液量/L			质量/kg
					D	A	A_1	G	H			总充液量100%	最少充液量40%	最大充液量80%	
YOX_V875	750	145~280	0.96	1.4	ϕ996	820	632	396	-7	ϕ150/250	ϕ150/250	155	62.1	112	530
	1000	330~620													
	1500	766~1100													
YOX_V1000	600	160~360	0.96	1.4	ϕ1138	855	692	408	-7	ϕ150/250	ϕ150/250	206	82.5	148	710
	750	260~590													
	1000	610~1100													
YOX_V1150	500	165~350	0.96	1.4	ϕ1312	960	779	408	-4	ϕ170/300	ϕ170/300	237.5	95	166.3	880
	600	2650~615													
	750	525~1195													
YOX_V1250	500	235~540	0.96	1.4	ϕ1420	1122	938	490	3	ϕ200/300	ϕ200/300	300	120	210	1030
	600	400~935													
	750	800~1800													
YOX_V1320	500	315~710	0.96	1.4	ϕ1500	1145	945	550	9	ϕ210/310	ϕ210/310	350	140	245	1130
	600	650~1200													
	750	10580~2360													

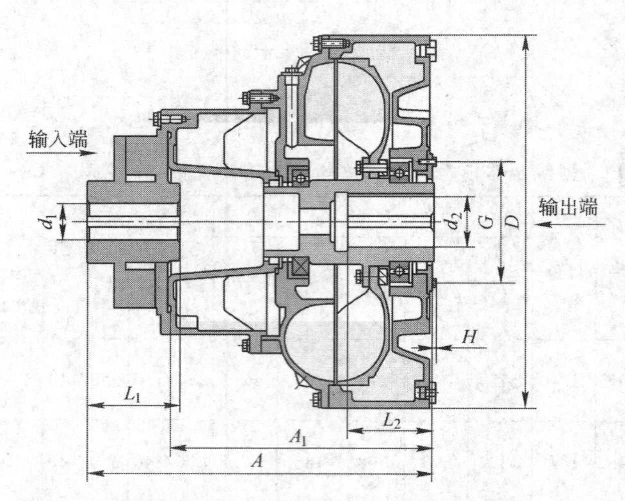

图 1.2.43 YOX_{VS}型耦合器联接尺寸图

表 1.2.52 YOX_{VS}型耦合器技术参数（广州液力传动设备有限公司 www.gzyeli.com）

国家标准型号	输入转速/r·min^{-1}	传递功率范围/kW	效率	启动过载系数	外形尺寸/mm					最大输入孔及长度 (d_1/L_1)/mm	最大输出孔及长度 (d_2/L_2)/mm	充液量/L			质量/kg
					D	A	A_1	G	H			总充液量100%	最少充液量40%	最大充液量80%	
$YOX_{VS}360$	1000	5~10	0.96	1.1	ϕ428	360	278	166	-2.5	ϕ60/110	ϕ55/110	13	5.3	9.1	54
	1500	16~30													
$YOX_{VS}400$	1000	8~18.5	0.96	1.1	ϕ472	390	308	186	-2.5	ϕ70/140	ϕ65/140	19.3	7.7	13.5	79
	1500	28~48													
$YOX_{VS}450$	1000	15~30	0.96	1.1	ϕ530	445	353	210	-0.5	ϕ75/140	ϕ70/140	27.75	11.1	19.5	96
	1500	50~90													

续表 1.2.52

国家标准型号	输入转速 /r·min^{-1}	传递功率范围/kW	效率	启动过载系数	外形尺寸/mm					最大输入孔及长度 (d_1/L_1) /mm	最大输出孔及长度 (d_2/L_2) /mm	充液量/L			质量 /kg
					D	A	A_1	G	H			总充液量 100%	最少充液量 40%	最大充液量 80%	
$YOX_{VS}500$	1000	25 ~ 50	0.96	1.1	ϕ582	510	391	236	3	ϕ90/170	ϕ90/170	38	15.3	26.8	133
	1500	68 ~ 144													
$YOX_{VS}560$	1000	40 ~ 80	0.96	1.1	ϕ634	530	433	264	3	ϕ100/210	ϕ100/210	48.7	19.5	34	183
	1500	120 ~ 270													
$YOX_{VS}600$	1000	60 ~ 115	0.96	1.1	ϕ695	575	463	270	4	ϕ100/210	ϕ100/210	62	24.9	43.6	220
	1500	200 ~ 360													
$YOX_{VS}650$	1000	90 ~ 176	0.96	1.1	ϕ740	650	519	280	8	ϕ130/210	ϕ130/210	89	35.5	62	260
	1500	260 ~ 480													
$YOX_{VS}750$	1000	170 ~ 330	0.96	1.1	ϕ860	680	550	345	-4.5	ϕ140/250	ϕ150/250	126	50.5	89	406
	1500	480 ~ 760													
$YOX_{VS}875$	750	145 ~ 280	0.96	1.1	ϕ996	820	632	396	-7	ϕ150/250	ϕ150/250	208	83.1	146	580
	1000	330 ~ 620													
	1500	766 ~ 1100													
$YOX_{VS}1000$	600	160 ~ 360	0.96	1.1	ϕ1138	855	692	408	-7	ϕ150/250	ϕ150/250	206	82.5	148	780
	750	260 ~ 590													
	1000	610 ~ 1100													
$YOX_{VS}1150$	500	165 ~ 350	0.96	1.1	ϕ1138	855	692	408	-7	ϕ150/250	ϕ150/250	270	108	189	880
	600	2650 ~ 615													
	750	525 ~ 1195													
$YOX_{VS}1250$	500	235 ~ 540	0.96	1.1	ϕ1420	1122	938	490	3	ϕ200/300	ϕ200/300	433	173	303	1120
	600	400 ~ 935													
	750	800 ~ 1800													
$YOX_{VS}1320$	500	315 ~ 710	0.96	1.1	ϕ1500	1145	945	550	9	ϕ210/320	ϕ210/320	505	202	354	1230
	600	650 ~ 1200													
	750	10580 ~ 2360													

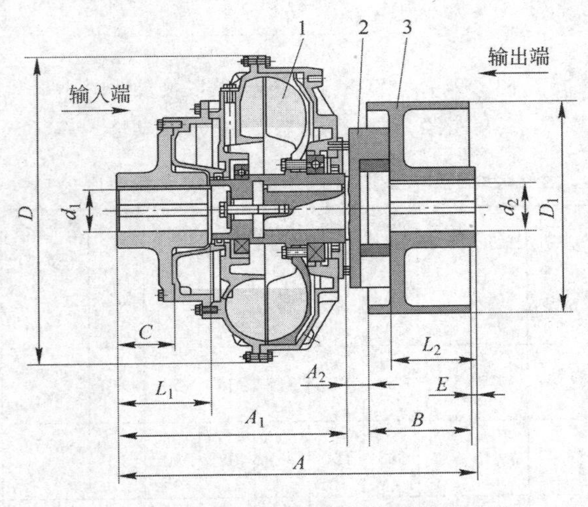

图 1.2.44 YOX_{IIZ}型耦合器联接尺寸图

1—耦合器；2—弹性联接轴；3—制动轮

表 1.2.53 YOX$_{\mathrm{II}z}$型耦合器技术参数（广州液力传动设备有限公司 www.gzyeli.com）

国家标准型号	输入转速 /r·min^{-1}	传递功率范围/kW	效率	启动过载系数	外形尺寸/mm								最大输入孔及长度 (d_1/L_1) /mm	最大输出孔及长度 (d_2/L_2) /mm	充液量/L			质量 /kg
					D	A	A_1	B	D_1	A_2	C	E			总充液量 100%	最少充液量 40%	最大充液量 80%	
YOX$_{\mathrm{II}z}$400	1000	8～18.5	0.96	1.53	ϕ472	556	358	150	315	38	98	10	ϕ65/140	ϕ65/140	13	5.2	10.4	113
	1500	28～48																
YOX$_{\mathrm{II}z}$450	1000	15～30	0.96	1.53	ϕ530	580	382	150	315	38	90	10	ϕ75/140	ϕ75/140	18.8	7.5	15	128
	1500	50～90																
YOX$_{\mathrm{II}z}$500	1000	25～50	0.96	1.53	ϕ582	664	423	190	400	41	107	10	ϕ90/170	ϕ90/170	26	10.3	20.6	166
	1500	69～144																
YOX$_{\mathrm{II}z}$560	1000	40～80	0.96	1.53	ϕ634	736	496	190	400	40	146	10	ϕ100/210	ϕ100/210	33	13.2	26.4	205
	1500	120～270																
YOX$_{\mathrm{II}z}$600	1000	60～115	0.96	1.53	ϕ695	790	520	210	500	45	144	15	ϕ110/210	ϕ110/210	42	16.8	33.6	260
	1500	200～360																
YOX$_{\mathrm{II}z}$650	1000	90～176	0.96	1.53	ϕ740	829	559	210	500	45	134	15	ϕ120/210	ϕ120/210	60	24	48	385
	1500	260～480																
YOX$_{\mathrm{II}z}$750	1000	170～330	0.96	1.53	ϕ860	940	610	265	630	50	160	15	ϕ130/210	ϕ130/210	85	34	68	488
	1500	480～760																
YOX$_{\mathrm{II}z}$875	750	145～280	0.96	1.53	ϕ996	1040	680	265	630	75	166	20	ϕ140/250	ϕ140/250	140	56	112	655
	1000	330～620																
	1500	760～1100																

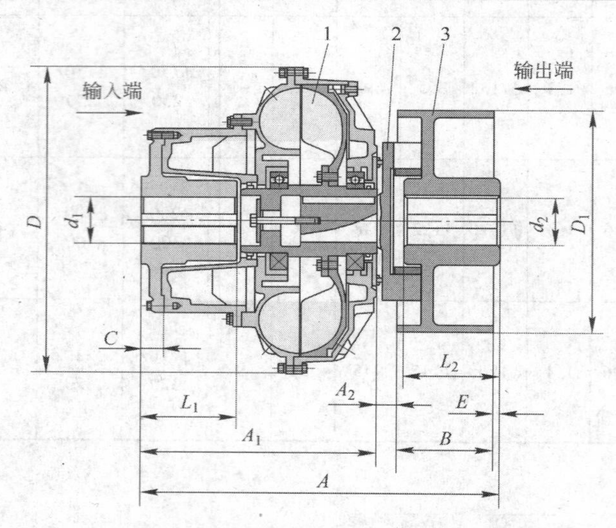

图 1.2.45 YOX$_{\mathrm{VII}z}$型耦合器联接尺寸图

1—耦合器；2—弹性联接轴；3—制动轮

表 1.2.54 YOX$_{\mathrm{VII}z}$型耦合器技术参数（广州液力传动设备有限公司 www.gzyeli.com）

国家标准型号	输入转速 /r·min^{-1}	传递功率范围/kW	效率	启动过载系数	外形尺寸/mm								最大输入孔及长度 (d_1/L_1) /mm	最大输出孔及长度 (d_2/L_2) /mm	充液量/L			质量 /kg
					D	A	A_1	B	D_1	A_2	C	E			总充液量 100%	最少充液量 40%	最大充液量 80%	
YOX$_{\mathrm{VII}z}$400	1000	8～18.5	0.96	1.4	ϕ472	556	358	150	315	38	50	10	ϕ65/140	ϕ65/140	14.5	5.8	10.4	116
	1500	28～48																
YOX$_{\mathrm{VII}z}$450	1000	15～30	0.96	1.4	ϕ530	581	383	150	315	38	30	10	ϕ75/140	ϕ75/140	21	8.3	15	128
	1500	50～90																
YOX$_{\mathrm{VII}z}$500	1000	25～50	0.96	1.4	ϕ683	672	431	190	400	41	40	10	ϕ90/170	ϕ90/170	38.5	11.4	30.6	160
	1500	69～144																

续表 1.2.54

国家标准型号	输入转速/r·min^{-1}	传递功率范围/kW	效率	启动过载系数	外形尺寸/mm								最大输入孔及长度(d_1/L_1)/mm	最大输出孔及长度(d_2/L_2)/mm	充液量/L			质量/kg
					D	A	A_1	B	D_1	A_2	C	E			总充液量100%	最少充液量40%	最大充液量80%	
YOX$_{VⅡZ}$560	1000	40~80	0.96	1.4	ϕ634	748	508	190	400	40	75	10	ϕ100/210	ϕ100/210	33	13.2	26.4	205
	1500	120~270																
YOX$_{VⅡZ}$600	1000	60~115	0.96	1.4	ϕ695	787	517	210	500	45	54	15	ϕ110/210	ϕ110/210	46.5	18.6	33.6	340
	1500	200~360																
YOX$_{VⅡZ}$650	1000	90~176	0.96	1.4	ϕ740	825	555	210	500	45	36	15	ϕ120/210	ϕ120/210	66.5	26.6	48	383
	1500	260~480																
YOX$_{VⅡZ}$750	1000	170~330	0.96	1.4	ϕ860	920	590	265	630	50	40	15	ϕ130/210	ϕ130/210	94	37.7	68	510
	1500	480~760																
YOX$_{VⅡZ}$875	750	145~280	0.96	1.4	ϕ996	1032	672	265	630	75	40	20	ϕ140/250	ϕ140/250	155	62.1	112	672
	1000	330~620																
	1500	760~1100																

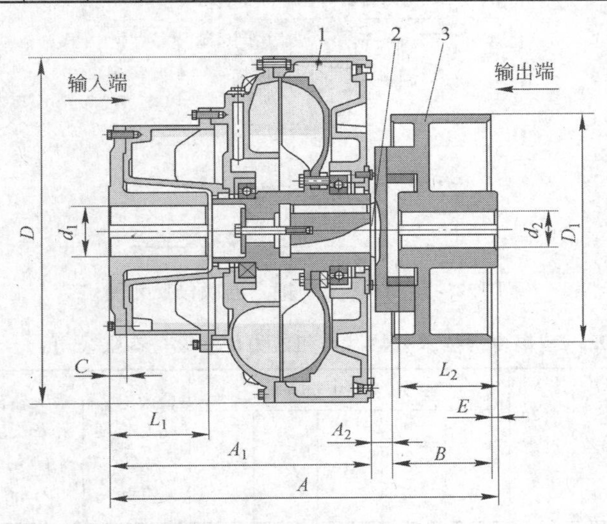

图 1.2.46 YOX$_{VSⅡZ}$型耦合器联接尺寸图

1—耦合器；2—弹性联接轴；3—制动轮

表 1.2.55 YOX$_{VSⅡZ}$型耦合器技术参数（广州液力传动设备有限公司 www.gzyeli.com）

国家标准型号	输入转速/r·min^{-1}	传递功率范围/kW	效率	启动过载系数	外形尺寸/mm								最大输入孔及长度(d_1/L_1)/mm	最大输出孔及长度(d_2/L_2)/mm	充液量/L			质量/kg
					D	A	A_1	B	D_1	A_2	C	E			总充液量100%	最少充液量40%	最大充液量80%	
YOX$_{VSⅡZ}$400	1000	8~18.5	0.96	1.1	ϕ472	556	358	150	315	38	50	10	ϕ65/140	ϕ65/140	19.3	7.7	13.5	120
	1500	28~48																
YOX$_{VSⅡZ}$50	1000	15~30	0.96	1.1	ϕ530	581	383	150	315	38	30	10	ϕ75/140	ϕ75/140	27.75	11.1	19.5	135
	1500	50~90																
YOX$_{VSⅡZ}$500	1000	25~50	0.96	1.1	ϕ582	672	431	190	400	41	40	10	ϕ90/170	ϕ90/170	38	15.3	26.8	183
	1500	69~144																
YOX$_{VSⅡZ}$560	1000	40~80	0.96	1.1	ϕ634	748	508	210	400	40	75	10	ϕ100/210	ϕ100/210	48.7	19.5	34	240
	1500	120~270																
YOX$_{VSⅡZ}$600	1000	60~115	0.96	1.1	ϕ695	787	517	210	500	45	54	15	ϕ110/210	ϕ110/210	62	24.9	43.6	370
	1500	200~360																
YOX$_{VSⅡZ}$650	1000	90~176	0.96	1.1	ϕ740	825	555	210	500	45	36	15	ϕ120/210	ϕ120/210	89	35.6	62	415
	1500	260~480																

续表 1.2.55

国家标准型号	输入转速/r·min^{-1}	传递功率范围/kW	效率	启动过载系数	外形尺寸/mm D	A	A_1	B	D_1	A_2	C	E	最大输入孔及长度 (d_1/L_1) /mm	最大输出孔及长度 (d_2/L_2) /mm	充液量/L 总充液量 100%	最少充液量 40%	最大充液量 80%	质量/kg
$YOX_{VSⅡZ}750$	1000	170~330	0.96	1.1	ϕ860	920	590	265	630	50	40	15	ϕ130/210	ϕ130/210	126	50.5	89	544
	1500	480~760																
$YOX_{VSⅡZ}875$	750	145~280	0.96	1.1	ϕ996	1032	672	265	630	75	40	20	ϕ140/250	ϕ140/250	208	83.1	146	740
	1000	330~620																
	1500	760~1100																

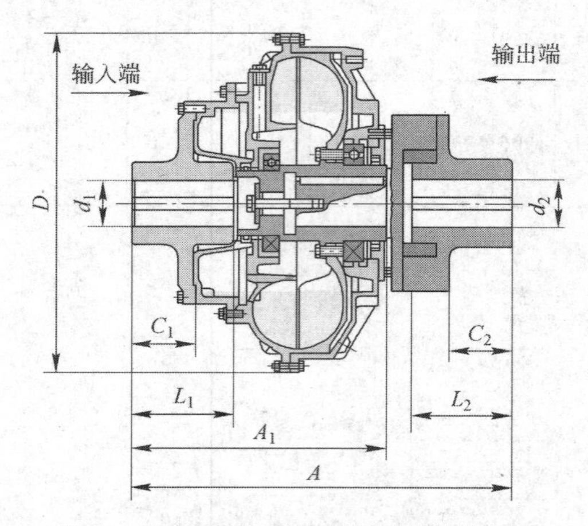

图 1.2.47 $YOX_{ⅡM}$型耦合器联接尺寸图

表 1.2.56 $YOX_{ⅡM}$型耦合器技术参数（广州液力传动设备有限公司 www.gzyeli.com）

国家标准型号	输入转速/r·min^{-1}	传递功率范围/kW	效率	启动过载系数	外形尺寸/mm D	A	A_1	C_1	C_2	最大输入孔及长度 (d_1/L_1) /mm	最大输出孔及长度 (d_2/L_2) /mm	充液量/L 总充液量 100%	最少充液量 40%	最大充液量 80%	质量/kg
$YOX_{ⅡM}400$	1000	8~18.5	0.96	1.53	ϕ472	536	358	98	89	ϕ65/140	ϕ65/140	13	5.2	10.4	88
	1500	28~48													
$YOX_{ⅡM}450$	1000	15~30	0.96	1.53	ϕ530	560	382	90	85	ϕ75/140	ϕ75/140	18.8	7.5	15	107
	1500	50~90													
$YOX_{ⅡM}500$	1000	25~50	0.96	1.53	ϕ582	603 (633)	423	107	81 (111)	ϕ90/170	≤ϕ75/140 (90/170)	26	10.3	20.6	113
	1500	68~144													
$YOX_{ⅡM}560$	1000	40~80	0.96	1.53	ϕ634	676 (706)	496	146	81 (111)	ϕ100/210	≤ϕ75/140 (95/170)	33	13.2	26.4	163
	1500	120~270													
$YOX_{ⅡM}600$	1000	60~115	0.96	1.53	ϕ695	735 (775)	520	144	99 (139)	ϕ110/210	≤ϕ95/170 (110/210)	42	16.8	33.6	192
	1500	200~360													
$YOX_{ⅡM}650$	1000	90~176	0.96	1.53	ϕ740	774 (814)	559	134	99 (139)	ϕ120/210	≤ϕ95/170 (120/210)	60	24	48	317
	1500	260~480													
$YOX_{ⅡM}750$	1000	170~330	0.96	1.53	ϕ860	870	610	160	120 (150)	ϕ130/210	ϕ130/210	85	34	68	379
	1500	480~760													
$YOX_{ⅡM}875$	750	145~280	0.96	1.53	ϕ996	1005	680	166	160	ϕ140/250	ϕ140/250	140	56	112	546
	1000	330~620													
	1500	760~1100													

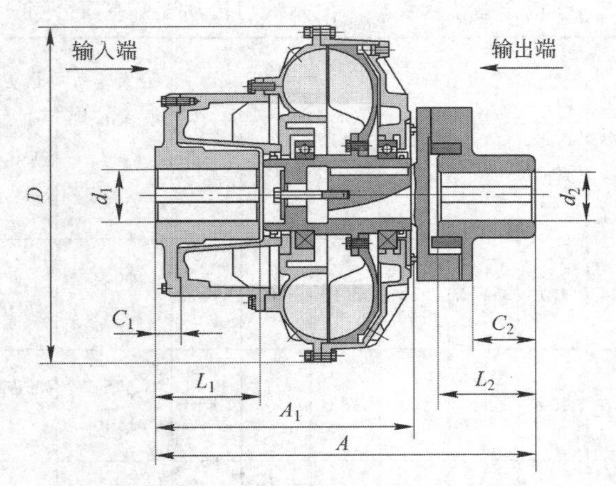

图 1.2.48 $YOX_{V II M}$型耦合器联接尺寸图

表 1.2.57 **$YOX_{V II M}$型耦合器技术参数**（广州液力传动设备有限公司 www.gzyeli.com）

国家标准型号	输入转速 /r·min^{-1}	传递功率范围/kW	效率	启动过载系数	外形尺寸/mm D	A	A_1	C_1	C_2	最大输入孔及长度 (d_1/L_1) /mm	最大输出孔及长度 (d_2/L_2) /mm	充液量/L 总充液量 100%	最少充液量 40%	最大充液量 80%	质量 /kg
$YOX_{V II M}$400	1000	8 ~ 18.5	0.96	1.4	ϕ472	536	358	50	89	ϕ65/ 140	ϕ65/ 140	14.5	5.8	10.4	91
	1500	28 ~ 48													
$YOX_{V II M}$450	1000	15 ~ 30	0.96	1.4	ϕ530	561	383	30	85	ϕ75/ 140	ϕ75/ 140	21	8.3	15	108
	1500	50 ~ 90													
$YOX_{V II M}$500	1000	25 ~ 50	0.96	1.4	ϕ582	612 (642)	431	40	81 (111)	ϕ90/ 170	≤ϕ75/140 (90/170)	28.5	11.4	20.6	118
	1500	68 ~ 144													
$YOX_{V II M}$560	1000	40 ~ 80	0.96	1.4	ϕ634	688 (718)	508	75	81 (111)	ϕ100/ 210	≤ϕ75/140 (95/170)	36.5	14.6	26.4	165
	1500	120 ~ 270													
$YOX_{V II M}$600	1000	60 ~ 115	0.96	1.4	ϕ695	732 (772)	517	54	99 (139)	ϕ110/ 210	≤ϕ95/170 (110/210)	46.5	18.6	33.6	272
	1500	200 ~ 360													
$YOX_{V II M}$650	1000	90 ~ 176	0.96	1.4	ϕ740	770 (810)	555	36	99 (139)	ϕ120/ 210	≤ϕ95/170 (120/210)	66.5	26.6	48	322
	1500	260 ~ 480													
$YOX_{V II M}$750	1000	170 ~ 330	0.96	1.4	ϕ860	850	590	40	120 (150)	ϕ130/ 210	ϕ130/ 210	94	37.7	68	401
	1500	480 ~ 760													
$YOX_{V II M}$875	750	145 ~ 280	0.96	1.4	ϕ996	997	672	40	160	ϕ140/ 250	ϕ140/ 250	140	56	112	563
	1000	330 ~ 620													
	1500	760 ~ 1100													

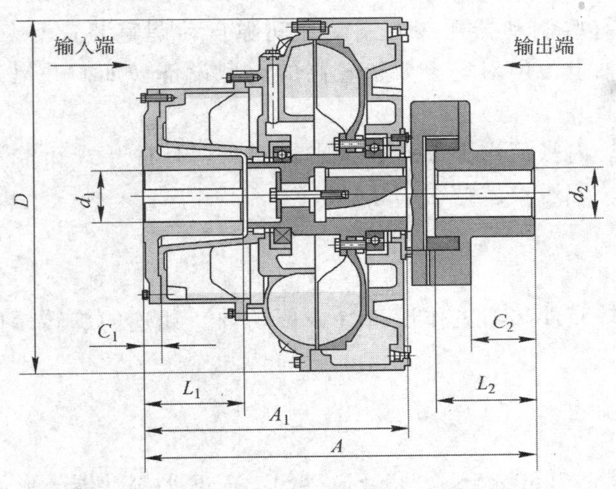

图 1.2.49 $YOX_{VS II M}$型耦合器联接尺寸图

表 1.2.58 $YOX_{VSⅡM}$型耦合器技术参数（广州液力传动设备有限公司 www.gzyeli.com）

国家标准型号	输入转速 /r·min^{-1}	传递功率范围/kW	效率	启动过载系数	外形尺寸/mm					最大输入孔及长度 (d_1/L_1) /mm	最大输出孔及长度 (d_2/L_2) /mm	充液量/L			质量 /kg
					D	A	A_1	C_1	C_2			总充液量 100%	最少充液量 40%	最大充液量 80%	
$YOX_{VSⅡM}$400	1000	8~18.5	0.96	1.1	ϕ472	536	358	50	89	ϕ65/140	ϕ65/140	19.3	7.7	13.5	95
	1500	28~48													
$YOX_{VSⅡM}$450	1000	15~30	0.96	1.1	ϕ530	561	383	30	85	ϕ75/1140	ϕ75/140	27.75	11.1	19.5	114
	1500	50~90													
$YOX_{VSⅡM}$500	1000	25~50	0.96	1.1	ϕ582	612 (642)	431	40	81 (111)	ϕ90/170	≤ϕ75/140 (90/170)	38	15.3	26.8	141
	1500	68~144													
$YOX_{VSⅡM}$560	1000	40~80	0.96	1.1	ϕ634	688 (718)	508	75	81 (111)	ϕ100/210	≤ϕ75/140 (95/170)	48.7	19.5	34	198
	1500	120~270													
$YOX_{VSⅡM}$600	1000	60~115	0.96	1.1	ϕ695	732 (772)	517	54	99 (139)	ϕ110/210	≤ϕ95/170 (110/210)	62	24.9	43.6	302
	1500	200~360													
$YOX_{VSⅡM}$650	1000	90~176	0.96	1.1	ϕ740	770 (810)	555	36	99 (139)	ϕ120/210	≤ϕ95/170 (120/210)	89	35.6	62	347
	1500	260~480													
$YOX_{VSⅡM}$750	1000	170~330	0.96	1.1	ϕ860	850	590	40	120 (150)	ϕ130/210	ϕ130/210	126	50.5	89	435
	1500	480~760													
$YOX_{VSⅡM}$875	750	145~280	0.96	1.1	ϕ996	997	672	40	160	ϕ140/250	ϕ140/250	208	83.1	146	631
	1000	330~620													
	1500	760~1100													

生产厂商：长沙第三机床厂，广州液力传动设备有限公司。

1.3 制动器

1.3.1 概述

制动器（即刹车装置）是使机械设备中的运动部件停止或减速的机械部件。制动器主要由制动架、制动件和操纵装置等组成。有些制动器还装有制动件间隙自动调整装置。为减少制动力矩和结构尺寸，制动器通常装在设备的高速轴上，但对安全要求较高的大型设备（如矿井提升机、电梯等）则应装在靠近设备工作部分的低速轴上。

制动器一般分为抱块式、内张蹄式、带式、盘式制动器。有常开式和常闭式两种。按制动的操纵方式又可分为机械式、液压式、气压式、电磁式等。

1.3.2 工作原理

利用与架体相连的非旋转元件和与工作设备（或传动轴）相连的旋转元件之间的相互摩擦来阻止工作设备的转动或转动的趋势。

1.3.3 技术参数

技术参数见表 1.3.1～表 1.3.50。5SE、450SE、4SE、3SE 型制动器外形如图 1.3.1 所示。

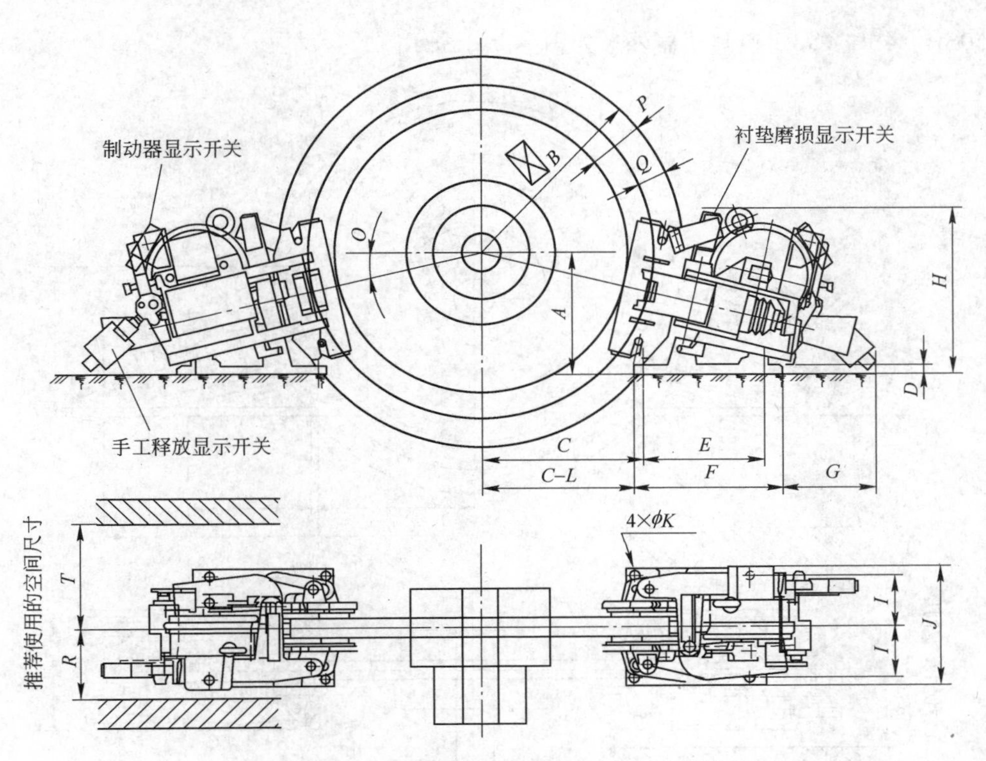

图 1.3.1 5SE、450SE、4SE、3SE 型制动器外形

表 1.3.1 5SE、450SE、4SE、3SE 型制动器基本参数和尺寸（焦作制动器股份有限公司 www.jzb－brake.com）

盘径 φB /mm	额定制动力/N	额定制动力矩/N·m		轴受最大径向力/N	A	C
315	5SE 1650 450SE 3340 4SE 5880 3SE 10170	5SE	190	5SE 一台 1650 两台 740	159	99
		450SE	380		159	99
355		5SE	220		165	119
		450SE	450		165	119
400		5SE	260		172	142
		450SE	510		172	142
450		5SE	300		179	167
		450SE	600		179	167
		4SE	950		225	133
		3SE	1600	450SE 一台 3340 两台 1500	287	103
500		5SE	340		187	192
		450SE	680		187	192
		4SE	1120		232	157
		3SE	1820		295	127
560		5SE	390	4SE 一台 5580 两台 3440	195	223
		450SE	770		195	223
		4SE	1270		241	185
		3SE	2100		305	155
630		5SE	460		206	258
		450SE	900		206	258
		4SE	1500	3SE 一台 10170 两台 6965	251	218
		3SE	2500		317	188
710		450SE	1030		218	298
		4SE	1750		262	256
		3SE	2900		331	226
800		450SE	1180		231	344
		4SE	2000		274	299
		3SE	3350		346	269

型号	D	E	F	G	H	I	J	K	L	O	P	Q	R	T	启动功率/W	维持功率/W	响应时间/s	两侧退距/mm	质量/kg
5SE	15	200	245	155	280	87.5	200	15	15	13°	90	42	120	175	475	14	0.15	0.7	34
450SE	15	200	245	155	280	87.5	200	15	15	13°	90	42	120	175	1000	44	0.15		34
4SE	20	260	355	85	343	117.5	270	22	20	17°	122	57	165	210	1000	42	0.2		77
3SE	25	360	490	80	435	117.5	270	22	20	20°	128	68	165	210	1095	58	0.2		120

注：1. 该制动器须配备专用电源，具体参阅配套电源。

2. 产品有更新，请注意最新版本。

5SH、450SH、4SH、3SH 型制动器外形如图 1.3.2 所示。

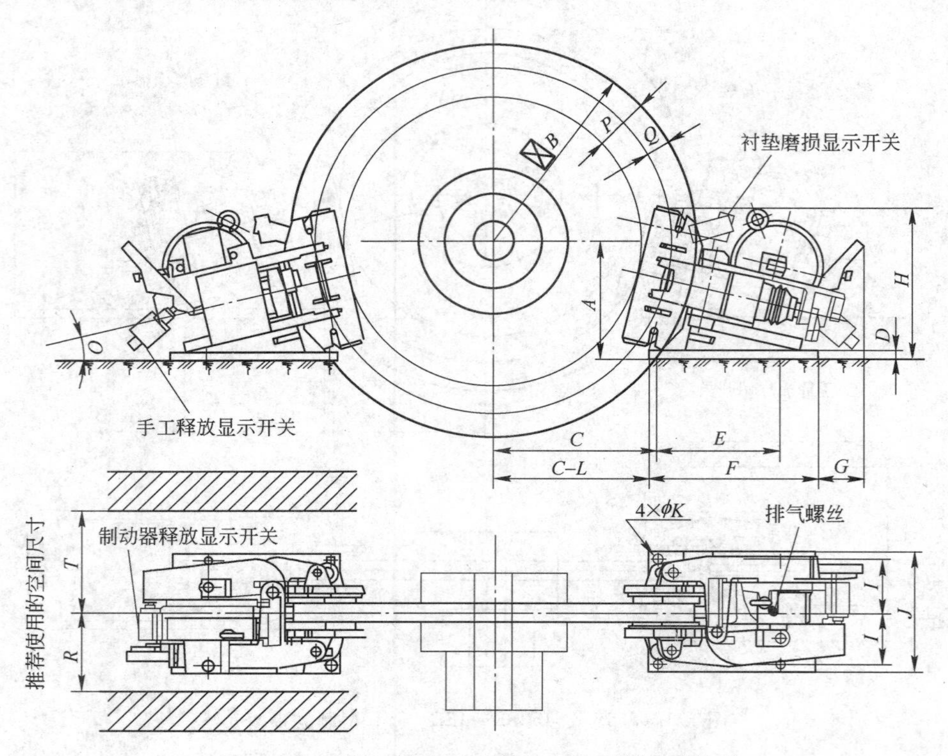

图 1.3.2　5SH、450SH、4SH、3SH 型制动器外形

表 1.3.2　5SH、450SH、4SH、3SH 型制动器基本参数和尺寸（焦作制动器股份有限公司　www.jzb－brake.com）

基本参数					外形尺寸/mm																压力/bar	完全释放的移位容量/cm²	总油缸容积/cm²	进油口尺寸/(″)	响应时间/s	两侧退距/mm	质量/kg
盘径 ϕB/mm	额定制动力/N	额定制动力矩/N·m		轴受最大径向力/N	A	C	D	E	F	G	H	I	J	K	L	O	P	Q	R	T							
315		5SH	190	5SH	159	99																					
		450SH	380	一台	159	99																					
355		5SH	220	1650	165	119																					
		450SH	450		165	119																					
400		5SH	260	两台	172	142																					
		450SH	510	740	172	142																					
		5SH	300		179	167																					
450	5SH 1650	450SH	600	450SH	179	167	5SH 15	5SH 200	5SH 245	5SH 155	5SH 280	5SH 87.5	5SH 200	5SH 15	5SH 15	5SH 13°	5SH 90	5SH 42	5SH 120	5SH 175		5SH 1.5	5SH 13		5SH 0.15		5SH 27
		4SH	950	一台	225	133																					
		3SH	1600		287	103																					
		5SH	340	3340	187	192	450SH 15	450SH 200	450SH 245	450SH 155	450SH 280	450SH 87.5	450SH 200	450SH 15	450SH 15	450SH 13°	450SH 90	450SH 42	450SH 120	450SH 175		450SH 3.1	450SH 25		450SH 0.15		450SH 28
500	450SH 3340	450SH	680	两台	187	192																					
		4SH	1120	1500	232	157																					
		3SH	1820		295	127															100			Z1/4		0.7	
		5SH	390		195	223																					
560	4SH 5880	450SH	770	4SH	195	223	4SH 20	4SH 260	4SH 355	4SH 85	4SH 343	4SH 117.5	4SH 270	4SH 22	4SH 20	4SH 17°	4SH 122	4SH 57	4SH 165	4SH 210		4SH 6.8	4SH 77		4SH 0.2		4SH 62
		4SH	1270	一台	241	185																					
		3SH	2100	5880	305	155																					
		5SH	460	两台	206	258																					
630	3SH 10170	450SH	900	3440	206	258	3SH 25	3SH 360	3SH 490	3SH 80	3SH 435	3SH 117.5	3SH 270	3SH 22	3SH 20	3SH 20°	3SH 128	3SH 68	3SH 165	3SH 210		3SH 8.5	3SH 102		3SH 0.2		3SH 95
		4SH	1500		251	218																					
		3SH	2500		317	188																					
		450SH	1030	3SH	218	298																					
710		4SH	1750	一台	262	256																					
		3SH	2900	10170	331	226																					
		450SH	1180		231	344																					
800		4SH	2000	两台	274	299																					
		3SH	3350	6965	346	269																					

注：产品有更新，请注意最新版本。

904SH 型制动器外形如图 1.3.3 所示。

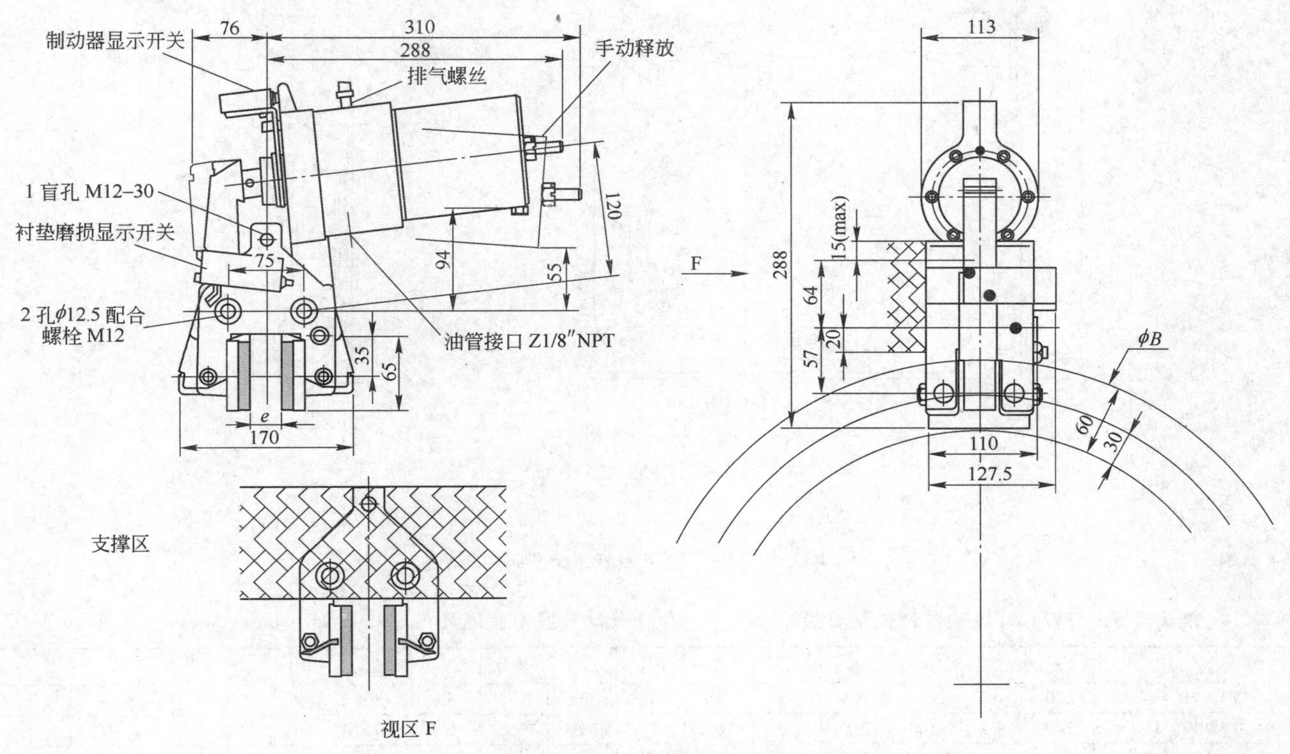

图 1.3.3 904SH 型制动器外形

表 1.3.3 904SH 型制动器基本参数（焦作制动器股份有限公司 www.jzb - brake.com）

项目	数据
用于紧急制动时最大制动力/N	20000（衬垫 A）904 - A
用于工作制动时最大制动力/N	15000（衬垫 M）904 - M
释放压力/bar	60
完全释放的移位容量/cm³	33
总油缸容积/cm³	98
响应时间/s	0.3
质量/kg	28

注：产品有更新，请注意最新版本。

表 1.3.4 MW(Z)电磁铁鼓式制动器基本参数（焦作制动器股份有限公司 www.jzb - brake.com）

型号	制动轮直径/mm	制动力矩/N·m	退距/mm	配用电磁铁								总质量/kg
				型号	通电持续率/%	额定吸力/N	最大行程/初行程/mm	工作频率(C/h)	电流 A		质量/kg	
									启动	保持		
MW160 - 80	160	80	0.5	DT - 160	0 ~ 100	800	6/3	1200	2.0	0.02	3.5	17
MW200 - 160	200	160	0.6	DT - 200	0 ~ 100	1000	6/3	1200	2.0	0.02	5	30
MW250 - 315	250	315	0.6	DT - 250	0 ~ 100	2800	7/3.5	1200	2.5	0.02	7	42
MW315 - 630	315	630	0.8	DT - 315	0 ~ 100	2800	7/3.5	900	3	0.025	12	90
MW400 - 1250	400	1250	0.8	DT - 400	0 ~ 100	5000	8/4	900	3	0.03	17	158
MW500 - 2500	500	2500	1.0	DT - 500	0 ~ 100	8000	8/4	600	4.5	0.035	36	204
MW630 - 5000	630	5000	1.0	DT - 630	0 ~ 100	10000	9/5	600	8	0.06	65	355
MW710 - 8000	710	8000	1.25	DT - 710	0 ~ 100	15000	10/6	600	11	0.08	100	403
MW800 - 10000	800	10000	1.25	DT - 800	0 ~ 100	18000	11/6	600	14	0.15	135	702

MW(Z)电磁铁鼓式制动器外形如图 1.3.4 所示。

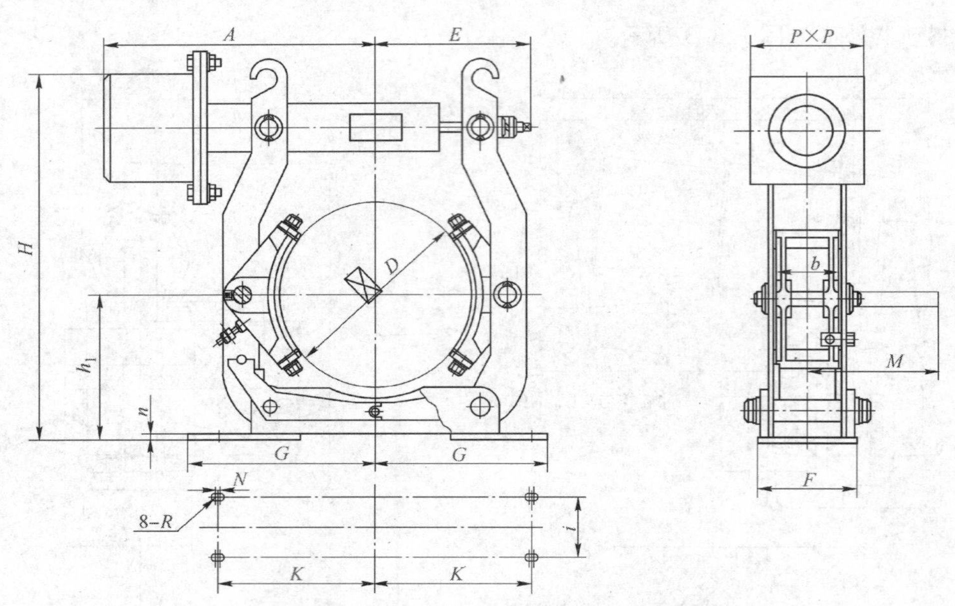

图 1.3.4 MW(Z)电磁铁鼓式制动器外形

表 1.3.5 MW(Z)电磁铁鼓式制动器外形尺寸（焦作制动器股份有限公司 www.jzb-brake.com） (mm)

型号	A	b	D	E	F	G	G_1	H	h_1	i	K	M	P	N	n	R
MW160-80	240	65	160	165	85	145	65	341	132	55	130	149	132	5	8	7
MW200-160	270	70	200	210	90	165	75	390	160	55	145	165	132	6	10	7
MW250-315	330	90	250	246	100	200	100	518	190	65	180	207	167	10	12	9
MW315-630	369	110	315	306	115	245	135	626	230	80	220	228	167	10	14	9
MW400-1250	470	140	400	380	160	310	150	764	280	100	270	284	243	12	14	11
MW500-2500	560	180	500	440	180	365	180	895	340	130	325	343	243	12	21	11
MW630-5000	650	225	630	460	220	450	280	1020	420	170	400	422	271	15	20	13.5
MW710-8000	775	255	710	535	240	500	300	1135	470	190	450	447	350	15	25	13.5
MW800-10000	835	265	800	660	280	570	300	1315	530	210	520	410	400	15	28	13.5

注：配用电磁铁变更不另行通知，大规格电磁铁配用电控盒较大，须另外放置。

5SP、450SP、4SP、3SP 型制动器外形如图 1.3.5 所示。

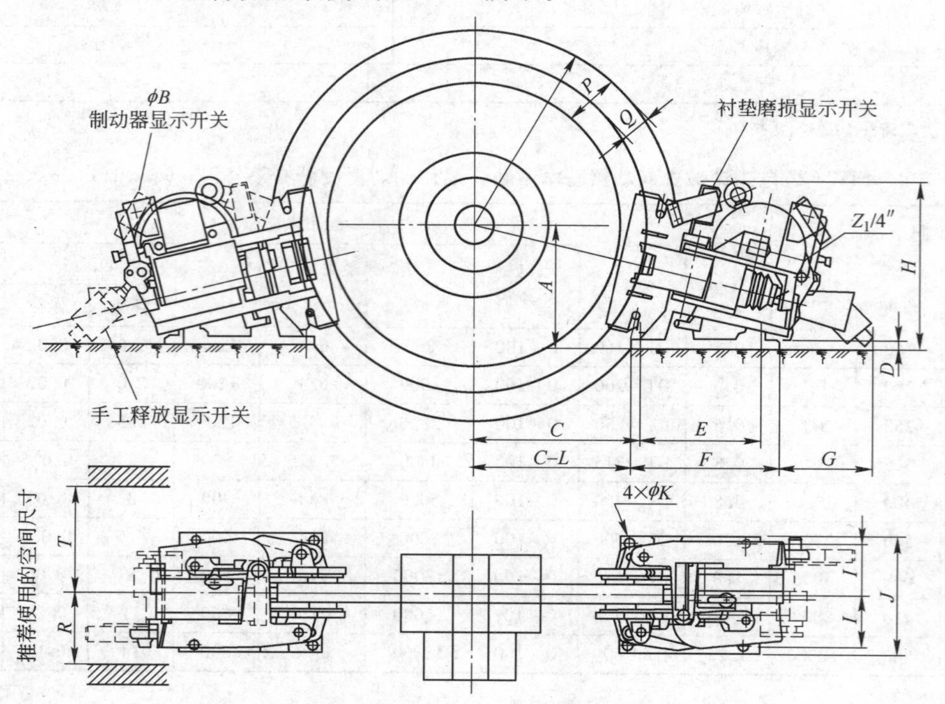

图 1.3.5 5SP、450SP、4SP、3SP 型制动器外形

表 1.3.6 5SP、450SP、4SP、3SP 型制动器基本参数和尺寸（焦作制动器股份有限公司 www.jzb－brake.com）

基本参数					外形尺寸/mm																压力/bar	响应时间/s	两侧退距/mm	质量/kg
盘径 ϕB/mm	额定制动力/N	额定制动力矩/N·m		轴受最大径向力/N	*A*	*C*	*D*	*E*	*F*	*G*	*H*	*I*	*J*	*K*	*L*	*O*	*P*	*Q*	*R*	*T*				
315	5SP 1650 450SP 3340 4SP 5880 3SP 10170	5SP	190	5SP 一台 1650 两台 740 450SP 一台 3340 两台 1500 4SP 一台 5880 两台 3440 3SP 一台 10170 两台 6965	159	99	5SP 15 450SP 15 4SP 20 3SP 25	5SP 200 450SP 200 4SP 260 3SP 360	5SP 245 450SP 245 4SP 355 3SP 490	5SP 155 450SP 155 4SP 85 3SP 80	5SP 280 450SP 280 4SP 343 3SP 435	5SP 87.5 450SP 87.5 4SP 117.5 3SP 117.5	5SP 200 450SP 200 4SP 270 3SP 270	5SP 15 450SP 15 4SP 22 3SP 22	5SP 15 450SP 15 4SP 20 3SP 20	5SP 13° 450SP 13° 4SP 17° 3SP 20°	5SP 90 450SP 90 4SP 122 3SP 128	5SP 42 450SP 42 4SP 57 3SP 68	5SP 120 450SP 120 4SP 165 3SP 165	5SP 175 450SP 175 4SP 210 3SP 210	5	5SP 0.15 450SP 0.15 4SP 0.2 3SP 0.2	0.7	5SP 34 450SP 34 4SP 77 3SP 122
		450SP	380		159	99																		
355		5SP	220		165	119																		
		450SP	450		165	119																		
400		5SP	260		172	142																		
		450SP	510		172	142																		
450		5SP	300		179	167																		
		450SP	600		179	167																		
		4SP	950		225	133																		
		3SP	1600		287	103																		
500		5SP	340		187	192																		
		450SP	680		187	192																		
		4SP	1120		232	157																		
		3SP	1820		295	127																		
560		5SP	390		195	223																		
		450SP	770		195	223																		
		4SP	1270		241	185																		
		3SP	2100		305	155																		
630		5SP	460		206	258																		
		450SP	900		206	258																		
		4SP	1500		251	218																		
		3SP	2500		317	188																		
710		450SP	1030		218	298																		
		4SP	1750		262	256																		
		3SP	2900		331	226																		
800		450SP	1180		231	344																		
		4SP	2000		274	299																		
		3SP	3350		346	268																		

注：产品有更新，请注意最新版本。

表 1.3.7 Ed 系列电力液压推动器（焦作制动器股份有限公司 www.jzb－brake.com）

型 号	额定推力/N	额定行程/mm
短行程推动器		
Ed23/5	220	50
Ed30/5	300	50
Ed40/4	400	40
Ed50/6	500	60
Ed70/5	700	50
Ed80/6	800	60
Ed121/6	1250	60
Ed201/6	2000	60
Ed301/6	3000	60

续表 1.3.7

型　号	额定推力/N	额定行程/mm
长行程推动器		
Ed50/12	500	120
Ed80/12	800	120
Ed121/12	1250	120
Ed201/12	2000	120
Ed301/12	3000	120
Ed630/12	6300	120

表 1.3.8　QP 系列气动钳盘式制动器技术参数（焦作制动器股份有限公司　www.jzb－brake.com）

型号	额定制动力（八根弹簧）/N	制动盘有效半径/m	额定制动力矩/N·m	工作气体容量/cm^3	总气体容量/cm^3	质量/kg
QP12.7－A	6400	制动盘半径－0.03	额定制动力×制动盘有效半径	273	553	24
QP12.7－B	4800			140	293	20

注：可生产该安装尺寸、形式的气动制动、弹簧释放制动器。

表 1.3.9　QP30(25.4) 型技术数据（焦作制动器股份有限公司　www.jzb－brake.com）

型　号	盘厚/mm	额定制动力（12根弹簧）/N	制动盘有效半径/m	制动力矩/N·m	工作气体容量/cm^3	总气体容量/cm^3	质量/kg
QP30－D	30	32800	制动盘半径－0.065	额定制动力×制动盘有效半径	1400	3000	70
QP25.4－D	25.4						

注：可生产该安装尺寸，形式的气动，弹簧释放制动器。上表参数未详尽之处，请直接与该公司联系索取。

表 1.3.10　YP11 系列盘式制动器尺寸和技术参数（江西华伍制动器股份有限公司 www.hua－wu.com）（mm）

推动器型号	h_1	H	H_1	H_2	H_3	b	k	K_1	K_2	d_1	n	n_1	n_2	F	W	M	A_1	A_2	A_3	C_1		C_2	T_1		T_2	
																				A 型	B 型		A 型	B 型	A 型	B 型
Ed220－50 Ed300－50	160	545	685	360	195	52	200	80	150	14	15	15	20	230	270	52	185	190	135	215	255	65	197	160	160	197

与制动盘有关的尺寸

制动盘径 d_2	b_1	S①	d_3	$d_4$②	e	p
250	20	0.7～0.9	195	95	97.5	60
280	20		225	125	112.5	75
315	20		260	160	130	92.5
355	20		300	200	150	112.5
400	20		345	245	172.5	135
450	20		395	295	197.5	160
500	20		445	345	222.5	185

技术参数

配套推动器				制动盘直径							整机质量/kg
推动器型号	功率/W	额定电流/A	质量/kg	250	280	315	355	400	450	500	
				最大制动力矩（$\mu=0.4$③）							
Ed220－50	120	0.38	10	200	230	260	300	345	395	445	53
Ed300－50	250	0.78	14	270	310	355	410	470	540	610	54

①每侧瓦块退距；②允许最大的联轴器外径；③该摩擦系数为配套摩擦材料的平均值。

表 1.3.11　YP21 系列盘式制动器尺寸和技术参数（江西华伍制动器股份有限公司 www.hua－wu.com）（mm）

推动器型号	h	h_1	H	H_1	H_2	H_3	b	K	K_1	K_2	d_1	n_1	n_2	F	W	M	A_1		A_2	A_3	C_1		C_2	T_1		T_2	
																	A 型	B 型			A 型	B 型		A 型	B 型	A 型	B 型
Ed500－60 Ed800－50	20	230	750	925	510	248	70	260	145	145	18	25	35	330	360	90	285	240	225	175	275	335	85	245	194	194	254

续表 1.3.11

与制动盘有关的尺寸						
制动盘径 d_2	b_1	S①	d_3	$d_4$②	e	p
355	30	0.7~1.1	275	145	137.5	72.5
400	30		320	190	160	95
450	30		370	240	185	120
500	30		420	290	210	145
560	30		480	350	240	175
630	30		550	420	275	210

技术参数										
配套推动器				制动盘直径						整机质量/kg
推动器型号	功率/W	额定电流/A	质量/kg	355	400	450	500	560	630	
				最大制动力矩（$\mu=0.4$③）						
Ed500-60	370	1.34	23	935	1085	1255	1425	1630	1870	135
Ed800-60	550	1.52	25		1600	1850	2100	2400	2750	137

①每侧瓦块退距；②允许最大的联轴器外径；③该摩擦系数为配套摩擦材料的平均值。

表 1.3.12 YP31 系列盘式制动器尺寸和技术参数（江西华伍制动器股份有限公司 www.hua-wu.com） （mm）

推动器型号	h_1	H	H_1	H_2	H_3	b	k	K_1	K_2	d_1	n	n_1	n_2	F
Ed1250-60 Ed2000-60 Ed3000-60	160	545	685	360	195	52	200	80	150	14	15	15	20	230

推动器型号	W	M	A_1	A_2	A_3	C_1 A型	C_1 B型	C_2	T_1 A型	T_1 B型	T_2 A型	T_2 B型
Ed1250-60 Ed2000-60 Ed3000-60	270	52	185	190	135	215	255	65	197	160	160	197

与制动盘有关的尺寸						
制动盘径 d_2	b_1	S①	d_3	$d_4$②	e	p
450	30	0.7~1.1	350	190	175	95
500	30		400	240	200	120
560	30		460	300	230	150
630	30		530	370	265	185
710	30		610	450	305	225
800	30		700	540	350	270
900	30		800	640	400	320
1000	30		900	740	450	370
1100	30		1000	840	500	420

技术参数														
配套推动器				制动盘直径									整机质量/kg
推动器型号	功率/W	额定电流/A	质量/kg	450	500	560	630	710	800	900	1000	1100	
				最大制动力矩（$\mu=0.4$③）									
Ed1250-60	550	1.52	40	2700	3100	3550	4100	4700	5400				230
Ed2000-60	750	1.98	40	4300	5000	5750	6600	7600	8800				234
Ed3000-60	900	2.21	42				9700	11200	12800	14700	16500	18150	240

①每侧瓦块退距；②允许最大的联轴器外径；③该摩擦系数为配套摩擦材料的平均值。

表 1.3.13 YP32 系列盘式制动器尺寸和技术参数（江西华伍制动器股份有限公司 www.hua-wu.com） （mm）

推动器型号	h_1	H	H_1	H_2	H_3	b	k	K_1	K_2	d_1	n	n_1	n_2	F
Ed3000-80	280	845	890	625	405	90	320	180	180	27	24	25	35	390

推动器型号	W	M	A_1	A_2	A_3	C_1 A型	C_1 B型	C_2	T_1 A型	T_1 B型	T_2 A型	T_2 B型
Ed3000-80	430	105	295	295	240	335	360	105	268	240	240	268

与制动盘有关的尺寸						
制动盘径 d_2	b_1	S①	d_3	$d_4$②	e	p
450	30	0.7~1.1	350	190	175	95
500	30		400	240	200	120
560	30		460	300	230	150
710	30		530	370	265	185
800	30		610	450	305	225
900	30		700	540	350	270
1000	30		800	640	400	320
1100	30		900	740	450	370

技术参数													
配套推动器				制动盘直径									整机质量/kg
推动器型号	功率/W	额定电流/A	质量/kg	450	500	560	630	710	800	900	100	1100	
				最大制动力矩（$\mu=0.4$③）									
Ed3000-80	900	2.21	42			10800	12500	14400	16500	18900	21200		236

①每侧瓦块退距；②允许最大的联轴器外径；③该摩擦系数为配套摩擦材料的平均值。

YP11、21 系列电力液压盘式制动器外形及安装尺寸如图 1.3.6 所示。

YP31、32 系列电力液压盘式制动器外形及安装尺寸如图 1.3.7 所示。

YP41 系列电力液压盘式制动器外形及安装尺寸如图 1.3.8 所示。

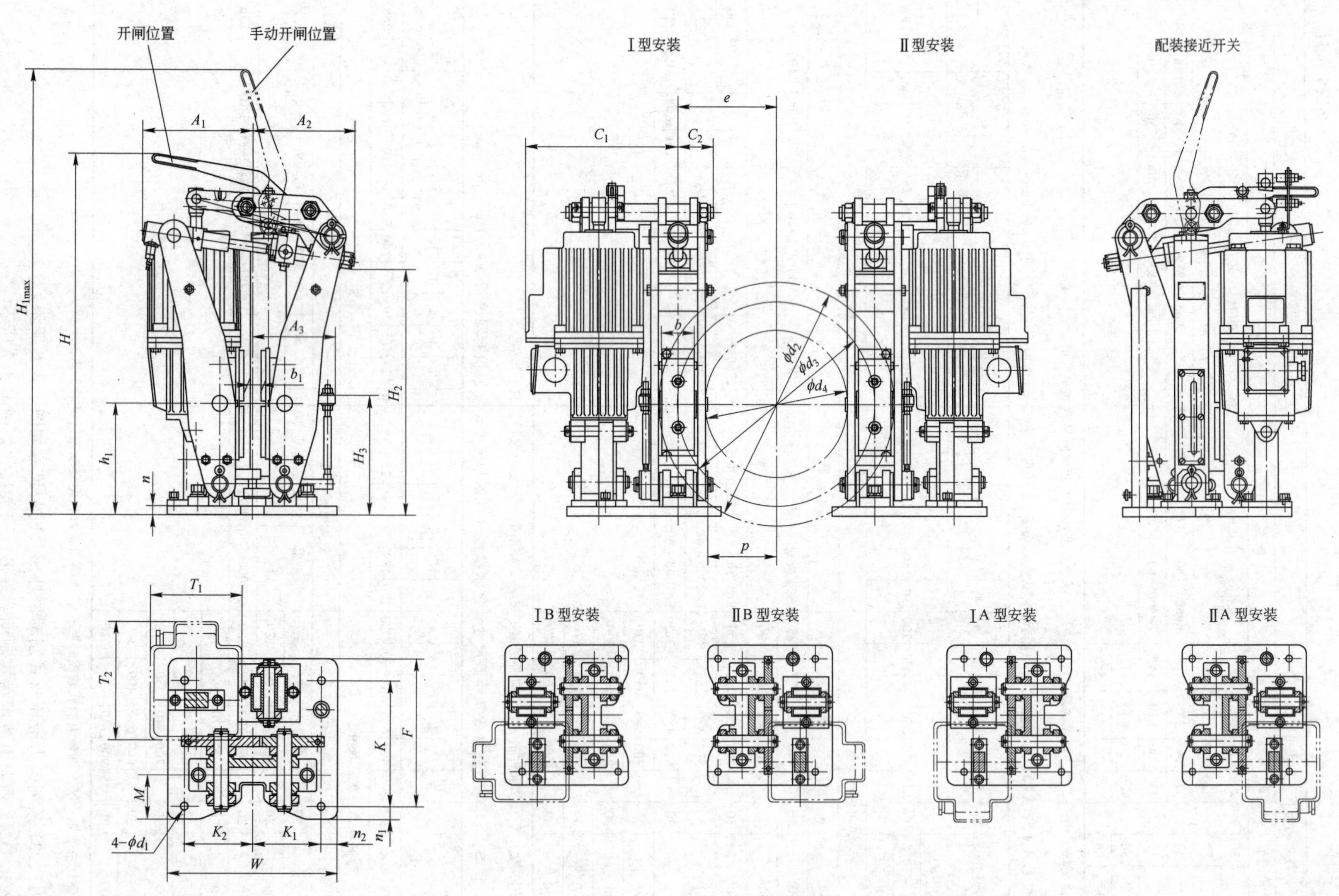

图 1.3.6 YP11、21 系列电力液压盘式制动器外形及安装尺寸

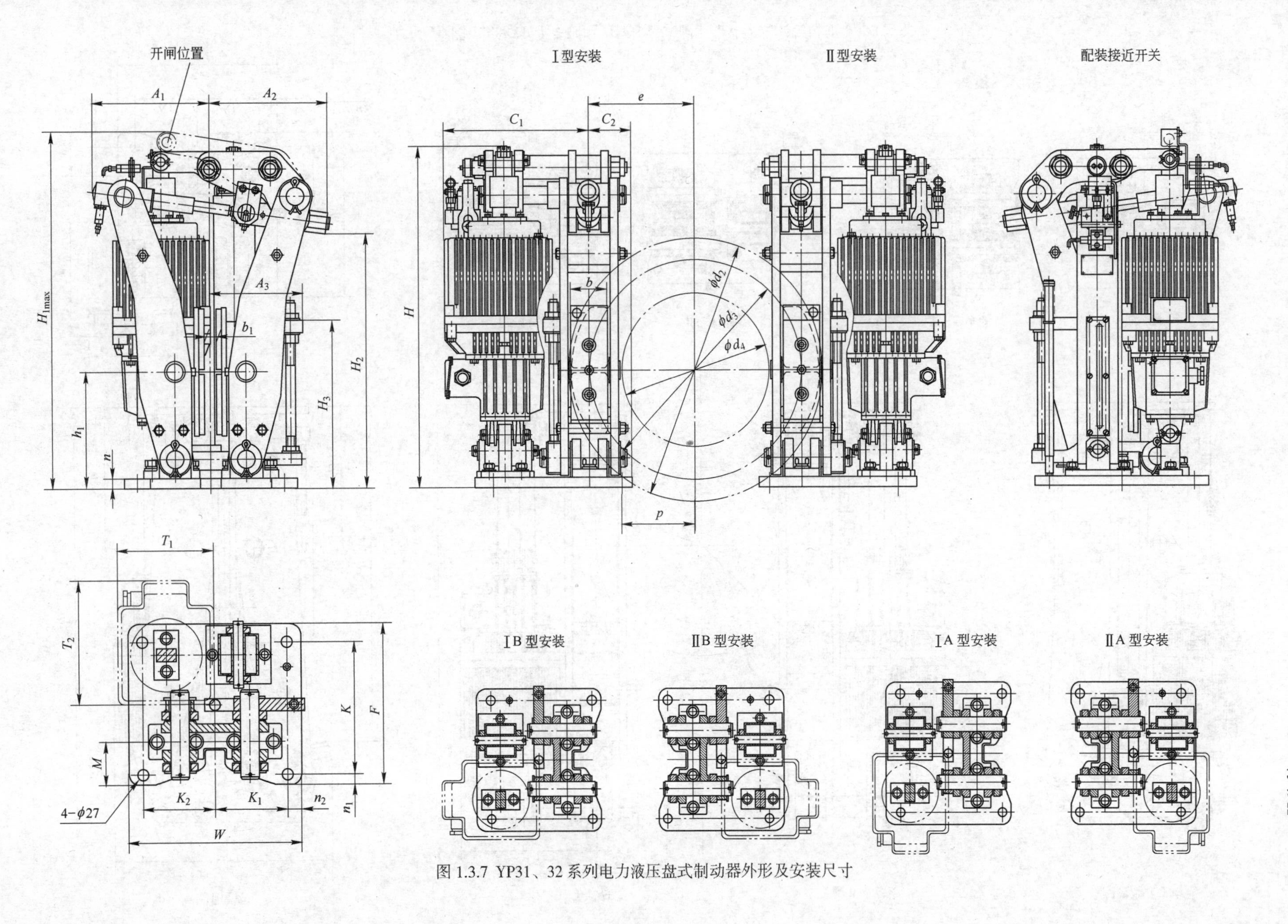

图 1.3.7 YP31、32 系列电力液压盘式制动器外形及安装尺寸

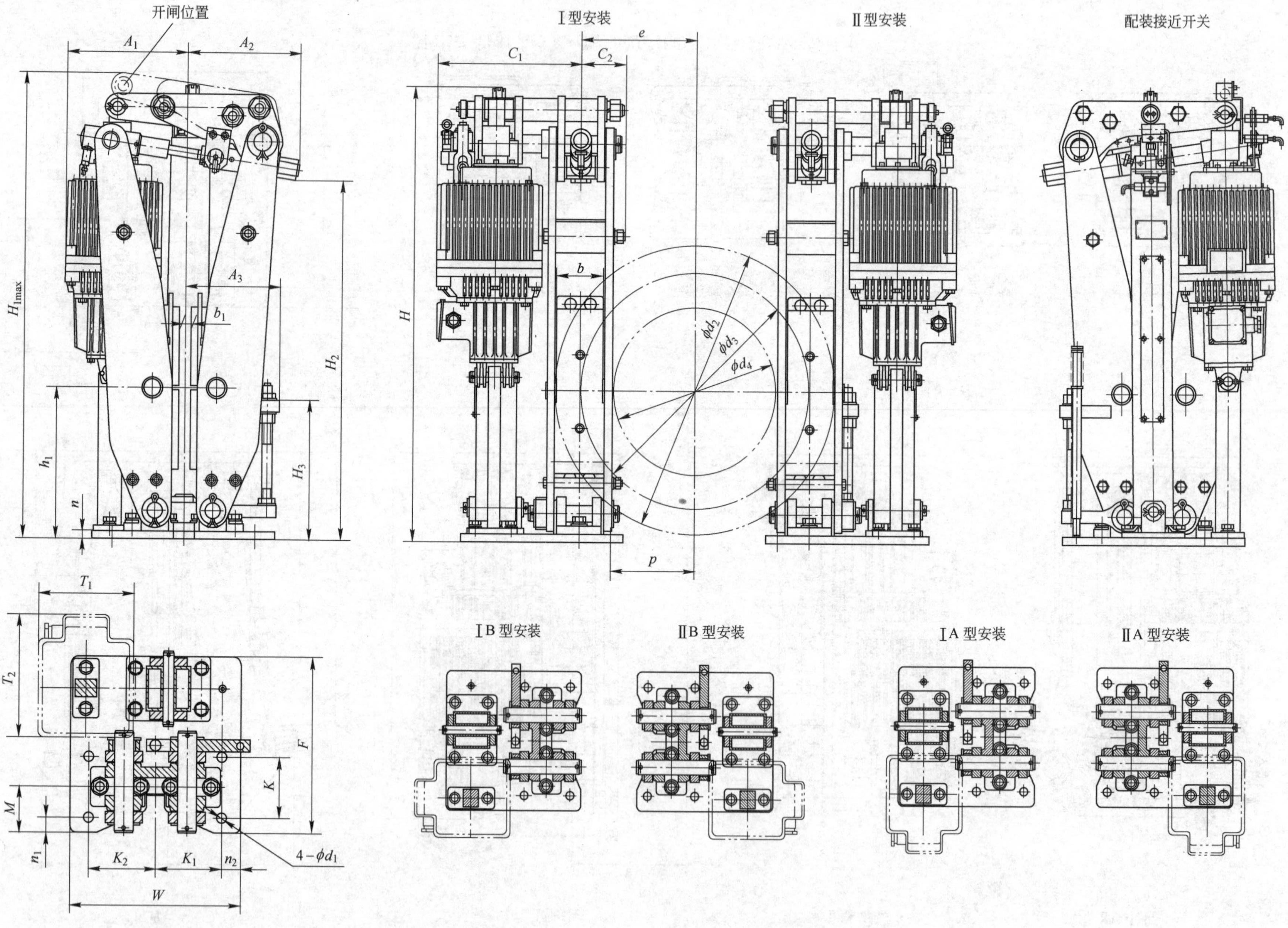

图 1.3.8 YP41 系列电力液压盘式制动器外形及安装尺寸

表 1.3.14 YP41 系列盘式制动器尺寸和技术参数（江西华伍制动器股份有限公司 www. hua - wu. com） （mm）

推动器型号	h_1	H	H_1	H_2	H_3	b	K	K_1	K_2	d_1	n	n_1	n_2	F	W	M	A_1		A_2	A_3	C_1		C_2	T_1		T_2	
																	A 型	B 型			A 型	B 型		A 型	B 型	A 型	B 型
Ed4500 - 60	370	1105	1140	850	375	120	160	180	180	27	28	40	50	465	460	120	375	330	310	265	410	445	126	325	290	290	325

与制动盘有关的尺寸

制动盘径 d_2	b_1	S[1]	d_3	d_4[2]	e	p
630	30	0.7 ~ 1.3	500	295	250	170
710	30		580	375	290	210
800	30		670	465	335	255
900	30		770	565	385	305
1000	30		870	665	435	355
1250	30		1120	915	560	480

技术参数

配套推动器				制动盘直径						整机质量/kg
推动器型号	功率/W	额定电流/A	质量/kg	630	710	800	900	1000	1250	
				最大制动力矩（$\mu=0.4$[3]）						
Ed4500 - 80	1100	2.8	45	15000	17400	20000	23000	26000	33600	410

①每侧瓦块退距；②允许最大的联轴器外径；③该摩擦系数为配套摩擦材料的平均值。

SB 系列安全制动器外形及安装尺寸如图 1.3.9 所示。

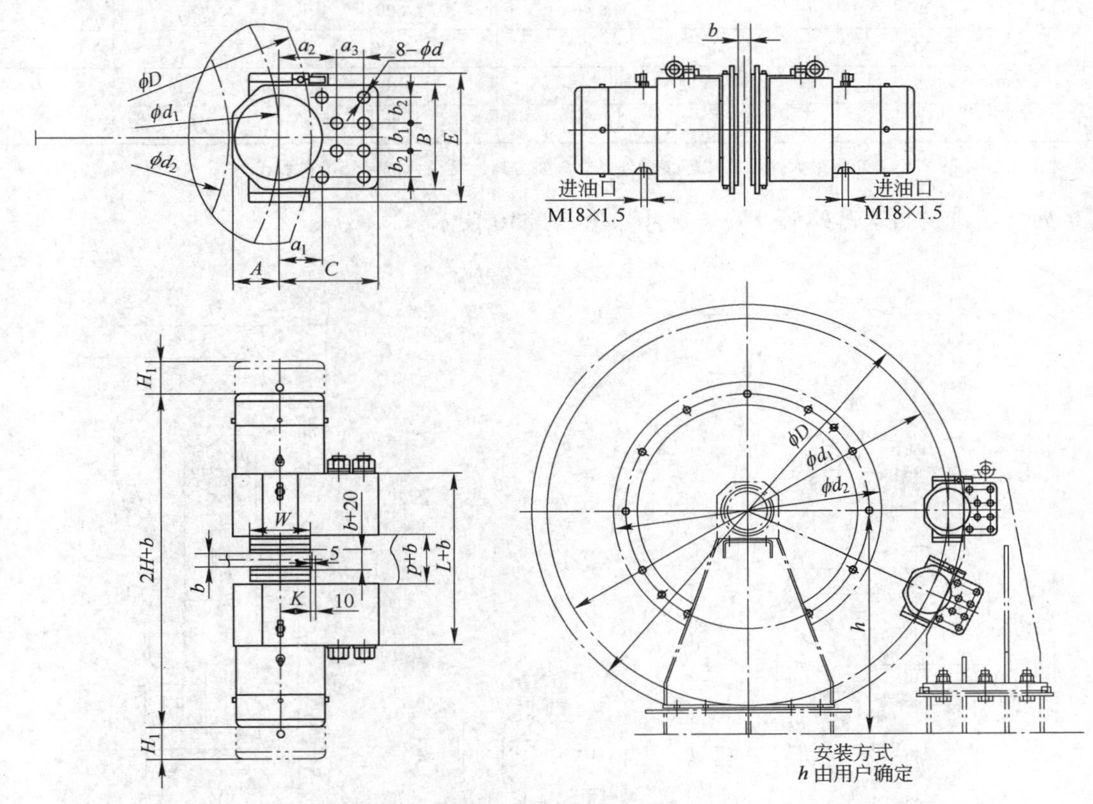

图 1.3.9 SB 系列安全制动器外形及安装尺寸

表 1.3.15 SB 系列安全制动器技术参数（江西华伍制动器股份有限公司 www. hua - wu. com）

型 号	夹紧力 F/kN	释放压力 /MPa	开闸油量 /mL	退距 /mm	摩擦系数		安装螺栓、性能等级、安装扭矩/N·m	不含支架质量/kg
					静态	动态		
SB50	50	11	30	1 ~ 2	0.4	0.036	8 - M20、10.9、680	90
SB100	100	12	50	1 ~ 2	0.4	0.036	8 - M24、10.9、1200	150
SB160	160	12	70	1 ~ 2	0.4	0.036	8 - M30、10.9、2200	310
SB250	250	13	95	1 ~ 2	0.4	0.036	8 - M36、10.9、3540	452
SB315	315	14	115	1 ~ 2	0.4	0.036	8 - M36、10.9、3540	672
SB400	400	12	170	1 ~ 2	0.4	0.036	8 - M48、10.9、7400	1100
SB500	500	14	170	1 ~ 2	0.4	0.036	8 - M48、10.9、7400	1200

表 1.3.16 制动器的外形尺寸（江西华伍制动器股份有限公司 www.hua-wu.com） （mm）

型　号	A	a_1	a_2	a_3	b_1	b_2	B	C	d	k	p	L	E	W	H	H_1
SB50	77	77	90	38	38	38	154	150	20.5	56	102	300	240	110	310	80
SB100	95	95	105	45	55	45	190	180	25	71	102	348	286	140	360	85
SB160	110	120	135	65	70	65	260	235	31	87	106	412	370	170	410	95
SB250	130	120	160	75	80	75	300	275	37	87	106	456	370	170	470	110
SB315	140	175	205	85	90	82.5	335	330	37	137	106	476	410	270	500	110
SB400	170	180	220	120	110	110	440	420	50	137	142	602	546	270	560	115
SB500	170	180	220	120	110	110	440	420	50	137	142	682	542	270	600	115

表 1.3.17 与制动盘有关尺寸（江西华伍制动器股份有限公司 www.hua-wu.com） （mm）

型　号	b			D	d_1	d_2
SB50	30	36	40	≥500	$D-120$	$D-300$
SB100	30	36	40	≥500	$D-150$	$D-380$
SB160	30	36	40	≥600	$D-180$	$D-440$
SB250	30	36	40	≥600	$D-180$	$D-480$
SB315	30	36	40	≥1200	$D-280$	$D-600$
SB400	30	36	40	≥1800	$D-280$	$D-660$
SB500	30	36	40	≥1800	$D-280$	$D-660$

注：d_1 为理论摩擦直径；d_2 为允许最大的卷筒或连接毂外径。D 如为其他盘径，请与公司联系。

PDC 系列气动盘式制动器外形及安装尺寸如图 1.3.10 所示。

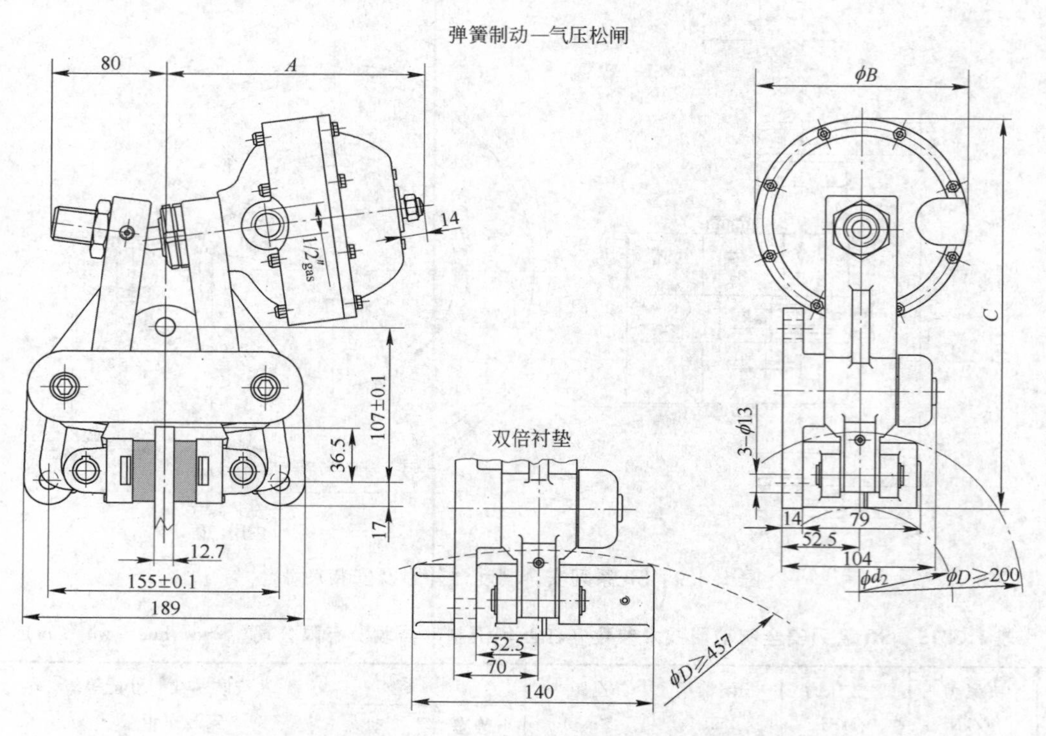

图 1.3.10 PDC 系列气动盘式制动器外形及安装尺寸

表 1.3.18 PDC 系列气动盘式制动器基本参数和尺寸（江西华伍制动器股份有限公司 www.hua-wu.com）（mm）

型　号	A	ϕB	C	ϕd_2	允许磨损厚度	衬垫总厚度	质量/kg
PDC5	171	144	275	$D-110$	14	16	13
PDC10	199	190	300	$D-110$	14	16	16.5

注：d_2 为最大连接毂外径。

表 1.3.19 PDC 系列气动盘式制动器技术参数（江西华伍制动器股份有限公司 www. hua－wu. com）

制动盘径/mm	PDC5			PDC10		
	弹簧数量（n）	制动力/N	制动力矩/N·m	弹簧数量（n）	制动力/N	制动力矩/N·m
250	8	5500	520	8	10970	1040
	6	4125	390	6	8227	780
	4	2750	260	4	5485	520
	2	1375	130	2	2742	260
300	8	5500	660	8	10970	1315
	6	4125	495	6	8227	985
	4	2750	330	4	5485	655
	2	1375	165	2	2742	330
356	8	5500	810	8	10970	1620
	6	4125	605	6	8227	1215
	4	2750	405	4	5485	810
	2	1375	205	2	2742	405
406	8	5500	950	8	10970	1900
	6	4125	710	6	8227	1425
	4	2750	475	4	5485	950
	2	1375	240	2	2742	475
457	8	5500	1090	8	10970	2175
	6	4125	815	6	8227	1630
	4	2750	545	4	5485	1085
	2	1375	275	2	2742	545
514	8	5500	1250	8	10970	2490
	6	4125	935	6	8227	1865
	4	2750	625	4	5485	1245
	2	1375	315	2	2742	625
610	8	5500	1510	8	10970	3015
	6	4125	1130	6	8227	2260
	4	2750	755	4	5485	1505
	2	1375	380	2	2742	755
711	8	5500	1790	8	10970	3570
	6	4125	1340	6	8227	2675
	4	2750	895	4	5485	1785
	2	1375	450	2	2742	890

特别提示：表中所列制动力和制动力矩，对于新制动衬垫，只有在衬垫与制动盘良好磨合（贴合面积达30%以上）后方可达到。

表 1.3.20 操作气压及气量（江西华伍制动器股份有限公司 www. hua－wu. com）

制动弹簧数（n）	8	6	4	2
最小释放（开闸）气压/bar	5	3.8	2.5	1.3
气量/dm^3	PDC5 型：0.3；PDC10 型：0.7			

注：1bar＝0.1MPa。

PDD 系列气动盘式制动器外形及安装尺寸如图 1.3.11 所示。

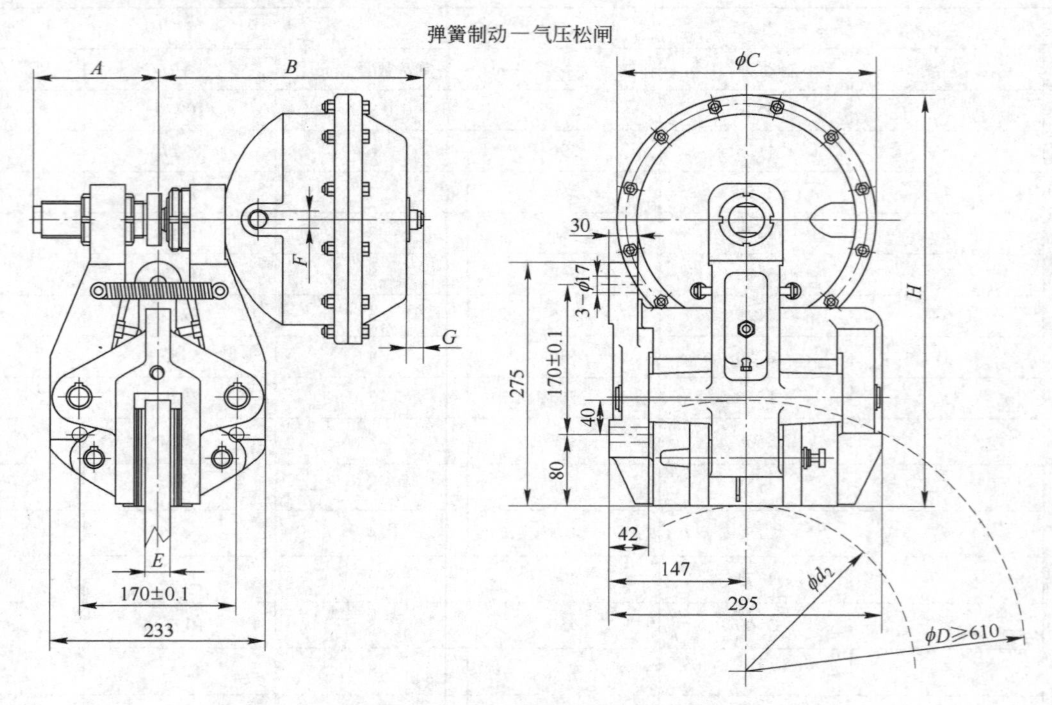

图 1.3.11 PDD 系列气动盘式制动器外形及安装尺寸

表 1.3.21 PDD 系列气动盘式制动器基本参数和尺寸（江西华伍制动器股份有限公司 www. hua - wu. com） (mm)

型 号	*A*	*B*	*ϕC*	d_2	*H*	*E*	*F*	*G*	允许磨损厚度	衬垫总厚度	质量/kg
PDD14	126	277	190	*D* - 250	418	25. 4	1/2″gas	14	12	13	57. 5
	135	289	280	*D* - 250	418	40	1/2″gas	14	12	13	57. 5
PDD32	135	289	280	*D* - 250	463	25. 4	1/2″gas	16	12	13	68
	135	289	280	*D* - 250	463	404	1/2″gas	16	12	13	68

注：d_2 为最大连接毂外径。

表 1.3.22 PDD 系列气动盘式制动器技术参数（江西华伍制动器股份有限公司 www. hua - wu. com）

制动盘径 /mm	PDD14			PDD32		
	弹簧数量（*n*）	制动力/N	制动力矩/N · m	弹簧数量（*n*）	制动力/N	制动力矩/N · m
610	8	14150	3400	12	32800	7870
	6	10612	2550	10	27330	6550
	4	7075	1700	8	21860	5240
	2	3538	850	6	16400	3935
760	8	14150	4450	12	32800	10300
	6	10612	3340	10	27330	8580
	4	7075	2225	8	21860	6860
	2	3538	1115	6	16400	5150
915	8	14150	5550	12	32800	12850
	6	10612	4165	10	27330	10700
	4	7075	2775	8	21860	8560
	2	3538	1388	6	16400	6425
1065	8	14150	6610	12	32800	15300
	6	10612	4958	10	27330	12750
	4	7075	3305	8	21860	10200
	2	3538	1652	6	16400	7650

续表 1.3.22

制动盘径/mm	PDD14			PDD32		
	弹簧数量（n）	制动力/N	制动力矩/N·m	弹簧数量（n）	制动力/N	制动力矩/N·m
1220	8	14150	7710	12	32800	17850
	6	10612	5782	10	27330	14870
	4	7075	3855	8	21860	11900
	2	3538	1928	6	16400	8925
1370	8	14150	8770	12	32800	20300
	6	10612	6578	10	27330	16910
	4	7075	4385	8	21860	13530
	2	3538	2192	6	16400	10150

特别提示：表中所列制动力和制动力矩，对于新制动衬垫，只有在衬垫与制动盘良好磨合（贴合面积达 30% 以上）后方可达到。

表 1.3.23 操作气压及气量（江西华伍制动器股份有限公司 www.hua－wu.com）

制动弹簧数（n）	12	10	8	6
最小释放（开闸）气压/bar	5	4.2	3.3	2.5
气量/dm^3	PDD14 型：0.7；PDD32 型：3.0			

PDE 系列气动盘式制动器外形及安装尺寸如图 1.3.12 所示。

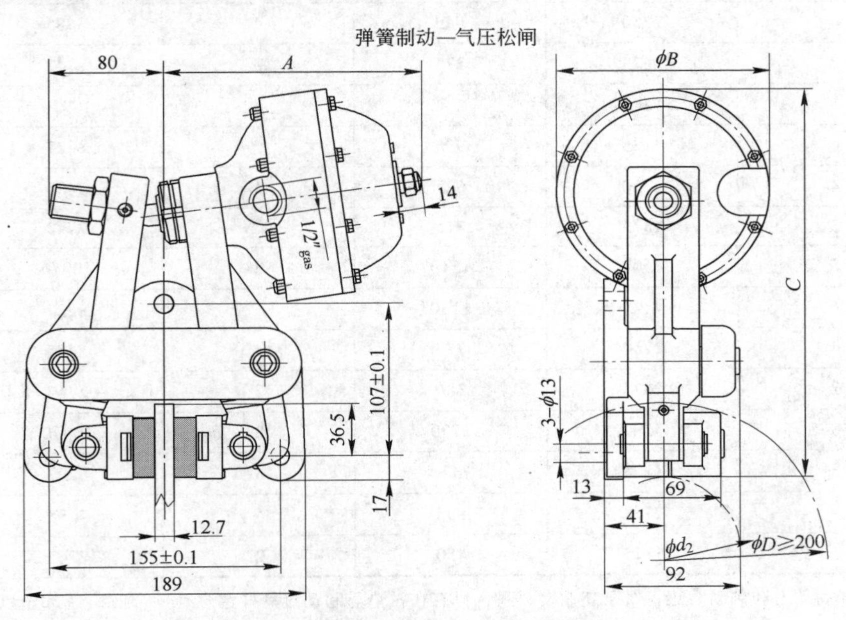

图 1.3.12 PDE 系列气动盘式制动器外形及安装尺寸

表 1.3.24 PDE 系列气动盘式制动器基本参数和尺寸（江西华伍制动器股份有限公司 www.hua－wu.com） (mm)

型 号	A	ϕB	C	ϕd_2	允许磨损厚度	衬垫总厚度	质量/kg
PDE5	171	144	275	D－110	14	16	13
PDE10	199	190	300	D－110	14	16	16.5

注：d_2 为最大连接毂外径。

表 1.3.25 PDE 系列气动盘式制动器技术参数（江西华伍制动器股份有限公司 www.hua－wu.com）

制动盘径/mm	PDE5			PDE10		
	弹簧数量（n）	制动力/N	制动力矩/N·m	弹簧数量（n）	制动力/N	制动力矩/N·m
250	8	5500	520	8	10970	1040
	6	4125	390	6	8227	780
	4	2750	260	4	5485	520
	2	1375	130	2	2742	260

续表 1.3.25

制动盘径/mm	PDE5			PDE10		
	弹簧数量（n）	制动力/N	制动力矩/N·m	弹簧数量（n）	制动力/N	制动力矩/N·m
300	8	5500	660	8	10970	1315
	6	4125	495	6	8227	985
	4	2750	330	4	5485	655
	2	1375	165	2	2742	330
356	8	5500	810	8	10970	1620
	6	4125	605	6	8227	1215
	4	2750	405	4	5485	810
	2	1375	205	2	2742	405
406	8	5500	950	8	10970	1900
	6	4125	710	6	8227	1428
	4	2750	475	4	5485	950
	2	1375	240	2	2742	475
457	8	5500	1090	8	10970	2175
	6	4125	815	6	8227	1630
	4	2750	545	4	5485	1085
	2	1375	275	2	2742	545
514	8	5500	1250	8	10970	2490
	6	4125	935	6	8227	1865
	4	2750	625	4	5485	1245
	2	1375	315	2	2742	625
610	8	5500	1510	8	10970	3015
	6	4125	1130	6	8227	2260
	4	2750	755	4	5485	1505
	2	1375	380	2	2742	755
711	8	5500	1790	8	10970	3570
	6	4125	1340	6	8227	2675
	4	2750	895	4	5485	1785
	2	1375	450	2	2742	890

特别提示：表中所列制动力和制动力矩，对于新制动衬垫，只有在衬垫与制动盘良好磨合（贴合面积达 30% 以上）后方可达到。

表 1.3.26 操作气压及气量（江西华伍制动器股份有限公司 www. hua - wu. com）

制动弹簧数（n）	8	6	4	2
最小释放（开闸）气压/bar	5	3.8	2.5	1.3
气量/dm^3	PDE5 型：0.3；PDE10 型：0.7			

表 1.3.27 PDCA 系列气动盘式制动器基本参数和尺寸（江西华伍制动器股份有限公司 www. hua - wu. com） (mm)

型号	A	B	ϕC	H	d_2	E	允许磨损厚度	衬垫总厚度	质量/kg
PDCA2	81	107	74	238	$D-110$	1/8″gas	12	16	10.5
PDCA4	79	113	114	257	$D-110$	1/4″gas	12	16	11
PDCA8	79	135	142	273	$D-110$	3/8″gas	12	16	12
PDCA14	79	154	184	297	$D-110$	3/8″gas	12	16	13.5

注：d_2 为最大连接毂外径。

PDCA 系列气动盘式制动器外形及安装尺寸如图 1.3.13 所示。

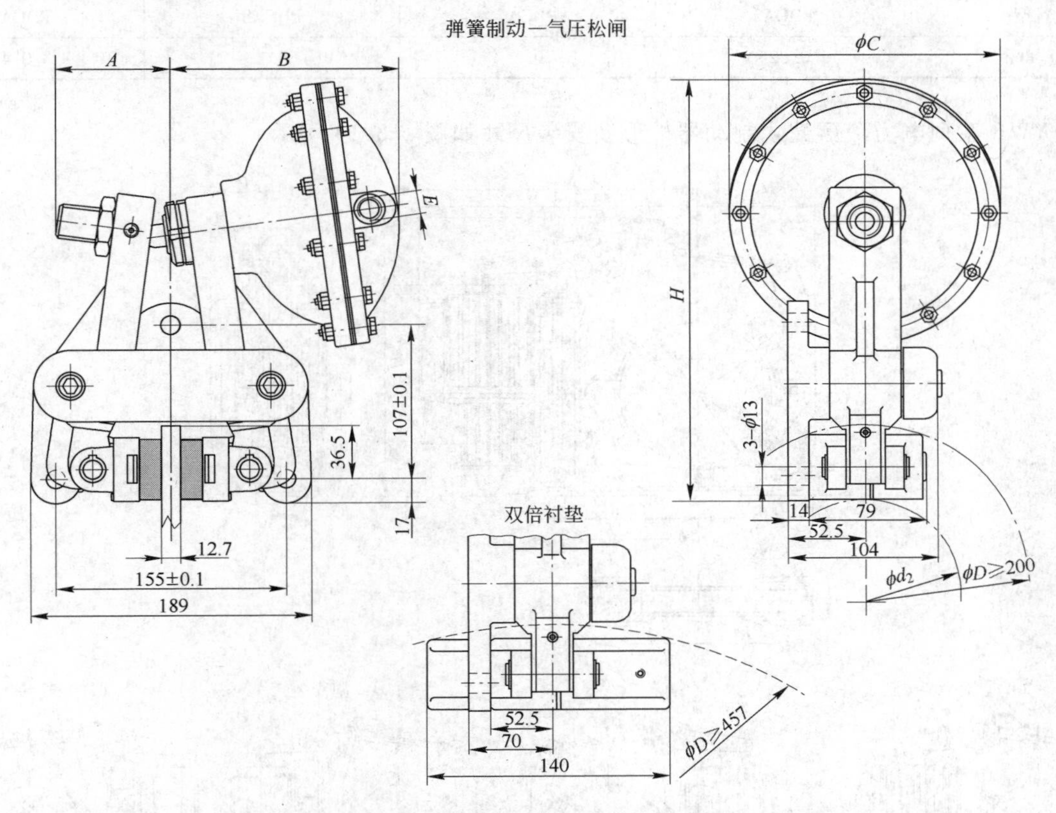

图 1.3.13 PDCA 系列气动盘式制动器外形及安装尺寸

表 1.3.28 PDCA 系列气动盘式制动器技术参数（江西华伍制动器股份有限公司 www.hua-wu.com）

型 号	制动气压 /bar	制动力 /N	盘径/mm							
			250	300	356	406	457	514	610	711
			制动力矩/N·m							
PDCA2	3	860	80	100	125	145	170	190	235	275
	4	1150	105	135	170	195	225	260	315	370
	5	1440	135	170	210	248	285	325	395	465
	6	1730	160	205	255	295	340	390	475	560
PDCA4	3	2045	190	245	300	350	400	460	560	665
	4	2730	255	325	400	470	540	615	750	885
	5	3410	320	400	500	585	675	770	935	1100
	6	4100	385	490	600	710	810	930	1125	1330
PDCA8	3	4000	380	480	590	690	790	900	1100	1300
	4	5333	500	630	780	920	1050	1210	1460	1730
	5	6667	630	800	985	1150	1320	1513	1830	2170
	6	8000	760	960	1180	1380	1580	1810	2200	2600
PDCA14	3	6850	650	820	1000	1180	1350	1550	1870	2220
	4	9133	860	1090	1350	1560	1800	200	2500	2950
	5	11417	1080	1370	1680	1970	2250	2580	3120	3700
	6	13700	1300	1640	2000	2370	2710	3100	3760	4450

特别提示：表中所列制动力和制动力矩，对于新制动衬垫，只有在衬垫与制动盘良好磨合（贴合面积达 30% 以上）后方可达到。

制动力矩计算方法： $M = F \times$ [制动盘半径(m) − 0.03] （N·m）

表 1.3.29　操作气量（江西华伍制动器股份有限公司　www.hua-wu.com）

制动器型号	PDCA2	PDCA4	PDCA8	PDCA14
气量/dm^3	0.025	0.1	0.2	0.4

YW、YWB 系列电力液压鼓式制动器外形及安装尺寸如图 1.3.14 所示。

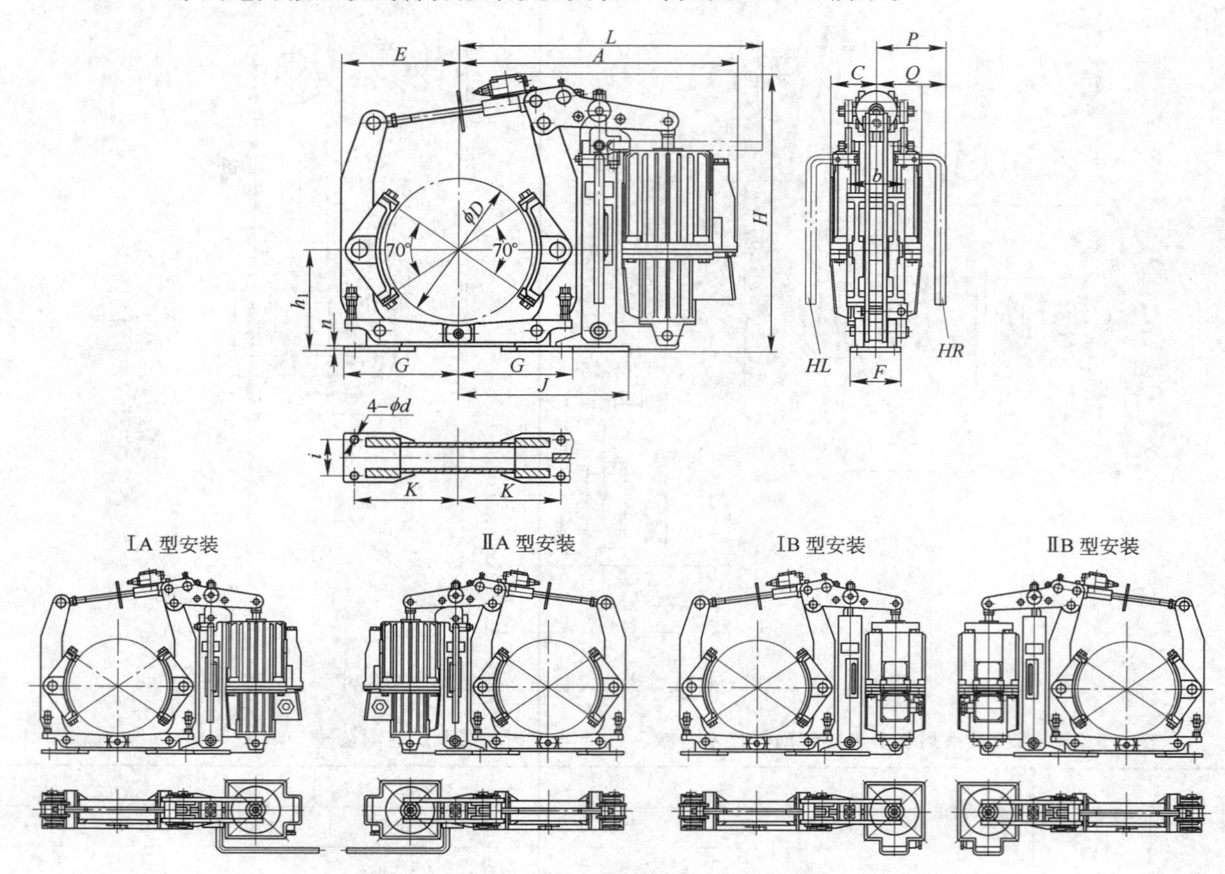

图 1.3.14　YW、YWB 系列电力液压鼓式制动器外形及安装尺寸

表 1.3.30　YW、YWB 系列鼓式制动器技术参数及安装尺寸（江西华伍制动器股份有限公司　www.hua-wu.com）

制动器型号	推动器型号	制动力矩 /N·m	外形尺寸/mm																			质量 /kg
			D	h_1	k	i	d	n	b	F	G	J	E	H	C	P	A		Q		L	
																	A 型	B 型	A 型	B 型		
YW160-220 YWB160-220	YTD220-50 Ed220-50	80~160	160	132	130	55	14	6	65	90	150	210	145	430	80	135	440	405	80	115	455	25
YW200-220 YWB200-220	YTD220-50 Ed220-50	100~ 200	200	160	145	55	14	8	70	90	165	245	170	510	80	135	450	415	80	115	470	39
YW200-300 YWB200-300	YTD300-50 Ed300-50	140~ 280																				42
YW250-200 YWB250-220	YTD220-50 Ed220-50	125~ 250	250	190	180	65	18	10	90	100	200	275	205	525	80	135	545	510	80	115	535	47
YW250-300 YWB250-300	YTD300-50 Ed300-50	160~ 315																				49
YW250-500 YWB250-500	YTD500-60 Ed500-60	250~ 500												590	97	152	545	485	97	157	600	61
YW315-300 YWB315-300	YTD300-50 Ed300-50	200~ 400	315	230	220	80	18	10	110	110	245	358	260	620	80	135	570	530	80	120	560	80
YW315-500 YWB315-500	YTD500-60 Ed500-60	315~ 630													97	152	605	540	97	157	650	80
YW315-800 YWB315-800	YTD800-60 Ed800-60	500~ 1000																				88

续表 1.3.30

<table>
<tr><th rowspan="3">制动器型号</th><th rowspan="3">推动器型号</th><th rowspan="3">制动
力矩
/N·m</th><th colspan="19">外形尺寸/mm</th><th rowspan="3">质量
/kg</th></tr>
<tr><th rowspan="2">D</th><th rowspan="2">h_1</th><th rowspan="2">k</th><th rowspan="2">i</th><th rowspan="2">d</th><th rowspan="2">n</th><th rowspan="2">b</th><th rowspan="2">F</th><th rowspan="2">G</th><th rowspan="2">J</th><th rowspan="2">E</th><th rowspan="2">H</th><th rowspan="2">C</th><th rowspan="2">P</th><th colspan="2">A</th><th colspan="2">Q</th><th rowspan="2">L</th></tr>
<tr><th>A 型</th><th>B 型</th><th>A 型</th><th>B 型</th></tr>
<tr><td>YW400 - 500
YWB400 - 500</td><td>YTD500 - 60
Ed500 - 60</td><td>400 ~
800</td><td rowspan="3">400</td><td rowspan="3">280</td><td rowspan="3">270</td><td rowspan="3">100</td><td rowspan="3">22</td><td rowspan="3">12</td><td rowspan="3">140</td><td rowspan="3">140</td><td rowspan="3">300</td><td rowspan="3">420</td><td rowspan="3">305</td><td rowspan="2">745</td><td rowspan="2">97</td><td rowspan="2">152</td><td rowspan="2">650</td><td rowspan="2">590</td><td rowspan="2">97</td><td rowspan="2">157</td><td rowspan="2">705</td><td>108</td></tr>
<tr><td>YW400 - 800
YWB400 - 800</td><td>YTD800 - 60
Ed800 - 60</td><td>630 ~
1250</td><td>110</td></tr>
<tr><td>YW400 - 1250
YWB400 - 1250</td><td>YTD1250 - 60
Ed1250 - 60</td><td>1000 ~
2000</td><td>815</td><td>120</td><td>175</td><td>700</td><td>670</td><td>120</td><td>150</td><td>885</td><td>133</td></tr>
<tr><td>YW500 - 800
YWB500 - 800</td><td>YTD800 - 60
Ed800 - 60</td><td>800 ~
1600</td><td rowspan="3">500</td><td rowspan="3">340</td><td rowspan="3">325</td><td rowspan="3">130</td><td rowspan="3">22</td><td rowspan="3">16</td><td rowspan="3">180</td><td rowspan="3">180</td><td rowspan="3">365</td><td rowspan="3">484</td><td rowspan="3">370</td><td rowspan="3">860</td><td>97</td><td>152</td><td>780</td><td>720</td><td>97</td><td>157</td><td>785</td><td>202</td></tr>
<tr><td>YW500 - 1250
YWB500 - 1250</td><td>YTD1250 - 60
Ed1250 - 60</td><td>1250 ~
2500</td><td rowspan="2">120</td><td rowspan="2">175</td><td rowspan="2">770</td><td rowspan="2">740</td><td rowspan="2">120</td><td rowspan="2">150</td><td rowspan="2">955</td><td>206</td></tr>
<tr><td>YW500 - 2000
YWB500 - 2000</td><td>YTD2000 - 60
Ed2000 - 60</td><td>2000 ~
4000</td><td>208</td></tr>
<tr><td>YW630 - 1250
YWB630 - 1250</td><td>YTD1250 - 60 (120)
Ed1250 - 60 (120)</td><td>1600 ~
3150</td><td rowspan="3">630</td><td rowspan="3">420</td><td rowspan="3">400</td><td rowspan="3">170</td><td rowspan="3">27</td><td rowspan="3">20</td><td rowspan="3">225</td><td rowspan="3">220</td><td rowspan="3">450</td><td rowspan="3">590</td><td rowspan="3">455</td><td rowspan="3">1015</td><td rowspan="3">120</td><td rowspan="3">220</td><td rowspan="3">870</td><td rowspan="3">840</td><td rowspan="3">120</td><td rowspan="3">150</td><td rowspan="3">1055</td><td>309</td></tr>
<tr><td>YW630 - 2000
YWB630 - 2000</td><td>YTD2000 - 60 (120)
Ed2000 - 60 (120)</td><td>2500 ~
5000</td><td>310</td></tr>
<tr><td>YW630 - 3000
YWB630 - 3000</td><td>YTD3000 - 60 (120)
Ed3000 - 60 (120)</td><td>3550 ~
7100</td><td>315</td></tr>
<tr><td>YW710 - 2000
YWB710 - 2000</td><td>YTD2000 - 60 (120)
Ed2000 - 60 (120)</td><td>2500 ~
5000</td><td rowspan="2">710</td><td rowspan="2">470</td><td rowspan="2">450</td><td rowspan="2">190</td><td rowspan="2">27</td><td rowspan="2">22</td><td rowspan="2">255</td><td rowspan="2">240</td><td rowspan="2">500</td><td rowspan="2">705</td><td rowspan="2">520</td><td rowspan="2">1195</td><td rowspan="2">120</td><td rowspan="2">220</td><td rowspan="2">985</td><td rowspan="2">955</td><td rowspan="2">120</td><td rowspan="2">150</td><td rowspan="2">1145</td><td>468</td></tr>
<tr><td>YW710 - 3000
YWB710 - 3000</td><td>YTD3000 - 60 (120)
Ed3000 - 60 (120)</td><td>4000 ~
8000</td><td>470</td></tr>
<tr><td>YW800 - 3000
YWB800 - 3000</td><td>YTD3000 - 60 (120)
Ed3000 - 60 (120)</td><td>5000 ~
10000</td><td>800</td><td>530</td><td>520</td><td>210</td><td>27</td><td>28</td><td>280</td><td>280</td><td>570</td><td>860</td><td>620</td><td>1330</td><td>120</td><td>220</td><td>1150</td><td>1120</td><td>120</td><td>150</td><td>1290</td><td>655</td></tr>
</table>

注：630 及以上规格制动器带 WC 功能时，使用短行程推动器。

MWZA200 ~ 315、MWZB200 ~ 315 系列电磁鼓式制动器外形及安装尺寸如图 1.3.15 所示。

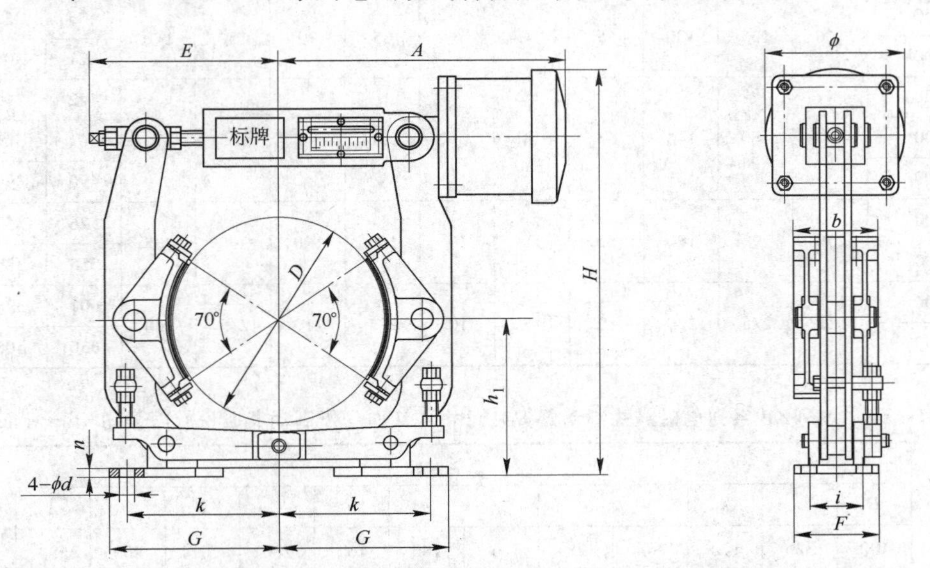

图 1.3.15 MWZA200 ~ 315、MWZB200 ~ 315 系列电磁鼓式制动器外形及安装尺寸

表 1.3.31 MWZA、MWZB 系列电磁鼓式制动器主要技术参数（江西华伍制动器股份有限公司 www. hua - wu. com）

<table>
<tr><th rowspan="3">制动器型号</th><th rowspan="3">电磁铁型号</th><th colspan="2">制动力矩/N·m</th><th rowspan="3">制动瓦退距
(max) /mm</th></tr>
<tr><th>JC 25%</th><th>JC 40%</th></tr>
<tr><th>线圈并联</th><th>线圈并联</th></tr>
<tr><td>MWZA200 - 40</td><td>MZZ1 - 100</td><td>40</td><td>32</td><td rowspan="2">1</td></tr>
<tr><td>MWZA200 - 160</td><td>MZZ1 - 200</td><td>160</td><td>128</td></tr>
</table>

续表 1.3.31

制动器型号	电磁铁型号	制动力矩/N · m		制动瓦退距（max）/mm
		JC 25%	JC 40%	
		线圈并联	线圈并联	
MWZA300 – 250	MZZ1 – 200	250	200	1.25
MWZA300 – 250	MZZ1 – 300	500	430	
MWZA – 160/100	MZZ1 – 100	35.5	28	1
MWZA – 160/200	MZZ1 – 200	140	112	
MWZA – 200/100	MZZ1 – 100	40	31.5	
MWZA – 200/200	MZZ1 – 200	160	125	
MWZA – 200/300	MZZ1 – 300	315	280	
MWZA – 250/200	MZZ1 – 200	200	160	1.25
MWZA – 250/300	MZZ1 – 300	450	355	
MWZA – 315/200	MZZ1 – 200	250	200	
MWZA – 315/300	MZZ1 – 300	500	450	

表 1.3.32　MWZA、MWZB 系列电磁鼓式制动器安装尺寸（江西华伍制动器股份有限公司　www.hua – wu.com）

制动器型号	外形尺寸/mm													质量/kg
	D	h_1	*k*	*i*	*d*	*n*	*b*	*F*	*G*	*E*	*H*	*A*	*O*	
MWZA200 – 40	200	170	190	60	17	8	90	100	210	205	404	310	118	32
MWZA200 – 160											429	340	168	65
MWZA300 – 250	300	240	270	80	21	10	120	130	290	260	564	415	168	68
MWZA200 – 500											590	465	220	105
MWZB – 160/100	160	135	130	55	14	6	65	90	150	140	403	259	115	32
MWZB – 160/200											421	306	168	38
MWZB – 200/100	200	160	145	55	14	8	80	90	165	170	442	299	115	60
MWZB – 200/200											461	346	168	65
MWZB – 200/300											490	390	220	70
MWZB – 250/200	250	190	180	65	18	10	100	100	200	205	526	350	168	72
MWZB – 200/300											555	380	220	78
MWZB – 315/200	315	225	220	80	18	10	125	110	245	260	601	376	168	86
MWZB – 315/300											630	406	220	105

表 1.3.33　MWZA、MWZB 系列电磁鼓式制动器安装尺寸（江西华伍制动器股份有限公司　www.hua – wu.com）

制动器型号	外形尺寸/mm												质量/kg
	D	h_1	*k*	*i*	*d*	*n*	*b*	*F*	*G*	*E*	*H*	*A*	ϕ	
MWZA400 – □	400	320	170	90	28	16	180	160	280	375	700	580	330	175
MWZA500 – □	500	400	205	100	28	20	200	190	320	385	850	650	410	300
MWZA400 – □	600	475	250	126	40	28	240	220	385	465	960	750	480	430
MWZA700 – □	700	550	305	150	40	34	280	270	440	517	1220	710	560	677
MWZA800 – □	800	600	350	180	40	34	320	300	490	595	1340	810	640	1040
MWZB – 400/400	400	280	270	100	22	16	160	140	300	375	700	580	330	175
MWZB – 400/500												580	410	203

续表 1.3.33

制动器型号	外形尺寸/mm													质量/kg
	D	h_1	k	i	d	n	b	F	G	E	H	A	ϕ	
MWZB-500/400												640	330	292
MWZB-500/500	500	335	325	130	22	20	200	180	365	385	800	650	410	300
MWZB-500/600												655	480	334
MWZB-630/500												720	410	377
MWZB-630/600	630	425	400	170	27	28	250	220	450	465	1030	740	480	423
MWZB-630/700												750	560	509
MWZB-710/600												780	480	605
MWZB-710/700	710	475	450	190	27	34	280	240	500	517	1220	815	560	625
MWZB-710/800												830	640	633
MWZB-800/700	800	530	520	210	27	34	320	280	570	595	1340	890	560	1020
MWZB-800/800												905	640	1040

MWZA400~800、MWZB400~800系列电磁鼓式制动器外形及安装尺寸如图1.3.16所示。

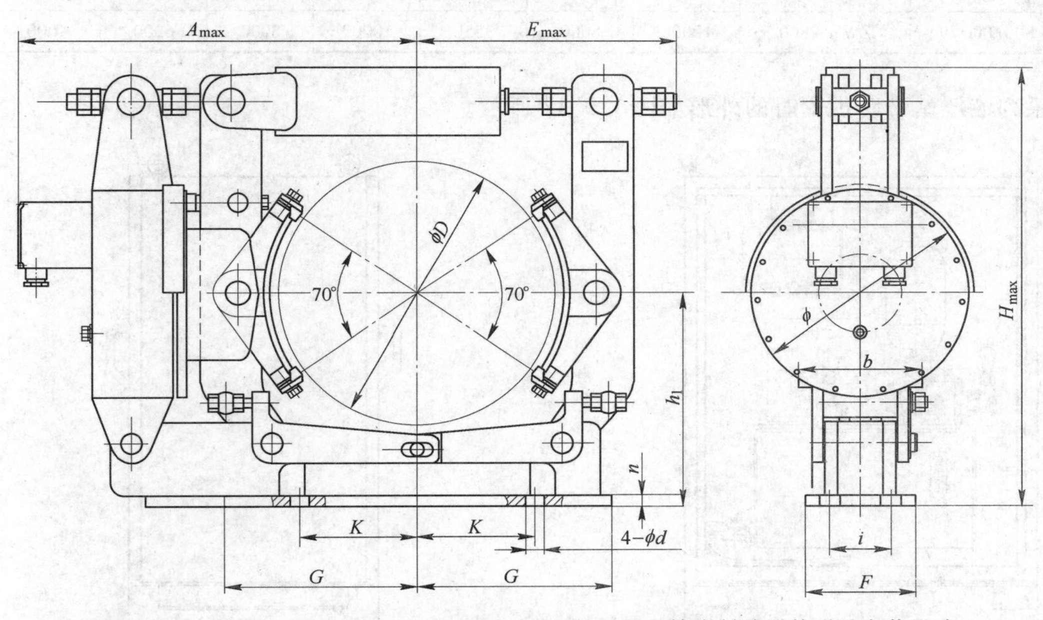

图 1.3.16 MWZA400~800、MWZB400~800系列电磁鼓式制动器外形及安装尺寸

表 1.3.34 MWZA、MWZB系列电磁鼓式制动器技术参数（江西华伍制动器股份有限公司 www.hua-wu.com）

制动器型号	线圈型号	制动力矩/N·m							瓦块退距(max)/mm
		线圈并联			线圈串联				
		通电持续率			60%额定电流		40%额定电流		
					通电持续率				
		25%	40%	100%	25%	40%	25%	40%	
MWZA400-□	ZWZ-400	1500	1200	550	1500	1200	900	550	1.5
MWZA500-□	ZWZ-500	2500	1900	850	2500	1900	1500	1000	1.75
MWZA400-□	ZWZ-600	5000	3550	1550	5000	3550	3000	2050	2.0
MWZA700-□	ZWZ-700	8000	5750	2800	8000	5750	4800	3250	2.25
MWZA800-□	ZWZ-800	12500	9100	4400	12500	9100	7500	5550	2.5
MWZB-400/400	ZWZ-400	1250	1000	500	1250	1000	800	500	1.5
MWZB-400/500	ZWZ-500	2000	1400	630	2000	1400	1250	710	1.75

续表 1.3.34

制动器型号	线圈型号	制动力矩/N·m							瓦块退距(max)/mm
		线圈并联			线圈串联				
		通电持续率			60%额定电流		40%额定电流		
					通电持续率				
		25%	40%	100%	25%	40%	25%	40%	
MWZB-500/400	ZWZ-400	1250	1000	450	1250	1000	800	450	1.5
MWZB-500/500	ZWZ-500	2000	1600	710	2000	1600	1250	800	1.75
MWZB-500/600	ZWZ-600	3550	3150	1400	3550	3150	2500	1800	2.0
MWZB-630/500	ZWZ-500	2240	1800	800	2240	1800	1400	900	1.75
MWZB-630/600	ZWZ-600	5000	3550	1600	5000	3550	2800	2000	2.0
MWZB-630/700	ZWZ-700	6300	4500	2240	6300	4500	4000	2500	2.25
MWZB-710/600	ZWZ-600	5000	3550	1600	5000	3550	2800	2000	2.0
MWZB-710/700	ZWZ-700	7100	5000	2240	7100	5000	4000	2800	2.25
MWZB-710/800	ZWZ-800	10000	7100	3550	10000	7100	5600	4000	2.5
MWZB-800/700	ZWZ-700	7100	5000	2500	7100	5000	4500	2800	2.25
MWZB-800/800	ZWZ-800	10000	8000	3550	10000	8000	6300	4000	2.5

SBH 系列液压站带防护罩时的外形如图 1.3.17 所示。

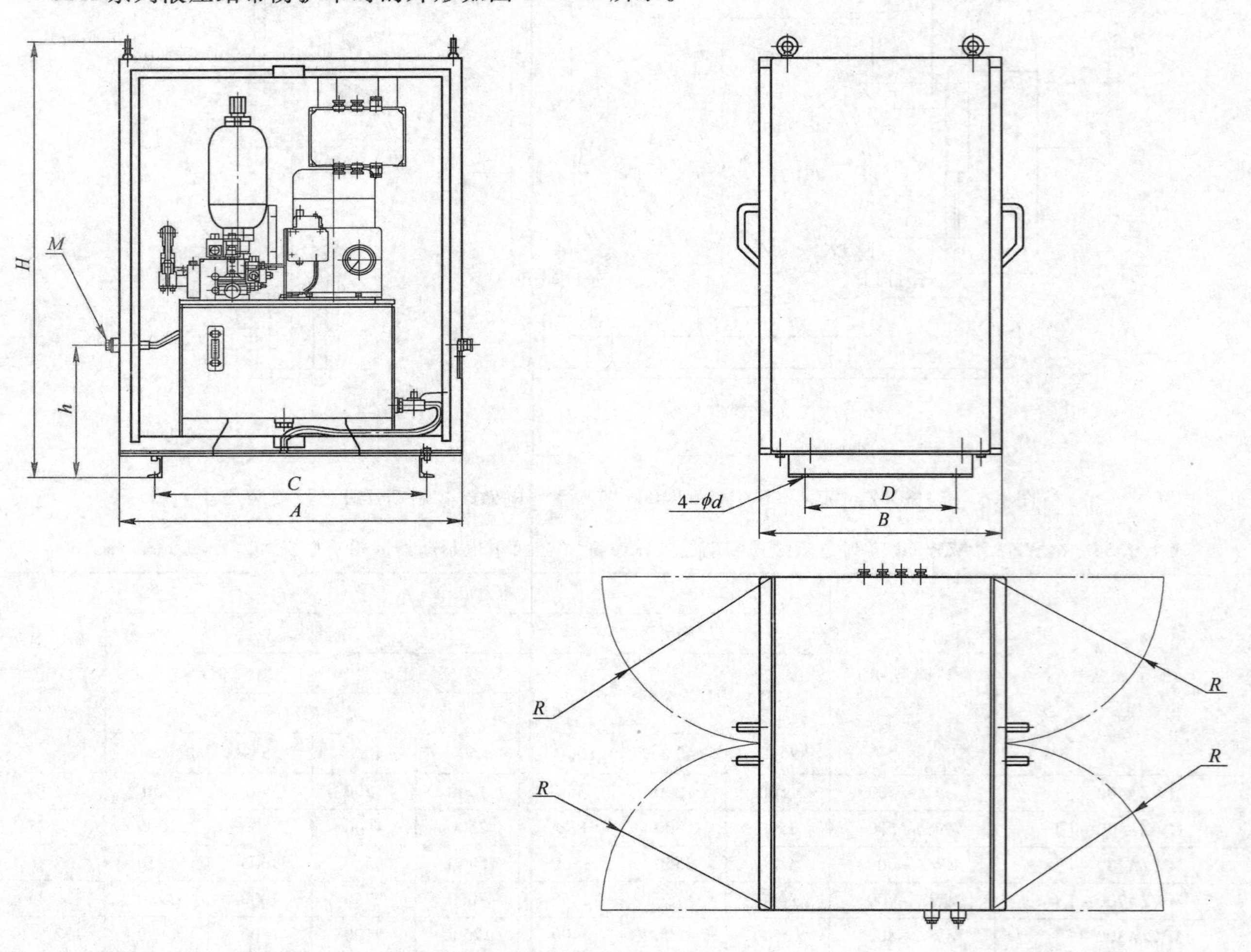

图 1.3.17 SBH 系列液压站带防护罩时的外形

SBH 系列液压站不带防护罩时外形如图 1.3.18 所示。

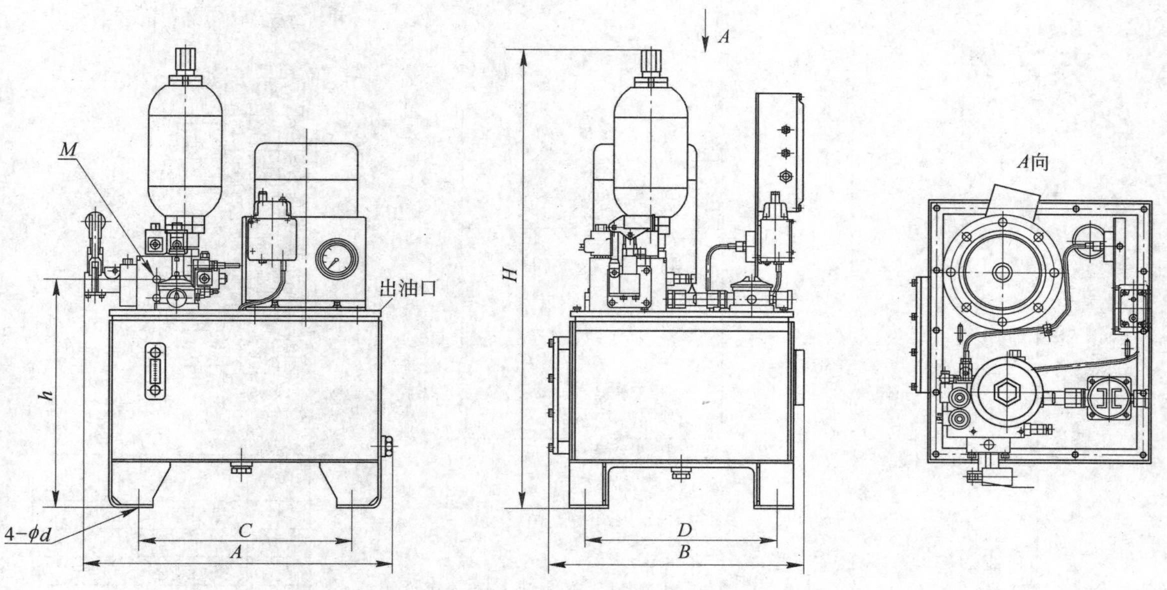

图 1.3.18 SBH 系列液压站不带防护罩时外形

表 1.3.35 SBH、YZA、YZB 系列液压站技术参数及安装尺寸（江西华伍制动器股份有限公司 www.hua-wu.com）（mm）

液压站型号	A		B		C		D		H		h		φd		m	R
	配护罩	不配护罩	配护罩	不配护罩	配护罩	不配护罩	配护罩	不配护罩	配护罩	不配护罩	配护罩	不配护罩	配护罩	不配护罩	出油口	配护罩时开门空间
SBH08-20																
SBH12-15																
SBH12-17																
SBH14-15	900	700	720	530	720	445	400	400	1250	1100	500	300	12	10	M18×1.5	450
SBH10-25																
SBH12-25																
SBH13-30																

注：液压站不配电控箱只配接线端子箱，若需加电控需在订单中注明，并且外形会适当加大。防护罩为可选件，用于室外的液压站必须配防护罩。

表 1.3.36 SBH、YZA、YZB 系列液压站技术参数及选型对照表（江西华伍制动器股份有限公司 www.hua-wu.com）

液压站型号	额定工作压力 /MPa	额定流量 /L·min^{-1}	电机额定功率 /kW	电机电源	控制电源	适用产品	质量（不包括液压油）/kg	备注
SBH08-20	8	20	4	AC 220V/50Hz 或 AC 460V/60Hz	AC 220V/50Hz 或 AC 270V/60Hz 或 CC 24V	SBD80-B、SBD160-B、SBD250-C SBD365-C、SBD425-C	210	适用单机构
SBH12-15	12	15				SB50、SB100、SB160、SB250、SBK80		
SBH12-17		17	5.5			SB400	220	
SBH14-15	14	15				SB315		
SBH10-25	10	25	7.5			SBK365		
SBH12-25	12	25				SBK425		
SBH13-30	13	30	11			SBK500	230	

注：1. 表中单台液压站配套相应产品（同时动作的）数量以下面规定为限：2 套以内 SB、SBD 系列安全制动器。
2. 电控原理图（其余常规订单液压站自身不配电控，用户可参照下面的原理自行设计电控）。

电控原理如图 1.3.19 所示。

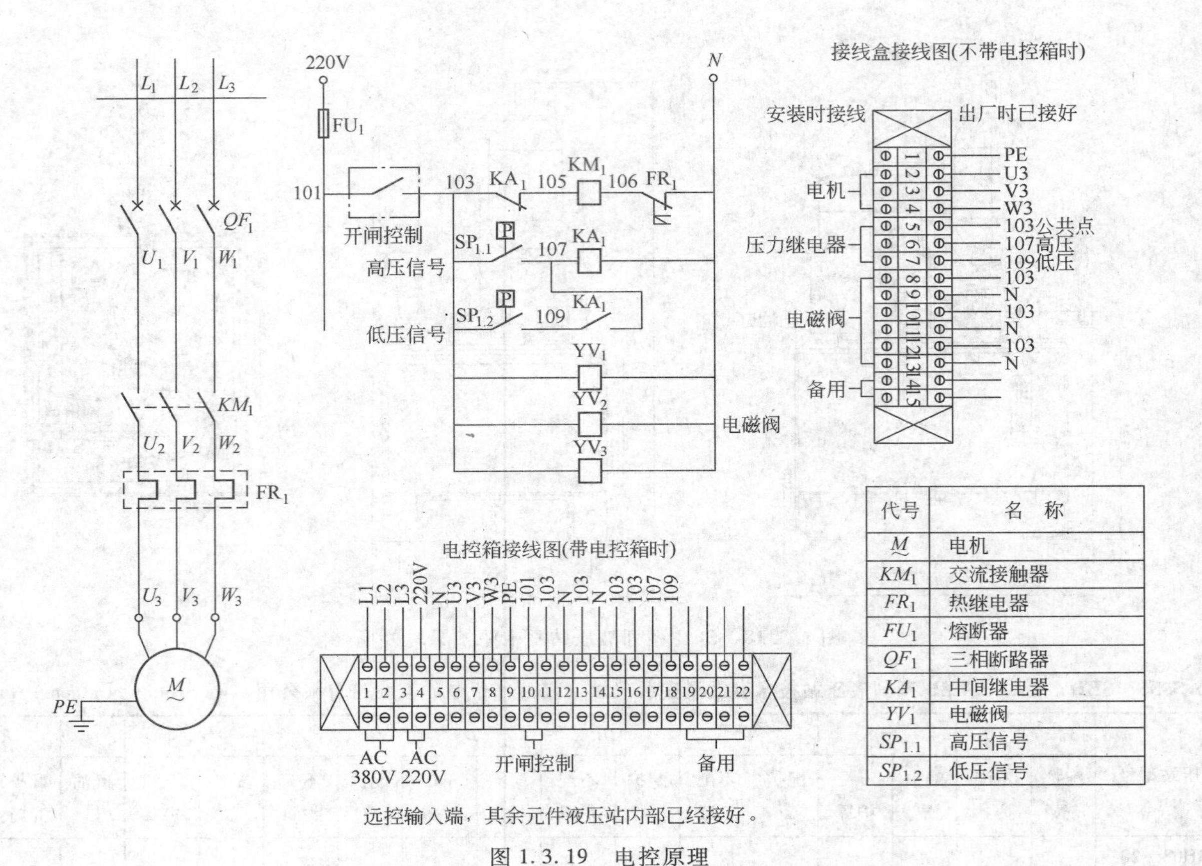

代号	名称
M	电机
KM_1	交流接触器
FR_1	热继电器
FU_1	熔断器
QF_1	三相断路器
KA_1	中间继电器
YV_1	电磁阀
$SP_{1.1}$	高压信号
$SP_{1.2}$	低压信号

远控输入端，其余元件液压站内部已经接好。

图 1.3.19 电控原理

DYTD 系列电液推杆外形图如图 1.3.20 所示。

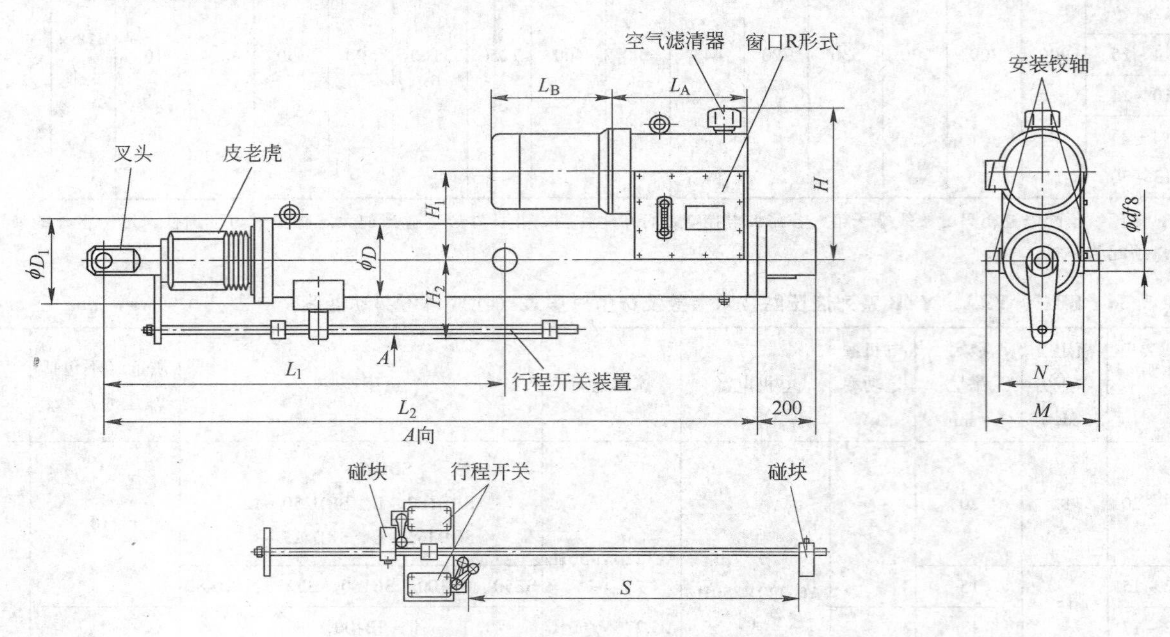

图 1.3.20 DYTD 系列电液推杆外形图

（注：安装时空气滤清器应朝上）

表 1.3.37 制动器结构数据（江西华伍制动器股份有限公司 www.hua-wu.com） (mm)

结构	L_A	N	M	d	D	D_1	H	H_1	H_2	L_B
DYT□1-□-□/□	363	180	240	30	168	200	≤380	220	165	电机尺寸□
DYT□2-□-□/□	376	240	320	50	219	250	≤445	260	210	
DYT□2-□-□/□	425	280	380	55	245	300	≤500	300	230	

表 1.3.38 制动器行程、尺寸数据（江西华伍制动器股份有限公司 www.hua-wu.com） (mm)

行程	$200 \leqslant S \leqslant 500$		$500 < S \leqslant 800$		$800 < S \leqslant 1250$		$1250 < S \leqslant 1400$		$1400 < S \leqslant 1800$		$1800 < S \leqslant 2200$	
尺寸	L_1	L_2	L_1	L_2	L_1	L_2	L_1	L_2	L_1	L_2	L_1	L_2
DYTC1-□-□/□	S+300	S+780	S+200	S+820	S+50	S+910	S+100	S+950				
DYTD1-□-□/□			S+100		S		S+50					
DYTC2-□-□/□	S+350	S+900	S+250	S+940	S+100	S+1000	S+50	S+1080	S	S+1150		
DYTD2-□-□/□	S+250		S+150		S+50		S		S-50			
DYTC3-□-□/□	S+250	S+980	S+250	S+1020	S+100	S+1110	S+50	S+1190	S	S+1270	S+50	S+1400
DYTD3-□-□/□	S+250		S+150		S+50		S		S-50		S-50	

注：S 为推杆额定行程。

表 1.3.39 DYT□1 电液推杆负载、速度、电机功率、最大行程关系（江西华伍制动器股份有限公司 www.hua-wu.com）

拉力/推力（10N）	电机功率/kW							最大行程/mm
	50（30）	75（45）	90（55）	110（65）	135（80）	150（90）	185（110）	
	拉速（推速）/mm·s^{-1}							
400/630	0.37	0.55	0.75	0.75	1.1	1.1	1.5	1400
500/800	0.55	0.75	0.75	1.1	1.1	1.5	1.5	1250
630/1000	0.55	0.75	1.1	1.5	1.5	1.5		1000
800/1250	0.75	1.1	1.5	1.5				900
1250/2000	1.1	1.5						620

表 1.3.40 DYT□2 电液推杆负载、速度、电机功率、最大行程关系（江西华伍制动器股份有限公司 www.hua-wu.com）

拉力/推力（10N）	电机功率/kW						最大行程/mm
	15（12）	25（18）	35（25）	50（35）	60（45）	80（60）	
	拉速（推速）/mm·s^{-1}						
800/1000	0.37	0.55	0.55	0.75	1.1		1800
1250/1600	0.55	0.75	0.75	1.1	1.5		1400
2000/2500	0.55	0.75	1.1	1.5	2.2		1000
3200/4200	1.1	1.5	2.2	3	3		800
5000/6500	1.5	2.2	3	4			550
7500/10000	2.2	3	4				400

表 1.3.41 DYT□3 电液推杆负载、速度、电机功率、最大行程关系（江西华伍制动器股份有限公司 www.hua-wu.com）

拉力/推力（10N）	电机功率/kW					最大行程/mm
	12（8）	15（12）	22（17）	30（23）	40（30）	
	拉速（推速）/mm·s^{-1}					
1250/1600	0.37	0.55	0.55	0.75	1.1	2200
2000/2500	0.37	0.55	0.75	1.1	1.5	1800
3200/4000	0.75	1.1	1.5	1.5	2.2	1400
5000/6500	1.1	1.5	2.2	3	4	1000
8000/10000	1.5	2.2	3	4	5.5	800
11500/15000	3	3	5.5			550

注：1. 表中电机功率为达到额定推、拉力及推、拉速所需的功率，实际出厂时所配电机功率可能会大一些；

2. 若所选型号的推、拉力符合上表，而所选速度在电机功率一栏中为空白时，请与公司技术部联系。

表 1.3.42 DYT□电液推杆质量（江西华伍制动器股份有限公司 www.hua-wu.com）

结 构	DYT□1-□-□/□	DYT□2-□-□/□	DYT□3-□-□/□
质量/kg	120+0.081×S	160+0.117×S	190+0.170×S

注：S 为行程。

DYTD 系列外形如图 1.3.21 所示。

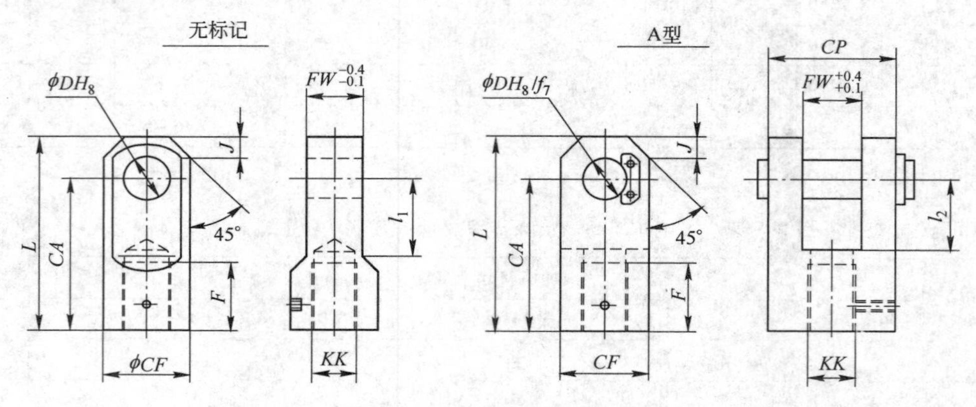

图 1.3.21 DYTD 系列外形

表 1.3.43 DYTD 系列外形（江西华伍制动器股份有限公司 www.hua-wu.com） (mm)

结 构	F	CA	D	FW	J	l_1	l_2	CF	L	CP	KK
DYT□1	44	115	32	40	15	50	70	62	150	80	M27×2
DYT□2	65	145	40	50	15	65	90	79	195	100	M42×3
DYT□3	80	180	50	63	20	80	120	100	230	126	M42×3

电气控制原理如图 1.3.22 所示。

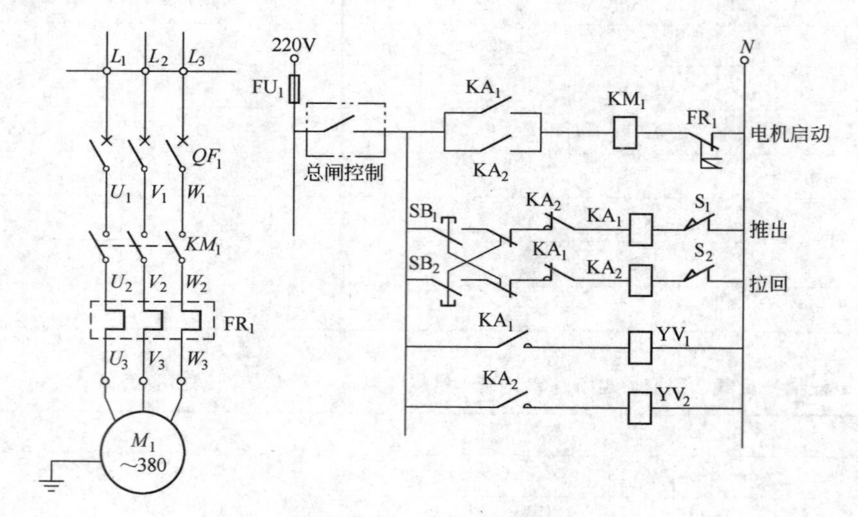

图 1.3.22 电气控制原理

表 1.3.44 电磁阀和电机动作表（江西华伍制动器股份有限公司 www.hua-wu.com）

推杆动作 \ 元件动作	YV_1	YV_2	电 机
推 出	+		+
拉 回		+	+
停 止			

拉 推 S_2 S_1

注：“+”表示电磁阀或电机得电。

B 系列弹簧加压电磁安全制动器的结构如图 1.3.23 所示。

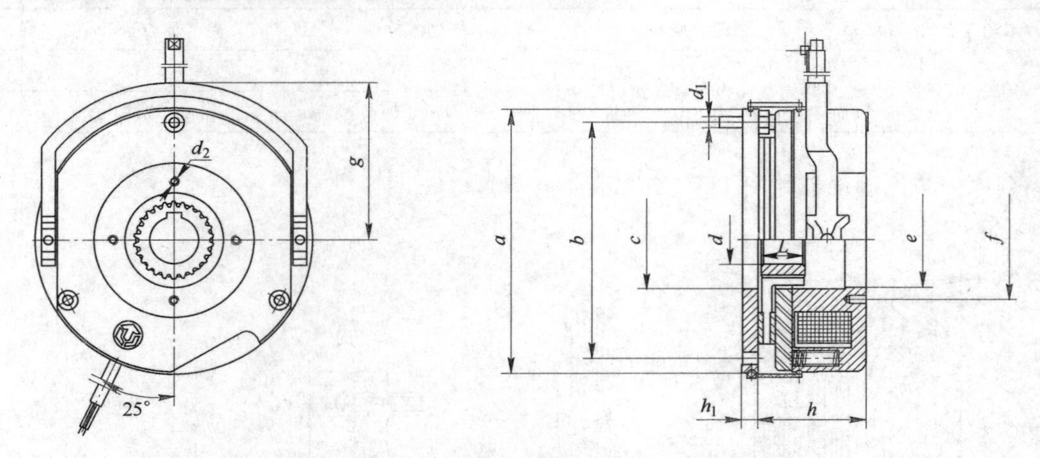

图 1.3.23 B 系列弹簧加压电磁安全制动器的结构

表 1.3.45 B 系列弹簧加压电磁安全制动器结构主要参数（天津永恒泰科技有限公司 www.tjuht.com） (mm)

基座号	06	08	10	12	14	16	18	20	25	30
额定力矩/N·m	4	8	16	32	60	80	150	260	400	1000
最大力矩/N·m	6	12	23	46	80	125	235	400	600	1500
额定功率/kW	20	25	30	40	50	55	85	100	110	200
a	87	102	130	150	165	190	217	254	302	363
b	72	90	112	132	145	170	196	230	278	325
c	31	41	45	52	55	70	77	90	120	145
d	10~15	11~20	11~20	20/25	20~30	25~38	30~45	35~50	40~70	65~80
d_1	3×M4	3×M5	3×M6	3×M6	3×M8	3×M8	6×M8	6×M10	6×M10	6×M10
d_2	4×M4	4×M5	4×M5	4×M5	4×M6	4×M6	4×M8	4×M10	4×M10	4×M10
e	25	32	42	50	60	68	75	85	115	140
f	37.7	49	54	64	75	85	95	110	140	180
g	56.3	65	77.8	88.5	101.5	114	125	146	172	211
h	36.3	42.8	48.4	54.9	66.3	72.5	83.1	97.6	106.7	134.5
h_1	6	7	9	9	11	11	11	11	12.5	20

QP12.7 制动卡钳盘式制动器如图 1.3.24 所示。

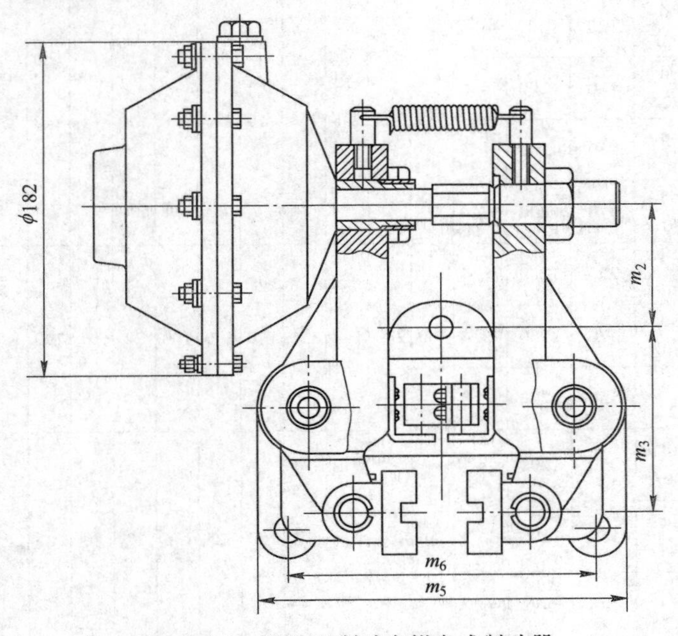

图 1.3.24 QP12.7 制动卡钳盘式制动器

表 1.3.46 QP12.7 制动卡钳盘式制动器性能参数（沈阳市起重电器厂 www.qzdq.cn）

型 号	制动盘有效半径/m	制动力矩/N·m	工作气体容量/cm³	总气体容量/cm³	质量/kg
QP12.7 - A	制动盘半径 - 0.03	额定制动力×制动盘有效半径	273	553	19
QP12.7 - B			140	293	15

YWZ 系列电力液压制动器如图 1.3.25 所示。

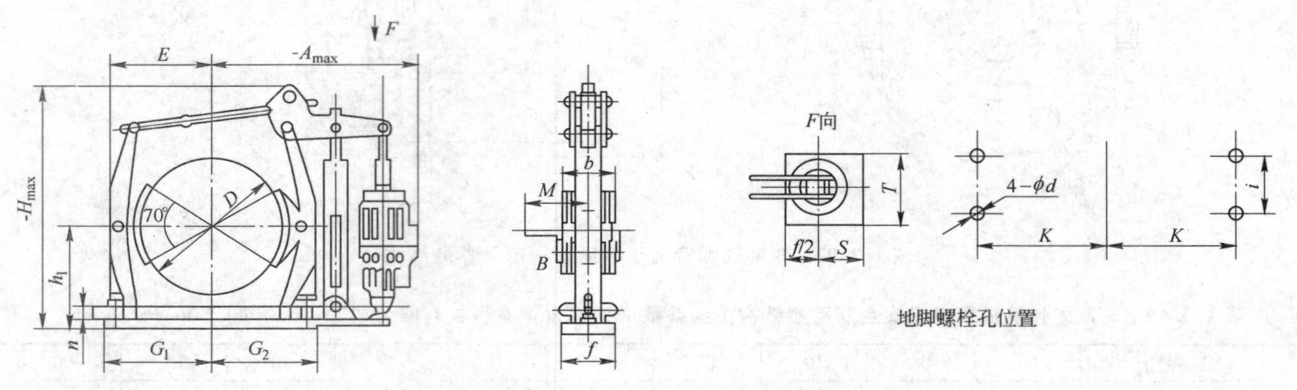

图 1.3.25 YWZ 系列电力液压制动器

表 1.3.47 YWZ 系列电力液压制动器主要技术性能参数（沈阳市起重电器厂 www.qzdq.cn） (mm)

型 号	制动轮直径	制动力矩/N·m	退距	匹配推器型号	电机功率/W	每力时动作次数(c/h)	质量/kg	D	h_1	G_1	G_2	f	K	i	d	n	E	M	B	b	T	S	$-H_{max}$	$-A_{max}$
YWZ - 200/23	200	121/224	1	Ed - 23/5	120	1200	26.6	200	160	165	195	90	145	55	14	10	165	110	92	80	160	117	487	448
YWZ - 200/30	200	140 - 315	1	Ed - 30/5	180	1200	32.6															120		445
YWZ - 250/23	250	140 - 224	1.5	Ed - 23/5	120	1200	37.6	250	190	197	223	100	180	65	18	12	197	133	112	100	160	117	553	503
YWZ - 250/30	250	180 - 315	1.25	Ed - 30/5	180	1200	43.6															120		500
YWZ - 315/23	315	180 - 280	1.25	Ed - 23/5	120	1200	44.6	315	225	238	268	110	220	80	18	14	240	158	132	125	160	117	573	538
YWZ - 315/30	315	250 - 100	1.25	Ed - 30/5	180	1200	50.6															120		535
YWZ - 315/50	315	400 - 630	1.25	Ed - 50/6	250	1200	61.4														195	148		575
YWZ - 315/80	315	630 - 1000	1.25	Ed - 80/6	370	1200	62.4																	
YWZ - 400/50	400	400 - 800	1.6	Ed - 50/6	250	1200	78.4	400	280	199	351	140	270	100	22	16	299	187	156	160	195	148		665
YWZ - 400/80	400	630 - 1250	1.6	Ed - 80/6	370	1200	79.4																	
YWZ - 400/121	400	1000 - 2000	1.6	Ed - 121/6	550	1200	93.8														240	157		656
YWZ - 500/80	500	800 - 1400	1.6	Ed - 80/6	370	1200	124.4	00	335	265	372	180	325	130	22	20	365	245	204	200	195	148	200	754
YWZ - 500/121	500	1120 - 2240	1.6	Ed - 201/6	550	1200	135.8														240	157		745
YWZ - 500/201	500	2000 - 3600	1.6	Ed - 201/6	550	700	138.3																	

续表 1.3.47

型　号	制动轮直径	制动力矩/N·m	退距	匹配推器型号	电机功率/W	每力时动作次数(c/h)	质量/kg	D	h_1	G_1	G_2	f	K	i	d	n	E	M	B	b	T	S	$-H_{max}$	$-A_{max}$
YWZ-630/121	630	1800-3600	2	Ed-121/6	550	1200	185.8																	
YWZ-630/201	630	2500-4000	2	Ed-201/6	550	700	188.3	630	425	450	450	220	400	170	27	25	450	293	242	250	240	157	250	835
YWZ-630/301	630	400-6300	2	Ed-301/6	750	700	191.0																	
YWZ-710/201	710	310-5000	2	Ed-201/6	550	700	233.3	700	475	500	500	240	450	190	27	25	500	315	260	280	240	157	280	923
YWZ-710/301	710	5000-8000	2	Ed-301/6	750	700	236.0																	

YLBZ 系列液压轮边制动器外形尺寸如图 1.3.26 所示。

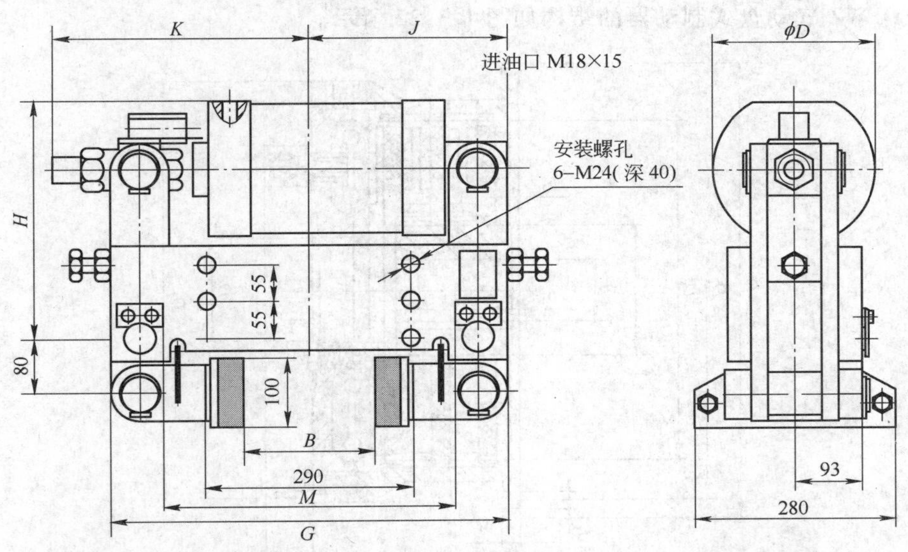

图 1.3.26　YLBZ 系列液压轮边制动器

表 1.3.48　YLBZ 系列液压轮边制动器技术参数及主要安装尺寸（焦作市重工制动器制造有限公司　www.zgbrake.com）

规　格	额定夹紧力/kN	额定制动力/kN	尺寸/mm							质量/kg
			B	K	J	H	D	G	M	
YLBZ25-160	50	40	160	300	250	310	190	500	370	145
YLBZ40-150	73	63	150			325				150
YLBZ40-160			160							
YLBZ40-180			180							
YLBZ40-200			200							
YLBZ63-180	114	96	180					510	370	156
YLBZ63-200			200							
YLBZ63-210			210							
YLBZ100-200	180	150	200	360	280	350	225	560	420	160

表 1.3.49 YPZ2 Ⅰ、Ⅱ、Ⅲ系列电力液压臂盘式制动器功能(焦作市重工制动器制造有限公司 www.zgbrake.com)

功能代号	表示意义
M	衬垫磨损补偿装置
K1	开闸限位行程开关
K2	闭闸限位行程开关
K3	衬垫磨损极限限位开关
S	手动装置

表 1.3.50 QPZ、QPBZ、QPWZ 气动盘式制动器主要参数(中国重型机械研究院股份公司 www.xaheavy.com)

型号	制动器制动转矩/N·m	制动器许用转速/$r \cdot min^{-1}$
QPZ 型	315~560000	380~2500
QPBZ 型	500~400000	380~2500
QPWZ 型	100~212000	400~2800

QPZ、QPBZ、QPWZ 气动盘式制动器的结构如图 1.3.27 所示。

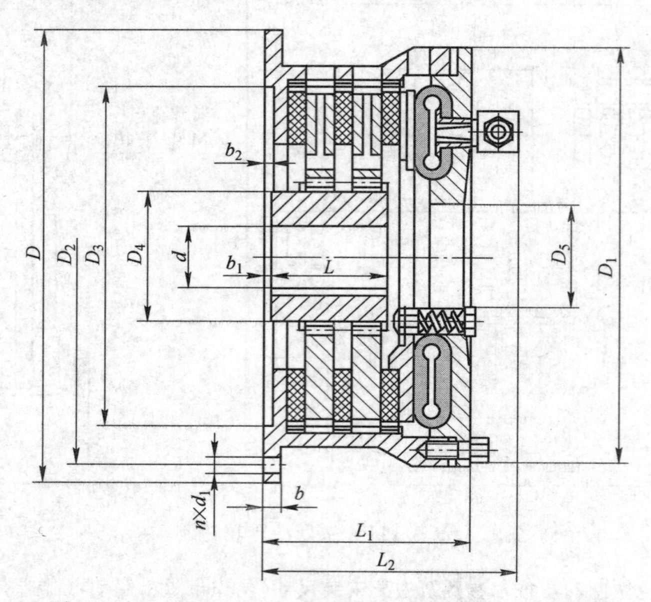

图 1.3.27 QPZ、QPBZ、QPWZ 气动盘式制动器的结构

生产厂商:焦作制动器股份有限公司,江西华伍制动器股份有限公司,天津永恒泰科技有限公司,焦作制动器有限公司,沈阳市起重电器厂,焦作市重工制动器制造有限公司,中国重型机械研究院股份公司。

1.4 离合器

1.4.1 概述

离合器类似于开关、用于断离或接合动力机与工作机之间的动力(或运动)传递。

离合器一般分为电磁离合器、磁粉离合器、摩擦离合器和液力离合器(即液力耦合器)。

1.4.2 主要技术参数

主要技术参数见表 1.4.1~表 1.4.9。

HTQPL、QPL 气动盘式离合器结构尺寸如图 1.4.1 所示。

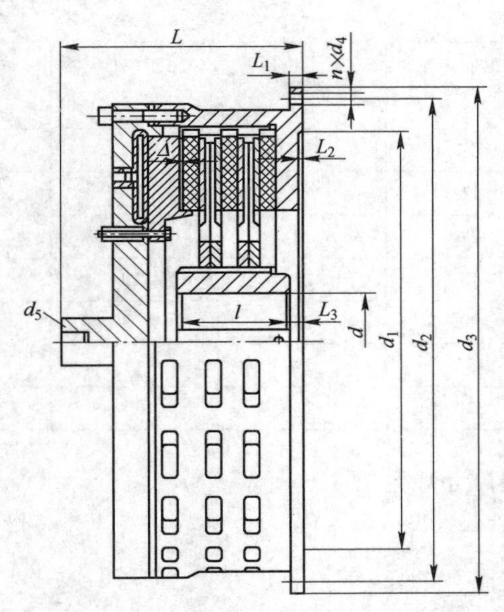

图 1.4.1 HTQPL、QPL 气动盘式离合器结构尺寸

表 1.4.1 HTQPL、QPL 气动盘式离合器主要参数(中国重型机械研究院股份公司 www.xaheavy.com)

型　号	离合器传动转矩/N·m	离合器许用转速/r·min^{-1}
QPL 型	370~104990	440~1800
HTQPL 型	520~202500	440~2100

DDL 基型单片电磁离合器结构尺寸如图 1.4.2 所示。

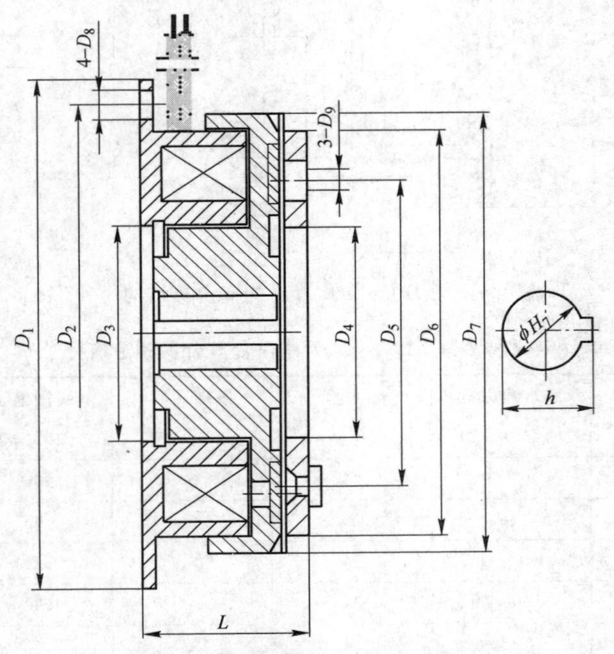

图 1.4.2 DDL 基型单片电磁离合器结构尺寸

表 1.4.2 DDL 基型单片电磁离合器技术参数(天津怡合离合器制造有限公司 www.tjclutch.com)

规　格	额定动力矩/N·m	额定静力矩/N·m	额定电压(DC)/V	线圈功率(20℃)/W	线圈电阻(20℃)/Ω	最高转速/r·min^{-1}	质量/kg
0.4	0.4	—	24	6	96	4000	0.075
0.6	0.6	—	24	6	96	4000	0.096
1.2	1.2	—	24	8	72	4000	0.178
2.4	2.4	—	24	10	58	4000	0.31

续表 1.4.2

规　格	额定动力矩 /N·m	额定静力矩 /N·m	额定电压 (DC)/V	线圈功率 (20℃)/W	线圈电阻 (20℃)/Ω	最高转速 /r·min^{-1}	质量 /kg
5	5	5.5	24	12	52	4000	0.46
10	10	11	24	15	38	3000	0.83
20	20	22	24	20	29	3000	1.5
40	40	45	24	25	23	3000	2.76
80	80	90	24	35	16	3000	5.1
160	160	175	24	45	13	2500	9.3
320	320	350	24	60	9.6	2000	17

DDL－A 单片电磁离合器结构尺寸如图 1.4.3 所示。

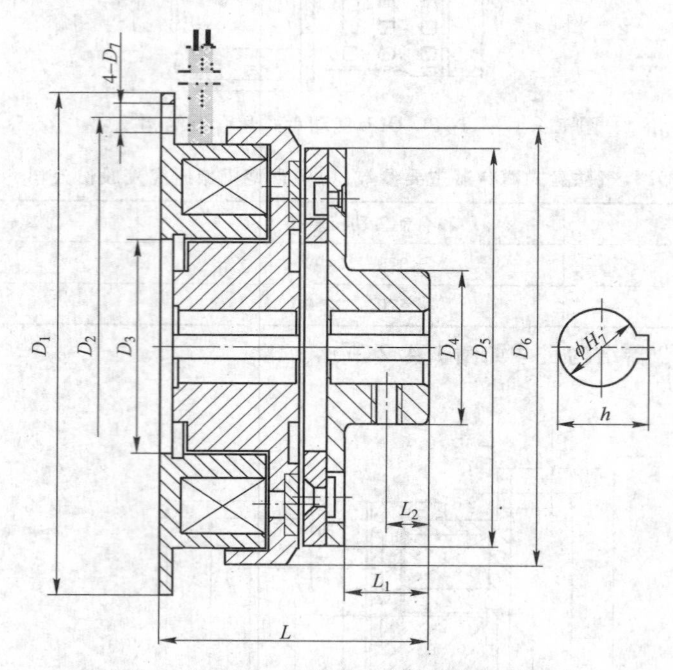

图 1.4.3　DDL－A 单片电磁离合器结构尺寸

表 1.4.3　DDL－A 单片电磁离合器技术参数(天津怡合离合器制造有限公司　www.tjclutch.com)

规　格	额定动力矩 /N·m	额定静力矩 /N·m	额定电压 (DC)/V	线圈功率 (20℃)/W	线圈电阻 (20℃)/Ω	最高转速 /r·min^{-1}	质量 /kg
0.4	0.4	—	24	6	96	4000	0.075
0.6	0.6	—	24	6	96	4000	0.096
1.2	1.2	—	24	8	72	4000	0.178
2.4	2.4	—	24	10	58	4000	0.31
5	5	5.5	24	12	52	4000	0.46
10	10	11	24	15	38	3000	0.83
20	20	22	24	20	29	3000	1.5
40	40	45	24	25	23	3000	2.76
80	80	90	24	35	16	3000	5.1
160	160	175	24	45	13	2500	9.3
320	320	350	24	60	9.6	2000	17

CKA 型无轴承支撑楔块式单向离合器结构尺寸如图 1.4.4 所示。

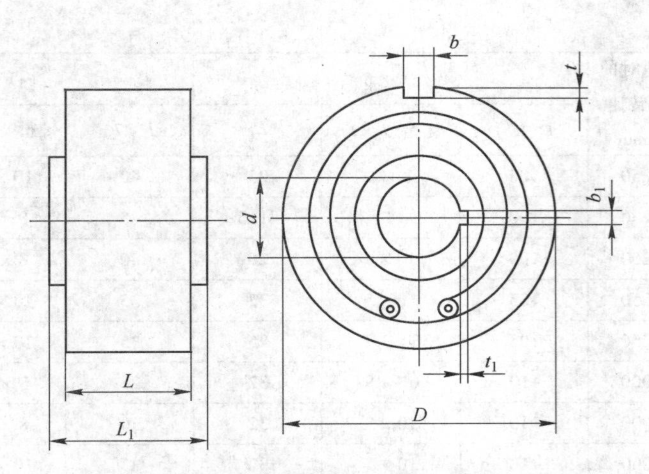

图 1.4.4 CKA 型无轴承支撑楔块式单向离合器结构尺寸

表 1.4.4 CKA 型无轴承支撑楔块式单向离合器技术参数(诸暨市三丰超越离合器有限公司 www.dxzc.cn)

型 号	公称转矩 T_n/N·m	超越时的极限转速 n /r·min^{-1}	外环/mm			内环/mm			质量 /kg
			D(h7)	键槽($b\times t$)	L_1	d(h7)	键槽($b_1\times t_1$)	L	
CKA1542-24	55	2500	42	3×1.8	22	15	3×1.4	24	—
CKA1747-24	80	2500	47	3×1.8	22	17	3×1.4	24	—
CKA1050-24	80	2500	50	3×1.8	22	10	3×1.4	24	—
CKA1250-24	80	2500	50	4×2.5	22	12	4×1.8	24	—
CKA1652-24	60	2500	52	4×2.5	22	16	4×1.8	24	—
CKA2060-22	100	2250	60	6×3.5	22	20	6×2.8	22	—
CKA2060-24	100	2250	60	6×3.5	22	20	6×2.8	24	—
CKA2060-30	100	2250	60	6×3.5	20	20	6×2.8	30	—
CKA2463-24	150	2000	63	6×3.5	24	24	6×2.8	24	—
CKA2563-26	180	2000	63	6×3.5	24	25	6×2.8	26	—
CKA2563-32	180	2000	65	6×3.5	30	25	6×2.8	32	—
CKA2465-26	250	1800	65	6×3.5	24	24	6×2.8	26	—
CKA2465-32	250	1800	65	6×3.5	30	24	6×2.8	32	—
CKA2565-32	250	1800	65	6×3.5	30	25	6×2.8	32	—
CKA2070-24	315	1500	70	6×3.5	22	20	6×2.8	24	—
CKA2870-32	315	1500	70	6×3.5	30	28	6×2.8	32	—
CKA3072-24	315	1500	72	6×3.5	22	30	6×2.8	24	—
CKA2575-32	315	1500	75	8×4	30	25	8×3.3	32	—
CKA2580-32	350	1500	80	8×4	30	25	8×3.3	32	—
CKA3080-32	350	1500	80	8×4	30	30	8×3.3	32	—
CKA2580-26	350	1500	80	8×4	24	25	8×3.3	26	—
CKA2585-30	400	1500	85	8×4	28	25	8×3.3	30	—
CKA3085-32	400	1500	85	8×4	30	30	8×3.3	32	—
CKA3585-32	400	1250	85	8×4	30	35	8×3.3	32	—
CKA3590-32	456	1250	90	10×5	30	35	10×3.3	32	—
CKA4090-32	456	1250	90	10×5	30	40	10×3.3	32	—
CKA45100-30	655	1250	100	10×5	28	45	10×3.3	30	—
CKA32100-34	655	1250	100	10×5	32	32	10×3.3	34	—
CKA35100-34	655	1250	100	10×5	32	35	10×3.3	34	—
CKA38100-34	655	1250	100	10×5	32	38	10×3.3	34	—

续表 1.4.4

型号	公称转矩 T_n/N·m	超越时的极限转速 n /r·min^{-1}	外环/mm			内环/mm			质量 /kg
			D(h7)	键槽($b \times t$)	L_1	d(h7)	键槽($b_1 \times t_1$)	L	
CKA40100-67	315	1250	100	8×4	25	40	10×3.6	67	1.46
CKA45100-31.5	315	1250	100	2-8×4	31.5	45	8×3.3	31.5	1.54
CKA 30105-35	315	1250	105	10×5	20	30	8×3.3	35	1.55
CKA 35105-34	315	1250	105	10×5	32	35	10×3.3	34	1.55
CKA 35105-35	315	1250	105	6×3.5	25	35	10×3.3	35	1.56
CKA 25110-32	400	1000	110	6-ϕ9	32	25	8×3.3	32	2.02
CKA30110-34	400	1000	110	10×5	32	30	8×3.3	34	1.82
CKA35110-34	400	1000	110	10×5	32	35	10×3.3	34	1.82
CKA38110-34	400	1000	110	10×5	32	38	10×3.3	34	1.67
CKA40110-34	400	1000	110	10×5	32	40	10×3.3	34	1.91
CKA25120-51	450	900	120	10×5	30	25	8×3.3	51	2.21
CKA25120-32	450	900	120	10×5	30	25	8×3.3	32	2.00
CKA50125-38	500	800	125	14×5.5	36	50	14×3.8	38	2.21
CKA38130-52	500	800	130	12×5.0	50	38	12×3.3	52	3.14
CKA40130-55	500	800	130	8×4.0	35	40	12×3.3	55	2.62
CKA45130-38	500	800	130	14×5.5	36	45	14×3.8	38	4.31
CKA45130-52	500	800	130	20×5.2	50	45	14×3.8	52	4.00
CKA50130-38	500	800	130	14×5.5	36	50	14×3.8	38	3.02
CKA58130-38	500	800	130	14×5.5	36	58	14×3.8	38	2.60
CKA60135-38	600	800	135	14×5.5	36	60	18×4.4	38	2.65
CKA35136-52	800	800	136	8-ϕ9	50	35	10×3.3	52	4.50
CKA45136-52	800	800	136	8-M8	52	45	14×3.8	52	4.32
CKA30138-65	1000	800	138	24-ϕ10.5	30	50	14×3.8	65	4.50
CKA35140-35	1000	800	140	4-ϕ8	35	35	10×3.5	35	3.28
CKA50140-55	1250	800	140	14×5.5	52	50	14×3.8	55	5.27
CKA55140-55	1250	800	140	16×6.0	52	55	16×4.3	55	5.10
CKA60140-38	1000	800	140	14×5.5	36	60	14×3.0	38	2.74
CKA45145-34	1000	800	145	6-ϕ11	34	45	12×3.8	34	3.35
CKA50150-77	1200	800	150	6-M10	57	50	14×3.8	77	7.50
CKA45155-39	1200	800	155	8×4.0	29	45	14×3.8	39	8.58
CKA50160-75	1500	800	160	6-M8	72	50	14×3.8	75	7.08
CKA55160-55	2000	800	160	16×6.0	52	55	16×4.3	55	6.96
CKA60160-55	2000	800	160	18×7.0	52	60	18×4.4	55	6.78
CKA70160-35	1500	800	160	10×5.0	35	70	8×3.3	35	3.46
CKA60170-55	2240	800	170	18×7.0	52	60	18×4.4	55	7.80
CKA65170-55	2240	800	170	18×7.0	52	65	18×4.4	55	7.61
CKA60180-52	2000	800	180	6-M8	52	60	18×4.4	52	7.40
CKA60180-55	2500	800	180	18×7.0	52	60	18×4.4	55	8.87
CKA65180-52	2000	800	180	6-M8	52	65	18×4.4	52	7.35
CKA65180-55	2500	800	180	18×7.0	52	65	18×4.4	55	8.69
CKA65190-42	2500	800	190	8-M11	42	65	18×4.4	42	6.00

续表 1.4.4

型　号	公称转矩 T_n/N·m	超越时的极限转速 n /r·min^{-1}	外环/mm			内环/mm			质量 /kg
			D(h7)	键槽($b \times t$)	L_1	d(h7)	键槽($b_1 \times t_1$)	L	
CKA85190－38	2500	800	190	14×5.5	36	85	18×4.4	38	5.50
CKA65200－55	2800	800	200	18×7.0	52	65	18×4.4	55	11.02
CKA70200－55	2800	800	200	20×7.5	52	70	20×4.9	55	10.82
CKA50210－88	4000	800	210	6－M10	85	50	14×3.8	88	18.52
CKA75210－70	4000	8000	210	6－ϕ13	70	75	20×4.9	70	14.25
CKA100260－60	4500	600	260		52	100	28×64 20×4.4	60	15.00

CKB 系列无内环无轴承支撑的楔块式超越离合器结构尺寸如图 1.4.5 所示。

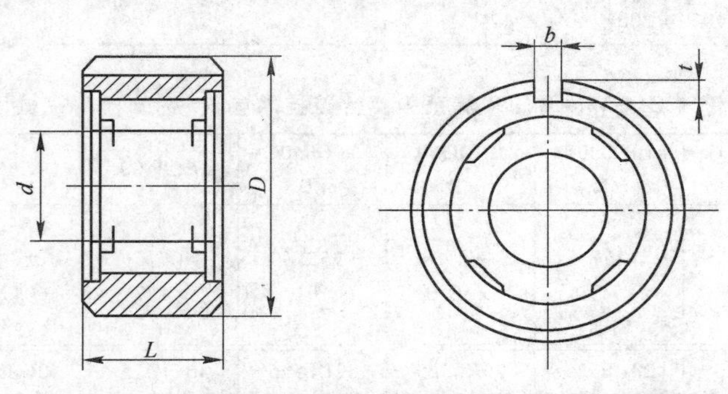

图 1.4.5　CKB 系列无内环无轴承支撑的楔块式超越离合器结构尺寸

表 1.4.5　CKB 系列离合器技术参数(诸暨市三丰超越离合器有限公司　www.dxzc.cn)

型　号	额定扭矩 /N·m	超运转速度/r·min^{-1}		外径 D /mm	轴径 d /mm	宽度 L /mm	外环键槽($b \times t$) /mm
		内环	外环				
CKB1740－25	65	2400	500	40	17	25	4×2.5
CKB1840－25	100	2400	500	40	18	25	4×2.5
CKB2047－25	150	2400	500	47	20	25	5×3
CKB2247－25	150	2400	500	47	22	25	5×3
CKB2550－25	200	1800	400	50	25	25	5×3
CKB2552－25	200	1800	400	52	25	25	5×3
CKB2855－28	260	1800	400	55	28	28	6×3.5
CKB3060－28	300	1800	400	60	30	28	6×3.5
CKB3062－28	300	1800	400	62	30	28	6×3.5
CKB3562－28	300	1800	400	62	35	28	6×3.8
CKB3570－28	300	1800	400	70	35	28	6×3.8
CKB3572－28	350	1800	350	72	35	28	8×4
CKB4272－28	350	1800	350	72	42	28	8×4
CKB4275－32	450	1800	350	75	42	32	8×4
CKB4080－32	450	1800	300	80	40	32	8×4
CKB4280－32	450	1800	300	80	42	32	10×4.5
CKB4085－32	450	1800	300	85	40	32	10×4.5
CKB4585－32	480	1800	200	85	45	32	10×4.5
CKB5090－32	670	1200	200	90	50	32	10×4.5
CKB5590－32	810	1200	200	90	55	32	10×4.5

续表 1.4.5

型号	额定扭矩/N·m	超运转速度/r·min⁻¹		外径 D/mm	轴径 d/mm	宽度 L/mm	外环键槽(b×t)/mm
		内环	外环				
CKB5595-32	900	1200	200	95	55	32	10×4.5
CKB55100-42	1050	1200	200	100	55	42	10×4.5
CKB60110-42	1050	1200	180	110	60	42	10×4.5
CKB65120-42	1185	1000	180	120	65	42	12×5.0
CKB70120-42	1350	1000	180	120	70	42	12×5.0
CKB80125-42	1590	1000	150	125	80	42	12×5.0

表 1.4.6 普通型(公制)LT、CB、CM、EB、ER 等系列离合器(扬州奥都机械厂 www.yzaodu.com) (mm)

规格型号											
	150×50	200×75	205×80	300×100	300×150	400×125	500×125	600×125	600×250	700×135	700×200
	700×250	800×135	1070×200								

表 1.4.7 普通型(英制)CB、CM、EB、ER 等系列离合器技术参数(扬州奥都机械厂 www.yzaodu.com)

规格型号	6CB200/D	8CB250/D	10CB300/D	12CB350/D	14CB400/D	16CB500	18CB500	20CB500-F	22CB500
摩擦轮(名义)直径×工作高度/mm×mm	152.4×50×8	203.2×63.5	254×76.2	304.8×88.9	355.6×101.6	406.4×127	457.2×127	508×127	558.8×127
规格型号	24CB500-F	26CB525	28CB525	30CB525	32CB525	36CB525	40CB525	45CB525	
摩擦轮(名义)直径×工作高度/mm×mm	609.6×127	660.4×133.4	711.2×133.4	762×133.4	812.8×133.4	914.4×133.4	1016×133.4	1143×133.4	

表 1.4.8 通风型(公制)LT、AVB、VC、DY 等系列离合器(扬州奥都机械厂 www.yzaodu.com) (mm)

规格型号											
	400×150	500×200	500×250	600×250	700×135	700×250	800×250	900×250	1070×200	1170×250	1120×300
	1250×300	965×305	1168×305	1295×406	1321×305						

表 1.4.9 通风型(英制)AVB、VC、DY 等系列离合器技术参数(扬州奥都机械厂 www.yzaodu.com)

规格型号	11.5VC 500	14VC 500	16VC 600	20VC 600	24VC 650	28VC 650	33VC 650	37VC 650
摩擦轮(名义)直径×工作高度/mm×mm	292.1×127	355.6×127	406.4×152.4	508×152.4	609.6×165.1	711.2×165.1	838.2×165.1	939.8×165.1
规格型号	42VC 650	14VC 1000	16VC 1000	20VC 1000	24VC 1000	28VC 1000	32VC 1000	38VC 1200
摩擦轮(名义)直径×工作高度/mm×mm	1066.8×165.1	355.6×254	406.4×254	508×254	609.6×254	711.2×254	812.8×254	965.2×304.8
规格型号	42VC 1200	46VC 1200	52VC 1200	51VC 1600	60VC 1600	66VC 1600	70VC 1600	76VC 1600
摩擦轮(名义)直径×工作高度/mm×mm	1066.8×304.8	1168.4×304.8	1320.8×304.8	1295.4×406.4	1524×406.4	1676.4×406.4	1778×406.4	1930.4×406.4

生产厂商:中国重型机械研究院股份公司,扬州奥都机械厂,天津怡合离合器制造有限公司,诸暨市三丰超越离合器有限公司。

液压润滑站

液压是传动方式的一种,液压传动是以液体作为工作介质,利用液体的压力能来传递动力。一个完整的液压系统由五个部分组成,即能源装置、执行装置、控制调节装置、辅助装置、液体介质。液压由于其传递动力大,易于传递及配置等特点,在工业、民用行业应用广泛。液压系统的执行元件(液压缸和液压马达)的作用是将液体的压力能转换为机械能,从而获得需要的直线往复运动或回转运动。

润滑是摩擦学研究的重要内容,一般通过润滑剂(脂)来达到润滑的目的。充分利用现代的润滑技术能显著提高机器的使用性能和寿命并减少能源消耗。液压润滑系统依靠压力将润滑剂(脂)注入摩擦副中,改善摩擦副的摩擦状态以降低摩擦阻力,减缓磨损。

液压润滑站包括油箱,加压装置,润滑管路及接头、注油嘴等润滑元件,电气控制等。按润滑介质分干式(油脂)、稀油润滑、油气润滑。

2.1 干油润滑

2.1.1 概述

采用油脂的润滑就称为干油润滑。润滑形式分为单点润滑和多点集中润滑。

单点润滑装置包括:油杯润滑及油枪润滑;多点集中润滑装置包括:单线递进式润滑系统、双线润滑系统、多点泵润滑系统、智能润滑系统。

2.1.2 技术参数

技术参数见表 2.1.1 ~ 表 2.1.31。外形图及装置如图 2.1.1 ~ 图 2.1.26。

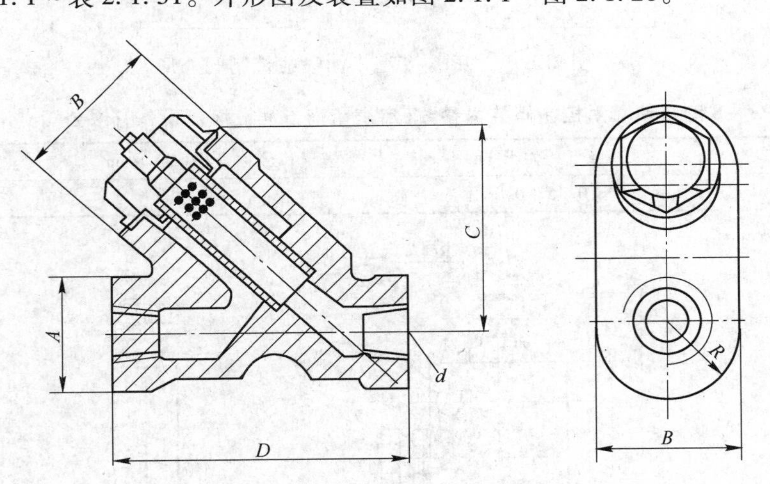

图 2.1.1 GGQ-P 系列干油过滤器外形

表 2.1.1 GGQ-P 系列干油过滤器技术参数(启东市南方润滑液压设备有限公司 www.jsnfrh.com) (mm)

型号	公称压力/MPa	d	A	B	C	D	质量/kg
GGQ-P8	40	G 1/4	32	42	57	83	1.15
GGQ-P10		G 3/8					1.10
GGQ-P15		G 1/2	38	52	71	96	1.4
GGQ-P20		G 3/4	50	58	76	112	1.5
GGQ-P25		G 1					1.6

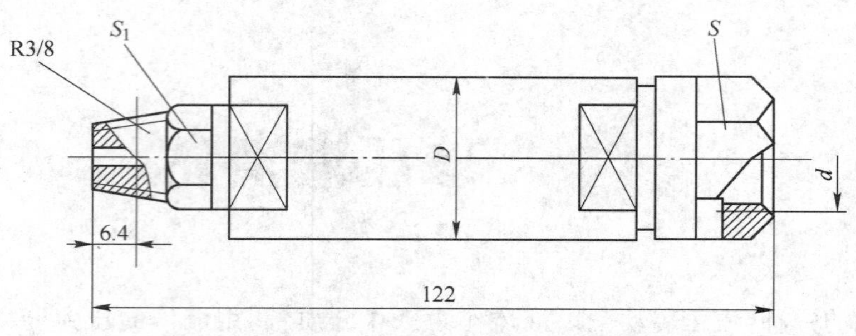

图 2.1.2 GJQ 型干油压力表减震器外形

表 2.1.2 GJQ 型干油压力表减震器技术参数(启东市南方润滑液压设备有限公司 www.jsnfrh.com)

型 号	公称压力/MPa	d	尺寸/mm			质量/kg
			D	S	S_1	
GJQ-J14	10(J)	M14×1.5-6H	32	22	22	0.47
GJQ-J20		M20×1.5-6H		32		0.52

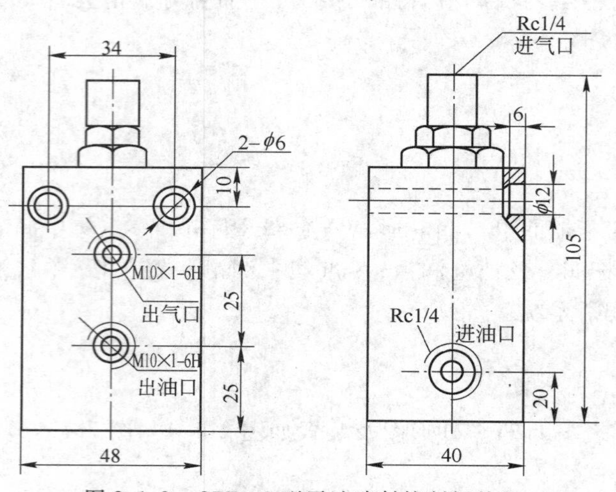

图 2.1.3 GPF-8 型干油喷射控制阀外形

表 2.1.3 GPF-8 型干油喷射控制阀技术参数(启东市南方润滑液压设备有限公司 www.jsnfrh.com)

型 号	空气压力/MPa	进气口公称直径(*DN*)/mm	质量/kg
GPF-8	0.45~0.6	8	1.1

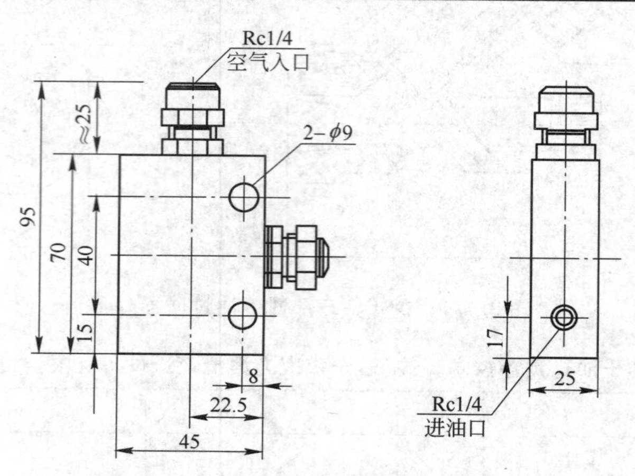

图 2.1.4 PF-200 型干油喷射阀外形

表 2.1.4 PF-200 型干油喷射阀技术参数(启东市南方润滑液压设备有限公司 www.jsnfrh.com)

型 号	公称压力/MPa	喷射距离/mm	喷射直径/mm	最少油量/mL	最低压力/MPa	空气压力/MPa	空气耗量/L·min^{-1}	质量/kg
PF-200	10	200	120	1.5	1.5	0.5	380	0.7

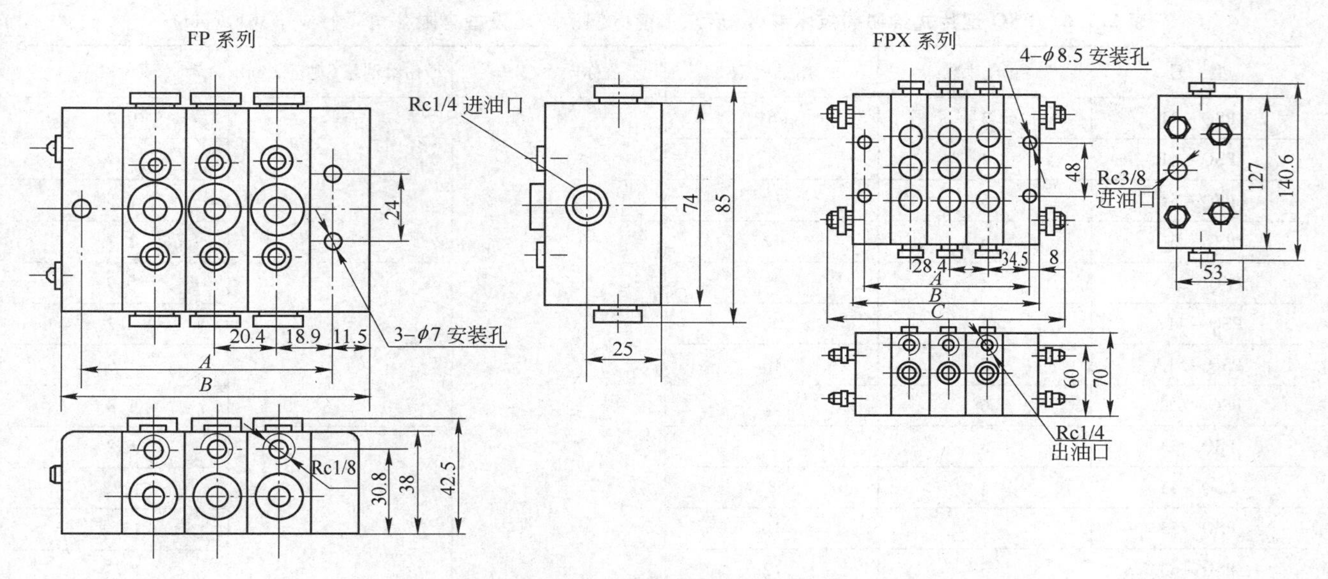

图 2.1.5 FP、FPX 系列单线分配器外形

表 2.1.5 FP、FPX 系列单线分配器技术参数（启东市南方润滑液压设备有限公司 www.jsnfrh.com）

FP 系列			FPX 系列		
阀芯系列	排量(每孔每次)/mL	出油口数	阀芯系列	排量(每孔每次)/mL	出油口数
10T	0.164	2	25T	0.41	2
10S	0.328	1	15S	0.82	1
15T	0.246	2	50T	0.82	2
15S	0.492	1	50S	13.64	1
20T	0.328	2	75T	1.23	2
20S	0.656	1	75S	2.46	1
25T	0.410	2	100T	1.64	2
25S	0.820	1	100S	3.28	1
30T	0.492	2	125T	2.05	2
30S	0.984	1	125S	4.10	1
35T	0.574	2	150T	2.46	2
35S	1.148	1	150S	4.92	1

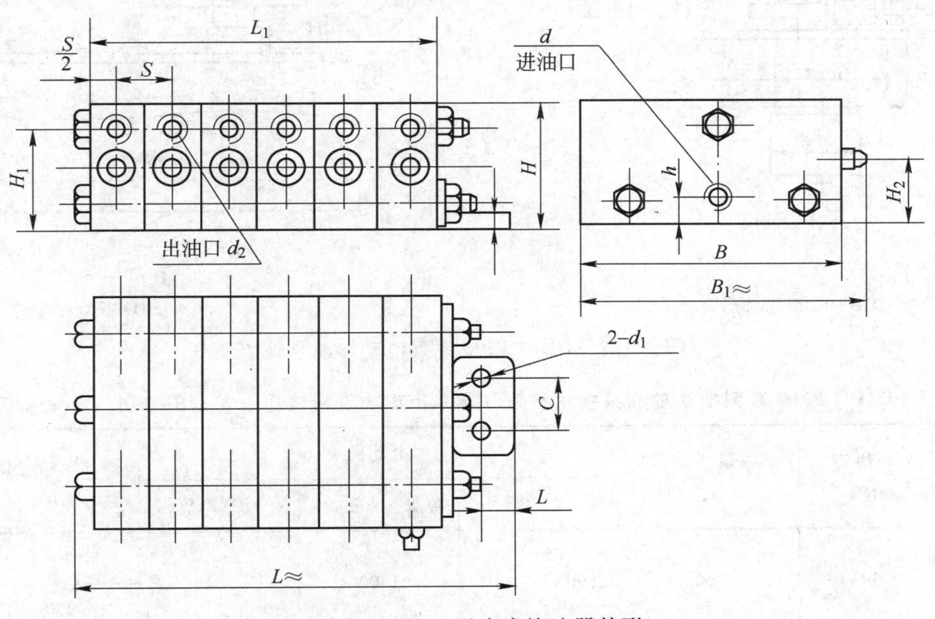

图 2.1.6 PSQ 型片式给油器外形

表 2.1.6 **PSQ 型片式给油器技术参数**(启东市南方润滑液压设备有限公司 www.jsnfrh.com)

型 号	组合片数	给油孔数	公称压力/MPa	每孔给油量(循环)/mL	质量/kg
PSQ-31	3	6	10	0.15	0.9
PSQ-41	4	8			1.2
PSQ-51	5	10			1.8
PSQ-61	6	12			1.8
PSQ-31A	3	6		0.3	0.9
PSQ-41A	4	8			1.2
PSQ-51A	5	10			1.5
PSQ-61A	6	12			1.8
PSQ-33	3	6		0.5	6.8
PSQ-43	4	8			11.3
PSQ-53	5	10			12.2
PSQ-63	6	12			13.7
PSQ-33A	3	6		1.2	6.8
PSQ-43A	4	8			11.3
PSQ-53A	5	10			12.2
PSQ-63A	6	12			13.7
PSQ-33B	3	6		2.0	6.8
PSQ-43B	4	8			11.3
PSQ-53B	5	10			12.2
PSQ-63B	6	12			13.7

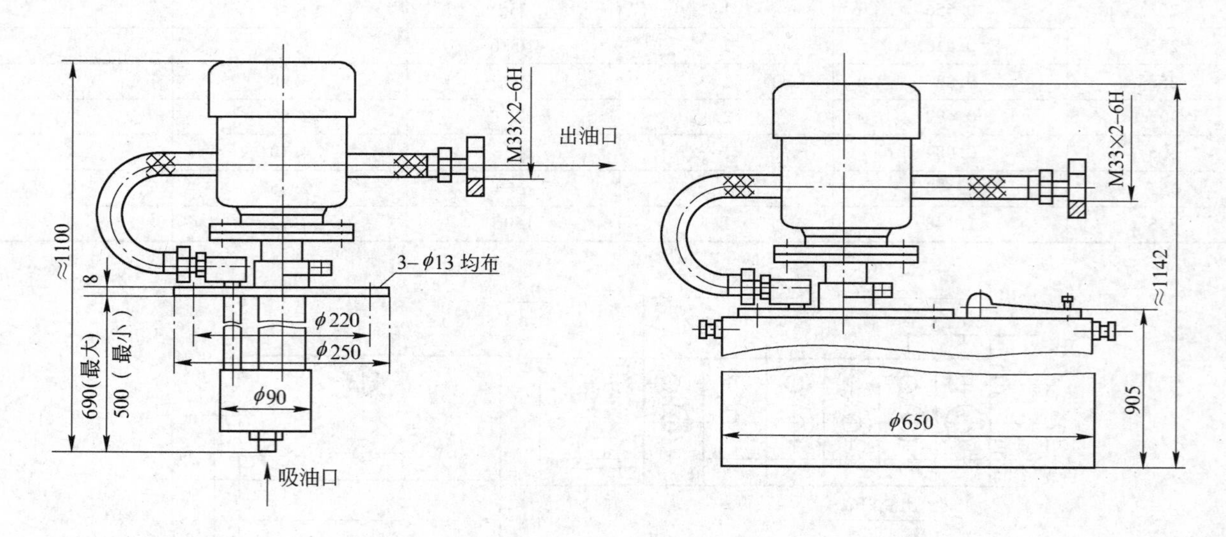

图 2.1.7 DJB-F200 系列电动加油泵外形

表 2.1.7 **DJB-F200 系列电动加油泵技术参数**(启东市南方润滑液压设备有限公司 www.jsnfrh.com)

型 号	公称压力/MPa	加油量(每次)/mL	电动机			贮油桶容积/L	质量/kg
			型 号	转速/r·min⁻¹	功率/kW		
DJB-F200	1	200	Y90S-4-B5	1400	1.1	—	50
DJB-F200B						270	138

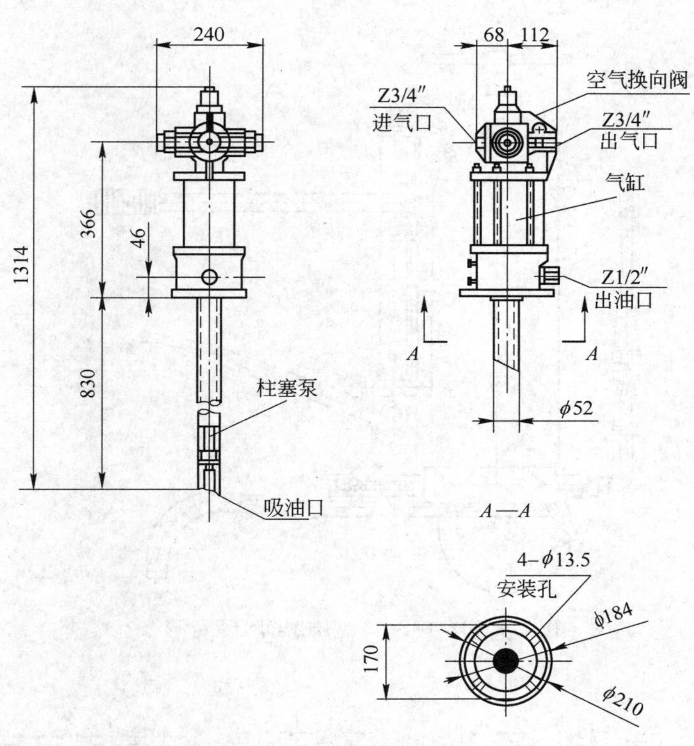

图 2.1.8 7786 型气动润滑泵外形（一）

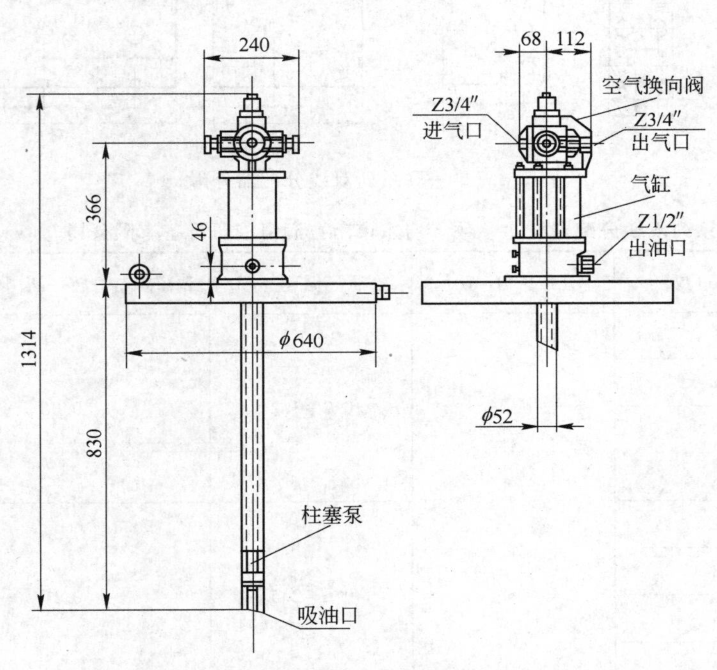

图 2.1.9 7786 型气动润滑泵外形（二）

表 2.1.8 7786 型气动润滑泵技术参数（启东市南方润滑液压设备有限公司 www.jsnfrh.com）

型　号	公称压力/MPa	给油量（循环）/mL	进气压力/MPa	压力比	质量/kg
7786－A5	45	17	0.5～0.7	65∶1	30
7786－B5	35	22		50∶1	

表 2.1.9 JRB－3 型脚踏润滑泵技术参数（启东市南方润滑液压设备有限公司 www.jsnfrh.com）

型号	公称压力/MPa	给油量(每次)/mL	贮油桶容积/L	贮油气压/MPa	外形尺寸(长×宽×高)/mm×mm×mm	质量/kg	备注
JRB2－X3	40	3	9	0.3	630×292×700	18.5	带压气装置

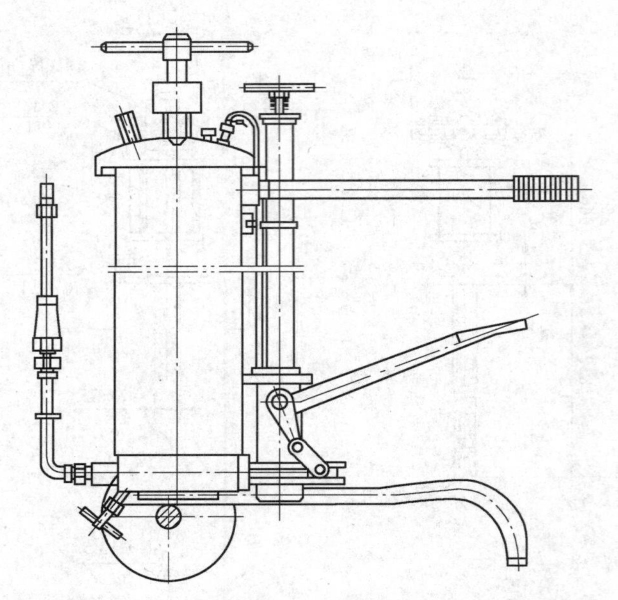

图 2.1.10 JRB－3 型脚踏润滑泵外形

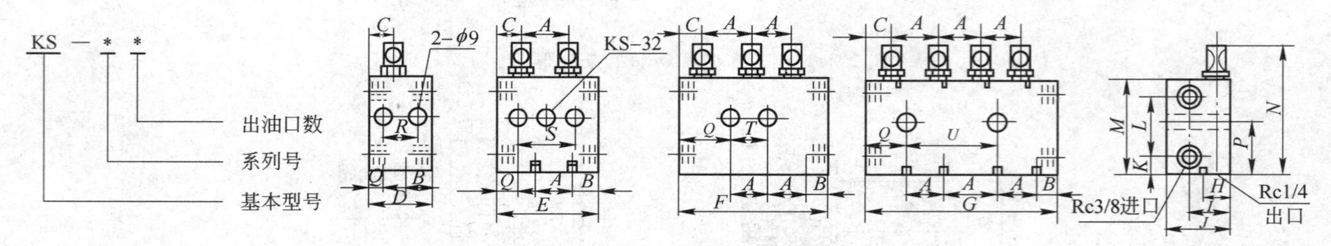

图 2.1.11 KS 系列双线分配器外形

表 2.1.10 **KS 系列双线分配器技术参数**（启东市南方润滑液压设备有限公司 www.jsnfrh.com）

型 号	出油口数	公称压力/MPa	给油（循环）/mL	调整螺钉每转一圈调整量/mL	质量/kg
KS－31	1	20	0.2～1.2	0.06	0.8
KS－32	2				1.4
KS－33	3				1.8
KS－34	4				2.3
KS－41	1		0.6～2.5	0.10	1.0
KS－42	2				1.9
KS－43	3				2.7
KS－44	4				3.2
KS－51	1		1.2～5.0	0.15	1.4
KS－52	2				2.4
KS－53	3				3.5
KS－54	4				4.6
KS－61	1		3.0～14.0	0.68	2.4
KS－62	2				4.2
KS－62－1	1		6.0～28.0		4.2

表 2.1.11 KS 系列双线分配器外形尺寸（启东市南方润滑液压设备有限公司 www.jsnfrh.com） （mm）

型 号	*A*	*B*	*C*	*D*	*E*	*F*	*G*	*H*	*I*	*J*	*K*	*L*	*M*	*N*	*P*	*Q*	*R*	*S*	*T*	*U*
KS-31	—	8	21.5	44	—	—	—	10	26	38	11.5	42	65	101.5	39	10	24	—	—	—
KS-32、KS-33、KS-34	29	8	21.5	—	73	102	131	10	26	38	115	42	65	101.5	41	36.5	—	—	29	58
KS-40	32	9	24	49	81	113	145	10.5	28.5	40	11	54	76	126	48	10.5	28	60	91	123
KS-50	37	9	25.5	53	90	127	164	12	33	45	13	57	83	136	53	10	33	70	107	144
KS-60	46	10	29	62	108	—	—	20	-45	57	16	57	89	151	56	10	42	88	—	—

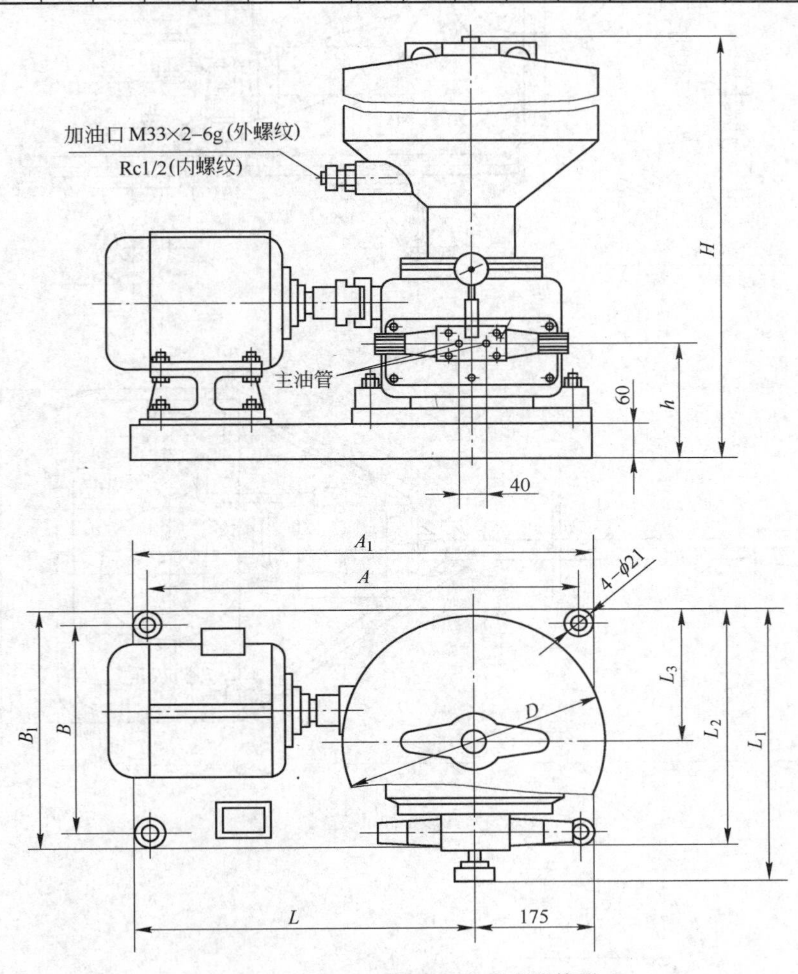

图 2.1.12 DXZ 系列电动干油站外形

表 2.1.12 DXZ 系列电动干油站技术参数（南通市华东润滑设备有限公司 www.hrmade.com）

型 号	公称压力 /MPa	给油能力 /mL·min^{-1}	贮油器容积 /L	电机功率 /kW	电磁铁型号 适用电源	质量/kg
DXZ-100	10	100	50	0.55	FJ1-4.5 50Hz~220V	148
DXZ-315		315	75	0.75		192
DXZ-630		630	120	1.1		235

表 2.1.13 DXZ 系列电动干油站外形尺寸（南通市华东润滑设备有限公司 www.hrmade.com） （mm）

型 号	*A*	A_1	*B*	B_1	*h*	*D*	*L*≈	L_1≈	L_2	L_3	*H*≈ 最高	*H*≈ 最低
DXZ-100	460	510	300	350	151	408	406	414	368	200	1330	925
DXZ-315	550	600	315	365	167		474	434	392	210	1770	1165
DXZ-630						508	489				1820	1215

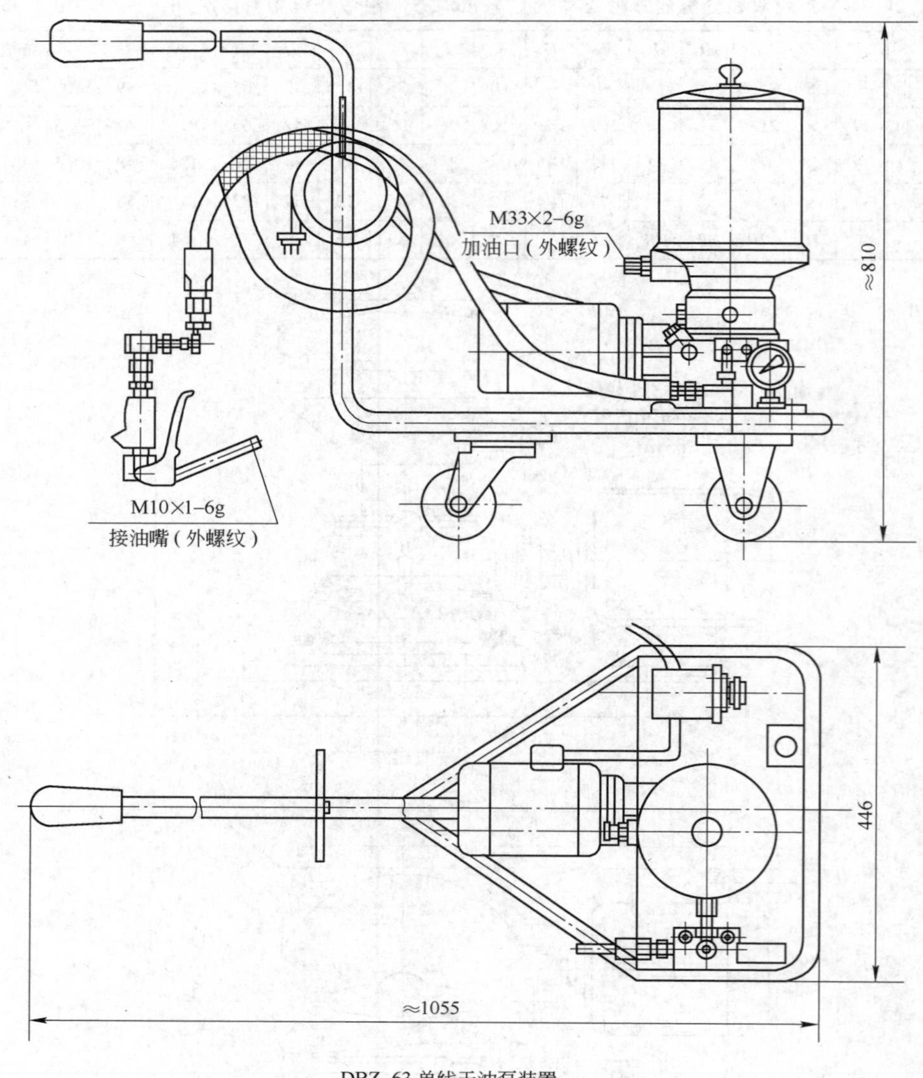

DBZ–63 单线干油泵装置

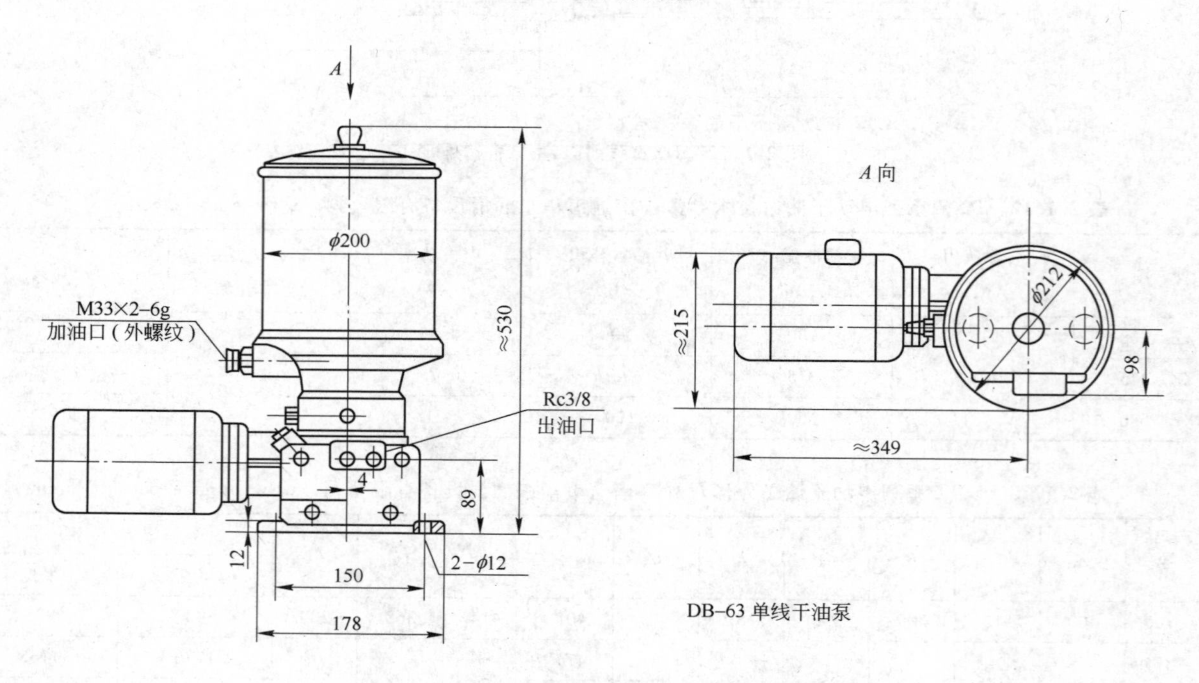

DB–63 单线干油泵

图 2.1.13 DB、DBZ 型单线干油泵及装置

表 2.1.14 DB、DBZ 型单线干油泵及装置技术参数（南通市华东润滑设备有限公司 www.hrmade.com）

型号	公称压力/MPa	给油量/mL·次$^{-1}$	贮油器容积/L	柱塞直径/mm	柱塞数量	电动机			质量/kg
						型号	功率	转速/r·min^{-1}	
DB-63	10	63	8	8	4	A06324	0.25	1400	23
DBZ-63									52

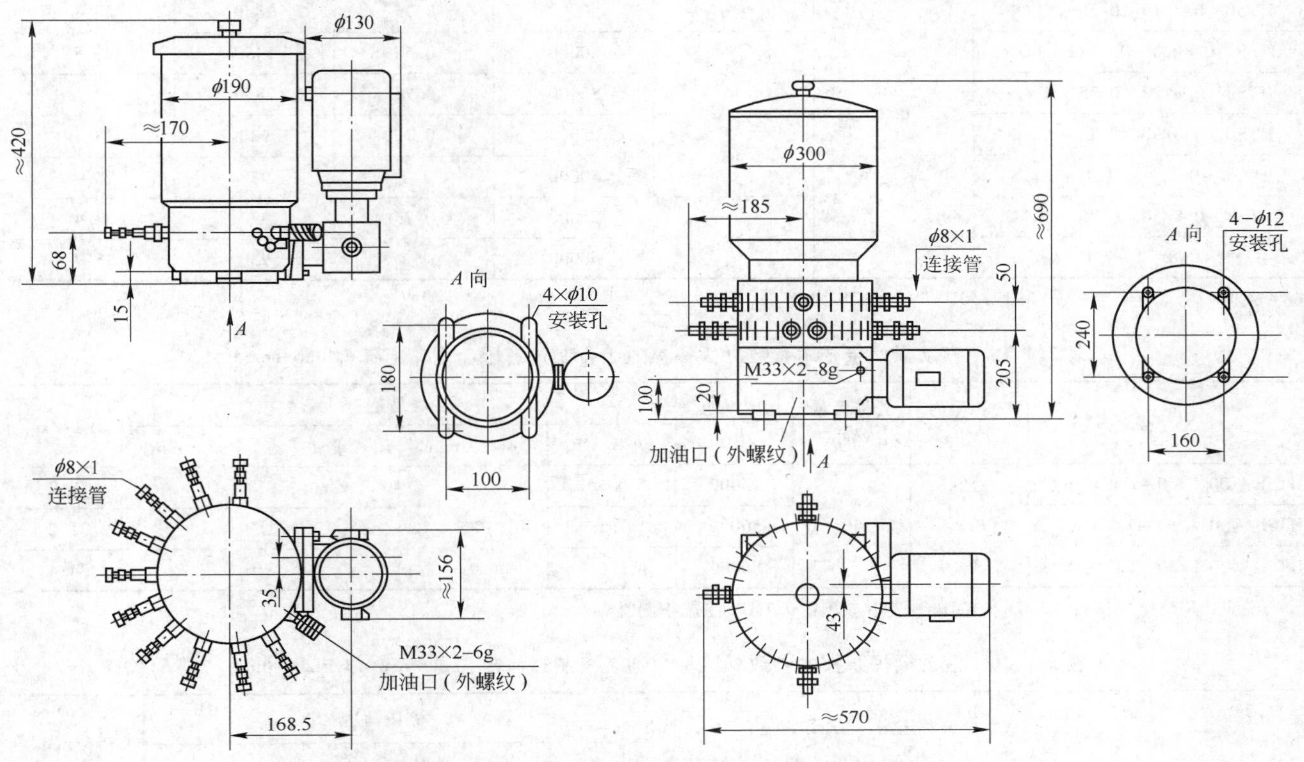

图 2.1.14 DDB 系列多点干油泵（10MPa）外形

表 2.1.15 DDB 系列多点干油泵（10MPa）技术参数（南通市华东润滑设备有限公司 www.hrmade.com）

型号	公称压力/MPa	每口给油量/mL·次$^{-1}$	给油次数/min	贮油器容积/L	电动机功率/kW	质量/kg
DDB-10	10	0~0.2	13	7	0.37	19
DDB-18				23	0.75	75
DDB-36						80

表 2.1.16 YGB-1.2L 型液动高压干油泵技术参数（淄博市博山润丰油泵厂 www.runhuabeng.com）

型号	压力/MPa	出油量/L·min^{-1}	柱塞直径/mm	电压/V	电机功率/kW	控制方式	贮油器容积/L	质量/kg
YGB-1.2L	40	1.2	30	380	1.5	自动控制	60	160

表 2.1.17 便携式电动插桶泵技术参数（太原恒通装备制造有限公司 www.tyhtzb.com）

型号	公称压力/MPa	公称流量/L·min^{-1}	动力黏度 C_P	功率/kW	质量/kg
HTSB-D0.8/13-0.37-※/※	0.8	13	40000	0.37	10.2
HTSB-D0.8/13-0.55-※/※			80000	0.55	12.8
HTSB-D0.8/20-0.37-※/※		20	40000	0.37	10.2
HTSB-D0.8/20-0.55-※/※			80000	0.55	12.8
HTSB-D0.8/30-0.55-※/※		30	12000	0.55	12.2
HTSB-D0.8/30-0.75-※/※			25000	0.75	14.9
HTSB-D0.8/50-0.55-※/※		50	12000	0.55	12.8
HTSB-D0.8/50-0.75-※/※			25000	0.75	14.9

说明：1. 电动机参数：AC 220V/50Hz，绝缘等级 IP54。

2. 适用桶型（同时适用于表 2.1.18、表 2.1.19、表 2.1.20）：

1）GB/T 325《包装容器钢桶》200L、208L、216L 的小开口、全开口钢桶；

2）GB/T 13252《包装容器钢提桶》或复合材料手提桶，容积 17L；

3）其他容积的桶，容积最大到 1000L。

表 2.1.18 电动插桶泵技术参数（太原恒通装备制造有限公司 www.tyhtzb.com）

型 号	公称压力/MPa	公称流量/L·min⁻¹	动力黏度 C_P	电动机		质量/kg
				功率/kW	转速/r·min⁻¹	
HTSB－0.8/13－0.55/2－※/※	0.8	13	80000	0.55	1450	21.5
HTSB－0.8/13－0.75－※/※			50000	0.75	2850	23.4
HTSB－0.8/20－0.55/2－※/※		20	80000	0.55	1450	21.5
HTSB－0.8/20－0.75－※/※			50000	0.75	2850	23.4
HTSB－0.8/30－0.75－※/※		30	25000	0.75	930	23.4
HTSB－0.8/30－1.1－※/※			50000	1.1	930	25.7
HTSB－0.8/50－0.75－※/※		50	25000	0.75	930	23.4
HTSB－0.8/50－1.1－※/※			50000	1.1	930	25.7

说明：电动机参数：AC 380V/50Hz，绝缘等级 IP54。

表 2.1.19 气动插桶泵技术参数（太原恒通装备制造有限公司 www.tyhtzb.com）

型 号	公称压力/MPa	公称流量/L·min⁻¹	动力黏度 C_P	气马达			质量/kg
				功率/kW	转速/r·min⁻¹	用气量（标态）/m³·min⁻¹	
HTSB－Q0.8/50－0.5－※/※	0.8	50	25000	0.5	1000	0.7	18.2
HTSB－Q0.8/50－1.1－※/※			50000	1.1		1.2	21.2
HTSB－Q0.8/50－1.8－※/※			80000	1.8		2.0	24.4

说明：压缩空气压力：0.6～0.8MPa，表中参数在 0.7MPa 工况下测得。

表 2.1.20 液动插桶泵技术参数（太原恒通装备制造有限公司 www.tyhtzb.com）

型 号	公称压力/MPa	公称流量/L·min⁻¹	动力黏度 C_P	液压马达			质量/kg
				排量/mL·r⁻¹	转速/r·min⁻¹	功率/kW	
HTSB－Y0.8/50－1.5－50/10	0.8	50	80000	100	1000	1.5	24

说明：液压系统压力：16MPa，介质：95%～99.5%水基乳化液或 L－HM68 抗磨液压油。

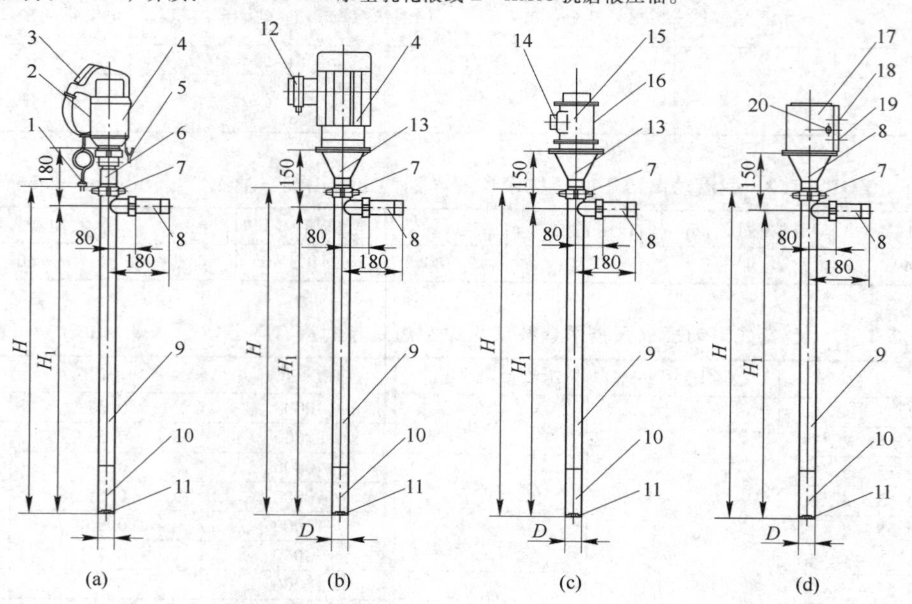

图 2.1.15 HTSB 型插桶泵外形

（a）便携式插桶泵；（b）电动插桶泵；（c）气动插桶泵；（d）液动插桶泵

1—电源插头；2—电机变速旋扭；3—电机开关；4—电动机；5—接地夹；6—减速器；7—连接螺母；8—排油口；9—泵管；10—泵体；11—吸油口；12—电机接线盒；13—钟形罩；14—进气口 G1/2；15—气马达；16—排气口；17—液压马达；18—进油口 M20×1.5；19—出油口；20—马达泄油口 M12×1.5

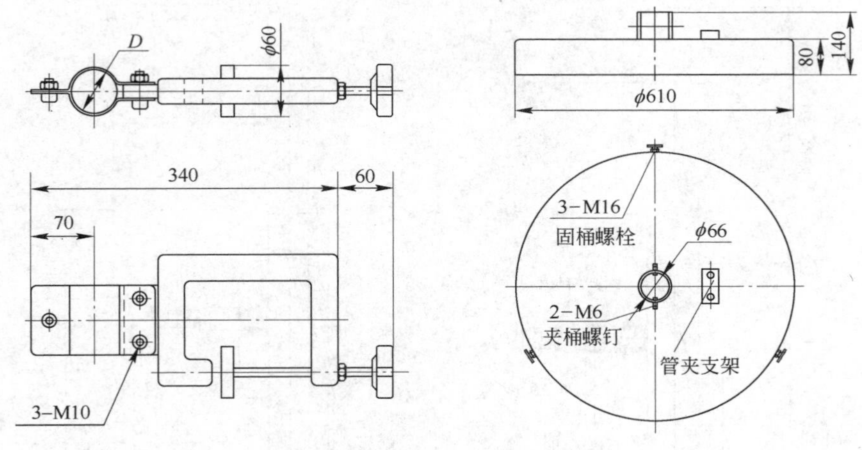

图 2.1.16 桶夹、桶盖图

表 2.1.21 泵体结构参数（太原恒通装备制造有限公司 www.tyhtzb.com） （mm）

泵管长度	泵管直径 D	H	H_1
700	50	900	720
	54	930	750
1000	50	1200	1020
	54	1230	1050
1200	50	1400	1220
	54	1430	1250

表 2.1.22 桶夹（太原恒通装备制造有限公司 www.tyhtzb.com）

型 号	规格 D/mm	质量/kg	型 号	规格 D/mm	质量/kg
HTSB1301-1	50	0.6	HTSB1301-2	54	0.6

表 2.1.23 桶盖（太原恒通装备制造有限公司 www.tyhtzb.com）

型 号	规格 D/mm	质量/kg
HTSB1302-1	50	17.8

表 2.1.24 固定式升降装置技术参数（太原恒通装备制造有限公司 www.tyhtzb.com）

型 号	规格 D/mm	质量/kg
HTSB1303-1	50	36
HTSB1303-2	54	36

表 2.1.25 手推车式升降装置参数（太原恒通装备制造有限公司 www.tyhtzb.com）

型 号	规格 D/mm	质量/kg
HTSB1304-1	50	48
HTSB1304-2	54	48

表 2.1.26 HTRB-QA 型桶型气动润滑泵参数（太原恒通装备制造有限公司 www.tyhtzb.com）

型 号	空气压力/MPa	给脂压力/MPa	公称流量/$L\cdot min^{-1}$	压力比	气马达转速/$r\cdot min^{-1}$	气马达功率/kW	用气量（标态）/$L\cdot min^{-1}$	适用介质	质量/kg
HTRB-QA40/1.8	0.4~0.9	18~40	1.8	45:1	1000	1.1	2.0	NLGI 0~2 号	20

说明：公称流量在空气压力 0.7MPa 下测得。

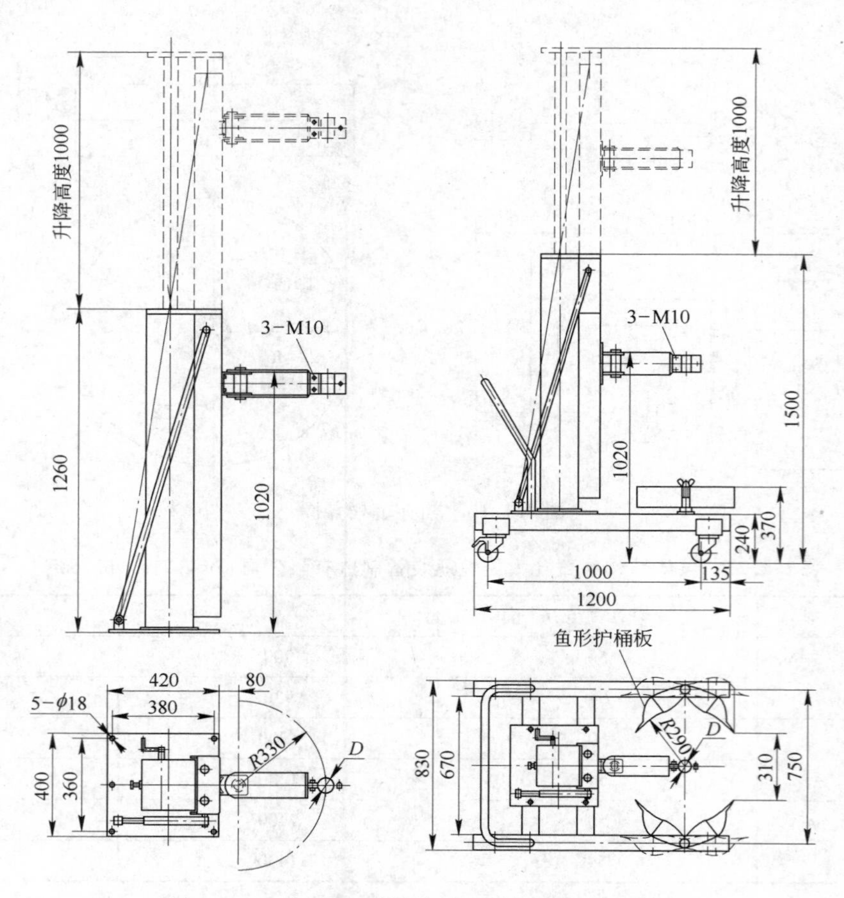

图 2.1.17 固定式升降装置、手推车式升降装置

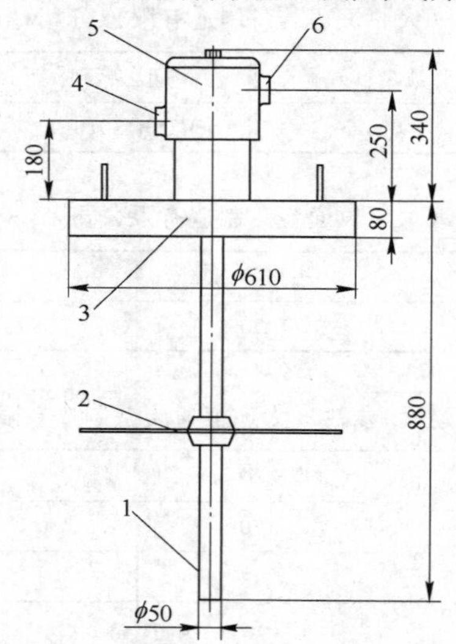

图 2.1.18 HTRB－QA 型桶型气动润滑泵外形

1—泵管及泵体；2—压油盘；3—支撑盘；4—气马达进出气口 G1/2；5—气马达；6—压力油出口 G1/2

表 2.1.27 HTRB－T 桶型电动润滑泵技术参数（太原恒通装备制造有限公司 www.tyhtzb.com）

型 号	公称压力/MPa	公称流量/mL·min^{-1}	安全阀压力/MPa	电机功率/kW	适用介质	质量/kg
HTRB－T20/75－※	20	75	25	0.2	NLGI 0～2 号	62
HTRB－T20/100－※		100				
HTRB－T20/160－※		160		0.4		65
HTRB－T20/320－※		320				

说明：1. 使用环境要求：环境温度 0～60℃。

2. 电动机参数：AC 380V/50Hz，绝缘等级 IP54，电磁阀电压 AC 220V/50Hz。

3. 适用桶型：GB/T 325《包装容器钢桶》200L、208L、216L 的全开口钢桶。

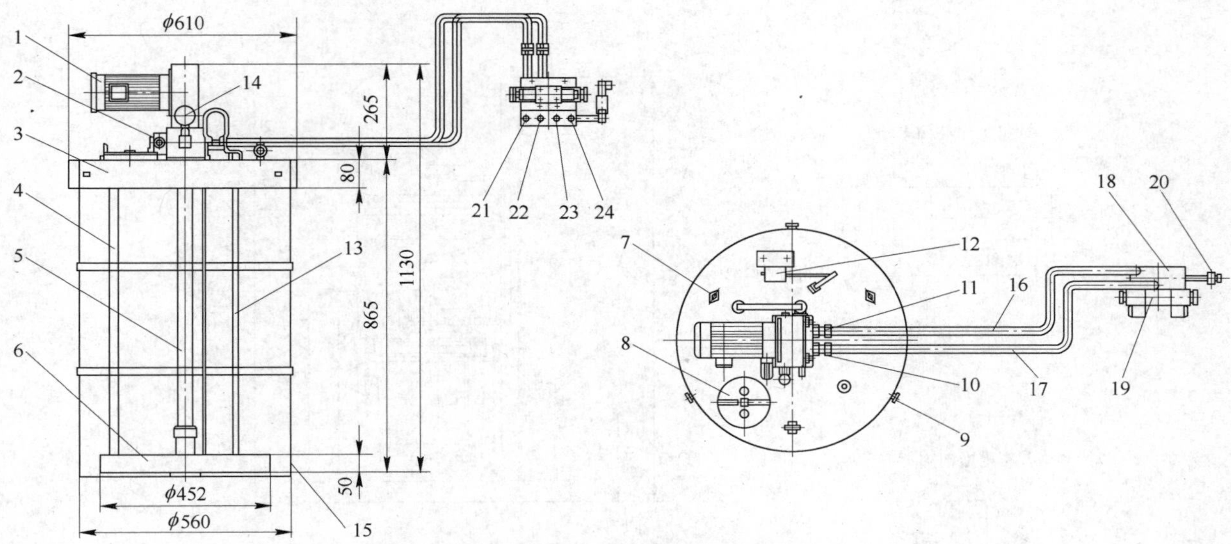

图 2.1.19　HTRB－T 桶型电动润滑泵

1—电动机；2—安全阀；3—支撑盘；4—排气管；5—泵管及泵体；6—压油盘；7—支撑盘吊环；8—观察盖；9—箍桶螺栓；10—回油口；11—出油口；12—泄油管；13—压力表；14，15—润滑脂桶；16—供油管；17—回油管；18—液压换向阀；19—电磁换向阀；20—压力继电器；21—管路 2 出油口 R3/8；22—管路 2 回油口 R3/8；23—管路 1 回油口 R3/8；24—管路 1 出油口 R3/8

HTRB－T 桶型电动润滑泵选用须知：

（1）组成双线系统时应选择 HTRF－10 液压电磁换向阀，其中液压电磁换向阀应单独固定，与泵之间的高压胶管连接，通径 15mm，长度最短 5m。

（2）组成单线系统时，不需液压换向阀，需在出口管路上配压力变送器。

（3）与升降装置配套使用时，支撑盘（图 2.1.19 中序号 3）应与升降装置的连接板牢固连接。

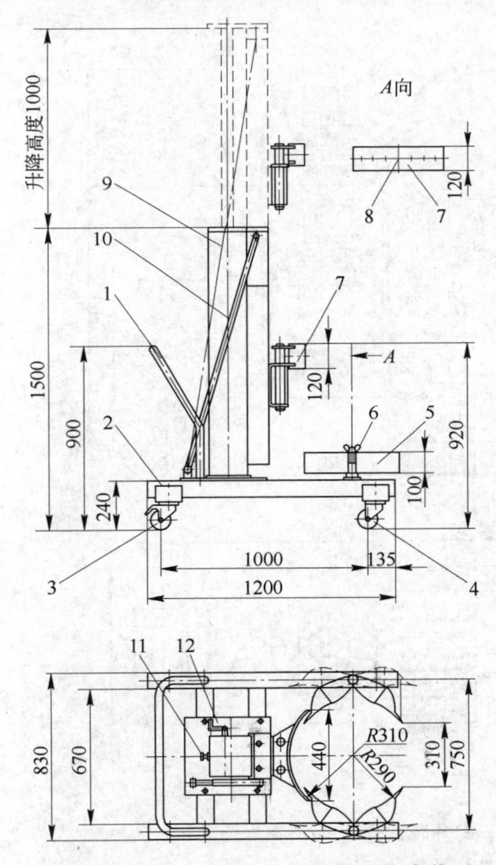

图 2.1.20　HTRB13001 手推车式升降装置

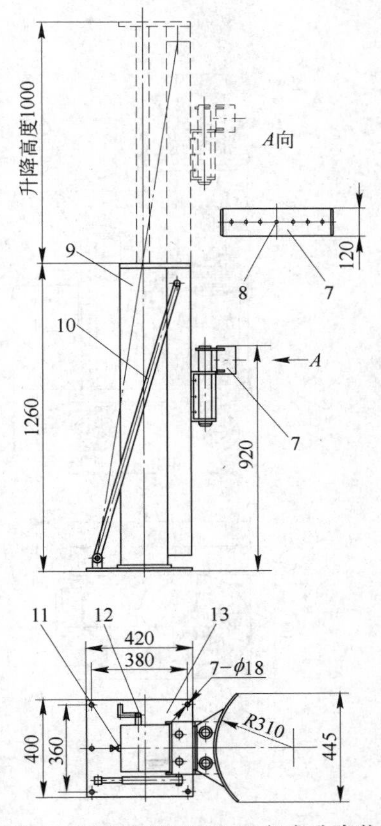

图 2.1.21　HTRB13002 固定式升降装置

1—手推车手柄；2—手推车；3—后轮；4—前轮；5—护桶板；6—蝶形螺母；7—连接板；8—螺钉 7－M10；9—升降装置；10—气弹簧；11—锁紧器；12—曲柄摇手；13—底座

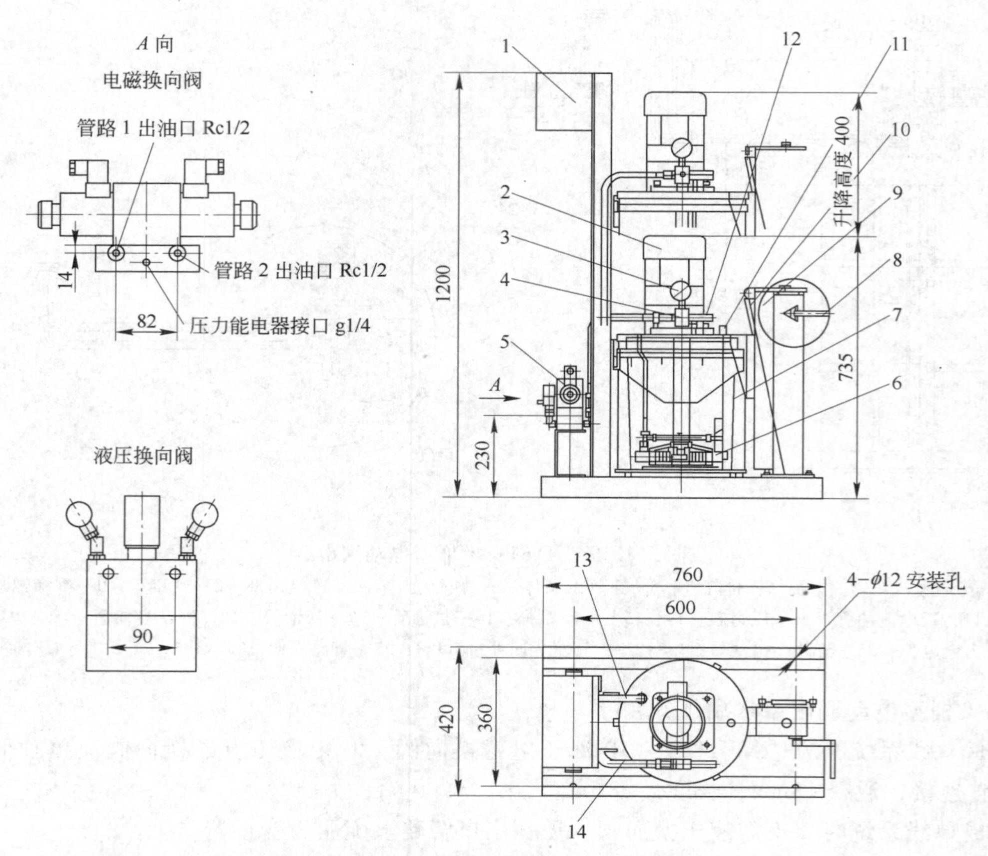

图2.1.22 HTRB－S※升降式电动润滑泵

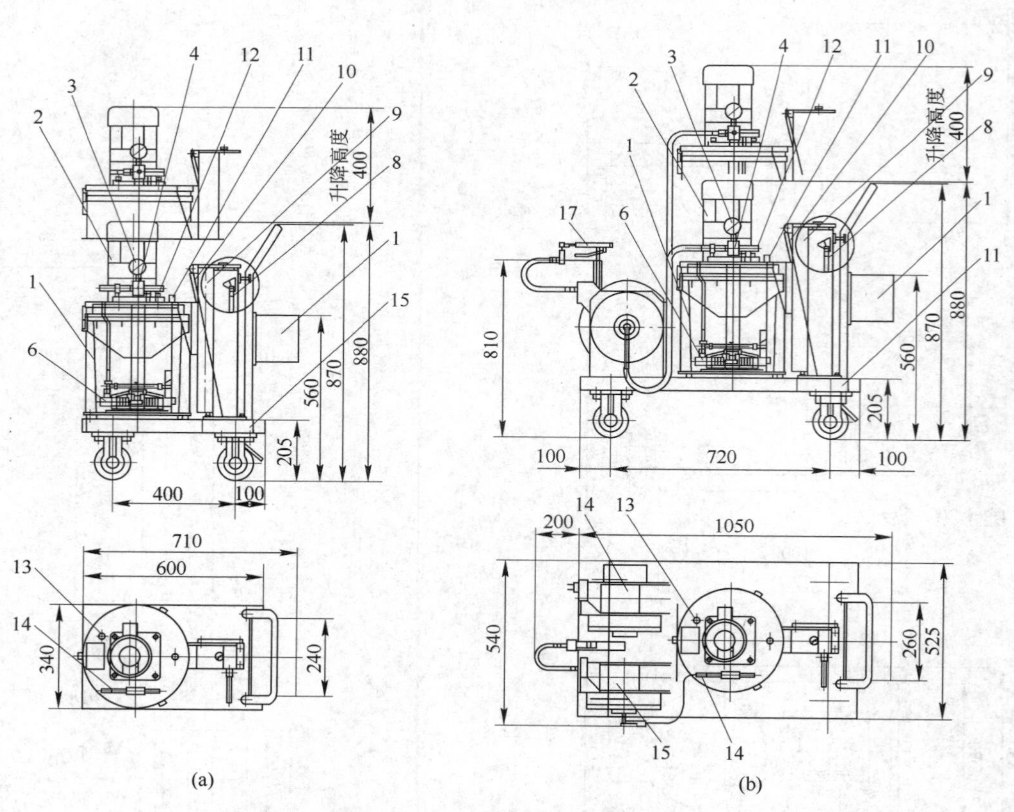

图2.1.23 HTRB－S※－H手推车式升降式电动润滑泵

(a) 普通小车；(b) 卷盘小车

1—电控箱；2—电动机；3—压力表；4—排气阀；5—液压换向阀或电磁换向阀；6—柱塞泵；7—润滑脂桶；8—曲柄摇手；9—升降装置；10—气弹簧；11—液位信号器；12—安全阀；13—回油胶管；14—供油胶管；15—胶管卷盘；16—电缆卷盘；17—润滑油枪

表 2.1.28 HTRB－S 型升降式电动润滑泵技术参数（太原恒通装备制造有限公司 www. tyhtzb. com）

型 号	公称压力 /MPa	公称流量 /mL·min⁻¹	安全阀压力 /MPa	电动机功率 /kW	适用介质	升降高度 /mm	质量 /kg
HTRB－S35/40－※	35	40	40	0.37	NLGI 0～2 号	450	72
HTRB－S20/80－※	20	80	25				
HTRB－S20/160－※		160		0.4			75
HTRB－S35/40H－※	35	40	40	0.37	NLGI 0～2 号	450	92
HTRB－S20/80H－※	20	80	25				
HTRB－S20/160H－※		160		0.4			95
HTRB－S35/40HA－※	35	40	40	0.37	NLGI 0～2 号	450	152
HTRB－S20/80HA－※	20	80	25				
HTRB－S20/160HA－※		160		0.4			155

说明：1. 电源：AC 380V/50Hz，环境温度：0～60℃。

2. 适用桶型：17～24L 商品润滑脂桶。

表 2.1.29 HTRB 型电动润滑泵技术参数（太原恒通装备制造有限公司 www. tyhtzb. com）

型 号	公称压力 /MPa	公称流量 /mL·min⁻¹	贮油器容积/L	配管方式	电机型号	电动机功率/kW	减速机速比	转速 /r·min⁻¹	减速机加油量/L	质量 /kg
HTRB－L195※	20	195	35	环式	Y802－4	0.75	1∶20	75	2	210
HTRB－L195※				终端式						230
HTRB－L585※HY		585	90	环式	Y90L－4	1.5			5	456
HTRB－L585※LD				终端式						416
HTRB－M430※HY	40	585		环式						456
HTRB－M430※LD				终端式						416

说明：1. 电源：电动机 AC 380V/50Hz，电磁阀 AC 220V/50Hz，环境温度：0～60℃。

2. HTRB－L195※型泵选用 HTRF－YD34N6I/HG24Z4 液压电磁换向阀，组成双线首端、双线环式、双线终端式系统，HTRB－L585※和 HTRB－M430※型泵选用 HTRF－Y34N10 液压换向阀双线环式、双线终端式系统，选用 HTRF－D34N10HG24Z4 电磁换向阀组成双线终端式系统。

表 2.1.30 HTRB 型电动润滑泵主要部件配置（太原恒通装备制造有限公司 www. tyhtzb. com）

型 号	柱塞泵型号	系统形式	换向阀型号	电 控 柜
HTRB－L195※	P－40A	环式、终端式、首端	HTRF－YD34N6I/HG24Z4	DEA－2E（终端式） DEA－2L（环式） R1902 型（环式带补脂控制） R1904 型（终端式带补脂控制）
HTRB－L585HY	P－50A	环式	HTRF－Y34N10	
HTRB－L585HD		终端式		
HTRB－L585LD			HTRF－D34N10HG24Z4	
HTRB－M430HY	P－50A1	环式	HTRF－Y34N10	
HTRB－M430HD				
HTRB－M430LD		终端式	HTRF－D34N10HG24Z4	

表 2.1.31 WRZ111 型柜式全自动双线干油润滑装置及系统主要参数（温州中合润滑设备制造有限公司 www. wzrh. cn）

项 目	WRZ111E 型	WRZ111F 型
公称压力	20MPa	
公称排量	40mL/min	
电机功率	120W	
发讯元件	压差开关（发讯压差）5MPa	压力控制器（可调范围）8～20MPa

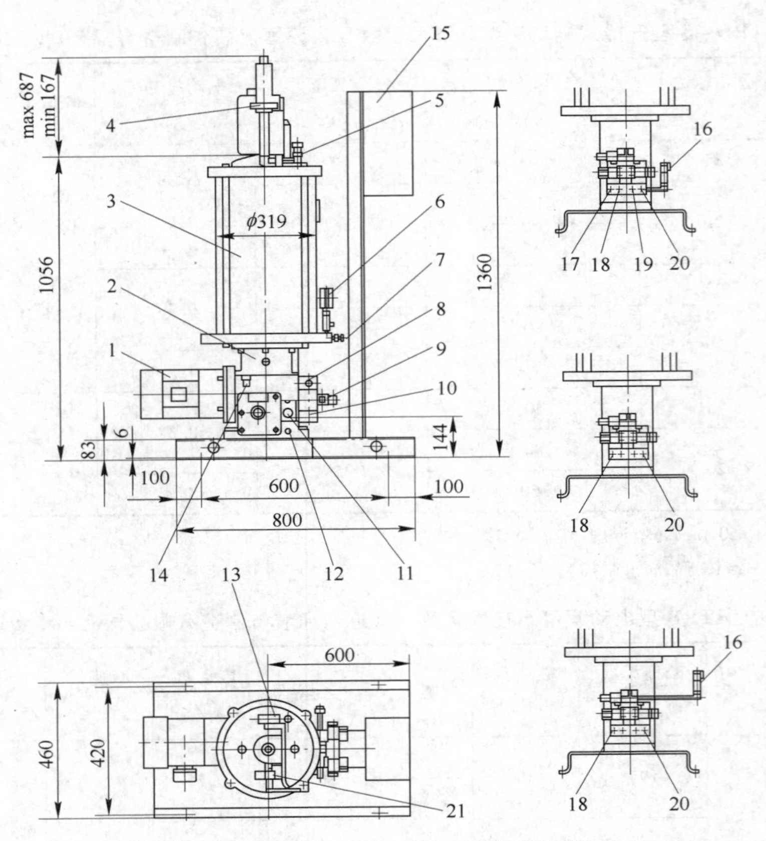

图 2.1.24 HTRB-L195 型电动润滑泵外形尺寸

1—电动机；2—柱塞泵；3—贮油器；4—贮油器排气阀；5—贮油器排气罩；6—压力表；7—排气阀；8—安全阀；9—电磁换向阀；10—液压换向阀；11—贮油器补脂口 M32×3；12—放油螺塞 R1/4；13—贮油器高液位行程开关；14—减速机腔注油口；15—接线盒（或电控柜）；16—压力继电器；17—管路 2 出油口 R3/8；18—管路 2 回油口 R3/8；19—管路 1 回油口 R3/8；20—管路 1 出油口 R3/8；21—贮油器低位行程开关

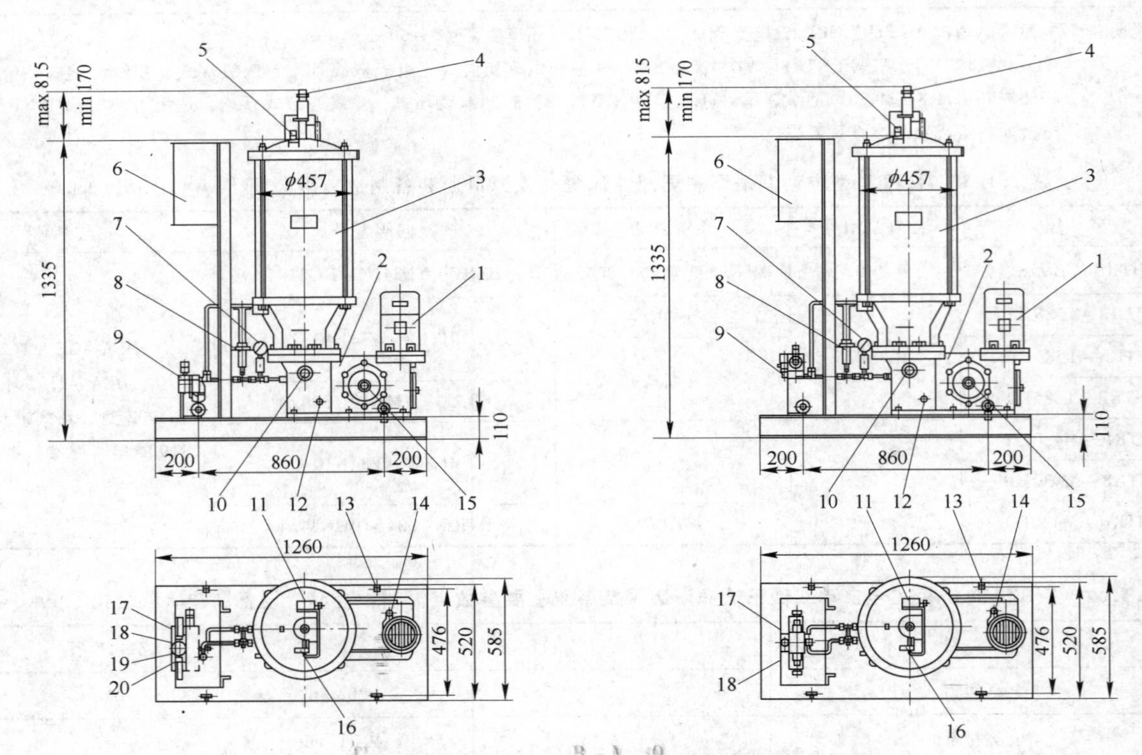

图 2.1.25 HTRB-L585 型和 HTRB-M430 型电动润滑泵外形尺寸

1—电动机；2—柱塞泵；3—贮油器；4—贮油器排气阀；5—贮油器排气罩；6—电控柜；7—压力表；8—安全阀；9—液压换向阀（或电磁换向阀）；10—贮油器补脂口 M32×3；11—贮油器高液位行程开关；12—放油螺塞 R1/4；13—吊环；14—减速机腔注油口；15—减速机腔液面示窗；16—贮油器低位行程开关；17—管路 2 出油口 R3/8；18—管路 2 回油口 R3/8；19—管路 1 回油口 R3/8；20—管路 1 出油口 R3/8

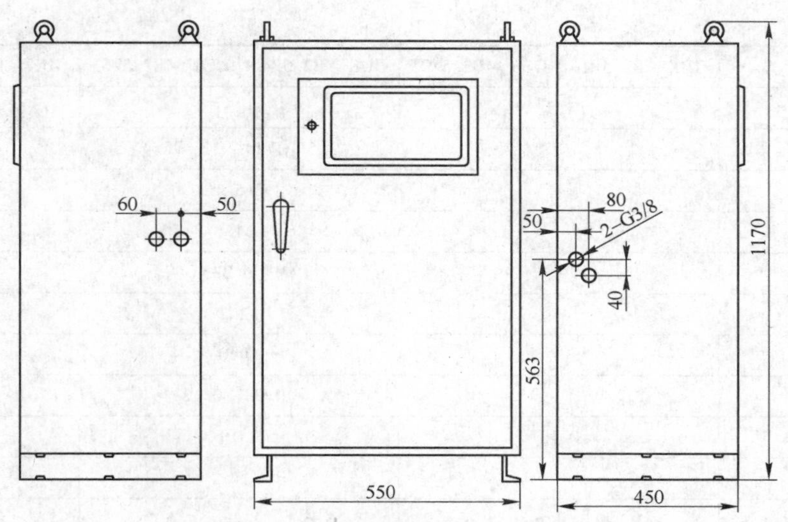

图 2.1.26 柜式全自动双线干油润滑装置

生产厂商：南通市华东润滑设备有限公司，太原恒通装备制造有限公司，淄博市博山润丰油泵厂，温州中合润滑设备制造有限公司，启东市南方润滑液压设备有限公司。

2.2 稀油润滑站

2.2.1 概述

稀油集中润滑系统又称作稀油润滑站，简称稀油站。稀油站提供有压力且足够量的、符合摩擦副工作要求的油液，对数量多、分布较广的润滑点同时进行润滑，并能可靠地实现液体摩擦润滑，这是手注加油、滴油、飞溅、油环、油轮及油池等润滑方法无法达到的，在重要设备的摩擦副上得以广泛应用。

2.2.2 主要特点

（1）可对多点同时润滑。润滑过程中可带走摩擦热，还可带走摩擦表面的摩粒及外介侵入的杂质经系统过滤，可保持润滑油的清洁。

（2）系统工况可自动监测、报警。如：油压、油温、供油量等。

（3）可与润滑对象进行连锁。

（4）润滑油循环使用，消耗少。

2.2.3 工作原理

稀油站由油箱、油泵装置、过滤器、油冷却器以及电控箱、仪表盘、管道、阀门等组成。工作时，油液由泵从油箱吸出，经单向阀、滤油器、油冷却器被直接送到设备的润滑部位，使相对运动部位得到润滑。通过回路，油液返回油箱，经过滤后循环使用。

2.2.4 技术参数

技术参数见表 2.2.1～表 2.2.26。外形尺寸、装置系统等如图 2.2.1～图 2.2.20 所示。

表 2.2.1 GDR 型双高压系列高（低）压稀油站技术性能（启东市南方润滑液压设备有限公司 www.jsnfrh.com）

型 号			GDK－B2.5/16	GDK－B2.5/25	GDK－B2.5/40	GDK－B2.5/63	GDK－B2.5/80	GDK－B2.5/100
低压系统	泵装置型号		LBZ－16	LBZ－25	LBZ－40	LBZ－63	LBZ－100	LBZ－125
	流量/L·min^{-1}		16	25	40	63	80	100
	供油压力/MPa		≤0.4					
	供油温度/℃		40±3					
	电动机	型号	Y90S－4，V1		Y100L1－4，V1		Y112M－4，V1	
		功率/kW	1.1		2.2		4	
		转速/r·min^{-1}	1450		1440		1440	

续表 2.2.1

型　号	GDK－B2.5/16	GDK－B2.5/25	GDK－B2.5/40	GDK－B2.5/63	GDK－B2.5/80	GDK－B2.5/100
油箱容积/m^3	1.1		1.5		2.2	
高压系统 泵装置型号	2.5MCY14－1B（两台）					
高压系统 流量/$L \cdot min^{-1}$	2.5×2					
高压系统 供油压力/MPa	31.5					
高压系统 电动机 型　号	Y112M－6 B35（两台）					
高压系统 电动机 功率/kW	2.2					
高压系统 电动机 转速/$r \cdot min^{-1}$	940					
过滤精度/mm	0.08～0.12					
过滤面积/m^2	0.13		0.19		0.4	
冷却面积/m^2	3		5		7	
冷却水耗量/$m^3 \cdot h^{-1}$	1	1.5	3.6	5.7	9	11.25
电加热功率/kW	3×4		3×4		6×4	
外形尺寸/mm×mm×mm	2000×1240×1360		2100×1280×1385		2150×1440×1750	
备　注	全部过滤切换压差为 0.15MPa					

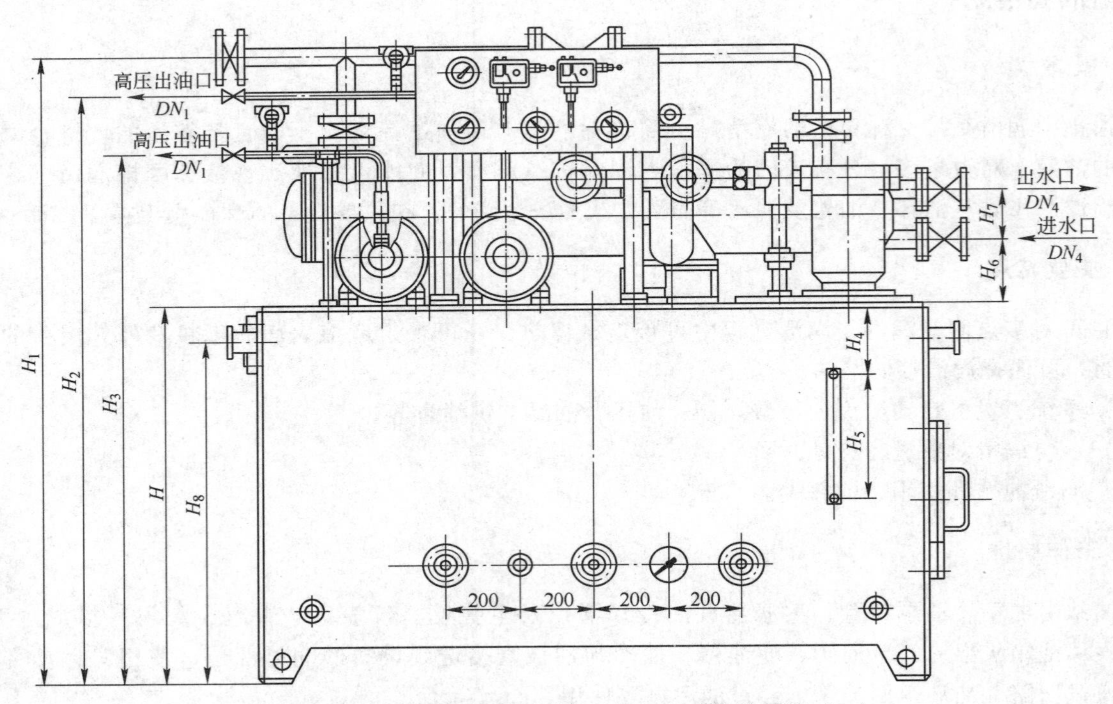

图 2.2.1　GDR 型双高压系列高（低）压稀油站外形（一）

表 2.2.2　GDR 型双高压系列高（低）压稀油站外形尺寸

（启东市南方润滑液压设备有限公司　www.jsnfrh.com）　　(mm)

型　号	DN_1	DN_2	DN_3	DN_4	L	L_1	L_2	L_3	L_4	L_5	L_6	L_7
GDR－B2.5/16	8	25	50	50	1600	2000	925	250	35	100	150	215
GDR－B2.5/25	8	25	50	50	1600	2000	825	250	35	100	150	215
GDR－B2.5/40	10	32	65	32	1600	2100	982	300	35	120	180	250
GDR－B2.5/63	10	32	65	32	1600	2100	982	300	35	120	180	250
GDR－B2.5/80	10	40	80	32	1700	2150	1282	305	40	150	200	405
GDR－B2.5/100	10	40	80	32	1700	2150	1282	305	40	150	200	405

续表 2.2.2

型号	B	B_1	B_2	B_3	H	H_1	H_2	H_3	H_4	H_5	H_6	H_7	H_8
GDR－B2.5/16	1100	1240	300	140	700	1360	1285	1200	120	350	115	80	590
GDR－B2.5/25	1100	1240	300	140	700	1360	1285	1200	120	350	115	80	590
GDR－B2.5/40	1200	1280	248	450	850	1385	1300	1225	180	360	150	110	710
GDR－B2.5/63	1400	1440	190	500	1050	1750	1640	1480	200	400	160	140	875
GDR－B2.5/80	1400	1440	190	500	1050	1750	1640	1480	200	400	160	140	875
GDR－B2.5/100	1400	1440	190	500	1050	1750	1640	1480	200	400	160	140	875

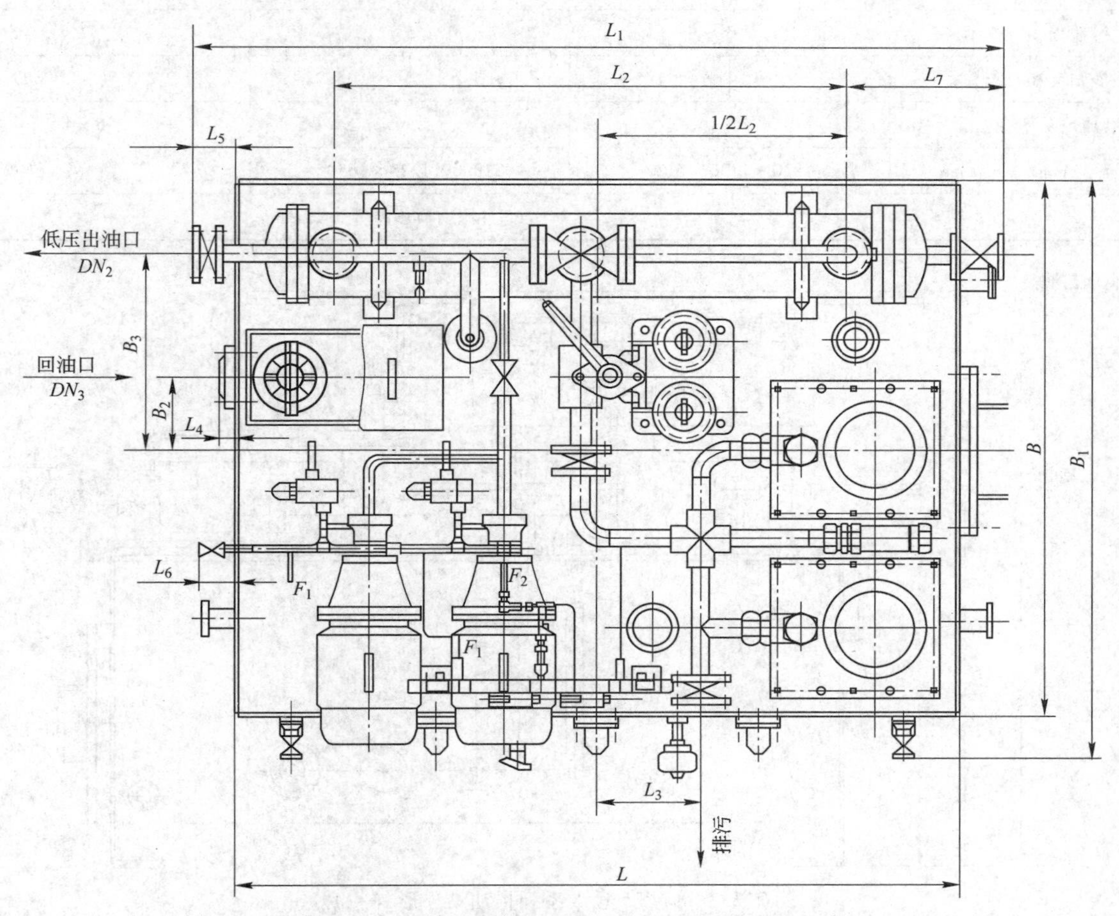

图 2.2.2 GDR 型双高压系列高（低）压稀油站外形（二）

表 2.2.3 GXYZ 型 A 系列高（低）压稀油站技术性能（启东市南方润滑液压设备有限公司 www.jsnfrh.com）

型号			GXYZ－A2.5/16	GXYZ－A2.5/25	GXYZ－A2.5/40	GXYZ－A2.5/63	GXYZ－A2.5/100	GXYZ－A2.5/125
低压系统	泵装置型号		LBZ－16	LBZ－25	LBZ－40	LBZ－63	LBZ－100	LBZ－125
	流量/L·min^{-1}		16	25	40	63	100	125
	供油压力/MPa		≤0.4					
	供油温度/℃		40±3					
	电动机	型号	Y90S－4，V1		Y100S－4，V1		Y112S－4，V1	
		功率/kW	1.1		2.2		4	
		转速/r·min^{-1}	1450		1440		1440	
油箱容积/m^3			0.8		1.2		1.6	

续表 2.2.3

型 号			GXYZ-A2.5/16	GXYZ-A2.5/25	GXYZ-A2.5/40	GXYZ-A2.5/63	GXYZ-A2.5/100	GXYZ-A2.5/125
高压系统	泵装置型号		2.5MCY14-1B					
	流量/L·min^{-1}		2.5					
	供油压力/MPa		31.5					
	电动机	型号	Y112M-6 B35					
		功率/kW	2.2					
		转速/r·min^{-1}	940					
过滤精度/mm			0.08~0.12					
过滤面积/m^2			3		5		7	
冷却面积/m^2			1	1.5	3.6	5.7	9	11.25
电加热功率/kW			3×4		3×4		6×4	
外形尺寸/mm×mm×mm			1820×1130×1320		1880×1220×1650		—	
备 注			全部过滤切换压差为0.15MPa					

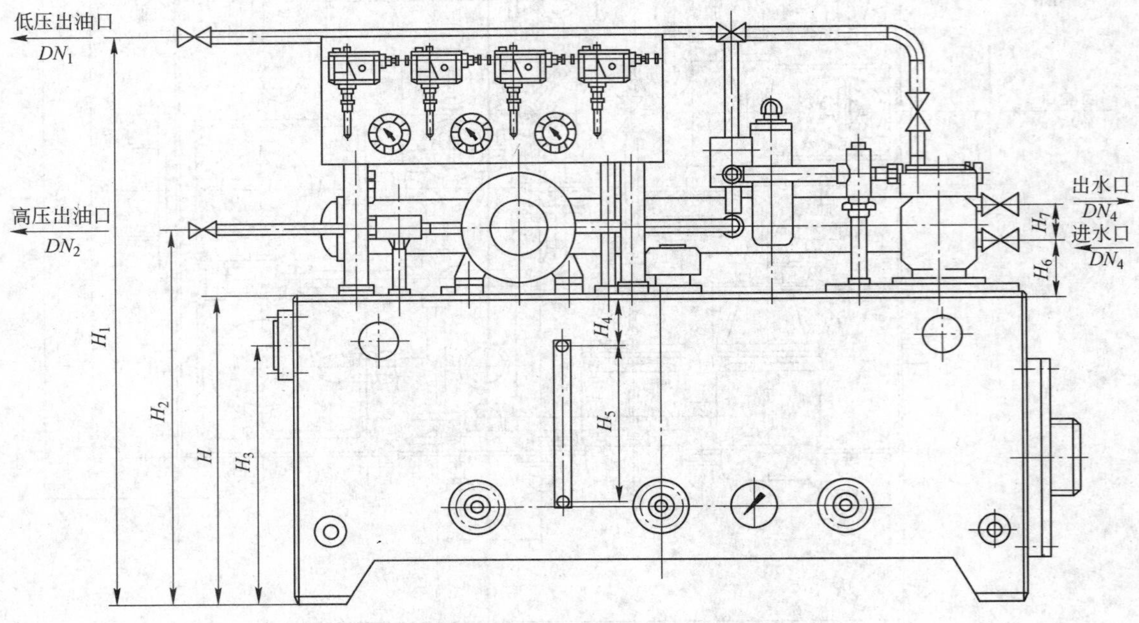

图 2.2.3 GXYZ 型 A 系列稀油站外形（一）

表 2.2.4 GXYZ 型 A 系列稀油站外形尺寸（启东市南方润滑液压设备有限公司 www.jsnfrh.com）（mm）

型 号	DN_1	DN_2	DN_3	DN_4	L	B	H	L_1	L_2	L_3	L_4	L_5
GXYZ-A2.5/16	25	10	50	25	1250	1000	1000	1490	925	185	18	140
GXYZ-A2.5/25												
GXYZ-A2.5/40	32	10	65	32	1400	1200	1050	1620	720	200	20	120
GXYZ-A2.5/63												

型 号	L_6	L_7	B_1	B_2	B_3	H_1	H_2	H_3	H_4	H_5	H_6	H_7
GXYZ-A2.5/16	100	208	1230	360	420	1500	1132	853	150	350	70	78
GXYZ-A2.5/25												
GXYZ-A2.5/40	100	276	1430	400	500	1550	1182	890	200	350	120	110
GXYZ-A2.5/63												

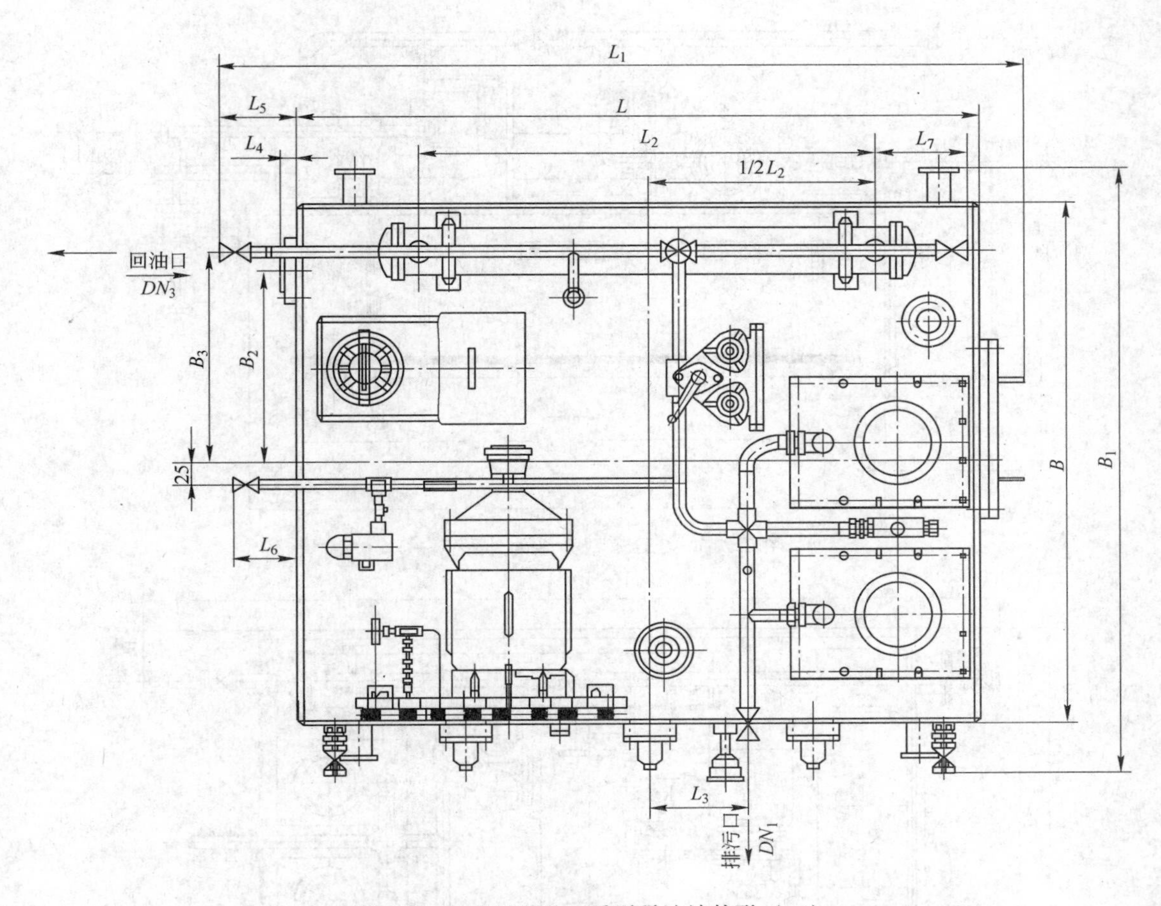

图 2.2.4　GXYZ 型 A 系列稀油站外形（二）

表 2.2.5　GXYZ 型 B 系列高（低）压稀油站技术性能（启东市南方润滑液压设备有限公司　www.jsnfrh.com）

<table>
<tr><td colspan="3">型　号</td><td>GXYZ－B20/100</td><td>GXYZ－B20/125</td><td>GXYZ－B20/160</td><td>GXYZ－B30/200</td><td>GXYZ－B30/250</td><td>GXYZ－B40/153</td></tr>
<tr><td rowspan="6">低压系统</td><td colspan="2">流量/L·min⁻¹</td><td>100</td><td>125</td><td>160</td><td>200</td><td>250</td><td>315</td></tr>
<tr><td colspan="2">供油压力/MPa</td><td colspan="6">≤0.4</td></tr>
<tr><td colspan="2">供油温度/℃</td><td colspan="6">40±3</td></tr>
<tr><td rowspan="3">电动机</td><td>型号</td><td colspan="2">Y100L2－4</td><td colspan="2">Y112M－4</td><td>Y132S－4</td><td>Y132M－4</td></tr>
<tr><td>功率/kW</td><td colspan="2">4</td><td colspan="2">4</td><td>5.5</td><td>7.5</td></tr>
<tr><td>转速/r·min⁻¹</td><td colspan="6">1450</td></tr>
<tr><td colspan="3">油箱容积/m³</td><td>1.6</td><td>2.0</td><td>2.2</td><td>2.8</td><td>3.3</td><td>4.2</td></tr>
<tr><td rowspan="5">高压系统</td><td colspan="2">流量/L·min⁻¹</td><td colspan="3">20</td><td colspan="2">30</td><td>40</td></tr>
<tr><td colspan="2">供油压力/MPa</td><td colspan="6">31.5</td></tr>
<tr><td rowspan="3">电动机</td><td>型号</td><td colspan="3">Y160L－6</td><td colspan="2">Y160L－4</td><td>Y180M－5</td></tr>
<tr><td>功率/kW</td><td colspan="3">11</td><td colspan="2">15</td><td>18.5</td></tr>
<tr><td>转速/r·min⁻¹</td><td colspan="3">950</td><td colspan="3">1450</td></tr>
<tr><td colspan="3">过滤精度/mm</td><td colspan="6">0.08～0.12（低压出口）</td></tr>
<tr><td colspan="3">过滤面积/m²</td><td colspan="2">11</td><td colspan="2">20</td><td colspan="2">28</td></tr>
<tr><td colspan="3">冷却面积/m²</td><td>9</td><td>11.25</td><td>16</td><td>20</td><td>25</td><td>30</td></tr>
<tr><td colspan="3">电加热功率/kW</td><td colspan="2">18</td><td colspan="2">24</td><td colspan="2">30</td></tr>
<tr><td colspan="3">外形尺寸/mm×mm×mm</td><td colspan="2">2300×1540×1800</td><td colspan="2">2750×1700×1900</td><td colspan="2">3350×1850×1950</td></tr>
<tr><td colspan="3">备　注</td><td colspan="6">实际油黏度高于 320cSt 时，低压泵功率应提高一级</td></tr>
</table>

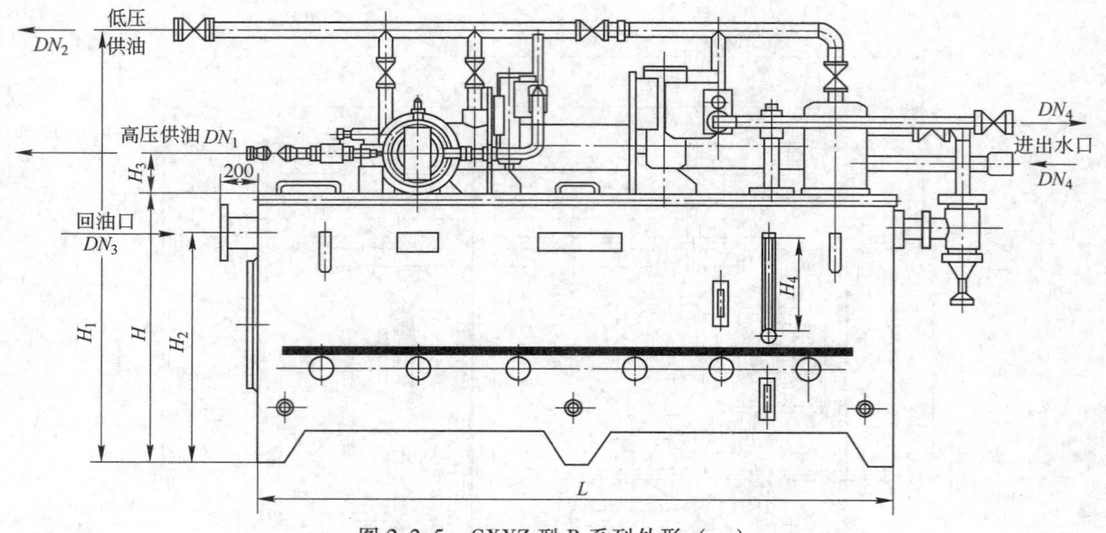

图 2.2.5 GXYZ 型 B 系列外形（一）

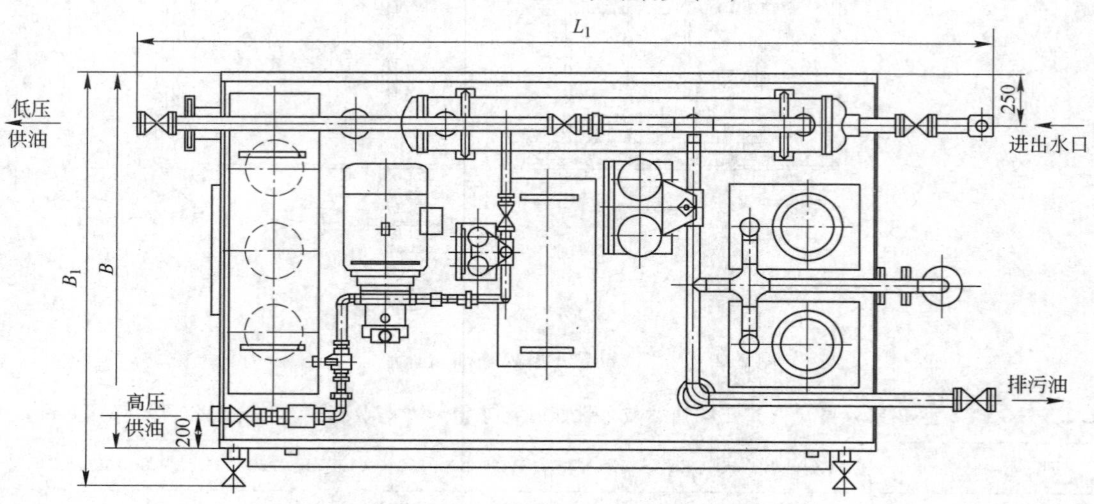

图 2.2.6 GXYZ 型 B 系列外形（二）

表 2.2.6 GXYZ 型 B 系列外形尺寸（启东市南方润滑液压设备有限公司 www.jsnfrh.com） (mm)

型 号	H	H_1	H_2	H_3	H_4	L	L_1	B	B_1	DN_1	DN_2	DN_3	DN_4
GXYZ - B20/100	1110	1800	940	160	400	1700	2300	1280	1540	20	320	100	G11/2
GXYZ - B20/125	1160	1800	990	160	400	1800	2300	1380	1540	20	40	100	G2
GXYZ - B20/160	1160	1900	990	160	400	1900	2750	1480	1700	20	40	125	G2
GXYZ - B30/200	1200	1900	1030	180	400	2200	2750	1530	1700	20	50	150	G2
GXYZ - B30/250	1200	1950	1030	180	450	2650	3350	1580	1850	20	65	150	G2
GXYZ - B40/315	1260	1950	1090	180	450	2800	3350	1680	1850	20	65	175	G2

表 2.2.7 SLQ 型双筒网式过滤器（0.6MPa）技术参数（启东市南方润滑液压设备有限公司 www.jsnfrh.com）

型 号	公称通径 D_N /mm	公称压力 /MPa	过滤面积 /m²	运动黏度 cSt										质量/kg
				28		46		67		89		326		
				过滤精度/mm										
				0.08	0.12	0.08	0.12	0.08	0.12	0.08	0.12	0.08	0.12	
				过滤精度/mm										
SLQ - 32	32	0.6	0.082	130	310	120	212	63	161	28.5	68.7	18.7	48.8	81.7
SLQ - 40	40		0.21	330	790	305	540	160	384	72.3	175	48	125	115
SLQ - 50	50		0.31	485	1160	447	793	250	565	106.5	256	69	160	203.8
SLQ - 65	65		0.52	820	1960	760	1340	400	955	180	434	106	250	288
SLQ - 80	80		0.833	1320	3100	1200	2150	630	1533	288	695	170	400	346
SLQ - 100	100		1.31	1990	4750	1840	3230	1000	2310	436	1050	267	630	468
SLQ - 125	125		2.20	3340	8000	3100	5420	1680	3890	730	1770	450	1000	1038.5
SLQ - 150	150		3.30	5000	12000	4650	8130	2520	5840	1094	2660	679	1600	1185
条件黏度 OE				4		6.3		9		12		44		

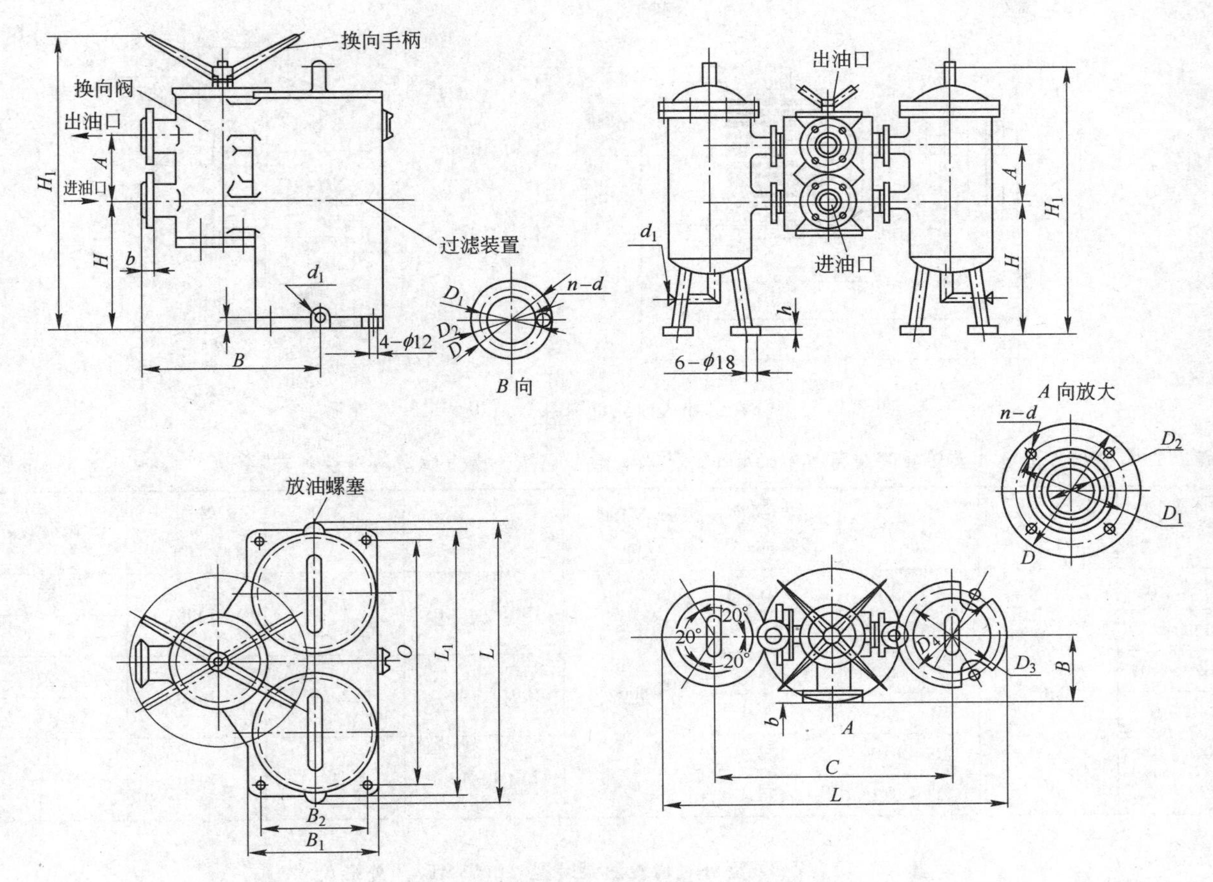

图 2.2.7 SLQ 型双筒网式过滤器（0.6MPa）外形

表 2.2.8 SLQ 型双筒网式过滤器（0.6MPa）**外形尺寸**

（启东市南方润滑液压设备有限公司 www.jsnfrh.com） （mm）

型 号	公称通径 D_N	A	B	B_1	B_2	C	d_1	D_3	D_4	H
SLQ－32	32	140	250	186	154	344	G3/8″	—	—	145
SLQ－40	40	165	265	222	184	410		—	—	180
SLQ－50	50	190	165	—	—	693	G1/2″	330	280	355
SLQ－65	65	200	170	—	—	713		374	300	395
SLQ－80	80	220	202	—	—	830	G3/4″	374	320	500
SLQ－100	100	250	202	—	—	895		442	400	610
SLQ－125	125	260	240	—	—	1200	G1″	755	600	640
SLQ－150	150	300	240	—	—	1200		755	600	860

型 号	H_1	L	L_1	h	时出油口连接法兰尺寸					
					D	D_1	D_2	b	d	n
SLQ－32	440	397	386	20	135	100	78	18	18	4
SLQ－40	515	480	447		145	110	85			
SLQ－50	800	1023	—		160	125	100	20		
SLQ－65	860	1097	—		180	145	120			
SLQ－80	990	1202	—		195	160	135	22		8
SLQ－100	1190	1337	—		215	180	155			
SLQ－125	1270	1955	—	30	245	210	185	24		
SLQ－150	1530	1955	—		280	240	210		23	

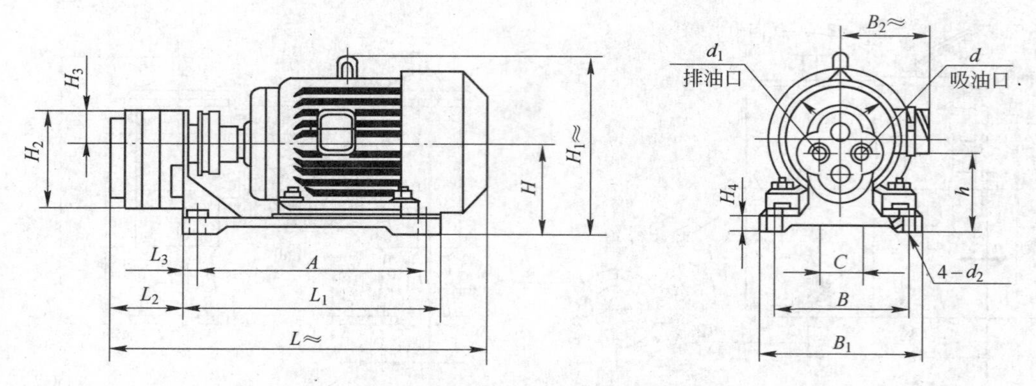

图 2.2.8 WBZ 型卧式齿轮油泵装置（0.63MPa）外形

表 2.2.9 WBZ 型卧式齿轮油泵装置（0.63MPa）技术参数（启东市南方润滑液压设备有限公司 www.jsnfrh.com）

型 号	公称压力 /MPa	型 号	公称流量 /L · min^{-1}	吸入高度 /mm	型 号	功率/kW	转速 /r · min^{-1}	质量/kg
WBZ2 - 16	0.63	CB3 - B16	16	500	Y90S - 4 - B3	1.1	1400	55
WBZ2 - 25		CB3 - B25	25					56
WBZ2 - 40		CB3 - B40	40		Y100L1 - 4 - B3	2.2	1420	80
WBZ2 - 63		CB3 - B63	63					100
WBZ2 - 100		CB3 - B100	100		Y112M - 4 - B3	4	1440	118
WBZ2 - 125		CB3 - B125	125					146

表 2.2.10 WBZ 型卧式齿轮油泵装置（0.63MPa）外形尺寸

（启东市南方润滑液压设备有限公司 www.jsnfrh.com） （mm）

型 号	$L\approx$	L_1	L_2	L_3	A	B	B_1	$B_2\approx$	C	H	$H_1\approx$	H_2	H_3	H_4	h	d	d_1	d_2
WBZ2 - 16	448	360	76	27	310	160	220	155	50	130	230	128	43	30	109	G3/4″	G3/4″	15
WBZ2 - 25	456		48															
WBZ2 - 40	514	406	92	25	360	215	250	180	55	142	287	152	50		116	G1″	G3/4″	15
WBZ2 - 63	546	433	104		387	244	290	190		162	315				136			
WBZ2 - 100	660	485	119	27	433	250	300	210	65	172	345	185	60	40	140	G1 1/4″	G1″	15
WBZ2 - 125	702	500	126		448	280	330			200	383				168			

表 2.2.11 XHZ 型稀油润滑装置技术参数（启东市南方润滑液压设备有限公司 www.jsnfrh.com）

型 号	公称流量 /L · min^{-1}	油箱容积 /m^3	电动机		过滤面积 /m^2	换热面积 /m^2	冷却水管通径 /mm	冷却水耗量 /m^3 · h^{-1}	电加热器功率 /kW	蒸汽管通径 /mm	蒸汽耗量 /kg · h^{-1}	压力罐容量 /m^3	出油口通径 /mm	回油口通径 /mm	质量（约） /kg
			极数 /P	功率 /kW											
XHZ - 6.3	6.3	0.25	6	0.75	0.05	1.3	25	0.6	3	—	—	—	15	40	320
XHZ - 10	10														
XHZ - 16	16	0.5	6	1.1	0.13	3	25	1.5	6	—	—	—	25	50	980
XHZ - 25	25														
XHZ - 40	40	1.25	6	2.2	0.20	6	32	3.8	12	—	—	—	32	65	1520
XHZ - 63	63														
XHZ - 100	100	2.5	6	5.5	0.40	11	32	7.5	18	—	—	—	40	80	2850
XHZ - 125	125														
XHZ - 160	160	5	4，6	7.5	0.52	20	65	20	—	25	40	—	65	125	3950
XHZ - 200	200														
XHZ - 225	225	10	4，6	11	0.83	35	100	30	—	25	65	—	80	150	5660
XHZ - 315	315														

续表 2.2.11

型号	公称流量 /L·min⁻¹	油箱容积 /m³	电动机		过滤面积 /m²	换热面积 /m²	冷却水管通径 /mm	冷却水耗量 /m³·h⁻¹	电加热器功率 /kW	蒸汽管通径 /mm	蒸汽耗量 /kg·h⁻¹	压力罐容量 /m³	出油口通径 /mm	回油口通径 /mm	质量(约) /kg
			极数 /P	功率 /kW											
XHZ-400	400	16	4，6	15	1.31	50	100	45	—	32	90	—	100	200	7290
XHZ-500	500														
XHZ-630	630	20	6	18.5	1.31	60	100	55	—	32	120	2	100	250	8169
XHZ-630A															10160
XHZ-800	800	25	6	22	2.2	80	125	70	—	40	140	2.5	125	250	11550
XHZ-800A															13780
XHZ-1000	1000	31.5	6	30	2.2	100	125	90	—	50	180	3.15	125	300	13315
XHZ-1000A															15500
XHZ-1250	1250	40	6	37	3.3	120	150	110	—	50	200	4	150	300	15350
XHZ-1250A															17960
XHZ-1600	1600	50	6	45	3.3	160	150	145	—	65	260	5	150	350	20010
XHZ-1600A															23020
XHZ-2000	2000	63	8	55	6	200	200	180	—	65	310	6.3	200	400	25875
XHZ-2000A															30300

注：1. A 为带压力罐的稀油润滑装置，呈正方形布置。

2. 斜齿轮油泵为 4 极电机；人字齿轮油泵为 6 极电机；极数也根据介质黏度确定，黏度高时宜选低速。

3. 如冷却水质采用江河水，需经过滤沉淀，水温不应超过 32℃。

表 2.2.12 XYHZ 型稀油润滑装置技术参数（启东市南方润滑液压设备有限公司 www.jsnfrh.com）

公称流量 /L·min⁻¹	油箱容积 /m³	电动机		过滤能力 /L·min⁻¹	换热面积 /m²	冷却水管通径 /mm	冷却水耗量 /m³·h⁻¹	电加热器功率 /kW	压力罐容量 /m³	蒸汽耗量 /kg·h⁻¹	蒸汽管通径 /mm	出油口通径 /mm	回油口通径 /mm	质量 /kg
		极数 /P	功率 /kW											
6.3	0.25	4	0.75	110	1.3	15	0.6	3	—	—	—	15	32	375
10														400
16	0.5	4	1.1		3	25	1.5	6	—	—	—	25	50	500
25														530
40	1.25	2:4:6	2.2	270	6	32	3.6	12	—	—	—	32	65	1000
63					7		3.8							1050
100	2.5	4:6	4	680	13	50	6	18	—	—	—	50	80	1650
125			5.5		15		7.5							1700
160	4.0	2:4:6	5.5		19	65	9.6	24	—	—	—	65	125	2050
200			7.5		23		12							2100
250	6.3	2:4:6	11	1300	30	65	15	36	—	—	—	80	150	2950
315					37		19							3000
400	10.0	2:6	15		55	65	24	48	—	—	—	80	200	3800
500							30							3850
630	16.0	2:4:6	18.5 18.5	2300	70	80	38	48	—	—	—	100	250	5700
800			30		90		48							5750
1000	31.5	2:4:6	30	2800	120	150	90	—	3	180	60	125	250	—
1250	40.0	2:4:6	37	4200	120	150	113	—	4	220	60	125	250	—
1600	50.0	2:4:6	45	6800	160	200	144	—	5	260	60	150	300	—
2000	63.0	2:4:6	55	9000	200	200	180	—	6.3	310	60	200	400	—

注：表中过滤能力是在过滤精度 0.08mm，介质黏度 $46\times10.5\mathrm{m^2/s}$，滤油压差 $\Delta P=0.02\mathrm{MPa}$ 条件下的理论值。

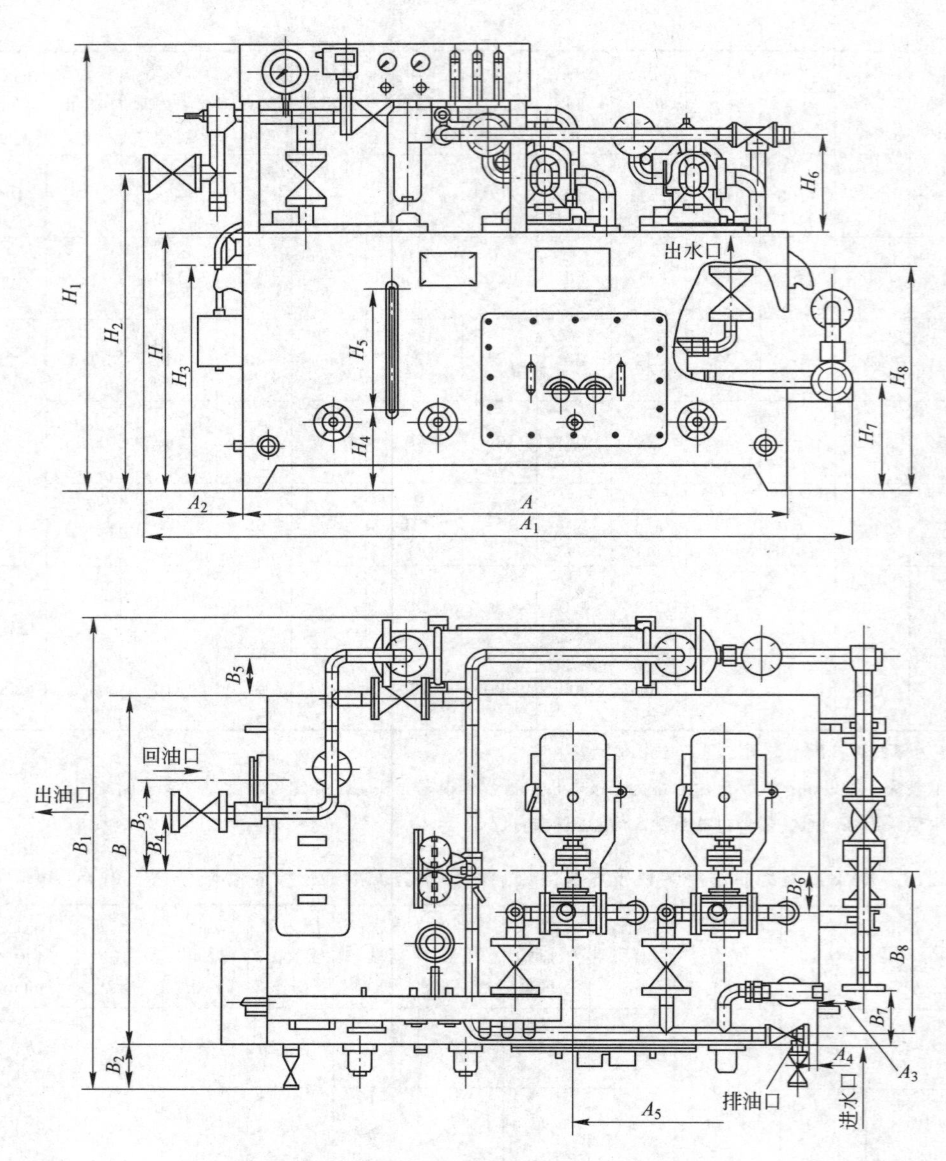

图 2.2.9 XYHZ 型稀油润滑装置结构

表 2.2.13 XYHZ 型稀油润滑装置技术参数（启东市南方润滑液压设备有限公司 www.jsnfrh.com）

项 目			单 位	参数值	备 注
装置公称压力			MPa	0.5	
装置介质黏度			m^2/s	$2.2\times10^{-5}\sim4.6\times10^{-5}$	
过滤精度			mm	0.08～0.13	
冷却器	温 度		℃	≤30	如采用江河水冷却，需经过滤沉淀处理
	进水压力		MPa	0.4	
	进油温度		℃	≤50	
	油温度		℃	≥8	
加热方式	电加热		—	—	用于 $Q\leq800$L/min 装置
	蒸汽加热	蒸汽温度	℃	≥133	用于 $Q\geq1000$L/min 装置
		蒸汽压力	MPa	0.3	
		公称流量	—	—	
装置油介质工作温度			℃	40±59	

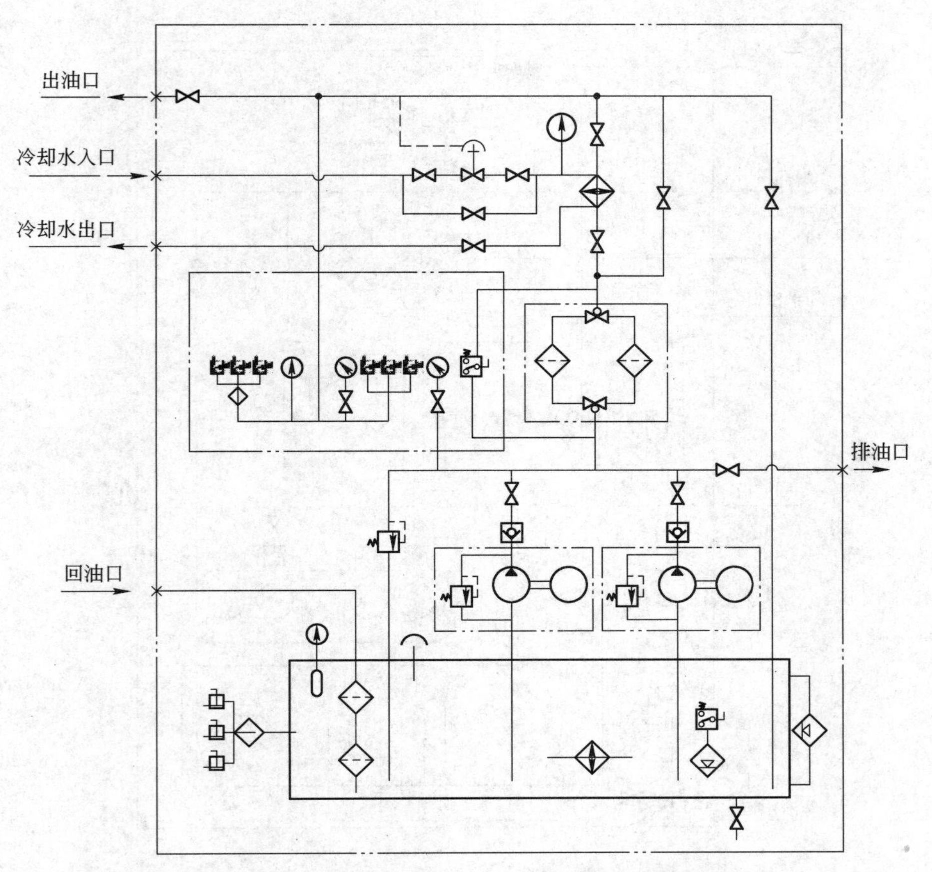

图 2.2.10 $Q \leqslant 800L/min$ 用自力式温调阀的装置系统

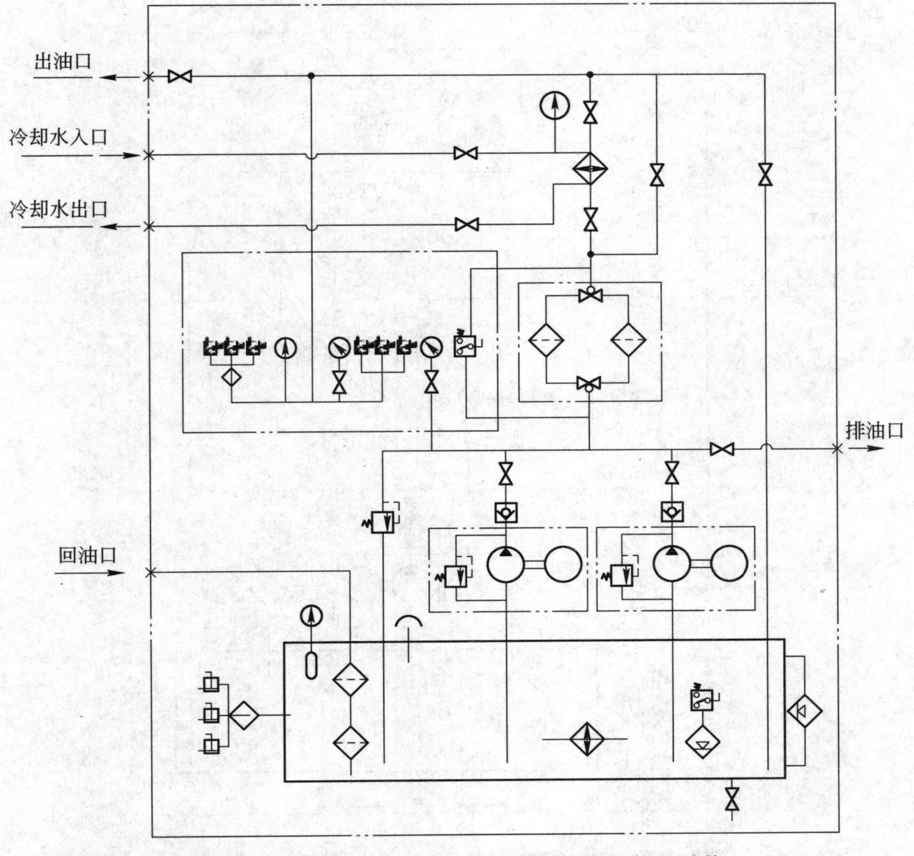

图 2.2.11 $Q \leqslant 800L/min$ 用温度调节器的装置系统

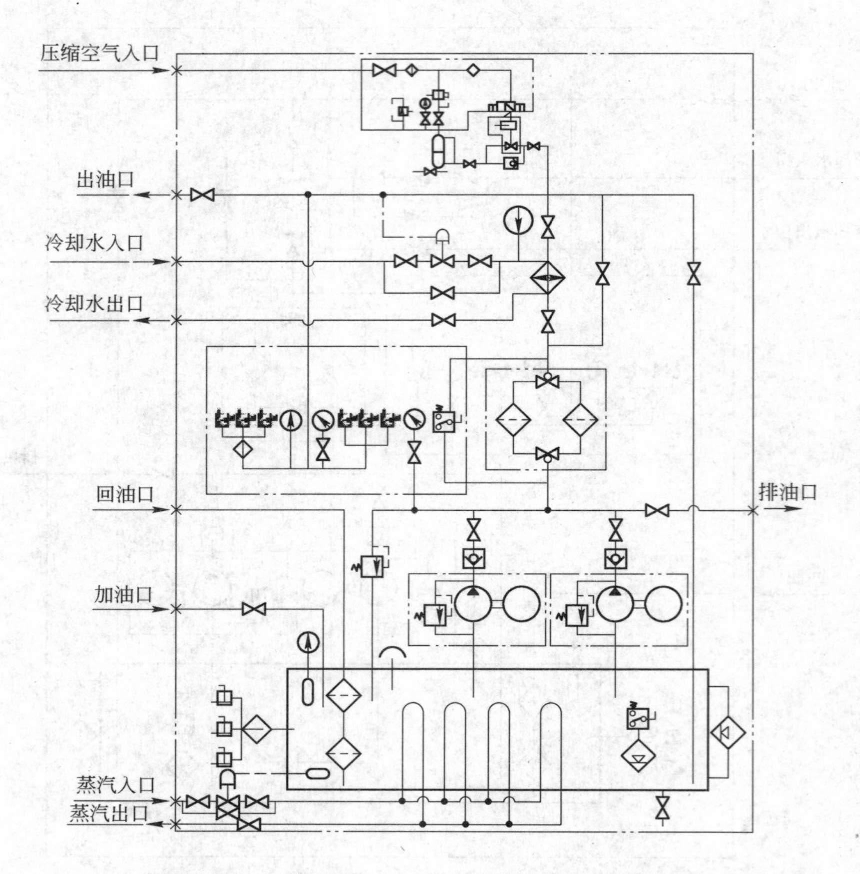

图 2.2.12 $Q \geqslant 1000$L/min 用自力式温调阀的装置系统

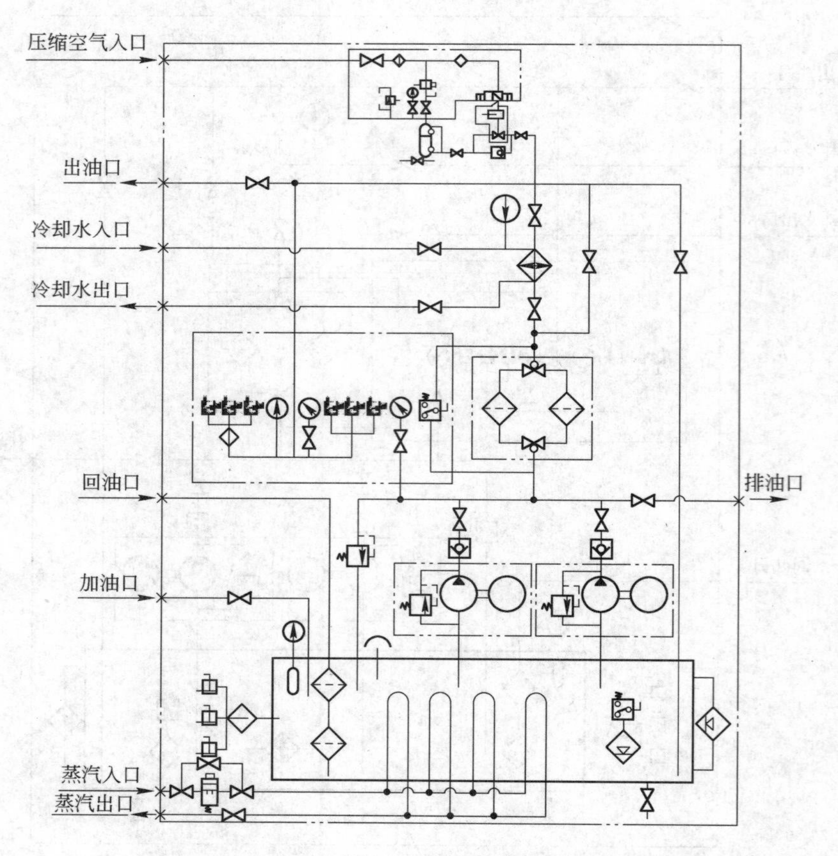

图 2.2.13 $Q \geqslant 1000$L/min 用温度调节器的装置系统

表 2.2.14 XYZ-GZ 型整体式稀油站技术参数（启东市南方润滑液压设备有限公司 www.jsnfrh.com）

型 号	公称流量 /L·min^{-1}	供油压力 /MPa	供油温度 /℃	油箱容积 /m^3	加热功率 /kW	冷却面积 /m^2	冷水耗量 /m^3·h^{-1}
XYZ-250GZ	250			3		12	22.5
XYZ-290GZ	290			3.2		16	26
XYZ-315GZ	315	≤0.4	40±3	3.5	24	20	28
XYZ-350GZ	350			4.2		24	21.6
XYZ-400GZ	400			4.5		24	36

型 号	过滤面积/m^2	过滤精度/mm	电机功率/kW	出油口 DN_2/mm	回油口 DN_1/mm	总图代号
XYZ-250GZ			7.5	65	125	NR X 2.01.1.00
XYZ-290GZ	0.84	0.08	11			NR X 2.01.2.00
XYZ-315GZ			11		150	NR X 2.01.3.00
XYZ-350GZ	1.31	0.12	11	80		NR X 2.01.4.00
XYZ-400GZ			11			NR X 2.01.5.00

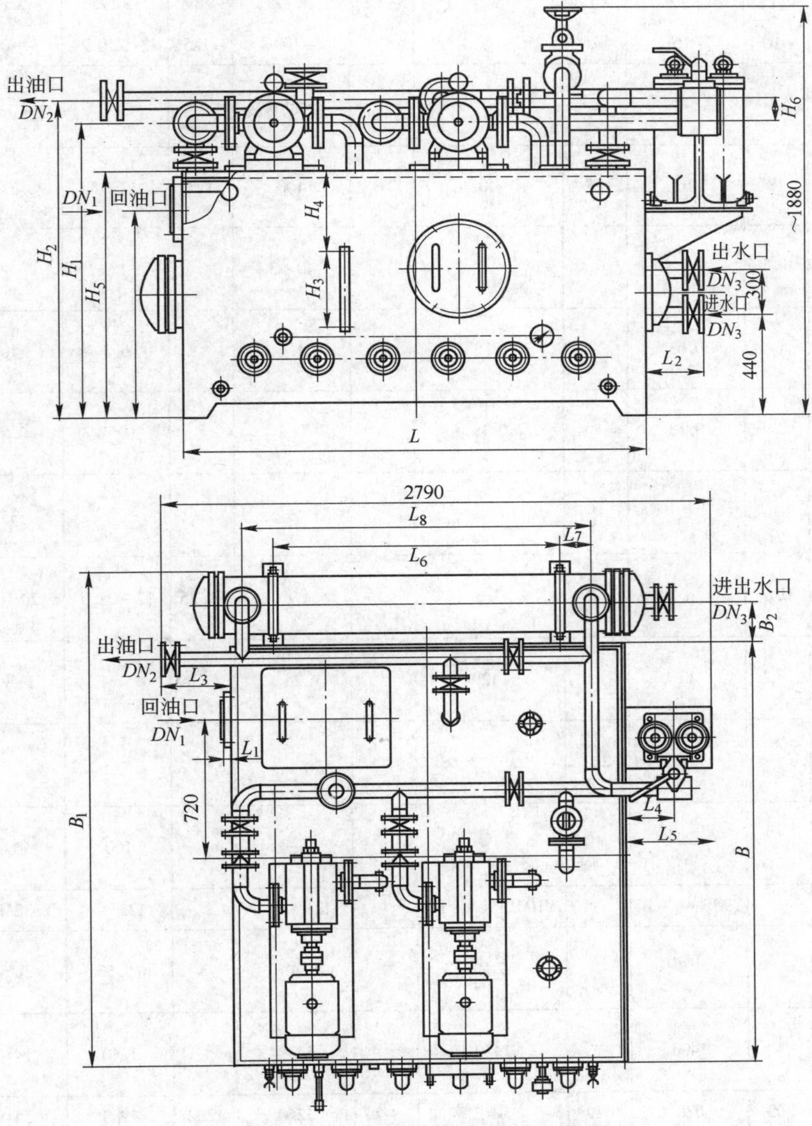

图 2.2.14 XYZ-GZ 型整体式稀油站外形

表 2.2.15 XYZ－GZ 型稀油站外形尺寸（启东市南方润滑液压设备有限公司 www. jsnfrh. com） （mm）

型　号	DN_1	DN_2	DN_3	L	B	H	L_1	L_2	L_3	L_4	L_5
XYZ－250GZ	125	65	65	1900	2100	1020	24	272	450	220	440
XYZ－290GZ	150	65	65	1900	2200	1020	24	292	450	220	440
XYZ－315GZ	150	80	65	2000	2200	1120	24	292	350	220	440
XYZ－350GZ	150	80	80	2100	2200	1120	24	397	250	220	440
XYZ－400GZ	150	80	80	2100	2200	1120	24	397	250	220	440
型　号	L_6	L_7	L_8	B_1	B_2	H_1	H_2	H_3	H_4	H_5	H_6
XYZ－250GZ	660	152	960	2535	218	1260	1365	350	230	840	105
XYZ－290GZ	1065	152	1365	2635	218	1260	1365	350	230	840	105
XYZ－315GZ	1475	152	1775	2635	218	1360	1465	450	230	940	105
XYZ－350GZ	1835	147	2175	2735	218	1260	1465	450	230	940	105
XYZ－400GZ	1835	147	2175	2735	218	1360	1465	450	230	940	105

表 2.2.16 XYZ－G 型稀油站技术参数（启东市南方润滑液压设备有限公司 www. jsnfrh. com）

型　号		XYZ－6G	XYZ－10G	XYZ－16G	XYZ－25G	XYZ－40G	XYZ－63G	XYZ－100G	XYZ－125G	XYZ－250G	XYZ－400G	XYZ－630G	XYZ－1000G
供油压力/MPa								≤0.4					
公称流量/L·min^{-1}		6	10	16	25	40	63	100	125	250	400	630	1000
供油温度/℃								40±3					
油箱容积/m^3		0.15		0.63		1		1.6		6.3	10	16	25
过滤面积/m^2		0.05		0.13		0.19		0.4		0.52	0.83	1.31	2.2
换热面积/m^2		0.6		3		4		6		24	35	50	80
冷却水耗量/m^3·h^{-1}		0.36	0.6	1	1.5	3.6	5.7	9	11.25	12～22.5	20～36	30～56	60～90
电加热器	功率/kW	2		12		12		24		—	—	—	—
	电压/V				220								
蒸汽耗量/m^3·h^{-1}		—		—		—		—		100	160	250	400
电动机	型号	JW7124－B5		Y90S－4－B5		Y100L1－4－B5		Y112M－4－B5		Y132S－4	Y132M－4	Y160L－4	Y180L－4
	功率/kW	0.55		1.1		2.2		4		5.5	7.5	15	22
	转速/r·min^{-1}	1400		1400		1430		1440		1440	1440	1460	1470
质量/kg		308	309	628	629	840	842	1260	1262	3980	5418	8750	12096

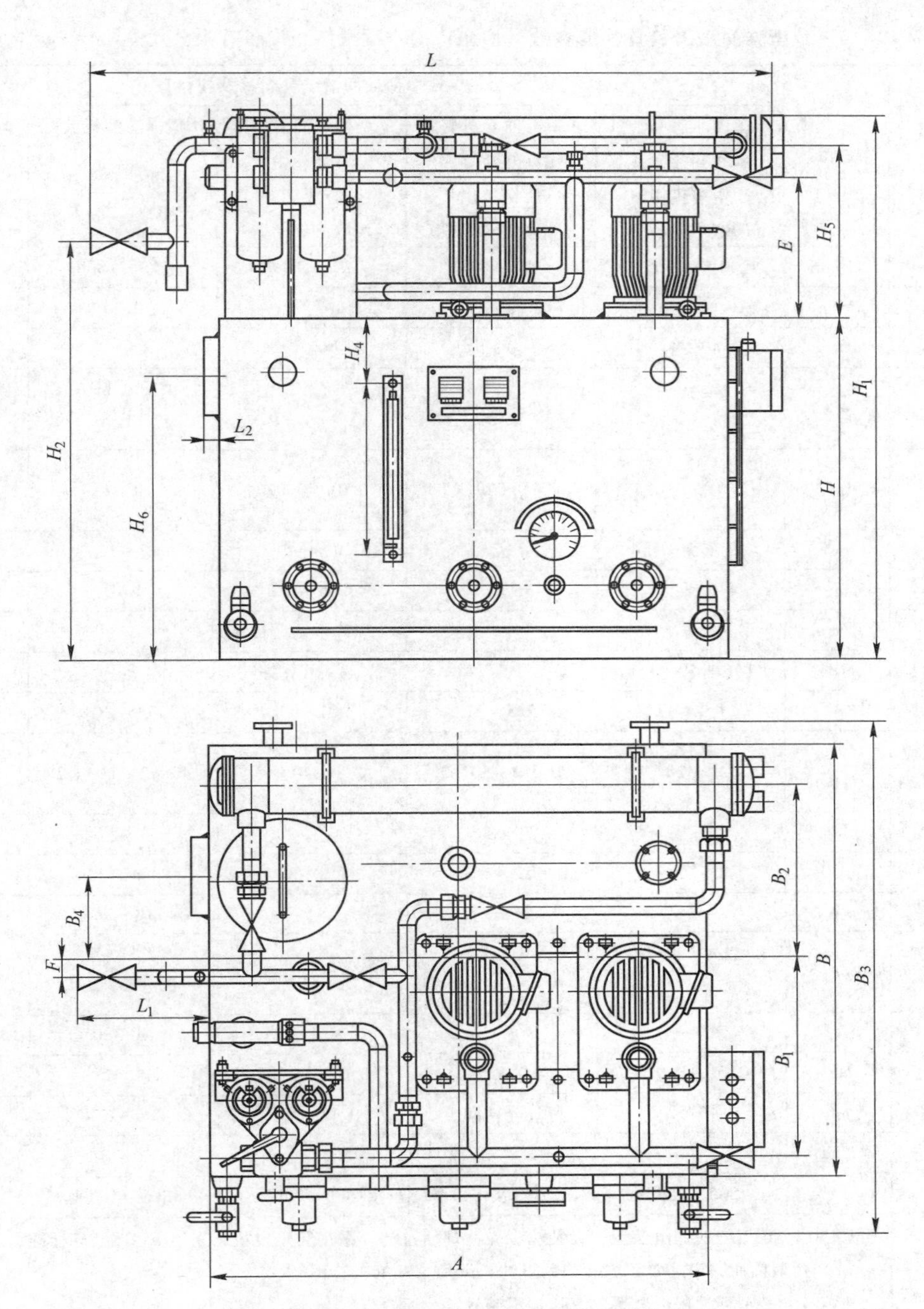

图 2.2.15 XYZ-6G~XYZ-125G 稀油站外形

表 2.2.17 **XYZ-6G~XYZ-125G 稀油站外形尺寸**（启东市南方润滑液压设备有限公司 www.jsnfrh.com）（mm）

型号	DM	d	A	B	H	L	L_1	L_2	B_1	B_2	B_3	E	B_4	F	H_1	H_2	H_3	H_4	H_5	H_6	d_1
XYZ-6G XYZ-10G	25	G1/2″	700	550	450	890	190	20	255	220	742	213	150	0	800	550	268	80	268	380	G3/4″
XYZ-16G XYZ-25G	50	G1″	1000	900	700	1371	256	30	410	363	1120	285	175	35	1120	855	350	130	350	580	G1″
XYZ-40G XYZ-63G	50	G11/4″	1200	1000	850	1545	235	30	470	390	1244	290	248	60	1360	990	355	160	355	740	G1″
XYZ-100G XYZ-125G	80	G11/2″	1500	1200	950	2198	390	32	560	444	1400	305	170	100	1500	978	355	180	375	820	G11/4″

表 2.2.18 A～E 型稀油润滑装置性能参数（启东市南方润滑液压设备有限公司 www.jsnfrh.com）

性能参数		单位	A～E 型稀油润滑装置名称及规格型号				
			A 型稀油润滑装置	B 型稀油润滑装置	C 型稀油润滑装置	D 型稀油润滑装置	E 型稀油润滑装置
			螺杆和往复式压缩机用（NRY－※A 型）	螺杆和往复式压缩机用（NRY－※B 型）	石油化工行业用（NRY－※C 型）	催化、裂化用（NRY－※D 型）	空压机和增压机用（NRY－※E 型）
公称流量		L/min	16～300	125～600	16～250	320～1000	719～879
供油压力		MPa	0.4			0.35	0.27～0.3
供油温度		℃	40～45	40±5	40±5	45±3	45±5
介质牌号或黏度		cSt	N22～N150			ISO VG 46	ISO VG 46
清洁度或过滤精度		mm	0.01～0.025	0.025	0.01、0.025	0.02	0.01
主油箱容积		m^3	无	无	0.4～5	5～12	3～10（有效）
高位油箱容积		m^3	无	无	0.05～0.8	1～3	无
油泵装置	流量	L/min	≥120%系统公称流量				
油泵装置	出口压力	MPa	1（辅泵一台）	1（一用一备）			1（辅泵一台）
油泵装置	功率	kW	1.1～11	5.5～22	1.1～11	11～30	22～30
冷却器	换热功率或面积	kW 或 m^2	2～28	10×2～50×2	2.1～20×2	40×2～140×2	71×2～97×2
冷却器	供水温度	℃	30～35			30	33
冷却器	水耗量	m^3/h	2～37.5	12～60	1.5～32	40～120	61～76
加热装置	功率	kW	—	—	—	18～36	7.5×2
加热装置	单位面积热功率	W/cm^2	—	—	1.2	1.2	0.7
加热装置	电压	V	—	—	—	AC 380	AC 380
过滤器	过滤精度	mm	0.01～0.025	0.025	0.01、0.025	0.02	0.01
过滤器	过滤面积	m^2	0.15～2.5	1.0～4.8	0.15～2.0	2.6～6.4	6
过滤器	清洗压差	MPa	≥0.12				≥0.1
质 量		kg	500～4500	2300～5880	1500～7000	8500～16000	9500～11000
特 点			（1）A、B 型稀油润滑装置，无油箱，先冷却后过滤，采用防爆电机，采用 API 和 SH 标准； （2）C 型稀油润滑装置，先冷却后过滤，采用 API 标准； （3）D、E 型稀油润滑装置，有排油雾装置				
用户列举			林德工程配套北台钢铁（集团）有限责任公司 林德工程配套上海焦化有限公司 林德工程配套内蒙古达信工业气体有限公司 林德工程配套中国石化集团南京化学工业有限公司 林德工程配套本溪钢铁（集团）有限公司本钢氧气项目 大化集团有限责任公司合成氨项目 内蒙古三维煤化工有限公司甲醇项目 陕西神木化学工业有限公司甲醇项目 兖矿集团国宏化工有限公司高硫煤综合利用项目 华亭中煦煤化工有限责任公司煤制甲醇项目 内蒙古卓正煤化工有限公司 120 万吨/年甲醇项目 陕西延长石油（集团）有限责任公司醋酸项目			林德（杭州）工程有限公司 无锡压缩机股份有限公司 上海东方压缩机有限公司 沈阳远大压缩机有限公司 海南长城机械有限公司 嘉利特荏原泵业有限公司 盘锦北方沥青有限公司 苏尔寿泵业有限公司 中国空分（杭州）有限公司 沈阳水泵（石化泵）有限公司 沈阳鼓风机集团公司 陕西鼓风机集团公司	

注：1. “※”记号为该型的公称流量（L/min）值；

2. A～E 型稀油润滑装置的技术参数可根据润滑工艺和实际情况进行设计。

表 2.2.19 F 型稀油润滑装置性能参数（启东市南方润滑液压设备有限公司 www.jsnfrh.com）

性能参数		单位	NRY－3000F 型	NRY－2000F 型	性能参数		单位	NRY－3000F 型	NRY－2000F 型
公称流量	润滑油	L/min	2876	1757	紧急油箱	流量	L/min	77.1	39
	控制油		96	70		泵口压力	MPa	1	0.5
	紧急油		60	30		功率	kW	—	2.2
供油压力	润滑油	L/min	0.378	0.38	冷却器	换热功率或面积	kW 或 m^2	1485 或 160×2	914 或 110
	控制油		2.128	1.63		进水温度	℃	≤28	≤28
	紧急油		0.23			水耗量	m^3/h	215	132
供油温度		℃	45±5	45±5	电加热装置	功率	kW	20×4	20×3
介质牌号或黏度		cSt	ISO VG 46	ISO VG 46		电压	V	AC 380	AC 380
过滤精度		mm	−0.01	−0.01	排油雾风机	流量	m^3/h	600	600
主油箱	有效容积	m^3	60	40.5		风压	Pa	2600	2600
	材质	—	1Cr18Ni9Ti	—		真空度	mbar	−5～20	−5～20
高位油箱	容积	m^3	20.4	14.62		功率	kW	0.9	1.1×2
	材质	—	1Cr18Ni9Ti	—		数量	—	2	2
润滑油	流量	L/min	3485	2132	润滑油过滤器	过滤精度	mm	0.01	0.01
泵装置	泵口压力	MPa	1（一用一备）	1（一用一备）		清洗压差	MPa	≥0.12	≥0.12
	功率	kW	—	75×2	控制油过滤器	过滤精度	mm	0.01	0.01
控制油箱	流量	L/min	140	134		清洗压差	MPa	≥0.12	≥0.12
	泵口压力	MPa	3	2	紧急油过滤器	过滤精度	mm	0.01	0.01
	功率	kW	—	11×2		清洗压差	MPa	≥0.12	≥0.12
特点	（1）连续流量切换阀根据本公司专利技术设计，换向灵活方便，无泄漏点； （2）集装式布置，占地空间小； （3）先冷却后过滤，最大限度保证润滑油的清洁度； （4）润滑油泵和控制油泵，均采用一用一备的形式，紧急油泵单独配； （5）压力仪表集中布置，温度仪表就地安装； （6）油压控制采用自力式压力调节阀控制，故障率低； （7）油温采用自力式温控阀控制，基本不需要维护； （8）控制信号线和电加热器电源线分别接至接线箱，并以此分界								
用户列举	兖矿鄂尔多斯煤化工有限公司 兖矿乌鲁木齐煤化工有限公司								

注：1. 本装置为联合润滑油站，可以为主容压机，增后机和汽轮机，同时供油；

2. 油站的储存、运行和维护按本公司编制的使用说明书的规定执行；

3. 各外接管口方位可按客户要求布置；

4. 稀油润滑装置（F 型）的技术参数可根据润滑工艺实际情况进行设计。

表 2.2.20 五机架冷连轧机组工艺润滑装置主要技术性能参数（启东市南方润滑液压设备有限公司 www.jsnfrh.com）

性能参数	单位	五机架冷连轧机组工艺润滑装置主要技术性能参数							
		1号供乳系统（1~4号轧机）	2号供乳系统（5号轧机）	乳化液提升系统		基础油系统	脱盐水系统	轧机冲洗系统	分段冷却控制阀组（1~5号轧机）
				1~4号轧机	5号轧机				
公称流量	L/min	17000~32000	4500~8000	17500~32500	4600~8100	50~100	1000~1200	1000~2000	20000~40000
供液压力	MPa	0.9~1.0	0.9~1.0	0.2~0.4	0.2~0.4	0.2~0.4	0.2~0.4	0.8~1.0	0.6~0.75
供液温度	℃	50~55	50~55	50~55	50~55	50~55	50~55	60~80	50~55
工作介质		乳化液	乳化液	乳化液	乳化液	轧制油	脱盐水	热水	乳化液
过滤精度	mm	0.05~0.15	0.05~0.15	—	—	0.08~0.15	—	—	—
液箱容积	m^3	(200~300)×2	65~80	—	—	20~30	20~60	30~60	—
冷却面积	m^2	210~260	60~80	—	—	—	—	—	—
加热面积	m^2	60~90	15~20	—	—	5~10	—	—	—
特点	（1）供液系统采用单独循环加热及冷却，检修及维护方便； （2）采用蒸汽加热，加热时间快，成本降低								
工艺润滑装置用户列举	攀钢（西昌）钒钛2030mm五机架冷连轧工程 天津天铁冶金集团有限责任公司1750mm五机架冷连轧工程 新余钢铁股份有限公司1550mm五机架冷连轧工程 安阳钢铁股份有限公司1550mm五机架冷连轧工程 黄石山力兴冶薄板有限公司1420mm五机架冷连轧工程 山东远大板业科技有限公司1420mm五机架冷连轧工程 海宁联鑫板材科技有限公司1420mm五机架冷连轧工程 浙江协和首信钢业有限公司1450mm五机架冷连轧工程 尼日利亚9000mm五机架冷连轧工程 张家港扬子江冷轧板有限公司1420mm五机架冷连轧工程（双线） 唐山宏文钢铁有限公司1450mm单机架可逆冷连轧工程 山东远大板业科技有限公司1250mm单机架可逆冷连轧工程 广西柳州银海铝业股份有限公司2800mm单机架冷轧工程 山东新青路钢板有限公司1420mm单机架冷轧工程 一重集团天津重工有限公司1450mm六辊冷轧工程 ※浙江永杰铝业有限公司1850mm“1+3”热连轧工程 ※宁夏锦宁巨科新材料有限公司1850mm“1+4”铝板带工程 ※广西柳州银海铝业股份有限公司3300mm+2850mm“1+4”热轧机组工程								

注：1. 用户列举中带“※”记号的为热连轧机组工艺润滑装置的用户；

2. 冷连轧机组（或热连轧）工艺润滑的技术参数可根据工艺实际情况进行设计。

表 2.2.21 高线行业稀油润滑装置性能参数（启东市南方润滑液压设备有限公司 www.jsnfrh.com）

性能参数		单位	粗轧区稀油润滑装置	中轧区稀油润滑装置	预精轧区稀油润滑装置	精轧区稀油润滑装置	减定径机稀油润滑装置
公称流量		L/min	800~1700	300~1500	250~630	1250~3000	800~1500
供油压力		MPa	0.5	0.5	0.7	0.7	0.7
供油温度		℃	40±3	40±3	40±3	40±3	40±3
介质牌号或黏度		cSt	ISO VG320	ISO VG220	ISO VG220	ISO VG100	ISO VG150
油箱容积		m^3	20~50	16~40	4~20	30~80	20~40
油箱数量		个	1	1	2	2	1
压力罐容积		m^3	—	—	0.65~2	5~10	3.5
油泵装置	泵额定压力	MPa	1.0	1.0	1.0	1.0	1.0
	电机功率	kW	30~55	11~45	11~22	37~90	30~45
	电机转速	r/min	1450	1450	1450	1450	1450
过滤器	过滤精度	mm	0.05	0.05	0.012	0.012	0.012
	清洗压差	MPa	≥0.16	≥0.15	≥0.15	≥0.15	≥0.15
加热装置	单油箱加热功率	kW	72~150	54~120	24~72	96~240	72~120
	电压	V	AC 380	AC 380	AC 380	AC 380	AC 380

续表 2.2.21

性能参数		单位	粗轧区稀油润滑装置	中轧区稀油润滑装置	预精轧区稀油润滑装置	精轧区稀油润滑装置	减定径机稀油润滑装置
冷却器	供水温度	℃	≤28~33	≤28~33	≤28~33	≤28~33	≤28~33
	冷却器面积	m^2	80~180	30~150	25~65	135~360	90~180
	冷却水压力	MPa	0.2~0.4	0.2~0.4	0.2~0.4	0.2~0.4	0.2~0.4
	冷却水耗量	m^3/h	72~155	30~135	20~60	120~280	72~150
净油机能力		L/min	—	—	50~100	150~200	150~200

高线稀油润滑装置用户列举		
	邯郸钢铁集团有限责任公司 Morgan 高线工程	山东鑫华特钢集团有限公司双高线工程
	天津冶金集团轧三友发钢铁有限公司 Morgan 高线工程	西林钢铁集团有限公司双高线工程
	天津冶金集团轧三友发钢铁有限公司 DANIELI 高线工程	河北鑫达钢铁有限公司双高线工程
	山东富伦钢铁有限公司 140 万吨双高线工程	常熟市龙腾特种钢有限公司 60 万吨高线工程
	山西通才工贸有限公司 150 万吨双高线工程	云南玉溪玉昆钢铁集团有限公司 70 吨高线工程
	江苏永钢集团有限公司 140 万吨双高线工程	江苏胜丰钢铁集团有限公司 60 万吨高线工程
	山西立恒钢铁股份有限公司 100 万吨双高线工程	福建乾达重型机械有限公司 75m/s 高线工程
	首钢长治钢铁有限公司 110 万吨双高线工程	福建三宝特钢有限公司高线工程
	安徽首矿大昌金属材料有限公司双高线工程	芜湖新兴铸管有限责任公司三山轧钢高线工程
	唐山市丰南区经安钢铁有限公司双高线工程	首钢贵阳特殊钢有限责任公司高线工程
	山西常平钢铁轧钢有限公司双高线工程	日照钢铁控股集团有限公司三高线工程
	唐山国义特种钢铁有限公司双高线工程	福建吴航不锈钢制品有限公司高线工程
	营口嘉晨钢铁有限公司双高线工程	吉林鑫达钢铁有限公司高线工程
	唐山东华钢铁企业集团有限公司二期轧钢双高线工程	新兴铸管新疆有限公司高线工程
	甘肃酒钢集团宏兴钢铁有限责任公司 2×80 万吨双高线工程	首钢贵阳特殊钢有限责任公司高线工程

注：高线稀油润滑装置的技术参数可根据客户要求或高线工艺实际情况进行设计。

表 2.2.22 HTRB-Z 型组合电动润滑泵技术参数（太原恒通装备制造有限公司 www.tyhtzb.com）

型号	泵名称	公称压力 /MPa	公称流量 /mL·min^{-1}	电机功率 /kW	贮油器容积 /L	升降高度 /mm	质量 /kg
HTRB-ZL195-0.8/30※	工作泵	20	195	0.75	50	1000	258
	补脂泵	0.8	30000	0.75	—		
HTRB-ZL585-0.8/30※	工作泵	20	585	1.5	90		498
	补脂泵	0.8	30000	0.75	—		
HTRB-ZM430-0.8/30※	工作泵	40	430	1.5	90		498
	补脂泵	0.8	30000	0.75	—		

表 2.2.23 HTRB-Z 型组合电动润滑泵技术参数（太原恒通装备制造有限公司 www.tyhtzb.com）

产品型号	HTRF-YD34N6I/HG24Z4		产品型号	HTRF-YD34N6I/HG24Z4	
性能参数	液压换向阀	电磁换向阀	性能参数	液压换向阀	电磁换向阀
最高工作压力/MPa	31.5		适用介质	NLGI 0~2 号	
液压阀设定压力/MPa	5	—	电磁换向阀电压	—	AC24V
液压阀压力调节范围/MPa	3~15	—	电磁铁功率	—	30W
滑阀通径/mm	6		绝缘要求	—	IP65
最大流量/L·min^{-1}	80		质量/kg	14	

注：环境温度：0~60℃。

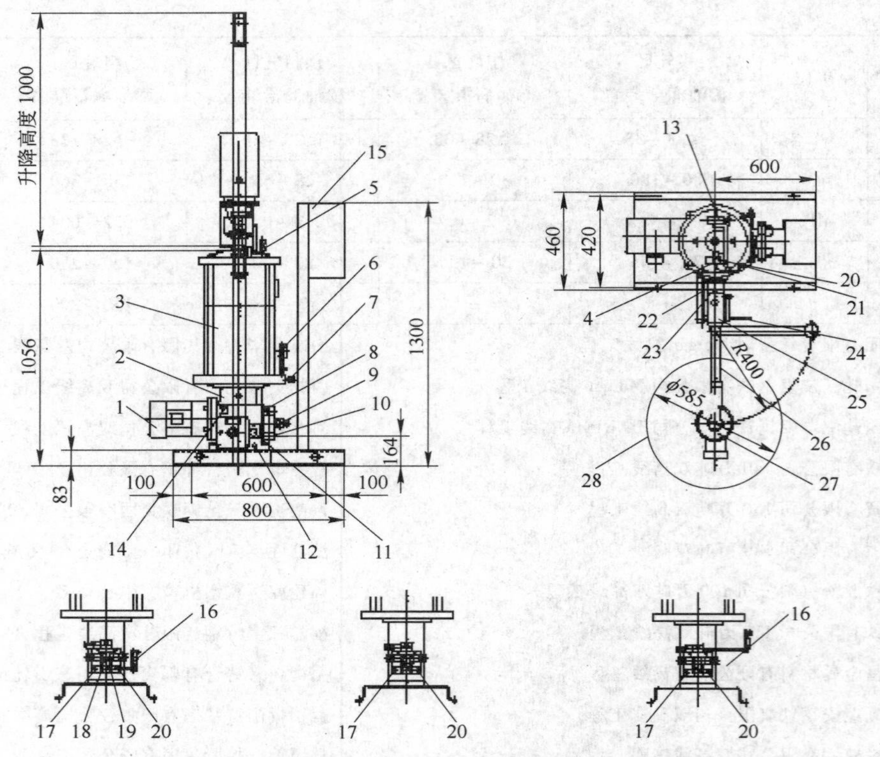

图 2.2.16 HTRB－ZL195－0.8/30※型组合电动润滑泵

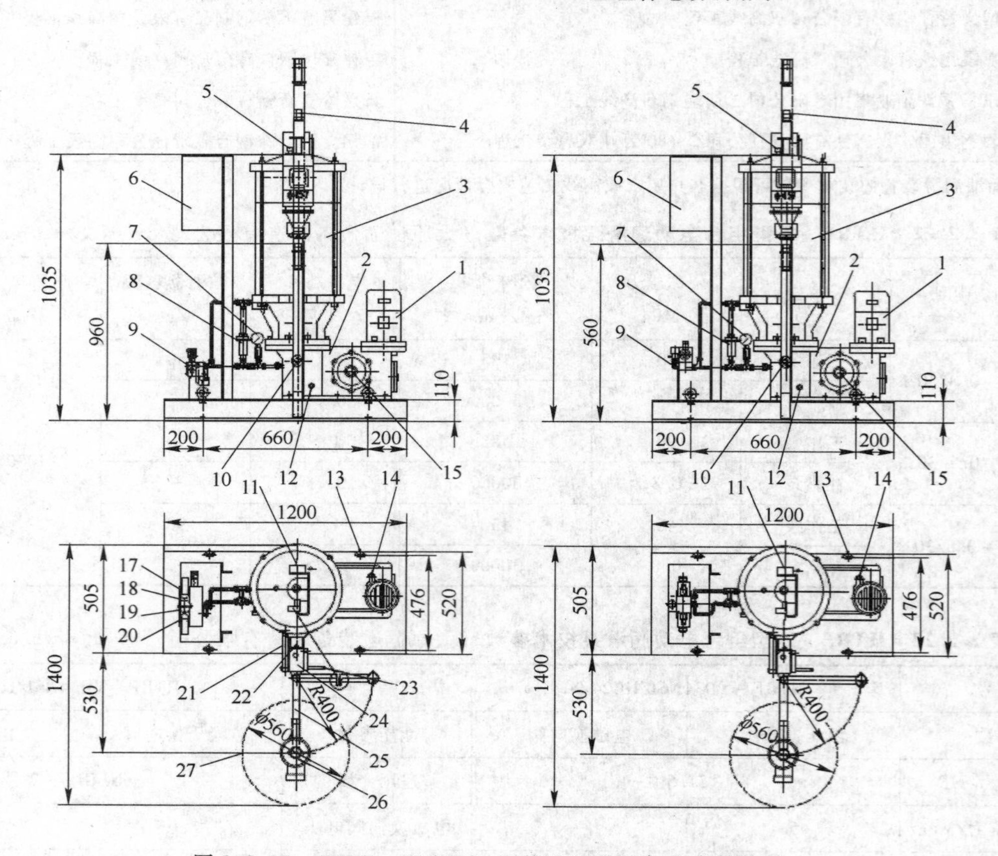

图 2.2.17 HTRB－ZL585/－ZM430※型组合电动润滑泵

1—电动机；2—柱塞泵；3—贮油器；4—贮油器排气阀；5—贮油器排气罩；6—电控柜；7—压力表；8—安全阀；9—液压换向阀（或电磁换向阀）；10—贮油器补脂口 M32×3；11—贮油器高液位行程开关；12—放油螺塞 R1/4；13—吊环；14—减速机腔注油口；15—减速机腔液面示窗；16—贮油器低位行程开关；17—管路 2 出油口 R3/8；18—管路 2 回油口 R3/8；19—管路 1 回油口 R3/8；20—管路 1 出油口 R3/8；21—气弹簧；22—锁紧器；23—曲柄摇手；24—升降装置；25—支撑臂；26—电动插桶泵；27—润滑脂桶

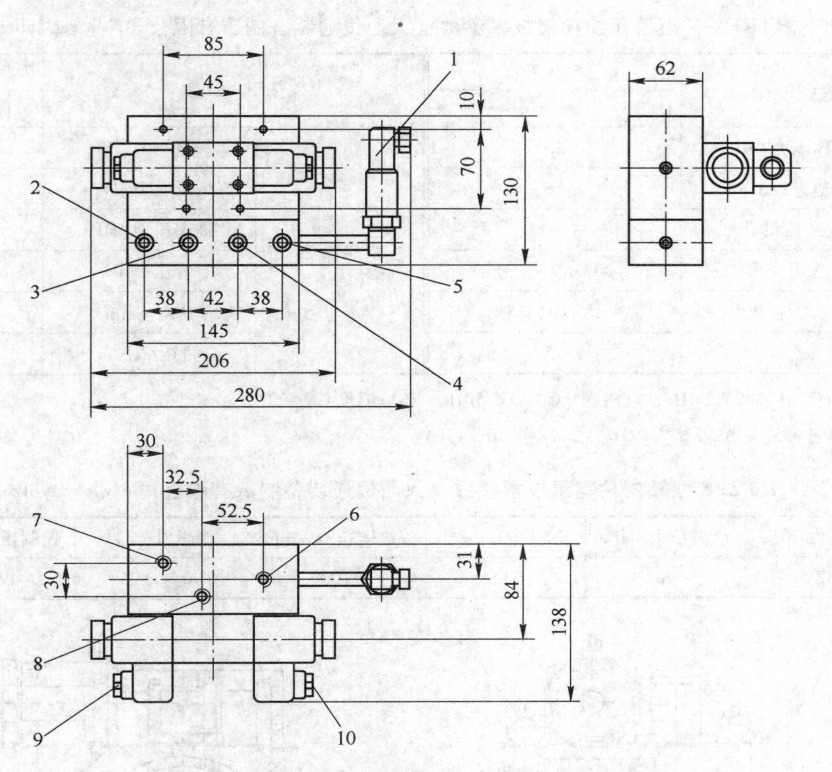

图 2.2.18 HTRF－Y 型液压电磁换向阀外形

1—压力继电器；2—管路 1 出油口 R3/8；3—管路 2 回油口 R3/8；4—管路 1 回油口 R3/8；5—管路 2 出油口 R3/8；6—液压接口 R3/8；7—压力油口 R3/8；8—回油口 R3/8；9，10—电磁阀进线口

表 2.2.24 HTRF－Y 型液压换向阀技术参数（太原恒通装备制造有限公司 www.tyhtzb.com）

最高工作压力/MPa	31.5	最大流量/L·min^{-1}	120
液压阀设定压力/MPa	5	适用介质	NLGI 0～2 号
液压阀压力调节范围/MPa	3～15	质量/kg	12
滑阀通径/mm	10		

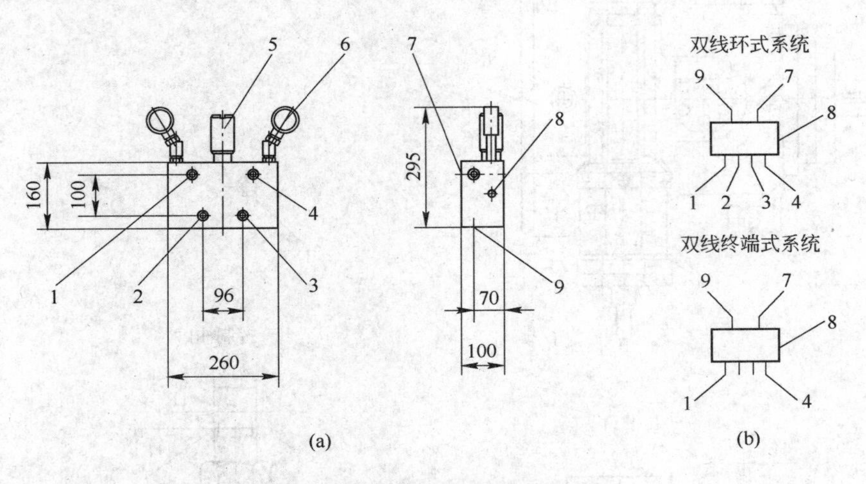

图 2.2.19 液压换向阀外形和连接

（a）外形尺寸图；（b）系统连接示意图

1—管路 2 出油口 R3/8；2—管路 2 回油口 R3/8；3—管路 1 回油口 R3/8；4—管路 1 出油口 R3/8；5—调压弹簧；6—压力表；7—回油口 R3/8；8—压力继电器接口 M14×1.5；9—进油口 R3/8

（液压换向阀用于双线终端式系统时，应将序号 2 和序号 3 出口用螺塞密封）

表 2.2.25 HTRF－Y 型液压换向阀技术参数（太原恒通装备制造有限公司 www.tyhtzb.com）

技术参数		型号	技术参数		型号
		HTRB－HY25/16－※－※			HTRB－HY25/16－※－※
润滑泵	公称压力/MPa	25	液压马达	排量/$mL \cdot r^{-1}$	6.5
	公称流量/$mL \cdot r^{-1}$	16		最低压力/MPa	10
	柱塞数量/个	1～15		最高压力/MPa	25
	适用介质	NLGI 0～2 号		背压/MPa	6
	贮油器容积/L	5、10、25		转速/$r \cdot min^{-1}$	700～1000
质量/kg		25		扭矩/N·m	8.79

说明：1. 电源：电动机 AC 380V/50Hz，电磁阀 AC 220V/50Hz，环境温度：0～60℃。

2. 液位开关容量：5A－AC 220V50Hz，或 0.4A－DC 110V。

表 2.2.26 HTZBS 型轴向柱塞泵技术参数（太原恒通装备制造有限公司 www.tyhtzb.com）

型号	额定压力/MPa	最高压力/MPa	排量/$mL \cdot r^{-1}$	额定转速/$r \cdot min^{-1}$	摆角/(°)	控制压力/MPa	质量/kg
HTZBS－H915F	32	40	915	1000	0～±25	1～3	1030

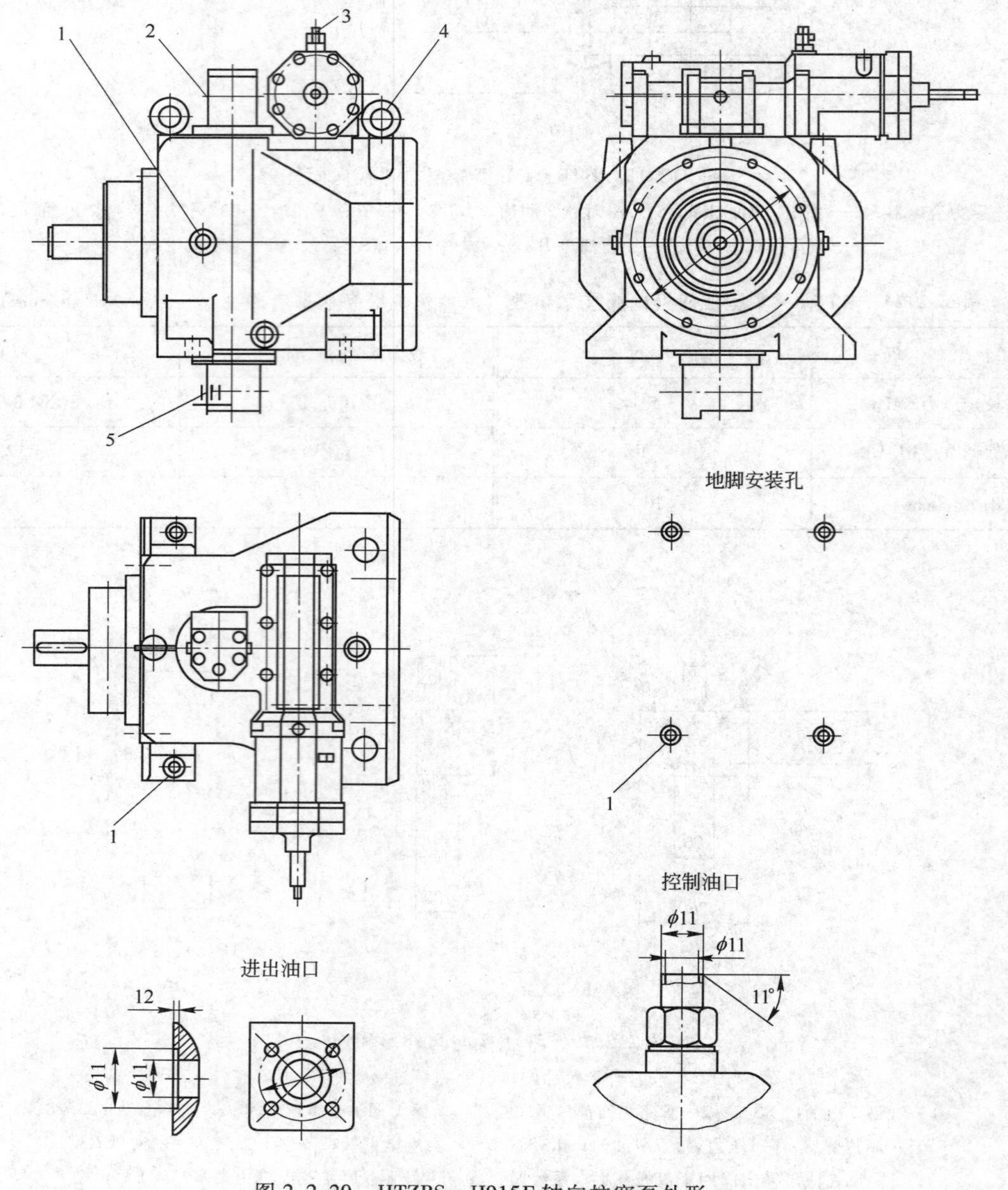

图 2.2.20 HTZBS－H915F 轴向柱塞泵外形

1—注油（泄油）口；2—进出油口；3—控制油口；4—吊环；5—地脚孔

生产厂商：启东市南方润滑液压设备有限公司；太原恒通装备制造有限公司。

2.3 油气润滑

2.3.1 概述

油气润滑在学术界被称为气液两相流体冷却润滑技术，是一种新型的润滑技术，尤其适用于高温、重载、高速、极低速以及有冷却水和脏物侵入润滑点的工况条件恶劣的场合。由于它能解决传统的单相流体润滑技术无法解决的难题，并有非常明显的使用效果，大大延长了摩擦副的使用寿命，改善了现场的环境，因此正在得到越来越广泛的应用，尤其是在冶金工业领域。

2.3.2 主要特点

（1）用油量小。

（2）工作时形成的气液两相膜兼有流体动压和流体静压的双重作用，与单相液体膜相比，承载能力大大提高。

（3）气液两相膜的厚度大于它的单相液体膜厚度，具有优良的润滑减摩作用。

（4）润滑部位保持正压，使脏物和水不能侵入润滑点有助于密封。

2.3.3 工作原理

油气润滑系统主要由主站、油气分配器、PLC、中间管道等组成。润滑油经分配器被送至与压缩空气网络相连接的油气混合块中，与压缩空气混合形成油气流，连续流动的压缩空气在油气管道中间高速向前流动。在压缩空气的作用下，润滑油以油膜形式黏附在管壁四周，并以缓慢的速度向前移动，在行将到达油气流出口时，油膜变得越来越薄，且连成一片，最后以极其精细的连续油滴流喷射到润滑点。

2.3.4 技术参数

技术参数见表2.3.1～表2.3.10。外形等如图2.3.1～图2.3.6所示。

表2.3.1 HTYQZ型油气润滑装置技术参数（太原恒通装备制造有限公司 www.tyhtzb.com）

型 号	产品名称	公称压力/MPa	供油流量/mL·min^{-1}	空气压力/MPa	油箱容积/L	电加热功率/kW	电机功率/kW
HTYQZ-K-10/500	单线递进式油气装置	10	500	0.3～0.5	500	2×3	2×0.37
HTYQZ-NB-4/500	单线保压式油气装置	4	500		500		
HTYQZ-S-3/500	双线式油气装置	3	500		500		2×0.25
HTYQZ-W-10/2000	单线卫星式油气装置	10	2000		2000	4×3	3×0.55
HTYQZ-NW-2.8/0.2	微型油气站	2.8	0.2		2.7		0.12

使用环境要求：电源：AC380V/50Hz；环境温度：0～60℃。

表2.3.2 VEM型油气润滑装置主分配器技术参数（太原恒通装备制造有限公司 www.tyhtzb.com）

型 号	公称压力/MPa	动作压力/MPa	每口给油量/mL·次$^{-1}$	中间片数/个	给油口数/个
VEM-3	20	1.5		3	6
VEM-4			0.38	4	8
VEM-5			0.6	5	10
VEM-6			0.85	6	12
VEM-7			1.15	7	14
VEM-8				8	16

表 2.3.3 HTYQZ 型油气润滑装置 SP－VK 型单线油气混合器技术参数（太原恒通装备制造有限公司 www.tyhtzb.com）

型 号	进油压力/MPa		进气压力/MPa		每口每次给油量/mL	每口用气量(标态)/L·min⁻¹	给油口数
	最大	最小	最大	最小			
SP－VK6	10	2	0.6	0.2	0.08	20	6
SP－VK8							8
SP－VK10					0.16	30	10
SP－VK12							12

表 2.3.4 HTYQZ 型油气润滑装置 SSP－VK 型双线油气混合器技术参数（太原恒通装备制造有限公司 www.tyhtzb.com）

型 号	进油压力/MPa	开启压力/MPa	进气压力/MPa		每口每次给油量/mL	每口用气量（标态）/L·min⁻¹	给油口数
			最大	最小			
SSP－VK2	3	0.8	0.6	0.2	0.08	20	2
SSP－VK4							4
SSP－VK6							6
SSP－VK8							8

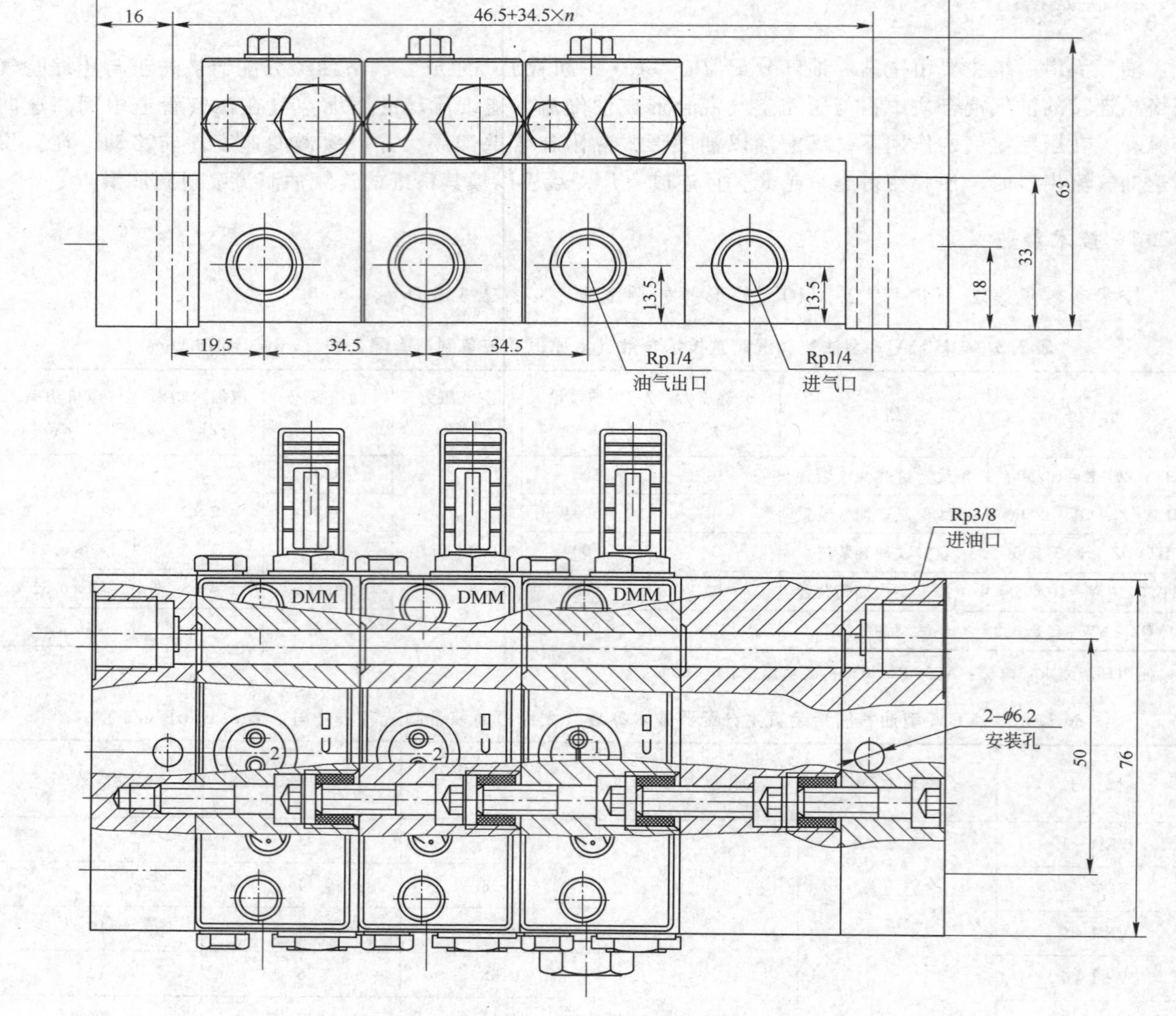

图 2.3.1 FDMM＊－YQ 型双线油分配混合器外形

（组合以供油上体 1～10 片内为佳）

表 2.3.5 FVTLG 型油气分配器技术参数（启东市南方润滑液压设备有限公司 www.jsnfrh.com）

型号	出油口数	进油口尺寸	出油口尺寸
FVTLG3	3	G1/2（用于 12,14,18,22 管子）	G3/8（用于 6,8,10,12 管子）
FVTLG4	4		
FVTLG5	5		
FVTLG6	6		

表 2.3.6 FDMM * –YQ 型双线油分配混合器技术参数（启东市南方润滑液压设备有限公司 www.jsnfrh.com）

供油体规格号	公称压力/MPa	动作压力/MPa	适用气压/MPa	每口空气耗量/L·min⁻¹	出油口数	额定给油量/mL·循环⁻¹	调整螺丝每圈调节量/mL
10T	20	<1.2	<0.2～0.8	30	2	0～1	0.05
10S					1	0～2	0.01
20T					2	0.6～2	0.06
20S					1	1.2～4	0.12
30T					2	0.6～3	0.07
30S					1	1.2～6	0.14

表 2.3.7 TRFLG * 型油气分流器技术参数（启东市南方润滑液压设备有限公司 www.jsnfrh.com）

型号	出气压力/MPa	出口数	油气进口管径/mm	油气出口管径/mm
TRFLG2	0.2～0.8	2	ϕ12，ϕ14，ϕ16 ϕ18，ϕ22	ϕ6，ϕ8，ϕ10
TRFLG3		3		
TRFLG4		4		

表 2.3.8 TRTYQZ –0.28/ * 型油气供应站技术参数（启东市南方润滑液压设备有限公司 www.jsnfrh.com）

型号	公称压力/MPa	公称流量/L·min⁻¹	油箱容积/L	电机功率/kW	电加热器功率/kW	空气压力/MPa
TRTYQZ –0.28/ *	10	0.28	500	0.37	4	0.4～0.6

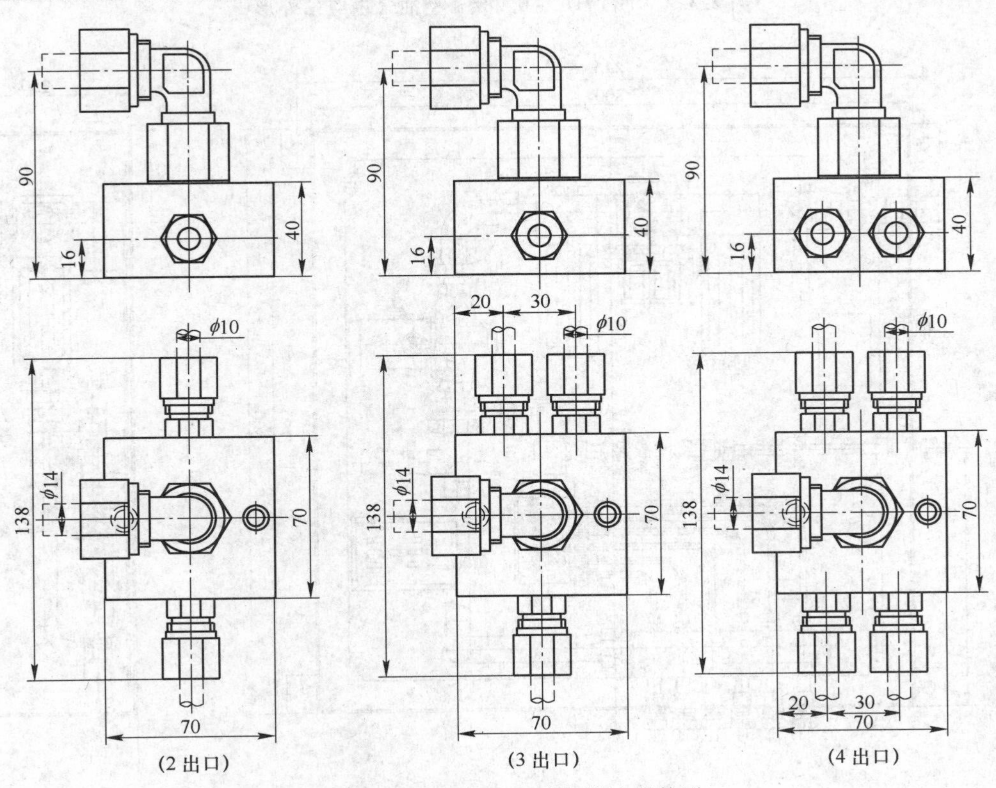

图 2.3.2 TRFLG * 型油气分流器外形

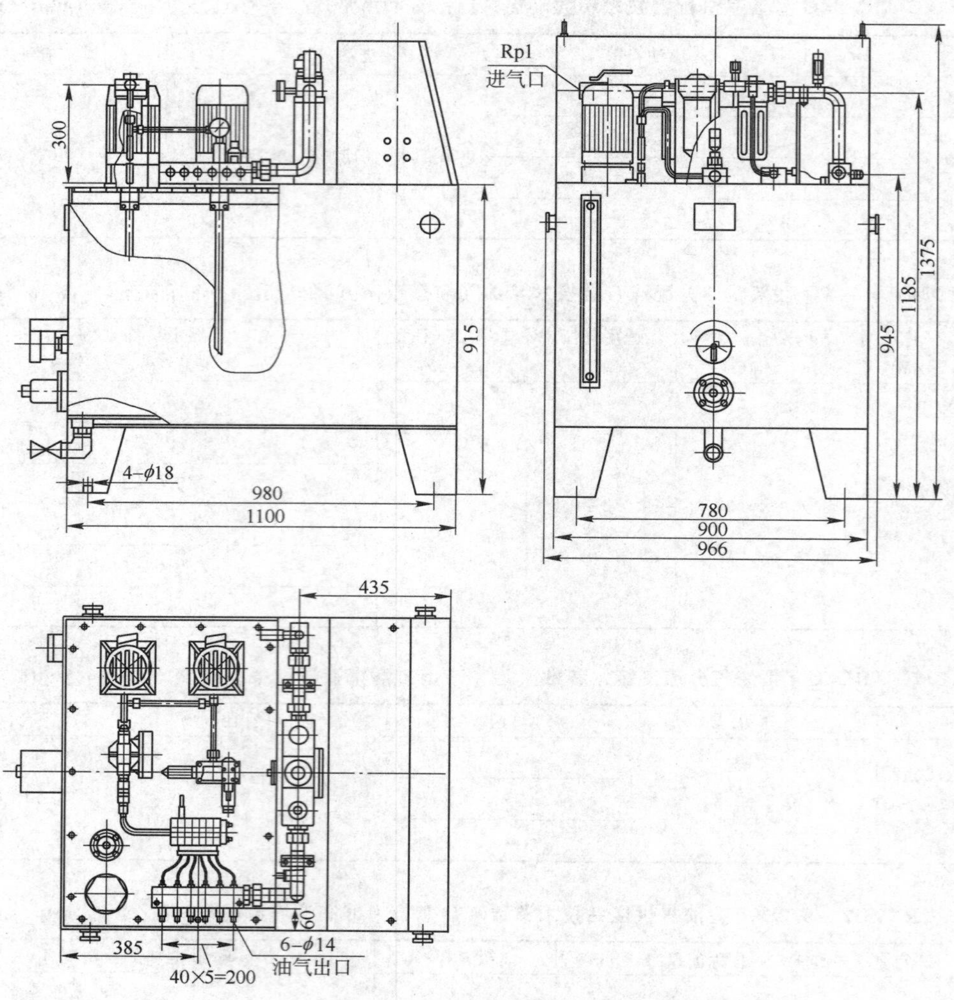

图 2.3.3 TRTYQZ－0.28/＊型油气供应站外形

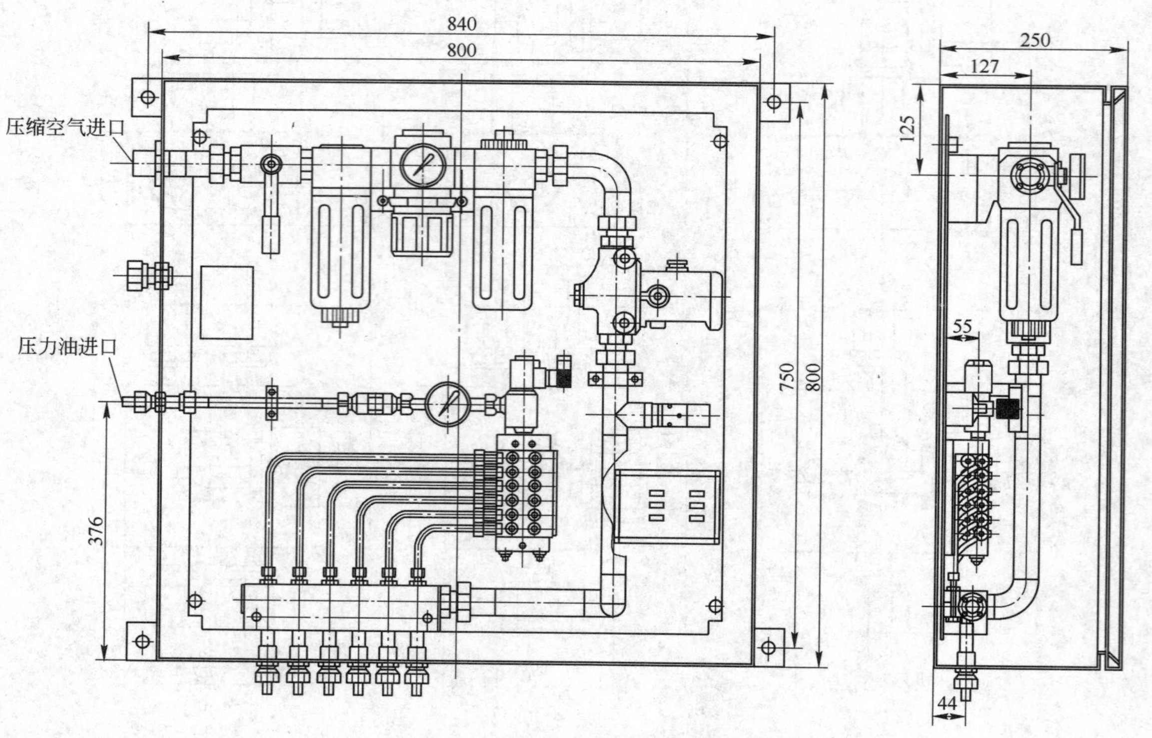

图 2.3.4 2～6出口油气卫星站外形

表 2.3.9 YQWXZ－G 型油气卫星站技术参数（启东市南方润滑液压设备有限公司 www.jsnfrh.com）

型 号	公称油压/MPa	公称气压/MPa	适用电压/V	总功率/W
YQWXZ－G	10	0.4～0.6	DC24	80

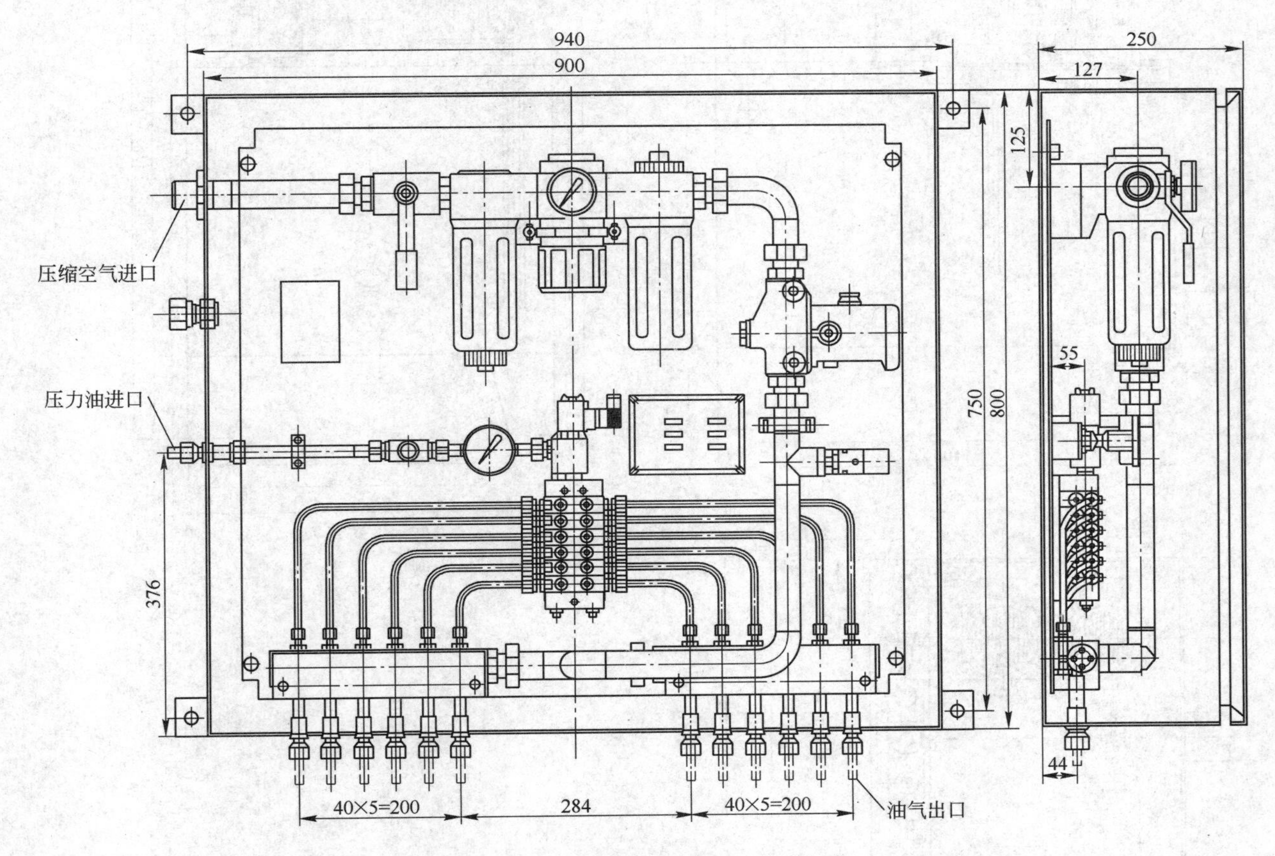

图 2.3.5 7～12 出口油气卫星站外形

表 2.3.10 TRDYQZ－＊－＊型单线卸压式油－气供应站性能参数

（启东市南方润滑液压设备有限公司 www.jsnfrh.com）

型 号	公称压力/MPa	油箱容积/L	电加热器功率/kW	空气压力/MPa
TRDYQZ－＊－＊	5	500	4	0.4～0.6

2.3.5 应用案例

油气润滑在链条上的应用：链条油气润滑装置是一种消耗型的集中油气润滑系统，在润滑方式上，采用油气混合成两相流喷射方式，自动向链条提供油气混合分配器喷射的微量精细润滑油（1.8～40.6mm），由于润滑剂的给定量很小且专门喷射到链条上，润滑油能更很好的渗透到链销、轴衬和滚筒，是一种经济、可靠的润滑模式。润滑剂的给定也通常是链条在运行中间歇性供给的，由气动脉冲发生器控制时间间隔来实现。

油气润滑在锯床上的应用：锯床油气润滑装置是一种消耗型的集中油气润滑系统，在润滑方式上，采用油气混合成两相流喷射方式，自动向链条提供油气混合分配器喷射的微量精细润滑油（1.8～40.6mm），由于润滑剂的给定量很小且专门喷射锯条的两侧，能更很好的对锯条起到润滑作用，是一种经济、可靠的润滑模式。润滑油的给定也通常是锯条在切割过程中间歇性供给的，由气动脉冲发生器控制时间间隔来实现。

生产厂商：启东通润润滑液压设备有限公司，太原恒通装备制造有限公司。

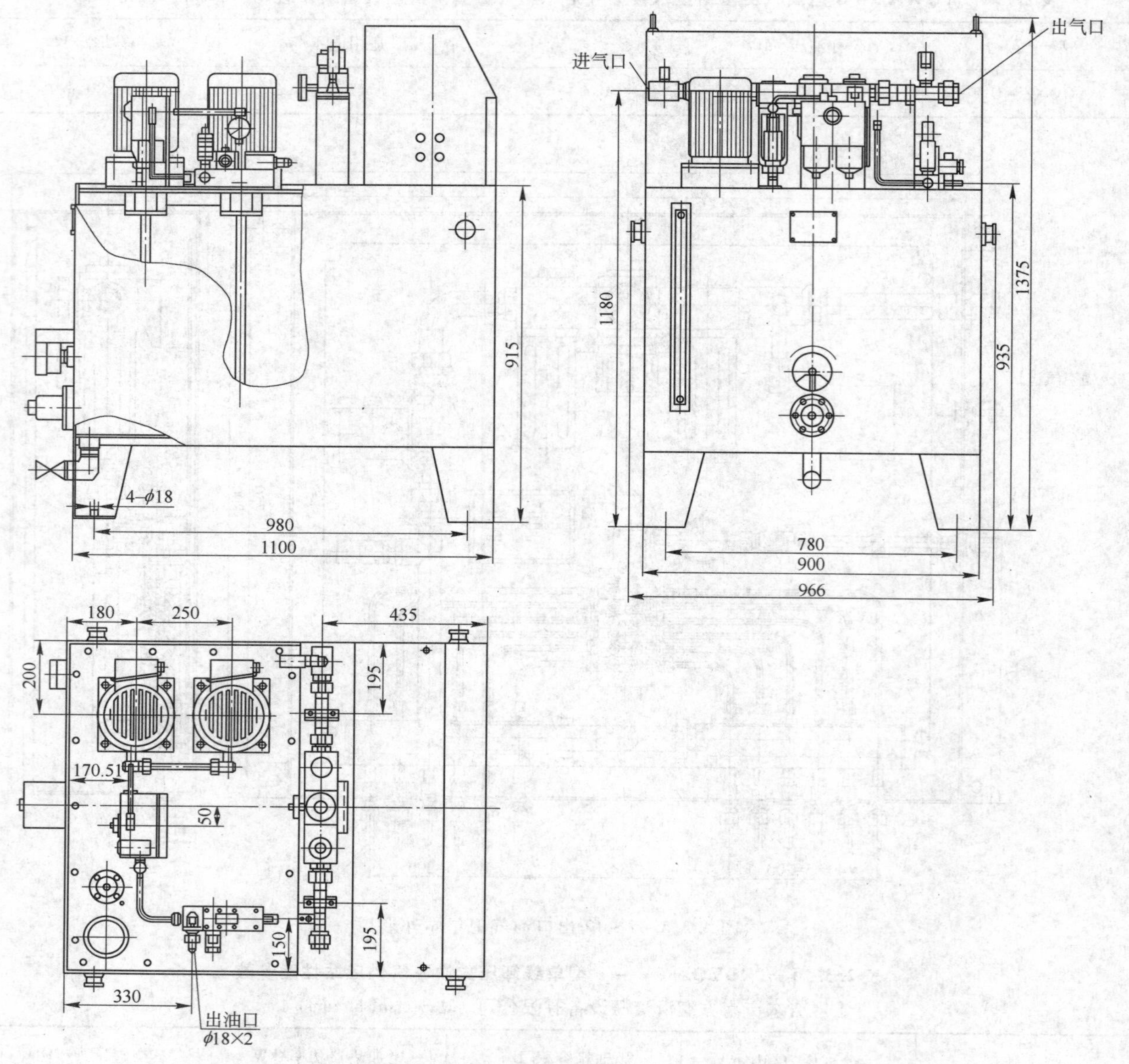

图 2.3.6 TRDYQZ – * – * 型单线卸压式油 – 气供应站

2.4 润滑管路辅件

技术参数见表 2.4.1 ~ 表 2.4.13。外形等如图 2.4.1 ~ 图 2.4.11 所示。

表 2.4.1 A、B、C 型扣压式胶管接头技术参数（启东市南方润滑液压设备有限公司 www.jsnfrh.com） (mm)

胶管内径 d	公称通径 D_N	A型及B型（B型内径最大为38） 工作压力/MPa Ⅰ	Ⅱ	Ⅲ	增强层外径 Ⅰ min	Ⅰ max	Ⅱ min	Ⅱ max	Ⅲ min	Ⅲ max	l_0	l	D_1 Ⅰ	D_1 Ⅱ	D_1 Ⅲ	A型 D	A型 扳手尺寸 S_1	B型 D_o	B型 扳手尺寸 S
5	4	21	37	45	8.9	10.1	10.6	11.7	12.4	13.5	18	12.5	15	—	—	M12×1.25	16	4	5.5
6.3	6	20	35	40	10.6	11.7	12.1	13.3	13.9	15.1	27	22	17	18.7	20.5	M14×1.5①	18	6	8
8	8	17.5	30	33	21.1	13.3	13.7	14.9	15.5	16.7	27	22	19	20.7	22.5	M16×1.5	21	8	10
10	10	16	28	31	14.5	15.7	16.1	17.3	17.9	19.1	27	22	21	22.7	24.5	M18×1.5①	21	10/12	11
12.5	10	14	25	27	17.5	19.1	19.1	20.7	20.9	22.5	31	25	25.2	28	29.5	M22×1.5	27	14	16

续表 2.4.1

胶管内径 d	公称通径 D_N	A型及B型（B型内径最大为38）														A型		B型	
		工作压力/MPa			增强层外径						l_0	l	D_1			D	扳手尺寸 S_1	D_o	扳手尺寸 S
					Ⅰ		Ⅱ		Ⅲ										
		Ⅰ	Ⅱ	Ⅲ	min	max	min	max	min	max			Ⅰ	Ⅱ	Ⅲ				
16	15	10.5	20	22	20.6	22.2	22.2	23.8	24	25.6	31	25	28.2	31	32.5	M27×1.5	30	16	18
19	20	9	16	18	24.6	26.2	26.2	27.8	28	29.6	35	28.5	31.2	34	35.5	M30×1.5	36	18	18
22	20	8	14	16	27.8	29.4	29.4	31.0	31.4	32.8	35	28.5	34.2	37	38.5	M36×2	41	22	24
25	25	7	13	15	31.2	33.0	33.0	34.8	34.8	36.6	39	31.5	38.2	40	41.5	M39×2	46	28	30
31.5	32	4.4	11	12	37.7	39.7	39.5	41.5	41.3	43.3	42	34.5	46.5	48	49.5	M45×2①	55	34	36
38	40	3.5	9	—	44.1	46.1	45.9	47.9	—	—	46	37.5	52.5	54	55.5	M52×2	60	42	46
51	50	2.6	8	—	57.0	59.0	58.8	62.8	—	—	62	50	—	67	68.5	M64×2①	75	—	—

①为焊接式管接头标准中缺少的螺纹，由使用者自行配制或协商订货。

注：D_1—接头外套扣压后直径；Ⅰ、Ⅱ、Ⅲ—胶管的钢丝层数 C 型扣压式胶管接头（JB/T 1887—1977）。

表 2.4.2 A、B、C 型扣压式胶管接头外形尺寸（启东市南方润滑液压设备有限公司 www.jsnfrh.com） (mm)

型式	胶管内径		5	6.3	8	10	12.5	16	19	22	25	31.5	38	51
	胶管长度	公差	胶管接头全长 $L\approx$											
A型扣压式胶管接头（JB/ZQ 4427—1986）	280	+20 −10	322	327	330	333	341	346	352	356	—	—	—	—
	320		363	367	370	373	381	386	392	396	400	—	—	—
	360		402	407	410	413	421	426	432	436	440	448	—	—
	400		442	447	450	456	461	466	472	476	480	488	492	—
	450		492	497	500	503	511	516	522	526	530	538	542	—
	500		542	547	550	553	561	566	572	576	580	588	592	616
	560	+25 −10	602	607	610	613	621	626	632	636	640	648	652	676
	630		672	677	680	683	691	696	702	706	710	718	722	746
	710		752	757	760	763	771	776	782	786	790	798	802	826
	800		942	847	850	853	861	866	872	876	880	888	892	916
	900	+30 −20	942	947	950	953	961	966	972	976	980	988	992	1016
	1000		1042	1047	1050	1053	1061	1066	1072	1076	1080	1088	1092	1116
	1120		1162	1167	1170	1176	1181	1186	1192	1196	1200	1208	1212	1236
	1250		1292	1297	1300	1303	1311	1316	1322	1326	1330	1338	1342	1366
	1400		1442	1447	1450	1453	1461	1466	1472	1476	1480	1488	1492	1516
	1600	+40 −25	1642	1647	1650	1653	1661	1666	1672	1676	1680	1688	1692	1716
	1800		1842	1847	1850	1853	1861	1866	1872	1876	1880	1888	1892	1916
	2000		2042	2047	2050	2053	2061	2066	2072	2076	2088	2088	2092	2116
	2240		2282	2287	2290	2293	2301	2306	2312	2316	2328	2328	2332	2356
	2500		2542	2547	2550	2553	2566	2566	2572	2576	2588	2588	2592	2616
	2800		2842	2847	2850	2853	2866	2866	2872	2876	2888	2888	2892	2916
	3000		3042	3017	3050	3053	3066	3066	3072	3080	3088	3088	3092	3116

表 2.4.3 A、B、C 型扣压式胶管接头外形尺寸（启东市南方润滑液压设备有限公司 www.jsnfrh.com）（mm）

型式	胶管内径		5	6.3	8	10	12.5	16	19	22	25	31.5	38	
	胶管长度	公差	胶管接头全长 $L\approx$											
B 型扣压式胶管接头（JB/ZQ 4427—1986）	280	+20 −10	338	346	350	356	362	362	373	382	—	—	—	如需本表外的胶管长度由双方议定，在订单中注明
	320		378	386	390	396	402	402	412	422	428	—	—	
	360		418	426	430	436	442	442	452	462	468	480	—	
	400		458	466	470	476	482	482	492	520	508	520	526	
	450		508	516	520	526	532	532	542	552	558	570	576	
	500		558	566	570	576	582	582	592	602	608	620	626	
	560	+25 −10	618	626	630	686	642	642	652	662	668	680	686	
	630		688	696	700	706	712	712	722	732	738	750	756	
	710		768	776	780	786	792	792	802	812	818	80	836	
	800		858	866	870	876	882	882	892	902	908	920	926	
	900	+30 −20	958	966	970	976	982	982	992	1002	1008	1020	1026	
	1000		1058	1066	1070	1076	1082	1082	1092	1102	1108	1120	1126	
	1120		1178	1186	1190	1196	1202	1202	1212	1222	1228	1240	1246	
	1250		1308	1316	1320	1326	1332	1332	1342	1352	1358	1370	1376	
	1400		1458	1466	1470	1476	1482	1482	1492	1502	1508	1520	1526	
	1600		1658	1666	16470	1676	1682	1682	1692	1702	1708	1720	1726	
	1800		1858	1866	1870	1876	1882	1882	1892	1902	1908	1920	1926	
	2000	+40 −25	2058	2066	2070	2076	2082	2082	2092	2102	2108	2120	2126	
	2240		2298	2306	2310	2316	2322	2322	2332	2342	2348	2360	2366	
	2500		2558	2566	2570	2576	2582	2582	2592	2602	2608	2620	2626	
	2800		2858	2866	2870	2876	2882	2882	2892	2902	2908	2920	2926	
	3000		3058	3066	3070	3076	3082	3082	3092	3102	3108	3120	3126	

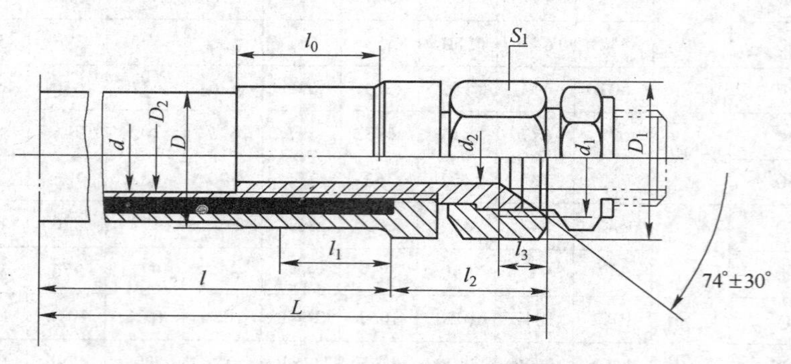

图 2.4.1 A、B、C 型扣压式胶管接头外形

表 2.4.4 A、B、C 型扣压式胶管接头外形尺寸（启东市南方润滑液压设备有限公司 www.jsnfrh.com）（mm）

胶管内径 d	公称通径 D_N	工作压力/MPa			D_2			公差	d_1	D			l_0	l_1	l_2	l_3	S_1	D_1
		Ⅰ	Ⅱ	Ⅲ	Ⅰ	Ⅱ	Ⅲ			Ⅰ	Ⅱ	Ⅲ						
4	4	20	—	—	10	—	—	±0.6	M12×1.25	15	—	—	18	12.5	21	8	14	16.2
6	6	20	25	40	12	13.5	15		M14×1.5	17	18.7	20.5	27	22	23.5	8	17	19.6
8	8	16	25	32	14	15.5	17		M16×1.5	19	20.7	22.5	27	22	23.5	8	19	21.9
10	10	16	25	25	16	17.5	19		M18×1.5	12	22.7	24.5	27	22	26.5	8	22	25.4

续表 2.4.4

胶管内径 d	公称通径 D_N	工作压力/MPa			D_2			公差	d_1	D			l_0	l_1	l_2	l_3	S_1	D_1
		Ⅰ	Ⅱ	Ⅲ	Ⅰ	Ⅱ	Ⅲ			Ⅰ	Ⅱ	Ⅲ						
13	10	12.5	20	25	20	21.5	23	±0.8	M22×1.5	25.2	28	29.5	31	25	30.5	10	27	31.2
16	15	10	16	20	23	24.5	26		M27×1.5	28.2	31	32.5	31	25	33	10	32	36.9
19	20	10	16	20	26	27.5	29		(M30×1.5)	31.2	34	35.5	35	28.5	36	11	36	41.6
22	20	.10	12.5	16	29	30.5	32		M36×2	34.2	37	38.5	35	28.5	38	13	41	47.3
25	25	8	10	12.5	32	33.5	35		M39×2	38.2	40	41.5	39	31.5	40	13	46	53.1
32	32	6.3	10	10	39.5	41	42.5		M45×2	46.5	48	49.5	42	34.5	44	15	55	63.5

注：1. C 型扣压式胶管接头与扩口式管接头连接使用。

2. 附录表中 d_1 括号内尺寸为扩口式管接头标准中所缺少的螺纹，由使用者自己配制，尺寸 $L=l+2l_2$。

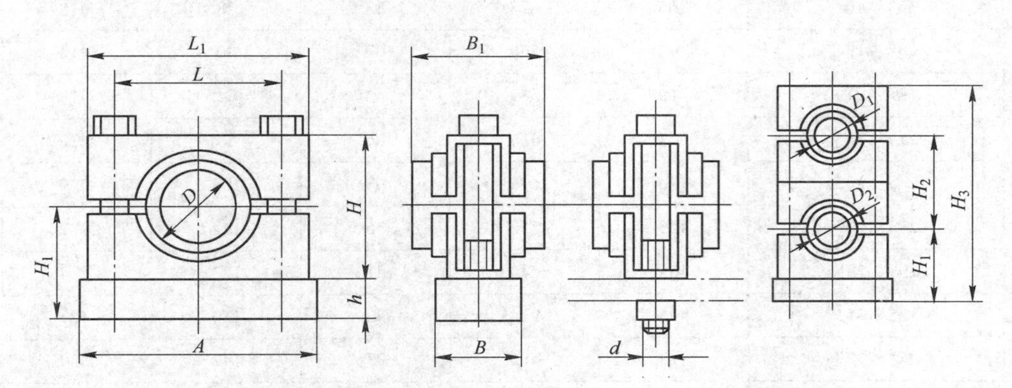

图 2.4.2 单管夹外形

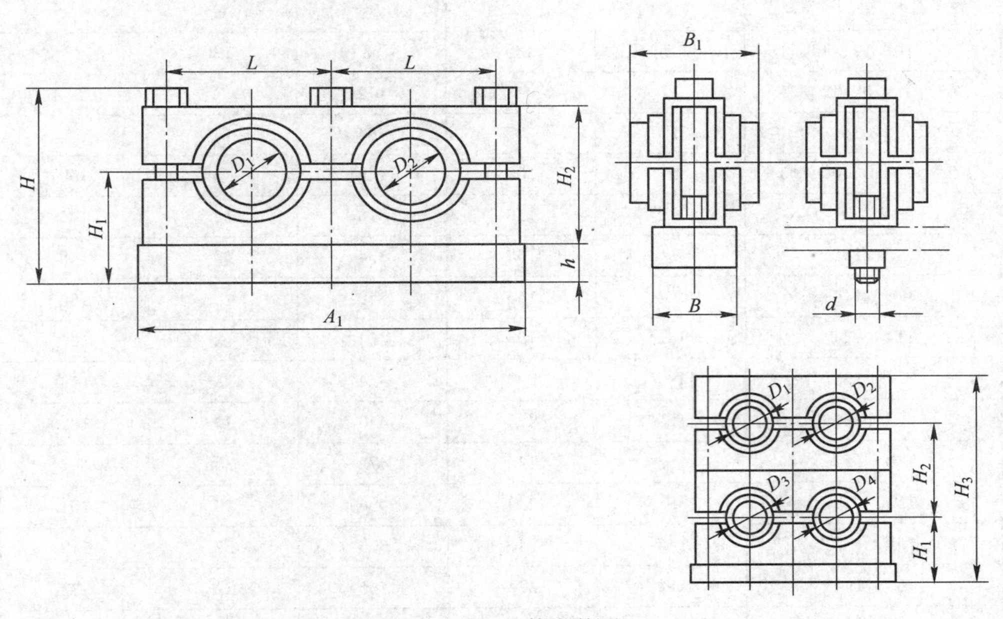

图 2.4.3 双管夹外形

表 2.4.5 HZJ 系列管夹外形尺寸（启东市南方润滑液压设备有限公司 www.jsnfrh.com） (mm)

型 号	管子外径 D、D_1、D_2	A	A_1	B	B_1	d	H
HZJ38	6、8、10、12、14、16	63	101	18	32	M8	50
HZJ50	16、18、20、22、25	75	125	20	36	M8	62
HZJ75	25、28、32、34、40、42	102	177	24	44	M10	89
HZJ100	42、48、50、60、63	130	230	32	52	M12	116

续表 2.4.5

型　号	管子外径 D、D_1、D_2	A	A_1	B	B_1	d	H
HZJ140	63、70、83、89、102	182	322	35	62	M12	168
HZJ148	102、108	188	336	36	56	M12	176
HZJ156	108、114	196	352	38	58	M14	184
HZJ166	114、127	206	372	42	60	M14	211
HZJ172	127、133	214	386	46	64	M14	221
HZJ182	133、140	224	406	50	68	M16	130
HZJ194	140、152	236	430	54	74	M16	246
HZJ201	152、159	248	449	56	76	M16	253
HZJ212	159、168	266	478	58	78	M18	268
HZJ263	168、194	292	530	60	80	M18	294
HZJ294	194、219	318	581	62	84	M18	323
HZJ319	219、245	348	639	66	88	M20	355
HZJ347	245、273	376	695	68	104	M20	387
HZJ347	273、299	405	752	76	112	M22	417
HZJ375	299、325	465	840	82	122	M24	463
HZJ408	325、351	506	914	90	130	M27	503
HZJ447	351、377	578	1025	98	142	M30	542
HZJ508	377、426	668	1176	108	152	M32	607
型　号	管子外径 D、D_1、D_2	H_1	H_2	H_3	h	L	L_1
HZJ38	6、8、10、12、14、16	31	38	88	12	38	58
HZJ50	16、18、20、22、25	37	50	112	12	50	70
HZJ75	25、28、32、34、40、42	51.5	75	164	14	75	96
HZJ100	42、48、50、60、63	66	100	216	16	100	125
HZJ140	63、70、83、89、102	93	150	318	18	140	176
HZJ148	102、108	97	158	334	18	148	182
HZJ156	108、114	101	166	350	18	156	190
HZJ166	114、127	114.5	193	404	18	166	200
HZJ172	127、133	119.5	203	424	18	172	208
HZJ182	133、140	125	210	440	20	182	218
HZJ194	140、152	133	226	472	20	194	230
HZJ201	152、159	136.5	233	486	20	201	240
HZJ212	159、168	145	246	514	22	212	260
HZJ263	168、194	158	272	566	22	238	286
HZJ294	194、219	172.5	301	624	22	263	311
HZJ319	219、245	189.5	331	686	24	291	343
HZJ347	245、273	205.5	363	750	24	319	371
HZJ347	273、299	220.5	393	810	24	347	415
HZJ375	299、325	245.5	435	898	28	375	459
HZJ408	325、351	266.5	473	976	30	408	498
HZJ447	351、377	288.5	507	1049	35	447	567
HZJ508	377、426	321	572	1179	35	508	660

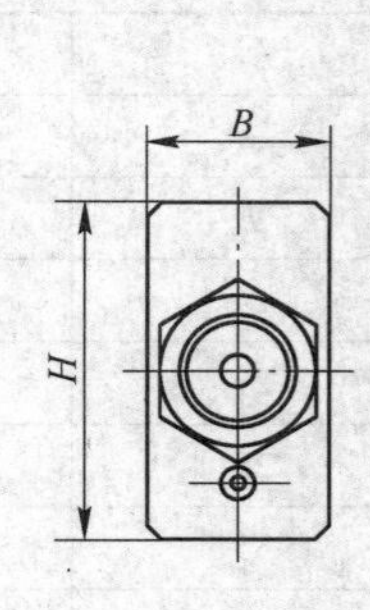

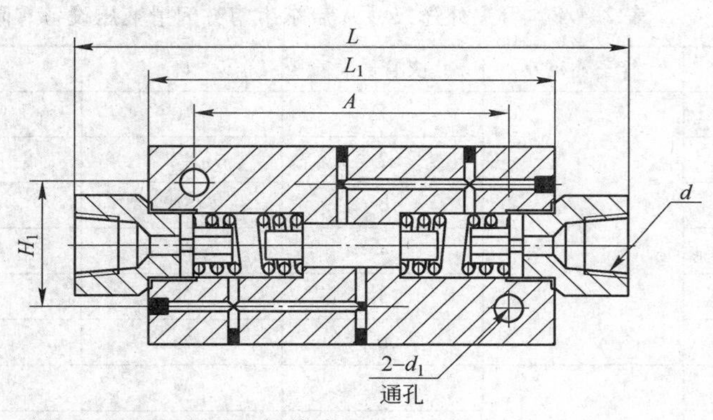

图 2.4.4 双向逆止阀接头

表 2.4.6 双向逆止阀接头外形尺寸（启东市南方润滑液压设备有限公司 www.jsnfrh.com） （mm）

代号(订货号)	d	L	B	H	A	L_1	H_1	S	D	d_1	质量/kg	对应号
ZY439.2.00	Rc3/8	154	28	47	80	110	30	24	27.6	9	1.1	YF12.2
ZY439.3.00	Rc3/4	210	40	76	120	154	50	34	39	11	1.74	YF12.3

注：开启压力为 0.44MPa；使用介质为润滑脂 NLG 0 ~2 号。

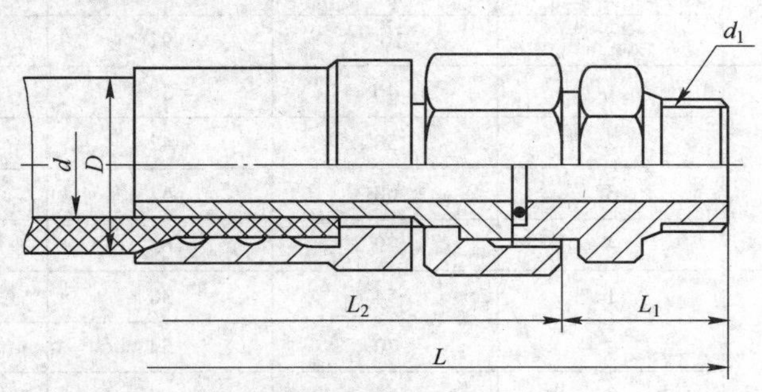

图 2.4.5 高压胶管总成

表 2.4.7 高压胶管总成技术参数（启东市南方润滑液压设备有限公司 www.jsnfrh.com） （mm）

代号(订货号)	公称通径 D_N	工作压力 /MPa	d_1	胶管内径 d	胶管外径 D	L_1	最小弯曲半径	质量 胶管/kg·m^{-1}	质量 接头/kg
ZY440.1.00	6	18	R1/4	6	15	20	100	0.316	0.102
ZY440.2.00			R3/8			22			0.106
ZY440.3.00	8	17	R1/4	8	17	20	110	0.384	0.11
ZY440.4.00			R3/8			22			0.11
ZY440.5.00	10	23	R3/8	10	21	22	160	0.671	0.16
ZY440.6.00	10	22	R1/2	13	25	28	190	0.84	0.26
ZY440.7.00	15	21	R3/4	16	30	32	300	1.276	0.35

标记示例：高压胶管总成 $L=2L_1+L_2$ ZY440.1.00。

注：1. 胶管接头应符合 JB 1885—1977《A 型扣压式胶管接头》标准的要求；

2. 胶管总成长度 L 由设计者自行选定，胶管总成的总长为 $L=2L_1+L_2$；

3. 若连接螺纹 d_1 不是表中规定值，请设计者自行设计内接头。

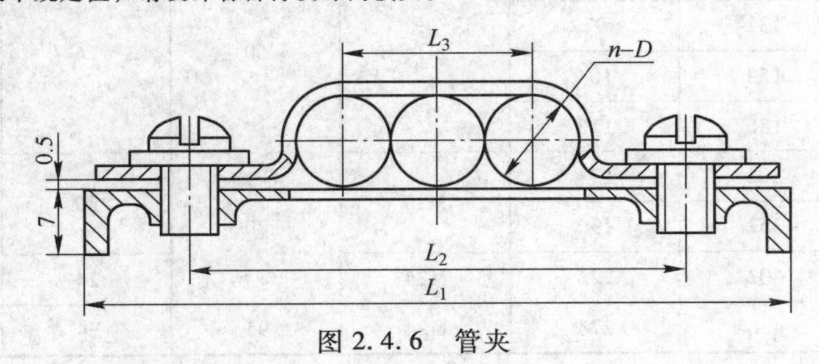

图 2.4.6 管夹

表 2.4.8 管夹外形尺寸（启东市南方润滑液压设备有限公司 www.jsnfrh.com） （mm）

代号（订货号）	管子外径 D	夹管数 n	L_1	L_2	L_3	质量/kg
ZY619.1.00	6	1	40	24	—	0.02
ZY619.2.00		2	47	31	7	0.03
ZY619.3.00		3	54	38	14	0.03
ZY619.4.00		4	61	45	21	0.03
ZY619.5.00		5	68	52	28	0.03
ZY619.6.00		6	75	59	35	0.04
ZY620.1.00	8	1	44	28	—	0.02
ZY620.2.00		2	54	38	9	0.03
ZY620.3.00		3	62	46	18	0.03
ZY620.4.00		4	71	55	27	0.04
ZY620.5.00		5	80	64	36	0.04
ZY620.6.00		6	89	73	45	0.04
ZY620.7.00		7	98	82	54	0.04
ZY620.8.00		8	107	91	63	0.05
ZY621.1.00	10	1	46	30	—	0.03
ZY621.2.00		2	58	42	11	0.03
ZY621.3.00		3	68	52	22	0.04
ZY621.4.00		4	79	63	33	0.04
ZY631.1.00	14	1	54	38	—	0.04
ZY631.2.00		2	70	54	15	0.04
ZY631.3.00		3	84	68	30	0.05

标记示例：夹管数 n 为 1，管子外径 D 为 6 的管夹：管夹 1×ϕ6 ZY619.1.00。

表 2.4.9 U 形螺栓外形尺寸（启东市南方润滑液压设备有限公司 www.jsnfrh.com） （mm）

代 号	管子外径 D_0	A	H	d	l	d_1	螺母个数	质量/kg
ZY628.1.00	14	21	24.5	M6	18	6	2	0.022
ZY628.2.00	18	25	27					0.024
ZY628.3.00	22	31	34.5	M8	25	8		0.058
ZY628.4.00	28	37	38.5					0.066
ZY628.5.00	34	44	40	M10		10		0.072
ZY628.6.00	42	54	47					0.132
ZY628.7.00	48	60	49					0.142
ZY628.8.00	60	74	56	M12	28	12		0.203
ZY628.9.00	219	248	149	M20	70	20	4	1.946
ZY628.11.00	76	90	80	M12	50	12		0.324
ZY628.12.00	89	103	80.5	M16	60	16		0.354
ZY628.13.00	114	132	97					0.766
ZY628.14.00	140	158	104					0.866
ZY628.15.00	168	186	116					0.966
ZY628.16.00	273	302	173	M20	70	20		2.276
ZY628.17.00	325	352	199					2.598
ZY628.18.00	368	402	222	M24		24		4.268
ZY628.19.00	406	436	278	M24	95	24	4	4.648

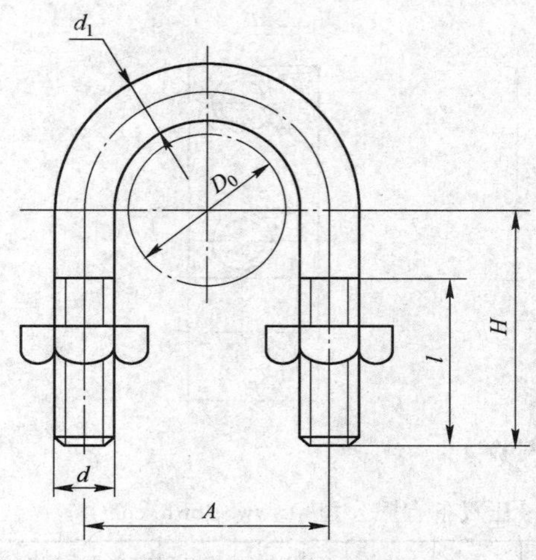

图 2.4.7 U 形螺栓

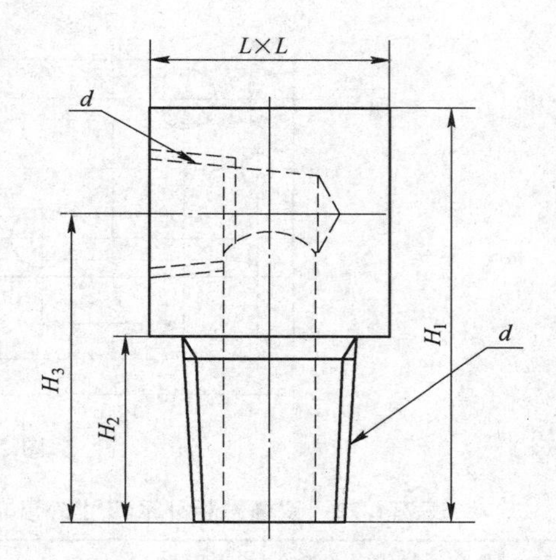

图 2.4.8 等径直角螺纹接头

表 2.4.10 等径直角螺纹接头外形尺寸（启东市南方润滑液压设备有限公司 www.jsnfrh.com） (mm)

代号（订货号）	公称通径 D_N	d(Rc)（R）	L	H_1	H_2	H_3	质量/kg	对应号
ZT6.5.34 - 1	6	1/8	16	30	14	22	0.03	H1.7 - 1
ZT6.5.34 - 2	8	1/4	22	41	19	30	0.07	H1.7 - 2
ZT6.5.34 - 3	10	3/8	24	46	22	34	0.11	H1.7 - 3
ZT6.5.34 - 4	15	1/2	30	55	25	40	0.17	H1.7 - 4
ZT6.5.34 - 5	20	3/4	32	60	32	44	0.23	H1.7 - 5
ZT6.5.34 - 6	25	1	40	72	40	52	0.32	H1.7 - 6

标记示例：直角接头 6 ZT6.5.34 - 1。

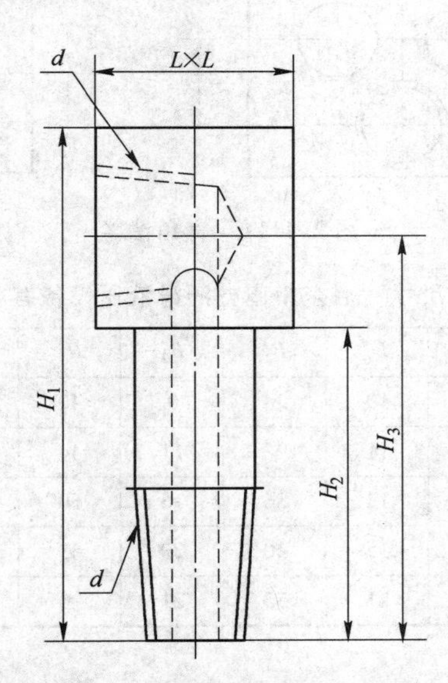

图 2.4.9 等径直角螺纹长接头

表 2.4.11 等径直角螺纹长接头外形尺寸（启东市南方润滑液压设备有限公司 www.jsnfrh.com） (mm)

代号（订货号）	公称通径 D_N	d(Rc)（R）	L	H_1	H_2	H_3	质量/kg	对应号
ZT6.5.35 - 1	6	1/8	16	73	57	65	0.28	H1.8 - 1
ZT6.5.35 - 2	8	1/4	22	83	61	72	0.30	H1.8 - 2
ZT6.5.35 - 3	10	3/8	24	91	67	79	0.33	H1.8 - 3
ZT6.5.35 - 4	15	1/2	30	98	68	83	0.38	H1.8 - 4
ZT6.5.35 - 5	20	3/4	32	103	71	87	0.44	H1.8 - 5

标记示例：直角长接头 6 ZT6.5.35 - 1。

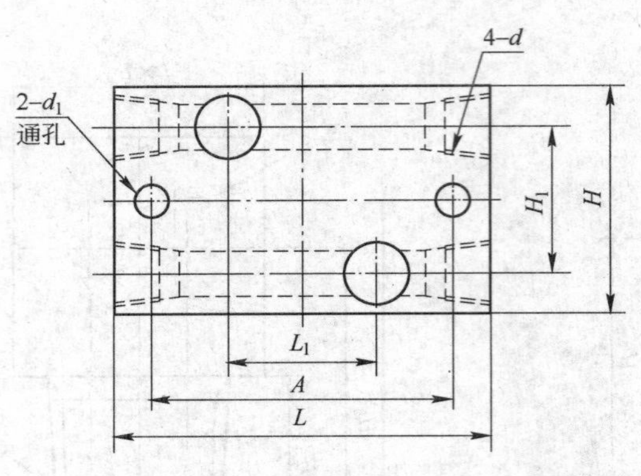

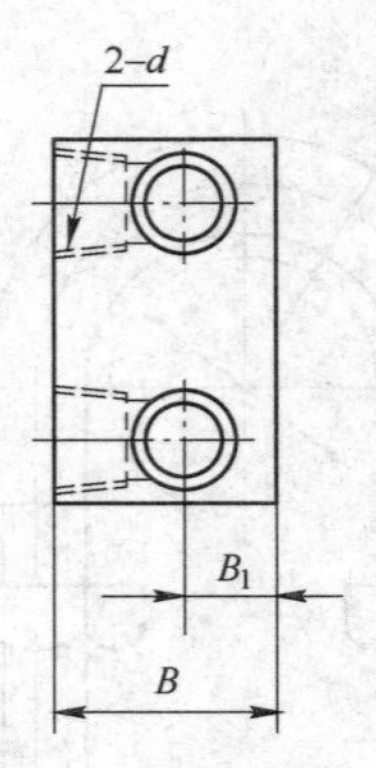

图 2.4.10 双通衬板

表 2.4.12 双通衬板外形尺寸（启东市南方润滑液压设备有限公司 www.jsnfrh.com） (mm)

代号(订货号)	公称通径 D_N	d(Rc)	L	B	H	A	L_1	B_1	H_1	D_1	质量/kg	安全螺栓(推荐)	对应号
ZT6.5.42 – 1	8	1/4	102	38	68	84	40	16	42	8.5	1.92	M8×60	H1.9 – 1
ZT6.5.42 – 2	10	3/8			70						1.93		H1.9 – 2
ZT6.5.42 – 3	15	1/2	150	50	98	110	50	20	60	12.5	5.84	M12×80	H1.9 – 3
ZT6.5.42 – 4	20	3/4	160	54	114	130		26	70		6.21	M12×90	H1.9 – 4

标记示例：双通衬板 8ZT6.5.42 – 1。

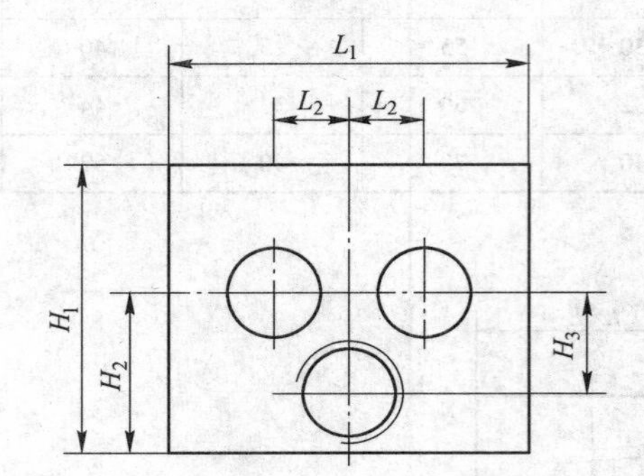

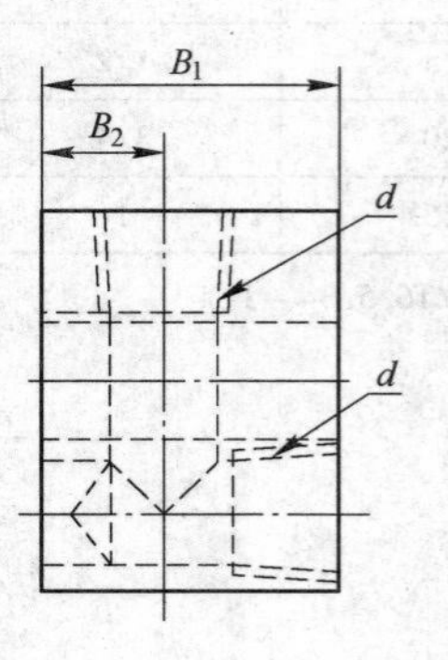

图 2.4.11 直角法兰

表 2.4.13 直角法兰外形尺寸（启东市南方润滑液压设备有限公司 www.jsnfrh.com） (mm)

代号(订货号)	公称通径 D_N	d(Rc)	L_1	L_2	B_1	B_2	H_1	H_2	H_3	D	质量/kg	对应号
ZT6.5.43 – 1	6	1/8	40	10	24	9	40	20	10	9	0.18	H1.11 – 1
ZT6.5.43 – 2	8	1/4	44	11	28	11	44	24	13		0.30	H1.11 – 2
ZT6.5.43 – 3	10	3/8	60	14	36	16	60	35	20		0.81	H1.11 – 3
ZT6.5.43 – 4	15	1/2	65	15	40	20	65	40			1.73	H1.11 – 4
ZT6.5.43 – 5	20	3/4	66	21	53	21	90	48	27		2.14	H1.11 – 5

标记示例：直角法兰 6 ZT6.5.43 – 1。

生产厂商：启东通润润滑液压设备有限公司。

2.5 液压传动装置

2.5.1 概述

液压传动装置包括液压泵、液压马达、液压缸、增压器等，用于传递动力或运动。

2.5.2 主要特点

(1) 在相同的体积下，液压执行装置能比电气装置产生出更大的动力。在同等功率的情况下，液压执行装置的体积小、质量轻、结构紧凑。液压马达的体积重量只有同等功率电动机的12%左右。(2) 液压执行装置的工作比较平稳。由于液压执行装置质量轻、惯性小、反应快，所以易于实现快速起动、制动和频繁地换向。(3) 液压传动可在大范围内实现无级调速（调速比可达1:2000)，并可在液压装置运行的过程中进行调速。(4) 液压传动容易实现自动化，当液压控制和电气控制或气动控制结合使用时，能实现较复杂的顺序动作和远程控制。(5) 液压装置易于实现过载保护且液压件能自行润滑，因此使用寿命长。

2.5.3 技术参数

技术参数见表2.5.1～表2.5.9。

表2.5.1 INM系列液压马达技术参数（意宁液压股份有限公司 www.china-ini.com）

型号	理论排量/mL·r^{-1}	额定压力/MPa	转速/r·min^{-1}	质量/kg
INM05	59, 74, 86, 115, 129, 151, 166, 191	25	1～700	22
INM1	99, 154, 172, 201, 243, 290, 314, 340	25	1～550	31
INM2	192, 251, 304, 347, 425, 493, 565, 623	25	0.7～550	51
INM3	426, 486, 595, 690, 792, 873, 987	25	0.5～500	87
INM4	616, 793, 904, 1022, 1116, 1316	25	0.4～400	120
INM5	807, 1039, 1185, 1340, 1462, 1634, 1816, 2007	25	0.3～325	175
INM6	1690, 2127, 2513, 3041	25	0.2～250	275
INM7	1214, 2007, 2526, 2985, 3290, 3611, 4298	25	0.2～325	310

表2.5.2 IPM系列液压马达技术参数（意宁液压股份有限公司 www.china-ini.com）

型号	理论排量/mL·r^{-1}	额定压力/MPa	转速/r·min^{-1}	质量/kg
IPM1	56, 64, 76.9, 100, 124, 157, 179, 194	20、16	15～1000	23
IPM2	124, 151, 180, 206, 235, 276, 318	20、16	8～700	31
IPM3	181, 201, 254, 289, 339, 403, 427, 451	20、16	7～800	39
IPM4	397, 452, 490, 593, 660, 706, 754, 815	20、16	5～500	66
IPM5	713, 763, 815, 868, 895, 1009	20、16	4～400	84
IPM6	714, 792, 904, 992, 1116, 1247, 1315, 1406, 1481, 1597	20、16	4～400	98
IPM7	1413, 1648, 1815, 2035, 2268, 2480	20、16	2～300	158
IPM8	2449, 2559, 2845, 3023, 3333, 3526, 3998	20、16	2～200	307
IPM9	3560, 3720, 4136, 4396, 4846, 5127, 5514, 5814, 6322	20、16	1～160	392
IPM10	6056, 6437, 7096, 7508, 8074, 8512	20、16	1～110	720
IPM11	8953, 9559, 10028	20、16	0.5～100	900

表2.5.3 IMB系列液压马达技术参数（意宁液压股份有限公司 www.china-ini.com）

型号	理论排量/mL·r^{-1}	额定压力/MPa	转速/r·min^{-1}	质量/kg
IMB100	1385, 1630	23	2～260	144
IMB125	1456, 1621, 1864, 2027	23	2～300	235
IMB200	2432, 2757, 3080	23	1～220	285
IMB270	3291, 3575, 3973, 4313	23	1～160	420

表 2.5.4 IY 系列液压传动装置技术参数（意宁液压股份有限公司 www.china-ini.com）

型 号	最大扭矩/N·m	减速比	转速范围/r·min^{-1}	液压马达型号
IY2.5	4600	4，5，5.5，7	0~100	INM05
IY3	8000	4，5，5.5，7	0~80	INM2
IY4	18000	4，5，5.5，7	0~70	INM3
IY5	38000	4，5，5.5，7	0~40	INM5
IY6	64000	4，5，5.5，7	0~32	INM6
IY7	100000	5，5.5	0~25	IHM31
IY34	18000	20，28，38.5	0~16	INM1
IY45	38000	20，28，38.5	0~15	INM3
IY56	64000	20，28，38.5	0~8	INM4
IY67	100000	22	0~6	INM6
IY79	200000	22	0~6	INM7

表 2.5.5 IWYHG 系列液压回转装置技术参数（意宁液压股份有限公司 www.china-ini.com）

型 号	最大扭矩/N·m	减速比	转速范围/r·min^{-1}	适用机重/t
IWYHG2.5	1600	30.33	0~90	4~5
IWYHG33	2150	19.46	0~80	6~7
IWYHG33A	2600	19.46	0~80	7~8
IWYHG33B	2600	19.46	0~80	8
IWYHG33C	1900	19.46	0~110	7~8 轮式
IWYHG44	3500	18.4	0~80	12~14
IWYHG44A	4000	18.4	0~100	14~16
IWYHG44B	4000	18.4	0~110	14~16
IWYHG55	12000	20	0~70	20~25

表 2.5.6 绞车系列技术参数（意宁液压股份有限公司 www.china-ini.com）

绞车形式	拉力/kN	绳速/m·min^{-1}	容绳量/m	绳径/mm
内藏式液压绞车	5~200	12~80	20~300	6~36
普通起重液压绞车	5~500	10~60	20~800	6~50
自由下放液压绞车	5~225	10~92	50~260	6~32
车用液压绞车	10~500	6~60	25~90	10~36
船用系泊液压绞车	30~750	5~30	50~800	18~54
电动绞车	10~600	5~60	20~1000	14~44

表 2.5.7 IGY 系列履带用液压传动装置技术参数（意宁液压股份有限公司 www.china－ini.com）

型 号	最大扭矩/N·m	最高压力/MPa	减速比	马达排量/mL·r^{-1}	适用机重/t
IGY1400T2	1396	24.5	25.26，36.96	12.4	1～1.5
IGY2200T2	2160	24.5	33.98，36.474，42.958	18	2～2.5
IGY3200T2	3140	27.5	45，48.636，53	0～70	3～4
IGY7000T2	7000	30	53.706	34.9	4～6
IGY8000T2	8000	30	53	44.4	6～8
IGY10000T2	10000	30	53	51.9	8～9
IGY18000T2	18000	35	41.442，55.7	87.3	10～12
IGY24000T2	24000	35	55.7，57.5	87.3	14～16
IGY40000T2	40000	35	51	171.9	20～25

表 2.5.8 IGH 液压回转装置技术参数（意宁液压股份有限公司 www.china－ini.com）

型 号	最大输出扭矩/N·m		减速比	质量/kg
	挖掘机	起重机		
IGH17T2	7700	12000	17.27～46.4	116
IGH17T3	7700	12000	78.95～103.62	140
IGH26T2	10000	16500	37.8～51.22	140
IGH36T2	16000	26000	24～28.93	160
IGH36T3	16000	26000	67.96～132	180
IGH40T2	18000	29000	36.9～49.28	210
IGH60T2	25000	45000	34.03～40.41	390
IGH60T3	25000	45000	87.46～170.89	420
IGH80T3	37000	66000	77.68～186.43	700
IGH110T3	50000	93300	96.8～174.9	855
IGH160T3	80000	142000	162.8～211.8	1050

表 2.5.9 IGT 系列液压传动装置技术参数（意宁液压股份有限公司 www.china－ini.com）

型 号	最大输出扭矩/N·m	减速比	质量/kg	型 号	最大输出扭矩/N·m	减速比	质量/kg
IGT09T2	9000	20.4～45.1	49	IGT60T3	60000	86.5～169.9	242
IGT13T2	13000	16.3～37.6	86	IGT80T3	80000	76.7～185.4	355
IGT17T2	17000	26.4～54	90	IGT110T3	110000	95.8～215	395
IGT17T3	17000	77.9～102.6	100	IGT160T3	160000	161.8～251	685
IGT24T3	24000	90.1～137.2	105	IGT220T3	220000	97.7～293	850
IGT26T2	26000	23～48.1	150	IGT330T3	330000	168.9～302.4	1285
IGT36T3	36000	67～130.4	170	IGT450T4	450000	320.3～421.7	1305
IGT40T2	40000	35.9～59.1	220				

生产厂商：意宁液压股份有限公司。

2.6 密封件

2.6.1 概述

密封件是防止流体或固体微粒从相邻结合面间泄漏，以及防止外界杂质如灰尘与水分等侵入机器设备内部的部件或零件。

2.6.2 产品结构

油膜轴承 DF 密封装置如图 2.6.1 所示。

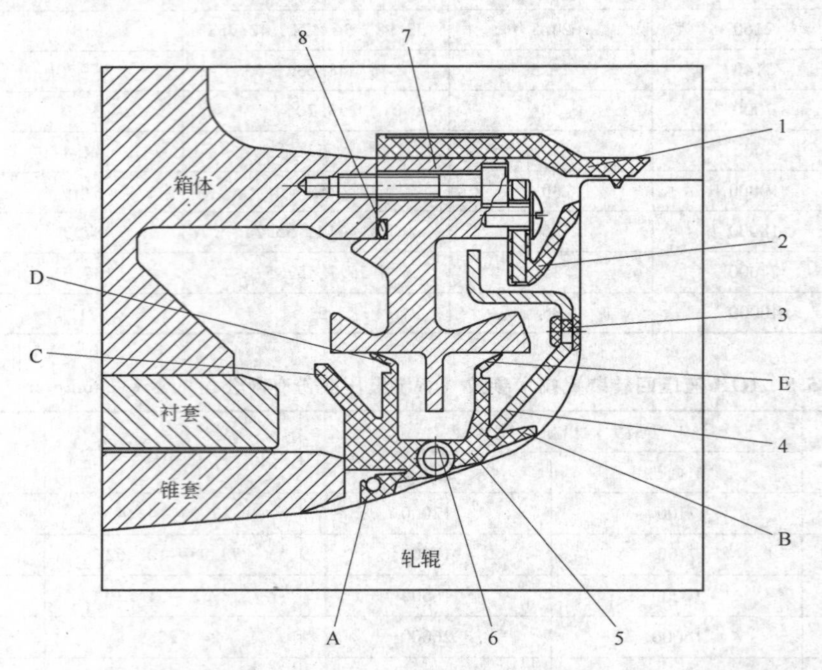

DF 密封有防护水封、橡胶铆钉、密封钢带、缓冲器、水封、密封挡板、油封及
O 形密封圈和 A、B、C、D、E 五个唇口。D、E 是外密封唇口（D 为封油唇，E 为封水唇组成）

图 2.6.1 油膜轴承 DF 密封装置

1—防护水封；2—水封；3—橡胶铆钉；4—缓冲器；5—油封；6—密封钢带；7—密封挡板；8—O 形密封圈

2.6.3 工作原理

（1）密封钢带套在轴颈密封的腰部，作用是防止轴颈在高速旋转作用下的离心力对其形状和尺寸的改变。

（2）缓冲器的铝合金材质使它的转动惯量小，并具有一定耐腐蚀性。此外，缓冲器还具有轴向定位和在旋转状态下的甩水作用。

（3）水封可以防止冷却剂的冲灌，使大部分冷却剂避开轴颈密封圈的封水侧，对 DF 密封的 E 唇口有着保护作用。

（4）密封挡板与油封的接触面上喷涂了耐腐蚀性能好的氧化铝陶瓷，使密封挡板的使用寿命得以延长，减少了摩擦损耗。挡板内表面加工了回旋线，轧辊高速旋转时，螺旋线产生回流，形成泵吸作用，把渗入油封 D 唇口和 E 唇口外侧的油液（或水液）吸入唇口内侧，减少渗漏，提高密封效果。

（5）油封随着锥套和轧辊同步转动，与密封挡板产生高速相对运动，几个唇口分工不同，协同作用形成有效密封，如图 2.6.2 所示。

1）唇口 A、B 抱紧轧辊轴颈，起到静密封作用。其中 A 唇口封油，防止润滑油外泄；B 唇口封水，防止外界冷却剂、杂物侵入轴承。2）唇口 C 是甩油唇，挡住了从轴承工作面上飞溅出的大量油液，并将油液向远离封油唇的方向甩出，对封油唇起到“保护伞”的作用。3）唇口 D 是封油唇，E 是封水唇。它们与密封挡板过盈配合、紧贴挡板，与密封面保持一定的接触角度和压力。当密封件随轧辊高速旋转时，把附着在它上面的油液（或水）以一定倾斜角甩出，使液流获得很大的惯性力，该液流可阻止即将通过间隙外流或泄出的油液（或水）流出。同时，因唇面上的油液（或水）高速甩出，故在唇口与密封挡板之间很小的缝隙处产生负压，有助于密封。

传统的油膜轴承密封装置如图 2.6.3 所示，ACS 油膜轴承密封装置如图 2.6.4 所示。

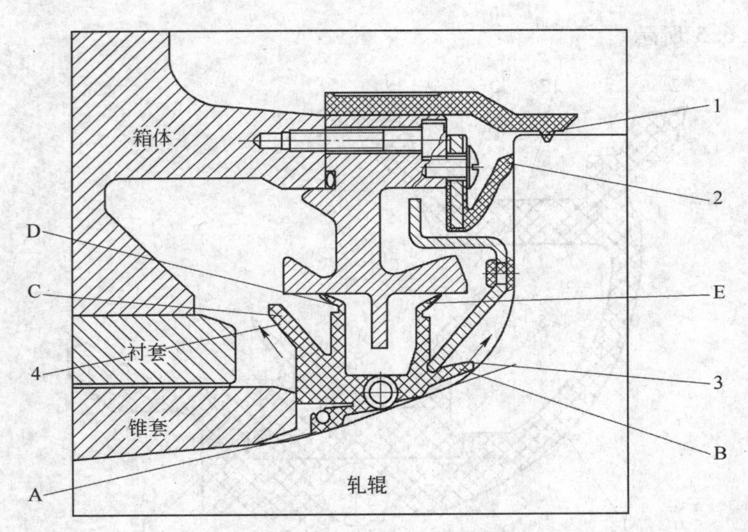

图 2.6.2 DF 工作原理

1—紧贴轧辊辊面防护水封唇口，可以抵挡部分冷却液保护水封；2—紧贴轧辊侧面的封水唇，可以防止冷却液的冲灌；3—甩水的导向作用；4—甩油的导向作用

A—唇口封油；B—唇口封水；C—甩油唇；D—封油唇；E—封水唇

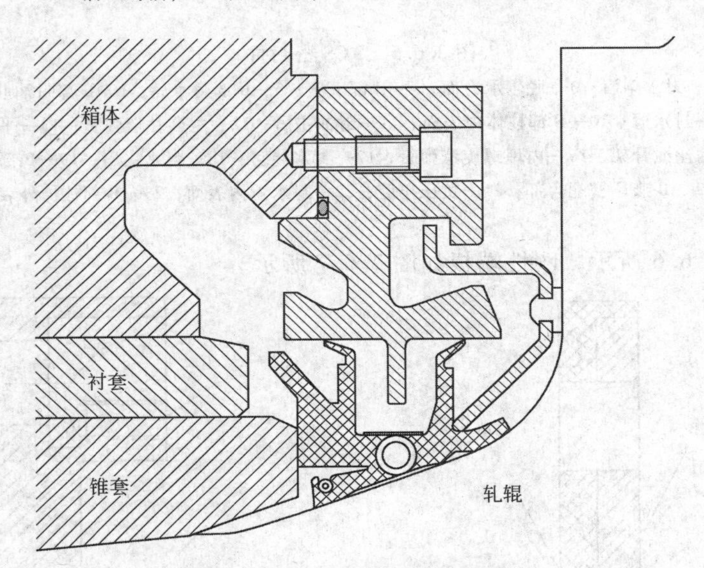

图 2.6.3 传统的油膜轴承密封装置

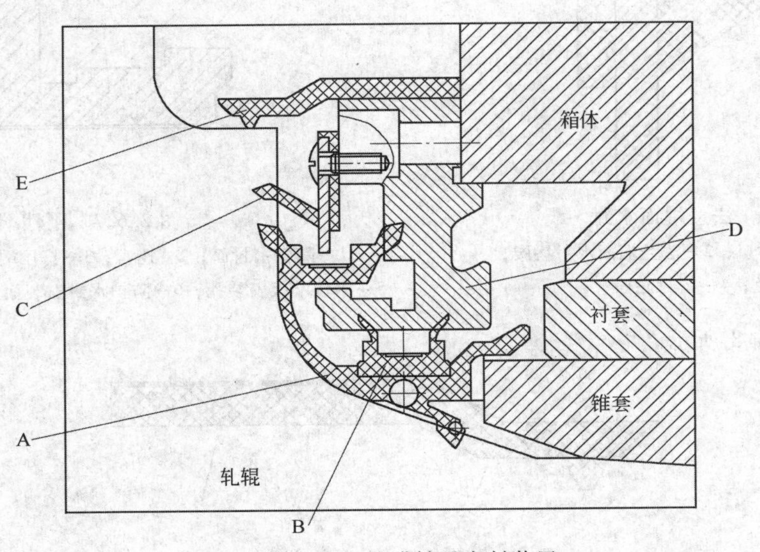

图 2.6.4 ACS 油膜轴承密封装置

A—ACS 密封本体；B—ACS 密封 B 部；C—端面水封；D—刚性端板；E—防护水封

ACS 密封件如图 2.6.5 所示。

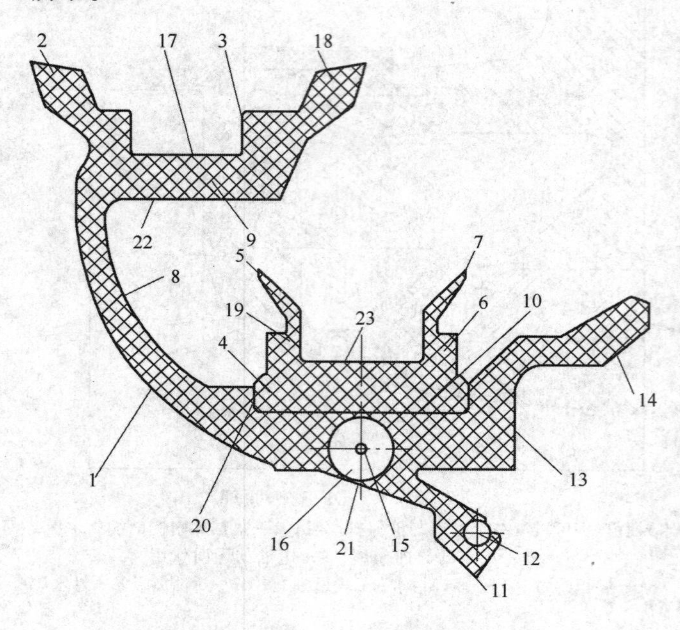

图 2.6.5 ACS 密封件

1—吸附颈内表面；2—封水副唇；3—脱辊承力面；4—B 部底座；5—B 部封水唇；6—B 部封油肢；7—B 部封油唇；8—吸附颈外表面；9—封水冠；10—B 部柱体内表面；11—封油主唇；12—主唇补偿弹簧；13—平面端；14—抛油唇；15—内埋钢丝绳骨架；16—内埋螺旋涨弹簧；17—封水迷宫；18—封水主唇；19—B 部封水肢；20—A、B 燕尾槽配合部；21—负压空腔；22—封水冠内表面；23—B 部柱体外表面

法兰端面水封如图 2.6.6 所示，刚性端板如图 2.6.7 所示。

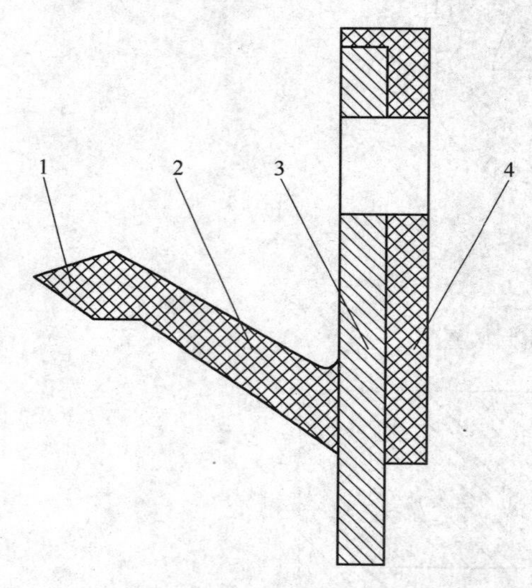

图 2.6.6 法兰端面水封

1—法兰端面水封唇口；2—法兰端面水封唇腰；3—法兰；4—密封底面

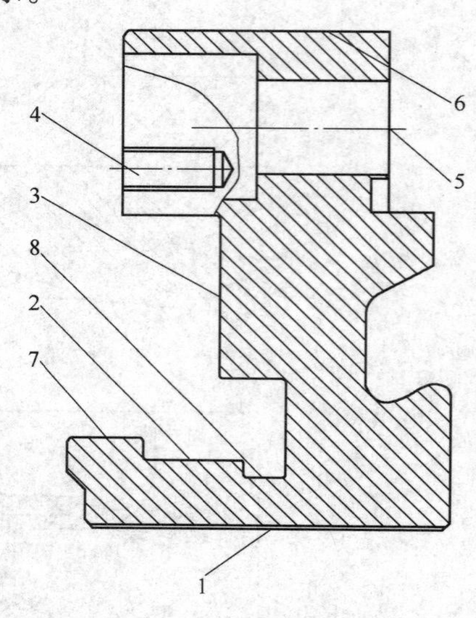

图 2.6.7 刚性端板

1—陶瓷密封面；2—迷宫；3—挤压端面；4—水封安装孔；5—刚性端板安装孔；6—防护水封安装面；7—定位面；8—回水槽

防护水封如图 2.6.8 所示。

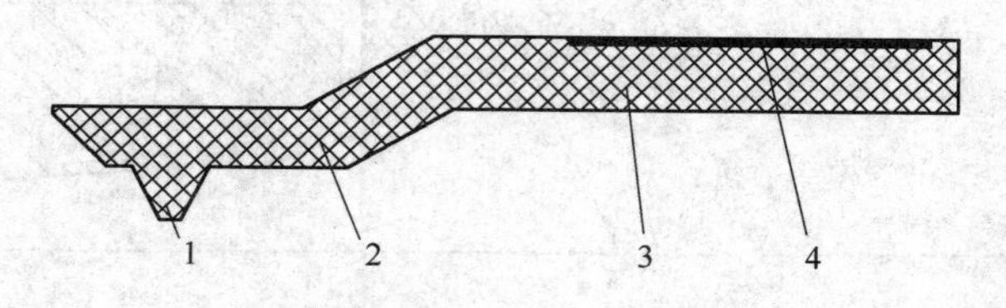

图 2.6.8 防护水封

1—防护水封唇口；2—防护水封唇腰；3—防护水封本体；4—箍紧钢带

2.6.4 应用案例

铁岭五星油膜橡胶密封研究所的油膜轴承 DF 密封装置批量供货使用的厂商有：太原重工油膜轴承分公司、鞍钢热轧带钢厂、本钢连轧厂、本钢冷轧厂、唐山钢铁公司热轧厂、涟钢热轧板厂、宝钢集团上钢一厂、宝钢集团上钢三厂、酒泉钢铁公司、湘潭钢铁公司宽厚板厂等。

ACS 油膜轴承密封已使用的厂商：宝钢股份不锈钢分公司热轧厂 1780 线，本钢集团热轧厂 2300 线。

生产厂商：铁岭五星油膜橡胶密封研究所。

气缸、电动缸

3.1 气缸

3.1.1 概述

压缩气体在气缸中推动活塞做直线往复运动，将压力能转化为机械能。

3.1.2 主要特点

（1）动作迅速、反应快。

（2）工作环境适应性好，特别在易燃、易爆、多尘埃、强磁、辐射和振动等恶劣工作环境中，比液压、电子、电气控制更优越。

3.1.3 选型

根据工作所需力的大小来确定活塞杆上的推力和拉力。选择气缸时应使气缸输出力稍有余量。缸径选小了，输出力不够，气缸不能正常工作；缸径过大，不仅使设备笨重、成本高，同时耗气量增大，造成能源浪费。

3.1.4 技术参数

技术参数见表 3.1.1 ~ 表 3.1.18，外形如图 3.1.1 ~ 图 3.1.15 所示。

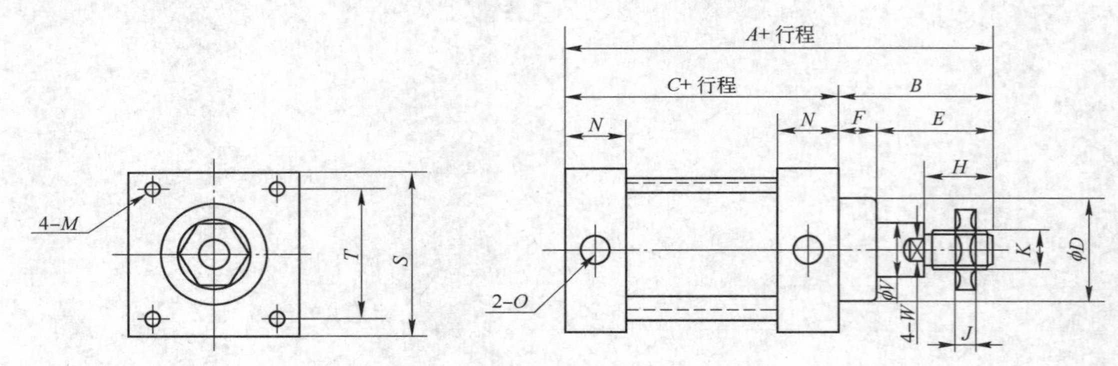

图 3.1.1　QGB 系列气缸

表 3.1.1　QGB 系列气缸技术参数（宁波恒缘气动机械制造厂　www.nb－hyqd.com）　（mm）

项目	内径	A	B	C	D	E	F	M	H	N	V	W	J	K	O	T	S	备注
铝	50	181	71	110	35	46	25	M6	32	28	20	17	8	M16 × 1.5	G1/4	48	64.5	
铁	50	175	69	106	40	46	23	M6	32	28	20	17	8	M16 × 1.5	G1/4	46.5	62	QGB
铝	63	218	71	125	40	46	25	M8	32	32	20	17	8	M16 × 1.5	G3/8	58	80	
铁	63	190	69	121	40	46	23	M8	32	32	20	17	8	M16 × 1.5	G3/8	56.5	75	QGB
铝	80	218	90	128	46.5	60	30	M10	40	32	25	22	14	M20 × 1.5	G3/8	75	95	
铁	80	214	85	128	45	60	25	M10	40	32	25	22	14	M20 × 1.5	G3/8	72	94	QGB
铝	100	239	101	138	46.5	66	35	M10	40	37	25	22	14	M20 × 1.5	G1/2	90	115	
铁	100	228	91	138	55	66	25	M10	40	37	25	22	14	M20 × 1.5	G1/2	89	112	QGB
铝	125	259	110	149	60	77	35	M12	54	45	32	27	16	M27 × 2	G1/2	110	140	

续表 3.1.1

项目	内径	A	B	C	D	E	F	M	H	N	V	W	J	K	O	T	S	备注
铁	125	279	119	160	60	77	42	M12	54	42	32	27	16	M27×2	G1/2	110	140	QGB
铝	160	314	138	176	65	100	38	M16×2	72	50	45	36	18	M36×2	G1/2	140	180	
铁	160	274	128	146	70	100	28	M16×2	72	42	40	36	18	M36×2	G1/2	140	180	
铝	200	330	158	172	75	100	58	M16×2	72	50	40	36	18	M36×2	G1/2	175	220	
铁	200	276	124	153	85	100	24	M16×2	72	45	40	36	18	M36×2	G1/2	175	225	
铝	250	368	190	178	90	125	65	M18×2	80	52	50	46	25	M42×2	G3/4	220	270	
铁	250	355	185	170	85	125	60	M18×2	80	48	50	46	25	M42×2	G3/4	225	275	
铁	320	430	215	215	105	140	75	M20×2	96	55	63	60	30	M48×2	G1	280	350	
铁	400	414	194	220	135	140	54	M24×2	90	65	70	65	30	M56×4	G1	350	480	

表 3.1.2 SI 系列气缸参数（宁波恒缘气动机械制造厂 www.nb-hyqd.com）

SI	J	50X	50-	25-	S-	FA
型号 SI：拉杆内藏式	空白：标准复动型 D：双轴复动型 J：双轴可调行程型	缸径	行程	LSIJ：可调行程	磁石代号 空白：不附磁石 S：附磁石	固定形式 空白：基本型 LB：前后固定型 FA（B）：前后盖固定型 CA：后盖固定型（单耳环） CB：后盖固定型（双耳环） CR：后盖固定型（双耳环） TC：摇摆式 TC-M：摇摆式附脚座

表 3.1.3 SI 系列气缸参数（宁波恒缘气动机械制造厂 www.nb-hyqd.com）

口径/mm	32	40	50	63	80	100	125	160	200
动作形式	复动型								
工作介质	空气								
固定形式	基本型 FA 型号 FB 型号 CA 型号 CB 型号 CR 型号 LB 型号 TC 型号 TC-M 型号								
使用压力范围	1~9kg·f/cm^2								
保证耐压力	13.5kg·f/cm^2								
使用温度范围	0~70℃								
使用速度范围	50~800mm/s								
缓冲行程	可调								
缓冲行程	24					32			
接管口径	G1/8	G1/4		G3/8		G1/2		G3/4	

表 3.1.4 SI 系列气缸外形尺寸（宁波恒缘气动机械制造厂 www.nb-hyqd.com） (mm)

缸 径	A	A_1	B	C	D	E	F	G	H	I	J	K	L
32	142	190	48	94	30	33	15	26	19.5	17	6	M10×1.25	M6×1
40	159	213	54	105	35	37	17	26	21	17	7	M12×1.25	M6×1
50	175	244	69	106	40	45	24	29.5	29	23	8	M16×1.5	M8×1.25
63	190	259	69	121	45	45	24	29.5	29	23	8	M16×1.5	M8×1.25
80	214	300	86	128	45	56	30	35	40	30	10	M20×1.5	M10×1.5
100	229	320	91	138	55	59	32	35	40	30	10	M20×1.5	M10×1.5

LSI 型：

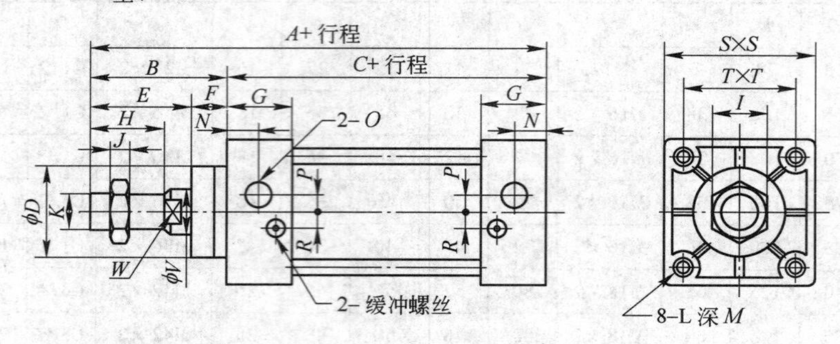

LSID 型：

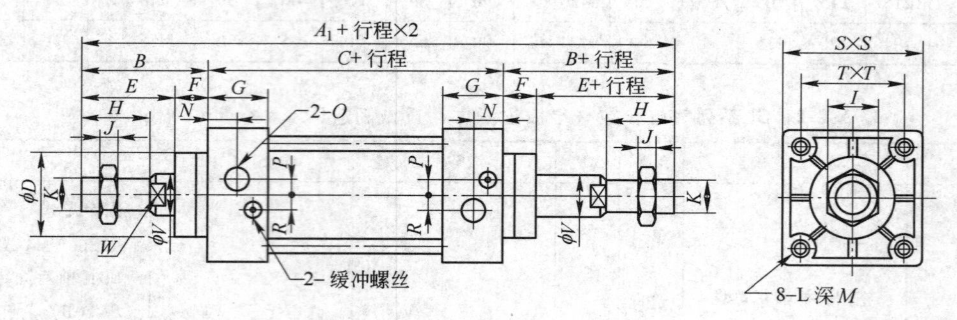

LSIJ 型：

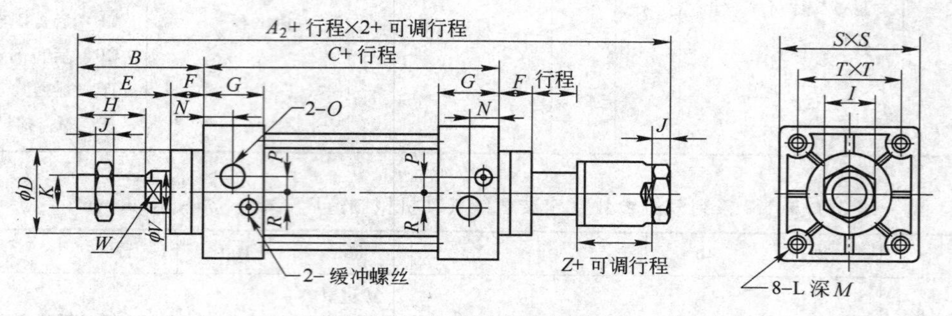

图 3.1.2 SI 系列气缸外形尺寸

表 3.1.5 SI 系列气缸外形尺寸（宁波恒缘气动机械制造厂 www.nb－hyqd.com） (mm)

缸 径	M	N	O	P	R	S	T	V	W	缸 径	M	N	O	P	R	S	T	V	W
32	6	13	G1/8	4	6.5	46	32.5	12	10	63	8	16.5	G3/8	9	12	75	56.5	20	17
40	6.5	14	G1/4	4	9	52	38	16	14	80	10	19	G3/8	11.5	14	95	72	25	22
50	8	15.5	G1/4	5	10.5	65	46.5	20	17	100	10	19	G1/2	17	15	114	89	25	22

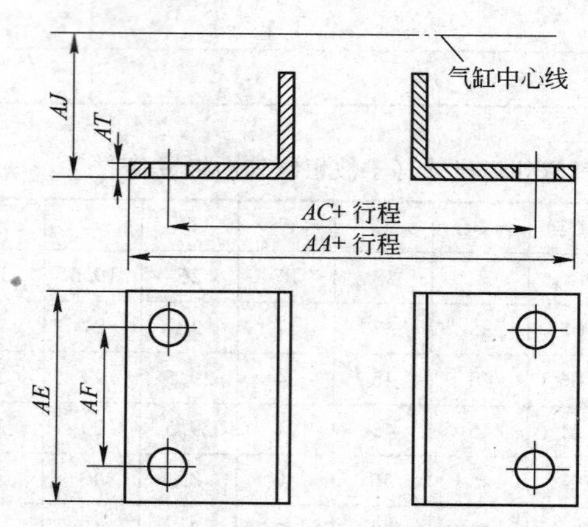

图 3.1.3 SC 标准气缸 LB 脚架外形尺寸

表 3.1.6 SC 标准气缸 LB 脚架外形尺寸（宁波恒缘气动机械制造厂 www.nb-hyqd.com） (mm)

缸 径	32	40	50	63	80	100	125	160	200
AA	153	169	173	184	200	210	249	328	380
AC	134	140	149	158	168	174	213	288	320
AD	9.5	14.5	12	12	16	18	18	20	30
AE	50	57	68	80	97	112	140	180	220
AF	33	36	47	56	70	84	90	115	135
AG	20.5	23.5	28	31	30	30	45	60	70
AJ	28	30	36.5	41	49	57	90	115	135
AP	9	12	12	12	14	14	16	18	22
AT	3.2	3.2	3.2	3.2	4	4	8	8	10

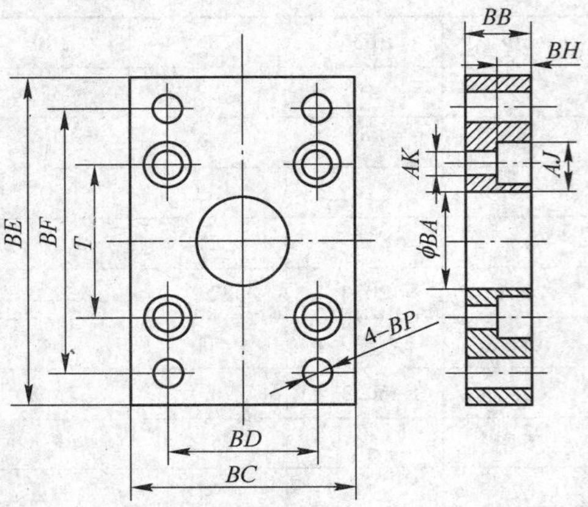

图 3.1.4 SC 标准气缸 FA/FB 法兰外形尺寸

表 3.1.7 SC 标准气缸 FA/FB 法兰外形尺寸（宁波恒缘气动机械制造厂 www.nb-hyqd.com） (mm)

缸 径	32	40	50	63	80	100	125	160	200
BA	28.3	32.3	38.3	38.3	47.3	47.3	56	63	81
BB	10	10	10	12	16	16	20	20	25
BC	47	52	65	76	95	115	140	180	220
BD	33	36	47	56	70	84	90	115	135
BE	72	84	104	116	143	162	224	280	320
BF	58	70	86	98	119	138	180	230	270
BH	6.5	6.5	6.5	8.5	10.5	10.5	15	20	20
AJ	10.5	10.5	10.5	13.5	16.6	16.6	19	25	25
AK	6.5	6.5	6.5	8.5	10.5	10.5	12.5	16.5	16.5
BP	7	7	9	9	12	12	16	18	22
T	33	37	47	56	70	84	110	140	175

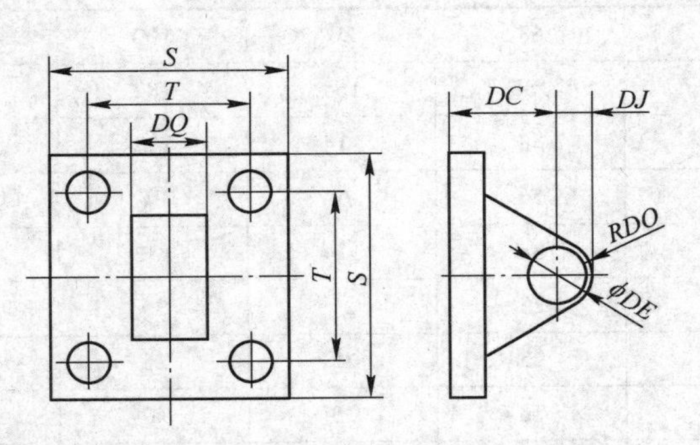

图 3.1.5 SC 标准气缸 CA 单耳环外形尺寸

表 3.1.8 SC 标准气缸 CA 单耳环外形尺寸（宁波恒缘气动机械制造厂 www.nb-hyqd.com） (mm)

缸 径	32	40	50	63	80	100	125	160	200
S	48	50	62	75	94	112	140	180	220
T	33	37	47	56	70	84	110	140	175
DC	34	34	34	34	48	48	50	55	60
DD	14	14	15	15	20	20	25	30	30
DE	12	14	14	14	20	20	25	30	30
DJ	14	14	15	15	20	20	25	30	30
DQ	16	20	20	20	32	32	70	90	90

表 3.1.9 SC 标准气缸 CB 双耳环外形尺寸（宁波恒缘气动机械制造厂 www.nb-hyqd.com） (mm)

缸 径	32	40	50	63	80	100	125	160	200
CC	19	19	19	19	32	32	50	55	60
CD	5	5	3	3	8	8	25	30	30
CE	12	14	14	14	20	20	25	30	30
CJ	13	13	15	15	21	21	25	30	30
CP	16.3	20.5	20.3	20.3	32.3	32.3	70	90	90
CT	32	44	52	52	64	64	120	160	160
PAI	41	51.8	60.3	60.3	73.8	73.8	130	170	170
PBI	33.5	45.8	54	54	65.5	65.5	121.5	161.5	161.5
S	48	50	62	75	94	112	140	180	220
T	33	37	47	56	70	84	110	140	175

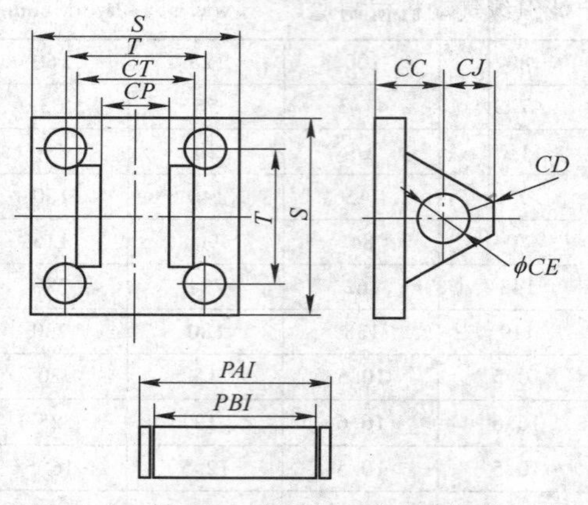

图 3.1.6 SC 标准气缸 CB 双耳环外形尺寸

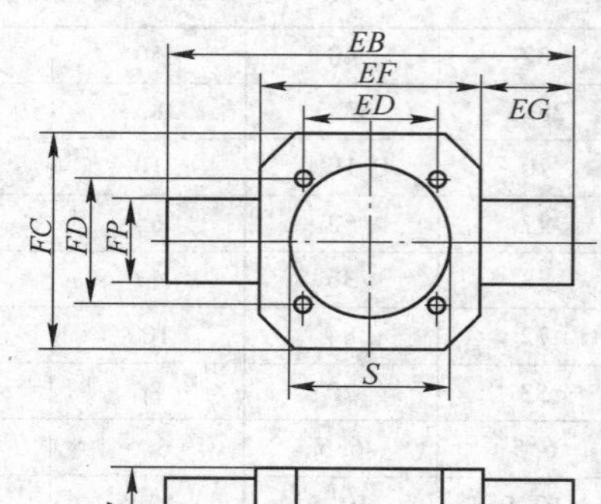

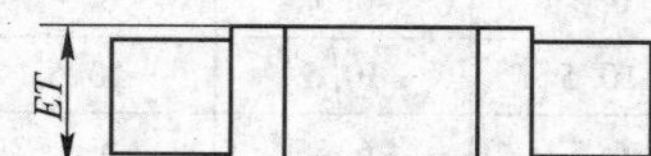

图 3.1.7 SC 标准气缸 TC 中摆外形尺寸

表 3.1.10 SC 标准气缸 TC 中摆外形尺寸（宁波恒缘气动机械制造厂 www.nb-hyqd.com） (mm)

缸 径	40	50	63	80	100	125	160	200
EB	113	126	138	164	182	210	264	336
EC	63	76	88	114	132	160	200	245
ED	37	47	56	70	84	110	140	175
EE	63	76	88	114	132	160	200	245
EG	25	25	25	25	25	25	32	35
EP	25	25	25	25	25	30	32	32
ET	30	30	30	35	40	38	38	52
S	45.5	55.5	68.5	87.5	107.5	134.5	172.5	212.5

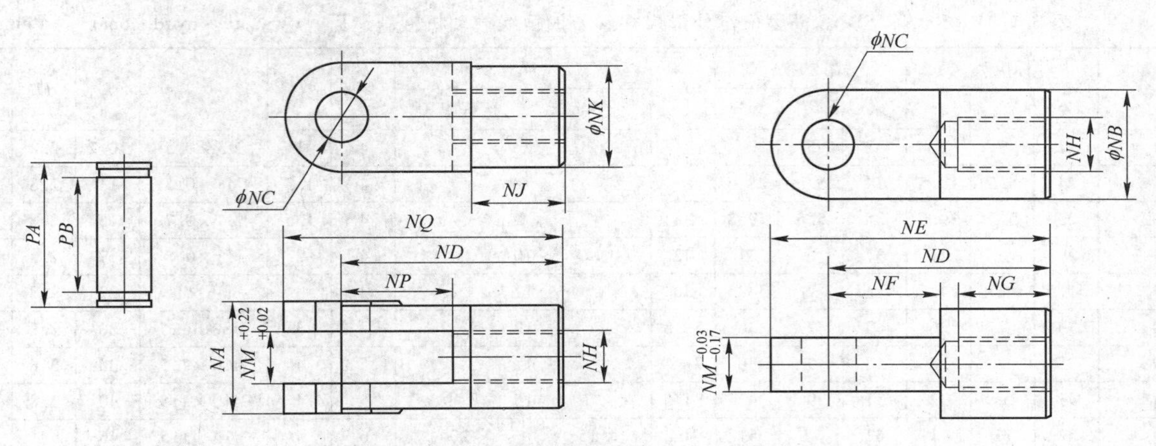

图 3.1.8 SC 标准气缸 Y/I 接头中摆外形

表 3.1.11 SC 标准气缸 Y/I 接头中摆外形尺寸（宁波恒缘气动机械制造厂 www.nb-hyqd.com）（mm）

缸 径	NA	NB	NC	ND	NE	NF	NG	NH	NJ	NK	NM	NP	NQ	PA	PB
32	19	20	10	40	52	15	20	M16×1.25	12	18	10	20	52	26.2	20
40	25.4	24	12	48	67	24	20	M12×1.25	20	23	12	24	62	32.8	26.5
50	32	32	16	64	89	32	23	M16×1.5	22	30	16	32	83	39.3	33
63	32	32	16	64	89	32	23	M16×1.5	22	30	16	32	83	39.3	33
80	44.4	40	20	80	112	40	30	M20×1.5	30	39	20	40	105	53.3	45
100	44.4	40	20	80	112	40	30	M20×1.5	30	39	20	40	105	53.3	45

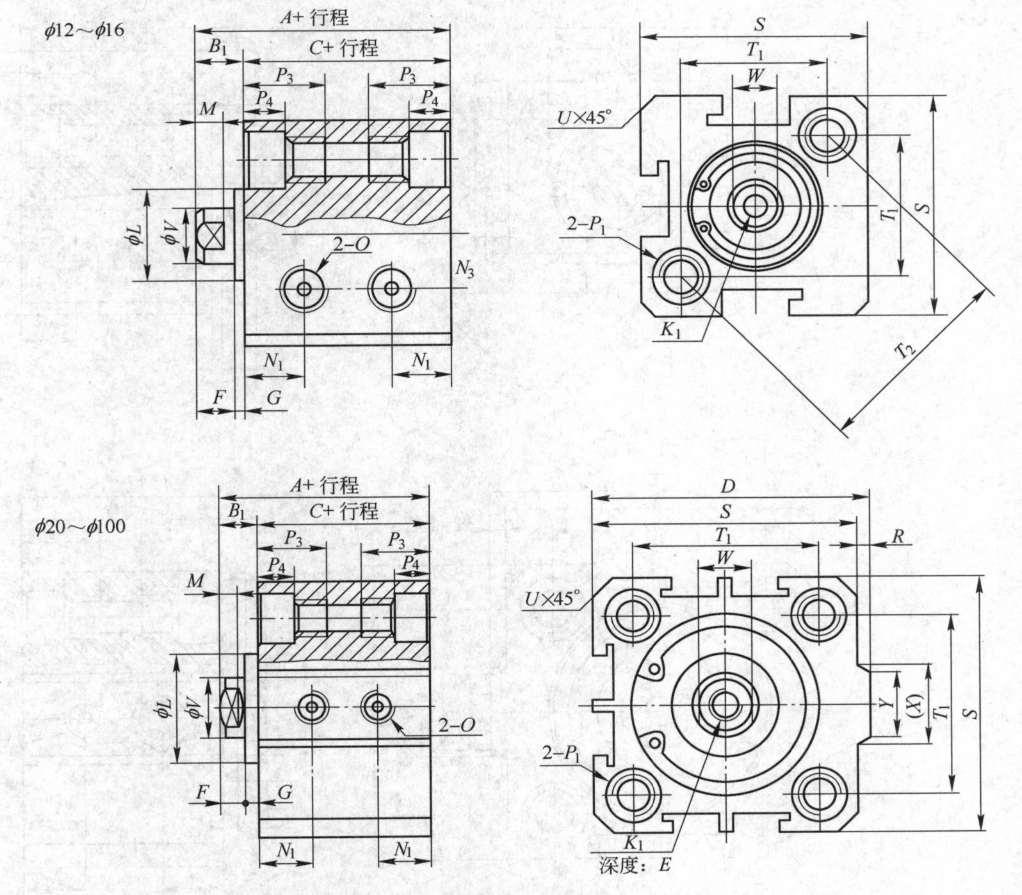

图 3.1.9 SDA、SDAS 薄型气缸外形

表 3.1.12　SDA、SDAS 薄型气缸外形尺寸（宁波恒缘气动机械制造厂　www.nb-hyqd.com）　(mm)

缸　径	标准型			附磁型			D	E		F	G	K_1	L	M	N_1
	A	B_1	C	A	B_1	C		行程≤10	行程≥10						
12	22	5	17	32	5	27	—	6		4	1	M3×0.5	10.2	2.8	6.3
16	24	5.5	18.5	34	5.5	28.5	—	6		4	1.5	M3×0.5	11	2.8	7.3
20	25	5.5	19.5	35	5.5	29.8	36	8		4	1.5	M4×0.7	15	2.8	7.5
25	27	6	21	37	6	31	42	10		4	2	M5×0.8	17	2.8	8
32	31.5	7	24.5	41.5	7	34.5	50	12		4	3	M6×1	22	2.8	9
40	33	7	26	43	7	36	58.8	12		4	3	M8×1.25	28	2.8	10
50	37	9	28	47	9	38	71.5	15		5	4	M10×1.5	38	2.8	10.5
63	41	9	32	51	9	42	84.5	15		5	4	M10×1.5	40	2.8	11.8
80	52	11	41	62	11	51	104	15	20	6	5	M14×1.5	45	4	14.5
100	63	12	51	73	12	61	124	18	20	7	5	M15×1.5	55	4	20.5

缸　径	N_3	O	P_1	P_3	P_4	R	S	T_1	T_2	U	V	W	X	Y
12	6	M5×0.8	双边:ϕ6.5 牙 M5×0.8 通孔:ϕ4.2	12	4.5	—	25	16.2	23	1.6	6	5	—	—
16	6.5	M5×0.8	双边:ϕ6.5 牙 M5×0.8 通孔:ϕ4.2	12	4.5	—	29	19.8	28	1.6	6	5	—	—
20	—	M5×0.8	双边:ϕ6.5 牙 M5×0.8 通孔:ϕ4.2	14	4.5	2	34	24	—	2.1	8	6	11.3	10
25	—	M5×0.8	双边:ϕ8.2 牙 M6×1.0 通孔:ϕ4.6	15	5.5	2	40	28	—	3.1	10	8	12	10
32	—	M5×0.8	双边:ϕ8.2 牙 M6×1.0 通孔:ϕ4.6	16	5.5	6	44	34	—	2.15	12	10	18.3	15
40	—	PT1/8	双边:ϕ10 牙 M6×1.25 通孔:ϕ6.5	20	7.5	6.5	52	40	—	2.25	16	14	21.3	16
50	—	PT1/8	双边:ϕ11 牙 M8×1.25 通孔:ϕ6.5	25	8.5	9.5	62	48	—	4.15	20	17	30	20
63	—	PT1/4	双边:ϕ11 牙 M8×1.25 通孔:ϕ6.5	25	8.5	9.5	75	60	—	3.15	20	17	28.7	20
80	—	PT1/4	双边:ϕ14 牙 M12×1.75 通孔:ϕ9.2	25	10.5	10	94	74	—	3.65	25	22	36	26
100	—	PT3/8	双边:ϕ17.5 牙 M14×2 通孔:ϕ11.3	30	13	10	114	90	—	3.65	32	27	35	26

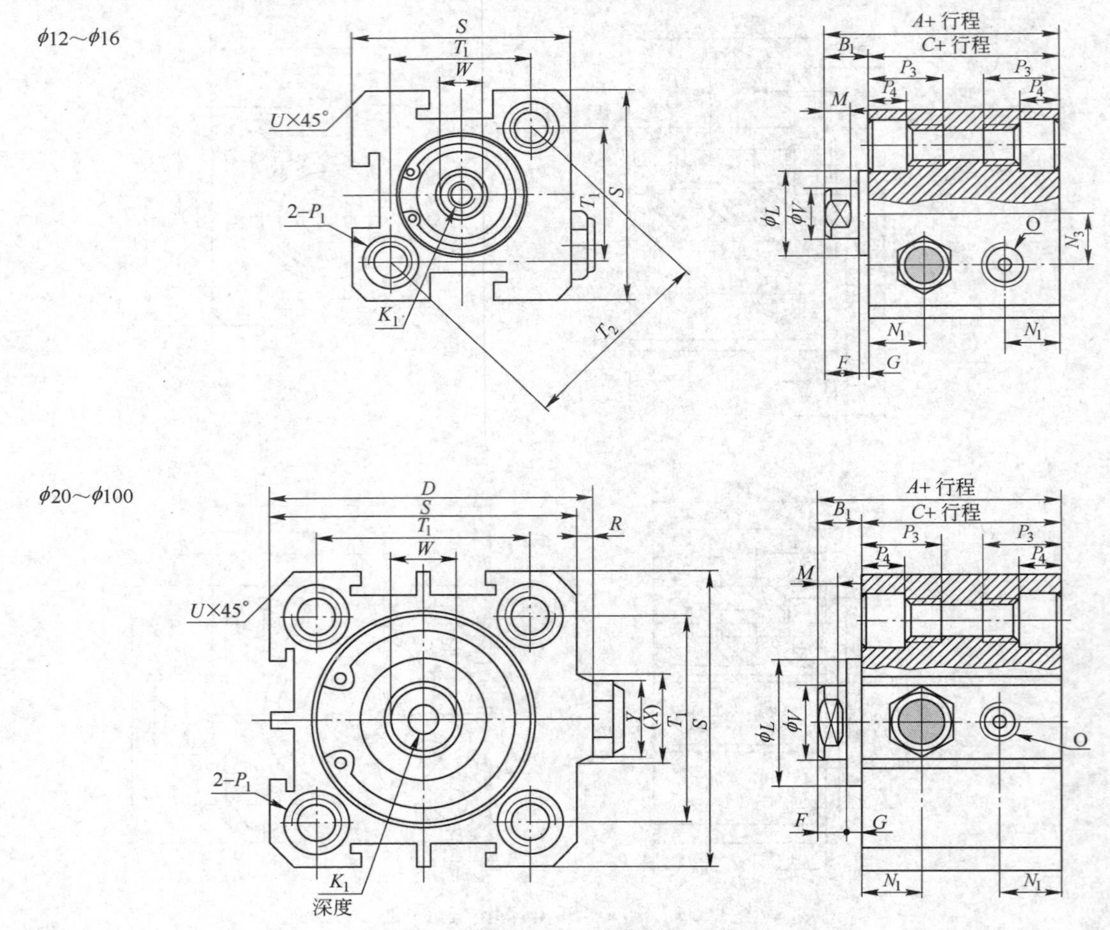

图 3.1.10　SSA、SSAS 薄型气缸外形

表 3.1.13 SSA、SSAS 薄型气缸外形尺寸（宁波恒缘气动机械制造厂 www.nb-hyqd.com） (mm)

内径	不附磁					附磁					D	E	F	G	K_1	L	M	N_1	N_3
	A		B_1	C		A		B_1	C										
	≤10	>10		≤10	>10	≤10	>10		≤10	>10									
12	32	42	5	27	37	42	52	5	37	47	—	6	4	1	M3×0.5	10.2	2.8	6.3	6
16	34	44	5.5	28.5	38.5	44	54	5.5	38.5	48.5	—	6	4	1.5	M3×0.5	11	2.8	7.3	6.5
20	35	45	5.5	29.5	39.5	45	55	5.5	39.5	49.5	36	8	4	1.5	M4×0.7	15	2.8	7.5	—
25	37	47	6	31	41	47	57	6	41	51	42	10	4	2	M5×0.8	17	2.8	8	—
32	41.5	51.5	7	34.5	44.5	51.5	61.5	7	44.5	54.5	50	12	4	3	M6×4	22	2.8	9	—
40	43	53	7	36	46	53	63	7	46	56	58.5	12	4	3	M8×1.25	28	2.8	10	—

内径	O	P_1	P_3	P_4	R	S	T_1	T_2	U	V	W	X	Y
12	M5×0.8	双边：C6.5 牙 M5×0.8 通孔：C4.2	12	4.5	—	25	16.2	23	1.6	6	5	—	—
16	M5×0.8	双边：C6.5 牙 M5×0.8 通孔：C4.2	12	4.5	—	29	19.8	28	1.6	6	5	—	—
20	M5×0.8	双边：C6.5 牙 M5×0.8 通孔：C4.2	14	4.5	2	34	24	—	2.1	8	6	11.3	10
25	M5×0.8	双边：C8.2 牙 M5×1.0 通孔：C4.6	15	5.5	2	40	28	—	3.1	10	8	12	10
32	PT1/8	双边：C8.2 牙 M5×1.0 通孔：C4.6	16	5.5	6	44	34	—	2.15	12	10	18.3	15
40	PT1/8	双边：C10 牙 M8×1.25 通孔：C6.5	20	7.5	6.5	52	40	—	2.15	16	14	21.3	15

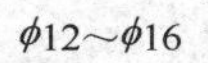

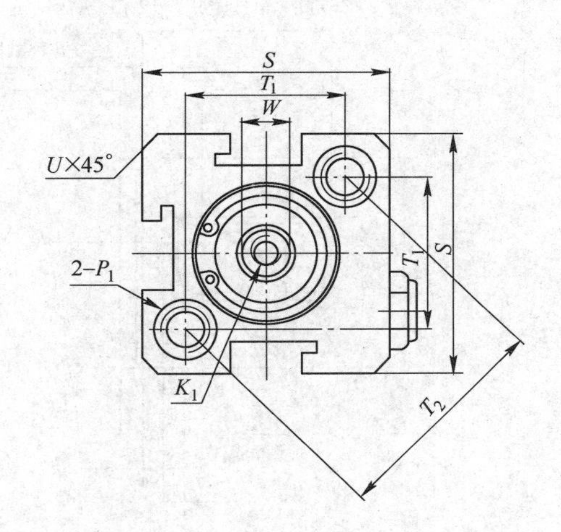

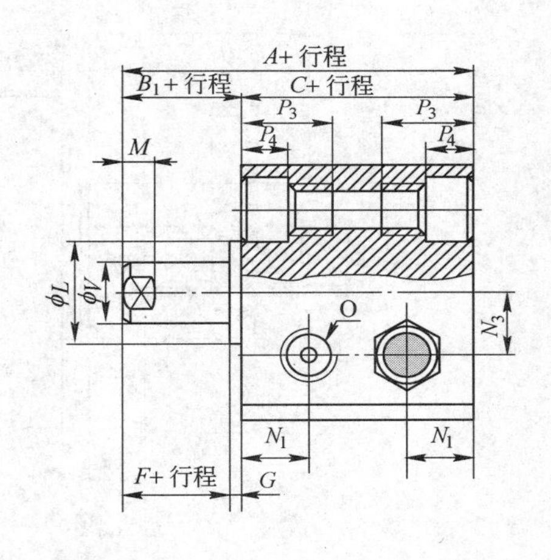

φ20～φ100

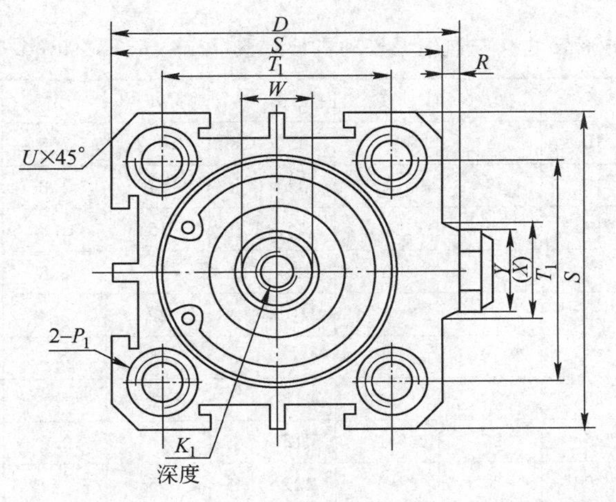

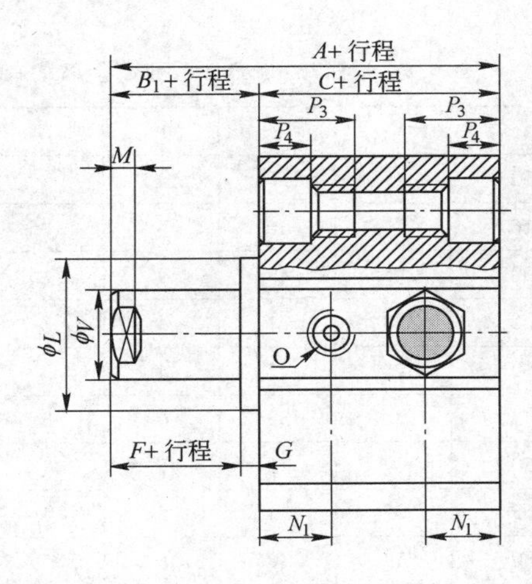

图 3.1.11 STA、STAS 薄型气缸外形

表 3.1.14 STA、STAS 薄型气缸外形尺寸（宁波恒缘气动机械制造厂 www.nb－hyqd.com） (mm)

内径	不附磁					附磁					D	E	F	G	K_1	L	M	N_1	N_3
	A		B_1	C		A		B_1											
	≤10	>10		≤10	>10	≤10	>10		≤10	>10									
12	32	42	5	27	37	42	52	5	37	47	—	6	4	1	M3×0.5	10.2	2.8	6.3	6
16	34	44	5.5	28.5	38.5	44	54	5.5	38.5	48.5	—	6	4	1.5	M3×0.5	11	2.8	7.3	6.5
20	35	45	5.5	29.5	39.5	45	55	5.5	39.5	49.5	36	8	4	1.5	M4×0.7	15	2.8	7.5	—
25	37	47	6	31	41	47	57	6	41	51	42	10	4	2	M5×0.8	17	2.8	8	—
32	41.5	51.5	7	34.5	44.5	51.5	61.5	7	44.5	54.5	50	12	4	3	M6×4	22	2.8	9	—
40	43	53	7	36	46	53	63	7	46	56	58.5	12	4	3	M8×1.25	28	2.8	10	—

内径	O	P_1	P_3	P_4	R	S	T_1	T_2	U	V	W	X	Y
12	M5×0.8	双边：C6.5 牙 M5×0.8 通孔：C4.2	12	4.5	—	25	16.2	23	1.6	6	5	—	—
16	M5×0.8	双边：C6.5 牙 M5×0.8 通孔：C4.2	12	4.5	—	29	19.8	28	1.6	6	5	—	—
20	M5×0.8	双边：C6.5 牙 M5×0.8 通孔：C4.2	14	4.5	2	34	24	—	2.1	8	6	11.3	10
25	M5×0.8	双边：C8.2 牙 M5×1.0 通孔：C4.6	15	5.5	2	40	28	—	3.1	10	8	12	10
32	PT1/8	双边：C8.2 牙 M5×1.0 通孔：C4.6	16	5.5	6	44	34	—	2.15	12	10	18.3	15
40	PT1/8	双边：C10 牙 M8×1.25 通孔：C6.5	20	7.5	6.5	52	40	—	2.15	16	14	21.3	15

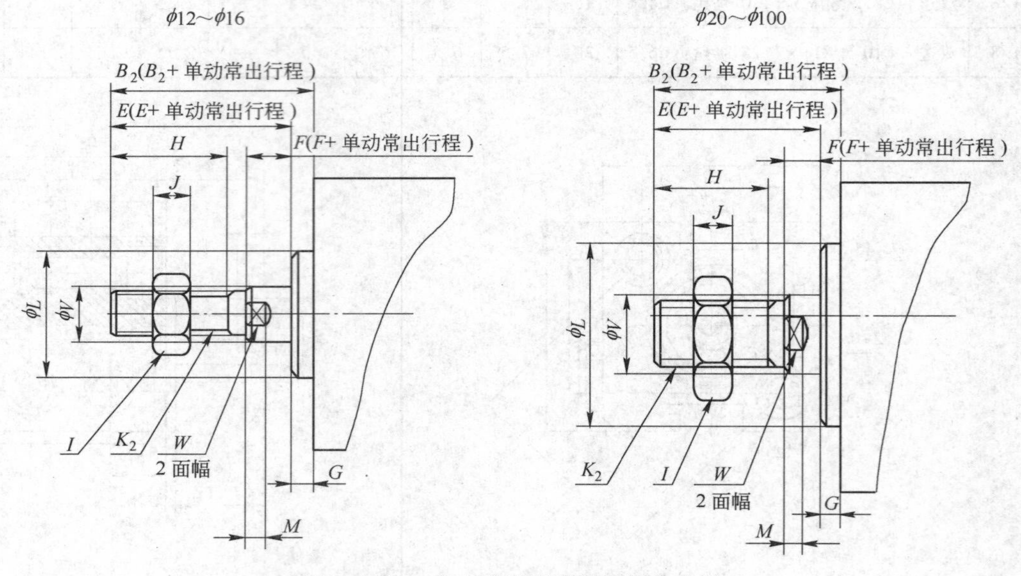

图 3.1.12 SDA 系列薄型气缸轴头外形

表 3.1.15 SDA 系列薄型气缸轴头外形尺寸（宁波恒缘气动机械制造厂 www.nb－hyqd.com） (mm)

内 径	B_2	E	F	G	H	I	J	K_2	L	M	V	W
12	17	16	4	1	10	8	4	M5×0.8	10.2	2.8	6	5
16	17.5	16	4	1.5	10	8	4	M5×0.8	11	2.8	6	5
20	20.5	19	4	1.5	13	10	5	M6×1.0	15	2.8	8	6
25	23	21	4	2	15	12	6	M8×1.25	17	2.8	10	8
32	25	22	4	3	15	17	6	M10×1.25	22	2.8	12	10
40	35	32	4	3	25	19	8	M14×1.25	25	2.8	16	14
50	37	33	5	4	25	27	11	M18×1.5	38	2.8	20	17
63	37	33	5	4	25	27	11	M18×1.5	40	2.8	20	17
80	44	39	6	5	30	32	13	M22×1.5	45	4	25	22
100	50	45	7	5	35	36	13	M22×1.5	55	4	32	27

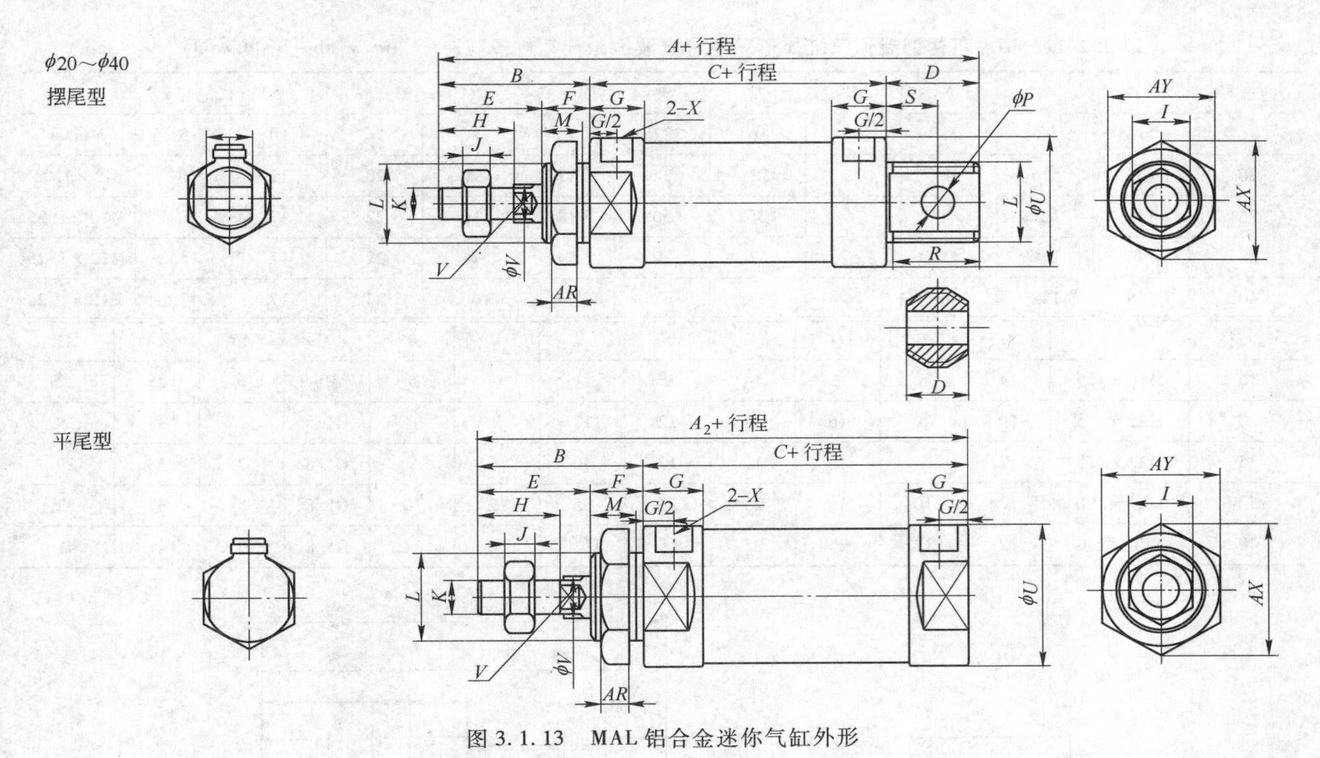

图 3.1.13 MAL 铝合金迷你气缸外形

表 3.1.16 MAL 铝合金迷你气缸外形尺寸（宁波恒缘气动机械制造厂 www.nb-hyqd.com） (mm)

缸 径	A	A_1	A_2	B	C	D	D_1	E	F	G	H	I	J	K
20	131	122	110	40	70	21	12	28	12	16	20	12	6	M8×1.25
25	135	128	114	44	70	21	14	30	14	16	22	17	6	M10×1.25
32	141	128	114	44	70	27	14	30	14	16	22	17	6	M10×1.5
40	165	152	138	46	92	27	14	32	14	22	24	17	7	M12×1.25

缸 径	L	M	P	Q	R	R_1	S	U	V	W	X	AR	AX	AY
20	M22×1.5	10	8	16	19	10	12	29	8	6	PT1/8	7	33	29
25	M22×1.5	12	8	16	19	12	12	34	10	8	PT1/8	7	33	29
32	M24×2.0	12	10	16	25	12	15	39.5	12	10	PT1/8	8	37	32
40	M30×2.0	12	12	20	25	12	15	49.5	16	14	PT1/4	9	47	41

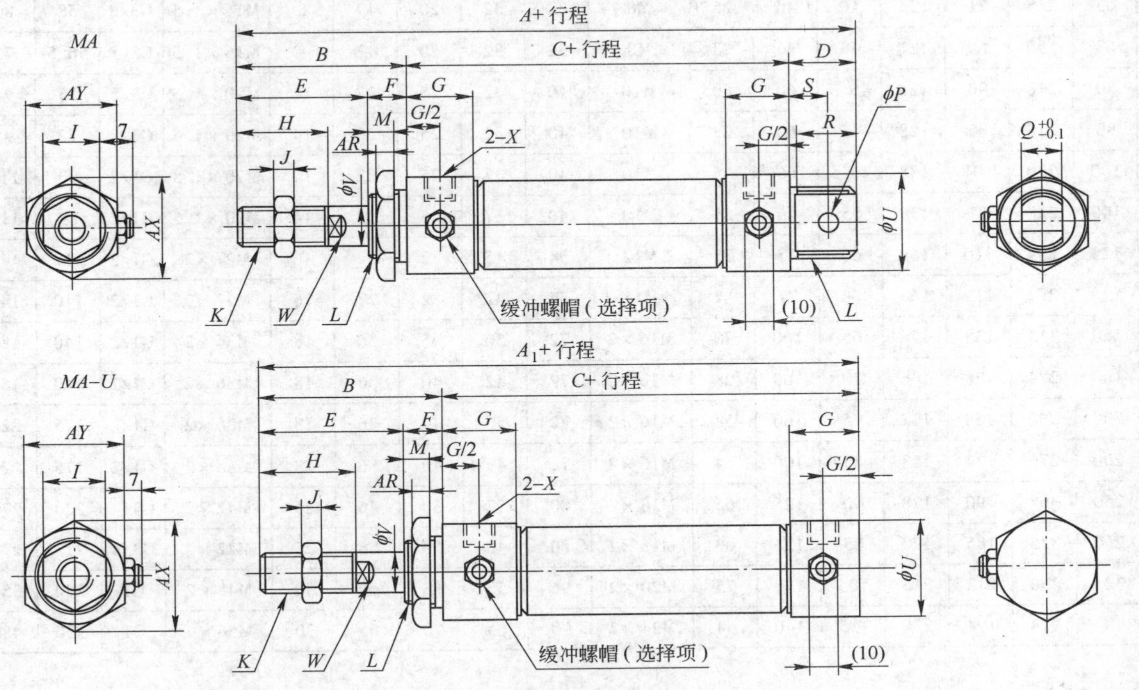

图 3.1.14 MA 不锈钢迷你气缸

表 3.1.17 MA 不锈钢迷你气缸外形尺寸（宁波恒缘气动机械制造厂 www.nb－hyqd.com） （mm）

内 径	A	A_1	B	C	D	E	F	G	H	I	J	K
16	114	98	38	60	16	22	16	10	16	10	5	M6×1
20	137	116	40	76	21	28	12	16	20	12	6	M8×1.25
25	141	120	44	76	21	30	14	16	22	17	6	M10×1.25
32	147	120	44	76	27	30	14	16	22	17	6	M10×1.25
40	149	122	46	76	27	32	14	16.7	24	17	7	M12×1.25

内 径	L	M	P	Q	R	S	U	V	W	X	AR	AX	AY
16	M16×1.5	14	6	12	14	9	21	6	5	M5	6	25	22
20	M22×1.5	10	8	16	19	12	27	8	6	G1/8	7	33	29
25	M22×1.5	12	8	16	19	12	30	10	8	G1/8	7	33	29
32	M24×2.0	12	10	16	25	15	35	12	10	G1/8	8	37	32
40	M30×2.0	12	12	20	25	15	41.6	16	14	G1/8	9	47	41

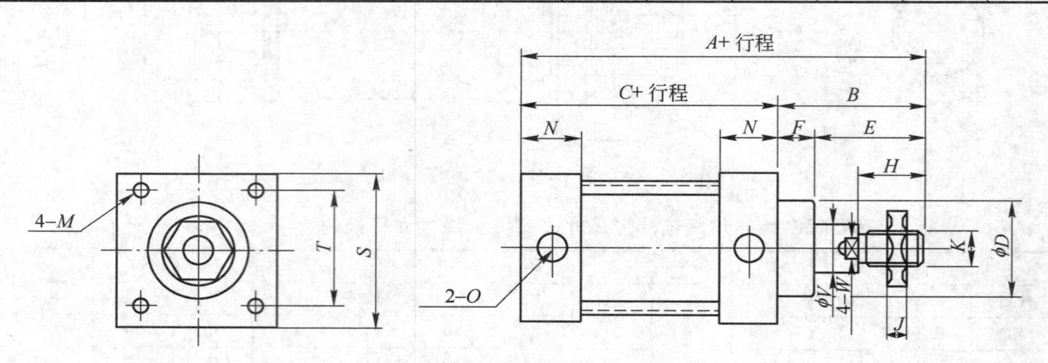

图 3.1.15 铁气缸

表 3.1.18 铁气缸外形尺寸（宁波恒缘气动机械制造厂 www.nb－hyqd.com） （mm）

项目	内径	A	B	C	D	E	F	M	H	N	V	W	J	K	O	T	S	备注
铝	50	181	71	110	35	46	25	M6	32	28	20	17	8	M16×1.5	G1/4	48	64.5	
铁	50	175	69	106	40	46	23	M6	32	28	20	17	8	M16×1.5	G1/4	46.5	62	QGB
铝	63	218	71	125	40	46	25	M8	32	32	20	17	8	M16×1.5	G3/8	58	80	
铁	63	190	69	121	40	46	23	M8	32	32	20	17	8	M16×1.5	G3/8	56.5	75	QGB
铝	80	218	90	128	46.5	60	30	M10	40	32	25	22	14	M20×1.5	G3/8	75	95	
铁	80	214	85	128	45	60	25	M10	40	32	25	22	14	M20×1.5	G3/8	72	94	QGB
铝	100	239	101	138	46.5	66	35	M10	40	37	25	22	14	M20×1.5	G1/2	90	115	
铁	100	228	91	138	55	66	25	M10	40	37	25	22	14	M20×1.5	G1/2	89	112	QGB
铝	125	259	110	149	60	77	35	M12	54	45	32	27	16	M27×2	G1/2	110	140	
铁	125	279	119	160	60	77	42	M12	54	42	32	27	16	M27×2	G1/2	110	140	QGB
铝	160	314	138	176	65	100	38	M16×2	72	50	45	36	18	M36×2	G1/2	140	180	
铁	160	274	128	146	70	100	28	M16×2	72	42	40	36	18	M36×2	G1/2	140	180	
铝	200	330	158	172	75	100	58	M16×2	72	50	40	36	18	M36×2	G1/2	175	220	
铁	200	276	124	153	85	100	24	M16×2	72	45	40	36	18	M36×2	G1/2	175	225	
铝	250	368	190	178	90	125	65	M18×2	80	52	50	46	25	M42×2	G3/4	220	270	
铁	250	355	185	170	85	125	60	M18×2	80	48	50	46	25	M42×2	G3/4	225	275	
铁	320	430	215	215	105	140	75	M20×2	96	55	63	60	30	M48×2	G1	280	350	
铁	400	414	194	220	135	140	54	M24×2	90	65	70	65	30	M56×4	G1	350	480	

生产厂商：宁波恒缘气动机械制造厂。

3.2 电动缸

3.2.1 概述

电动缸（也称为电动执行器）采用各种电动机（如伺服电动机、步进电动机、电动机）带动各种螺杆（如滑动螺杆、滚珠螺杆）旋转，通过螺母转化为直线运动，并推动滑台沿导轨（如滑动导轨、滚珠导轨、高刚性直线导轨）作往复直线运动。为适应不同的要求，电动缸有多种品种规格，也有不同的名称，如：电动滑台、直线滑台、工业机械手臂等。

3.2.2 主要特点

3.2.2.1 闭环伺服控制

闭环伺服控制，控制精度达到0.01mm；精密控制推力，增加压力传感器，控制精度可达1%；易与PLC等控制系统连接，实现高精密运动控制。噪声低，节能，干净，高刚性，抗冲击力，超长寿命，操作维护简单。防护等级可以达到IP66。电动缸可以在恶劣环境下无故障，长期工作，可实现高强度，高速度，高精度定位，运动平稳，低噪声。广泛地应用在造纸，化工，汽车，电子，机械自动化，焊接行业等。

3.2.2.2 低成本维护

电动缸在复杂的环境下工作只需要定期的加注油脂润滑；无易损件需要维护更换。

3.2.2.3 配置灵活

可以配置前、后、侧面法兰，尾部铰接，耳轴安装，导向模块等组件；可以增加各式附件：如限位开关，行星减速机，预紧螺母等；可以选择交流制动电机，直流电机，步进电机，伺服电机驱动；可以与伺服电机直线安装，或者平行安装。

3.2.3 技术参数

技术参数见表3.2.1～表3.2.21，外形如图3.2.1～图3.2.7所示。

表3.2.1 重型电动缸技术参数（力姆泰克（北京）传动设备有限公司 www.lim-tec.com）

型号	额定推力/t	速度/mm·s^{-1}	行程/mm	基本配置	附件
DG2T系列	2	25，60	300，500，700，1000，1500	制动器，滚珠丝杠，推力负载限制器	手摇把，防尘罩，内/外置限位开关，电位计，安装支架
DG4T系列	4	12.5，25，42	300，500，700，1000，1500	制动器，滚珠丝杠，推力负载限制器	手摇把，防尘罩，内/外置限位开关，电位计，安装支架
DG6T系列	6	15，25，45	300，500，700，1000，1500，2000	制动器，滚珠丝杠，推力负载限制器	手摇把，防尘罩，内/外置限位开关，电位计，安装支架
DG10T系列	10	10，15，25，40	300，500，700，1000，1500，2000	制动器，滚珠丝杠，推力负载限制器	手摇把，防尘罩，内/外置限位开关，电位计，安装支架
DG16T系列	16	8.3，15，25，35	300，500，700，1000，1500，2000	制动器，滚珠丝杠，推力负载限制器	手摇把，防尘罩，内/外置限位开关，电位计，安装支架
DG30T系列	30	8.3，12.5，16.6，25	300，500，700，1000，1500，2000	制动器，滚珠丝杠，推力负载限制器	手摇把，防尘罩，内/外置限位开关，电位计，安装支架

表3.2.2 IMB系列伺服电动缸技术参数（力姆泰克（北京）传动设备有限公司 www.lim-tec.com）

产品系列	IMB10	IMB20		IMB30			IMB40			IMB50			IMB60		
丝杠导程/mm	4	5	10	5	10	25	5	10	20	5	10	20	6	10	20
最大推力/N	600	3500	3500	8500	8500	5000	18000	22000	12000	22000	45000	30000	30000	55000	60000
最大速度/mm·s^{-1}	333	350	700	229	458	1145	142	283	567	112	225	450	105	175	350

续表 3.2.2

产品系列	IMB10	IMB20		IMB30			IMB40			IMB50			IMB60		
最大推力丝杠输入扭矩/N·m	0.53	3.87	7.66	9.40	18.61	27.40	19.70	48.66	52.55	24.08	98.53	131.37	39.41	120.4	262.74
滚珠丝杠额定动载/N	4724	7600	7500	12690	17425	10000	23200	29000	15800	26010	55600	45700	34200	62400	90800
平行缸体旋转惯量($\times10^{-4}$)/kg·m^2	0.0415	0.552	0.575	1.286	1.351	1.426	7.079	7.482	9.186	78.739	78.913	79.609	268.02	268.24	269.13
直线缸体旋转惯量($\times10^{-4}$)/kg·m^2	0.0245	0.128	0.156	0.745	0.81	0.885	4.006	4.425	6.028	32.619	32.793	33.489	94.024	94.245	95.13
每100mm旋转惯量($\times10^{-4}$)/kg·m^2	0.0165	0.0515	0.053	0.301	0.305	0.329	1.965	1.978	2.129	4.83	4.83	4.83	12.1	12.1	12.1
最大行程/mm	500	500		1000			1200			1500			1300		
最大输入转速/r·min^{-1}	5000	4200		2750			1700			1350			1050		
最大加速度/m·s^{-2}	3	3	6	3	6	10	3	6	10	3	6	10	3	6	10
缸体质量(无电机)/kg	5.3	7.9		18.2			29			76.9			126.3		
每100mm行程重量/kg	0.78	1.03		2.1			3.5			4.8			7.1		
内部机械结构	IMB系列——滚珠丝杠伺服电动缸100%连续工作制，长寿命														
	IMA系列——梯形丝杠伺服电动缸30%间歇工作制，一般寿命														
	IMR系列——行星丝杠伺服电动缸100%连续工作制，超长寿命，比滚珠丝杠高15倍														
动力管最大空旋转角度/(°)	±0.30	±0.30		±0.30			±0.25			±0.15			±0.15		
轴向间隙/mm	0.01	0.01		0.01			0.01			0.01			0.01		
300mm导程误差/mm	0.023	0.023		0.023			0.023			0.023			0.023		
重复精度/mm	0.01	0.01		0.01			0.01			0.01			0.01		

表 3.2.3 GSX 系列伺服电动缸技术参数（力姆泰克（北京）传动设备有限公司 www.lim-tec.com）

基座号	法兰尺寸/mm	最大行程/mm	额定连续推力/N	最高速度/mm·s^{-1}	额定寿命/km
GSX20	57	300	2571	838	5806
GSX30	79	455	5992	635	12903
GSX40	99	455	17642	952	1935
GSX50	127	355	38006	1000	968
GSX60	178	250	55109	1000	1452

表 3.2.4 GSM 系列伺服电动缸技术参数（力姆泰克（北京）传动设备有限公司 www.lim-tec.com）

基座号	法兰尺寸/mm	最大行程/mm	额定连续推力/N	最高速度/mm·s^{-1}	额定动载/N
GSM20	57	300	2571	846	6970
GSM30	84	455	5992	635	15880
GSM40	99	455	17642	953	18763

表 3.2.5 I 系列伺服电动缸技术参数（力姆泰克（北京）传动设备有限公司 www.lim-tec.com）

基座号	法兰尺寸/mm	最大行程/mm	额定连续推力/N	最高速度/mm·s^{-1}	额定寿命/km
IM20	51	300	2571	847	1123
IM30	76	455	5992	846	177
IM40	102	455	17642	952	4770
IX20	51	300	2571	847	3587
IX30	76	455	5992	846	26900
IX40	102	455	17642	952	13084

表 3.2.6 FT 系列伺服电动缸技术参数（力姆泰克（北京）传动设备有限公司 www.lim-tec.com）

基座号	法兰尺寸/mm	最大行程/mm	额定连续推力/t	最大速度/mm·s^{-1}	最大推力/t
FT35	89	1219	0.89	1500	1.78
FT60	152	1219	4.54	1000	9.08
FT80	203	1219	9.08	875	17.8

表 3.2.7 SV 伺服电机驱动器技术参数（力姆泰克（北京）传动设备有限公司 www.lim-tec.com）

电 流					
型 号	RMS/A	峰值电流/A	功率/kW	电压输入（DC~AC）/V	
SV2008	8	6	2	24~350	115~230 单或三相
SV2015	15	30	3	24~350	115~230 单或三相
SV2035	35	70	7	—	115~230 单或三相
SV4020	20	35	7	—	380/460 三相

表 3.2.8 SLM 伺服电机技术参数（力姆泰克（北京）传动设备有限公司 www.lim-tec.com）

型 号	法兰尺寸	最大扭矩/N·m	最大转速/r·min^{-1}	转子惯量/kg·cm^2
SLM060	60	3.47	5000	0.268
SLM090	90	12.61	4000	0.609
SLM115	115	40.02	5000	3.89
SLM142	142	53.66	2400	10.47

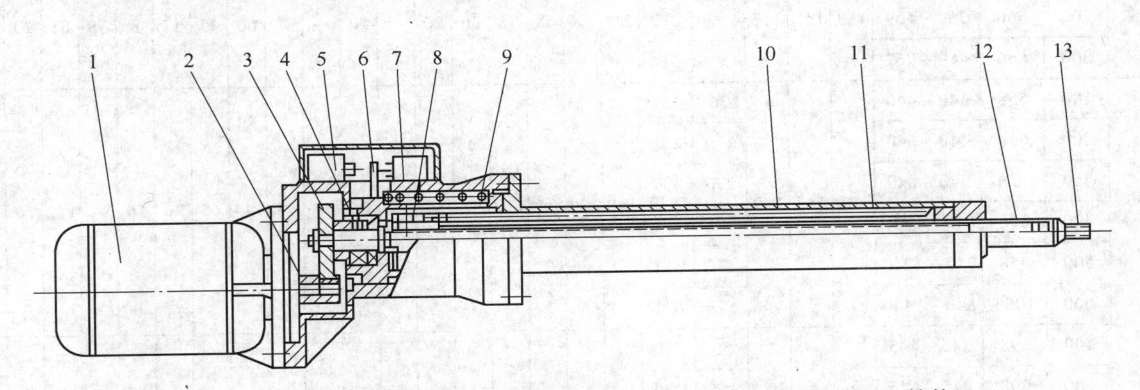

图 3.2.1 DT 型电动推杆（电动缸）、DT 微型电动推杆（电动缸）结构

1—电动机；2—小齿轮；3—大齿轮；4—滑座；5—安全开关；6—拨杆；7—螺杆；8—螺母；9—弹簧；10—导套；11—导轨；12—推杆；13—轴头

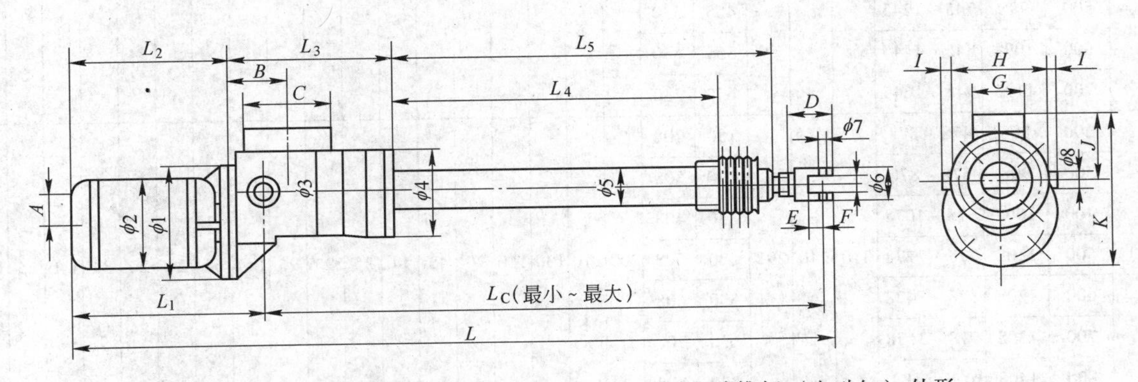

图 3.2.2 DT 型电动推杆（电动缸）、DT 微型电动推杆（电动缸）外形

表 3.2.9 DT 型电动推杆（电动缸）、DT 微型电动推杆（电动缸）主要技术性能参数

（无锡市南合液压气动有限公司 www.wxnh.com）

序号	型 号	推力/kg	行程/mm	速度/mm·s^{-1}	电动机		380V		L_e/mm		外形尺寸（长×宽×高）/mm×mm×mm	总重/kg
					型号	功率/W	转数/r·min^{-1}	电流/A	min	max		
1	25-20-Ⅰ	25	200	48	AO25024	40	1400	0.23	369	569	580×125×118	7.5
2	25-20-Ⅱ	25	200	96	AO25022	60	2800	0.23	369	569	580×125×118	7.5
3	100-40-Ⅰ	100	400	42	AO5624	120	1400	0.47	640	1040	858×152×206	23
4	100-40-Ⅱ	100	400	84	AO5622	180	2800	0.52	640	1040	858×152×206	23
5	300-50-Ⅰ	300	500	42	AO6334	370	1400	1.12	745	1245	998×170×226	35
6	300-50-Ⅱ	300	500	84	AO6332	550	2800	1.38	745	1245	998×170×226	35
7	500-50-Ⅰ	500	500	50	AO7134	750	1400	2.02	778	1278	1098×190×226.5	52
8	500-50-Ⅱ	500	500	100	AO7132	1100	2800	2.6	778	1278	1098×190×226.5	52
9	700-60-Ⅰ	700	600	50	AO7134	750	1400	2.02	803	1343	1193×200×279	63
10	700-60-Ⅱ	700	600	100	AO7132	1100	2800	2.6	803	1343	1193×200×279	63
11	1000-60-Ⅰ	1000	600	50	JO2-21-4	1100	1400	2.68	883	1483	1260×204×271	75
12	1000-60-Ⅱ	1000	600	100	JO2-21-2	1500	2860	3.24	883	1483	1260×204×271	75
13	1600-80-Ⅰ	1600	800	50	JO2-31-4	2200	1400	4.9	1063	1863	1535×302×330	
14	1600-80-Ⅱ	1600	800	100	JO2-31-2	3000	2860	8.06	1063	1863	1535×302×330	

表 3.2.10 DT 型电动推杆（电动缸）、DT 微型电动推杆（电动缸）结构尺寸

（无锡市南合液压气动有限公司 www.wxnh.com）

(mm)

序号	推力/kg	行程	L	L_c(最小~最大)	L_1	L_2	L_3	L_4	L_5	$\phi1$	$\phi2$	$\phi3$	$\phi4$	$\phi5$	$\phi6$	$\phi7$	$\phi8$	A	B	C	D	E	F	G	H	I	J	K
1	25	100	466	269~369	189	132	117	—	112	80	104	68	76	36	20	6	20	—	35	60	45	12	8	48	85	20	65	113
		200	566	369~569				—	212																			
		300	666	469~769				—	312																			
2	100	100	558	340~440	201	143	199	76	151	140	120	96	112	57	34	12	25	36	78	144	65	26	16	94	112	20	90	206
		200	658	440~640				176	251																			
		300	758	540~840				276	351																			
		400	858	640~1040				376	451																			
		500	958	740~1240				476	551																			
		600	1058	840~1440				576	651																			
3	300	100	598	345~445	236	171		55	130	160	130	112	130	65	43	12	25	48	86	144	65	26	16	94	130	20	98	226
		200	698	445~645				155	230																			
		300	798	545~845				255	330																			
		400	898	645~1045				355	430																			
		500	998	745~1245				455	530																			
		600	1098	845~1445				555	630																			
		700	1198	945~1645				655	730																			
4	500	200	808	478~678	310	240	292	130	208	200	170	130	160	70	43	14	35	59.5	96	144	68	26	20	94	140	25	107	266.5
		300	908	578~878				230	308																			
		400	1008	678~1078				330	408																			
		500	1108	778~1278				430	508																			
		600	1208	878~1478				530	608																			
		700	1308	978~1678				630	708																			
		800	1408	1078~1878				730	808																			

续表 3.2.10

序号	推力/kg	行程	L	L_c（最小～最大）	L_1	L_2	L_3	L_4	L_5	$\phi1$	$\phi2$	$\phi3$	$\phi4$	$\phi5$	$\phi6$	$\phi7$	$\phi8$	A	B	C	D	E	F	G	H	I	J	K
		200	793	463～663				131	206																			
		300	893	563～863				231	306																			
		400	993	663～1063				331	406																			
		500	1093	763～1263				431	506																			
5	700	600	1193	863～1463	310	240	279	531	606	200	170	140	170	76	43	14	35	67	96	144	68	26	20	94	150	25	12	279
		700	1293	963～1663				631	706																			
		800	1393	1063～1863				731	806																			
		900	1493	1163～2063				831	906																			
		1000	1593	1263～2263				931	1006																			
		200	860	483～683				120	200																			
		300	960	583～883				220	300																			
		400	1060	683～1083				320	400																			
		500	1160	783～1283				420	500																			
6	1000	600	1260	883～1483	357	287	305	520	600	200	180	144	170	80	43	14	35	67	96	144	68	26	20	94	154	25	104	271
		700	1360	983～1683				620	700																			
		800	1460	1083～1883				720	800																			
		900	1560	1183～2083				820	900																			
		1000	1660	1283～2283				920	1000																			
		200	935	463～663				65	140																			
		300	1035	563～863				165	240																			
		400	1135	663～1063				265	340																			
		500	1235	763～1263				365	440																			
7	1600	600	1335	863～1463	442	330	375	465	540	250	215	180	200	90	70	25		99	112	144	90	40	35	94	240		130	354
		700	1435	963～1663				565	640																			
		800	1535	1063～1863				665	740																			
		900	1635	1163～2063				765	840																			
		1000	1735	1263～2263				865	940																			

表 3.2.11 DTZ 系列电动推杆参数（无锡市南合液压气动有限公司 www.wxnh.com） （mm）

型号	推拉力/kg	速度		行程	电机功率/kW	L_c（最小）	L_1	L_2	A	$\phi1$	$\phi2$	$\phi3$	ϕC	D	E	F	B	H	R_1	$\phi G\times h$	质量/kg
		Ⅰ	Ⅱ																		
DTZ100	100	42		100～	0.12	233+S	84	246	266	57	130	112	12	34	26	16	135	82	65	25×20	23
			84	700	0.18																
DTZ300	300	42		100～	0.37	205+S	110	280	303	64	141	130	12	43	26	16	160	90	73	25×22	35
			84	1000	0.55																
DTZ630	630	50		200～	0.75	253+S	96	310	348	80	147	160	14	52	35	20	200	110	83	25×22	63
			100	1800	1.1																
DTZ1000	1000	42		200～	1.1	259+S	122	340	393	80	165	170	14	52	35	20	204	115	100	25×22	75
			84	1800	1.5																
DTZ1600	1600	50		200～	2.2	228+S	150	420	474	95	205	200	25	75	35	35	240	130	125	25×30	90
			100	1800	3																
DTZ3200	3200	27		200～	3	294+S	160	460	525	108	220	250	35	80	50	40	300	150	125	40×30	230
			54	2200	4																
DTZ5000	5000	27		200～	4	294+S	160	460	525	108	220	250	35	80	50	40	300	150	125	40×30	230
				2200																	

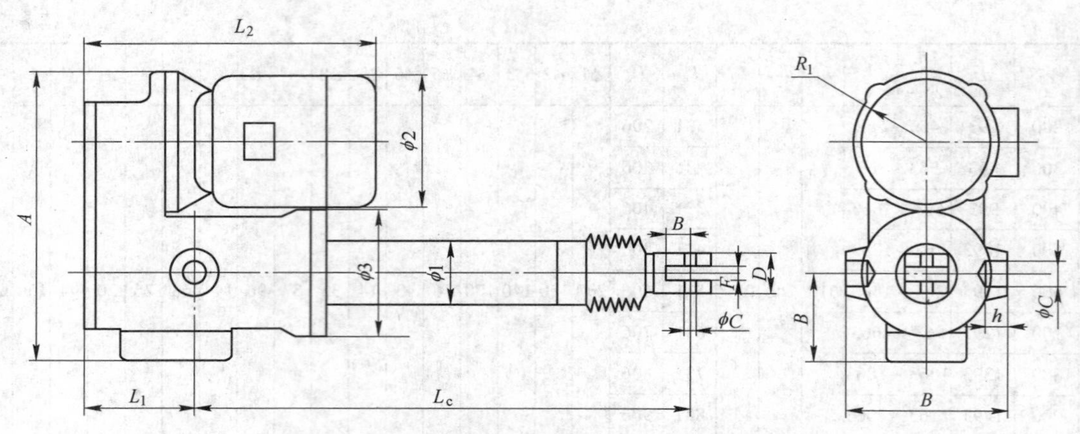

图 3.2.3 DTZ 型电动推杆（电动缸）外形

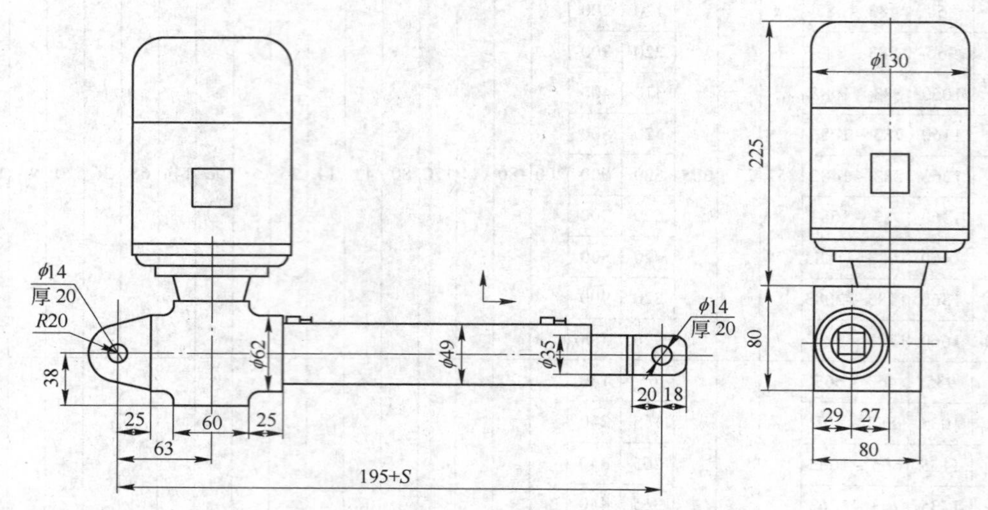

图 3.2.4 HDL30 型电动缸外形

表 3.2.12 HDL30 电动缸参数（无锡市南合液压气动有限公司 www.wxnh.com）

速度/mm·s^{-1}	推拉力/kg	电机/kW	行程范围/mm
82	130	0.25	100~700
41	180	0.18	100~700
20	250	0.18	100~600
10	250	0.12	100~500
6.5	300	0.12	100~500

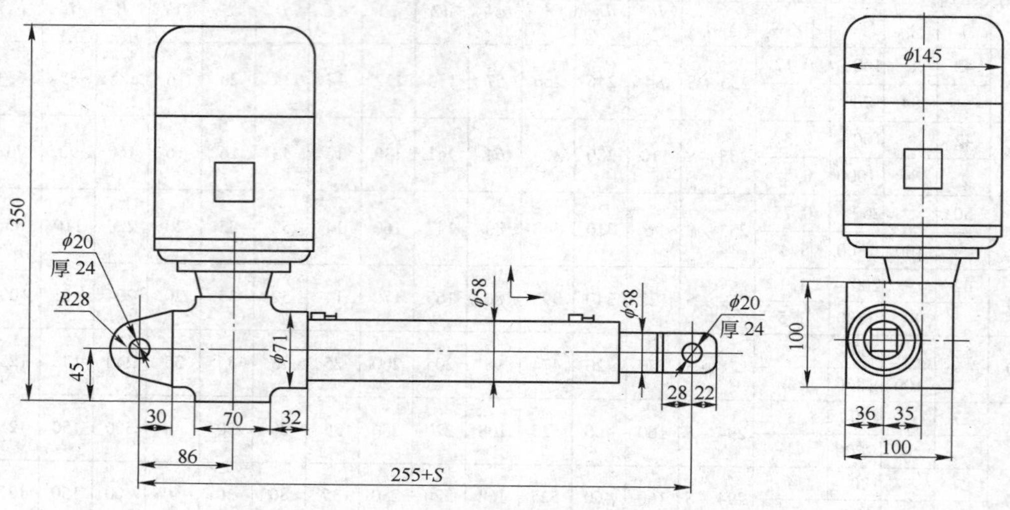

图 3.2.5 HDL40 型电动缸外形

表 3.2.13 HDL40 电动缸参数（无锡市南合液压气动有限公司 www.wxnh.com）

速度/mm·s^{-1}	推拉力/kg	电机/kW	行程范围/mm
70	300	0.55	100~900
50	400	0.55	100~900
25	500	0.37	100~900
13	600	0.37	100~800
9	600	0.25	100~800
4.5	700	0.25	100~800

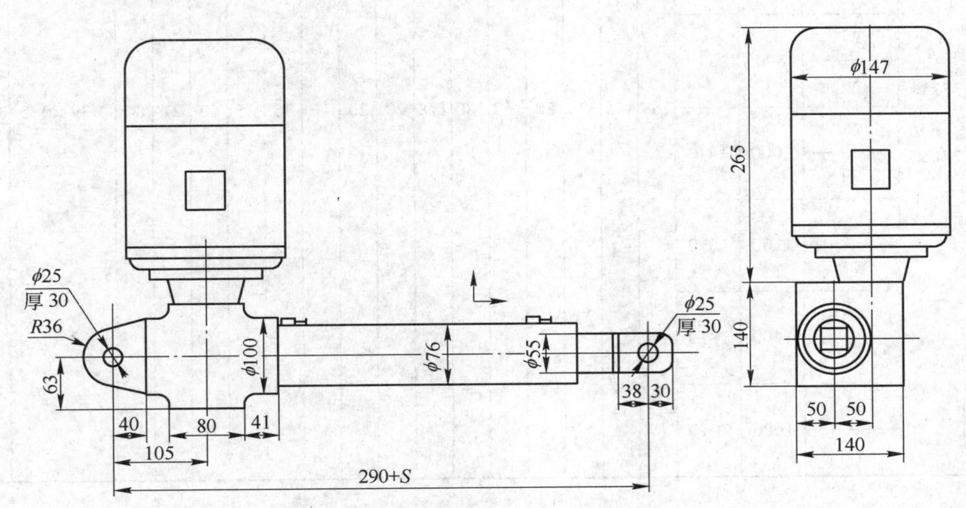

图 3.2.6 HDL50 型电动缸外形

表 3.2.14 HDL50 电动缸参数（无锡市南合液压气动有限公司 www.wxnh.com）

速度/mm·s^{-1}	推拉力/kg	电机/kW	行程范围/mm
70	600	1.1	100~1200
50	800	1.1	100~1200
35	1000	0.75	100~1200
18	1200	0.75	100~1100
12	1500	0.75	100~1100
6	1600	0.75	100~1100

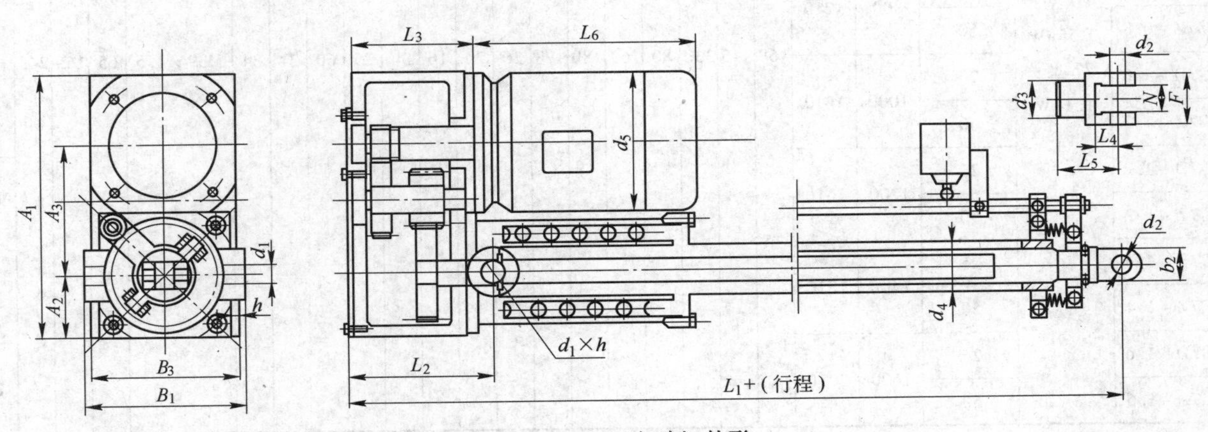

图 3.2.7 HDG 电动缸外形

表 3.2.15 HDG 电动缸参数（1）（无锡市南合液压气动有限公司 www.wxnh.com）

型号	推拉力/kN	速度/mm·s^{-1}	行程/mm																					质量/kg
				L_1	L_2	L_3	A_1	A_2	A_3	B_1	B_3	d_1	h	d_2	b_2	N	F	L_4	L_5	d_3	d_4	d_5	L_6	
HDG5D-0.2	5D 型：0.37kW 5Z 型：0.75kW	25	200	610	168	145	330	80	162	180	178	20	20	16	36	25	60	21	84	M39×1.5	65	165	245	82
HDG5Z-0.2		50																						
HDG5D-0.4		25	400	810																				88
HDG5Z-0.4		50																						
HDG5D-0.6		25	600	1010																				93
HDG5Z-0.6		50																						
HDG5D-0.8		25	800	1210																				98
HDG5Z-0.8		50																						
HDG5D-1.0		25	1000	1410																				103
HDG5Z-1.0		50																						
HDG5D-1.2		25	1200	1610																				108
HDG5Z-1.2		50																						
HDG5D-1.4		25	1400	1810																				114
HDG5Z-1.4		50																						
HDG5D-1.6		25	1600	2010																				119
HDG5Z-1.6		50																						

表 3.2.16 HDG 电动缸参数（2）（无锡市南合液压气动有限公司 www.wxnh.com）

型号	推拉力/kN	速度/mm·s^{-1}	行程/mm																					质量/kg
				L_1	L_2	L_3	A_1	A_2	A_3	B_1	B_3	d_1	h	d_2	b_2	N	F	L_4	L_5	d_3	d_4	d_5	L_6	
HDG7D-0.2	7D 型：0.55kW 7Z 型：1.1kW	25	200	610	168	145	330	80	162	180	178	20	20	16	36	25	60	21	84	M39×1.5	65	165	245	93
HDG7Z-0.2		50																						
HDG7D-0.4		25	400	810																				99
HDG7Z-0.4		50																						
HDG7D-0.6		25	600	1010																				104
HDG7Z-0.6		50																						
HDG7D-0.8		25	800	1210																				110
HDG7Z-0.8		50																						
HDG7D-1.0		25	1000	1410																				115
HDG7Z-1.0		50																						
HDG7D-1.2		25	1200	1610																				120
HDG7Z-1.2		50																						
HDG7D-1.4		25	1400	1810																				125
HDG7Z-1.4		50																						
HDG7D-1.6		25	1600	2010																				130
HDG7Z-1.6		50																						

表 3.2.17 **HDG 电动缸参数**（3）（无锡市南合液压气动有限公司 www.wxnh.com）

型号	推拉力/kN	速度/mm·s^{-1}	行程/mm																					质量/kg
			L_1		L_2	L_3	A_1	A_2	A_3	B_1	B_3	d_1	h	d_2	b_2	N	F	L_4	L_5	d_3	d_4	d_5	L_6	
HDG10D-0.2	10D 型：0.75kW 10Z 型：1.5kW	25	200	625	168	145	410	108	200	220	204	25	22	20	46	35	75	30	88	M55×2	92	175	285	118
HDG10Z-0.2		50																						
HDG10D-0.4		25	400	825																				123
HDG10Z-0.4		50																						
HDG10D-0.6		25	600	1025																				128
HDG10Z-0.6		50																						
HDG10D-0.8		25	800	1225																				132
HDG10Z-0.8		50																						
HDG10D-1.0		25	1000	1425																				136
HDG10Z-1.0		50																						
HDG10D-1.2		25	1200	1625																				140
HDG10Z-1.2		50																						
HDG10D-1.4		25	1400	1825																				144
HDG10Z-1.4		50																						
HDG10D-1.6		25	1600	2025																				150
HDG10Z-1.6		50																						

表 3.2.18 **HDG 电动缸参数**（4）（无锡市南合液压气动有限公司 www.wxnh.com）

型号	推拉力/kN	速度/mm·s^{-1}	行程/mm																					质量/kg
			L_1		L_2	L_3	A_1	A_2	A_3	B_1	B_3	d_1	h	d_2	b_2	N	F	L_4	L_5	d_3	d_4	d_5	L_6	
HDG16D-0.2	16D 型：1.1kW 16Z 型：2.2kW	25	200	625	168	145	410	108	200	220	204	25	22	20	46	35	75	30	88	M55×2	92	175	285	120
HDG16Z-0.2		50																						
HDG16D-0.4		25	400	825																				125
HDG16Z-0.4		50																						
HDG16D-0.6		25	600	1025																				130
HDG16Z-0.6		50																						
HDG16D-0.8		25	800	1225																				135
HDG16Z-0.8		50																						
HDG16D-1.0		25	1000	1425																				140
HDG16Z-1.0		50																						
HDG16D-1.2		25	1200	1625																				145
HDG16Z-1.2		50																						
HDG16D-1.4		25	1400	1825																				150
HDG16Z-1.4		50																						
HDG16D-1.6		25	1600	2025																				155
HDG16Z-1.6		50																						

表 3.2.19 HDG 电动缸参数（5）（无锡市南合液压气动有限公司 www.wxnh.com）

型 号	推拉力/kN	速度/mm·s^{-1}	行程/mm																					质量/kg
			L_1		L_2	L_3	A_1	A_2	A_3	B_1	B_3	d_1	h	d_2	b_2	N	F	L_4	L_5	d_3	d_4	d_5	L_6	
HDG32D-0.4	32D 型：2.2kW 32Z 型：4.0kW	25	400	850	185	145	505	130	249	260	250	30	28	35	75	40	80	50	125	M68×2	102	230	340	245
HDG32Z-0.4		50																						
HDG32D-0.6		25	600	1075																				255
HDG32Z-0.6		50																						
HDG32D-0.8		25	800	1275																				265
HDG32Z-0.8		50																						
HDG32D-1.0		25	1000	1475																				285
HDG32Z-1.0		50																						
HDG32D-1.2		25	1200	1675																				295
HDG32Z-1.2		50																						
HDG32D-1.4		25	1400	1875																				305
HDG32Z-1.4		50																						
HDG32D-1.6		25	1600	2075																				315
HDG32Z-1.6		50																						
HDG32D-1.8		25	1800	2275																				325
HDG32Z-1.8		50																						

表 3.2.20 HDG 电动缸参数（6）（无锡市南合液压气动有限公司 www.wxnh.com）

型 号	推拉力/kN	速度/mm·s^{-1}	行程/mm																					质量/kg
			L_1		L_2	L_3	A_1	A_2	A_3	B_1	B_3	d_1	h	d_2	b_2	N	F	L_4	L_5	d_3	d_4	d_5	L_6	
HDG50D-0.4	50D 型：3.0kW 50Z 型：5.5kW	25	400	850	185	145	505	130	249	260	250	30	28	35	75	40	80	50	125	M68×2	102	230	340	268
HDG50Z-0.4		50																						
HDG50D-0.6		25	600	1075																				278
HDG50Z-0.6		50																						
HDG50D-0.8		25	800	1275																				288
HDG50Z-0.8		50																						
HDG50D-1.0		25	1000	1475																				298
HDG50Z-1.0		50																						
HDG50D-1.2		25	1200	1675																				308
HDG50Z-1.2		50																						
HDG50D-1.4		25	1400	1875																				318
HDG50Z-1.4		50																						
HDG50D-1.6		25	1600	2075																				328
HDG50Z-1.6		50																						
HDG50D-1.8		25	1800	2275																				338

表 3.2.21 **HDG 电动缸参数**（7）（无锡市南合液压气动有限公司 www.wxnh.com）

型号	推拉力/kN	速度/mm·s^{-1}	行程/mm	L_1	L_2	L_3	A_1	A_2	A_3	B_1	B_3	d_1	h	d_2	b_2	N	F	L_4	L_5	d_3	d_4	d_5	L_6	质量/kg
HDG3D.0.2	3D 型：0.37kW；3Z 型：0.55kW	25	200	490	120	78	255	65	125	136	132	20	15	16	36	20	45	25	70	M36×1.5	55	120	200	50
HDG3Z.0.2		50																						
HDG3D.0.4		25	400	690																				52
HDG3Z.0.4		50																						
HDG3D.0.6		25	600	890																				54
HDG3Z.0.6		50																						
HDG3D.0.8		25	800	1090																				56
HDG3Z.0.8		50																						
HDG3D.1.0		25	1000	1290																				58
HDG3Z.1.0		50																						
HDG3D.1.2		25	1200	1490																				60
HDG3Z.1.2		50																						

生产厂商：力姆泰克（北京）传动设备有限公司，无锡市南合液压气动有限公司。

电动机与电气控制

4.1 电动机

电动机将电能转换为机械能，产生驱动转矩，为电器或各种机械提供动力源。

4.1.1 锥形转子三相异步电动机

4.1.1.1 主要特点

锥形转子三相异步电动机为鼠笼型截圆锥体转子，定子具有与转子锥度相同的锥形腔体和一锥形制动器合二为一，具有起动转矩大、运行平稳、自动刹车装置制动可靠、整机结构紧凑、使用安全、维护方便等特点，常用于起重运输机械行业，及要求能频繁启停、迅速制动、频繁正反转切换的特殊电动机。

4.1.1.2 工作原理

锥形转子电动机定子内腔和转子外形都呈锥形。其锥形制动环镶于风扇制动轮上，静制动环镶在后端盖上。定子通电后，产生旋转磁场，同时产生轴向磁拉力，使转子轴向移动并压缩弹簧，使风扇制动轮上的锥形环与静制动环离开，转子开始转动。定子断电后，轴向磁拉力消失。转子在弹簧作用下，连同风扇制动轮一起复位，使动、静制动环接触，产生摩擦力矩，迫使电动机立即停止转动。

4.1.1.3 性能参数

性能参数见表 4.1.1 ~ 表 4.1.5，外形如图 4.1.1 ~ 图 4.1.2 所示。

表 4.1.1 ZD、ZDY 系列锥形转子三相异步电动机技术数据（380V、50Hz）（南京特种电机厂有限公司 www.njtzdj.com）

型号	额定功率/kW	负载持续率/%	满载时				磁拉力/N		堵转电流/A	堵转转矩	最大转矩	转动惯量/kg·m²	制动力矩/N·m
			转速/r·min⁻¹	电流/A	效率/%	功率因数	额定电压时	90%额定电压时		额定转矩	额定转矩		
ZD11-4	0.2	25	1380	0.67	63	0.65	98.1	78.5	4	2.0	2.0	0.0015	1.96
ZD12-4	0.4			1.14	67	0.70	166.8	132.4	7	2.0	2.0	0.00175	4.9
ZD21-4	0.8			2.16	70	0.72	235.4	186.4	13	2.5	2.5	0.009	10.8
ZD22-4	1.5			3.8	72	0.74	421.8	343.4	24	2.5	2.5	0.01125	19.6
ZD31-4	3.0			7.0	78	0.77	686.7	549.4	45	2.7	2.7	0.03375	42.7
ZD32-4	4.5			10	78	0.80	902.5	730.8	65	2.7	2.7	0.04	62.8
ZD41-4	7.5		1400	16.5	79	0.80	1304.7	1059.5	110	3.0	3.0	0.0975	18.1
ZD51-4	1.3			27.5	80	0.82	1765.8	1432.8	180	3.0	3.0	0.325	18.44
ZDY11-4	0.2			0.67	63	0.65	98.1	78.5	4	2.0	2.0	不作考核	不作考核
ZDY12-4	0.4			1.14	67	0.70	166.8	132.4	7	2.0	2.0		
ZDY21-4	0.8			2.16	70	0.72	235.4	186.4	13	2.5	2.5		

表 4.1.2 ZD 系列技术参数（南京特种电机厂有限公司 www.njtzdj.com）

型号	额定功率/kW	额定电流/A	额定转速/r·min⁻¹	起动转矩（额定转矩）	起动电流/A	效率/%	功率因数（cosφ）	磁拉力/kg	制动力矩/N·m
ZD_1 12-4	0.4	1.25	1380	2	7	67	0.72	15	4.41
ZD_1 21-4	0.8	2.4	1380	2.5	13	70	0.72	24	8.34
ZD_1 22-4	1.5	4.3	1380	2.5	24	72	0.74	36	16.67

续表 4.1.2

型号	额定功率/kW	额定电流/A	额定转速/r·min⁻¹	起动转矩（额定转矩）	起动电流/A	效率/%	功率因数（cosϕ）	磁拉力/kg	制动力矩/N·m
ZD_1 31-4	3.0	7.6	1380	2.7	42	79	0.77	74	34.32
ZD_1 32-4	4.5	11	1380	2.7	60	78	0.80	98	49.03
ZD_1 41-4	7.5	18	1400	3	100	79	0.80	153	83.3
ZD_1 51-4	13	30	1400	3	165	80	0.82	198	147.10
ZD_1 52-4	18.5	42	1400	3	229	82	0.82		252
ZDX 62-6	18.5	43	960	2.8	202	84	0.83		390
ZD_1 62-4	24	55	1400	2.8	300	83	0.82		390

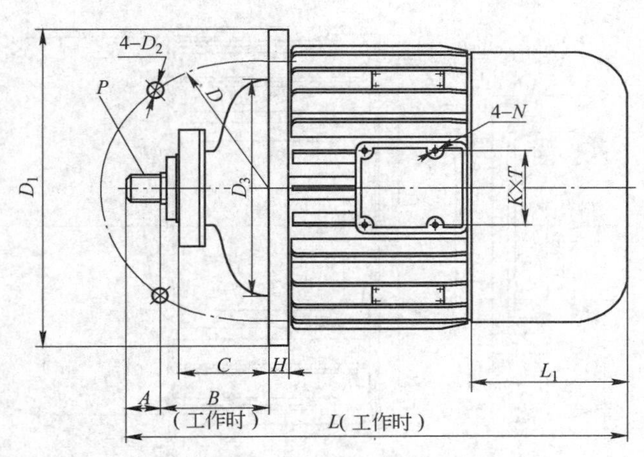

图 4.1.1 ZD 系列外形

表 4.1.3 ZD 系列外形与安装尺寸（南京特种电机厂有限公司 www.njtzdj.com） (mm)

型号	P	D	D_1	D_2	D_3	A	B	C	H	L_1	L	K	T	N
ZD_1 12-4 0.4kW	4×12h15×15e9×4c11	ϕ90	ϕ110	ϕ7	ϕ75h7	25	15		8	85	283			
ZD_1 21-4 0.8kW	6×16h15×20e9×4c11	ϕ196	ϕ220h9	ϕ9	ϕ177	24	70	60	15	110	328	74	63	M5
ZD_1 22-4 1.5kW	6×16h15×20e9×4c11	ϕ205	ϕ235h9	ϕ13	ϕ179	24	71	60	15	110	367	74	63	M5
ZD_1 31-4 3.0kW	6×23h15×28e9×6c11	ϕ260	ϕ290h9	ϕ13	ϕ220	30	109	81	18	142	437	74	63	M5
ZD_1 32-4 4.5kW	6×23h15×28e9×6c11	ϕ286	ϕ320h9	ϕ13	ϕ223	30	98	81	18	142	450	74	63	M5
ZD_1 41-4 7.5kW	10×28h15×35e9×4c11	ϕ340	ϕ380h9	ϕ17	ϕ260	35	120	97	25	172	544	74	63	M5
ZD_1 51-4 13kW	10×32h15×40e9×5c11	ϕ415	ϕ455h9	ϕ17	ϕ300	38	172	137	25	167	634	85	120	M6
ZD_1 52-4 18.5kW	10×36h15×45e9×5c11	ϕ490	ϕ530	ϕ17	ϕ450h9	55	187	160	25	167	711	118	80	M6
ZDX 62-6 18.5kW	10×42h15×52e9×6c11	ϕ500	ϕ550	6-ϕ19	ϕ460h9	55	200	175	27	146	730	118	110	M6
ZD_1 62-4 24kW	10×42h15×52e9×6c11	ϕ500	ϕ550	6-ϕ19	ϕ460h9	55	200	175	27	146	730	118	110	M6

表 4.1.4 ZDY 系列技术参数（南京特种电机厂有限公司 www.njtzdj.com）

型号	额定功率/kW	额定电流/A	额定转速/r·min⁻¹	起动转矩（额定转矩）	起动电流/A	效率/%	功率因数（cosϕ）	磁拉力/kg	制动力矩/N·m
ZDM_1 11-4	0.2	0.72	1380	2	4	65	0.64	10.2	1.86
ZDM_1 12-4	0.4	1.25	1380	2	7	67	0.72	15	4.41
ZDM_1 21-4	0.8	2.4	1380	2.5	13	70	0.72	24	8.34
ZDM_1 22-4	1.5	4.3	1380	2.5	24	72	0.74	36	16.67
ZDM_1 23-4	2.2	6.0	1380	2.7	33	74	0.75		26.67
ZDY_1 11-4	0.2	0.72	1380	2	4	65	0.64	10.2	

续表 4.1.4

型 号	额定功率/kW	额定电流/A	额定转速/r·min⁻¹	起动转矩（额定转矩）	起动电流/A	效率/%	功率因数（cosφ）	磁拉力/kg	制动力矩/N·m
ZDY_1 12 - 4	0.4	1.25	1380	2	7	67	0.72	15	
ZDY_1 21 - 4	0.8	2.4	1380	2.5	13	70	0.72	24	
ZDY_1 22 - 4	1.5	4.3	1380	2.5	24	72	0.74	36	
ZDY_1 23 - 4	2.2	6.0	1380	2.7	33	74	0.75		
ZDY_1 31 - 4	3.0	7.6	1380	2.7	42	79	0.77	74	
ZDY_1 32 - 4	4.5	11	1380	2.7	62	78	0.80	98	
ZDY_1 41 - 4	7.5	18	1400	3	100	79	0.80	153	

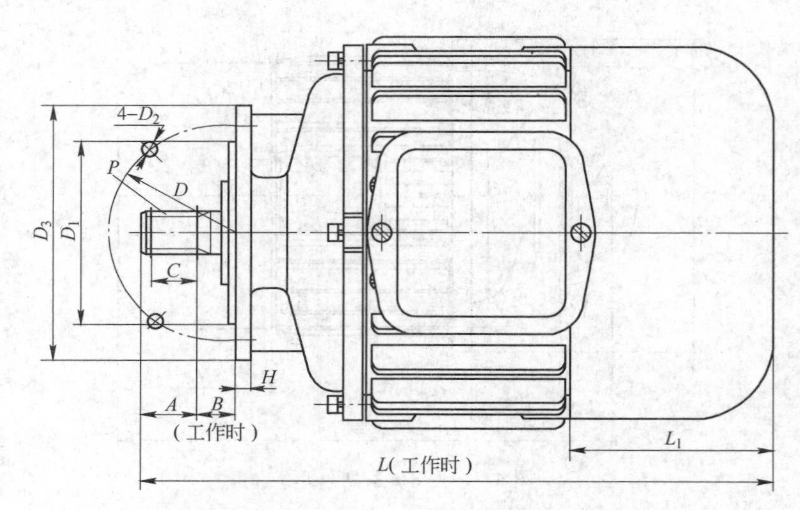

图 4.1.2 ZDY 系列外形

表 4.1.5 ZDY 系列外形与安装尺寸（南京特种电机厂有限公司 www.njtzdj.com） (mm)

型 号	P	D	D_1	D_2	D_3	A	B	C	H	L_1	L
ZDY_1/ZDM_1 11 - 4 0.2kW	三角花键 D = 15 Z = 36 4 × 12h15 × 15e9 × 4c11	φ90	φ75h7	φ7	φ110	25	15	22	8	85	263
ZDY_1/ZDM_1 12 - 4 0.4kW	三角花键 D = 15 Z = 36 4 × 12h15 × 15e9 × 4c11	φ90	φ75h7	φ7	φ110	25	15	22	8	85	283
ZDY_1/ZDM_1 21 - 4 0.8kW	三角花键 D = 18 Z = 36 6 × 16h15 × 20e9 × 4c11	φ120	φ100h7	φ9	φ140	28	20	24	10	110	337
ZDY_1/ZDM_1 22 - 4 1.5kW	三角花键 D = 18 Z = 36 6 × 16h15 × 20e9 × 4c11	φ120	φ100h7	φ9	φ140	28	20	24	10	110	375
ZDM_1 23 - 4 2.2kW	三角花键 D = 18 Z = 36	φ120	φ100h7	φ11	φ140	28	20	24	10	110	405
ZDY_1 21 - 4 0.8kW（大法兰）	6 × 21.9h15 × 25f9 × 6d11	φ200	φ180h7	φ11	φ220	34	11.5	30	12	110	337
ZDY_1 22 - 4 1.5kW（大法兰）	6 × 21.9h15 × 25f9 × 6d11	φ200	φ180h7	φ11	φ220	34	11.5	30	12	110	375
ZDY_1 23 - 4 2.2kW	6 × 21.9h15 × 25f9 × 6d11	φ200	φ180h7	φ11	φ220	34	11.5	30	12	110	405
$ZDY_1$31S - 4 2.2kW ZDY_1 31 - 4 3.0kW	6 × 23h15 × 28e9 × 6c11	φ215	φ180js6	φ15	φ250	34	14	30	14	142	409
ZDY_1 32 - 4 4.5kW	6 × 23h15 × 28e9 × 6c11	φ265	φ240js6	φ15	φ300	34	14	30	14	142	409
ZDY_1 41 - 4 7.5kW	10 × 28h15 × 35e9 × 4c11	φ265	φ230js6	φ15	φ300	39	15	35	16	172	501

生产厂商：南京特种电机厂有限公司。

4.1.2 电动机、减速机、制动器一体机

4.1.2.1 主要特点

集电动机、减速器、制动器为一体，结构紧凑，体积小，质量轻，安装方便。

4.1.2.2 技术参数

技术参数见表 4.1.6 ~ 表 4.1.20，电动机减速机、制动器一体机如图 4.1.3 ~ 图 4.1.17 所示。

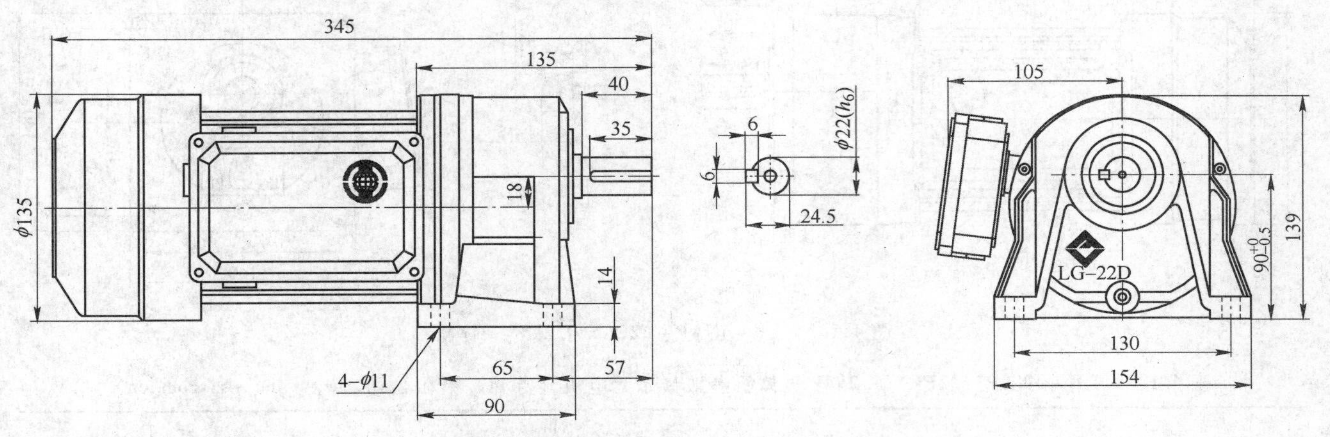

图 4.1.3 LF – JNAP – 22DX 0.2kW 一体机

表 4.1.6 LF – JNAP – 22DX 0.2kW 一体机参数（永元电机（苏州）有限公司 www.jfet – sz.com.cn）

输入/kW			比速		型 号	输出轴转速 /r·min⁻¹	输出轴转矩 /kgf·m	输出轴荷重/kg	静摩擦力 /kgf·m	制动率 /%
			公称	实际						
装置横移用	0.2	4	30	29.896	LF – JNAP – 22DX – 002 – 300.2	50.2	3.3	200	0.2	180
			40	39.292	LF – JNAP – 22DX – 002 – 40	38.2	4.4	200	0.2	180
			45	45.759	LF – JNAP – 22DX – 002 – 45	32.8	5.0	200	0.2	180
			50	49.279	LF – JNAP – 22DX – 002 – 50	30.4	5.5	200	0.2	180
			60	60.568	LF – JNAP – 22DX – 002 – 60	24.8	6.6	200	0.2	180

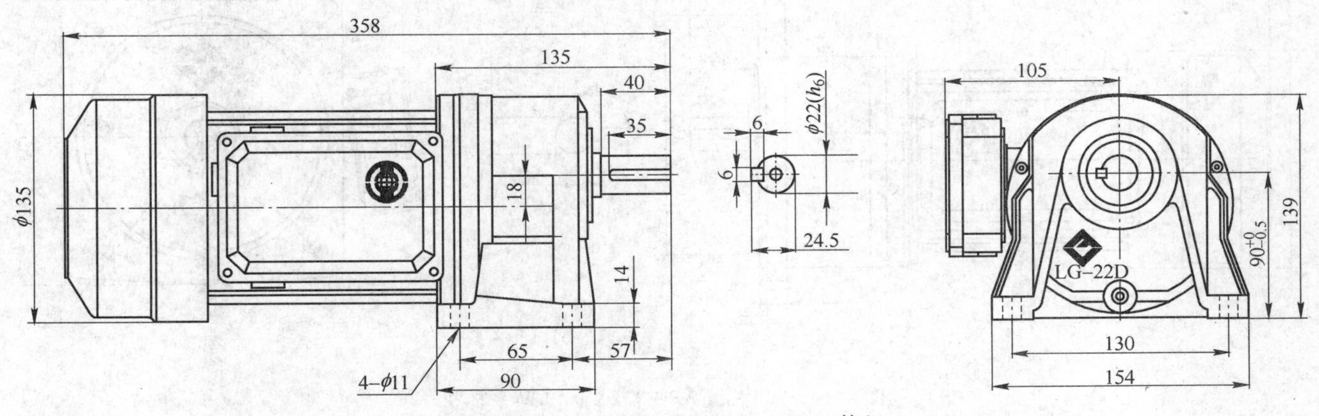

图 4.1.4 LF – JNAP – 22DX 0.4kW 一体机

表 4.1.7 LF – JNAP – 22DX 0.4kW 一体机参数（永元电机（苏州）有限公司 www.jfet – sz.com.cn）

输入/kW			比速		型 号	输出轴转速 /r·min⁻¹	输出轴转矩 /kgf·m	输出轴荷重/kg	静摩擦力 /kgf·m	制动率 /%
			公称	实际						
装置横移用	0.4	4	30	29.17	LF – JNAP – 22DX – 004 – 30200	51.4	6.6	200	0.4	180
			40	42.48	LF – JNAP – 22DX – 004 – 40	35.3	8.8	200	0.4	180
			45	43.99	LF – JNAP – 22DX – 004 – 45	34.1	9.9	200	0.4	180
			50	50.18	LF – JNAP – 22DX – 004 – 50	29.9	11.0	200	0.4	180
			60	59.30	LF – JNAP – 22DX – 004 – 60	25.3	13.2	200	0.4	180

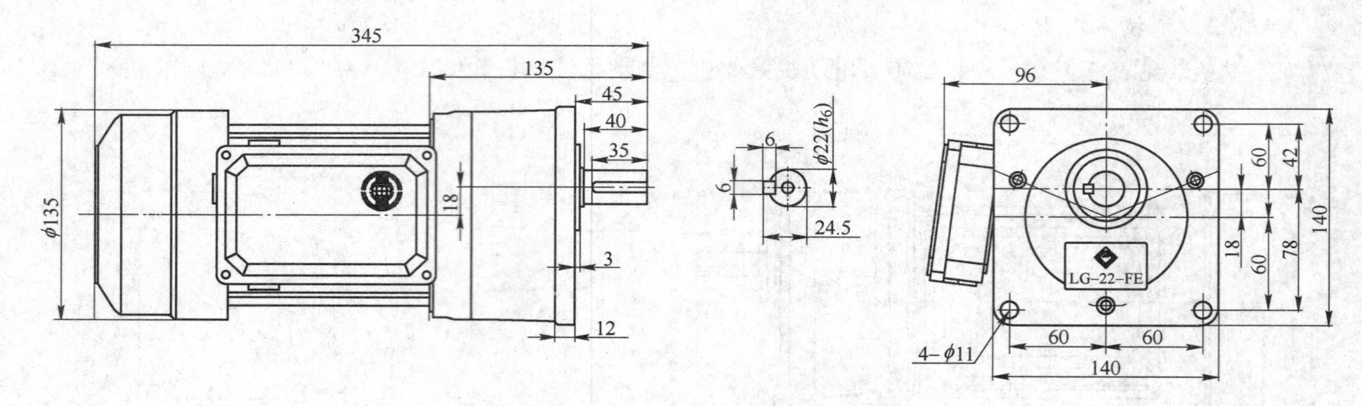

图 4.1.5 LF-JNAP-22FEX 0.2kW 一体机

表 4.1.8 LF-JNAP-22FEX 0.2kW 一体机参数（永元电机（苏州）有限公司 www.jfet-sz.com.cn）

输入/kW			比速		型 号	输出轴转速/r·min^{-1}	输出轴转矩/kgf·m	输出轴荷重/kg	静摩擦力/kgf·m	制动率/%
			公称	实际						
装置横移用	0.2	4	30	29.896	LF-JNAP-22FEX-002-30	50.2	3.3	200	0.2	180
			40	39.292	LF-JNAP-22FEX-002-40	38.2	4.4	200	0.2	180
			45	45.759	LF-JNAP-22FEX-002-45	32.8	5.0	200	0.2	180
			50	49.279	LF-JNAP-22FEX-002-50	30.4	5.5	200	0.2	180
			60	60.568	LF-JNAP-22FEX-002-60	24.8	6.6	200	0.2	180

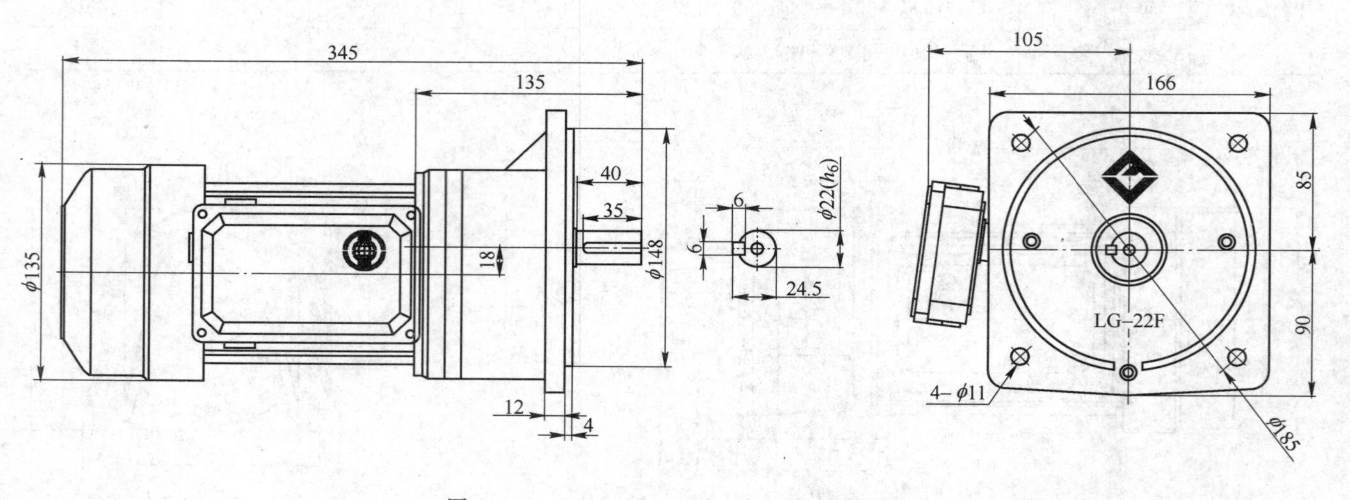

图 4.1.6 LF-JNAP-22FX 0.2kW 一体机

表 4.1.9 LF-JNAP-22FX 0.2kW 一体机参数（永元电机（苏州）有限公司 www.jfet-sz.com.cn）

输入/kW			比速		型 号	输出轴转速/r·min^{-1}	输出轴转矩/kgf·m	输出轴荷重/kg	静摩擦力/kgf·m	制动率/%
			公称	实际						
装置横移用	0.2	4	30	29.896	LF-JNAP-22FX-002-300.2	50.2	3.3	200	0.2	180
			40	39.292	LF-JNAP-22FX-002-40	38.2	4.4	200	0.2	180
			45	45.759	LF-JNAP-22FX-002-45	32.8	5.0	200	0.2	180
			50	49.279	LF-JNAP-22FX-002-50	30.4	5.5	200	0.2	180
			60	60.568	LF-JNAP-22FEX-002-60	24.8	6.6	200	0.2	180

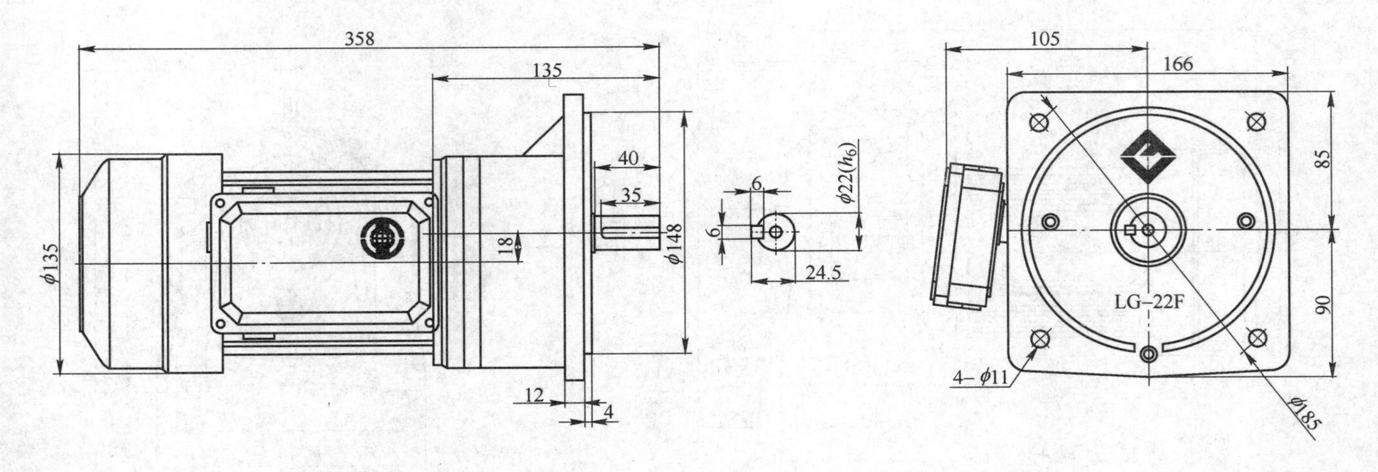

图 4.1.7 LF-JNAP-22FX 0.4kW 一体机

表 4.1.10 LF-JNAP-22FX 0.4kW 一体机参数（永元电机（苏州）有限公司 www.jfet-sz.com.cn）

输入/kW			比速 公称	比速 实际	型号	输出轴转速 /r·min^{-1}	输出轴转矩 /kgf·m	输出轴荷重/kg	静摩擦力 /kgf·m	制动率 /%
装置横移用	0.4	4	30	29.17	LF-JNAP-22FX-004-30	51.4	6.6	200	0.4	180
			40	42.48	LF-JNAP-22FX-004-40	35.3	8.8	200	0.4	180
			45	43.99	LF-JNAP-22FX-004-45	34.1	9.9	200	0.4	180
			50	50.18	LF-JNAP-22FX-004-50	29.9	11.0	200	0.4	180
			60	59.30	LF-JNAP-22FX-004-60	25.3	13.2	200	0.4	180

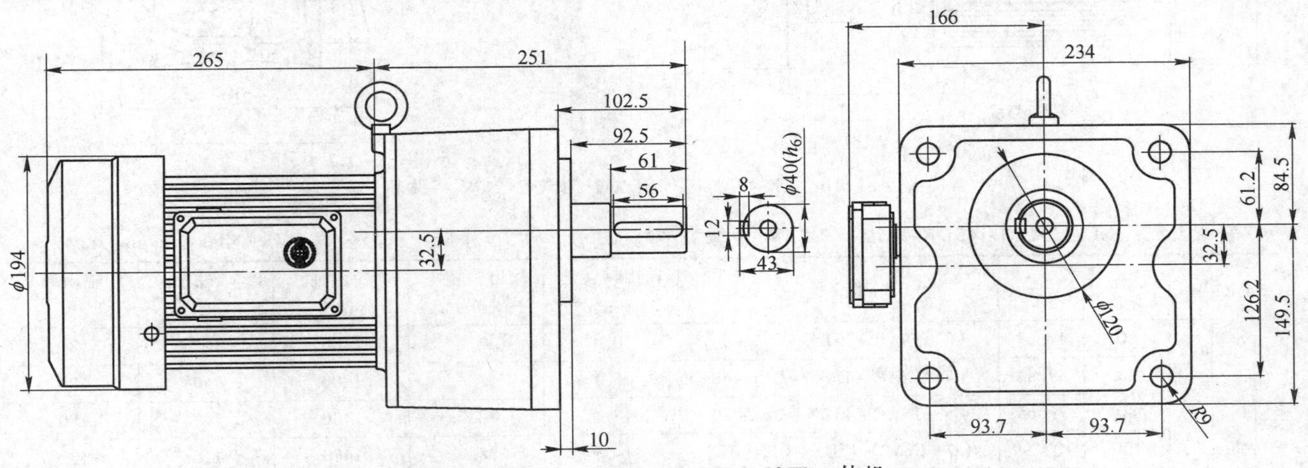

图 4.1.8 LF-JNAP-40FEX 2.2kW 一体机

表 4.1.11 LF-JNAP-40FEX 2.2kW 一体机参数（永元电机（苏州）有限公司 www.jfet-sz.com.cn）

输入/kW			比速 公称	比速 实际	型号	输出轴转速 /r·min^{-1}	输出轴转矩 /kgf·m	输出轴荷重/kg	静摩擦力 /kgf·m	制动率 /%
装置升降用	2.2	4	120	119.84	LF-JNAP-40FEX-022-120	11.8	159.0	1400	2.2	180

表 4.1.12 LF-JNAP-45DX 0.75kW 一体机参数（永元电机（苏州）有限公司 www.jfet-sz.com.cn）

输入/kW			比速 公称	比速 实际	型号	输出轴转速 /r·min^{-1}	输出轴转矩 /kgf·m	输出轴荷重/kg	静摩擦力 /kgf·m	制动率 /%
装置升降用	0.75	4	80	82.67	LF-JNAP-45DX-008-080	18.1	35.3	1400	0.75	180
			100	100.23	LF-JNAP-45DX-008-100	15.0	44.2	1400	0.75	180
			120	119.84	LF-JNAP-45DX-008-120	12.5	53.0	1400	0.75	180
			150	147.08	LF-JNAP-45DX-008-150	10.2	66.2	1400	0.75	180
			180	178.19	LF-JNAP-45DX-008-180	8.42	79.5	1400	0.75	180

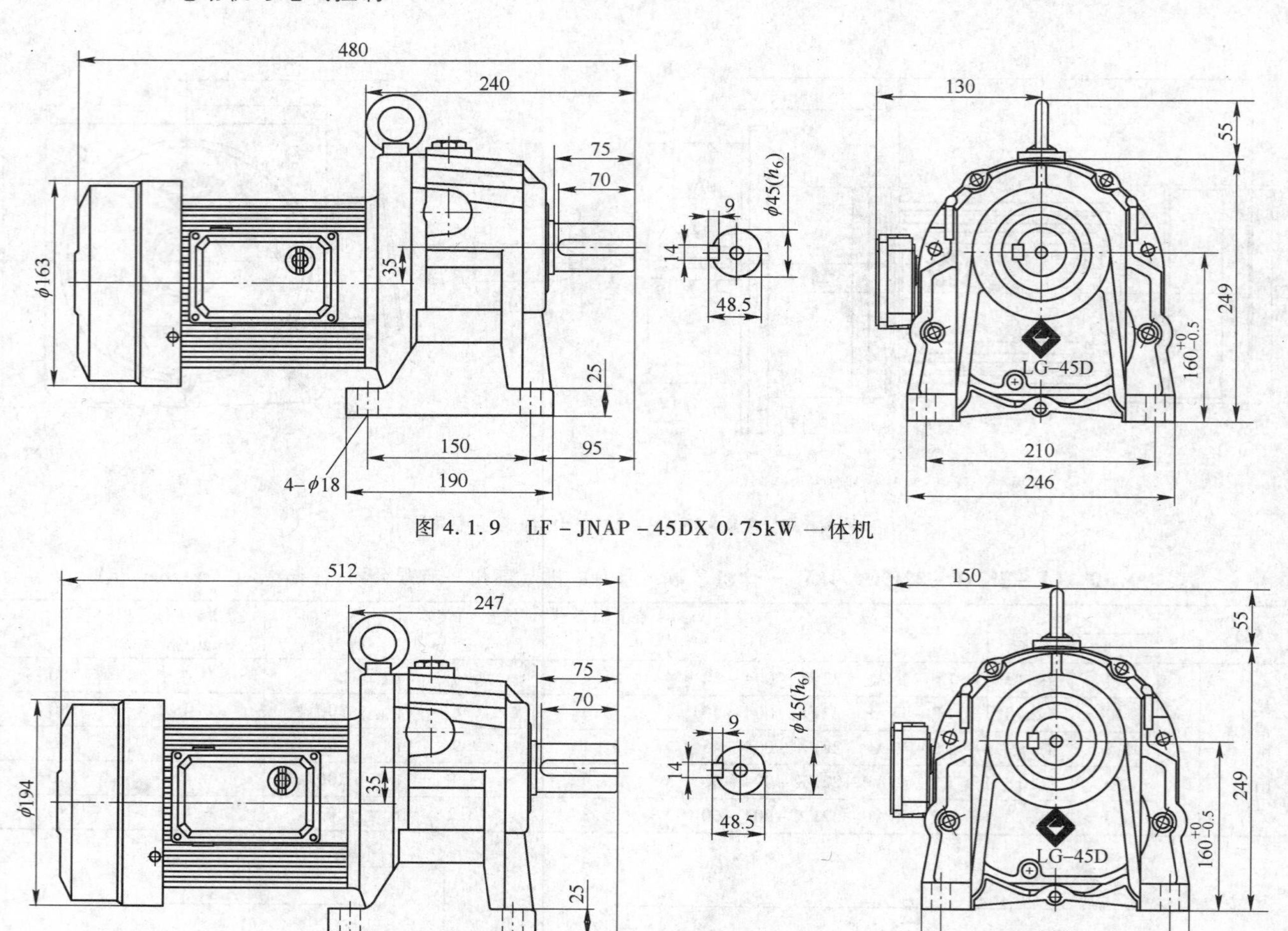

图 4.1.9 LF－JNAP－45DX 0.75kW 一体机

图 4.1.10 LF－JNAP－45DX 1.5kW 2.2kW 一体机

表 4.1.13 LF－JNAP－45DX 1.5kW 2.2kW 一体机参数（永元电机（苏州）有限公司 www.jfet－sz.com.cn）

输入/kW			比速 公称	比速 实际	型 号	输出轴转速 /r·min⁻¹	输出轴转矩 /kgf·m	输出轴荷重/kg	静摩擦力 /kgf·m	制动率 /%
装置升降用	1.5	4	50	49.34	LF－JNAP－45DX－015－50	30.4	44.2	1400	1.5	180
			60	59.82	LF－JNAP－45DX－015－60	25.1	53.0	1400	1.5	180
			80	79.65	LF－JNAP－45DX－015－80	18.8	70.7	1400	1.5	180
			100	100.99	LF－JNAP－45DX－015－100	14.9	88.3	1400	1.5	180
			120	120.92	LF－JNAP－45DX－015－120	12.4	106.0	1400	1.5	180
	2.2	4	50	49.34	LF－JNAP－45DX－015－50	30.4	66.2	1400	1.5	180
			60	59.82	LF－JNAP－45DX－015－60	25.1	79.5	1400	1.5	180

表 4.1.14 LF－JNAP－45F 1.5kW 2.2kW 一体机参数（永元电机（苏州）有限公司 www.jfet－sz.com.cn）

输入/kW			比速 公称	比速 实际	型 号	输出轴转速 /r·min⁻¹	输出轴转矩 /kgf·m	输出轴荷重/kg	静摩擦力 /kgf·m	制动率 /%
装置升降用	1.5	4	50	49.34	LF－JNAP－45FX－015－50	30.4	44.2	1400	1.5	180
			60	59.82	LF－JNAP－45FX－015－60	25.1	53.0	1400	1.5	180
			80	79.65	LF－JNAP－45FX－015－80	18.8	70.7	1400	1.5	180
			100	100.99	LF－JNAP－45FX－015－100	14.9	88.3	1400	1.5	180
			120	120.92	LF－JNAP－45FX－015－120	12.4	106.0	1400	1.5	180
	2.2	4	50	49.34	LF－JNAP－45FX－022－50	30.4	66.2	1400	1.5	180
			60	59.82	LF－JNAP－45FX－022－60	25.1	79.5	1400	1.5	180

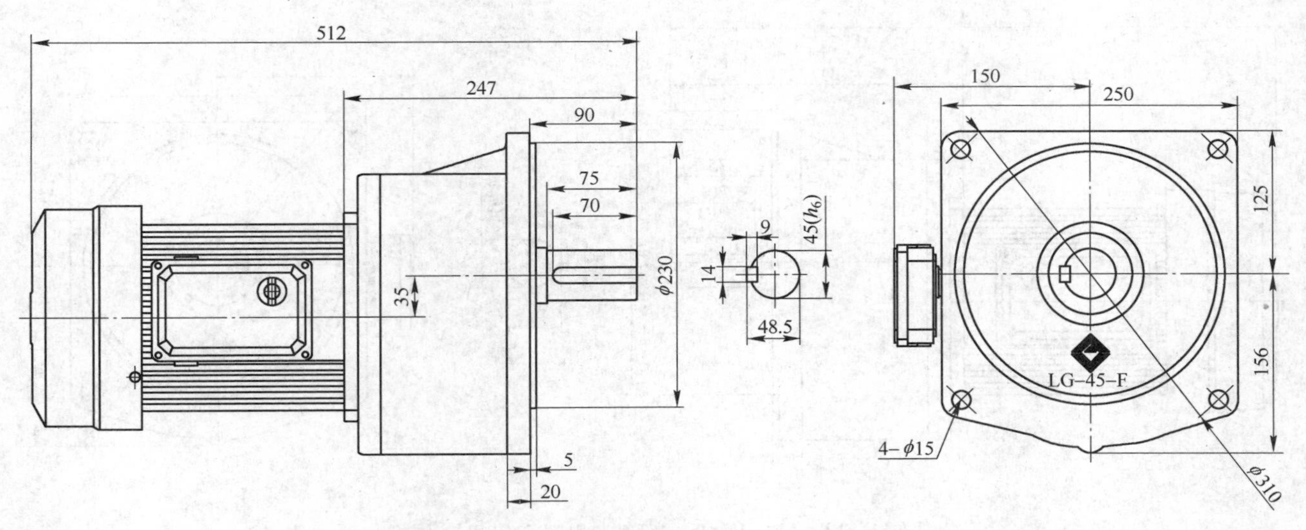

图 4.1.11 LF - JNAP - 45F 1.5kW 2.2kW 一体机

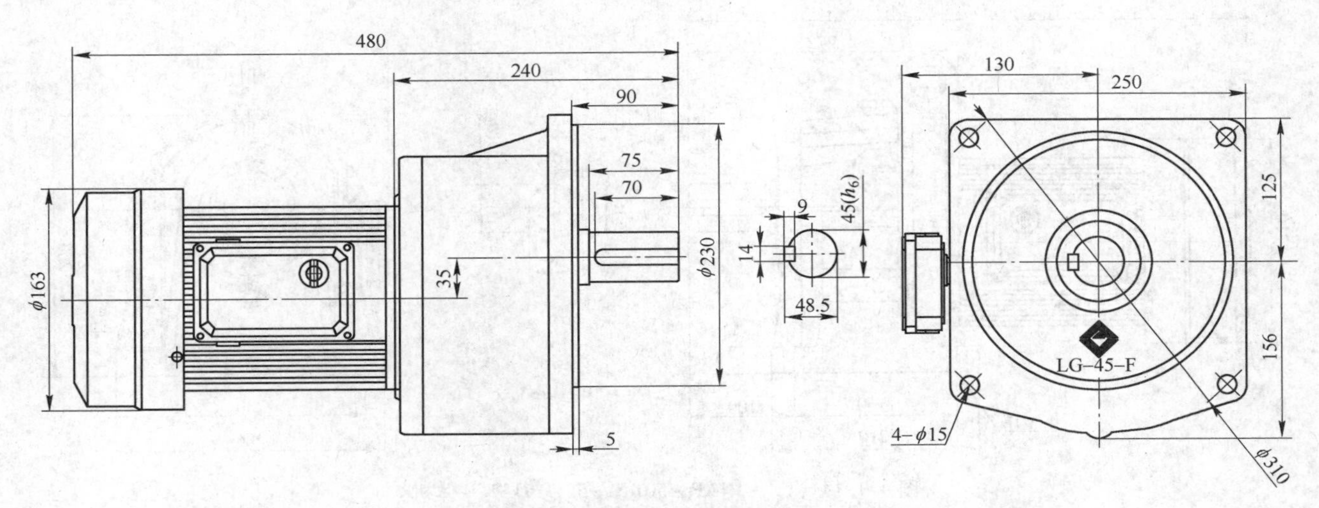

图 4.1.12 LF - JNAP - 45FX 0.75kW 一体机

表 4.1.15 LF - JNAP - 45FX 0.75kW 一体机参数（永元电机（苏州）有限公司 www.jfet - sz.com.cn）

输入/kW			比速		型 号	输出轴转速 /r·min⁻¹	输出轴转矩 /kgf·m	输出轴荷重/kg	静摩擦力 /kgf·m	制动率 /%
			公称	实际						
装置升降用	0.75	4	80	82.67	LF - JNAP - 45FX - 008 - 80	18.1	35.3	1400	0.75	180
			100	100.23	LF - JNAP - 45FX - 008 - 100	15.0	44.2	1400	0.75	180
			120	119.84	LF - JNAP - 45FX - 008 - 120	12.5	53.0	1400	0.75	180
			150	147.08	LF - JNAP - 45FX - 008 - 150	10.2	66.2	1400	0.75	180
			180	178.19	LF - JNAP - 45FX - 008 - 180	8.42	79.5	1400	0.75	180

表 4.1.16 LF - JNAP - 45FX 1.5kW 2.2kW 一体机参数（永元电机（苏州）有限公司 www.jfet - sz.com.cn）

输入/kW			比速		型 号	输出轴转速 /r·min⁻¹	输出轴转矩 /kgf·m	输出轴荷重/kg	静摩擦力 /kgf·m	制动率 /%
			公称	实际						
装置升降用	1.5	4	50	49.34	LF - JNAP - 45FX - 015 - 50	30.4	44.2	1400	1.5	180
			60	59.82	LF - JNAP - 45FX - 015 - 60	25.1	53.0	1400	1.5	180
			80	79.65	LF - JNAP - 45FX - 015 - 80	18.8	70.7	1400	1.5	180
			100	100.99	LF - JNAP - 45FX - 015 - 10	14.9	88.3	1400	1.5	180
			120	120.92	LF - JNAP - 45FX - 015 - 120	12.4	106.0	1400	1.5	180
	2.2	4	50	49.34	LF - JNAP - 45FX - 022 - 50	30.4	66.2	1400	2.2	180
			60	59.82	LF - JNAP - 45FX - 022 - 60	25.1	79.5	1400	2.2	180

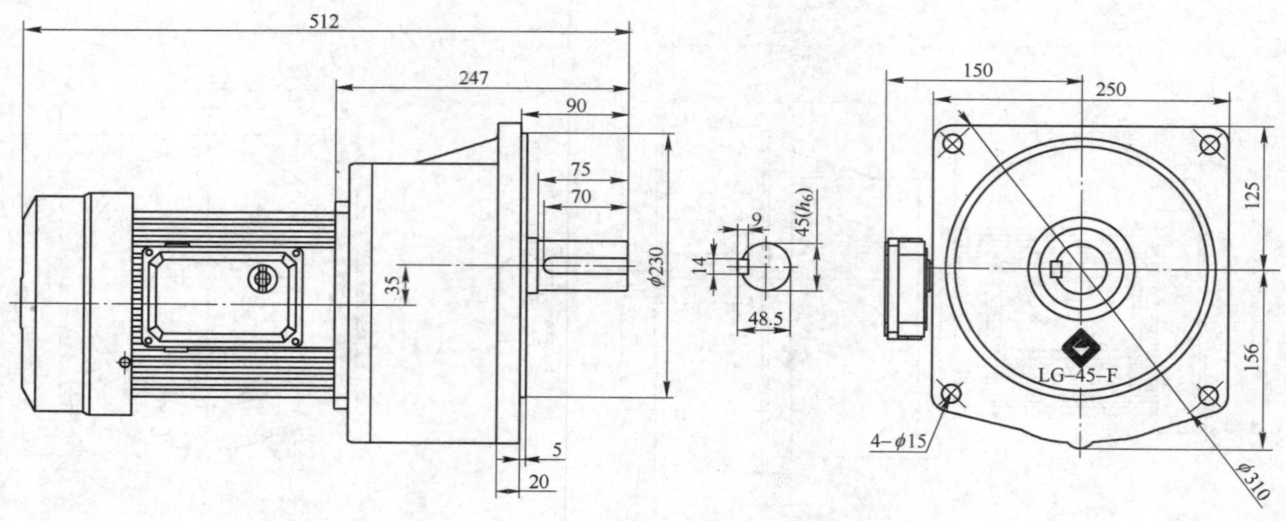

图 4.1.13 LF-JNAP-45FX 1.5kW 2.2kW 一体机

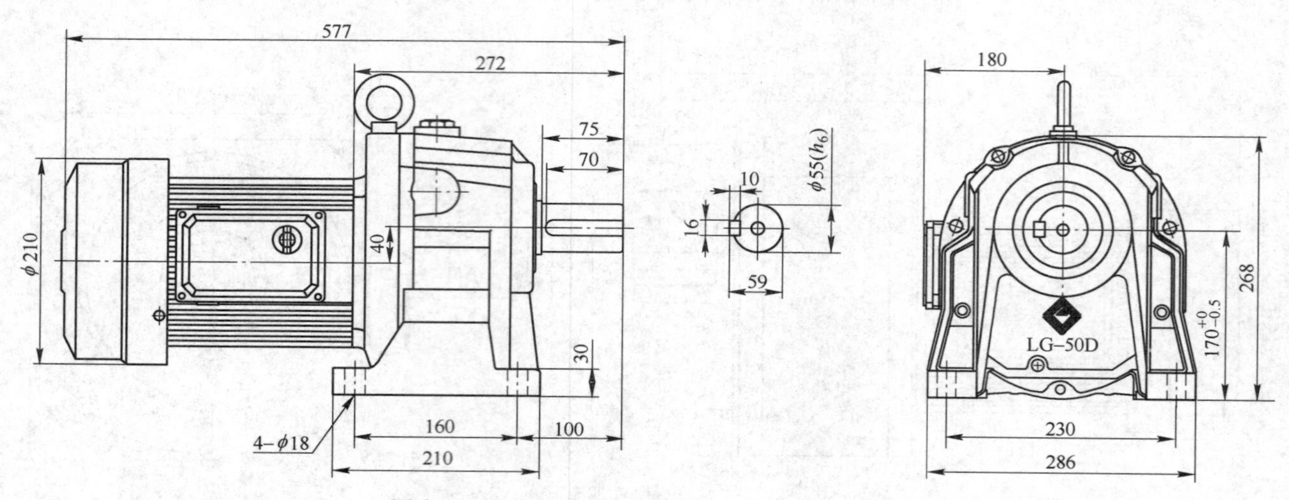

图 4.1.14 LF-JNAP-50DX-55 3.7kW 一体机

表 4.1.17 LF-JNAP-50DX-55 3.7kW 一体机参数（永元电机（苏州）有限公司 www.jfet-sz.com.cn）

输入/kW			比速		型号	输出轴转速 /r·min^{-1}	输出轴转矩 /kgf·m	输出轴荷重/kg	静摩擦力 /kgf·m	制动率 /%
			公称	实际						
装置升降用	3.7	4	50	52.24	LF-JNAP-50DX-50	28.7	110.4	1800	3.7	180
			60	61.46	LF-JNAP-50DX-60	24.4	132.5	1800	3.7	180

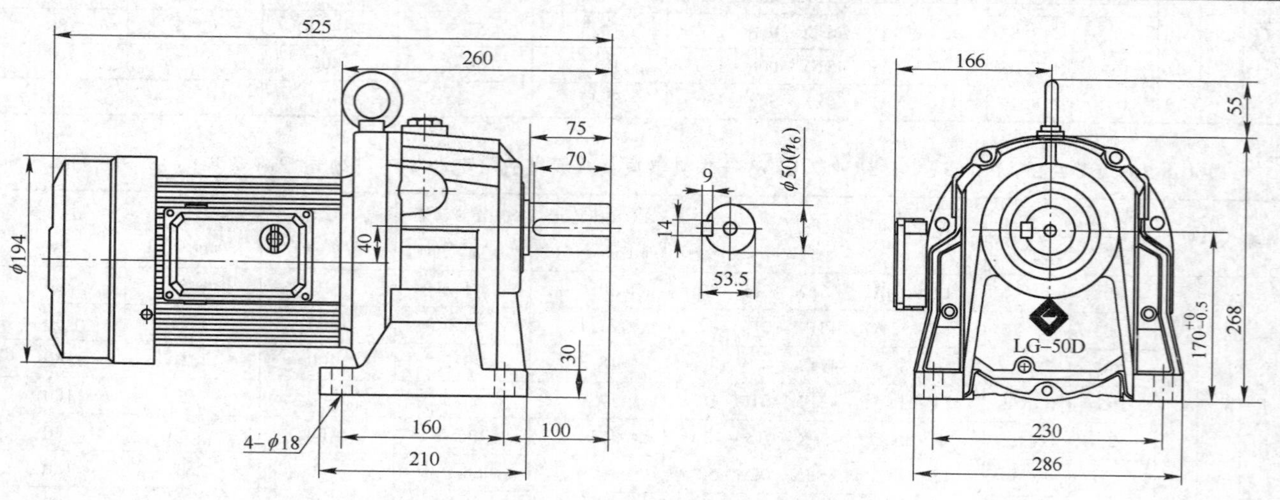

图 4.1.15 LF-JNAP-50DX 2.2kW 一体机

表 4.1.18 LF－JNAP－50DX 2.2kW 一体机参数（永元电机（苏州）有限公司 www.jfet－sz.com.cn）

输入/kW			比速		型 号	输出轴转速 /r·min^{-1}	输出轴转矩 /kgf·m	输出轴荷重/kg	静摩擦力 /kgf·m	制动率 /%
			公称	实际						
装置升降用	2.2	4	60	61.46	LF－JNAP－50DX－022－60	24.4	79.5	1600	2.2	180
			75	75.80	LF－JNAP－50DX－022－75	19.8	99.0	1600	2.2	180
			85	84.92	LF－JNAP－50DX－022－85	17.7	112.0	1600	2.2	180
			100	98.33	LF－JNAP－50DX－022－100	15.3	132.0	1600	2.2	180
			120	118.45	LF－JNAP－50DX－022－120	12.7	159.0	1600	2.2	180

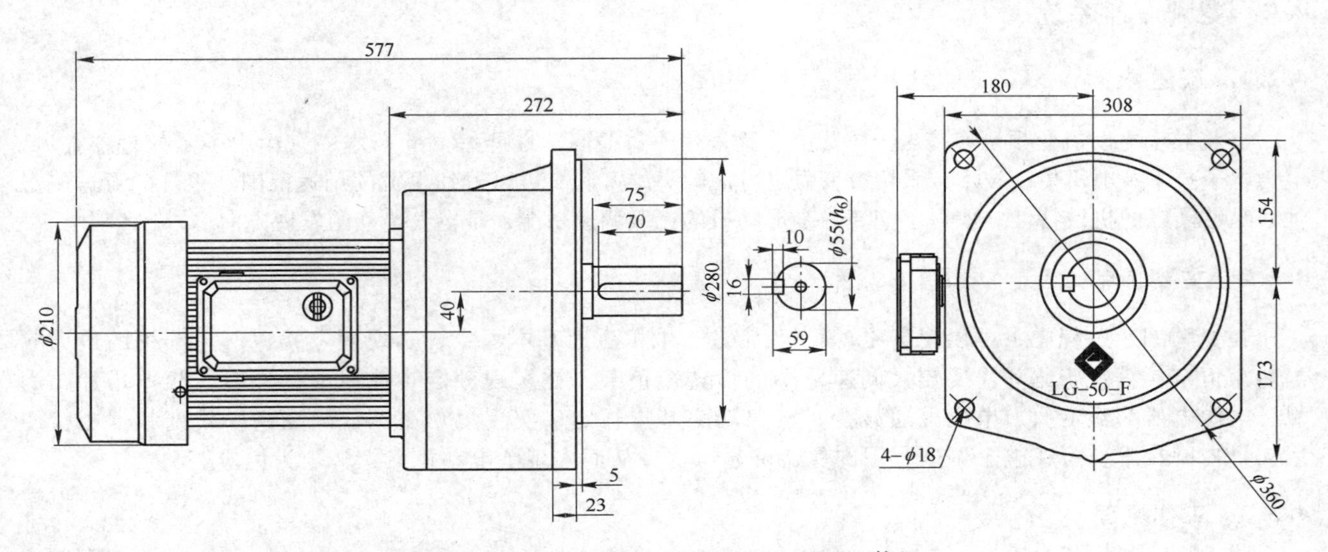

图 4.1.16 LF－JNAP－50FX－55 3.7kW 一体机

表 4.1.19 LF－JNAP－50FX－55 3.7kW 一体机参数（永元电机（苏州）有限公司 www.jfet－sz.com.cn）

输入/kW			比速		型 号	输出轴转速 /r·min^{-1}	输出轴转矩 /kgf·m	输出轴荷重/kg	静摩擦力 /kgf·m	制动率 /%
			公称	实际						
装置升降用	3.7	4	50	52.24	LF－JNAP－50FX－55－50	28.7	110.4	1800	3.7	180
			60	61.46	LF－JNAP－50FX－55－60	24.4	132.5	1800	3.7	180

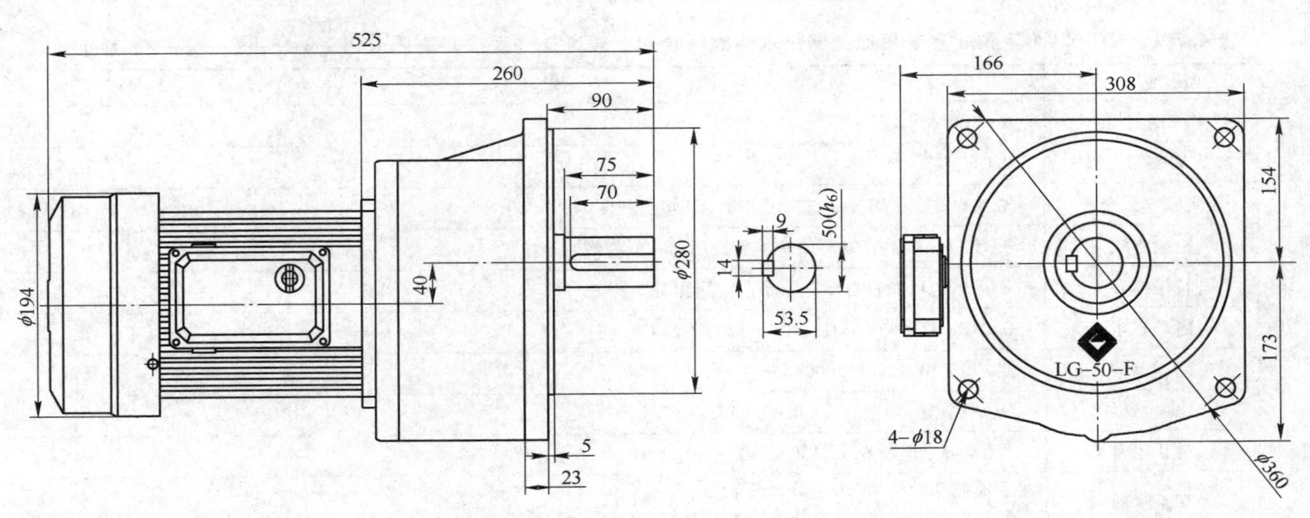

图 4.1.17 LF－JNAP－50FX 2.2kW 一体机

表 4.1.20 LF-JNAP-50FX 2.2kW 一体机参数（永元电机（苏州）有限公司 www.jfet-sz.com.cn）

输入/kW			比速		型号	输出轴转速 /r·min⁻¹	输出轴转矩 /kgf·m	输出轴荷重/kg	静摩擦力 /kgf·m	制动率 /%
			公称	实际						
装置升降用	2.2	4	60	61.46	LF-JNAP-50FX-022-060	24.4	79.5	1600	2.2	180
			75	75.80	LF-JNAP-50FX-022-075	19.8	99.0	1600	2.2	180
			85	84.92	LF-JNAP-50FX-022-085	17.7	112.0	1600	2.2	180
			100	98.33	LF-JNAP-50FX-022-100	15.3	132.0	1600	2.2	180
			120	118.45	LF-JNAP-50FX-022-120	12.7	159.0	1600	2.2	180

生产厂商：永元电机（苏州）有限公司。

4.2 变频调速系统

4.2.1 概述

交流异步电动机变频调速是当今国际上广泛采用、效益高、性能好的新技术，它运用了微处理器控制、电力电子技术及电机传动技术，采用改变供电电源频率的方法，可以得到很宽的调速范围、很好的调速平滑性、足够硬度的机械特性，取得了交流异步电动机的无级调速功能，是电气传动的发展方向之一。

4.2.2 主要特点

在变频调速过程中，可以使电压/频率为常数，电机磁通基本恒定，实现额定转速下电动机的最大输出转矩恒定，满足于驱动需要较大调速范围的恒转矩负载。在实现额定转速以上调速时，频率增加，为保证电源电压为额定值，电机磁通减少，输出功率基本恒定，实现恒功率调速。在新一代变频器中，使用矢量控制技术，可在整个调速范围内保持磁通恒定。从而实现了电动机最大转矩为恒定。

4.2.3 工作原理

异步电动机的转速 $n = 60f/p(1-s)$，当转差率 s 变化不大时，转速 n 基本上正比于频率 f，将市电（380V，50Hz）通过整流器变成平滑直流，然后利用电力电子器件组成的逆变器将直流电变成可变电压和可变频率的交流电，用于驱动电动机，实现无级调速。变频调速系统的控制方式包括 V/F、矢量控制（VC）、无速度传感器矢量控制（SVC）、直接转矩控制（DTC）等。V/F 控制主要应用在低成本、性能要求较低的场合；而矢量控制的引入，则开始了变频调速系统在高性能场合的应用。

4.2.4 性能参数

变频调速系统性能参数见表 4.2.1～表 4.2.3。

表 4.2.1 HID620A 系列起重专用变频器技术参数（合康变频科技（武汉）有限公司 www.hiconics-wh.com）

项目		规范
控制性能	频率控制范围/Hz	0～300
	输出频率精度/Hz	0.01
	设定频率分辨率	数字设定：0.01Hz；模拟设定：AD 转换精度为 1/1000
	控制方式	开环 V/F 控制；开环矢量控制；闭环矢量控制
	转矩提升	手动转矩可调；自动全频率段转矩提升
	启动转矩	0.25Hz/150%（SVC）；0Hz/180%（VC）
	调速范围	1:200（SVC），1:1000（VC）
	稳速精度	±0.5%（SVC），±0.02%（VC）
	过载能力	150%额定电流 60s；180%额定电流 1s
	直流制动	直流制动频率：0Hz～最大频率 制动时间：0～36.0s；制动动作电流值：0～100%
	自动电压调整（AVR）	当电网电压变化时，能自动保持输出电压恒定

续表 4.2.1

项目		规范
控制性能	加减速曲线	直线或S曲线加减速；4种加减速时间；0.1～3200.0s连续可调
	内置功能	电机参数自动检测功能、开环矢量、闭环矢量控制、多点V/F曲线、抱闸时序控制、轻载超频运行、防溜钩功能、手动转矩提升、载波频率自动调整、启动直流制动、停车直流制动
	运行命令通道	3种控制方式：键盘控制、端子控制、串行通讯控制
	频率源选择	数字设定、模拟电压设定、模拟电流设定、串行通讯口设定；可以通过多种方式组合切换
	输入端子	6个数字输入端子，可扩展至12路，多达20种自定义功能，可兼容有源PNP输入或NPN输入；2个模拟输入端子，可接收电压信号（0～10V）或电流信号（0～20mA）
	输出端子	1个集电极开路输出，有22种自定义功能；可扩展至4路；2个继电器输出，有22种自定义功能；可扩展至4路；2个模拟量输出，多达13种自定义功能；可以输出电压信号（0～10V）或电流信号（0～20mA）
	保护功能	过压保护、欠压保护、过流保护、模块保护、散热器过热保护、电机过载保护、外部故障保护、电流检测异常、输入电源异常、输出缺相异常、EEPROM异常、继电器吸合异常、超速保护、抱闸输出故障保护、抱闸反馈故障保护、操作杆未归位保护、制动单元故障保护
显示	LED显示	显示参数，支持参数拷贝
	LCD显示	可选件，中/英提示操作内容，支持参数拷贝
运行环境	防护等级	IP20
	安装场所	垂直安装在良好通风的电控柜内，无尘、无腐蚀性气体、无可燃性气体、无油雾、无蒸汽、无滴水的环境，不受阳光直晒
	环境温度	-10～+40℃（环境温度高于40℃，请降额使用，每升高1℃，额定输出电流减少1%）
	海拔高度	0～2000m，1000m以上降额使用，每升高100m，额定输出电流减少1%
	湿度	20%～90%RH（无凝露）
	振动	小于5.8m/s^2（0.6g）
	储存温度	-25～+65℃

注：1. 关于220V和1140V的选型，请来电咨询本公司。

2. HID620A系列产品命名、产品选型、规格型号及外形尺寸请参考HID300A系列G型机。

表4.2.2 SB70G系列矢量控制变频器规格（希望森兰科技股份有限公司 www.chinavvvf.com）

项目	变频器型号	额定容量/kV·A	额定输出电流/A	适配电机/kW	变频器型号	额定容量/kV·A	额定输出电流/A	适配电机/kW
220V级	SB70G0.55D2	1.1	3	0.55	SB70G2.2D2	4.2	11	2.2
	SB70G0.75D2	1.9	5	0.75	SB70G4T2	6.9	18	4
	SB70G1.5D2	3.1	8	1.5	SB70G5.5T2	9.9	26	5.5
380V级	SB70G0.4	1.1	1.5	0.4	SB70G132	167	253	132
	SB70G0.75	1.6	2.5	0.75	SB70G160	200	304	160
	SB70G1.5	2.4	3.7	1.5	SB70G200	248	377	200
	SB70G2.2	3.6	5.5	2.2	SB70G220	273	415	220
	SB70G4	6.4	9.7	4	SB70G250	310	475	250
	SB70G5.5	8.5	13	5.5	SB70G280	342	520	280
	SB70G7.5	12	18	7.5	SB70G315	389	590	315
	SB70G11	16	24	11	SB70G375	460	705	375
	SB70G15	20	30	15	SB70G400	490	760	400
	SB70G18.5	25	38	18.5	SB70G450	550	855	450
	SB70G22	30	45	22	SB70G500	610	950	500
	SB70G30	40	60	30	SB70G560	680	1040	560

续表 4.2.2

项　目	变频器型号	额定容量/kV·A	额定输出电流/A	适配电机/kW	变频器型号	额定容量/kV·A	额定输出电流/A	适配电机/kW
380V 级	SB70G37	49	75	37	SB70G630	765	1180	630
	SB70G45	60	91	45	SB70G710	850	1340	710
	SB70G55	74	112	55	SB70G800	970	1520	800
	SB70G75	99	150	75	SB70G900	1090	1710	900
	SB70G90	116	176	90	SB70G1000	1210	1900	1000
	SB70G110	138	210	110	SB70G1100	1330	2080	1100
690V 级	SB70G11T6	16	13.5	11	SB70G280T6	360	315	280
	SB70G18.5T6	25	22	18.5	SB70G315T6	406	355	315
	SB70G22T6	29	25	22	SB70G355T6C	417	365	355
	SB70G30T6	38	33	30	SB70G375T6C	440	385	375
	SB70G37T6	51	45	37	SB70G400T6C	510	420	400
	SB70G45T6	62	54	45	SB70G450T6C	576	473	450
	SB70G55T6	74	65	55	SB70G500T6C	625	538	500
	SB70G75T6	103	86	75	SB70G560T6C	686	600	560
	SB70G90T6	116	102	90	SB70G630T6C	791	675	630
	SB70G110T6	138	122	110	SB70G710T6C	852	750	710
	SB70G132T6	176	148	132	SB70G850T6C	972	850	850
	SB70G160T6	195	171	160	SB70G900T6C	1125	940	900
	SB70G200T6	240	210	200	SB70G1000T6C	1200	1076	1000
	SB70G220T6	274	240	220	SB70G1100Q6C	1257	1100	1100
	SB70G250T6	328	287	250	SB70G1200H6C	1372	1200	1200

表 4.2.3　SBH 系列高压变频器通用技术规范（希望森兰科技股份有限公司　www.chinavvvf.com）

项　目		项　目　描　述
输入	额定电压，频率	三相：3kV/3.3kV/6kV/6.6kV/10kV/11kV，50Hz/60Hz
	允许范围	电压波动范围：-20% ~ +15%，可瞬时-30%；频率：±5%
输出	输出电压	3 相，0V~输入电压，误差小于5%
	输出频率范围	0.00~60.00Hz
基本规范	电机控制模式	无 PG V/F 控制、有 PG V/F 控制、无 PG 矢量控制、有 PG 矢量控制
	过载能力	120% 额定电流 1min；160% 额定电流立即保护
	频率分辨率	数字给定：0.01Hz；模拟给定：0.1% 最大频率
	运行命令通道	人机界面给定、控制端子给定、通讯给定，可通过端子切换
	频率给定通道	人机界面、通讯、UP/DOWN 调节值、AI1、AI2、AI3、PFI
	辅助频率给定	实现灵活的辅助频率微调、给定频率合成
	转矩提升	自动转矩提升、手动转矩提升
	V/F 曲线	用户自定义 V/F 曲线、线性 V/F 曲线和 5 种降转矩特性曲线
	加减速方式	直线加减速、S 曲线加减速
	自动节能运行	根据负载情况，自动优化 V/F 曲线，实现自动节能运行
基本规范	自动电压调整（AVR）	当电网电压在一定范围内变化时，能自动保持输出电压恒定
	瞬停处理	瞬时掉电时，通过母线电压控制，实现不间断运行
	模拟输入	3 路模拟信号输入，电压型电流型均可选，可正负输入
	模拟输出	4 路模拟信号输出，分别可选 0/4~20mA 或 0/2~10V，可编程
	数字输入	8 路可选的多功能数字输入
	数字输出	2 路多功能数字输出；3 路多功能继电器输出
	通讯	内置 RS485 通讯接口，支持 Modbus-RTU 协议、Profibus-DP（选配）

续表 4.2.3

项 目		项 目 描 述
特色功能	过程 PID	两套 PID 参数；多种修正模式
	多模式 PLC	用户可以设置 2 套 PLC 运行模式参数，单一模式 PLC 可达 32 段；可以通过端子选择模式；掉电时 PLC 状态可存储
	多段速方式	编码选择、直接选择、叠加选择和个数选择方式
保护功能		过流、过压、欠压、输入输出缺相、输出短路、输出接地、过热、电机过载、外部故障、模拟输入掉线、失速防止、电机 PTC 或 Pt100 过热保护等
环境	使用场所	海拔低于 1000m，室内，不受阳光直晒，无尘埃、腐蚀性气体、可燃性气体、油雾、水蒸气、滴水、盐雾等场合
	工作环境温度/湿度	-10 ~ +40℃/20% ~90% RH，无水珠凝结
	振动	小于 $5.9m/s^2$ (0.6g)
结构	防护等级	IP30 以上
	冷却方式	强制风冷，带风扇控制

生产厂商：合康变频科技（武汉）有限公司，希望森兰科技股份有限公司。

4.3 卷筒电缆

4.3.1 概述

卷筒电缆是为大型移动设备提供动力电源、控制电源或控制信号，可卷绕在电缆卷筒装置上专用的电缆。它广泛应用于港口门座起重机、集装箱起重机、装船机、卸船机、塔式起重机等类似工况的机械设备。

4.3.2 主要特点

（1）柔性抗拉；（2）耐磨；（3）抗扭曲；（4）抗干扰。

4.3.3 技术参数

JTJP - EUSR 型聚氨酯卷筒电缆结构如图 4.3.1 所示，技术参数见表 4.3.1 ~ 表 4.3.20。

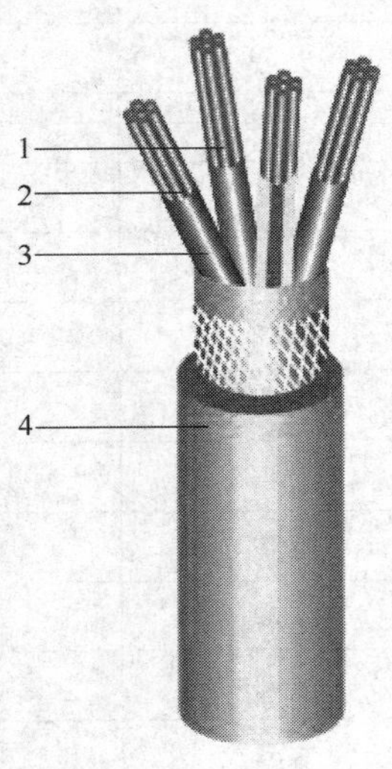

图 4.3.1 JTJP - EUSR 型聚氨酯卷筒电缆结构

1—导体无氧铜丝；2—中心加强元件；3—绝缘交联聚乙烯；4—护套抗扭转编织的双层聚氨酯

表 4.3.1 **JTJP－EUSR 系列聚氨酯卷筒电缆型号含义**（唐山沧达电缆有限公司 www.biandianlan.com）

型　号	JTJP－EUSR	JTJP－EUSRP	JTJP－EUSRJ
名　称	聚氨酯卷筒电缆	屏蔽型聚氨酯卷筒电缆	加强型聚氨酯卷筒电缆

表 4.3.2 **JTJP－EUSR 系列聚氨酯卷筒电缆性能**（唐山沧达电缆有限公司 www.biandianlan.com）

电缆特性	
导体最大拉伸载荷	静态 25N/mm²
弯曲半径	固定：6×*D*（外径）；移动：8×*D*
标称电压	0.6/1kV
载流容量	参见表 4.3.3
使用温度	－40～＋80℃
化学性能	
用于室内和户外，耐潮湿，紫外线和臭氧，耐磨，抗刻痕，耐低温	

表 4.3.3 **JTJP－EUSR 系列聚氨酯卷筒电缆技术参数**（唐山沧达电缆有限公司 www.biandianlan.com）

项　目	标称截面 /mm²	外径/mm		质量（近似） /kg·km⁻¹	最大拉伸负荷 /N	载流容量 /A
		最　小	最　大			
动力	4×2.5	13	15	230	250	30
	4×4	15	17	290	400	40
	4×6	18	20	420	600	51
	4×10	20	23	630	1000	71
	4×16	24	27	1090	1600	95
	3×25＋3×6	30	34	1310	1870	121
	3×35＋3×6	34	37	1720	2650	150
	3×50＋3×10	40	44	2320	3750	182
	3×70＋3×16	45	50	3250	5250	234
	3×95＋3×16	51	55	3980	7150	283
	3×120＋3×25	45	59	5260	9000	329
	3×150＋3×25	60	64	6360	11250	375
	3×185＋3×35	66	70	7860	13800	428
	3×240＋3×50	72	77	10320	18000	511
	3×300＋3×50	84	88	12900	22500	555
	5×2.5	12	14	240	310	30
	5×4	15	17	340	500	40
	5×6	17	19	480	750	51
	5×10	20	22	760	1250	71
	5×16	24	26	1200	2000	95
	5×25	30	32	1650	3100	121
	5×35	34	36	2250	4350	150

续表 4.3.3

项　目	标称截面/mm^2	外径/mm		质量（近似）/$kg \cdot km^{-1}$	最大拉伸负荷/N	载流容量/A
		最　小	最　大			
控制	7×1.5	13	15	290	260	20
	12×1.5	18	20	430	450	16
	18×1.5	20	22	520	670	12
	24×1.5	23	25	800	900	10
	36×1.5	26	28	1080	1350	8
	7×2.5	15	17	380	430	28
	12×2.5	21	23	690	750	22
	18×2.5	21	24	820	1120	16
	24×2.5	24	27	1160	1500	12
	36×2.5	29	31	1520	2250	10
	42×2.5	30	32	1680	2620	8
	26×2.5+4×2.5p	28	30	1420	1870	11

JTJP－EFSR 橡胶卷筒电缆结构如图 4.3.2 所示。

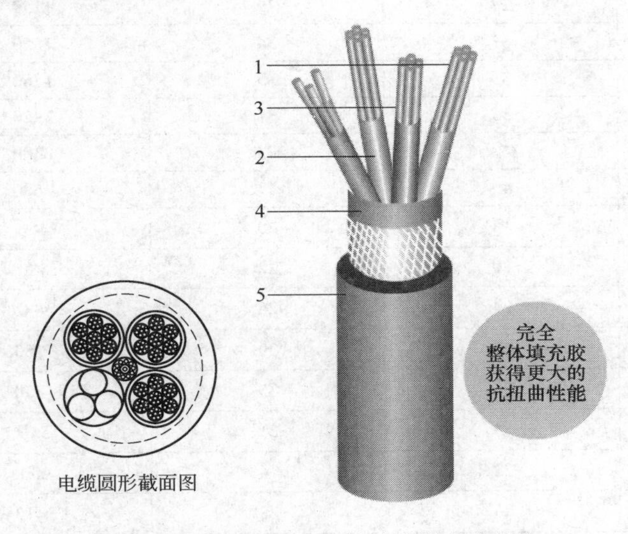

图 4.3.2　JTJP－EFSR 橡胶卷筒电缆结构

1—导体无氧铜丝或镀锡铜丝；2—绝缘三元乙丙橡胶；3—控制线芯；4—内护套合成氯丁橡胶带硫化纺织编织；5—外护套氯丁橡胶

表 4.3.4　JTJP－EFSR 系列橡胶卷筒电缆型号含义（唐山沧达电缆有限公司　www.biandianlan.com）

型　号	名　称	型　号	名　称
JTJP－EFSR	橡胶卷筒电缆	JTJP－EFSJ	加强型橡胶卷筒电缆
JTJP－EFSP	屏蔽型橡胶卷筒电缆		

表 4.3.5　JTJP－EFSR 系列橡胶卷筒电缆技术性能（唐山沧达电缆有限公司　www.biandianlan.com）

电 缆 特 性	
导体最大拉伸载荷	静态 15N/mm^2
弯曲半径	静态　5×D(外径)
标称电压	0.6/1kV
额定电流	—
使用温度	－45～＋80℃
化 学 性 能	
用于室内和户外，耐潮湿，紫外线和臭氧，耐磨，抗刻痕，耐低温	

表 4.3.6 JTJP - EFSR 系列橡胶卷筒电缆技术参数（唐山沧达电缆有限公司 www.biandianlan.com）

项目	标称截面/mm²	外径/mm		质量（近似）/kg · km⁻¹	拉伸负荷/N
		最小	最大		
控制	4 × 1.5	13	15	250	180
	5 × 1.5	14	16	290	225
	7 × 1.5	15	17	410	315
	12 × 1.5	18	21	570	540
	18 × 1.5	21	24	800	810
	24 × 1.5	24	26	1010	1080
	30 × 1.5	26	29	1220	1350
	36 × 1.5	29	32	1470	1620
	44 × 1.5	32	35	1700	1980
	56 × 1.5	37	40	2180	2520
	4 × 2.5	15	17	320	300
	5 × 2.5	17	19	430	375
	7 × 2.5	20	22	530	525
	12 × 2.5	23	25	820	900
	18 × 2.5	27	29	1150	1350
	24 × 2.5	32	34	1550	1800
	30 × 2.5	33	35	1760	2250
	36 × 2.5	35	37	1920	2700
	44 × 2.5	40	43	2300	3300
	50 × 2.5	45	47	2680	3750
动力	4 × 4	18	20	460	480
	4 × 6	20	22	580	720
	4 × 10	24	26	900	1200
	4 × 16	27	29	1250	1920
	4 × 25	33	35	1850	3000
	5 × 4	19	21	550	600
	5 × 6	22	24	730	900
	5 × 10	26	28	1410	1500
	5 × 16	29	32	2100	2400
	3 × 35 + 3 × 6	30	33	2780	3150
	3 × 50 + 3 × 10	35	38	4000	4500
	3 × 70 + 3 × 16	40	44	5400	6300
	3 × 95 + 3 × 16	45	49	6360	8550
	3 × 120 + 3 × 25	52	56	8150	10800
	3 × 150 + 3 × 25	55	59	9400	13500
	3 × 185 + 3 × 35	61	65	10500	16650
	3 × 240 + 3 × 50	70	74	12100	21600
复合	19 × 2.5 + 5 × 1P	25	28	1090	1575
	25 × 2.5 + 5 × 1P	28	31	1314	2025

表 4.3.7 JTJP - NGSG 系列耐高温硅橡胶卷筒电缆型号含义（唐山沧达电缆有限公司 www.biandianlan.com）

型号	含义
JTJP - NGSG	耐高温硅橡胶卷筒电缆
JTJP - NGSGP	屏蔽型耐高温硅橡胶卷筒电缆
JTJP - NGSGJ	加强型耐高温硅橡胶卷筒电缆

JTJP－NGSG 耐高温硅橡胶卷筒电缆结构如图 4.3.3 所示。

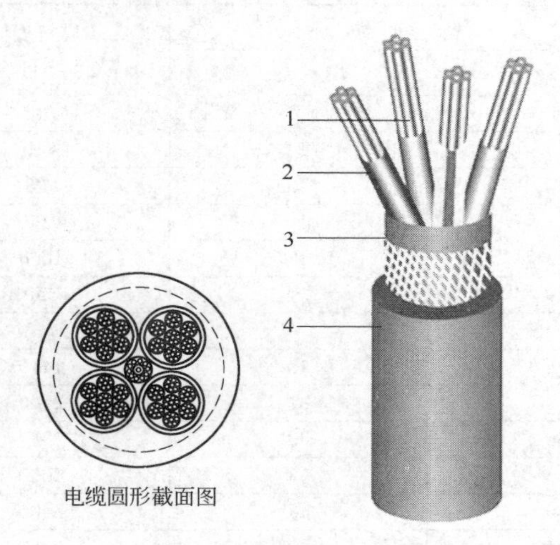

图 4.3.3 JTJP－NGSG 耐高温硅橡胶卷筒电缆结构

1—导体镀锡铜丝；2—绝缘硅橡胶；3—内护套带扭转编织的硅橡胶；4—外护套高强度硅胶

表 4.3.8 JTJP－NGSG 系列耐高温硅橡胶卷筒电缆技术性能（唐山沧达电缆有限公司 www.biandianlan.com）

电缆特性	
导体最大拉伸载荷	静态 15N/mm²
弯曲半径	6×D(外径)
标称电压	0.6/1kV
额定电流	—
使用温度	－40～＋180℃
化学性能	
用于室内和户外，耐油、耐潮湿，紫外线和臭氧，耐磨，抗刻痕，耐低温，耐高温	

表 4.3.9 JTJP－NGSG 系列耐高温硅橡胶卷筒电缆技术参数（唐山沧达电缆有限公司 www.biandianlan.com）

项 目	标称截面/mm²	外径/mm		质量（近似）/kg·km⁻¹	拉伸负荷/N
		最 小	最 大		
控制	4×1.5	13	15	250	180
	5×1.5	14	16	290	225
	7×1.5	15	17	410	315
	12×1.5	18	21	570	540
	18×1.5	21	24	800	810
	24×1.5	24	26	1010	1080
	30×1.5	26	29	1220	1350
	36×1.5	29	32	1470	1620
	44×1.5	32	35	1700	1980
	56×1.5	37	40	2180	2520
	4×2.5	15	17	320	300
	5×2.5	17	19	430	375
	7×2.5	20	22	530	525
	12×2.5	23	25	820	900
	18×2.5	27	29	1150	1350
	24×2.5	32	34	1550	1800
	30×2.5	33	35	1760	2250
	36×2.5	35	37	1920	2700
	44×2.5	40	43	2300	3300
	50×2.5	45	47	2680	3750

续表 4.3.9

项　目	标称截面/mm²	外径/mm		质量（近似）/kg·km⁻¹	拉伸负荷/N
		最　小	最　大		
动力	4×4	18	20	460	480
	4×6	20	22	580	720
	4×10	24	26	900	1200
	4×16	27	29	1250	1920
	4×25	33	35	1850	3000
	5×4	19	21	550	600
	5×6	22	24	730	900
	5×10	26	28	1410	1500
	5×16	29	32	2100	2400
	3×35+3×6	30	33	2780	3150
	3×50+3×10	35	38	4000	4500
	3×70+3×16	40	44	5400	6300
	3×95+3×16	45	49	6360	8550
	3×120+3×25	52	56	8150	10800
	3×150+3×25	55	59	9400	13500
	3×185+3×35	61	65	10500	16650
	3×240+3×50	70	74	12100	21600

JTJP－EFB 扁平卷筒电缆结构如图 4.3.4 所示。

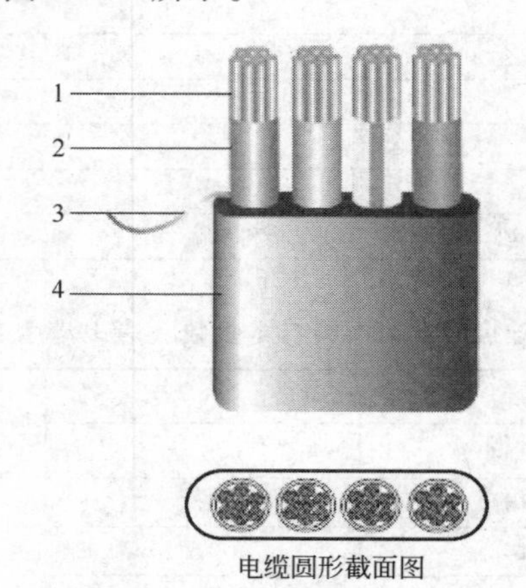

图 4.3.4　JTJP－EFB 扁平卷筒电缆结构

1—导体无氧铜丝或镀锡铜丝；2—绝缘 TPE 或三元乙丙橡胶；3—撕裂线；4—外护套聚氨酯或氯丁橡胶

表 4.3.10　JTJP－EFB 系列扁平卷筒电缆型号含义（唐山沧达电缆有限公司　www.biandianlan.com）

型　号	名　称	型　号	名　称
JTJP－EFB	橡胶扁平卷筒电缆	JTJP－EURB	聚氨酯扁平卷筒电缆
JTJP－EFBP	屏蔽型橡胶扁平卷筒电缆	JTJP－EURBP	屏蔽型聚氨酯扁平卷筒电缆
JTJP－EFBJ	加强型橡胶扁平卷筒电缆	JTJP－EURBJ	加强型聚氨酯扁平卷筒电缆

表 4.3.11　JTJP－EFB 系列扁平卷筒电缆技术性能（唐山沧达电缆有限公司　www.biandianlan.com）

电 缆 特 性	
导体最大拉伸载荷	静态 15N/mm²；动态 30N/mm²
弯曲半径	6×D(外径)
标称电压	0.6/1kV
额定电流	—
使用温度	-45～+80℃
化 学 性 能	
用于室内和户外，耐油、耐潮湿，紫外线和臭氧，耐磨，抗刻痕，耐低温	

表 4.3.12 JTJP－EFB 系列扁平卷筒电缆技术参数（唐山沧达电缆有限公司 www.biandianlan.com）

型 号	标准截面/芯数×mm^2	电缆宽×高/mm×mm	质量（近似）/$kg \cdot km^{-1}$
JTJP－EURB 一字排列扁电缆	3×0.75	10.70×4.5	80
	3×1	11.30×4.7	90
	3×1.5	13.65×5.70	130
	3×2.5	16.50×6.70	190
	3×4	18.55×7.60	270
	3×6	20.20×8.20	340
	3×10	25.40×10.20	550
	3×16	29.30×11.50	780
	3×25	35.97×14.40	1200
	3×35	40.90×16.30	1620
	3×50	47.20×18.40	2150
	3×70	52.90×20.30	2860
	3×95	60.40×22.80	3770
	3×120	66.85×24.90	4660
	3×150	73.81×27.30	5680
	3×185	81.07×29.70	6910
	3×240	90.70×33.30	8930
	4×1.5	17.00×5.75	170
	4×2.5	20.80×6.70	250
	4×4	23.40×7.65	350
	4×6	25.60×8.20	450
	4×10	32.40×10.20	720
	4×16	37.60×11.50	1020
	4×25	46.36×14.40	1580
	4×35	52.40×16.30	2120
	4×50	60.80×18.40	2820
	4×70	68.40×20.30	3760
	4×95	78.40×22.80	4960
	5×1.5	20.35×5.75	200
	5×2.5	25.10×6.70	310
	5×4	28.25×7.65	430
	5×6	31.00×8.20	550
	5×10	39.40×10.20	890
	5×16	45.90×11.50	1260
	5×25	56.75×14.40	1950
	7×1.5	30.05×5.75	300
	7×2.5	36.70×6.70	440
	7×4	40.95×7.65	620
	7×6	44.80×8.20	780
	7×10	56.40×10.20	1260
	8×0.75	26.20×4.50	200
	8×1.5	33.40×5.75	330
	8×2.5	41.00×6.70	500
	8×4	45.80×7.65	690
	10×1.5	40.10×5.75	410
	10×2.5	49.60×6.70	610
	12×1.5	46.80×5.75	480
	12×2.5	58.20×6.70	720
	16×1.5	62.10×6.15	670
	16×2.5	77.30×7.10	1000
	20×1.5	77.00×6.15	830
	20×2.5	96.00×7.10	1250
	24×1.5	91.90×6.15	1000

续表 4.3.12

型　号	标准截面/芯数 × mm^2	电缆宽 × 高/mm × mm	质量（近似）/kg · km^{-1}
JTJP－EURB 带绞合芯结构	3 × 25 + 1 × 4 × 1.5	46.36 × 14.40	1430
	3 × 25 + 1 × 5 × 1.5	46.36 × 14.40	1440
	3 × 25 + 1 × 5 × 2.5	46.36 × 14.40	1430
	3 × 35 + 1 × 3 × 1.5	49.20 × 16.30	1820
	3 × 35 + 1 × 7 × 1.5	52.40 × 16.30	1930
	3 × 35 + 1 × 4 × 2.5	52.40 × 16.30	1910
	3 × 35 + 1 × 3 × 4	52.40 × 16.30	1930
	3 × 50 + 1 × 5 × 1.5	57.59 × 18.40	2440
	3 × 50 + 1 × 3 × 2.5	57.59 × 18.40	2420
	3 × 50 + 1 × 4 × 2.5	60.80 × 18.40	2530
	3 × 50 + 1 × 5 × 2.5	60.80 × 18.40	2540
	3 × 50 + 1 × 7 × 2.5	60.80 × 18.40	2580
	3 × 50 + 1 × 4 × 4	60.80 × 18.40	2570
	3 × 50 + 1 × 3 × 6	60.80 × 18.40	2570
	3 × 70 + 1 × 7 × 1.5	64.40 × 20.30	3230
	3 × 70 + 1 × 4 × 2.5	64.40 × 20.30	3220
	3 × 70 + 1 × 7 × 2.5	64.40 × 20.30	3380
	3 × 70 + 1 × 3 × 4	64.40 × 20.30	3230
	3 × 70 + 1 × 7 × 4	64.40 × 20.30	3460
	3 × 70 + 1 × 5 × 6	64.40 × 20.30	3440
	3 × 95 + 1 × 7 × 2.5	74.00 × 22.80	4310
	3 × 95 + 1 × 4 × 4	74.00 × 22.80	4290
	3 × 95 + 1 × 7 × 4	78.40 × 22.80	4490
	3 × 95 + 1 × 3 × 6	74.00 × 22.80	4300
	3 × 95 + 1 × 7 × 6	78.40 × 22.80	4580
	3 × 95 + 1 × 4 × 10	78.40 × 22.80	4490
	3 × 120 + 1 × 7 × 2.5	80.85 × 24.90	5180
	3 × 120 + 1 × 4 × 4	80.85 × 24.90	5170
JTJP－EURBJ 加强型绞合结构	3 × 5 × 1.5 + 2 × 7.0(G)	55.57 × 15.19	1300
	3 × 5 × 1.5 + 2 × 7.0(G)	58.90 × 16.30	1540
	3 × 3 × 2.5 + 2 × 7.0(G)	55.57 × 15.19	1290
	3 × 4 × 2.5 + 2 × 7.0(G)	58.90 × 16.30	1490
	3 × 7 × 2.5 + 2 × 9.5(G)	67.80 × 18.40	2070
	3 × 4 × 4 + 2 × 9.5(G)	67.80 × 18.40	2030
	3 × 7 × 4 + 2 × 9.5(G)	73.50 × 20.30	2630
	3 × 3 × 6 + 2 × 9.5(G)	67.80 × 18.40	2050
	3 × 5 × 6 + 2 × 9.5(G)	73.50 × 20.30	2590
	3 × 7 × 6 + 2 × 9.5(G)	81.00 × 22.80	3370
	3 × 4 × 10 + 2 × 9.5(G)	81.00 × 22.80	3220
	4 × 4 × 1.5 + 2 × 9.5(G)	81.40 × 18.40	2230
	4 × 7 × 1.5 + 2 × 9.5(G)	81.40 × 18.40	2350
	4 × 4 × 2.5 + 2 × 9.5(G)	81.40 × 18.40	2290
	4 × 7 × 2.5 + 2 × 9.5(G)	81.40 × 18.40	2500
	4 × 4 × 4 + 2 × 9.5(G)	81.40 × 18.40	2410
	4 × 3 × 6 + 2 × 9.5(G)	81.40 × 18.40	2470
	6 × 4 × 1.5 + 2 × 3.5(G)	78.80 × 14.40	1700

表 4.3.13　JTJP－EURBP 系列技术参数（唐山沧达电缆有限公司　www.biandianlan.com）

型　号	标准截面/芯数 × mm^2	电缆宽 × 高/mm × mm	质量（近似）/kg · km^{-1}
JTJP－EURBP 屏蔽型	3 × 1.0p	16.50 × 6.70	180
	3 × 1.5p	18.55 × 7.65	250
	3 × 2.5p	25.40 × 10.20	440
	3 × 4p	25.40 × 10.20	480
	3 × 6p	25.40 × 10.20	510
	3 × 10p	35.97 × 14.39	960

续表 4.3.13

型　号	标准截面/芯数×mm^2	电缆宽×高/mm×mm	质量（近似）/$kg \cdot km^{-1}$
JTJP－EURBP 屏蔽型	3×16p	35.97×14.39	1090
	3×25p	47.20×18.40	1800
	3×35p	47.20×18.40	2040
	3×50p	52.90×20.30	4590
	3×2.5+1×1.0p	20.80×6.70	250
	3×4+1×1.5p	23.40×7.65	340
	3×6+1×1.5p	25.60×8.20	430
	3×10+1×6p	32.40×10.20	710
	3×16+1×6p	37.60×11.50	960
	3×25+1×16p	46.36×14.39	1540
	3×35+1×16p	52.40×16.30	2010
	3×50+1×16p	57.59×18.40	2580
	3×70+1×16p	64.40×20.30	3310
	3×95+1×16p	74.00×22.80	4320
	3×120+1×16p	80.85×24.90	5210
	3×4+2×1.5p	28.25×7.65	420
	3×6+2×1.5p	31.00×8.20	510
	3×10+2×2.5p	39.40×10.20	810
	3×16+2×2.5p	45.90×11.50	1100
	3×16+2×6p	45.90×11.50	1150
	3×25+2×6p	55.57×15.19	1750
	3×35×6p	58.90×16.30	2120
	3×50+2×6p	67.80×18.40	2770
	3×70+2×6p	73.50×20.30	3530
	3×95+2×6p	81.00×22.80	4500
	4×50+2×6p	81.40×18.40	3430
	3×25+1×(3×1.5p)	46.36×14.39	1450
	3×35+1×(4×1.5p)	52.40×16.30	1920
	3×50+1×(4×2.5p)	60.80×18.40	2560
	3×70+1×(4×2.5p)	68.40×20.30	3360
	3×95+1×(4×2.5p)	74.00×22.80	4260
	3×120+1×(4×2.5p)	80.85×24.90	5150

JTJP－EFSRD 高压集成或不集成光纤卷筒电缆结构如图 4.3.5 所示。

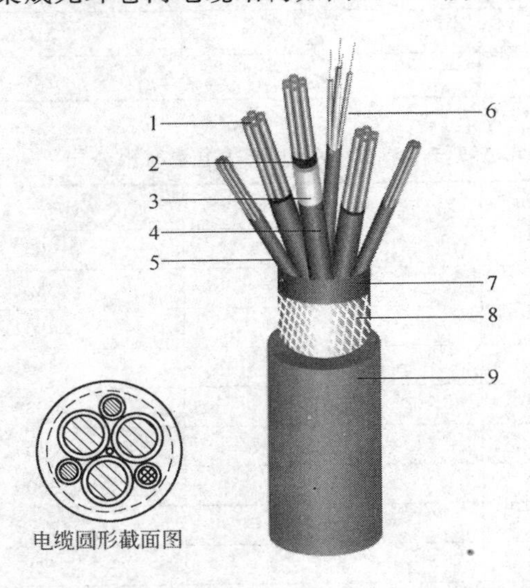

图 4.3.5　JTJP－EFSRD 高压集成或不集成光纤卷筒电缆结构

1—导体；2—内部半导电层；3—三元乙丙橡胶；4—外部半导电层；5—接地导体；
6—光纤；7—内护套；8—高强度抗扭转编织；9—外护套

表 4.3.14 JTJP－EFSRD 系列高压集成或不集成光纤卷筒电缆型号含义

（唐山沧达电缆有限公司 www.biandianlan.com）

型 号	名 称	型 号	名 称
JTJP－EUSR	聚氨酯高压卷筒电缆	JTJP－EFSR	橡胶高压卷筒电缆
JTJP－EUSRD	聚氨酯集成光纤高压卷筒电缆	JTJP－EFSRD	橡胶集成光纤高压卷筒电缆

表 4.3.15 JTJP－EFSRD 系列高压集成或不集成光纤卷筒电缆技术性能

（唐山沧达电缆有限公司 www.biandianlan.com）

电缆特性	
导体最大拉伸载荷	静态 $15N/mm^2$；动态 $30N/mm^2$
弯曲半径	$10\times D$(外径)
标称电压	3.6/6～6/10kV
额定电流	—
使用温度	－35～＋80℃
化学性能	
用于室内和户外，耐油、耐潮湿，紫外线和臭氧，耐磨，抗刻痕，耐低温	

表 4.3.16 高压集成光纤卷筒电缆技术参数（唐山沧达电缆有限公司 www.biandianlan.com）

电压等级/kV	标准截面/芯数 $\times mm^2$	电缆最大外径/mm	质量（近似）/$kg\cdot km^{-1}$	电缆承受力最大/N
3.6/6	$3\times25+2\times10+6D$	45	3200	1500
	$3\times35+2\times10+6D$	48	3860	2100
	$3\times50+2\times16+6D$	50	4650	3000
	$3\times70+2\times16+6D$	55	5700	4200
	$3\times95+2\times25+6D$	60	7160	5700
	$3\times120+2\times35+6D$	64	8250	7200
6/10	$3\times25+2\times10+6D$	52	3860	1500
	$3\times35+2\times10+6D$	56	4400	2100
	$3\times50+2\times16+6D$	62	5400	3000
	$3\times70+2\times16+6D$	66	6500	4200
	$3\times95+2\times25+6D$	72	8100	5700
	$3\times120+2\times35+6D$	75	9200	7200

表 4.3.17 高压卷筒电缆技术参数（唐山沧达电缆有限公司 www.biandianlan.com）

电压等级/kV	标准截面/芯数 $\times mm^2$	电缆最大外径/mm	质量（近似）/$kg\cdot km^{-1}$	电缆承受力最大/N
3.6/6	$3\times25+3\times6$	45	3007	1500
	$3\times35+3\times6$	48	3621	2100
	$3\times50+3\times10$	50	4502	3000
	$3\times70+3\times16$	55	5563	4200
	$3\times95+3\times16$	60	6988	5700
	$3\times120+3\times25$	64	8160	7200
6/10	$3\times25+3\times6$	52	3609	1500
	$3\times35+3\times6$	56	4273	2100
	$3\times50+3\times10$	62	5215	3000
	$3\times70+3\times16$	66	6323	4200
	$3\times95+3\times16$	72	7824	5700
	$3\times120+3\times25$	75	9038	7200

表 4.3.18 JTJP－EFBD 系列高压集成或不集成光纤扁平卷筒电缆型号含义（唐山沧达电缆有限公司 www.biandianlan.com）

型号	名称	型号	名称
JTJP－EURB	聚氨酯高压扁平卷筒电缆	JTJP－EFRB	橡胶高压扁平卷筒电缆
JTJP－EURBD	聚氨酯集成光纤高压扁平卷筒电缆	JTJP－EFRBD	橡胶集成光纤高压扁平卷筒电缆

JTJP－EFBD 高压集成或不集成光纤扁平卷筒电缆结构如图 4.3.6 所示。

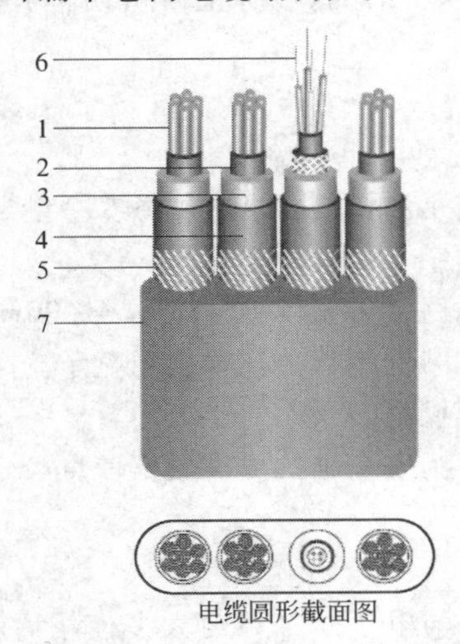

图 4.3.6 JTJP－EFBD 高压集成或不集成光纤扁平卷筒电缆结构

1—导体；2—内部半导电层；3—三元乙丙橡胶；4—外部半导电层；5—镀锡铜线和聚酰胺纱同心混合编织接地导体；6—光纤；7—外护套

表 4.3.19 JTJP－EFBD 系列高压集成或不集成光纤扁平卷筒电缆技术性能

（唐山沧达电缆有限公司 www.biandianlan.com）

电缆特性	
导体最大拉伸载荷	静态 $15N/mm^2$
弯曲半径	$8 \times D$（电缆小边外径）
标称电压	3.6/6～8.7/15kV
额定电流	—
使用温度	－45～＋80℃
化学性能	
用于室内和户外，耐油、耐潮湿，紫外线和臭氧，耐磨，抗刻痕，耐低温	

表 4.3.20 JTJP－EFBD 系列高压集成或不集成光纤扁平卷筒电缆技术参数（唐山沧达电缆有限公司 www.biandianlan.com）

标准截面/芯数×mm^2	电缆宽×高/mm×mm		质量（近似）/$kg \cdot km^{-1}$	抗拉强度/N
	最大	最大		
3.6/6kV				
4×35	24×77	25×79	3600	2800
3×35/35＋6D	24×77	25×79	3600	2100
4×50	26×83	27×85	4400	4000
3×50/50＋6D	26×83	27×85	4400	3000
6/10kV				
4×35	26×78	27×80	3900	2800
3×35/35＋6D	26×78	27×80	3900	2100
8.7/15kV				
4×35	27×79	28×81	4200	2800
3×35/35＋6D	27×79	28×81	4200	2100

注：光纤衰减 850mm 时为 2.5～3.5db/km，1300mm 时为 0.7～1.5db/km；光纤带宽 850mm 时为 160～200MHz/km，1300mm 时为 200～500MHz/km。

生产厂商：唐山沧达电缆有限公司。

4.4 超载限制器与起重秤量

4.4.1 概述

超载限制器是起重机械的安全保护装置，能够防止因超载而引起设备的损坏，从而引起生命财产的重大事故。

4.4.2 主要特点

（1）适合2路或以上重量信号的显示和控制要求，配备5个继电器，可满足5种状态控制要求。
（2）大屏幕蓝屏液晶显示，图形文字、仿真动态显示。
（3）单片微机控制，一体化集成电路，可预留RS485和4~20mA接口，进行远程控制。
（4）除实际重量数字显示外，还有载荷率百分比棒状图显示。
（5）所有参数一屏显示，汉字提示操作。
（6）能够记录超载次数历史信息，为安全维护提供数据信息。

4.4.3 工作原理

超载限制器可分为两大类，机械式与电子式，目前大多使用后者，由载荷传感器和信号放大器、智能控制器、信息显示及报警装置组成。当起重机起吊物品时使得传感器产生物理变形，并转换成模拟电信号，经放大器放大，输入到智能控制器。信号源进行A/D转换，用于质量显示；并与标准信号进行比较，完成智能逻辑控制，驱动声光报警与输出继电器。当载荷超过额定值的90%时发出预报警；超过100%~110%时，持续报警，延时2s后输出继电器动作，切断起升电机电源；超过110%~130%时，立即切断起升电机电源。

4.4.4 性能参数

性能参数见表4.4.1。

表4.4.1 双梁超载限制器SQX-2B型性能参数（常州武进起重电器有限公司 www.wjqzdq.com）

序号	名 称	技术要求
1	精度	显示精度≤5%F，S，动作误差≤3%F，S（满负荷）
2	预报警	额定起重量的90%发出声光报警
3	延时报警	额定起重量的105%持续声光报警，延时1~2s继电器动作，切断起升电源
4	立即报警	额定起重量的130%继电器立即动作，切断起升电源
5	工作电源	220V或380V AC、50Hz
6	工作环境	-20~+60℃、≤90%RH
7	防护等级	传感器为IP65，仪表箱为IP42
8	传感器过载能力	额定起重量的1.5倍

生产厂商：常州武进起重电器有限公司。

5 配套件

5.1 轴承座

5.1.1 概述

轴承座用来支撑轴承，轴承座的外部与机体相连，轴承座内的凹槽部分固定轴承的外圆。轴承座分为：剖分式轴承座、滑动轴承座、滚动轴承座、带法兰的轴承座、外球面轴承座等。

5.1.2 技术参数

技术参数见表 5.1.1 ~ 表 5.1.3，外形尺寸如图 5.1.1 ~ 图 5.1.3 所示。

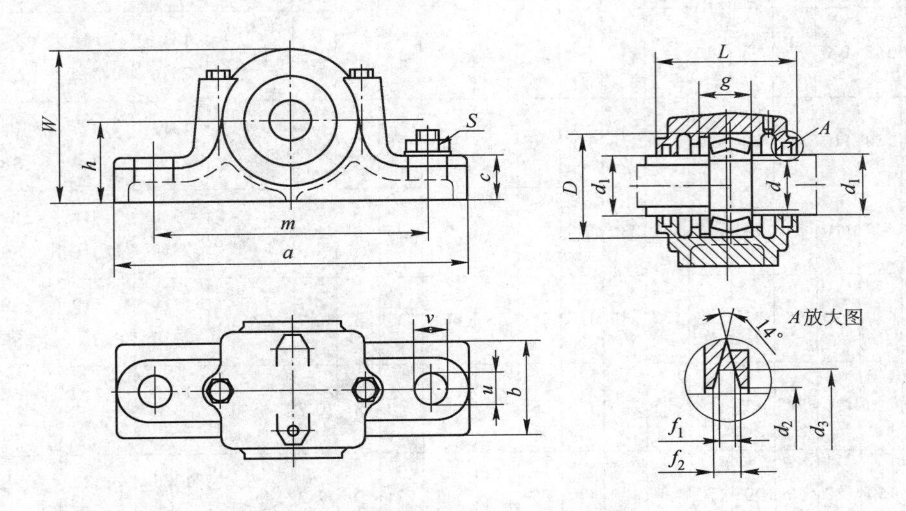

图 5.1.1　SN300 系列轴承座外形尺寸

表 5.1.1　SN300 系列轴承座主要参数（响水宝达轴承座有限公司　www.xsfyjx.com）

型号	轴径/mm		尺寸/mm																轴承座质量/kg	轴承型号		定位环	
	d	d_1	D ($H8$)	a	b	c	g ($H12$)	h ($H12$)	L	W	m	u	v	f_1 ($H12$)	f_2	d_2 ($H12$)	d_3 ($H12$)				规　格	数量
SN305	25	30	62	185	52	22	34	50	80	90	150	15	20	31.5	43	4	5.4	1.6	1305		SR62 × 8.5	2
																			2305		SR62 × 10	1
SN306	30	35	72	185	52	22	37	50	82	95	150	15	20	36.5	48	4	5.4	1.9	1306		SR72 × 9	2
																			2306		SR72 × 10	1
SN307	35	45	80	205	60	25	41	60	90	110	170	15	20	46.5	58	4	5.4	2.6	1307		SR80 × 10	2
																			2307		SR80 × 10	1
SN308	40	50	90	205	60	25	43	60	95	115	170	15	20	51.5	67	5	6.9	3.2	1308	21308	SR90 × 10	2
																			2308	22308	SR90 × 10	1
SN309	45	55	100	255	70	28	46	70	105	130	210	18	23	56.5	72	5	6.9	4.5	1309	21309	SR100 × 10.5	2
																			2309	22309	SR100 × 10	1
SN310	50	60	110	255	70	30	50	70	115	135	210	18	23	62	77	5	6.8	5.0	1310	21310	SR110 × 11.5	2
																			2310	22310	SR110 × 10	1

续表 5.1.1

型号	轴径/mm		尺寸/mm																轴承座质量/kg	轴承型号		定位环	
	d	d_1	D ($H8$)	a	b	c	g ($H12$)	h ($H12$)	L	W	m	u	v	f_1 ($H12$)	f_2	d_2 ($H12$)	d_3 ($H12$)					规格	数量
SN311	55	65	120	275	80	30	53	80	120	150	230	18	23	67	82	5	6.8	6.6	1311 2311	21311 22311	SR120×12 SR120×10	2 1
SN312	60	70	130	280	80	30	56	80	125	155	230	18	23	72	89	6	8.1	7.0	1312 2312	21312 22312	SR130×12.5 SR130×10	2 1
SN313	65	75	140	315	90	32	58	95	130	175	260	22	27	77	94	6	8.1	8.8	1313 2313	21313 22313	SR140×12.5 SR140×10	2 1
SN314	70	80	150	320	90	32	61	95	130	185	260	22	27	82	99	6	8.1	10.3	1314 2314	21314 22314	SR150×13 SR150×10	2 1
SN315	75	85	160	345	100	35	65	100	140	195	290	22	27	87	104	6	8.1	11.4	1315 2315	21315 22315	SR160×14 SR160×10	2 1
SN316	80	90	170	345	100	35	68	112	145	212	290	22	27	92	111	7	9.3	13.0	1316 2316	21316 22316	SR170×14.5 SR170×10	2 1
SN317	85	95	180	380	110	40	70	112	155	218	320	26	32	97	116	7	9.3	16.0	1317 2317	21317 22317	SR180×14.5 SR180×10	2 1
SN318	90	100	190	400	110	33	74	112	160	230	320	26	35	102	125	8	10.8	22.8	1318 2318	21318 22318	SR190×15.5 SR190×10	2 1
SN319	95	110	200	420	120	36	77	125	170	245	350	26	35	113	135	8	10.7	27.8	1319 2319	21319 22319	SR200×16 SR200×10	2 1
SN320	100	115	215	420	120	38	83	140	175	280	350	26	35	118	140	8	10.7	34.0	1320 2320	21320 22320	SR215×18 SR215×10	2 1
SN322	110	125	240	460	130	40	90	150	190	300	390	28	38	128	154	9	12.2	45.0	1322 2322	21322 22322	SR240×20 SR240×10	2 1
SN324	120	135	260	540	160	50	96	160	205	325	450	33	42	138	164	9	12.2	62.0		22324	SR260×10	1
SN326	130	150	280	560	160	50	103	170	215	350	470	33	42	153	183	10	13.7	68.8		22326	SR280×10	1
SN328	140	160	300	630	170	55	112	180	235	375	520	35	45	163	193	10	13.7	98.0		22328	SR300×10	1
SN330	150	170	320	680	180	55	118	190	245	395	560	35	45	173	203	10	13.7	116.0		22330	SR320×10	1
SN332	160	180	340	710	190	60	124	200	255	415	580	42	52	183	213	10	13.7	135.0		22332	SR340×10	

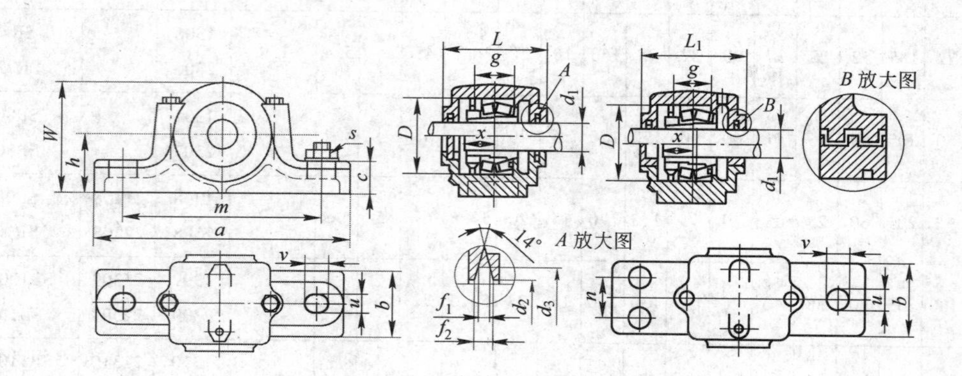

图 5.1.2 SN500 系列轴承座外形尺寸

表 5.1.2 SN500 系列轴承座主要参数（响水宝达轴承座有限公司 www.xsfyjx.com）

型号	轴径 d_1		尺寸/mm																				轴承座质量/kg	轴承型号		紧定套		定位环	
	mm	in	D (H8)	a	b	c	g (h12)	h (h12)	L	L_1	W	n	m	s	u	v	x	d_2 (H12)	d_3 (H12)	f_1 (H12)	f_2						规格	数量
SN505	20	3/4	52	165	46	22	25	40	67	70	75	25	130	M12	15	20	22	21.5	31	3	4.2	1.4	1205K 2205K	22205 K	H205 H305	HE205 HE305	SR52×5 SR52×7	2 1
SN506	25	1	62	185	52	22	30	50	77	80	90	25	150	M12	15	20	22	26.5	38	4	5.4	2.15	1206K 2206K	22206 K	H206 H306	HE206 HE306	SR62×7 SR62×10	2 1
SN507	30	1-1/8	72	185	52	22	33	50	82	85	95	25	150	M12	15	20	24	31.5	43	4	5.4	2.35	1207K 2207K	22207 K	H207 H307	HE207 HE307	SR72×8 SR72×10	2 1
SN508	35	1-1/4	80	205	60	25	33	60	85	90	110	30	170	M12	15	20	26	36.5	48	4	5.4	3.2	1208K 2208K	22208 K	H208 H308	HE208 HE308	SR80×7.5 SR80×10	2 1
SN509 SSN509	40	1-1/2	85	205	60	25	31	60	85	90	112	30	170	M12	15	20	28	41.5	53	4	5.4	3.0 4.4	1209K 2209K	22209 K	H209 H309	HE209 HE309	SR85×6 SR85×8	2 1
SN510 SSN510	45	1-3/4	90	205	60	25	33	60	90	95	115	30	170	M12	15	20	28	46.5	58	4	5.4	3.75 5.0	1210K 2210K	22210 K	H210 H310	HE210 HE310	SR90×6.5 SR90×10	2 1
SN511 SSN511	50	2	100	255	70	28	33	70	95	100	130	35	210	M16	18	23	30	51.5	67	5	6.9	5.3 7.15	1211K 2211K	22211 K	H211 H311	HE211 HE311	SR100×6 SR100×8	2 1
SN512 SSN512	55	2-1/8	110	255	70	30	38	70	105	110	135	35	210	M16	18	23	32	56.5	72	5	6.9	6.3 7.95	1212K 2212K	22212 K	H212 H312	HE212 HE312	SR110×8 SR110×10	2 1
SN513 SSN513	60	2-1/4	120	275	80	30	43	80	110	115	150	40	230	M16	18	23	36	62	77	5	6.8	6.8 9.9	1213K 2213K	22213 K	H213 H313	HE213 HE313	SR120×10 SR120×2	2 1
SN515 SSN516	65	2-1/2	130	280	80	30	41	80	115	120	155	40	230	M16	18	23	38	67	82	5	6.8	7.4 9.3	1215K 2215K	22215 K	H215 H315	HE215 HE315	SR130×8 SR130×10	2 1
SN516 SSN516	70	2-3/4	140	315	90	32	43	95	120	125	175	50	260	M20	22	27	40	72	89	6	8.1	11.4 14.5	1216K 2216K	22216 K	H216 H316	HE216 HE316	SR140×8.5 SR140×10	2 1
SN517 SSN517	75	3	150	320	90	32	46	95	125	130	185	50	260	M20	22	27	42	77	94	6	8.1	11.1 15.5	1217K 2217K	22217 K	H217 H317	HE217 HE317	SR150×9 SR150×10	2 1
SN518 SSN518	80	3-1/4	160	345	100	35	62.4	100	145	150	195	50	290	M20	22	27	50	82	99	6	8.1	17 20.2	1218K 2218K	22218 K 23218 K	H218 H318 H2318	HE218 HE318 HE 2318	SR160× 16.2 SR160× 11.2 SR160×10	2 2 1
SN519 SSN519	85		170	345	100	35	53	112	140	145	210	50	290	M20	22	27	52	87	104	6	8.1	15.5	1219K 2219K	22219 K	H219 H319	HE219 HE319	SR170× 10.5 SR170×10	2 1
SN520 SSN520	90	3-1/2	180	380	110	40	70.3	112	160	165	218	60	320	M24	26	32	54	92	111	7	9.3	23 27.5	2220K	22220 ·K 23220 K	H320 H2320	HE320 HE 2320	SR180× 12.1 SR180×10	2 1
SN522 SSN522	100	4	200	410	120	45	80	125	175	180	240	70	350	M24	26	32	60	102	125	8	10.8	29 35	2222K	22222 K 23222 K	H322 H2322	HE322 HE2322	SR200× 13.5 SR200×10	2 1
SN524 SSN524	110	4-1/4	215	410	120	45	86	140	185	190	270	70	350	M24	26	32	64	113	135	8	10.7	33.6 43.8		22224 K 23224 K	H3124 H2324	HE 3124 HE 2324	SR215×14 SR215×10	2 1
SN526 SSN526	115	4-1/2	230	445	130	50	90	150	190	195	290	70	380	M24	28	36	64	118	140	8	10.7	41 50.4		22226 K 23226 K	H3126 H2326	HE 3126 HE 2326	SR230×13 SR230×10	2 1

续表 5.1.2

型号	轴径 d_1 mm	轴径 d_1 in	D (H8)	a	b	c	g (h12)	h (h12)	L	L_1	W	n	m	s	u	v	x	d_2 (H12)	d_3 (H12)	f_1 (H12)	f_2	轴承座质量/kg	轴承型号	紧定套	紧定套	定位环 规格	定位环 数量
SN528 SSN528	125	5	250	500	150	50	98	150	205	210	305	80	420	M30	33	42	70	128	154	9	12.2	49 62	22228 K 23228 K	H3128 H2328	HE 3128 HE 2328	SR250×15 SR250×10	2 1
SN530 SSN530	135	5-1/4	270	530	160	60	106	160	220	225	325	90	450	M30	33	42	76	138	164	9	12.2	60 75	22230 K 23230 K	H3130 H2330	HE 3130 HE 2330	SR270×16.5 SR270×10	2 1
SN532 SSN532	140	5-1/2	290	550	160	60	114	170	235	240	345	90	470	M30	33	42	80	143	173	10	13.7	68.8 87	22232 K 23232 K	H3132 H2332	HE 3132 HE 2332	SR290×17 SR290×10	2 1

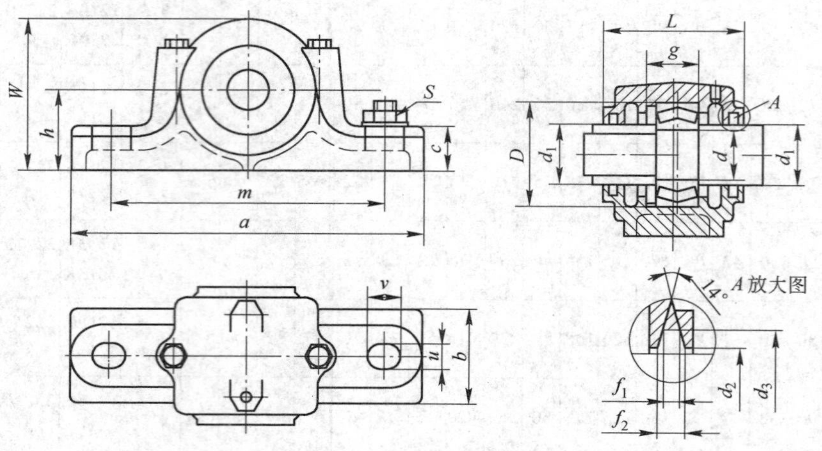

图 5.1.3 SN200 系列轴承座外形尺寸

表 5.1.3 SN200 系列轴承座主要参数（响水宝达轴承座有限公司 www.xsfyjx.com）

型号	轴径/mm d	轴径/mm d_1	D (H8)	a	b	c	g (H12)	h (h12)	L	W	m	u	v	f_1 (H12)	f_2	d_2 (H12)	d_3 (H12)	轴承座质量/kg	轴承型号	轴承型号	定位环 规格	定位环 数量
SN205	25	30	52	165	46	22	25	40	67	75	130	15	20	4	5.4	31.5	43	1.4	1205 2205	22205	SR52×5 SR52×7	2 1
SN206	30	35	62	185	52	22	30	50	77	90	150	15	20	4	5.4	36.5	48	1.9	1206 2206	22206	SR62×7 SR62×10	2 1
SN207	35	45	72	185	52	22	33	50	82	95	150	15	20	4	5.4	46.5	58	2.0	1207 2207	22207	SR72×8 SR72×10	2 1
SN208	40	50	80	205	60	25	33	60	85	110	170	15	20	5	6.9	51.5	67	3.0	1208 2208	22208	SR80×7.5 SR80×10	2 1
SN209	45	55	85	205	60	25	31	60	85	112	170	15	20	5	6.9	56.5	72	3.2	1209 2209	22209	SR85×6 SR85×8	2 1
SN210	50	60	90	205	60	25	33	60	90	115	170	15	20	5	6.8	62	77	3.4	1210 2210	22210	SR90×6.5 SR90×10	2 1
SN211	55	65	100	255	70	28	33	70	95	130	210	18	23	5	6.8	67	82	4.5	1211 2211	22211	SR100×6 SR100×8	2 1

续表 5.1.3

型号	轴径/mm		尺寸/mm																轴承座质量/kg	轴承型号		定位环	
	d	d_1	D (H8)	a	b	c	g (H12)	h (h12)	L	W	m	u	v	f_1 (H12)	f_2	d_2 (H12)	d_3 (H12)				规格	数量
*SN*212	60	70	110	255	70	30	38	70	105	135	210	18	23	6	8.1	72	89	5.0	1212 2212	22212	*SR*110×8 *SR*110×10	2 1
*SN*213	65	75	120	275	80	30	43	80	110	150	230	18	23	6	8.1	77	94	5.4	1213 2213	22213	*SR*120×10 *SR*120×12	2 1
*SN*214	70	80	125	275	80	30	44	80	115	155	230	18	23	6	8.1	82	99	6.1	1214 2214	22214	*SR*125×10 *SR*125×13	2 1
*SN*215	75	85	130	280	80	30	41	80	115	155	230	18	23	6	8.1	87	104	7.4	1215 2215	22215	*SR*130×8 *SR*130×10	2 1
*SN*216	80	90	140	315	90	32	43	95	120	175	260	22	27	7	9.3	92	111	9.5	1216 2216	22216	*SR*140×8.5 *SR*140×10	2 1
*SN*217	85	95	150	320	90	32	46	95	125	185	260	22	27	7	9.3	97	116	10.0	1217 2217	22217	*SR*150×9 *SR*150×10	2 1
*SN*218	90	100	160	345	100	35	62.4	100	145	195	290	22	27	8	10.8	102	125	12.8	1218 2218	22218 23218	*SR*160×16.2 *SR*160×11.2 *SR*160×10	2 2 1
*SN*219	95	110	170	345	100	35	53	112	140	210	290	22	27	8	10.7	113	135	17.8	1219 2219	22219	*SR*170×10.5 *SR*170×10	2 1
*SN*220	100	115	180	380	110	40	70.3	112	160	218	320	26	32	8	10.7	118	140	19.0	1220 2220	22220 23220	*SR*180×18.1 *SR*180×12.1 *SR*180×10	2 2 1
*SN*222	110	125	200	410	120	45	80	125	175	240	350	26	32	9	12.2	128	154	23	1222 2222	22222 23222	*SR*200×21 *SR*200×13.5 *SR*200×10	2 2 1
*SN*224	120	135	215	410	120	45	86	140	185	270	350	26	32	9	12.2	138	164	25		22224 23224	*SR*215×14 *SR*215×10	2 1
*SN*226	130	145	230	445	130	50	90	150	190	290	380	28	36	10	13.7	148	178	28		22226 23226	*SR*230×13 *SR*230×10	2 1
*SN*228	140	155	250	500	150	50	98	150	205	305	420	33	42	10	13.7	158	188	36		22228 23228	*SR*250×15 *SR*250×10	2 1
*SN*230	150	165	270	530	160	60	106	160	220	325	450	33	42	10	13.7	168	198	45.5		22230 23230	*SR*270×16.5 *SR*270×10	2 1
*SN*232	160	175	290	550	160	60	114	170	235	345	470	33	42	10	13.7	178	208	56.5		22232 23232	*SR*290×17 *SR*290×10	2 1

生产厂商：响水宝达轴承座有限公司。

5.2 操作件

5.2.1 概述

操作件应用于调节度量装置上，在矿山、化工、机床、纺织、轻工等机械上都得到广泛的使用。

5.2.2 技术参数

技术参数见表 5.2.1 ~ 表 5.2.4，外形尺寸如图 5.2.1 ~ 图 5.2.4 所示。

表 5.2.1 波纹手轮主要参数（科威机械操作件厂 www.nhkewei.com.cn）

波纹手轮外形尺寸（$d \times D$）							
d	D	D_1	B	d	D	D_1	B
15	250	25	30	25	300	36	30

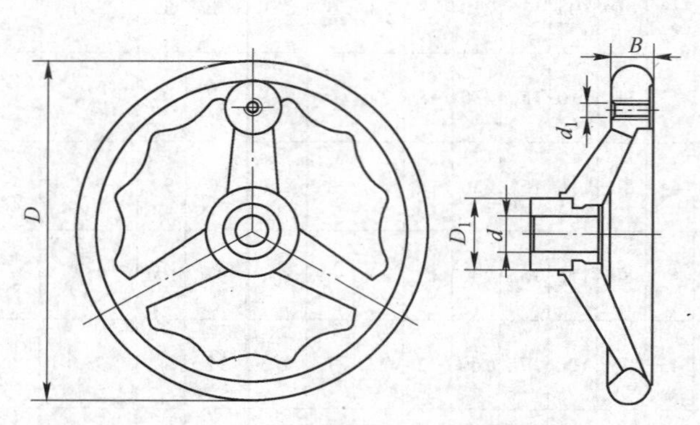

图 5.2.1 波纹手轮外形尺寸

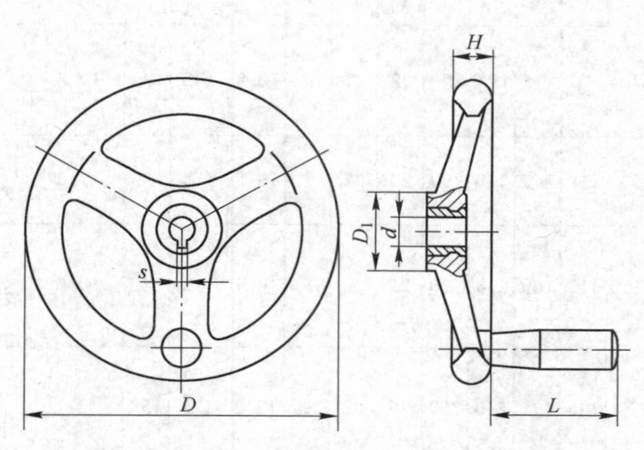

图 5.2.2 圆轮缘手轮外形尺寸

表 5.2.2 圆轮缘手轮主要参数（科威机械操作件厂 www.nhkewei.com.cn）

圆轮缘手轮外形尺寸（$d \times D$）									
d	D	L	H	s	d	D	L	H	s
12	100	50	29	4	18 20	200	80	46	6
12	125	63	30	4	22 25	250	100	51	8
16	160	80	28	5	25 30	280	100	58	8

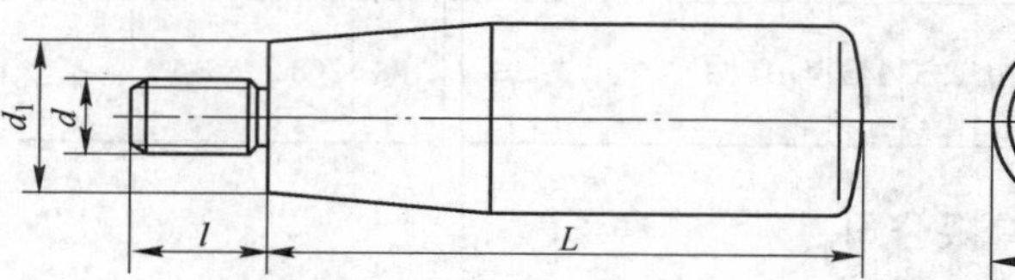

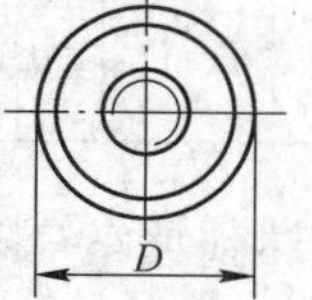

图 5.2.3 胶木手柄

表 5.2.3 胶木手柄主要参数（科威机械操作件厂 www.nhkewei.com.cn）

胶木手柄外形尺寸（$d \times L \times I$）					
d	L	I	d	L	I
M6	50	14	M10	80	22
M8	63	18	M12	90	22

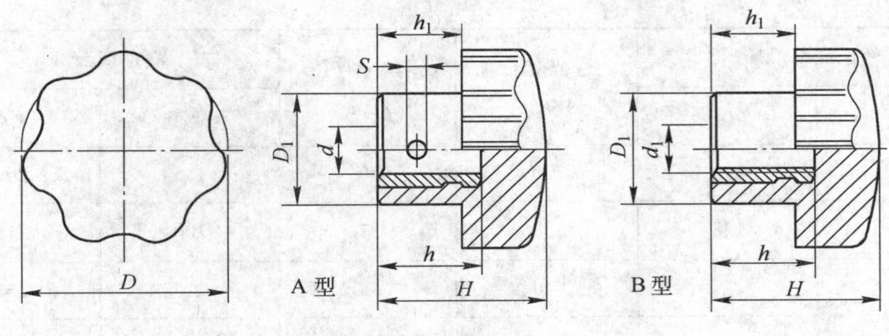

图 5.2.4 星形把手

表 5.2.4 星形把手主要参数（科威机械操作件厂 www.nhkewei.com.cn）

星形把手外形尺寸（$d \times D/D_1 \times D$）

d	d_1	D	H	h	s	d	d_1	D	H	h	s
6	M6	25	20	12	2	12	M12	50	32	25	3
8	M8	32	26	16	3	16	M16	63	38	28	4
10	M10	40	30	18	3	16	M16	80	52	28	4

生产厂商：科威机械操作件厂。

5.3 吊具、索具

5.3.1 概述

吊具、索具是吊机或吊物主体与被吊物体之间的连接件，也是涵盖吊索和吊具的统称，分有金属吊索具和合成纤维吊索具，主要包括：绳索、滑轮组和平衡梁等。金属吊索具主要有：钢丝绳吊索类、链条吊索类、吊装带吊索、卸扣类、吊钩类、吊（夹）钳类、磁性吊具类等。合成纤维吊索是以锦纶、丙纶、涤纶、高强高模聚乙烯纤维为材料生产的绳类和带类吊索具。

5.3.2 技术参数

技术参数见表 5.3.1 ~ 表 5.3.5，外形尺寸如图 5.3.1 ~ 图 5.3.4 所示。

表 5.3.1 两腿注塑吊具主要参数（泰兴市广立吊索具有限公司 www.txgldsj.com）

钢丝绳直径 /mm	额定载荷/kN		近似套长 A/mm	钢丝绳直径 /mm	额定载荷/kN		近似套长 A/mm
	麻芯	钢芯			麻芯	钢芯	
6	2.7	2.9	180	18	24	26	360
7	3.6	3.9	190	20	30	32	400
8	4.7	5.1	210	22	36	39	440
9	6	6.5	230	24	42	46	480
10	7.4	8	230	26	50	54	520
11	8.9	9.7	250	28	58	63	560
12	11	11.5	260	30	66	72	600
13	12	14	260	32	76	82	640
14	14	16	280	34	85	92	680
16	19	20	320	36	96	104	720

续表 5.3.1

钢丝绳直径 /mm	额定载荷/kN		近似套长 A/mm	钢丝绳直径 /mm	额定载荷/kN		近似套长 A/mm
	麻芯	钢芯			麻芯	钢芯	
38	106	115	760	50	185	200	1000
40	118	128	800	52	200	216	1040
42	130	141	840	54	215	233	1080
44	143	155	880	56	231	251	1120
46	156	169	920	58	248	269	1160
48	170	183	960	60	266	287	1200

表 5.3.2 链条成套吊具主要参数（泰兴市广立吊索具有限公司 www.txgldsj.com）

链条直径/mm	额定载荷/t	每米质量/kg	链条质量/kg · m^{-1}	链条直径/mm	额定载荷/t	每米质量/kg	链条质量/kg · m^{-1}
6	2.1	5.79	0.79	18	16.8	51.56	6.85
8	3.1	9.66	1.38	20	21	64.41	8.6
10	5.2	18.47	2.2	22	25.2	119.3	10.2
12	7.3	26.34	3.1	24	29.4	122.6	12.78
14	10.5	32.04	4.13	26	35.7	196.99	14.87
16	12.6	41.66	5.63	30	46.2	210.79	19.6

表 5.3.3 RHLA 系列横梁吊具主要参数（徐水县奥发吊索具制造有限公司 www.aofadsj.com）

产品编码	额定载荷/t	可调范围/m	有效长度 L_1/m	外形尺寸/mm					自重/kg
				A	B	C	L	H	
RHLA-2	2	2-3	3	80	150	570	3184	180	145
RHLA-3.2	3.2	3-5	5	100	220	830	5200	300	400
RHLA-5	5	3-5	5	100	220	935	5300	300	520
RHLA-8	8	4-6	6	160	360	1140	6312	340	980
RHLA-10	10	4-6	6	160	360	1140	6312	340	1140
RHLA-12.5	12.5	4-6	6	180	400	1320	6320	370	1385
RHLA-16	16	6-8	8	180	430	1370	8320	450	2325
RHLA-20	20	6-8	8	180	430	1485	8360	450	2635
RHLA-25	25	6-8	8	200	500	1755	8500	530	3110
RHLA-32	32	8-10	10	220	600	2135	10640	650	5435
RHLA-40	40	8-10	10	220	600	2165	10640	650	5880

表 5.3.4 ZJG 系列中间罐吊具主要参数（徐水县奥发吊索具制造有限公司 www.aofadsj.com）

产品编码	额定载荷/t	L_1/mm	L_2/mm	L_3/mm	L_4/mm	自重/kg
ZJG-45	45	1800	2000	605	885	5800
ZJG-65	65	1500	1500	1250	1250	7500

续表 5.3.4

产品编码	额定载荷/t	L_1/mm	L_2/mm	L_3/mm	L_4/mm	自重/kg
ZJG－80	80	2100	2100	1005	720	9800

表 5.3.5 AF－Z 系列转子吊具主要参数（徐水县奥发吊索具制造有限公司 www.aofadsj.com）

产品编码	额定载荷/t	L_1/mm	L_2/mm	H/mm	自重/kg
AF－Z40	40	6100	5750	700	2300
AF－Z70	70	6500	6150	902	3500
AF－Z80	80	6500	6150	902	3850
AF－Z90	90	8000	7575	800	5600

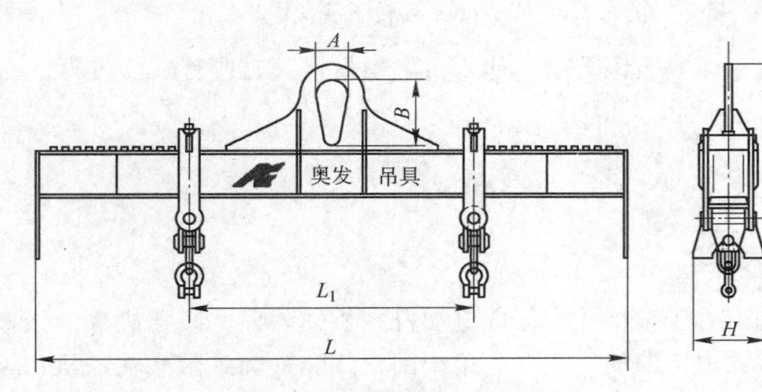

图 5.3.1 横梁吊具外形尺寸

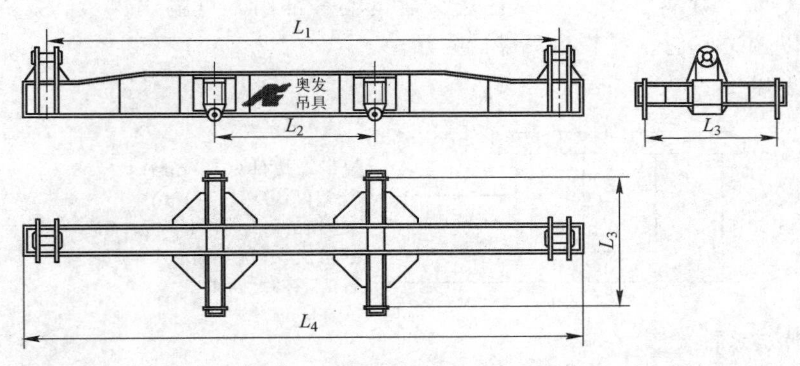

图 5.3.2 RHLA 系列横梁吊具外形尺寸

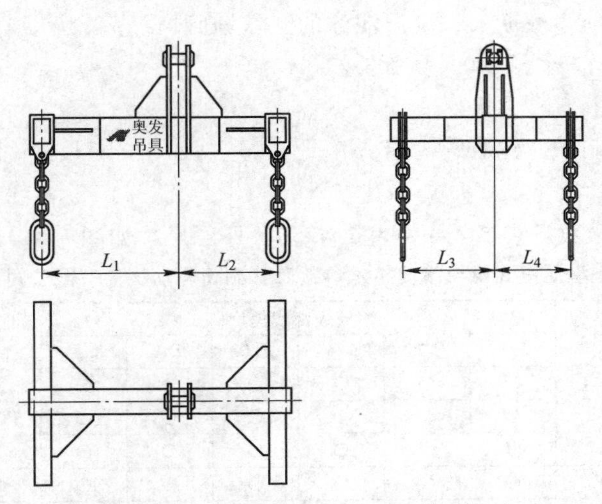

图 5.3.3 ZJG 系列中间罐吊具外形尺寸

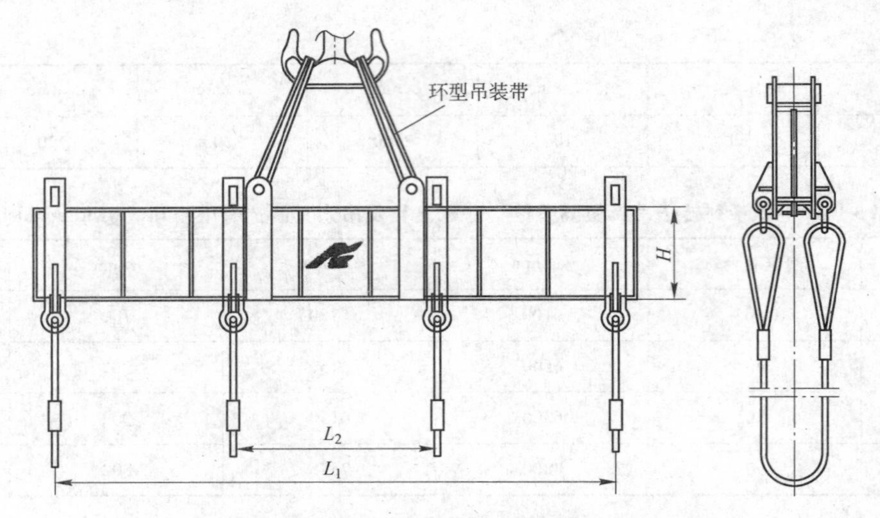

图 5.3.4 AF－Z系列转子吊具外形尺寸

生产厂商：泰兴市广立吊索具有限公司，徐水县奥发吊索具制造有限公司。

5.4 带式输送机配套件

5.4.1 电动滚筒

5.4.1.1 概述

电动滚筒将电机和减速器置于滚筒体内部或电动机在机体外面，减速机置于滚筒内的一种驱动装置；电动机在滚筒外的称为外装式电动滚筒。主要应用于固定式和移动式带式输送机、可替代传统的电动机，减速器在驱动滚筒之外的分离式驱动装置。电动滚筒作为皮带运输机和提升等设备的动力，广泛应用于矿山、冶金、化工、煤炭、建材、电力、粮食及交通运输等部门。可输送煤炭、矿石、砂子、水泥、面粉等散装物料，也可以输送麻包、包装箱等成件物品。

5.4.1.2 选型方法

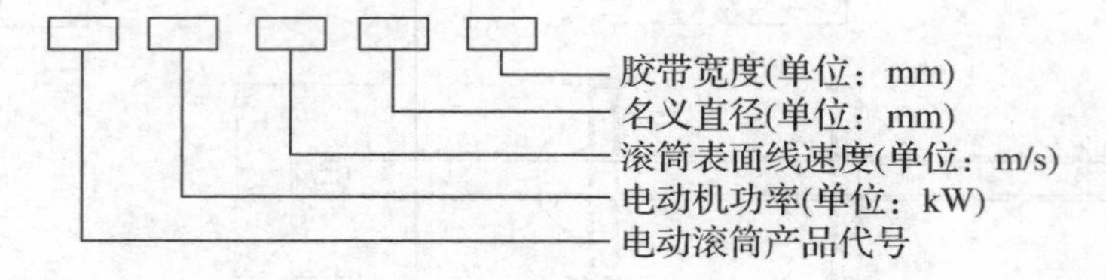

5.4.1.3 主要特点

(1) 结构简单紧凑，占用空间面积小。

(2) 密封良好，适用于粉尘浓度大、潮湿泥泞的工作场所。

(3) 使用维修方便，操作安全可靠，寿命长。

(4) 容易实现集中控制。

(5) 可满足各种逆止、制动、包胶等需求。

5.4.1.4 技术参数

各种型号电动滚筒技术参数见表 5.4.1～表 5.4.56，外形尺寸如图 5.4.1～图 5.4.22 所示。

表 5.4.1 YT(YⅡ) 型油浸式电动滚筒技术参数表（湖州电动滚筒有限公司 www.hzdt.com.cn）

滚筒直径 D/mm	功率 /kW	带宽 B/mm	滚筒表面线速度 v/m·s^{-1}							质量/kg
			1.0	1.25	1.6	2.0	2.5	3.15	4.0	
ϕ630	18.5 22 30 37	800	○	○	○	○	○	○	○	1200/1250/1350/1450
		100	○	○	○	○	○	○	○	1250/1300/1400/1500
		1200	○	○	○	○	○	○	○	1300/1350/1450/1550
		1400	○	○	○	○	○	○	○	1350/1400/1500/1600
		1600	○	○	○	○	○	○	○	1400/1450/1550/1650

续表 5.4.1

滚筒直径 D/mm	功率 /kW	带宽 B/mm	滚筒表面线速度 v/m·s^{-1}							质量/kg
			1.0	1.25	1.6	2.0	2.5	3.15	4.0	
ϕ800	18.5 22 30 37	800		○	○	○	○	○	○	1270/1320/1420/1520
		1000		○	○	○	○	○	○	1320/1370/1470/1570
		1200		○	○	○	○	○	○	1370/1420/1520/1620
		1400		○	○	○	○	○	○	1420/1470/1570/1670
		1600		○	○	○	○	○	○	1470/1520/1620/1720
	45 55	1000		○	○	○	○	○	○	2080/2130
		1200		○	○	○	○	○	○	2200/2250
		1400		○	○	○	○	○	○	2320/2370
		1600		○	○	○	○	○	○	2440/2490
		1800		○	○	○	○	○	○	2560/2610
		2000		○	○	○	○	○	○	2680/2730
	75	1200				○	○	○	○	2250
		1400				○	○	○	○	2370
		1600				○	○	○	○	2490
		1800				○	○	○	○	2610
		2000				○	○	○	○	2730
ϕ1000	45 55	1000			○	○	○	○	○	2150/2200
		1200			○	○	○	○	○	2300/2350
		1400			○	○	○	○	○	2500/2550
	75	1000					○	○	○	2200
		1200					○	○	○	2350
		1400					○	○	○	2550
		1600					○	○	○	2750
		1800					○	○	○	2950
		2000					○	○	○	3150

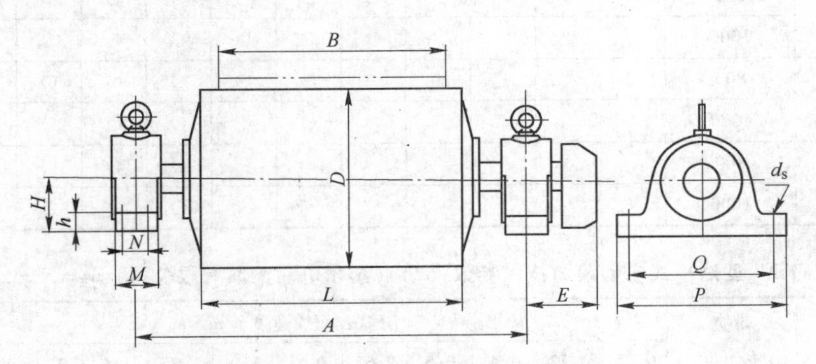

图 5.4.1 YT（YⅡ）型油浸式电动滚筒外形

表 5.4.2 YT（YⅡ）型油浸式电动滚筒安装尺寸（湖州电动滚筒有限公司 www.hzdt.com.cn） （mm）

D	B	A	L	H	M	N	P	Q	h	d_s	E
ϕ630 ϕ800 ϕ1000	800	1300	950	140	130	80	400	330	50	ϕ27	260 (37kW) 280 (45kW)
	1000	1500	1150								
	1200	1750	1400	160	150	90	440	360	50	ϕ34	
	1400	2000	1600								
	1600	2200	1800								
	1800	2400	2000								
	2000	2600	2200								

表 5.4.3 TDY 型油冷式电动滚筒技术参数（1）（湖州电动滚筒有限公司 www.hzdt.com.cn）

滚筒直径 D/mm	功率 /kW	带宽 B/mm	滚筒表面线速度 v/m·s^{-1}												质量/kg
			0.25	0.32	0.4	0.5	0.63	0.8	1.0	1.25	1.6	2.0	2.5	3.15	
φ320	1.5/2.2	500				○	○	○	○	○	○	○			170
		650				○	○	○	○	○	○	○			180
		800				○	○	○	○	○	○	○			200
	3/4	500				○	○	○	○	○	○	○			180/190
		650				○	○	○	○	○	○	○			190/200
		800				○	○	○	○	○	○	○			210/220
φ400	2.2/3	500	○	○	○	○	○	○	○	○	○	○			216/248
		650	○	○	○	○	○	○	○	○	○	○			227/262
		800	○	○	○	○	○	○	○	○	○	○			248/267
	4	500	○	○	○	○	○	○	○	○	○	○			253
		650	○	○	○	○	○	○	○	○	○	○			267
		800	○	○	○	○	○	○	○	○	○	○			271
φ500	2.2/3	500	○	○	○	○	○	○	○	○	○	○			271/298
		650	○	○	○	○	○	○	○	○	○	○			282/313
		800	○	○	○	○	○	○	○	○	○	○			312/343
		1000	○	○	○	○	○	○	○	○	○	○			350/365
	4/5.5	500		○	○	○	○	○	○	○	○	○			305/365
		650		○	○	○	○	○	○	○	○	○	○		319/401
		800		○	○	○	○	○	○	○	○	○	○		349/430
		1000		○	○	○	○	○	○	○	○	○	○	○	365/442
	7.5/11	650				○	○	○	○	○	○	○	○	○	415/475
		800				○	○	○	○	○	○	○	○	○	442/512
		1000				○	○	○	○	○	○	○	○	○	470/550
	15	800					○	○	○	○	○	○	○	○	536
		1000					○	○	○	○	○	○	○	○	575
	18.5	800						○	○	○	○	○	○	○	575
		1000						○	○	○	○	○	○	○	615
	22	800								○	○	○	○	○	585
		1000								○	○	○	○	○	625

表 5.4.4 TDY 型油冷式电动滚筒技术参数（2）（湖州电动滚筒有限公司 www.hzdt.com.cn）

滚筒直径 D/mm	功率 /kW	带宽 B/mm	滚筒表面线速度 v/m·s^{-1}												质量/kg
			0.25	0.32	0.4	0.5	0.63	0.8	1.0	1.25	1.6	2.0	2.5	3.15	
φ630	3/4	800		○	○	○	○	○	○	○					495/502
		1000		○	○	○	○	○	○	○					526/533
		1200		○	○	○	○	○	○	○	○	○	○	○	580/587
	5.5	800		△	△	△	○	○	○	○	○	○	○	○	572
		1000		△	△	△	○	○	○	○	○	○	○	○	603
		1200		△	△	△	○	○	○	○	○	○	○	○	673
	7.5/11	650		△	△	△	○	○	○	○	○	○	○	○	520/608
		800		△	△	△	○	○	○	○	○	○	○	○	587/674
		1000		△	△	△	○	○	○	○	○	○	○	○	618/706
		1200		△	△	△	○	○	○	○	○	○	○	○	687/776
		1400		△	△	△	○	○	○	○	○	○	○	○	765/854

续表 5.4.4

滚筒直径 D/mm	功率 /kW	带宽 B/mm	滚筒表面线速度 v/m·s^{-1}												质量/kg
			0.25	0.32	0.4	0.5	0.63	0.8	1.0	1.25	1.6	2.0	2.5	3.15	
ϕ630	15	800					○	○	○	○	○	○	○	○	692
		1000					○	○	○	○	○	○	○	○	724
		1200					○	○	○	○	○	○	○	○	794
		1400					○	○	○	○	○	○	○	○	870
	18.5	800							○	○	○	○	○	○	730
		1000							○	○	○	○	○	○	762
		1200							○	○	○	○	○	○	832
		1400							○	○	○	○	○	○	910
	22	800									○	○	○	○	740
		1000									○	○	○	○	772
		1200									○	○	○	○	842
		1400									○	○	○	○	920
	30/37	1000								○	○	○	○	○	950/980
		1200								○	○	○	○	○	1020/1050
		1400								○	○	○	○	○	1100/1130
	45	1000									○	○	○	○	1010
		1200									○	○	○	○	1090
		1400									○	○	○	○	1150
ϕ800	7.5/11	1400					○	○	○	○	○	○	○	○	886/957
	15	1400					○	○	○	○	○	○	○	○	975
	18.5/22	1400					○	○	○	○	○	○	○	○	1015/1025
	30/37	1000								○	○	○	○	○	1020/1050
		1200									○	○	○	○	1090/1120
		1400									○	○	○	○	1170/1200
	45	1000									○	○	○	○	1080
		1200										○	○	○	1160
		1400										○	○	○	1230

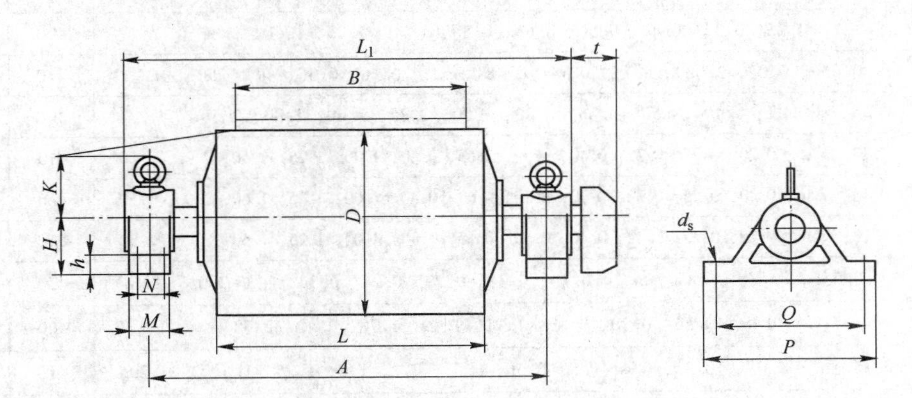

图 5.4.2 TDY 型油冷式电动滚筒外形

表 5.4.5 TDY 型油冷式电动滚筒安装尺寸（湖州电动滚筒有限公司 www.hzdt.com.cn） (mm)

D	B	A	L	L_1	t	H	K	M	N	P	Q	h	d_s
ϕ320	500	850	600	920	95	120	125	70	—	340	280	35	ϕ27
	650	1000	750	1070									
	800	1300	950	1220									

续表 5.4.5

D	B	A	L	L_1	t	H	K	M	N	P	Q	h	d_s
φ400	500	850	600	940	95	120	125	90	—	340	280	35	φ27
	650	1000	750	1090									
	800	1300	950	1240									
φ500	500	850	600	960	115	100	145	70	—	340	280	35	φ27
			620										
	650	1000	750	1120		120		90	—	340	280	35	φ27
	800	1300	950	1420									
	1000	1500	1150	1620									
φ630 φ800	650	1000	750	1120	115	120	175	90	—	340	280	35	φ27
	800	1300	950	1430		140		130	80	400	330	35	φ27
	1000	1500	1150	1630									
	1200	1750	1400	1900		160	180	150	90	440	360	50	φ34
	1400	2000	1600	2150									

表 5.4.6 YD 型油浸式电动滚筒技术参数（湖州电动滚筒有限公司 www.hzdt.com.cn）

滚筒直径 D /mm	功率 /kW	滚筒表面线速度 v/m·s^{-1}	极限最小筒长 /mm	系列最小筒长 L_{min} 长度 /mm	系列最小筒长 L_{min} 质量 /kg	50mm 质量 /kg
φ110	0.12（单相）	0.14，0.16，0.20，0.25，0.57.0.63，0.80	310	350	12	0.8
	0.25	0.04，0.047，0.05，0.055，0.06，0.065，0.07，0.075，0.08，0.09，0.10，0.12，0.152，0.20	350	350	16	1.1
			320			
φ130	0.25	0.046，0.056，0.065，0.07，0.08，0.10，0.13，0.15，0.18，0.226	350	350	17	1.5
		0.29，0.35，0.40，0.45，0.52，0.63	320			
	0.55	0.046，0.056，0.058，0.068，0.071，0.08，0.09，0.10，0.12，0.14，0.15，0.18，0.226	400	400	19	1.5
		0.29，0.35，0.40，0.45，0.52，0.63	370			
φ174	0.75	0.03，0.04，0.05，0.063，0.08，0.10，0.13，0.16，0.20，扭矩 250N·m	470	500	50	1.8
		0.25，0.32，0.40，0.50，0.63，0.80，1.00，1.25，1.60，2.00	400	400	40	
φ216	0.75	0.056，0.07，0.089，0.11，0.14，0.18，0.22，0.28，0.36，扭矩 250N·m	470	500	70	2.5
		0.32，0.40，0.50，0.63，0.80，1.00，1.25，1.60，2.00，2.50	400	400	60	
	1.1	0.13，0.16，0.20，0.25，0.32，0.40，0.50，0.63，0.80，1.00，1.25，1.60，2.00，2.50	410	450	63	
	1.5/2.2	0.13，0.16，0.20，0.25，0.32，0.40，0.50，0.63，0.80，1.00，1.25，1.60，2.00，2.50	460	500	69	
	3	0.13，0.16，0.20，0.25，0.32，0.40，0.50，0.63，0.80，1.00，1.25，1.60，2.00，2.50	510	550	73	
φ240	0.75	0.056，0.07，0.089，0.11，0.14，0.18，0.22，0.28，0.36，扭矩 250N·m	470	500	80	2.8
		0.44，0.56，0.70，0.89，1.11，1.39，1.78，2.22，2.78	400	400	70	
	1.1	0.14，0.18，0.2，0.25，0.4，0.5，0.56，0.63，0.8，1.0，1.25，1.6，2.0，2.5	410	450	70	
	1.5/2.2	0.14，0.18，0.2，0.25，0.4，0.5，0.56，0.63，0.8，1.0，1.25，1.6，2.0，2.5	460	500	78	
	3	0.14，0.18，0.2，0.25，0.4，0.5，0.56，0.63，0.8，1.0，1.25，1.6，2.0，2.5	510	550	81	
φ320	1.1	0.13，0.16，0.20，0.25，0.32，0.40，0.50，0.63，0.80，1.00，1.25，1.60，2.00，2.50	420	450	120	3.2
	1.5/2.2	0.13，0.16，0.20，0.25，0.32，0.40，0.50，0.63，0.80，1.00，1.25，1.60，2.00，2.50	470	500	126	
	3	0.13，0.16，0.20，0.25，0.32，0.40，0.50，0.63，0.80，1.00，1.25，1.60，2.00，2.50	520	550	132	
	4	0.25，0.32，0.40，0.50，0.63，0.80，1.00，1.25，1.60，2.00，2.50，3.15	560	600	150	
	5.5	0.25，0.32，0.40，0.50，0.63，0.80，1.00，1.25，1.60，2.00，2.50，3.15	560	600	155	
	7.5	0.50，0.63，0.80，1.00，1.25，1.60，2.00，2.50，3.15	660	700	160	

续表 5.4.6

滚筒直径 D /mm	功率 /kW	滚筒表面线速度 v/m·s^{-1}	极限最小筒长 /mm	系列最小筒长 L_{min} 长度 /mm	系列最小筒长 L_{min} 质量 /kg	50mm 质量 /kg
ϕ400	1.1	0.16, 0.20, 0.25, 0.32, 0.40, 0.50, 0.63, 0.80, 1.00, 1.25, 1.60, 2.00, 2.50	420	450	140	5.0
	1.5/2.2	0.16, 0.20, 0.25, 0.32, 0.40, 0.50, 0.63, 0.80, 1.00, 1.25, 1.60, 2.00, 2.50	470	500	145	
	3	0.16, 0.20, 0.25, 0.32, 0.40, 0.50, 0.63, 0.80, 1.00, 1.25, 1.60, 2.00, 2.50	520	550	152	
	4	0.32, 0.40, 0.50, 0.63, 0.80, 1.00, 1.25, 1.60, 2.00, 2.50, 3.15, 4.00	560	600	170	
	5.5	0.32, 0.40, 0.50, 0.63, 0.80, 1.00, 1.25, 1.60, 2.00, 2.50, 3.15, 4.00	560	600	175	
	7.5	0.63, 0.80, 1.00, 1.25, 1.60, 2.00, 2.50, 3.15, 4.00	660	700	190	

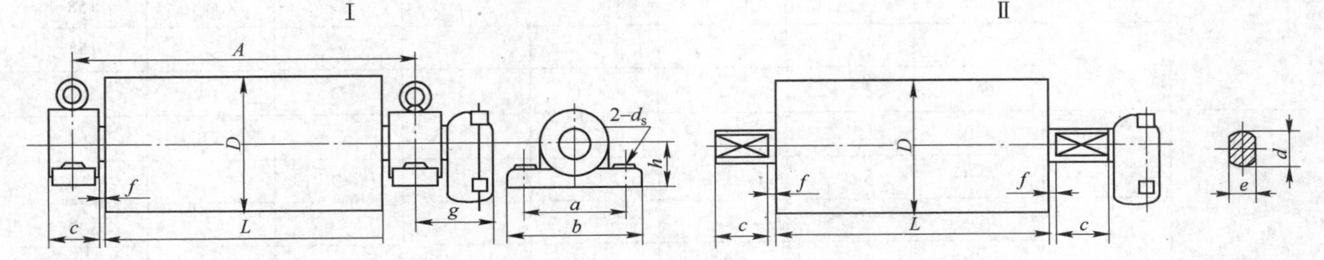

图 5.4.3 YD 型油浸式电动滚筒外形

（注：安装中心距 $A = L + 2f + C$。带支座时，A 为两支座中心的距离；不带支座时，A 为两端轴铣扁的中心距离）

表 5.4.7 YD 型油浸式电动滚筒安装尺寸（湖州电动滚筒有限公司 www.hzdt.com.cn） (mm)

D	a	b	c	d	e	f	g	h	d_s
ϕ110	—	—	20	25	21	5	—	—	—
ϕ130	—	—	20	25	21	5	—	—	—
ϕ174	120	160	60	32	25	5	125	50	15
ϕ216	120	160	60	38	30	5	125	50	15
ϕ240	120	160	60	38	30	5	125	50	15
ϕ320	210	260	60	42	35	10	125	95	19
ϕ400	210	260	60	42	35	10	125	95	19

表 5.4.8 DY－1 型油浸式电动滚筒技术参数（湖州电动滚筒有限公司 www.hzdt.com.cn）

滚筒直径 D/mm	功率 /kW	带宽 B/mm	滚筒表面线速度 v/m·s^{-1} 0.63	0.8	1.0	1.25	1.6	2.0	质量/kg
ϕ240	1.1	400	○	○	○	○	○	○	70
		500	○	○	○	○	○	○	76
		650	○	○	○	○	○	○	86
	1.5	400	○	○	○	○	○	○	75
		500	○	○	○	○	○	○	81
		650	○	○	○	○	○	○	91
	2.2	400	○	○	○	○	○	○	75
		500	○	○	○	○	○	○	81
		650	○	○	○	○	○	○	91
	3	500	○	○	○	○	○	○	81
		650	○	○	○	○	○	○	91

续表 5.4.8

滚筒直径 D/mm	功率 /kW	带宽 B/mm	滚筒表面线速度 $v/m \cdot s^{-1}$						质量/kg
			0.63	0.8	1.0	1.25	1.6	2.0	
ϕ320	1.5	500		○	○	○	○	○	130
		650		○	○	○	○	○	141
	2.2	500		○	○	○	○	○	130
		650		○	○	○	○	○	141
	3	500		○	○	○	○	○	132
		650			○	○	○	○	144
	4	500			○	○	○	○	148
		650			○	○	○	○	158
	5.5	500					○	○	153
		650		○	○	○	○	○	163
ϕ400	3	500		○	○	○	○	○	152
		650		○	○	○	○	○	170
	4	500		○	○	○	○	○	166
		650		○	○	○	○	○	183
	5.5	500				○	○	○	171
		650		○	○	○	○	○	188
	7.5	650				○	○	○	190

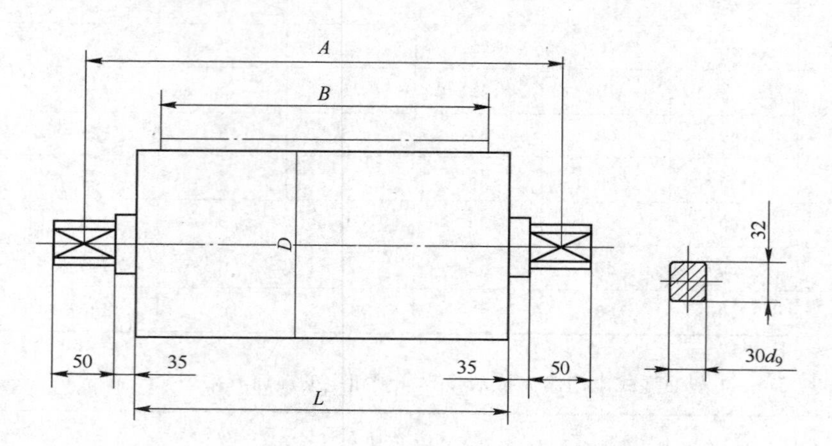

图 5.4.4 DY－1 型油浸式电动滚筒外形

表 5.4.9 DY－1 型油浸式电动滚筒安装尺寸（湖州电动滚筒有限公司 www.hzdt.com.cn） (mm)

D	B	L	A
ϕ240	400	460	580
	500	560	680
	650	730	850
ϕ320	500	560	680
	650	730	850
ϕ400	500	560	680
	600	730	850

表 5.4.10 YDB 隔爆型油冷式电动滚筒规格参数（湖州电动滚筒有限公司 www.hzdt.com.cn）

滚筒直径 D/mm	功率/kW	滚筒表面线速度 v/m·s^{-1}	皮带宽度 B/mm	滚筒长度 L/mm
φ500	7.5	0.8，1，1.25，1.6，2	650，800	750，950
	11	0.8，1，1.25，1.6，2，2.5	650，800	750，950
	15	0.8，1，1.25，1.6，2，2.5	800	950
φ630	7.5	0.8，1，1.25，1.6，2，2.5	1000	1150
	11，15	0.8，1，1.25，1.6，2，2.5	1000	1150
	18.5	0.8，1，1.25，1.6，2，2.5	800，1000，1200	950，1150，1400
	22	1，1.25，1.6，2，2.5	800，1000，1200	950，1150，1400
	30，37	1.25，1.6，2，2.5，3.15	800，1000，1200，1400	1000，1150，1400，1600
	45	1.6，2，2.5，3.15	800，1000，1200，1400	1000，1150，1400，1600

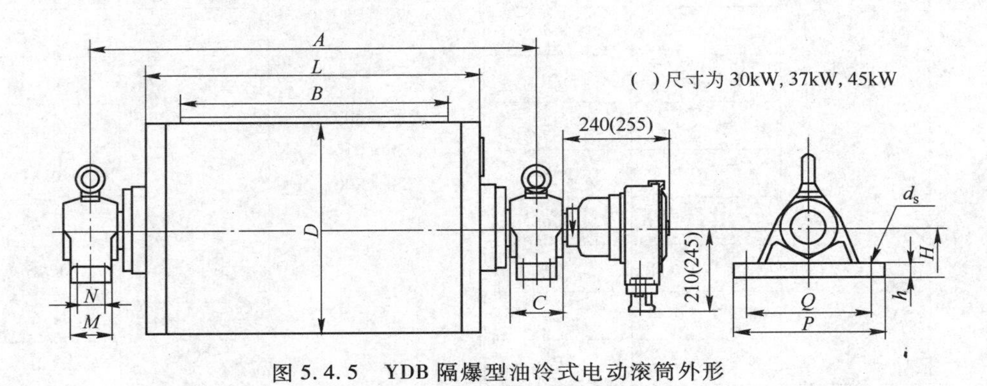

图 5.4.5 YDB 隔爆型油冷式电动滚筒外形

表 5.4.11 YDB 隔爆型油冷式电动滚筒安装尺寸（湖州电动滚筒有限公司 www.hzdt.com.cn） （mm）

滚筒直径 D	皮带宽度 B	安装尺寸									
		L	A	H	C	M	N	P	Q	h	d_s
φ500	650	750	1000	120	120	90	—	340	280	35	φ27
	800	950	1300	120	120	90	—	340	280	35	φ27
φ630	800	950	1300	140	120	130	80	400	330	35	φ27
		1000									
	1000	1150	1500	140	120	130	80	400	330	35	φ27
	1200	1400	1750	160	160	150	90	440	360	50	φ34
	1400	1600	2000	160	160	150	90	440	360	50	φ34

表 5.4.12 内置式电动滚筒技术参数（1）（集安佳信通用机械有限公司 www.jajxty.com.cn）

滚筒规格（$D\times B$）/mm×mm	电动机功率/kW	带速/m·s^{-1}	输出扭矩/N·m	滚筒规格（$D\times B$）/mm×mm	电动机功率/kW	带速/m·s^{-1}	输出扭矩/N·m
250×400 250×500 250×650	1.1	0.4	323	320×500 320×650 320×800	2.2	0.8	413
		0.5	258			1.0	330
		0.6	215			1.25	264
		0.8	161			1.6	206
		1.0	129			2.0	165
		1.25	103			2.5	132

续表 5.4.12

滚筒规格（$D \times B$）/mm×mm	电动机功率/kW	带速 /m·s^{-1}	输出扭矩 /N·m	滚筒规格（$D \times B$）/mm×mm	电动机功率 /kW	带速 /m·s^{-1}	输出扭矩 /N·m
250×400 250×500 250×650	1.5	0.4	440	320×500 320×650 320×800	3.0	0.4	1128
		0.5	352			0.5	902
		0.6	293			0.6	752
		0.8	220			0.8	564
		1.0	176			1.0	451
		1.25	141			1.25	360
		1.6	110			1.6	282
		2.0	88			2.0	225
	2.2	0.4	646			2.5	180
		0.5	517		4.0	0.4	1504
		0.6	430			0.5	1203
		0.8	323			0.6	1002
		1.0	258			0.8	752
		1.25	206			1.0	601
		1.6	161			1.25	481
		2.0	129			1.6	376
		2.5	103			2.0	300
	3.0	0.8	440			2.5	240
		1.0	352		5.5	0.8	1034
		1.25	282			1.0	827
		1.6	220			1.25	661
		2.0	176			1.6	517
		2.5	141			2.0	413
320×500 320×650 320×800	1.5	0.4	564			2.5	330
		0.5	451	400×500 400×650 400×800 400×1000	1.5	0.8	352
		0.6	376			1.0	282
		0.8	282			1.25	225
		1.0	225			1.6	176
		1.25	180			2.0	141
		1.6	141			2.5	112
		2.0	112		2.2	0.4	1034
		2.5	90			0.5	827
	2.2	0.4	827			0.6	689
		0.5	661			0.8	517
		0.6	551			1.0	413

表 5.4.13 内置式电动滚筒技术参数（2）（集安佳信通用机械有限公司 www.jajxty.com.cn）

滚筒规格（$D\times B$）/mm×mm	电动机功率/kW	带速/m·s^{-1}	输出扭矩/N·m
400×500 400×650 400×800 400×1000	2.2	1.25	330
		1.6	258
		2.0	206
		2.5	165
	3.0	0.4	1410
		0.5	1128
		0.6	940
		0.8	705
		1.0	564
		1.25	451
		1.6	352
		2.0	282
		2.5	225
	4.0	0.4	1880
		0.5	1504
		0.6	1253
		0.8	940
		1.0	752
		1.25	601
		1.6	470
		2.0	376
		2.5	300
	5.5	0.4	2585
		0.5	2068
		0.6	1723
		0.8	1292
		1.0	1034
		1.25	827
		1.6	646
		2.0	517
		2.5	413
400×650 400×800 400×1000	7.5	1.0	1410
		1.25	1128
		1.6	881
		2.0	705
		2.5	564
		3.15	447
	11	1.25	1654
		1.6	1292
		2.0	1034
		2.5	827
		3.15	656
500×500 500×650 500×800 500×1000	1.5	0.4	881
		0.5	705
		0.6	587
		0.8	440
		1.0	352
		1.25	282
		1.6	220
	2.2	0.4	1292
		0.5	1034
		0.6	861
		0.8	646
		1.0	517
		1.25	413
		1.6	323
		2.0	258
		2.5	206
	3.0	0.4	1762
		0.5	1410
		0.6	1175
		0.8	881
		1.0	705
		1.25	564
		1.6	440
		2.0	352
		2.5	282
	4.0	0.4	2350
		0.5	1880
		0.6	1566
		0.8	1175
		1.0	940
		1.25	752
		1.6	587
		2.0	470
		2.5	376
	5.5	0.4	3231
		0.5	2585
		0.6	2154
		0.8	1615
		1.0	1292
		1.25	1034
		1.6	807
		2.0	646

表 5.4.14 内置式电动滚筒技术参数（3）（集安佳信通用机械有限公司 www.jajxty.com.cn）

滚筒规格（$D \times B$）/mm×mm	电动机功率/kW	带速/m·s^{-1}	输出扭矩/N·m	滚筒规格（$D \times B$）/mm×mm	电动机功率/kW	带速/m·s^{-1}	输出扭矩/N·m
500×500 500×650 500×800 500×1000	5.5	2.5	517	630×650 630×800 630×1000 630×1200 630×1400	3.0	0.4	2220
	7.5	0.4	4406			0.5	1776
		0.5	3525			0.6	1480
		0.6	2937			0.8	1110
		0.8	2203			1.0	888
		1.0	1762			1.25	710
		1.25	1410			1.6	555
		1.6	1101			2.0	444
		2.0	881			2.5	355
		2.5	705		4.0	0.4	2961
		3.15	559			0.5	2368
500×650 500×800 500×1000	11	0.4	6462			0.6	1974
		0.5	5170			0.8	1480
		0.6	4308			1.0	1184
		0.8	3231			1.25	947
		1.0	2585			1.6	740
		1.25	2068			2.0	592
		1.6	1615			2.5	473
		2.0	1292		5.5	0.4	4071
		2.5	1034			0.5	3257
		3.15	820			0.6	2714
	15	1.0	3525			0.8	2036
		1.25	2820			1.0	1628
		1.6	2203			1.25	1303
		2.0	1762			1.6	1018
		2.5	1410			2.0	814
		3.15	1119			2.5	651
		4.0	881		7.5	0.4	5551
	18.5	1.6	2717			0.5	4441
		2.0	2173			0.6	3701
		2.5	1739			0.8	2776
		3.15	1380			1.0	2221
		4.0	1086			1.25	1776
	22	1.6	3231			1.6	1388
		2.0	2585			2.0	1110
		2.5	2068			2.5	888
		3.15	1641		11	0.4	8142
		4.0	1292			0.5	6514
630×650 630×800 630×1000 630×1200	2.2	1.0	651			0.6	5428
		1.25	521			0.8	4072
		1.6	407			1.0	3256
		2.0	325			1.25	2605

表 5.4.15 内置式电动滚筒技术参数（4）（集安佳信通用机械有限公司 www.jajxty.com.cn）

滚筒规格（$D\times B$）/mm×mm	电动机功率/kW	带速/m·s^{-1}	输出扭矩/N·m	滚筒规格（$D\times B$）/mm×mm	电动机功率/kW	带速/m·s^{-1}	输出扭矩/N·m
630×650 630×800 630×1000 630×1200 630×1400	11	1.6	2036	630×800 630×1000 630×1200 630×1400 630×1600 630×1800 630×2000	37	4.0	2738
		2.0	1628		45	1.6	8859
		2.5	1302			2.0	7087
		3.15	1034			2.5	5670
		4.0	814			3.15	4500
630×800 630×1000 630×1200 630×1400 630×1600 630×1800 630×2000	15	0.4	11103			4.0	3331
		0.5	8883	800×800 800×1000 800×1200 800×1400 800×1600 800×1800 800×2000	5.5	0.4	5170
		0.6	7402			0.5	4136
		0.8	5551			0.6	3446
		1.0	4442			0.8	2585
		1.25	3553			1.0	2068
		1.6	2775			1.25	1654
		2.0	2221			1.6	1292
		2.5	1776			2.0	1034
		3.15	1410			2.5	827
		4.0	1110			3.15	656
	18.5	0.8	6847		7.5	0.5	5640
		1.0	5497			0.6	4700
		1.25	4383			0.8	3525
		1.6	3424			1.0	2820
		2.0	2739			1.25	2256
		2.5	2191			1.6	1762
		3.15	1739			2.0	1410
		4.0	1369			2.5	1128
	22	0.8	8142			3.15	895
		1.0	6515		11	0.5	8272
		1.25	5212			0.6	6893
		1.6	4072			0.8	5170
		2.0	3257			1.0	4136
		2.5	2606			1.25	3308
		3.15	2068			1.6	2585
		4.0	1628			2.0	2068
	30	1.25	7107			2.5	1654
		1.6	5551			3.15	1313
		2.0	4442		15	0.6	9400
		2.5	3553			0.8	7050
		3.15	2820			1.0	5640
		4.0	2220			1.25	4512
	37	1.6	6849			1.6	3525
		2.0	5479			2.0	2820
		2.5	4383			2.5	2256
		3.15	3479			3.15	1790

表 5.4.16 内置式电动滚筒技术参数（5）（集安佳信通用机械有限公司 www.jajxty.com.cn）

滚筒规格（$D\times B$）/mm×mm	电动机功率/kW	带速/$m\cdot s^{-1}$	输出扭矩/N·m
800×800 800×1000 800×1200 800×1400 800×1600 800×1800 800×2000	18.5	1.0	6956
		1.25	5564
		1.6	4347
		2.0	3478
		2.5	2782
		3.15	2208
		4.0	1739
	22	1.0	8272
		1.25	6617
		1.6	5170
		2.0	4136
		2.5	3308
		3.15	2626
		4.0	2068
	30	1.6	7050
		2.0	5640
		2.5	4512
		3.15	3580
		4.0	2820
	37	1.6	8695
		2.0	6956
		2.5	5564
		3.15	4416
		4.0	3478
800×1000 800×1200 800×1400 800×1600 800×1800 800×2000	45	1.6	10575
		2	8460
		2.5	6768
		3.15	5371
		4.0	4230
	55	1.6	12925
		2.0	10340

滚筒规格（$D\times B$）/mm×mm	电动机功率/kW	带速/$m\cdot s^{-1}$	输出扭矩/N·m
800×1200 800×1400 800×1600 800×1800 800×2000	55	2.5	8272
		3.15	6565
		4.0	5170
1000×1000 1000×1200 1000×1400 1000×1600 1000×1800 1000×2000	18.5	1.25	6956
		1.6	5434
		2.0	4347
		2.5	3478
		3.15	2760
		4.0	2173
	22	1.25	8272
		1.6	6462
		2.0	5170
		2.5	4136
		3.15	3282
		4.0	2585
	30	2.0	7050
		2.5	5640
		3.15	4476
		4.0	3525
	37	2.0	8695
		2.5	6956
		3.15	5520
		4.0	4347
	45	2.0	10575
		2.5	8460
		3.15	6714
		4.0	5287
	55	2.0	12925
		2.5	10340
		3.15	8206
		4.0	6462

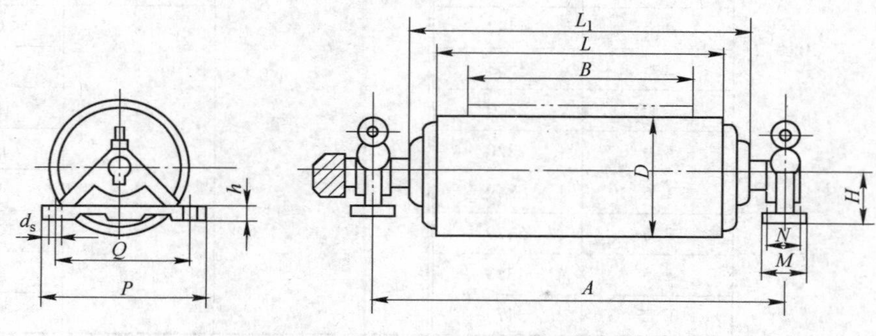

图 5.4.6 内置式电动滚筒外形尺寸

表 5.4.17 内置式电动滚筒安装尺寸（集安佳信通用机械有限公司 www. jajxty. com. cn） （mm）

D	B	A	L	H	M	N	P	Q	h	d_s	L_1
	400	750	500								598
250	500	850	600	120	70	—	340	280	35	$\phi 27$	698
	650	1000	750								848
	500	850	600								722
320	650	1000	750	120	75	—	340	280	35	$\phi 27$	872
	800	1300	950								1072
	500	850	600								734
400	650	1000	750	120	75	—	340	280	35	$\phi 27$	884
	800	1300	950								1084
	1000	1500	1150								1284
	500	850	600	100	75	—	340	280	35		736
500	650	1000	750								890
	800	1300	950	120	80	—	340	280	35	$\phi 27$	1090
	1000	1500	1150								1290
	650	1000	750	120	90	—	340	280	35		858
	800	1300	950	140	130	80	400	330	35	$\phi 27$	1066
	1000	1500	1150								1258
630	1200	1750	1400								1508
	1400	2000	1600								1708
	1600	2250	1800	160	160	90	440	360	50	$\phi 34$	1908
	1800	2500	2000								2108
	2000	2750	2200								2308
	800	1300	950	140	130	80	400	330	35	$\phi 27$	1066
	1000	1500	1150								1262
	1200	1750	1400								1512
800	1400	2000	1600	160	160	90	440	360	50	$\phi 34$	1712
	1600	2250	1800								1912
	1800	2500	2000								2112
	2000	2750	2200								2312
	1000	1500	1150								1262
	1200	1750	1400								1512
1000	1400	2000	1600	160	160	90	440	360	50	$\phi 34$	1712
	1600	2250	1800								1912
	1800	2500	2000								2112
	2000	2750	2200								2312

表 5.4.18 **YT 型油浸式电动滚筒选用**（桐乡市梧桐东方齿轮厂 www.txdfcl.com）

滚筒直径 D/mm	功率 /kW	带宽 B/mm	表面线速度 v/m·s^{-1}								质量/kg
			0.8	1.0	1.25	1.6	2.0	2.5	3.15	4.0	
ϕ630	18.5	800		○	○	○	○	○	○	○	1250
		1000		○	○	○	○	○	○	○	1280
		1200		○	○	○	○	○	○	○	1320
		1400		○	○	○	○	○	○	○	1350
	22	800		○	○	○	○	○	○	○	1380
		1000		○	○	○	○	○	○	○	1450
		1200		○	○	○	○	○	○	○	1490
		1400		○	○	○	○	○	○	○	1350
	30	800		○	○	○	○	○	○	○	1420
		1000		○	○	○	○	○	○	○	1486
		1200		○	○	○	○	○	○	○	1510
		1400		○	○	○	○	○	○	○	1390
	37	800		○	○	○	○	○	○	○	1490
		1000		○	○	○	○	○	○	○	1560
		1200		○	○	○	○	○	○	○	1620
		1400		○	○	○	○	○	○	○	1290
	4	1000	○	○	○	○	○	○	○	○	1560
		1200	○	○	○	○	○	○	○	○	1620
		1400	○	○	○	○	○	○	○	○	1290
	55	1000	○	○	○	○	○	○	○	○	1560
		1200	○	○	○	○	○	○	○	○	1620
		1400	○	○	○	○	○	○	○	○	1290
ϕ800	18.5	800			○	○	○	○	○	○	1350
		1000			○	○	○	○	○	○	1400
		1200			○	○	○	○	○	○	1450
		1400			○	○	○	○	○	○	1400
	22	800			○	○	○	○	○	○	1450
		1000			○	○	○	○	○	○	1400
		1200			○	○	○	○	○	○	1500
		1400			○	○	○	○	○	○	1550
	30	800			○	○	○	○	○	○	1500
		1000			○	○	○	○	○	○	1550
		1200			○	○	○	○	○	○	1580
		1400			○	○	○	○	○	○	1550
	37	800			○	○	○	○	○	○	1510
		1000			○	○	○	○	○	○	1580
		1200			○	○	○	○	○	○	1650
		1400			○	○	○	○	○	○	1680
	45	1000		○	○	○	○	○	○	○	2090
		1200		○	○	○	○	○	○	○	2230
		1400		○	○	○	○	○	○	○	2330
	55	1000		○	○	○	○	○	○	○	2150
		1200		○	○	○	○	○	○	○	2260
		1400		○	○	○	○	○	○	○	2380
ϕ1000	45	1000			○	○	○	○	○	○	2180
		1200			○	○	○	○	○	○	2320
		1400			○	○	○	○	○	○	2520
	55	1000			○	○	○	○	○	○	2230
		1200			○	○	○	○	○	○	2380
		1400			○	○	○	○	○	○	2560

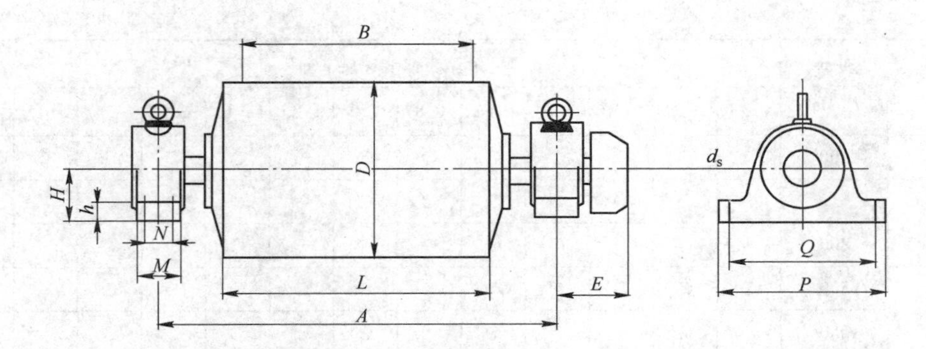

图 5.4.7 YT 型油浸式电动滚筒外形结构

表 5.4.19 YT 型油浸式电动滚筒安装尺寸（桐乡市梧桐东方齿轮厂 www.txdfcl.com） （mm）

D	B	A	L	H	M	N	P	Q	h	d_s	E
ϕ630	800	1300	950	140	130	80	400	330	50	4 - ϕ27	200
	1000	1500	1150	140	130	80	400	330	50	4 - ϕ27	
	1200	1750	1400	160	150	90	440	360	50	4 - ϕ34	
	1400	2000	1600	160	150	90	440	360	50	4 - ϕ34	
ϕ800	800	1300	950	140	130	80	400	330	50	4 - ϕ27	
	1000	1500	1150	140	130	80	400	330	50	4 - ϕ27	
	1200	1750	1400	160	150	90	440	360	50	4 - ϕ34	250
	1400	2000	1600	160	150	90	440	360	50	4 - ϕ34	
ϕ1000	1000	1500	1150	140	130	80	400	330	50	4 - ϕ34	
	1200	1750	1400	160	150	90	440	360	50	4 - ϕ34	
	1400	2000	1600	160	150	90	440	360	50	4 - ϕ34	

表 5.4.20 TDY 型油冷式电动滚筒技术参数（桐乡市梧桐东方齿轮厂 www.txdfcl.com）

滚筒直径 D/mm	功率 /kW	带宽 B/mm	滚筒表面线速度 v/m·s^{-1}													质量/kg
			0.25	0.32	0.4	0.5	0.63	0.8	1.0	1.25	1.6	2.0	2.5	3.15	4	
ϕ320	1.5/2.2	500		○	○	○	○	○	○	○	○	○	○			140/140
		650		○	○	○	○	○	○	○	○	○	○			150/150
	3	500		○	○	○	○	○	○	○	○	○	○			150
		650		○	○	○	○	○	○	○	○	○	○			160
		800		○	○	○	○	○	○	○	○	○	○			195
	4/5.5/7.5	500			○	○	○	○	○	○	○	○	○			160/170/180
		650			○	○	○	○	○	○	○	○	○			170/180/190
		800			○	○	○	○	○	○	○	○	○			220/230/240
		1000			○	○	○	○	○	○	○	○	○			235/245/255
ϕ400	2.2/3	500			○	○	○	○	○	○	○	○	○			226/258
		650			○	○	○	○	○	○	○	○	○			237/272
		800			○	○	○	○	○	○	○	○	○			250/285
	4/5.5/7.5	500	○	○	○	○	○	○	○	○	○	○	○			263/278/293
		650	○	○	○	○	○	○	○	○	○	○	○			277/292/307
		800	○	○	○	○	○	○	○	○	○	○	○			290/305/320
		1000		○	○	○	○	○	○	○	○	○	○			305/320/335

续表 5.4.20

滚筒直径 D/mm	功率 /kW	带宽 B/mm	滚筒表面线速度 v/m·s^{-1}													质量/kg
			0.25	0.32	0.4	0.5	0.63	0.8	1.0	1.25	1.6	2.0	2.5	3.15	4	
φ500	2.2/3	500		○	○	○	○	○	○	○	○	○				281/308
		650		○	○	○	○	○	○	○	○	○				292/323
		800		○	○	○	○	○	○	○	○	○				322/353
	4/5.5	500	○	○	○	○	○	○	○	○	○	○	○			315/375
		650	○	○	○	○	○	○	○	○	○	○	○			329/411
		800	○	○	○	○	○	○	○	○	○	○	○			359/440
		1000		○	○	○	○	○	○	○	○	○	○			384/460
	7.5	500		○			○	○	○	○	○	○	○	○		400
		650		○			○	○	○	○	○	○	○	○		424
		800		○			○	○	○	○	○	○	○	○		452
		1000					○	○	○	○	○	○	○	○		470
	11/15	650					○	○	○	○	○	○	○	○		485/520
		800					○	○	○	○	○	○	○	○		523/546
		1000					○	○	○	○	○	○	○	○		550/560
	18.5/22	800					○	○	○	○	○	○	○	○		585/595
		1000					○	○	○	○	○	○	○	○		600/635
		1200					○	○	○	○	○	○	○	○		620/675
φ630	4/5.5	650			○	○	○	○	○	○	○	○	○			492/562
		800			○	○	○	○	○	○	○	○	○			512/582
		1000			○	○	○	○	○	○	○	○	○			543/613
		1200			○	○	○	○	○	○	○	○	○			597/683
	7.5/11	650					○	○	○	○	○	○	○	○		530/618
		800					○	○	○	○	○	○	○	○		597/688
		1000					○	○	○	○	○	○	○	○		628/716
		1200					○	○	○	○	○	○	○	○		697/786
	15	650					○	○	○	○	○	○	○	○		702
		800					○	○	○	○	○	○	○	○		720
		1000					○	○	○	○	○	○	○	○		734
		1200					○	○	○	○	○	○	○	○		804
	18.5/22	800						○	○	○	○	○	○	○	○	740/750
		1000						○	○	○	○	○	○	○	○	772/782
		1200						○	○	○	○	○	○	○	○	842/852
	30/37	800							○	○	○	○	○	○	○	810/870
		1000							○	○	○	○	○	○	○	842/902
		1200							○	○	○	○	○	○	○	912/972
		1400							○	○	○	○	○	○	○	940/1010
φ800	7.5/11/15	1400						○	○	○	○	○	○	○		896/967/985
	18.5	1400							○	○	○	○	○	○	○	1025/1035

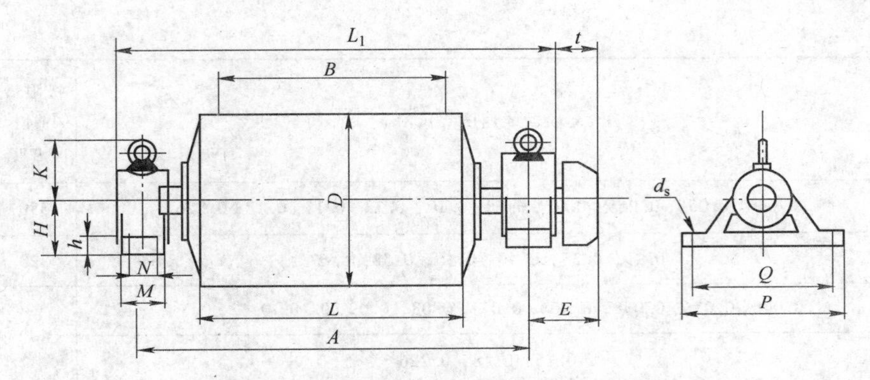

图 5.4.8 TDY 型油冷式电动滚筒外形结构

表 5.4.21 TDY 型油冷式电动滚筒安装尺寸（桐乡市梧桐东方齿轮厂 www.txdfcl.com） （mm）

D	B	A	L	L_1	t	H	K	M	N	P	Q	h	d_s
φ320	500	850	600	940	95	120	125	80	—	340	280	35	φ27
	650	1000	750	1090		120		80	—	340	280	35	φ27
	800	1300	950	1390		120		80	—	340	280	35	φ27
φ400	500	850	600	940	95	120	125	80	—	340	280	35	φ27
	650	1000	750	1090		120		80	—	340	280	35	φ27
	800	1300	950	1390		120		80	—	340	280	35	φ27
	1000	1500	1150	1590		120		80	—	340	280	35	φ27
φ500	500	850	620	940	115	120	145	80	—	340	280	35	φ27
	650	1000	750	1090		120		80	—	340	280	35	φ27
	800	1300	950	1390		120		80	—	340	280	35	φ27
	1000	1500	1150	1590		120		80	—	340	280	35	φ27
	1200	1750	1400	1840		120		80	—	340	280	35	φ27
φ630	650	1000	750	1090	115	120	175	90	—	340	280	35	φ27
	800	1300	950	1430		140		130	80	440	330	35	φ27
	1000	1500	1150	1630		140		130	80	440	330	35	φ27
	1200	1750	1400	1880		160	180	150	90	440	330	50	φ34
φ800	1200	1750	1400	1880	115	160	180	150	90	440	330	50	φ34
	1400	2000	1600	2130		160		150	90	440	330	50	φ34

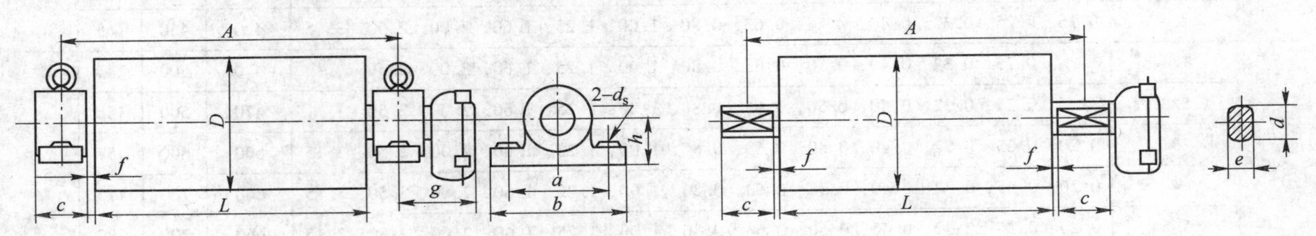

图 5.4.9 YD 型油浸式电动滚筒外形结构

表 5.4.22 YD 型油浸式电动滚筒技术参数（桐乡市梧桐东方齿轮厂 www.txdfcl.com）

滚筒直径 D /mm	功率 /kW	滚筒表面线速度 v/m·s^{-1}	极限最小筒长 /mm	系列最小筒长 长度 /mm	系列最小筒长 质量 /kg	50mm 质量 /kg
φ110	0.12（单相）	0.14，0.16，0.20，0.25，0.57，0.63，0.80	310	350	12	0.8
	0.25 0.37	0.04，0.047，0.05，0.055，0.06，0.065，0.07，0.075，0.08 0.09，0.10，0.12，0.152，0.20	350	350	16	1.1
		0.25，0.30，0.32，0.34，0.38，0.44，0.53	320	350		

续表 5.4.22

滚筒直径 D /mm	功率 /kW	滚筒表面线速度 v/m·s^{-1}	极限最小筒长 /mm	系列最小筒长		50mm质量 /kg
				长度 /mm	质量 /kg	
ϕ130	0.25 0.37	0.046, 0.056, 0.065, 0.07, 0.08, 0.10, 0.13, 0.15, 0.18, 0.226	350	350	17	1.5
		0.29, 0.35, 0.40, 0.45, 0.52, 0.63	320	350		
	0.75	0.046, 0.056, 0.058, 0.068, 0.071, 0.08, 0.09, 0.10, 0.12, 0.14	400	400	19	1.5
		0.15, 0.18, 0.226				
		0.29, 0.35, 0.40, 0.52, 0.63	370	400		
ϕ174	0.75	0.03, 0.04, 0.05, 0.063	430	500	50	1.8
		0.08, 0.10, 0.13, 0.16, 0.20	360	400	42	
		0.25, 0.32, 0.40, 0.50, 0.63, 0.80, 1.00, 1.25, 1.60, 2.00	360	400	42	
ϕ216	0.75	0.05, 0.063	430	500	71	2.5
		0.10, 0.13, 0.16, 0.20, 0.25	380	400	75	
		0.32, 0.40, 0.50, 0.63, 0.80, 1.00, 1.25, 1.60, 2.00, 2.50	380	400	75	
	1.1	0.13, 0.16, 0.20, 0.25, 0.32, 0.40, 0.50, 0.63, 0.80, 1.00, 1.25, 1.60, 2.00, 2.50	400	450	65	
	1.5/2.2	0.13, 0.16, 0.20, 0.25, 0.32, 0.40, 0.50, 0.63, 0.80, 1.00, 1.25, 1.60, 2.00, 2.50	450	500	69	
	3	0.13, 0.16, 0.20, 0.25, 0.32, 0.40, 0.50, 0.63, 0.80, 1.00, 1.25, 1.60, 2.00, 2.50	480	550	75	
ϕ240	0.75	0.056, 0.07, 0.089, 0.11, 0.14, 0.18, 0.22, 0.28, 0.36	430	500	85	2.8
		0.44, 0.56, 0.70, 0.89, 1.11, 1.39, 1.78, 2.22, 2.78	360	400	75	
	1.1	0.14, 0.18, 0.22, 0.28, 0.36, 0.44, 0.56, 0.70, 0.89, 1.11, 1.39, 1.78, 2.22, 2.78	400	450	75	
	1.5/2.2	0.14, 0.18, 0.22, 0.28, 0.36, 0.44, 0.56, 0.70, 0.89, 1.11, 1.39, 1.78, 2.22, 2.78	450	500	80	
	3	0.14, 0.18, 0.22, 0.28, 0.36, 0.44, 0.56, 0.70, 0.89, 1.11, 1.39, 1.78, 2.22, 2.78	480	550	82	
ϕ320	1.1	0.20, 0.25, 0.32, 0.40, 0.50, 0.63, 0.80, 1.00, 1.25, 1.60, 2.00, 2.50	420	450	120	3.2
	1.5/2.2	0.20, 0.25, 0.32, 0.40, 0.50, 0.63, 0.80, 1.00, 1.25, 1.60, 2.00, 2.50	470	500	131	
	3	0.16, 0.25, 0.32, 0.40, 0.50, 0.63, 0.80, 1.00, 1.25, 1.60, 2.00, 2.50, 3.15	600	600	137	
	4	0.16, 0.25, 0.32, 0.40, 0.50, 0.63, 0.80, 1.00, 1.25, 1.60, 2.00, 2.50, 3.15	680	700	155	
	5.5	0.16, 0.25, 0.32, 0.40, 0.50, 0.63, 0.80, 1.00, 1.25, 1.60, 2.00, 2.50, 3.15	680	700	160	
	7.5	0.16, 0.25, 0.32, 0.40, 0.50, 0.63, 0.80, 1.00, 1.25, 1.60, 2.00, 2.50, 3.15	420	450	165	
ϕ400	1.1	0.25, 0.32, 0.40, 0.50, 0.63, 0.80, 1.00, 1.25, 1.60, 2.00, 2.50	470	500	145	5
	1.5/2.2	0.25, 0.32, 0.40, 0.50, 0.63, 0.80, 1.00, 1.25, 1.60, 2.00, 2.50	470	500	150	
	3	0.20, 0.25, 0.32, 0.40, 0.50, 0.63, 0.80, 1.00, 1.25, 1.60, 2.00, 2.50, 3.15	600	600	157	
	4	0.20, 0.25, 0.32, 0.40, 0.50, 0.63, 0.80, 1.00, 1.25, 1.60, 2.00, 2.50, 3.15	660	700	175	
	5.5	0.20, 0.25, 0.32, 0.40, 0.50, 0.63, 0.80, 1.00, 1.25, 1.60, 2.00, 2.50, 3.15	660	700	180	
	7.5	0.20, 0.25, 0.32, 0.40, 0.50, 0.63, 0.80, 1.00, 1.25, 1.60, 2.00, 2.50, 3.15	660	700	195	

注：0.75kW 滚筒表面速度 v 最小值（m/s），ϕ174 为 0.0059，ϕ216 为 0.0073，ϕ240 为 0.0081，低速非标系列需定制另协商。

表 5.4.23 YD 型油浸式电动滚筒安装尺寸（桐乡市梧桐东方齿轮厂 www.txdfcl.com） （mm）

D	a	b	c	d	e	f	g	h	d_s
ϕ110	—	—	20	25	21	5	—	—	—
ϕ130	—	—	20	25	21	5	—	—	—
ϕ174	120	160	60	32	25	5	125	50	ϕ15

续表 5.4.23

D	a	b	c	d	e	f	g	h	d_s
ϕ216	120	160	60	38	30	5	125	50	ϕ15
ϕ240	120	160	60	38	30	5	125	50	ϕ15
ϕ320	210	260	60	42	35	10	125	95	ϕ19
ϕ400	210	260	60	42	35	10	125	95	ϕ19

表 5.4.24 DY－1 型油浸式电动滚筒安装尺寸（桐乡市梧桐东方齿轮厂 www.txdfcl.com）

滚筒直径 D/mm	功率 /kW	带宽 B/mm	表面线速度 v/m·s^{-1}							质量/kg
			0.5	0.63	0.8	1.0	1.25	1.6	2.0	
ϕ240	1.1	400	○	○	○	○	○	○	○	75
		500	○	○	○	○	○	○	○	81
		650	○	○	○	○	○	○	○	85
	1.5	400	○	○	○	○	○	○	○	80
		500	○	○	○	○	○	○	○	85
		650	○	○	○	○	○	○	○	92
	2.2	400	○	○	○	○	○	○	○	80
		500	○	○	○	○	○	○	○	85
		650	○	○	○	○	○	○	○	95
	3	400	○	○	○	○	○	○	○	76
		500	○	○	○	○	○	○	○	82
		650	○	○	○	○	○	○	○	92
ϕ320	1.5	400	○	○	○	○	○	○	○	131
		500	○	○	○	○	○	○	○	138
		650	○	○	○	○	○	○	○	149
	2.2	500	○	○	○	○	○	○	○	138
		650	○	○	○	○	○	○	○	149
	3	500	○	○	○	○	○	○	○	140
		650	○	○	○	○	○	○	○	182
	4	500	○	○	○	○	○	○	○	156
		650	○	○	○	○	○	○	○	166
	5.5	500	○	○	○	○	○	○	○	161
		650	○	○	○	○	○	○	○	171
	7.5	500	○	○	○	○	○	○	○	180
		650	○	○	○	○	○	○	○	195
ϕ400	3	500	○	○	○	○	○	○	○	160
		650	○	○	○	○	○	○	○	178
	4	500	○	○	○	○	○	○	○	174
		650	○	○	○	○	○	○	○	191
	5.5	500	○	○	○	○	○	○	○	179
		650	○	○	○	○	○	○	○	196
	7.5	650	○	○	○	○	○	○	○	198

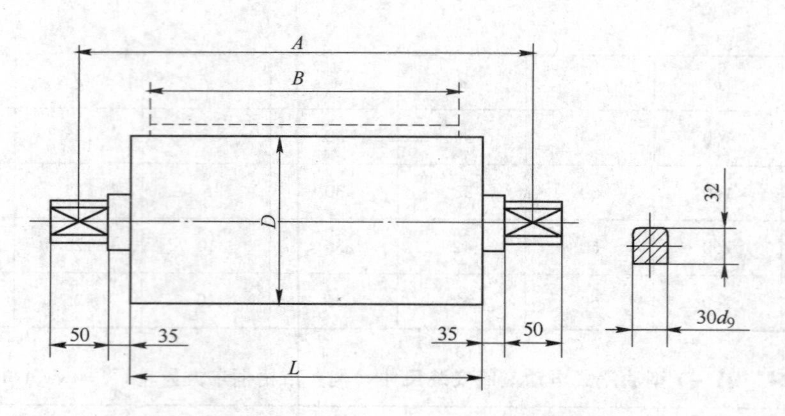

图 5.4.10 DY－1 型油浸式电动滚筒外形结构

表 5.4.25 DY－1 型油浸式电动滚筒安装尺寸（桐乡市梧桐东方齿轮厂 www.txdfcl.com） （mm）

D	*B*	*L*	*A*
ϕ240	400	460	580
	500	560	680
	650	730	850
ϕ320	400	460	580
	500	560	680
	650	730	850
ϕ400	500	560	680
	650	730	850

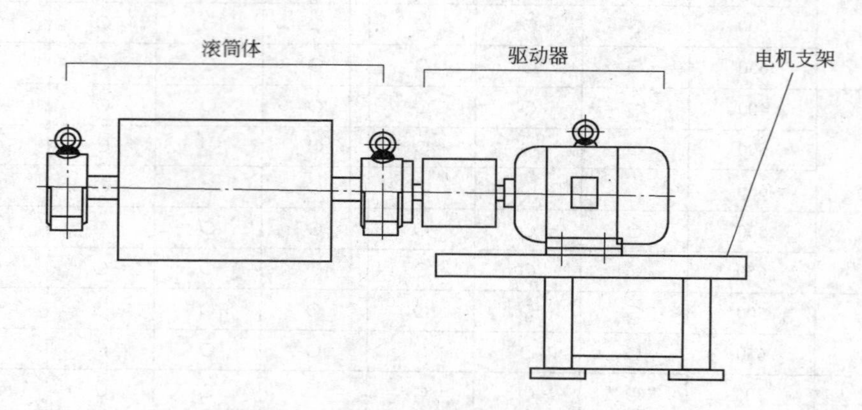

图 5.4.11 YTH 型外装式减速滚筒外形结构

表 5.4.26 YTH 型外装式减速滚筒主要参数（湖州电动滚筒有限公司 www.hzdt.com.cn）

滚筒直径 *D*/mm	宽带 *B*/mm	功率/kW	滚筒表面线速度 v/m · s^{-1}											
			0.32	0.4	0.5	0.63	0.8	1.0	1.25	1.6	2.0	2.5	3.15	4.0
ϕ320	400 500 650 800	2.2 3.0 4.0			√	√	√	√	√	√	√			
		5.5 7.5						√	√	√	√	√		
ϕ400	400 500 650 800	2.2 3.0 4.0	√	√	√	√	√	√	√	√	√			
		5.5 7.5					√	√	√	√	√	√		
ϕ500	500 650 800 1000	2.2 3.0 4.0	√	√	√	√	√	√	√	√	√			
		5.5 7.5	√	√	√	√	√	√	√	√	√	√	√	
		11 15				√	√	√	√	√	√	√	√	
		18.5 22 30 37					√	√	√	√	√	√	√	

续表 5.4.26

滚筒直径 D/mm	宽带 B/mm	功率/kW	滚筒表面线速度 v/m·s^{-1}											
			0.32	0.4	0.5	0.63	0.8	1.0	1.25	1.6	2.0	2.5	3.15	4.0
φ630	650 800	5.5 7.5	√	√	√	√	√	√	√	√	√	√	√	
	1000 1200 1400 1600 1800 2000	11 15				√	√	√	√	√	√	√	√	
	650 800	18.5 22 30 37						√	√	√	√	√	√	
	1000 1200 1400 1600 1800 2000	45 55						√	√	√	√	√	√	
φ800	800 1000 1200	5.5 7.5				√	√	√	√	√	√	√		
	1400 1600	11 15					√	√	√	√	√	√	√	√
	800 1000	18.5 22 30 37							√	√	√	√	√	√
	1200 1400	45 55							√	√	√	√	√	√
	1600 1800	75 90 110 132							√	√	√	√	√	√
	2000	160 200									√	√	√	√
φ1000	1000 1200 1400 1600 1800 2000	30 37								√	√	√	√	√
		45 55								√	√	√	√	√
		75 90 110 132								√	√	√	√	√
		160 200										√	√	√

表 5.4.27 YTH 型外装式减速滚筒扭矩及合力（1）（湖州电动滚筒有限公司 www.hzdt.com.cn）

功率/kW	带宽/mm	滚筒直径/mm	带速/m·s^{-1}	许用扭矩/kN·m	许用合力/kN
2.2	400 500 650 800	320	0.5	0.63	40.2
			0.63	0.50	
			0.8	0.40	
			1.0	0.32	
			1.25	0.25	
			1.6	0.20	
			2.0	0.16	
	400 500 650 800	400	0.32	1.29	54.46
			0.4	1.03	
			0.5	0.83	
			0.63	0.66	
			0.8	0.52	
			1.0	0.41	
			1.25	0.33	
			1.6	0.26	
			2.0	0.21	
	500 650 800 1000	500	0.32	1.62	57.9
			0.4	1.29	
			0.5	1.03	
			0.63	0.82	
			0.8	0.65	
			1.0	0.52	
			1.25	0.41	
			1.6	0.32	
			2.0	0.26	

功率/kW	带宽/mm	滚筒直径/mm	带速/m·s^{-1}	许用扭矩/kN·m	许用合力/kN
3.0	500 650 800 1000	500	0.32	2.2	57.9
			0.4	1.76	
			0.5	1.41	
			0.63	1.12	
			0.8	0.88	
			1.0	0.71	
			1.25	0.56	
			1.6	0.44	
			2.0	0.35	
4.0	400 500 650 800	320	0.5	1.15	40.2
			0.63	0.91	
			0.8	0.72	
			1.00	0.58	
			1.25	0.46	
			1.6	0.36	
			2.0	0.29	
	400 500 650 800	400	0.32	2.35	54.46
			0.4	1.88	
			0.5	1.50	
			0.63	1.19	
			0.8	0.94	
			1.0	0.75	
			1.25	0.60	
			1.6	0.47	
			2.0	0.38	

功率/kW	带宽/mm	滚筒直径/mm	带速/m·s^{-1}	许用扭矩/kN·m	许用合力/kN
5.5	500 650 800 1000	500	0.32	4.04	51.73
			0.4	3.23	
			0.5	2.59	
			0.63	2.05	
			0.8	1.62	
			1.0	1.29	
			1.25	1.03	
			1.6	0.81	
			2.0	0.65	
			2.5	0.52	
			3.15	0.41	
	650 800 1000 1200 1400	630	0.32	5.09	71.35
			0.4	4.07	
			0.5	3.26	
			0.63	2.59	
			0.8	2.04	
			1.0	1.63	
			1.25	1.30	
			1.6	1.02	
			2.0	0.81	
			2.5	0.65	
			3.15	0.52	
	800 1000	800	0.63	3.28	71.35
			0.8	2.59	
			1.0	2.07	

续表 5.4.27

功率/kW	带宽/mm	滚筒直径/mm	带速/m·s⁻¹	许用扭矩/kN·m	许用合力/kN
3.0	400 500 650 800	320	0.5	0.86	40.2
			0.63	0.69	
			0.8	0.54	
			1.0	0.43	
			1.25	0.35	
			1.6	0.27	
			2.0	0.22	
	400 500 650 800	400	0.32	1.76	54.46
			0.4	1.41	
			0.5	1.13	
			0.63	0.90	
			0.8	0.71	
			1.0	0.56	
			1.25	0.45	
			1.6	0.35	
			2.0	0.28	

功率/kW	带宽/mm	滚筒直径/mm	带速/m·s⁻¹	许用扭矩/kN·m	许用合力/kN
4.0	500 650 800 1000	500	0.32	2.94	57.9
			0.4	2.35	
			0.5	1.88	
			0.63	1.49	
			0.8	1.18	
			1.0	0.94	
			1.25	0.75	
			1.6	0.59	
			2.0	0.47	
5.5	400 500 650 800	320	1.0	0.79	40.2
			1.25	0.63	
			1.6	0.50	
			2.0	0.40	
			2.5	0.32	
	400 500 650 800	400	0.8	1.29	54.46
			1.0	1.03	
			1.25	0.83	
			1.6	0.65	
			2.0	0.52	
			2.5	0.41	

功率/kW	带宽/mm	滚筒直径/mm	带速/m·s⁻¹	许用扭矩/kN·m	许用合力/kN
5.5	1200 1400	800	1.25	1.65	71.35
			1.6	1.29	
			2.0	1.03	
			2.5	0.83	
7.5	400 500 650 800	320	1.0	1.08	40.2
			1.25	0.86	
			1.6	0.68	
			2.0	0.54	
			2.5	0.43	
	400 500 650 800	400	0.8	1.74	54.46
			1.0	1.4	
			1.25	1.12	
			1.6	0.87	
			2.0	0.70	
			2.5	0.56	

表 5.4.28 YTH 型外装式减速滚筒扭矩及合力（2）（湖州电动滚筒有限公司 www.hzdt.com.cn）

功率/kW	带宽/mm	滚筒直径/mm	带速/m·s⁻¹	许用扭矩/kN·m	许用合力/kN
7.5	500 650 800 1000	500	0.32	5.51	51.73
			0.4	4.41	
			0.5	3.53	
			0.63	2.80	
			0.8	2.20	
			1.0	1.76	
			1.25	1.41	
			1.6	1.10	
			2.0	0.88	
			2.5	0.71	
			3.15	0.56	
	650 800 1000 1200 1400 1600 1800 2000	630	0.32	6.94	71.35
			0.4	5.55	
			0.5	4.44	
			0.63	3.53	
			0.8	2.78	
			1.0	2.22	
			1.25	1.78	
			1.6	1.39	
			2.0	1.11	
			2.5	0.89	
			3.15	0.71	

功率/kW	带宽/mm	滚筒直径/mm	带速/m·s⁻¹	许用扭矩/kN·m	许用合力/kN
11	800 1000 1200 1400	800	0.8	5.17	71.35
			1.0	4.14	
			1.25	3.31	
			1.6	2.59	
			2.0	2.07	
			2.5	1.65	
			3.15	1.31	
			4.0	1.03	
15	500 650 800 1000	500	0.63	5.60	51.73
			0.8	4.41	
			1.0	3.53	
			1.25	2.82	
			1.6	2.20	
			2.0	1.76	
			2.5	1.41	
			3.15	1.12	
	650 800 1000 1200 1400 1600	630	0.63	7.05	71.35
			0.8	5.55	
			1.0	4.44	
			1.25	3.55	
			1.6	2.78	
			2.0	2.22	

功率/kW	带宽/mm	滚筒直径/mm	带速/m·s⁻¹	许用扭矩/kN·m	许用合力/kN
18.5	650 800 1000 1200 1400 1600 1800 2000	630	1.0	5.48	120.3
			1.25	4.38	
			1.6	3.42	
			2.0	2.74	
			2.5	2.19	
			3.15	1.74	
	800 1000 1200 1400 1600 1800 2000	800	1.25	5.56	120.3
			1.6	4.35	
			2.0	3.48	
			2.5	2.78	
			3.15	2.21	
			4.0	1.74	
22	500 650 800 1000	500	0.8	6.46	120.3
			1.0	5.17	
			1.25	4.14	
			1.6	3.23	
			2.0	2.59	
			2.5	2.07	
			3.15	1.64	
	650 800 1000	630	1.0	6.51	120.3
			1.25	5.21	
			1.6	4.07	

续表 5.4.28

功率/kW	带宽/mm	滚筒直径/mm	带速/m·s⁻¹	许用扭矩/kN·m	许用合力/kN
7.5	800 1000 1200 1400	800	0.63	4.48	71.35
			0.8	3.53	
			1.0	2.82	
			1.25	2.26	
			1.6	1.76	
			2.0	1.41	
			2.5	1.13	
11	500 650 800 1000	500	0.63	4.10	51.73
			0.8	3.23	
			1.0	2.59	
			1.25	2.07	
			1.6	1.62	
			2.0	1.29	
			2.5	1.03	
			3.15	0.82	
	650 800 1000 1200 1400 1600 1800 2000	630	0.63	5.17	71.35
			0.8	4.07	
			1.0	3.26	
			1.25	2.61	
			1.6	2.04	
			2.0	1.63	
			2.5	1.30	
			3.15	1.03	

功率/kW	带宽/mm	滚筒直径/mm	带速/m·s⁻¹	许用扭矩/kN·m	许用合力/kN
15	1800 2000	630	2.5	1.78	71.35
			3.15	1.41	
	800 1000 1200 1400	800	0.8	7.05	71.35
			1.0	5.64	
			1.25	4.51	
			1.6	3.53	
			2.0	2.82	
			2.5	2.26	
			3.15	1.79	
			4.0	1.41	
18.5	500 650 800 1000	500	0.8	5.43	120.3
			1.0	4.35	
			1.25	3.48	
			1.6	2.72	
			2.0	2.17	
			2.5	1.74	
			3.15	1.38	

功率/kW	带宽/mm	滚筒直径/mm	带速/m·s⁻¹	许用扭矩/kN·m	许用合力/kN
22	1200 1400 1600 1800 2000	630	2.0	3.26	120.3
			2.5	2.61	
			3.15	2.07	
	800 1000 1200 1400 1600 1800 2000	800	1.25	6.62	120.3
			1.6	5.17	
			2.0	4.14	
			2.5	3.31	
			3.15	2.63	
			4.0	2.07	
30	500 650 800 1000	500	0.8	8.81	120.3
			1.0	7.05	
			1.25	5.64	
			1.6	4.41	
			2.0	3.53	
			2.5	2.82	
			3.15	2.24	

表 5.4.29 YTH 型外装式减速滚筒扭矩及合力（3）（湖州电动滚筒有限公司 www.hzdt.com.cn）

功率/kW	带宽/mm	滚筒直径/mm	带速/m·s⁻¹	许用扭矩/kN·m	许用合力/kN
30	650 800 1000 1200 1400 1600 1800 2000	630	1.0	8.88	120.3
			1.25	7.11	
			1.6	5.55	
			2.0	4.44	
			2.5	3.55	
			3.15	2.82	
	800 1000 1200 1400 1600 1800 2000	800	1.25	9.02	120.3
			1.6	7.05	
			2.0	5.64	
			2.5	4.51	
			3.15	3.58	
			4.0	2.82	
	1000 1200 1400 1600 1800 2000	1000	1.6	8.81	120.3
			2.0	7.05	
			2.5	5.64	
			3.15	4.48	
			4.0	3.53	

功率/kW	带宽/mm	滚筒直径/mm	带速/m·s⁻¹	许用扭矩/kN·m	许用合力/kN
45	650 800 1000 1200 1400 1600 1800 2000	630	1.0	13.32	139.6
			1.25	10.66	
			1.6	8.33	
			2.0	6.66	
			2.5	5.33	
			3.15	4.23	
	800 1000 1200 1400 1600 1800 2000	800	1.25	13.54	139.6
			1.6	10.58	
			2.0	8.46	
			2.5	6.77	
			3.15	5.37	
			4.0	4.23	
	1000 1200 1400 1600 1800 2000	1000	1.6	13.22	139.6
			2.0	10.58	
			2.5	8.46	
			3.15	6.71	
			4.0	5.29	

功率/kW	带宽/mm	滚筒直径/mm	带速/m·s⁻¹	许用扭矩/kN·m	许用合力/kN
90	800 1000 1200 1400 1600 1800 2000	800	1.25	27.07	181.3
			1.6	21.15	
			2.0	16.92	
			2.5	13.54	
			3.15	10.74	
			4.0	8.46	
	1000 1200 1400 1600 1800 2000	1000	1.6	26.44	181.3
			2.0	21.15	
			2.5	16.92	
			3.15	13.43	
			4.0	10.58	
110	800 1000 1200 1400 1600 1800 2000	800	1.25	33.09	234.6
			1.6	25.85	
			2.0	20.68	
			2.5	16.54	
			3.15	13.13	
			4.0	10.34	

续表 5.4.29

功率/kW	带宽/mm	滚筒直径/mm	带速/m·s⁻¹	许用扭矩/kN·m	许用合力/kN
37	500 650 800 1000	500	1.0	8.70	120.3
			1.25	6.96	
			1.6	5.43	
			2.0	4.35	
			2.5	3.48	
			3.15	2.76	
	650 800 1000 1200 1400 1600 1800 2000	630	1.0	10.96	120.3
			1.25	8.76	
			1.6	6.85	
			2.0	5.48	
			2.5	4.38	
			3.15	3.48	
	800 1000 1200 1400 1600 1800 2000	800	1.25	11.13	120.3
			1.6	8.70	
			2.0	6.96	
			2.5	5.56	
			3.15	4.42	
			4.0	3.48	
	1000 1200 1400 1600 1800 2000	1000	1.6	10.87	120.3
			2.0	8.70	
			2.5	6.96	
			3.15	5.52	
			4.0	4.35	

功率/kW	带宽/mm	滚筒直径/mm	带速/m·s⁻¹	许用扭矩/kN·m	许用合力/kN
55	650 800 1000 1200 1400 1600 1800 2000	630	1.25	13.03	139.6
			1.6	10.18	
			2.0	8.14	
			2.5	6.51	
			3.15	5.17	
	800 1000 1200 1400 1600 1800 2000	800	1.6	12.93	139.6
			2.0	10.34	
			2.5	8.27	
			3.15	6.57	
			4.0	5.17	
	1000 1200 1400 1600 1800 2000	1000	2.0	12.93	139.6
			2.5	10.34	
			3.15	8.21	
			4.0	6.46	
75	800 1000 1200 1400 1600 1800 2000	800	1.25	22.56	181.3
			1.6	17.63	
			2.0	14.10	
			2.5	11.28	
			3.15	8.95	
			4.0	7.05	
	1000 1200 1400 1600 1800 2000	1000	1.6	22.03	181.3
			2.0	17.63	
			2.5	14.10	
			3.15	11.19	
			4.0	8.81	

功率/kW	带宽/mm	滚筒直径/mm	带速/m·s⁻¹	许用扭矩/kN·m	许用合力/kN
110	1000 1200 1400 1600 1800 2000	1000	1.6	32.31	234.6
			2.0	25.85	
			2.5	20.68	
			3.15	16.41	
			4.0	12.93	
132	1000 1200 1400 1600 1800 2000	800	1.6	31.02	234.6
			2.0	24.82	
			2.5	19.85	
			3.15	15.76	
			4.0	12.41	
	1000 1200 1400 1600 1800 2000	1000	1.6	38.78	234.6
			2.0	31.02	
			2.5	24.82	
			3.15	19.70	
			4.0	15.51	
160	1000 1200 1400 1600 1800 2000	800	2.0	30.08	234.6
			2.5	24.06	
			3.15	19.10	
			4.0	15.04	
		1000	2.5	30.08	234.6
			3.15	23.87	
			4.0	18.80	
200	1000 1200 1400 1600 1800 2000	800	2.5	30.08	234.6
			3.15	23.87	
			4.0	18.80	
		1000	3.15	29.84	234.6
			4.0	23.50	

表 5.4.30 YTH 型外装式减速滚筒分类（湖州电动滚筒有限公司 www.hzdt.com.cn）

YTH★－◆－Ⅰ●卧式电机型

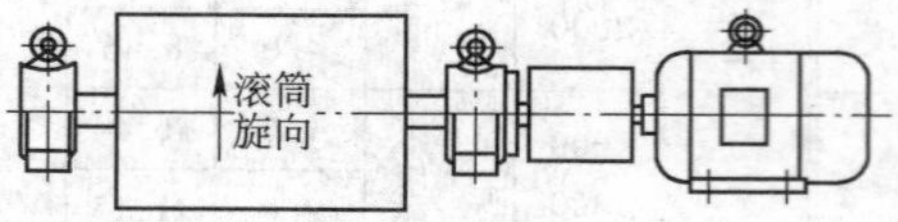

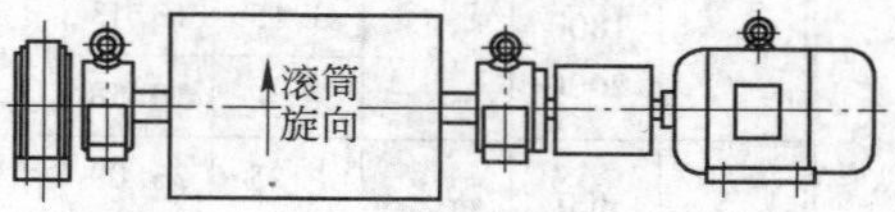

型号	名称
YTH_ IG	卧式直列联轴器型
YTH_ IY	卧式直列液力耦合器型
YTHN_ IG	卧式直列逆止联轴器型
YTHN_ IY	卧式直列逆止液力耦合器型
YTHZ_ IG	卧式直列制动联轴器型
YTHZ_ IY	卧式直列制动液力耦合器型
YTHNd_ IG	卧式直列低速逆止联轴器型
YTHNd_ IY	卧式直列低速逆止液力偶合器型

YTH★－◆－Ⅱ●立式电机型

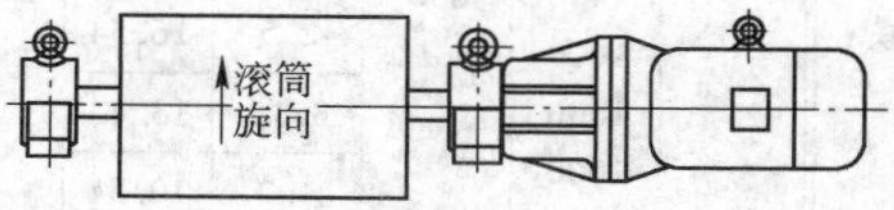

型号	名称	备注
YTH_ II YTHN_ II YTHZ_ II YTHNd_ II	立式电机型	功率限于55kW以下

续表 5.4.30

YTH★-◆-Ⅲ●卧式垂直型	型　号	名　称
滚筒旋向 安装形式 滚筒旋向 电机 A式 滚筒旋向 电机 B式 滚筒旋向 电机 C式 滚筒旋向 电机 D式	YTH_ ⅢG	卧式垂直联轴器型
	YTH_ ⅢY	卧式垂直液力耦合器型
	YTHN_ ⅢY	卧式垂直逆止液力耦合器型
	YTHN_ ⅡY	卧式垂直制动液力耦合器型
	YTHNd_ ⅢY	卧式垂直低速逆止液力耦合器型 （低速逆止处、图形参见 YTHNd-IY）
隔爆型	型　号	备　注
用隔爆式电动机取代 普通电动机而成隔爆型	YTH_ B_ Ⅰ YTH_ B_ Ⅱ YTH_ B_ Ⅲ	各种型号均可派生成隔爆型
★附加功能	◆机电功能	●电机连接方式
N—高速逆止器 Nd—低速逆止器 Z—制动器	B—防爆电机 V—变频电机	G—联轴器 Y—液力耦合器 L—离合器

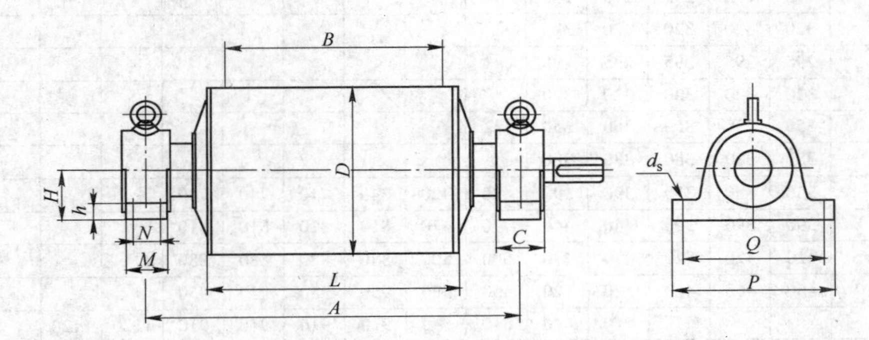

图 5.4.12　YTH 型外装式减速滚筒筒体部分外形尺寸

表 5.4.31　YTH 型外装式减速滚筒筒体部分安装尺寸（湖州电动滚筒有限公司　www.hzdt.com.cn）　（mm）

D	B	A	L	H	C	M	N	P	Q	h	d_s
ϕ320 ϕ400	400	750	500	120	110	90	—	340	280	35	ϕ27
	500	850	600								
	650	1000	750								
	800	1300	950								
ϕ500	500	850	600	120	120	90	—	340	280	35	ϕ27
	650	1000	750								
	800	1300	950								
	1000	1500	1150								
ϕ630	650	1000	750	120	120	90	—	340	280	35	ϕ27
	800	1300	950	140	140	130	80	400	330	35	ϕ27
	1000	1500	1150								
	1200	1750	1400	160	160	150	90	440	360	50	ϕ34
	1400	2000	1600								
	1600	2200	1800								
	1800	2400	2000								
	2000	2600	2200								

续表 5.4.31

D	B	A	L	H	C	M	N	P	Q	h	d_s
φ800	800	1300	950	140	140	130	80	400	330	50	φ27
	1000	1500	1150								
	1200	1750	1400	160	160	150	90	440	360	50	φ34
	1400	2000	1600								
	1600	2200	1800								
	1800	2400	2000								
	2000	2600	2200								
φ1000	1000	1500	1150	140	140	130	80	400	330	50	φ27
	1200	1750	1400	160	160	150	90	440	360	50	φ34
	1400	2000	1600								
	1600	2200	1800								
	1800	2400	2000								
	2000	2600	2200								

表 5.4.32 YTH 型外装式减速滚筒筒体部分质量（湖州电动滚筒有限公司 www. hzdt. com. cn）

滚筒直径/mm	功率/kW 宽带/mm	2.2	3.0	4.0	5.5	7.5	11	15	18.5	22	30	37	45	55	75	90	110 132	160 200
		滚筒质量/kg（不包括联轴器、液力偶合器、电机等）																
320	400	250	250	250	250	250												
	500	270	270	270	270	270												
	650	295	295	295	295	295												
	800	320	320	320	320	320												
400	400	295	295	295	295	295												
	500	320	320	320	320	320												
	650	350	350	350	350	350												
	800	380	380	380	380	380												
500	500	350	350	350	390	390	420	420	740	740	740	740						
	650	390	390	390	440	440	470	470	810	810	810	810						
	800	420	420	420	470	470	500	500	880	880	880	880						
	1000	460	460	460	520	520	550	550	950	950	950	950						
630	650				610	610	640	640	910	910	910	910	1120	1120				
	800				670	670	700	700	980	980	980	980	1190	1190				
	1000				710	710	740	740	1030	1030	1030	1030	1240	1240				
	1200				760	760	790	790	1090	1090	1090	1090	1300	1300				
	1400				800	800	830	830	1140	1140	1140	1140	1350	1350				
	1600					840	870	870	1190	1190	1190	1190	1400	1400				
	1800					880	910	910	1240	1240	1240	1240	1450	1450				
	2000					920	950	950	1290	1290	1290	1290	1500	1500				
800	800				760	760	820	820	1090	1090	1090	1090	1300	1300	1370	1370	1980	1980
	1000				810	810	870	870	1160	1160	1160	1160	1370	1370	1440	1440	2050	2050
	1200				870	870	930	830	1250	1250	1250	1250	1460	1460	1530	1530	2140	2140
	1400				940	940	1000	1000	1330	1330	1330	1330	1540	1540	1610	1610	2220	2220
	1600								1410	1410	1410	1410	1620	1620	1690	1690	2300	2300
	1800								1490	1490	1490	1490	1700	1700	1770	1770	2380	2380
	2000								1570	1570	1570	1570	1780	1780	1850	1850	2460	2460
1000	1000										1370	1370	1580	1580	1650	1650	2260	2260
	1200										1460	1460	1670	1670	1740	1740	2350	2350
	1400										1540	1540	1750	1750	1820	1820	2430	2430
	1600										1620	1620	1838	1830	1900	1900	2510	2510
	1800										1700	1700	1910	1910	1980	1980	2590	2590
	2000										1780	1780	1990	1990	2060	2060	2670	2670

表 5.4.33 YTH 型外装式减速滚筒 I 型驱动部分选择参数（湖州电动滚筒有限公司 www.hzdt.com.cn）

滚筒直径/mm	带宽/mm	功率/kW 带速/m·s⁻¹	18.5	22	30	37	45	55	75	90	110	132	160	200
			驱动部分组合号											
500	500 650 800 1000	0.8	28	29	30									
		1.0	28	29	30	31								
		1.25	08	09	10	11								
		1.6	08	09	10	11								
		2.0	08	09	10	11								
		2.5	08	09	10	11								
		3.15	08	09	10	11								
630	650 800 1000 1200 1400 1600 1800 2000	1.0	28	29	30	31	32							
		1.25	28	29	30	31	12	13						
		1.6	08	09	10	11	12	13						
		2.0	08	09	10	11	12	13						
		2.5	08	09	10	11	12	13						
		3.15	08	09	10	11	12	13						
800	800 1000 1200 1400 1600 1800 2000	1.25	28	29	30	31	32		34	35	36	37		
		1.6	28	29	30	31	12	13	34	35	36	37		
		2.0	08	09	10	11	12	13	14	15	16	17	18	18
		2.5	08	09	10	11	12	13	14	15	16	17	18	18
		3.15	08	09	10	11	12	13	14	15	16	17	18	18
		4.0	08	09	10	11	12	13	14	15	16	17	18	18
1000	1000 1200 1400 1600 1800 2000	1.6	28	29	30	31	32		34	35	36	37		
		2.0	28	29	31	31	12	13	34	35	36	37		
		2.5	08	09	10	11	12	13	14	15	16	17	18	18
		3.15	08	09	10	11	12	13	14	15	16	17	18	18
		4.0	08	09	10	11	12	13	14	15	16	17	18	18

表 5.4.34 YTH 型外装式减速滚筒Ⅱ型驱动部分选择参数（湖州电动滚筒有限公司 www.hzdt.com.cn）

滚筒直径/mm	带宽/mm	功率/kW 带速/m·s⁻¹	2.2	3.0	4	5.5	7.5	11	15	18.5	22	30	37	45	55
			驱动部分组合号												
320	400 500 650 800	0.5	201	202	203										
		0.63	201	202	203										
		0.8	201	202	203										
		1.0	201	202	203	204	205								
		1.25	201	202	203	204	205								
		1.6	201	202	203	204	205								
		2.0	201	202	203	204	205								
		2.5				204	205								
400	400 500 650 800	1.0	201	202	203										
		1.25	201	202	203										
		1.6	201	202	203										
		2.0	201	202	203										
		2.5				204	205								

续表 5.4.34

滚筒直径 /mm	带宽 /mm	功率/kW 带速/m·s^{-1}	2.2	3.0	4	5.5	7.5	11	15	18.5	22	30	37	45	55
			驱动部分组合号												
400	400 500 650 800	1.0	201	202	203	204	205								
		1.25	201	202	203	204	205								
		1.6	201	202	203	204	205								
		2.0	201	202	203	204	205								
		2.5				204	205								
500	500 650 800 1000	0.32	201	202	203	204	205								
		0.4	201	202	203	204	205								
		0.5	201	202	203	204	205								
		0.63	201	202	203	204	205	206	207						
		0.8	201	202	203	204	205	206	207	228	229	230			
		1.0	201	202	203	204	205	206	207	228	229	230	231		
		1.25	201	202	203	204	205	206	207	208	209	210	211		
		1.6	201	202	203	204	205	206	207	208	209	210	211		
		2.0	201	202	203	204	205	206	207	208	209	210	211		
		2.5				204	205	206	207	208	209	210	211		
		3.15				204	205	206	207	208	209	210	211		
630	650 800 1000 1200 1400 1600 1800 2000	0.32				204	205								
		0.4				204	205								
		0.5				204	205								
800	800 1000 1200 1400 1600 1800 2000	0.63				204	205	206	207						
		0.8				204	205	206	207						
		1.0				204	205	206	207	228	229	230	231		
		1.25				204	205	206	207	228	229	230	231	212	213
		1.6				204	205	206	207	208	209	210	211	212	213
		2.0				204	205	206	207	208	209	210	211	212	213
		2.5				204	205	206	207	208	209	210	211	212	213
		3.15				204	205	206	207	208	209	210	211	212	213
		0.8				204	205	206	207						
		1.0				204	205	206	207						
		1.25				204	205	206	207	228	229	230	231	212	213
		1.6				204	205	206	207	228	229	230	231	212	213
		2.0				204	205	206	207	208	209	210	211	212	213
		2.5				204	205	206	207	208	209	210	211	212	213
		3.15						206	207	208	209	210	211	212	213
		4.0						206	207	208	209	210	211	212	213
1000	1000 1200 1400 1600 1800 2000	1.6										230	231		
		2.0										230	231	212	213
		2.5										210	211	212	213
		3.15										210	211	212	213
		4.0										210	211	212	213

表 5.4.35 YTH 型外装式减速滚筒Ⅲ型驱动部分选择参数（湖州电动滚筒有限公司 www.hzdt.com.cn）

滚筒直径/mm	带宽/mm	功率/kW → 带速/m·s⁻¹ ↓	18.5	22	30	37	45	55	75	90
			驱动部分组合号							
630	650 800 1000 1200 1400 1600 1800 2000	1.0	328	329	330	331	332			
		1.25	328	329	330	331	312	313		
		1.6	308	309	310	311	312	313		
		2.0	308	309	310	311	312	313		
		2.5	308	309	310	311	312	313		
		3.15	308	309	310	311	312	313		
800	800 1000 1200 1400 1600 1800 2000	1.25	328	329	330	331	332		334	
		1.6	328	329	330	331	312	313	334	
		2.0	308	309	310	311	312	313	314	315
		2.5	308	309	310	311	312	313	314	315
		3.15	308	309	310	311	312	313	314	315
		4.0	308	309	310	311	312	313	314	315
1000	1000 1200 1400 1600 1800 2000	1.6	328	329	330	331	332		334	
		2.0	328	329	330	331	312	313	334	315
		2.5	308	309	310	311	312	313	314	315
		3.15	308	309	310	311	312	313	314	315
		4.0	308	309	310	311	312	313	314	315

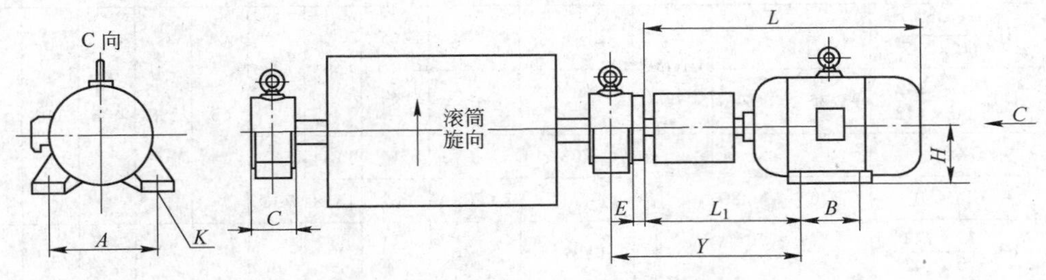

图 5.4.13 YTH 型外装式减速滚筒Ⅰ型驱动组合

表 5.4.36 YTH 型外装式减速滚筒Ⅰ型驱动组合技术参数（1）（湖州电动滚筒有限公司 www.hzdt.com.cn）

组合号	电动机型号 功率/kW	联轴器或耦合器型号规格	制动机型号	逆止器型号	联轴器或耦合器护罩	制动器护罩	总质量/kg	装配尺寸/mm L	L_1	E	H	A	B	K	电机支架图号
08	Y180M_ 4 18.5	$HL_4\ \frac{48\times112}{55\times112}$		NH01	LF04A		195	796	375	42	180	279	241	15	JI-07ⅠA
		$HLL_4\ \frac{48\times112}{55\times112}$	YWZ5-315/80			ZF03A	283								JIZ-07ⅠA
		YOX360			YF01A		283	880	441						JI-07ⅡA
		YOXnz360	YWZ5-315/80			ZYF01A	335	1012	573						JIZ-07ⅡA
09	Y180L_ 4 22	$HL_4\ \frac{48\times112}{55\times112}$		NH01	LF04A		217	836	357	42	180	279	279	15	JI-08ⅠA
		$HLL_4\ \frac{48\times112}{55\times112}$	YWZ5-315/80			ZF03A	306								JIZ-08ⅠA
		YOX360			YF01A		237	920	441						JI-08ⅡA
		YOXnz360	YWZ5-315/80			ZYF01A	343	1052	573						JIZ-08ⅡA

续表 5.4.36

组合号	电动机型号 功率/kW	联轴器或耦合器 型号规格	制动机型号	逆止器 型号	联轴器或 耦合器护罩	制动器 护罩	总质量 /kg	装配尺寸/mm							电机支架 图号
								L	L_1	E	H	A	B	K	
10	Y200L_ 4 30	$HL_4\frac{55\times112}{55\times112}$		NH01	LF04A		297	901	369	42	200	318	305	19	JI-09ⅠA
		$HLL_4\frac{55\times112}{55\times112}$	YWZ5-315/80			ZF03A	386								JIZ-09ⅠA
		YOX360			YF01A		317	985	453						JI-09ⅡA
		YOXnz360	YWZ5-315/80			ZYF01A	423	1117	585						JIZ-09ⅡA
11	Y225S_ 4 37	$HL_5\frac{60\times142}{55\times112}$		NH01	LF05A		337	946	415	42	225	356	286	19	JI-10ⅠA
		$HLL_5\frac{60\times142}{55\times112}$	YWZ5-400/80			ZF04A	461								JIZ-10ⅠA
		YOX400			YF02A		317	1045	514						JI-10ⅠA
		YOXnz400	YWZ5-400/80			ZYF02A	521	1206	675						JIZ-10ⅡA
12	Y225M_ 4 45	$HL_5\frac{60\times142}{60\times142}$		GH110 NH02 BJ110- N-110	LF06A		358	1001	445	65	225	356	311	19	JI-11ⅠA
		$HLL_5\frac{60\times142}{60\times142}$	YWZ5-400/80			ZF05A	480								JIZ-11ⅠA
		YOX400			YF02A		391	1070	514						JI-10ⅡA
		YOXnz400	YWZ5-400/80			ZYF02A	541	1231	675						JIZ-10ⅡA

注：如滚筒不安装 NH 型逆止器时，则装配尺寸中 $E=0$。

表 5.4.37 YTH 型外装式减速滚筒 I 型驱动组合技术参数（2）（湖州电动滚筒有限公司 www.hzdt.com.cn）

组合号	电动机型号 功率/kW	联轴器或耦合器 型号规格	制动机型号	逆止器 型号	联轴器或 耦合器护罩	制动器 护罩	总质量 /kg	装配尺寸/mm							电机支架 图号
								L	L_1	E	H	A	B	K	
13	Y250M-4 55	$HL_5\frac{65\times142}{60\times142}$		GN110 NH02 NJ110- N-110	LF06A		465	1086	464	65	250	406	349	24	JI-12A
		$HLL_5\frac{65\times142}{60\times142}$	YWZ5-400/80			ZF05A	587								JIZ-12ⅠA
		YOX450			YF03A		514	1184	562						JI-12ⅡA
		YOXnz450	YWZ5-400/80			ZYF03A	662	1358	736						JIZ-12ⅡA
14	Y280S-4 75	$HL_6\frac{75\times142}{70\times142}$		GN130 NH03 NJ130- N-130	LF07A		622	1156	486	61	280	457	368	24	JI-13lA
		$HLL_6\frac{75\times142}{70\times142}$	YWZ5-400/121			ZF05A	746								JIZ-131A
		YOX450			YF03A		649	1254	584						JI-131ⅡA
		YOXnz450	YWZ5-400/121			ZYF03A	811	1428	758						JIZ-131ⅡA
15	Y280M-4 90	$HL_6\frac{75\times142}{70\times142}$		GN130 NH103 NJ130- N-130	LF07A		732	1206	486	61	280	457	419	24	JI-141ⅠA
		$HLL_6\frac{75\times142}{70\times142}$	YWZ5-400/121			ZF05A	854								JIZ-141A
		YOX450			YF03A		757	1304	584						JI-14ⅡA
		YOXnz450	YWZ5-400/121			ZYF03A	919	1478	758						JIZ-14ⅡA
16	Y315M-4 110	YOX450		GN150 NJ160- N-150	YF04A		1114	1457	667	—	315	508	406	28	JⅢ-15ⅡA
		YOXnz500	YWZ5-400/121			ZYF04A	1271	1627	819						JIZ-15ⅡA
17	Y315M-4 132	YOX500		GN150 NJ160- N-150	YF04A		1214	1525	667	—	315	508	457	28	JI-16ⅡA
		YOXnz500	YWZ5-400/121			ZYF04A	1371	1677	819						JIZ-16ⅡA
18	Y315L1-4 160	YOX560		GN150 NJ160- N-150	YF05A		1321	1580	716	—	315	508	508	28	JⅡZ-17ⅡA
		YOXnz560	YWZ5-500/201			ZYF05A	1566	1740	875						JIZ-17ⅡA

注：如滚筒不安装 NH 型逆止器时，则装配尺寸中 $E=0$。

表 5.4.38 YTH 型外装式减速滚筒 I 型驱动组合技术参数（3）（湖州电动滚筒有限公司 www.hzdt.com.cn）

组合号	电动机型号 功率/kW	联轴器或耦合器 型号规格	制动机型号	逆止器 型号	联轴器或 耦合器护罩	制动器 护罩	总质量 /kg	装配尺寸/mm							电机支架 图号
								L	L_1	E	H	A	B	K	
28	Y200l1-6 18.5	$HL_4\frac{55\times112}{55\times112}$	YWZ5-315/80	NH01	LF04A		250	901	369	42	200	318	305	19	JI-09ⅠA
		$HLL_4\frac{55\times112}{55\times112}$				ZF03A	386								JIZ-09ⅠA
		YOX4500			YF02A		291	1013	481						JI-20ⅡA
		YOXnz400	YWZ5-400/80			ZYF01A	440	1191	659						JⅡZ-20ⅡA
29	Y200L2-6 22	$HL_4\frac{55\times112}{55\times112}$	YWZ5-315/80	NH01	LF04A		277	901	369	42	200	318	305	19	JI-09ⅠA
		$HLL_4\frac{55\times112}{55\times112}$				ZF03A	365								JIZ-09ⅠA
		YOX450			YF03A		337	1059	527						JI-21ⅡA
		YOXnz450	YWZ5-400/80			ZYF03A	465	1233	701						JIZ-21ⅡA
30	Y225M-6 30	$HL_5\frac{60\times142}{55\times112}$	YWZ5-400/80	NH01	LF05A		332	971	415	42	225	356	311	19	JI-22ⅠA
		$HLL_5\frac{60\times142}{55\times112}$				ZF04A	460								JIZ-22ⅠA
		YOX450			YF03A		387	1099	543						JI-22ⅡA
		YOXnz450	YWZ5-400/80			ZYF03A	534	1273	717						JIZ-22ⅡA
31	Y250M-6 37	$HL_5\frac{65\times142}{55\times112}$	YWZ5-400/80	NH01	LF05A		447	1056	434	42	250	406	349	24	JI-23ⅠA
		$HLL_5\frac{65\times142}{55\times112}$				ZYF04A	570								JIZ-23ⅠA
		YOX500			YF04A		524	1235	613						JI-23ⅡA
		YOXnz500	YWZ5-400/121			ZYF04A	681	1387	765						JIZ-23ⅡA
32	Y280S-6 45	$HL_6\frac{75\times142}{60\times142}$	YWZ5-400/121	GN110 NH102 NJ110 N-11-	LF07A		612	1156	486	65	280	457	368	24	JI-13ⅠA
		$HLL_6\frac{75\times142}{60\times142}$				ZF05A	734								JIZ-13ⅠA
		YOX500			YF04A		664	1305	635						JI-24ⅡA
		YOXnz500	YWZ5-400/121			ZYF04A	821	1457	787						JIZ-24ⅡA

表 5.4.39 YTH 型外装式减速滚筒 I 型驱动组合技术参数（4）（湖州电动滚筒有限公司 www.hzdt.com.cn）

组合号	电动机型号 功率/kW	联轴器或耦合器 型号规格	制动机型号	逆止器 型号	联轴器或 耦合器护罩	制动器 护罩	总质量 /kg	装配尺寸/mm							电机支架 图号
								L	L_1	E	H	A	B	K	
33	Y280M-6 55	$HL_5\frac{75\times142}{60\times142}$	YWZ5-400/121	GN110 NH102 NJ110 N-110	LF07A		662	1206	486	65	250	457	419	24	JI-14ⅠA
		$HLL_5\frac{75\times142}{60\times142}$				ZF05A	784								JIZ-14ⅠA
		YOX560			YF07A		761	1367	647						JI-25ⅡA
		YOXnz560	YWZ5-500/121			ZYF05A	1024	1600	850						JIZ-25ⅡA
34	Y315S-6 75	$HL_6\frac{80\times172}{70\times142}$	YWZ5-500/121	GN130 NH03 NJ130- N-130	LF08A		1110	1356	542	61	315	508	406	28	JI-26ⅠA
		$HLL_6\frac{80\times142}{70\times142}$				ZF06A	1256								JIZ-26ⅠA
		YOX560			YF05A		1161	1487	673						JI-26ⅡA
		YOXnz560	YWZ5-500/121			ZYF05A	1404	1690	876						JIZ-26ⅡA

续表 5.4.39

组合号	电动机型号功率/kW	联轴器或耦合器型号规格	制动机型号	逆止器型号	联轴器或耦合器护罩	制动器护罩	总质量/kg	装配尺寸/mm L	L_1	E	H	A	B	K	电机支架图号
35	Y315M-6 90	$HL_7\frac{80\times142}{70\times142}$		GN130 NH03 NJ130- N-130	LF08A		1190	1406	542	61	315	508	457	28	JⅠ27ⅠA
		$HLL_7\frac{80\times142}{70\times142}$	YWZ5-500/121			ZF06A	1336								JⅠZ-27ⅠA
		YOX600			YF06A		1275	1580	716						JⅠ-27ⅡA
		YOXnz600	YWZ5-500/121			ZYF06A	1520	1778	914						JⅠZ-27ⅡA
36	Y315L1-6 110	YOX600		GN150 NJ160- N-150	YF06A		1345	1580	716	—	315	508	508	28	JⅠ-29ⅡA
		YOXnz600	YWZ5-500/201			ZYF06A	1592	1778	914						JⅠZ-29ⅡA
37	Y315L2-6 132	YOX600		GN150 NJ160- N-150	YF07A		1451	1646	782	—	315	508	508	28	JⅠ-28ⅡA
		YOXnz600	YWZ5-500/201			ZYF07A	1697	1825	961						JⅠZ-28ⅡA

注：如滚筒不安装 NH 型逆止器时，则装配尺寸中 $E=0$。

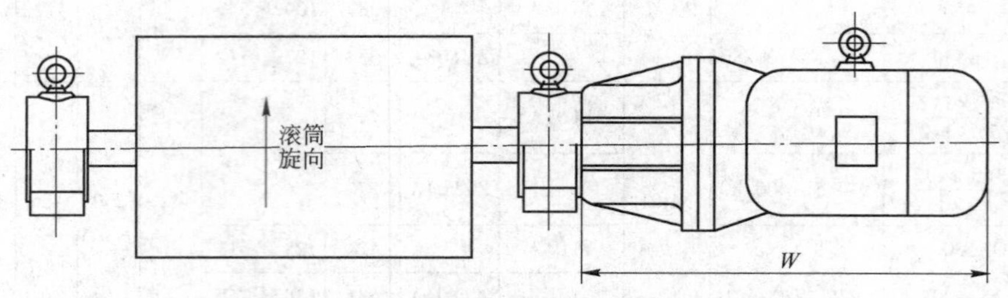

图 5.4.14 YTH 型外装式减速滚筒Ⅱ型驱动组合

表 5.4.40 YTH 型外装式减速滚筒Ⅱ型驱动组合技术参数（湖州电动滚筒有限公司 www.hzdt.com.cn）

组合号	电动机型号及功率/kW	尺寸 W/mm	质量（不包括滚筒部分）/kg
201	Y100L1-4 2.2	428	44
202	Y100L2-4 3	428	48
203	Y112M-4 4	448	53
204	Y132S-4 5.5	537	84
205	Y132M-4 7.5	577	97
206	Y160M-4 11	678	143
207	Y160L-4 15	723	164
208	Y180M-4 18.5	760	226
209	Y180L-4 22	800	234
210	Y200L-4 30	865	314
211	Y225S-4 37	915	368
212	Y225M-4 45	940	400
213	Y250M-4 55	1020	460
228	Y200L1-6 18.5	865	264
229	Y200L2-6 22	865	294
230	Y225M-6 30	935	368
230	Y250M-6 37	1020	478

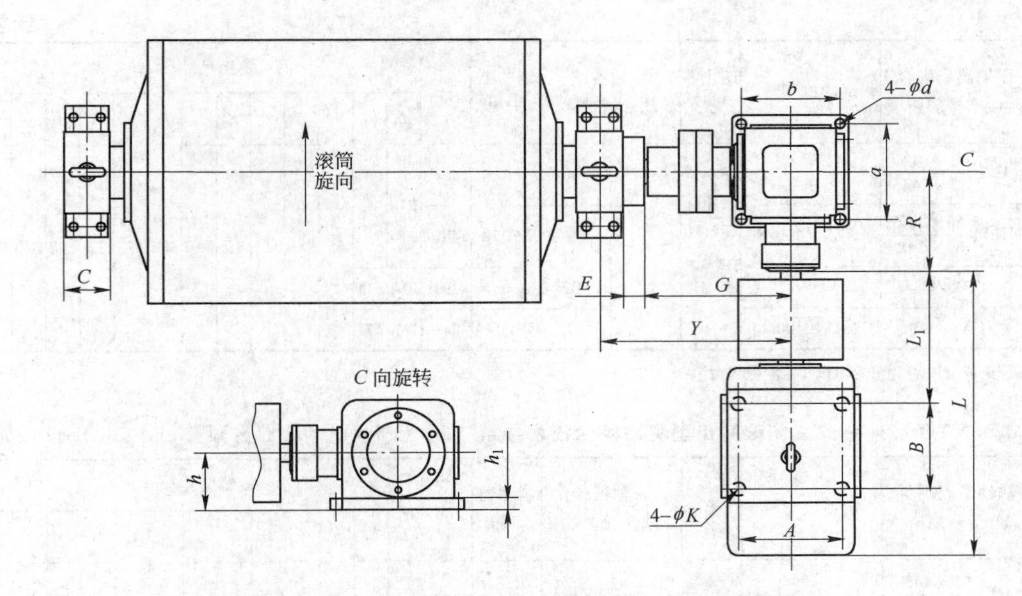

图 5.4.15 YTH 型外装式减速滚筒Ⅲ型驱动组合

表 5.4.41 YTH 型外装式减速滚筒Ⅲ型驱动组合技术参数（1）（湖州电动滚筒有限公司 www.hzdt.com.cn）

组合号	电动机型号功率/kW	联轴器或耦合器型号规格	制动机型号	逆止器型号	联轴器或耦合器护罩		制动器护罩	总质量/kg	装配尺寸/mm L	L_1	E	A	B	K	G	R	h	h_1	a	b	d	电机支架图号
308	Y180M-4 18.5	$HL_4\ \frac{48\times112}{55\times112}$		NH01	SLF01	LF04A		195	796	375	42	279	241	15	364	260	140	25	240	240	16	JⅢ-07ⅠA
		$HLL_4\ \frac{48\times112}{55\times112}$	YWZ5-315/80				ZF03A	283														JⅢZ-07ⅠA
		YOX360				YF01A		229	880	441												JⅢ-07ⅡA
		YOXnz360	YWZ5-315/80				ZYF01A	335	1012	573												JⅢZ-07ⅡA
309	Y180L-4 22	$HL_4\ \frac{48\times112}{55\times112}$		NH01	SLF01	LF04A		217	836	357	42	279	279	15	364	260	140	25	240	240	16	JⅢ-08ⅠA
		$HLL_4\ \frac{48\times112}{55\times112}$	YWZ5-315/80				ZF03A	306														JⅢZ-08ⅠA
		YOX360				YF01A		237	920	441												JⅢ-08ⅡA
		YOXnz360	YWZ5-315/80				ZYF01A	343	1052	573												JⅢZ-08ⅡA
310	Y200L-4 30	$HL_4\ \frac{55\times112}{55\times112}$		NH01	SLF01	LF04A		297	901	369	42	318	305	19	364	260	140	25	240	240	16	JⅢ-09ⅠA
		$HLL_4\ \frac{55\times112}{55\times112}$	YWZ5-315/80				ZF03A	386														JⅢZ-09ⅠA
		YOX360				YF01A		317	985	453												JⅢ-09ⅡA
		YOXnz360	YWZ5-315/80				ZYF01A	423	1117	585												JⅢZ-09ⅡA
311	Y225S-4 37	$HL_5\ \frac{60\times142}{55\times112}$		NH01	SLF01	LF05A		337	946	415	42	356	286	19	364	260	140	25	240	240	16	JⅢ-10ⅠA
		$HLL_5\ \frac{60\times142}{55\times112}$	YWZ5-400/80				ZF04A	461														JⅢZ-10ⅠA
		YOX400				YF02A		371	1045	514												JⅢ-10ⅠA
		YOXnz400	YWZ5-400/80				ZYF02A	521	1206	675												JⅢZ-10ⅡA

续表 5.4.41

组合号	电动机型号功率/kW	联轴器或耦合器型号规格	制动机型号	逆止器型号	联轴器或耦合器护罩	制动器护罩	总质量/kg	装配尺寸/mm L	L_1	E	A	B	K	G	R	h	h_1	a	b	d	电机支架图号
312	Y225M-4 45	HL$_5$ $\frac{60\times142}{60\times142}$		NH02 GN110 NJ110-N-110	SLF02 LF06A		358	1001	445	65	356	311	19	429	305	175	32	290	290	21	JⅢ-11ⅠA
		HLL$_5$ $\frac{60\times142}{60\times142}$	YWZ5-400/80			ZF05A	480														JⅢZ-11ⅠA
		YOX400			YF02A		391	1071	514												JⅢ-11ⅡA
		YOXnz400	YWZ5-400/80			ZYF02A	541	1231	675												JⅢZ-11ⅡA

注：如滚筒不安装 NH 型逆止器时，则装配尺寸中 $E=0$。

表 5.4.42 YTH 型外装式减速滚筒Ⅲ型驱动组合技术参数（2）（湖州电动滚筒有限公司 www.hzdt.com.cn）

组合号	电动机型号功率/kW	联轴器或耦合器型号规格	制动机型号	逆止器型号	联轴器或耦合器护罩	制动器护罩	总质量/kg	装配尺寸/mm L	L_1	E	A	B	K	G	R	h	h_1	a	b	d	电机支架图号
313	Y250M-4 55	HL$_5$ $\frac{65\times142}{60\times142}$		NH02 GH110 NJ110-N-110	SLF02 LF06A		465	1086	464	65	406	349	24	429	305	175	32	290	290	21	JⅢ-12ⅠA
		HLL$_5$ $\frac{65\times142}{60\times142}$	YWZ5-400/80			ZF05A	587														JⅢZ-12ⅠA
		YOX450			YF03A		514	1184	562												JⅢ-12ⅡA
		YOXnz450	YWZ5-400/80			ZYF03A	662	1358	736												JⅢZ-12ⅡA
314	Y280S-4 22	HL$_6$ $\frac{75\times142}{70\times142}$		NH03 GH130 NJ130-N-130	SLF03 LF07A		622	1156	486	61	457	368	24	469	340	200	40	330	330	25	JⅢ-13ⅠA
		HLL$_6$ $\frac{75\times142}{70\times142}$	YWZ5-400/121			ZF05A	746														JⅢZ-13ⅠA
		YOX450			YF03A		649	1254	584												JⅢ-13ⅡA
		YOXnz450	YWZ5-400/121			ZYF03A	811	1428	758												JⅢZ-13ⅡA
315	Y280M-4 90	HL$_6$ $\frac{75\times142}{70\times142}$		NH03 GH130 NJ130-N-130	SLF03 LF07A		732	1206	486	61	457	419	24	469	340	200	40	330	330	25	JⅢ-14ⅠA
		HLL$_6$ $\frac{75\times142}{70\times142}$	YWZ5-400/121			ZF05A	854														JⅢZ-14ⅠA
		YOX450			YF03A		757	1304	584												JⅢ-14ⅡA
		YOXnz450	YWZ5-400/821			ZYF03A	919	1478	758												JⅢZ-14ⅡA
328	Y200L1-6 18.5	HL$_4$ $\frac{55\times112}{55\times112}$		NH01	SLF01 LF04A		250	901	369	42	318	305	19	364	260	140	25	240	240	16	JⅢ-09ⅠA
		HLL$_4$ $\frac{55\times112}{55\times112}$	YWZ5-315/80			ZF03A	336														JⅢZ-09ⅠA
		YOX400			YF02A		291	1013	481												JⅢ-20ⅠA
		YOXnz400	YWZ5-400/80			ZYF02A	440	1191	659												JⅢZ-20ⅡA
329	Y200L2-6 22	HL$_4$ $\frac{55\times112}{60\times142}$		NH01	SLF01 LF04A		277	901	369	42	318	305	19	364	260	140	25	240	240	16	JⅢ-09ⅠA
		HLL$_4$ $\frac{55\times112}{55\times112}$	YWZ5-315/80			ZF03A	365														JⅢZ-09ⅠA
		YOX450			YF03A		337	1059	527												JⅢ-21ⅡA
		YOXnz450	YWZ5-400/80			ZYF03A	464	1233	701												JⅢZ-21ⅡA

表 5.4.43 YTH 型外装式减速滚筒Ⅲ型驱动组合技术参数（3）（湖州电动滚筒有限公司 www.hzdt.com.cn

组合号	电动机型号功率/kW	联轴器或耦合器型号规格	制动机型号	逆止器型号	联轴器或耦合器护罩		制动器护罩	总质量/kg	装配尺寸/mm													电机支架图号
									L	L_1	E	A	B	K	G	R	h	h_1	a	b	d	
330	Y225M-6 30	$HL_5\frac{60\times142}{55\times112}$		NH01	SLF01	LF05A		337	971	415	42	356	311	19	364	260	140	25	240	240	16	JⅢ-22ⅠA
		$HLL_5\frac{60\times142}{55\times112}$	YWZ5-400/80				ZF04A	460														JⅢZ-22ⅠA
		YOX450				YF03A		387	1099	543												JⅢ-22ⅡA
		YOXnz450	YWZ5-400/80				ZYF03A	534	1273	717												JⅢZ-22ⅡA
331	Y250M-6 37	$HL_5\frac{65\times142}{55\times112}$		NH01	SLF01	LF05A		447	1056	434	42	406	349	24	364	260	140	25	240	240	16	JⅢ-23ⅠA
		$HLL_5\frac{65\times142}{55\times112}$	YWZ5-315/80				ZF04A	570														JⅢZ-23ⅠA
		YOX500				YF04A		527	1235	613												JⅢ-23ⅡA
		YOXnz500	YWZ5-400/121				ZYF04A	681	1387	765												JⅢZ-23ⅡA
332	Y280S-6 45	$HL_6\frac{75\times142}{60\times142}$		NH02 GN110 NJ110-N-110	SLF02	LF07A		612	1156	486	65	457	368	24	429	305	175	32	290	290	21	JⅢ-24ⅠA
		$HLL_6\frac{75\times142}{60\times142}$	YWZ5-400/121				ZF05A	734														JⅢZ-24ⅠA
		YOX500				LF04A		664	1350	635												JⅢ-24ⅡA
		YOXnz500	YWZ5-400/121				ZYF04A	821	1457	787												JⅢZ-24ⅡA
333	Y280M-6 55	$HL_6\frac{75\times142}{60\times142}$		NH02 GH110 NJ110-N-110	SLF02	LF07A		662	1206	486	65	457	419	24	429	305	175	32	290	290	21	JⅢ-25ⅠA
		$HLL_6\frac{75\times142}{60\times142}$	YWZ5-400/121				ZF05A	784														JⅢZ-25ⅠA
		YOX560				LF05A		761	1367	647												JⅢ-25ⅡA
		YOXnz560	YWZ5-500/121				ZYF05A	1024	1600	850												JⅢZ-25ⅡA
334	Y315S-6 75	$HL_7\frac{80\times172}{70\times172}$		NH03 GN130 NJ130-N-130	SLF03	LF08A		1110	1356	542	61	508	406	28	469	340	200	40	330	330	25	JⅢ-26ⅠA
		$HLL_7\frac{80\times172}{70\times142}$	YWZ5-500/121				ZF06A	1256														JⅢZ-26ⅠA
		YOX560				LF05A		1161	1487	673												JⅢ-26ⅡA
		YOXnz560	YWZ5-500/121				ZYF05A	1404	1690	876												JⅢZ-26ⅡA

注：如滚筒不安装 NH 型逆止器时，则装配尺寸中 $E=0$。

表5.4.44 外置式电动滚筒技术参数（集安佳信通用机械有限公司 www.jajxty.com.cn）

功率/kW	带宽/mm	滚筒直径/mm	带速/m·s^{-1}	许用扭矩/kN·m	许用合力/kN
1.5	400 500 650 800	320	0.4	0.56	51.3
			0.5	0.45	
			0.6	0.37	
			0.8	0.28	
			1.0	0.22	
			1.25	0.18	
			1.6	0.14	
	400 500 650 800	400	0.4	0.56	54.4
			0.5	0.45	
			0.6	0.37	
			0.8	0.28	
			1.0	0.22	
			1.25	0.18	
			1.6	0.14	
	400 500 650 800	320	0.4	827	513
			0.5	661	
			0.6	551	
			0.8	413	
			1.0	330	
			1.25	264	
			1.6	206	
2.2	400 500 650 800	400	0.25	1.65	54.4
			0.32	1.29	
			0.4	1.03	
			0.5	0.83	
			0.6	0.66	
			0.8	0.52	
			1.0	0.41	
			1.25	0.33	
			1.6	0.26	
			2.0	0.21	
	500 650 800	500	0.32	1.62	57.9
			0.4	1.29	
			0.5	1.03	
			0.6	0.82	
			0.8	0.65	
			1.0	0.52	
			1.25	0.41	
			1.6	0.32	
			2.0	0.26	
			2.5	0.21	
			3.15	0.16	
3.0	400 500 650	320	0.25	1.80	51.3
			0.32	1.41	
			0.4	1.12	
			0.5	0.90	
			0.6	0.75	
3.0	400 500 650	320	0.8	0.56	51.3
			1.0	0.45	
			1.25	0.36	
			1.60	0.28	
	500 650	400	0.25	2.26	54.4
			0.32	1.76	
			0.4	1.41	
			0.5	1.13	
			0.6	0.90	
			0.8	0.71	
			1.0	0.56	
			1.25	0.45	
			1.60	0.35	
			2.0	0.28	
	500 650 800	500	0.4	1.76	57.9
			0.5	1.41	
			0.6	1.12	
			0.8	0.88	
			1.0	0.71	
			1.25	0.56	
			1.6	0.44	
			2.0	0.35	
			2.5	0.28	
			3.15	0.22	
4.0	400 500 650	320	0.4	1.50	51.3
			0.5	1.20	
			0.6	1.00	
			0.8	0.75	
			1.0	0.66	
			1.25	0.48	
			1.60	0.37	
			2.0	0.30	
			2.5	0.24	
	500 650 800	400	0.25	3.01	54.4
			0.32	2.35	
			0.4	1.88	
			0.5	1.50	
			0.6	1.19	
			0.8	0.94	
			1.0	0.75	
			1.25	0.60	
			1.6	0.47	
			2.0	0.38	
	500 650 800	500	0.32	2.94	57.9
			0.4	2.35	
			0.5	1.88	
			0.63	1.49	
4.0	500 650 800	500	0.8	1.18	57.9
			1.0	0.94	
			1.25	0.75	
			1.6	0.59	
			2.0	0.47	
			2.5	0.38	
			3.15	0.30	
5.5	500 650 800	500	0.6	2.05	51.7
			0.8	1.62	
			1.0	1.29	
			1.25	1.03	
			1.6	0.81	
			2.0	0.65	
			2.5	0.52	
			3.15	0.41	
	500 650 800	630	0.6	2.59	78.1
			0.8	2.04	
			1.0	1.63	
			1.25	1.30	
			1.6	1.02	
			2.0	0.81	
			2.5	0.65	
			3.15	0.52	
7.5	500 650 800	500	0.6	2.80	51.7
			0.8	2.20	
			1.0	1.76	
			1.25	1.41	
			1.6	1.10	
			2.0	0.88	
			2.5	0.71	
			3.15	0.56	
	650 800 1000	630	0.6	3.53	78.1
			0.8	2.78	
			1.0	2.22	
			1.25	1.78	
			1.6	1.39	
			2.0	1.11	
			2.5	0.89	
			3.15	0.71	
11	500 650 800	500	0.6	4.10	51.7
			0.8	3.23	
			1.0	2.59	
			1.25	2.07	
			1.6	1.62	
			2.0	1.29	
			2.5	1.03	
			3.15	0.82	

续表 5.4.44

功率/kW	带宽/mm	滚筒直径/mm	带速/m·s^{-1}	许用扭矩/kN·m	许用合力/kN
11	650 800 1000	630	0.60	5.17	71.3
			0.80	4.07	
			1.0	3.26	
			1.25	2.61	
			1.60	2.04	
			2.0	1.63	
			2.5	1.30	
			3.15	1.03	
	800 1000 1200 1400	800	0.8	5.17	
			1.0	4.14	
			1.25	3.31	
			1.60	2.59	
			2.0	2.07	
			2.5	1.65	
			3.15	1.31	
			4.0	1.03	
15	500 650 800	500	0.6	5.60	51.7
			0.8	4.41	
			1.0	3.53	
			1.25	2.82	
			1.60	2.20	
			2.0	1.76	
			2.50	1.41	
			3.15	1.12	
	650 800 1000	630	0.60	7.05	71.3
			0.80	5.56	
			1.0	4.44	
			1.25	3.55	
			1.6	2.78	
			2.0	2.22	
			2.5	1.78	
			3.15	1.41	
	800 1000 1200 1400	800	0.8	7.05	
			1.0	5.64	
			1.25	4.51	
			1.60	3.53	
			2.0	2.82	
			2.50	2.26	
			3.15	1.79	
			4.0	1.41	

功率/kW	带宽/mm	滚筒直径/mm	带速/m·s^{-1}	许用扭矩/kN·m	许用合力/kN
18.5	500 650 800	500	0.8	5.43	120.3
			1.0	4.35	
			1.25	3.48	
			1.60	2.72	
			2.0	2.17	
			2.50	1.74	
			3.15	1.38	
	650 800 1000 1200 1400	630	1.0	5.48	
			1.25	4.38	
			1.60	3.42	
			2.0	2.74	
			2.50	2.19	
			3.15	1.74	
	800 1000 1200 1400	800	1.25	5.57	
			1.60	4.35	
			2.0	3.48	
			2.50	2.78	
			3.15	2.21	
			4.0	1.74	
	1000 1200 1400	1000	1.6	5.43	
			2.0	4.35	
			2.50	3.48	
			3.15	2.76	
			4.0	2.17	
22	500 650 800 1000	500	0.80	6.46	120.3
			1.0	5.17	
			1.25	4.14	
			1.60	3.23	
			2.0	2.59	
			2.50	2.07	
			3.15	1.64	
	650 800 1000 1200 1400	630	1.0	6.51	
			1.25	5.21	
			1.60	4.07	
			2.0	3.26	
			2.50	2.61	
			3.15	2.07	

功率/kW	带宽/mm	滚筒直径/mm	带速/m·s^{-1}	许用扭矩/kN·m	许用合力/kN
22	800 1000 1200 1400	800	1.25	6.62	120.3
			1.6	5.17	
			2.0	4.14	
			2.50	3.31	
			3.15	2.63	
			4.0	2.07	
	1000 1200 1400	1000	1.60	6.46	
			2.0	5.17	
			2.50	4.14	
			3.15	3.28	
			4.0	2.59	
30	500 650 800 1000	500	0.80	8.81	
			1.0	7.05	
			1.25	5.64	
			1.60	4.41	
			2.0	3.53	
			2.50	2.82	
			3.15	2.24	
	650 800 1000 1200 1400	630	1.0	8.88	
			1.25	7.11	
			1.60	5.55	
			2.0	4.44	
			2.50	3.55	
			3.15	2.82	
	800 1000 1200 1400	800	1.25	9.02	
			1.6	7.05	
			2.0	5.64	
			2.50	4.51	
			3.15	3.18	
			4.0	2.82	
	1000 1200 1400	1000	1.60	8.81	
			2.0	7.05	
			2.50	5.64	
			3.15	4.48	
			4.0	3.53	
37	500 650 800	500	1.25	6.96	
			1.60	5.43	
			2.0	4.35	
			2.50	3.48	
			3.15	2.76	

续表 5.4.44

功率 /kW	带宽 /mm	滚筒直径 /mm	带速 /m·s^{-1}	许用扭矩 /kN·m	许用合力 /kN
37	650 800 1000 1200 1400 1600	630	1.0	10.96	120
			1.25	8.77	
			1.60	6.85	
			2.0	5.48	
			2.50	4.38	
			3.15	3.48	
	800 1000 1200 1400 1600	800	1.25	11.13	
			1.60	8.70	
			2.0	6.96	
			2.50	5.57	
			3.15	4.42	
			4.0	3.48	
	1000 1200 1400 1600	1000	1.60	10.87	
			2.0	8.70	
			2.50	6.96	
			3.15	5.52	
			4.0	4.35	
45	650 800 1000 1200 1400 1600	630	1.25	10.66	139
			1.60	8.33	
			2.0	6.66	
			2.50	5.33	
			3.15	4.23	
	800 1000 1200 1400 1600	800	1.60	10.58	
			2.0	8.46	
			2.50	6.77	
			3.15	5.37	
			4.0	4.23	
	1000 1200 1400 1600	1000	2.0	10.58	
			2.5	8.46	
			3.15	6.71	
			4.0	5.29	

功率 /kW	带宽 /mm	滚筒直径 /mm	带速 /m·s^{-1}	许用扭矩 /kN·m	许用合力 /kN
55	650 800 1000 1200 1400 1600	630	1.25	13.03	139
			1.60	10.18	
			2.0	8.14	
			2.50	6.51	
			3.15	5.17	
	800 1000 1200 1400 1600	800	1.60	12.93	
			2.0	10.34	
			2.50	8.27	
			3.15	6.57	
			4.0	5.17	
	1000 1200 1400	1000	2.0	12.93	
			2.50	10.34	
			3.15	8.21	
			4.0	6.46	
75	800 1000 1200 1400 1600 1800	800	1.25	22.56	181
			1.60	17.63	
			2.0	14.10	
			2.50	11.28	
			3.15	8.95	
	1000 1200 1400 1600 1800	1000	1.60	22.03	
			2.0	17.63	
			2.50	14.10	
			3.15	11.19	
			4.0	8.81	
90	1000 1200 1400 1600 1800	800	1.25	27.07	
			1.60	21.15	
			2.0	16.92	
			2.50	13.54	
			3.15	10.74	
	1000 1200 1400 1600 1800	1000	1.60	26.44	
			2.0	21.15	
			2.50	16.92	
			3.15	13.43	
			4.0	10.58	

功率 /kW	带宽 /mm	滚筒直径 /mm	带速 /m·s^{-1}	许用扭矩 /kN·m	许用合力 /kN
110	800 1000 1200 1400 1600 1800 2000	800	1.25	33.09	234
			1.6	25.85	
			2.0	20.68	
			2.5	16.55	
			3.15	13.13	
	1000 1200 1400 1600 1800 2000	1000	1.6	32.31	
			2.0	25.85	
			2.5	20.68	
			3.15	16.41	
			4.0	12.93	
132	1000 1200 1400 1600 1800 2000	800	1.6	31.02	
			2.0	24.82	
			2.5	19.85	
			3.15	15.76	
		1000	1.6	38.78	
			2.0	31.02	
			2.5	24.82	
			3.15	19.70	
			4.0	15.51	
160	1000 1200 1400 1600 1800 2000	800	2.0	30.08	
			2.5	24.07	
			3.15	19.10	
		1000	2.0	30.08	
			2.5	23.87	
			3.15	18.80	

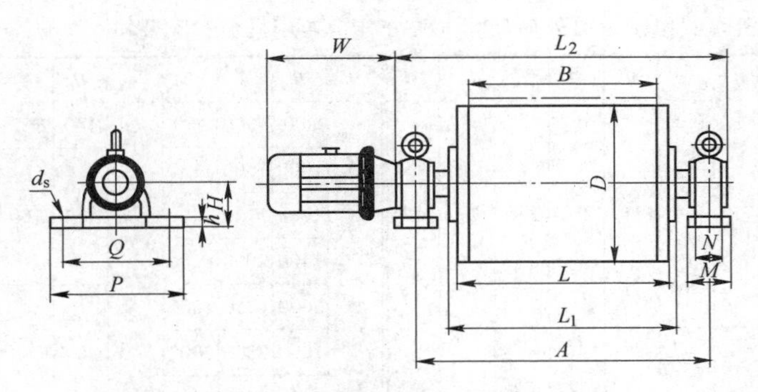

图 5.4.16 WD2 型定轴齿轮电动滚筒外形尺寸

表 5.4.45 WD2 型定轴齿轮电动滚筒电机部分技术参数（集安佳信通用机械有限公司 www.jajxty.com.cn）

电机机座号	100L	112M	132S	132M	160M	160L	180M	180L	200L	225D	225M
W/mm	500	520	605	645	740	785	810	850	935	980	1005

注：表格中 W 值为最大值。

表 5.4.46 WD2 型外置式电动滚筒外形尺寸（集安佳信通用机械有限公司 www.jajxty.com.cn） （mm）

D	B	A	L	L_1	L_2	H	M	N	h	Q	P	d_s
320	400	750	500	516	850	120	75	—	35	280	340	$\phi27$
	500	850	600	616	950							
	650	1000	750	766	1100							
	800	1300	950	966	1400							
400	400	750	500	516	850	120	75	—	35	280	340	$\phi27$
	500	850	600	616	950							
	650	1000	750	766	1100							
	800	1300	950	966	1400							
500	500	850	600	646	970	100	90	—	35	280	340	$\phi27$
	650	1000	750	796	1120	120						
	800	1300	950	996	1420							
	1000	1500	1150	1196	1630							
	1200	1750	1400	1460	1880							
	1400	2000	1600	1660	2130							

D	B	A	L	L_1	L_2	H	M	N	h	Q	P	d_s
630	650	1000	750	830	1120	120	100	—	35	280	340	$\phi27$
	800	1300	950	1030	1430	140	130	80		330	400	
	1000	1500	1150	1230	1630							
	1200	1750	1400	1480	1910	160	160	90	50	360	440	$\phi34$
	1400	2000	1600	1680	2160							
800	800	1300	950	1030	1430	140	130	80	35	380	450	$\phi27$
	1000	1500	1150	1280	1660	160	160	90	50	400	520	$\phi34$
	1200	1750	1400	1530	1910							
	1400	2000	1600	1730	2160							
	1600	2250	1800	1930	2410	200	180	110		540	620	
1000	1000	1500	1150	1280	1660	180	160	100	50	480	560	$\phi34$
	1200	1750	1400	1530	1910							
	1400	2000	1600	1730	2180	200	180	110		540	620	
	1600	2250	1800	1930	2430							

注：WD2 型适用于 250 以下机座（含 250 机座）。

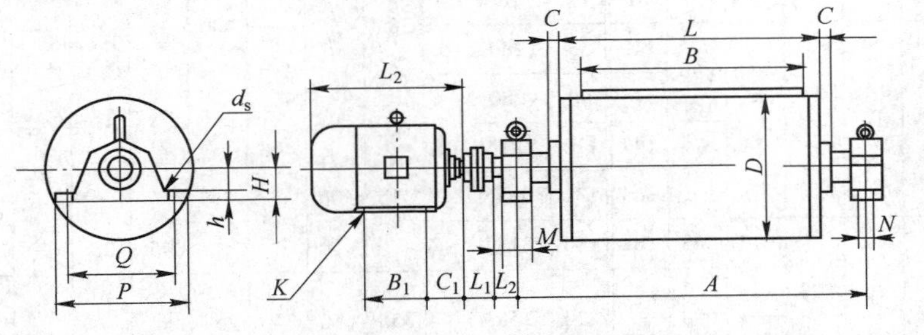

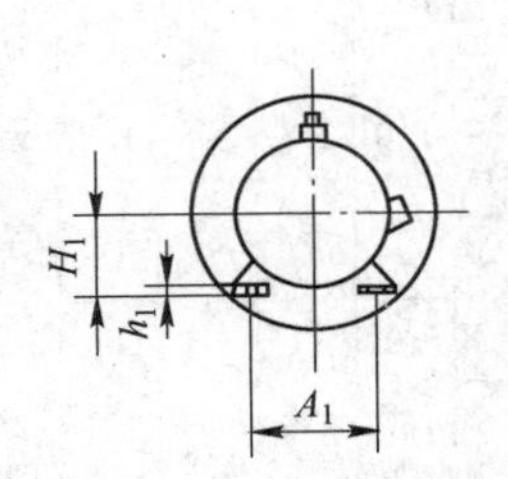

图 5.4.17 WD 型外置式电动滚筒外形尺寸

表 5.4.47 WD 型外置式电动滚筒外形尺寸（集安佳信通用机械有限公司 www.jajxty.com.cn） （mm）

D	B	A	L	L_1	H	M	N	h	Q	P	d_s	C
320	400	750	500	115	120	75	—	35	280	340	27	≤35
	500	850	600									
	650	1000	750									
	800	1300	950									
400	400	750	500	135	120	75	—	35	280	340	27	≤35
	500	850	600									
	650	1000	750									
	800	1300	950									
500	500	850	600	145	100	90	—	35	280	340	27	≤50
	650	1000	750		120							
	800	1300	950									
	1000	1500	1150		120	90	—		280	340		
	1200	1750	1400									
	1400	2000	1600									
630	650	1000	750	155	120	100	—	35	280	340	27	≤50
	800	1300	950		140	130	80		330	400		
	1000	1500	1150									
	1200	1750	1400		160	160	90	50	360	440	34	
	1400	2000	1600									
	1600	2250	1800									

D	B	A	L	L_1	H	M	N	h	Q	P	d_s	C
800	800	1300	950	155 (185)	140	130	80	35	380	450	27	≤65
	1000	1500	1150		160	160	90	50	440	520	34	
	1200	1750	1400									
	1400	2000	1600									
	1600	2250	1800		200	180	110		540	620		
	1800	2500	2000									
	2000	2750	2200									
1000	1000	1500	1150	155 (185)	180 (200)	160	100	50	480	560	34	≤65
	1200	1750	1400									
	1400	2000	1600		200	180	110		540	620		
	1600	2250	1800									
	1800	2500	2000									
	2000	2750	2200									
1250	1400	2000	1600	195	290	300	150	85	750	900	$\phi42\times56$	
	1600	2250	1800									
	1800	2500	2000									
	2000	2750	2200									

注：括号内尺寸为行星电动滚筒尺寸。

表 5.4.48 WD 型外置式电动滚筒电机外形尺寸（集安佳信通用机械有限公司 www.jajxty.com.cn） （mm）

功率/kW	电机型号	H_1	A_1	B_1	C_1	h_1	K	L_2		L_3	质量/kg
2.2	Y100L1 - 4	100	160	140	63	15	12	143	—	320	34
3.0	Y100L2 - 4										38
1.5	Y100L - 6										33
2.2	Y112M - 6	112	190	140	70	17				340	45
4.0	Y112M - 4										43
3.0	Y132S - 6	132	216	140	89	20		163	—	395	63
5.5	Y132S - 4										68
4.0	Y132M1 - 6			178						435	73
5.5	Y132M2 - 6										84
7.5	Y132M - 4										81
	Y160M - 6	160	254	210	108	22	15	223	—	490	119
11	Y160M - 4										123
	Y160L - 6			254						535	147
15	Y160L - 4										144
18.5	Y180M - 4	180	279	241	121	24	15	223	(310)	563	182
15	Y180L - 6			279					—	600	195
22	Y180L - 4								(310)		190

功率/kW	电机型号	H_1	A_1	B_1	C_1	h_1	K	L_2		L_3	质量/kg
22	Y200L2 - 6	200	318	305	133	27	19	223	(397)	665	250
18.5	Y200L1 - 6								(355)		220
30	Y200L - 4										270
37	Y225S - 4	225	356	286	149	28		283		680	284
30	Y225M - 6			311					(397)	705	292
45	Y225M - 4								(355)		320
37	Y250M - 6	250	406	349	168	30	24		(440)	790	408
55	Y250M - 4								(397)		427
45	Y280S - 6	280	457	368	190	35		—	(440)	860	536
75	Y280S - 4										562
55	Y280M - 6			419						910	595
90	Y280M - 4										667
110	Y315S - 4	315	508	406	216	45	28	—	(489)	1100	1000
132	Y315M1 - 4			457						1130	1100
160	Y315M2 - 4										1160
220	Y355M1 - 4	355	610	560	254				(556)	1650	1670

表 5.4.49 WD/WD2 型外置式电动滚筒（齿轮结构）系列参数（集安佳信通用机械有限公司 www.jajxty.com.cn）

筒径 D /mm	功率 /kW	带宽 B /mm	电机型号	带速 v/m·s⁻¹										电机型号	参考质量/kg				
				0.4	0.5	0.63	0.8	1.0	1.25	1.60	2.0	2.5	3.15						
320	1.5	400 500 650 800	100L-6	●	●	●	○	○	○	○	○	○		—	180	189	201	219	
	2.2		112M-6	●	●	●	○	○	○	○	○	○		100L1-4	188	198	212	227	
	3.0		132S-6	●	●	●	○	○	○	○	○	○		100L2-4	203	212	239	251	
	4.0		132M1-6	●	●	●	○	○	○	○	○	○		112M-4	207	216	255	267	
	5.5		132M2-6			●	○	○	○	○	○	○		132S-4	231	252	270	292	
400	1.5	400 500 650 800	100L-6	●	●	●	○	○	○	○	○	○		—	212	228	250	266	
	2.2		112M-6	●	●	●	○	○	○	○	○	○		100L1-4	226	239	264	280	
	3.0		132S-6	●	●	●	○	○	○	○	○	○		100L2-4	241	259	286	300	
	4.0		132M1-6	●	●	●	○	○	○	○	○	○		112M-4	247	264	292	309	
	5.5		132M2-6	●	●	●	○	○	○	○	○	○		132S-4	261	279	303	312	
	7.5		160M-6					○	○	○	○	○		132M-4	309	327	346	368	
	11		160L-6							○	○	○		160M-4	329	347	366	388	
500	2.2	500 650 800 1000 1200	112M-6	●	●	●	○	○	○	○	○	○	○	100L1-4	301	313	341	380	411
	3.0		132S-6	●	●	●	○	○	○	○	○	○	○	100L2-4	307	344	363	406	436
	4.0		132M1-6	●	●	●	○	○	○	○	○	○	○	112M-4	309	349	368	412	447
	5.5		132M2-6	●	●	●	○	○	○	○	○	○	○	132S-4	333	355	371	417	452
	7.5		160M-6	●	●	●	○	○	○	○	○	○	○	132M-4	390	422	443	463	493
	11		160L-6	●	●	●	●	○	○	○	○	○	○	160M-4	410	443	464	490	521
	15		180L-6				●	●	○	○	○	○	○	160L-4	469	488	515	540	600
	18.5		200L1-6				●	●	●	○	○	○	○	180M-4	525	541	581	628	669
	22		200L2-6					●	●	○	○	○	○	180L-4	540	568	608	648	690
630	3.0	650 800 1000 1200 1400	132S-6	●	●	●	○	○	○	○	○	○	○	100L2-4	490	540	569	603	621
	4.0		132M1-6	●	●	●	○	○	○	○	○	○	○	112M-4	510	560	591	621	649
	5.5		132M2-6	●	●	●	○	○	○	○	○	○	○	132S-4	520	570	601	632	657
	7.5		160M-6	●	●	●	○	○	○	○	○	○	○	132M-4	532	583	610	690	750
	11		160L-6	●	●	●	●	○	○	○	○	○	○	160M-4	580	640	676	725	780
	15		180L-6	●	●	●	●	○	○	○	○	○	○	160L-4	603	676	700	750	800
	18.5		200L1-6				●	●	○	○	○	○	○	180M-4	700	765	785	795	850
	22		200L2-6				●	●	●	○	○	○	○	180L-4	800	840	880	910	1110
	30		225M-6						●	○	○	○	○	200L-4	841	885	918	938	1071
	37									●	●	○	○	225S-4	855	905	994	1091	1165
	45									●	●	○	○	225M-4	963	997	1079	1192	1301
800	7.5	800 1000 1200 1400 1600	160M-6		●	●	●	○	○	○	○	○	○	132M-4	739	762	814	901	964
	11		160L-6		●	●	●	●	○	○	○	○	○	160M-4	791	819	871	910	993
	15		180L-6			●	●	●	●	○	○	○	○	160L-4	808	841	865	930	997
	18.5		200L1-6					●	●	○	○	○	○	180M-4	814	997	1251	1301	1351
	22		200L2-6					●	●	●	○	○	○	180L-4	827	997	1175	1333	1480
	30		225M-6							●	○	○	○	200L-4	1108	1137	1140	1347	1503
	37										●	●	○	225S-4	1075	1113	1173	1401	1585
	45										●	●	○	225M-4	1183	1235	1379	1415	1621

注：1. “○”表示两级定轴齿轮减速结构，“●”表示三级定轴齿轮减速结构。

2. “|”左侧为6级电机，右侧为4级电机。

3. 参考质量与带宽一一对应。

示例：WD2 - 1 - 15 - 1.6 - 500 × 800 的参考质量为 515kg，WD2 - 1 - 15 - 1.6 - 500 × 1000 的参考质量为 540kg。

表 5.4.50 WD、WD2 型外置式电动滚筒（行星齿轮、摆线结构）系列参数

（集安佳信通用机械有限公司 www.jajxty.com.cn）

筒径 D/mm	功率 /kW	带宽 B/mm	电机型号	带速 v/m · s^{-1}									电机型号	参考质量/kg					
				0.8	1.0	1.25	1.6	2.0	2.5	3.15	4.0	5.0							
630	18.5	650、800 1000、1200	200L1 - 6	△	△	△	△	△	△	△			180M - 4	772	821	831	875		
	22		200L2 - 6	△	△	△	△	△	△	△			180L - 4	874	947	966	1000		
	30	800 1000 1200 1400 1600	225M - 6	□	○□	○△	○△	○△	○△	○△			200L - 4	1229	1362	1466	1570	1674	
	37		250M - 6	□	□	○△	○△	○△	○△	○△			225S - 4	1232	1365	1469	1573	1677	
	45		280S - 6	□	□	□	○△	○△	○△	○△			225M - 4	1268	1401	1505	1609	1713	
	55		280M - 6		□	□	□	○□	○△	○△			250M - 4	1182	1281	1379	1477	1575	
	75					□	□	□	□	□			280S - 4		717	816	914	1012	
800	18.5	650、800 1000、1200	200L1 - 6		△	△	△	△	△	△	△		180M - 4	955	1067	1172	1248		
	22		200L2 - 6		△	△	△	△	△	△	△		180L - 4	1085	1109	1183	1252		
	30	800、1000、1200、1400、1600	225M - 6		□	○□	○△	○△	○△	○△	○△	○△	200L - 4	1308	1476	1555	1625	1695	
	37		250M - 6		□	○□	○□	○△	○△	○△	○△	○△	225S - 4	1555	1644	1733	1813	1893	
	45		280S - 6		□	□	○□	○□	○△	○△	○△	○△	225M - 4	1591	1680	1769	1849	1929	
	55	1000、1200 1400、1600 1800、2000	280M - 6			○□	○□	○□	○□	○△	○△	○△	250M - 4	1531	1684	1837	1946	2055	2164
	75						○□	○□	○□	○□	○□	○□	280S - 4	—	1684	1837	1946	2055	2164
	90							○	○	○	○	○	280M - 4	—	1684	1837	1946	2055	2164
1000	18.5	1000 1200 1400 1600 1800 2000	200L1 - 6			△	△	△	△	△	△	△	180M - 4	1267	1286	1363	1392		
	22		200L2 - 6			△	△	△	△	△	△	△	180L - 4	1283	1298	1396	1429		
	30		225M - 6			□	○□	○△	○△	○△	○△	○△	200L - 4	2025	2211	2312	2476	2640	2804
	37		250M - 6			□	○□	○□	○△	○△	○△	○△	225S - 4	2225	2593	2763	2933	3103	3273
	45		280S - 6			□	□	○□	○□	○△	○△	○△	225M - 4	2261	2629	2799	2969	3139	3309
	55		280M - 6				○□	○□	○□	○□	○△	○△	250M - 4	2080	2208	2361	2514	2667	2820
	75							○□	○□	○□	○□	○□	280S - 4	2080	2208	2361	2514	2667	2820
	90								○	○	○	○	280M - 4	2080	2208	2361	2514	2667	2820
	110							○	○	○	○	○	315S - 4	2550	2758	2928	3098	3268	3438
	132								○	○	○	○	315M1 - 4	2550	2758	2928	3098	3268	3438
	160								○	○	○	○	315M2 - 4	2550	2758	2928	3098	3268	3438
	220										○	○	355M1 - 4						
1250	160	1400 1600 1800 2000						○	○	○	○	○	315M2 - 4						
	180								○	○	○	○	355S1 - 4						
	200									○	○	○	355S2 - 4						
	220									○	○	○	355M1 - 4						
	250										○	○	355M2 - 4						
	280										○	○	355L1 - 4						

注：1. “○”表示行星齿轮减速结构，“△”表示单摆线减速结构，“□”表示双摆线减速结构。

2. “|”左侧为 6 级电机，右侧为 4 级电机。

3. 参考质量中有三种减速结构并存的为行星齿轮减速滚筒质量。有行星齿轮减速结构和单摆线减速结构并存的参考质量为行星齿轮减速结构滚筒质量。有行星齿轮减速结构和双摆线减速结构并存的参考质量为行星齿轮减速结构滚筒质量。有单摆线减速结构和双摆线减速结构并存的有双摆线减速结构摆线滚筒质量。

4. WD 型适用于 250 以下机座号。

5. 参考质量与带宽一一对应。

示例：WD2－5－30－1.0－630×800 的参考质量为 1229kg。

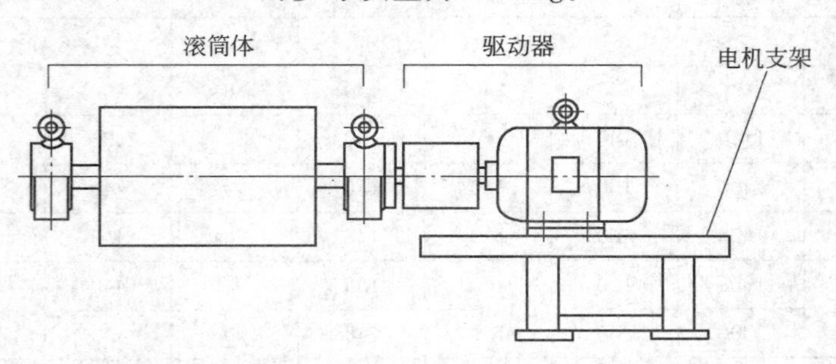

图 5.4.18　YTH 型外装式减速滚筒外形结构

表 5.4.51　YTH 型外装式减速滚筒系列参数（桐乡市梧桐东方齿轮厂　www.txdfcl.com）

滚动直径 D/mm	宽带 B/mm	功率/kW	表面线速度 v/m·s⁻¹												
			0.25	0.32	0.4	0.5	0.63	0.8	1.0	1.25	1.6	2.0	2.5	3.15	4.0
φ320	500/650	1.5，2.2，3.0 4.0，5.5，7.5		○	○	○	○	○	○	○	○	○	○		
φ400	500/650/800	1.5，2.2，3.0 4.0，5.5，7.5	○	○	○	○	○	○	○	○	○	○	○		
φ500	500 650 800 1000	2.2，3.0，4.0		○	○	○	○	○	○	○	○	○	○		
		5.5，7.5					○	○	○	○	○	○	○	○	
		11，15					○	○	○	○	○	○	○	○	
		18.5，22，30，37						○	○	○	○	○	○	○	
φ630	650/800 1000/1200 1400	5.5，7.5，11，15					○	○	○	○	○	○	○	○	
		18.5，22，30，37							○	○	○	○	○	○	
		45，55						○	○	○	○	○	○	○	○
φ800	800 1000 1200 1400	5.5，7.5，11，15						○	○	○	○	○	○	○	○
		18.5，22，30，37								○	○	○	○	○	○
		45，55							○	○	○	○	○	○	○
		75，90，110，132，160								○	○	○	○	○	○
φ1000	1000 1200 1400	18.5，22，30，37									○	○	○	○	
		45，55								○	○	○	○	○	○
		75，90，110，132，160									○	○	○	○	○
		200，220，250									○	○	○	○	○

表 5.4.52　YTH 型外装式减速滚筒安装及外形尺寸（桐乡市梧桐东方齿轮厂　www.txdfcl.com）　（mm）

D	B	A	L	H	C	M	N	P	Q	h	d_s
φ320	500	850	600	120	110	90	—	340	280	35	2－φ27
	650	1000	750	120	110	90	—	340	280	35	2－φ27
φ400	500	850	600	120	110	90	—	340	280	35	2－φ27
	650	1000	750	120	110	90	—	340	280	35	2－φ27
	800	1300	950	120	110	90	—	340	280	35	2－φ27
φ500	500	850	620	100	120	70	—	340	280	35	2－φ27
	650	1000	750	120	120	90	—	340	280	35	2－φ27
	800	1300	950	120	120	90	—	340	280	35	2－φ27
	1000	1500	1150	120	120	90	—	340	280	35	2－φ27
	1200	1750	1400	120	120	90	—	340	280	35	2－φ27
φ630	650	1000	750	120	120	90	—	340	280	35	2－φ27
	800	1300	950	140	140	130	80	400	330	35	4－φ27
	1000	1500	1150	140	140/120	130	80	400	330	35	4－φ27
	1200	1750	1400	160	160	150	90	440	360	50	4－φ34
	1400	2000	1600	160	160	150	90	440	360	50	4－φ34
	1600	2200	1800	160	160	150	90	440	360	50	4－φ34
	1800	2400	2000	160	160	150	90	440	360	50	4－φ34
	2000	2600	2200	160	160	150	90	440	360	50	4－φ34

续表 5.4.52

D	B	A	L	H	C	M	N	P	Q	h	d_s
ϕ800	800	1300	950	140	140	130	80	400	330	35	4－ϕ27
	1000	1500	1150	140	160	130	80	400	330	35	4－ϕ27
	1200	1750	1400	160	160	150	90	440	360	50	4－ϕ34
	1400	2000	1600	160	160	150	90	440	360	50	4－ϕ34
	1600	2200	1800	160	160	150	90	440	360	50	4－ϕ34
	1800	2400	2000	160	160	150	90	440	360	50	4－ϕ34
	2000	2600	2200	160	160	150	90	440	360	50	4－ϕ34
ϕ1000	1000	1500	1150	140	140	130	80	400	330	50	4－ϕ27
	1200	1750	1400	160	160	150	90	440	360	50	4－ϕ34
	1400	2000	1600	160	160	150	90	440	360	50	4－ϕ34
	1600	2200	1800	160	160	150	90	440	360	50	4－ϕ34
	1800	2400	2000	160	160	150	90	440	360	50	4－ϕ34
	2000	2600	2200	160	160	150	90	440	360	50	4－ϕ34

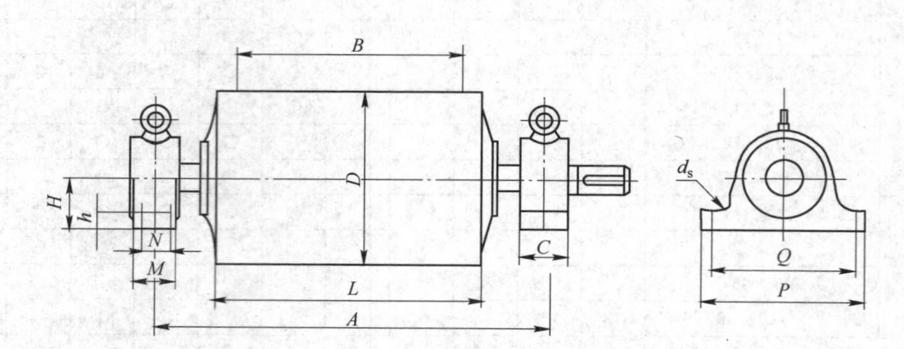

图 5.4.19 YTH 型外装式减速滚筒外形结构

表 5.4.53 YTH 型外装式减速滚筒分类（桐乡市梧桐东方齿轮厂 www.txdfcl.com）

YTH－Ⅰ卧式直列型	型 号	名 称
	YTH－ⅠG	卧式直列联轴器型
	YTH－ⅠY	卧式直列液力耦合器型
滚筒旋向	YTHN－ⅠG	卧式直列逆止联轴器型
	YTHN－ⅠY	卧式直列逆止液力耦合器型
	YTHZ－ⅠG	卧式直列制动联轴器型
	YTHZ－ⅠY	卧式直列制动液力耦合器型
滚筒旋向	YTHNd－ⅠG	卧式直列低速逆止联轴器型
	YTHNd－ⅠY	卧式直列低速逆止液力耦合器型

YTH－Ⅱ立式电机型	型 号	名 称	备 注
	YTH－ⅡG	立式电机型	
滚筒旋向	YTHN－ⅡG	立式电机高速逆止型	功率≤55kW 以下
	YTHNd－ⅡG	立式电机低速逆止型	

续表 5.4.53

YTH－Ⅲ卧式垂直型	型 号	名 称
	YTH－ⅢG	卧式垂直联轴器型
	YTH－ⅢY	卧式垂直液力耦合器型
	YTHN－ⅢG	卧式垂直逆止联轴器型
	YTHN－ⅢY	卧式垂直逆止液力耦合器型
	YTHZ－ⅢG	卧式垂直制动联轴器型
	YTHZ－ⅢY	卧式垂直制动液力耦合器型
	YTHNd－ⅢG	卧式垂直低速逆止联轴器型（低速逆止处图形参见 THND－ⅠG）
	YTHNd－ⅢY	卧式垂直低速逆止液力耦合器型（低速逆止处图形参见 THNd－ⅠY）

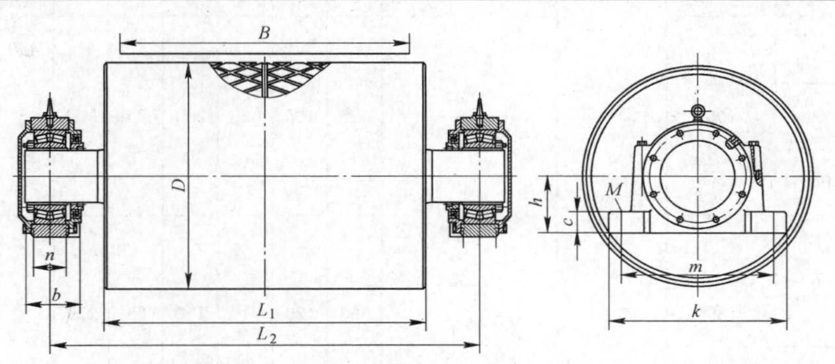

图 5.4.20 重型改向滚筒外形结构

表 5.4.54 重型改向滚筒技术参数（唐山德伯特机械有限公司 www.bucyrus.com） （mm）

带宽 B	许用合力/kN	滚筒直径 D	轴承位直径	滚筒长 L_1	轴承座中心距 L_2	m	n	k	b	c	h	M	质量/kg	图 号
800	65	500	80	950	1250	290	–	345	100	35	100	M20	409	DBT3B1Z38
800	65	500	80	950	1250	290	–	345	100	35	100	M20	441	DBT3B2Z38
800	80	500	100	950	1300	350	–	410	120	45	125	M24	602	DBT3B1Z310
800	80	500	100	950	1300	350	–	410	120	45	125	M24	634	DBT3B2Z310
800	80	630	100	950	1300	350	–	410	120	45	125	M24	725	DBT3B1Z410
800	80	630	100	950	1300	350	–	410	120	45	125	M24	761	DBT3B2Z410
800	140	630	125	950	1300	420	–	500	150	50	150	M30	856	DBT3B1Z412
800	140	630	125	950	1300	420	–	500	150	50	150	M30	898	DBT3B2Z412
800	140	800	125	950	1300	420	–	500	150	50	150	M30	1011	DBT3B1Z512
800	140	800	125	950	1300	420	–	500	150	50	150	M30	1064	DBT3B2Z512
800	265	630	160	950	1400	520	105	620	200	75	200	M30	1351	DBT3B1Z416
800	265	630	160	950	1400	520	105	620	200	75	200	M30	1393	DBT3B2Z416
800	265	800	160	950	1400	520	105	620	200	75	200	M30	1565	DBT3B1Z516
800	265	800	160	950	1400	520	105	620	200	75	200	M30	1618	DBT3B2Z516
800	265	1000	160	950	1400	520	105	620	200	75	200	M30	1870	DBT3B1Z616
800	265	1000	160	950	1400	520	105	620	200	75	200	M30	1935	DBT3B2Z616
800	340	800	180	950	1400	520	105	620	200	75	200	M30	1821	DBT3B1Z518
800	340	800	180	950	1400	560	120	710	220	85	220	M36	1874	DBT3B2Z518
800	340	1000	180	950	1400	560	120	710	220	85	220	M36	2151	DBT3B1Z618
800	340	1000	180	950	1400	560	120	710	220	85	220	M36	2216	DBT3B2Z618
800	340	1250	180	950	1400	560	120	710	220	85	220	M36	2642	DBT3B1Z718
800	340	1250	180	950	1400	560	120	710	220	85	220	M36	2723	DBT3B2Z718
800	435	1000	200	950	1400	560	120	710	220	85	220	M36	2489	DBT3B1Z620
800	435	1000	200	950	1400	560	120	710	220	85	220	M36	2554	DBT3B2Z620
800	435	1250	200	950	1400	640	140	780	230	90	235	M36	3026	DBT3B1Z720
800	435	1250	200	950	1400	640	140	780	230	90	235	M36	3107	DBT3B2Z720

续表 5.4.54

带宽 B	许用合力/kN	滚筒直径 D	轴承位直径	滚筒长 L_1	轴承座中心距 L_2	m	n	k	b	c	h	M	质量/kg	图号
1000	60	500	80	1150	1450	290	-	345	100	35	100	M20	457	DBT4B1Z38
													496	DBT4B2Z38
	80	500	100		1500	350	-	410	120	45	125	M24	668	DBT4B1Z310
													707	DBT4B2Z310
		630											785	DBT4B1Z410
													829	DBT4B2Z410
	135	630	125			420	-	500	150	50	150	M30	928	DBT4B1Z412
													978	DBT4B2Z412
		800											1086	DBT4B1Z512
													1150	DBT4B2Z512
	260	630	160		1600	520	105	620	200	75	200		1470	DBT4B1Z416
													1520	DBT4B2Z416
		800											1671	DBT4B1Z516
													1735	DBT4B2Z516
		1000											1982	DBT4B1Z616
													2061	DBT4B2Z616
	340	800	180			560	120	710	220	85	220		1928	DBT4B1Z518
													1992	DBT4B2Z518
		1000											2266	DBT4B1Z618
													2345	DBT4B2Z618
		1250											2767	DBT4B1Z718
													2866	DBT4B2Z718
	435	1000	200			640	140	780	230	90	235	M36	2639	DBT4B1Z620
													2718	DBT4B2Z620
		1250											3191	DBT4B1Z720
													3290	DBT4B2Z720
	510	1000	220		1650	720	140	890	250	95	270		3156	DBT4B1Z622
													3235	DBT4B2Z622
		1250											3778	DBT4B1Z722
													3877	DBT4B2Z722
	650	1000	240			750	140	900	250	110	290		3707	DBT4B1Z624
													3786	DBT4B2Z624
		1250											4375	DBT4B1Z724
													4474	DBT4B2Z724
	770	1000	260			810	140	960	250	115	290		4069	DBT4B1Z626
													4148	DBT4B2Z626
		1250											4773	DBT4B1Z726
													4872	DBT4B2Z726
		1400											5280	DBT4B1Z826
													5390	DBT4B2Z826
	870	1000	280		1700	840	170	1000	300	120	320		4708	DBT4B1Z628
													4787	DBT4B2Z628
		1250											5448	DBT4B1Z728
													5547	DBT4B2Z728
		1400											5977	DBT4B1Z828
													6087	DBT4B2Z828
	1100	1250	300			940	160	1150	300	130	350		6159	DBT4B1Z730
													6258	DBT4B2Z730
		1400											6735	DBT4B1Z830
													6845	DBT4B2Z830
	1250	1250	320		1750	960	200	1150	360	140	370	M48	6948	DBT4B1Z732
													7047	DBT4B2Z732
		1400											7592	DBT4B1Z832
													7702	DBT4B2Z832

续表 5.4.54

带宽 B	许用合力 /kN	滚筒直径 D	轴承位直径	滚筒长 L_1	轴承座中心距 L_2	m	n	k	b	c	h	M	质量/kg	图号
1200	60	500	80	1400	1700	290	–	345	100	35	100	M20	551	DBT5B1Z38S
													595	DBT5B2Z38S
	80	500	100		1750	350	–	410	120	45	125	M24	736	DBT5B1Z310
													780	DBT5B2Z310
		630											860	DBT5B1Z410
													916	DBT5B2Z410
	127	630	125			420	–	500	150	50	150	M30	997	DBT5B1Z412
													1052	DBT5B2Z412
		800											1217	DBT5B1Z512
													1286	DBT5B2Z512
	260	630	160		1850	520	105	620	200	75	200		1577	DBT5B1Z416
													1632	DBT5B2Z416
		800											1827	DBT5B1Z516
													1897	DBT5B2Z516
		1000											2097	DBT5B1Z616
													2184	DBT5B2Z616
	340	800	180			560	120	710	220	85	220	M36	2019	DBT5B1Z518
													2089	DBT5B2Z518
		1000											2430	DBT5B1Z618
													2517	DBT5B2Z618
		1250											2951	DBT5B1Z718
													3059	DBT5B2Z718
	420	1000	200			640	140	780	230	90	235		2743	DBT5B1Z620
													2830	DBT5B2Z620
		1250											3313	DBT5B1Z720
													3421	DBT5B2Z720
	485	1000	220		1900	720	140	890	250	95	270		3309	DBT5B1Z622
													3396	DBT5B2Z622
		1250											3910	DBT5B1Z722
													4018	DBT5B2Z722
	680	1000	240			750	140	900	250	110	290		4004	DBT5B1Z624
													4091	DBT5B2Z624
		1250											4762	DBT5B1Z724
													4870	DBT5B2Z724
	780	1000	260			810	140	960	250	115	290		4355	DBT5B1Z626
													4442	DBT5B2Z626
		1250											5067	DBT5B1Z726
													5175	DBT5B2Z726
		1400											5603	DBT5B1Z826
													5724	DBT5B2Z826
	900	1000	280		1950	840	170	1000	300	120	320	M36	4997	DBT5B1Z628
													5084	DBT5B2Z628
		1250											5833	DBT5B1Z728
													5941	DBT5B2Z728
		1400											6289	DBT5B1Z828
													6410	DBT5B2Z828
		1600											7080	DBT5B1Z928
													7219	DBT5B2Z928
	1120	1250	300			940	160	1150	300	130	350		6519	DBT5B1Z730
													6627	DBT5B2Z730
		1400											7125	DBT5B1Z830
													7246	DBT5B2Z830
		1600											8130	DBT5B1Z930
													8269	DBT5B2Z930
	1240	1250	320		2000	960	200	1150	360	140	370	M48	7302	DBT5B1Z732
													7410	DBT5B2Z732
		1400											7992	DBT5B1Z832
													8113	DBT5B2Z832
		1600											9019	DBT5B1Z932
													9158	DBT5B2Z932
	1300	1250	340			1000	200	1200	370	145	380		7847	DBT5B1Z734
													7955	DBT5B2Z734
		1400											8504	DBT5B1Z834
													8625	DBT5B2Z834
		1600											9446	DBT5B1Z934
													9585	DBT5B2Z934
	1400	1250	360		2050	1000	200	1200	380	150	390	M56	8316	DBT5B1Z736
													8424	DBT5B2Z736
		1400											9308	DBT5B1Z836
													9429	DBT5B2Z836
		1600											9956	DBT5B1Z936
													10095	DBT5B2Z936
	1480	1250	380			1060	210	1280	390	160	410		8919	DBT5B1Z738
													9027	DBT5B2Z738
		1400											9503	DBT5B1Z838
													9624	DBT5B2Z838
		1600											10599	DBT5B1Z938
													10738	DBT5B2Z938

续表 5.4.54

带宽 B	许用合力 /kN	滚筒直径 D	轴承位直径	滚筒长 L_1	轴承座中心距 L_2	m	n	k	b	c	h	M	质量/kg	图号
1400	55	500	80	1600	1900	290	–	345	100	35	100	M20	615	DBT6B1Z38
													669	DBT6B2Z38
	80	500	100		1950	350	–	410	120	45	125	M24	830	DBT6B1Z310
													884	DBT6B2Z310
		630											922	DBT6B1Z410
													992	DBT6B2Z410
	130	630	125			420	–	500	150	50	150	M30	1135	DBT6B1Z412
													1205	DBT6B2Z412
		800											1311	DBT6B1Z512
													1399	DBT6B2Z512
	260	630	160		2050	520	105	620	200	75	200		1775	DBT6B1Z416
													1845	DBT6B2Z416
		800											1996	DBT6B1Z516
													2084	DBT6B2Z516
		1000											2340	DBT6B1Z616
													2450	DBT6B2Z616
	340	800	180			560	120	710	220	85	220		2293	DBT6B1Z518
													2381	DBT6B2Z518
		1000											2627	DBT6B1Z618
													2737	DBT6B2Z618
		1250											3165	DBT6B1Z718
													3302	DBT6B2Z718
	420	1000	200			640	140	780	230	90	235		2986	DBT6B1Z620
													3096	DBT6B2Z620
		1250											3570	DBT6B1Z720
													3707	DBT6B2Z720
	500	1000	220		2100	720	140	890	250	95	270	M36	3563	DBT6B1Z622
													3673	DBT6B2Z622
		1250											4178	DBT6B1Z722
													4315	DBT6B2Z722
	650	1000	240			750	140	900	250	110	290		4213	DBT6B1Z624
													4323	DBT6B2Z624
		1250											4899	DBT6B1Z724
													5036	DBT6B2Z724
	770	1000	260			810	140	960	250	115	290		4512	DBT6B1Z626
													4622	DBT6B2Z626
		1250											5274	DBT6B1Z726
													5411	DBT6B2Z726
		1400											5757	DBT6B1Z826
													5910	DBT6B2Z826

续表 5.4.54

带宽 B	许用合力/kN	滚筒直径 D	轴承位直径	滚筒长 L_1	轴承座中心距 L_2	m	n	k	b	c	h	M	质量/kg	图 号
1400	870	1000	280	1600	2150	840	170	1000	300	120	320	M36	5185	DBT6B1Z628
													5295	DBT6B2Z628
		1250											5975	DBT6B1Z728
													6112	DBT6B2Z728
		1400											6542	DBT6B1Z828
													6695	DBT6B2Z828
		1600											7349	DBT6B1Z928
													7539	DBT6B2Z928
	1100	1250	300			940	160	1150	300	130	350		6758	DBT6B1Z730
													6895	DBT6B2Z730
		1400											7372	DBT6B1Z830
													7525	DBT6B2Z830
		1600											8248	DBT6B1Z930
													8423	DBT6B2Z930
	1250	1250	320		2200	960	200	1150	360	140	370	M48	7635	DBT6B1Z732
													7772	DBT6B2Z732
		1400											8276	DBT6B1Z832
													8429	DBT6B2Z832
		1600											9192	DBT6B1Z932
													9367	DBT6B2Z932
	1300	1250	340			1000	200	1200	370	145	380		8257	DBT6B1Z734
													8394	DBT6B2Z734
		1400											8926	DBT6B1Z834
													9079	DBT6B2Z834
		1600											9882	DBT6B1Z934
													10057	DBT6B2Z934
	1370	1250	360		2250	1000	200	1200	380	150	390	M56	8805	DBT6B1Z736
													8942	DBT6B2Z736
		1400											9432	DBT6B1Z836
													9585	DBT6B2Z836
		1600											10474	DBT6B1Z936
													10649	DBT6B2Z936
	1450	1250	380			1060	210	1280	390	160	410		9194	DBT6B1Z738
													9331	DBT6B2Z738
		1400											9831	DBT6B1Z838
													9984	DBT6B2Z838
		1600											10887	DBT6B1Z938
													11062	DBT6B2Z938
	1650	1400	400		2300	1120	210	1370	420	180	450		10869	DBT6B1Z840
													11022	DBT6B2Z840
		1600											11976	DBT6B1Z940
													12151	DBT6B2Z940
		1800											13148	DBT6B1Z1040
													13344	DBT6B2Z1040

续表 5.4.54

带宽 B	许用合力/kN	滚筒直径 D	轴承位直径	滚筒长 L_1	轴承座中心距 L_2	m	n	k	b	c	h	M	质量/kg	图号
1600	80	500	100	1800	2150	350	—	410	120	45	125	M30	916	DBT7B1Z310
													973	DBT7B2Z310
		630											1030	DBT7B1Z410
													1101	DBT7B2Z410
	127	630	125			420	—	500	150	50	150		1248	DBT7B1Z412
													1320	DBT7B2Z412
		800											1471	DBT7B1Z512
													1561	DBT7B2Z512
	260	630	160		2250	520	105	620	200	75	200		1874	DBT7B1Z416
													1945	DBT7B2Z416
		800											2097	DBT7B1Z516
													2187	DBT7B2Z516
		1000											2402	DBT7B1Z616
													2514	DBT7B2Z616
	340	800	180			560	120	710	220	85	220	M36	2443	DBT7B1Z518
													2533	DBT7B2Z518
		1000											2754	DBT7B1Z618
													2866	DBT7B2Z618
		1250											3448	DBT7B1Z718
													3587	DBT7B2Z718
	420	1000	200			640	140	780	230	90	235		3259	DBT7B1Z620
													3371	DBT7B2Z620
		1250											3795	DBT7B1Z720
													3934	DBT7B2Z720
	485	1000	220		2300	720	140	890	250	95	270		3719	DBT7B1Z622
													3831	DBT7B2Z622
		1250											4388	DBT7B1Z722
													4527	DBT7B2Z722
	680	1000	240			750	140	900	250	110	290		4474	DBT7B1Z624
													4586	DBT7B2Z624
		1250											5197	DBT7B1Z724
													5336	DBT7B2Z724
	780	1000	260			810	140	960	250	115	290		4804	DBT7B1Z626
													4916	DBT7B2Z626
		1250											5685	DBT7B1Z726
													5824	DBT7B2Z726
		1400											6135	DBT7B1Z826
													6291	DBT7B2Z826

续表 5.4.54

带宽 B	许用合力/kN	滚筒直径 D	轴承位直径	滚筒长 L_1	轴承座中心距 L_2	m	n	k	b	c	h	M	质量/kg	图号
1600	900	1000	280	1800	2350	840	170	1000	300	120	320	M36	5564	DBT7B1Z628
													5676	DBT7B2Z628
		1250											6404	DBT7B1Z728
													6543	DBT7B2Z728
		1400											7019	DBT7B1Z828
													7175	DBT7A2Z828
		1600											7891	DBT7A1Z928
													8069	DBT7A2Z928
	1120	1250	300			940	160	1150	300	130	350		7131	DBT7A1Z730
													7270	DBT7A2Z730
		1400											7668	DBT7A1Z830
													7824	DBT7A2Z830
		1600											8539	DBT7A1Z930
													8717	DBT7A2Z930
	1240	1250	320		2400	960	200	1150	360	140	370	M48	8053	DBT7A1Z732
													8192	DBT7A2Z732
		1400											8657	DBT7A1Z832
													8813	DBT7A2Z832
		1600											9638	DBT7A1Z932
													9816	DBT7A2Z932
	1300	1250	340			1000	200	1200	370	145	380		8606	DBT7A1Z734
													8745	DBT7A2Z734
		1400											9210	DBT7A1Z834
													9366	DBT7A2Z834
		1600											10198	DBT7A1Z934
													10376	DBT7A2Z934
	1400	1250	360		2450	1000	200	1200	380	150	390	M56	9140	DBT7A1Z736
													9279	DBT7A2Z736
		1400											9767	DBT7A1Z836
													9923	DBT7A2Z836
		1600											10783	DBT7A1Z936
													10961	DBT7A2Z936
	1480	1250	380			1060	210	1280	390	160	410		9624	DBT7A1Z738
													9763	DBT7A2Z738
		1400											10360	DBT7A1Z838
													10516	DBT7A2Z838
		1600											11404	DBT7A1Z938
													11582	DBT7A2Z938
	1660	1400	400		2500	1120	210	1370	420	180	450		11381	DBT7A1Z840
													11537	DBT7A2Z840
		1600											12482	DBT7A1Z940
													12660	DBT7A2Z940
		1800											13677	DBT7A1Z1040
													13877	DBT7B2Z1040

续表 5.4.54

带宽 B	许用合力 /kN	滚筒直径 D	轴承位直径	滚筒长 L_1	轴承座中心距 L_2	m	n	k	b	c	h	M	质量/kg	图号
1800	75	500	100	2000	2350	350	—	410	120	45	125	M24	984	DBT8B1Z310
													1052	DBT8B2Z310
		630											1091	DBT8B1Z410
													1178	DBT8B2Z410
	130	630	125			420	—	500	150	50	150	M30	1388	DBT8B1Z412
													1475	DBT8B2Z412
		800											1582	DBT8B1Z512
													1692	DBT8B2Z512
	250	630	160		2450	520	105	620	200	75	200		1999	DBT8B1Z416
													2086	DBT8B2Z416
		800											2235	DBT8B1Z516
													2345	DBT8B2Z516
		1000											2614	DBT8B1Z616
													2751	DBT8B2Z616
	320	800	180			560	120	710	220	85	220	M36	2570	DBT8B1Z518
													2680	DBT8B2Z518
		1000											2916	DBT8B1Z618
													3053	DBT8B2Z618
		1250											3558	DBT8B1Z718
													3729	DBT8B2Z718
	410	1000	200			640	140	780	230	90	235		3378	DBT8B1Z620
													3515	DBT8B2Z620
		1250											3994	DBT8B1Z720
													4165	DBT8B2Z720
	500	1000	220		2500	720	140	890	250	95	270		4119	DBT8B1Z622
													4256	DBT8B2Z622
		1250											4770	DBT8B1Z722
													4941	DBT8B2Z722
	640	1000	240			750	140	900	250	110	290		4606	DBT8B1Z624
													4743	DBT8B2Z624
		1250											5310	DBT8B1Z724
													5481	DBT8B2Z724
	750	1000	260			810	140	960	250	115	290		4978	DBT8B1Z626
													5115	DBT8B2Z626
		1250											5819	DBT8B1Z726
													5990	DBT8B2Z726
		1400											6291	DBT8B1Z826
													6482	DBT8B2Z826

续表 5.4.54

带宽 B	许用合力 /kN	滚筒直径 D	轴承位直径	滚筒长 L_1	轴承座中心距 L_2	m	n	k	b	c	h	M	质量/kg	图号
1800	860	1000	280	2000	2550	840	170	1000	300	120	320	M36	5758	DBT8B1Z628
													5895	DBT8B2Z628
		1250											6601	DBT8B1Z728
													6772	DBT8B2Z728
		1400											7127	DBT8B1Z828
													7318	DBT8B2Z828
		1600											8124	DBT8B1Z928
													8394	DBT8B2Z928
	1070	1250	300			940	160	1150	300	130	350		7318	DBT8B1Z730
													7489	DBT8B2Z730
		1400											7889	DBT8B1Z830
													8080	DBT8B2Z830
		1600											8790	DBT8B1Z930
													9008	DBT8B2Z930
	1220	1250	320		2600	960	200	1150	360	140	370	M48	8292	DBT8B1Z732
													8463	DBT8B2Z732
		1400											8896	DBT8B1Z832
													9087	DBT8B2Z832
		1600											9843	DBT8B1Z932
													10061	DBT8B2Z932
	1280	1250	340			1000	200	1200	370	145	380		8837	DBT8B1Z734
													9008	DBT8B2Z734
		1400											9539	DBT8B1Z834
													9730	DBT8B2Z834
		1600											10532	DBT8B1Z934
													10750	DBT8B2Z934
	1360	1250	360		2650	1000	200	1200	380	150	390	M56	9453	DBT8B1Z736
													9624	DBT8B2Z736
		1400											10102	DBT8B1Z836
													10293	DBT8B2Z836
		1600											11109	DBT8B1Z936
													11327	DBT8B2Z936
	1440	1250	380			1060	210	1280	390	160	410		9976	DBT8B1Z738
													10147	DBT8B2Z738
		1400											10636	DBT8B1Z838
													10827	DBT8B2Z838
		1600											11659	DBT8B1Z938
													11877	DBT8B2Z938
	1640	1400	400		2700	1120	210	1370	420	180	450		11602	DBT8B1Z840
													11793	DBT8B2Z840
		1600											12759	DBT8B1Z940
													12977	DBT8B2Z940
		1800											13968	DBT8B1Z1040
													14213	DBT8B2Z1040

续表 5.4.54

带宽 B	许用合力/kN	滚筒直径 D	轴承位直径	滚筒长 L_1	轴承座中心距 L_2	m	n	k	b	c	h	M	质量/kg	图号
2000	80	500	100	2200	2550	350	—	410	120	45	125	M24	1113	DBT9B1Z310
													1182	DBT9B2Z310
		630											1264	DBT9B1Z410
													1351	DBT9B2Z410
	126	630	125			420	—	500	150	50	150	M30	1524	DBT9B1Z412
													1611	DBT9B2Z412
		800											1739	DBT9B1Z512
													1849	DBT9B2Z512
	260	630	160		2650	520	105	620	200	75	200		2179	DBT9B1Z416
													2266	DBT9B2Z416
		800											2441	DBT9B1Z516
													2551	DBT9B2Z516
		1000											2766	DBT9B1Z616
													2903	DBT9B2Z616
	330	800	180			560	120	710	220	85	220	M36	2765	DBT9B1Z518
													2875	DBT9B2Z518
		1000											3208	DBT9B1Z618
													3345	DBT9B2Z618
		1250											3687	DBT9B1Z718
													3857	DBT9B2Z718
	390	1000	200			640	140	780	230	90	235		3528	DBT9B1Z620
													3665	DBT9B2Z620
		1250											4212	DBT9B1Z720
													4382	DBT9B2Z720
	475	1000	220		2700	720	140	890	250	95	270		4489	DBT9B1Z622
													4626	DBT9B2Z622
		1250											5113	DBT9B1Z722
													5283	DBT9B2Z722
	635	1000	240			750	140	900	250	110	290		4961	DBT9B1Z624
													5098	DBT9B2Z624
		1250											5448	DBT9B1Z724
													5618	DBT9B2Z724
	740	1000	260			810	140	960	250	115	290		5186	DBT9B1Z626
													5323	DBT9B2Z626
		1250											6139	DBT9B1Z726
													6309	DBT9B2Z726
		1400											6596	DBT9B1Z826
													6787	DBT9B2Z826

续表 5.4.54

带宽 B	许用合力 /kN	滚筒直径 D	轴承位直径	滚筒长 L_1	轴承座中心距 L_2	m	n	k	b	c	h	M	质量/kg	图 号
2000	850	1000	280	2200	2750	840	170	1000	300	120	320	M36	6003	DBT9B1Z628
													6140	DBT9B2Z628
		1250											6885	DBT9B1Z728
													7055	DBT9B2Z728
		1400											7367	DBT9B1Z828
													7558	DBT9B2Z828
		1600											8652	DBT9B1Z928
													8870	DBT9B2Z928
	1050	1250	300			940	160	1150	300	130	350		7765	DBT9B1Z730
													7935	DBT9B2Z730
		1400											8535	DBT9B1Z830
													8705	DBT9B2Z830
		1600											9259	DBT9B1Z930
													9450	DBT9B2Z930
	1200	1250	320		2800	960	200	1150	360	140	370	M48	8535	DBT9B1Z732
													8705	DBT9B2Z732
		1400											9259	DBT9B1Z832
													9450	DBT9B2Z832
		1600											10277	DBT9B1Z932
													10495	DBT9B2Z932
	1280	1250	340			1000	200	1200	370	145	380		9259	DBT9B1Z734
													9429	DBT9B2Z734
		1400											10005	DBT9B1Z834
													10196	DBT9B2Z834
		1600											11055	DBT9B1Z934
													11273	DBT9B2Z934
	1400	1250	360		2850	1000	200	1200	380	150	390	M56	9892	DBT9B1Z736
													10062	DBT9B2Z736
		1400											10711	DBT9B1Z836
													10902	DBT9B2Z836
		1600											11793	DBT9B1Z936
													12011	DBT9B2Z936
	1500	1250	380			1060	210	1280	390	160	410		10478	DBT9B1Z738
													10648	DBT9B2Z738
		1400											11136	DBT9B1Z838
													11327	DBT9B2Z838
		1600											12217	DBT9B1Z938
													12435	DBT9B2Z938
	1620	1400	400		2900	1120	210	1370	420	180	450		12131	DBT9B1Z840
													12322	DBT9B2Z840
		1600											13273	DBT9B1Z940
													13491	DBT9B2Z940
		1800											14510	DBT9B1Z1040
													14755	DBT9B2Z1040

续表 5.4.54

带宽 *B*	许用合力 /kN	滚筒直径 *D*	轴承位直径	滚筒长 L_1	轴承座中心距 L_2	*m*	*n*	*k*	*b*	*c*	*h*	*M*	质量/kg	图号
2200	68	500	100	2500	2850	350	—	410	120	45	125	M24	1228	DBT10B1Z310
													1313	DBT10B2Z310
		630											1378	DBT10B1Z410
													1486	DBT10B2Z410
	124	630	125			420	—	500	150	50	150	M30	1659	DBT10B1Z412
													1768	DBT10B2Z412
		800											1864	DBT10B1Z512
													2001	DBT10B2Z512
	235	630	160		2950	520	105	620	200	75	200		2406	DBT10B1Z416
													2515	DBT10B2Z416
		800											2676	DBT10B1Z516
													2813	DBT10B2Z516
		1000											3014	DBT10B1Z616
													3185	DBT10B2Z616
	310	800	180			560	120	710	220	85	220	M36	3097	DBT10B1Z518
													3234	DBT10B2Z518
		1000											3452	DBT10B1Z618
													3623	DBT10B2Z618
		1250											4106	DBT10B1Z718
													4319	DBT10B2Z718
	380	1000	200			640	140	780	230	90	235		3988	DBT10B1Z620
													4159	DBT10B2Z620
		1250											4619	DBT10B1Z720
													4832	DBT10B2Z720
	470	1000	220		3000	720	140	890	250	95	270		4856	DBT10B1Z622
													5027	DBT10B2Z622
		1250											5464	DBT10B1Z722
													5677	DBT10B2Z722
	570	1000	240			750	140	900	250	110	290		5295	DBT10B1Z624
													5466	DBT10B2Z624
	630	1250											6094	DBT10B1Z724
													6307	DBT10B2Z724
	730	1000	260			810	140	960	250	115	290		5848	DBT10B1Z626
													6019	DBT10B2Z626
		1250											6688	DBT10B1Z726
													6901	DBT10B2Z726
		1400											7336	DBT10B1Z826
													7574	DBT10B2Z826

续表 5.4.54

带宽 *B*	许用合力 /kN	滚筒直径 *D*	轴承位直径	滚筒长 L_1	轴承座中心距 L_2	*m*	*n*	*k*	*b*	*c*	*h*	*M*	质量/kg	图号
2200	840	1000	280	2500	3050	840	170	1000	300	120	320	M36	6528	DBT10B1Z628
													6699	DBT10B2Z628
		1250											7431	DBT10B1Z728
													7644	DBT10B2Z728
		1400											8022	DBT10B1Z828
													8260	DBT10B2Z828
		1600											8900	DBT10B1Z928
													9239	DBT10B2Z928
	1020	1250	300			940	160	1150	300	130	350		8277	DBT10B1Z730
													8490	DBT10B2Z730
		1400											8908	DBT10B1Z830
													9146	DBT10B2Z830
		1600											9904	DBT10B1Z930
													10176	DBT10B2Z930
	1180	1250	320		3100	960	200	1150	360	140	370	M48	9330	DBT10B1Z732
													9543	DBT10B2Z732
		1400											10000	DBT10B1Z832
													10238	DBT10B2Z832
		1600											11049	DBT10B1Z932
													11321	DBT10B2Z932
	1250	1250	340			1000	200	1200	370	145	380		9952	DBT10B1Z734
													10165	DBT10B2Z734
		1400											10648	DBT10B1Z834
													10886	DBT10B2Z834
		1600											11733	DBT10B1Z934
													12005	DBT10B2Z934
	1340	1250	360		3150	1000	200	1200	380	150	390	M56	10472	DBT10B1Z736
													10685	DBT10B2Z736
		1400											11180	DBT10B1Z836
													11418	DBT10B2Z836
		1600											12283	DBT10B1Z936
													12555	DBT10B2Z936
	1420	1250	380			1060	210	1280	390	160	410		10935	DBT10B1Z738
													11148	DBT10B2Z738
		1400											11748	DBT10B1Z838
													11986	DBT10B2Z838
		1600											12886	DBT10B1Z938
													13158	DBT10B2Z938
	1600	1400	400		3200	1120	210	1370	420	180	450		12831	DBT10B1Z840
													13082	DBT10B2Z840
		1600											14005	DBT10B1Z940
													14305	DBT10B2Z940
		1800											15306	DBT10B1Z1040
													15612	DBT10B2Z1040

续表 5.4.54

带宽 B	许用合力/kN	滚筒直径 D	轴承位直径	滚筒长 L_1	轴承座中心距 L_2	m	n	k	b	c	h	M	质量/kg	图号
2400	140	630	125	2800	3150	420	—	500	150	50	150	M30	1818	DBT11B1Z412
													1929	DBT11B2Z412
		800											2071	DBT11B1Z512
													2211	DBT11B2Z512
	230	630	160		3250	520	105	620	200	75	200		2652	DBT11B1Z416
													2763	DBT11B2Z416
		800											2932	DBT11B1Z516
													3072	DBT11B2Z516
		1000											3432	DBT11B1Z616
													3606	DBT11B2Z616
	305	800	180			560	120	710	220	85	220	M36	3290	DBT11B1Z518
													3430	DBT11B2Z518
		1000											3675	DBT11B1Z618
													3849	DBT11B2Z618
		1250											4381	DBT11B1Z718
													4598	DBT11B2Z718
	380	1000	200			640	140	780	230	90	235		4199	DBT11B1Z620
													4373	DBT11B2Z620
		1250											4854	DBT11B1Z720
													5071	DBT11B2Z720
	460	1000	220		3300	720	140	890	250	95	270		5140	DBT11B1Z622
													5314	DBT11B2Z622
		1250											5803	DBT11B1Z722
													6020	DBT11B2Z722
	620	1000	240			750	140	900	250	110	290		5612	DBT11B1Z624
													5786	DBT11B2Z624
		1250											6341	DBT11B1Z724
													6558	DBT11B2Z724
	730	1000	260			810	140	960	250	115	290		6610	DBT11B1Z626
													6849	DBT11B2Z626
		1250											6960	DBT11B1Z726
													7177	DBT11B2Z726
		1400											7650	DBT11B1Z826
													7993	DBT11B2Z826
	840	1000	280		3350	840	170	1000	300	120	320		6870	DBT11B1Z628
													7044	DBT11B2Z628
		1250											7805	DBT11B1Z728
													7922	DBT11B2Z728
		1400											8523	DBT11B1Z828
													8766	DBT11B2Z828
		1600											9521	DBT11B1Z928
													9787	DBT11B2Z928

续表 5.4.54

带宽 B	许用合力/kN	滚筒直径 D	轴承位直径	滚筒长 L_1	轴承座中心距 L_2	m	n	k	b	c	h	M	质量/kg	图　号
2400	1000	1250	300	2800	3350	940	160	1150	300	130	350	M36	8724	DBT11B1Z730
													8841	DBT11B2Z730
		1400											9387	DBT11B1Z830
													9630	DBT11B2Z830
		1600											10424	DBT11B1Z930
													10701	DBT11B2Z930
	1100	1250	320		3400	960	200	1150	360	140	370	M48	9682	DBT11B1Z732
													9899	DBT11B2Z732
		1400											10263	DBT11B1Z832
													10506	DBT11B2Z832
		1600											11350	DBT11B1Z932
													11627	DBT11B2Z932
	1270	1250	340			1000	200	1200	370	145	380		10280	DBT11B1Z734
													10397	DBT11B2Z734
		1400											11307	DBT11B1Z834
													11550	DBT11B2Z834
		1600											12460	DBT11B1Z934
													12737	DBT11B2Z934
	1350	1250	360		3450	1000	200	1200	380	150	390	M56	11411	DBT11B1Z736
													11628	DBT11B2Z736
		1400											12265	DBT11B1Z836
													12508	DBT11B2Z836
		1600											13454	DBT11B1Z936
													13731	DBT11B2Z936
	1450	1250	380			1060	210	1280	390	160	410		11797	DBT11B1Z738
													12014	DBT11B2Z738
		1400											12476	DBT11B1Z838
													12719	DBT11B2Z838
		1600											13666	DBT11B1Z938
													13943	DBT11B2Z938
	1600	1400	400		3500	1120	210	1370	420	180	450		13513	DBT11B1Z840
													13806	DBT11B2Z840
		1600											14841	DBT11B1Z940
													15118	DBT11B2Z940
		1800											16201	DBT11B1Z1040
													16512	DBT11B2Z1040

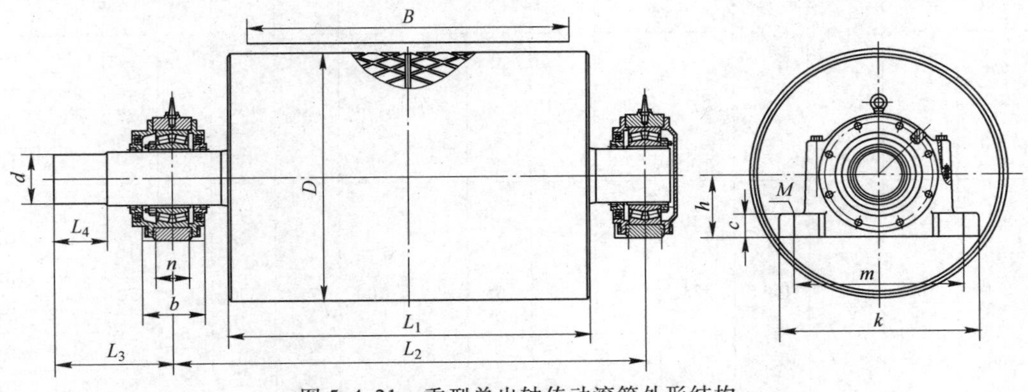

图 5.4.21　重型单出轴传动滚筒外形结构

表 5.4.55 **重型单出轴传动滚筒技术参数**（唐山德伯特机械有限公司 www.bucyrus.com） (mm)

带宽 B	许用合力 /kN	滚筒直径 D	轴承位直径	滚筒长 L_1	轴承座中心距 L_2	L_3	L_4	m	n	k	b	c	h	M	d	质量 /kg	图号
800	65	500	80	950	1250	245	70	290	—	345	100	35	100	M20	70	448	DBT3A3Z38D
																448	DBT3A4Z38D
	80	500	100		1300	277.5	90	350	—	410	120	45	125	M24	90	646	DBT3A3Z310D
																646	DBT3A4Z310D
		630														773	DBT3A3Z410D
																773	DBT3A4Z410D
	140	630	125			307.5	105	420	—	500	150	50	150	M30	110	918	DBT3A3Z412D
																918	DBT3A4Z412D
		800														1084	DBT3A3Z512D
																1084	DBT3A4Z512D
	265	630	160		1400	373	135	520	105	620	200	75	200		150	1450	DBT3A3Z416D
																1450	DBT3A4Z416D
		800														1675	DBT3A3Z516D
																1675	DBT3A4Z516D
		1000														1992	DBT3A4Z616D
																1992	DBT3A4Z616D
	340	800	180			454	185	560	120	710	220	85	220	M36	160	1956	DBT3A3Z518D
																1956	DBT3A4Z518D
		1000														2298	DBT3A3Z618D
																2298	DBT3A4Z618D
		1250														2805	DBT3A3Z718D
																2805	DBT3A4Z718D
	435	1000	200			445	165	640	140	780	230	90	235		180	2646	DBT3A3Z620D
																2646	DBT3A4Z620D
		1250														3199	DBT3A3Z720D
																3199	DBT3A4Z720D
1000	60	500	80	1150	1450	245	70	290	—	345	100	35	100	M20	70	503	DBT4A3Z38D
																503	DBT4A4Z38D
	80	500	100		1500	277.5	90	350	—	410	120	45	125	M24	90	719	DBT4A3Z310D
																719	DBT4A4Z310D
		630														841	DBT4A3Z410D
																841	DBT4A4Z410D
	135	630	125			307.5	105	420	—	500	150	50	150	M30	110	998	DBT4A3Z412D
																998	DBT4A4Z412D
		800														1170	DBT4A3Z512D
																1170	DBT4A4Z512D
	260	630	160		1600	373	135	520	105	620	200	75	200		150	1577	DBT4A3Z416D
																1577	DBT4A4Z416D
		800														1792	DBT4A3Z516D
																1792	DBT4A4Z516D
		1000														2118	DBT4A4Z616D
																2118	DBT4A4Z616D

续表 5.4.55

带宽 B	许用合力 /kN	滚筒直径 D	轴承位直径	滚筒长 L_1	轴承座中心距 L_2	L_3	L_4	m	n	k	b	c	h	M	d	质量 /kg	图　号
1000	340	800	180	1150	1600	454	185	560	120	710	220	85	220	M36	160	2074	DBT4A3Z518D
																2074	DBT4A4Z518D
		1000														2427	DBT4A3Z618D
																2427	DBT4A4Z618D
		1250														2948	DBT4A3Z718D
																2948	DBT4A4Z718D
	435	1000	200			445	165	640	140	780	230	90	235		180	2810	DBT4A3Z620D
																2810	DBT4A4Z620D
		1250														3382	DBT4A3Z720D
																3382	DBT4A4Z720D
	510	1000	220		1650	482	180	720	140	890	250	95	270		200	3355	DBT4A3Z622D
																3355	DBT4A4Z622D
		1250														3997	DBT4A3Z722D
																3997	DBT4A4Z722D
	650	1000	240			500	190	750	140	900	250	110	290		220	3949	DBT4A3Z624D
																3949	DBT4A4Z624D
		1250														4637	DBT4A3Z724D
																4637	DBT4A4Z724D
	770	1000	260			522	205	810	140	960	250	115	290		250	4337	DBT4A3Z626D
																4337	DBT4A4Z626D
		1250														5061	DBT4A3Z726D
																5061	DBT4A4Z726D
		1400														5579	DBT4A3Z826D
																5579	DBT4A4Z826D
	870	1000	280		1700	592	265	840	170	1000	300	120	320		260	5064	DBT4A3Z628D
																5064	DBT4A4Z628D
		1250														5824	DBT4A3Z728D
																5824	DBT4A4Z728D
		1400														6364	DBT4A3Z828D
																6364	DBT4A4Z828D
	1100	1250	300			607	275	940	160	1150	300	130	350		280	6606	DBT4A3Z730D
																6606	DBT4A4Z730D
		1400														7193	DBT4A3Z830D
																7193	DBT4A4Z830D
	1250	1250	320		1750	652	290	960	200	1150	360	140	370	M48	300	7396	DBT4A3Z732D
																7396	DBT4A4Z732D
		1400														8051	DBT4A3Z832D
																8051	DBT4A4Z832D

续表 5.4.55

带宽 B	许用合力 /kN	滚筒直径 D	轴承位直径	滚筒长 L_1	轴承座中心距 L_2	L_3	L_4	m	n	k	b	c	h	M	d	质量 /kg	图号
1200	60	500	80	1400	1700	245	70	290	—	345	100	35	100	M20	70	602	DBT5A3Z38D
																602	DBT5A4Z38D
	80	500	100		1750	277.5	90	350	—	410	120	45	125	M24	90	792	DBT5A3Z310D
																792	DBT5A4Z310D
		630														928	DBT5A3Z410D
																928	DBT5A4Z410D
	127	630	125			307.5	105	420	—	500	150	50	150	M30	110	1072	DBT5A3Z412D
																1072	DBT5A4Z412D
		800														1306	DBT5A3Z512D
																1306	DBT5A4Z512D
	260	630	160		1850	373	135	520	105	620	200	75	200		150	1689	DBT5A3Z416D
																1689	DBT5A4Z416D
		800														1954	DBT5A3Z516D
																1954	DBT5A4Z516D
		1000														2241	DBT5A3Z616D
																2241	DBT5A4Z616D
	340	800	180			454	185	560	120	710	220	85	220	M36	160	2171	DBT5A3Z518D
																2171	DBT5A4Z518D
		1000														2599	DBT5A3Z618D
																2599	DBT5A4Z618D
		1250														3141	DBT5A3Z718D
																3141	DBT5A4Z718D
	420	1000	200			445	165	640	140	780	230	90	235		180	2922	DBT5A3Z620D
																2922	DBT5A4Z620D
		1250														3513	DBT5A3Z720D
																3513	DBT5A4Z720D
	485	1000	220		1900	482	180	720	140	890	250	95	270		200	3516	DBT5A3Z622D
																3516	DBT5A4Z622D
		1250														4138	DBT5A3Z722D
																4138	DBT5A4Z722D
	680	1000	240			500	190	750	140	900	250	110	290		220	4254	DBT5A3Z624D
																4254	DBT5A4Z624D
		1250														5033	DBT5A3Z724D
																5033	DBT5A4Z724D
	780	1000	260			522	205	810	140	960	250	115	290		250	4631	DBT5A3Z626D
																4631	DBT5A4Z626D
		1250														5364	DBT5A3Z726D
																5364	DBT5A4Z726D
		1400														5913	DBT5A3Z826D
																5913	DBT5A4Z826D

续表 5.4.55

带宽 B	许用合力 /kN	滚筒直径 D	轴承位直径	滚筒长 L_1	轴承座中心距 L_2	L_3	L_4	m	n	k	b	c	h	M	d	质量 /kg	图号
1200	900	1000	280	1400	1950	592	265	840	170	1000	300	120	320	M36	260	5361	DBT5A3Z628D
																5361	DBT5A4Z628D
		1250														6218	DBT5A3Z728D
																6218	DBT5A4Z728D
		1400														6687	DBT5A3Z828D
																6687	DBT5A4Z828D
		1600														7496	DBT5A3Z928D
																7496	DBT5A4Z928D
	1120	1250	300			607	275	940	160	1150	300	130	350		280	6975	DBT5A3Z730D
																6975	DBT5A4Z730D
		1400														7594	DBT5A3Z830D
																7594	DBT5A4Z830D
		1600														8617	DBT5A3Z930D
																8617	DBT5A4Z930D
	1240	1250	320		2000	652	290	960	200	1150	360	140	370	M48	300	7759	DBT5A3Z732D
																7759	DBT5A4Z732D
		1400														8462	DBT5A3Z832D
																8462	DBT5A4Z832D
		1600														9507	DBT5A3Z932D
																9507	DBT5A4Z932D
	1300	1250	340			617	250	1000	200	1200	370	145	380		320	8327	DBT5A3Z734D
																8327	DBT5A4Z734D
		1400														8997	DBT5A3Z834D
																8997	DBT5A4Z834D
		1600														9957	DBT5A3Z934D
																9957	DBT5A4Z934D
	1400	1250	360		2050	647	270	1000	200	1200	380	150	390	M56	340	8796	DBT5A3Z736D
																8796	DBT5A4Z736D
		1400														9801	DBT5A3Z836D
																9801	DBT5A4Z836D
		1600														10467	DBT5A3Z936D
																10467	DBT5A4Z936D
	1480	1250	380			720	330	1060	210	1280	390	160	410		360	9548	DBT5A3Z738D
																9548	DBT5A4Z738D
		1400														10145	DBT5A3Z838D
																10145	DBT5A4Z838D
		1600														11259	DBT5A3Z938D
																11259	DBT5A4Z938D

续表 5.4.55

带宽 B	许用合力 /kN	滚筒直径 D	轴承位直径	滚筒长 L_1	轴承座中心距 L_2	L_3	L_4	m	n	k	b	c	h	M	d	质量 /kg	图号
1400	55	500	80	1600	1900	245	70	290	—	345	100	35	100	M20	70	676	DBT6A3Z38D
																676	DBT6A4Z38D
	80	500	100		1950	277.5	90	350	—	410	120	45	125	M24	90	896	DBT6A3Z310D
																896	DBT6A4Z310D
		630														1004	DBT6A3Z410D
																1004	DBT6A4Z410D
	130	630	125			307.5	105	420	—	500	150	50	150	M30	110	1225	DBT6A3Z412D
																1225	DBT6A4Z412D
		800														1419	DBT6A3Z512D
																1419	DBT6A4Z512D
	260	630	160		2050	373	135	520	105	620	200	75	200		150	1902	DBT6A3Z416D
																1902	DBT6A4Z416D
		800														2141	DBT6A3Z516D
																2141	DBT6A4Z516D
		1000														2507	DBT6A4Z616D
																2507	DBT6A4Z616D
	340	800	180			454	185	560	120	710	220	85	220	M36	160	2463	DBT6A3Z518D
																2463	DBT6A4Z518D
		1000														2819	DBT6A3Z618D
																2819	DBT6A4Z618D
		1250														3384	DBT6A3Z718D
																3384	DBT6A4Z718D
	420	1000	200			445	165	640	140	780	230	90	235		180	3188	DBT6A3Z620D
																3188	DBT6A4Z620D
		1250														3799	DBT6A3Z720D
																3799	DBT6A4Z720D
	500	1000	220		2100	482	180	720	140	890	250	95	270		200	3793	DBT6A3Z622D
																3793	DBT6A4Z622D
		1250														4435	DBT6A3Z722D
																4435	DBT6A4Z722D
	650	1000	240			500	190	750	140	900	250	110	290		220	4486	DBT6A3Z624D
																4486	DBT6A4Z624D
		1250														5199	DBT6A3Z724D
																5199	DBT6A4Z724D
	770	1000	260			522	205	810	140	960	250	115	290		250	4811	DBT6A3Z626D
																4811	DBT6A4Z626D
		1250														5600	DBT6A3Z726D
																5600	DBT6A4Z726D
		1400														6099	DBT6A3Z826D
																6099	DBT6A4Z826D

续表 5.4.55

带宽 B	许用合力 /kN	滚筒直径 D	轴承位直径	滚筒长 L_1	轴承座中心距 L_2	L_3	L_4	m	n	k	b	c	h	M	d	质量 /kg	图 号
1400	870	1000	280	1600	2150	592	265	840	170	1000	300	120	320	M36	260	5572	DBT6A3Z628D
																5572	DBT6A4Z628D
		1250														6389	DBT6A3Z728D
																6389	DBT6A4Z728D
		1400														6972	DBT6A3Z828D
																6972	DBT6A4Z828D
		1600														7816	DBT6A3Z928D
																7816	DBT6A4Z928D
	1100	1250	300			607	275	940	160	1150	300	130	350		280	7243	DBT6A3Z730D
																7243	DBT6A4Z730D
		1400														7873	DBT6A3Z830D
																7873	DBT6A4Z830D
		1600														8771	DBT6A3Z930D
																8771	DBT6A4Z930D
	1250	1250	320		2200	652	290	960	200	1150	360	140	370	M48	300	8121	DBT6A3Z732D
																8121	DBT6A4Z732D
		1400														8778	DBT6A3Z832D
																8778	DBT6A4Z832D
		1600														9716	DBT6A3Z932D
																9716	DBT6A4Z932D
	1300	1250	340			617	250	1000	200	1200	370	145	380		320	8766	DBT6A3Z734D
																8766	DBT6A4Z734D
		1400														9451	DBT6A3Z834D
																9451	DBT6A4Z834D
		1600														10429	DBT6A3Z934D
																10429	DBT6A4Z934D
	1370	1250	360		2250	647	270	1000	200	1200	380	150	390	M56	340	9314	DBT6A3Z736D
																9314	DBT6A4Z736D
		1400														9957	DBT6A3Z836D
																9957	DBT6A4Z836D
		1600														11021	DBT6A3Z936D
																11021	DBT6A4Z936D
	1450	1250	380			720	330	1060	210	1280	390	160	410		360	9852	DBT6A3Z738D
																9852	DBT6A4Z738D
		1400														10505	DBT6A3Z838D
																10505	DBT6A4Z838D
		1600														11583	DBT6A3Z938D
																11583	DBT6A4Z938D
	1650	1400	400		2300	697	295	1120	210	1370	420	180	450		380	11613	DBT6A3Z840D
																11613	DBT6A4Z840D
		1600														12742	DBT6A3Z940D
																12742	DBT6A4Z940D
		1800														13935	DBT6A3Z1040D
																13935	DBT6A4Z1040D

续表 5.4.55

带宽 B	许用合力 /kN	滚筒直径 D	轴承位直径	滚筒长 L_1	轴承座中心距 L_2	L_3	L_4	m	n	k	b	c	h	M	d	质量 /kg	图号
1600	80	500	100	1800	2150	277.5	90	350	—	410	120	45	125	M30	90	985	DBT7A3Z310D
																985	DBT7A4Z310D
		630														1113	DBT7A3Z410D
																1113	DBT7A4Z410D
	127	630	125			307.5	105	420	—	500	150	50	150		110	1340	DBT7A3Z412D
																1340	DBT7A4Z412D
		800														1581	DBT7A3Z512D
																1581	DBT7A4Z512D
	260	630	160		2250	373	135	520	105	620	200	75	200		150	2002	DBT7A3Z416D
																2002	DBT7A4Z416D
		800														2244	DBT7A3Z516D
																2244	DBT7A4Z516D
		1000														2571	DBT7A3Z616D
																2571	DBT7A4Z616D
	340	800	180			454	185	560	120	710	220	85	220	M36	160	2615	DBT7A3Z518D
																2615	DBT7A4Z518D
		1000														2948	DBT7A3Z618D
																2948	DBT7A4Z618D
		1250														3669	DBT7A3Z718D
																3669	DBT7A4Z718D
	420	1000	200			445	165	640	140	780	230	90	235		180	3463	DBT7A3Z620D
																3463	DBT7A4Z620D
		1250														4026	DBT7A3Z720D
																4026	DBT7A4Z720D
	485	1000	220		2300	482	180	720	140	890	250	95	270		200	3951	DBT7A3Z622D
																3951	DBT7A4Z622D
		1250														4647	DBT7A3Z722D
																4647	DBT7A4Z722D
	680	1000	240			500	190	750	140	900	250	110	290		220	4749	DBT7A3Z624D
																4749	DBT7A4Z624D
		1250														5499	DBT7A3Z724D
																5499	DBT7A4Z724D
	780	1000	260			522	205	810	140	960	250	115	290		250	5105	DBT7A3Z626D
																5105	DBT7A4Z626S
		1250														6013	DBT7A3Z726D
																6013	DBT7A4Z726D
		1400														6480	DBT7A3Z826D
																6480	DBT7A4Z826D

续表 5.4.55

带宽 B	许用合力 /kN	滚筒直径 D	轴承位直径	滚筒长 L_1	轴承座中心距 L_2	L_3	L_4	m	n	k	b	c	h	M	d	质量 /kg	图 号
1600	900	1000	280	1800	2350	592	265	840	170	1000	300	120	320	M36	260	5953	DBT7A3Z628D
																5953	DBT7A4Z628D
		1250														6820	DBT7A3Z728D
																6820	DBT7A4Z728D
		1400														7452	DBT7A3Z828D
																7452	DBT7A4Z828D
		1600														8346	DBT7A3Z928D
																8346	DBT7A4Z928D
	1120	1250	300			607	275	940	160	1150	300	130	350		280	7618	DBT7A3Z730D
																7618	DBT7A4Z730D
		1400														8172	DBT7A3Z830D
																8172	DBT7A4Z830D
		1600														9065	DBT7A3Z930D
																9065	DBT7A4Z930D
	1240	1250	320		2400	652	290	960	200	1150	360	140	370	M48	300	8541	DBT7A3Z732D
																8541	DBT7A4Z732D
		1400														9162	DBT7A3Z832D
																9162	DBT7A4Z832D
		1600														10165	DBT7A3Z932D
																10165	DBT7A4Z932D
	1300	1250	340			617	250	1000	200	1200	370	145	380		320	9117	DBT7A3Z734D
																9117	DBT7A4Z734D
		1400														9738	DBT7A3Z834D
																9738	DBT7A4Z834D
		1600														10748	DBT7A3Z934D
																10748	DBT7A4Z934D
	1400	1250	360		2450	647	270	1000	200	1200	380	150	390	M56	340	9651	DBT7A3Z736D
																9651	DBT7A4Z736D
		1400														10295	DBT7A3Z836D
																10295	DBT7A4Z836D
		1600														11333	DBT7A3Z936D
																11333	DBT7A4Z936D
	1480	1250	380			720	330	1060	210	1280	390	160	410		360	10284	DBT7A3Z738D
																10284	DBT7A4Z738D
		1400														11037	DBT7A3Z838D
																11037	DBT7A4Z838D
		1600														12103	DBT7A3Z938D
																12103	DBT7A4Z938D
	1660	1400	400		2500	697	295	1120	210	1370	420	180	450		400	12128	DBT7A3Z840D
																12128	DBT7A4Z840D
		1600														13251	DBT7A3Z940D
																13251	DBT7A4Z940D
		1800														14468	DBT7A3Z1040D
																14468	DBT7A4Z1040D

续表 5.4.55

带宽 B	许用合力 /kN	滚筒直径 D	轴承位直径	滚筒长 L_1	轴承座中心距 L_2	L_3	L_4	m	n	k	b	c	h	M	d	质量 /kg	图 号
1800	75	500	100	2000	2350	277.5	90	350	—	410	120	45	125	M24	90	1064	DBT8A3Z310D
																1064	DBT8A4Z310D
		630														1190	DBT8A3Z410D
																1190	DBT8A4Z410D
	130	630	125			307.5	105	420	—	500	150	50	150	M30	110	1495	DBT8A3Z412D
																1495	DBT8A4Z412D
		800														1712	DBT8A3Z512D
																1712	DBT8A4Z512D
	250	630	160		2450	373	135	520	105	620	200	75	200		150	2143	DBT8A3Z416D
																2143	DBT8A4Z416D
		800														2402	DBT8A3Z516D
																2402	DBT8A4Z516D
		1000														2808	DBT8A4Z616D
																2808	DBT8A4Z616D
	320	800	180			454	185	560	120	710	220	85	220	M36	160	2762	DBT8A3Z518D
																2762	DBT8A4Z518D
		1000														3135	DBT8A3Z618D
																3135	DBT8A4Z618D
		1250														3811	DBT8A3Z718D
																3811	DBT8A4Z718D
	410	1000	200			445	165	640	140	780	230	90	235		180	3607	DBT8A3Z620D
																3607	DBT8A4Z620D
		1250														4257	DBT8A3Z720D
																4257	DBT8A4Z720D
	500	1000	220		2500	482	180	720	140	890	250	95	270		200	4376	DBT8A3Z622D
																4376	DBT8A4Z622D
		1250														5061	DBT8A3Z722D
																5061	DBT8A4Z722D
	640	1000	240			500	190	750	140	900	250	110	290		220	4906	DBT8A3Z624D
																4906	DBT8A4Z624D
		1250														5644	DBT8A3Z724D
																5644	DBT8A4Z724D
	750	1000	260			522	205	810	140	960	250	115	290		250	5304	DBT8A3Z626D
																5304	DBT8A4Z626D
		1250														6179	DBT8A3Z726D
																6179	DBT8A4Z726D
		1400														6671	DBT8A3Z826D
																6671	DBT8A4Z826D

续表 5.4.55

带宽 B	许用合力 /kN	滚筒直径 D	轴承位直径	滚筒长 L_1	轴承座中心距 L_2	L_3	L_4	m	n	k	b	c	h	M	d	质量 /kg	图号
1800	860	1000	280	2000	2550	592	265	840	170	1000	300	120	320	M36	260	6172	DBT8A3Z628D
																6172	DBT8A4Z628D
		1250														7049	DBT8A3Z728D
																7049	DBT8A4Z728D
		1400														7595	DBT8A3Z828D
																7595	DBT8A4Z828D
		1600														8671	DBT8A3Z928D
																8671	DBT8A4Z928D
	1070	1250	300			607	275	940	160	1150	300	130	350		280	7837	DBT8A3Z730D
																7837	DBT8A4Z730D
		1400														8428	DBT8A3Z830D
																8428	DBT8A4Z830D
		1600														9356	DBT8A3Z930D
																9356	DBT8A4Z930D
	1220	1250	320		2600	652	290	960	200	1150	360	140	370	M48	300	8812	DBT8A3Z732D
																8812	DBT8A4Z732D
		1400														9436	DBT8A3Z832D
																9436	DBT8A4Z832D
		1600														10410	DBT8A3Z932D
																10410	DBT8A4Z932D
	1280	1250	340			617	250	1000	200	1200	370	145	380		320	9380	DBT8A3Z734D
																9380	DBT8A4Z734D
		1400														10102	DBT8A3Z834D
																10102	DBT8A4Z834D
		1600														11122	DBT8A3Z934D
																11122	DBT8A4Z934D
	1360	1250	360		2650	647	270	1000	200	1200	380	150	390	M56	340	9996	DBT8A3Z736D
																9996	DBT8A4Z736D
		1400														10665	DBT8A3Z836D
																10665	DBT8A4Z836D
		1600														11699	DBT8A3Z936D
																11699	DBT8A4Z936D
	1440	1250	380			720	330	1060	210	1280	390	160	410		360	10668	DBT8A3Z738D
																10668	DBT8A4Z738D
		1400														11348	DBT8A3Z838D
																11348	DBT8A4Z838D
		1600														12398	DBT8A3Z938D
																12398	DBT8A4Z938D
	1640	1400	400		2700	697	295	1120	210	1370	420	180	450		380	12384	DBT8A3Z840D
																12384	DBT8A4Z840D
		1600														13568	DBT8A3Z940D
																13568	DBT8A4Z940D
		1800														14804	DBT8A3Z1040D
																14804	DBT8A4Z1040D

续表 5.4.55

带宽 B	许用合力 /kN	滚筒直径 D	轴承位直径	滚筒长 L_1	轴承座中心距 L_2	L_3	L_4	m	n	k	b	c	h	M	d	质量 /kg	图号
2000	80	500	100	2200	2550	277.5	90	350	—	410	80	45	125	M24	90	1194	DBT9A3Z310D
																1194	DBT9A4Z310D
		630														1363	DBT9A3Z410D
																1363	DBT9A4Z410D
	126	630	125			307.5	105	420	—	500	150	50	150	M30	110	1631	DBT9A3Z412D
																1631	DBT9A4Z412D
		800														1869	DBT9A3Z512D
																1869	DBT9A4Z512D
	260	630	160		2650	373	135	520	105	620	200	75	200		150	2323	DBT9A3Z416D
																2323	DBT9A4Z416D
		800														2608	DBT9A3Z516D
																2608	DBT9A4Z516D
		1000														2960	DBT9A3Z616D
																2960	DBT9A4Z616D
	330	800	180			454	185	560	120	710	220	85	220	M36	160	2957	DBT9A3Z518D
																2957	DBT9A4Z518D
		1000														3427	DBT9A3Z618D
																3427	DBT9A4Z618D
		1250														3939	DBT9A3Z718D
																3939	DBT9A4Z718D
	390	1000	200			445	165	640	140	780	230	90	235		180	3757	DBT9A3Z620D
																3757	DBT9A4Z620D
		1250														4474	DBT9A3Z720D
																4474	DBT9A4Z720D
	475	1000	220		2700	482	180	720	140	890	250	95	270		200	4746	DBT9A3Z622D
																4746	DBT9A4Z622D
		1250														5403	DBT9A3Z722D
																5403	DBT9A4Z722D
	635	1000	240			500	190	750	140	900	250	110	290		220	5261	DBT9A3Z624D
																5261	DBT9A4Z624D
		1250														5781	DBT9A3Z724D
																5781	DBT9A4Z724D
	740	1000	260			522	205	810	140	960	250	115	290		250	5512	DBT9A3Z626D
																5512	DBT9A4Z626D
		1250														6498	DBT9A3Z726D
																6498	DBT9A4Z726D
		1400														6976	DBT9A3Z826D
																6976	DBT9A4Z826D

续表 5.4.55

带宽 B	许用合力 /kN	滚筒直径 D	轴承位直径	滚筒长 L_1	轴承座中心距 L_2	L_3	L_4	m	n	k	b	c	h	M	d	质量 /kg	图号
2000	850	1000	280	2200	2750	592	265	840	170	1000	300	120	320	M36	260	6417	DBT9A3Z628D
																6417	DBT9A4Z628D
		1250														7332	DBT9A3Z728D
																7332	DBT9A4Z728D
		1400														7835	DBT9A3Z828D
																7835	DBT9A4Z828D
		1600														9147	DBT9A3Z928D
																9147	DBT9A4Z928D
	1050	1250	300			607	275	940	160	1150	300	130	350		280	8283	DBT9A3Z730D
																8283	DBT9A4Z730D
		1400														9053	DBT9A3Z830D
																9053	DBT9A4Z830D
		1600														9798	DBT9A3Z930D
																9798	DBT9A4Z930D
	1200	1250	320		2800	652	290	960	200	1150	360	140	370	M48	300	9054	DBT9A3Z732D
																9054	DBT9A4Z732D
		1400														9799	DBT9A3Z832D
																9799	DBT9A4Z832D
		1600														10844	DBT9A3Z932D
																10844	DBT9A4Z932D
	1280	1250	340			617	250	1000	200	1200	370	145	380		320	9801	DBT9A3Z734D
																9801	DBT9A4Z734D
		1400														10568	DBT9A3Z834D
																10568	DBT9A4Z834D
		1600														11645	DBT9A3Z934D
																11645	DBT9A4Z934D
	1400	1250	360		2850	647	270	1000	200	1200	380	150	390	M56	340	10434	DBT9A3Z736D
																10434	DBT9A4Z736D
		1400														11274	DBT9A3Z836D
																11274	DBT9A4Z836D
		1600														12383	DBT9A3Z936D
																12383	DBT9A4Z936D
	1500	1250	380			720	330	1060	210	1280	390	160	410		360	11169	DBT9A3Z738D
																11169	DBT9A4Z738D
		1400														11848	DBT9A3Z838D
																11848	DBT9A4Z838D
		1600														12956	DBT9A3Z938D
																12956	DBT9A4Z938D
	1620	1400	400		2900	697	295	1120	210	1370	420	180	450		380	12913	DBT9A3Z840D
																12913	DBT9A4Z840D
		1600														14082	DBT9A3Z940D
																14082	DBT9A4Z940D
		1800														15346	DBT9A4Z1040D
																15346	DBT9A4Z1040D

续表 5.4.55

带宽 B	许用合力 /kN	滚筒直径 D	轴承位直径	滚筒长 L_1	轴承座中心距 L_2	L_3	L_4	m	n	k	b	c	h	M	d	质量 /kg	图 号
2200	68	500	100	2500	2850	277.5	90	350	—	410	120	45	125	M24	90	1325	DBT10A3Z310D
																1325	DBT10A4Z310D
		630														1498	DBT10A3Z410D
																1498	DBT10A4Z410D
	124	630	125			307.5	105	420	—	500	150	50	150	M30	110	1788	DBT10A3Z412D
																1788	DBT10A4Z412D
		800														2021	DBT10A3Z512D
																2021	DBT10A4Z512D
	235	630	160		2950	373	135	520	105	620	200	75	200		150	2572	DBT10A3Z416D
																2572	DBT10A4Z416D
		800														2870	DBT10A3Z516D
																2870	DBT10A4Z516D
		1000														3242	DBT10A4Z616D
																3242	DBT10A4Z616D
	310	800	180			454	185	560	120	710	220	85	220		160	3316	DBT10A3Z518D
																3316	DBT10A4Z518D
		1000														3705	DBT10A3Z618D
																3705	DBT10A4Z618D
		1250														4401	DBT10A3Z718D
																4401	DBT10A4Z718D
	380	1000	200			445	165	640	140	780	230	90	235		180	4251	DBT10A3Z620D
																4251	DBT10A4Z620D
		1250														4924	DBT10A3Z720D
																4924	DBT10A4Z720D
	470	1000	220		3000	482	180	720	140	890	250	95	270	M36	200	5147	DBT10A3Z622D
																5147	DBT10A4Z622D
		1250														5797	DBT10A3Z722D
																5797	DBT10A4Z722D
	570	1000	240			500	190	750	140	900	250	110	290		220	5629	DBT10A3Z624D
																5629	DBT10A4Z624D
	630	1250														6470	DBT10A3Z724D
																6470	DBT10A4Z724D
	730	1000	260			522	205	810	140	960	250	115	290		250	6208	DBT10A3Z626D
																6208	DBT10A4Z626D
		1250														7090	DBT10A3Z726D
																7090	DBT10A4Z726D
		1400														7763	DBT10A3Z826D
																7763	DBT10A4Z826D

续表 5.4.55

带宽 B	许用合力 /kN	滚筒直径 D	轴承位直径	滚筒长 L_1	轴承座中心距 L_2	L_3	L_4	m	n	k	b	c	h	M	d	质量 /kg	图号
2200	840	1000	280	2500	3050	592	265	840	170	1000	300	120	320	M36	260	6976	DBT10A3Z628D
																6976	DBT10A4Z628D
		1250														7921	DBT10A3Z728D
																7921	DBT10A4Z728D
		1400														8537	DBT10A3Z828D
																8537	DBT10A4Z828D
		1600														9516	DBT10A3Z928D
																9516	DBT10A4Z928D
	1020	1250	300			607	275	940	160	1150	300	130	350		280	8838	DBT10A3Z730D
																8838	DBT10A4Z730D
		1400														9494	DBT10A3Z830D
																9494	DBT10A4Z830D
		1600														10524	DBT10A3Z930D
																10524	DBT10A4Z930D
	1180	1250	320		3100	652	290	960	200	1150	360	140	370	M48	300	9892	DBT10A3Z732D
																9892	DBT10A4Z732D
		1400														10587	DBT10A3Z832D
																10587	DBT10A4Z832D
		1600														11670	DBT10A3Z932D
																11670	DBT10A4Z932D
	1250	1250	340			617	250	1000	200	1200	370	145	380		320	10537	DBT10A3Z734D
																10537	DBT10A4Z734D
		1400														11258	DBT10A3Z834D
																11258	DBT10A4Z834D
		1600														12377	DBT10A3Z934D
																12377	DBT10A4Z934D
	1340	1250	360		3150	647	270	1000	200	1200	380	150	390	M56	340	11057	DBT10A3Z736D
																11057	DBT10A4Z736D
		1400														11790	DBT10A3Z836D
																11790	DBT10A4Z836D
		1600														12927	DBT10A3Z936D
																12927	DBT10A4Z936D
	1420	1250	380			720	330	1060	210	1280	390	160	410		360	11669	DBT10A3Z738D
																11669	DBT10A4Z738D
		1400														12507	DBT10A3Z838D
																12507	DBT10A4Z838D
		1600														13679	DBT10A3Z938D
																13679	DBT10A4Z938D
	1600	1400	400		3200	697	295	1120	210	1370	420	180	450		380	13673	DBT10A3Z840D
																13673	DBT10A4Z840D
		1600														14896	DBT10A3Z940D
																14896	DBT10A4Z940D
		1800														16203	DBT10A3Z1040D
																16203	DBT10A4Z1040D

续表 5.4.55

带宽 B	许用合力 /kN	滚筒直径 D	轴承位直径	滚筒长 L_1	轴承座中心距 L_2	L_3	L_4	m	n	k	b	c	h	M	d	质量 /kg	图 号
2400	140	630	125	2800	3150	307.5	105	420	—	500	150	50	150	M30	110	1949	DBT11A3Z412D
																1949	DBT11A4Z412D
		800														2231	DBT11A3Z512D
																2231	DBT11A4Z512D
	230	630	160		3250	373	135	520	105	620	200	75	200		150	2820	DBT11A3Z416D
																2820	DBT11A4Z416D
		800														3129	DBT11A3Z516D
																3129	DBT11A4Z516D
		1000														3663	DBT11A3Z616D
																3663	DBT11A4Z616D
	305	800	180			454	185	560	120	710	220	85	220	M36	160	3512	DBT11A3Z518D
																3512	DBT11A4Z518D
		1000														3931	DBT11A3Z618D
																3931	DBT11A4Z618D
		1250														4680	DBT11A3Z718D
																4680	DBT11A4Z718D
	380	1000	200			445	165	640	140	780	230	90	235		180	4465	DBT11A3Z620D
																4465	DBT11A4Z620D
		1250														5163	DBT11A3Z720D
																5163	DBT11A4Z720D
	460	1000	220		3300	482	180	720	140	890	250	95	270		200	5434	DBT11A3Z622D
																5434	DBT11A4Z622D
		1250														6140	DBT11A3Z722D
																6140	DBT11A4Z722D
	620	1000	240			500	190	750	140	900	250	110	290		220	5949	DBT11A3Z624D
																5949	DBT11A4Z624D
		1250														6721	DBT11A3Z724D
																6721	DBT11A4Z724D
	730	1000	260			522	205	810	140	960	250	115	290		240	7038	DBT11A3Z626D
																7038	DBT11A4Z626D
		1250														7366	DBT11A3Z726D
																7366	DBT11A4Z726D
		1400														8182	DBT11A3Z826D
																8182	DBT11A4Z826D
	840	1000	280		3350	592	265	840	170	1000	300	120	320		260	7321	DBT11A3Z628D
																7321	DBT11A4Z628D
		1250														8199	DBT11A3Z728D
																8199	DBT11A4Z728D
		1400														9043	DBT11A3Z828D
																9043	DBT11A4Z828D
		1600														10064	DBT11A3Z928D
																10064	DBT11A4Z928D

续表 5.4.55

带宽 B	许用合力 /kN	滚筒直径 D	轴承位直径	滚筒长 L_1	轴承座中心距 L_2	L_3	L_4	m	n	k	b	c	h	M	d	质量 /kg	图 号
2400	1000	1250	300	2800	3350	607	275	940	160	1150	300	130	350	M36	280	9189	DBT11A3Z730D
																9189	DBT11A4Z730D
		1400														9978	DBT11A3Z830D
																9978	DBT11A4Z830D
		1600														11049	DBT11A3Z930D
																11049	DBT11A4Z930D
	1100	1250	320		3400	652	290	960	200	1150	360	140	370	M48	300	10248	DBT11A3Z732D
																10248	DBT11A4Z732D
		1400														10855	DBT11A3Z832D
																10855	DBT11A4Z832D
		1600														11976	DBT11A3Z932D
																11976	DBT11A4Z932D
	1240	1250	340			617	250	1000	200	1200	370	145	380		320	10769	DBT11A3Z734D
																10769	DBT11A4Z734D
		1400														11922	DBT11A3Z834D
																11922	DBT11A4Z834D
		1600														13109	DBT11A3Z934D
																13109	DBT11A4Z934D
	1270	1250	360		3450	647	270	1000	200	1200	380	150	390	M56	340	12000	DBT11A3Z736D
																12000	DBT11A4Z736D
		1400														12880	DBT11A3Z836D
																12880	DBT11A4Z836D
		1600														14103	DBT11A3Z936D
																14103	DBT11A4Z936D
	1350	1250	380			720	330	1060	210	1280	390	160	410		360	12535	DBT11A3Z738D
																12535	DBT11A4Z738D
		1400														13240	DBT11A3Z838D
																13240	DBT11A4Z838D
		1600														14464	DBT11A3Z938D
																14464	DBT11A4Z938D
	1580	1400	400		3500	697	295	1120	210	1370	420	180	450		380	14397	DBT11A3Z840D
																14397	DBT11A4Z840D
		1600														15709	DBT11A3Z940D
																15709	DBT11A4Z940D
		1800														17103	DBT11A4Z1040D
																17103	DBT11A4Z1040D

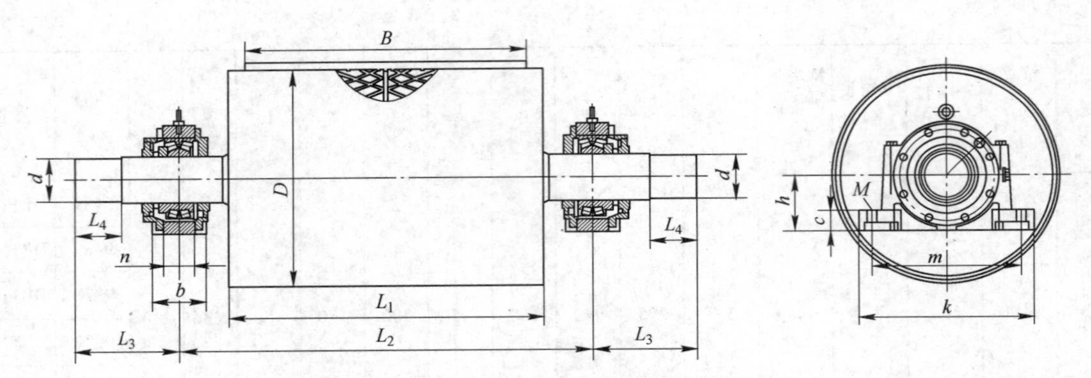

图 5.4.22 重型双出轴传动滚筒外形结构

表 5.4.56 重型双出轴传动滚筒技术参数（唐山德伯特机械有限公司 www.bucyrus.com） (mm)

带宽 B	许用合力 /kN	滚筒直径 D	轴承位直径	滚筒长 L_1	轴承座中心距 L_2	L_3	L_4	m	n	k	b	c	h	M	d	质量 /kg	图号
800	65	500	80	950	1250	245	70	290	—	345	100	35	100	M20	70	455	DBT3A3Z38S
																455	DBT3A4Z38S
	80	500	100		1300	277.5	90	350	—	410	120	45	125	M24	90	658	DBT3A3Z310S
																658	DBT3A4Z310S
		630														785	DBT3A3Z410S
																785	DBT3A4Z410S
	140	630	125			307.5	105	420	—	500	150	50	150	M30	110	938	DBT3A3Z412S
																938	DBT3A4Z412S
		800														1104	DBT3A3Z512S
																1104	DBT3A4Z512S
	265	630	160		1400	373	135	520	105	620	200	75	200		150	1507	DBT3A3Z416S
																1507	DBT3A4Z416S
		800														1732	DBT3A3Z516S
																1732	DBT3A4Z516S
		1000														2049	DBT3A4Z616S
																2049	DBT3A4Z616S
	340	800	180			454	185	560	120	710	220	85	220	M36	160	2038	DBT3A3Z518S
																2038	DBT3A4Z518S
		1000														2380	DBT3A3Z618S
																2380	DBT3A4Z618S
		1250														2887	DBT3A3Z718S
																2887	DBT3A4Z718S
	435	1000	200			445	165	640	140	780	230	90	235		180	2738	DBT3A3Z620S
																2738	DBT3A4Z620S
		1250														3291	DBT3A3Z720S
																3291	DBT3A4Z720S
1000	60	500	80	1150	1450	245	70	290	—	345	100	35	100	M20	70	510	DBT4A4Z38S
																510	DBT4A4Z48S
	80	500	100		1500	277.5	90	350	—	410	120	45	125	M24	90	731	DBT4A3Z310S
																731	DBT4A4Z310S
		630														853	DBT4A3Z410S
																853	DBT4A4Z410S
	135	630	125			307.5	105	420	—	500	150	50	150	M30	110	1018	DBT4A3Z412S
																1018	DBT4A4Z412S
		800														1190	DBT4A3Z512S
																1190	DBT4A4Z512S

续表 5.4.56

带宽 B	许用合力 /kN	滚筒直径 D	轴承位直径	滚筒长 L_1	轴承座中心距 L_2	L_3	L_4	m	n	k	b	c	h	M	d	质量 /kg	图号
1000	260	630	160	1150	1600	373	135	520	105	620	200	75	200	M30	150	1634	DBT4A3Z416S
																1634	DBT4A4Z416S
		800														1849	DBT4A3Z516S
																1849	DBT4A4Z516S
		1000														2175	DBT4A4Z616S
																2175	DBT4A4Z616S
	340	800	180			454	185	560	120	710	220	85	220	M36	160	2156	DBT4A3Z518S
																2156	DBT4A4Z518S
		1000														2509	DBT4A3Z618S
																2509	DBT4A4Z618S
		1250														3030	DBT4A3Z718S
																3030	DBT4A4Z718S
	435	1000	200			445	165	640	140	780	230	90	235		180	2902	DBT4A3Z620S
																2902	DBT4A4Z620S
		1250														3474	DBT4A3Z720S
																3474	DBT4A4Z720S
	510	1000	220		1650	482	180	720	140	890	250	95	270		200	3475	DBT4A3Z622S
																3475	DBT4A4Z622S
		1250														4117	DBT4A3Z722S
																4117	DBT4A4Z722S
	650	1000	240			500	190	750	140	900	250	110	290		220	4112	DBT4A3Z624S
																4112	DBT4A4Z624S
		1250														4800	DBT4A3Z724S
																4800	DBT4A4Z724S
	770	1000	260			522	205	810	140	960	250	115	290		250	4526	DBT4A3Z626S
																4526	DBT4A4Z626S
		1250														5250	DBT4A3Z726S
																5250	DBT4A4Z726S
		1400														5768	DBT4A3Z826S
																5768	DBT4A4Z826S
	870	1000	280		1700	592	265	840	170	1000	300	120	320		260	5341	DBT4A3Z628S
																5341	DBT4A4Z628S
		1250														6101	DBT4A3Z728S
																6101	DBT4A4Z728S
		1400														6641	DBT4A3Z828S
																6641	DBT4A4Z828S
	1100	1250	300			607	275	940	160	1150	300	130	350		280	6954	DBT4A3Z730S
																6954	DBT4A4Z730S
		1400														7541	DBT4A3Z830S
																7541	DBT4A4Z830S
	1250	1250	320		1750	652	290	960	200	1150	360	140	370	M48	300	7745	DBT4A3Z732S
																7745	DBT4A4Z732S
		1400														8400	DBT4A3Z832S
																8400	DBT4A4Z832S

续表 5.4.56

带宽 B	许用合力 /kN	滚筒直径 D	轴承位直径	滚筒长 L_1	轴承座中心距 L_2	L_3	L_4	m	n	k	b	c	h	M	d	质量 /kg	图号
1200	60	500	80	1400	1700	245	70	290	—	345	100	35	100	M20	70	609	DBT5A3Z38S
																609	DBT5A4Z38S
	80	500	100		1750	277.5	90	350	—	410	120	45	125	M24	90	804	DBT5A3Z310S
																804	DBT5A4Z310S
		630														940	DBT5A3Z410S
																940	DBT5A4Z410S
	127	630	125			307.5	105	420	—	500	150	50	150	M30	110	1092	DBT5A3Z412S
																1092	DBT5A4Z412S
		800														1326	DBT5A3Z512S
																1326	DBT5A4Z512S
	260	630	160		1850	373	135	520	105	620	200	75	200		150	1746	DBT5A3Z416S
																1746	DBT5A4Z416S
		800														2011	DBT5A3Z516S
																2011	DBT5A4Z516S
		1000														2298	DBT5A3Z616S
																2298	DBT5A4Z616S
	340	800	180			454	185	560	120	710	220	85	220	M36	160	2253	DBT5A3Z518S
																2253	DBT5A4Z518S
		1000													160	2681	DBT5A3Z618S
																2681	DBT5A4Z618S
		1250														3223	DBT5A3Z718S
																3223	DBT5A4Z718S
	420	1000	200			445	165	640	140	780	230	90	235		180	3014	DBT5A3Z620S
																3014	DBT5A4Z620S
		1250														3605	DBT5A3Z720S
																3605	DBT5A4Z720S
	485	1000	220		1900	482	180	720	140	890	250	95	270		200	3636	DBT5A3Z622S
																3636	DBT5A4Z622S
		1250														4258	DBT5A3Z722S
																4258	DBT5A4Z722S
	680	1000	240			500	190	750	140	900	250	110	290		220	4417	DBT5A3Z624S
																4417	DBT5A4Z624S
		1250														5196	DBT5A3Z724S
																5196	DBT5A4Z724S
	780	1000	260			522	205	810	140	960	250	115	290		250	4820	DBT5A3Z626S
																4820	DBT5A4Z626S
		1250														5553	DBT5A3Z726S
																5553	DBT5A4Z726S
		1400														6102	DBT5A3Z826S
																6102	DBT5A4Z826S

续表 5.4.56

带宽 B	许用合力 /kN	滚筒直径 D	轴承位直径	滚筒长 L_1	轴承座中心距 L_2	L_3	L_4	m	n	k	b	c	h	M	d	质量 /kg	图号
1200	900	1000	280	1400	1950	592	265	840	170	1000	300	120	320	M36	260	5638	DBT5A3Z628S
																5638	DBT5A4Z628S
		1250														6495	DBT5A3Z728S
																6495	DBT5A4Z728S
		1400														6964	DBT5A3Z828S
																6964	DBT5A4Z828S
		1600														7773	DBT5A3Z928S
																7773	DBT5A4Z928S
	1120	1250	300			607	275	940	160	1150	300	130	350		280	7323	DBT5A3Z730S
																7323	DBT5A4Z730S
		1400														7942	DBT5A3Z830S
																7942	DBT5A4Z830S
		1600														8965	DBT5A3Z930S
																8965	DBT5A4Z930S
	1240	1250	320		2000	652	290	960	200	1150	360	140	370	M48	300	8108	DBT5A3Z732S
																8108	DBT5A4Z732S
		1400														8811	DBT5A3Z832S
																8811	DBT5A4Z832S
		1600														9856	DBT5A3Z932S
																9856	DBT5A4Z932S
	1300	1250	340			617	250	1000	200	1200	370	145	380		320	8699	DBT5A3Z734S
																8699	DBT5A4Z734S
		1400														9369	DBT5A3Z834S
																9369	DBT5A4Z834S
		1600														10329	DBT5A3Z934S
																10329	DBT5A4Z934S
	1400	1250	360		2050	647	270	1000	200	1200	380	150	390	M56	340	9168	DBT5A3Z736S
																9168	DBT5A4Z736S
		1400														10173	DBT5A3Z836S
																10173	DBT5A4Z836S
		1600														10839	DBT5A3Z936S
																10839	DBT5A4Z936S
	1480	1250	380			720	330	1060	210	1280	390	160	410		360	10069	DBT5A3Z738S
																10069	DBT5A4Z738S
		1400														10666	DBT5A3Z838S
																10666	DBT5A4Z838S
		1600														11780	DBT5A3Z938S
																11780	DBT5A4Z938S

续表 5.4.56

带宽 B	许用合力 /kN	滚筒直径 D	轴承位直径	滚筒长 L_1	轴承座中心距 L_2	L_3	L_4	m	n	k	b	c	h	M	d	质量 /kg	图号
1400	55	500	80	1600	1900	245	70	290	—	345	100	35	100	M20	70	683	DBT6A3Z38S
																683	DBT6A4Z38S
	80	500	100		1950	277.5	90	350	—	410	120	45	125	M24	90	908	DBT6A3Z310S
																908	DBT6A4Z310S
		630														1016	DBT6A3Z410S
																1016	DBT6A4Z410S
	130	630	125			307.5	105	420	—	500	150	50	150	M30	110	1245	DBT6A3Z412S
																1245	DBT6A4Z412S
		800														1439	DBT6A3Z512S
																1439	DBT6A4Z512S
	260	630	160		2050	373	135	520	105	620	200	75	200		150	1959	DBT6A3Z416S
																1959	DBT6A4Z416S
		800														2198	DBT6A3Z516S
																2198	DBT6A4Z516S
		1000														2564	DBT6A4Z616S
																2564	DBT6A4Z616S
	340	800	180			454	185	560	120	710	220	85	220		160	2545	DBT6A3Z518S
																2545	DBT6A4Z518S
		1000														2901	DBT6A3Z618S
																2901	DBT6A4Z618S
		1250														3466	DBT6A3Z718S
																3466	DBT6A4Z718S
	420	1000	200			445	165	640	140	780	230	90	235		180	3280	DBT6A3Z620S
																3280	DBT6A4Z620S
		1250														3891	DBT6A3Z720S
																3891	DBT6A4Z720S
	500	1000	220		2100	482	180	720	140	890	250	95	270	M36	200	3913	DBT6A3Z622S
																3913	DBT6A4Z622S
		1250														4555	DBT6A3Z722S
																4555	DBT6A4Z722S
	650	1000	240			500	190	750	140	900	250	110	290		220	4649	DBT6A3Z624S
																4649	DBT6A4Z624S
		1250														5362	DBT6A3Z724S
																5362	DBT6A4Z724S
	770	1000	260			522	205	810	140	960	250	115	290		250	5000	DBT6A3Z626S
																5000	DBT6A4Z626S
		1250														5789	DBT6A3Z726S
																5789	DBT6A4Z726S
		1400														6288	DBT6A3Z826S
																6288	DBT6A4Z826S

续表 5.4.56

带宽 B	许用合力 /kN	滚筒直径 D	轴承位直径	滚筒长 L_1	轴承座中心距 L_2	L_3	L_4	m	n	k	b	c	h	M	d	质量 /kg	图号
1400	870	1000	280	1600	2150	592	265	840	170	1000	300	120	320	M36	260	5849	DBT6A3Z628S
																5849	DBT6A4Z628S
		1250														6666	DBT6A3Z728S
																6666	DBT6A4Z728S
		1400														7249	DBT6A3Z828S
																7249	DBT6A4Z828S
		1600														8093	DBT6A3Z928S
																8093	DBT6A4Z928S
	1100	1250	300			607	275	940	160	1150	300	130	350		280	7591	DBT6A3Z730S
																7591	DBT6A4Z730S
		1400														8221	DBT6A3Z830S
																8221	DBT6A4Z830S
		1600														9119	DBT6A3Z930S
																9119	DBT6A4Z930S
	1250	1250	320		2200	652	290	960	200	1150	360	140	370	M48	300	8470	DBT6A3Z732S
																8470	DBT6A4Z732S
		1400														9127	DBT6A3Z832S
																9127	DBT6A4Z832S
		1600														10065	DBT6A3Z932S
																10065	DBT6A4Z932S
	1300	1250	340			617	250	1000	200	1200	370	145	380		320	9138	DBT6A3Z734S
																9138	DBT6A4Z734S
		1400														9823	DBT6A3Z834S
																9823	DBT6A4Z834S
		1600														10801	DBT6A3Z934S
																10801	DBT6A4Z934S
	1370	1250	360		2250	647	270	1000	200	1200	380	150	390	M56	340	9686	DBT6A3Z736S
																9686	DBT6A4Z736S
		1400														10329	DBT6A3Z836S
																10329	DBT6A4Z836S
		1600														11393	DBT6A3Z936S
																11393	DBT6A4Z936S
	1450	1250	380			720	330	1060	210	1280	390	160	410		360	10373	DBT6A3Z738S
																10373	DBT6A4Z738S
		1400														11026	DBT6A3Z838S
																11026	DBT6A4Z838S
		1600														12104	DBT6A3Z938S
																12104	DBT6A4Z938S
	1650	1400	400		2300	697	295	1120	210	1370	420	180	450		380	12204	DBT6A3Z840S
																12204	DBT6A4Z840S
		1600														13333	DBT6A3Z940S
																13333	DBT6A4Z940S
		1800														14526	DBT6A3Z1040S
																14526	DBT6A4Z1040S

续表 5.4.56

带宽 B	许用合力 /kN	滚筒直径 D	轴承位直径	滚筒长 L_1	轴承座中心距 L_2	L_3	L_4	m	n	k	b	c	h	M	d	质量 /kg	图号
1600	80	500	100	1800	2150	277.5	90	350	—	410	120	45	125	M30	90	997	DBT7A3Z310S
																997	DBT7A4Z310S
		630														1125	DBT7A3Z410S
																1125	DBT7A4Z410S
	127	630	125			307.5	105	420	—	500	150	50	150		110	1360	DBT7A3Z412S
																1360	DBT7A4Z412S
		800														1601	DBT7A3Z512S
																1601	DBT7A4Z512S
	260	630	160		2250	373	135	520	105	620	200	75	200		150	2059	DBT7A3Z416S
																2059	DBT7A4Z416S
		800														2301	DBT7A3Z516S
																2301	DBT7A4Z516S
		1000														2628	DBT7A3Z616S
																2628	DBT7A4Z616S
	340	800	180			454	185	560	120	710	220	85	220		160	2697	DBT7A3Z518S
																2697	DBT7A4Z518S
		1000													160	3030	DBT7A3Z618S
																3030	DBT7A4Z618S
		1250														3751	DBT7A3Z718S
																3751	DBT7A4Z718S
	420	1000	200			445	165	640	140	780	230	90	235		180	3555	DBT7A3Z620S
																3555	DBT7A4Z620S
		1250														4118	DBT7A3Z720S
																4118	DBT7A4Z720S
	485	1000	220		2300	482	180	720	140	890	250	95	270	M36	200	4071	DBT7A3Z622S
																4071	DBT7A4Z622S
		1250														4767	DBT7A3Z722S
																4767	DBT7A4Z722S
	680	1000	240			500	190	750	140	900	250	110	290		220	4912	DBT7A3Z624S
																4912	DBT7A4Z624S
		1250														5662	DBT7A3Z724S
																5662	DBT7A4Z724S
	780	1000	260			522	205	810	140	960	250	115	290		250	5294	DBT7A3Z626S
																5294	DBT7A4Z626S
		1250														6202	DBT7A3Z726S
																6202	DBT7A4Z726S
		1400														6669	DBT7A3Z826S
																6669	DBT7A4Z826S

续表 5.4.56

带宽 B	许用合力 /kN	滚筒直径 D	轴承位直径	滚筒长 L_1	轴承座中心距 L_2	L_3	L_4	m	n	k	b	c	h	M	d	质量 /kg	图号
1600	900	1000	280	1800	2350	592	265	840	170	1000	300	120	320	M36	260	6230	DBT7A3Z628S
																6230	DBT7A4Z628S
		1250														7097	DBT7A3Z728S
																7097	DBT7A4Z728S
		1400														7729	DBT7A3Z828S
																7729	DBT7A4Z828S
		1600														8623	DBT7A3Z928S
																8623	DBT7A4Z928S
	1120	1250	300			607	275	940	160	1150	300	130	350		280	7966	DBT7A3Z730S
																7966	DBT7A4Z730S
		1400														8520	DBT7A3Z830S
																8520	DBT7A4Z830S
		1600														9413	DBT7A3Z930S
																9413	DBT7A4Z930S
	1240	1250	320		2400	652	290	960	200	1150	360	140	370	M48	300	8890	DBT7A3Z732S
																8890	DBT7A4Z732S
		1400														9511	DBT7A3Z832S
																9511	DBT7A4Z832S
		1600														10514	DBT7A3Z932S
																10514	DBT7A4Z932S
	1300	1250	340			617	250	1000	200	1200	370	145	380		320	9489	DBT7A3Z734S
																9489	DBT7A4Z734S
		1400														10110	DBT7A3Z834S
																10110	DBT7A4Z834S
		1600														11120	DBT7A3Z934S
																11120	DBT7A4Z934S
	1400	1250	360		2450	647	270	1000	200	1200	380	150	390		340	10023	DBT7A3Z736S
																10023	DBT7A4Z736S
		1400														10667	DBT7A3Z836S
																10667	DBT7A4Z836S
		1600														11705	DBT7A3Z936S
																11705	DBT7A4Z936S
	1480	1250	380			720	330	1060	210	1280	390	160	410	M56	360	10805	DBT7A3Z738S
																10805	DBT7A4Z738S
		1400														11558	DBT7A3Z838S
																11558	DBT7A4Z838S
		1600														12624	DBT7A3Z938S
																12624	DBT7A4Z938S
	1660	1400	400		2500	697	295	1120	210	1370	420	180	450		400	12719	DBT7A3Z840S
																12719	DBT7A4Z840S
		1600														13842	DBT7A3Z940S
																13842	DBT7A4Z940S
		1800														15059	DBT7A3Z1040S
																15059	DBT7A4Z1040S

续表 5.4.56

带宽 B	许用合力 /kN	滚筒直径 D	轴承位直径	滚筒长 L_1	轴承座中心距 L_2	L_3	L_4	m	n	k	b	c	h	M	d	质量 /kg	图号
1800	75	500	100	2000	2350	277.5	90	350	—	410	120	45	125	M24	90	1076	DBT8A3Z310S
																1076	DBT8A4Z310S
		630														1202	DBT8A3Z410S
																1202	DBT8A4Z410S
	130	630	125			307.5	105	420	—	500	150	50	150	M30	110	1515	DBT8A3Z412S
																1515	DBT8A4Z412S
		800														1732	DBT8A3Z512S
																1732	DBT8A4Z512S
	250	630	160		2450	373	135	520	105	620	200	75	200		150	2200	DBT8A3Z416S
																2200	DBT8A4Z416S
		800														2459	DBT8A3Z516S
																2459	DBT8A4Z516S
		1000														2865	DBT8A4Z616S
																2865	DBT8A4Z616S
	320	800	180			454	185	560	120	710	220	85	220	M36	160	2844	DBT8A3Z518S
																2844	DBT8A4Z518S
		1000														3217	DBT8A3Z618S
																3217	DBT8A4Z618S
		1250														3893	DBT8A3Z718S
																3893	DBT8A4Z718S
	410	1000	200			445	165	640	140	780	230	90	235		180	3699	DBT8A3Z620S
																3699	DBT8A4Z620S
		1250														4349	DBT8A3Z720S
																4349	DBT8A4Z720S
	500	1000	220		2500	482	180	720	140	890	250	95	270		200	4496	DBT8A3Z622S
																4496	DBT8A4Z622S
		1250														5181	DBT8A3Z722S
																5181	DBT8A4Z722S
	640	1000	240			500	190	750	140	900	250	110	290		220	5069	DBT8A3Z624S
																5069	DBT8A4Z624S
		1250														5807	DBT8A3Z724S
																5807	DBT8A4Z724S
	750	1000	260			522	205	810	140	960	250	115	290		250	5493	DBT8A3Z626S
																5493	DBT8A4Z626S
		1250														6368	DBT8A3Z726S
																6368	DBT8A4Z726S
		1400														6860	DBT8A3Z826S
																6860	DBT8A4Z826S

续表 5.4.56

带宽 B	许用合力 /kN	滚筒直径 D	轴承位直径	滚筒长 L_1	轴承座中心距 L_2	L_3	L_4	m	n	k	b	c	h	M	d	质量 /kg	图号
1800	860	1000	280	2000	2550	592	265	840	170	1000	300	120	320	M36	260	6449	DBT8A3Z628S
																6449	DBT8A4Z628S
		1250														7326	DBT8A3Z728S
																7326	DBT8A4Z728S
		1400														7872	DBT8A3Z828S
																7872	DBT8A4Z828S
		1600														8948	DBT8A3Z928S
																8948	DBT8A4Z928S
	1070	1250	300			607	275	940	160	1150	300	130	350		280	8185	DBT8A3Z730S
																8185	DBT8A4Z730S
		1400														8776	DBT8A3Z830S
																8776	DBT8A4Z830S
		1600														9704	DBT8A3Z930S
																9704	DBT8A4Z930S
	1220	1250	320		2600	652	290	960	200	1150	360	140	370	M48	300	9161	DBT8A3Z732S
																9161	DBT8A4Z732S
		1400														9785	DBT8A3Z832S
																9785	DBT8A4Z832S
		1600														10759	DBT8A3Z932S
																10759	DBT8A4Z932S
	1280	1250	340			617	250	1000	200	1200	370	145	380		320	9752	DBT8A3Z734S
																9752	DBT8A4Z734S
		1400														10474	DBT8A3Z834S
																10474	DBT8A4Z834S
		1600														11494	DBT8A3Z934S
																11494	DBT8A4Z934S
	1360	1250	360		2650	647	270	1000	200	1200	380	150	390	M56	340	10368	DBT8A3Z736S
																10368	DBT8A4Z736S
		1400														11037	DBT8A3Z836S
																11037	DBT8A4Z836S
		1600														12071	DBT8A3Z936S
																12071	DBT8A4Z936S
	1440	1250	380			720	330	1060	210	1280	390	160	410		360	11189	DBT8A3Z738S
																11189	DBT8A4Z738S
		1400														11869	DBT8A3Z838S
																11869	DBT8A4Z838S
		1600														12919	DBT8A3Z938S
																12919	DBT8A4Z938S
	1640	1400	400		2700	697	295	1120	210	1370	420	180	450		380	12975	DBT8A3Z840S
																12975	DBT8A4Z840S
		1600														14159	DBT8A3Z940S
																14159	DBT8A4Z940S
		1800														15395	DBT8A3Z1040S
																15395	DBT8A4Z1040S

续表 5.4.56

带宽 B	许用合力 /kN	滚筒直径 D	轴承位直径	滚筒长 L_1	轴承座中心距 L_2	L_3	L_4	m	n	k	b	c	h	M	d	质量 /kg	图号
2000	80	500	100	2200	2550	277.5	90	350	—	410	80	45	125	M24	90	1206	DBT9A3Z310S
																1206	DBT9A4Z310S
		630														1375	DBT9A3Z410S
																1375	DBT9A4Z410S
	126	630	125			307.5	105	420	—	500	150	50	150	M30	110	1651	DBT9A3Z412S
																1651	DBT9A4Z412S
		800														1889	DBT9A3Z512S
																1889	DBT9A4Z512S
	260	630	160		2650	373	135	520	105	620	200	75	200		150	2380	DBT9A3Z416S
																2380	DBT9A4Z416S
		800														2665	DBT9A3Z516S
																2665	DBT9A4Z516S
		1000														3017	DBT9A3Z616S
																3017	DBT9A4Z616S
	330	800	180			454	185	560	120	710	220	85	220	M36	160	3039	DBT9A3Z518S
																3039	DBT9A4Z518S
		1000														3509	DBT9A3Z618S
																3509	DBT9A4Z618S
		1250														4021	DBT9A3Z718S
																4021	DBT9A4Z718S
	390	1000	200			445	165	640	140	780	230	90	235		180	3849	DBT9A3Z620S
																3849	DBT9A4Z620S
		1250														4566	DBT9A3Z720S
																4566	DBT9A4Z720S
	475	1000	220		2700	482	180	720	140	890	250	95	270		200	4866	DBT9A3Z622S
																4866	DBT9A4Z622S
		1250														5523	DBT9A3Z722S
																5523	DBT9A4Z722S
	635	1000	240			500	190	750	140	900	250	110	290		220	5424	DBT9A3Z624S
																5424	DBT9A4Z624S
		1250														5944	DBT9A3Z724S
																5944	DBT9A4Z724S
	740	1000	260			522	205	810	140	960	250	115	290		250	5701	DBT9A3Z626S
																5701	DBT9A4Z626S
		1250														6687	DBT9A3Z726S
																6687	DBT9A4Z726S
		1400														7165	DBT9A3Z826S
																7165	DBT9A4Z826S

续表 5.4.56

带宽 B	许用合力 /kN	滚筒直径 D	轴承位直径	滚筒长 L_1	轴承座中心距 L_2	L_3	L_4	m	n	k	b	c	h	M	d	质量 /kg	图号
2000	850	1000	280	2200	2750	592	265	840	170	1000	300	120	320	M36	260	6694	DBT9A3Z628S
																6694	DBT9A4Z628S
		1250														7609	DBT9A3Z728S
																7609	DBT9A4Z728S
		1400														8112	DBT9A3Z828S
																8112	DBT9A4Z828S
		1600														9424	DBT9A3Z928S
																9424	DBT9A4Z928S
	1050	1250	300			607	275	940	160	1150	300	130	350		280	8631	DBT9A3Z730S
																8631	DBT9A4Z730S
		1400														9401	DBT9A3Z830S
																9401	DBT9A4Z830S
		1600														10146	DBT9A3Z930S
																10146	DBT9A4Z930S
	1200	1250	320		2800	652	290	960	200	1150	360	140	370	M48	300	9403	DBT9A3Z732S
																9403	DBT9A4Z732S
		1400														10148	DBT9A3Z832S
																10148	DBT9A4Z832S
		1600														11193	DBT9A3Z932S
																11193	DBT9A4Z932S
	1280	1250	340			617	250	1000	200	1200	370	145	380		320	10173	DBT9A3Z734S
																10173	DBT9A4Z734S
		1400														10940	DBT9A3Z834S
																10940	DBT9A4Z834S
		1600														12017	DBT9A3Z934S
																12017	DBT9A4Z934S
	1400	1250	360		2850	647	270	1000	200	1200	380	150	390	M56	340	10806	DBT9A3Z736S
																10806	DBT9A4Z736S
		1400														11646	DBT9A3Z836S
																11646	DBT9A4Z836S
		1600														12755	DBT9A3Z936S
																12755	DBT9A4Z936S
	1500	1250	380			720	330	1060	210	1280	390	160	410		360	11690	DBT9A3Z738S
																11690	DBT9A4Z738S
		1400														12369	DBT9A3Z838S
																12369	DBT9A4Z838S
		1600														13477	DBT9A3Z938S
																13477	DBT9A4Z938S
	1620	1400	400		2900	697	295	1120	210	1370	420	180	450		380	13504	DBT9A3Z840S
																13504	DBT9A4Z840S
		1600														14673	DBT9A3Z940S
																14673	DBT9A4Z940S
		1800														15937	DBT9A4Z1040S
																15937	DBT9A4Z1040S

续表 5.4.56

带宽 B	许用合力 /kN	滚筒直径 D	轴承位直径	滚筒长 L_1	轴承座中心距 L_2	L_3	L_4	m	n	k	b	c	h	M	d	质量 /kg	图号
2200	68	500	100	2500	2850	277.5	90	350	—	410	120	45	125	M24	90	1337	DBT10A3Z310S
																1337	DBT10A4Z310S
		630														1510	DBT10A3Z410S
																1510	DBT10A4Z410S
	124	630	125			307.5	105	420	—	500	150	50	150	M30	110	1808	DBT10A3Z412S
																1808	DBT10A4Z412S
		800														2041	DBT10A3Z512S
																2041	DBT10A4Z512S
	235	630	160		2950	373	135	520	105	620	200	75	200		150	2629	DBT10A3Z416S
																2629	DBT10A4Z416S
		800														2927	DBT10A3Z516S
																2927	DBT10A4Z516S
		1000														3299	DBT10A4Z616S
																3299	DBT10A4Z616S
	310	800	180			454	185	560	120	710	220	85	220	M36	160	3398	DBT10A3Z518S
																3398	DBT10A4Z518S
		1000														3787	DBT10A3Z618S
																3787	DBT10A4Z618S
		1250														4483	DBT10A3Z718S
																4483	DBT10A4Z718S
	380	1000	200			445	165	640	140	780	230	90	235		180	4343	DBT10A3Z620S
																4343	DBT10A4Z620S
		1250														5016	DBT10A3Z720S
																5016	DBT10A4Z720S
	470	1000	220		3000	482	180	720	140	890	250	95	270		200	5267	DBT10A3Z622S
																5267	DBT10A4Z622S
		1250														5917	DBT10A3Z722S
																5917	DBT10A4Z722S
	570	1000	240			500	190	750	140	900	250	110	290		220	5792	DBT10A3Z624S
																5792	DBT10A4Z624S
	630	1250														6633	DBT10A3Z724S
																6633	DBT10A4Z724S
	730	1000	260			522	205	810	140	960	250	115	290		250	6397	DBT10A3Z626S
																6397	DBT10A4Z626S
		1250														7279	DBT10A3Z726S
																7279	DBT10A4Z726S
		1400														7952	DBT10A3Z826S
																7952	DBT10A4Z826S

续表 5.4.56

带宽 B	许用合力 /kN	滚筒直径 D	轴承位直径	滚筒长 L_1	轴承座中心距 L_2	L_3	L_4	m	n	k	b	c	h	M	d	质量 /kg	图号
2200	840	1000	280	2500	3050	592	265	840	170	1000	300	120	320	M36	260	7253	DBT10A3Z628S
																7253	DBT10A4Z628S
		1250														8198	DBT10A3Z728S
																8198	DBT10A4Z728S
		1400														8814	DBT10A3Z828S
																8814	DBT10A4Z828S
		1600														9793	DBT10A3Z928S
																9793	DBT10A4Z928S
	1020	1250	300			607	275	940	160	1150	300	130	350		280	9186	DBT10A3Z730S
																9186	DBT10A4Z730S
		1400														9842	DBT10A3Z830S
																9842	DBT10A4Z830S
		1600														10872	DBT10A3Z930S
																10872	DBT10A4Z930S
	1180	1250	320		3100	652	290	960	200	1150	360	140	370	M48	300	10241	DBT10A3Z732S
																10241	DBT10A4Z732S
		1400														10936	DBT10A3Z832S
																10936	DBT10A4Z832S
		1600														12019	DBT10A3Z932S
																12019	DBT10A4Z932S
	1250	1250	340			617	250	1000	200	1200	370	145	380		320	10909	DBT10A3Z734S
																10909	DBT10A4Z734S
		1400														11630	DBT10A3Z834S
																11630	DBT10A4Z834S
		1600														12749	DBT10A3Z934S
																12749	DBT10A4Z934S
	1340	1250	360		3150	647	270	1000	200	1200	380	150	390		340	11429	DBT10A3Z736S
																11429	DBT10A4Z736S
		1400														12162	DBT10A3Z836S
																12162	DBT10A4Z836S
		1600														13299	DBT10A3Z936S
																13299	DBT10A4Z936S
	1420	1250	380			720	330	1060	210	1280	390	160	410	M56	360	12190	DBT10A3Z738S
																12190	DBT10A4Z738S
		1400														13028	DBT10A3Z838S
																13028	DBT10A4Z838S
		1600														14200	DBT10A3Z938S
																14200	DBT10A4Z938S
	1600	1400	400		3200	697	295	1120	210	1370	420	180	450		380	14264	DBT10A3Z840S
																14264	DBT10A4Z840S
		1600														15487	DBT10A3Z940S
																15487	DBT10A4Z940S
		1800														16794	DBT10A3Z1040S
																16794	DBT10A4Z1040S

续表 5.4.56

带宽 B	许用合力 /kN	滚筒直径 D	轴承位直径	滚筒长 L_1	轴承座中心距 L_2	L_3	L_4	m	n	k	b	c	h	M	d	质量 /kg	图号
2400	140	630	125	2800	3150	307.5	105	420	—	500	150	50	150	M30	110	1969	DBT11A3Z412S
																1969	DBT11A4Z412S
		800														2251	DBT11A3Z512S
																2251	DBT11A4Z512S
	230	630	160		3250	373	135	520	105	620	200	75	200		150	2877	DBT11A3Z416S
																2877	DBT11A4Z416S
		800														3186	DBT11A3Z516S
																3186	DBT11A4Z516S
		1000														3720	DBT11A3Z616S
																3720	DBT11A4Z616S
	305	800	180			454	185	560	120	710	220	85	220	M36	160	3594	DBT11A3Z518S
																3594	DBT11A4Z518S
		1000														4013	DBT11A3Z618S
																4013	DBT11A4Z618S
		1250														4762	DBT11A3Z718S
																4762	DBT11A4Z718S
	380	1000	200			445	165	640	140	780	230	90	235		180	4557	DBT11A3Z620S
																4557	DBT11A4Z620S
		1250														5255	DBT11A3Z720S
																5255	DBT11A4Z720S
	460	1000	220		3300	482	180	720	140	890	250	95	270		200	5554	DBT11A3Z622S
																5554	DBT11A4Z622S
		1250														6260	DBT11A3Z722S
																6260	DBT11A4Z722S
	620	1000	240			500	190	750	140	900	250	110	290		220	6112	DBT11A3Z624S
																6112	DBT11A4Z624S
		1250														6884	DBT11A3Z724S
																6884	DBT11A4Z724S
	730	1000	260			522	205	810	140	960	250	115	290		240	7227	DBT11A3Z626S
																7227	DBT11A4Z626S
		1250														7555	DBT11A3Z726S
																7555	DBT11A4Z726S
		1400														8371	DBT11A3Z826S
																8371	DBT11A4Z826S
	840	1000	280		3350	592	265	840	170	1000	300	120	320		260	7598	DBT11A3Z628S
																7598	DBT11A4Z628S
		1250														8476	DBT11A3Z728S
																8476	DBT11A4Z728S
		1400														9320	DBT11A3Z828S
																9320	DBT11A4Z828S
		1600														10341	DBT11A3Z928S
																10341	DBT11A4Z928S

续表 5.4.56

带宽 B	许用合力 /kN	滚筒直径 D	轴承位直径	滚筒长 L_1	轴承座中心距 L_2	L_3	L_4	m	n	k	b	c	h	M	d	质量 /kg	图号
2400	1000	1250	300	2800	3350	607	275	940	160	1150	300	130	350	M36	280	9537	DBT11A3Z730S
																9537	DBT11A4Z730S
		1400														10326	DBT11A3Z830S
																10326	DBT11A4Z830S
		1600														11397	DBT11A3Z930S
																11397	DBT11A4Z930S
	1100	1250	320		3400	652	290	960	200	1150	360	140	370	M48	300	10597	DBT11A3Z732S
																10597	DBT11A4Z732S
		1400														11204	DBT11A3Z832S
																11204	DBT11A4Z832S
		1600														12325	DBT11A3Z932S
																12325	DBT11A4Z932S
	1270	1250	340			617	250	1000	200	1200	370	145	380		320	11141	DBT11A3Z734S
																11141	DBT11A4Z734S
		1400														12294	DBT11A3Z834S
																12294	DBT11A4Z834S
		1600														13481	DBT11A3Z934S
																13481	DBT11A4Z934S
	1350	1250	360		3450	647	270	1000	200	1200	380	150	390	M56	340	12372	DBT11A3Z736S
																12372	DBT11A4Z736S
		1400														13252	DBT11A3Z836S
																13252	DBT11A4Z836S
		1600														14475	DBT11A3Z936S
																14475	DBT11A4Z936S
	1450	1250	380			720	330	1060	210	1280	390	160	410		360	13056	DBT11A3Z738S
																13056	DBT11A4Z738S
		1400														13761	DBT11A3Z838S
																13761	DBT11A4Z838S
		1600														14985	DBT11A3Z938S
																14985	DBT11A4Z938S
	1600	1400	400		3500	697	295	1120	210	1370	420	180	450		380	14988	DBT11A3Z840S
																14988	DBT11A4Z840S
		1600														16300	DBT11A3Z940S
																16300	DBT11A4Z940S
		1800														17694	DBT11A3Z1040S
																17694	DBT11A4Z1040S

生产厂商：湖州电动滚筒有限公司，集安佳信通用机械有限公司，桐乡市梧桐东方齿轮厂，唐山德伯特机械有限公司。

5.4.2 托辊

5.4.2.1 概述

托辊的作用是支撑输送带和物料质量，是带式输送机的重要部件。

5.4.2.2 主要特点

（1）特有的纵向迷宫式密封结构具有“清除器”作用，阻止了污泥对托辊的污染。

（2）托辊两端轴承位置的不同轴度小于 0.05mm，外圆径向跳动小于 0.3mm，旋转阻力小于 1N，旋转部分的质量减轻了 1/3，能够使带式输送机实现长运距、大运量、高速度的运转工作。

（3）托辊钢管包裹了轮胎橡胶耐磨层，延长胶带和驱动胶辊的使用寿命，其防腐防锈功能大幅度提高。

5.4.2.3 工作原理

托辊通过输送带与托辊之间的摩擦力带动托辊管体、轴承座及轴承外圈、密封圈做旋转运动，与输送带一起实现物流的传输。

5.4.2.4 性能参数

性能参数见表 5.4.57 ~ 表 5.4.86，设备装置如图 5.4.23 ~ 图 5.4.56 所示。

表 5.4.57 托辊辊径尺寸与带宽的关系（沈阳皆爱喜输送设备有限责任公司 www.jrceg.cn）

辊径 /mm	带宽/mm										
	500	650	800	1000	1200	1400	1600	1800	2000	2200	2400
φ89	√	√	√								
φ108		√	√	√	√	√					
φ133			√	√	√	√	√	√	√		
φ159			√	√	√	√	√	√	√	√	√
φ194							√	√	√	√	√
φ219								√	√	√	√

表 5.4.58 不同带速下的转速（沈阳皆爱喜输送设备有限责任公司 www.jrceg.cn）

辊径 /mm	带速/m · s^{-1}									
	0.8	1.0	1.25	1.6	2.0	2.5	3.15	4.0	5.0	6.5
φ89	172	215	268	344						
φ108	142	177	221	283	354	442	557			
φ133		144	180	230	287	359	453	575		
φ159		120	150	192	240	300	379	481	601	
φ194			123	158	197	246	310	394	492	
φ219							275	349	436	567

A 托辊的选择

在带宽和带速确定后，就需要选择适当的托辊级别。托辊的级别选择受作业类型、输送物料的特性和带速三个已知的条件限制。

槽形托辊组的托辊设计是按中间托辊受载荷计算的，中间托辊的受力系按物料和胶带质量的 80% 计算。

B 平形托辊组

一节托辊支撑胶带，带上的物料全部由一辊承受，其受力值为：

上分支：
$$p = [(q \times \phi + q_0) \times a + q_r] \times 9.8$$
式中，p 为托辊受力值（N）；ϕ 为上分支冲击系数（见表 5.4.61）；q 为物料重（kg/m）；q_0 为胶带重（kg/m）；q_r 为辊回转质量（kg/m）；a 为托辊间距（m）。

下分支：
$$p = (q_0 \times \phi \times a + q_r) \times 9.8$$
式中，ϕ 为下分支冲击系数，取 $\phi = 1.4$。

C 两节托辊承受胶带

带上的物料由两辊承受，为了安全可靠，可以认为其中一个辊承受63%的载荷，故其值为：

上分支：
$$p = [0.63 \times (q \times \phi + q_0)a + q_r] \times 9.8$$
式中，ϕ 为上分支冲击系数（见表 5.4.61）。

下分支：
$$p = [0.63 \times (q_0 \times \phi \times a) + q_r] \times 9.8$$
式中，ϕ 为下分支冲击系数，取 $\phi = 1.4$。

D 三节辊槽型支撑

中间托辊受力最大，其受力值为水平段槽型托辊受力计算：
$$p = [(q \times \phi + q_0)a \times e + q_r] \times 9.8$$
式中，e 为中间辊的载荷系数；q_r 为托辊的回转部分的质量（kg）；e 值与槽比 $\frac{m}{b}$ 值有关，可在图 5.4.23 中查出，$b = 0.9B - 0.05$；B 为带宽（m）；$m = L + 0.02$；L 为中间托辊长度（m）。求出槽比 $\frac{m}{b}$ 值，再从图 5.4.23 中查出 e 值：
$$\frac{m}{b} = \frac{L + 0.02}{0.9B - 0.05}$$

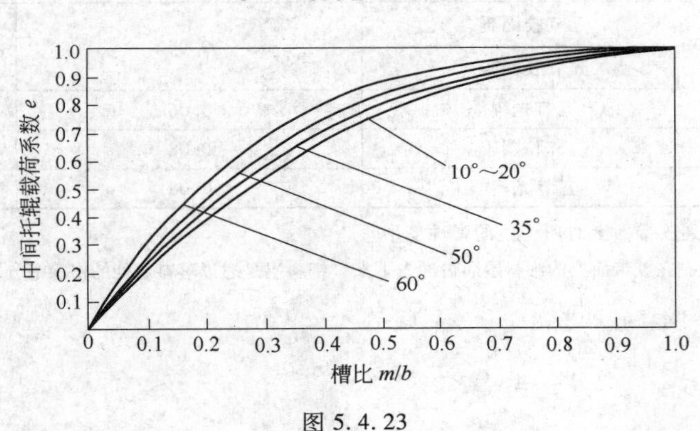

图 5.4.23

凸弧段槽型托辊受力计算：
$$p = [(q \times \phi + q_0)a \times e + q_r] \times 9.8 + F_r \times \frac{L + 0.02}{B}$$
式中，F_r 为托辊组所受的合力值（N）。
$$F_r = \frac{a}{R} \times T$$
式中，a 为托辊组间距（m）；R 为凸弧段曲率半径（m）；T 为凸弧段胶带张力（N）（见图 5.4.24）。

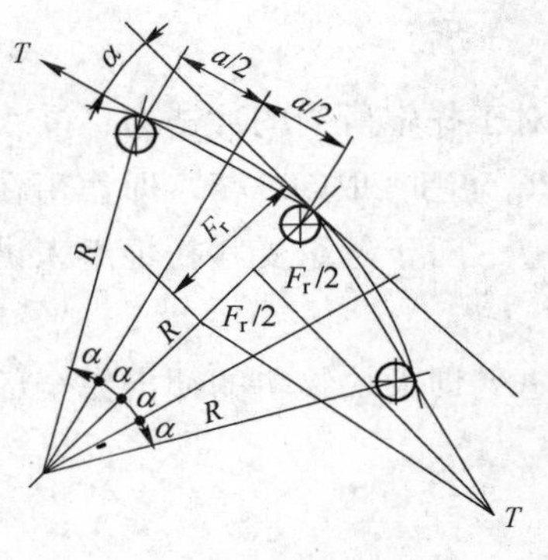

图 5.4.24

$$M_r = F_r \times \frac{L + 0.02}{B}$$
式中，M_r 为凸弧段胶带张力对中间托辊产生的负荷（N）。

E 受料段冲击力的计算

a 块状物料冲击力的计算
$$P_{块} = 4.9G\left[1 + \sqrt{\frac{4(xh + h^2)}{x^2}}\right]$$

式中，$P_{块}$ 为冲击力（N）；G 为最大块重（kg）；h 为落料高度（m）；x 为弹性变形量（m）。

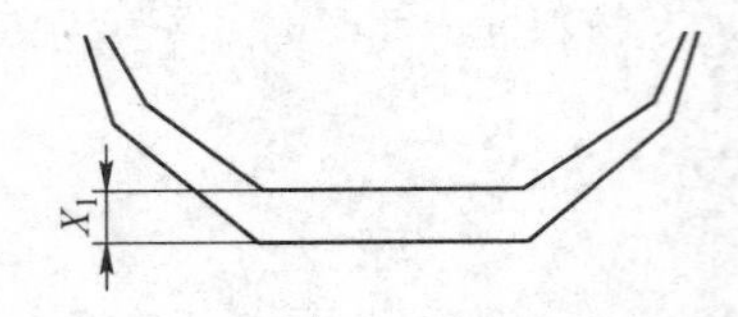

图 5.4.25

X_1—托辊组在物料作用下，辊下移距离

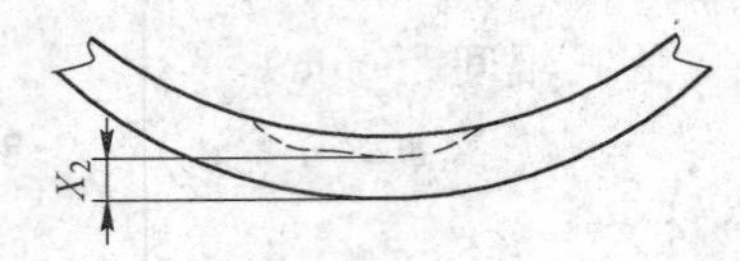

图 5.4.26

X_2—胶带在物料作用下，下凹变形量

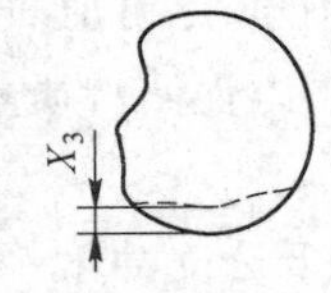

图 5.4.27

X_3—物料在冲击托辊组时本身的变形量

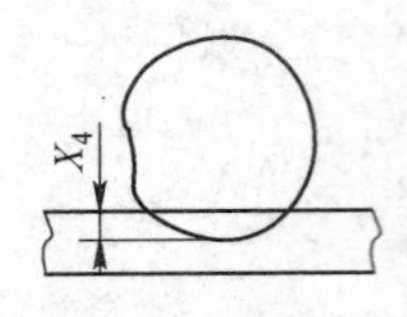

图 5.4.28

X_4—块状物料冲击到散状物料层时产生凹下的深度

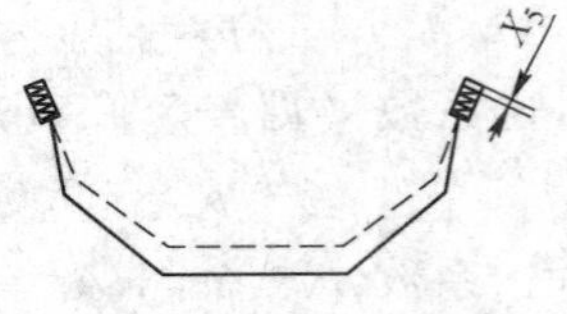

图 5.4.29

X_5—弹性吊挂装置在物料冲击时产生的变形量（弹簧压缩量）

x 由以下五部分组成　　$x = x_1 + x_2 + x_3 + x_4 + x_5$

x 值是通过试验得到，其值见表 5.4.59。

表 5.4.59　试验值（沈阳皆爱喜输送设备有限责任公司　www.jrceg.cn）

支撑方式	托辊形式	x/m (a)	x/m (b)
支架式	三节光辊	0.02	0.08
	五节光辊		
	三节胶圈辊	0.04	0.10
	五节胶圈辊		
吊挂式	三节光辊	0.06	0.12
	三节胶圈辊	0.08	0.14
	五节光辊	0.08	0.14

注：(a) 为块状物料直接冲击到胶带面上时所产生的弹性变形量。

(b) 为块状物料是通过预先撒在胶带面上的细料层后再冲击下来（细料层是通过落料之处的格筛筛分所形成的）所产生的弹性变形量。

b　散状物料冲击力的计算

$$P_{st} = \frac{1}{2}F$$

$$F = 1.225Q\sqrt{h}$$

式中，P_{st}为每组托辊所受力（N）；F 为总冲击力（N）；h 为落料高度（m）；Q 为输送量（t/h）。

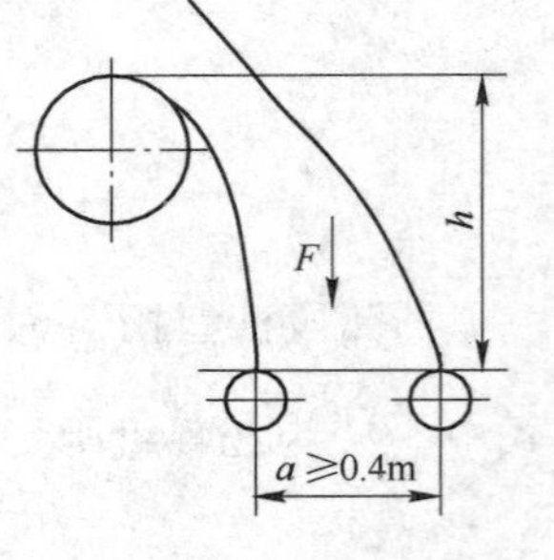

图 5.4.30

散状物料的冲击力按两组辊承受，有可能作用在一组辊上，但不考虑。

故：
$$\overline{P}_{st} = \frac{1}{2}\overline{F}$$

对于托辊所受的冲击力：受大块料冲击力 $P_{块}$ = □，取 100%，作用在一组托辊组上，受散状料冲击力 P_{st} = □，取 50% F，即作用在两组托辊组上。计算时，$P_{块}$ 和 P_{st}值必须考虑，哪个值大取哪个值。

对于每组受料托辊组来讲，冲击力作用在中间托辊上大小为：

$$P_{块} = □ \times 100\% \qquad P_{st} = □ \times 70\%$$

即大块物料的冲击力全部作用在中间托辊上，而散状物料按 70% 的冲击力作用在中间托辊上。

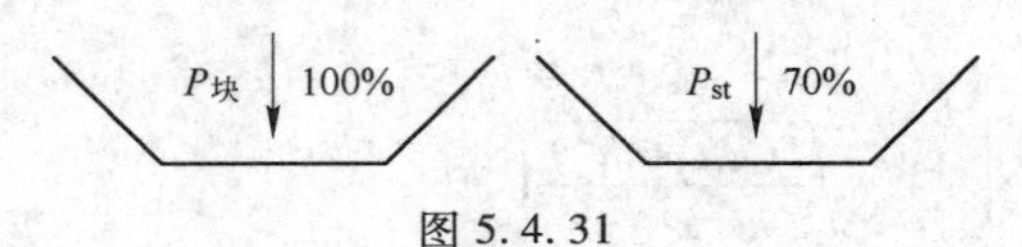

图 5.4.31

F 冲击系数 ϕ

$$\phi = C_a \cdot v^2 + 1 \quad (与上分支带速有关)$$

式中，C_a 为系数（见表5.4.60）；v 为带速（m/s）。

表5.4.60 C_a 系数的规定（沈阳皆爱喜输送设备有限责任公司 www.jrceg.cn）

输送的物料	支架式托辊	吊挂式托辊	输送的物料	支架式托辊	吊挂式托辊
细粒料	0	0	大块下面没有缓冲层	0.014	0.009
个别小块	0.005	0	纯大块、自重100kg	0.050	0.02①
小块缓冲层上有大块	0.009	0.005			

①没有测定（推算值）。

表5.4.61 上分支冲击系数 ϕ 与 C_a 及 v 值的关系（沈阳皆爱喜输送设备有限责任公司 www.jrceg.cn）

C_a	0	0	0.005	0	0.009	0.005	0.014	0.009	0.050	0.020
	细粒料		个别小块		小块缓冲层上有大块		大块下面没有缓冲层		纯大块、自重100kg	
$v/\mathrm{m \cdot s^{-1}}$	支架	吊挂	支架	吊挂	支架	吊挂	支架	吊挂	支架	吊挂
0.42	1	1	1	1	1.002	1	1.003	1.002	1.009	1.004
0.52	1	1	1.001	1	1.003	1.001	1.004	1.003	1.014	1.005
0.66	1	1	1.003	1	1.004	1.003	1.006	1.004	1.022	1.009
0.84	1	1	1.004	1	1.007	1.004	1.010	1.007	1.035	1.014
1.05	1	1	1.006	1	1.010	1.006	1.016	1.010	1.055	1.022
1.31	1	1	1.009	1	1.016	1.009	1.024	1.016	1.086	1.034
1.68	1	1	1.014	1	1.026	1.014	1.040	1.026	1.141	1.056
2.09	1	1	1.022	1	1.039	1.022	1.061	1.039	1.219	1.087
2.62	1	1	1.034	1	1.062	1.034	1.096	1.062	1.343	1.137
3.35	1	1	1.056	1	1.101	1.056	1.157	1.101	1.561	1.224
4.19	1	1	1.088	1	1.580	1.088	1.246	1.580	1.878	1.351
5.20	1	1	1.135	1	1.244	1.135	1.379	1.244	2.352	1.541
6.00	1	1	1.180	1	1.324	1.180	1.504	1.324	2.800	1.720

注：上分支冲击系数 ϕ 按表5.4.61查出，下分支冲击系数 $\phi = 1.4$。

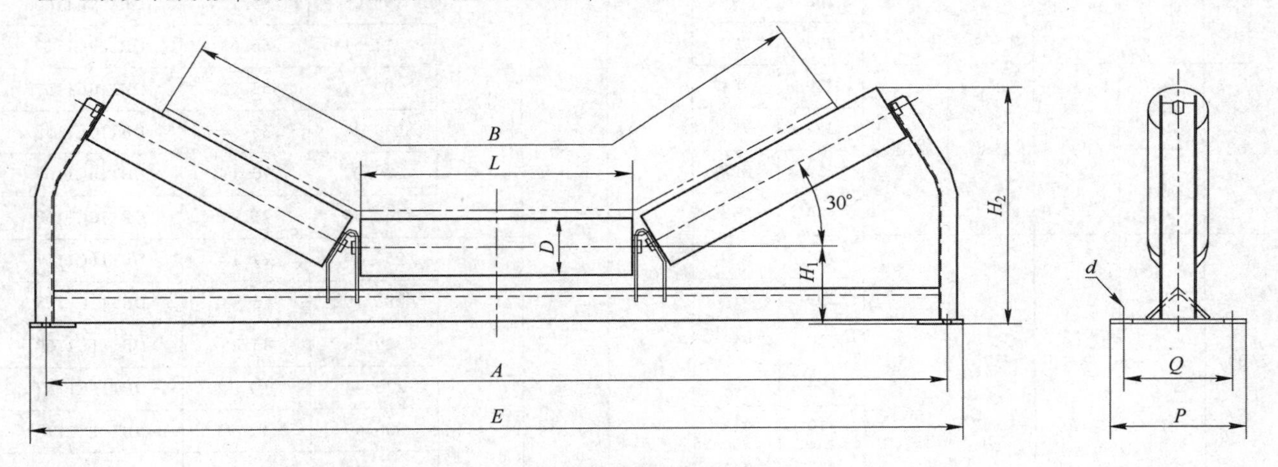

图5.4.32 30°槽型托辊组

表 5.4.62 30°槽型托辊组参数（唐山德伯特机械有限公司 www.bucyrus.com） （mm）

B	D	L	A	E	H_1	H_2	P	Q	d	质量/kg	旋转质量/kg	图号
1000	108	380	1290	1350	167	416	220	170	M16	39.30	13.80	DBT04C0433
										43.97	15.87	DBT04C0434
	133				181.5	431				47.00	21.30	DBT04C0443
										51.90	23.52	DBT04C0444
1200	108	465	1540	1600	183	475	260	200		52.10	15.90	DBT05C0433
										57.10	17.97	DBT05C0434
	133				197.5	500				61.46	24.93	DBT05C0443
										66.70	27.15	DBT05C0444
	159				214.5	530				67.01	29.97	DBT05C0453
										72.50	32.46	DBT05C0454
1400	108	530	1740	1800	191	515	280	220		57.39	17.52	DBT06C0433
										70.60	19.59	DBT06C0434
	133				205.5	541				67.95	27.72	DBT06C0443
										81.29	29.94	DBT06C0444
	159				222.5	570				73.98	33.33	DBT06C0453
										87.59	35.82	DBT06C0454
1600	133	600	1990	2060	185	557	300	240		81.64	32.94	DBT07C1144
					204	577				104.25	33.75	DBT07C1145
	159				205	588				88.72	39.42	DBT07C1154
					224	610				110.72	40.20	DBT07C1155
1800	159	670	2210	2280	226	644				126.19	44.25	DBT08C1155
					238	656				147.26	45.48	DBT08C1156
	194				256	690.5				141.84	58.74	DBT08C1165
					268	702.5				162.82	59.94	DBT08C1166
2000	159	750	2400	2480	226	740	320	260		145.18	47.94	DBT09C1155
					238	752				168.22	49.26	DBT09C1156
					239	752				194.43	50.64	DBT09C1157
	194				256	787				162.62	63.93	DBT09C1165
					268	798				195.28	65.16	DBT09C1166
					269	799				211.51	66.63	DBT09C1167
2200	159	800	2620	2700	239	781				207.57	53.22	DBT10C1157
					254	796				239.23	55.14	DBT10C1158
	194				269	828				229.07	70.11	DBT10C1167
					284	843				262.45	71.94	DBT10C1168
2400	194	900	2870	2950	284	900			M20	250.29	77.10	DBT11C1167
					299	915				286.70	78.93	DBT11C1168
					300	916				329.28	83.25	DBT11C1169
	219				304	933				270.44	101.10	DBT11C1177
					319	948				306.59	102.93	DBT11C1178
					320	949				349.27	104.28	DBT11C1179

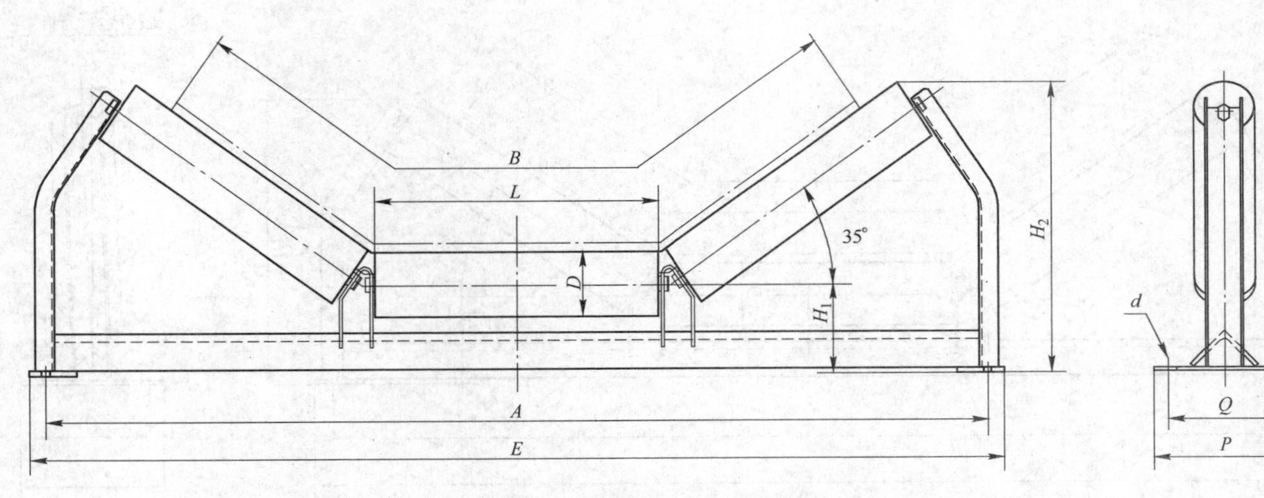

图 5.4.33 35°槽型托辊组

表 5.4.63 35°槽型托辊组参数（唐山德伯特机械有限公司 www.bucyrus.com） （mm）

B	D	L	A	E	H_1	H_2	P	Q	d	质量/kg	旋转质量/kg	图号
1000	108	380	1290	1350	159	436	220	170	M16	39.60	13.80	DBT04C3933
										44.30	15.87	DBT04C3934
	133				173.5	461				47.42	21.30	DBT04C3943
										52.28	23.52	DBT04C3944
1200	108	465	1540	1600	176	509	260	200		52.30	15.90	DBT05C3933
										57.60	17.97	DBT05C3934
	133				190.5	534				61.50	24.93	DBT05C3943
										67.20	27.15	DBT05C3944
	159				207.5	561.5				67.30	29.97	DBT05C3953
										72.90	32.46	DBT05C3954
1400	108	530	1740	1800	184	547	280	220		57.65	17.52	DBT06C3933
										70.86	19.59	DBT06C3934
	133				198.5	572				68.23	27.72	DBT06C3943
										81.57	29.94	DBT06C3944
	159				215.5	602				74.36	33.33	DBT06C3953
										87.97	35.82	DBT06C3954
1600	133	600	1990	2060	185	600	300	240		82.20	32.94	DBT07C3944
					204	620				104.25	33.75	DBT07C3945
	159				205	633				89.48	39.42	DBT07C3954
					224	653				111.42	40.20	DBT07C3955
1800	159	670	2210	2280	226	693				126.91	44.25	DBT08C3955
					238	705				148.26	45.48	DBT08C3956
	194				256	740				143.78	58.74	DBT08C3965
					268	752				164.04	59.94	DBT08C3966
2000	159	750	2400	2480	226	740	320	260		146.68	47.94	DBT09C3955
					238	752				169.72	49.26	DBT09C3956
					239	752				195.93	50.64	DBT09C3957
	194				256	787				164.12	63.93	DBT09C3965
					268	798				196.78	65.16	DBT09C3966
					269	799				213.01	66.63	DBT09C3967
2200	159	800	2620	2700	239	781				209.07	53.22	DBT10C3957
					254	796				240.73	55.14	DBT10C3958
	194				269	828				230.57	70.11	DBT10C3967
					284	843				263.95	71.94	DBT10C3968
2400	194	900	2870	2950	284	900			M20	251.79	77.10	DBT11C3967
					299	915				288.20	78.93	DBT11C3968
					300	916				330.78	83.25	DBT11C3969
	219				304	933				271.94	101.10	DBT11C3977
					319	948				308.09	102.93	DBT11C3978
					320	949				350.77	104.28	DBT11C3979

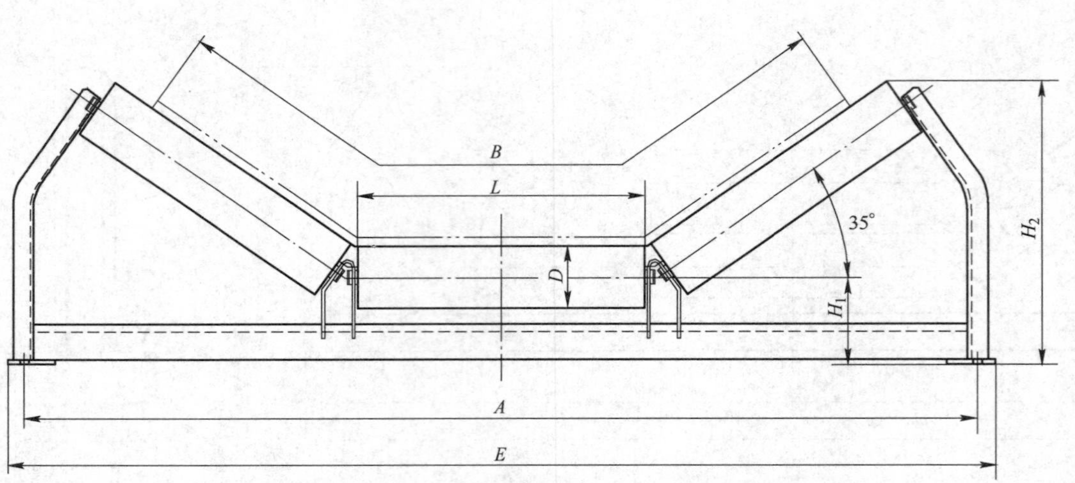

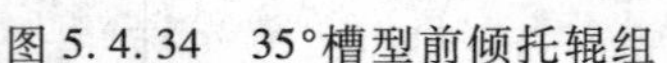
图 5.4.34 35°槽型前倾托辊组

表 5.4.64 35°槽型前倾托辊组参数（唐山德伯特机械有限公司 www.bucyrus.com） （mm）

B	D	L	A	E	H_1	H_2	P	Q	d	质量/kg	旋转质量/kg	图号
1000	108	380	1290	1350	159	436	220	170	M16	39.60	13.8	DBT04C1333
										44.50	15.87	DBT04C1334
	133				173.5	461				47.42	21.3	DBT04C1343
										52.28	23.52	DBT04C1344
1200	108	465	1540	1600	176	509	260	200		52.50	15.9	DBT05C1333
										57.80	17.97	DBT05C1334
	133				190.5	533.5				61.50	24.93	DBT05C1343
										66.80	27.15	DBT05C1344
	159				207.5	561.5				67.30	29.97	DBT05C1353
										73.10	32.46	DBT05C1354
1400	108	530	1740	1800	184	547	280	220		57.65	17.52	DBT06C1333
										70.86	19.59	DBT06C1334
	133				198.5	572				68.23	27.72	DBT06C1343
										81.57	29.94	DBT06C1344
	159				215.5	602				74.36	33.33	DBT06C1353
										87.97	35.82	DBT06C1354
1600	133	600	1990	2060	185	600	300	240		82.24	32.94	DBT07C1344
					204	620				104.25	33.75	DBT07C1345
	159				205	633				89.48	39.42	DBT07C1354
					224	653				111.42	40.2	DBT07C1355
1800	159	670	2210	2280	226	693				126.91	44.25	DBT08C1355
					238	705				148.26	45.48	DBT08C1356
	194				256	740				143.78	58.74	DBT08C1365
					268	752				164.04	59.94	DBT08C1366
2000	159	750	2400	2480	226	740	320	260	M20	146.68	47.94	DBT09C1355
					238	752				169.72	49.26	DBT09C1356
					239	752				195.93	50.64	DBT09C1357
	194				256	787				164.12	63.93	DBT09C1365
					268	798				196.78	65.16	DBT09C1366
					269	799				213.01	66.63	DBT09C1367
2200	159	800	2620	2700	239	781				209.07	53.22	DBT10C1357
					254	796				240.73	55.14	DBT10C1358
	194				269	828				230.57	70.11	DBT10C1367
					284	843				263.95	71.94	DBT10C1368
2400	194	900	2870	2950	284	900				251.79	77.10	DBT11C1367
					299	915				288.20	78.93	DBT11C1368
					300	916				330.78	83.25	DBT11C1369
	219				304	933				271.94	101.10	DBT11C1377
					319	948				308.09	102.93	DBT11C1378
					320	949				350.77	104.28	DBT11C1379

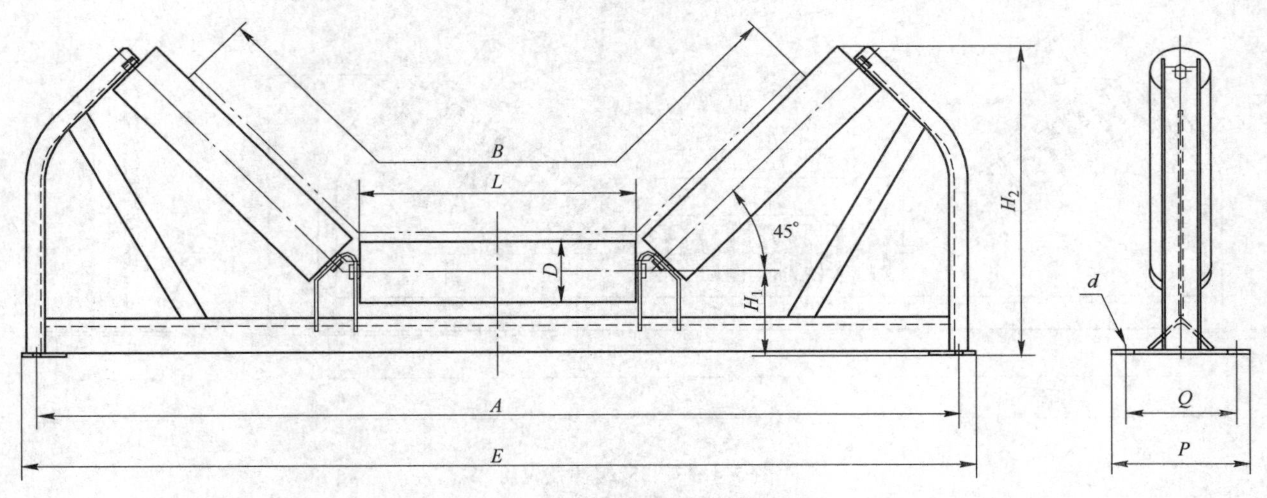

图 5.4.35 45°槽型托辊组

表 5.4.65 45°槽型托辊组参数（唐山德伯特机械有限公司 www. bucyrus. com） （mm）

B	D	L	A	E	H_1	H_2	P	Q	d	质量/kg	旋转质量/kg	图号
1000	108	380	1290	1350	159	486	220	170	M16	42.68	13.8	DBT04C2033
										47.39	15.87	DBT04C2034
	133				173.5	513				50.82	21.3	DBT04C2043
										55.68	23.52	DBT04C2044
1200	108	465	1540	1600	176	563	260	200		55.80	15.9	DBT05C2033
										60.84	17.97	DBT05C2034
	133				190.5	591				65.46	24.93	DBT05C2043
										70.68	27.15	DBT05C2044
	159				207.5	620				71.12	29.97	DBT05C2053
										76.61	32.46	DBT05C2054
1400	108	530	1740	1800	184	617	280	220		68.86	17.52	DBT06C2033
										74.31	19.59	DBT06C2034
	133				198.5	645				79.54	27.72	DBT06C2043
										85.10	29.94	DBT06C2044
	159				215.5	674				85.79	33.33	DBT06C2053
										91.62	35.82	DBT06C2054
1600	133	600	1990	2060	185	681	300	240		85.86	32.94	DBT07C2044
					204	700				108.27	33.75	DBT07C2045
	159				205	714				94.13	39.42	DBT07C2054
					224	733				115.64	40.2	DBT07C2055
1800	159	670	2210	2280	226	783				132.59	44.25	DBT08C2055
					238	795				153.46	45.48	DBT08C2056
	194				256	830				147.06	58.74	DBT08C2065
					268	842				168.12	59.94	DBT08C2066
2000	159	750	2400	2480	226	840	320	260		151.68	47.94	DBT09C2055
					238	852				174.72	49.26	DBT09C2056
					239	853				200.93	50.64	DBT09C2057
	194				256	887				169.12	63.93	DBT09C2065
					268	899				201.78	65.16	DBT09C2066
					269	900				218.01	66.63	DBT09C2067
2200	159	800	2620	2700	239	888				214.07	53.22	DBT10C2057
					254	903				245.73	55.14	DBT10C2058
	194				269	936				235.57	70.11	DBT10C2067
					284	951				268.95	71.94	DBT10C2068
2400	194	900	2870	2950	284	1022			M20	256.79	77.10	DBT11C2067
					299	1037				293.20	78.93	DBT11C2068
					300	1038				335.78	83.25	DBT11C2069
	219				304	1054				271.94	101.10	DBT11C2077
					319	1069				308.09	102.93	DBT11C2078
					320	1070				350.77	104.28	DBT11C2079

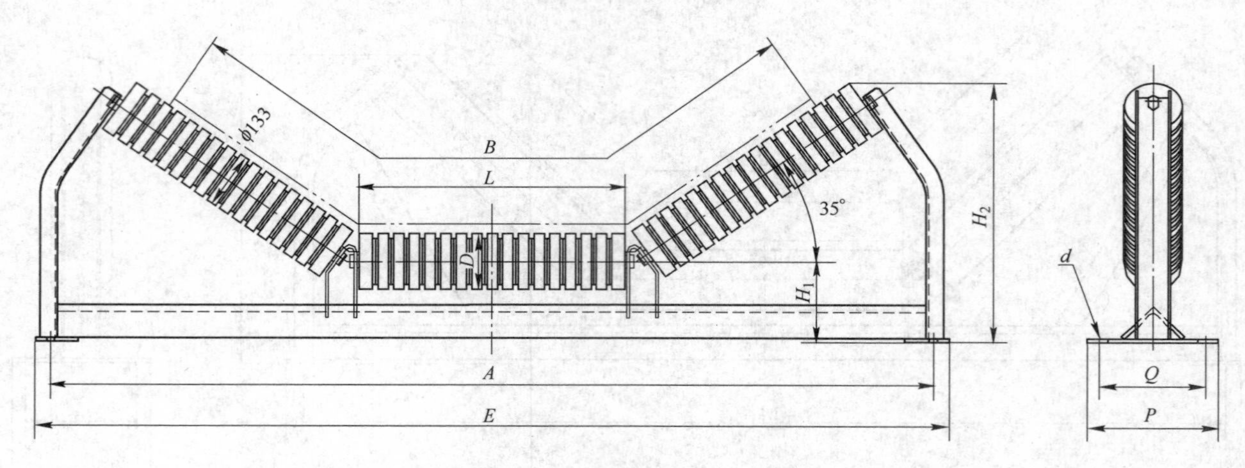

图 5.4.36 35°缓冲托辊组

表 5.4.66 35°缓冲托辊组参数（唐山德伯特机械有限公司 www.bucyrus.com） （mm）

B	D	L	A	E	H_1	H_2	P	Q	d	质量/kg	旋转质量/kg	图号
1000	108	380	1290	1350	159	425	220	170	M16	43.72	18.36	DBT04C6031
	133				173.5	450				45.38	19.26	DBT04C6043
										61.37	32.61	DBT04C6044
1200	133	465	1540	1600	190.5	533.5	260	200		59.73	23.22	DBT05C6043
										79.60	39.48	DBT05C6044
	159				207.5	561.5				68.31	30.99	DBT05C6053
										73.54	33.09	DBT05C6054
1400	108	530	1740	1800	198.5	557	280	220		66.49	26.40	DBT06C6031
	133				198.5	568				66.07	26.01	DBT06C6043
										96.36	45.09	DBT06C6044
	159				215.5	598				77.06	34.74	DBT06C6053
										88.57	36.33	DBT06C6054
1600	133	600	1990	2060	185	600	300	240		100.30	51.00	DBT07C6044
					204	620				109.56	39.06	DBT07C6045
	159				205	616				89.48	41.34	DBT07C6054
					224	636				113.37	42.15	DBT07C6055
1800	159	670	2210	2280	226	693				128.50	45.87	DBT08C6055
					238	705				166.02	51.39	DBT08C6056
	194				256	740				152.10	67.05	DBT08C6065
					268	752				172.41	68.31	DBT08C6066
2000	159	750	2400	2480	226	740	320	260		149.56	50.82	DBT09C6055
					238	752				176.44	57.15	DBT09C6056
					239	752				214.32	69.03	DBT09C6057
	194				256	787				174.86	74.67	DBT09C6065
					268	798				207.58	75.96	DBT09C6066
					269	799				226.15	79.74	DBT09C6067
2200	159	800	2620	2700	239	781				228.21	72.96	DBT10C6057
					254	796				268.54	82.71	DBT10C6058
	194				269	828				244.61	84.15	DBT10C6067
					284	843				299.17	107.16	DBT10C6068
2400	194	900	2870	2950	284	900			M20	267.66	92.97	DBT11C6067
					299	915				328.58	119.31	DBT11C6068
					300	916				362.58	115.05	DBT11C6069
	219				304	933				284.63	113.91	DBT11C6077
					319	948				328.61	123.48	DBT11C6078
					320	949				371.32	127.83	DBT11C6079

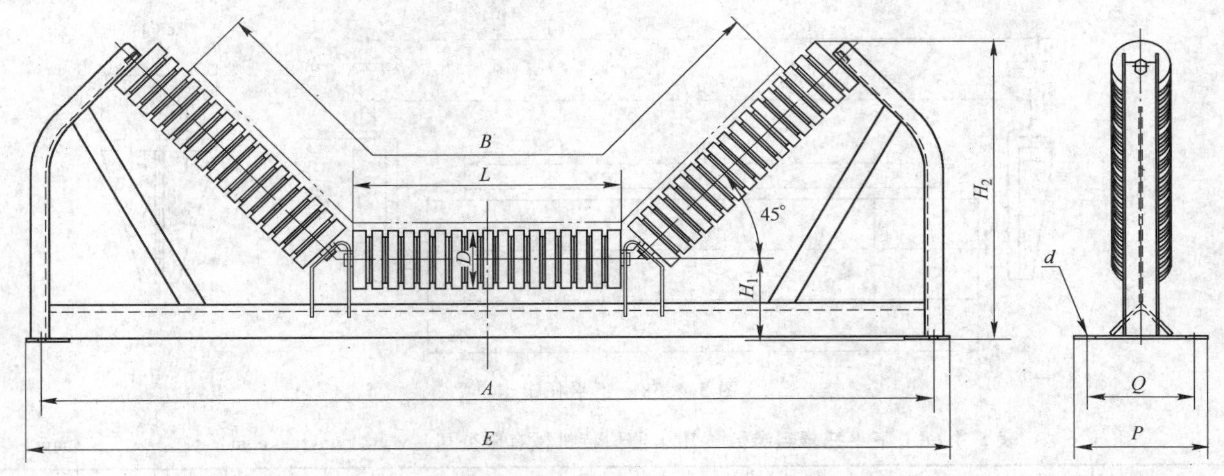

图 5.4.37 45°缓冲托辊组

表 5.4.67 45°缓冲托辊组参数（唐山德伯特机械有限公司 www.bucyrus.com） （mm）

B	D	L	A	E	H_1	H_2	P	Q	d	质量/kg	旋转质量/kg	图号
1000	108	380	1290	1350	159	477	220	170	M16	46.82	18.36	DBT04C9531
	133				173.5	504				48.78	19.26	DBT04C9543
										64.77	32.61	DBT04C9544
1200	133	465	1540	1600	190.5	591	260	200		63.12	23.22	DBT05C9543
										82.74	39.48	DBT05C9544
	159				207.5	620				72.23	30.99	DBT05C9553
										77.30	33.09	DBT05C9554
1400	108	530	1740	1800	184	617	280	220		77.32	26.40	DBT06C9531
	133				198.5	639				77.38	26.01	DBT06C9543
										99.89	45.09	DBT06C9544
	159				215.5	669				88.49	34.74	DBT06C9553
										92.22	36.33	DBT06C9554
1600	133	600	1990	2060	185	681	300	240		103.92	51.00	DBT07C9544
					204	700				113.58	39.06	DBT07C9545
	159				205	696				96.05	41.34	DBT07C9554
					224	715				117.59	42.15	DBT07C9555
1800	159	670	2210	2280	226	783				134.18	45.87	DBT08C9555
					238	795				171.22	63.24	DBT08C9556
	194				256	830				155.37	67.05	DBT08C9565
					268	842				176.49	68.31	DBT08C9566
2000	159	750	2400	2480	226	840	320	260		154.56	50.82	DBT09C2055
					238	852				181.44	57.15	DBT09C2056
					239	853				219.32	69.03	DBT09C2057
	194				256	887				179.86	74.67	DBT09C2065
					268	899				212.58	75.96	DBT09C2066
					269	900				231.15	79.74	DBT09C2067
2200	159	800	2620	2700	239	888				233.81	72.96	DBT10C2057
					254	903				273.54	82.71	DBT10C2058
	194				269	936				249.61	84.15	DBT10C2067
					284	951				304.17	107.16	DBT10C2068
2400	194	900	2870	2950	284	1022			M20	272.66	92.97	DBT11C2067
					299	1037				333.58	119.31	DBT11C2068
					300	1038				367.58	115.05	DBT11C2069
	219				304	1054				289.63	113.91	DBT11C2077
					319	1069				333.61	123.48	DBT11C2078
					320	1070				376.32	127.83	DBT11C2079

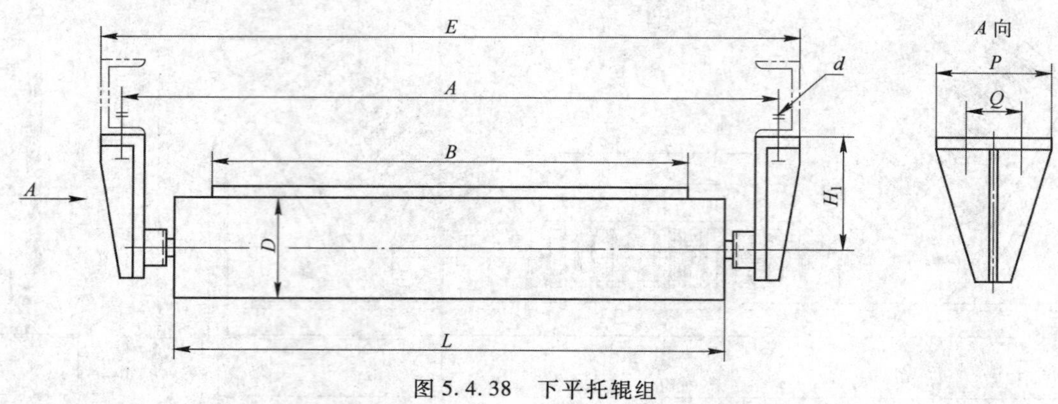

图 5.4.38 下平托辊组

表 5.4.68 下平托辊组参数（唐山德伯特机械有限公司 www.bucyrus.com） （mm）

B	*D*	*L*	*A*	*E*	H_1	*P*	*Q*	*d*	质量/kg	旋转质量/kg	图 号
1000	108	1150	1290	1342	164	150	90	M16	24.71	13.23	DBT04C3033
									27.83	13.92	DBT04C3034
	133				176.5				29.77	18.08	DBT04C3043
									32.94	18.82	DBT04C3044
1200	108	1400	1540	1592	174				26.10	13.03	DBT05C3033
									26.31	13.72	DBT05C3034
	133				186.5				34.90	21.64	DBT05C3043
									38.25	22.38	DBT05C3044
	159				199.5				39.72	26.02	DBT05C3053
									43.48	26.85	DBT05C3054
1400	108	1600	1740	1800	184				32.12	17.85	DBT06C3033
									36.11	18.53	DBT06C3034
	133				196.5				38.80	24.29	DBT06C3043
									43.06	25.24	DBT06C3044
	159				209.5				44.37	29.45	DBT06C3053
									48.51	30.28	DBT06C3054
1600	133	1800	1990	2060	243				52.91	28.09	DBT07C3044
									53.89	28.37	DBT07C3045
	159								58.53	33.71	DBT07C3054
									59.50	33.98	DBT07C3055
1800	159	2000	2210	2280	256	210	150		70.66	37.47	DBT08C3055
									76.48	37.88	DBT08C3056
	194								83.66	50.47	DBT08C3065
									89.53	50.93	DBT08C3066
2000	159	2200	2400	2480	265				81.00	40.84	DBT09C3055
									81.90	41.28	DBT09C3056
	194				299				96.00	55.10	DBT09C3065
									97.40	55.51	DBT09C3066
2200	159	2500	2620	2700	282				91.22	46.45	DBT10C3056
									100.03	47.55	DBT10C3057
	194				316				108.49	62.50	DBT10C3066
									115.31	63.61	DBT10C3067
2400	194				333	240		M20	123.68	69.48	DBT11C3066
									132.90	70.59	DBT11C3067
	219				359				146.80	92.22	DBT11C3076
									156.01	93.19	DBT11C3077

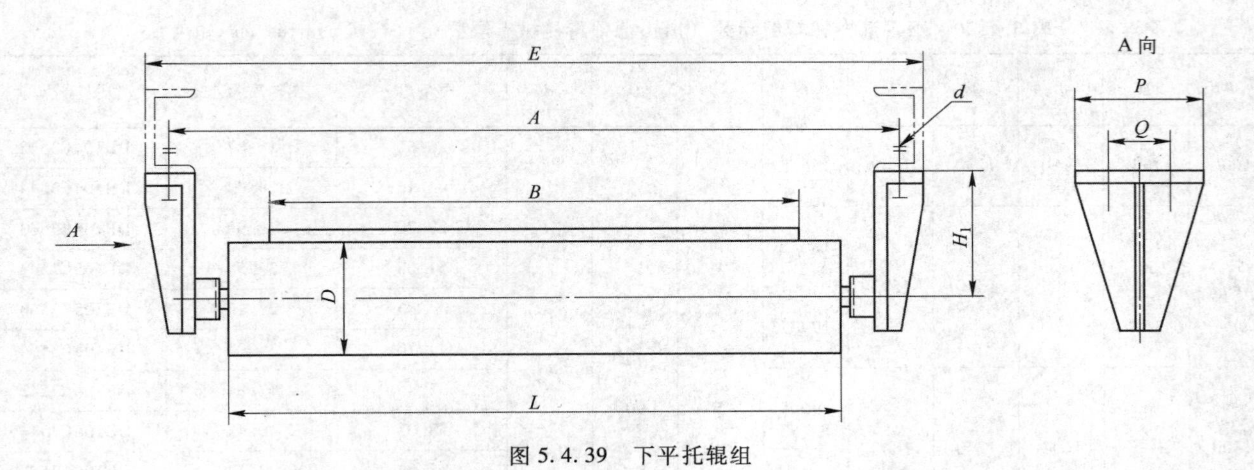

图 5.4.39 下平托辊组

表 5.4.69 下平托辊组参数（唐山德伯特机械有限公司 www.bucyrus.com） （mm）

B	D	L	A	E	H_1	P	Q	d	质量/kg	旋转质量/kg	图 号
1000	108	1150	1290	1342	164	150	90	M16	22.49	10.49	DBT04C3031
									24.50	11.11	DBT04C3032
	133				176.5				29.50	17.52	DBT04C3041
									32.20	18.00	DBT04C3042
1200	108	1400	1540	1592	174				25.93	12.56	DBT05C3031
									28.80	12.85	DBT05C3032
	133				186.5				34.80	20.52	DBT05C3041
									37.80	21.56	DBT05C3042
	159				199.5				39.00	25.33	DBT05C3051
									42.20	25.99	DBT05C3052
1400	108	1600	1740	1800	184				28.64	14.22	DBT06C3031
									32.10	14.50	DBT06C3032
	133				196.5				38.70	23.93	DBT06C3041
									42.00	24.42	DBT06C3042
	159				209.5				36.40	28.76	DBT06C3051
									47.00	29.42	DBT06C3052
1600	133	1800	1990	2060	243				38.90	27.27	DBT07C3042
	159								51.40	32.85	DBT07C3052
1800	159	2000	2210	2280	256	210	150		55.50	36.28	DBT08C3052
	194								75.30	49.94	DBT08C3062

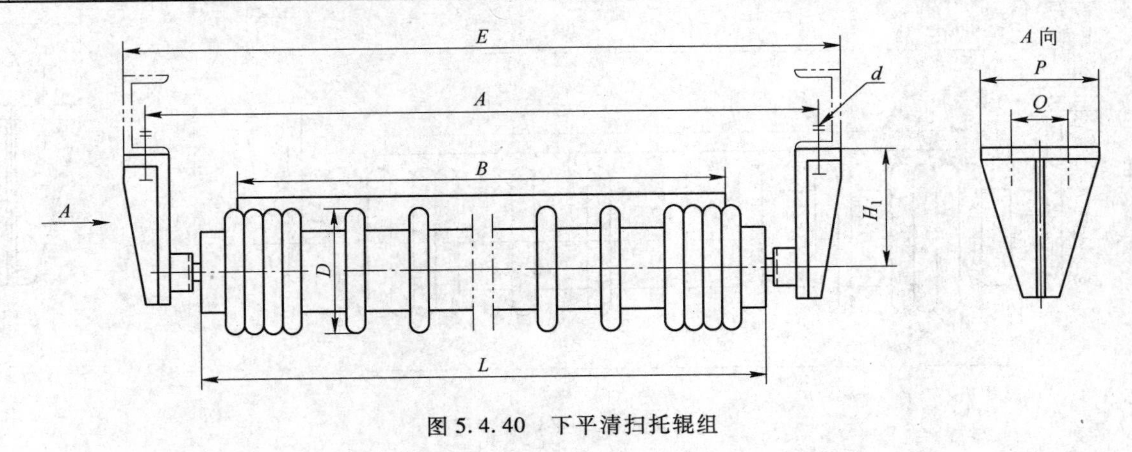

图 5.4.40 下平清扫托辊组

表 5.4.70 下平清扫托辊组参数（唐山德伯特机械有限公司 www.bucyrus.com） （mm）

B	*D*	*L*	*A*	*E*	H_1	*P*	*Q*	*d*	质量/kg	旋转质量/kg	图号
1000	133	1150	1290	1342	176.5	150	90	M16	25.56	13.87	DBT04C3543
									43.16	29.04	DBT04C3544
1200	133	1400	1540	1592	186.5				29.20	15.90	DBT05C3543
									51.63	35.58	DBT05C3544
	159				199.5				34.83	21.13	DBT05C3553
									41.70	25.07	DBT05C3554
1400	133	1600	1740	1800	196.5				32.35	17.84	DBT06C3543
									58.07	40.43	DBT06C3544
	159				209.5				38.04	23.12	DBT06C3553
									45.96	27.73	DBT06C3554
1600	133	1800	1990	2060	243				70.12	45.30	DBT07C3544
									58.44	32.92	DBT07C3545
	159								51.59	26.77	DBT07C3554
									52.56	27.04	DBT07C3555
1800	159	2000	2210	2280	256	210	150		62.59	29.40	DBT08C3555
									87.30	48.70	DBT08C3556
	194								77.19	44.00	DBT08C3565
									85.40	46.80	DBT08C3566
2000	159	2200	2400	2480	265				72.00	32.01	DBT09C3555
									95.00	54.35	DBT09C3556
	194				299				90.30	49.44	DBT09C3565
									91.70	49.85	DBT09C3566
2200	159	2500	2620	2700	282				89.20	44.43	DBT10C3556
									107.85	55.34	DBT10C3557
	194				316				107.53	61.54	DBT10C3566
									115.98	62.67	DBT10C3567
2400	194	2800	2870	2950	333	240		M20	125.50	71.31	DBT11C3566
									134.90	72.58	DBT11C3567
	219				359				143.40	88.60	DBT11C3576
									154.10	91.10	DBT11C3577

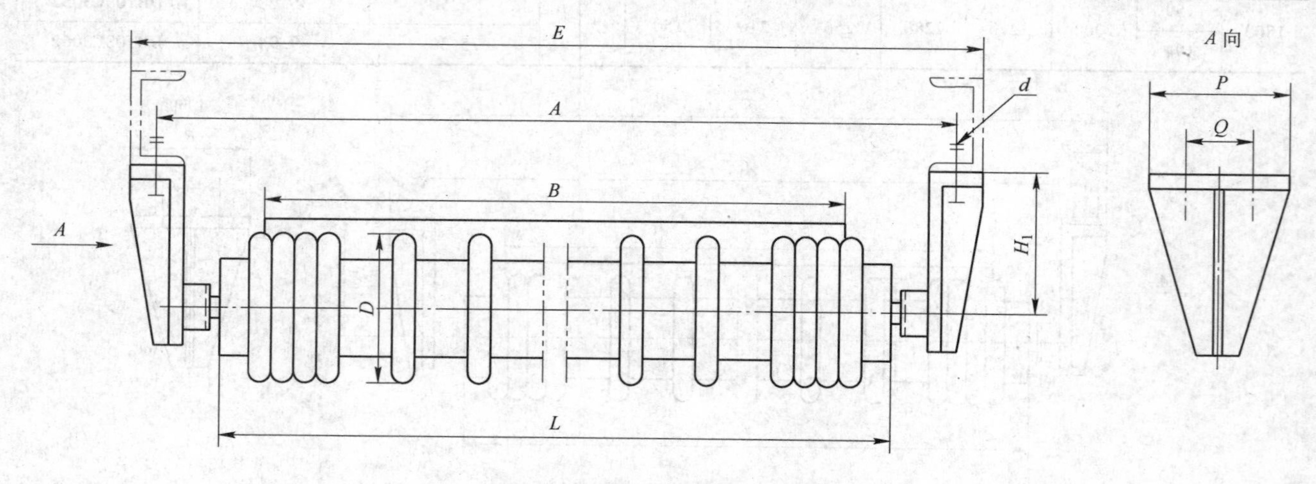

图 5.4.41 下平清扫托辊组

表 5.4.71 下平清扫托辊组参数（唐山德伯特机械有限公司 www.bucyrus.com） (mm)

B	D	L	A	E	H_1	P	Q	d	质量/kg	旋转质量/kg	图 号
1000	133	1150	1290	1342	176.5	150	90	M16	19.08	7.09	DBT04C3531
									30.80	8.18	DBT04C3532
									22.30	10.67	DBT04C3541
									24.40	10.68	DBT04C3542
1200	108	1400	1540	1592	174				21.62	8.28	DBT05C3531
									24.40	9.36	DBT05C3532
	133				186.5				25.20	10.60	DBT05C3541
									28.30	12.72	DBT05C3542
	159				199.5				25.50	12.25	DBT05C3551
									28.20	12.76	DBT05C3552
1400	108	1600	1740	1800	184				23.71	9.32	DBT06C3531
									40.75	10.41	DBT06C3532
	133				196.5				28.00	13.93	DBT06C3541
									31.30	14.44	DBT06C3542
	159				209.5				29.50	15.06	DBT06C3551
									38.27	15.92	DBT06C3552
1600	133	1800	1990	2060	243				34.00	15.94	DBT07C3542
	159								36.00	17.90	DBT07C3552
1800	159	2000	2210	2280	256	210	150		42.10	14.24	DBT08C3552
	194								67.30	25.89	DBT08C3562

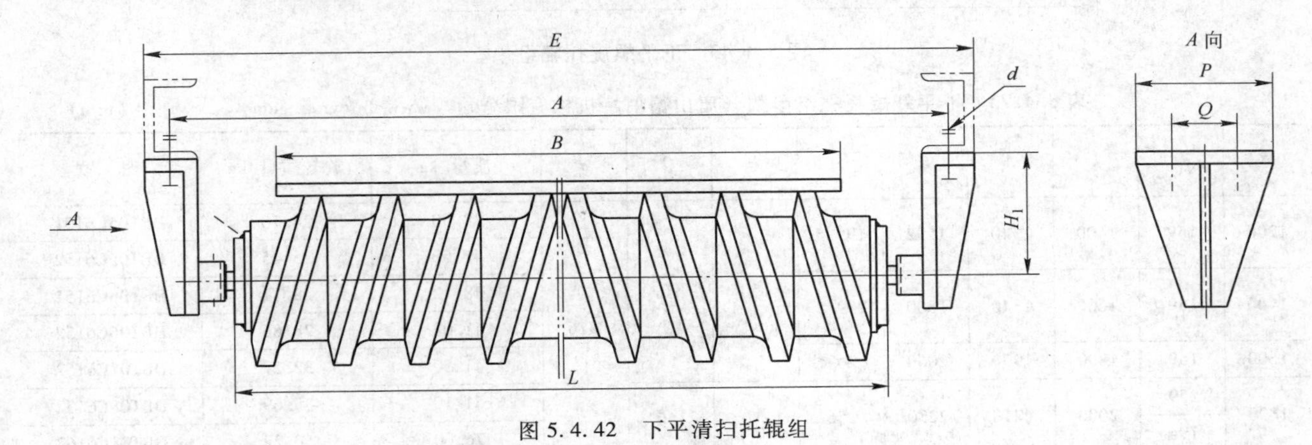

图 5.4.42 下平清扫托辊组

表 5.4.72 下平清扫托辊组参数（唐山德伯特机械有限公司 www.bucyrus.com） (mm)

B	D	L	A	E	H_1	P	Q	d	质量/kg	旋转质量/kg	图 号
1200	159	1400	1540	1592	199.5	150	90	M16	40.73	27.03	DBT05C6153
									44.34	27.71	DBT05C6154
1400	159	1600	1740	1800	209.5				42.42	30.66	DBT06C6153
									49.57	31.34	DBT06C6154
1600	159	1800	1990	2060	243				56.22	31.40	DBT07C6154
									56.93	31.67	DBT07C6155
1800	159	2000	2210	2280	256	210	150		68.22	35.03	DBT08C6155
									93.50	54.90	DBT08C6156
	194								87.77	54.58	DBT08C6165
									93.64	55.04	DBT08C6166
2000	159	2200	2400	2480	265				78.00	38.16	DBT09C6155
									100.90	60.32	DBT09C6156
	194				299				100.60	59.67	DBT09C6165
									101.90	60.08	DBT09C6166

续表 5.4.72

B	D	L	A	E	H_1	P	Q	d	质量/kg	旋转质量/kg	图 号
2200	159	2500	2620	2700	282	210	150	M16	94.11	49.34	DBT10C6156
									112.76	60.25	DBT10C6157
	194				316				115.19	69.12	DBT10C6166
									123.57	70.26	DBT10C6167
2400	194	2800	2870	2950	333	240		M20	131.40	77.39	DBT11C6166
									140.40	78.03	DBT11C6167
	219				359				144.60	89.89	DBT11C6176
									153.80	90.99	DBT11C6177

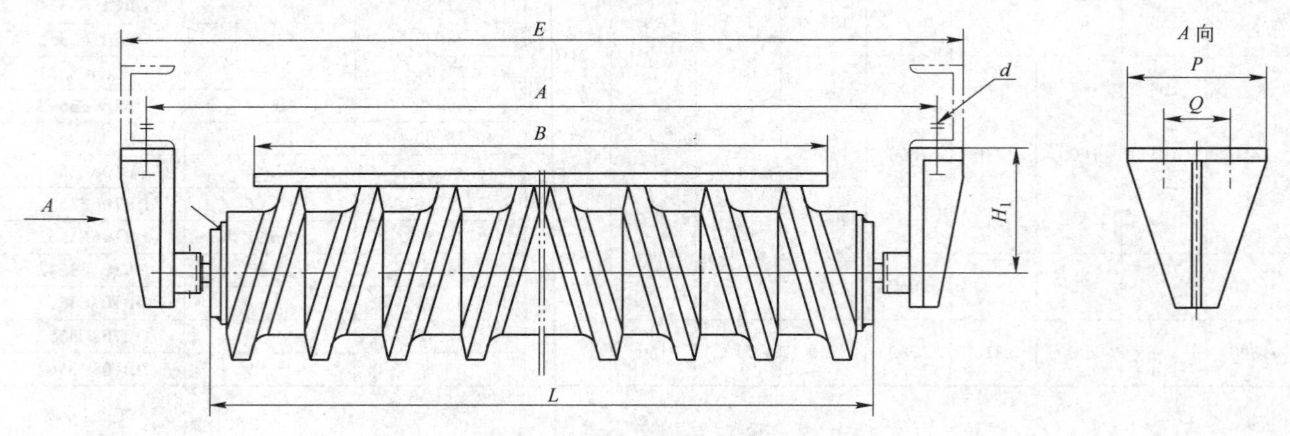

图 5.4.43 下平螺旋托辊组

表 5.4.73 下平螺旋托辊组参数（唐山德伯特机械有限公司 www.bucyrus.com） （mm）

B	D	L	A	E	H_1	P	Q	d	质量/kg	旋转质量/kg	图 号
1200	159	1400	1540	1592	199.5	150	90	M16	38.50	24.70	DBT05C6151
									41.50	25.45	DBT05C6152
1400	159	1600	1740	1800	209.5				38.12	28.11	DBT06C6151
									41.08	28.86	DBT06C6152
1600	159	1800	1990	2060	243				41.50	32.27	DBT07C6152
1800	159	2000	2210	2280	256	210	150		61.10	35.69	DBT08C6152
	194								76.00	50.22	DBT08C6162

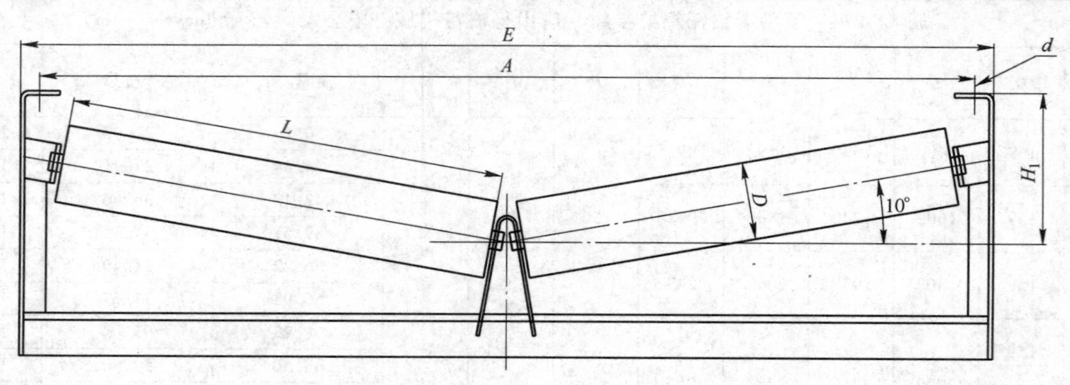

图 5.4.44 下 V 托辊组

表 5.4.74 下 V 托辊组参数（唐山德伯特机械有限公司 www.bucyrus.com） (mm)

D	L	A	E	H_1	P	Q	d	质量/kg	旋转质量/kg	图 号
108	600	1290	1342	210.4	150	90	M16	38.04	12.84	DBT04C5133
								41.94	14.22	DBT04C5134
133				223.4				45.84	20.46	DBT04C5143
								49.86	21.96	DBT04C5144
108	700	1540	1592	225.7				48.29	14.50	DBT05C5133
								52.10	15.86	DBT05C5134
133				238.7				57.30	23.32	DBT05C5143
								61.27	24.80	DBT05C5144
159				271.7				64.25	28.04	DBT05C5153
								70.37	29.70	DBT05C5154
108	800	1740	1800	246				55.23	16.14	DBT06C5133
								59.77	17.52	DBT06C5134
133				259				57.01	17.74	DBT06C5143
								70.09	27.66	DBT06C5144
159				292				62.93	31.46	DBT06C5153
								76.21	33.14	DBT06C5154
133	900	1990	2060	314	160	80		78.24	30.52	DBT07C5144
								82.71	31.06	DBT07C5145
159								84.95	36.56	DBT07C5154
								88.86	37.06	DBT07C5155
159	1000	2210	2280	335	210	150		120.10	40.74	DBT08C5155
								126.30	41.56	DBT08C5156
194								135.50	54.56	DBT08C5165
								141.60	55.36	DBT08C5166
159	1100	2400	2480	352				138.50	43.97	DBT09C5155
								149.20	41.56	DBT09C5156
194				387				156.00	58.92	DBT09C5165
								166.60	55.36	DBT09C5166
159	1250	2620	2700	202				154.20	48.72	DBT10C5155
								161.50	50.02	DBT10C5156
194				219				179.88	65.38	DBT10C5165
								187.22	66.74	DBT10C5166
194	1400	2870	2950	236	240		M20	196.52	72.44	DBT11C5165
								204.56	73.70	DBT11C5166
219				249				231.00	97.80	DBT11C5175
								241.00	99.14	DBT11C5176

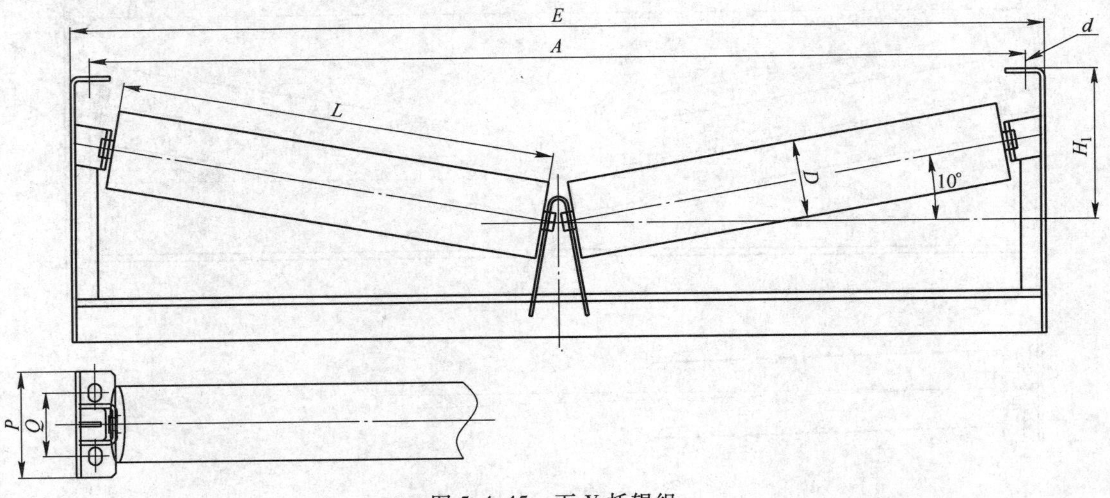

图 5.4.45 下 V 托辊组

表 5.4.75 下 V 托辊组参数（唐山德伯特机械有限公司 www.bucyrus.com） (mm)

D	L	A	E	H_1	P	Q	d	质量/kg	旋转质量/kg	图号
108	600	1290	1342	210.4	150	90	M16	33.60	11.00	DBT04C5130
								35.50	11.38	DBT04C5131
133				223.4				41.50	20.71	DBT04C5140
								43.00	21.20	DBT04C5141
108	700	1540	1592	225.7				36.60	13.02	DBT05C5130
								40.20	13.52	DBT05C5131
133				238.7				47.00	21.71	DBT05C5140
								48.80	22.20	DBT05C5141
159				271.7				54.20	26.64	DBT05C5151
108	800	1740	1800	246				48.10	14.67	DBT06C5130
								51.10	15.18	DBT06C5131
133				259				58.50	24.56	DBT06C5140
								61.60	25.05	DBT06C5141
159				292				66.60	30.07	DBT06C5151
133	900	1990	2060	314	160	80		73.50	27.90	DBT07C5141
159								79.20	33.50	DBT07C5151
159	1000	2210	2280	335	210	150		94.70	36.93	DBT08C5151
								99.50	38.26	DBT08C5152
194								115.80	53.34	DBT08C5162
159	1100	2400	2480	352				102.50	40.36	DBT09C5151
								107.80	41.69	DBT09C5152
194				387				124.50	57.92	DBT09C5162
159	1250	2620	2700	202				129.10	45.90	DBT10C5151
								134.90	47.30	DBT10C5152
194				219				151.30	63.74	DBT10C5162
194	1400	2870	2950	236	240		M20	166.90	70.72	DBT11C5162

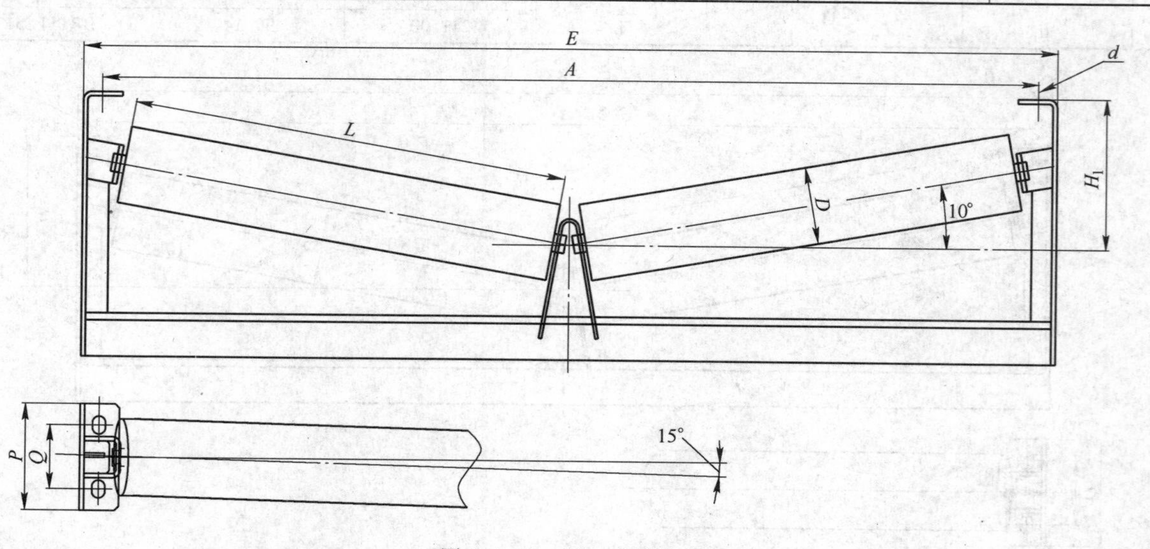

图 5.4.46 下 V 托辊组

表 5.4.76 下 V 托辊组参数（唐山德伯特机械有限公司 www.bucyrus.com） (mm)

D	L	A	E	H_1	P	Q	d	质量/kg	旋转质量/kg	图 号
108	600	1290	1342	210.4	150	90	M16	38.34	12.84	DBT04C5333
								42.24	14.22	DBT04C5334
133				223.4				46.14	20.46	DBT04C5343
								50.16	21.96	DBT04C5344
108	700	1540	1592	225.7				48.30	14.50	DBT05C5333
								52.40	15.86	DBT05C5334
133				238.7				57.30	23.32	DBT05C5343
								60.54	24.80	DBT05C5344
159				271.7				63.30	28.04	DBT05C5353
								68.20	29.70	DBT05C5354
108	800	1740	1800	246				55.39	16.14	DBT06C5333
								59.93	17.52	DBT06C5334
133				259				57.17	17.74	DBT06C5343
								70.25	27.66	DBT06C5344
159				292				63.13	31.46	DBT06C5353
								76.41	33.14	DBT06C5354
133	900	1990	2060	314	160	80		78.24	30.52	DBT07C5344
								82.71	31.06	DBT07C5345
159								84.95	36.56	DBT07C5354
								88.86	37.10	DBT07C5355
159	1000	2210	2280	335	210	150		120.90	40.74	DBT08C5355
								127.10	41.56	DBT08C5356
194								136.50	54.56	DBT08C5365
								142.60	55.36	DBT08C5366
159	1100	2400	2480	352				139.10	43.97	DBT09C5355
								149.70	41.56	DBT09C5356
194				387				156.60	58.92	DBT09C5365
								167.20	55.36	DBT09C5366
159	1250	2620	2700	202				154.20	48.72	DBT10C5355
								161.50	50.02	DBT10C5356
194				219				179.88	65.38	DBT10C5365
								187.22	66.74	DBT10C5366
194	1400	2870	2950	236	240		M20	196.52	72.44	DBT11C5365
								204.56	73.70	DBT11C5366
219				249				231.00	97.80	DBT11C5375
								241.00	99.14	DBT11C5376

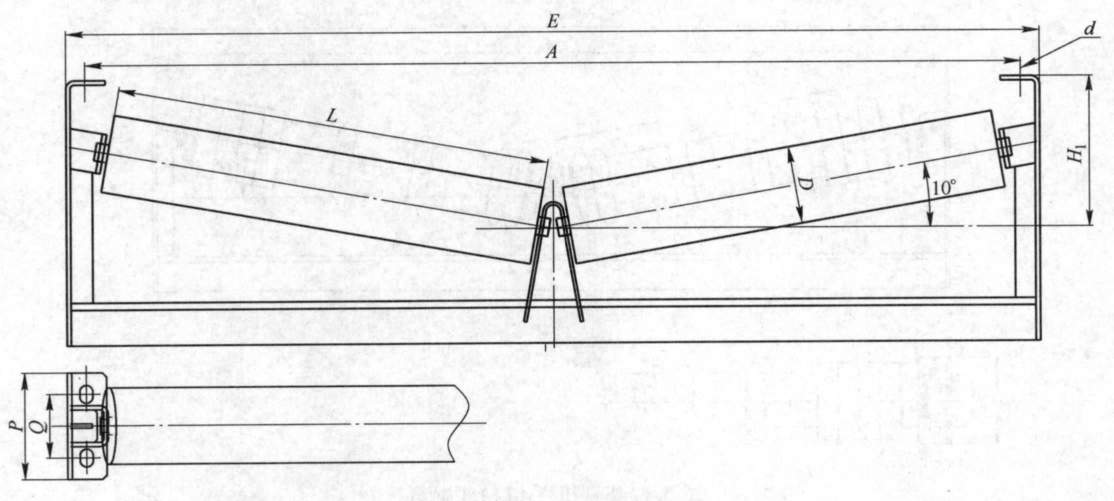

图 5.4.47 下 V 前倾托辊组

表 5.4.77 下 V 前倾托辊组参数（唐山德伯特机械有限公司 www.bucyrus.com） (mm)

D	L	A	E	H_1	P	Q	d	质量/kg	旋转质量/kg	图 号
108	600	1290	1342	210.4	150	90	M16	33.60	11.00	DBT04C5330
								35.50	11.38	DBT04C5331
133				223.4				41.50	20.71	DBT04C5340
								43.00	21.20	DBT04C5341
108	700	1540	1592	225.7				36.60	13.02	DBT05C5330
								40.20	13.52	DBT05C5331
133				238.7				47.00	21.71	DBT05C5340
								48.80	22.20	DBT05C5341
159				271.7				54.20	26.64	DBT05C5351
108	800	1740	1800	246				48.10	14.67	DBT06C5330
								51.10	15.18	DBT06C5331
133				259				58.50	24.56	DBT06C5340
								61.60	25.05	DBT06C5341
159				292				66.60	30.07	DBT06C5351
133	900	1990	2060	314	160	80		73.50	27.90	DBT07C5341
159								79.20	33.50	DBT07C5351
159	1000	2210	2280	335	210	150		94.70	36.93	DBT08C5351
								99.50	38.26	DBT08C5352
194								115.80	53.34	DBT08C5362
159	1100	2400	2480	352				102.50	40.36	DBT09C5351
								107.80	41.69	DBT09C5352
194				387				124.50	57.92	DBT09C5362
159	1250	2620	2700	202				129.10	45.90	DBT10C5351
								134.90	47.30	DBT10C5352
194				219				151.30	63.74	DBT10C5362
194	1400	2870	2950	236	240		M20	166.90	70.72	DBT11C5362

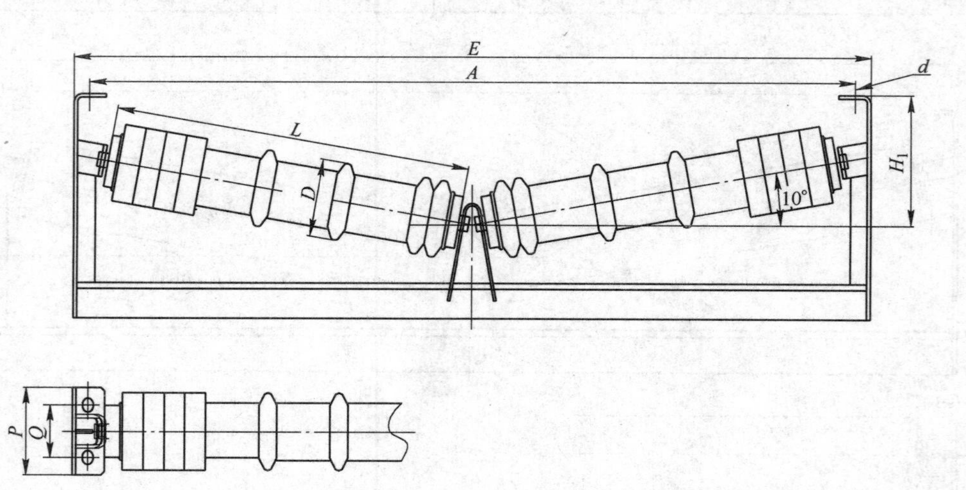

图 5.4.48 下 V 清扫托辊组

表 5.4.78 下 V 清扫托辊组参数（唐山德伯特机械有限公司 www.bucyrus.com） (mm)

D	L	A	E	H_1	P	Q	d	质量/kg	旋转质量/kg	图 号
133	600	1290	1342	223.4	150	90	M16	46.98	15.84	DBT04C5243
133	700	1540	1592	238.7				51.43	17.84	DBT05C5243
159				271.7				60.40	24.40	DBT05C5253
								62.80	24.32	DBT05C5254
133	800	1740	1800	259				58.75	19.48	DBT06C5243
159				292				66.17	26.26	DBT06C5253
								69.31	26.24	DBT06C5254
159	900	1990	2060	314	160	80		77.47	29.08	DBT07C5254
								81.38	29.62	DBT07C5255
159	1000	2210	2280	335	210	150		115.30	35.94	DBT08C5255
								140.60	55.96	DBT08C5256
194								135.60	54.66	DBT08C5265
								136.50	50.18	DBT08C5266
159	1100	2400	2480	352				129.20	34.60	DBT09C5255
194				387				150.20	53.16	DBT09C5265
								160.90	54.04	DBT09C5266
159	1250	2620	2700	202				150.76	45.28	DBT10C5255
								158.00	46.50	DBT10C5256
194				219				176.76	62.28	DBT10C5265
								184.10	63.60	DBT10C5266
194	1400	2870	2950	236	240		M20	201.87	77.81	DBT11C5265
								210.00	79.14	DBT11C5266
219				249				221.40	88.70	DBT11C5275
								230.14	88.95	DBT11C5276

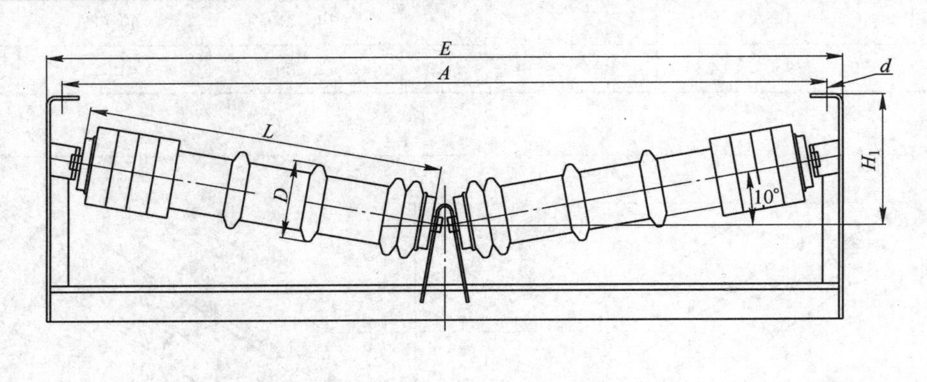

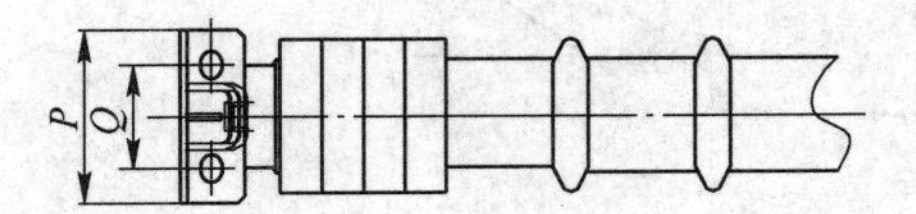

图 5.4.49 下 V 清扫托辊组

表 5.4.79 下 V 清扫托辊组参数（唐山德伯特机械有限公司 www. bucyrus. com） (mm)

D	L	A	E	H_1	P	Q	d	质量/kg	旋转质量/kg	图 号
108	600	1290	1342	210.4	150	90	M16	30.70	8.96	DBT04C5230
								38.90	15.89	DBT04C5231
133				223.4				34.90	14.09	DBT04C5240
								36.90	14.32	DBT04C5241
108	700	1540	1592	225.7				34.20	10.23	DBT05C5230
								44.10	18.72	DBT05C5231
133				238.7				39.20	13.74	DBT05C5240
								44.70	19.40	DBT05C5241
159				271.7				46.10	19.16	DBT05C5251
108	800	1740	1800	246				45.00	11.88	DBT06C5230
								55.60	20.64	DBT06C5231
133				259				48.70	15.55	DBT06C5240
								52.30	16.64	DBT06C5241
159				292				56.40	20.92	DBT06C5251
133	900	1990	2060	314	160	80		59.80	17.30	DBT07C5241
159								67.20	22.56	DBT07C5251
159	1000	2210	2280	335	210	150		84.20	26.89	DBT08C5251
								87.90	27.15	DBT08C5252
194								96.80	35.03	DBT08C5262
159	1100	2400	2480	352				91.60	30.54	DBT09C5251
								96.10	31.16	DBT09C5252
194				387				106.50	46.46	DBT09C5262
159	1250	2620	2700	202				126.02	42.86	DBT10C5251
								131.32	43.74	DBT10C5252
194				219				148.26	60.68	DBT10C5262
194	1400	2870	2950	236	240		M20	173.00	70.72	DBT11C5262

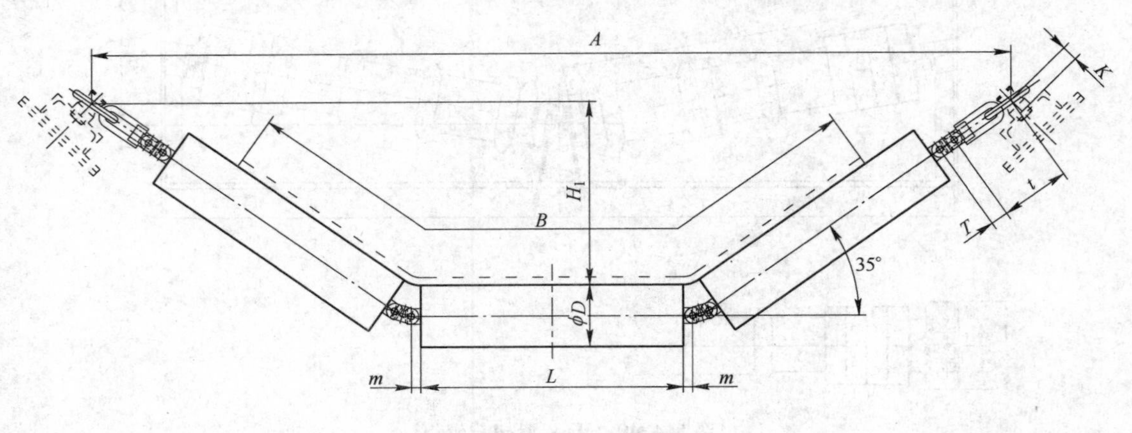

图 5.4.50 3 节吊挂托辊

表 5.4.80 3节吊挂托辊参数（唐山德伯特机械有限公司 www.bucyrus.com） （mm）

B	D	L	A	m	H_1	T	K	t	质量/kg	旋转质量/kg	图 号
1000	108	380	1483	19	305	38	35	150	22.60	12.45	DBT04C8831
									23.80	13.50	DBT04C8833
	133				293	38	35		37.70	19.74	DBT04C8841
									31.80	21.38	DBT04C8843
1200	108	465	1708	19	354	38	35	150	25.70	14.56	DBT05C8831
			1775	25	371	45		157	31.20	15.50	DBT05C8832
	1775		25	358	45	157	40.60	24.91	DBT05C8842		
							43.00	26.90	DBT05C8844		
				159	345		45	35	45.80	30.08	DBT05C8852
									47.80	31.68	DBT05C8854
1400	108	530	1947	25	408	45	35	157	33.90	17.12	DBT06C8832
									41.30	24.06	DBT06C8834
	133				396	45	35		44.40	27.69	DBT06C8842
									46.90	29.68	DBT06C8844
	159				383	45	35		50.20	33.43	DBT06C8852
									51.20	30.43	DBT06C8854
1600	133	600	2132	25	436	45	35	157	51.00	32.68	DBT07C8844
	159		2161		433		40	175	68.10	40.20	DBT07C8855
	194				416				78.20	53.17	DBT07C8865
1800	159	670	2346	25	473	45	40	175	73.50	44.25	DBT08C8855
	194		2370		464			190	105.10	59.94	DBT08C8866
2000	159	750	2557	25	519	45	40	175	79.90	47.94	DBT09C8855
	194		2581		510			190	114.50	65.16	DBT09C8866
2200	159	800	2713	25	556	45	45	190	103.80	53.22	DBT10C8857
			2845	30	594	60	55	222	129.00	55.14	DBT10C8858
	194		2713	25	539	45	45	190	120.70	70.11	DBT10C8867
			2845	30	576	60	55	222	145.80	71.94	DBT10C8868
2400	194	900	3109	30	633	60	55	222	157.50	78.93	DBT11C8868
									186.60	83.25	DBT11C8869
	219			30	621	60			181.50	102.93	DBT11C8878
									210.60	107.28	DBT11C8879

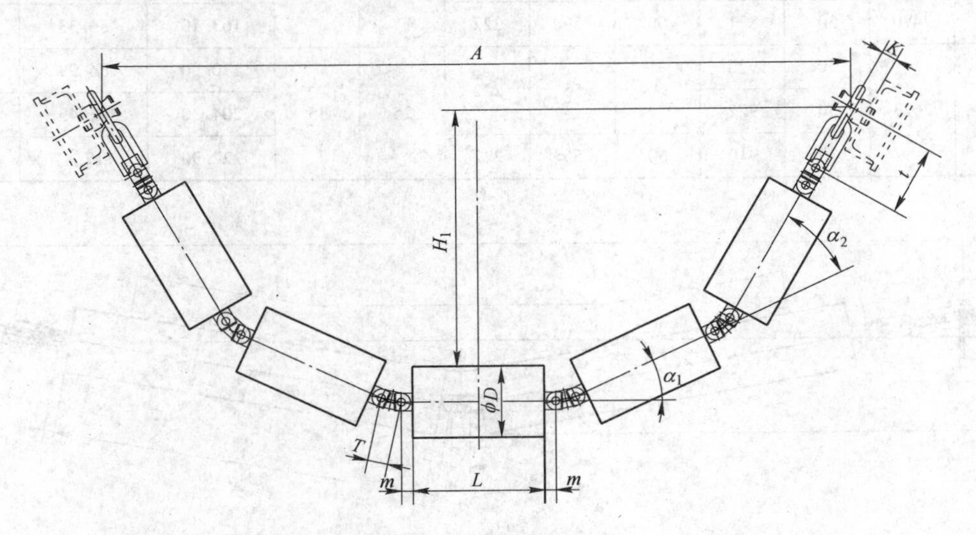

图 5.4.51 5节吊挂托辊

表 5.4.81 5节吊挂托辊参数（唐山德伯特机械有限公司 www.bucyrus.com） (mm)

D	L	A	m	H_1	T	K	t	α_1 /(°)	α_2 /(°)	质量 /kg	旋转质量 /kg	图 号
108	205	1245	19	456	38	35	150	25	35	24.60	13.45	DBT04C8331
										28.90	15.05	DBT04C8333
133				444	38	35				31.70	20.01	DBT04C8341
										33.80	22.80	DBT04C8343
25	548	45	157	33.40	16.80							DBT05C8332
1371	19	501	38.1		149.5	38.10	23.35					DBT05C8341
1500	25	536	45	35	157	42.60	25.95					DBT05C8342
						47.70	30.30					DBT05C8344
		523	45	35	157	50.20	31.37					DBT05C8352
						51.20	33.83					DBT05C8354
108	290	1653	25	600	45	35	157	25	35	36.20	18.45	DBT06C8332
				600						45.80	27.20	DBT06C8334
133				587	45	35				46.50	28.75	DBT06C8342
				587						51.60	33.15	DBT06C8344
159				574	45	35				52.50	34.77	DBT06C8352
				574						55.70	37.28	DBT06C8354
133	340	1844	25	652	45	35	157	25	35	56.20	36.70	DBT07C8344
159		1862		654		41	175			73.80	47.28	DBT07C8355
194				637						84.90	58.31	DBT07C8365
159	380	2014	25	706	45	41	175	25	35	79.20	51.13	DBT08C8355
194		2029		701			190			112.70	63.24	DBT08C8366
159	420	2167	25	757	45	41	175	25	35	88.40	54.93	DBT09C8355
194		2182		753			190			120.50	67.90	DBT09C8366
159	460	2334	25	821	45	45	190	25	35	115.10	59.52	DBT10C8357
		2470	30	888	60	55	222			145.60	62.80	DBT10C8358
194		2334	25	804	45	45	190			132.80	77.20	DBT10C8367
		2470	30	871	60	55	222			163.10	80.33	DBT10C8368
194	500	2623	30	922	60	55	222	25	35	170.90	84.99	DBT11C8368
			30	922						204.30	92.45	DBT11C8369
219			30	910	60	55	222			227.90	117.47	DBT11C8379

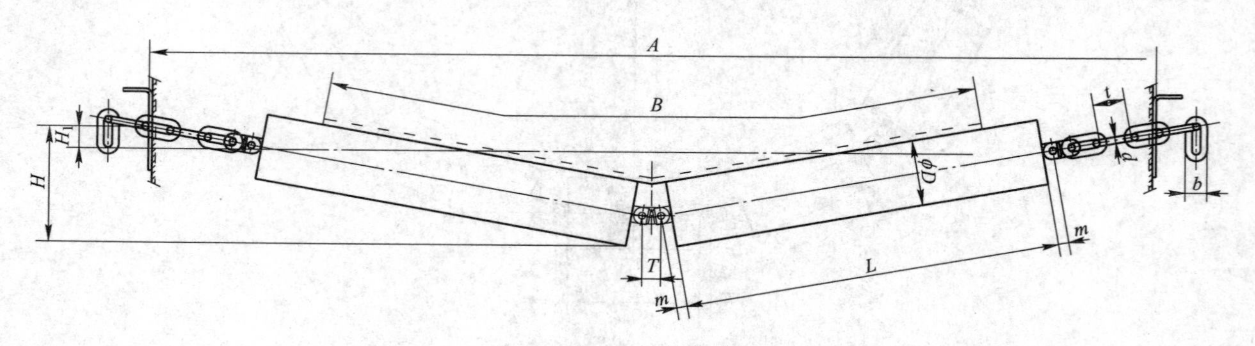

图 5.4.52 2节吊挂托辊

表 5.4.82　2 节吊挂托辊参数（唐山德伯特机械有限公司　www.bucyrus.com）　(mm)

B	*D*	*L*	*A*	*m*	H_1	*H*	*T*	*t*	*b*	*d*	质量/kg	旋转质量/kg	图　号
1000	108	600	1640	19	46	191	38	52	46	13	20.80	11.38	DBT04C8731
											21.70	12.49	DBT04C8733
	133				34	204	38				28.30	18.79	DBT04C8741
											29.50	20.37	DBT04C8743
1200	108	700	1837	19	55	209	38	52	46	13	23.20	13.61	DBT05C8731
			1946	25	65	217	45	64	56	16	29.40	14.09	DBT05C8732
	133		1837	19	42	221	38	52	46	13	31.80	22.29	DBT05C8741
			1946	25	52	229	45	64	56	16	38.50	23.17	DBT05C8742
											40.10	24.80	DBT05C8744
	159				39	242	45				43.30	27.97	DBT05C8752
											44.60	29.70	DBT05C8754
1400	108	800	2143	25	74	234	45	64	56	16	32.20	15.75	DBT06C8732
											38.80	17.52	DBT06C8734
	133				61	246	45				42.40	26.02	DBT06C8742
											44.10	27.66	DBT06C8744
	159				48	259	45				47.80	31.40	DBT06C8752
											49.20	33.14	DBT06C8754
1600	133	900	2340	25	70	264	45	64	56	16	49.00	30.52	DBT07C8744
	159		2405		62	282		76	67	19	64.50	37.10	DBT07C8755
	194				44	300					73.80	49.43	DBT07C8765
1800	159	1000	2613	25	71	300	45	76	67	19	69.80	40.74	DBT08C8755
	194				53	317					98.20	55.36	DBT08C8766
2000	159	1100	2795	25	79	317	45	76	67	19	75.20	43.96	DBT09C8755
	194				61	334					106.00	59.74	DBT09C8766
2200	159	1250	3090	25	97	343	45	76	67	19	88.33	48.72	DBT10C8755
											96.57	65.38	DBT10C8756
	194		3090		79	360	45				105.05	50.02	DBT10C8765
											113.31	66.74	DBT10C8766
2400	194	1400	3385	25	96	386	45	76	67	19	114.99	72.44	DBT11C8765
											124.05	97.80	DBT11C8766
	219		3385		83	398	45				140.23	73.70	DBT11C8775
											149.29	99.14	DBT11C8776

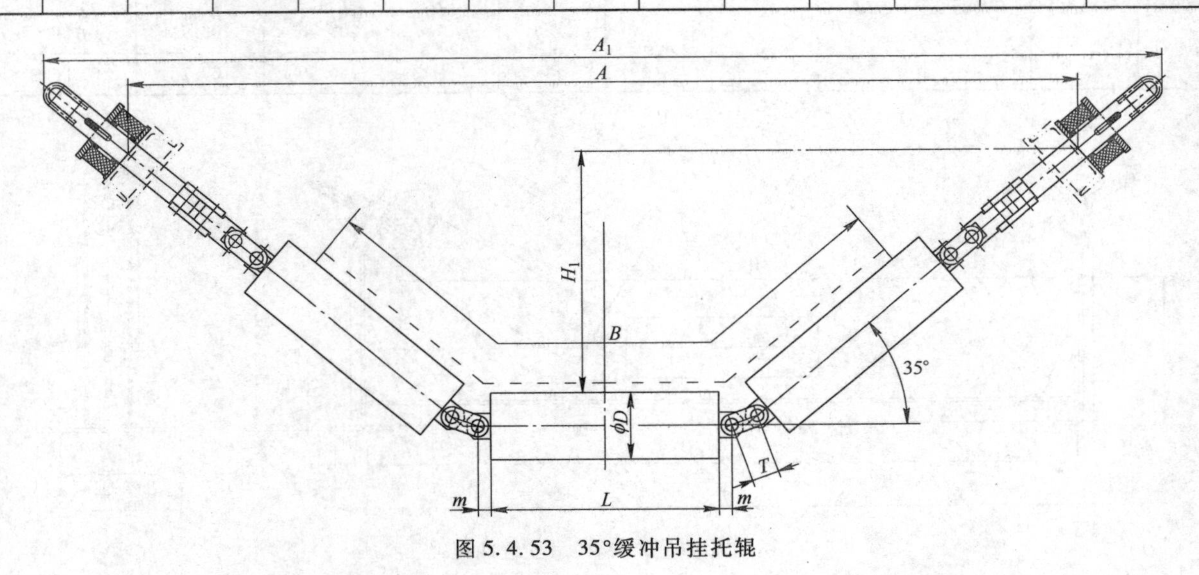

图 5.4.53　35°缓冲吊挂托辊

表 5.4.83　35°缓冲吊挂托辊参数（唐山德伯特机械有限公司　www.bucyrus.com）　　(mm)

B	*D*	*L*	*A*	*m*	H_1	*T*	A_1	质量/kg	旋转质量/kg	图　号
1000	108	380	1464	19	298	38	1907	49.10	12.45	DBT04C7831
								50.30	13.50	DBT04C7833
	133				286			56.40	19.74	DBT04C7841
								58.20	21.38	DBT04C7843
1200	108	465	1688	19	347	38	2131	71.40	14.56	DBT05C7831
			1756	25	364	45	2199	31.20	15.50	DBT05C7832
	1756		25	351	45	2199	80.90	24.91		DBT05C7842
						2209	83.30	26.90		DBT05C7844
				159		338	2199	86.00	30.08	DBT05C7852
							2209	89.10	32.46	DBT05C7854
1400	108	530	1927	25	402	45	2371	74.10	17.12	DBT06C7832
							2381	81.50	24.06	DBT06C7834
	133				389		2371	84.70	27.69	DBT06C7842
							2381	87.10	29.68	DBT06C7844
	159				376		2371	90.50	33.43	DBT06C7852
							2381	92.50	30.43	DBT06C7854
1600	133	600	2112	25	429	45	2565	91.30	32.68	DBT07C7844
	159		2137		425		2590	139.30	43.18	DBT07C7855
	194				407			149.30	53.17	DBT07C7865
1800	159	670	2321	25	465	45	2775	144.90	47.61	DBT08C7855
	194		2346		456		2799	199.10	59.94	DBT08C7866
2000	159	750	2532	25	511	45	2986	151.30	45.88	DBT09C7855
	194		2557		502		3010	208.40	65.16	DBT09C7866
2200	159	800	2689	25	548	45	3142	130.20	53.22	DBT10C7857
			2842	30	593	60	3296	153.30	55.14	DBT10C7858
	194		2689	25	530	45	3142	147.20	70.11	DBT10C7867
			2842	30	575	60	3296	170.20	71.94	DBT10C7868
2400	194	900	3106	30	633	60	3560	181.90	78.93	DBT11C7868
								222.30	83.25	DBT11C7869
	219			30	620	60		208.40	102.93	DBT11C7878
								246.30	107.28	DBT11C7879

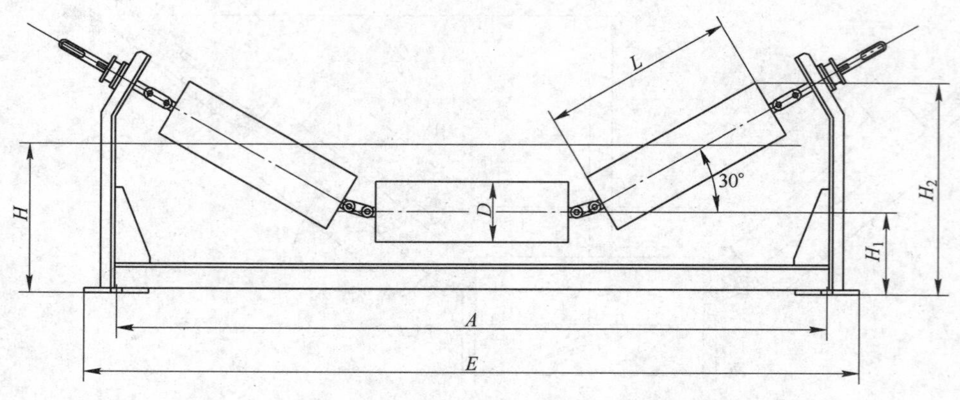

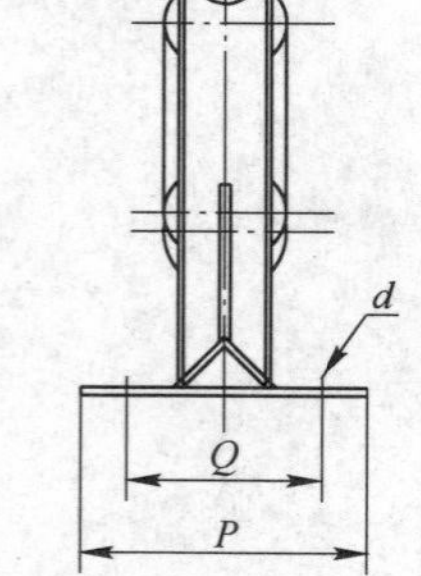

图 5.4.54　30°钢架吊挂缓冲托辊

表 5.4.84　30°钢架吊挂缓冲托辊参数（唐山德伯特机械有限公司　www.bucyrus.com）　(mm)

D	L	A	E	H_1	H	H_2	P	Q	d	质量/kg	旋转质量/kg	图　号
89	200	720	870	135.5	214	291	170	130	M12	28.07	5.63	DBT01C7220
	250	870	1006		226	316				30.66	6.60	DBT02C7220
	315	1070	1214	146	237	348				36.82	7.86	DBT03C7220
108					257	367				42.90	9.95	DBT03C7230
			1253	154	265	378				50.50	10.71	DBT03C7231
108	380	1300	1430	156	284	413	220	170	M16	55.81	12.32	DBT04C7231
										58.00	13.26	DBT04C7233
133				178	319	445				61.36	19.61	DBT04C7241
										63.16	21.15	DBT04C7243
108	465	1550	1663	156	299	455	260	200	M16	63.78	14.44	DBT05C7231
			1707	170	313	474				70.85	15.29	DBT05C7232
133			1663	178	333	492				72.99	23.24	DBT05C7241
			1707							80.80	24.70	DBT05C7242
			1735	185	340	499				93.12	29.76	DBT05C7245
159			1707	198	366	524				86.34	29.87	DBT05C7252
			1707	205	373	531				88.45	31.29	DBT05C7254
108	530	1750	1885	170	329	506	260	200	M16	73.47	16.91	DBT06C7232
133			1913	185	357	532				93.87	27.48	DBT06C7245
159			1885	205	390	563				93.69	32.83	DBT06C7252
										95.73	33.21	DBT06C7254
133	600	1990	2104	185	373	567	300	240	M16	114.04	34.63	DBT07C7245
159				224	425	617				127.28	36.15	DBT07C7255
194				256	475	664				132.31	43.18	DBT07C7265
159	670	2210	2295	226	443	654	300	240	M16	139.98	53.17	DBT08C7255
194			2323	268	503	711				172.30	47.17	DBT08C7266
159	750	2400	2514	226	458	694	320	260	M16	157.18	71.34	DBT09C7255
194			2541	268	518	751				196.85	51.73	DBT09C7266
											78.34	

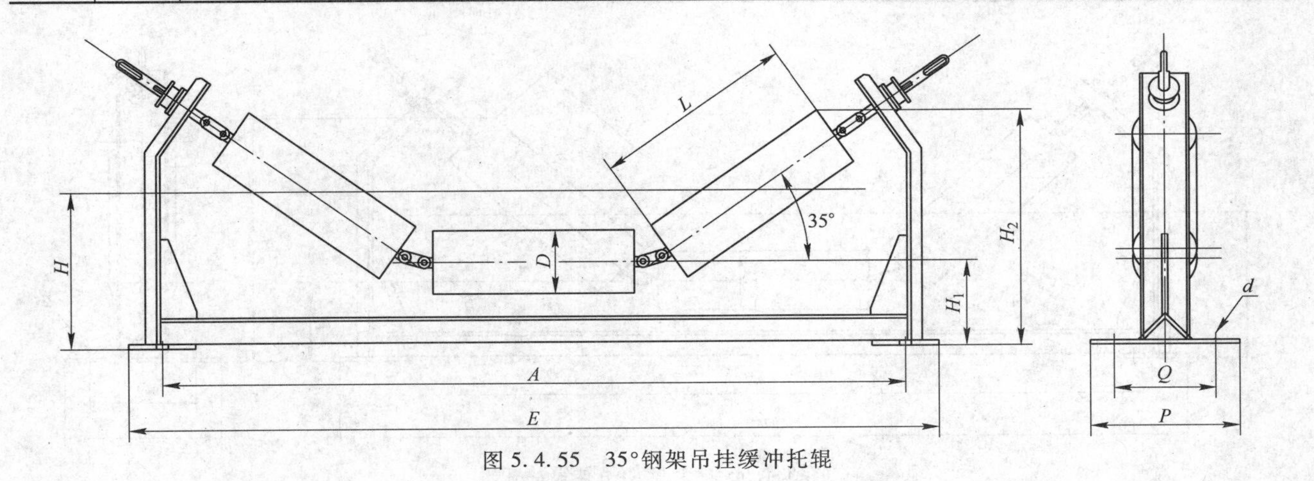

图 5.4.55　35°钢架吊挂缓冲托辊

表 5.4.85 35°钢架吊挂缓冲托辊参数（唐山德伯特机械有限公司 www.bucyrus.com） (mm)

D	L	A	E	H_1	H	H_2	P	Q	d	质量/kg	旋转质量/kg	图号
89	200	720	760	135.5	220	306	170	130	M12	28.49	5.63	DBT01C7320
	250	870	910		235	334				30.66	6.60	DBT02C7320
	315	1070	1130		245	372				36.98	7.86	DBT03C7320
108				146	270	390				43.01	9.95	DBT03C7330
				154	277	402				50.53	10.71	DBT03C7331
108	380	1300	1360	156	298	441	220	170	M16	55.84	12.32	DBT04C7331
										58.03	13.26	DBT04C7333
133				178	333	473				61.42	19.61	DBT04C7341
										63.22	21.15	DBT04C7343
108	465	1550	1610	156	315	490	260	200	M16	63.68	14.44	DBT05C7331
				170	329	509				70.70	15.29	DBT05C7332
133				178	350	522				72.97	23.24	DBT05C7341
						527				80.67	24.70	DBT05C7342
				185	357	534				92.99	29.76	DBT05C7345
159				198	383	558				86.25	29.87	DBT05C7352
				205	390	565				88.36	31.29	DBT05C7354
108	530	1750	1810	170	348	546	260	200	M16	73.45	16.91	DBT06C7332
133				185	376	572				93.82	27.48	DBT06C7345
159				205	409	602				93.67	32.83	DBT06C7352
										95.71	33.21	DBT06C7354
133	600	1990	2026	185	395	612	300	240	M16	113.82	34.63	DBT07C7345
159				224	447	661				127.09	36.15	DBT07C7355
194				256	496	708				132.16	43.18	DBT07C7365
159	670	2210	2280	226	467	703	300	240	M16	140.00	53.17	DBT08C7355
194				268	527	760				172.37	47.17	DBT08C7366
159	750	2400	2480	226	485	749	320	260	M16	156.90	71.34	DBT09C7355
194				268	544	806				196.64	51.73	DBT09C7366
											78.34	

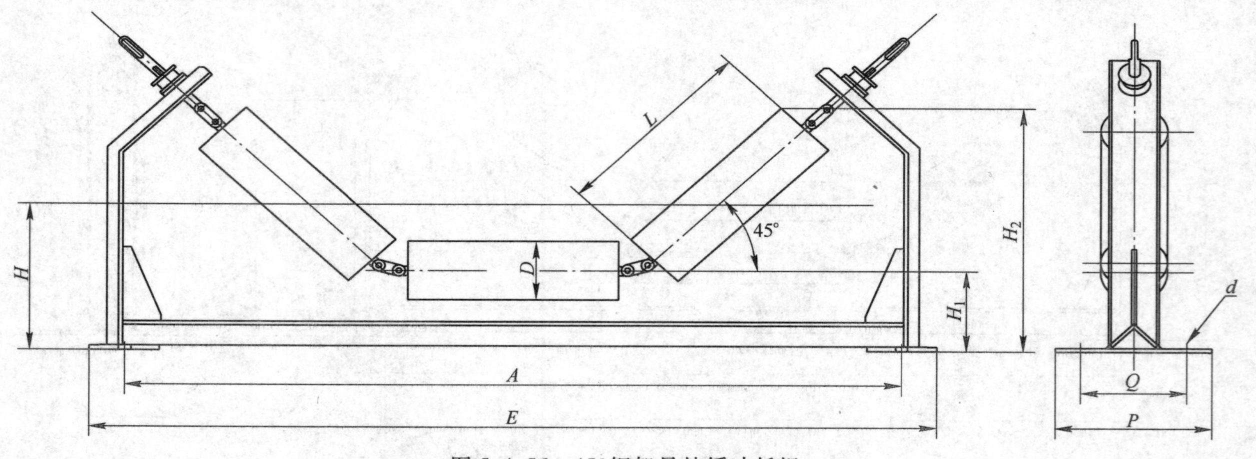

图 5.4.56 45°钢架吊挂缓冲托辊

表 5.4.86 45°钢架吊挂缓冲托辊参数（唐山德伯特机械有限公司 www.bucyrus.com） （mm）

D	L	A	E	H_1	H	H_2	P	Q	d	质量/kg	旋转质量/kg	图号
89	200	720	760	135.5	228	332	170	130	M12	28.14	5.63	DBT01C7520
89	250	870	910	135.5	246	368	170	130	M12	30.65	6.60	DBT02C7520
89	315	1070	1130	146	261	414	170	130	M12	36.55	7.86	DBT03C7520
108	315	1070	1130	146	281	431	170	130	M12	42.69	9.95	DBT03C7530
108	315	1070	1130	154	289	443	170	130	M12	50.36	10.71	DBT03C7531
108	380	1300	1360	156	315	491	220	170	M16	55.67	12.32	DBT04C7531
108	380	1300	1360	156	315	491	220	170	M16	57.86	13.26	DBT04C7533
133	380	1300	1360	178	349	522	220	170	M16	61.30	19.61	DBT04C7541
133	380	1300	1360	178	349	522	220	170	M16	63.10	21.15	DBT04C7543
108	465	1550	1610	156	335	551	260	200	M16	63.33	14.44	DBT05C7531
108	465	1550	1610	170	349	572	260	200	M16	70.35	15.29	DBT05C7532
133	465	1550	1610	178	370	582	260	200	M16	72.61	23.24	DBT05C7541
133	465	1550	1610	178	370	589	260	200	M16	80.39	24.70	DBT05C7542
133	465	1550	1610	185	377	596	260	200	M16	92.71	29.76	DBT05C7545
159	465	1550	1610	198	403	618	260	200	M16	86.01	29.87	DBT05C7552
159	465	1550	1610	205	410	625	260	200	M16	88.11	31.29	DBT05C7554
108	530	1750	1810	170	373	618	260	200	M16	72.85	16.91	DBT06C7532
133	530	1750	1810	185	400	642	260	200	M16	93.35	27.48	DBT06C7545
159	530	1750	1810	205	433	671	260	200	M16	93.24	32.83	DBT06C7552
159	530	1750	1810	205	433	671	260	200	M16	95.28	33.21	DBT06C7554
133	600	1990	2026	185	423	691	300	240	M16	112.84	34.63	DBT07C7545
159	600	1990	2026	224	475	740	300	240	M16	126.18	36.15	DBT07C7555
194	600	1990	2026	256	525	784	300	240	M16	131.34	43.18	DBT07C7565
159	670	2210	2280	226	518	791	300	240	M16	139.44	53.17	DBT08C7555
194	670	2210	2280	268	560	845	300	240	M16	171.93	47.17	DBT08C7566
159	750	2400	2480	226	522	848	320	260	M16	155.55	71.34	DBT09C7555
194	750	2400	2480	268	581	902	320	260	M16	195.41	51.73	DBT09C7566
194	750	2400	2480	268	581	902	320	260	M16	195.41	78.34	DBT09C7566

生产厂商：沈阳皆爱喜输送设备有限责任公司，唐山德伯特机械有限公司。

5.4.3 输送带

5.4.3.1 概述

输送胶带是橡胶与纤维、金属的复合制品，或者是塑料和织物的复合制品。用于胶带输送机中起承载和运送物料的作用，输送胶带广泛应用于水泥、焦化、冶金、化工、轻工等行业。

5.4.3.2 技术参数

技术参数见表 5.4.87 ~ 表 5.4.104，设备如图 5.4.57 所示。

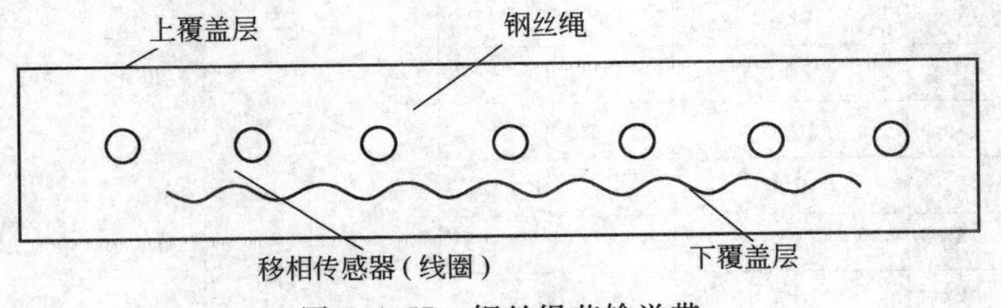

图 5.4.57 钢丝绳芯输送带

表 5.4.87 按 MT668—2008 标准生产的煤矿用钢丝绳芯阻燃输送带主要技术参数

（保定华月胶带有限公司 www.bdhuayue.cn）

技术要求项目	带的强度规格													
	ST/S 630	ST/S 800	ST/S 1000	ST/S 1250	ST/S 1600	ST/S 2000	ST/S 2500	ST/S 2800	ST/S 3150	ST/S 3500	ST/S 4000	ST/S 4500	ST/S 5000	ST/S 5400
纵向拉伸强度/N·mm^{-1}	630	800	1000	1250	1600	2000	2500	2800	3150	3500	4000	4500	5000	5400
钢丝绳最大公称直径/mm	3.0	3.5	4.0	4.5	5.0	6.0	7.2	7.5	8.1	8.6	8.9	9.7	10.9	11.3
钢丝绳间距/mm	10±1.5	10±1.5	12±1.5	12±1.5	12±1.5	12±1.5	15±1.5	15±1.5	15±1.5	15±1.5	15±1.5	16±1.5	16±1.5	17±1.5
上覆盖层厚度/mm	5	5	6	6	6	8	8	8	8	8	8	8	8.5	9
下覆盖层厚度/mm	5	5	6	6	6	8	8	8	8	8	8	8	8.5	9
宽度规格/mm	钢丝绳根数													
800	75	75	63	63	63	63	50	50	50	50				
1000	95	95	79	79	79	79	64	64	64	64	64	59	55	55
1200	113	113	94	94	94	94	76	76	76	77	77	71	66	66
1400	133	133	111	111	111	111	89	89	89	90	90	84	78	78
1600	151	151	126	126	126	126	101	101	101	104	104	96	90	90
1800	171	171	143	143	143	143	114	114	114	117	117	109	102	102
2000	196	196	159	159	159	159	128	128	128	130	130	121	113	113
2200	216	216	176	176	176	176	141	141	141	144	144	134	125	125

表 5.4.88 推荐使用的输送机最小辊筒直径（ST 系列）（保定华月胶带有限公司 www.bdhuayue.cn）

胶带型号	ST630	ST800	ST1000	ST1250	ST1600	ST2000	ST2500	ST2800	ST3150	ST3500	ST4000	ST4500	ST5000	ST5400
最小辊筒直径/mm	500	500	630	800	1000	1000	1250	1250	1400	1600	1600	1600	1800	1800

表 5.4.89 PVC 输送带型号及技术参数（保定华月胶带有限公司 www.bdhuayue.cn）

产品执行标准 MT914—2008						选型安全系数 10（拉断强度×1/10）
运输倾角小于 16°						
标准型号	对应级别	拉断强度（≥）/N·mm^{-1}		拉断伸长率/%		推荐最小的传动滚筒直径/mm
		纵向	横向	纵向	横向	
6805	四级	680	265			320
8005	五级	800	280			400
10005	六级	1000	300			500
12505	七级	1250	350	15	18	500
14005	八级	1400	350			630
16005	九级	1600	400			750

表 5.4.90 PVG 输送带型号及技术参数（保定华月胶带有限公司 www.bdhuayue.cn）

产品执行标准 MT914—2008 BS3289 HG2805						选型安全系数 10（拉断强度×1/10）
运输倾角小于 20°						
标准型号	对应级别	拉断强度（≥）/N·mm^{-1}		拉断伸长率（≥）/%		推荐最小的传动滚筒直径/mm
		纵向	横向	纵向	横向	
6805	四级	680	265			400
8005	五级	800	280			500
10005	六级	1000	300			630
12505	七级	1250	350	15	18	750
14005	八级	1400	350			750
16005	九级	1600	400			750

表 5.4.91　安全性能（保定华月胶带有限公司　www.bdhuayue.cn）

性能名称	酒精燃烧	丙烷燃烧	导电性能	滚筒摩擦
标准值	平均值≤35，单值≤105（有盖胶）	≥600	≤3×10Ω	≤325℃
	平均值≤55，单值≤155（无盖胶）	≥500mm；≤140℃且损失带长≤1250mm		无火星

尼龙输送带和 EP 输送带的物理机械性能如下：

（1）覆盖层物理机械性能：见普通输送带覆盖层物理机械性能。

（2）全厚度拉伸性能：

1）带的纵向拉伸强度应不低于如下标称值：315N/mm、400N/mm、500N/mm、600N/mm、630N/mm、800N/mm、900N/mm、1000N/mm。

2）带的全厚度纵向拉断伸长率不小于10%。

3）直线度不大于25mm。

4）层间黏合强度。

表 5.4.92　指标参数（保定华月胶带有限公司　www.bdhuayue.cn）

指标名称	布层间	覆盖层与布层间	
		覆盖层厚度≤1.5mm	覆盖层厚度>1.5mm
全部式样平均值/$N \cdot mm^{-1}$	4.5	3.2	3.5

表 5.4.93　波状挡边输送带基带宽、挡边高等参数匹配关系（保定华月胶带有限公司　www.bdhuayue.cn）　（mm）

基带宽 B	挡边高 H	横隔板高 H_1	波底宽 B_1	有效带宽 B_2	空边宽 B_3	横隔板形状
300	40	35	25	180	35	TC
	60	55	50	120	40	
	80	75				
400	60	55	50	180	60	TC
	80	75				
	100	90				
500	80	75	50	250	75	TC
	100	90				
	120	110				
650	100	90	50	35	100	TC
	120	110				
	160	140	75	300		
800	120	110	50	460	120	TC
	160	140	75	410		
	200	180				
1000	160	140	75	550	150	TC
	200	180				
	240	220				
1200	160	140	75	690	180	TC
	200	180				
	240	220				
	300	260	100	640		
1400	200	180	75	830	210	TC
	240	220				
	300	260	100	780		
	400	360				

表 5.4.94 耐油输送带覆盖胶物理机械性能参数（保定华月胶带有限公司 www.bdhuayue.cn）

类　型	拉断强度/MPa	拉断伸长率/%	磨耗量/mm^3
LO	≥14.0	≥350	≤200
DO	≥16.0	≥350	≤160

注：LO——一般条件下的耐油输送带；DO—强耐磨损耐油工作条件下的输送带。

表 5.4.95 耐油输送带覆盖层耐油性能参数（保定华月胶带有限公司 www.bdhuayue.cn）

序　号	在浸泡液体中试验条件			体积变化率（≤）/%	
	GB/T 1690 中油号	浸泡温度/℃	浸泡时间/h	LO	DO
1	2 号油	70 ±2	70	+20	-5
2	3 号油	70 ±2	70	+50	+5
3	3 号油	100 ±2	22 ±0.25	+50	+5

注：耐油试验做其中一种即可。

表 5.4.96 耐酸碱输送带性能（保定华月胶带有限公司 www.bdhuayue.cn）

项　目	拉断强度/MPa	拉断伸长率/%	磨耗量/mm^3	硬度
老化前性能	≥14.0	≥400	≥250	60^{+10}_{-5}
老化后性能	≥12.0	≥340	—	65^{+10}_{-5}

注：当覆盖层厚度为 0.8~1.6mm 时，试样厚度可以是切出的最大厚度，此时，拉伸强度和拉断伸长率允许比表中值低 15% 以内。

表 5.4.97 耐酸碱输送带覆盖层耐酸碱性能（保定华月胶带有限公司 www.bdhuayue.cn）

类别老化前性能	浸泡溶液	浓　度	浸泡条件（温度×时间）	浸泡前后性能变化率	
				体积膨胀率	强度变化率
A_1	盐　酸	18%	50℃ ×96h	+10% 以下	-10% 以内
A_2	硫　酸	50%	50℃ ×96h	+10% 以下	-10% 以内
A_3	氢氧化钠	48%	50℃ ×96h	+10% 以下	-10% 以内

表 5.4.98 一般用途难燃输送带规格型号（青岛胶六橡特胶带有限公司 www.qdxt.com）

强度规格：160~3150N/mm；宽度规格：300~2000mm。

织物材料	织物结构		织物代号	布层数	覆盖层厚度/mm	
	经	纬			上	下
棉帆布（CC）	棉	棉		3~10	3.0~9.0	1.5~6
尼龙帆布（NN）	尼龙	尼龙	N N100	3~9		
			N N150			
			N N200			
			N N250			
			N N300	3~6		
			N N400			
			N N500	3~5		
聚酯帆布（EP）	聚酯	尼龙-66	EP 100	3~9		
			EP 150			
			EP 200			
			EP 250			
			EP 300	3~6		
			EP 400			
			EP 500	3~5		

注：特殊规格供需双方可协商决定。

表 5.4.99 一般用途难燃输送带覆盖胶性能（青岛胶六橡特胶带有限公司 www.qdxt.com）

覆盖层拉伸强度/MPa	≥10	覆盖层扯断伸长率/%	≥350

表 5.4.100 尼龙，聚酯帆布输送带层间黏合强度（青岛胶六橡特胶带有限公司 www.qdxt.com）

项 目	布层间	覆盖胶与带芯之间	
		覆盖胶厚度 0.8~1.5mm	覆盖胶厚度 >1.5mm
全部试样平均值/$N \cdot mm^{-1}$	≥5.0	≥3.5	≥3.9
全部试样最低峰值/$N \cdot mm^{-1}$	≥3.9	≥2.4	≥2.9

表 5.4.101 棉帆布输送带黏合强度（青岛胶六橡特胶带有限公司 www.qdxt.com）

项 目	布层间	覆盖胶与带芯之间	
		覆盖胶厚度 0.8~1.5mm	覆盖胶厚度 >1.5mm
全部试样平均值/$N \cdot mm^{-1}$	≥2.7	≥2.4	≥2.7
全部试样最低峰值/$N \cdot mm^{-1}$	≥2.0	≥1.6	≥2.0

表 5.4.102 安全性能（青岛胶六橡特胶带有限公司 www.qdxt.com）

难燃性能	难燃且导静电性能
三个纵向全厚度试样的火焰持续时间的平均值不大于60s且任何一个单次结果均无复燃现象	不大于 3×108Ω

表 5.4.103 波状挡边输送带与辊筒直径，压带轮组合配比（青岛胶六橡特胶带有限公司 www.qdxt.com） (mm)

基带宽 B	挡边高 H	传动滚筒直径 D_1	改向滚筒直径 D_2	压带轮直径 $D_{大}/D_{小}$
500	80	400	300，400	400/230 500/330
	120			500/250 630/380
650	120	400，500	400，500	500/250 630/380
	160	500，630	400，500，630	630/300 800/470
800	120	500，630	400，500，630	500/250 630/380
	160			630/300 800/470
	200	630，800	500，630，800	800/390 1000/590
1000	160	630，800	500，630，800	630/300 800/470
	200			800/390 1000/590
	240	800，1000	630，800，1000	1000/510 1250/760
1200	160	630，800，1000	630，800，1000	630/300，800/470
	200			630/300 800/470
	240	800，1000，1250		800/390 1000/590
				1000/510 1250/760
	300	1000	800，1000	1250/640 1400/790
1400	200	800，1000，1250	800，1000，1250	1250/640 1400/790
	240			800/390 1000/590
	300	1000，1250		1000/510 1250/760
	400	1250	1000，1250	1250/640 1400/790
				1400/590 1600/790

表 5.4.104 煤矿阻燃钢丝绳芯输送带产品规格（青岛胶六橡特胶带有限公司 www.qdxt.com）

规格		SN400	SN630	SN800	SN1000	SN11250
纵向全厚度拉伸强度/N·mm^{-1}		400	630	800	1000	1250
金属网带芯厚度/mm		5.5	5.5	7.0	8.0	9.0
推荐上覆盖层厚度/mm		6	8	9	10	10
推荐下覆盖层厚度/mm		3	3	3	3	3
覆盖层与带芯黏度强度/N·mm^{-1}	常温	≥10				
	160℃	≥3.5				
输送机最小滚筒直径/mm		150	200	300	400	500
胶带宽度/mm		300~2800				

生产厂商：保定华月胶带有限公司，青岛胶六橡特胶带有限公司。

5.4.4 缓冲器

5.4.4.1 概述

缓冲器的作用是吸收起重机及其运行部件（如小车、臂架、活动对重等）运行到终点挡铁时，或者两台起重机相互碰撞时产生的冲击力，从而减小碰撞时对起重机及其部件的损伤和破坏。《起重机设计规范（GB 3811—1983）》规定："轨道式起重机当其运行速度 >0.33m/s 时，应安装缓冲器"。在变幅和回转机构中，其驱动机构与摆动臂架或旋转台的连接构件上也常安装缓冲器用以减缓冲击和消除震动。

5.4.4.2 种类及特性

根据缓冲器的缓冲形式不同，缓冲器被分为两大类：储能型缓冲器和耗能型缓冲器。

（1）储能型缓冲器：在物件碰撞过程中缓冲器把物体所产生的动能转换成内能，再予以释放的缓冲器称作储能型缓冲器。

（2）耗能型缓冲器：在物体碰撞过程中缓冲器通过内部的结构把物体碰撞所产生的动能消耗掉，在碰撞结束后缓冲器只释放极少的机械能，回弹反力极小，该种缓冲器称作耗能型缓冲器。

5.4.4.3 储能型缓冲器

A 聚氨酯缓冲器

聚氨酯缓冲器是利用聚氨酯材料特殊的微孔气泡结构来吸能缓冲，在受冲击的过程中相当于一个带空气阻尼的弹簧。

特点：质量轻，价格便宜，维修、更换方便，反弹小，耐冲击、抗压性能好，化学稳定性好，耐腐蚀性好，在缓冲过程中无噪声、无火花、特别适合防爆场合。

技术参数见表 5.4.105 ~ 表 5.4.109，类型如图 5.4.58 ~ 图 5.4.62 所示。

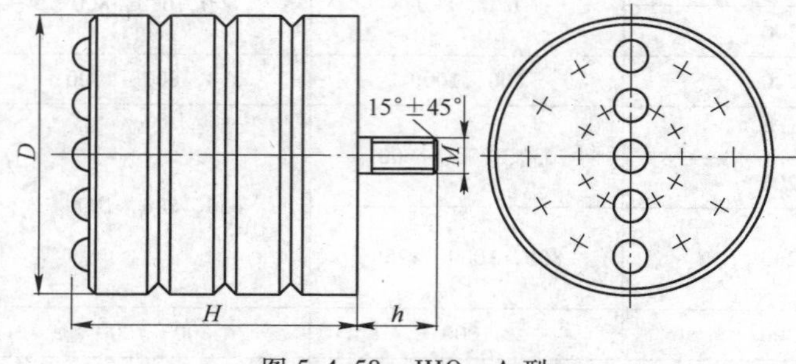

图 5.4.58 JHQ－A 型

表 5.4.105 JHQ－A 型技术参数（辽宁清原第一缓冲器制造有限公司 www.hcq958.com）

序号	型号	D/mm	H/mm	M/mm	h/mm	缓冲容量/kJ	缓冲行程/mm	缓冲力/kN
1	JHQ－A－1	65	80	16	35	0.265	60	28
2	JHQ－A－2	80	80	16	35	0.400	60	42
3	JHQ－A－3	80	100	16	35	0.502	75	42

续表 5.4.105

序号	型 号	D/mm	H/mm	M/mm	h/mm	缓冲容量/kJ	缓冲行程/mm	缓冲力/kN
4	JHQ-A-4	100	80	16	35	0.628	60	66
5	JHQ-A-5	100	100	16	35	0.785	75	66
6	JHQ-A-6	100	125	16	35	0.980	94	66
7	JHQ-A-7	125	100	16	35	1.227	75	103
8	JHQ-A-8	125	125	16	35	1.533	94	103
9	JHQ-A-9	125	160	16	35	1.960	120	103
10	JHQ-A-10	160	125	16	35	2.512	94	169
11	JHQ-A-11	160	160	16	35	3.215	120	169
12	JHQ-A-12	160	200	16	35	4.019	150	169
13	JHQ-A-13	200	160	20	45	5.024	120	265
14	JHQ-A-14	200	200	20	45	6.280	150	265
15	JHQ-A-15	200	250	20	45	7.850	188	265
16	JHQ-A-16	250	200	20	45	9.810	150	414
17	JHQ-A-17	250	250	20	45	12.266	188	414
18	JHQ-A-18	250	320	20	45	15.700	240	414
19	JHQ-A-19	320	250	20	45	20.096	188	675
20	JHQ-A-20	320	320	20	45	25.732	240	675

表 5.4.106 JHQ-B 型技术参数（辽宁清原第一缓冲器制造有限公司 www.hcq958.com）

序号	型 号	D/mm	H/mm	b/mm	h/mm	缓冲容量/kJ	缓冲行程/mm	缓冲力/kN
1	JHQ-B-1	80	80	110	15	0.400	60	42
2	JHQ-B-2	80	100	110	15	0.520	75	42
3	JHQ-B-3	100	100	130	15	0.785	75	66
4	JHQ-B-4	100	125	130	15	0.980	94	66
5	JHQ-B-5	125	125	160	15	1.533	94	103
6	JHQ-B-6	125	160	160	15	1.960	120	103
7	JHQ-B-7	160	160	200	20	3.215	120	169
8	JHQ-B-8	160	200	200	20	4.019	150	169
9	JHQ-B-9	200	200	240	20	6.280	150	265
10	JHQ-B-10	200	250	240	20	7.850	188	265
11	JHQ-B-11	250	250	300	20	12.266	188	414
12	JHQ-B-12	250	320	300	25	15.700	240	414
13	JHQ-B-13	320	320	370	25	25.733	240	675
14	JHQ-B-14	320	400	370	25	32.154	300	675

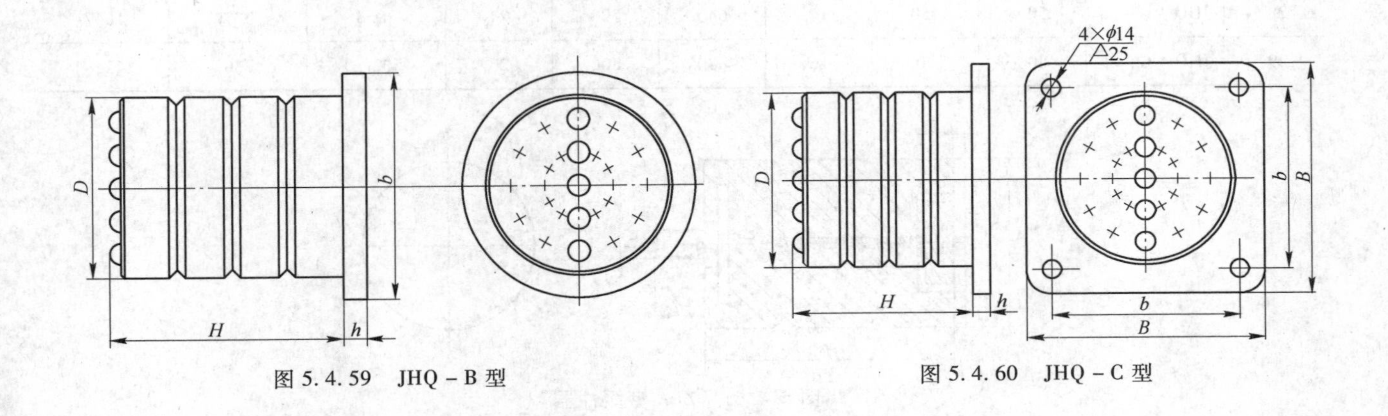

图 5.4.59 JHQ-B 型

图 5.4.60 JHQ-C 型

表 5.4.107 JHQ－C 型技术参数（辽宁清原第一缓冲器制造有限公司 www.hcq958.com）

序号	型 号	D/mm	H/mm	h/mm	B/mm	b/mm	φ/mm	缓冲容量 /kJ	缓冲行程 /mm	缓冲力 /kN
1	JHQ－C－1	65	80	8	100	70	12	0.265	60	28
2	JHQ－C－2	80	80	8	115	85	12	0.400	60	42
3	JHQ－C－3	80	100	8	115	85	12	0.502	75	42
4	JHQ－C－4	100	80	8	130	100	14	0.628	60	66
5	JHQ－C－5	100	100	8	130	100	14	0.785	75	66
6	JHQ－C－6	100	125	8	130	100	14	0.980	90	66
7	JHQ－C－7	125	100	10	165	130	14	1.222	75	103
8	JHQ－C－8	125	125	10	165	130	14	1.533	94	169
9	JHQ－C－9	125	160	10	165	130	14	1.960	120	103
10	JHQ－C－10	160	125	10	200	160	18	2.512	94	169
11	JHQ－C－11	160	160	10	200	160	18	3.215	120	169
12	JHQ－C－12	160	200	10	200	160	18	4.019	150	169
13	JHQ－C－13	200	160	12	250	200	18	5.024	120	265
14	JHQ－C－14	200	200	12	250	200	18	6.280	150	265
15	JHQ－C－15	200	250	12	250	200	18	7.850	188	265
16	JHQ－C－16	250	200	12	320	250	22	9.810	150	414
17	JHQ－C－17	250	250	12	320	250	22	12.266	188	414
18	JHQ－C－18	250	320	12	320	250	22	15.700	240	414
19	JHQ－C－19	320	250	14	400	315	22	20.096	188	675
20	JHQ－C－20	320	320	14	400	315	22	25.732	240	675
21	JHQ－C－21	320	400	14	400	315	22	32.154	300	675
22	JHQ－C－22	320	450	14	400	315	22	36.17	337	675
23	JHQ－C－23	400	450	14	460	370	22	56.5	337	1054
24	JHQ－C－24	400	300	14	460	370	22	37.7	225	1054
25	JHQ－C－25	430	450	14	460	370	22	65.3	337	1218
26	JHQ－C－26	430	480	14	460	370	22	69.7	360	1218
27	JHQ－C－27	430	500	14	460	370	22	72.6	375	1218
28	JHQ－C－28	500	450	14	640	500	24	88.3	337	1647
29	JHQ－C－29	800	1000	16	880	800	26	502.3	750	4218

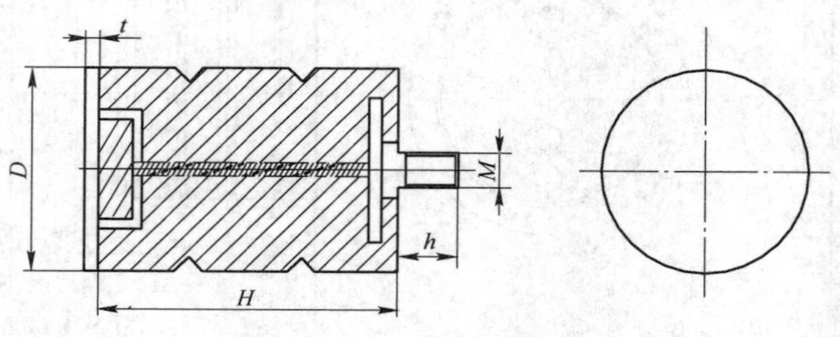

图 5.4.61 ZLA 型缓冲器

表 5.4.108 起重机用 ZLA 型缓冲器性能（辽宁清原第一缓冲器制造有限公司 www.hcq958.com）

序号	型 号	D/mm	H/mm	t/mm	M/mm	h/mm	缓冲容量/kJ	缓冲行程/mm	缓冲力/kN
1	ZLA－1	65	80	10	16	35	0.243	48	56.11
2	ZLA－2	80	80	10	16	35	0.368	48	85.00
3	ZLA－3	80	100	10	16	35	0.460	60	85.00
4	ZLA－4	100	80	10	16	35	0.575	48	132.81
5	ZLA－5	100	100	10	16	35	0.719	60	132.81
6	ZLA－6	100	125	10	16	35	0.898	75	132.81
7	ZLA－7	125	100	10	16	35	1.123	60	207.52
8	ZLA－8	125	125	10	16	35	1.404	75	207.52
9	ZLA－9	125	160	10	16	35	1.796	96	207.52
10	ZLA－10	160	125	10	16	35	2.300	75	340.00
11	ZLA－11	160	160	10	16	35	2.943	96	340.00
12	ZLA－12	160	200	10	16	35	3.679	120	340.00
13	ZLA－13	200	160	10	20	45	4.599	96	531.25
14	ZLA－14	200	200	10	20	45	5.749	120	531.25
15	ZLA－15	200	250	10	20	45	7.186	150	531.25
16	ZLA－16	250	200	10	20	45	8.982	120	830.08
17	ZLA－17	250	250	10	20	45	11.228	150	830.08
18	ZLA－18	250	320	10	20	45	14.372	192	830.08
19	ZLA－19	320	250	10	20	45	18.396	150	1360.00
20	ZLA－20	320	320	10	20	45	23.547	192	1360.00

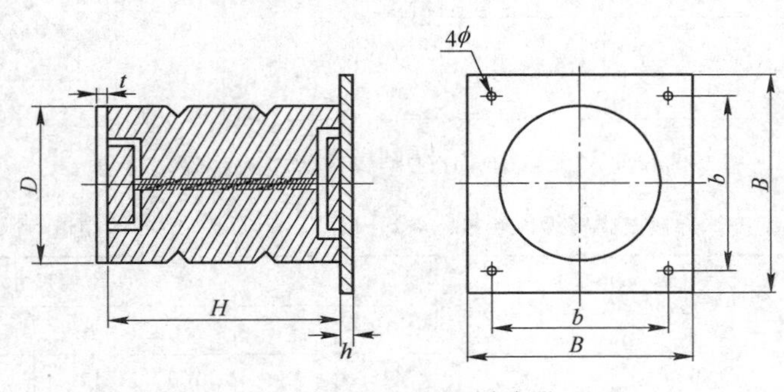

图 5.4.62 ZLC 型缓冲器

表 5.4.109 起重机用 ZLC 型缓冲器性能（辽宁清原第一缓冲器制造有限公司 www.hcq958.com）

序号	型 号	D/mm	H/mm	h/mm	B/mm	b/mm	ϕ/mm	t/mm	缓冲容量/kJ	缓冲行程/mm	缓冲力/kN
1	ZLC－1	65	80	8	100	70	12	10	0.243	48	56.11
2	ZLC－2	80	80	8	115	85	12	10	0.368	48	85.00
3	ZLC－3	80	100	8	115	85	12	10	0.460	60	85.00
4	ZLC－4	100	80	8	130	100	14	10	0.575	48	132.81
5	ZLC－5	100	100	8	130	100	14	10	0.719	60	132.81
6	ZLC－6	100	125	8	130	100	14	10	0.898	75	132.81
7	ZLC－7	125	100	10	165	130	14	10	1.123	60	207.52
8	ZLC－8	125	125	10	165	130	14	10	1.404	75	207.52
9	ZLC－9	125	160	10	165	130	14	10	1.796	96	207.52
10	ZLC－10	160	125	10	200	160	18	10	2.299	75	340.00

续表 5.4.109

序号	型 号	D/mm	H/mm	h/mm	B/mm	b/mm	ϕ/mm	t/mm	缓冲容量/kJ	缓冲行程/mm	缓冲力/kN
11	ZLC－11	160	160	10	200	160	18	10	2.943	96	340.00
12	ZLC－12	160	200	10	200	160	18	10	3.679	120	340.00
13	ZLC－13	200	160	12	250	200	18	10	4.599	96	531.25
14	ZLC－14	200	200	12	250	200	18	10	5.749	120	531.25
15	ZLC－15	200	250	12	250	200	18	10	7.186	150	531.25
16	ZLC－16	250	200	12	320	250	22	10	8.982	120	830.08
17	ZLC－17	250	250	12	320	250	22	10	11.228	150	830.08
18	ZLC－18	250	320	12	320	250	22	10	14.372	192	830.08
19	ZLC－19	320	250	14	400	315	22	10	18.396	150	1360.00
20	ZLC－20	320	320	14	400	315	22	10	23.547	192	1360.00
21	ZLC－21	320	400	14	400	315	22	10	29.434	240	1360.00

B 弹簧缓冲器

LQH－HT系列弹簧缓冲器的特点：

它的构造简单维修比较方便，对工作温度没有特殊要求，吸收能量较大，约100～250J/kg（弹簧）。其缺点是反弹现象严重，不宜用于运行速度大于2m/s的场合。由于本产品在冲头等重要位置安装PE或聚氨酯，使其在工作时的噪声大幅度减小。其技术参数见表5.4.110～表5.4.113，设备外形如图5.4.63～图5.4.66所示。

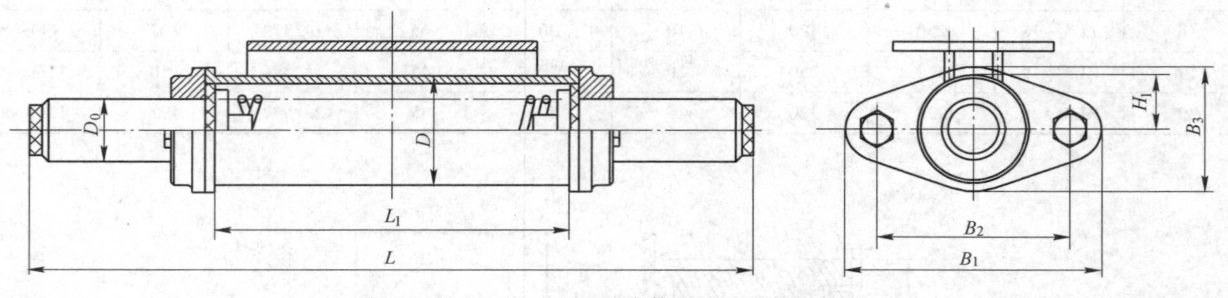

图5.4.63 LQH－HT1型壳体焊接式弹簧缓冲器

表5.4.110 LQH－HT1型壳体焊接式弹簧缓冲器技术参数（辽宁清原第一缓冲器制造有限公司 www.hcq958.com）

型 号	缓冲容量/kJ	缓冲行程/mm	缓冲力/kN	主要尺寸/mm							
				L	L_1	B_1	B_2	B_3	H_1	D_0	D
LQH－HT1－16	0.16	80	5	435	220	160	120	85	35	40	70
LQH－HT1－40	0.4	95	8	720	370	170	130	90	38	45	76
LQH－HT1－63	0.63	115	11	850	420	190	145	100	45	45	89
LQH－HT1－100	1.00	115	18	880	450	220	170	125	57	55	114

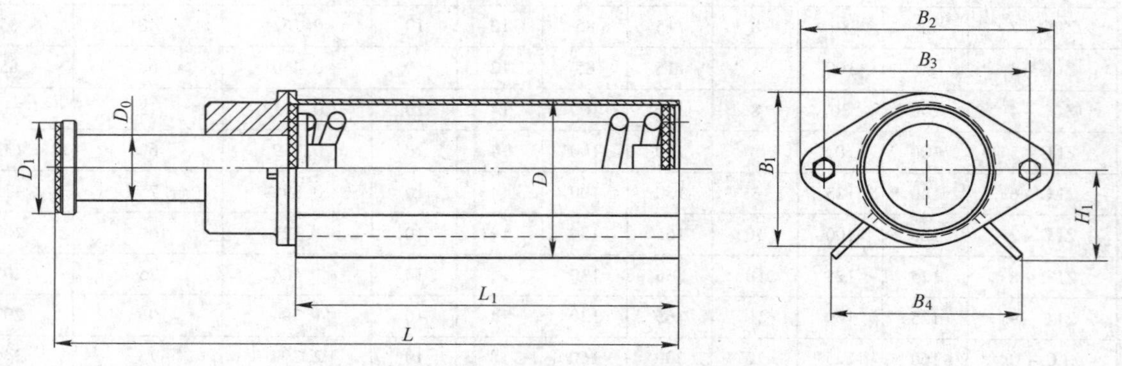

图5.4.64 LQH－HT2型底座焊接式弹簧缓冲器

表 5.4.111 LQH－HT2 型底座焊接式弹簧缓冲器技术参数（辽宁清原第一缓冲器制造有限公司 www.hcq958.com）

型 号	缓冲容量/kJ	缓冲行程/mm	缓冲力/kN	主要尺寸/mm									
				L	L_1	B_1	B_2	B_3	B_4	D_0	D	D_1	H_1
LQH－HT2－100	1.00	135	15	630	400	165	265	215	200	70	146	100	90
LQH－HT2－160	1.60	145	20	750	520	160	265	215	200	70	140	100	90
LQH－HT2－125	2.50	125	37	800	575	165	265	215	200	80	146	110	90
LQH－HT2－150	3.15	150	45	820	575	215	320	265	230	80	194	110	115
LQH－HT2－400	4.00	135	57	710	475	265	375	320	280	100	245	130	140
LQH－HT2－500	5.00	145	66	860	610	245	345	290	255	100	219	130	135
LQH－HT2－630	6.30	150	88	870	610	270	375	320	280	100	245	130	140

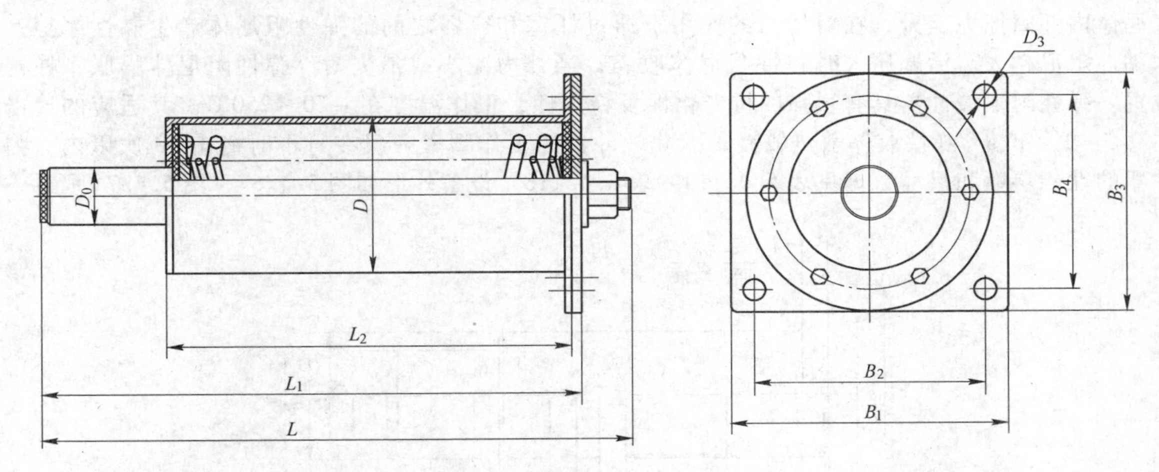

图 5.4.65 LQH－HT3 型端部安装式弹簧缓冲器

表 5.4.112 LQH－HT3 型端部安装式弹簧缓冲器技术参数（辽宁清原第一缓冲器制造有限公司 www.hcq958.com）

型 号	缓冲容量/kJ	缓冲行程/mm	缓冲力/kN	主要尺寸/mm									
				L	L_1	L_2	B_1	B_2	B_3	B_4	D_0	D	d
LQH－HT3－630	6.3	150	88	885	810	615	420	350	375	305	90	245	35
LQH－HT3－800	8.0	143	108	900	820	620	520	450	380	310	110	273	35
LQH－HT3－1000	10.0	135	131	830	750	560	520	450	450	390	120	325	35
LQH－HT3－1250	12.5	135	165	830	750	560	520	450	450	390	120	325	42
LQH－HT3－1600	16.0	120	273	980	900	730	780	700	480	400	120	325	42
LQH－HT3－2000	20.0	150	293	1140	1050	820	780	700	480	400	120	325	42

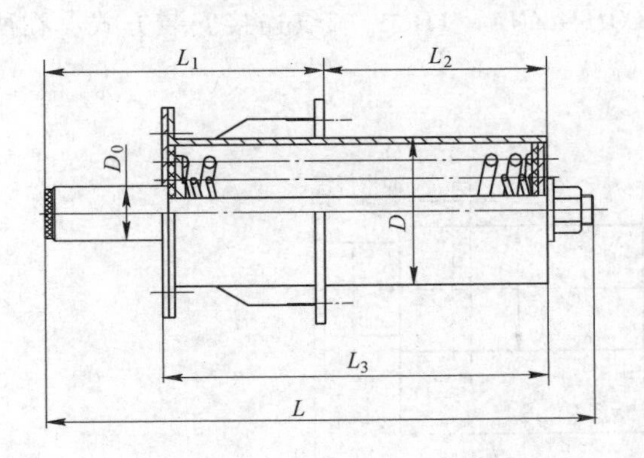

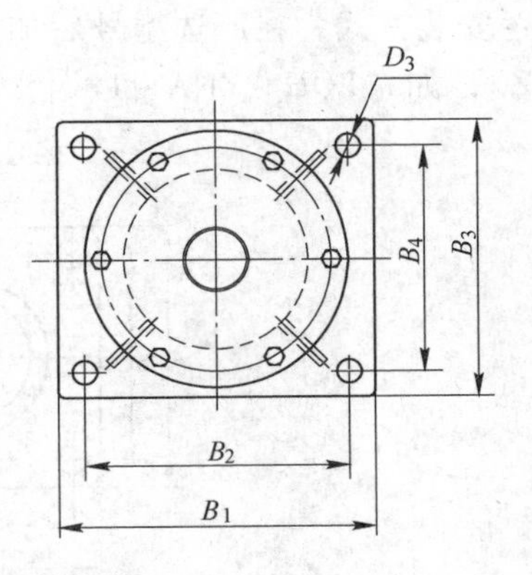

图 5.4.66 LQH－HT4 型中部安装式弹簧缓冲器

表 5.4.113 LQH-HT4 型中部安装式弹簧缓冲器技术参数（辽宁清原第一缓冲器制造有限公司 www.hcq958.com）

型号	缓冲容量/kJ	缓冲行程/mm	缓冲力/kN	主要尺寸/mm										
				L	L_1	L_2	L_3	B_1	B_2	B_3	B_4	D_0	D	d
LQH-HT4-800	8.0	143	108	900	400	430	640	520	450	380	310	110	273	35
LQH-HT4-1000	10.0	135	131	840	400	360	580	520	450	450	390	120	325	35
LQH-HT4-1250	12.5	135	165	840	400	360	580	520	450	450	390	120	325	42
LQH-HT4-1600	16.0	120	273	1010	400	530	750	780	700	480	400	120	325	42
LQH-HT4-2000	20.0	150	293	1140	450	600	840	840	700	480	400	120	325	42

C 弹性阻尼缓冲器

弹性阻尼缓冲器同橡胶缓冲器与聚氨酯缓冲器相比，弹性阻尼缓冲器耐高温、耐腐蚀、无老化失效现象、抗冲击强度高、工作稳定，能适应恶劣的环境。在冲击力的作用下，缓冲器柱塞压入的同时引起弹性阻尼体内部摩擦力上升，在剪切力的作用下通过柱塞和容器之间的弹性阻尼体产生黏性摩擦，速度越高，黏性阻尼越大。活塞压入时弹性阻尼体收缩，当外力减小或消失时，弹性阻尼体膨胀，柱塞回到原来位置。弹性阻尼缓冲器具有很强的抗老化性及稳定性，工作温度在 -70~250℃。其适应的冲击速度范围在 0.5~1.5m/s。弹性胶体散热较慢，因此缓冲器的工作频率一般在每小时撞击 10 次以内。弹性阻尼缓冲器的性能参数和尺寸数据见表 5.4.114~表 5.4.118，设备外形如图 5.4.67~图 5.4.71 所示。

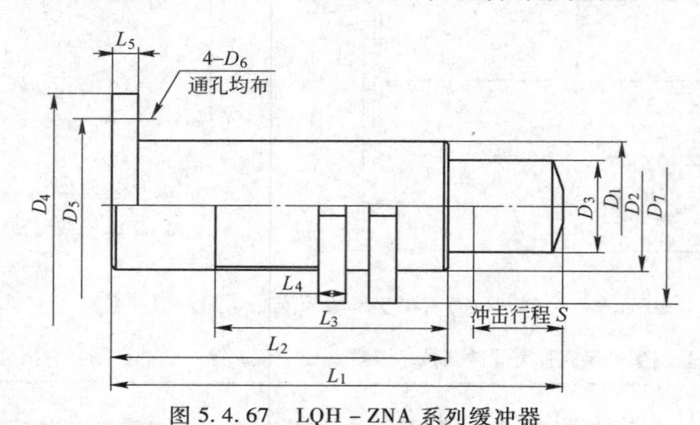

图 5.4.67 LQH-ZNA 系列缓冲器

表 5.4.114 LQH-ZNA 系列性能参数及外形尺寸（辽宁清原第一缓冲器制造有限公司 www.hcq958.com）

型号	E/kN·m	S/mm	F/kN	主要尺寸/mm											
				L_1	L_2	L_3	L_4	L_5	D_1	D_2	D_3	D_4	D_5	D_6	D_7
LQH-ZNA-1	0.7	35	40	175	130	90	12	10	52	M52×1.5	38	90	70	9	78
LQH-ZNA-2	1.2	40	60	190	140	90	12	10	60	M60×2	48	106	85	11	90
LQH-ZNA-3	2.6	50	100	220	150	100	15	10	76	M76×2	60	125	100	11	110
LQH-ZNA-4	4.8	65	150	265	185	100	18	10	95	M95×2	80	150	120	11	130
LQH-ZNA-5	9.6	80	230	340	218	100	18	15	110	M110×2	95	165	140	13	150

注：E、S 和 F 分别表示缓冲容量、缓冲行程和缓冲力。

后法兰安装方式，在所选型号后加“H”，如“LQH-ZNA-1H”；螺纹连接安装方式，在所选型号后面加“Z”，如“LQH-ZNA-1Z”。

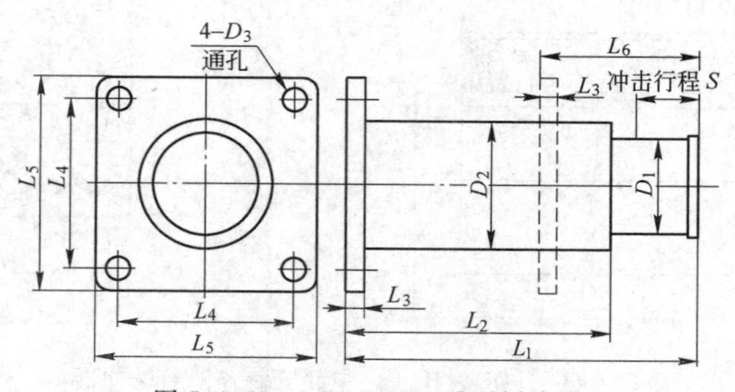

图 5.4.68 LQH-ZNB 系列缓冲器

表 5.4.115　LQH－ZNB 系列性能参数及外形尺寸（辽宁清原第一缓冲器制造有限公司　www.hcq958.com）

型　号	E/kN·m	S/mm	F/kN	主要尺寸/mm								
				L_1	L_2	L_3	L_4	L_5	L_6	D_1	D_2	D_3
LQH－ZNB－1	0.4	35	14	200	150	10	100	125	90	55	75	13
LQH－ZNB－2	2	60	50	280	200	20	125	160	120	100	125	17
LQH－ZNB－3	5	80	90	300	200	20	125	160	130	100	125	17
LQH－ZNB－4	10	90	184	340	220	20	180	224	160	170	200	22
LQH－ZNB－5	14	100	200	360	240	20	180	224	180	170	200	22
LQH－ZNB－6	20	110	280	380	240	20	224	280	200	200	240	22
LQH－ZNB－7	25	120	300	400	260	20	224	280	210	200	240	22

注：E、S 和 F 分别表示缓冲容量、缓冲行程和缓冲力。

后法兰安装方式，在所选型号后加“H”，如“LQH－ZNB－1H”；中间法兰连接方式，在所选型号后面加“Z”，如“LQH－ZNB－1Z”。

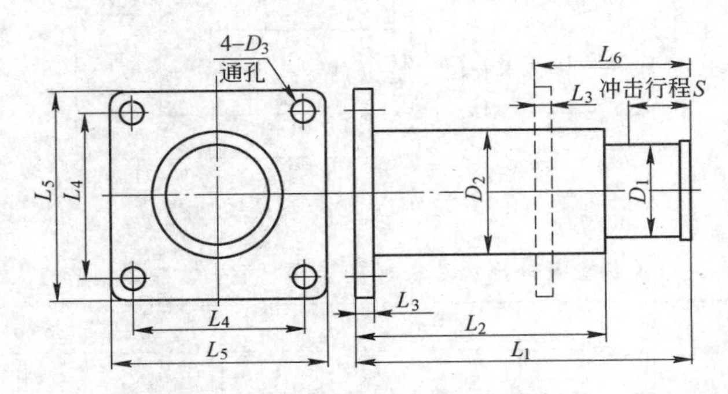

图 5.4.69　LQH－ZNC 系列缓冲器

表 5.4.116　LQH－ZNC 系列性能参数及外形尺寸（辽宁清原第一缓冲器制造有限公司　www.hcq958.com）

型　号	E/kN·m	S/mm	F/kN	主要尺寸/mm								
				L_1	L_2	L_3	L_4	L_5	L_6	D_1	D_2	D_3
LQH－ZNC－1	20	105	310	415	295	20	105	135	180	95	116	16
LQH－ZNC－2	40	120	540	500	350	25	125	155	215	115	142	18
LQH－ZNC－3	60	140	650	520	345	30	140	175	245	135	160	18
LQH－ZNC－4	80	160	800	585	385	35	170	215	275	155	180	22
LQH－ZNC－5	100	180	950	670	445	40	195	250	305	185	215	26

注：E、S 和 F 分别表示缓冲容量、缓冲行程和缓冲力。

后法兰安装方式，在所选型号后加“H”，如“LQH－ZNC－1H”；中间法兰连接方式，在所选型号后面加“Z”，如“LQH－ZNC－1Z”。

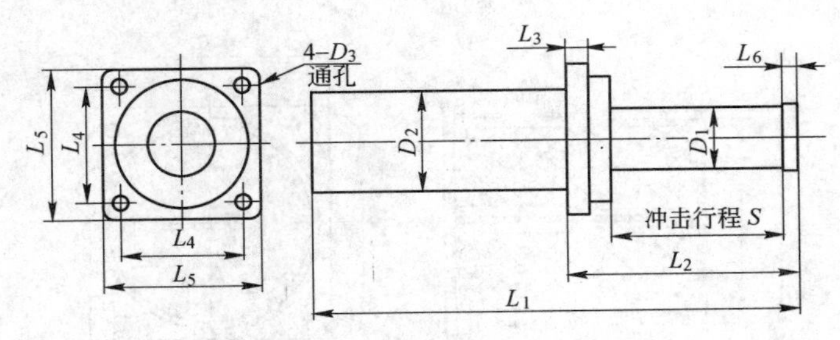

图 5.4.70　LQH－ZND 系列缓冲器

表 5.4.117 LQH－ZND 系列性能参数及外形尺寸（辽宁清原第一缓冲器制造有限公司 www.hcq958.com）

型 号	E/kN·m	S/mm	F/kN	主要尺寸/mm								
				L_1	L_2	L_3	L_4	L_5	L_6	D_1	D_2	D_3
LQH－ZND－1	20	270	112	690	320	20	105	135	12	72	90	14
LQH－ZND－2	40	275	230	860	335	25	140	175	15	87	110	18
LQH－ZND－3	80	400	320	1370	460	25	140	175	15	87	110	18
LQH－ZND－4	120	500	380	1400	575	30	170	215	20	120	140	22
LQH－ZND－5	200	650	490	1780	725	30	170	215	20	135	155	22

注：E、S 和 F 分别表示缓冲容量、缓冲行程和缓冲力。

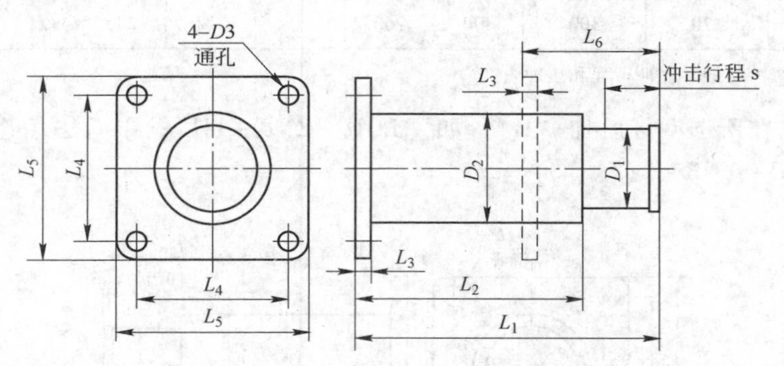

图 5.4.71 LQH－ZNE 系列缓冲器

表 5.4.118 LQH－ZNE 系列性能参数及外形尺寸表（辽宁清原第一缓冲器制造有限公司 www.hcq958.com）

型 号	E/kN·m	S/mm	F/kN	主要尺寸/mm								
				L_1	L_2	L_3	L_4	L_5	L_6	D_1	D_2	D_3
LQH－ZNE－1	1.3	50	25	260	178	18	120	150	150	75	95	18
LQH－ZNE－2	3.2	100	45	420	285	18	120	150	185	75	95	18
LQH－ZNE－3	6.7	115	60	520	345	20	150	210	240	110	146	26
LQH－ZNE－4	40	400	200	1720	1030	30	210	270	930	140	175	30

注：E、S 和 F 分别表示缓冲容量、缓冲行程和缓冲力。

后法兰安装方式，在所选型号后加“H”，如“LQH－ZNE－1H”；中间法兰连接方式，在所选型号后面加“Z”，如“LQH－ZNE－1Z”。

D 复合缓冲器

复合缓冲器是在聚氨酯缓冲器原有基础上为了满足固定客户群所研究开发的新型缓冲器。复合缓冲器有缓冲容量大、耐高温、老化、无泄漏等优点，而且结构简单，不需要维修、保养方便、安全性高、噪声低。尤其针对聚氨酯抗紫外线能力弱的缺点进行了改善，使其能够适应室外工作环境。复合缓冲器现已经被广泛地应用于冶金、起重、航天行业。性能参数见表 5.4.119～表 5.4.122，设备外形如图 5.4.72～图 5.4.75 所示。

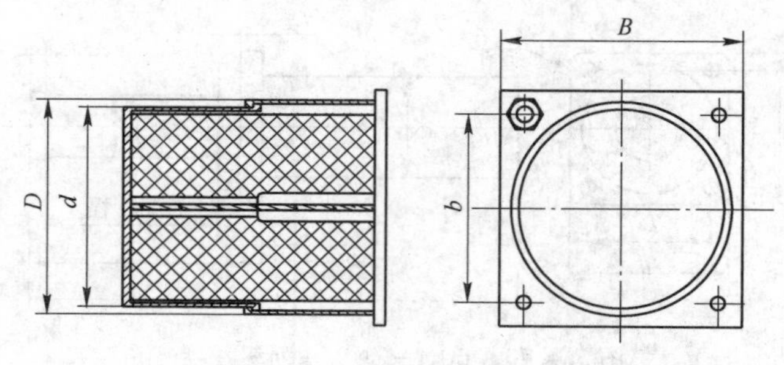

图 5.4.72 起重机用 ZLB 型缓冲器

表 5.4.119　起重机用 ZLB 型缓冲器技术参数（辽宁清原第一缓冲器制造有限公司　www.hcq958.com）

序号	型号	D/mm	d/mm	H/mm	h/mm	B/mm	b/mm	ϕ/mm	缓冲容量/kJ	缓冲行程/mm	缓冲力/kN
1	ZLB－1	185	171	166	10	200	160	18	2.631	70	214.86
2	ZLB－2	185	171	216	10	200	160	18	3.474	92	214.86
3	ZLB－3	229	211	216	10	250	200	18	5.415	92	334.89
4	ZLB－4	229	211	266	10	250	200	18	6.729	115	334.89
5	ZLB－5	284	265	268	12	320	250	22	10.915	116	539.00
6	ZLB－6	284	265	338	12	320	250	22	13.876	147	539.00
7	ZLB－7	358	335	338	12	400	315	22	22.540	147	875.54
8	ZLB－8	358	335	418	12	400	315	22	28.037	183	875.54
9	ZLB－9	442	419	320	12	480	400	24	33.738	139	1386.61
10	ZLB－10	442	419	420	12	480	400	24	44.621	184	1386.61

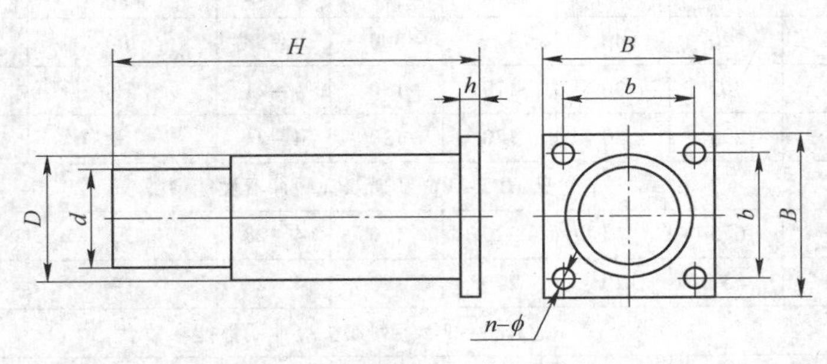

图 5.4.73　ZLB－BG 起重机用复合缓冲器

表 5.4.120　ZLB－BG 起重机用复合缓冲器技术参数（辽宁清原第一缓冲器制造有限公司　www.hcq958.com）

型　号	D/mm	d/mm	H/mm	h/mm	B/mm	b/mm	$n-\phi$/mm	缓冲容量/kJ	缓冲行程/mm	缓冲力/kN
ZLB－BG－1	115	93	240	16	130	100	4－14	2	50	80
ZLB－BG－2	200	174	380	22	220	170	4－28	10	80	280
ZLB－BG－3	200	160	520	30	310	250	4－34	10	18	120
ZLB－BG－4	185	155	675	25	220	170	4－28	30	150	380
ZLB－BG－5	270	234	561	30	310	250	4－38	68	100	1300
ZLB－BG－6	110	88	360	25	130	100	4－16	7	100	150
ZLB－BG－7	130	106	300	20	170	130	4－24	10	70	290
ZLB－BG－8	290	250	750	36	410	350	8－28	80	200	800
ZLB－BG－9	95	80	280	16	130	100	4－18	4	50	160
ZLB－BG－10	350	310	920	40	460	400	8－28	200	250	1600
ZLB－BG－11	200	174	380	22	220	170	4－28	12	80	320
ZLB－BG－12	216	176	660	30	310	240	4－34	60	200	600
ZLB－BG－13	100	80	240	16	130	100	4－14	2	50	80
ZLB－BG－14	100	80	240	16	130	100	4－14	2	50	80
ZLB－BG－15	见 HFS－BG 系列双头缓冲器性能参数表									
ZLB－BG－16										
ZLB－BG－17										
ZLB－BG－18										
ZLB－BG－19	159	122	520	25	220	170	4－28	26	100	520
ZLB－BG－20	242	193	1100	35	360	280	4－38	120	360	660
ZLB－BG－21	300	260	1160	30	375	300	4－32	200	350	1140

续表 5.4.120

型　号	D/mm	d/mm	H/mm	h/mm	B/mm	b/mm	$n-\phi$/mm	缓冲容量/kJ	缓冲行程/mm	缓冲力/kN
ZLB – BG – 22	179	140	475	25	220	170	4 – 28	26	100	260
ZLB – BG – 23	240	200	830	30	320	250	4 – 32	140	250	1120
ZLB – BG – 24	133	100	360	20	170	130	4 – 21	10	70	280
ZLB – BG – 25	216	180	800	30	310	250	4 – 38	80	250	640
ZLB – BG – 26	112	90	400	20	130	100	4 – 18	7	100	140
ZLB – BG – 27	85	70	270	14	110	80	4 – 14	2	50	80
ZLB – BG – 28	130	100	450	30	170	125	4 – 24	18	60	600
ZLB – BG – 29	276	227	520	30	315	250	4 – 22	16	100	400
ZLB – BG – 30	248	208	500	20	280	220	4 – 25	26	100	260
ZLB – BG – 31	192	152	660	25	250	190	4 – 32	50	150	330
ZLB – BG – 32	320	280	485	28	420	320	4 – 38	9.2	92	200
ZLB – BG – 33	300	256	920	40	375	300	4 – 38	200	250	1600
ZLB – BG – 34	132	100	367	20	170	130	4 – 21	10	70	280
ZLB – BG – 35	130	90	295	20	170	130	4 – 21	10	70	280
ZLB – BG – 36	见 HFS – BG 系列双头缓冲器性能参数表									
ZLB – BG – 37	179	147	675	25	220	170	4 – 28	30	150	400
ZLB – BG – 38	133	101	537	20	170	130	4 – 25	14	120	240
ZLB – BG – 39	见 HFS – BG 系列双头缓冲器性能参数表									
ZLB – BG – 41	170	140	515	25	220	170	4 – 25	17	17	340
ZLB – BG – F37	242	200	1065	35	275	210	4 – 26	160	160	1000
ZLB – BG – 31A	192	165	610	25	250	190	4 – 34	50	50	330
ZLB – BG – 40A	178	154	380	22	220	170	4 – 28	14	14	175
ZLB – BG – 73A	192	165	440	25	250	190	4 – 34	40	40	800

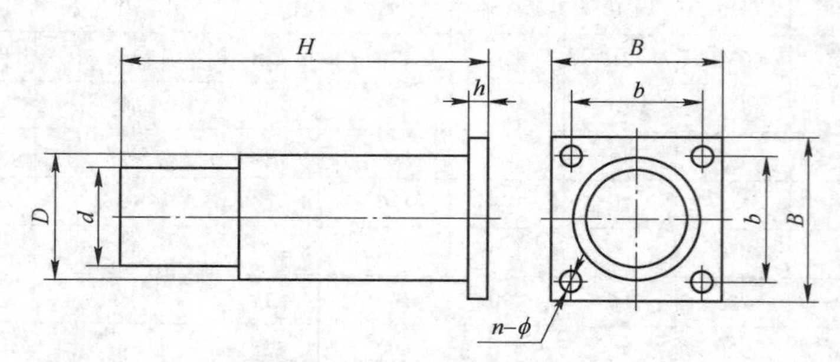

图 5.4.74　HF – BG 起重机用复合缓冲器

表 5.4.121　HF – BG 起重机用复合缓冲器技术参数（辽宁清原第一缓冲器制造有限公司　www.hcq958.com）

型　号	D/mm	d/mm	H/mm	h/mm	B/mm	b/mm	$n-\phi$/mm	缓冲容量/kJ	缓冲行程/mm	缓冲力/kN
HF – BG – 1	115	93	240	16	130	100	4 – 14	1.4	55	60
HF – BG – 2	200	174	380	22	220	170	4 – 28	7	60	280
HF – BG – 3	200	157	520	30	310	250	4 – 34	6.6	130	120
HF – BG – 4	185	155	675	25	220	170	4 – 28	18	140	320
HF – BG – 5	270	234	561	30	310	250	4 – 38	45	100	1160
HF – BG – 7	130	106	500	20	170	130	4 – 24	6	110	130
HF – BG – 8	290	260	750	36	410	350	8 – 28	38	120	800
HF – BG – 9	115	93	420	16	130	100	4 – 18	2.8	85	80

续表 5.4.121

型　号	D/mm	d/mm	H/mm	h/mm	B/mm	b/mm	n - ϕ/mm	缓冲容量/kJ	缓冲行程/mm	缓冲力/kN
HF - BG - 10	350	310	920	40	460	400	8 - 28	126	200	1500
HF - BG - 11	200	174	380	22	220	170	4 - 28	7.5	60	310
HF - BG - 12	240	216	660	30	310	240	4 - 34	37	150	600
HF - BG - 19	190	168	520	25	220	170	4 - 28	19	150	300
HF - BG - 20	242	210	1300	35	360	280	4 - 38	85	300	650
HF - BG - 21	297	260	1160	30	375	300	4 - 32	125	280	1050
HF - BG - 29	271	241	520	30	315	250	4 - 22	13	80	380
HF - BG - 30	243	214	500	20	280	220	4 - 25	10	90	260
HF - BG - 31	192	162	660	25	250	190	4 - 32	18	135	320
HF - BG - 32	320	296	485	28	420	320	4 - 38	6	55	260
HF - BG - 37	178	147	900	25	220	170	4 - 28	21	145	350
HF - BG - 39	140	110	710	25	220	170	4 - 21	6.5	120	130
HF - BG - 40	178	150	360	22	220	170	4 - 26	4.5	85	130
HF - BG - 41	168	140	515	25	220	170	4 - 25	12	145	200
HF - BG - 42	168	140	856	30	260	200	4 - 30	13.5	210	150
HF - BG - 43	178	150	645	22	220	170	4 - 22	16.5	110	350
HF - BG - 44	192	159	509	25	250	190	4 - 34	12.5	85	350
HF - BG - 45	243	217	1100	30	310	250	4 - 34	25	255	230
HF - BG - 46	200	170	848	25	250	190	4 - 34	32	150	500
HF - BG - 47	200	170	890	30	250	190	4 - 34	32	160	480
HF - BG - 48	240	200	900	30	300	250	4 - 34	40	200	480
HF - BG - 49	270	230	743	35	310	250	4 - 35	47	130	860
HF - BG - 51	240	200	860	32	320	250	4 - 33	45	160	660
HF - BG - 53	270	230	944	36	310	250	4 - 38	62	170	860
HF - BG - 54	240	200	1110	32	320	250	4 - 33	62	220	660
HF - BG - 56	270	230	1250	36	310	250	4 - 38	80	220	860
HF - BG - 58	297	260	1020	40	375	300	4 - 38	95	220	1050
HF - BG - 67	168	140	450	20	120	170	4 - 28	7.5	90	200
HF - BG - 69	159	130	550	25	260	200	4 - 25	12	140	200
HF - BG - 70	180	155	500	25	220	170	4 - 28	13.5	90	350
HF - BG - 71	170	140	845	22	220	170	4 - 22	16	180	210
HF - BG - 73	190	160	948	25	250	190	4 - 31	26	190	320
HF - BG - 75	240	210	703	30	410	350	4 - 38	40	105	900
HF - BG - 76	240	210	680	32	320	250	4 - 33	38	140	640
HF - BG - 77	240	210	1238	35	360	280	4 - 38	75	200	900
HF - BG - 79	270	230	1318	40	310	250	4 - 38	95	260	860
HF - BG - 80	150	120	278	15	160	125	4 - 13	2	40	120
HF - BG - 81	140	110	348	15	160	125	4 - 13	3	80	92
HF - BG - 82	180	150	361	18	200	155	4 - 17	4.5	60	180
HF - BG - 83	180	150	441	18	200	155	4 - 17	6	80	180
HF - BG - 84	235	202	430	21	250	195	4 - 21	10	80	300
HF - BG - 85	235	202	520	21	250	195	4 - 21	14	80	420

续表 5.4.121

型 号	D/mm	d/mm	H/mm	h/mm	B/mm	b/mm	n－φ/mm	缓冲容量/kJ	缓冲行程/mm	缓冲力/kN
HF－BG－86	260	217	580	24	285	230	4－26	20	90	550
HF－BG－87	260	217	720	24	285	230	4－26	33	130	600
HF－BG－88	323	290	760	27	360	280	4－32	48	150	760
HF－BG－89	323	290	950	27	360	280	4－32	63	185	800
HF－BG－90	400	360	850	30	440	350	4－38	95	150	1500
HF－BG－91	400	360	1098	30	440	350	4－38	145	230	1500
HF－BG－94	130	110	418	20	170	130	4－21	4.5	85	130
HF－BG－95	130	110	618	20	170	130	4－21	6.7	125	130
HF－BG－96	168	150	461	23	220	170	4－25	10	70	350
HF－BG－98	200	170	631	28	250	190	4－28	22	105	500
HF－BG－99	200	170	901	28	250	190	4－28	34	160	500
HF－BG－100	240	200	910	32	310	240	4－32	46	165	660

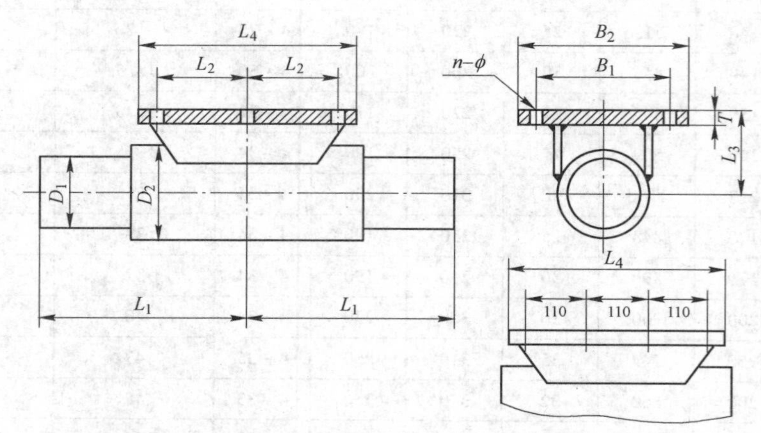

图 5.4.75 HFS－BG 双头复合缓冲器

表 5.4.122 HFS－BG 双头复合缓冲器技术参数（辽宁清原第一缓冲器制造有限公司 www.hcq958.com）（mm）

型 号	L_1	L_2	L_3	L_4	B_1	B_2	D_1	D_2	T	n－φ	缓冲容量/kJ	缓冲行程/mm	缓冲力/kN
HFS－BG－15	200	100	80	240	140	180	76	98	15	6－16	4	50	160
HFS－BG－16	205	100	80	240	140	180	76	98	15	6－15	4	50	160
HFS－BG－17	240	110	120	270	160	230	110	132	20	6－24	10	70	300
HFS－BG－18	320	见上图	150	390	260	320	150	182	30	8－26	25	80	640
HFS－BG－36	320	120	150	300	260	320	138	170	30	6－26	12	80	300
HFS－BG－39	200	100	80	240	140	180	71	95	17	6－16	2	50	80

5.4.4.4 耗能型缓冲器

A 液压缓冲器

液压缓冲器是依靠排列油缸壁上的一系列特殊排列的节流小孔实现缓冲的。节流小孔数目随缓冲位移加大而减少，从而达到匀减速缓冲。液压缓冲器结构紧凑，吸能量大，且无反弹，在保证要求的最大减速度和缓冲行程条件下尺寸最小。在速度高于2m/s或运动质量较大的起重机上，宜采用液压缓冲器。

LQH－HY 液压缓冲器结构为单向结构（如图 5.4.76 所示），它由撞头、活塞杆、弹簧、缸盖、活塞、缸套、底板等组成。当相对运动着的物体碰撞撞头 1 时，撞头通过活塞杆 2，使活塞 5 向右移动，A 室内油液在活塞作用下，从特殊排列的阻尼孔向 B 室流动，由于流量限制，活塞的速度也受限制，从而达到缓冲效果。外力消除后，在弹簧 3 的作用下，活塞回到原始位置。

技术参数见表 5.4.123 ~ 表 5.4.125。

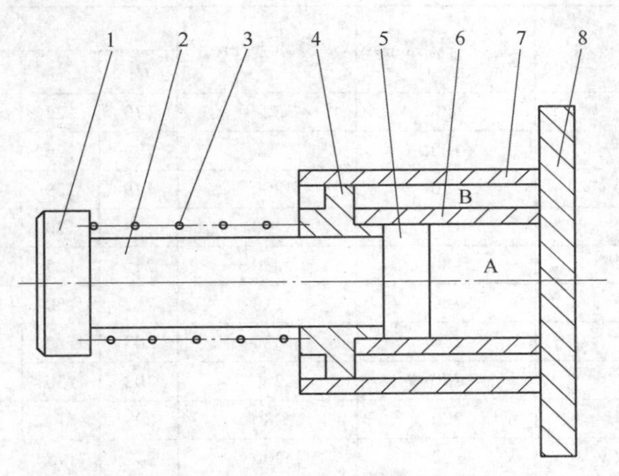

图 5.4.76 LQH - HY 液压缓冲器性能规格

1—撞头；2—活塞杆；3—弹簧；4—缸盖；5—活塞；6—缸套；7—缸体；8—底板

LQH - HYG 型高频度单向型液压缓冲器如图 5.4.77 所示。

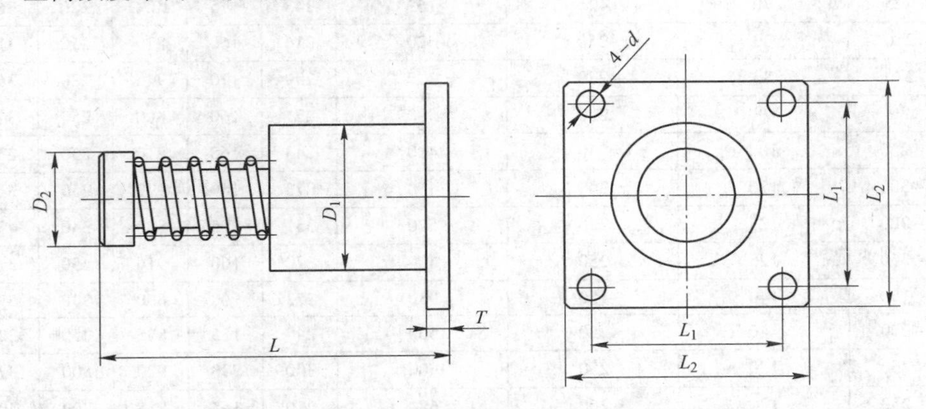

图 5.4.77 LQH - HYG 型高频度单向型液压缓冲器

表 5.4.123 LQH - HYG 高频度单向型液压缓冲器技术参数（辽宁清原第一缓冲器制造有限公司 www.hcq958.com）

型 号	缓冲容量/kJ	缓冲行程/mm	缓冲力/kN	主要尺寸/mm						
				D_1	D_2	L	L_1	L_2	T	d
LQH - HYG 2 - 50	2	50	40	85	53	270	80	110	14	14
LQH - HYG 2 - 60	2.5	60	45	127	62	280	125	160	16	13
LQH - HYG 4 - 50	4	50	80	95	66	280	100	130	16	18
LQH - HYG 4 - 90	4.0	90	45	127	62	355	125	160	16	13
LQH - HYG 6 - 80	5.6	80	70	159	80	360	155	200	20	17
LQH - HYG 7 - 100	7	100	70	112	66	410	100	130	20	18
LQH - HYG 8 - 110	8.0	110	75	159	80	440	155	200	20	17
LQH - HYG 10 - 70	10	70	140	133	80	367	130	170	20	21
LQH - HYG 10 - 200	10	200	50	142	110	710	170	220	25	21
LQH - HYG 12 - 90	12.5	90	140	203	100	430	195	250	25	21
LQH - HYG 14 - 80	14	80	175	178	125	360	170	220	22	26
LQH - HYG 14 - 120	14	120	120	133	80	537	130	170	20	25
LQH - HYG 17 - 100	17	100	170	169	100	515	170	220	25	25
LQH - HYG 18 - 60	18	60	300	130	56	440	125	170	30	24
LQH - HYG 18 - 120	18	120	150	203	100	520	195	250	25	21
LQH - HYG 20 - 250	20	250	80	165	125	856	200	260	30	30
LQH - HYG 25 - 130	25	130	200	245	125	580	230	285	30	26

续表 5.4.123

型 号	缓冲容量/kJ	缓冲行程/mm	缓冲力/kN	主要尺寸/mm						
				D_1	D_2	L	L_1	L_2	T	d
LQH - HYG 26 - 80	26	80	325	179	122	400	170	220	22	22
LQH - HYG 26 - 100	26	100	260	179	126	520	170	220	25	28
LQH - HYG 30 - 150	30	150	200	179	120	675	170	220	25	28
LQH - HYG 40 - 100	40	100	400	194	120	510	190	250	25	34
LQH - HYG 40 - 180	40	180	230	245	125	720	230	285	30	26
LQH - HYG 40 - 350	40	350	110	242	150	1105	250	310	30	34
LQH - HYG 50 - 150	50	150	330	203	120	680	190	250	25	34
LQH - HYG 50 - 250	50	250	200	203	150	895	190	250	30	34
LQH - HYG 56 - 200	56	200	280	299	170	760	280	360	35	32
LQH - HYG 60 - 300	60	300	200	242	175	910	250	300	30	34
LQH - HYG 70 - 100	70	100	700	273	160	561	250	310	35	38
LQH - HYG 70 - 150	70	150	465	200	120	610	190	250	25	34
LQH - HYG 70 - 200	70	200	350	243	132	680	250	320	32	33
LQH - HYG 70 - 425	70	425	162	243	175	1332	280	360	36	39
LQH - HYG 80 - 250	80	250	320	216	160	810	250	310	30	38
LQH - HYG 80 - 270	80	270	300	299	170	945	280	360	35	32
LQH - HYG 100 - 200	100	200	500	271	160	800	250	310	36	38
LQH - HYG 100 - 250	100	250	400	243	165	810	250	320	32	33
LQH - HYG 120 - 300	120	300	400	273	160	972	250	310	32	38
LQH - HYG 125 - 220	125	220	570	351	205	880	350	430	40	38
LQH - HYG 125 - 250	125	250	500	270	160	916	250	310	36	38
LQH - HYG 140 - 150	140	150	930	273	160	650	300	375	40	38
LQH - HYG 140 - 250	140	250	560	240	155	835	250	320	32	32
LQH - HYG 150 - 250	150	250	600	300	230	920	300	375	40	38
LQH - HYG 170 - 250	170	250	680	270	165	835	300	400	36	33
LQH - HYG 180 - 320	180	320	570	351	205	1140	350	430	40	38
LQH - HYG 200 - 250	200	250	800	300	230	920	300	375	40	38
LQH - HYG 200 - 350	200	350	570	270	180	1160	300	375	35	32
LQH - HYG 250 - 250	250	250	1000	300	230	1020	345	435	40	44
LQH - HYG 250 - 270	250	270	950	485	248	1080	450	560	55	38
LQH - HYG 320 - 400	320	400	800	330	230	1230	345	435	50	44
LQH - HYG 320 - 420	320	420	762	322	230	1295	345	435	45	44
LQH - HYG 355 - 350	355	350	1020	485	248	1345	450	560	55	38

LQH - HYD 低频度单向型液压缓冲器如图 5.4.78 所示。

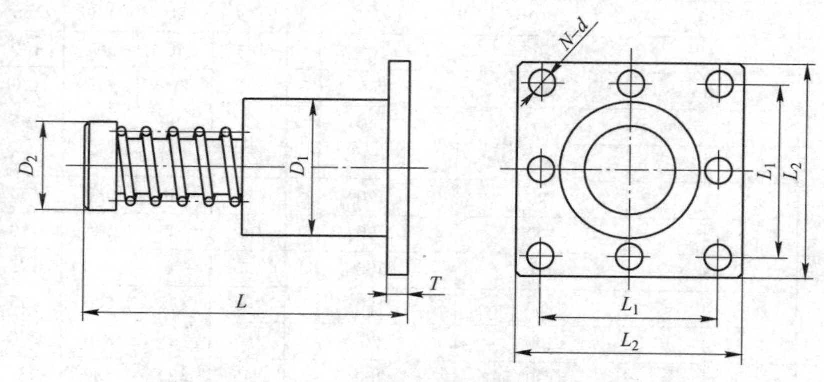

图 5.4.78 LQH - HYD 低频度单向型液压缓冲器

表 5.4.124　LQH－HYD 低频度单向型液压缓冲器技术参数（辽宁清原第一缓冲器制造有限公司　www. hcq958. com）

型　号	缓冲容量/kJ	缓冲行程/mm	缓冲力/kN	主要尺寸/mm						
				D_1	D_2	L	L_1	L_2	T	$N-d$
LQH－HYD 2－50	2	50	40	82	55	220	80	110	14	4－13
LQH－HYD 2.6－50	2.6	50	70	106	56	240	100	130	16	4－13
LQH－HYD 2.6－60	2.6	60	60	145	60	280	125	160	15	4－13
LQH－HYD 4－50	4.0	50	80	92	60	240	100	130	16	4－14
LQH－HYD 4－70	4	70	70	106	56	306	100	130	16	4－13
LQH－HYD 4－90	4	90	60	145	60	355	125	160	15	4－13
LQH－HYD 5.5－75	5.5	75	70	102	66	340	100	130	20	4－18
LQH－HYD 5.6－70	5.6	70	105	132	75	300	130	170	20	4－21
LQH－HYD 5.6－80	5.6	80	90	180	80	360	155	200	18	4－17
LQH－HYD 7－100	7	100	75	92	90	360	100	130	16	4－14
LQH－HYD 8－100	8	100	105	132	75	390	130	170	20	4－21
LQH－HYD 8－110	8	110	90	180	80	440	155	200	18	4－17
LQH－HYD 10－70	10	70	150	130	80	295	130	170	20	4－22
LQH－HYD 12－80	12	80	200	170	98	380	170	220	23	4－25
LQH－HYD 12－90	12	90	180	235	100	430	195	250	21	4－21
LQH－HYD 14－120	14	120	120	130	100	400	130	170	20	4－25
LQH－HYD 15－150	15	150	100	136	98	610	130	170	20	4－25
LQH－HYD 16－150	16	150	110	130	100	430	130	170	28	4－22
LQH－HYD 17－100	17	100	170	169	50	535	200	260	22	4－25
LQH－HYD 18－120	18	120	200	170	98	500	170	220	23	4－25
LQH－HYD 20－150	20	150	135	169	50	585	200	260	22	4－25
LQH－HYD 22－80	22	80	275	178	126	500	170	220	25	4－28
LQH－HYD 25－80	25	80	315	170	100	360	170	220	22	4－28
LQH－HYD 26－100	26	100	260	170	120	520	220	280	25	4－25
LQH－HYD 31－150	31.5	150	210	170	100	550	170	220	22	4－28
LQH－HYD 40－100	40	100	400	191	120	440	190	250	25	4－34
LQH－HYD 40－150	40	150	350	200	118	585	190	250	28	4－28
LQH－HYD 40－180	40	180	300	265	125	720	230	285	24	4－26
LQH－HYD 50－150	50	150	355	191	120	610	190	250	25	4－34
LQH－HYD 56－130	56	130	570	240	136	540	240	310	32	4－32
LQH－HYD 60－200	60	200	300	243	132	680	250	320	32	4－33
LQH－HYD 63－100	63	100	630	258	140	505	350	410	36	8－28
LQH－HYD 80－180	80	180	440	245	136	674	240	310	32	4－32
LQH－HYD 80－270	80	270	400	330	165	950	280	360	27	4－32
LQH－HYD 100－200	100	200	500	258	160	750	350	410	36	8－28
LQH－HYD 120－180	120	180	900	295	175	745	300	375	37	4－38
LQH－HYD 120－220	120	220	720	400	200	890	350	440	30	4－38
LQH－HYD 120－300	120	300	400	242	168	978	280	360	35	4－38
LQH－HYD 120－360	120	360	330	242	168	1100	280	360	35	4－38
LQH－HYD 140－150	140	150	935	300	180	650	400	460	40	8－28
LQH－HYD 180－270	180	270	900	295	175	975	300	375	37	4－38
LQH－HYD 180－320	180	320	750	400	200	1155	350	440	30	4－38
LQH－HYD 200－250	200	250	800	300	230	920	400	460	40	8－28

续表 5.4.124

型　号	缓冲容量/kJ	缓冲行程/mm	缓冲力/kN	主要尺寸/mm						
				D_1	D_2	L	L_1	L_2	T	$N-d$
LQH - HYD 250 - 250	250	250	1000	356	230	1020	480	580	60	8 - 40
LQH - HYD 260 - 270	260	270	1280	525	245	1085	450	560	35	4 - 38
LQH - HYD 315 - 400	315	400	800	356	280	1432	480	580	60	8 - 40
LQH - HYD 350 - 330	350	330	1400	345	195	1150	345	435	42	4 - 44
LQH - HYD 350 - 350	350	350	1330	525	245	1295	450	560	35	4 - 38

LQH - HYDS 低频度双向型液压缓冲器如图 5.4.79 所示。

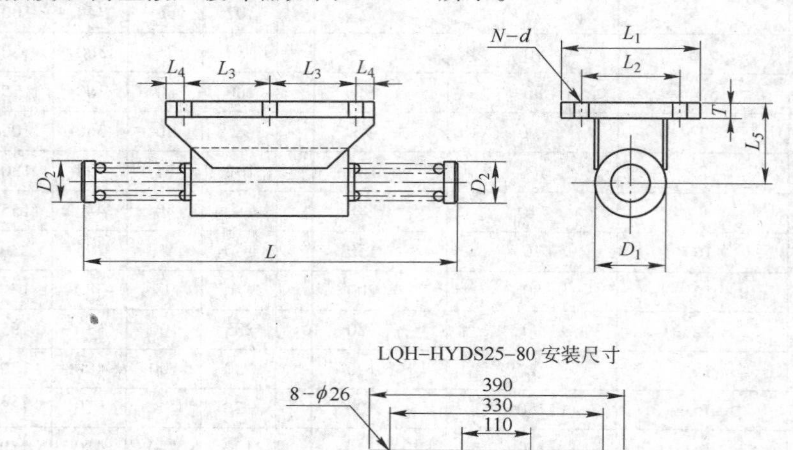

图 5.4.79　LQH - HYDS 低频度双向型液压缓冲器

表 5.4.125　LQH - HYDS 低频度双向型液压缓冲器技术参数（辽宁清原第一缓冲器制造有限公司　www.hcq958.com）

型　号	缓冲容量/kJ	缓冲行程/mm	缓冲力/kN	主要尺寸/mm									
				D_1	D_2	L	L_1	L_2	L_3	L_4	L_5	T	$N-d$
LQH - HYDS 4 - 50	4.0	50	80	92	55	400	180	140	100	20	80	15	6 ~ 16
LQH - HYDS 10 - 70	10	70	150	130	80	400	230	180	110	25	120	20	6 ~ 24
LQH - HYDS 25 - 80	25	80	315	170	100	640	320	260	—	—	150	30	8 ~ 26

B　气混液压缓冲器

气混液压缓冲器是一种无弹簧可自行复位的新型结构。它可消除弹簧的反弹现象而且不需维护和免去弹簧损坏现象。设计紧凑、减速安全平稳、吸收能量高。活塞杆在体内有导向。优质密封与气体和液压油的巧妙结合。所有规格均可就地修理，设计的节流阻尼孔最高冲击速度可在 3.3m/s 以内。

LQH - HDY 缓冲器共 7 个系列 120 种规格。HDY 型大缸径系列缓冲器可以在负载情况下安全高效的减速，吸收能量高达460kJ。它将是取代我国 20 世纪 70 ~ 80 年代弹簧式液压缓冲器最理想产品。它的性能及参数靠近国际先进发达工业国家产品。HDY 新型气混液压缓冲器如图 5.4.80 所示。

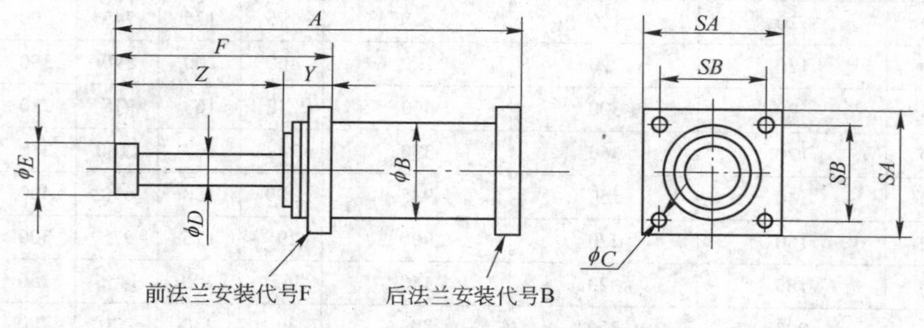

图 5.4.80　HDY 新型气混液压缓冲器

表 5.4.126 **HDY 新型气混液压缓冲器技术参数**（辽宁清原第一缓冲器制造有限公司 www.hcq958.com）

型号	缸内径/mm	行程/mm	每次吸收能量/kJ	小时冲击次数	最大缓冲力/kN	安装代号	法兰尺寸/mm			A/mm	B/mm	C/mm	D/mm	E/mm	F/mm	H/mm	Y/mm	Z/mm
							SA	*SB*	固定									
HDY3B50		50	3	20	70	B				345					··		··	··
HDY6B100		100	6	20	70	B				445					··		··	··
HDY9B150		150	9	20	70	B				545					··		··	··
HDY12B200		200	12	20	70	B	120	90		645					··		··	··
HDY12F200		200	12	20	70	F				645					300		70	230
HDY15B250		250	15	20	70	B				755					··		··	··
HDY15F250		250	15	20	70	F				755					350		70	280
HDY18B300		300	18	20	70	B	170	140		855					··		··	··
HDY18F300	40	300	18	20	70	F	120	90	M12	855	90	14	30	50	400	20	70	330
HDY21B350		350	21	15	70	B	170	140		955					··		··	··
HDY21F350		350	21	15	70	F	120	90		955					450		70	380
HDY20B400		400	20	20	60	B	170	140		1055					··		··	··
HDY20F400		400	20	20	60	F	120	90		1055					500		70	430
HDY18B450		450	18	18	48	B	170	140		1155					··		··	··
HDY18F450		450	18	18	48	F	120	90		1155					550		70	480
HDY17B500		500	17	17	39	B	170	140		1255					··		··	··
HDY17F500		500	17	17	39	F	120	90		1255					600		70	530
HDY14F600		600	14	14	28	F				1465					700		70	630
以上为 HD1.5 系列																		
HDY23B250		250	23	20		B	140	110		795					··		··	··
HDY23F250		250	23	20		F				795					340		60	280
HDY28B300		300	28	20		B	170	140		895					··		··	··
HDY28F300		300	28	20		F	140	110		895					390		60	330
HDY33B350		350	33	15		B	170	140		995					··		··	··
HDY33F350		350	33	15		F	140	110		995					440		60	380
HDY37B400		400	37	15		B	170	140		1095					··		··	··
HDY37F400	50	400	37	15	110	F	140	110	M16	1095	110	18	40	60	490	20	60	430
HDY42B450		450	42	15		B	170	140		1195					··		··	··
HDY42F450		450	42	15		F	140	110		1195					540		60	480
HDY47B500		500	47	10		B				1305					··		··	··
HDY47F500		500	47	10		F				1305					590		60	530
HDY51F550		550	51	10		F	140	110		1405					640		60	580
HDY56F600		600	56	10		F				1505					690		60	630
HDY60F650		650	60	10		F				1605					740		60	685
以上为 HD2 系列																		

续表 5.4.126

型号	缸内径/mm	行程/mm	每次吸收能量/kJ	小时冲击次数	最大缓冲力/kN	安装代号	法兰尺寸/mm			A/mm	B/mm	C/mm	D/mm	E/mm	F/mm	H/mm	Y/mm	Z/mm
							SA	SB	固定									
HDY9B50		50	9	20		B				360					· ·		· ·	· ·
HDY14B75		75	14	20		B				415					· ·		· ·	· ·
HDY23B125		125	23	20		B				515					· ·		· ·	· ·
HDY37B200		200	37	20		B	170	125		665					· ·		· ·	· ·
HDY37F200		200	37	20		F				665					295		65	230
HDY47B250		250	47	20		B				765					· ·		· ·	· ·
HDY47F250		250	47	20		F				765					345		65	280
HDY56B300		300	56	20		B	200	160		870					· ·		· ·	· ·
HDY56F300	65	300	56	20	220	F	170	125	M20	870	130	22	45	70	395	20	65	330
HDY65B350		350	65	15		B	200	160		970					· ·		· ·	· ·
HDY65F350		350	65	15		F	170	125		970					445		65	380
HDY75B400		400	75	15		B	200	160		1070					· ·		· ·	· ·
HDY75F400		400	75	15		F	170	125		1070					495		65	430
HDY84B450		450	84	15		B	200	160		1170					· ·		· ·	· ·
HDY84F450		450	84	15		F				1170					545		65	480
HDY94F500		500	94	15		F	170	125		1280					595		65	530
HDY102F550		550	102	15		F				1380					645		65	580
HDY112F600		600	112	15		F				1480					695		65	630
以上为 HD3 系列																		
HDY13B50		50	13	20		B				380					· ·		· ·	· ·
HDY26B100		100	26	20		B				480					· ·		· ·	· ·
HDY38B150		150	38	20		B				580					· ·		· ·	· ·
HDY51B200		200	51	20		B	200	160		680					· ·		· ·	· ·
HDY51F200		200	51	20		F				680					305		70	235
HDY64B250		250	64	20		B				780					· ·		· ·	· ·
HDY64F250		250	64	20		F				780					355		70	285
HDY77B300		300	77	20		B	250	200		880					· ·		· ·	· ·
HDY77F300	80	300	77	20	300	F	200	160	M20	880	155	22	60	82	405	25	70	335
HDY89B350		350	89	15		B	250	200		980					· ·		· ·	· ·
HDY89F350		350	89	15		F	200	160		980					455		70	385
HDY102B400		400	102	15		B	250	200		1080					· ·		· ·	· ·
HDY102F400		400	102	15		F	200	160		1080					505		70	435
HDY114B450		450	114	15		B	250	200		1180					· ·		· ·	· ·
HDY114F450		450	114	15		F	200	160		1180					560		70	490
HDY127B500		500	127	15		B	250	200		1340					· ·		· ·	· ·
HDY127F500		500	127	15		F	200	160		1340					605		70	535
以上为 HD3.5 系列																		

续表 5.4.126

型 号	缸内径 /mm	行程 /mm	每次吸收能量 /kJ	小时冲击次数	最大缓冲力 /kN	安装代号	法兰尺寸/mm			*A* /mm	*B* /mm	*C* /mm	*D* /mm	*E* /mm	*F* /mm	*H* /mm	*Y* /mm	*Z* /mm
							SA	*SB*	固定									
HDY15B50	100	50	15	20	355	B	250	197	M24	430	220	26	65	100	· ·	30	· ·	· ·
HDY30B100		100	30	20		B				530					· ·		· ·	· ·
HDY45B150		150	45	20		B				630					· ·		· ·	· ·
HDY60B200		200	60	20		B				735					· ·		· ·	· ·
HDY60F200		200	60	20		F				735					315		75	240
HDY75B250		250	75	20		B				835					· ·		· ·	· ·
HDY75F250		250	75	20		F				835					365		75	290
HDY90B300		300	90	20		B	300	250		935					· ·		· ·	· ·
HDY90F300		300	90	20		F	250	197		935					415		75	340
HDY106B350		350	106	15		B	300	250		1035					· ·		· ·	· ·
HDY106F350		350	106	15		F	250	197		1035					465		75	390
HDY121B400		400	121	15		B	300	250		1235					· ·		· ·	· ·
HDY121F400		400	121	15		F	250	197		1235					515		75	440
HDY135F450		450	135	10		F				1335					565		75	490
HDY150F500		500	150	10		F				1440					615		75	540
HDY165F550		550	165	10		F				1530					665		75	590
HDY181F600		600	181	10		F				1640					715		75	640
HDY196F650		650	196	10		F				1730					815		75	740
以上为 HD4 系列																		
HDY47B100	125	100	47	20	550	B	275	220	M30	590	215	32	80	125	· ·	30	· ·	· ·
HDY70B150		150	70	20		B				690					· ·		· ·	· ·
HDY94B200		200	94	20		B				790					· ·		· ·	· ·
HDY94F200		200	94	20		F				790					350		90	260
HDY117B250		250	117	20		B				895					· ·		· ·	· ·
HDY117F250		250	117	20		F				895					400		90	310
HDY140B300		300	140	20		B	300	250		995					· ·		· ·	· ·
HDY140F300		300	140	20		F	275	220		995					450		90	360
HDY164B350		350	164	15		B	300	250		1095					· ·		· ·	· ·
HDY164F350		350	164	15		F	275	220		1095					500		90	410
HDY187B400		400	187	10		B	300	250		1200					· ·		· ·	· ·
HDY187F400		400	187	10		F	275	220		1200					550		90	460
HDY234F500		500	234	10		F				1405					650		90	560
HDY250F550		550	250	10		F				1505					700		90	610
HDY280F600		600	280	10		F				1605					750		90	660
HDY303F650		650	303	10		F				1705					800		90	710
HDY327F700		700	327	10		F				1805					850		90	760
HDY350F750		750	350	10		F				1905					900		90	810
以上为 HD5 系列																		

续表 5.4.126

型号	缸内径/mm	行程/mm	每次吸收能量/kJ	小时冲击次数	最大缓冲力/kN	安装代号	法兰尺寸/mm			A/mm	B/mm	C/mm	D/mm	E/mm	F/mm	H/mm	Y/mm	Z/mm
							SA	SB	固定									
HDY76B100	160	100	76	20	900	B	330	260	M36	640	270	40	100	160	. .	40	. .	. .
HDY114B150		150	114	20		B				740					. .		. .	. .
HDY153B200		200	153	20		B				840					. .		. .	. .
HDY153F200		200	153	20		F				840					390		110	280
HDY191B250		250	191	20		B				940					. .		. .	. .
HDY191F250		250	191	20		F				940					440		110	330
HDY229B300		300	229	20		B	350	290		1040					. .		. .	. .
HDY229F300		300	229	20		F	330	260		1040					490		110	380
HDY267B350		350	267	15		B	350	290		1150					. .		. .	. .
HDY267F350		350	267	15		F	330	260		1150					540		110	430
HDY306B400		400	306	5		B	350	290		1250					. .		. .	. .
HDY360F400		400	306	5		F	330	260		1250					590		110	480
HDY344F450		450	344	5		F				1350					640		110	530
HDY382F500		500	382	5		F				1450					690		110	580
HDY420F550		550	420	5		F				1550					740		110	630
HDY459F600		600	459	5		F				1650					790		110	680

以上为 HD6.5 系列

C 液气缓冲器

液气缓冲器是气、油结构，用氮气压力使缓冲器在撞击后复位。

LQH－HD 重型系列缓冲器现已经被应用于冶金、港口、矿山机械、升降梯和起重机行业，其本身所具有的大容量、大行程、安全可靠。其密封部位采用优质密封件，设计的芯轴式节流孔最高冲击速度可在 4m/s 以内，均可满足国内外使用要求。

此类缓冲器共 8 个系列 17 种规格。其技术参数见表 5.4.127～表 5.4.135，设备外形如图 5.4.81～图 5.4.89 所示。

液气缓冲器订货型号说明：

（1）安装型式标准：后法兰或前法兰。两种安装结构。

安装代号（见样本图）{ B—后法兰安装固定（总长≤1300 有 B 或 F）
F—前法兰安装固定（总长≥1300 均为 F）

（2）产品型号表示法

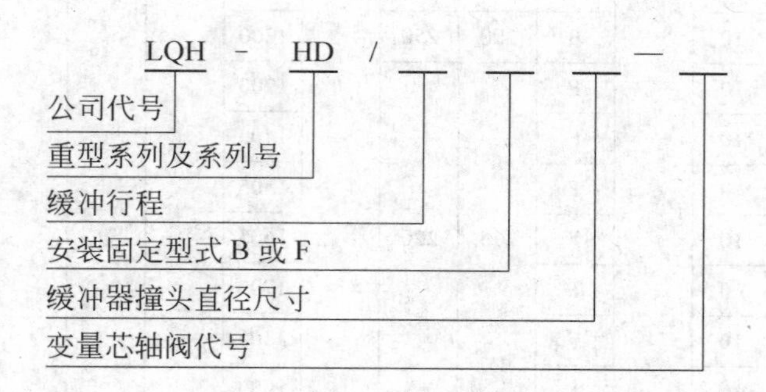

（3）例如：

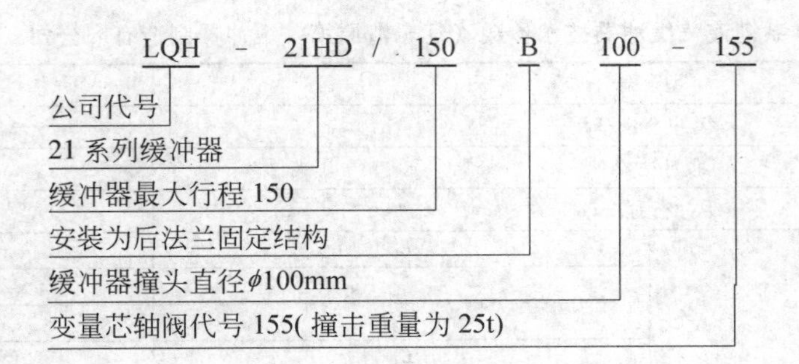

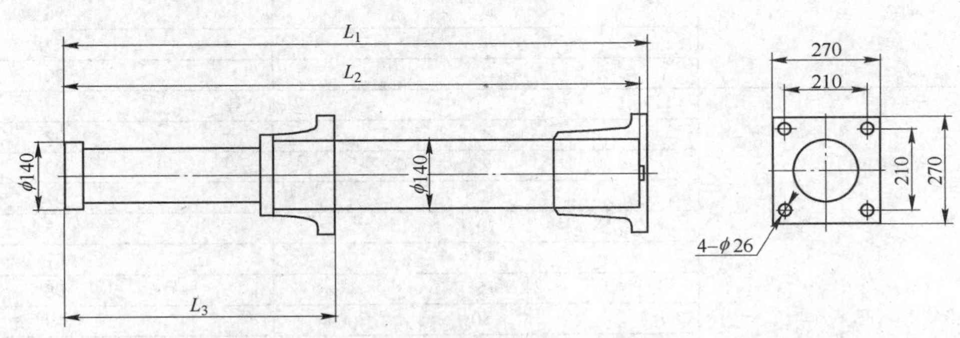

图 5.4.81 4HD 系列液气缓冲器

表 5.4.127 4HD 系列液气缓冲器技术参数（辽宁清原第一缓冲器制造有限公司 www.hcq958.com）

型 号		4HD/114
缓冲容量/kJ		91
缓冲力/kN		1000
缓冲行程/mm		114
外形尺寸/mm	L_1	546
	L_2	514
	L_3	235
撞击物的自重/t	芯轴代号	
	4	02
	10	04
	20	05
	40	07
	80	08
	125	10
	225	11
	375	13
	525	15
	750	16

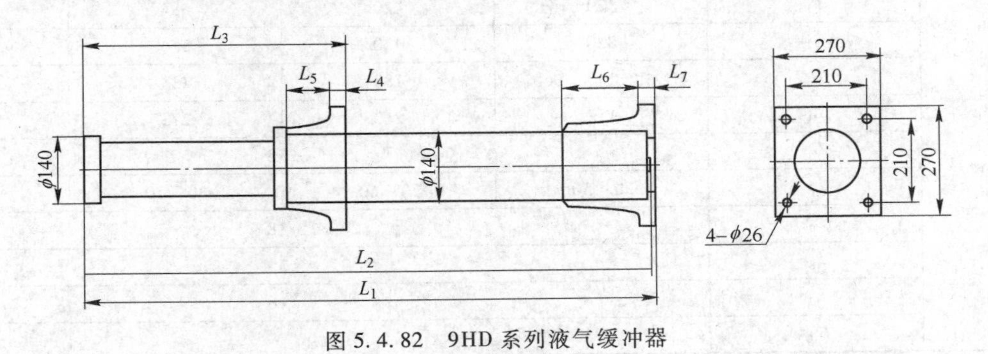

图 5.4.82 9HD 系列液气缓冲器

表 5.4.128 **9HD 系列液气缓冲器技术参数**（辽宁清原第一缓冲器制造有限公司 www.hcq958.com）

型号		9HD/400
缓冲容量/kJ		224
缓冲力/kN		700
缓冲行程/mm		400
外形尺寸/mm	L_1	1206
	L_2	1205
	L_3	678
	L_4	19
	L_5	95
	L_6	190
	L_7	20
撞击物的自重/t		芯轴代号
	4	02
	8	03
	10	04
	20	05
	40	07
	75	08
	150	10
	300	12
	400	13
	500	14
	600	15
	800	17
	1000	19
	2000	22

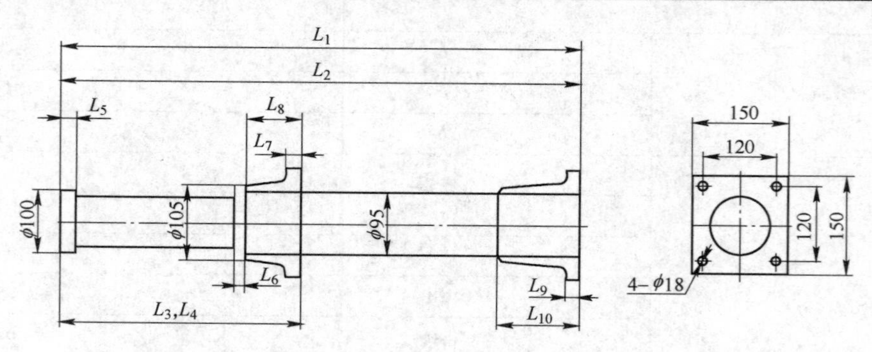

图 5.4.83 21HD 系列液气缓冲器

表 5.4.129 **21HD 系列液气缓冲器技术参数**（辽宁清原第一缓冲器制造有限公司 www.hcq958.com）

型号		21HD/50	21HD/100	21HD/150	21HD/200
缓冲容量/kJ		10	20	30	40
缓冲力/kN		250			
缓冲行程/mm		50	100	150	200
外形尺寸/mm	L_1	320	420	584	700
	L_2	320	420	584	700
	L_3	133	183	233	360
	L_4	153	213	273	· ·
	L_5	18			
	L_6	30；50	30；60	30；70	107
	L_7	18			
	L_8	35			
	L_9	18			
	L_{10}	75			118

续表 5.4.129

型　号		21HD/50	21HD/100	21HD/150	21HD/200
		芯轴代号			
撞击物的自重/t	1.7	051	101	151	201
	3.5	052	102	152	202
	7.0	053	103	153	203
	13	054	104	154	204
	25	055	105	155	205
	50	056	106	156	206
	100	057	107	157	207
	200	058	108	158	208
	400	059	109	159	209

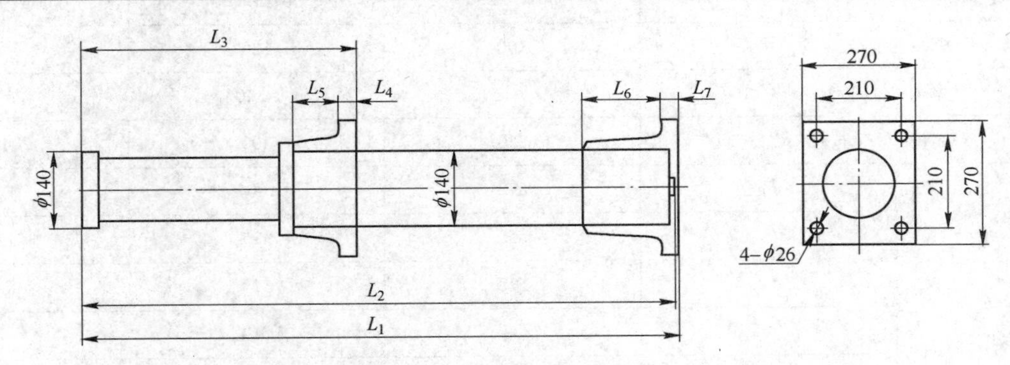

图 5.4.84　23HD 系列液气缓冲器

表 5.4.130　23HD 系列液气缓冲器技术参数（辽宁清原第一缓冲器制造有限公司　www.hcq958.com）

型　号		23HD/400
缓冲容量/kJ		224
缓冲力/kN		700
缓冲行程/mm		400
外形尺寸/mm	L_1	1256
	L_2	1255
	L_3	728
	L_4	19
	L_5	95
	L_6	190
	L_7	20
		芯轴代号
撞击物的自重/t	4	402
	8	403
	10	404
	20	405
	40	407
	75	408
	150	410
	300	412
	400	413
	500	414
	600	415
	800	417
	1000	419
	2000	422

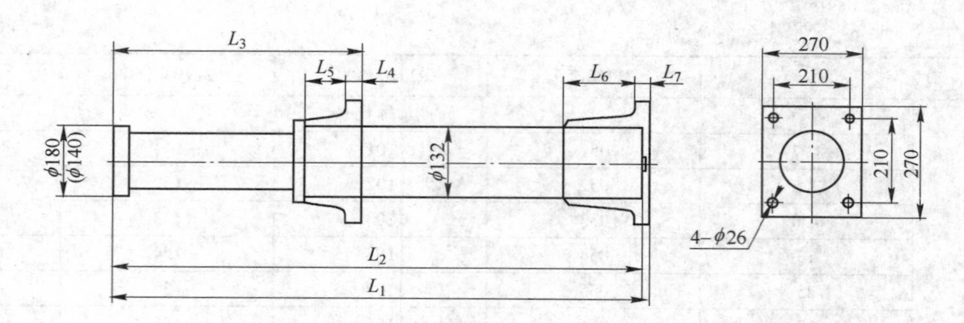

图 5.4.85 50HD 系列液气缓冲器

表 5.4.131 50HD 系列液气缓冲器技术参数（辽宁清原第一缓冲器制造有限公司 www.hcq958.com）

型号		50HD/250	50HD/300	50HD/400
缓冲容量/kJ		100	120	160
缓冲力/kN		500		
缓冲行程/mm		250	300	400
外形尺寸/mm	L_1	872	1007	1277
	L_2	850	985	1255
	L_3	528	577	677
	L_4	19		
	L_5	95		
	L_6	190		
	L_7	19		
		芯轴代号		
撞击物的自重/t	10	204	304	404
	20	205	305	405
	40	207	307	407
	75	208	308	408
	150	210	310	410
	300	212	312	412
	600	215	315	415
	800	217	317	417
	1000	219	319	419
	2000	222	322	422

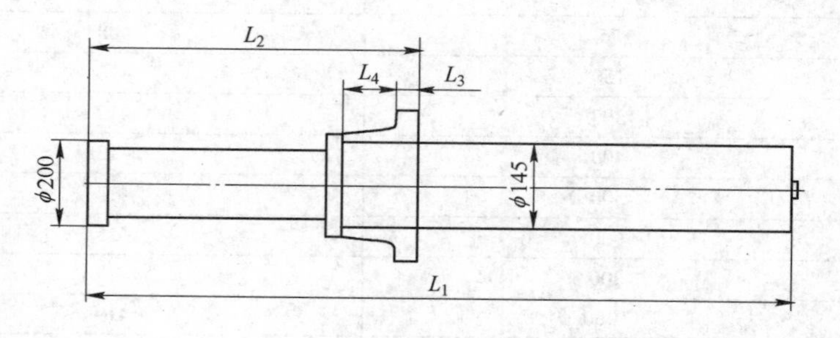

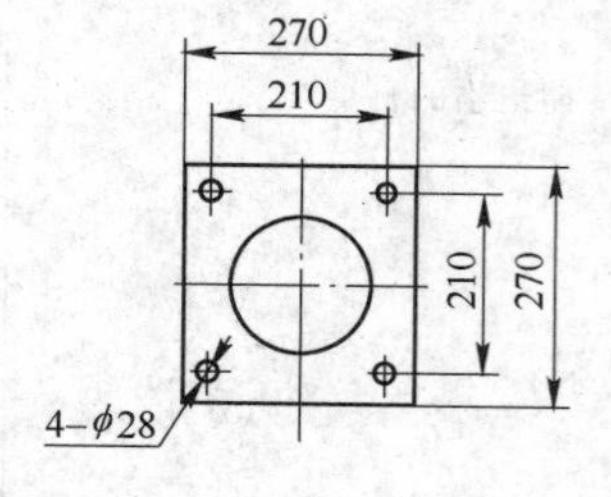

图 5.4.86 70HD 系列液气缓冲器

表 5.4.132 70HD 系列液气缓冲器（辽宁清原第一缓冲器制造有限公司 www.hcq958.com）

型号		70HD/500	70HD/600
缓冲容量/kJ		280	336
缓冲力/kN		700	
缓冲行程/mm		500	600
外形尺寸/mm	L_1	1600	1700
	L_2	828	928
	L_3	19	
	L_4	95	
		芯轴代号	
撞击物的自重/t	10	504	604
	20	505	605
	40	507	607
	80	508	608
	150	510	610
	300	512	612
	600	515	615
	800	517	617
	1000	519	619
	2000	522	622

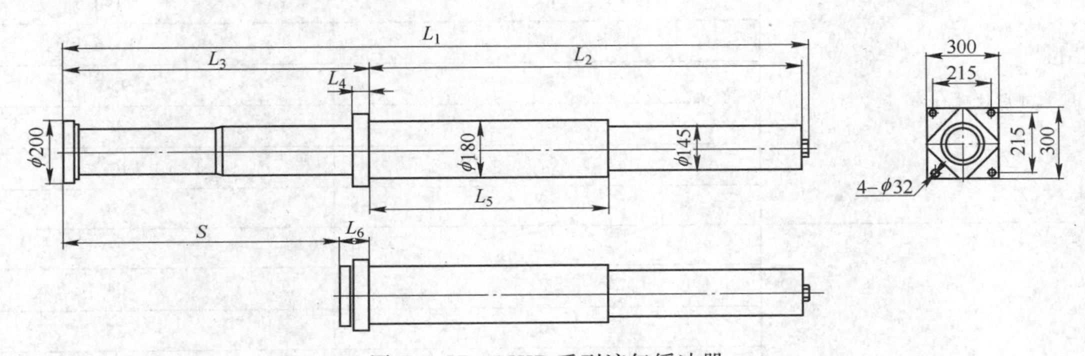

图 5.4.87 15HD 系列液气缓冲器

表 5.4.133 15HD 系列液气缓冲器技术参数（辽宁清原第一缓冲器制造有限公司 www.hcq958.com）

型号		15HD/800
缓冲容量/kJ		448
缓冲力/kN		700
缓冲行程/mm		800
外形尺寸/mm	L_1	2385
	L_2	1459
	L_3	905
	L_4	36
	L_5	944
	L_6	105
		芯轴代号
撞击物的自重/t	5	04
	10	05
	20	07
	40	08
	80	10
	150	12
	300	15
	400	17
	500	19
	1000	22

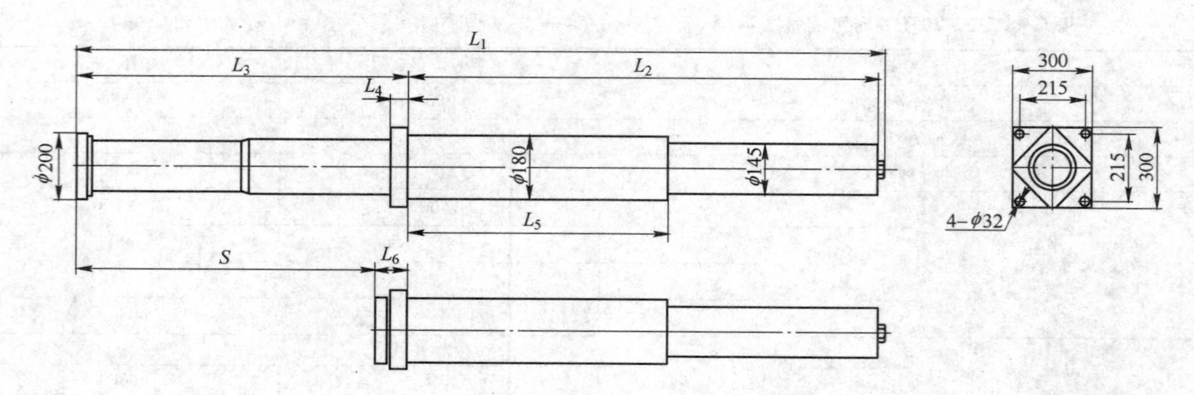

图 5.4.88 24HD 系列液气缓冲器

表 5.4.134 24HD 系列液气缓冲器技术参数（辽宁清原第一缓冲器制造有限公司 www.hcq958.com）

型 号		24HD/800
缓冲容量/kJ		448
缓冲力/kN		700
缓冲行程/mm		800
外形尺寸/mm	L_1	2490
	L_2	1516
	L_3	950
	L_4	36
	L_5	962
	L_6	150
撞击物的自重/t		芯轴代号
	5	04
	10	05
	20	07
	40	08
	80	10
	150	12
	300	15
	400	17
	500	19
	1000	22

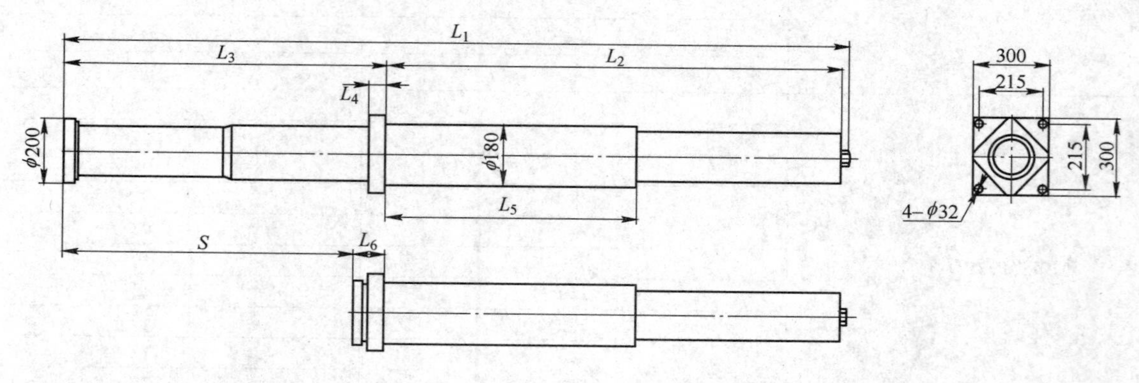

图 5.4.89 700HD 系列液气缓冲器

表 5.4.135　700HD 系列液气缓冲器（辽宁清原第一缓冲器制造有限公司　www.hcq958.com）

型　号		700HD/1000	700HD/1100	700HD/1200
缓冲容量/kJ		560	616	672
缓冲力/kN		700		
缓冲行程/mm		1000	1100	1200
外形尺寸/mm	L_1	3218	3318	3418
	L_2	2037		
	L_3	1160	1260	1360
	L_4	38		
	L_5	1208		
	L_6	160		
撞击物的自重/t		芯轴代号		
	10	1004	1104	1204
	20	1005	1105	1205
	40	1007	1107	1207
	80	1008	1108	1208
	150	1010	1110	1210
	300	1012	1112	1212
	600	1015	1115	1215
	800	1017	1117	1217
	1000	1019	1119	1219
	2000	1022	1122	1222

生产厂商：辽宁清原第一缓冲器制造有限公司。

5.4.5　逆止器

5.4.5.1　概述

为了防止倾斜带式输送机有载停车时发生溜车现象，与减速机配套，设置的逆止或制动装置。滚柱逆止器，适用于头部滚筒，较适用于向上输送，倾角不大于18°的带式输送机，其优点为逆止迅速，倒转距离小，是大中型倾角式输送机的首选逆止器。广泛应用于运输机械，提升机，电动滚筒以及其他需要逆止要求的机械设备等领域。

5.4.5.2　主要特点

(1) 运用 CATIA 三维软件实体建模，应用 FEA 有限元分析，从理论和设计上杜绝薄弱环节。

(2) 通过加工工艺和实验装置，保证质量和产品精度的一致性。

(3) 应用热处理和表面硬化工艺，保证逆止面永不磨损。

(4) 油脂（干油）润滑和稀油润滑可选。应用好的密封材料，永不漏油。

(5) 内外圈采用轴承式滚柱定位，数个滚柱固定在保持架中，承载能力大，占用空间少，运行平稳。

逆止器外形安装简图如图 5.4.90 所示。

5.4.5.3　技术参数

技术参数见表 5.4.136～表 5.4.145。

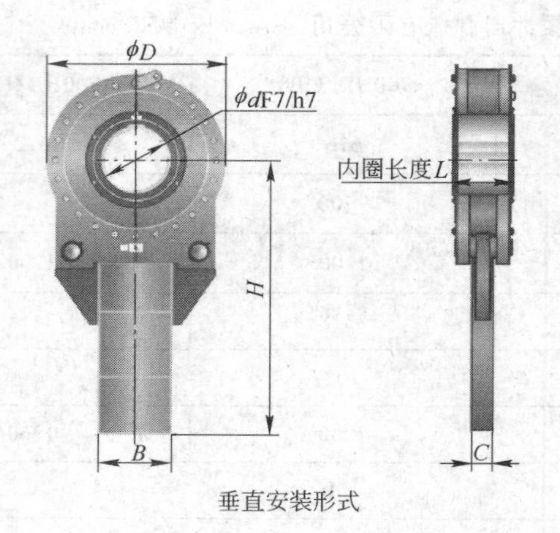

垂直安装形式

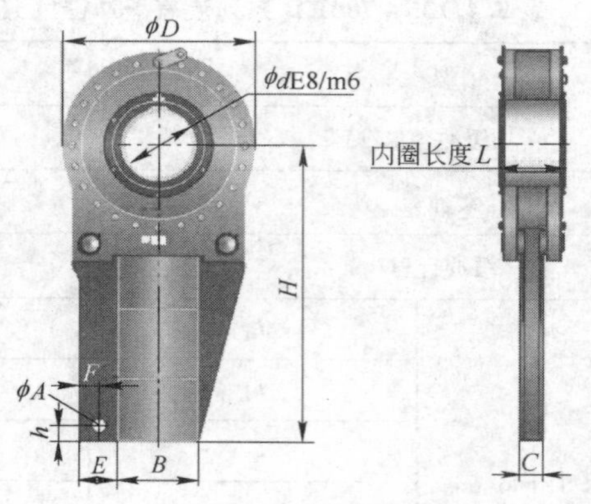

水平、倾斜安装形式

图 5.4.90 逆止器外形安装简图

表 5.4.136 逆止器外形结构及安装尺寸（自贡市倍特逆止器制造有限公司 www. btnzq. cn） （mm）

型号	额定逆止力矩/N·m	B	C	D	L	H	E	F	h	A	最大质量/kg
NJZ11	11000	100	60	270	110	425	—	—	—	—	75
NJZ16	16000	126	74	320	130	506	—	—	—	—	140
NJZ25	25000	140	80	360	140	612	—	—	—	—	190
NJZ40	40000	160	88	430	160	623	—	—	—	—	220
NJZ50	50000	200	100	500	230	820	110	50	70	35	370
NJZ80	80000	220	112	560	260	900	110	55	70	40	540
NJZ100	100000	250	116	600	290	1000	120	55	70	40	690
NJZ130	130000	280	122	650	290	1100	120	60	80	40	790
NJZ200	200000	320	130	780	290	1300	135	60	80	45	1100
NJZ280	280000	360	140	850	320	1500	150	70	100	50	1460
NJZ330	330000	400	142	930	360	1600	160	70	100	55	1980
NJZ450	450000	420	145	990	400	1700	170	80	110	60	2490
NJZ530	530000	450	146	1030	450	1800	180	80	120	60	3010
NJZ630	630000	480	155	1060	480	1900	200	100	120	70	3240
NJZ710	710000	500	160	1090	480	2000	210	100	120	70	3520
NJZ850	850000	530	165	1150	490	2100	220	105	130	75	3960
NJZ1000	1000000	560	170	1210	500	2200	230	110	150	80	4400
NJZ1300	1300000	630	180	1300	500	2400	230	110	150	80	5250
NJZ1700	1700000	700	180	1450	500	2500	250	120	180	90	7000
NJZ2000	2000000	750	190	1520	500	2600	280	130	190	100	8400

注：1. 逆止器孔和安装轴的配合推荐采用 GB/T 1800.4—1999 的 F7/h 或 E8/m6（无论用户采用哪一种配合均需要在订货时注明）；
2. 逆止器孔和安装轴主要为平键连接，键和键槽尺寸应符合 GB/T 1095—2003 的规定。逆止器孔键槽公差按 GB/T 1095—2003 标准 D10 制作；
3. 逆止器安装轴伸长度应尽量等于逆止器内圈长度，其最小长度不得小于内圈的 5/6 的长度，以保证安装轴伸和键的强度。

表 5.4.137 NJZ 型接触式逆止器技术参数（自贡红运逆止器机械制造有限公司 www. zghynzq. com）

型号（原型号）	额定逆止力矩/N·m	安装孔径范围/mm	内圈最高转速/r·min⁻¹	空转阻力矩/N·m
NJZ16(DSN16)	16000	90～130	130	18
NJZ25(DSN25)	25000	100～160	130	32
NJZ40(DSN40)	40000	140～200	130	40
NJZ50(DSN50)	50000	150～220	100	68

续表 5.4.137

型号（原型号）	额定逆止力矩/N·m	安装孔径范围/mm	内圈最高转速/r·min^{-1}	空转阻力矩/N·m
NJZ100(DSN100)	100000	180~250	100	86
NJZ130(DSN130)	130000	200~270	90	95
NJZ200(DSN200)	200000	230~300	90	100
NJZ280(DSN280)	280000	250~320	90	128
NJZ330(DSN330)	330000	250~350	80	145
NJZ530(DSN530)	530000	320~420	80	200
NJZ710(DSN710)	710000	350~450	80	225
NJZ1000(DSN1000)	1000000	350~510	70	258

表 5.4.138 NJZa 型接触式逆止器技术参数（自贡红运逆止器机械制造有限公司 www.zghynzq.com）

型号（原型号）	额定逆止力矩/N·m	安装孔径范围/mm	内圈最高转速/r·min^{-1}	空转阻力矩/N·m
NJZa16(DSN16)	16000	90~130	130	18
NJZa25(DSN25)	25000	100~160	130	32
NJZa40(DSN40)	40000	140~200	130	40
NJZa50(DSN50)	50000	150~220	100	68
NJZa100(DSN100)	100000	180~250	100	86
NJZa130(DSN130)	130000	200~270	90	95
NJZa200(DSN200)	200000	230~300	90	100
NJZa280(DSN280)	280000	250~320	90	128
NJZa330(DSN330)	330000	250~350	80	145
NJZa530(DSN530)	530000	320~420	80	200
NJZa710(DSN710)	710000	350~450	80	225
NJZa1000(DSN1000)	1000000	350~510	70	258

表 5.4.139 NJ6~NJ38 型接触式逆止器技术参数（自贡红运逆止器机械制造有限公司 www.zghynzq.com）

型号（原型号）	额定逆止力矩/N·m	孔径范围/mm	内圈最高转速/r·min^{-1}	空转阻力矩/N·m	最大质量/kg
NJ6 (NYD85)	6000	70~85	150	8	29.2
NJ8 (NYD95)	8000	80~95	150	10	37.2
NJ11 (NYD110)	11000	90~110	150	15	46.1
NJ16 (NYD130)	16000	110~130	100	20	82.8
NJ25 (NYD160)	25000	120~160	100	35	125
NJ38 (NYD200)	38000	160~200	100	45	180

表 5.4.140 NJ50~NJ700 型接触式逆止器技术参数（自贡红运逆止器机械制造有限公司 www.zghynzq.com）

型号（原型号）	额定逆止力矩/N·m	孔径范围/mm	内圈最高转速/r·min^{-1}	空转阻力矩/N·m	最大质量/kg
NJ50 (NYD220)	50000	160~220	80	75	351
NJ90 (NYD250)	90000	180~250	50	95	675
NJ125 (NYD270)	125000	200~270	50	100	737
NJ180 (NYD300)	180000	230~300	50	110	1123
NJ270 (NYD320)	270000	250~320	50	140	1425
NJ320 (NYD350)	320000	250~350	50	160	1955
NJ520 (NYD420)	520000	320~420	50	220	2930
NJ700 (NYD450)	700000	350~450	50	250	3380

表 5.4.141 NF 型非接触式逆止器技术参数（自贡红运逆止器机械制造有限公司 www.zghynzq.com）

型 号	额定逆止力矩/N·m	最高转速/r·min^{-1}	最小非接触转速/r·min^{-1}	最大质量/kg
NF10	1000	1500	450	27
NF16	1600	1500	450	31
NF25	2500	1500	425	38
NF40	4000	1500	425	49
NF63	6300	1500	400	62
NF80	8000	1500	400	73
NF100	10000	1500	400	98
NF125	12500	1500	375	154
NF160	16000	1000	375	175
NF200	20000	1000	350	214
NF250	25000	1000	350	256

表 5.4.142 NJZ 型接触式逆止器技术参数（自贡红运逆止器机械制造有限公司 www.zghynzq.com）

型号（原型号）	额定逆止力矩/N·m	安装孔径范围/mm	内圈最高转速/r·min^{-1}	空转阻力矩/N·m
NJZ16（DSN16）	16000	90～130	130	18
NJZ25（DSN25）	25000	100～160	130	32
NJZ40（DSN40）	40000	140～200	130	40
NJZ50（DSN50）	50000	150～220	100	68
NJZ100（DSN100）	100000	180～250	100	86
NJZ130（DSN130）	130000	200～270	90	95
NJZ200（DSN200）	200000	230～300	90	100
NJZ280（DSN280）	280000	250～320	90	128
NJZ330（DSN330）	330000	250～350	80	145
NJZ530（DSN530）	530000	320～420	80	200
NJZ710（DSN710）	710000	350～450	80	225
NJZ1000（DSN1000）	1000000	350～510	70	258

表 5.4.143 LC 型超越离合器技术参数（自贡红运逆止器机械制造有限公司 www.zghynzq.com）

型 号	LC10	LC16	LC25	LC40	LC63	LC80	LC100	LC125	LC160	LC200	LC250
额定传递扭矩/N·m	1000	1600	2500	4000	6300	8000	10000	12500	16000	20000	25000
最高转速/r·min^{-1}	1500	1500	1500	1500	1500	1500	1500	1500	1000	1000	1000
非接触转速/r·min^{-1}	450	450	425	425	400	400	400	375	375	350	350
最大飞轮矩/kg·m	1.8	2.4	4.5	5.6	6.8	8.2	14.5	23.5	30.2	47.8	65.4
最大质量/kg	60	73	82	111	147	166	207	269	352	442	533

表 5.4.144 GN 型滚柱逆止器主要技术参数（自贡红运逆止器机械制造有限公司 www.zghynzq.com）

型 号	最大逆止力矩/N·m	孔径/mm	质量/kg
GN110	6900	110	72
GN130	13900	130	103
GN140		140	100
GN150	23300	150	186
GN170		170	182
GN200	48500	200	350
GN220		220	339

表 5.4.145　**DTⅡN1 型滚柱逆止器技术参数**（自贡红运逆止器机械制造有限公司　www.zghynzq.com）

型　号	最大逆止力矩/N·m	孔径/mm	质量/kg
DTⅡN1－9		90	93
DTⅡN1－10	6900	100	91
DTⅡN1－11		110	89
DTⅡN1－12	13900	120	123
DTⅡN1－14	23300	140	192

生产厂商：自贡红运逆止器机械制造有限公司。

5.4.6　回转支撑

5.4.6.1　概述

回转支撑是一种能够承受较大轴向、径向负荷和倾覆力矩综合载荷的大型轴承，其外形如图 5.4.91～图 5.4.94 所示。

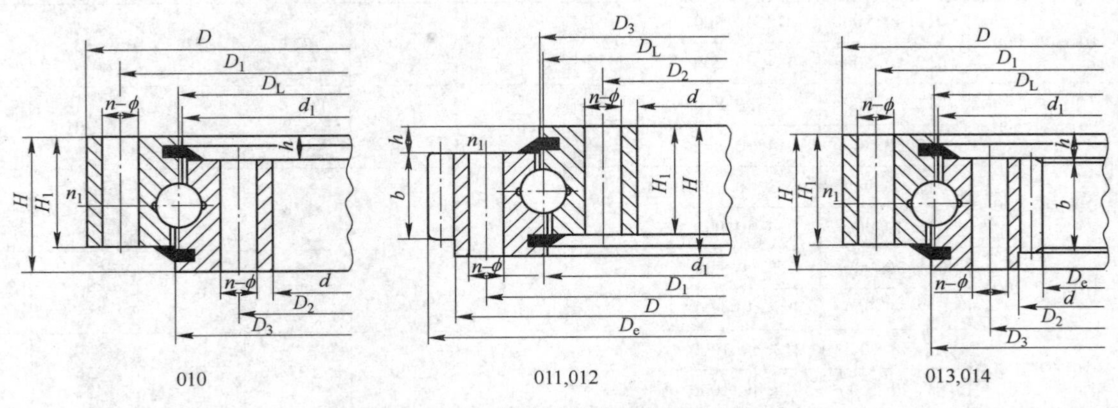

图 5.4.91　单排四点接触式回转支撑

5.4.6.2　技术参数

使用此大型轴承可参见表 5.4.146～表 5.4.149 中数据。

表 5.4.146　**单排四点接触式回转支撑（01）型号及尺寸参数**（徐州西马克回转支撑有限公司　www.xzxmk.com）　（mm）

序号	基本型号			外形尺寸			安装尺寸			
	无齿式 D_L	外齿式 D_L	内齿式 D_L	D	d	H	D_1	D_2	n	ϕ
1	010.20.200	011.20.200	—	280	120	60	248	152	12	16
2	010.20.224	011.20.224	—	304	144	60	272	176	12	16
3	010.20.250	011.20.250	—	330	170	60	298	202	18	16
4	010.20.280	011.20.280	—	360	200	60	328	232	18	16
5	010.25.315	011.25.315	013.25.315	408	222	70	372	258	20	18
6	010.25.355	011.25.355	013.25.355	448	262	70	412	298	20	18
7	010.25.400	011.25.400	013.25.400	493	307	70	457	343	24	18
8	010.25.450	011.25.450	013.25.450	543	357	70	507	393	24	18
9	010.30.500	011.30.500	013.30.500	602	398	80	566	434	20	18
		012.30.500	014.30.500							
9′	010.25.500	011.25.500	013.25.500	602	398	80	566	434	20	18
		012.25.500	014.25.500							
10	010.30.560	011.30.560	013.30.560	662	458	80	626	494	20	18
		012.30.560	014.30.560							

续表 5.4.146

序号	基本型号			外形尺寸			安装尺寸			
	无齿式 D_L	外齿式 D_L	内齿式 D_L	D	d	H	D_1	D_2	n	ϕ
10′	010. 25. 560	011. 25. 560	013. 25. 560	662	458	80	626	494	20	18
		012. 25. 560	014. 25. 560							
11	010. 30. 630	011. 30. 630	013. 30. 630	732	528	80	696	564	24	18
		012. 30. 630	014. 30. 630							
11′	010. 25. 630	011. 25. 630	013. 25. 630	732	528	80	696	564	24	18
		012. 25. 630	014. 25. 630							
12	010. 30. 710	011. 30. 710	013. 30. 710	812	608	80	776	644	24	18
		012. 30. 710	014. 30. 710							
12′	010. 25. 710	011. 25. 710	013. 25. 710	812	608	80	776	644	24	18
		012. 25. 710	014. 25. 710							
13	010. 40. 800	011. 40. 800	013. 40. 800	922	678	100	878	722	30	22
		012. 40. 800	014. 40. 800							
13′	010. 30. 800	011. 30. 800	013. 30. 800	922	678	100	878	722	30	22
		012. 30. 800	014. 30. 800							
14	010. 40. 900	011. 40. 900	013. 40. 900	1022	778	100	978	822	30	22
		012. 40. 900	014. 40. 900							
14′	010. 30. 900	011. 30. 900	013. 30. 900	1022	778	100	978	822	30	22
		012. 30. 900	014. 30. 900							
15	010. 40. 1000	011. 40. 1000	013. 40. 1000	1122	878	100	1078	922	36	22
		012. 40. 1000	014. 40. 1000							
15′	010. 30. 1000	011. 30. 1000	013. 30. 1000	1122	878	100	1078	922	36	22
		012. 30. 1000	014. 30. 1000							
16	010. 40. 1120	011. 40. 1120	013. 40. 1120	1242	998	100	1198	1042	36	22
		012. 40. 1120	014. 40. 1120							
16′	010. 30. 1120	011. 30. 1120	013. 30. 1120	1242	998	100	1198	1042	36	22
		012. 30. 1120	014. 30. 1120							
17	010. 45. 1250	011. 45. 1250	013. 45. 1250	1390	1110	110	1337	1163	40	26
		012. 45. 1250	014. 45. 1250							
17′	010. 35. 1250	011. 35. 1250	013. 35. 1250	1390	1110	110	1337	1163	40	26
		012. 35. 1250	014. 35. 1250							
18	010. 45. 1400	011. 45. 1400	013. 45. 1400	1540	1260	110	1487	1313	40	26
		012. 45. 1400	014. 45. 1400							
18′	010. 35. 1400	011. 35. 1400	013. 35. 1400	1540	1260	110	1487	1313	40	26
		012. 35. 1400	014. 35. 1400							
19	010. 45. 1600	011. 45. 1600	013. 45. 1600	1740	1460	110	1687	1513	45	26
		012. 45. 1600	014. 45. 1600							
19′	010. 35. 1600	011. 35. 1600	013. 35. 1600	1740	1460	110	1687	1513	45	26
		012. 35. 1600	014. 35. 1600							
20	010. 45. 1800	011. 45. 1800	013. 45. 1800	1940	1660	110	1887	1713	45	26
		012. 45. 1800	014. 45. 1800							

续表 5.4.146

序号	基本型号			外形尺寸			安装尺寸			
	无齿式 D_L	外齿式 D_L	内齿式 D_L	D	d	H	D_1	D_2	n	ϕ
20′	010.35.1800	011.35.1800	013.35.1800	1940	1660	110	1887	1713	45	26
		012.35.1800	014.35.1800							
21	010.60.2000	011.60.2000	013.60.2000	2178	1825	144	2110	1891	48	33
		012.60.2000	014.60.2000							
21′	010.40.2000	011.40.2000	013.40.2000	2178	1825	144	2110	1891	48	33
		012.40.2000	014.40.2000							
22	010.60.2240	011.60.2240	013.60.2240	2418	2065	144	2350	2131	48	33
		012.60.2240	014.60.2240							
22′	010.40.2240	011.40.2240	013.40.2240	2418	2065	144	2350	2131	48	33
		012.40.2240	014.40.2240							
23	010.60.2500	011.60.2500	013.60.2500	2678	2325	144	2610	2391	56	33
		012.60.2500	014.60.2500							
23′	010.40.2500	011.40.2500	013.40.2500	2678	2325	144	2610	2391	56	33
		012.40.2500	014.40.2500							
24	010.60.2800	011.60.2800	013.60.2800	2978	2625	144	2910	2691	56	33
		012.60.2800	014.60.2800							
24′	010.40.2800	011.40.2800	013.40.2800	2978	2625	144	2910	2691	56	33
		012.40.2800	014.40.2800							

序号	结构尺寸					齿轮参数			外齿参数		内齿参数		齿轮圆周力		参考质量/kg
	n_1	D_3	d_1	H_1	h	b	x	m	D_e	Z	D_e	Z	正火 Z104N	调质 T104N	
1	2	201	199	50	10	40	0	3	300	98	—	—	—	—	—
2	2	225	223	50	10	40	0	3	312	105	—	—	—	—	—
3	2	251	249	50	10	40	0	4	352	86	—	—	—	—	—
4	2	281	279	50	10	40	0	4	384	94	—	—	—	—	—
5	2	316	314	60	10	50	0	5	435	85	190	40	—	—	—
6	2	356	354	60	10	50	0	5	475	93	235	49	—	—	—
7	2	401	399	60	10	50	0	6	528	86	276	48	—	—	—
8	2	451	449	100	10	50	0	6	576	94	324	56	—	—	—
9	4	501	498	70	10	60	0.5	5	629	123	367	74	3.7	5.2	85
								6	628.8	102	368.4	62	4.5	6.2	
9′	4	501	499	70	10	60	0.5	5	629	123	367	74	3.7	5.2	85
								6	628.8	102	368.4	62	4.5	6.2	
10	4	561	558	70	10	60	0.5	5	689	135	427	86	3.7	5.2	95
								6	688.8	112	428.4	72	4.5	6.2	
10′	4	561	559	70	10	60	0.5	5	689	135	427	86	3.7	5.2	95
								6	688.8	112	428.4	72	4.5	6.2	
11	4	631	628	70	10	60	0.5	6	772.8	126	494.4	83	4.5	6.2	110
								8	774.4	94	491.2	62	6.0	8.3	

续表 5.4.146

序号	结构尺寸					齿轮参数			外齿参数		内齿参数		齿轮圆周力		参考质量/kg
	n_1	D_3	d_1	H_1	h	b	x	m	D_e	Z	D_e	Z	正火 Z104N	调质 T104N	
11′	4	631	629	70	10	60	0.5	6	772.8	126	494.4	83	4.5	6.2	110
								8	774.4	94	491.2	62	6.0	8.3	
12	4	711	708	70	10	60	0.5	6	850.8	139	572.4	96	4.5	6.2	120
								8	854.4	104	571.2	72	6.0	8.3	
12′	4	711	709	70	10	60	0.5	6	850.8	139	572.4	96	4.5	6.2	120
								8	854.4	104	571.2	72	6.0	8.9	
13	6	801	798	90	10	80	0.5	8	966.4	118	635.2	80	8.0	11.1	220
								10	968	94	634	64	10.0	14.0	
13′	6	801	798	90	10	80	0.5	8	966.4	118	635.2	80	8.0	11.1	220
								10	968	94	634	64	10.0	14.0	
14	6	901	898	90	10	80	0.5	8	1062.4	130	739.2	93	8.0	11.1	240
								10	1068	104	734	74	10.0	14.0	
14′	6	901	898	90	10	80	0.5	8	1062.4	130	739.2	93	8.0	11.1	240
								10	1068	104	734	74	10.0	14.0	
15	6	1001	998	90	10	80	0.5	10	1188	116	824	83	10.0	14.0	270
								12	1185.6	96	820.8	69	12.0	16.7	
15′	6	1001	998	90	10	80	0.5	10	1188	116	824	83	10.0	14.0	270
								12	1185.6	96	820.8	69	12.0	16.7	
16	6	1121	1118	90	10	80	0.5	10	1298	127	944	95	10.0	14.0	300
								12	1305.6	106	940.8	79	12.0	16.7	
16′	6	1121	1118	90	10	80	0.5	10	1298	127	944	95	10.0	14.0	300
								12	1305.6	106	940.8	79	12.0	16.7	
17	5	1252	1248	100	10	90	0.5	12	1449.6	118	1048.8	88	13.5	18.8	420
								14	1453.2	101	1041.6	75	15.8	21.9	
17′	5	1251	1248	100	10	90	0.5	12	1449.6	118	1048.8	88	13.5	18.8	420
								14	1453.2	101	1041.6	75	15.8	21.9	
18	5	1402	1398	100	10	90	0.5	12	1605.6	131	1192.8	100	13.5	18.8	480
								14	1607.2	112	1195.6	86	15.5	21.9	
18′	5	1401	1398	100	10	90	0.5	12	1605.6	131	1192.8	100	13.5	18.8	480
								14	1607.2	112	1195.6	86	15.8	21.9	
19	5	1602	1598	100	10	90	0.5	14	1817.2	127	1391.6	100	15.8	21.9	550
								16	1820.8	111	1382.4	87	18.1	25.0	
19′	5	1601	1598	100	10	90	0.5	14	1817.2	127	1391.6	100	15.8	21.9	550
								16	1820.8	111	1382.4	87	18.1	25.0	
20	5	1802	1798	100	10	90	0.5	14	2013.2	141	1573.6	113	15.8	21.9	610
								16	2012.8	123	1574.4	99	18.1	25.0	
20′	5	1801	1798	100	10	90	0.5	14	2013.2	141	1573.6	113	15.8	21.0	610
								16	2012.8	123	1574.4	99	18.1	25.0	
21	8	2002	1998	132	12	120	0.5	16	2268.8	139	1734.4	109	24.1	33.3	1100
								18	2264.4	123	1735.2	97	27.1	37.5	

续表 5.4.146

序号	结构尺寸					齿轮参数			外齿参数		内齿参数		齿轮圆周力		参考质量/kg
	n_1	D_3	d_1	H_1	h	b	x	m	D_e	Z	D_e	Z	正火 Z104N	调质 T104N	
21′	8	2001	1998	132	12	120	0.5	16	2268.8	139	1734.4	109	24.1	33.3	1100
								18	2264.4	123	1735.2	97	27.1	37.5	
22	8	2242	2238	132	12	120	0.5	16	2492.8	153	1990.4	125	24.1	33.3	1250
								18	2498.4	136	1987.2	111	27.1	37.5	
22′	8	2241	2238	132	12	120	0.5	16	2492.8	153	1990.4	125	24.1	33.3	1250
								18	2498.4	136	1987.2	111	27.1	37.5	
23	8	2502	2498	132	12	120	0.5	18	2768.4	151	2239.2	125	27.1	37.5	1400
								20	2776	136	2228	112	30.1	41.8	
23′	8	2501	2498	132	12	120	0.5	18	2768.4	151	2239.2	125	27.1	37.5	1400
								20	2776	136	2228	112	30.1	41.8	
24	8	2802	2798	132	12	120	0.5	18	3074.4	168	2527.2	141	27.1	37.5	1600
								20	3076	151	2528	127	30.1	41.8	
24′	8	2802	2798	132	12	120	0.5	18	3074.4	168	2527.2	141	27.1	37.5	1600
								20	3076	151	2528	127	30.1	41.8	

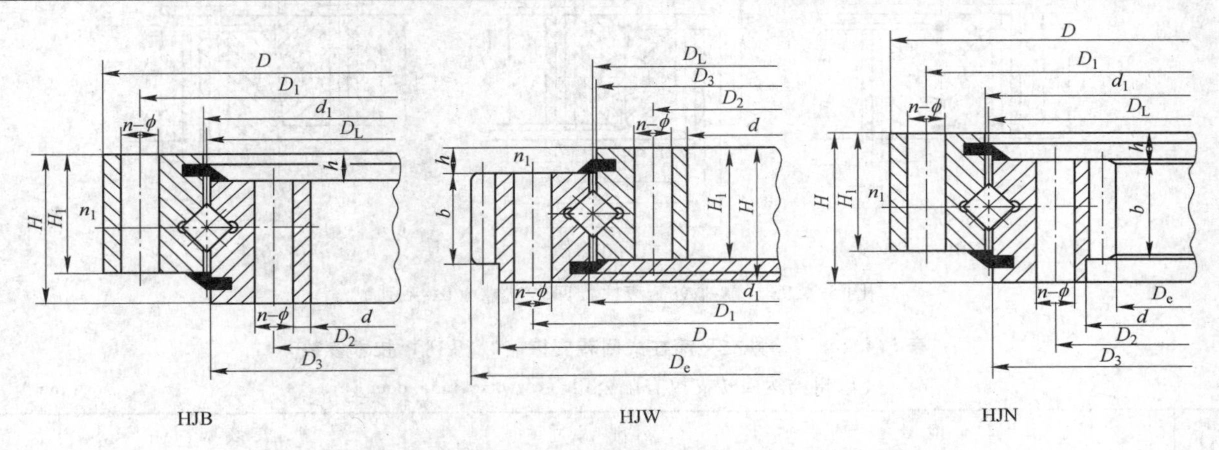

图 5.4.92　单排交叉滚柱式回转支撑（HJ 系列）

表 5.4.147　单排交叉滚柱式回转支撑（HJ 系列）技术参数

（徐州西马克回转支撑有限公司　www.xzxmk.com）　（mm）

序号	基本型号			外形尺寸			安装尺寸				结构尺寸					齿轮参数	外齿参数	内齿参数	齿轮圆周力		参考质量/kg
	无齿式 D_L	外齿式 D_L	内齿式 D_L	D	d	H	D_1	D_2	n	ϕ	n_1	d_1	D_3	H_1	h	b	D_e	D_e	正火 Z104N	调质 T104N	
1	HJB.20.625	HJW.20.625	HJN.20.625	725	525	80	685	565	18	18	3	627	623	68	12	60	751.9	498.8		5.2	100
		HJW.20.625A	HJN.20.625A														755.5	496.7		6.2	
2	HJB.20.720	HJW.20.720	HJN.20.720	820	620	80	780	660	18	18	3	722	718	68	12	60	860.3	586.6		6.2	120
		HJW.20.720A	HJN.20.720A														861.1	582.3		8.3	
3	HJB.30.820	HJW.30.820	HJN.30.820	940	705	95	893	749	24	20	4	822	818	83	12	70	980.6	664.5		7.2	210
		HJW.30.820A	HJN.30.820A														986.2	658.0		12.2	
4	HJB.30.880	HJW.30.880	HJN.30.880	1000	760	95	956	800	24	20	4	882	878	83	12	70	1047.5	718.2		9.7	230
		HJW.30.880A	HJN.30.880A														1046.3	707.9		12.2	
5	HJB.30.1020	HJW.30.1020	HJN.30.1020	1170	875	95	1120	930	24	22	4	1022	1018	80	15	70	1219.3	830.1		9.7	300
		HJW.30.1020A	HJN.30.1020A														1219.2	827.8		12.2	

续表 5.4.147

序号	基本型号			外形尺寸			安装尺寸				结构尺寸					齿轮参数	外齿参数	内齿参数	齿轮圆周力		参考重量/kg
	无齿式 D_L	外齿式 D_L	内齿式 D_L	D	d	H	D_1	D_2	n	ϕ	n_1	d_1	D_3	H_1	h	b	D_e	D_e	正火 Z104N	调质 T104N	
6	HJB.36.1220	HJW.36.1220	HJN.36.1220	1365	1075	120	1310	1130	36	24	6	1222	1218	105	15	90	1424.9	1027.8		15.7	450
		HJW.36.1220A	HJN.36.1220A														1435.9	1017.3		18.8	
7	HJB.36.1250	HJW.36.1250	HJN.36.1250	1400	1090	120	1350	1150	36	26	6	1252	1248	105	15	90	1443	1037		15.7	520
		HJW.36.1250A	HJN.36.1250A														1449.6	1036.8		18.8	
8	HJB36.1435	HJW.36.1435	HJN.36.1435	1595	1278	120	1535	1335	36	26	6	1437	1433	105	15	90	1655.5	1221.2		18.8	610
		HJW.36.1435A	HJN.36.1435A														1661.2	1214.8		21.9	
9	HJB.45.1540	HJW.45.1540	HJN.45.1540	1720	1360	140	1660	1420	42	26	6	1543	1537	122	18	110	1780.8	1293.1		23.0	732
		HJW.45.1540A	HJN.45.1540A														1791.1	1284.8		26.8	
10	HJB.45.1700	HJW.45.1700	HJN.45.1700	1875	1525	140	1815	1585	42	29	6	1703	1679	122	18	110	1945.4	1452.7		26.8	844
		HJW.45.1700A	HJN.45.1700A														1950.8	1452.3		30.5	

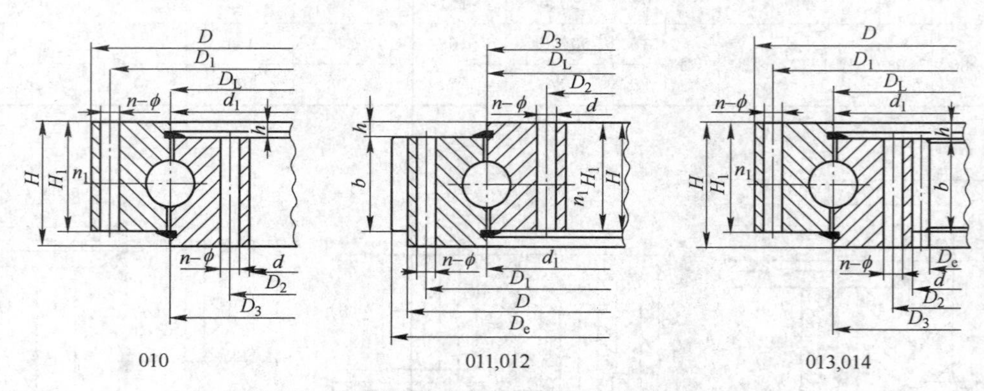

图 5.4.93 单排交叉滚柱式回转支撑（01 系列）

表 5.4.148 单排交叉滚柱式回转支撑（01 系列）技术参数

（徐州鑫达回转支撑有限公司 www.xzxinda.com） （mm）

序号	基本型号			外形尺寸			安装尺寸					
	无齿式 D_L	外齿式 D_L	内齿式 D_L	D	d	H	D_1	D_2	n	ϕ	d_m	L
1	010.20.200	011.20.200		280	120	60	248	152	12	16	M14	28
2	010.20.224	011.20.224		304	144	60	272	176	12	16	M14	28
3	010.20.250	011.20.250		330	170	60	298	202	18	16	M14	28
4	010.20.280	011.20.280		360	200	60	328	232	18	16	M14	28
5	010.25.315	011.25.315	013.25.315	408	222	70	372	258	20	18	M16	32
6	010.25.355	011.25.355	013.25.355	448	262	70	412	298	20	18	M16	32
7	010.25.400	011.25.400	013.25.400	493	307	70	457	343	20	18	M16	32
8	010.25.450	011.25.450	013.25.450	543	357	70	507	393	20	18	M16	32
9	010.30.500	011.30.500	013.30.500	602	398	80	566	434	20	18	M16	32
		012.30.500	014.30.500									
9′	010.25.500	011.25.500	013.25.500	602	398	80	566	434	20	18	M16	32
		012.25.500	014.25.500									
10	010.30.560	011.30.560	013.30.560	662	458	80	626	494	20	18	M16	32
		012.30.560	014.30.560									
10′	010.25.560	011.25.560	013.25.560	662	458	80	626	494	20	18	M16	32
		012.25.560	014.25.560									

续表 5.4.148

序号	基本型号			外形尺寸			安装尺寸					
	无齿式 D_L	外齿式 D_L	内齿式 D_L	D	d	H	D_1	D_2	n	ϕ	d_m	L
11	010.30.630	011.30.630 012.30.630	013.30.630 014.30.630	732	528	80	696	564	24	18	M16	32
11′	010.25.630	011.25.630 012.25.630	013.25.630 014.25.630	732	528	80	696	564	24	18	M16	321
12	010.30.710	011.30.710 012.30.710	013.30.710 014.30.710	812	608	80	776	644	24	18	M16	32
12′	010.25.710	011.25.710 012.25.710	013.25.710 014.25.710	812	608	80	776	644	24	18	M16	32
13	010.40.800	011.40.800 012.40.800	013.40.800 014.40.800	922	678	100	878	722	30	22	M20	40
13′	010.30.800	011.30.800 012.30.800	013.30.800 014.30.800	922	678	100	878	722	30	22	M20	40
14	010.40.900	011.40.900 012.40.900	013.40.900 014.40.900	1022	778	100	978	822	30	22	M20	40
14′	010.30.900	011.30.900 012.30.900	013.30.900 014.30.900	1022	778	100	978	822	30	22	M20	40
15	010.40.1000	011.40.1000 012.40.1000	013.40.1000 014.40.1000	1122	878	100	1078	922	36	22	M20	40
15′	010.30.1000	011.30.1000 012.30.1000	013.30.1000 014.30.1000	1122	878	100	1078	922	36	22	M20	40
16	010.40.1120	011.40.1120 012.40.1120	013.40.1120 014.40.1120	1242	998	100	1198	1042	36	22	M20	40
16′	010.30.1120	011.30.1120 012.30.1120	013.30.1120 014.30.1120	1242	998	100	1198	1042	36	22	M20	40
17	010.45.1250	011.45.1250 012.45.1250	013.45.1250 014.45.1250	1390	1110	110	1337	1163	40	26	M24	48
17′	010.35.1250	011.35.1250 012.35.1250	013.35.1250 014.35.1250	1390	1110	110	1337	1163	40	26	M24	48
18	010.45.1400	011.45.1400 012.45.1400	013.45.1400 014.45.1400	1540	1260	110	1487	1313	40	26	M24	48
18′	010.35.1400	011.35.1400 012.35.1400	013.35.1400 014.35.1400	1540	1260	110	1487	1313	40	26	M24	48
19	011.45.1600	011.45.1600 012.45.1600	013.45.1600 014.45.1600	1740	1460	110	1687	1513	45	26	M24	48
19′	010.35.1600	011.35.1600 012.35.1600	013.35.1600 014.35.1600	1740	1460	110	1687	1513	45	26	M24	48
20	010.45.1800	011.45.1800 012.45.1800	013.45.1800 014.45.1800	1940	1660	110	1887	1713	45	26	M24	48
20′	010.35.1800	011.35.1800 012.35.1800	013.35.1800 014.35.1800	1940	1660	110	1887	1713	45	26	M24	48

续表 5. 4. 148

序号	基本型号			外形尺寸			安装尺寸					
	无齿式 D_L	外齿式 D_L	内齿式 D_L	D	d	H	D_1	D_2	n	ϕ	d_m	L
21	010. 60. 2000	011. 60. 2000	013. 60. 2000	2178	1825	144	2110	1891	48	33	M30	60
		012. 60. 2000	014. 60. 2000									
21′	010. 40. 2000	011. 40. 2000	013. 40. 2000	2178	1825	144	2110	1891	48	33	M30	60
		012. 40. 2000	014. 40. 2000									
22	010. 60. 2240	011. 60. 2240	013. 60. 2240	2418	2065	144	2350	2131	48	33	M30	60
		012. 60. 2240	014. 60. 2240									
22′	010. 40. 2240	011. 40. 2240	013. 40. 2240	2418	2065	144	2350	2131	48	33	M30	60
		012. 40. 2240	014. 40. 2240									
23	010. 60. 2500	011. 60. 2500	013. 60. 2500	2678	2325	144	2610	2391	56	33	M30	60
		012. 60. 2500	014. 60. 2500									
23′	010. 40. 2500	011. 40. 2500	013. 40. 2500	2678	2325	144	2610	2391	56	33	M30	60
		012. 40. 2500	014. 40. 2500									
24	010. 60. 2800	011. 60. 2800	013. 60. 2800	2978	2625	144	2910	2691	56	33	M30	60
		012. 60. 2800	014. 60. 2800									
24′	010. 40. 2800	011. 40. 2800	013. 40. 2800	2978	2625	144	2910	2691	56	33	M30	60
		012. 40. 2800	014. 40. 2800									
25	010. 75. 3150	011. 75. 3150	013. 75. 3150	3376	2922	174	3286	3014	56	45	M42	84
		012. 75. 3150	014. 75. 3150									
25′	010. 50. 3150	011. 50. 3150	013. 50. 3150	3376	2922	174	3286	3014	56	45	M42	84
		012. 50. 3150	014. 50. 3150									

序号	结构尺寸						齿轮参数		外齿参数		内齿参数		齿轮圆周力		参考质量 /kg
	n_1	D_3	d_1	H_1	h	b	x	M	D_e	z	D_e	z	正火 Z104N	调质 T104N	
1	2	201	199	50	10	40	0	3	300	98					
2	2	225	223	50	10	40	0	3	321	105					
3	2	251	249	50	10	40	0	4	352	86					
4	2	281	279	50	10	40	0	4	384	94					
5	2	316	314	60	10	50	0	5	435	85	190	40	2. 9	4. 4	
6	2	356	354	60	10	50	0	5	475	93	235	49	2. 9	4. 4	
7	2	401	399	60	10	50	0	6	528	86	276	48	3. 5	5. 3	
8	2	451	449	60	10	50	0	6	576	94	324	56	3. 5	5. 3	
9	4	501	498	70	10	60	0. 5	5	629	123	367	74	3. 7	5. 2	85
								6	628. 8	102	368. 4	62	4. 5	6. 2	
9′	4	501	499	70	10	60	0. 5	5	629	123	367	74	3. 7	5. 2	85
								6	628. 8	102	368. 4	62	4. 5	6. 2	
10	4	561	558	70	10	60	0. 5	5	689	135	427	86	3. 7	5. 2	95
								6	688. 8	112	428. 4	72	4. 5	6. 2	
10′	4	561	559	70	10	60	0. 5	5	689	135	427	86	3. 7	5. 2	95
								6	688. 8	112	428. 4	72	4. 5	6. 2	

续表 5.4.148

序号	结构尺寸					齿轮参数			外齿参数		内齿参数		齿轮圆周力		参考质量/kg
	n_1	D_3	d_1	H_1	h	b	x	M	D_e	z	D_e	z	正火 Z104N	调质 T104N	
11	4	631	628	70	10	60	0.5	6	772.8	126	494.4	83	4.5	6.2	110
								8	774.4	94	491.2	62	6	8.3	
11′	4	631	629	70	10	60	0.5	6	772.8	126	494.4	83	4.5	6.2	110
								8	774.4	94	491.2	62	6	8.2	
12	4	711	708	70	10	60	0.5	6	850.8	139	572.4	96	4.5	6.2	120
								8	854.4	104	571.2	72	6	8.3	
12′	4	711	709	70	10	60	0.5	6	850.8	139	572.4	96	4.5	6.2	120
								8	854.4	104	571.2	72	6	8.9	
13	6	801	798	90	10	80	0.5	8	966.4	118	635.2	80	8	11.1	220
								10	968	94	634	64	10	14	
13′	6	801	798	90	10	80	0.5	8	966.4	118	635.2	80	8	11.1	220
								10	968	94	634	64	10	14.1	
14	6	901	898	90	10	80	0.5	8	1062.4	130	739.2	93	8	11.1	240
								10	1068	104	734	74	10	14	
14′	6	901	898	90	10	80	0.5	8	1062.4	130	739.2	93	8	11.1	240
								10	1068	104	734	74	10	14	
15	6	1001	998	90	10	80	0.5	10	1188	116	824	83	10	14	270
								12	1185.6	96	820.8	69	12	16.7	
15′	6	1001	998	90	10	80	0.5	10	1188	116	824	83	10	14	270
								12	1185.6	96	820.8	69	12	16.7	
16	6	1121	1118	90	10	80	0.5	10	1298	127	944	95	10	14	300
								12	1305.6	106	940.8	79	12	16.7	
16′	6	1121	1118	90	10	80	0.5	10	1298	127	944	95	10	14	300
								12	1305.6	106	940.8	79	12	16.7	
17	5	1252	1248	100	10	90	0.5	12	1449.6	118	1048.8	88	13.5	18.8	420
								14	1453.2	101	1041.6	75	15.8	21.9	
17′	5	1251	1248	100	10	90	0.5	12	1449.6	118	1048.8	88	13.5	18.8	420
								14	1453.2	101	1041.6	75	15.8	21.9	
18	5	1402	1398	100	10	90	0.5	12	1605.6	131	1192.8	100	13.5	18.8	480
								14	1607.2	112	1195.6	86	15.5	21.9	
18′	5	1401	1398	100	10	90	0.5	12	1605.6	131	1192.8	100	13.5	18.8	480
								14	1607.2	112	1195.6	86	15.8	21.9	
19	5	1602	1598	100	10	90	0.5	14	1817.2	127	1391.6	100	15.8	21.9	550
								16	1820.8	111	1382.4	87	18.1	25	
19′	5	1601	1598	100	10	90	0.5	14	1817.2	127	1391.6	100	15.8	21.9	550
								16	1820.8	111	1382.4	87	18.1	25	
20	5	1802	1798	100	10	90	0.5	14	2013.2	141	1573.6	113	15.8	21.9	610
								16	2012.8	123	1574.4	99	18.1	25	
20′	5	1801	1798	100	10	90	0.5	14	2013.2	141	1573.6	113	15.8	21.9	610
								16	2012.8	123	1574.4	99	18.1	25	
21	8	2002	1998	132	12	120	0.5	16	2268.8	139	1734.4	109	24.1	33.3	1100
								18	2264.4	123	1735.2	97	27.1	37.5	

续表 5.4.148

序号	结构尺寸					齿轮参数			外齿参数		内齿参数		齿轮圆周力		参考质量/kg
	n_1	D_3	d_1	H_1	h	b	x	M	D_e	z	D_e	z	正火 Z104N	调质 T104N	
21′	8	2001	1998	132	12	120	0.5	16	2268.8	139	1734.4	109	24.1	33.3	1100
								18	2264.4	123	1735.2	97	27.1	37.5	
22	8	2242	2238	132	12	120	0.5	16	2492.8	153	1990.4	125	24.1	33.3	1250
								18	2498.4	136	1987.2	111	27.1	37.5	
22′	8	2241	2238	132	12	120	0.5	16	2492.8	153	1990.4	125	24.1	33.3	1250
								18	2498.4	136	1987.2	111	27.1	37.5	
23	8	2502	2498	132	12	120	0.5	18	2768.4	151	2239.2	125	27.1	37.5	1400
								20	2776	136	2228	112	30.1	41.8	
23′	8	2501	2498	132	12	120	0.5	18	2768.4	151	2239.2	125	27.1	37.5	1400
								20	2776	136	2228	112	30.1	41.8	
24	8	2802	2798	132	12	120	0.5	18	3074.4	168	2527.2	141	27.1	37.5	1600
								20	3076	151	2528	127	30.1	41.8	
24′	8	2802	2798	132	12	120	0.5	18	3074.4	168	2527.2	141	27.1	37.5	1600
								20	3076	151	2528	127	30.1	41.8	
25	8	3152	3147	162	12	150	0.5	20	3476	171	2828	142	37.7	52.2	2800
								22	3471.6	155	2824.8	129	41.5	57.4	
25′	8	3152	3147	162	12	150	0.5	20	3476	171	2828	142	37.7	52.2	2800
								22	3471.6	155	2824.8	129	41.5	57.4	

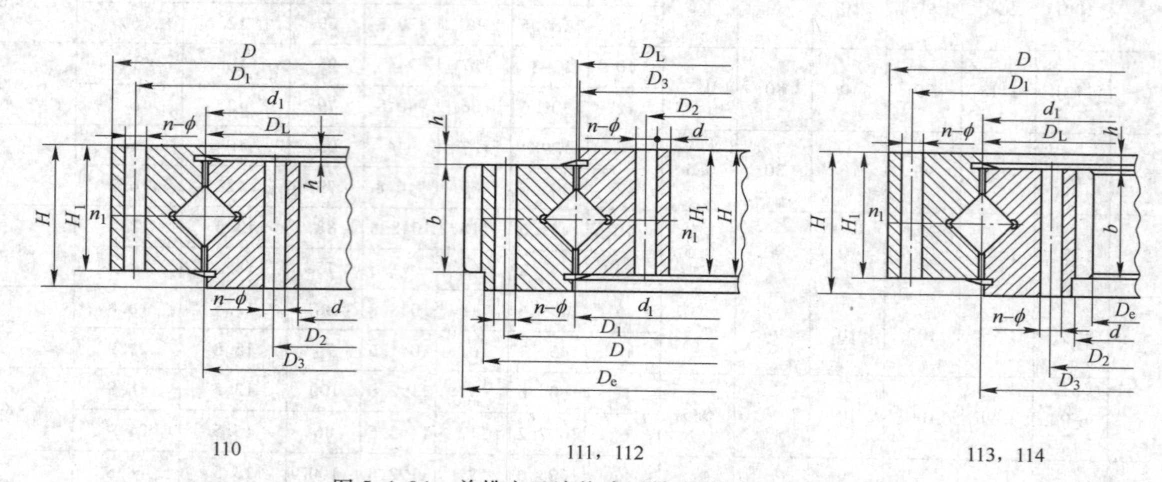

图 5.4.94 单排交叉滚柱式回转支撑（11 系列）

表 5.4.149 单排交叉滚柱式回转支撑（11 系列）技术参数

（徐州鑫达回转支撑有限公司 www.xzxinda.com） （mm）

序号	基本型号			外形尺寸			安装尺寸					
	无齿式 D_L	外齿式 D_L	内齿式 D_L	D	d	H	D_1	D_2	n	ϕ	d_m	L
1	110.25.500	111.25.500	113.25.500	602	398	75	566	434	20	18	M16	32
		112.25.500	114.25.500									
2	110.25.560	111.25.560	113.25.560	662	458	75	626	494	20	18	M16	32
		112.25.560	114.25.560									
3	110.25.630	111.25.630	113.25.630	732	528	75	696	564	24	18	M16	32
		112.25.630	114.25.630									

续表 5.4.149

序号	基本型号			外形尺寸			安装尺寸					
	无齿式 D_L	外齿式 D_L	内齿式 D_L	D	d	H	D_1	D_2	n	ϕ	d_m	L
4	110.25.710	111.25.710	113.25.710	812	608	75	776	644	24	18	M16	32
		112.25.710	114.25.710									
5	110.28.800	111.28.800	113.28.800	922	678	82	878	722	30	22	M20	11
		112.28.800	114.28.800									
6	110.28.900	111.28.900	113.28.900	1022	778	82	978	822	30	22	M20	40
		112.28.900	114.28.900									
7	110.28.1000	111.28.1000	113.28.1000	1122	878	82	1078	922	36	22	M20	40
		112.28.1000	114.28.1000									
8	110.28.1120	111.28.1120	113.28.1120	1242	998	82	1198	1042	36	22	M20	40
		112.28.1120	114.28.1120									
9	110.32.1250	111.32.1250	113.32.1250	1390	1110	91	1337	1163	40	26	M24	48
		112.32.1250	114.32.1250									
10	110.32.1400	111.32.1400	113.32.1400	1540	1260	91	1487	1313	40	26	M24	48
		112.32.1400	114.32.1400									
11	110.32.1600	111.32.1600	113.32.1600	1740	1460	91	1687	1513	45	26	M24	48
		112.32.1600	114.32.1600									
12	110.32.1800	111.32.1800	113.32.1800	1940	1660	91	1887	1713	45	26	M24	48
		112.32.1800	114.32.1800									
13	110.40.2000	111.40.2000	113.40.2000	2178	1825	112	2110	1891	48	33	M30	60
		112.40.2000	114.40.2000									
14	110.40.2240	111.40.2240	113.40.2240	2418	2065	112	2350	2131	48	33	M30	60
		112.40.2240	114.40.2240									
15	110.40.2500	111.40.2500	113.40.2500	2678	2325	112	2610	2391	56	33	M30	60
		112.40.2500	114.40.2500									
16	110.40.2800	111.40.2800	113.40.2800	2978	2625	112	2910	2691	56	33	M30	60
		112.40.2800	114.40.2800									
17	110.50.3150	111.50.3150	113.50.3150	3376	2922	134	3286	3014	56	45	M42	84
		112.50.3150	114.50.3150									
18	110.50.3550	111.50.3550	113.50.3550	3776	3322	134	3686	3414	56	45	M42	84
		112.50.3550	114.50.3550									
19	110.50.4000	111.50.4000	113.50.4000	4226	3772	134	4136	3864	60	45	M42	84
		112.50.4000	114.50.4000									
20	110.50.4500	111.50.4500	113.50.4500	4726	4272	134	4636	4364	60	45	M42	84
		112.50.4500	114.50.4500									

序号	结构尺寸						齿轮参数		外齿参数		内齿参数		齿轮圆周力		参考质量/kg
	n_1	D_3	d_1	H_1	h	b	x	m	D_e	z	D_e	z	正火 Z104N	调质 T104N	
1	4	498	502	65	10	60	0.5	5	629	123	367	74	3.7	5.2	80
								6	628.8	102	368.4	62	4.5	6.2	

续表 5.4.149

序号	结构尺寸					齿轮参数			外齿参数		内齿参数		齿轮圆周力		参考质量/kg
	n_1	D_3	d_1	H_1	h	b	x	m	D_e	z	D_e	z	正火 Z104N	调质 T104N	
2	4	558	562	65	10	60	0.5	5	689	135	427	86	3.7	5.2	90
								6	688.8	112	428.4	72	4.5	6.2	
3	4	628	632	65	10	60	0.5	6	772.8	126	494.4	83	4.5	6.2	100
								8	774.4	94	491.2	62	6	8.3	
4	4	708	712	65	10	60	0.5	6	850.8	139	572.4	96	4.5	6.2	110
								8	854.4	104	571.2	72	6	8.3	
5	6	798	802	72	10	65	0.5	8	966.4	118	635.2	80	6.5	9.1	170
								10	968	94	634	64	8.1	11.4	
6	6	898	902	72	10	65	0.5	8	1062.4	130	739.2	93	6.5	9.1	190
								10	1068	104	734	74	8.1	11.4	
7	6	998	1002	72	10	65	0.5	10	1188	116	824	83	8.1	11.4	210
								12	1185.6	96	820.8	69	9.7	13.6	
8	6	1118	1122	72	10	65	0.5	10	1298	127	944	95	8.1	11.4	230
								12	1305.6	106	940.8	79	9.7	13.6	
9	5	1248	1252	81	10	75	0.5	12	1449.6	118	1048.8	88	11.3	15.7	350
								14	1453.2	101	1041.6	75	13.2	18.2	
10	5	1398	1402	81	10	75	0.5	12	1605.6	131	1192.8	100	11.3	15.7	400
								14	1607.2	112	1195.6	86	13.2	18.2	
11	5	1598	1602	81	10	75	0.5	14	1817.2	127	1391.6	100	13.2	18.2	440
								16	1820.8	111	1382.4	87	15.1	22.4	
12	5	1798	1802	81	10	75	0.5	14	2013.2	141	1573.6	113	13.2	18.2	500
								16	2012.8	123	1574.4	99	15.1	22.4	
13	8	1997	2003	100	13	90	0.5	16	2268.8	139	1734.4	109	18.1	25	900
								18	2264.4	123	1735.2	97	20.3	28.1	
14	8	2237	2243	100	13	90	0.5	16	2492.8	153	1990.4	125	18.1	25	1000
								18	2498.4	136	1987.2	111	20.3	28.1	
15	8	2497	2503	100	13	90	0.5	18	2768.4	151	2239.2	125	20.3	28.1	1100
								20	2776	136	2228	112	22.6	31.3	
16	8	2797	2803	100	13	90	0.5	18	3074.4	168	2527.2	141	20.3	28.1	1250
								20	3076	151	2528	127	22.6	31.3	
17	8	3147	3153	122	13	110	0.5	20	3476	171	2828	142	27.6	38.3	2150
								22	3471.6	155	2824.8	129	30.4	42.1	
18	8	3547	3553	122	13	110	0.5	20	3876	191	3228	162	30.4	38.3	2470
								22	3889.6	174	3220.8	147	30.4	42.1	
19	10	3997	4003	122	13	110	0.5	22	4329.6	194	3660.8	167	30.4	42.1	2800
								25	4345	171	3660	147	34.5	47.8	
20	10	4497	4503	122	13	110	0.5	22	4835.6	217	4166.8	190	30.4	42.1	3100
								25	4845	191	4160	167	34.5	47.8	

注：1. n_1 为润滑油孔数，均布：油杯 M10×1 JB/T 7940.1～JB/T 7940.2。
2. 安装孔 $n-\phi$ 可改用螺孔；齿宽 b 可改为 $H-h$。
3. 表内齿轮圆周力为最大圆周力，额定圆周力取其 1/2。
4. 外齿修顶系数为 0.1，内齿修顶系数为 0.2。

生产厂商：徐州西马克回转支撑有限公司，徐州鑫达回转支撑有限公司。

6 基础件

6.1 轴承

6.1.1 概述

轴承主要功能是支撑机械旋转体，降低设备在传动过程中的机械载荷摩擦系数。按运动元件摩擦性质的不同，轴承可分为滚动轴承和滑动轴承两类。

6.1.2 技术参数

轴承技术参数见表 6.1.1～表 6.1.4，轴承外形如图 6.1.1～图 6.1.3 所示。

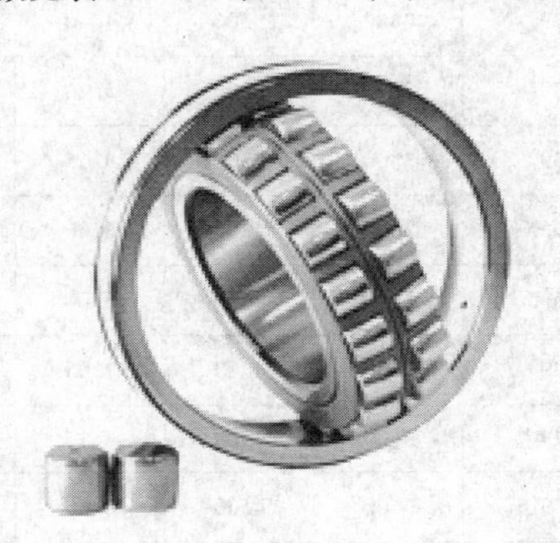
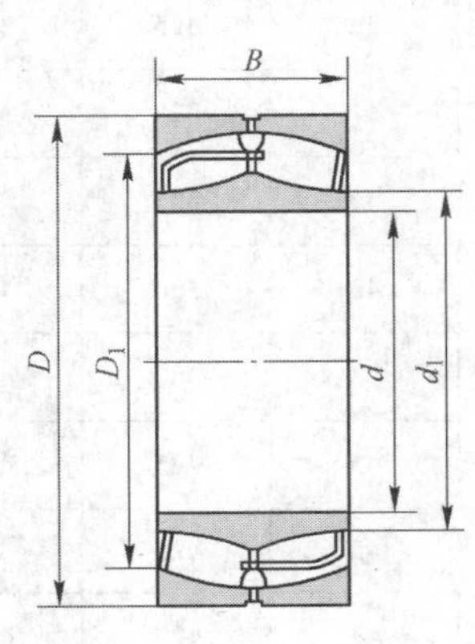

图 6.1.1 21300CC 型轴承

表 6.1.1 21300CC 型轴承技术参数（上海嘉庆轴承制造有限公司 www.blwb.com.cn）

主要数据尺寸/mm			基本负荷额定值/kN		疲劳负荷	额定速度/r·min^{-1}		质量/kg	型号
d	D	B	动态 C	静态 C_0	限值 Pu/kN	参照速度	限制速度		
30	72	19	55.2	61	6.8	7500	10000	0.41	21306CC/W33
30	72	19	55.2	61	6.8	7500	10000	0.40	21306CCK/W33
35	80	21	65.6	72	8.15	6700	9500	0.55	21307CC/W33
35	80	21	65.6	72	8.15	6700	9500	0.54	21307CCK/W33
40	90	23	104	108	11.8	7000	9500	0.75	21308CC/W33
40	90	23	104	108	11.8	7000	9500	0.74	21308CCK/W33
45	100	25	125	127	13.7	6300	8500	0.99	21309CC/W33
45	100	25	125	127	13.7	6300	8500	0.98	21309CCK/W33
50	110	27	156	166	18.6	5600	7500	1.35	21310CC/W33
50	110	27	156	166	18.6	5600	7500	1.35	21310CCK/W33
55	120	29	156	166	18.6	5600	7500	1.70	21311CC/W33
55	120	29	156	166	18.6	5600	7500	1.70	21311CCK/W33
60	130	31	212	240	26.5	4800	6300	2.10	21312CC/W33

续表 6.1.1

主要数据尺寸/mm			基本负荷额定值/kN		疲劳负荷限值 P_u/kN	额定速度/r·min^{-1}		质量/kg	型 号
d	D	B	动态 C	静态 C_0		参照速度	限制速度		
60	130	31	212	240	26.5	4800	6300	2.05	21312CCK/W33
65	140	33	236	270	29	4300	6000	2.55	21313CC/W33
65	140	33	236	270	29	4300	6000	2.50	21313CCK/W33
70	150	35	285	325	34.5	4000	5600	3.10	21314CC/W33
70	150	35	285	325	34.5	4000	5600	3.05	21314CCK/W33
75	160	37	285	325	34.5	4000	5600	3.75	21315CC/W33
75	160	37	285	325	34.5	4000	5600	3.70	21315CCK/W33
80	170	39	325	375	39	3800	5300	4.45	21316CC/W33
80	170	39	325	375	39	3800	5300	4.40	21316CCK/W33
85	180	41	325	375	39	3800	5300	5.20	21317CC/W33
85	180	41	325	375	39	3800	5300	5.15	21317CCK/W33
90	190	43	380	450	46.5	3600	4800	6.10	21318CC/W33
90	190	43	380	450	46.5	3600	4800	6.00	21318CCK/W33
95	200	45	425	490	49	3400	4500	7.05	21319CC/W33
95	200	45	425	490	49	3400	4500	6.95	21319CCK/W33
100	215	47	425	490	49	3400	4500	8.60	21320CC/W33
100	215	47	425	490	49	3400	4500	8.50	21320CCK/W33
110	240	50	460	630	61	1600	2000	12.00	21322CC/W33
110	240	50	460	630	61	1600	2000	11.50	21322CCK/W33

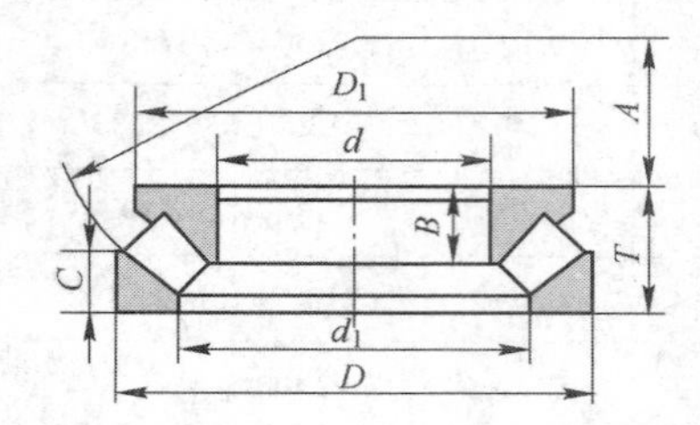

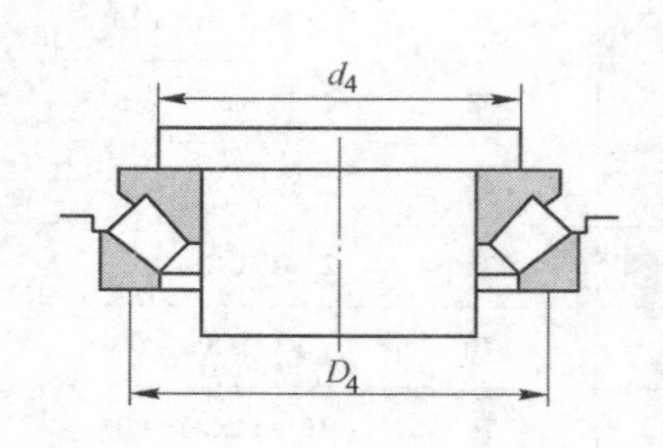

图 6.1.2 推力调心滚子轴承

表 6.1.2 推力调心滚子轴承技术参数（上海嘉庆轴承制造有限公司 www.blwb.com.cn）

主要数据尺寸/mm			基本负荷额定值/kN		疲劳负荷	最小负荷	额定速度/r·min^{-1}		质量/kg	型号
d	D	B	动态 C	静态 C_0	限值 Pu/kN	系数 A	参照速度	限制速度		
150	215	39	408	1600	180	0.24	1800	2800	4.30	29230E
180	250	42	495	2040	212	0.40	1600	2600	5.80	29236E
200	280	48	656	2650	285	0.67	1400	2200	9.30	29240E
220	300	48	690	3000	310	0.86	1300	2200	10.0	29244E
240	340	60	799	3450	335	1.1	1100	1800	16.5	29248
260	360	60	817	3650	345	1.3	1100	1700	18.5	29252
280	380	60	863	4000	375	1.5	1000	1700	19.5	29256
300	420	73	1070	4800	465	2.2	900	1400	30.5	29260
320	440	73	1110	5100	465	2.5	850	1400	33.0	29264
340	460	73	1130	5400	480	2.8	850	1300	33.5	29268
360	500	85	1460	6800	585	4.4	750	1200	52.0	29272
380	520	85	1580	7650	655	5.6	700	1100	53.0	29276
400	540	85	1610	8000	695	6.1	700	1100	55.5	29280
420	580	95	1990	9800	815	9.1	630	1000	75.5	29284
440	600	95	2070	10400	850	10	630	1000	78.0	29288
460	620	95	2070	10600	865	11	600	950	81.0	29292
480	650	103	2350	11800	950	13	560	900	98.0	29296
500	670	103	2390	12500	1000	15	560	900	100	292/500
530	710	109	3110	15300	1220	22	530	850	115	292/530EM
560	750	115	2990	16000	1220	24	480	800	140	292/560
600	800	122	3740	18600	1460	33	450	700	170	292/600EM
630	850	132	4770	23600	1800	53	400	670	210	292/630EM
670	900	140	4200	22800	1660	49	380	630	255	292/670
750	1000	150	6100	31000	2320	91	340	560	325	292/750EM
800	1060	155	6560	34500	2550	110	320	530	380	292/800EM
850	1120	160	6730	36000	2550	120	300	500	425	292/850EM
950	1250	180	8280	45500	3100	200	260	430	600	292/950EM
85	150	39	380	1060	129	0.11	2400	4000	2.75	29317E
90	155	39	400	1080	132	0.11	2400	4000	2.85	29318E
100	170	42	465	1290	156	0.16	2200	3600	3.65	29320E
110	190	48	610	1730	204	0.28	1900	3200	5.30	29322E
120	210	54	765	2120	245	0.43	1700	2800	7.35	29324E
130	225	58	865	2500	280	0.59	1600	2600	9.00	29326E
140	240	60	980	2850	315	0.77	1500	2600	10.5	29328E
150	250	60	1000	2850	315	0.77	1500	2400	11.0	29330E
160	270	67	1180	3450	375	1.1	1300	2200	14.5	29332E
170	280	67	1200	3550	365	1.2	1300	2200	15.0	29334E
180	300	73	1430	4300	440	1.8	1200	2000	19.5	29336E
190	320	78	1630	4750	490	2.1	1100	1900	23.5	29338E
200	340	85	1860	5500	550	2.9	1000	1700	29.5	29340E
220	360	85	2000	6300	610	3.8	1000	1700	33.5	29344E

续表 6.1.2

主要数据尺寸/mm			基本负荷额定值/kN		疲劳负荷	最小负荷	额定速度/r·min^{-1}		质量/kg	型 号
d	*D*	*B*	动态 *C*	静态 C_0	限值 *Pu*/kN	系数 *A*	参照速度	限制速度		
240	380	85	2040	6550	630	4.1	1000	1600	35.5	29348E
260	420	95	2550	8300	780	6.5	850	1400	49.0	29352E
280	440	95	2550	8650	800	7.1	850	1400	53.0	29356E
300	480	109	3100	10600	930	11	750	1200	75.0	29360E
320	500	109	3350	11200	1000	12	750	1200	78.0	29364E
340	540	122	2710	11000	950	11	600	1100	105	29368
360	560	122	2760	11600	980	13	600	1100	110	29372
380	600	132	3340	14000	1160	19	530	1000	140	29376
400	620	132	3450	14600	1200	20	530	950	150	29380
420	650	140	3740	16000	1290	24	500	900	170	29384
440	680	145	4490	19300	1560	35	480	850	180	29388EM
460	710	150	4310	19000	1500	34	450	800	215	29392
480	730	150	4370	19600	1530	36	450	800	220	29396
500	750	150	4490	20400	1560	40	430	800	235	293/500
530	800	160	5230	23600	1800	53	400	750	270	293/530
630	950	190	8450	38000	2900	140	320	600	485	293/630EM
710	1060	212	9950	45500	3400	200	280	500	660	293/710EM
750	1120	224	9370	45000	3050	190	260	480	770	293/750
800	1180	230	9950	49000	3250	230	240	450	865	293/800
60	130	42	390	915	114	0.080	2800	5000	2.60	29412E
65	140	45	455	1080	137	0.11	2600	4800	3.20	29413E
70	150	48	520	1250	153	0.15	2400	4300	3.90	29414E
75	160	51	600	1430	173	0.19	2400	4000	4.70	29415E
80	170	54	670	1630	193	0.25	2200	3800	5.60	29416E
85	180	58	735	1800	212	0.31	2000	3600	6.75	29417E
90	190	60	815	2000	232	0.38	1900	3400	7.75	29418E
100	210	67	980	2500	275	0.59	1700	3000	10.5	29420E
110	230	73	1180	3000	325	0.86	1600	2800	13.5	29422E
120	250	78	1370	3450	375	1.1	1500	2600	17.5	29424E
130	270	85	1560	4050	430	1.6	1300	2400	22.0	29426E
140	280	85	1630	4300	455	1.8	1300	2400	23.0	29428E
150	300	90	1860	5100	520	2.5	1200	2200	28.0	29430E
160	320	95	2080	5600	570	3	1100	2000	33.5	29432E
170	340	103	2360	6550	640	4.1	1100	1900	44.5	29434E
180	360	109	2600	7350	710	5.1	1000	1800	52.5	29436E
190	380	115	2850	8000	765	6.1	950	1700	60.5	29438E
200	400	122	3200	9000	850	7.7	850	1600	72.0	29440E
220	420	122	3350	9650	900	8.8	850	1500	75.0	29444E
240	440	122	3400	10200	930	9.9	850	1500	80.0	29448E
260	480	132	4050	12900	1080	16	750	1300	105	29452E
280	520	145	4900	15300	1320	22	670	1200	135	29456E

续表 6.1.2

主要数据尺寸/mm			基本负荷额定值/kN		疲劳负荷限值 Pu/kN	最小负荷系数 A	额定速度/r·min^{-1}		质量/kg	型号
d	D	B	动态 C	静态 C_0			参照速度	限制速度		
300	540	145	4310	16600	1340	26	600	1200	140	29460E
320	580	155	4950	19000	1530	34	560	1100	175	29464E
340	620	170	5750	22400	1760	48	500	1000	220	29468E
360	640	170	5350	21200	1630	43	500	950	230	29472EM
380	670	175	5870	24000	1860	55	480	900	260	29476EM
400	710	185	6560	26500	1960	67	450	850	310	29480EM
420	730	185	6730	27500	2080	72	430	850	325	29484EM
440	780	206	7820	32000	2320	87	380	750	410	29488EM
460	800	206	7990	33500	2450	110	380	750	425	29492EM
480	850	224	9550	39000	2800	140	340	670	550	29496EM
500	870	224	9370	40000	2850	150	340	670	560	294/500EM
530	920	236	10500	44000	3100	180	320	630	650	294/530EM
560	980	250	12000	51000	3550	250	300	560	810	294/560EM
600	1030	258	13100	56000	4000	300	280	530	845	294/600EM
630	1090	280	14400	62000	4150	370	260	500	1040	294/630EM
670	1150	290	15400	68000	4500	440	240	450	1210	294/670EM

表 6.1.3 减速机专用轴型号（上海嘉庆轴承制造有限公司 www.blwb.com.cn）

22208CCW33	23012CCW33	23120CCW33	24020CCW33
22210CCW33	23020CCW33	23128CCW33	24022CCW33
22212CCW33	23022CCW33	23132CCW33	24024CCW33
22214CCW33	23024CCW33	23140CCW33	24026CCW33
22216CCW33	23026CCW33	24120CCW33	24028CCW33
22218CCW33	23028CCW33	24122CCW33	24030CCW33
22219CCW33	23030CCW33	24124CCW33	24032CCW33
22220CCW33	23032CCW33	24126CCW33	24034CCW33
22222CCW33	23034CCW33	24128CCW33	24036CCW33
22224CCW33	23036CCW33	24130CCW33	24038CCW33
22226CCW33	23038CCW33	24132CCW33	24040CCW33
22228CCW33	23040CCW33	24136CCW33	24044CCW33
22230CCW33	23044CCW33	24134CCW33	23220CCW33
22232CCW33	23048CCW33	24136CCW33	23222CCW33
22234CCW33	23052CCW33	24138CCW33	23224CCW33
22236CCW33	23056CCW33	24140CCW33	23226CCW33
22238CCW33	23060CCW33	24144CCW33	23228CCW33
22240CCW33	23064CCW33	22316CCW33	23232CCW33
22244CCW33	23068CCW33	22318CCW33	23236CCW33
	23072CCW33	22320CCW33	

图 6.1.3 冶金专用轴承

表 6.1.4 冶金专用轴承型号（上海嘉庆轴承制造有限公司 www. blwb. com. cn）

22208CCW33	23012CCW33	23120CCW33	24020CCW33
22210CCW33	23020CCW33	23128CCW33	24022CCW33
22212CCW33	23022CCW33	23132CCW33	24024CCW33
22214CCW33	23024CCW33	23140CCW33	24026CCW33
22216CCW33	23026CCW33	24120CCW33	24028CCW33
22218CCW33	23028CCW33	24122CCW33	24030CCW33
22219CCW33	23030CCW33	24124CCW33	24032CCW33
22220CCW33	23032CCW33	24126CCW33	24034CCW33
22222CCW33	23034CCW33	24128CCW33	24036CCW33
22224CCW33	23036CCW33	24130CCW33	24038CCW33
22226CCW33	23038CCW33	24132CCW33	24040CCW33
22228CCW33	23040CCW33	24136CCW33	24044CCW33
22230CCW33	23044CCW33	24134CCW33	23220CCW33
22232CCW33	23048CCW33	24136CCW33	23222CCW33
22234CCW33	23052CCW33	24138CCW33	23224CCW33
22236CCW33	23056CCW33	24140CCW33	23226CCW33
22238CCW33	23060CCW33	24144CCW33	23228CCW33
22240CCW33	23064CCW33	22316CCW33	23232CCW33
22244CCW33	23068CCW33	22318CCW33	23236CCW33
	23072CCW33	22320CCW33	

6.1.3 冶金特殊轴承

6.1.3.1 舍弗勒贸易（上海）有限公司 CoCaB 系列连铸机专用轴承

连铸机轴承（Continuous Caster Bearing，CoCaB）是根据连铸机应用工况进行设计的专用轴承系列。通过 CoCaB 项目的实施，舍弗勒可以为设备制造商及终端用户提供一系列完全为连铸机特殊定制的轴承产品。

在钢包回转台上，舍弗勒可以提供大型回转支撑和 ELGES 关节轴承。ELGES 关节轴承采用 PTFE 或 ELGOGLIDE 滑动层，具有高承载能力和免维护等特性。轴承如图 6.1.4 ~ 图 6.1.7 所示。

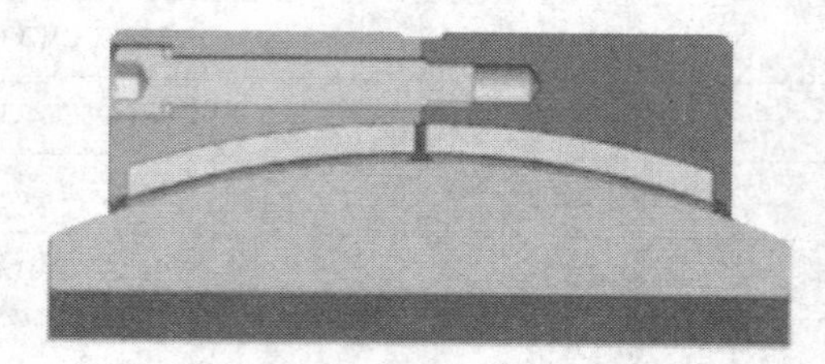

图 6.1.4 PTFE 复合材料滑动层

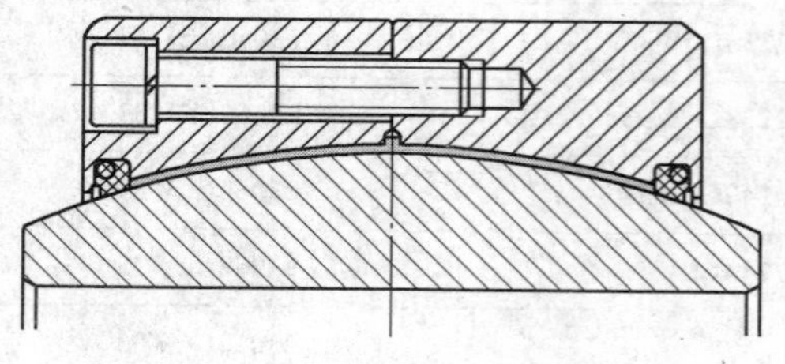

图 6.1.5 ELGOGLIDE®

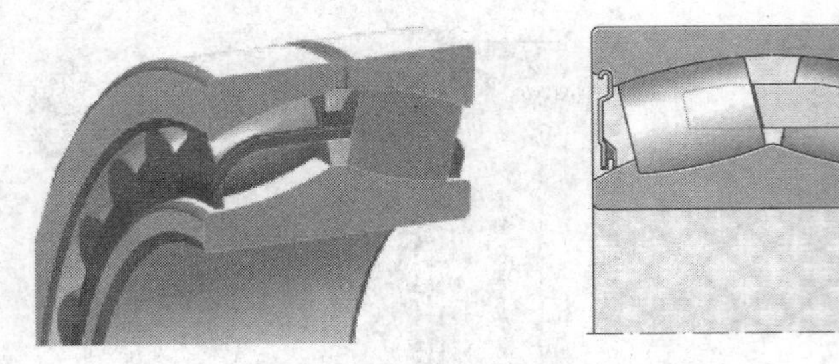

图 6.1.6 CoCaB 调心滚子轴承

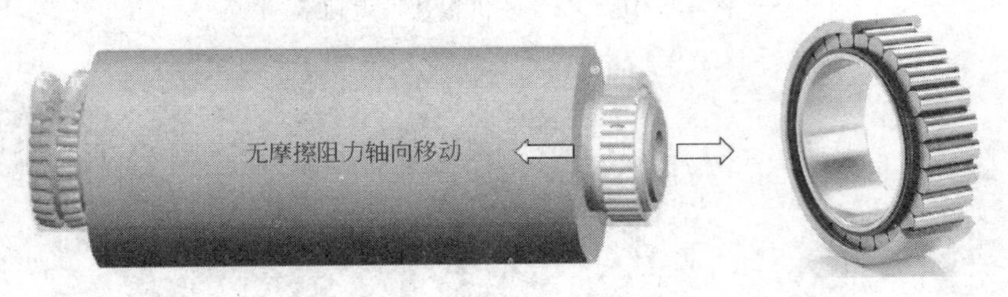

图 6.1.7 CoCaB 圆柱滚子轴承

CoCaB 滚针轴承径向截面高度小，采用硬化的冲压钢保持架，特殊设计的大径向游隙范围，并且经过热处理后轴承尺寸热稳定性达到 300℃。

CoCaB 调心滚子轴承为舍弗勒最新 X－life 标准长寿命产品，通过改进的内部结构增强了轴承的运动性能，采用新型的保持架使轴承内部具有更大的储脂空间，大大提高了轴承的运转可靠性和性价比。同时，舍弗勒可以提供 CoCaB 密封调心滚子轴承，可减少轴承在整个寿命周期内的润滑脂消耗量高达 80%，延长轴承的寿命，有效地降低生产成本。

CoCaB 圆柱滚子轴承是针对连铸机节辊浮动端应用工况设计的理想的轴承解决方案，具有极高的径向承载能力，显著的延长了轴承寿命。特殊的滚道轮廓设计使轴承具有无摩擦阻力轴向移动和偏中补偿的能力，可以对节辊的轴向伸长及挠曲进行良好的补偿。轴承带有 Corrotect 涂层，可有效地防止轴承遭受普通腐蚀和摩擦腐蚀。并且轴承的安装与拆卸不需要任何工具，简单快捷。这一理想的浮动轴承已经在多台连铸机上成功应用。

6.1.3.2 FAG 公司

FAG 品牌拥有一百多年的历史，已成为各种类型高品质滚动轴承的代名词。FAG 很早就开始设计和生产轧机辊颈轴承，并在轧机领域有着非常丰富的经验。

根据不同的轧机类型 FAG 可提供多种形式的四列圆柱滚子轴承，如冷轧支撑辊轴承采用穿销保持架以提供最佳的承载能力，轴承部件采用渗碳钢，更适合高载荷、高污染的应用环境。轴承如图 6.1.8～图 6.1.11 所示。

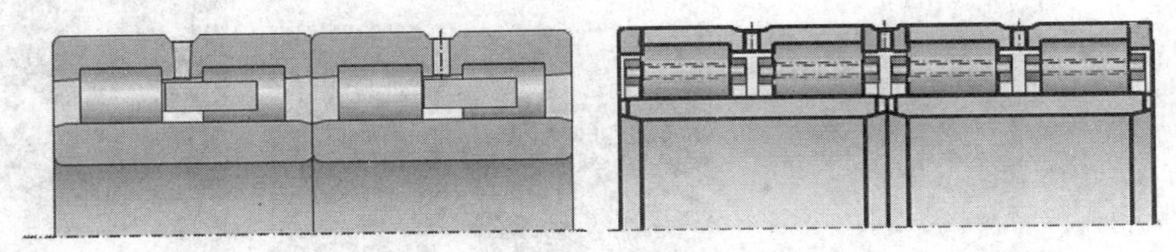

图 6.1.8 FAG 四列圆柱滚子轴承

图 6.1.9 FAG 四列圆锥滚子轴承

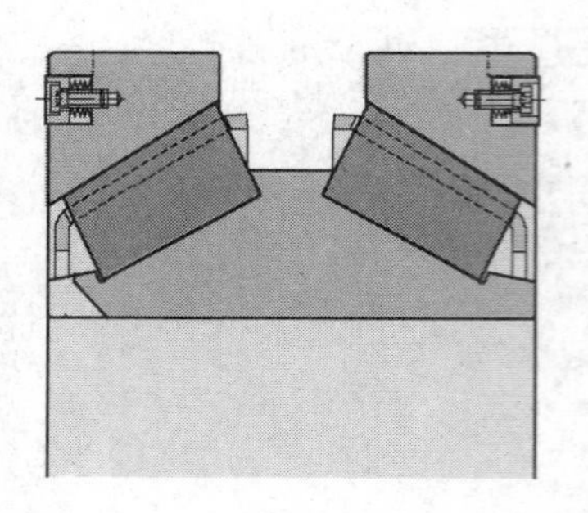
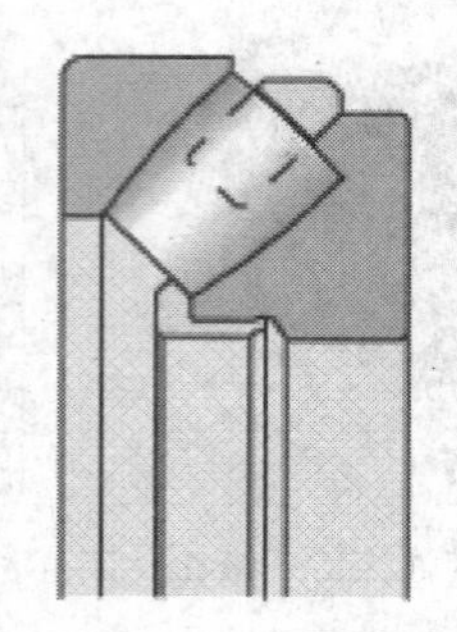
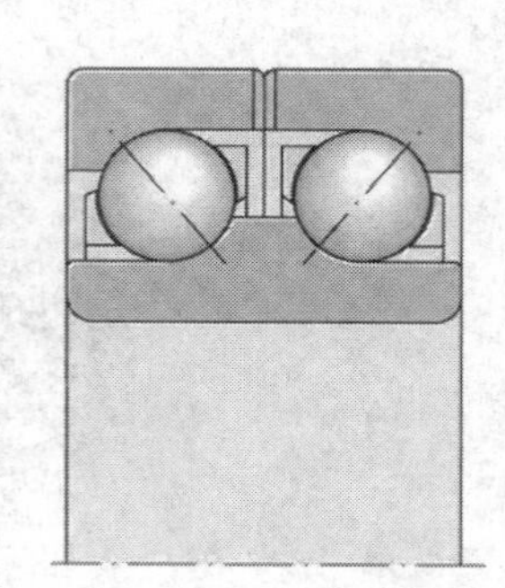

图 6.1.10 FAG 轧机辊颈推力轴承

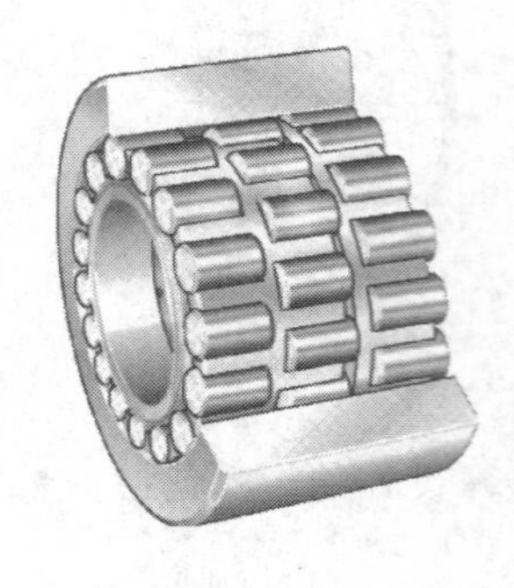
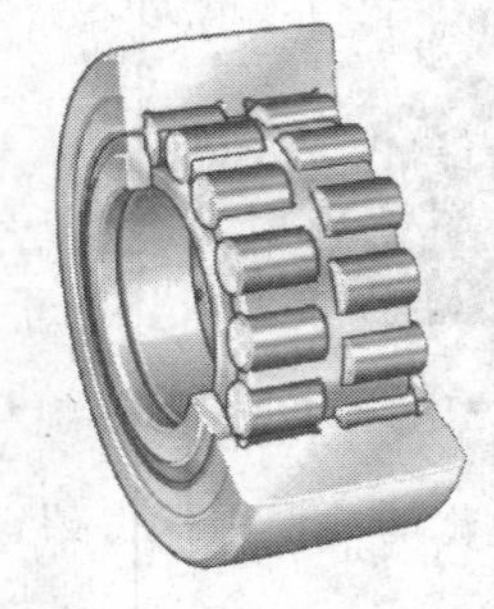

图 6.1.11 多辊轧机背衬轴承

FAG 四列圆锥滚子轴承采用渗碳钢，能在高载荷和高污染的工作环境下达到更高的疲劳寿命；内圈可选择带有螺旋油槽的设计，为辊颈提供额外的油脂空间和润滑通道。FAG 可以提供 X - life 品质的四列圆锥滚子轴承，通过特殊的修形和表面处理工艺，提高承载能力，降低摩擦和磨损。FAG 还可以提供带有高效密封圈的密封四列圆锥滚子轴承，提高轴承内部洁净度，延长轴承使用寿命。

FAG 提供多种形式的轧辊推力轴承，大接触角的双列圆锥滚子轴承，X - life 品质的推力调心滚子轴承和适合于很高转速的角接触球轴承。

用于多辊轧机和拉矫机的多种背衬轴承产品，这些产品采用特殊的热处理方式，具有很高的承载能力和抗冲击载荷能力，并且具有非常高的尺寸精度和运转精度。

6.1.3.3 斯凯孚（中国）销售有限公司

A 应用于连铸机扇形段的解决方案

针对连铸机扇形段，SKF 提供多种解决方案。石墨保持架干式润滑高温轴承（全系列调心滚子轴承，深沟球轴承）尺寸公差负荷 ISO 规定，应用于 250℃ 高温场合，无需润滑，可提高寿命至 3 ~ 4 倍。轴承如图 6.1.12 ~ 图 6.1.14 所示。

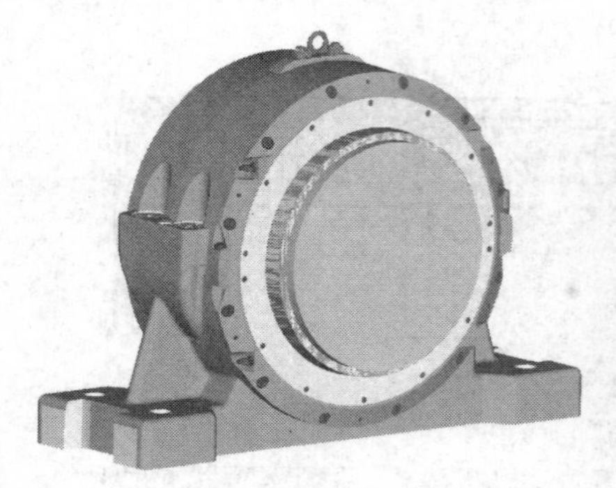
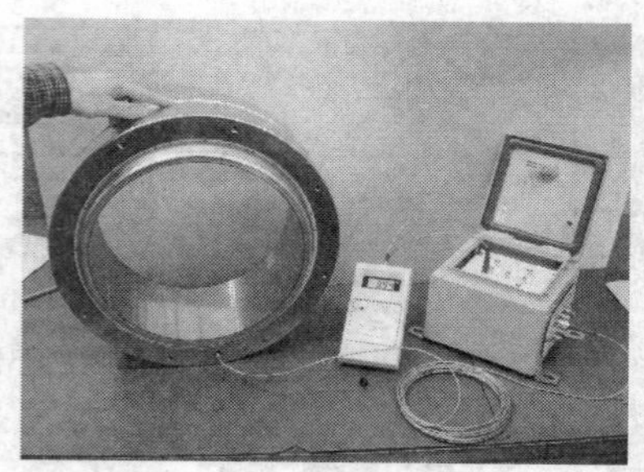

图 6.1.12 调心滚子轴承

带水冷座剖分 Carb 轴承用于连铸机整体式驱动辊中间支撑，SKF 可以根据用户设计，提供内径 75 ~ 180mm 的系列解决方案，SKF 带水冷座剖分 Carb 轴承其截面高小，占有空间小，承载力大的特点，同时可以允许驱动辊辊颈直径更大，有更高的强度。

图 6.1.13 密封轴承

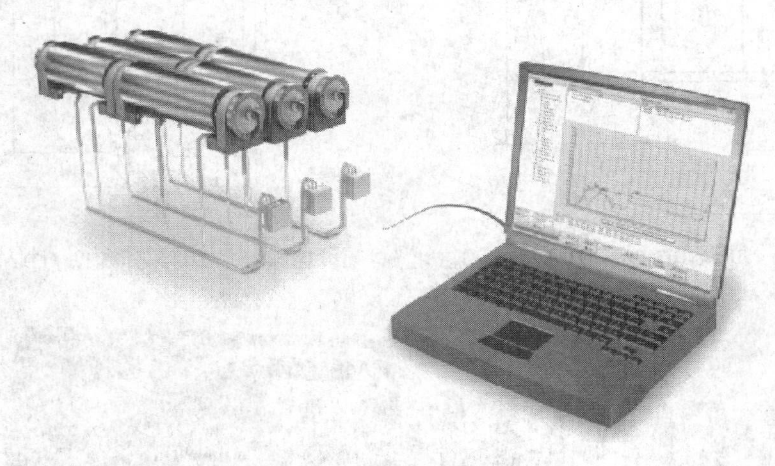

图 6.1.14 连铸辊

密封轴承（全系列连铸机用调心滚子轴承，Carb 轴承）；密封轴承不仅自带密封，同时内部自填高温润滑脂，可以长时间在 120℃温度下工作，轴承无需再润滑；密封轴承拥有更长的工作寿命，同时可以大幅度节省连铸机的润滑脂消耗，减少污染和水处理费用。同时 SKF 提供密封调心滚子轴承 + 密封 Carb 轴承解决方案，彻底消除连铸辊系由于高温热膨胀导致的内应力问题。目前，普通调心滚子轴承 + Carb 轴承设计已成各主机厂连铸辊的标准设计。

ConRo 整体连铸辊和连铸分析家在线监测系统：

SKF 可以根据用户具体工况向用户提供包含辊身、轴承、轴承座、密封系统、水冷系统的 ConRo 整体连铸辊。该连铸辊系统除了拥有更高的承载力和工作寿命，同时，该连铸辊系统彻底取消在线润滑系统，实现绿色环保的生产。该解决方案已在欧洲主要钢厂得到实施。

作为 SKF 目前向钢铁用户的最为先进的解决方案：SKF 连铸分析家在线监测系统，将 SKF 在线监测系统应用于连铸扇形段，可以帮助用户测定连铸机工艺的应力，温度等各项关键参数，以发现连铸机的存在问题，优化连铸工艺。

B 应用于连铸机中间包和结晶器的解决方案

SKF 已在世界各大钢厂提供超过 50 套中间包电动升降系统，其最大承载力可达 100t，行程达 650mm，最长的寿命已超过 22 年，服役期间故障为零，同时 SKF 还提供结晶器调宽和塞棒调节用电动缸系统。相对于液动，气动系统，SKF 电动系统具有可靠、高效、响应快、能耗低的特点，可承受冲击负载、适应恶劣环境。

6.1.4 胶带运输机托辊轴承座

6.1.4.1 概述

胶带运输机托辊轴承座为冲压件，安装于托辊两端，外檐与托辊筒皮压装后焊接连接，轴承座凹下部分安装轴承。

6.1.4.2 技术参数

技术参数见表 6.1.5 ~ 表 6.1.7，外形尺寸如图 6.1.15 ~ 图 6.1.21 所示。

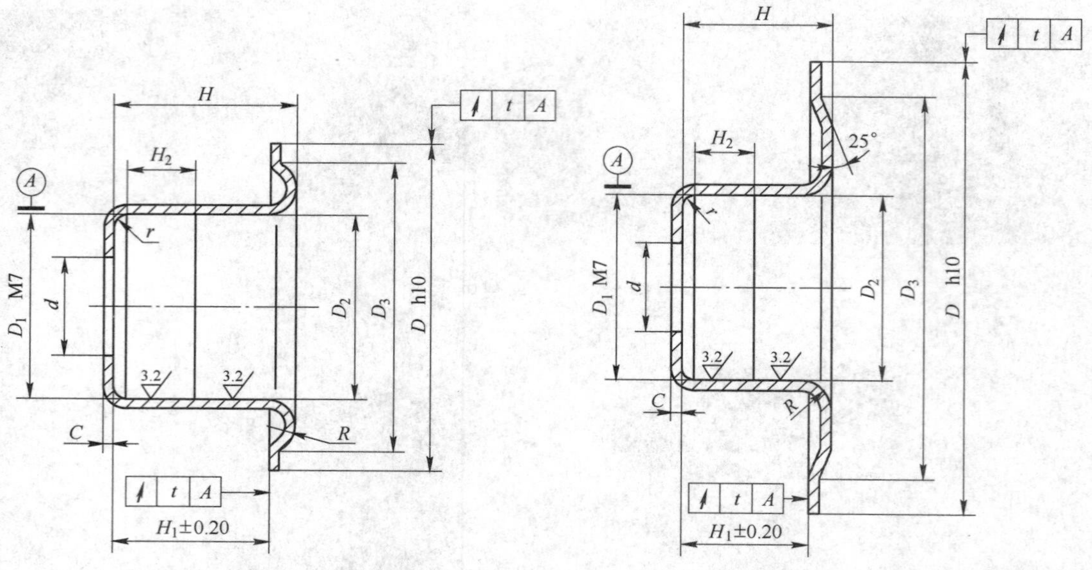

图 6.1.15 $D \leqslant \phi103$ 以下 DTⅡ型轴承座　　　图 6.1.16 $D \geqslant \phi128$ 以上 DTⅡ型轴承座

图 6.1.17 DTⅡ型轴承座装配

表 6.1.5 DTⅡ型轴承座基本参数与尺寸（中发电气（铜陵）海德精密工业有限公司 www.chinatrinity.com） (mm)

型号	规格	D	D_1	D_2	D_3	d	H	H_1	H_2	R	r	C	t
DTⅡ	204-89	$84^{0}_{0.140}$	$47^{0}_{-0.025}$	47.1±0.031	76	25	45	38.5	17	7	3	2.5	0.25
DTⅡ	204-108	$103^{0}_{-0.140}$	$47^{0}_{-0.025}$	47.1±0.031	78	25	45	38.5	17	7	3	2.5	0.25
DTⅡ	204-133	$128^{0}_{-0.160}$	$47^{0}_{-0.025}$	47.1±0.031	104	25	45	38.5	17	7	3	2.5	0.30
DTⅡ	204-159	$153^{0}_{-0.160}$	$47^{0}_{-0.025}$	47.1±0.031	130	25	45	38.5	17	7	3	2.5	0.30
DTⅡ	205-89	$84^{0}_{-0.140}$	$52^{0}_{-0.030}$	52.1±0.037	78	30	46	39.5	17.5	7	3	2.5	0.25
DTⅡ	205-108	$103^{0}_{-0.140}$	$52^{0}_{-0.030}$	52.1±0.037	80	30	46	39.5	17.5	7	3	2.5	0.25
DTⅡ	205-133	$128^{0}_{-0.160}$	$52^{0}_{-0.030}$	52.1±0.037	106	30	46	39	17.5	7	3	3.0	0.30
DTⅡ	205-159	$153^{0}_{-0.160}$	$52^{0}_{-0.030}$	52.1±0.037	130	30	46	39	17.5	7	3	3.0	0.30
DTⅡ	305-108	$103^{0}_{-0.140}$	$62^{0}_{-0.030}$	62.1±0.037	95	35	49	42	20	7	3	3.0	0.25
DTⅡ	305-133	$128^{0}_{-0.160}$	$62^{0}_{-0.030}$	62.1±0.037	110	35	49	42	20	7	3	3.0	0.30
DTⅡ	305-159	$153^{0}_{-0.160}$	$62^{0}_{-0.030}$	62.1±0.037	130	35	49	41	20	10	3	4.0	0.30
DTⅡ	306-108	$103^{0}_{-0.140}$	$72^{0}_{-0.030}$	72.1±0.037	98	40	51	44	22	7	3	3.0	0.25
DTⅡ	306-133	$128^{0}_{-0.160}$	$72^{0}_{-0.030}$	72.1±0.037	119	40	51	44	22	7	3	3.0	0.30
DTⅡ	306-159	$153^{0}_{-0.160}$	$72^{0}_{-0.030}$	72.1±0.037	135	40	51	43	22	10	3	4.0	0.30
DTⅡ	307-133	$128^{0}_{-0.160}$	$80^{0}_{-0.030}$	80.1±0.043	119	45	53	45	25	10	4	4.0	0.30

续表 6.1.5

型号	规 格	D	D_1	D_2	D_3	d	H	H_1	H_2	R	r	C	t
DTⅡ	307 - 159	$153_{-0.160}^{0}$	$80_{-0.030}^{0}$	80.1 ±0.043	135	45	53	45	25	10	4	4.0	0.30
DTⅡ	308 - 133	$128_{-0.160}^{0}$	$90_{-0.035}^{0}$	90.1 ±0.043	120	45	55	47	27	10	4	4.0	0.30
DTⅡ	308 - 159	$153_{-0.160}^{0}$	$90_{-0.035}^{0}$	90.1 ±0.043	135	45	55	47	27	10	4	4.0	0.30
DTⅡ	308 - 194	$188_{-0.185}^{0}$	$90_{-0.035}^{0}$	90.1 ±0.043	135	45	55	47	27	10	4	4.0	0.30

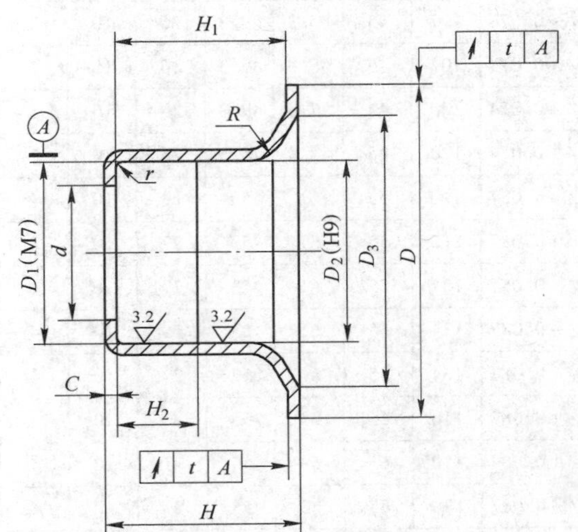

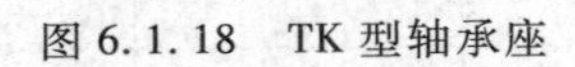
图 6.1.18 TK 型轴承座

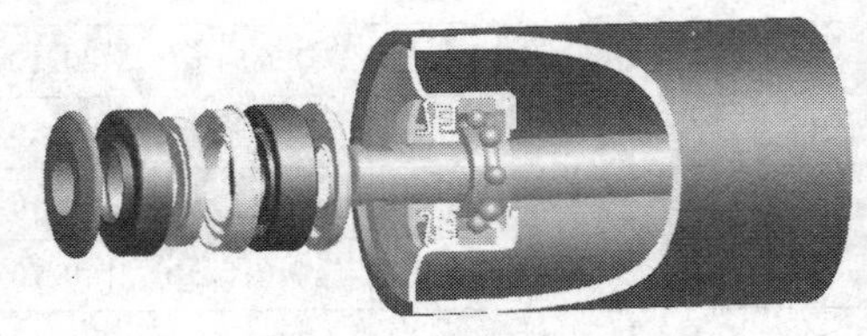
图 6.1.19 TK 型轴承座装配

表 6.1.6 TK 型轴承座基本参数与尺寸（中发电气（铜陵）海德精密工业有限公司 www.chinatrinity.com） (mm)

型号	规 格	D	D_1	D_2	D_3	d	H	H_1	H_2	R	r	C	t
TK	204 - 89	$84_{-0.20}^{0}$	$47_{-0.025}^{0}$	47.10/ +0.062	70	35	47.5	42.5	20	7.5	1.5	2.5	0.25
TK	204 - 102	$97_{-0.20}^{0}$	$47_{-0.025}^{0}$	47.10/ +0.062	70	35	47.5	42.5	20	7.5	1.5	2.5	0.25
TK	204 - 108	$103_{-0.20}^{0}$	$47_{-0.025}^{0}$	47.10/ +0.062	70	35	47.5	42.5	20	7.5	1.5	2.5	0.25
TK	204 - 114	$109_{-0.20}^{0}$	$47_{-0.025}^{0}$	47.10/ +0.062	70	35	47.5	42.5	20	7.5	1.5	2.5	0.25
TK	204 - 127	$122_{-0.20}^{0}$	$47_{-0.025}^{0}$	47.10/ +0.062	100	35	47.5	42.5	20	7.5	1.5	2.5	0.25
TK	204 - 133	$128_{-0.20}^{0}$	$47_{-0.025}^{0}$	47.10/ +0.062	100	35	47.5	42.5	20	7.5	1.5	2.5	0.25
TK	204 - 152	$147_{-0.20}^{0}$	$47_{-0.025}^{0}$	47.10/ +0.062	102	35	47.5	42.5	20	7.5	1.5	2.5	0.30
TK	204 - 159	$153_{-0.20}^{0}$	$47_{-0.025}^{0}$	47.10/ +0.062	102	35	47.5	42.5	20	7.5	1.5	2.5	0.30
TK	205 - 89	$84_{-0.20}^{0}$	$52_{-0.030}^{0}$	52.10/ +0.074	75	40	50	45	22	7.5	2	2.5	0.25
TK	205 - 102	$97_{-0.20}^{0}$	$52_{-0.030}^{0}$	52.10/ +0.074	85	40	51	45	22	7.5	2	3.0	0.25
TK	205 - 108	$103_{-0.20}^{0}$	$52_{-0.030}^{0}$	52.10/ +0.074	85	40	51	45	22	7.5	2	3.0	0.25
TK	205 - 114	$109_{-0.20}^{0}$	$52_{-0.030}^{0}$	52.10/ +0.074	85	40	51	45	22	7.5	2	3.0	0.25
TK	205 - 127	$122_{-0.20}^{0}$	$52_{-0.030}^{0}$	52.10/ +0.074	105	40	51	45	22	7.5	2	3.0	0.25
TK	205 - 133	$128_{-0.20}^{0}$	$52_{-0.030}^{0}$	52.10/ +0.074	105	40	51	45	22	7.5	2	3.0	0.25
TK	205 - 152	$147_{-0.20}^{0}$	$52_{-0.030}^{0}$	52.10/ +0.074	124	40	51	45	22	7.5	2	3.0	0.30
TK	205 - 159	$153_{-0.20}^{0}$	$52_{-0.030}^{0}$	52.10/ +0.074	124	40	51	45	22	7.5	2	3.0	0.30
TK	305 - 108	$103_{-0.20}^{0}$	$62_{-0.030}^{0}$	62.10/ +0.074	85	40	51	45	24	7.5	3	3.0	0.25
TK	305 - 114	$109_{-0.20}^{0}$	$62_{-0.030}^{0}$	62.10/ +0.074	85	40	51	45	24	7.5	3	3.0	0.25

续表 6.1.6

型号	规 格	D	D_1	D_2	D_3	d	H	H_1	H_2	R	r	C	t
TK	305 - 127	$122^{0}_{-0.20}$	$62^{0}_{-0.030}$	62. 10/ +0. 074	105	40	51	45	24	7. 5	3	3. 0	0. 25
TK	305 - 133	$128^{0}_{-0.20}$	$62^{0}_{-0.030}$	62. 10/ +0. 074	105	40	51	45	24	7. 5	3	3. 0	0. 25
TK	305 - 152	$147^{0}_{-0.20}$	$62^{0}_{-0.030}$	62. 10/ +0. 074	115	40	53	45	24	7. 5	3	4. 0	0. 30
TK	305 - 159	$153^{0}_{-0.20}$	$62^{0}_{-0.030}$	62. 10/ +0. 074	115	40	53	45	24	7. 5	3	4. 0	0. 30
TK	306 - 108	$103^{0}_{-0.20}$	$72^{0}_{-0.030}$	72. 10/ +0. 074	92	45	55. 3	49. 3	26	10	3	3. 0	0. 25
TK	306 - 114	$109^{0}_{-0.20}$	$72^{0}_{-0.030}$	72. 10/ +0. 074	92	45	55. 3	49. 3	26	10	3	3. 0	0. 25
TK	306 - 127	$122^{0}_{-0.20}$	$72^{0}_{-0.030}$	72. 10/ +0. 074	107	45	55. 3	49. 3	26	10	3	3. 0	0. 25
TK	306 - 133	$128^{0}_{-0.20}$	$72^{0}_{-0.030}$	72. 10/ +0. 074	107	45	55. 3	49. 3	26	10	3	3. 0	0. 25
TK	306 - 152	$147^{0}_{-0.20}$	$72^{0}_{-0.030}$	72. 10/ +0. 074	120	45	57. 3	49. 3	26	10	3	4. 0	0. 30
TK	306 - 159	$153^{0}_{-0.20}$	$72^{0}_{-0.030}$	72. 10/ +0. 074	120	45	57. 3	49. 3	26	10	3	4. 0	0. 30
TK	307 - 127	$122^{0}_{-0.20}$	$80^{0}_{-0.030}$	80. 10/ +0. 087	110	55	61	53	29	10	4	4. 0	0. 25
TK	307 - 133	$128^{0}_{-0.20}$	$80^{0}_{-0.030}$	80. 10/ +0. 087	110	55	61	53	29	10	4	4. 0	0. 25
TK	307 - 152	$147^{0}_{-0.20}$	$80^{0}_{-0.030}$	80. 10/ +0. 087	134	55	61	53	29	10	4	4. 0	0. 30
TK	307 - 159	$153^{0}_{-0.20}$	$80^{0}_{-0.030}$	80. 10/ +0. 087	134	55	61	53	29	10	4	4. 0	0. 30
TK	307 - 194	$188^{0}_{-0.20}$	$80^{0}_{-0.030}$	80. 10/ +0. 087	134	55	61	53	29	10	4	4. 0	0. 40
TK	308 - 127	$122^{0}_{-0.20}$	$90^{0}_{-0.035}$	90. 10/ +0. 087	110	65	63	55	31	10	4	4. 0	0. 25
TK	308 - 133	$128^{0}_{-0.20}$	$90^{0}_{-0.035}$	90. 10/ +0. 087	110	65	63	55	31	10	4	4. 0	0. 25
TK	308 - 152	$147^{0}_{-0.20}$	$90^{0}_{-0.035}$	90. 10/ +0. 087	130	65	63	55	31	10	4	4. 0	0. 30
TK	308 - 159	$153^{0}_{-0.20}$	$90^{0}_{-0.035}$	90. 10/ +0. 087	130	65	63	55	31	10	4	4. 0	0. 30
TK	308 - 194	$188^{0}_{-0.20}$	$90^{0}_{-0.035}$	90. 10/ +0. 087	154	65	63	55	31	10	4	4. 0	0. 40
TK	309 - 133	$128^{0}_{-0.20}$	$100^{0}_{-0.035}$	100. 10/ +0. 087	—	65	66. 5	56. 5	32	10	4	5. 0	0. 30
TK	309 - 152	$147^{0}_{-0.20}$	$100^{0}_{-0.035}$	100. 10/ +0. 087	130	65	67	57	31	10	4	5. 0	0. 30
TK	309 - 159	$153^{0}_{-0.20}$	$100^{0}_{-0.035}$	100. 10/ +0. 087	130	65	67	57	31	10	4	5. 0	0. 30
TK	309 - 178	$172^{0}_{-0.20}$	$100^{0}_{-0.035}$	100. 10/ +0. 087	130	65	67	57	31	10	4	5. 0	0. 40
TK	309 - 194	$188^{0}_{-0.20}$	$100^{0}_{-0.035}$	100. 10/ +0. 087	130	65	67	57	31	10	4	5. 0	0. 40
TK	310 - 159	$153^{0}_{-0.20}$	$110^{0}_{-0.04}$	110. 10/ +0. 09	145	70	69	59	35	10	4	5. 0	0. 40
TK	310 - 194	$188^{0}_{-0.20}$	$110^{0}_{-0.04}$	110. 10/ +0. 09	145	70	69	59	35	10	4	5. 0	0. 40
TK	310 - 219	$213^{0}_{-0.20}$	$110^{0}_{-0.04}$	110. 10/ +0. 09	145	70	69	59	35	10	4	5. 0	0. 40

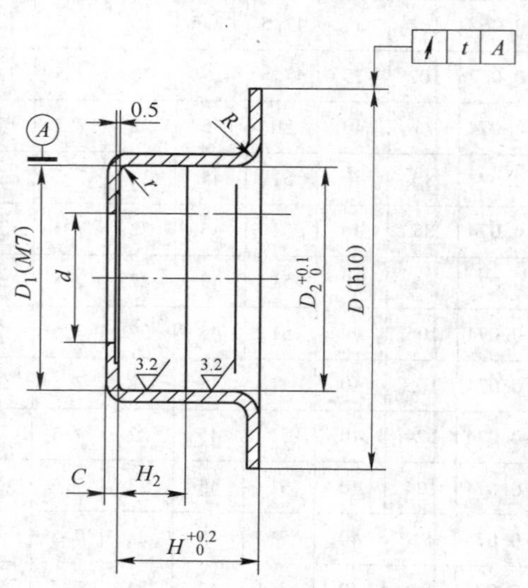

图 6. 1. 20 TKⅡ型轴承座

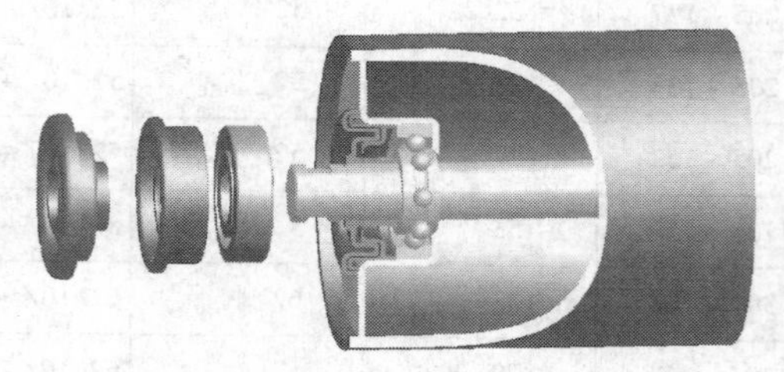

图 6. 1. 21 TKⅡ型轴承座装配

表 6.1.7 TKⅡ型轴承座基本参数与尺寸

（中发电气（铜陵）海德精密工业有限公司 www. chinatrinity. com） （mm）

型号	规 格	D	D_1	D_2	d	H	H_2	R	r	C	t
TKⅡ	204－89	$84_{-0.20}^{0}$	$47_{-0.025}^{0}$	47	25	28	15	6	1.0	2.5	0.25
TKⅡ	204－102	$97_{-0.20}^{0}$	$47_{-0.025}^{0}$	47	25	28	15	6	1.0	2.5	0.25
TKⅡ	204－108	$103_{-0.20}^{0}$	$47_{-0.025}^{0}$	47	25	28	15	6	1.0	2.5	0.25
TKⅡ	204－114	$109_{-0.20}^{0}$	$47_{-0.025}^{0}$	47	25	28	15	6	1.0	2.5	0.25
TKⅡ	204－127	$122_{-0.20}^{0}$	$47_{-0.025}^{0}$	47	25	28	15	6	1.0	2.5	0.25
TKⅡ	204－133	$128_{-0.20}^{0}$	$47_{-0.025}^{0}$	47	25	28	15	6	1.0	2.5	0.25
TKⅡ	205－89	$84_{-0.20}^{0}$	$52_{-0.030}^{0}$	52	30	32	16	6	1.0	2.5	0.25
TKⅡ	205－102	$97_{-0.20}^{0}$	$52_{-0.030}^{0}$	52	30	32	16	6	1.0	2.5	0.25
TKⅡ	205－108	$103_{-0.20}^{0}$	$52_{-0.030}^{0}$	52	30	32	16	6	1.0	2.5	0.25
TKⅡ	205－114	$109_{-0.20}^{0}$	$52_{-0.030}^{0}$	52	30	32	16	6	1.0	2.5	0.25
TKⅡ	205－127	$122_{-0.20}^{0}$	$52_{-0.030}^{0}$	52	30	32	16	6	1.0	2.5	0.25
TKⅡ	205－133	$128_{-0.20}^{0}$	$52_{-0.030}^{0}$	52	30	32	16	6	1.0	2.5	0.25
TKⅡ	305－89	$84_{-0.20}^{0}$	$62_{-0.030}^{0}$	62	30	35	18	7	1.5	3.0	0.25
TKⅡ	305－102	$97_{-0.20}^{0}$	$62_{-0.030}^{0}$	62	30	35	18	7	1.5	3.0	0.25
TKⅡ	305－108	$103_{-0.20}^{0}$	$62_{-0.030}^{0}$	62	30	35	18	7	1.5	3.0	0.25
TKⅡ	305－114	$109_{-0.20}^{0}$	$62_{-0.030}^{0}$	62	30	35	18	7	1.5	3.0	0.25
TKⅡ	305－127	$122_{-0.20}^{0}$	$62_{-0.030}^{0}$	62	30	35	18	7	1.5	3.0	0.25
TKⅡ	305－133	$128_{-0.20}^{0}$	$62_{-0.030}^{0}$	62	30	35	18	7	1.5	3.0	0.25
TKⅡ	305－159	$153_{-0.20}^{0}$	$62_{-0.030}^{0}$	62	30	35	18	7	1.5	3.5	0.30
TKⅡ	306－108	$103_{-0.20}^{0}$	$72_{-0.030}^{0}$	72	35	38	19.5	7	1.5	3.0	0.25
TKⅡ	306－114	$109_{-0.20}^{0}$	$72_{-0.030}^{0}$	72	35	38	19.5	7	1.5	3.0	0.25
TKⅡ	306－127	$122_{-0.20}^{0}$	$72_{-0.030}^{0}$	72	35	38	19.5	7	1.5	3.0	0.25
TKⅡ	306－133	$128_{-0.20}^{0}$	$72_{-0.030}^{0}$	72	35	38	19.5	7	1.5	3.0	0.25
TKⅡ	306－159	$153_{-0.20}^{0}$	$72_{-0.030}^{0}$	72	35	38	19.5	7	1.5	3.5	0.30
TKⅡ	307－133	$128_{-0.20}^{0}$	$80_{-0.035}^{0}$	80	40	40	22	9	1.75	4.0	0.25
TKⅡ	307－159	$153_{-0.20}^{0}$	$80_{-0.035}^{0}$	80	40	40	22	9	1.75	4.0	0.30
TKⅡ	307－194	$188_{-0.20}^{0}$	$80_{-0.035}^{0}$	80	40	40	22	9	1.75	4.0	0.40
TKⅡ	308－159	$153_{-0.20}^{0}$	$90_{-0.035}^{0}$	90	45	47	23.5	9	1.75	4.0	0.30
TKⅡ	308－194	$188_{-0.20}^{0}$	$90_{-0.035}^{0}$	90	45	47	23.5	9	1.75	4.0	0.40
TKⅡ	309－194	$188_{-0.20}^{0}$	$100_{-0.035}^{0}$	100	50	49	23.5	9	1.75	4.0	0.40
TKⅡ	309－219	$213_{-0.20}^{0}$	$100_{-0.035}^{0}$	100	50	49	23.5	9	1.75	4.0	0.40

生产厂商：舍弗勒贸易（上海）有限公司，斯凯孚（中国）销售有限公司，中发电气（铜陵）海德精密工业有限公司，上海嘉庆轴承制造有限公司。

6.2 弹簧

6.2.1 概述

用弹性材料制成的零件，在外力作用下发生形变，除去外力后又恢复原状，称作弹簧。

6.2.2 技术参数

技术参数见表 6.2.1～表 6.2.3。

表 6.2.1 橡胶弹簧技术参数（辽阳市望水橡胶制品厂 www.lywsxj.com）

序号	规 格	D/mm	d/mm	H/mm	弹簧刚度/kg·cm⁻¹
1	ϕ120×170×ϕ50	ϕ120	ϕ50	170	180~250
2	ϕ148×250×ϕ90	ϕ148	ϕ90	250	200~300
3	ϕ155×290×ϕ75	ϕ155	ϕ75	290	300~400
4	ϕ160×200×ϕ90	ϕ160	ϕ90	200	350~450
5	ϕ165×275×ϕ95	ϕ165	ϕ95	275	300~400
6	ϕ200×370×ϕ110	ϕ200	ϕ110	370	350~450
7	ϕ200×300×ϕ90	ϕ200	ϕ90	300	300~450
8	ϕ245×425×ϕ125	ϕ245	ϕ125	425	230~350
9	ϕ260×425×ϕ125	ϕ260	ϕ125	425	230~350
10	ϕ230×360×ϕ125	ϕ230	ϕ125	360	
11	ϕ175×255×ϕ80	ϕ175	ϕ80	255	

表 6.2.2 压缩弹簧技术参数（辽阳市望水橡胶制品厂 www.lywsxj.com）

序号	规 格	D/mm	d/mm	H/mm	适应质量/kg	B/mm	ϕ_1/mm	ϕ_2/mm	Δ/mm	H/mm
1	ϕ80×80×ϕ30	ϕ80	ϕ30	80	130~210	100	20	8	10	16
2	ϕ100×100×ϕ30	ϕ100	ϕ30	100	220~345	130	20	8	10	18
3	ϕ100×100×ϕ39	ϕ100	ϕ39	100	200~315	130	28	12	10	18
4	ϕ100×120×ϕ30	ϕ100	ϕ30	120	220~340	130	20	8	10	20
5	ϕ120×120×ϕ30	ϕ120	ϕ30	120	330~520	150	20	8	10	20
6	ϕ120×145×ϕ40	ϕ120	ϕ40	145	300~480	150	28	12	10	30
7	ϕ130×130×ϕ39	ϕ130	ϕ39	130	365~600	160	28	12	12	25
8	ϕ140×140×ϕ30	ϕ140	ϕ30	140	450~750	170	20	8	12	30
9	ϕ140×120×ϕ40	ϕ140	ϕ40	120	440~700	170	28	12	12	30
10	ϕ150×150×ϕ39	ϕ150	ϕ39	150	500~780	180	28	12	12	32
11	ϕ160×160×ϕ40	ϕ160	ϕ40	160	580~900	190	28	12	16	35
12	ϕ160×160×ϕ80	ϕ160	ϕ80	160	450~720	190	64	40	16	35
13	ϕ180×180×ϕ39	ϕ180	ϕ39	180	750~1200	220	28	12	16	40
14	ϕ180×180×ϕ40	ϕ180	ϕ40	180	7500~1200	220	28	12	16	40
15	ϕ180×180×ϕ90	ϕ180	ϕ90	180	560~900	220	72	48	16	40
16	ϕ200×200×ϕ40	ϕ200	ϕ40	200	940~1500	240	28	12	20	45
17	ϕ200×200×ϕ50	ϕ200	ϕ50	200	900~1440	240	36	16	20	45
18	ϕ200×200×ϕ90	ϕ200	ϕ90	200	750~1200	240	72	48	20	45
19	ϕ200×230×ϕ80	ϕ200	ϕ80	230	780~1250	240	64	40	20	50
20	ϕ220×220×ϕ50	ϕ220	ϕ50	220	1100~1780	260	36	16	20	50
21	ϕ220×240×ϕ39	ϕ220	ϕ39	240	1120~1880	260	28	12	20	50
22	ϕ240×240×ϕ50	ϕ240	ϕ50	240	1300~2100	280	36	16	20	55
23	ϕ240×240×ϕ80	ϕ240	ϕ80	240	1200~1950	280	64	40	20	55
24	ϕ240×260×ϕ50	ϕ240	ϕ50	260	1300~2100	280	36	16	20	60

表 6.2.3 其他橡胶弹簧技术参数（辽阳市望水橡胶制品厂 www.lywsxj.com）

序号	名 称	规 格	序 号	名 称	规 格
1	夹布橡胶弹簧	ϕ188×255~ϕ89	3	橡胶剪切弹簧	ϕ120×ϕ90×ϕ50×45~4×ϕ7
		ϕ140×140~ϕ60			ϕ120×ϕ70×ϕ50×55~2×ϕ13
2	实心橡胶弹簧	ϕ120×120 ϕ300×150			ϕ350×100×270×60~8×ϕ14
		ϕ250×150 ϕ300×175	4	组合橡胶弹簧	ϕ600×190×185~16×ϕ39
3	橡胶剪切弹簧	ϕ110×100×62—M16			ϕ600×40×375~16×ϕ40

生产厂商：辽阳市望水橡胶制品厂。

6.3 紧固件

6.3.1 概述

紧固件用于紧固和连接两个物体。各种机械、设备、车辆、船舶、铁路、桥梁、建筑、结构、工具、仪器、仪表和用品等上面，都可以看到各式各样的紧固件。它的特点是品种规格繁多，性能用途各异，因而标准化、系列化、通用化的程度极高。因把已有国家标准的一类紧固件称为标准紧固件，简称为标准件。锯齿防滑型六角法兰防松螺母如图 6.3.1 所示。

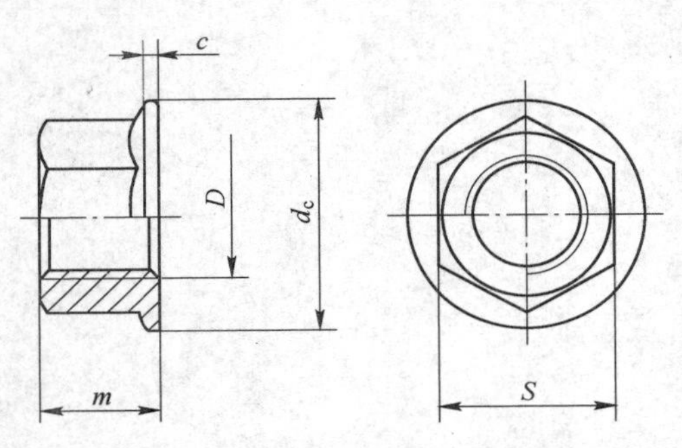

图 6.3.1 锯齿防滑型六角法兰防松螺母

6.3.2 技术参数

技术参数见表 6.3.1。

表 6.3.1 锯齿防滑型六角法兰防松螺母技术参数（施必牢（中国）有限公司 www.shanghaidite.com） (mm)

螺纹规格 D		M5	M6	M8	M10	M12	M14	M16	M20
螺距	DTF6177.1	0.8	1	1.25	1.5	1.75	2	2	2.5
	DTF6177.2	—	—	1	1.25	1.25	1.5	1.5	1.5
S		8	10	13	15	18	21	24	30
d_c		11.8	14.2	17.9	21.8	26	29.9	34.5	42.8
c		1	1.1	1.2	1.5	1.8	2.1	2.4	3
m		5	6	8	10	12	14	16	20

生产厂商：施必牢（中国）有限公司。